# 中国生态学学科
# 40年发展回顾

中国生态学学会　主编

科学出版社
北京

## 内 容 简 介

本书系统总结分析了中国生态学学科各领域40年来发展历程、研究现状特点、发展趋势及展望，这些领域包括理论生态、种群生态、群落生态、生态系统生态、景观生态、区域生态、全球变化生态、动物生态、昆虫生态、植物生态、微生物生态、森林生态系统、草地生态系统、湿地生态、湖泊生态、流域生态、海洋生态、农业生态、城市生态、土壤生态、污染生态、生物多样性保护、生态系统服务功能、可持续发展生态、恢复生态、防护林生态、生物入侵与控制、产业生态、生态工程、旅游生态、民族生态、生态文化、分子生态、化学生态、稳定同位素生态、生态遥感、长期生态、黄土高原生态、喀斯特地区生态、西北干旱区生态和青藏高原生态。

本书可供从事生态学研究及相关领域研究或教学的研究人员、教师、研究生和本科生参阅，也可为生态学相关业务管理部门提供决策参考。

**图书在版编目（CIP）数据**

中国生态学学科40年发展回顾/中国生态学学会主编．—北京：科学出版社，2020.1
ISBN 978-7-03-062824-4

Ⅰ．①中⋯　Ⅱ．①中⋯　Ⅲ．①生态学–学科发展–研究–中国–1979-2019
Ⅳ．①Q14-12

中国版本图书馆CIP数据核字(2019)第239979号

责任编辑：石　珺　朱　丽 / 责任校对：何艳萍
责任印制：肖　兴 / 封面设计：图阅社

科学出版社 出版
北京东黄城根北街16号
邮政编码：100717
http://www.sciencep.com

中国科学院印刷厂 印刷
科学出版社发行　各地新华书店经销

\*

2020年1月第　一　版　　开本：889×1194　1/16
2020年1月第一次印刷　　印张：47 1/4
字数：1 409 000

**定价：328.00元**

（如有印装质量问题，我社负责调换）

# 《中国生态学学科 40 年发展回顾》编委会

**顾　　问**　李文华　孙儒泳　王祖望

**执行主编**　欧阳志云

**成　　员**（以姓氏汉语拼音为序）

安黎哲　安树青　蔡庆华　陈　彬　陈利顶　成　功
董　鸣　傅伯杰　戈　峰　何念鹏　蒋高明　康　乐
李　博　李　明　林光辉　林文雄　刘世梁　刘世荣
骆世明　吕宪国　吕一河　吕永龙　马克平　闵庆文
彭少麟　钱　易　秦伯强　任　海　石　磊　万方浩
王克林　王艳芬　魏辅文　魏树和　吴炳方　吴文良
薛达元　杨　敏　于贵瑞　张　昱　张大勇　张扬建
张玉生　赵新全　郑　华　钟林生　周伟奇　朱教君

**学术秘书**　李　博

# 序

生物自其在地球上出现就与环境有着紧密的联系，人类在长期的生活和生产实践中早已注意到这种关系，并自觉或不自觉地运用这种规律来指导自己的行动。朴素的生态学思想早在公元前 2000 年就已见之于古希腊和中国的哲学论述和古歌谣中。直到一个半世纪前，随着资源开发和生产的需要，以及博物学、生物学、生理学和地理学等学科的知识积累，生态学才作为一门研究生物与环境相互关系的学科出现在科学的历史舞台上。

20 世纪 60 年代以后，世界上人口、资源与环境的不协调发展造成了全球性环境问题日益突出。面对这些问题，已经无法用传统的线性思维和单学科途径来解决，而生态学所固有的非线性思维模式、系统观点、整体性理论及其多学科交叉的传统则为探索解决这些危机性问题提供了理论基础与科学框架。特别是 20 世纪 60 年代由国际科联（ICSU）发起的国际生物学计划（IBP）和 70 年代联合国教科文组织（UNESCO）开展的人与生物圈计划（MAB）在全世界开展，把生态学研究推向了一个崭新的阶段。

生态学在投身解决社会问题的过程中，逐渐摆脱了其诞生时的狭隘的学科局限，不断突破了传统的观念、学科内涵、研究范畴和应用领域，生态学已经不再是一度被人们所指责的那样，是一门"不食人间烟火的"、只会说"NO"和"批判"的学科。它不仅在理论和方法方面，而且在研究对象的范畴、规模和尺度方面都有了新的发展，还从一门描述性的学科逐步向结构完整、定量化的学科发展。

中国的生态学是在国际生态学发展的背景上形成的，它们之间在理论和方法上有着密切的联系和共同的基础。但是由于我国自然、经济以及社会条件和文化背景的独特性，在生态学发展的历程、研究的重点和具体内容及应对的措施等方面又具有自己的特点。新中国成立以前，我国的生物学和地理学工作者在非常艰苦的条件下进行了有关植被调查方面的研究工作，可是真正的科学意义上的生态学发展应该说还是在新中国成立后才开始起步，经历了萌芽时期、生物与环境本底状况的调查和研究时期，个体和群落生态学研究时期，以生态系统结构和功能定位研究为主的系统生态学发展时期，从生物生态学向可持续发展生态学的提升时期等五个阶段。

当前，我国的生态学已经进入了一个历史上最好的发展时期，它不仅在生态学基础理论和应用研究以及学科发展方面取得骄人的成绩，得到国内学术界的认同和国际生态学领域的瞩目，并且在应用生态学原理和技术解决国家急需的社会问题方面也发挥了积极作用，还在生态知识普及方面取得了重大进展，无论各级政府还是普通国民的生态保护意识空前高涨，生态学的整体、协调、循环、再生等科学理念和知识不仅被应用于指导农业和工业生产，也被融入到了政治文明、经济文明和社会文明建设之中。

中国生态学学会自 1979 年创建以来，经过 40 年来的不懈努力和开拓创新，已经从最初的几百个会员发展到了万人规模的全国性学术团体，发挥了重要的学术影响，赢得了很高的社会声誉。长期以来，中国生态学发展一直坚持理论与实践相结合，除了不断探索生态学科学的基础理论与方法，开展广泛的学术交流与合作，并面向全社会开展生态学科学普及，还以服务于国家的生态建设和经济社会的可持续发展为目标，为国家的生态建设以及国家、省（自治区，直辖市）、市、地方的可持续发展实践提供科技咨询。党的十八大提出了生态文明建设的国家战略，其中核心是在全面建设小康社会的过程中，处理好人与自然和谐的关系，经济发展与资源环境保护的协调关系。在新的历史时期，在全球变化大的国际背景下，中国生态学发展正处在一个关键时期，既面临着崭新的发展机遇，又承受着巨大的压力和挑战。

我们殷切希望我国生态学工作者，特别是工作在第一线的青年生态学人，不断开拓创新、勇为人先，以生态建设为己任，以埋头奉献为荣耀，以创新、积累为志趣，甘于寂寞、淡泊名利、超越世俗、超越自我，扎扎实实做好基础研究工作。在科学研究与实践中，掌握翔实、准确的第一手资料，同时要发扬团队精神，群策群力、协同攻关，勇攀科学高峰，为中国生态学事业的繁荣、为中国社会的可持续发展添砖加瓦。在国际交流与合作中，我们要做到有理有节、不卑不亢、互惠互利。既要学习国际先进经验，又要结合我国实际，既不要盲目自满，又不要妄自菲薄。相信随着国家的逐步强盛和对科学研究投入的不断加大，我国的生态学工作者，特别是青年一代的科学工作者在中华民族伟大复兴的过程中，在建设生态文明和美丽中国的过程中，将不断创造奇迹，实现生态大国向生态强国的转变，迎接新的辉煌！

李文华 院士

2019 年 8 月

# 前　言

40 年前，在以马世骏院士为代表的老一代中国生态学家共同努力下，中国生态学学会在春城昆明宣告成立。40 年来，一代又一代生态学工作者怀着对生态事业无比热爱的精神，以及对保护生态环境、推进人与自然和谐共生、建设生态文明社会的崇高使命感，无私奉献，成就了中国生态学学会的不断发展壮大，中国生态学学会已发展成为拥有 27 个专业委员会、10000 多名会员的学术团体，成为世界上规模最大的生态学学会之一。

我国生态学者一直具有科学报国、造福人民的情怀，老一代生态学家在认识生态国情、优化区域产业布局、推动生态农业发展与生态保护等方面作出了重要贡献，取得了全国植被调查与区划、中华飞蝗综合治理、自然保护区布局与建设、生态系统定位观测与研究等一系列标志性成果。

1979 年中国生态学学会成立，适逢我国改革开放，就此打开了我国生态学与国际生态学交流合作的大门，我国生态学开始走出国门、融入国际生态学主流。同时，经济社会快速发展，生态环境保护与经济社会发展的矛盾日益加剧，为中国生态学发展提供了前所未有的机遇。中国生态学学会的 40 年，是我国生态学快速发展的 40 年，是我国生态学全面融入全球生态学发展的 40 年，我国生态学不仅为我国经济社会发展、生态保护与生态文明建设发挥了重要的支撑作用，还为生态学学科发展作出了重要贡献，正在走上世界生态学发展舞台的中央。

积极参与全球生态学研究的前沿课题是我国生态学近 40 年，尤其是进入新世纪以来的新亮点。我国生态学家在陆地生态系统碳循环、生物多样性与生态系统功能、生物多样性维持机制、生态系统过程对全球变化的响应等多个领域取得重大突破，成为推动国际上生态学发展的重要力量。

生态系统生态学一直是我国生态学家关注的重点领域。通过长期定位观测与广泛地研究，系统地揭示了我国森林、草地、湿地、荒漠、农田、城市等不同类型生态系统的格局、结构、功能及其与人类活动的关系。在国际上，首先开展系统的国家尺度生态系统调查评估，明确了新世纪以来，我国生态系统格局、质量、服务、问题的变化趋势，为国家与区域生态保护、生态恢复与生态系统管理提供了科学基础。

服务国家生态保护、生态恢复，增强国家与区域生态安全一直是我国生态学的突出特点。面向我国黄土高原、青藏高原、西南喀斯特地区、西南山地、西北干旱与半干旱区等生态脆弱地区，揭示了这些脆弱地区的生态系统退化机制、开发了生态恢复关键技术、建立了生态恢复重建的基础技术体系和模式。为我国退耕还林还草、天然林保护以及三北防护林工程、三江源生态建设工程、喀斯特地区生态治理等区域生态恢复与建设工程的实施提供了科技支撑，为我国生态状况总体改善发挥了重要作用。

服务国家生态保护与生态文明建设是我国生态学的使命。我国生态学家率先提出了社会-经济-自然复合生态系统理论；率先提出生态工程原理并推动其在工农业中的应用与实践；以生态系统服务为基础，确定生态保护目标与关键区，创新生态保护政策；首先提出开展生态省、生态城市与生态县建设，为我国生态文明建设战略的形成与实施奠定了理论和实践基础，也为全球将生态系统服务与生物多样性全面应用于政策制定提供了典范。

过去 40 年，也是我国生态学研究人才和基础设施快速发展的时期。生态学成为大学与科研机构最普及的学科方向之一，建立了覆盖几乎所有生态学专业的教学科研队伍，成长起一批在国内外有重要影响的生态学家。建设了一个涵盖中国主要区域和主要生态系统类型，集生态监测、科学研究与科技示范为一体的生态系统长期观测研究网络，为研究各类生态系统结构与功能的关系奠定了重要基础，显著提升了我国生态学科技创新和综合研究能力，为我国生态学走上世界前列发挥了不可替代的作用。

展望未来，生态学研究任重而道远。自然界还有许多生态规律需要我们去认识，生物适应环境变化的机制还有待我们去揭示，生物进化与地球上丰富生物多样性形成的机制还需要我们去研究。生态学家仍需不忘初心，继续拥抱自然，深入原始森林、草地、湿地、荒漠、海洋，揭示自然奥秘。同时，全球生态系统退化对人类福祉和经济社会可持续发展的影响得到社会前所未有的重视，以研究生物（包括人）与环境相互作用关系的生态学将在全球可持续发展中发挥越来越重要的作用，生态学是将人类认识自然的成果应用于经济政治决策的桥梁，这也是生态学家责无旁贷的使命。中国进入生态文明建设的关键时期，生态文明和美丽中国建设给我国生态学研究提出了新的任务和重大机遇，迫切需要我们将生态文明和美丽中国建设以及满足人民对美好生活的向往作为生态科技创新的使命，围绕人与自然相互作用机制、生态保护与修复、生态安全保障、生态产品与服务价值实现等新课题，增强创新意识和创新能力，增强服务国家、造福人民的理念，为生态文明建设、推进人与自然和谐共生作出新的贡献。

为了系统回顾40年来我国生态学研究的发展历程，总结我国生态学工作者取得的丰硕成果，中国生态学学会组织编写了《中国生态学学科40年发展回顾》，全书共包括41章，根据生态学研究对象的生物组织层次、生物分类类群、生境类型、应用领域、研究方法、生态学与其他学科的交叉等不同分类角度，从发展历程、研究现状、发展趋势等方面回顾和展望了生态学各个分支学科的发展。希望本书的出版，为生态学工作者系统了解我国生态学的发展与最新研究进展、全面掌握生态学不同分支学科的发展趋势提供重要参考。

当今，生态学学科发展迅速，分支学科及学科融合同步快速发展，由于时间仓促，本书仍存在内容覆盖不够全面、总结不够到位等诸多不足之处，敬请读者批评指正。

欧阳志云<br>2019年9月

# 目 录

序
前言

**第1章 理论生态学研究进展** ............................................. 1
  1 引言 ............................................................. 1
    1.1 理论与模型 ................................................. 1
    1.2 理论生态学：从过程出发 ..................................... 2
  2 理论生态学的发展历程 ............................................. 3
    2.1 理论生态学的形成时期（1859~1960年） ........................ 3
    2.2 进化生态学派与系统生态学派 ................................. 4
    2.3 理论生态学的重要专著 ....................................... 5
  3 研究现状：当代理论生态学的若干重要议题 ........................... 5
    3.1 合作行为的进化机制 ......................................... 6
    3.2 种群动态与进化动态的整合 ................................... 6
    3.3 食物网结构与动态 ........................................... 7
    3.4 生物多样性与生态系统功能 ................................... 7
    3.5 空间的重要性 ............................................... 8
    3.6 解析生态系统复杂性 ......................................... 8
  4 发展趋势 ......................................................... 9
  参考文献 ........................................................... 11

**第2章 种群生态学研究进展** ............................................ 17
  1 引言 ............................................................ 17
  2 中国种群生态学发展历程（1978~2018年） ........................... 17
    2.1 初步阶段（1978年前） ..................................... 17
    2.2 起步阶段（1978~1999年） .................................. 18
    2.3 21世纪初发展阶段（2000~2010年） .......................... 20
    2.4 近期发展阶段（2011~2018年） .............................. 22
  3 中国种群生态学研究现状 .......................................... 23
    3.1 种群生态学新进展 .......................................... 23
    3.2 学术建制、人才培养、基础研究平台建设 ...................... 30
  4 国际背景 ........................................................ 30
    4.1 国际发展现状、动态和趋势的分析 ............................ 30
    4.2 我国与国际水平的比较 ...................................... 30
    4.3 我国的战略需求与研究方向 .................................. 31
  5 发展趋势及展望 .................................................. 31

| 5.1 向跨组织层次和较长时序发展 | 31 |
| 5.2 新方法和新理论 | 31 |
| 5.3 应对全球和区域生态环境问题 | 31 |
| 5.4 发展微生物种群生态学 | 31 |
| 参考文献 | 32 |

## 第3章 群落生态学研究进展 ............ 42

### 1 引言 ............ 42
### 2 群落生态学40年的发展历程 ............ 42
- 2.1 群落生态学是国际生态学研究的前沿和热点 ............ 42
- 2.2 国内研究回顾 ............ 43

### 3 群落生态学研究现状 ............ 46
- 3.1 群落构建机制 ............ 46
- 3.2 物种共存理论 ............ 47
- 3.3 生物多样性与群落生产力和稳定性 ............ 49

### 4 发展趋势及展望 ............ 50
- 4.1 群落生态学研究的联网监测实验平台 ............ 50
- 4.2 将不同营养级生物类群的作用纳入到群落生态学研究的体系中 ............ 51
- 4.3 多学科视野和大数据背景下的群落生态学研究 ............ 51
- 4.4 群落调查与观测方法的创新 ............ 52
- 4.5 群落生态学新理论的归纳与创新 ............ 52

参考文献 ............ 52

## 第4章 生态系统生态学研究进展 ............ 60

### 1 引言 ............ 60
### 2 学科40年发展历程 ............ 60
- 2.1 生态学的形成与理论发展 ............ 60
- 2.2 生态系统生态学研究发展的新阶段 ............ 62

### 3 研究现状 ............ 63
- 3.1 群落结构与生态系统功能 ............ 63
- 3.2 生物地球化学循环及耦合关系 ............ 64
- 3.3 生态系统结构和功能的动态变化及空间格局 ............ 66
- 3.4 生态系统过程对全球变化的响应与适应 ............ 68

### 4 国际发展趋势及展望 ............ 70
- 4.1 国际发展趋势与研究热点 ............ 70
- 4.2 我国的研究现状与未来重点发展领域 ............ 71

参考文献 ............ 72

## 第5章 景观生态学研究进展 ............ 80

### 1 引言 ............ 80
### 2 景观生态学学科40年发展历程 ............ 80
- 2.1 景观生态学学科发展历程 ............ 80

|　　2.2　我国景观生态学学科发展历程 | 81 |
| --- | --- |
| 3　研究现状与特点 | 83 |
|　　3.1　我国景观生态学研究现状 | 83 |
|　　3.2　我国景观生态学学科建设现状 | 89 |
| 4　国际背景 | 91 |
|　　4.1　景观生态学学科发展现状、动态与趋势 | 91 |
|　　4.2　我国与国际水平的比较和研究方向 | 91 |
| 5　发展趋势及展望 | 93 |
|　　5.1　景观生态学学科发展目标与趋势预测 | 93 |
|　　5.2　我国未来的研究方向建议 | 94 |
| 参考文献 | 94 |

## 第6章　区域生态学研究进展 97

| 1　引言 | 97 |
| --- | --- |
| 2　区域生态学40年发展历程 | 97 |
|　　2.1　萌芽时期（1984年以前） | 98 |
|　　2.2　形成与初创时期（1985~2003年） | 98 |
|　　2.3　发展与成熟时期（2004~2012年） | 98 |
|　　2.4　快速发展时期（2013年至今） | 99 |
| 3　研究现状与取得的重要进展 | 100 |
|　　3.1　区域生态研究现状与热点 | 100 |
|　　3.2　区域生态学研究的重要进展 | 102 |
| 4　国内外研究比较 | 105 |
|　　4.1　国际区域生态学发展 | 105 |
|　　4.2　国内外研究比较 | 106 |
| 5　未来发展趋势及展望 | 107 |
|　　5.1　进一步完善学科体系，突出重点研究领域 | 107 |
|　　5.2　进一步加强基础支撑、促进区域生态综合研究 | 107 |
|　　5.3　面向国家发展战略和重大需求的区域生态学研究 | 108 |
|　　5.4　未来的研究热点领域和方向 | 108 |
| 参考文献 | 109 |

## 第7章　全球变化生态学研究进展 113

| 1　引言 | 113 |
| --- | --- |
| 2　学科40年发展历程 | 113 |
|　　2.1　全球变化研究 | 113 |
|　　2.2　全球变化生态学的发展阶段 | 114 |
| 3　研究现状 | 115 |
|　　3.1　全球变化对植被分布的影响 | 115 |
|　　3.2　全球变化对植被物候的影响 | 116 |
|　　3.3　全球变化对生物多样性的影响 | 118 |

    3.4 碳循环与全球变化对碳循环的影响研究 ········· 120
  4 国际趋势 ········· 122
    4.1 碳水耦合过程 ········· 122
    4.2 地上地下关系 ········· 123
    4.3 微生物结构与功能 ········· 123
    4.4 土壤碳动态 ········· 124
    4.5 全球变化生态学研究技术趋势 ········· 124
  5 发展趋势与展望 ········· 126
    5.1 我国全球变化生态学的发展目标和前景 ········· 126
    5.2 全球变化生态学在我国未来的发展趋势和研究方向建议 ········· 127
  参考文献 ········· 127

# 第8章 动物生态学研究进展 ········· 137
  1 引言 ········· 137
  2 国内外研究现状 ········· 137
    2.1 动物分子生态学 ········· 137
    2.2 动物生理生态学 ········· 139
    2.3 动物行为生态学 ········· 140
    2.4 动物种群与群落生态学 ········· 141
    2.5 动物保护生物学 ········· 143
  3 动物生态学发展趋势及展望 ········· 144
    3.1 动物分子生态学 ········· 144
    3.2 动物生理生态学 ········· 144
    3.3 行为生态学 ········· 144
    3.4 动物种群与群落生态学 ········· 145
    3.5 动物保护生物学 ········· 146
  参考文献 ········· 147

# 第9章 昆虫生态学研究进展 ········· 154
  1 引言 ········· 154
    1.1 1949年之前的萌芽阶段 ········· 155
    1.2 1949~1979年的成长阶段 ········· 155
    1.3 1980年后的发展阶段 ········· 155
  2 国内外研究现状 ········· 156
    2.1 昆虫生理生态学 ········· 156
    2.2 昆虫种群的空间与数量生态学 ········· 157
    2.3 昆虫群落生态学研究 ········· 158
    2.4 昆虫行为生态学 ········· 158
    2.5 昆虫分子生态学 ········· 159
    2.6 昆虫化学生态学 ········· 159
    2.7 传粉昆虫学 ········· 160

|   | 2.8 昆虫对全球气候变化的响应 | 160 |
|---|---|---|
|   | 2.9 昆虫对人类活动的响应 | 163 |
|   | 2.10 害虫生态调控 | 163 |
| 3 | 昆虫生态学展望 | 164 |
| 参考文献 | | 165 |

## 第10章 植物生态学研究进展 ... 173
1 引言 ... 173
2 中国植物生态学40年发展历程 ... 173
 2.1 经典植被研究工作（1978~2010年） ... 173
 2.2 植物生态学数量分析研究（1980~1995年） ... 174
 2.3 生物多样性（1985年至今） ... 174
 2.4 全球变化研究（1990年至今） ... 175
 2.5 植物光合生理与生理生态（1985~2010年） ... 175
 2.6 恢复生态学研究（1990~2015年） ... 176
 2.7 种群与入侵生态学研究（2000年至今） ... 176
3 植物生态学研究现状 ... 177
 3.1 植物对极端气候的生理生态响应 ... 177
 3.2 入侵物种种群生态学 ... 177
 3.3 群落生态学 ... 178
 3.4 陆地生态系统生态学 ... 178
 3.5 生物多样性 ... 178
 3.6 全球变化生态学 ... 179
 3.7 恢复生态学 ... 179
4 中国植物生态学研究在国际舞台的地位 ... 180
5 发展趋势及展望 ... 180
 5.1 植物个体生态学与生理生态学 ... 181
 5.2 植物种群生态学 ... 181
 5.3 群落生态学 ... 182
 5.4 全球变化生态学 ... 182
 5.5 生物多样性 ... 182
 5.6 应用植物生态学 ... 183
参考文献 ... 183

## 第11章 微生物生态学研究进展 ... 188
1 引言 ... 188
2 学科发展简史及近40年历程 ... 188
3 中国微生物生态学研究现状与取得的重要进展 ... 191
 3.1 微生物生态学中的新技术、新方法、新理论 ... 191
 3.2 自然环境微生物生态 ... 194
 3.3 人和动物宿主共生微生物生态 ... 197

  3.4 工程系统的微生物生态 ... 200
 4 微生物生态学国内外发展态势和展望 ... 203
  4.1 微生物生态学国内外发展态势 ... 203
  4.2 微生物生态学未来发展趋势及展望 ... 204
 参考文献 ... 205

## 第 12 章　森林生态学研究进展 ... 214
 1 引言 ... 214
 2 学科发展历程 ... 215
 3 前沿领域现状与趋势 ... 216
  3.1 全球气候变化及森林的响应与适应 ... 216
  3.2 森林生态系统服务功能协同/权衡与多目标经营 ... 218
  3.3 森林生物多样性维持机制与生态系统功能研究 ... 219
  3.4 森林生态与水文过程的耦合与多尺度效应研究 ... 220
  3.5 森林生态系统保护与恢复 ... 222
 4 展望 ... 223
  4.1 加强国际间的合作与交流 ... 223
  4.2 重点领域及优先发展方向 ... 223
  4.3 强化学科、平台和人才队伍建设 ... 225
 参考文献 ... 225

## 第 13 章　草地生态学研究进展 ... 228
 1 引言 ... 228
 2 学科 40 年发展历程 ... 229
  2.1 草地生态学的历史渊源 ... 229
  2.2 学科研究发展脉络 ... 229
 3 研究现状 ... 232
  3.1 基础理论研究进展 ... 232
  3.2 研究方法和平台建设 ... 239
  3.3 相关政策组织保障 ... 239
  3.4 人才培养与学科布局 ... 240
 4 国际背景 ... 241
  4.1 国际草地生态学学科发展的规律和特点 ... 241
  4.2 研究趋势 ... 242
  4.3 比较、判断与借鉴 ... 242
 5 学科发展总结和前景 ... 243
  5.1 总结 ... 243
  5.2 展望 ... 244
 参考文献 ... 245

## 第 14 章　湿地生态学研究进展 ... 251
 1 引言 ... 251

## 2 我国湿地生态学发展现状 ... 251
### 2.1 我国湿地生态学研究主要进展 ... 251
### 2.2 湿地生态学研究的应用领域 ... 257
## 3 国内外湿地生态学研究发展状况 ... 259
### 3.1 国际湿地学科发展的机遇与挑战 ... 259
### 3.2 我国湿地生态研究存在的问题 ... 260
## 4 我国湿地生态学发展建议 ... 260
### 4.1 设置国际和国内湿地研究计划，促进湿地科学发展 ... 260
### 4.2 构建国际交流平台，促进湿地生态领域国内外合作 ... 261
### 4.3 服务国家和地方需求，在解决实际问题中发展学科理论 ... 261
## 参考文献 ... 261

# 第15章 湖泊生态学研究进展 ... 265
## 1 引言 ... 265
## 2 湖泊生态学发展历程 ... 265
### 2.1 以湖泊资源开发利用为目标的湖泊综合调查研究阶段 ... 266
### 2.2 以湖泊生态系统稳定与保护为目标的应用生态学研究阶段 ... 267
## 3 湖泊生态学研究进展 ... 267
### 3.1 创立和发展湖泊生态过程与格局变化研究新方法和新技术 ... 267
### 3.2 湖泊生态环境变化及其生态系统响应基础理论研究取得重要突破 ... 269
### 3.3 人才培养与学术建制 ... 273
## 4 湖泊生态学研究发展趋势 ... 274
### 4.1 湖泊生态系统对气候变化的响应研究 ... 274
### 4.2 大力推进多学科融合的湖泊生态学理论研究 ... 275
### 4.3 湖泊生态数值模拟研究 ... 276
### 4.4 湖泊生态系统的综合恢复与调控 ... 276
## 参考文献 ... 277

# 第16章 流域生态学研究进展 ... 281
## 1 引言 ... 281
## 2 学科发展历程 ... 281
## 3 研究现状 ... 283
## 4 国际背景 ... 285
## 5 发展趋势及展望 ... 289
## 参考文献 ... 290
## 附录 国内外流域生态系统研究文献主要杂志构成状况 ... 293

# 第17章 海洋生态学研究进展 ... 295
## 1 引言 ... 295
## 2 海洋生态学科40年发展历程 ... 295
### 2.1 海洋生态系统与全球变化 ... 295
### 2.2 基于生态系统的近海生物资源可持续利用机理 ... 296
### 2.3 海洋生态灾害与生态安全 ... 297

|  |  | 2.4 海洋生物多样性与珍稀濒危物种保护 | 297 |
|  |  | 2.5 海洋生态修复 | 298 |
|  |  | 2.6 海洋生态文明和国际合作 | 299 |
|  | 3 | 研究现状 | 299 |
|  |  | 3.1 海洋生态系统与全球变化 | 299 |
|  |  | 3.2 基于生态系统的近海生物资源可持续利用机理 | 300 |
|  |  | 3.3 海洋生态灾害与生态安全 | 301 |
|  |  | 3.4 海洋生物多样性与珍稀濒危物种保护 | 302 |
|  |  | 3.5 海洋生态修复 | 303 |
|  |  | 3.6 海洋生态文明和国际合作 | 304 |
|  | 4 | 国际背景 | 305 |
|  |  | 4.1 海洋生态系统与全球变化 | 305 |
|  |  | 4.2 基于生态系统的近海生物资源可持续利用机理 | 305 |
|  |  | 4.3 海洋生态灾害与生态安全 | 305 |
|  |  | 4.4 海洋生物多样性与珍稀濒危物种保护 | 306 |
|  |  | 4.5 海洋生态修复 | 306 |
|  |  | 4.6 海洋生态文明和国际合作 | 307 |
|  | 5 | 发展趋势及展望 | 308 |
|  |  | 5.1 海洋生态系统与全球变化 | 308 |
|  |  | 5.2 基于生态系统的近海生物资源可持续利用机理 | 308 |
|  |  | 5.3 海洋生态灾害与生态安全 | 309 |
|  |  | 5.4 海洋生物多样性与珍稀濒危物种保护 | 309 |
|  |  | 5.5 海洋生态修复 | 309 |
|  |  | 5.6 海洋生态文明和国际合作 | 310 |
|  | 参考文献 | | 310 |

## 第18章 农业生态学研究进展 .................................. 314

| 1 | 引言 | 314 |
| 2 | 农业生态学在中国的40年发展历程 | 314 |
|  | 2.1 学科体系的构建 | 314 |
|  | 2.2 科学研究的发展 | 315 |
|  | 2.3 生态农业的发展 | 317 |
| 3 | 农业生态学的国际发展现状 | 319 |
|  | 3.1 农业生态学的研究进展 | 319 |
|  | 3.2 国际社会高度重视发展生态农业 | 320 |
|  | 3.3 农业生态在拉美与欧洲发展的不同特点 | 321 |
|  | 3.4 农业生态学的教学 | 322 |
| 4 | 农业生态学发展趋势与展望 | 322 |
|  | 4.1 农业生物多样性的利用 | 322 |
|  | 4.2 农业循环体系的构建 | 323 |

|  | 4.3 农业景观布局研究 | 324 |
|---|---|---|
|  | 4.4 农业生态转型的社会动力研究 | 325 |
| 参考文献 | | 325 |

## 第19章 城市生态学研究进展 ... 328

1 引言 ... 328
2 城市生态学简史与研究范式变迁 ... 328
3 城市生态学研究进展 ... 329
  3.1 城市景观格局研究进展 ... 329
  3.2 城市生态系统构成、过程、功能与服务研究进展 ... 330
4 城市生态学研究的挑战与展望 ... 342
参考文献 ... 343

## 第20章 土壤生态学研究进展 ... 360

1 引言 ... 360
2 学科40年发展历程 ... 360
  2.1 土壤生态学初创阶段 ... 361
  2.2 土壤生态学的全面发展阶段（1991～2005年） ... 361
  2.3 土壤生态学深化与创新阶段 ... 361
3 研究现状 ... 362
  3.1 基础理论创新 ... 362
  3.2 土壤生物网络与生态服务功能 ... 363
  3.3 土壤生物与元素生物地球化学循环 ... 363
  3.4 全球变化的土壤生态效应研究 ... 364
  3.5 重要技术与工程突破 ... 365
  3.6 相关政策法规的形成 ... 366
  3.7 人才培养与公众教育 ... 367
4 国际背景 ... 368
  4.1 代表性领域透视 ... 368
  4.2 比较、判断与借鉴 ... 368
5 发展趋势及展望 ... 369
  5.1 趋势 ... 370
  5.2 展望 ... 371
参考文献 ... 371

## 第21章 采矿废弃地的生态恢复与修复——污染生态学热点领域研究进展 ... 376

1 引言 ... 376
2 生态恢复的措施与生态修复及研究进展 ... 377
  2.1 采矿废弃地生态恢复的措施与生态修复 ... 377
  2.2 采矿废弃地生态恢复/修复的研究进展 ... 378
3 采矿废弃地生态恢复/修复的发展趋势 ... 382
参考文献 ... 382

## 第22章 生物多样性研究进展 ... 386

| 1 | 生物多样性研究热点 | 386 |
| 2 | 生物多样性研究回顾 | 387 |
| 3 | 生物多样性研究进展 | 389 |
| | 3.1 基本摸清生物多样性家底 | 389 |
| | 3.2 生物多样性信息平台快速发展 | 390 |
| | 3.3 红色名录编研走在世界前列 | 390 |
| | 3.4 热点地区和保护空缺评估为保护行动提供指导 | 391 |
| | 3.5 生物多样性监测网络初具规模 | 392 |
| | 3.6 森林群落物种共存机制研究取得明显进展 | 393 |
| | 3.7 生物多样性与生态系统功能的实验研究 | 395 |
| 4 | 结语 | 396 |
| | 参考文献 | 397 |

## 第23章 生态系统服务研究进展 ..... 401

- 1 引言 ..... 401
- 2 学科发展历程 ..... 401
- 3 研究现状 ..... 403
  - 3.1 生物多样性与生态系统服务 ..... 403
  - 3.2 生态系统服务权衡与协同 ..... 404
  - 3.3 生态系统服务流和供需研究 ..... 405
  - 3.4 生态系统服务评估与模型 ..... 406
  - 3.5 土地利用与生态系统服务 ..... 407
  - 3.6 气候变化与生态系统服务 ..... 408
  - 3.7 生态系统服务管理 ..... 410
- 4 国际发展趋势及展望 ..... 411
  - 4.1 国际发展趋势 ..... 411
  - 4.2 国内发展状况 ..... 412
  - 4.3 未来重点发展领域 ..... 415
- 参考文献 ..... 416

## 第24章 可持续生态学研究进展 ..... 424

- 1 可持续生态学的基础理论与方法研究 ..... 424
- 2 宏观尺度生态系统的可持续发展 ..... 427
  - 2.1 全国尺度的生态文明建设 ..... 427
  - 2.2 实施联合国2030年可持续发展议程 ..... 428
  - 2.3 区域生态安全格局构建 ..... 428
  - 2.4 区域生态风险与生态补偿机制 ..... 429
  - 2.5 全球气候变化的生态适应 ..... 430
- 3 生态城市与可持续发展 ..... 430
  - 3.1 城市生态系统承载力评估 ..... 431
  - 3.2 生态城市设计与规划 ..... 431

|　　　3.3　生态文明和可持续发展示范区建设 ································································ 432
|　4　生态产业与可持续发展 ························································································ 433
|　　　4.1　生态工业 ································································································ 433
|　　　4.2　生态农业 ································································································ 434
|　5　可持续生态学研究展望 ························································································ 434
|　参考文献 ················································································································ 436

## 第25章　恢复生态学研究进展 ···················································································· 440
　1　引言 ···················································································································· 440
　2　中国生态恢复实践与恢复生态学发展历程 ································································ 440
　3　恢复生态学研究现状 ····························································································· 442
　　　3.1　恢复生态学的理论 ······················································································ 442
　　　3.2　恢复生态学当前研究热点 ············································································· 444
　4　恢复生态学国际发展趋势 ······················································································ 446
　　　4.1　建立生态恢复的标准 ··················································································· 446
　　　4.2　明确生态恢复的方向 ··················································································· 447
　　　4.3　鼓励生态恢复的理论创新 ············································································· 447
　　　4.4　开展生态恢复的综合性研究 ·········································································· 448
　5　中国恢复生态学发展的挑战及展望 ·········································································· 449
　　　5.1　挑战 ········································································································· 449
　　　5.2　中国生态恢复科学家尤其应该关注的重要科学问题 ·········································· 450
　参考文献 ················································································································ 451

## 第26章　防护林生态与管理研究进展 ·········································································· 457
　1　引言 ···················································································································· 457
　2　学科40年发展历程 ······························································································ 457
　3　研究现状 ············································································································· 459
　　　3.1　研究进展 ··································································································· 459
　　　3.2　学术建制、人才培养、基础研究平台 ······························································ 464
　4　国际背景 ············································································································· 464
　5　发展趋势及展望 ··································································································· 466
　参考文献 ················································································································ 467

## 第27章　生物入侵研究进展 ························································································ 470
　1　引言 ···················································································································· 470
　2　入侵生物学学科40年发展历程 ·············································································· 471
　　　2.1　国际生物入侵研究的发展历程 ······································································· 471
　　　2.2　我国生物入侵研究的发展历程及未来需求 ······················································· 471
　3　我国的研究现状与成就 ························································································· 473
　　　3.1　基础研究或基础理论研究-入侵扩张机制 ························································ 473
　　　3.2　防控技术的应用基础研究和应用研究 ····························································· 481
　　　3.3　生物入侵管理制度的日趋完善 ······································································· 486
　　　3.4　生物入侵的国际影响力得到显著提升 ····························································· 487

| 4 入侵生物学学科发展趋势及展望 | 487 |
| --- | --- |
|     4.1 我国入侵生物的发生及防控需求 | 487 |
|     4.2 我国生物入侵研究的未来展望 | 489 |
|     4.3 国际生物入侵研究发展趋势 | 489 |
| 参考文献 | 490 |

## 第28章 产业生态学研究进展 ... 495

| 1 引言 | 495 |
| --- | --- |
| 2 国际背景 | 495 |
| 3 学科40年发展历程 | 496 |
| 4 研究现状 | 498 |
|     4.1 社会经济代谢 | 498 |
|     4.2 城市代谢及其生态化 | 499 |
|     4.3 生命周期评价与环境足迹 | 500 |
|     4.4 产业共生与生态工业发展 | 502 |
|     4.5 可持续消费 | 503 |
|     4.6 我国产业生态学研究概况 | 503 |
| 5 发展趋势及展望 | 504 |
|     5.1 研究本体上要关注根本性和战略性的核心问题 | 504 |
|     5.2 研究方法上要开发更多的系统性方法 | 504 |
|     5.3 学科建构上要加速理论体系搭建和与其他新兴学科的融合 | 504 |
|     5.4 加强中国使命感，接受生态文明转型的历史挑战 | 504 |
| 参考文献 | 505 |

## 第29章 生态工程研究进展 ... 509

| 1 引言 | 509 |
| --- | --- |
| 2 学科40年发展历程 | 509 |
|     2.1 总体发展 | 509 |
|     2.2 分支发展 | 510 |
| 3 研究现状 | 512 |
|     3.1 生态产业概述 | 512 |
|     3.2 生态产业应用 | 513 |
|     3.3 重大生态工程评价 | 513 |
|     3.4 乡村生态工程 | 515 |
|     3.5 河湖滨岸带生态工程 | 519 |
|     3.6 海岸带生态工程 | 520 |
|     3.7 林业生态工程 | 520 |
|     3.8 湿地生态工程 | 522 |
| 4 国际背景 | 523 |
| 5 发展趋势及展望 | 524 |
| 参考文献 | 525 |

## 第30章 旅游生态学研究进展 ……………………………………………………………………… 533
1 前言 …………………………………………………………………………………………… 533
2 我国旅游生态学发展历程 …………………………………………………………………… 533
3 国内旅游生态学研究的主要内容 …………………………………………………………… 534
    3.1 旅游生态学基本理论研究 …………………………………………………………… 534
    3.2 旅游与生态环境的互动关系研究 …………………………………………………… 535
    3.3 旅游生态系统的管理研究 …………………………………………………………… 537
    3.4 可持续旅游形式研究 ………………………………………………………………… 538
4 旅游生态学研究的国际态势 ………………………………………………………………… 539
    4.1 研究范围更加广阔 …………………………………………………………………… 539
    4.2 研究方法更加多样化和智能化 ……………………………………………………… 539
    4.3 研究内容更关注旅游影响的机理 …………………………………………………… 539
5 国内旅游生态学研究展望 …………………………………………………………………… 540
    5.1 旅游影响的演化规律研究 …………………………………………………………… 540
    5.2 本土性旅游生态管理研究 …………………………………………………………… 540
    5.3 旅游活动对野生动物影响的研究 …………………………………………………… 540
    5.4 自然保护地环境教育研究 …………………………………………………………… 541
    5.5 旅游社会-生态系统恢复力研究 ……………………………………………………… 541
    5.6 热点旅游活动的环境影响研究 ……………………………………………………… 541
参考文献 ………………………………………………………………………………………… 541

## 第31章 民族生态学研究进展 ……………………………………………………………………… 547
1 引言 …………………………………………………………………………………………… 547
2 学科40年发展历程 ………………………………………………………………………… 548
3 研究现状 ……………………………………………………………………………………… 549
    3.1 传统生态知识研究 …………………………………………………………………… 550
    3.2 弹韧性理论 …………………………………………………………………………… 553
    3.3 社会生态系统可持续性分析框架 …………………………………………………… 554
    3.4 学术建制 ……………………………………………………………………………… 555
    3.5 人才培养 ……………………………………………………………………………… 556
    3.6 基础研究平台 ………………………………………………………………………… 557
4 国际背景 ……………………………………………………………………………………… 557
    4.1 民族生态学国际指向 ………………………………………………………………… 557
    4.2 民族生态学在中国 …………………………………………………………………… 558
5 发展趋势及展望 ……………………………………………………………………………… 559
    5.1 学科发展目标 ………………………………………………………………………… 559
    5.2 学科发展趋势 ………………………………………………………………………… 560
参考文献 ………………………………………………………………………………………… 561

## 第32章 生态文化研究进展 ………………………………………………………………………… 566
1 引言 …………………………………………………………………………………………… 566

2　国际生态文化研究起源与我国发展历程··········567
　　　　2.1　国际生态文化研究起源··········567
　　　　2.2　我国生态文化研究发展历程··········568
　　3　我国生态文化研究的主要成果··········570
　　　　3.1　民族生态文化研究··········570
　　　　3.2　区域生态文化研究··········573
　　　　3.3　不同类型生态系统的生态文化研究··········574
　　4　未来发展展望··········576
　　　　4.1　生态文化将在新时代生态文明建设、乡村振兴战略中扮演重要角色··········576
　　　　4.2　我国生态文化将在国际交流间不断丰富，不断走向世界··········577
　　　　4.3　不同类型、不同区域生态文化发掘与保护将得到快速发展··········577
　　　　4.4　多学科交叉将是生态文化未来深化研究的重要趋势··········577
　　参考文献··········577

## 第33章　分子生态与生态基因组学研究进展
　　1　引言··········582
　　2　学科40年发展历程··········583
　　3　研究现状和重要发现··········584
　　　　3.1　表型可塑性的生态基因组学··········584
　　　　3.2　行为反应的生态基因组学··········586
　　　　3.3　环境适应的生态基因组学··········587
　　4　国际背景··········592
　　5　发展趋势及展望··········593
　　参考文献··········594

## 第34章　化学生态学研究进展
　　1　引言··········600
　　2　学科40年发展历程··········600
　　3　研究现状··········602
　　　　3.1　化学信息及其感受机理研究··········602
　　　　3.2　昆虫信息素研究··········603
　　　　3.3　植物与昆虫的关系··········604
　　　　3.4　植物诱导抗性··········606
　　　　3.5　三级营养关系··········607
　　　　3.6　植物化感作用··········607
　　　　3.7　海洋化学生态学··········608
　　　　3.8　本学科在学术建制、人才培养、基础研究平台等方面的进展··········609
　　4　国际背景··········610
　　5　发展趋势及展望··········610
　　参考文献··········611

## 第35章　稳定同位素生态学研究进展
　　1　引言··········615

## 2 中国稳定同位素生态学研究进展······616
### 2.1 生态学和地球化学过程同位素分馏机制研究······616
### 2.2 稳定同位素探测技术与分子生态学研究······618
### 2.3 植物碳代谢、土壤碳转化及生态系统碳循环研究······618
### 2.4 植物氮素利用与生态系统氮循环过程研究······619
### 2.5 植物水分来源与利用效率及生态系统水通量拆分研究······620
### 2.6 动物食物来源与食物网结构及动物迁徙研究······621
### 2.7 全球变化的生态学效应研究······622
## 3 稳定同位素生态学研究发展趋势和未来研究方向······623
### 3.1 研究入侵物种足迹和生物多样性变化······624
### 3.2 追踪养分的生物地球化学循环过程······624
### 3.3 量化水文生态中水源的变化······624
### 3.4 评估全球和区域气候变化的长期效应······624
### 3.5 量化土地利用和覆盖变化对生态过程的影响······624
### 3.6 评价全球变化影响下的城市生态系统功能和服务······625
### 3.7 确定传染病的地理起源及传播媒介的移动······625
## 4 中国稳定同位素生态学未来研究的策略建议······625
参考文献······626

# 第36章 生态遥感研究进展······632
## 1 引言······632
## 2 生态遥感40年发展历程······632
## 3 研究现状······634
### 3.1 土地覆被······634
### 3.2 生态参数······635
### 3.3 生态评估······636
### 3.4 学科建设······637
## 4 国际背景······638
## 5 发展趋势及展望······639
参考文献······640

# 第37章 长期生态研究进展······642
## 1 引言······642
## 2 学科40年发展历程······642
### 2.1 我国长期生态研究的发展历程······642
### 2.2 中国长期生态研究的主要手段和发展过程······643
## 3 研究现状······646
### 3.1 长期生态研究的青年人才队伍正在稳步壮大······646
### 3.2 揭示了中国典型生态系统生产力长期动态及形成机制······646
### 3.3 探讨了长期模拟氮沉降对生态系统结构和功能的影响······647
### 3.4 基于森林大样地长期观测数据，探讨生物多样性与生态系统功能的关系······648

| | | |
|---|---|---|
| 3.5 | 基于长期观测数据，阐明了亚热带成熟森林的固碳过程与机制 | 649 |
| 3.6 | 基于长期联网通量观测数据，发现亚热带森林是可比拟北美森林的重要碳汇 | 649 |
| 4 | 国际背景 | 650 |
| 5 | 发展趋势及展望 | 652 |
| | 5.1 结合多种观测途径的长期数据，联网式揭示生态系统各组分间的相互作用关系 | 652 |
| | 5.2 利用积累的长期联网观测数据，验证和发展具有自主产权的生态模型 | 652 |
| | 5.3 发展适合生态系统联网观测的新概念体系和新技术，拓展长期生态研究的深度和广度 | 653 |
| | 5.4 开展跨类型、跨区域的联网研究或综合性集成研究 | 653 |
| | 参考文献 | 653 |

## 第 38 章　黄土高原生态学研究进展 657

1 引言 657
2 黄土高原 40 年生态学研究主要进展 657
　2.1 区域气候及土地利用变化 657
　2.2 土壤水分与养分研究 658
　2.3 植被生态研究 661
　2.4 群落及生物多样性研究 662
　2.5 水文生态研究 663
　2.6 生态系统服务研究 665
　2.7 区域生态修复、治理及其可持续性 666
3 研究展望 667
　3.1 生态水文和水文生态的研究仍然是基础性科学问题 667
　3.2 生态系统结构、过程、功能与服务的级联关系和优化调控 668
　3.3 区域复合生态系统动力学研究 668
参考文献 668

## 第 39 章　喀斯特生态研究进展 671

1 引言 671
2 国内外喀斯特生态研究概况 671
3 喀斯特区特殊性及其生态脆弱性 672
4 喀斯特生态研究特点 673
5 喀斯特生态研究主要进展 674
　5.1 喀斯特生态系统退化机制及人为干扰成因 674
　5.2 喀斯特生态系统关键生源要素循环过程 674
　5.3 岩溶风化成土及土壤养分过程 675
　5.4 喀斯特作用的碳汇效应 675
　5.5 喀斯特地表-地下水文过程 676
　5.6 喀斯特地上-地下二元水土流失/漏失过程与形成机制 676
　5.7 喀斯特生境植被适生机制 677
　5.8 喀斯特生态修复 677

|  |  | 5.9 喀斯特生态治理助力区域脱贫攻坚 | 678 |
|  |  | 5.10 喀斯特景观保护与生态系统服务 | 679 |
|  | 6 | 喀斯特生态研究存在问题 | 680 |
|  | 7 | 未来研究展望 | 680 |
|  | 参考文献 | | 682 |

## 第40章 西北干旱区生态系统研究进展 · 686

1 引言 · 686
2 西北干旱区生态系统的研究历程概况 · 686
3 西北干旱区生态系统恢复 · 687
    3.1 西北干旱区气候变化 · 687
    3.2 西北干旱区土地退化与荒漠化防治 · 687
4 西北干旱区生态系统的研究进展 · 688
    4.1 西北干旱区生态系统群落结构组成和动态变化 · 688
    4.2 西北干旱区生态系统的功能与物质能量流动 · 690
5 西北干旱区生态系统研究发展趋势 · 693
    5.1 生态系统结构与功能服务间的相互作用机理 · 693
    5.2 西北干旱区生态系统营养元素和水循环对全球气候变化的响应和反馈机制 · 696
参考文献 · 697

## 第41章 青藏高原生态学研究进展 · 706

1 引言 · 706
2 青藏高原生态学40年发展历程 · 706
    2.1 青藏高原生态学萌芽、建立时期（20世纪70年代之前） · 706
    2.2 现代青藏高原生态学时期（20世纪70年代至今） · 708
3 40年来青藏高原生态学研究热点词汇分析 · 709
    3.1 论文数量、出版机构和期刊的概述 · 709
    3.2 青藏高原生态学研究生态研究的知识结构 · 710
    3.3 青藏高原生态学研究不同时期热点关键词 · 710
4 近年来青藏高原生态学研究现状及进展 · 711
    4.1 青藏高原生物多样性形成和维持机制 · 711
    4.2 青藏高原生态系统对全球变化的响应及反馈 · 712
    4.3 青藏高原受损生态系统形成原因及恢复机理 · 714
    4.4 青藏高原生态系统功能维持机制 · 716
    4.5 青藏高原放牧生态系统可持续管理 · 718
5 青藏高原生态研究发展趋势 · 720
    5.1 青藏高原生态学研究特点与存在的问题 · 720
    5.2 青藏高原生态学研究发展趋势 · 721
参考文献 · 722

# 第1章 理论生态学研究进展

## 1 引 言

作为一门科学的生态学，其主要研究对象就是自然界中各种类型的生物在分布、多度和动态等方面所表现出来的规律或模式（MacArthur，1972）。例如，陆地群落的物种多样性经常都表现出从赤道向两极逐渐减少的趋势，而局域群落内物种的相对多度分布则通常近似于对数正态分布的形式等。生态学研究这些自然模式是怎样产生的？它们又怎样在时间和空间上发生改变？以及为什么一些模式比其他模式更稳健（robust）？由于自然系统的极端复杂性，从大量的观察描述中识别模式经常是生态学家所面临的非常困难的挑战，但更重要的是，我们需要理解这些自然模式是怎样产生的，或者说，是哪些生物学和生态学过程导致了我们所观察到的模式，这是摆在理论生态学家面前的一个重要任务（Roughgarden et al.，1989；张大勇，2000）。

人们常常把理论生态学与生态学理论混为一谈，严格意义上讲这并不恰当。就像实验生态学不同于生态学实验一样，理论生态学也并不等同于生态学理论。按照研究对象，生态学可细分为植物生态学、动物生态学、微生物生态学等；按照组织层次，生态学可分为种群生态学、群落生态学、景观生态学、全球生态学。按照研究途径，生态学可分为理论生态学、经验生态学（包括野外观察、控制实验等）（Haller，2014）。经验生态学从现实世界观察到的现象中收集数据、分析数据，包括纯粹的野外调查以及室内假说驱动的实验研究，而理论生态学则探求各种理论上的可能性，使用的工具一般为数学模型或数值模拟。所以，与理论生态学对应的是经验生态学而不是应用生态学。

理论生态学是生态学研究的一种途径，其目标是得到对自然生态现象的科学认识，即形成生态学理论。或者说，理论生态学是手段，生态学理论是目的。理论研究是建立在逻辑推理基础之上而展开的，目标是形成假说以解释观察到的模式或做出可被检验的预测，是任何一门科学都不可或缺的一种研究途径（Roughgarden et al.，1989；张大勇，2000）。即使最狂热的经验工作者也必然是某种意义上的理论工作者，因为自然生态系统中生物与生物和生物与环境之间的相互作用不可能都被测度，必须有所取舍。选择关注哪些并忽略哪些过程就代表着在头脑中对模式起因已初步形成了假说。理论研究就是探讨各种可能的模式产生机制（Roughgarden et al.，1989）。

### 1.1 理论与模型

很多人对模型和理论并不加区分，这种情形不只发生在生态学领域也包括许多其他科学领域。但模型和理论并不是一回事（Marquet et al.，2014）。每个理论都是由一组假设条件和在这些假设条件基础上经过逻辑推理得出的一些推论（预测）所构成的，即理论必定是演绎的。通过统计学分析，人们可以识别出各种各样的生态学模式，而且新模式经常可带来新的理论进展，但通过归纳方法总结出来的模式本身并不是理论；类似地，统计分析和模型拟合等也同样不属于理论研究，尽管一些生态学家把统计回归模型也看成是一个理论建构（Peters，1991）。

虽然逻辑推理不一定非得借助于数学模型（例如，有史以来最伟大的生物学家达尔文在《物种起源》一书中就没有使用任何数学公式），但为了保证逻辑推理的准确性和便于理论深入拓展，数学模型往往必不可少。模型能够帮助人们正确推导假设条件的逻辑后果，是理论化（theorizing）的有力工具。而且，建立模型还有一个很大的好处就是可以强迫人们把各种假设条件都明确梳理出来，避免语言描述和推理所带来的模棱两可、含混不清，因而使生态学理论的适用范围更加明确（Roughgarden et al.，1989）。构建模型的目的是帮助我们理解生态学现象，或解决具体的生态学问题（例如营养添加对湖泊生态系统的作用），或探讨放松理论某一假设的后果（例如在中性群落理论中纳入阿利氏效应）（Zhou and Zhang，2006）。模型是逻辑推理正确的有力保障，一个理论的各种假设条件往往有许多，推导其不同组合的逻辑后果需要构建不同的模型，所以同一理论经常包括多个模型（Marquet et al.，2014）。

早在50多年前Richard Levins（1966）就指出，任何模型的建立都无法在一般性、现实性以及精确性这三个维度上同时实现最大化，建模时牺牲哪个维度上的指标应根据不同研究目的而进行取舍。牺牲一般性的模型往往都是复杂模型，典型的例子就是针对某一具体生态系统所建立的详细模型。由于计算能力的飞速提高，生态学家开始大量使用计算机模拟技术来求解越来越复杂的数学模型，使得生态学在实验设计、数据采集与处理、生态学系统的建模与分析等各个方面都取得了长足进步，但也带来了一些值得注意的问题（May and MacLean，2007）。复杂模型的计算机求解只能给出数值模拟的结果，与传统的应用数学及理论物理分析方法得出的解析结果相比，其所能提供的洞见常常很有限。毕竟，所有模型都是对复杂自然界的抽象、简化，太过详尽的复杂模型往往包含了许多无法测量的变量和无法外推的细节。Levins自己倾向于使用简单模型，即牺牲模型的精确性（无法给出定量预测）而强调模型的通用性和现实性。随着生态学整体发展趋势变得越来越定量化，Levins代表的这种传统建模策略也开始逐渐走下坡路。所以，毫不奇怪，近些年又兴起了牺牲现实性而强调通用性（不含太多生物学细节的模型适用范围更广泛）和精确性（简单模型往往能够给出数学上的解析解）的第三条建模途径（Kendall，2015）。然而，任何一个科学理论都不可能过于脱离现实性，否则其生命力不会很长久。正如Kendall（2015）所概括的那样，在传统的简单模型中增加一点现实的生物学细节往往能够给出意想不到的新见解。

当代理论生态学的一个主要标志就是高度依赖数学模型和计算机模拟等数学分析工具。从这个意义上，理论生态学可以看成是数学生态学的一个子集，因为数学生态学还包括大量的对自然生态现象的数学描述与概括。由于生态学系统的极端复杂性，从嘈杂的观察数据中识别生态模式经常是生态学家所面临的非常困难的挑战，往往需要借助数学和统计学方面的知识（皮洛，1978）。例如在群落生态学中，人们已经提出并使用了大量的多元统计分析技术来对生物群落进行分类与排序。但从本质上讲，这些工作属于用简单方式描述复杂系统的这样一个范畴，一般并不把它们归属到理论生态学的范畴。

## 1.2 理论生态学：从过程出发

首先去观察，然后识别模式，再对观察到的模式提出机理性的理论解释。这种从模式（观察）到过程（理论）的研究途径是所有科学所共同拥有的属性，生态学也不例外。但是，如果生态学理论的发展只能来源于这样的"执果索因"，那么理论生态学就不足以被当成一个单独的生态学分支；或者说，理论研究在生态学中只能居于从属地位，并不能引领生态学的发展。近年来，人们开始反思"从模式到过程"的单向思维是否阻碍了生态学家找到自己的统一理论。例如，Roughgarden（2009）提出，群落生态学家应该借鉴种群遗传学从过程到模式的研究思路，即从群落构建所包含的基本生态过程出发来建立统一的群落生态学理论框架。Vellend（2010）将Roughgarden倡导的"由因导果"的研究路径进一步细化，提出了一个综合的、仅包含了四类基本过程（即选择、漂变、成种、扩散）的群落生态学理论框架。按照Vellend的观点，人们所观察到的各式各样的群落模式都是这四个基本过程作用的结果，只是在不同群落模式中它们的相对重要性不同而已。实际上，20世纪20~60年代蓬勃发展的种群生态学研究就是从决定种群动态的基本过程（即出生、死亡、迁入、迁出）出发，建立相应的种群动态模型，做出可供检验的理论预测，并与我们的野外实际观测相联系（Gotelli，2008）。这种从过程到模式的"由因导果"意味着理论生态学在生态学的发展中不再是配角，而是起引领作用的主角。

虽然生态学是一门扎根于野外自然史观察的经验学科，新观察、新发现能一时刺激人们开展更多的相似工作，但理论、概念、模型才是生态学成熟与发展的真正要素。生态学家应该像物理学家那样努力去概括、总结出一般性的基本原理，然后基于这些基本原理来构建生态学理论大厦（Donhauser，2019）。当然，生态学系统确实比物理学系统具有更高的复杂性、偶然性、变异性，但生态学家（Sagoff，2016）不能以此为借口而抗拒发展普适性的生态学理论；实际上，也已经有一些初步的尝试（Pasztor et al.，2016）试图搭建整个生态学科的理论框架。我们有理由相信，假以时日，生态学最终也会发展成为像物理学那样的成熟科学。

## 2 理论生态学的发展历程

如上所述，理论生态学的发展与生态学理论的发展实际上是密不可分的。今天的理论生态学已经发展成一个独立的分支学科（May and Mac Lean，2007），横跨了生态学的各个分支领域：从个体（或个体群）的生理和行为到种群动态和群落生态学，又一直到生态系统生态学和整个生物圈的地化循环。

### 2.1 理论生态学的形成时期（1859~1960年）

众所周知，达尔文是有史以来最伟大的生物学家，他不仅提出了生物进化论，而且在其《物种起源》一书第三章中还奠定了现代生态学基础。1859年，达尔文在提出自然选择理论时，学术界对遗传机制还缺乏正确的认识，直到1900年孟德尔定律被重新发现。20世纪20~30年代，英国的Ronald Fisher和John Haldane以及美国的Sewall Wright所建立的种群遗传学理论把孟德尔遗传学和达尔文自然选择理论有机地融合在一起，但对当时的大多数生物学家并未产生足够的影响。原因包括：①它们是用大多数生物学家感到难于理解的数学语言来表达的；②它们是纯理论的，实际验证几乎没有；③它们忽略了很多对进化学家来说是非常重要的问题，如物种分化。种群遗传学对孟德尔遗传机制的各种数量后果进行了深入的理论分析，但与生态学的联系则很薄弱；这种状况一直持续到20世纪中叶"综合进化论"的出现。

20世纪20~30年代是理论生态学得以迅速发展的一个时期，尤其是关于单种群动态和两种群相互作用的模型工作。在此期间，Pearl重新发现了比利时数学家Verhulst的单种群增长逻辑斯谛模型；Lotka和Volterra发展了种间竞争和捕食与被捕食理论，指出了捕食者-猎物系统存在着固有的震荡倾向。这些理论研究的成果刺激了其后在室内开展的实验研究。由于实验生物通常可以在很小的容器内进行培养，所以这些工作常被称为"奶瓶实验"（Roughgarden et al.，1989）。奶瓶实验与理论研究一起又推动了野外生态学工作的开展（Kingsland，1985）。可以说，在20世纪上半叶，关于种群动态的理论研究在整个生态学发展中都起到了引领作用。Scudo和Ziegler（1978）把1923~1940年这段时期称为"理论生态学的黄金时代"。

进入20世纪60年代以后，生态学和进化生物学都发展非常迅速，二者又开始像在达尔文身上曾经发生过的那样有机地结合在一起，极大地促进了生态学的发展，代表人物有Hamilton（1964）、Hutchinson（1965）、Williams（1966）、Maynard（1972，1982）、MacArthur和Wilson（1967）等。生态学家越来越强烈地意识到和进化生物学结合的必要性，而进化生物学也由于和生态学的紧密结合获得了新的活力。但在生态系统水平，生态与进化的结合还很少。有机体的适应性特征肯定在许多方面影响着生态系统过程，而生态系统背景则框定了有机体进化的方向性与可能性。没有进化和历史的观点，人们将很难深刻理解和认识生物多样性的形成与维持机制及其生态系统功能。

与之前种群动态理论研究所带来的对实验室种群的重视不同，Evelyn Hutchinson（1965）和他的学生Robert MacArthur（1972）（MacArthur and Wilson，1967）更关注野外自然群落；他们把许多群落生态学问题用更为清晰的解析方式进行了重构，如：共存物种的极限相似性是多少？什么因素决定了一个岛屿上物种的数量？这个物种数是否依赖于岛屿的面积与隔离度？关于种群密度调节的争论则被更精确的动力学问题所取代：为什么有些种群大小能够保持稳定，有些种群大小有规律的周期变动，而另一部分种群大小则杂乱无章地剧烈变化？导致群落内物种相对多度模式的内在机制是什么？食物网的复杂性与其抵抗人为或自然扰动的能力之间有什么样关系？这些理论问题的提出与解决极大地推动了生态学从描述向机理的转变，生态学也开始真正成为一门科学（MacArthur，1972）。

## 2.2 进化生态学派与系统生态学派

Robert MacArthur 和 Eugene Odum 可以被看作为 20 世纪中期（理论）生态学两个学派的领军人物（Stenseth，1984）；这两个学派都广泛应用数学模型工具，但还是有明显区别。MacArthur 学派（即进化生态学派；MacArthur and Wilson，1967；MacArthur，1972）侧重于研究较小等级的生态学系统（个体、种群、群落），主要使用简单数学模型，并且利用实验室和野外的自然史观察作为模型和理论发展的基础。而 Odum 学派（即系统生态学派；Odum，1969，1977；Odum and Barrett，2005）则侧重于较大等级的生态学系统（生态系统、景观、生物圈），往往采用非常复杂的数学模型，并相对来说和自然史观察结合得不够紧密。MacArthur 学派站在达尔文进化论的立场上并和进化生物学紧密融合为一体，而 Odum（1969，1977；Odum and Barrett，2005）学派则把生态系统看作为一个"超有机体"，盖亚假说，认为地球生命作为一个整体与环境的相互作用将会导致环境更加适合生命整体的生存就是这种"超有机体"思想近期的一个极端代表（Lovelock，1979）。根据达尔文的进化学说，生物群落或者生态系统不能比拟为一个有机体，因为有机体各个细胞或者器官之间能够很好合作的基础是它们在遗传上完全等同（都是由同一个受精卵经有丝分裂而来），而在一个生态系统中的各个物种却没有这种遗传等同性，不可能像有机体中的细胞或器官那样为了共同目标而相互合作甚至做出自我牺牲。有机体可以通过自然选择的作用而改善自体调节功能以增加适合度，但物种之间无法为了整个系统的利益而相互合作并导致生态系统水平上的自体调节功能（Dawkins，1982）。最近，Lenton 等（2018）以及 Doolittle（2019）则对 Dawkins 观点提出了不同的看法，认为只考虑存活的自然选择过程完全可以导致盖亚（其并不具有生殖功能）的产生。

许多人对以 Odum 为代表的生态系统生态学有一种错误的刻板印象，即它很枯燥不吸引人。与生态学其他分支领域相比，生态系统生态学包含了更多的化学、物理学和数学并且需要熟悉大量的有关营养循环和能量动力学的生涩词汇，而更迷人的各类有机体的生物学特征却基本被忽略了。近年来，这种刻板印象已被在生态系统生态学领域内的若干重要理论进展所打破（Szathmary and Jordan，2019）。当前，生态系统生态学理论主要有两个：一个是较为传统的建立在热力学第二定律基础上的生态系统能量学理论；另一个则是相对新兴的生态系统化学计量学理论（Sterner and Elser，2002）。Burke 和 Lauenroth（2011）则试图用净生态系统碳平衡（net ecosystem carbon balance）这个过程来整合生态系统能量学和化学计量学理论，以形成一个关于生态系统结构与功能的统一理论。生态系统是能量开放的系统，通过光合作用过程储存能量于碳—碳键以对抗熵增。几乎所有的有机体及其相互作用可利用的能量都是由这些碳—碳键提供的。自养和异养生物均依赖于这些化合物释放的代谢能，所以还原碳化合物净生产的时空格局是生态系统，乃至于整个生物圈，最重要的属性，它决定了营养动力学、所有具有生物活性的元素的循环以及氧化、温度、酸度等关键理化条件的分布。因此，碳平衡可作为生态系统能量和物质流通的"硬通货"，以此为纽带而建立起的生态系统理论能够帮助我们更好地理解生态系统结构与功能，是生态系统理论生态学的一个重要的发展方向。

传统上理论生态学的标签主要贴在 MacArthur 学派的身上。在 20 世纪 70 年代，以 Robert May 为首的理论生态学家揭示了确定性的单种群动态方程可以产生极为复杂的系统行为（类似于随机噪声），极大地加深了人们对非线性系统动力学行为的理解和认识。种群动态的混沌现象外表上看似乎完全是随机波动的，但其实质仍是密度制约的结果；事实上，可能正是过强的密度制约能力才导致了混沌。混沌现象意味着系统的动态变化对初始条件极为敏感，因而无法对系统行为进行长期预测。这个理论研究成果极大地丰富了我们对种群调节机制的认识。显然，模型在这里发挥的作用并不是给出具体的、马上就可以验证的理论预测，而是一种说理性模型，其给出的结论能够定性加深我们对自然界的理解（Servedio et al.，2014）。高度抽象的说理模型能说明什么是可能发生的、什么是不可能发生的。如果在说理模型中加入一点现实的生物学细节可以把它们转变成预测模型，例如纳入了更多细节的结构化种群模型不仅能对种群动态能够提供更多的定性说明，而且能够做出可与种群动态时间序列数据相联系的定量预测（Kendall，2015），甚至可以带来一些具有普遍意义的全新认识，例如明确考虑资源动态后消费者种群动态可产生所谓的生物量超补偿现象（De Roos and Persson，2013）。

## 2.3 理论生态学的重要专著

1976年，Robert May 主编出版了世界上第一部理论生态学专著，其后在1981年和2007年分别出版了第二版和第三版，极大地推动了理论生态学的发展。美国普林斯顿大学出版社的《种群生物学专论》系列丛书，从1967年MacArthur与Wilson编写的《岛屿生物地理学》开始，迄今已经出版了61卷，涵盖了从种群遗传学、个体行为、种群与群落生态学再到生态系统生态学和全球生态学等多个领域的理论性探讨。1989年，Jonathan Roughgarden，Robert May 以及 Simon Levin 主编出版了 *Perspectives in Ecological Theory* 一书（Roughgarden et al.，1989），对理论生态学当时的进展进行了全面回顾并展望了未来发展趋势。最新的理论生态学重要专著有 Scheiner 和 Willig（2011）主编的 *The Theory of Ecology*，内容包括觅食理论、生态位理论、单物种与多物种的种群动态、集合群落的理论基础、演替理论的适用范围与论点、生物地理学平衡理论、生态系统生态学理论、生态学梯度理论及生物地理学梯度理论等。Pasztor 等人（2016）编写的 *Theory-Based Ecology: A Darwinian Approach* 代表了理论生态学家试图从种群生物学角度构造生态学完整统一的理论框架的最新尝试，但其对于生态系统生态学的理论探索还相对薄弱。生态动态和进化动态经常发生在同一时间尺度上，这个事实现在已被人们普遍接受。Hendry（2017）的专著对生态-进化动态进行了全面回顾，并对未来发展方向进行了展望；在这个领域最新的工作是把生态位构建理论和协同进化的地理马赛克理论与生态系统过程整合在一起，探讨生态-进化反馈动态（Govaert et al.，2019）。

# 3 研究现状：当代理论生态学的若干重要议题

自20世纪初至今，理论生态学已发展成为生态学研究的重要领域，为很多生态学核心问题提供了全新认知，比如物种共存、群落构建、复杂性-稳定性关系、多样性-生态系统功能等。近年来理论生态学稳健发展，北美和欧洲的很多生态学研究单位都有至少一位从事理论生态学研究的教授。一些研究所则以理论生态学为重要研究方向，比如美国国家数学与生物整合研究所（National Institute for Mathematical & Biological Synthesis）、美国圣塔菲研究所（Sante Fe Institute）、法国科学院生物多样性理论与模型中心（Center for Biodiversity Theory & Modeling, CNRS）等。相比而言，国内从事理论生态学研究的人员严重不足，零星分布于高校以及中国科学院的一些研究机构。

近期理论生态学的发展，得益于数学和统计物理领域的新理论进展，以及与经验方法的结合。一方面，很多具有数理背景的学者关注生态学问题，将数学、统计学、物理、复杂系统等领域的研究方法引入到生态学研究。另一方面，生态学观测和实验技术的迅速发展（如 Lidar，DNA barcoding 等），使得生态学数据快速积累（张健，2017）。新的统计和机器学习算法不断发展，增进了我们对生态学数据及其内在过程的理解和参数化。通过将新的经验认识与数理工具结合，生态学理论的实用性和预测力都有了显著提升。由于理论生态学进展贯穿于生态学领域的方方面面，我们在下面仅选择一些当前比较活跃的（尤其是在我国有较好基础的）研究主题做简单介绍。

### 3.1 合作行为的进化机制

自达尔文以来，合作行为的进化机制一直是进化生物学家长期困惑不解的问题（Nowak，2006）。亲缘选择理论（Hamilton，1964）很好地解释了具有亲缘关系个体间的合作，但不适用于非亲缘个体。Trivers（1971）以囚徒困境博弈为基础深入地分析了自然选择是否能够导致非亲缘个体间的合作。囚徒困境博弈是检验个体间合作行为最重要的理论模型，也可以说是检验合作行为进化机制的"黄金"标准。理论的研究已表明，在经典囚徒困境博弈中合作者将最终会被背叛者所取代，即背叛策略是唯一的纳什均衡，即自然选择不可能简单地导致合作。经典囚徒困境博弈的一个扩展是所谓的公共品博弈（public goods game，PGG；Kagel and Roth，1995）（也称多人囚徒困境博弈）。

进入 21 世纪以来，以囚徒困境博弈为基础的合作行为研究发展迅速。Nowak 等（2007）将合作行为的演化归纳为五个可能的机制：亲缘选择、直接互惠（direct reciprocity）、间接互惠、图（网络）选择（graph selection）、群（体）选择。而随着对合作行为更深入的认识，激励机制（incentive）（包括惩罚激励和奖励激励）对合作行为演化的影响成为当前人们普遍感兴趣的问题。激励机制（惩罚和奖励）对于合作行为的促进作用似乎是一个显而易见的事实，特别是在人类的经济和社会行为中，激励的作用几乎无处不在。部分已有的理论和实验研究表明在囚徒困境和 PGG 博弈中有代价惩罚（costly punishment）能够促进合作（Fehr and Gaechter，2000）。所谓有代价惩罚是指在博弈的过程中，博弈的参与者可以根据其对手的表现来决定是否对对手实施一定的惩罚措施，但是这种惩罚是有代价的，即在你惩罚对手时，你自身的利益也要受到一定的损失。Dreber 等（2008）应用实验博弈的方法研究了在囚徒困境博弈中有代价惩罚的作用，认为有代价惩罚能够有效促进合作。我国学者 Wu 等（2009）对上述实验进行了重复，但发现有代价惩罚并不总是促进合作，这说明在囚徒困境博弈中所谓惩罚的效应还依赖于其他的因素。Rand 等（2009）研究了在 PGG 博弈中自主激励（peer incentives）（包括惩罚和奖励激励）对于合作行为的促进作用。然而在自然界及人类社会中制度性激励（institutional incentive）可能比自主激励的作用更为重要。Wu 等（2014）将制度性激励引入 PGG 博弈中，并通过分析制度性激励对合作行为的激励作用发现，模仿群体中大多数个体的行为是规避和稀释风险的有效对策。

激励机制的本质是期望个体通过对奖励或惩罚后果的理性判断来决定它们自身的行为。但是当博弈的规则较为复杂时，个体间理性判断能力的差别会对博弈的结局产生深刻的影响。Bear 和 Rand（2016）认为，认知局限对于个体的合作行为具有重要影响，他们依据认知心理学领域中被广泛认可的双重加工理论构建模型，将个体在合作行为中的策略选择与直觉（intuition）和深思熟虑（deliberation）这两种认知过程相结合，认为个体认知能力的不同决定了其策略的选择，并成功的解释了此前研究中所观察到的个体的策略选择与思考时间之间的相关性。此外，近年来通过进化博弈理论与经济学、社会学的交叉研究，一系列针对社会公平、贫富差距、等级地位差异等社会问题下人类合作行为的研究成果（Rand et al.，2013；Hauser et al.，2016）表明，合作行为的进化生物学研究不仅具有重要的理论进化生物学意义，还有着极为明确的应用价值，能够切实地帮助我们应对当今社会中存在的某些迫切需要解决的问题和矛盾，具有广阔的发展前景。

### 3.2 种群动态与进化动态的整合

种群统计参数（出生率、死亡率、迁移率等）并非一成不变，在不同的环境条件下有可能发生适应性变化。个体的出生与死亡过程不仅影响了种群动态同时也决定了种群内的基因频率和基因型频率，即生态影响了进化。但反过来，进化如何影响生态却只在近年来才引起生态学家的关注（Lankau，2011；

Schoener，2011）。造成这种状况的一个重要原因可能是：在人们传统观念中，进化总是一个非常缓慢的过程，与生态不在同一个时间尺度上。许多性状的进化确实都非常缓慢，经常需要数十万年甚至更多的时间，但也有许多我们能肉眼观察到的自然选择，即快速进化。如果适应性选择确实能在较少的世代时间内发生，那么进化也可以反过来决定生态动态。因而毫不奇怪，生态和进化的双向相互影响——即生态-进化动态（eco-evolutionary dynamics）——很自然地成为了近年来生态学领域的前沿热点，已经开展了大量的理论模型、室内实验和野外观测工作（Koch et al.，2014；Hendry，2017）。

性比率是影响种群动态的一个重要参数，但在早期的种群动态模型中一般都假定为1∶1。Zhang等（2004）在研究物种竞争共存问题时放松了这个假设，并得出"生态学完全相同的物种能够稳定共存"的重要结论，对经典的竞争排斥原理发出了挑战（Zhang and Jiang，1995）。另外，传统的种间竞争模型还隐含地假设了生物个体在空间上是均匀分布的，但自然界中绝大多数的植物和动物均表现为聚集分布。因为聚集分布使得个体间的相互作用更倾向于发生在同种个体之间，以至于种内竞争强度大于种间竞争强度，促进了物种的共存（Hanski，1981）。空间聚集对于寄主-寄生、捕食-被捕食和竞争者系统都有深远的影响，较强的聚集程度通常会使系统更趋于稳定（Hassell and May，1985）。由于空间聚集性是种群内个体运动的产物，所以Hassell和May（1985）认为，考虑到聚集性的种群动态理论最终有可能把行为生态学和种群生态学有机地整合在一起。关于进化如何影响物种竞争共存和捕食与猎物系统稳定的研究是近期非常活跃的一个研究方向（Hart et al.，2019；Leibold et al.，2019；McPeek，2019；Scheuerl et al.，2019）。

### 3.3 食物网结构与动态

食物网刻画了生态系统中不同物种间的捕食关系，是生态系统实现物质和能量传递的结构基础。Elton（1927）在《动物生态学》专著中，提出了一系列重要概念，如食物链、食物环、食物大小、生物量金字塔等，为理解生态系统结构奠定了基础。随后，Lindeman（1942）在对湖泊生态系统研究中，发展了能量流动框架图，指出营养动态是生态系统中种群和功能维持的基础。Lindeman的能量框架图揭示了能量在不同营养级间的传递（即能量金字塔），强调自下而上的调控作用。Hairston等（1960）提出了一个经典问题"世界为什么是绿色的？"，并通过顶级捕食者的营养级联作用给出了一种解释（不过"营养级联"这一术语20世纪80年代才由Robert Paine提出）。营养级联假说强调高营养级物种的自上而下调控作用，与Lindeman的自下而上观点相互补充。20世纪90年代，生态学家就营养级联作用展开了广泛讨论。这是由于自然生态系统中常见的杂食性，可改变能量传递路径和效率，从而削弱营养级联的作用（Polis and Strong，1996；McCann et al.，1998）。之后关于食物网的研究主要关注于整合结构、多样性、功能和稳定性（Pascual and Dunne，2006；Rooney and McCann，2012）。比如，利用数学和统计模型研究食物网中的环路结构和种间作用强度对稳定性的影响（De Ruiter et al.，1995；Neutel et al.，2002），发展食物网结构模型来理解群落构建过程与机制（Williams and Martinez，2000；Allesina et al.，2009），基于食物网动态模型研究网络结构如何影响生态系统的多样性和功能（Dunne et al.，2002；Thebault and Loreau，2003）。

### 3.4 生物多样性与生态系统功能

生物多样性丧失是当今最重大的全球性问题之一，理解和预测多样性丧失对生态系统功能和服务的影响具有重要意义。20世纪90年代以来，全球范围内开展了一系列草地和森林生物多样性实验，包括我国江西新岗山BEF-China森林物种多样性实验，结果表明物种多样性可以促进生态系统的生产力及其时间稳定性（Hector et al.，1999；Tilman et al.，2001；Isbell et al.，2015；Verheyen et al.，2016；Huang et al.，2018）。与此同时，理论生态学家利用群落和生态系统模型揭示了多样性对生态系统过程的作用机制。Tilman等（1997）基于资源竞争模型指出多样性对生产力作用的两种可能机制：抽样效应和生态位差异。

Loreau（1998）利用生态系统过程模型，进一步澄清了多样性可通过种间互补效应、互惠、抽样效应等方面提高资源利用效率，从而提高生态系统生产力。此外，理论生态学家也利用概率理论和群落动态模型，探究了多样性可能如何影响生态系统的时间稳定性，提出了公文包效应（portfolio effect）、保险效应、超产效应等假说（Yachi and Loreau，1999；Lehman and Tilman，2001；De Mazancourt et al.，2013）。

### 3.5 空间的重要性

生态系统是开放系统。关于空间过程如何影响种群和群落动态以及生态系统格局的尺度推移，一直是生态学家关心的问题。在利用螨虫实验研究捕食者和猎物共存问题中，Huffaker（1958）发现空间结构的复杂性对维持物种共存有重要作用。20世纪60年代，岛屿生物地理学和集合种群理论相继发展，阐明了物种扩散对种群和群落多样性维持的重要作用（MacArthur and Wilson，1967；Levins，1969）。这两个理论极大增进了我们对空间过程重要性的认识，为后续空间模型奠定了理论框架。一方面，Hubbell（2001）将种化过程和竞争作用引入岛屿生物地理学模型，提出了群落中性理论，为种多度格局和种面积关系做出了定量预测。很多学者对该理论做了重要拓展，包括将中性与生态位过程结合起来（Tilman，2004；Zhou and Zhang，2008）。最近，Gravel等（2011）将岛屿生物地理学推广至多营养级群落，发展了多营养级岛屿生物地理学理论（trophic theory of island biogeography）。另一方面，芬兰生态学家Ilkka Hanski对Levins集合种群模型做了重要扩展，特别是发展了关联函数模型（incidence function model）和集合种群承载力概念（metapopulation capacity），定量刻画了生境斑块大小和分布对种群维持的影响（Hanski et al.，1994；Hanski and Ovaskainen，2000）。近期，理论生态学家将集合种群理论推广至多物种群落，探讨空间过程如何影响群落构建和多样性、生态系统功能和稳定性（Leibold et al.，2004；Holyoak et al.，2005；Leibold and Chase，2017）。

生态学格局的尺度推移是另一重要问题（Levin，1992）。早在20世纪初，Arrhenius（1921）提出了"种面积关系"概念，用以研究物种数随面积变化的规律。随后生态学家研究了不同类群和地区的种面积关系，并利用统计和动态模型来揭示这一关系的影响机制（He and Legendre，1996；O'Dwyer and Green，2010）。种面积关系刻画了物种多样性的尺度推移，可用来预测生境破坏对物种多样性的影响，因而具有重要的保护生物学意义。近期研究提出了网络-面积关系（Brose et al.，2004；Galiana et al.，2018）、稳定性-面积关系（Wang et al.，2017）等概念，用以揭示了生态系统结构和稳定性的尺度推移规律，为预测生态系统对生境破坏的响应提供了新工具。

### 3.6 解析生态系统复杂性

虽然早期研究者对食物网做了大量理论研究，但这些研究多基于小网络模块，如食物链、似然竞争模块等。近期研究将目标转向复杂网络，直面自然生态系统的复杂性，试图理解其结构、多样性、功能等。Allesina和Tang（2012）拓展了May（1973）的经典结果，基于随机矩阵理论推导了不同网络结构（如食物网、互惠网络、竞争网络等）下的稳定性法则。Gellner和McCann（2016）从能量动力学角度，揭示了种间作用强度对复杂系统稳定性的影响，拓展了以往基于网络模块的结论（McCann et al.，1998）。Yan和Zhang（2014）利用复杂网络模型，研究了非单调种间作用对群落动态和多样性的影响。Zhao等（2016）分析了食物网内不同物种的灭绝对其他物种以及整个食物网的多样性维持的影响。近期研究利用复杂食物网模型探讨生物多样性与生态系统功能的关系，阐明了动物物种多样性和营养级多样性对生态系统生产力和生物量等的重要作用（Schneider et al.，2016；Wang and Brose，2018）。

此外，通过引入数学和统计物理学中的新方法，理论生态学家在定量理解复杂群落中的物种多样性方面取得了新进展。基于统计物理学中对无序系统（disordered system）的最新成果，Barbier等（2018）揭示了：在具有不同种间作用的复杂群落中，群落达到平衡时，其物种数和生态系统功能与稳定性都可由四个基本参数预测得到。Serván 等（2018）做了类似分析，并给出了平衡物种数的概率分布，从而为数据分析提供了可能。这些研究首次对复杂系统中的物种多样性给出了分析解，有望为群落多样性研究提供新的框架基础，而今后的一个重要挑战是如何将自然生态系统的网络结构纳入该模型框架（Wang，2018）。

## 4 发展趋势

受统计学（贝叶斯建模、机器学习等）和大数据（全基因组测序、地球生态系统卫星监测）新进展以及人与自然关系新认知的推动，生态学在过去40年里经历了快速发展（McCallen et al., 2019）。海量的数据和先进的统计学分析技术已经将生态学塑造成为一个数据驱动的交叉学科。例如，海底热泉及其伴生群落的发现改变了我们对生命起源、食物链的认识，并对探索地球之外有无生命的宇宙生物学产生了极大的影响；全基因组测序则改变了人们对种间杂交渐渗在物种进化中重要性的认识，动摇了传统的"生命之树"观念（Pennisi, 2016）。在生态学领域，新发现、新观察而带动研究工作兴起的实例很多，包括植物种间碳交换、酸雨、珊瑚白化、捕食者诱导猎物形态的改变，等等。尽管如此，这些新发现如果能够和理论架构（归纳总结、解释性假说、更宽泛理论等）结合，它们的价值和意义经常可以得到极大的提升。Marquet 等（2014）强调，大数据时代更需要生态学家发展高效的大理论，即从基本原理出发，用最少的参数做出大量的理论预测，这些预测可刺激人们进行实验或观察来进行检验。如果没有理论支撑，大数据将会在很大程度上失去其力量和有效性，人们将不得不仅依赖于统计相关性而进行简单的归纳分析。不管获得的数据量有多大，我们都不可能预测出生态学系统所有的结构与动态特征，因为生态系统组成成分多种多样，而且这些组分之间存在复杂多变的相互作用。简而言之，大数据时代更加呼唤生态学理论的发展。

生命系统（包括生态学系统）的高度复杂性和非线性不断地对数学提出新的要求。正如20世纪中物理和数学相互促进一样，生物学可能成为21世纪中最得益于数学、并推动数学发展的学科。物理学起始于实验研究，20世纪初以爱因斯坦为首的科学家将数学与物理学研究紧密结合，发展了理论物理学分支，极大地推动了现代物理学的发展。类似地，我们期待理论生态学可为生态学研究提供突破性思路和进展。2005年，美国能源部高级科学计算研究办公室组织撰写了一个报告，大力倡导开展生物学与数学结合的交叉领域研究（National Research Council, 2005；中译本：《数学与21世纪生物学》）。该报告深入研究数学与生物学的相互影响，展现数学在各级生物组织层次（分子、细胞、生物体、种群和生态系统）研究中的应用情况、机遇和挑战、未来方向等，目的是为支持生命科学相关数学研究的资助机构提供指南。虽然生物学与数学的早期结合主要是在宏观层次，比如种群生物学，但近年来随着计算和系统生物学的兴起（Szathmary and Jordan, 2019），数学在微观生物学中的重要作用也凸显出来。与此同时，理论生态学虽也在发展，但相比而言速度不如微观生物学。

在我国，近年来关于系统生物学的研究迅速发展，但关于理论生态学的研究仍不足且发展缓慢。在我国生态学整体快速发展的背景下，理论生态学的相对滞后可能会影响整体进程。因此，我们尤其建议鼓励和支持生态学与数学交叉的理论生态学研究。几个建议的未来发展方向如下：

（1）生态-进化模型。大量的工作业已表明，进化过程可在生态时间尺度上发生（Schoener, 2011）。因此，为了理解和预测生态系统动态，需建立生态-进化模型综合考虑自然选择与种群动态以及二者间反馈作用（Govaert et al., 2019）。早期的生态-进化动态研究主要集中在捕食者-猎物系统（Koch et al., 2014），而竞争者系统受到的关注相对较少（Lankau, 2011），虽然一些初步的工作表明在种间竞争中考虑进化过程的作用可能产生新的物种共存机制（Zhang et al., 2004；Vasseur et al., 2011）。考虑进化动态有可能会极大地改变我们对于物种多样性形成与维持机制的认识。快速进化可以从若干不同角度来增强等同化共存机制和稳定化共存机制（Chesson，2000），而且竞争者之间的协同进化能够使种群动态产生周期动荡，可提供全新的进化等同化和稳定化共存力量。同样，制订有效的生物多样性保护策略需要投入更多的时间和精力来揭示快速适应性进化对种群动态（Hanski，2012）和物种间相互作用（Hart et al.，2019；Leibold et al.，2019；McPeek，2019；Scheuerl et al.，2019）的影响以及在降低物种灭绝风险上的作用（Carlson et al.，2014；Diniz，2019）。

（2）高阶互作与物种多样性维持。以往物种共存机制研究大多基于两物种模型，并且发现如果只考虑二阶互作，随机互作的强度越大，群落内能够共存的物种数越少，导致群落的稳定性降低。那么，如果纳入三阶、四阶或者更为复杂的互作（Bairey et al.，2016），情况会是什么样呢？在多物种群落中，某个物种的出现可能影响其他物种间的关系，从而产生新的共存机制（Levine et al.，2017）。一方面，物种竞争可能存在非传递性。也就是说，即使 A 对 B 有竞争优势，且 B 对 C 有竞争优势，那么 A 对 C 不一定有竞争优势，而是 C 对 A 有优势。在这种情况下，任意两个物种都难以共存，但三个种可以共存（Gallien et al.，2017）。另一方面，物种之间可能存在高阶相互作用，即物种 A 的存在会改变物种 B 和 C 之间的关系。最近研究表明，考虑种间高阶作用，对理解草本植物的种群动态具有重要作用（Mayfield and Stouffer，2017）。通过扩展 Lotka-Voterra 模型，理论研究表明间接和高阶相互作用有助于维持群落多样性和稳定性（Bairey et al.，2016；Grilli et al.，2017）。

（3）生态复杂性理论。生态系统是复杂自适应系统（Levin，2003）。理解生态系统的结构和功能，可充分利用有关复杂系统研究的最新理论成果。复杂性科学被称为 21 世纪的科学，它的主要目的就是要揭示复杂系统的一些难以用现有科学方法解释的动力学行为。与传统的还原论方法不同，复杂系统理论强调用整体论和还原论相结合的方法去分析系统。目前，复杂系统理论还处于萌芽阶段，它可能孕育着一场新的系统学乃至整个传统科学方法的革命（Szathmary and Jordan，2019）。

（4）生物的共生与盖亚假说。达尔文"适者生存"的自然选择理论在长达一个多世纪里完全统治着人们对生物进化的理解，但 Margulis 等人提出的内共生学说（Gray，2017）使得人们意识到生物体的合作和相互依赖对进化的贡献也许超过了竞争。盖亚假说主张把地球看作各个部分互相关联的整体（就像一个超级有机体），认为地球生物通过反馈过程对地球气候和环境进行调控，从而造就适合生物自身持续生存的环境。但如何在自然选择框架内阐释盖亚的形成仍然是人们亟需解决的一个难题（Lenton et al.，2018）。Lenton 和 Latour（2018）认为现今地球已进入"人类世"，地球-生命自我调控系统也出现了"转型"，从无目的、无意识状态转变为具有（人类）自我意识的状态。在这样的盖亚地球内部，从个人行为到全球性地球工程计划，都是有意识的选择和行动，这就使得盖亚进入了一个全新的状态，作者称之为"盖亚 2.0"。考虑到人类行为的影响力和目的性，盖亚 2.0 概念可能成为促进全球可持续发展的有效认识框架。或者，我们也可以称之为理解人类世地球系统的新范式。

（5）大力发展生态学统一整合理论。由于研究对象的复杂性，也由于生态学本身发展的限制，当前生态学领域仍缺乏可以解释和预测不同尺度和层次的统一理论（Sagoff，2016），但生态学家们一直没有放弃这种努力，如"自疏定律"、系统生态学的"十分之一定律"、生态系统热力学定律等，以及近年来的代谢生态学、最大熵理论、中性理论等。生态学系统的复杂性、不定性、变异性都比物理学系统都高出很多，因而可能很难找到像物理学那样具本化的普遍成立的定律和预测性理论。但是，寻找生态学普遍规律或一般性原理不仅是生态科学自身发展的需要，而且解决当前人类所面临的各种环境问题也需要生态学家能够根据生态学原理在第一时间给出行动方案（Donhauser，2019）。

生态学过程发生在不同的尺度和组织层次。以往生态学理论大多适用于某一尺度和层次，近期理论研究尝试整合不同尺度和生态学层次，比如利用集合群落模型整合局部和区域尺度（Leibold et al.，2004），利用能量动力学模型整合种群动态和生态系统能流过程（Brose et al.，2006）。然而，当前生态学领域仍缺乏可以解释和预测不同尺度和层次的统一理论。在全球变化背景下，生态学的一个重要任务就是预测生态系统结构和功能的响应。然而，以往很多生态学理论（如生态位理论）虽能很好地解释某些生态格局，但预测力较弱，因此具有可预测性理论有重要意义。

　　近年来数据整合分析在生态学领域迅速发展，这为改进理论模型及其参数、增强其实用性和预测力提供了新的机会。比如，近期整合分析揭示了捕食作用强度对温度、捕食者和猎物的个体大小的依赖关系，并利用统计方法对相关参数做了估计（Rall et al.，2012；Fussmann et al.，2014）。通过将这些经验参数引入捕食者-猎物模型，研究者预测气候变暖将在一定范围内增强系统的稳定性，但过高的变暖可能引起捕食者灭绝，这些理论预测得到了实验数据的支持（Fussmann et al.，2014）。随着生态学观测和实验技术的快速发展，生态学理论将得到进一步发展。比如近期开展了一些实验研究，揭示了物种扩散的生物和非生物影响因素（Bestion et al.，2015；Fronhofer et al.，2015）。通过将这些经验认识引入空间模型，将有助于预测生境破坏对生态系统的多样性和功能的影响（Liao et al.，2017）。

## 参 考 文 献

张大勇. 2000. 理论生态学研究. 北京: 高等教育出版社.

张健. 2017. 大数据时代的生物多样性科学与宏生态学. 生物多样性, 25(4): 355-363.

Pillot E C. 1977. 数学生态学(卢泽愚译, 1988). 北京: 科学出版社.

Allesina S, Alonso D, Pascual M. 2008. A general model for food web structure. Science, 320(5876): 658-661.

Allesina S, Tang S. 2012. Stability criteria for complex ecosystems. Nature, 483(7388): 205-208.

Arrhenius O. 1921. Species and area. Journal of Ecology, 9(1): 95-99.

Bairey E, Kelsic E D, Kishony R. 2016. High-order species interactions shape ecosystem diversity. Nature communications, 7: 12285.

Barbier M, Arnoldi J F, Bunin G, et al. 2018. Generic assembly patterns in complex ecological communities. Proceedings of the National Academy of Sciences, 115(9): 2156-2161.

Bear A, Rand D G. 2016. Intuition, deliberation, and the evolution of cooperation. Proceedings of the National Academy of Sciences, 113(4): 936-941.

Bestion E, Clobert J, Cote J. 2015. Dispersal response to climate change: scaling down to intraspecific variation. Ecology Letters, 18(11): 1226-1233.

Brose U, Ostling A, Harrison K, et al. 2004. Unified spatial scaling of species and their trophic interactions. Nature, 428(6979): 167-171.

Brose U, Williams R J, Martinez N D. 2006. Allometric scaling enhances stability in complex food webs. Ecology Letters, 9(11): 1228-1236.

Burke I C, Lauenroth W K. 2011. Theory of ecosystem ecology. Pages 243-258 in Scheiner, S.M. & Willig, M.R. eds. The theory of ecology. Chicago: The University of Chicago Press.

Carlson S M, Cunningham C J, Westley P A H. 2014. Evolutionary rescue in a changing world. Trends in Ecology & Evolution, 29(3): 521-530.

Chesson P. 2000. Mechanisms of maintenance of species diversity. Annual Review of Ecology and Systematics, 31: 343-366.

Dawkins R. 1982. The extended phenotype. Oxford: Oxford University Press.

De Mazancourt C, Isbell F, Larocque A, et al. 2013. Predicting ecosystem stability from community composition and biodiversity. Ecology letters, 16(5): 617-625.

De Roos A M, Persson L. 2013. Population and community ecology of ontogenetic development. Princeton: Princeton University Press.

De Ruiter P C, Neutel A M, Moore J C. 1995. Energetics, patterns of interaction strengths, and stability in real ecosystems. Science,

269(5228): 1257-1260.

Diniz F J. 2019. A macroecological approach to evolutionary rescue and adaptation to climate change. Ecography, 42(6): 1124-1141.

Donhauser J. 2019. Informative ecologicalmodels without ecological forces. Synthese, 196, in press. https: //doi.org/10.1007/s11229-018-1859-8.

Doolittle W F. 2019. Making evolutionary sense of Gaia. Trends in ecology & evolution, 34, in press.

Dreber A, Rand D G, Fudenberg D, et al. 2008. Winners don't punish. Nature, 452(7185): 348-351.

Dunne J A, Williams R J, Martinez N D. 2002. Network structure and biodiversity loss in food webs: robustness increases with connectance. Ecology letters, 5(4): 558-567.

Elton C S. 1927. Animal Ecology. London: Sidgwick and Jackson.

Fehr E, Gaechter S. 2000. Cooperation and punishment in public goods experiments. American Economic Review, 90(4): 980-994.

Fronhofer E A, Klecka J, Melián C J, et al. 2015. Condition-dependent movement and dispersal in experimental metacommunities. Ecology letters, 18(9): 954-963.

Fussmann K E, Schwarzmülle F, Brose U, et al. 2014. Ecological stability in response to warming. Nature Climate Change, 4(3): 206-210.

Galiana N, Lurgi M, Claramunt L B, et al. 2018. The spatial scaling of species interaction networks. Nature Ecology & Evolution, 2: 782-790.

Gallien L, Zimmermann N E, Levine J M, et al. 2017. The effects of intransitive competition on coexistence. Ecology Letters, 20(7): 791-800.

Gellner G, McCann K S. 2016. Consistent role of weak and strong interactions in high-and low-diversity trophic food webs. Nature communications, 7: 11180.

Gotelli N J. 2008. A primer of ecology. New York: Sinauer.

Govaert L. 2019. Eco-evolutionary feedbacks- Theoretical models and perspective. Functional ecology, 33(1): 13-30.

Gray M W. 2017. Lynn Margulis and the endosymbiont hypothesis. Molecular Biology of the Cell, 28: 1285-1287.

Grilli J, Barabás G, Michalska S M J, et al. 2017. Higher-order interactions stabilize dynamics in competitive network models. Nature, 548(7666): 210-214.

Hairston N G, Smith F E, Slobodkin L B. 1960. Community structure, population control, and competition. American naturalist, 94(879): 421-425.

Haller B C. 2014. Theoretical and empirical perspectives in ecology and evolution: A survey. BioScience, 64(10): 907-916.

Hamilton W D. 1964. The genetical evolution of social behaviour. Journal of Theoretical Biology, 7(1): 1-52.

Hanski I. 1981. Coexistence of competitors in patchy environments with and without predation. Oikos, 37: 306-312.

Hanski I. 1994. A practical model of metapopulation dynamics. Journal of animal ecology, 63(1): 151-162.

Hanski I. 2012. Eco-evolutionary dynamics in a changing world. Annals of the New York Academy of Sciences, 1249(1): 1-17.

Hanski I, Kuussaari M, Nieminen M. 1994. Metapopulation structure and migration in butterfly Melitaea cinxia. Ecology, 75: 747-762.

Hanski I, Ovaskainen O. 2000. The metapopulation capacity of a fragmented landscape. Nature, 404(6779): 755.

Hart S P, Turcotte M M, Levine J M. 2018. Effects of rapid evolution on species coexistence. Proceedings of the National Academy of Sciences of the United States of America, 116(6): 2112-2117.

Hassell M P, May R. 1985. From individual behavior to population dynamics. Pages 1-15 in: Sibly R M, Smith C, eds. Behavioral Ecology. London: Blackwell.

Hauser O P, Kraft T G, Rand D G, et al. 2016. Invisible inequality leads to punishing the poor and rewarding the rich. Behavioural

Public Policy, 1-21.

He F, Legendre P. 1996. On species-area relations. The American Naturalist, 148(4): 719-737.

Hector A, Schmid B, Beierkuhnlein C, et al. 1999. Plant diversity and productivity experiments in European grasslands. Science, 286(5442): 1123-1127.

Hendry A P. 2017. Eco-evolutionary dynamics. Princeton: Princeton University Press.

Holyoak M, Leibold M A, Holt R D. 2005. Metacommunities: spatial dynamics and ecological communities. Chicago: University of Chicago Press.

Huang Y, Chen Y, Castro Izaguirre N, et al. 2018. Impacts of species richness on productivity in a large-scale subtropical forest experiment. Science, 362(6410): 80-83.

Huffaker C. 1958. Experimental studies on predation: dispersion factors and predator-prey oscillations. Hilgardia, 27(14): 343-383.

Hutchinson G E. 1965. The ecological theater and the evolutionary play. New Haven: Yale University Press.

Isbell F, Craven D, Connolly J, et al. 2015. Biodiversity increases the resistance of ecosystem productivity to climate extremes. Nature, 526(7574): 574.

Kagel J H, Roth A E. 1995. The handbook of experimental economics. Princeton: Princeton University Press.

Kendall B E. 2015. Some directions in ecological theory. Ecology, 96(12): 3117-3125.

Kingsland S E. 1985. Modeling nature: Episodes in the history of population ecology. Chicago: The University of Chicago Press.

Koch H, Frickel J, Valiadi M, et al. 2014. Why rapid, adaptive evolution matters for community dynamics. Frontiers in Ecology and Evolution, 2: Article 17.

Lankau R A. 2011. Rapid evolutionary change and the coexistence of species. Annual Review of Ecology, Evolution and Systematics, 42: 335-354.

Lehman C L, Tilman D. 2000. Biodiversity, stability, and productivity in competitive communities. The American Naturalist, 156(5): 534-552.

Leibold M A, Chase J M. 2017. Metacommunity ecology (Vol. 59). Princeton: Princeton University Press.

Leibold M A, Holyoak M, Mouquet N, et al. 2004. The metacommunity concept: a framework for multi-scale community ecology. Ecology Letters, 7(7): 601-613.

Leibold M A, Urban M C, De Meester L, et al. 2019. Regional neutrality evolves through local adaptive niche evolution. Proceedings of the National Academy of Sciences of the United States of America, 10.1073/pnas.1808615116.

Lenton T M, Daines S J, Dyke J G, et al. 2018. Selection for Gaia across multiple scales. Trends in ecology & evolution, 33: 633-645.

Lenton T M, Latour B. 2018. Gaia 2.0: Could humans add some level of self-awareness to Earth's self-regulation. Science, 361(6407): 1066-1068.

Levin S A. 1992. The problem of pattern and scale in ecology: the Robert H. MacArthur award lecture. Ecology, 73(6): 1943-1967.

Levin S. 2003. Complex adaptive systems: exploring the known, the unknown and the unknowable. Bulletin of the American Mathematical Society, 40(1): 3-19.

Levine J M, Bascompte J, Adler P B, et al. 2017. Beyond pairwise mechanisms of species coexistence in complex communities. Nature, 546(7656): 56-60.

Levins R. 1966. The strategy of model building in population biology. American Scientist, 54(4): 421-431.

Levins R. 1969. Some demographic and genetic consequences of environmental heterogeneity for biological control. American Entomologist, 15(3): 237-240.

Liao J, Bearup D, Wang Y, et al. 2017. Robustness of metacommunities with omnivory to habitat destruction: disentangling patch fragmentation from patch loss. Ecology, 98(6): 1631-1639.

Lindeman R L. 1942. The trophic-dynamic aspect of ecology. Ecology, 23: 399-417.

Loreau M. 1998. Biodiversity and ecosystem functioning: a mechanistic model. Proceedings of the National Academy of Sciences, 95(10): 5632-5636.

Lovelock J E. 1979. Gaia: A new look at life on Earth. Oxford: Oxford University Press.

MacArthur R H, Wilson E O. 1967. The theory of island biogeography. Princeton: Princeton University Press.

MacArthur R H. 1972. Geographical Ecology. Harper & Row, New York.

Marquet P A. 2014. On theory in ecology. BioScience, 64: 701-710.

May R M, McLean A. 2007. Theoretical Ecology: Principles and Applications. Oxford: Oxford University Press.

May R M. 1973. Complexity and stability in model ecosystems. Princeton: Princeton Univ. Press.

May R M. 1976. Theoretical ecology. New York: Sinauer.

Mayfield M M, Stouffer D B. 2017. Higher-order interactions capture unexplained complexity in diverse communities. Nature Ecology & Evolution, 1(3): 0062.

Maynard S J. 1982. Evolution and the theory of games. Cambridge: Cambridge University Press.

Maynard S J. 1972. On evolution. Edinburgh: Edinburgh University Press.

McCallen E, Knott J, Nunez M G, et al. 2019. Trends in ecology: shifts in ecological research themes over the past four decades. Frontiers in Ecology & the Environ, 17(2): 109-116.

McCann K, Hastings A, Huxel G R. 1998. Weak trophic interactions and the balance of nature. Nature, 395(6704): 794-798.

McPeek M A. 2019. Mechanisms influencing the coexistence of multiple consumers and multiple resources- resource and apparent competition. Ecological Monographs, 89(1): e01328.

National Research Council. 2005. Mathematics and 21st century biology. Nashington: National Academies Press.

Neutel A M, Heesterbeek J A, De Ruiter P C. 2002. Stability in real food webs: weak links in long loops. Science, 296(5570): 1120-1123.

Nowak M A. 2007. Five rules for the evolution of cooperation. Science, 314(5805): 1560-1563.

Odum E P. 1969. The strategy of ecosystem development. Science, 164: 262-270.

Odum E P. 1977. The emergence of ecology as a new integrative discipline. Science, 195: 1289-1293.

Odum E P, Barrett G W. 2005. Fundamentals of ecology, 5th edition. CA: Thomson Brooks/Cole, Davis.

O'Dwyer J P, Green J L. 2010. Field theory for biogeography: a spatially explicit model for predicting patterns of biodiversity. Ecology Letters, 13(1): 87-95.

Pascual M, Dunne J A. 2006. Ecological networks: linking structure to dynamics in food webs. Oxford: Oxford University Press.

Pasztor L, Botta D Z, Magyar G, et al. 2016. Theory-based ecology: A Darwinian approach. Oxford: Oxford University Press.

Pennisi E. 2016. Shaking up the tree of life. Science, 354(6314): 817-821.

Peters R H. 1991. A critique for ecology. Cambridge: Cambridge University Press.

Polis G A, Strong D R. 1996. Food web complexity and community dynamics. The American Naturalist, 147(5): 813-846.

Rall B C, Brose U, Hartvig M, et al. 2012. Universal temperature and body-mass scaling of feeding rates. Philosophical Transactions of the Royal Society B, 367(1605): 2923-2934.

Rand D G, Dreber A, Ellingsen T, et al. 2009. Positive interactions promote public cooperation. Science, 325(5945): 1272-1275.

Rand D G, Tarnita C E, Ohtsuki H, et al. 2013. Evolution of fairness in the one-shot anonymous Ultimatum Game. Proceedings of the National Academy of Sciences, 110(7): 2581-2586.

Rooney N, McCann K S. 2012. Integrating food web diversity, structure and stability. Trends in ecology & evolution, 27(1): 40-46.

Roughgarden J. 2009. Is there a general theory of community ecology? Biology & Philosophy, 24: 521-529.

Roughgarden J, May R M, Levin S. 1989. Perspectives in ecological theory. Princeton: Princeton University Press.

Sagoff M. 2016. Are there general causal forces in ecology? Synthese, 193(9): 3003-3024.

Scheiner S M, Willig M R. 2011. The theory of ecology. Chicago: The University of Chicago Press.

Scheuerl T, Cairns J, Becks L, et al. 2019. Predator coevolution and prey trait variability determine species coexistence. Proceeding of the Royal B: Bidoyical Seienes, 286(1902): 20190245.

Schneider F D, Brose U, Rall B C, et al. 2016. Animal diversity and ecosystem functioning in dynamic food webs. Nature communications, 7: 12718.

Schoener T W. 2011. The newest synthesis: understanding the interplay of evolutionary and ecological dynamics. Science, 331(6016): 426-429.

Scudo F M, Ziegler J R. 1978. The golden age of theoretical ecology: 1923-1940. Lecture Notes in Biomathematics, 22(1): 1-490.

Serván C A, Capitán J A, Grilli J, et al. 2018. Coexistence of many species in random ecosystems. Nature ecology & evolution, 2(8): 1237-1248.

Servedio M R. 2014. Not just a theory—The utility of mathematical models in evolutionary biology. PLoS Biology, 12(12): e1002017.

Stenseth N C. 1984. Why mathematical models in evolutionary ecology. Pages 239-287 in: Cooley, J.H. & Golley, F.B. eds. Trends in Ecological Research For the 1980s. New York: Plenum Press.

Sterner R W, Elser J J. 2002. Ecological stoichiometry: The biology of elements from molecules to the Biosphere. Princeton: Princeton University Press.

Szathmary E, Jordan F. 2019. Systems ecology and evolution—editorial overview. Current Opinion in Systems Biology, 13: vii-ix.

Thébault E, Loreau M. 2003. Food-web constraints on biodiversity–ecosystem functioning relationships. Proceedings of the National Academy of Sciences, 100(25): 14949-14954.

Tilman D. 2004. Niche tradeoffs, neutrality, and community structure: a stochastic theory of resource competition, invasion, and community assembly. Proceedings of the National Academy of Sciences, 101(30): 10854-10861.

Tilman D, Lehman C L, Thomson K T. 1997. Plant diversity and ecosystem productivity: theoretical considerations. Proceedings of the National Academy of Sciences, 94(5): 1857-1861.

Tilman D, Reich P B, Knops J, et al. 2001. Diversity and productivity in a long-term grassland experiment. Science, 294(5543): 843-845.

Trivers R. 1985. Social evolution. California: The Benjamin/Cummings Publishing Company, Menlo Park.

Vasseur D A, Amarasekare P, Volker V H W, et al. 2011. Eco-evolutionary dynamics enable coexistence via neighbor-dependent selection. American Naturalist, 178: E96-E109.

Vellend M. 2010. Conceptual synthesis in community ecology. Quarterly Review of Biology, 85: 183-206.

Verheyen K, Vanhellemont M, Auge H, et al. 2016. Contributions of a global network of tree diversity experiments to sustainable forest plantations. Ambio, 45(1): 29-41.

Wang S. 2018. Simplicity from complex interactions. Nature ecology & evolution, 2(8): 1201-1212.

Wang S, Brose U. 2018. Biodiversity and ecosystem functioning in food webs: the vertical diversity hypothesis. Ecology Letters, 21(1): 9-20.

Wang S, Loreau M, Arnoldi J F, et al. 2017. An invariability-area relationship sheds new light on the spatial scaling of ecological stability. Nature communications, 8: 15211.

Williams G C. 1966. Adaptation and natural selection. Princeton: Princeton University Press.

Williams R J, Martinez N D. 2000. Simple rules yield complex food webs. Nature, 404(6774): 180-184.

Wu J J, Li C, Zhang B Y, et al. 2014. The role of institutional incentives and the exemplar in promoting cooperation. Scientific reports, 4: 6421-6433.

Wu J J, Zhang B Y, Zhou Z X, et al. 2009. Costly punishment does not always increase cooperation. Proceedings of the National Acaderng of Sciences of the United States of America, 106(41): 17448-17451.

Yachi S, Loreau M. 1999. Biodiversity and ecosystem productivity in a fluctuating environment: the insurance hypothesis. Proceedings of the National Academy of Sciences, 95(4): 1463-1468.

Yan C, Zhang Z. 2014. Specific non-monotonous interactions increase persistence of ecological networks. Proceeding of the Rogal B: Bidoyical Seienes, 281(1779): 20132797.

Zhang D Y, Jiang X H. 1995. Local mate competition promotes coexistence of similar competitors. Journal of Theoretical Biology, 177(1): 167-170.

Zhang D Y, Lin K, Hanski I. 2004. Coexistence of cryptic species. Ecology Letters, 7(3): 165-169.

Zhao L, Zhang H, O'Gorman E J, et al. 2016. Weighting and indirect effects identify keystone species in food webs. Ecology letters, 19(9): 1032-1040.

Zhou S R, Zhang D Y. 2006. Allee effects and the neutral theory of biodiversity. Functional Ecology, 20(3): 509-513.

Zhou S R, Zhang D Y. 2008. A nearly neutral model of biodiversity. Ecology, 89(1): 248-258.

撰稿人：张大勇，王少鹏，刘权兴，陶　毅，王瑞武

# 第 2 章 种群生态学研究进展

## 1 引 言

种群是同一物种占有一定空间和一定时间的所有个体的集合,其基本构成成分是具有潜在互配能力的个体,是物种在自然界中具体的存在单位、繁殖单位和进化单位。种群是生态学中的一个极其重要的层次,更是连接群落层次和个体层次的纽带,也是生态系统的基本组分。作为生态学的重要分支,种群生态学是一门研究生物种群的时空分布格局及其与环境之间相互作用的科学。在整个生态学的发展历史上,种群生态学的研究一直都是最为活跃、最有生命力的领域之一,具备比较完整的理论和研究方法体系。近年来,随着技术的不断创新和进步,种群生态学与其他学科的交叉越来越紧密,研究手段和方法越来越丰富,种群生态学的理论与应用也得到了长足发展。

种群生态学始于19世纪末与20世纪初,是基于在17~19世纪间发展完善的人口统计学而发展起来的,有两个主要发展方向或分支,即以动物为对象的动物种群生态学(庞雄飞,1991,1992)和以植物为对象的植物种群生态学(钟章成等,1991)。动物种群生态学主要以人类、昆虫、鸟类、兽类、鱼类等动物种群为研究对象,更多的关注动物种群的时空变化及其影响因素。植物种群生态学则围绕植物生活史,主要以草本植物为主,也广泛涉及木本植物和藻类,常常结合植物群落学(或植物社会学或地植物学)开展研究,更加注重植物种群动态与群落/植被的定义、分类、描述和动态等。然而,近年来,越来越多的生态学家认为,种群生态学作为生态学的一个相对独立的重要分支学科,应该以这两个方向为基础,注重共同的基本理论和方法,进行融合发展(Begon et al., 1996),从而拥有明晰的种群生态学自身理论体系和研究方法,得以自明自立于生态学众多分支学科之林。

我国在1978年年底开启改革开放,中国生态学学会在1979年年底正式成立。本书主要基于动物和植物种群生态学,力求整合梳理我国种群生态学学科发展和趋势,时间跨度为1978年到2018年的40年间,包括起步阶段(1978~1999年)、新世纪初阶段(2000~2010年)和新时期阶段(2011~2018年),同时简述了1978年之前的雏形阶段。

## 2 中国种群生态学发展历程(1978~2018年)

### 2.1 雏形阶段(1978年前)

在1978年前,我国种群生态学研究主要以单物种种群为主,相关著作也很少,主要围绕农业生产、有害生物防治和资源开发等实际需要开展研究。此阶段主要围绕农业虫鼠害(蝗虫、粘虫、鼠害鼠疫、血吸虫病等)和经济资源动物开展研究,多以调查、描述和填补空白为主,以及针对水稻(*Oryza sativa*)(丁颖,1961)、大豆(*Glycine max*)(王金陵等,1956)、大麦(*Hordeum vulgare*)(丁守仁和董明远,1961)、小麦(*Triticum aestivum*)(金善宝等,1959)等遗传生态学、群体光合(殷宏章等,1957,1959)等方面的工作。其间中国科学院等部门组织的十余次大规模综合野外考察为种群生态学的研究奠定了坚实基础。在植物单物种种群生态学方面,最完善的实验种群工作是仲崇信教授的大米草(*Spartina anglica*)研究,为植物单物种种群生态学研究作出了贡献。在动物单物种种群生态学方面,则逐步由一般描述性的发生规律发展为以生理生态特性为基础的实验生态学工作,尤其是昆虫种群数量波动及空间结构、生命表分析和（传染性）病虫害取得了重要的进展（马世骏和丁岩钦，1965；马世骏，1964，1979；马世骏等，1965），以及鱼类种群如鲫鱼（*Carassius auratus*）（余志堂等，1959）、长吻鮠（*Leiocassis longirostris*）（吴清江，1975）等。关于鸟类的种群季节动态，主要以麻雀（*Passer montanus saturatus*）为研究对象，曾报道过北京、上海和新疆等地区的麻雀季节数量动态趋势、年龄组成、性比及越冬行为等，并发现田间麻雀与居民点的距离成正相关；在对海岛上白腰雨燕（*Apus pacificus*）的种群动态研究中首次应用了雷达技术（郑光美，1981）。

## 2.2 起步阶段（1978～1999年）

我国在1978年年底开启改革开放，中国生态学学会于1979年12月1日在昆明正式成立。中国生态学学会的成立标志着生态学在我国的系统发展，也标志着我国种群生态学的研究开始起步。从1987～1993年国家自然科学基金委员会生态学科资助的研究项目：种群、群落、生态系统等生态学关键词出现的频度较稳定，并且在整个生态学领域中，出现的频度最大，这说明种群生态、群落生态、生态系统等生态学的基本问题是我国生态学界所关心的重点研究领域（陆仲康等，1994）。

进入90年代，我国种群生态学的发展主要受到三方面的推动（钱迎倩等，2004）。一是集合种群理论和种群生存力理论的发展。国内种群生态学家将这些新理论分别应用于植物种群生态学和动物种群生态学的研究，主要针对珍稀濒危动植物，产生了一系列的研究结果。二是分子生物学技术的快速发展和分子生态学的产生。利用分子标记技术，种群生态学家可克服时空局限性研究种群的时空格局及其形成因素。三是1992年在里约热内卢举行的联合国环境与发展大会要求保护生物多样性。这主要涉及入侵物种和珍稀濒危物种的种群格局与过程。在90年代后期，种群生态学的发展特点是在坚持传统种群生态学研究的基础上，不断与相邻学科的交叉融合，利用相邻学科的成熟理论和方法解决种群生态学问题，同时也从传统的统计分析向探索种群变化机理方面转换。总结来看，主要从生活史、种群统计学、种群产量和生物量、种群调控、种群分布格局、种间关系开展了研究工作。

单物种种群生态学方面。1980年9～11月，农业部委托南京农学院举办"全国高等农业院校植物生态学教师讲习班"，其间云南大学曲仲湘作了《植物生态学的现状、动态与发展趋势》的报告、山东大学周光裕系统讲授了《个体生态学》、复旦大学周纪纶系统讲授《种群生物学》（种群生物学的基本概念及现状、研究植物种群的原理和方法）、南京农学院李扬汉作了《田园杂草生态与生态防除》的报告、南京大学仲崇信介绍了大米草推广的成就，并提供了《种内生态学五十年》的书面报告资料（鲍世问，1981）。1983年4月11日在兰州大学举办了西北五省区"生态学基础讲习班"，林璋德和赵松岭主讲了《植物生态学》《种群生态学》《植物群落学》《生态系统》4门主要课程以及《植物生理生态学》的主要章节。南京大学仲崇信介绍了《种内生态学五十年》（罗耀华，1984）。1987年7月6～12日在四川灌县举办了首届中国植物生态学青年研讨会，大会安排了一系列问题的分组讨论。其中，植物生理生态和种群生态组对植物的生长、发育、繁殖及分布与环境的关系，种群结构、种群动态以及数学模型的应用等问题展开了讨论（孙成永和宋宏，1987）。这一系列的学术活动有力地推动了植物种群生态学的发展，培养了一大批种群生态学的人才。专著方面，周纪纶等（1992）撰写了《植物种群生态学》，其后王伯荪等（1995）出版了《植物种群学》。

单物种种群生态学研究大多以某些森林和草原群落的主要组成成分或优势种和服务于农业生产和生物多样性保护的昆虫、兽类和鸟类为对象，进行了较深入的种群生态学研究。例如，对温室白粉虱（*Trialeurodes vaporariorum*）（徐汝梅等，1981）、粘虫（*Mythimna separata*）（邬祥光和黄美贞，1982；苏祥瑶和林昌善，1986）、人（*Homo sapiens*）（曾宗永和梁中宇，1982）、麻雀（楚国忠和郑光美，1983）、羊草（*Leymus chinensis*）（李月树和祝廷成，1983；杨持和宝荣，1986；杨允菲和祝廷成，1988）、绵羊（*Ovis aries*）（董全等，1984）、马尾松（*Pinus massoniana*）（董鸣，1986；Dong，1987）、红松（*Pinus koraiensis*）

(李俊清和王业蘧，1986)、狭翅雏蝗（*Chorthippus dubius*）（王智翔等，1987；邱星辉和李鸿昌，1993)、牦牛（*Bos grunniens*）（蒋志刚和夏武平，1987)、青梅（*Vatica hainanensis*）（胡玉佳和王寿松，1988)、大头茶（*Gordonia acuminata*）（董鸣和李旭光，1990；金则新和钟章成，1996；李旭光等，1996；李旭光和于法稳，1997；曾波和钟章成，1997)、兴安落叶松（*Larix gmelinii*）（陈艳军等，1990)、黄山松（*Pinus taiwanensis*）（张利权，1990)、栲树（*Castanopsis fargesii*）（刘智慧，1990)、望天树（*Parashorea chinensis*）（殷寿华和帅建国，1990；赵学农等，1990)、刺五加（*Eleutherococcus senticosus*）（臧润国等，1991，1992a，1992b，1993，1994)、云贵鹅耳枥（*Carpinus pubescens*）（梁士楚，1992)、垂穗披碱草（*Elymus nutans*）（杜国祯和王刚，1992)、紫椴（*Tilia amurensis*）（聂绍荃等，1992)、云杉（*Picea asperata*）（江洪，1992)、蒙古栎（*Quercus mongolica*）（樊后保，1992；樊后保等，1996)、拐棍竹（*Fargesia robusta*）（蔡绪慎和黄金燕，1992)、黄羊（*Procapra gutturosa*）（姜兆文等，1993)、大仓鼠（*Cricetulus triton*）和黑线仓鼠（*Cricetulus barabensis*）（张知彬等，1993)、沙地云杉（*Picea mongolica*）（徐文铎和郑元润，1993；郑元润和徐文铎，1996)、厚壳桂（*Cryptocarya chinensis*）（彭少麟和方炜，1994)、白桦（*Butula platyphylla*）（孙冰和杨国亭，1994)、水毛茛（*Ranunculus bungei*）（于丹，1994)、侧柏（*Platycladus orientalis*）（岳明，1995)、青冈（*Cyclobalanopsis glauca*）（陈小勇和宋永昌，1995)、驼鹿（*Alces alces*）（朴仁珠等，1995)、星星草（*Puccinellia tenuiflora*）（杨允菲等，1995)、木荷（*Schima superba*）（蔡飞和张勇，1996；蔡飞等，1997)、辽东栎（*Quercus wutaishanica*）（陈灵芝和孙书存，1998)、岩羊（*Pseudois nayaur*）（王小明等，1998)、银杉（*Cathaya argyrophylla*）（谢宗强等，1999)、大针茅（*Stipa grandis*）（王炜等，1999)、小獐毛（*Aeluropus littoralis* var. *sinensis*）（王仁忠和李建东，1999）等。

克隆种群生态学（董鸣，1996a，1996b）也引起我国学者的注意，竹子、青冈以及某些特殊生境的草本如羊草（*Leymus chinensis*）、赖草（*Leymus secalinus*）、沙鞭（*Psammochloa villosa*）等植物克隆生态学已有报道，特别是竹子和沙地植物的克隆生态学研究系统而深入（李睿等，1997a，1997b，1997c；刘庆和钟章成，1997；葛颂等，1999；王可青等，1999；董鸣，1999；董鸣等，1999；Dong and Alaten，1999）。随着物种受人类威胁程度的增加，对一些濒危或稀有物种的植物生存力分析已引起重视，对银杉已开展这方面的工作，取得了良好的成果（钱迎倩等，2004）。

昆虫种群生态学方面，主要以东亚飞蝗（*Locusta migratoria manilensis*）为代表的虫害发生的机理和治理手段有较系统的研究（兰仲雄和马世骏，1981；马世骏，1982；康乐等，1989）。其他的昆虫种群生态学研究还有如：中华按蚊（*Anopheles hyrcanus sinensis*）（陈浩利等，1983)、大螟（*Sesamia inferens*）（顾海南，1984)、嗜人按蚊（*Anopheles lesteri anthropophagus*）的种群变动（向邦成等，1989)、圆尾肖蛸（*Tetragnatha vermiformis*）实验种群生命表（陈文华和赵敬钊，1990)、麦蚜（*Diuraphis noxia*）（赵惠燕等，1990)、桔全爪螨（*Panonychus citri*）（甘宗义和王盛桃，1994)、柑桔褐带卷蛾（*Adoxophyes cyrtosema*）（李建荣等，1994)、棉蚜（*Aphis gossypii*）（戈峰和丁岩钦，1996)、长江丽棘虫（*Brentisentis yangtzensis*）（方建平，1999）等。

兽类种群生态学方面，主要针对鼠类如高原鼢鼠（*Myospalax fontanierii*）、高原鼠兔（*Ochotona curzoniae*）的种群统计、种群行为、种群调节及防治手段（郑生武和周立，1984；王权业和樊乃昌，1987；王权业等，1989；苏建平和王祖望，1991a，1991b；宗浩等，1991a，1991b；魏万红等，1997；李金钢和王廷正，1999）；此外，对我国特有珍稀濒危动物如灵长类（白寿昌等，1987；李进华等，1994，1995；王岐山等，1994；王骏等，1996；江海声等，1998)、大熊猫（*Ailuropoda melanoleuca*）（胡锦矗，1987；魏辅文等，1989；夏武平和胡锦矗，1989；方盛国等，1996；李欣海等，1997）等的种群分布、结构、繁殖和行为等方面进行了系统的研究。鸟类种群生态学方面也集中在鸟类的种群数量及其动态等方面，如太原市南郊区红隼（*Falco tinnunculus*）越冬种群数量动态（刘焕金等，1986)、长尾山椒鸟（*Pericrocotus ethologus*）（刘焕金等，1989）和棕扇尾莺（*Cisticola juncidis*）种群数量（刘焕金等，1990)、长江口与杭州湾鹬类种群数量的季节动态（王天厚和钱国桢，1988）、牛背鹭（*Bubulcus ibis*）的种群扩张（文祯中，1995）、黄河三角洲越冬鹤类连续十年的数量变化（赛道建等，1996）、绿孔雀（*Pavo muticus imperator*）种群数量及分布（罗爱东和董永华，1998）、黑颈鹤（*Grus nigricollis*）种群动态（张迎梅和张贵林，2000）和红腹锦鸡（*Chrysolophus pictus*）繁殖密度的比较（丁长青等，2000）等。同时，还有白鹇（*Lophura nycthemera*）种群年龄鉴定（高育仁和刘仲敏，1992；高育仁，1994）、绿尾虹雉（*Lophophorus lhuysii*）和雉鸡（*Phasianus colchicus*）的种群年龄结构（卢汰春和刘如笋，1986；卢欣，1993）、朱鹮（*Nipponia nippon*）种群生命表和种群生存力（王中裕等，1994；李欣海等，1996）、黄斑苇（*Ixobrychus sinensis*）种群分布型（马世全，1990）等方面的研究（丁平，2002）。

鱼类等水生生物种群生态学方面主要集中在重要经济鱼类或鲸类如江豚（*Neophocaena phocaenoides*）、白鱀豚（*Lipotes vexillifer*）、中华鲟（*Acipenser sinensis*）、南方鲇（*Silurus meridionalis*）、鲢鱼（*Hypophthalmichthys molitrix*）、鳙鱼（*Hypophthalmichthys nobilis*）、多齿蛇鲻（*Saurida tumbil*）、大头狗母鱼（*Trachinocephalus myops*）、绿鳍马面鲀（*Navodon septentrionalis*）或生态关键物种如大型溞（*Daphnia magna*）、针簇多肢轮虫（*Polyarthra trigla*）、小鞘指环虫（*Dactylogyrus vaginulatus*）、泥蚶（*Tegillarca granosa*）的种群数量、年龄结构及繁殖生态学等基础理论研究（许永明，1985；徐旭才和张其永，1986，1988；庄德辉和梁彦龄，1986；谢小军，1987；洪小括，1988；黄祥飞和胡春英，1989；吴力钊和王祖熊，1991；董双林，1992；张先锋，1992；陈佩薰等，1993；杨光等，1998；夏晓勤等，1999；易继舫等，1999；张先锋和王克雄，1999）。

两栖爬行类动物种群的研究从深度和广度上均无法与哺乳类和鸟类相比（潘晓赋等，2002），但也进展迅速。我国两栖纲动物有200余种，爬行纲300余种（黄祝坚，1978）。两栖类种群动态的研究主要是开展生态习性和繁殖习性调查中涉及的性比结构和年龄组成方面（李芳林和陈火结，1986；陈火结和李芳林，1987；费梁和叶昌媛，1988；张耀光，1990；邹寿昌等，1991），但仅限于简单的数据处理，由于两栖类种群通常呈聚集分布，很少将动物种群数量调查的方法（如样带法、样方法）应用到两栖类的研究中（潘晓赋等，2002）。整体而言，两栖类种群动态的研究报道较少：一方面由于两栖动物具有复杂的生活史，如蝌蚪易被其他脊椎动物和无脊椎动物捕食，导致早期死亡率过高；另一方面由于研究周期长、技术手段有限，研究工作无法深入进行（潘晓赋等，2002）。这一阶段也逐渐使用了一些新的方法，如两栖类年龄鉴定技术和动物体标记方法（如剪指标记法）等（朴仁珠，1985；朴仁珠和萧前柱，1991）。此阶段的两栖爬行动物种群数量研究也表现出定性的讨论多于定量的研究，研究对象也多限于少数常见或重要种类（潘晓赋等，2002），如扬子鳄（*Alligator sinensis*）（陈壁辉等，1981；李炳华和陈壁辉，1981；李成元等，1996；周应健，1997）、蛇岛蝮蛇（*Gloydius shedaoensis*）（黄沐朋，1984）、正棋斑游蛇（*Natrix tassellata*）（王国英等，1987）、乌梢蛇（*Zaocys dhumnades*）（张含藻等，1989）、中华大蟾蜍（*Bufo gargarizans*）（黎道洪和罗蓉，1990）、中国大鲵（*Andrias davidianus*）（宋鸣涛，1990）、荒漠沙蜥（*Phrynocephalus przewalskii*）（刘迺发等，1993）、丽斑麻蜥（*Eremias argus*）（陈绍军，1994）、新疆北鲵（*Ranodon sibiricus*）（王秀玲，1998）、安吉小鲵（*Hynobius amjiensis*）（顾辉清等，1999；马小梅和顾辉清，1999）等。

同期，从理论和方法的角度，研究了单种种群的动态模拟（陈维博和陈玉平，1981）、增长数学模型（卢泽愚，1981；崔启武和Lawson，1982；万昌秀和梁中宇，1983；王莽莽和李典谟，1986）和种群分布格局（杨在中等，1984）。

多物种种群生态学方面也进行了探索，例如，从生态位重叠（王刚等，1984）、种群调控和种间关系（江国强和罗肖南，1989；吴进才和庞雄飞，1991）开展了研究工作。

## 2.3 新世纪初发展阶段（2000~2010年）

种群生态学进入新世纪后得到了进一步的发展，这些发展主要体现在外来生物入侵的种群过程及其控制的基础研究、珍稀濒危生物的遗传多样性和保护遗传学研究、重要物种对特殊生境（退化生态系统、全球变化、城市化、荒漠化等）的适应策略。这一阶段的特点表现在，植物种群生态学和动物种群生态学理论和方法上的进一步统一和融合。

单物种种群生态学方面，主要以珍稀濒危生物的遗传多样性和保护遗传学为代表。分子标记技术已在大量的保护遗传学研究和实践中得到广泛的应用，用于推断有效种群大小、历史事件、基因流、地理格局等与保护相关的重要信息。我国的种群生态学家利用分子标记技术，主要研究了珍稀濒危物种、中国特有物种、重要的农林业动植物品种和某些动植物属内物种的遗传多样性。这些研究不仅为珍稀濒危物种的保护提供理论基础，还为优良种质资源保存和品种改良指出了研究方向，也为理解物种进化的分布格局提供了有益线索。其中应用较多的主要是限制性片段长度多态性（restriction fragment length polymorphism，RFLP）、等位酶（allozyme）编码基因、随机扩增片段多态性 DNA（randomly amplified polymorphism DNA，RAPD）、简单重复序列间隔区（inter simple sequence repeat，ISSR）、扩增片段长度多态性（amplified fragment length polymorphism，AFLP）以及微卫星（microsatellites，SSR）等（Agarwal et al.，2008）。研究的物种如长柄双花木（*Disanthus cercidifolius*）（肖宜安等，2003）、七子花（*Hepatacodium miconioides*）（金则新和李钧敏，2004）、毛柄小勾儿茶（*Berchemiella wilsonii* var. *pubipetiolata*）（许凤华等，2006）、长叶榧（*Torreya jackii*）（李建辉等，2010）等。

多物种种群生态学方面，以生物入侵为代表（中国生态学学会，2010，2012）。入侵生物种群生态学主要集中在"入侵种种群的形成与发展""入侵种生态适应性与进化机制""生物入侵的综合防治"等主题，从外来入侵生物的生物学特征、种群分布格局、种群动态、种内（本地种）与种间关系等方面开展了较为系统的研究，明确了一些重要入侵生物的生态学过程，为我国种群生态学学科体系的构建和发展作出了巨大贡献，同时也为重要入侵生物的有效防控对策提供了科学依据。外来入侵生物的生物学特征越来越被认为与其入侵性有紧密的联系，主要体现在繁殖对策、胁迫环境下的适应对策和遗传分化方面。如研究发现，我国的很多外来入侵生物与其在原产地相比，会改变繁殖方式，例如动物的两性和孤雌生殖、植物的克隆性等，相对于本地近缘种和共生物种具有明显的繁殖优势。Liu 等（2006）研究了中国 126 种主要外来入侵植物，发现有 44%的植物具有克隆性，而在 32 种入侵性最强的外来入侵植物中，克隆植物的比例高达 66%。同时，植物种群生态学家利用分子标记技术，研究了一些重要外来入侵植物的遗传多样性发现，空心莲子草（*Alternanthera philoxeroides*）、水葫芦（*Eichhornia crassipes*）等具有极低的遗传多样性，但可通过表型可塑性入侵多种生境。我国动物种群生态学家以入侵害虫 B 型烟粉虱（*Bemisia tabaci*）为例，发现入侵动物能干扰本地物种的繁殖，而自身的繁殖效率显著提高，从而促进了其对本地伴生物种的替代，提出了"非对称交配互作"假说（Liu et al.，2007）。入侵种群的遗传分化方面，我国植物种群生态学家以恶性入侵植物紫茎泽兰（*Ageratina adenophora*）为例，比较了入侵种群与原产地种群的性状差异，发现入侵种群减少氮向防御结构的分配比例，而增加氮向光合结构的分配比例，从而提高了入侵种群的光合能力和氮利用效率，提出了"入侵植物的氮分配进化"的重要假说（Feng et al.，2009）。

利用本地植物种群恢复入侵生态系统。利用种群生态学原理，如种间关系、种内关系等控制外来入侵植物种群，恢复本地植物种群，已成为生态学家公认的有效措施。这些生态恢复措施主要包括生物天敌和物种替代。这两种措施根据恢复媒介也可分为利用引入生物和本地生物恢复。利用外来入侵植物的天敌来恢复入侵生态系统是较物理恢复和化学恢复相对更为有效的措施。一般是利用寄主范围较为专一的植食性动物或植物病原菌微生物将影响人类经济活动的外来入侵植物种群控制在经济上生态上或从生态环境角度考虑可以容许的水平（Wilson，1964）。虽然利用天敌控制紫茎泽兰、空心莲子草、豚草（*Ambrosia artemisiifolia*）和水葫芦的种群取得了一定的有效成果，但这种方式仍面临很多局限，例如引入的天敌可能成为新的入侵者，对原有生态系统造成更大的破坏。利用生态演替的原理，可在受损生态系统内引入新的植物竞争排斥外来入侵植物。例如中国科学院热带雨林研究所曾经于 1999 年在珠海淇澳岛引种无瓣海桑（*Sonneratia apetala*）进行替代大米草的实验，所种植的无瓣海桑由于生长速度快，在抑制大米草的生长方面取得了较好的效果（陈玉军和谢德兴，2002）。然而近年来发现引种的无瓣海桑对恢复的本地红树林植物具有化感作用，可能造成新的破坏（彭友贵等，2012）。最新的研究发现，种植 2000 株/ha 的快速生长的本地红树林植物蜡烛果（*Aegiceras corniculatum*）可有效地阻止无瓣海桑的入侵并恢复受损湿地生态系统（Chen et al.，2013）。近年来，越来越多的研究发现，无论是生物天敌还是物种替代的生态恢复措施，利用本地生物比引入新的生物对受损生态系统的恢复有更好的效果。这是由于本地生物适应当地气候并与本地生物经历了长期的协同进化，对生态系统的潜在负作用小。例如北美西部的本地植物梣叶槭（*Acer negundo* var. *interius*）的幼苗具有较强的耐阴性，能在外来入侵植物柽柳（*Tamarix*）的冠层下建立种群，并竞争超过柽柳，形成新的冠层，导致柽柳光照不足而死亡，最终可将柽柳从生态系统中排斥出去，从而实现生态系统的有效恢复（Dewine and Cooper，2008）。这种利用群落演替过程来控制外来入侵植物并促进本地植物恢复可能是生态恢复的重要方式。利用本地寄生植物菟丝子（*Cuscuta* spp.）作为生态系统恢复的工具，有效控制了南美蟛蜞菊（*Wedelia trilobata*）和薇甘菊（*Mikania micrantha*）的生长和种群增长（Yu et al.，2008），并促进了入侵生态系统内凋落物的分解，导致土壤养分含量升高，有利于本地植物的快速恢复，增加了物种丰富度和多样性，增强本地植物物种丰富度和对外来入侵植物的抗性，从而降低了受损生态系统再次破坏的概率（Yu et al.，2011）。

## 2.4 新时期阶段（2011～2018 年）

随着日益严重的全球性资源和环境问题，以及国家加快经济发展方式转变和生态文明建设战略的实施，社会对生态学科学研究及应用型相关人才的需求无疑将急剧增加。党的十八大把"生态文明建设"入"报告"，进"党章"。"坚持节约资源和保护生态环境"成为基本国策，"坚持节约优先、保护优先、自然恢复为主"成为基本方针，"形成节约资源和保护环境的空间格局、产业结构、生产方式、生活方式，从源头上扭转生态环境恶化趋势，为人民创造良好生产生活环境，为全球生态安全作出贡献"成为基本要求和需求。生态文明建设是关系中华民族永续发展的根本大计。生态环境是关系党的使命宗旨的重大政治问题，也是关系民生的重大社会问题。国家、社会和公众也因此把生态学提高到了前所未有的高度，"生态文明建设""五位一体"发展总布局、"绿水青山就是金山银山"等一系列理论和理念相继提出，无一不反映了国家对生态学家的期待。国务院学位委员会于 2011 年将生态学提升为一级学科，表明面对国家对生态学专业人才的需求的增多，将加大生态学专业人才培养的规模。实际上这也是国家调整高素质人才培养构成，办好生态科学专业的重大举措。2017 年 9 月，教育部、财政部、国家发展和改革委员会印发《关于公布世界一流大学和一流学科建设高校及建设学科名单的通知》，公布了"双一流"建设高校及建设学科名单。其中，把生态学作为一流学科建设的高校数量达 11 所，紧接在计算机学之后，位列全部"双一流"学科第六位。2018 年，我国政府将生态文明建设写入宪法，并在国家机构改革中，组建了"自然资源部"和"生态环境部"等，以集中力量加强我国的生态环境保护。

在这一新时代背景下，我国种群生态学顺应形势，得到进一步发展，从表 2.1 中列出的历届"全国种群生态学前沿论坛"主题来看，均与国家需求紧密联系。同时，种群生态学已走向了多研究手段、多种生态类型和物种类型的阶段，从种群观测、种群实验到种群模型，从种内关系、种间关系到协同进化，从生活史阶段到种群动态，从种群统计到种群遗传分化，从湿地到旱地，从草地到林地，从水生到陆生，从一般性主题到特定生物类群，从种群特征到生态保育与恢复，我国的种群生态学研究已广泛涉及了种群生态学理论与应用的多个方面。该发展阶段将更详细地在下节，即中国种群生态学研究现状中介绍。

# 3 中国种群生态学研究现状

## 3.1 种群生态学新进展

### 3.1.1 单物种种群生态学研究

（1）基于生态代谢理论的植物异速生长模型。在种内关系方面，主要进展包括从植物个体和种群水平上的异速生长关系。在个体水平上主要涉及各组织器官间的物质能量分配和比例关系，其中包括营养生长和繁殖生长的物质能量分配模式，地上地下生物量分配模式以及根茎叶间的分配模式及其异速比例关系。而在个体水平上一系列相互关系中，尤为引人注目的当属20世纪初所提出的生态代谢理论。该理论体系预测生物个体新陈代谢率与个体大小间的异速比例指数为一常数，其中对植物小个体的比例指数为1，而大个体的比例指数为3/4（Enquist et al.，2007；Mori et al.，2010；Deng et al.，2012）。而对于植物个体来说，其物质能量代谢速率又与其整体光合速率和呼吸速率，以及径流速率，根表面积，叶面积或叶质量分别呈正比关系。因此，生态代谢理论体系的建立和发展具有十分重要的意义，它把植物个体的各项生理指标（如光合速率、呼吸速率和径流速率）和形态指标（如地上地下生物量以及叶生物量）与个体大小间的比例关系联系起来，并进一步量化这些关系。

而学者们在种群水平上提出的一系列异速比例关系模型，既有基于对实验数据分析总结出来的经验性规律，如立地密度法则和最终恒定产量法则；也有基于严密的数学推导而得出的理论模型或法则，如$-2/3$或$-3/4$自疏法则，正相互作用模型，最适种群密度模型，等等。当然，这些模型推导的理论基础往往要基于植物个体水平上的一些异速比例关系。比如基于植物几何特性提出来的$-2/3$或$-3/4$自疏法则便由植物个体株高与基径以及冠幅与基径等组织器官间的比例关系推导而得；而基于生态代谢理论提出的$-3/4$自疏法则则由物质能量代谢速率与个体大小的$3/4$次方幂呈正比并结合能量平衡法则而提出（Enquist et al.，1998）。植物个体生长模型则源于冠层对物质能量利用速率与个体大小间比例关系（Weiner et al.，2001；Deng et al.，2012），并进一步应用于植物群体水平上的正相互作用（Chu et al.，2008）和负相互作用以及最适种群密度模型（Deng et al.，2012）。

（2）克隆与构件种群生态学。早在20世纪20年代，克隆性已被认识和描述。由于理论发展的阶段性和研究手段的局限性，早期的生态学理论体系所基于的科学研究却很少涉及克隆性，因此，一些理论难以合理地解释这些过程，甚至不能应用到涉及克隆性的植物生态学研究中。例如，非克隆植物的个体不仅是生理学和形态学个体，也是遗传学个体，而克隆植物的一个遗传学个体却常常包含多个生理学和（或）形态学个体，具有等级结构性。这一基本差异使克隆与非克隆植物在诸如生活史、竞争、种群结构和动态、遗传变异式样，以及衰老和寿命等方面都迥然不同。由于理论体系自身发展的需求以及新的研究途径和手段的发现与运用，以克隆性的生态学意义为主要内容的克隆植物生态学研究于20世纪70年代末与80年代初在欧美各国兴起，尤其是英国、美国、荷兰和瑞典。在20世纪70年代，英国著名的生态学家John L. Harper教授在其重要著作 *Population Biology of Plants*（Harper，1977）中提出了植物克隆性相关的生态学和进化学问题，并指出传统生态学知识在解释克隆植物生态学现象时的局限性，强调了对克隆植物的关注。作为克隆植物生态学研究的奠基者，他为克隆植物生态学的系统性研究作出了历史性贡献。

我国对克隆植物种群生态学的研究起步较晚，但发展很快，我国的生态学工作者研究对象（植物种类）之广、涉及的生态系统类型之多，令世界生态学界瞩目。2005年6月，中国植物学会植物生态学专业委员会和美国生态学会亚洲分会在中国桂林的广西师范大学举办了主题为"植物克隆性的生态学意义"的首届"全国克隆植物生态学研讨会"。2007年10月和2009年9月，中国植物学会植物生态学专业委员会分别在烟台鲁东大学和吉安井冈山大学举办了主题为"克隆性与异质性、克隆植物种群动态""克隆性与生态系统功能"的第二届和第三届"全国克隆植物生态学研讨会"。2012年10月12～16日我国组织举办了第十届国际克隆植物生态学研讨会（The 10$^{th}$ Clonal Plant Workshop）。这是该系列国际研讨会第一次在亚洲召开，来自全球14个国家52所高校和研究机构的115名克隆植物生态学研究工作者参加了研讨会。这次会议全面展示和研讨了国际上克隆植物生态学研究的最新成果和研究方向，并介绍了我国克隆植物种群生态学的研究进展。2016年8月27日，中国生态学学会种群生态专业委员会在第十五届中国生态学大会上组织了题为"生物克隆性的生态与进化意义"的分会场。2017年8月21～25日召开的第十二届国际生态学大会上中国生态学学会种群生态专业委员会还组织了克隆生态学分会场，主题为"Clonal traits of plants in changing environments: responses and effects"。据不完全统计，从1992～2016年期间，国家自然科学基金委员会在克隆植物种群生态学领域至少资助132项，其中包括国家杰出青年科学基金项目1项、重点基金项目2项。这都表明，克隆植物种群生态学在我国生态学界表现活跃，并逐渐处于国际领先地位，有力地推动了克隆植物种群生态学这一重要分支学科在国内和国际生态学界的发展与壮大。

目前，我国的克隆植物种群生态学研究与分子生态学、生理生态学、进化生态学、行为生态学、群落生态学、生态系统生态学和恢复生态学等学科方向广泛交叉融合，并与全球变化、生物多样性丧失、土地退化、生物入侵等当今全球共同关注的资源与环境问题密切相关联。随着克隆植物种群生态学研究领域的拓展、研究内涵的扩大，其逐渐形成独特的研究途径和理论框架（董鸣等，2011）。近期的克隆植物生态学研究也认识到，植物克隆不仅能响应生态系统变化（Yu et al.，2004；He et al.，2011；Song et al.，2013；Liu et al.，2016；Wang et al.，2017），也能影响生态系统的格局和过程，具有重要的效应。这些效应可施加到生态系统的组成、结构、功能和服务等方面（Cornelissen et al.，2014）。在生态系统的组成方面，克隆植物通过克隆性状可直接或间接地影响种内和种间关系（Wang et al.，2008b；Yu et al.，2009a，2010）；在生态系统的结构方面，克隆植物可影响植物和微生物群落的结构，影响生态系统土壤养分的水平空间分布（Chen et al.，2015；Li et al.，2018）；在生态系统功能方面，克隆植物及其克隆性可影响生态系统的初级生产力、生态系统过程及生态系统的信息传递等（Xue et al.，2016；Ye et al.，2016）；在生态系统服务方面，克隆植物由于克隆性可为人类提供供给服务、调节服务、支持服务和文化服务等（陈玉福和董鸣，2002；叶学华和董鸣，2011）。

（3）种子种群生态学研究。种子作为植物繁殖的载体，在植物生活史过程中发挥着重要作用。对大多数植物来说，种子阶段是植物生活史当中最能忍受环境胁迫的阶段，而从种子萌发到幼苗阶段是植物生活史中最脆弱的阶段。在像干旱区这样严酷而多变的环境中，适宜种子萌发的时间非常短暂。恰当的萌发时机不仅能保证幼苗的存活，而且直接影响到萌发后幼苗和植株的生长，甚至整个种群的维持和更新。在种子生态学方面的进展主要体现在种子异型性和种子黏液层的生态功能方面。

种子异型性（seed heteromorphism）是指同一植株产生不同形态或行为的种子的现象。种子异型现象第一次被人们发现是在菊科的头状花序中，同一个花序产生中央果和外围果两种类型。种子异型性与种子连续变异表型有着明显的区别，通常呈现典型的双峰或者多峰分布。因此，种子异型性可以被认为是同一种基因型产生的不连续的表观形态。根据异型种子种类，种子异型性可划分为种子二型性（seed dimorphism）和种子多型性（seed polymorphism）。根据异型性发生的器官，可分为果实异型性和狭义的种子异型性。根据异型种子的位置，可分为地下结实性和地上种子异型性（heterodiaspory）。截至2010年，报道的种子异型植物共计26科129属和292种，大多集中在菊科（50%）、藜科（13%）、豆科（8%）、禾本科和十字花科等几个科中。其中，地上种子异型性占总数的84%，而地下结实仅占16%（王雷等，2010）。随着种子异型性现象再次成为种子生态学研究热点，不断有新的种子异型植物被报道。预计种子异型植物的总物种数在400种左右。根据现有资料，国内分布的种子异型植物超过20种，绝大部分物种分布在干旱半干旱区、荒漠、盐渍土地区和干扰强烈的地区。

Wang 等（2008a）总结了异子蓬（*Suaeda aralocaspica*）异型种子休眠、萌发和种子库形成的动态模型。异子蓬异型种子在十月成熟并传播。黑色种子处于非深度生理休眠状态，需要低温冷层积来打破休眠。冬天寒冷干燥，不能满足冷层积的需求。早春，经过短期（2~8 周）的冷层积处理，部分黑色种子转化为条件休眠或者不休眠状态，然后萌发。另一部分种子需要更长时间的冷层积处理来打破休眠。它们会保存在土壤中，至少等到来年春天。另外，没有萌发的条件休眠或不休眠的黑色种子，在盐胁迫的作用下会重新进入二次休眠。异子蓬褐色种子不休眠，能在较宽的温度范围中萌发。盐分会导致褐色种子和不休眠的黑色种子进入条件休眠。这部分种子在降雨或融雪的作用下，可以重新萌发。但是，如果盐分胁迫不是在萌发季节解除，种子会进入二次休眠，可能形成土壤种子库。但是根据生境的种子库调查，异子蓬褐色种子不会形成持久土壤种子库（王雷，2010）。

Wang 等（2012）发现刺毛碱蓬（*Suaeda acuminata*）的棕色种子不休眠，而黑色种子具有中度生理休眠。Yang 等（2015）发现角果碱蓬（*Suaeda corniculata*）棕色种子不休眠，萌发对各温度梯度和光照条件不敏感，萌发率较高（84%~100%），而黑色种子具有非深度生理休眠，萌发率较低（8%~78%），萌发对光照敏感。种皮划破、赤霉素处理和低温层积均可有效地提高黑色种子的萌发率。与黑色种子相比，棕色种子的耐盐性强，在较高的盐分浓度下仍有较高的萌发率。低温层积处理能够降低黑色种子对盐胁迫的敏感性，有效提高种子的萌发率。棕色种子在温度和降水量都相对较低的春季萌发，如果棕色种子植株维持存活到雨季的来临，那么这些植株将会形成较大的植株。黑色种子萌发对温度要求敏感，只能在土壤盐分大幅降低后萌发。因此，黑色种子主要在降雨较多且温度较高的夏季萌发。虽然黑色种子产生的植株具有较短的生活史，只能产生少量的子代种子，但是黑色种子植株经历的环境风险相对于棕色种子产生的植株要低。

（4）种群统计学。传统的矩阵模型的构建需要将种群内不同大小（或发育阶段）的个体人为划分为若干不连续的等级，或将种群内的个体视为不连续的生活史阶段，而模型的输出结果对种群内个体等级或阶段的划分方式非常敏感（Easterling et al., 2000）。并且，矩阵模型在处理个体生长有很大差异的种群时有很大的局限性，难以将这些生长差异在模型中有效地体现出来（Easterling et al., 2000）。Bernal（1998）等的研究表明，对于长寿命的植物来说，矩阵模型的输出结果对个体指标人为分级的步长（category width）更为敏感。因此，伴随矩阵投影模型预测时间尺度的增加，势必造成预测结果误差的放大（Zuidema and Boot, 2002）。积分投影模型（Integral Projection Model, 简称 IPM），成功地解决了人为等级或阶段划分的关键问题。Eneller 和 Rees（2006）将这一模型进一步完善，并成功用于具有复杂生活史的植物种群。Li 等（2011，2013，2015）在运用 IPM 研究沙地灌木种群动态时发现，植物个体间的生长差异会对种群增长率产生影响。在模拟分析中，通过不同程度的降低模型中生长变异的方差来计算生长差异对 $\lambda$ 的影响。结果表明，减少生长差异会影响 $\lambda$，但影响的方向（正、负）和程度因不同种群而异。例如，半固定沙丘中的油蒿种群（$\lambda > 1$），减少生长差异会在一定程度上降低 $\lambda$ 值，表明半固定沙丘中油蒿（*Artemisia ordosica*）种群的快速扩展可能部分源于那些生长较快的个体的贡献（Li et al., 2011）。相反，减少生长差异并未对羊柴（*Hedysarum laeve*）种群的 $\lambda$ 值造成影响，这可能是因为 $\lambda$ 对分株生长不敏感，从而对分株生长差异的改变也不敏感（Li et al., 2013）。对于柠条（*Caragana intermedia*）种群和固定沙丘中的油蒿种群（$\lambda \leq 1$），减少生长差异能够提高 $\lambda$ 值，表明这些种群稳定或衰退的一部分原因可能是源于个体负增长带来的生长差异（Li et al., 2011，2013）。$\lambda$ 对减少生长差异的不同反应表明，将生长差异纳入种群统计模型对于更精确的描述种群动态非常关键。尤其在种群内个体数量较少，如濒危植物的种群动态研究中更具优势（Ramula et al., 2009）。

（5）鱼类种群生态学与保护生理研究。鱼类在形态、生理和行为等多方面均表现出显著的可塑性，对其应对环境变化、拓展栖息地乃至物种分化起着重要的作用，具有重要的进化和生态意义（Fu et al.,

2013，2014）。近年来，人为活动（如水利工程修建、富营养化和过度捕捞等）和全球气候变化对鱼类种群繁衍产生重要影响，而鱼类生理和行为可塑性大小及其适应性的调节机制可能决定了种群发展的命运。在我国，水利工程修建和富营养化导致水体环境的改变是目前鱼类重要的生存挑战之一，日益受到鱼类种群生态学家和生理生态学家的关注。

水坝修建和渠化水利工程导致的环境因子变化（包括水流变缓和捕食压力上升等）和生境破碎化条件下鱼类对新环境的适应能力是评估鱼类种群能否继续生存繁衍的重要依据，相关研究一直是鱼类生理生态和保护生物学研究的热点。Fu 等（2012，2013）以生境差异显著、生境破碎化的乌江流域生态系统为背景，选取分布范围广、世代周期短且无人工驯养干扰的宽鳍鱲（*Zacco platypus*）和马口鱼（*Opsariichthys bidens*）为研究对象，证实了不同地理种群的形态、生理（游泳能力、能量代谢等）和行为（个性和反捕食行为等）的表型差异，研究还进一步验证了这种表型差异与生境之间的关联，并明确了水流状况和捕食压力为其主要的影响因素（Fu et al.，2013，2015a，2005b）。相关研究工作证实了渠化工程导致同一水系不同地理种群鱼类在游泳能力上表现出针对水利工程修建导致的生境隔离和生境骤变的游泳策略的差异，这些结果提示评估水利工程对鱼类资源影响应考虑人为干扰下鱼类的生理功能的适应性进化，具有重要的理论意义和应用价值。

在鱼类种群针对渠化生境的适应性研究基础上，研究者进一步在物种科（鲤科鱼类）的尺度上验证了不同生境和生态习性鱼类游泳策略的分化。研究发现游泳策略主要表现为鱼类对持续和爆发游泳能力的依赖程度，并确定了游泳能力、外部形态和运动代谢等表型特征与生境环境因子的关联（Yan et al.，2013）。发现水流状况和捕食压力是鱼类游泳能力进化的主要驱动力量。研究还发现了鲤科鱼类执行不同生理功能（如洄游、避敌和穿越激流）的游泳能力在不同环境因子变动状况下的敏感性（短期波动影响）和可塑性（长期驯化效果）存在显著种间差异，且表现为分配或泛化-特化的权衡（Yan et al.，2012）。

氧含量低且不稳定是水生生境区别于陆生生境的重要特征，研究利用我国鲤科鱼类分布的特有优势，发现鲤科鱼类普遍存在独特的乙醇代谢途径（将糖原分解成乙醇而非乳酸，在 10 种鲤科鱼类中发现）和鳃部形态的可塑性变化（通过鳃小片间质细胞的凋亡促使表面积增加，在 6 种鲤科鱼类中发现）以扩大对氧的利用而适应极端低氧环境，并厘清了这种独特的形态和生理机制与鱼类进化历程和偏好生境的关联（Fu et al.，2014）。并证实这种权衡与不同类群鱼类长期进化过程中形成的生理生化适应策略（如温度胁迫下的代谢调节、鳃部形态可塑性变化和糖原动用等）密切关联（He et al.，2015）。这些成果对于预测环境变动下鱼类的种群动态具有重要应用价值。

在全球升温的背景下，我国动物种群生态学家以我国特殊分布的冷水性鲑科鱼类（我国的栖息地温度条件接近鲑科鱼类热耐受的极限）为研究对象，探究了秦岭细鳞鲑（*Brachymystax lenok tsinlingensis*）的行为、代谢功率及其运动能量学特征对温度的反应规范，揭示了该物种的热忍耐特征及其应对升温胁迫的行为响应模式和生理生化应答机制，比较分析了该物种在鲑科鱼类中特殊的热生理学特征及其生态学意义。研究还通过温度驯化和模拟升温分别考察珍稀鱼类同一物种不同地理种群及不同物种的生理响应与生态表现，预测气候变暖的生态效应并为我国珍稀濒危鱼类鲑科鱼类的保护和移养驯化提供必要的理论基础（Xia et al.，2017；Zhou et al.，2019）。

（6）潮间带贝类种群生态学研究。潮间带温度变化剧烈，一直是种群生态学研究的"实验室"。近年来，我国研究者发现中国潮间带贝类存在着以长江口为界的格局，人类活动导致生物分布区迁移，沿岸建筑已成为生物扩散的"跳板"，减弱了长江口原有的隔离效应，改变了潮间带生物的分布（Dong et al.，2016；Huang et al.，2015）。发现了蛋白质对温度适应性进化的关键位点，解析了蛋白结构稳定性与生物分布的内在机制（Dong et al.，2018；Liao et al.，2019）。建立了以能量代谢和应激反应为主要参数的生理响应模型，阐释了温度和降水等多重环境胁迫影响潮间带种群动态的机制（Dong et al.，2016），并整合环境和生理数据，分析了温度变化对我国潮间带生物种群动态的影响及其纬度特征（Dong et al.，2017）。

(7）轮虫种群研究的一些发现。种群遗传结构季节变化的研究：①在一个月的时间内于北京后海每周采样，线粒体 COI 基因标记观测了萼花臂尾轮虫（*Brachionus calyciflorus*）遗传结构的变化，结果发现轮虫种群不同单倍型的频率随时间发生快速演替；对其中出现频率高的 4 个优势单倍型在不同的温度、食物密度下做生命表实验，发现 4 个单倍型相对于不同的环境因子具有不同的适合度，生态位分化明显（Li et al.，2010）。②对北京后海萼花臂尾轮虫种群每月采样一次，线粒体 COI 基因标记观测了遗传结构的季节变化。结果发现轮虫种群遗传结构随季节变化明显，可分为 6 个分化枝，结合交配实验发现了 4 个隐种，RDA 分析显示温度、电导率、氨氮和食物量是影响种群遗传结构变化的主要因素。据此我们预测轮虫不同单倍型克隆频率在种群内随季节变化发生快速演替，休眠卵的形成使不同单倍型得以保种，环境变化和克隆竞争导致不同单倍型克隆生态位明显分化，从而维持轮虫种群的高遗传多样性，并导致时间上生殖隔离的同域性隐种形成（李文娟，2014）。

有关轮虫的研究还发现低温下轮虫产大卵，后代体型大，高温下产小卵，后代体型小，体型大的后代在与母体类似的低温环境下较小型后代有更高的种群增长率，体现了适应性母体效应（Sun and Niu，2013）。轮虫每进行一次有性繁殖，其休眠卵孵化出的干雌体建立的克隆群就出现一个短暂的适合度的提高，但这种优势随着孤雌繁殖传代数的增加会逐渐降低至消失。推测这种通过有性繁殖获得的适合度短暂升高有利于克隆共存，因为可有效抵消有性生殖的代价（Sun and Niu，2013）。有性繁殖产生休眠卵会使孤雌繁殖种群的增长率（短期适合度）降低，但同时也使得种群能够以种子的形式保存下来（长期适合度）。本研究发现有性繁殖在某种程度上有利于劣势竞争者，使其免于被竞争排斥掉（Li and Niu，2015）。

### 3.1.2 多物种种群生态学研究

**植物-传粉者互作网络。** 我国在传粉网络方面的研究起步较晚。在 20 世纪，国内的研究基本上是单一物种传粉生物学的研究。进入 21 世纪，国内学者才对群落水平上的传粉研究有所关注（方强和黄双全，2014）。龚燕兵（2010）调查了横断山区的 29 种植物及其所拥有的 10 个传粉者功能群之间的关系，并分析了该传粉网络结构特征。结果表明，虽然植物与传粉者的网络结构是嵌套的、不对称的。这可能是国内关于传粉网络研究的首次报道。之后，方强（2011）以香格里拉高山草甸为对象，研究了其传粉网络的结构、动态和生态学意义；Fang 和 Huang（2012）对滇西北高山草甸群落的传粉网络进行了连续 4 年的定点研究。结果表明，群落物种多样性增加，并没有导致传粉网络趋于特化。方强和黄双全（2012）还从网络结构与动态特征角度综述了传粉网络的研究进展，以及国内外群落水平上传粉生态学的研究进展（方强和黄双全，2014）。更值得欣慰的是，《生物多样性》期刊在 2012 年出版了一期专辑，集中发表了关于传粉生物学的 21 篇论文，这其中的大多数都探讨了植物与其传粉者之间的关系。例如，杜巍等（2012）运用传粉者功能群的概念，重新定量评价了腊梅的主要传粉者。近期，肖宜安等（2015）综述了国内外全球气候变暖影响植物-传粉者网络研究领域的最新进展，并采用线性回归法分析了传粉网络非对称特化的地理变异模式，其研究结果表明，热带地区的植物-传粉者网络比温带地区的植物-传粉者网络非对称性程度更强；草本植物物种具有比乔木更强的非对称性。

### 3.1.3 种群生态学综合研究

（1）珍稀濒危生物种群保护与恢复。对生物多样性保护而言，全球变化通过气候变化改变栖息地环境、人口与经济发展带来土地利用方式的变化对栖息地质量和面积直接影响于濒危物种的生存。经过多年的研究和总结，学者对物种濒危的机制进行较全面的认识，主要包括遗传衰竭、竞争特化、进化潜能丧失、栖息地破碎化、生境异质性降低、次生灭绝、栖息地恶化、资源过度利用、生物入侵（颜亨梅，1998）。其中栖息地破碎化、生境异质性降低、栖息地恶化、资源过度利用和生物入侵均可在全球变化的背景下进一步加剧和显现，影响生物多样性水平，威胁濒危物种的种群持续生存。在气候变化和人类发展速度持续凸显的今天，濒危物种保护压力的骤增使种群生态学的理论与方法的研究越来越迫切。

在植物种群保护遗传学方面，主要集中在生境片断化对珍稀濒危植物种群遗传多样性和种群间遗传分化的影响。例如，片断化生境中的我国特有濒危植物观光木（*Tsoongiodendron odorum*）成株遗传多样性水平适中，种子遗传多样性比成株稍低，但没有显著的差异，同时种子中的近交系数也没有显著的升高，表明了生境片断化并没有侵蚀观光木的遗传多样性（王霞等，2012）；我国云南特有的濒危植物西畴含笑（*Michelia coriacea*）尽管受到了人类近期过度开发所导致的生境片断化和种群隔离的影响，但物种水平的遗传多样性较高，种群间遗传分化较低（Zhao et al.，2012）。

极小种群野生植物是急需优先抢救的国家重点保护濒危植物，面临着极高的随时灭绝的风险。为确保这些脆弱种群及携带的独特基因资源得以续存，国家启动了"全国极小种群野生植物拯救保护工程"。目前，有关极小种群野生植物濒危原因及相应解濒技术的研究还非常缺乏，不能满足工程有效实施的科技需求。已有的植物种群生态学和保护生物学理论对极小种群植物并不完全适用，迫切需要研发有针对性的科学理论。从极小种群野生植物的种群维持机制和更新复壮技术等方面开展研发，将为极小种群野生植物的保护和恢复提供系统的科技支撑。极小种群野生植物的保护与种群复壮，其重要性、紧迫性和必要性是不言而喻的。如何科学高效地实施全国极小种群野生植物拯救保护工程，是摆在我国生物多样性研究与保护工作者面前迫切需要解决的重大问题。极小种群野生植物由于其种群数量小、面临胁迫大及繁殖困难等固有特点也决定了对其研究与开发的困难性和挑战性。一般植物种群理论大都基于大样本方法而发展起来，对极小种群植物并不完全适用，为此，所有研发方案都必须考虑极小种群植物的诸多特点，特别是要重点研发基于小样本的方法和理论体系。同时要针对植物生活史各阶段与野生植物拯救保护工程各环节的技术需求研发相应的技术并进行集成示范，才能真正构建极小种群野生植物全链条式的精准保育技术集成与示范体系，从而为全国野生动植物保护与自然保护区建设等生态建设工程提供强有力的科技支撑（臧润国等，2016）。

在动物种群保护方面，我国专家学者在大熊猫（*Ailuropoda melanoleuca*）、金丝猴（*Rhinopithecus*）、普氏野马（*Equus ferus przewalskii*）、朱鹮（*Nipponia nippon*）和扬子鳄（*Alligator sinensis*）等旗舰物种的景观遗传学研究、圈养种群遗传管理等领域产生了许多重要成果，深入探讨了种群濒危遗传机制，从遗传角度提出濒危动物野生种群保护建议，并在保护基因组学、应对全球气候变化影响与响应等前沿课题中取得了一定进展。例如，Zhan 等（2006）结合非损伤性遗传取样法和分子标记技术，准确统计了四川王朗自然保护区的大熊猫数量，结果是传统统计方法的两倍之多，让我们看到野生大熊猫保护的希望；Zhang 等（2007）、Hu 等（2010a，2010b）、Zhu 等（2011）基于不同空间尺度的大熊猫种群景观遗传学研究结果都强调了人类活动对现生大熊猫种群遗传多样性下降和遗传结构形成起到的主要作用；相似地，Liu 等（2009）在云南滇金丝猴（*Rhinopithecus bieti*）的景观遗传学研究中同样发现，人类活动如定居、耕地和公路修建等引起了该地金丝猴栖息地破碎化，造成种群遗传分化；Liu 等（2014）检测了迁地保护对我国普氏野马种群遗传多样性保存效果，发现与圈养种群相比，放归种群具有较低的遗传多样性和较高的近交水平，要保存放归种群大部分的遗传多样性，使放归种群能够自我维持，未来可能还需要更多的放归个体；Zhao 等（2013）对大熊猫的重测序研究和 Zhou 等（2014）对金丝猴的全基因组测序与重测序研究开创了濒危动物种群基因组研究的先河，重构了这两种著名旗舰濒危动物的种群历史，并在全基因组范围内检测到一系列适应性位点，为下一步的功能性基因研究指明了方向。

（2）外来入侵生物种群控制与本地物种种群恢复。生物防治被认为是抵制生物入侵的有效措施（Pearson and Callaway，2003；Messing and Wright，2006）。由于引入天敌（如寄生性、捕食性天敌和病原微生物）具有潜在的非靶标效应和其他的负面生态学效应，例如，竞争与替代本地种（Simberloff et al.，2005；Messing and Wright，2006）。很多研究开始关注环境友好的本地种防治策略（Sheley and Krueger，2003；Henderson et al.，2006；Richardson et al.，2007）。被入侵地的本地种被发现能够作用于外来种，且能够有效抑制生物入侵（Torchin and Mitchell，2004）。由于本地种适应当地气候，且与其他物种协同进化，对群落其他本土物种危害小（Simmons，2005）。本地天敌防治措施被认为是抵制生物入侵的可持续发展策略（Mack et al.，2000）。在我国华南地区发现原野菟丝子（$Cuscuta\ campestris$）自然寄生且抑制薇甘菊之后，很多控制试验研究了原野菟丝子对薇甘菊的防治效果（邓雄等，2003；Shen et al.，2005），并得出结论，认为菟丝子防治措施是治理薇甘菊的潜在的有效防治策略（王伯荪等，2004；Shen et al.，2005）。

菟丝子的生长与其寄主薇甘菊的生长密切相关。引入薇甘菊入侵群落后，原野菟丝子生长迅速。之后，由于薇甘菊受到抑制生长衰退，菟丝子的生长也相应下降。虽然，在菟丝子处理后，本地种的丰度和盖度都一直在增加，但是，菟丝子依然主要寄生于薇甘菊，使得薇甘菊的侵染率升高，而在其他物种的寄生很少。此外，外来入侵种通常养分含量高，繁殖能力强，容易被寄生植物侵染（Yu et al.，2011）。

通过减少薇甘菊的生物量与盖度，降低其繁殖能力，菟丝子有效地抑制了薇甘菊的生长。虽然，生长迅速，繁殖能力强，养分含量高是外来种成功入侵的重要因素，且入侵种普遍比本地种具有更强的养分资源竞争能力。但是，寄生植物主要依靠汲取寄主的养分和水分资源而生存，并且这种寄生作用极大地抑制了寄主的生长，以致改变寄主与非寄主之间的养分竞争平衡。因此，菟丝子对薇甘菊的抑制，不仅使薇甘菊的生长衰退，繁殖能力下降，养分含量降低，而且，将导致薇甘菊的入侵能力被削弱以及与本地种的竞争能力被抑制（Yu et al.，2008）。

菟丝子寄生在薇甘菊和土壤的养分作用过程中发挥了重要作用，以不同于外来入侵种的作用方式改变土壤养分资源。由于入侵种的残体具有比本地种更高的养分含量和更有效的降解。而寄生植物能够促进其他植物残体的降解，能够把不易被利用的养分转化成易于被植物利用的状态。所以，通过有效地抑制寄主薇甘菊的生长，菟丝子使得土壤养分含量显著增加。由于被菟丝子严重侵染的寄主养分固着与吸收能力下降。因此，土壤养分与可利用资源的增加有利于本地非寄主植物的吸收与利用，对群落的恢复产生促进作用（Yu et al.，2009b）。

其结果，薇甘菊通过改变土壤生态系统，绞杀抑制本地种，以使其成功入侵。当引入菟丝子之后，薇甘菊被抑制，具有入侵抗性的本地种将吸收和利用增加的土壤资源，以增强其适应性与抗性。在引进菟丝子几年之后，本地草本、藤本和灌木，长势良好，甚至成为群落优势种，替代了入侵群落的薇甘菊。使得群落的物种丰度和生物多样性在引入菟丝子之后处于增长的状态，有利于促进本地种的生长和本地植被群落的恢复。对于菟丝子促进群落恢复与两方面相关：一种可能是由于菟丝子抑制了薇甘菊，使其生长与养分竞争能力下降，入侵能力与危害影响被削弱。另外一方面，菟丝子寄生使得土壤养分增加，利于本地种的生长，促进其竞争能力的加强（Yu et al.，2009c）。

（3）退化生态系统关键种群恢复。荒漠化问题是人类在经济发展过程中面临的世界范围内的重大环境问题。经过长期的努力，中国防治荒漠化的进程取得了显著的成果。国内土地荒漠化和沙化重点保护治理区物种多样性得到显著增加。其中，我国实施的一系列防沙治沙工程功不可没，如三北防护林工程、京津风沙源治理工程、退耕还林还草工程等。而这些工程在荒漠化防治中具体所起到的作用，也是近期科学家和管理者所关注的问题。

对内蒙古鄂尔多斯沙区退耕还林地植被演替过程的研究结果表明：①退耕还林6年以内形成的半流动沙丘，主要为一年生沙生植被，种群密度相对较小，总盖度一般为30%～45%，种群高度低、种群之间无明显竞争、抗干扰能力差、空间格局分布随机；②退耕还林6~14年形成的半固定沙丘，主要为一年生和多年生植物混合生长，种群密度适中，总盖度一般为60%左右，种群高度较低、空间格局分布均匀、抗干扰能力一般；③退耕还林14~18年形成的固定沙丘，主要为灌木和多年生植物混合生长，种群密度较大，总盖度基本在70%左右，种群高度较高、空间格局分布出现集群分布现象、种群之间的竞争相当明显、抗干扰能力较强（张益源，2011）。

## 3.2 学术建制、人才培养、基础研究平台建设

从 1989 年起，由复旦大学、西南师范大学（现西南大学）、内蒙古大学和东北林业大学联合发起的"全国植物种群生态学研讨会"，先后召开了 7 次会议。在此基础上，1994 年经中国生态学学会扩大理事会批准成立中国生态学学会种群生态专业委员会，种群生态专业委员会的成立标志着我国种群生态学的发展进入了一个新的阶段。种群生态专业委员会首任（1994~2002 年）主任是庞雄飞，第二任（2002~2009 年）主任是钟章成，第三任（2009~2013 年）和第四任（2013~2017 年）主任是董鸣，现任（2017 年至今）主任是曾波。"全国种群生态学前沿论坛"是中国生态学学会种群生态专业委员会常设的高水平系列学术论坛，创办于 2010 年，由时任中国生态学学会种群生态专业委员会主任董鸣倡议发起，承接了先期的"全国植物种群生态学研讨会"，迄今已成功举办 6 届，现已成为我国种群生态学领域的高水平学术盛会（表 2.1）。

表 2.1 全国种群生态学前沿论坛

| 会议名称 | 主题 | 地点 | 时间 |
| --- | --- | --- | --- |
| 第一届全国种群生态学前沿论坛 | 全球变化下种群生态学的研究现状与挑战 | 浙江台州 | 2010 年 10 月 |
| 第二届全国种群生态学前沿论坛 | 生物种群与生态保护和恢复 | 广西桂林 | 2012 年 6 月 |
| 第三届全国种群生态学前沿论坛 | 种群生态学研究的理论创新与国家需求 | 山西临汾 | 2013 年 6 月 |
| 第四届全国种群生态学前沿论坛 | 种群生态学：创新与融合 | 浙江台州 | 2016 年 6 月 |
| 第五届全国种群生态学前沿论坛 | 种群生态与美丽中国 | 山西临汾 | 2017 年 12 月 |
| 第六届全国种群生态学前沿论坛 | 种群生态与生态保护 | 重庆北碚 | 2018 年 10 月 |

# 4 国际背景

## 4.1 国际发展现状、动态和趋势的分析

近年来，种群生态学研究开始从原来较小的时空尺度拓展到更大尺度，如集合种群、种群调节等理论等尺度依赖性受到人们的关注，以前相对被忽视的种间正相互作用也越来越受到生态学家的关注。美国国家科学基金会 2006 年 1 月召开的"生态学前沿"专家组会议把种群和群落生态学知识中的一些空白作为生态学优先资助的方向（Agrawal et al., 2007）。

当前国际种群生态学的发展已在种群数学、统计方法、实验途径、应用生态学等方面取得了重要成就。然而，种群生态学的发展也遇到一些诸如：无清晰且有预测的假设与备择假设、围绕注定无结果主题的辩论、受限于基金管理和学位论文的研究短期化、统计分析不满足前提假设、$p$-值滥用等问题（Krebs, 2015）。因此，种群生态学与群落生态学与生态系统生态学的整合、长期生态变化与进化变化（evo-eco）研究、种群动态和 meta-种群与景观生态学相结合、分子生态学等领域是在未来的种群生态学发展的重要趋势。

## 4.2 我国与国际水平的比较

与国际水平相比，我国的种群生态学今后的发展，从学科的角度上需要继续对接个体（种群-克隆-个体-器官）、对接群落（种群-群落物种组装-群落时空动态）、对接生态系统（种群-生态系统组成、结构、功能、服务）、对接生物地理（种群-物种丰度与分布；meta-种群）；从研究途径上，需要结合观测、实验、统计与模型等多种方法；从研究尺度上，更需要全球化、网络化、大数据、跨时空尺度的研究；从研究手段上，需要继续研发原创性手段、借用及改进其他学科已有的手段，或者针对性集成研究手段。

### 4.3 我国的战略需求与研究方向

从我国的战略需求上看,种群生态学乃至生态学目前面临着历史上最重要的机遇和挑战。①生态学的发展赶不上生态问题的增加。②种群生态学是 150 岁的年轻科学生态学中最成熟的分支学科之一。然而与相邻学科相比,如生态系统生态学、景观生态学、群落生态学等,种群生态学近些年进展相对缓慢。③生态学在 2011 年之前是理学门类的二级学科(071012),2011 年之后是理学一级学科(0713),正面临二级学科划分,种群生态学是否能有一席之地。④党的十八大把"生态文明建设"入"报告",进"党章"。2018 年,我国政府将生态文明建设写入宪法,并在国家机构改革中,组建了"自然资源部"和"生态环境部"等,以集中力量加强我国的生态环境保护。这都给我国种群生态学发展提供了重要的机遇。因此,我国种群生态学今后的研究方向需紧紧围绕"生态文明建设""深改""一带一路""美丽中国""双创""建设世界科技强国"等命题开展工作。

## 5 发展趋势及展望

### 5.1 向跨组织层次和较长时序发展

与个体(包括克隆分株/构件)生态学、群落生态学、生态系统生态学和景观生态学相衔接和整合;同时,由生长、繁殖和生活周期等较短时序和较小空间的研究,向生物群落/生态系统演替、进化/演化等较长时序和较大空间研究发展。

### 5.2 新方法和新理论

在分子标记技术快速发展前,种群生态学与种群遗传学的交叉和融合越来越明显,特别是濒危物种和入侵物种的分子生态学基础。同时,大数据分析和谱系分析等新方法和途径也用到种群生态变化和进化变化的进化生态学的研究中。种群生态学相关领域在近年来逐渐形成的一些理论,包括代谢生态学理论(Brown et al.,2004)、生态化学计量学理论(Sterner and Elser,2002;Elser,2006)等,并将进一步得到发展。

### 5.3 应对全球和区域生态环境问题

全球气候变化、生物入侵、环境污染、生境退化/生态系统退化、物种灭绝/生物多样性降低仍然是人类面临的全球和(或)区域重大生态环境问题。种群生态学将在理论和应用上为解决这些重大生态环境问题服务,并在其中得到长足发展(董鸣等,2016)。

### 5.4 发展微生物种群生态学

微生物是地球上数量最多、分布最广、在生态系统过程中发挥了极其重要的作用的生物类群。但是人们对微生物生态学的认识还非常有限。虽然微生物生态学在过去十多年中因为研究技术的进步得到快速发展,但是较之生态学其他领域还有很大差距。目前,微生物生态学领域的大部分工作仍然局限在对微生物群落的结构和功能方面,对微生物种群生态学的研究还很薄弱。微生物独特的生活史特征(个体小、世代时间短),现有的种群生态学理论是否适用于微生物这一类群还有很多未知,而微生物的这些特点也为人们检验和发展种群生态学理论提供了很好的实验体系。此外,一些重要的传染性病毒的在区域和全球尺度的传播和扩散在全球气候变化背景下越来越严重,正威胁着人类健康、农业和野生动植物。因此,微生物种群生态学的发展对于理解和控制传染性病毒具有重要作用。

## 参 考 文 献

白寿昌, 邹淑荃, 林苏, 等. 1987. 白马雪山自然保护区滇金丝猴数量分布及种群结构的初步观察. 动物学研究, 8(4): 413-419.
鲍世间. 1981. 全国高等农业院校植物生态学教师讲习班. 植物生态学报, 5(3): 235-236.
蔡飞, 王希华, 宋永昌. 1997. 演替过程中木荷种群结构和分布格局特征. 杭州大学学报(自然科学版), 24(1): 72-77.
蔡飞, 张勇. 1996. 演替过程中木荷种群动态的研究. 杭州大学学报(自然科学版), 23(4): 398-399.
蔡绪慎, 黄金燕. 1992. 拐棍竹种群动态的初步研究. 竹子研究汇刊, 11(3): 55-64.
陈壁辉, 李炳华, 谢万树. 1981. 扬子鳄种群数量变动初探. 安徽师范大学学报(自然科学版), (1): 40-42.
陈浩利, 任瑞成, 葛风翔. 1983. 辉县胡桥公社稻区中华按蚊种群数量剧降因素的探讨. 生态学杂志, 2(4): 4-7.
陈火结, 李芳林. 1987. 徐家坝地区昭觉林蛙的种群生长率和生物量. 两栖爬行动物学报, 6(4): 46-50.
陈灵芝, 孙书存. 1998. 东灵山地区辽东栎的叶群体统计. 植物生态学报, 22(6): 538-544.
陈佩薰, 张先锋, 魏卓, 等. 1993. 白鱀豚的现状和三峡工程对白鱀豚的影响评价及保护对策. 水生生物学报, 17(2): 101-111.
陈绍军. 1994. 丽斑麻蜥的种群结构与自截断尾再生的初步观察. 四川动物, 13(4): 173-174.
陈维博, 陈玉平. 1982. 昆虫种群死亡过程的数字模拟. 生态学报, 1(2): 159-167.
陈文华, 赵敬钊. 1990. 圆尾肖蛸的世代实验种群生命表. 四川动物, 9(2): 11-12.
陈小勇, 宋永昌. 1995. 华东地区青冈种群的等位酶变异. 植物资源与环境, 4(4): 10-16.
陈艳军, 徐化成, 于汝元, 等. 1990. 兴安落叶松采伐迹地种群更新过程的研究. 北京林业大学学报, (S4): 56-61.
陈玉福, 董鸣. 2002. 毛乌素沙地群落动态中克隆和非克隆植物作用的比较. 植物生态学报, 26(3): 377-380.
陈玉军, 谢德兴. 2002. 珠海市淇澳岛红树林引种扩种问题的探讨. 广东林业科技, 18(2): 31-36.
楚国忠, 郑光美. 1983. 农田麻雀繁殖期间的种群动态. 生态学报, 3(2): 165-172.
崔启武, Lawson G. 1982. 一个新的种群增长模型——对经典的 Logistic 方程和指数方程的扩充. 生态学报, 2(4): 403-414.
邓雄, 冯惠玲, 叶万辉, 等. 2003. 寄生植物菟丝子防治外来种薇甘菊研究初探. 热带亚热带植物学报, 11(2): 117-122.
丁长青, 巩会生, 赵雷刚, 等. 2000. 秦岭南麓不同地区红腹锦鸡繁殖密度的比较研究. 见: 中国鸟类学研究(第四届海峡两岸鸟类学术研讨会文集)(中国鸟类学会等主编). 北京: 中国林业出版社.
丁平. 2002. 中国鸟类生态学的发展与现状. 动物学杂志, 37(3): 71-78.
丁守仁, 董明远. 1961. 我国大麦生态型的初步划分. 浙江农业科学, 3(12): 551-561.
丁颖. 1961. 中国水稻栽培学. 北京: 农业出版社.
董鸣. 1986. 缙云山马尾松种群数量动态初步研究. 植物生态学与地植物学学报, 10(4): 283-293.
董鸣. 1996a. 异质性生境中的植物克隆生长: 风险分摊. 植物生态学报, 20(6): 543-548.
董鸣. 1996b. 资源异质性生境中的植物克隆生长: 觅食行为. 植物学报, 38(10): 828-835.
董鸣. 1999. 切断根茎对根茎禾草沙鞭和赖草克隆生长的影响. 植物学报, 41(2): 194-198.
董鸣, 阿拉腾宝, 邢雪荣, 等. 1999. 根茎禾草沙鞭的克隆基株及分株种群特征. 植物生态学报, 23(4): 302-310.
董鸣, 李旭光. 1990. 大头茶种群的格局分析. 西南师范大学学报(自然科学版), 15(2): 210-217.
董鸣, 魏辅文, 陶建平, 等. 2016. 生态学透视: 种群生态学. 北京: 科学出版社.
董鸣, 于飞海, 陈玉福, 等. 2011. 克隆植物生态学. 北京: 科学出版社.
董全, 皮南林, 许宜新, 等. 1984. 海北藏系绵羊种群结构及其出栏方案最优化的探讨. 生态学报, 4(2): 188-199.
董双林. 1992. 清河水库鲢、鳙鱼种群动态研究Ⅰ. 生产量的估计. 应用生态学报, 3(2): 160-164.
杜国祯, 王刚. 1992. 垂穗披碱草种群在不同密度下的个体大小等级研究. 植物学报, 34(12): 937-944.
杜巍, 王帅, 王满囷, 等. 2012. 谁是腊梅的主要传粉者: 昆虫行为与传粉作用. 生物多样性, 20(3): 400-404.

樊后保. 1992. 应用生命表对蒙古栎种群的年龄结构的研究. 福建林学院学报, 12(1): 50-56.

樊后保, 臧润国, 李德志. 1996. 蒙古栎种群天然更新的研究. 生态学杂志, 15(3): 15-20.

方建平. 1999. 长江丽棘虫种群生态的研究. 生态学杂志, 18(6): 16-19.

方精云, 张大勇, 安树青, 等. 2012. 生态学. 见: 未来10年中国学科发展战略: 生态学(国家自然科学基金委员会、中国科学院编). 北京: 科学出版社.

方强. 2011. 云南香格里拉高山草甸传粉网络的结构和动态及生态学意义. 武汉: 武汉大学博士学位论文.

方强, 黄双全. 2012. 传粉网络的研究进展: 网络的结构和动态. 生物多样性, 20(3): 300-307.

方强, 黄双全. 2014. 群落水平上传粉生态学的研究进展. 科学通报, 59(6): 449-458.

方盛国, 冯文和, 张安居, 等. 1996. 佛坪三官庙地区大熊猫种群数量的DNA指纹分析. 应用与环境生物学报, 2(3): 289-293.

费梁, 叶昌媛. 1984. 普雄齿蟾生态习性的研究. 动物学报, 30(3): 270-277.

甘宗义, 王盛桃. 1994. 咸宁地区桔全爪螨与天敌种群动态的初步研究. 生态学杂志, 13(1): 9-12, 20.

高育仁. 1994. 鸻形目(Charadriiformes)鸟类的年龄鉴定. 见: 中国水鸟研究(中国鸟类学会水鸟组主编). 上海: 华东师范大学出版社.

高育仁, 刘仲敏. 1992. 白鹇距长与年龄的关系. 动物学报, 38(3): 278-285.

戈峰, 丁岩钦. 1996. 棉蚜田间种群特定死亡率分析. 生态学杂志, 15(2): 1-3.

葛剑平, 于振良, 贺金生, 等. 2017. 生态学. 见: 国家自然科学基金委员会"十三五"学科发展战略报告: 生命科学(国家自然科学基金委员会生命科学部编). 北京: 科学出版社.

葛颂, 王可青, 董鸣. 1999. 毛乌素沙地根茎灌木羊柴的遗传多样性和克隆结构. 植物学报, 41(3): 301-306.

龚燕兵. 2011. 高山草甸群落内植物与传粉者相互作用的研究. 武汉: 武汉大学博士学位论文.

顾海南. 1984. 温度对大螟种群增长的影响. 生态学报, 4(3): 282-288.

顾辉清, 马小梅, 王珏, 等. 1999. 安吉小鲵种群数量和数量动态的研究. 四川动物, 18(3): 104-106.

洪小括. 1988. 乐清湾泥蚶繁殖生态及种群数量变动. 生态学杂志, 7(3): 21-24.

胡锦矗. 1987. 从野外大熊猫的粪便估计年龄及其种群年龄结构的研究. 兽类学报, 7(2): 81-84.

胡玉佳, 王寿松. 1988. 海南岛热带雨林优势种——青梅种群增长的矩阵模型. 生态学报, 8(2): 104-110.

黄沐朋. 1984. 蛇岛蝮蛇种群数量估计. 两栖爬行动物学报, 3(4): 7-22.

黄祥飞, 胡春英. 1989. 武汉东湖针簇多肢轮虫的种群变动和生产量. 水生生物学报, 13(1): 15-23.

黄祝坚. 1978. 我国两栖动物及爬行纲动物资源概况. 资源科学, (2): 92-100.

江国强, 罗肖南. 1989. 腹管食螨瓢虫、桔全爪螨种群空间分布型及其混合种群抽样技术的研究. 生态学报, 9(3): 277-279.

江海声, 练健生, 冯敏, 等. 1992. 海南南湾猕猴种群增长的研究. 兽类学报, 18(2): 100-106.

江洪. 1992. 云杉种群生态学. 北京: 中国林业出版社.

姜兆文, 马逸清, 高中信. 1993. 我国黄羊种群结构及动态趋势的研究. 兽类学报, 13(1): 16-20.

蒋志刚, 夏武平. 1987. 牦牛种群的能量流动态及其在系统能量流中的地位和作用. 生态学报, 7(3): 266-275.

金善宝, 吴兆苏, 沈丽娟, 等. 1959. 中国小麦的种类及其分布. 南京农学院科学研究专刊, 第2号.

金则新, 李钧敏. 2004. 七子花种群遗传多样性的RAPD分析. 林业科学, 40(4): 68-74.

金则新, 钟章成. 1996. 四川大头茶种群优势度增长动态的初步研究. 西南师范大学学报(自然科学版), 21(1): 67-73.

康乐, 李鸿昌, 陈永林. 1989. 中国散居型飞蝗地理种群数量性状变异的分析. 昆虫学报, 32(4): 418-426.

兰仲雄, 马世骏. 1981. 改治结合根除蝗害的系统生态学基础. 生态学报, 1(1): 30-36.

黎道洪, 罗蓉. 1990. 中华大蟾蜍种群年龄组划分的初步研究. 贵州师范大学学报(自然科学版), 8(1): 5-10.

李炳华, 陈壁辉. 1981. 扬子鳄在安徽的分布现状初步调查. 安徽师范大学学报(自然科学版), (1): 35-39.

李成元, 邵民, 朱红星, 等. 1996. 中国扬子鳄物种资源现状. 生物多样性, 4(2): 83-86.

李芳林, 陈火结. 1986. 宝兴树蛙的若干生态学资料. 两栖爬行动物学报, 5(4): 246-250.

李建辉, 金则新, 李钧敏. 2010. 濒危植物长叶榧群体不同年龄级遗传多样性的 RAPD 和 ISSR 分析. 浙江大学学报(理学版), 37(1): 104-111.

李建荣, 朱文炳, 李隆术. 1994. 柑桔褐带卷蛾实验种群生态学研究. 生态学杂志, 13(3): 17-20.

李金钢, 王廷正. 1999. 甘肃鼢鼠种群性比的研究. 动物学研究, 20(6): 431-434.

李进华, 王岐山, 李明. 1994. 短尾猴种群生态学研究 I. 繁殖方式. 兽类学报, 14(4): 255-259.

李进华, 王岐山, 李明. 1995. 短尾猴种群生态学研究III. 年龄结构和生命表. 兽类学报, 15(1): 31-35.

李俊清, 王业蘧. 1986. 天然林内红松种群数量变化的波动性. 生态学杂志, 5(5): 1-5.

李睿, Werger M J A, 钟章成. 1997a. 施肥对毛竹(Phyllostachys pubescens)竹笋生长的影响. 植物生态学报, 21(1): 19-26.

李睿, 钟章成, Werger M J A. 1997b. 毛竹(Phyllostachys pubescens)竹笋群动态的研究. 植物生态学报, 21(1): 53-59.

李睿, 钟章成, Werger M J A. 1997c. 中国亚热高大竹类植物毛竹竹笋克隆生长的密度调节. 植物生态学报, 21(1): 9-18.

李文娟. 2014. 北京西海萼花臂尾轮虫(Brachionus calyciflorus)种群遗传结构的季节变化及其影响因素探讨. 北京: 北京师范大学硕士学位论文.

李欣海, 李典谟, 路宝忠, 等. 1996. 朱鹮种群生存力分析. 生物多样性, 4(2): 69-77.

李欣海, 李典谟, 雍严格, 等. 1997. 佛坪大熊猫种群生存力分析的初步报告. 动物学报, 43(3): 285-293.

李旭光, 陈爱侠, 何维明. 1996. 大头茶种群循环更新的动态研究. 应用生态学报, 7(2): 117-121.

李旭光, 于法稳. 1997. 大头茶种群动态模型与稳定性分析. 植物生态学报, 21(1): 21-32.

李月树, 祝廷成. 1983. 羊草种群地上部生物量形成规律的探讨. 植物生态学与地植物学丛刊, 7(4): 289-298.

梁士楚. 1992. 贵阳喀斯特山地云贵鹅耳枥种群动态研究. 生态学报, 12(1): 53-60.

刘焕金, 申守义, 武建勇, 等. 1989. 山西庞泉沟长尾山椒鸟种群数量. 四川动物, 8(1): 44-45.

刘焕金, 苏化龙, 申守义. 1986. 太原市南郊区红隼越冬种群数量动态. 四川动物, 5(4): 19-20.

刘焕金, 苏化龙, 申守义, 等. 1990. 棕扇尾莺种群数量的变化及环志. 四川动物, 9(3): 44-45.

刘庆, 钟章成. 1997. 斑苦竹(Pleioblastus maculata)无性系种群的数量和年龄结构动态. 生态学报, 17(1): 66-70.

刘迺发, 李仁德, 孙红英. 1993. 环境因子对荒漠沙蜥种群密度影响的研究. 动物学研究, 14(4): 319-325.

刘智慧. 1990. 四川省缙云山栲树种群结构和动态的初步研究. 植物生态学报, 14(2): 120-128.

卢汰春, 刘如笋. 1986. 绿尾虹雉生态学研究. 动物学报, 32(3): 273-279.

卢欣. 1982. 狩猎期间雉鸡(♂)的年龄组成和体重的初步研究. 动物学杂志, 28(5): 40-43.

卢泽愚. 1993. 种群增长的矩阵计算模型. 生态学报, 1(3): 253-262.

陆仲康, 陈领, 吴刚, 等. 1994. 中国生态学的研究现状及发展趋势——近年来国家自然科学基金委员会生态学科资助项目分析. 生态学报, 14(4): 423-429.

罗爱东, 董永华. 1998. 西双版纳野生绿孔雀种群数量及分布现状调查. 生态学杂志, 17(5): 6-10.

罗耀华. 1984. 西北地区第一次"生态学基础讲习班"情况简介. 植物生态学报, 8(1): 82-84.

马世骏. 1964. 昆虫种群的空间、数量、时间结构及其动态. 昆虫学报, 13(1): 38-55.

马世骏. 1979. 中国昆虫生态学三十年. 昆虫学报, 22(3): 257-266.

马世骏. 1982. 昆虫种群的生态适应. 生态学报, 2(3): 225-227.

马世骏, 丁岩钦. 1965. 东亚飞蝗种群数量中的调节机制. 动物学报, 17(3): 261-277.

马世骏, 丁岩钦, 李典谟. 1965. 东亚飞蝗中长期数量预测的研究. 昆虫学报, 14(4): 319-338.

马世全. 1990. 黄斑苇繁殖期种群分布型的研究. 生态学报, 10(4): 362-366.

马小梅, 顾辉清. 1999. 舟山岛中国小鲵种群数量和分布的研究. 四川动物, 18(3): 107-108.

聂绍荃, 关文彬, 杨国亭, 等. 1992. 紫椴种群生态学研究. 哈尔滨: 东北林业大学出版社.

潘晓赋, 周伟, 周用武, 等. 2002. 中国两栖类种群生态研究概述. 动物学研究, 23(5): 426-436.

庞雄飞. 1991. 动物种群生态学发展战略研究. 见: 中国生态学发展战略研究(第一集)(马世骏主编). 北京: 中国经济出版社.

庞雄飞. 1992. 动物种群生态学的进展. 生态学杂志, 11(1): 9-14.

彭少麟, 方炜. 1994. 鼎湖山植被演替过程优势种群动态研究Ⅲ. 黄果厚壳桂和厚壳桂种群. 热带亚热带植物学报, 2(4): 79-87.

彭友贵, 徐正春, 刘敏超. 2012. 外来红树植物无瓣海桑引种及其生态影响. 生态学报, 32(7): 2259-2270.

朴仁珠. 1985. 中国林蛙的迁移. 东北林业大学学报, 13(4): 73-77.

朴仁珠, 关国生, 张明海. 1995. 中国驼鹿种群数量及分布现状的研究. 兽类学报, 15(1): 11-16.

朴仁珠, 萧前柱. 1991. 中国林蛙的年龄鉴定. 见: 野生动物论文集(1979-1989)(黑龙江省野生动物研究所主编). 北京: 中国林业出版社.

钱迎倩, 王亚辉, 祁国荣, 等. 2004. 20世纪中国学术大典: 生物学. 福州: 福建教育出版社.

邱星辉, 李鸿昌. 1993. 草原生态系统狭翅雏蝗种群的能量动态. 生态学报, 13(1): 1-8.

赛道建, 吕福然, 王禄东, 等. 1996. 黄河三角洲鹤类的分布与数量变动. 见: 中国鸟类学研究(第二届海峡两岸鸟类学术研讨会文集)(中国鸟类学会等主编). 北京: 中国林业出版社.

宋鸣涛. 1990. 大鲵食性研究. 动物学研究, 11(3): 192-203.

苏建平, 王祖望. 1992a. 高原鼢鼠种群能量动态的研究Ⅰ. 平均每日代谢及挖掘活动代谢特征. 兽类学报, 12(3): 200-206.

苏建平, 王祖望. 1992b. 高原鼢鼠种群能量动态的研究Ⅱ. 每日能量收支模型的探讨. 兽类学报, 12(4): 267-274.

苏祥瑶, 林昌善. 1986. 粘虫种群动态模拟的研究. 生态学报, 6(1): 65-73.

孙冰, 杨国亭, 迟福昌, 等. 1994. 白桦种群空间分布格局的研究. 植物研究, 14(2): 201-207.

孙成永, 宋宏. 1987. 首届中国植物生态学青年研讨会简介. 植物生态学报, 11(4): 324.

万昌秀, 梁中宇. 1983. 逻辑斯谛曲线的一种拟合方法. 生态学报, 3(3): 288-296.

王伯荪, 王勇军, 廖文波, 等. 2004. 外来杂草薇甘菊的入侵生态及其治理. 北京: 科学出版社.

王伯荪, 余世孝, 彭少麟, 等. 1995. 植物种群学. 广州: 广东高等教育出版社.

王刚, 赵松岭, 张云鹏, 等. 1984. 关于生态位定义的探讨及生态位重叠计测公式改进的研究. 生态学报, 4(2): 119-127.

王国英, 齐卫东, 马鸣, 等. 1987. 棋斑游蛇种群生态观察. 干旱区研究, (2): 35-40.

王金陵, 武镰祥, 吴和礼, 等. 1956. 中国南北地区大豆光照生态类型的分布. 农业学报, 7(2): 168-180.

王骏, 冯敏, 李艳红. 1996. 广西龙虎山猕猴种群生态特征. 兽类学报, 16(4): 264-271.

王可青, 葛颂, 董鸣. 1999. 根茎禾草沙鞭的等位酶变异及克隆多样性. 植物学报, 41: 537-540.

王雷. 2010. 温带内陆盐漠植物种群更新策略——异子蓬种子的适应性分析. 北京: 中国科学院研究生院博士学位论文.

王雷, 董鸣, 黄振英. 2010. 种子异型性及其生态意义的研究进展. 植物生态学报, 34(5): 578-590.

王莽莽, 李典谟. 1986. 用麦夸方法最优拟合逻辑斯谛曲线. 生态学报, 6(2): 142-147.

王岐山, 李进华, 李明. 1994. 短尾猴种群生态学研究Ⅰ. 短尾猴种群动态及分析. 兽类学报, 14(3): 161-165.

王权业, 樊乃昌. 1987. 高原鼢鼠($Myospalax\ baileyi$)的挖掘活动及其种群数量统计方法的探讨. 兽类学报, 7(4): 283-290.

王权业, 蒋志刚, 樊乃昌. 1989. 高原鼢鼠、高原鼠兔以及甘肃鼠兔种间关系的初步探讨. 动物学报, 35(2): 205-212.

王仁忠, 李建东. 1999. 小獐毛种群密度和生物量与有性生殖特征的相关分析. 应用生态学报, 10(1): 23-25.

王天厚, 钱国桢. 1988. 长江口杭州湾鸟类. 上海: 华东师范大学出版社.

王炜, 梁存柱, 刘钟玲. 1999. 内蒙古草原退化群落恢复演替的研究Ⅳ. 恢复演替过程中植物种群动态的分析. 干旱区资源与环境, 13(4): 44-55.

王霞, 王静, 蒋敬虎, 等. 2012. 观光木片断化居群的遗传多样性和交配系统. 生物多样性, 20(6): 676-684.

王小明, 李明, 唐绍祥, 等. 1998. 春季岩羊种群生态学特征的初步研究. 兽类学报, 18(1): 27-33.

王秀玲. 1998. 新疆北鲵的种群现状及保护对策. 四川动物, 17(2): 55-56.

王智翔, 陈永林, 马世骏. 1987. 内蒙古锡林河流域典型草原狭翅雏蝗种群动态与气象关系的研究. 生态学报, 7(3): 246-255.

王中裕, 张宏杰, 翟天庆, 等. 1994. 朱鹮的环志情况及其生命表的分析研究. 西北大学学报, 24(1): 57-60.
魏辅文, 胡锦矗, 许光瓒, 等. 1989. 野生大熊猫生命表初编. 兽类学报, 9(2): 81-86.
魏万红, 王权业, 周文扬, 等. 1997. 灭鼠干扰后高原鼢鼠的种群动态与扩散. 兽类学报, 17(1): 53-61.
文祯中. 1995. 牛背鹭种群扩张析. 生态学杂志, 14(6): 54-56.
邬祥光, 黄美贞. 1982. 粘虫种群空间结构的探讨. 生态学报, 2(1): 39-45.
吴进才, 庞雄飞. 1991. 多物种复合种群捕食量的数学模型及在褐稻虱数量预测中的应用. 生态学报, 11(2): 139-146.
吴力钊, 王祖熊. 1991. 长江下游鳙鱼天然种群的生化遗传变异. 水生生物学报, 15(1): 94-96.
吴清江. 1975. 长吻鮠[*Leiocassis longirostris*(Günther)]的种群生态学及其最大持续渔获量的研究. 水生生物学报, (3): 387-409.
夏武平, 胡锦矗. 1989. 由大熊猫的年龄结构看其种群发展趋势. 兽类学报, 9(2): 87-93.
夏晓勤, 王伟俊, 姚卫建. 1999. 小鞘指环虫种群的季节动态. 水生生物学报, 23(3): 235-239.
向邦成, 温兴民, 邹远东, 等. 1989. 宜宾地区嗜人按蚊种群变动情况观察. 四川动物, 8(2): 29-40.
肖宜安, 何平, 邓洪平, 等. 2003. 井冈山长柄双花木种群遗传多样性与遗传分化. 西南师范大学学报(自然科学版), 28(3): 444-449.
肖宜安, 张斯斯, 闫小红, 等. 2015. 全球气候变暖影响植物-传粉者网络的研究进展. 生态学报, 35(12): 3871-3880.
谢小军. 1987. 嘉陵江南方大口鲇的年龄和生长的初步研究. 生态学报, 7(4): 73-81.
谢宗强, 陈伟烈, 路鹏, 等. 1999. 濒危植物银杉的种群统计与年龄结构. 生态学报, 19(4): 523-528.
徐汝梅, 刘来福, 朱国仁, 等. 1981. 变维矩阵模型在温室白粉虱种群动态模拟中的应用. 生态学报, 1(2): 147-158.
徐文铎, 郑元润. 1993. 沙地云杉种群结构与动态的研究. 应用生态学报, 4(2): 126-130.
徐旭才, 张其永. 1986. 闽南-台湾浅滩渔场大头狗母鱼种群年龄结构和生长特性研究. 厦门大学学报(自然科学版), 25(6): 712-720.
徐旭才, 张其永. 1988. 闽南-台湾浅滩渔场多齿蛇鲻种群年龄和生长特性. 台湾海峡, 7(3): 256-263.
许凤华, 康明, 黄宏文, 等. 2006. 濒危植物毛柄小勾儿茶片断化居群的遗传多样性. 植物生态学报, 30(1): 157-164.
许永明. 1985. 鱼类种群增长的初步研究. 生态学杂志, 4(2): 6-9.
颜亨梅. 1998. 物种濒危的机制与保护对策. 生命科学研究, 2(1): 6-11.
杨持, 宝荣. 1986. 羊草草原种群分布格局的最适取样面积. 生态学报, 6(4): 324-329.
杨光, 周开亚, 高安利, 等. 1998. 江豚生命表和种群动态的研究. 兽类学报, 18(1): 1-7.
杨允菲, 祝玲, 李建东. 1995. 松嫩平原碱化草甸星星草种群营养繁殖及有性生殖的数量特征. 应用生态学报, 6(2): 166-171.
杨允菲, 祝廷成. 1988. 不同生态条件下羊草种群种子生产的探讨. 生态学报, 8(3): 256-257.
杨在中, 郝敦元, 杨持. 1984. 植物群落种群分布格局研究的新方法. 生态学报, 4(3): 237-247.
叶学华, 董鸣. 2011. 毛乌素沙地克隆植物对风蚀坑的修复. 生态学报, 31(19): 5505-5511.
易继舫, 唐大明, 刘灯红, 等.1999. 长江中华鲟繁殖群体资源现状的初步研究. 水生生物学报, 23(6): 554-559.
殷宏章, 王天铎, 李有则. 1957. 水稻田的群体结构与光能利用. 实验生物学报, 6(3): 224-261.
殷宏章, 王天铎, 沈允钢. 1959. 小麦田的群体结构与光能利用. 农业学报, 10(5): 382-397.
殷寿华, 帅建国. 1990. 望天树种子散布、萌发及其种群龄级配备的关系研究. 云南植物研究, 12(4): 1-3.
于丹. 1994. 水毛茛种群生态学研究. 水生生物学报, 18(3): 263-271.
余志堂, 何麟善, 肖理仁, 等. 1959. 黑龙江流域鲫鱼的种群变异和生态资料. 水生生物集刊, (2): 200-209.
岳明. 1995. 陕北黄土区森林地带侧柏种群结构及动态初探. 武汉植物研究, 13(3): 231-239.
臧润国, 董鸣, 李俊清, 等. 2016. 典型极小种群野生植物保护与恢复技术研究. 生态学报, 36(22): 7130-7135.
臧润国, 李德志, 孙树强, 等. 1993. 天然次生林群落中刺五加种群生态学的研究 IV: 刺五加种群的生殖. 吉林林学院学报, 9(2): 7-10.

臧润国, 朱春全, 李德志. 1991. 天然次生林群落中刺五加种群生态学的研究Ⅰ: 刺五加种群年龄结构研究. 吉林林学院学报, 7(3): 53-57.

臧润国, 朱春全, 李德志. 1992b. 天然次生林群落中刺五加种群生态学的研究Ⅲ: 刺五加种群生殖力表的编制与分析. 吉林林学院学报, 8(3): 5-8.

臧润国, 朱春全, 李德志. 1992a. 天然次生林群落中刺五加种群生态学的研究Ⅱ: 从生命表来分析刺五加种群的动态过程. 吉林林学院学报, 8(2): 18-22.

臧润国, 祝宁, 李进中. 1994. 天然次生林群落中刺五加种群生态学的研究Ⅴ: 刺五加种群增长的Leslie矩阵模型. 吉林林学院学报, 10(2): 77-81.

曾波, 钟章成. 1997. 四川大头茶黄酮类化合物的聚酰胺薄膜层析分析. 植物生态学报, 21(1): 90-96.

曾宗永, 梁中宇. 1982. 用Leslie矩阵法预测人口——四川省彭县清平公社1978年人口资料分析. 生态学报, 2(3): 303-310.

张含藻, 胡周强, 薛震夷, 等. 1989. 乌梢蛇种群动态的初步调查. 中药材, 12(4): 13-14.

张利权. 1990. 浙江省松阳县黄山松种群的年龄结构与分布格局. 植物生态学报, 14(4): 328-335.

张先锋. 1992. 江豚的年龄鉴定、生长和生殖的研究. 水生生物学报, 16(4): 289-298.

张先锋, 王克雄. 1999. 长江江豚种群生存力分析. 生态学报, 19(4): 529-533.

张耀光. 1990. 日本林蛙繁殖的初步观察. 动物学杂志, 25(6): 14-17.

张益源. 2011. 内蒙古鄂尔多斯退耕还林地植被演替过程研究. 北京: 北京林业大学硕士学位论文.

张迎梅, 张贵林. 2000. 黑颈鹤在甘肃省尕海的种群数量动态和食性分析. 见: 中国鸟类学研究(第四届海峡两岸鸟类学术研讨会文集)(中国鸟类学会等主编). 北京: 中国林业出版社.

张知彬, 严川, 李宏俊, 等. 2016. 种群生态学. 见: 生态学的现状与发展趋势(于振良主编). 北京: 高等教育出版社.

张知彬, 朱靖, 杨荷芳. 1993. Jolly-Seber法对大仓鼠和黑线仓鼠种群若干参数的估算. 生态学报, 13(2): 156-120.

赵惠燕, 汪世泽, 董应才. 1990. 麦蚜自然种群的空间动态. 生态学杂志, 9(4): 16-19.

赵学农, 曹敏, 和爱军. 1990. 望天树种群动态的初步研究. 云南植物研究, 12(4): 405-414.

郑光美. 1981. 我国鸟类生态学的回顾与展望. 动物学杂志, 16(1): 63-38.

郑生武, 周立. 1984. 高原鼢鼠种群年龄的研究Ⅰ. 高原鼢鼠种群年龄鉴定的主成分分析. 兽类学报, 4(4): 311-319.

郑元润, 徐文铎. 1996. 沙地云杉种群稳定性研究. 生态学杂志, 15(6): 13-16.

中国生态学学会. 2010. 2009-2010生态学学科发展报告. 北京: 中国科学技术出版社.

中国生态学学会. 2012. 2011-2012生态学学科发展报告. 北京: 中国科学技术出版社.

钟章成. 1992. 我国植物种群生态研究的成就与展望. 生态学杂志, 11(1): 4-8.

钟章成, 董鸣, 熊利民. 1991. 植物种群生态发展趋势及我国植物种群生态学发展战略研究. 见: 中国生态学发展战略研究(第一集)(马世骏主编). 北京: 中国经济出版社.

钟章成, 曾波. 2001. 植物种群生态研究进展. 西南师范大学学报(自然科学版), 26: 230-236.

周纪纶, 郑师章, 杨持. 1992. 植物种群生态学. 北京: 高等教育出版社.

周应健. 1997. 扬子鳄野生种群衰落探析. 四川动物, 16(3): 137-139.

庄德辉, 梁彦龄. 1986. 大型溞生长、生殖和种群增长的研究. 水生生物学报, 10(1): 24-31.

宗浩, 樊乃昌, 于福溪, 等. 1991. 高寒草甸生态系统优势鼠种高原鼢鼠(*Myospalax baileyi*)和高原鼠兔(*Ochotona curzoniae*)种群空间格局的研究. 生态学报, 11(2): 125-129.

宗浩, 樊乃昌, 周文杨, 等. 1990. 高原鼢鼠防治的最优化动态决策. 四川动物, 9(1): 22-26.

邹寿昌, 冯照军, 李宗芸. 1991. 东方铃蟾繁殖期的生态及形态生理研究. 动物学杂志, 26(1): 22-24.

Agrawal A A, Ackerly D D, Adler F, et al. 2007. Filling key gaps in population and community ecology. Frontiers in Ecology and the Environment, 5(3): 145-152.

Agarwal M, Shrivastava N, Padh H. 2008. Advances in molecular marker techniques and their applications in plant sciences. Plant

Cell Reports, 27(4): 617-631.

Begon H J, Mortimer M, Thompson D J. 1996. Population Ecology: A Unified Study of Animals and Plants (3rd Edition). Oxford: Blackwell Science.

Bernal R. 1998. Demography of the vegetable ivory palm *Phytelephas seemannii* in Colombia, and the impact of seed harvesting. Journal of Applied Ecology, 35: 64-74.

Chen J S, Li J, Zhang Y, et al. 2015. Clonal integration ameliorates the carbon accumulation capacity of a stoloniferous herb, *Glechoma longituba*, growing in heterogenous light conditions by facilitating nitrogen assimilation in the rhizosphere. Annals of Botany, 115: 127-136.

Chen L, Peng S, Li J, et al. 2013. Competitive control of an exotic mangrove species: Restoration of native mangrove forests by altering light availability. Restoration Ecology, 21: 215-223.

Chu C J, Maestre F T, Xiao S, et al. 2008. Balance between facilitation and resource competition determines biomass-density relationships in plant populations. Ecology Letters, 11: 1189-1197.

Cornelissen J H C, Song Y B, Yu F H, et al. 2014. Plant traits and ecosystem effects of clonality: a new research agenda. Annals of Botany, 114: 369-376.

Deng J M, Ran J Z, Wang Z Q, et al. 2012. Models and tests of optimal density and maximal yield for crop plants. Proceedings of National Academy of Sciences, 109: 15823-15828.

Dewine J M, Cooper D J. 2008. Canopy shade and the successional replacement of tamarisk by native box elder. Journal of Applied Ecology, 45: 505-514.

Dong M. 1987. Population structure and dynamics of *Pirus massoniana* Lamb. on Mount Jinyun, Sichuan, China. Vegetatio, 72: 35-44.

Dong M, Alaten B. 1999. Clonal plasticity in response to rhizome severing and heterogeneous resource supply in the rhizomatous grass *Psammochloa villosa* in an Inner Mongolian dune, China. Plant Ecology, 141: 53-58.

Dong Y W, Huang X W, Wang W, et al. 2016. The marine "great wall" of China: local- and broad-sca, le ecological impacts of coastal infrastructure on intertidal macrobenthic communities. Diversity and Distributions, 22: 731-744.

Dong Y W, Li X X, Choi F M P, et al. 2017. Untangling the roles of microclimate, behaviour and physiological polymorphism in governing vulnerability of intertidal snails to heat stress. Proceedings of the Royal Society B: Biological Sciences, 284: 20162367.

Dong Y W, Liao M L, Meng X L, et al. 2018. Structural flexibility and protein adaptation to temperature: Molecular dynamics analysis of malate dehydrogenases of marine molluscs. Proceedings of National Academy of Sciences, 115: 1274-1279.

Easterling M R, Ellner S P, Dixon P M. 2000. Size-specific sensitivity: Applying a new structured population model. Ecology, 81: 694-708.

Ellner S, Rees M. 2006. Integral projection models for species with complex demography. American Naturalist, 167: 410-428.

Enquist B J, Brown J H, West G B. 1998. Allometric scaling of plant energetics and population density. Nature, 395: 163-165.

Enquist B J, Tiffney B H, Niklas K J. 2007. Metabolic scaling and the evolutionary dynamics of plant size, form, and diversity: Toward a synthesis of ecology, evolution, and paleontology. International Journal of Plant Sciences, 168: 729-749.

Fang Q, Huang S Q. 2012. Relative stability of core groups in pollination networks in a biodiversity hotspot over four years. PLoS ONE, 7: e32663.

Feng Y L, Lei Y B, Wang R F, et al. 2009. Evolutionary tradeoffs for nitrogen allocation to photosynthesis versus cell walls in an invasive plant. Proceedings of the National Academy of Sciences, 106: 1853-1856.

Fu C, Fu S J, Cao Z D, et al. 2015a. Habitat-specific anti-predator behavior variation among pale chub (*Zacco platypus*) along a river. Marine and Freshwater Behaviour and Physiology, 48: 267-278.

Fu C, Fu S J, Yuan X Z, et al. 2015b. Predator-driven intra-species variation in locomotion, metabolism and water velocity preference in pale chub (*Zacco platypus*) along a river. Journal of Experimental Biology, 218: 255-264.

Fu S J, Cao Z D, Yan G J, et al. 2013. Integrating environmental variation, predation pressure, phenotypic plasticity and locomotor performance. Oecologia, 173: 343-354.

Fu S J, Fu C, Yan G J, et al. 2014. Interspecific variation in hypoxia tolerance, swimming performance and plasticity in cyprinids that prefer different habitats. Journal of Experimental Biology, 217: 590-597.

Fu S J, Peng Z, Cao Z D, et al. 2012. Habitat-specific locomotor variation among Chinese hook snout carp (*Opsariichthys bidens*) along a river. PLoS ONE, 7: e40791.

Harper J L. 1977. Population Biology of Plants. London and New York: Academic Press.

He W, Cao Z D, Fu S J. 2015. Effect of temperature on hypoxia tolerance and its underlying biochemical mechanism in two juvenile cyprinids exhibiting distinct hypoxia sensitivities. Comparative Biochemistry and Physiology Part A, 187: 232-241.

Henderson S, Dawson T P, Whittaker R J. 2006. Progress in invasive plants research. Progress in Physical Geography, 30: 25-46.

Hu Y B, Qi D, Wang H, et al. 2010. Genetic evidence of recent population contraction in the southernmost population of giant pandas. Genetica, 138: 1297-1306.

Huang X W, Wang W, Dong Y W. 2015. Complex ecology of China's seawall. Science, 347: 1079-1084.

Krebs C J. 2015. One hundred years of population ecology: successes, failures, and the road ahead. Integrative Zoology, 10: 233-240.

Li C, Niu C. 2015. Effects of sexual reproduction of the inferior competitior *Brachionus calyciflorus* on its fitness against *Brachionus angularis*. Chinese Journal of Oceanology and Limnology, 33: 356-363.

Li L, Niu C, Ma R. 2010. Rapid temporal succession identified by COI of the rotifer *Brachionus calyciflorus* Pallas in Xihai Pond, Beijing, China, in relation to ecological traits. Journal of Plankton Research, 32: 951-959.

Li S L, Yu F H, Werger M J A, et al. 2013. Understanding the effects of a new grazing policy: the impact of seasonal grazing on shrub demography in the Inner Mongolian steppe. Journal of Applied Ecology, 50: 1377-1386.

Li S L, Yu F H, Werger M J A, et al. 2011. Habitat-specific demography across dune fixation stages in a semi-arid sandland: understanding the expansion, stabilization and decline of a dominant shrub. Journal of Ecology, 99: 610-620.

Li S L, Yu F H, Werger M J A, et al. 2015. Mobile dune fixation by a fast-growing clonal plant: a full life-cycle analysis. Scientific Reports, 5: 8935-8946.

Li Y, Chen J S, Xue G, et al. 2018. Effect of clonal integration on nitrogen cycling in rhizosphere of rhizomatous clonal plant, *Phyllostachys bissetii*, under heterogeneous light. Science of the Total Environment, 628-629: 594-602.

Liao M L, Somero G N, Dong Y W. 2019. Comparing mutagenesis and simulations as tools for identifying functionally important sequence changes for protein thermal adaptation. Proceedings of the National Academy of Sciences, 116: 679-688.

Liu F, Liu J, Dong M. 2016. Ecological consequences of clonal integration in plants. Frontiers in Plant Science, 7: 770-781.

Liu J, Dong M, Miao S L, et al. 2006. Invasive alien plants in China: role of clonality and geographical origin. Biological Invasions, 8: 1461-1470.

Liu S S, de Barro P J, Xu J, et al. 2007. Asymmetric mating interactions drive widespread invasion and displacement in a whitefly. Science, 318: 1769-1772.

Liu Z J, Ren B, Wu R, et al. 2009. The effect of landscape features on population genetic structure in Yunnan snub-nosed monkeys (*Rhinopithecus bieti*) implies an anthropogenic genetic discontinuity. Molecular Ecology, 18: 3831-3846.

Mack R N, Simberloff D, Lonsdale W M, et al. 2000. Biotic invasions: causes, epidemiology, global consequences, and control. Ecological Applications, 10: 689-710.

Messing R H, Wright M G. 2006. Biological control of invasive species: solution or pollution? Frontiers in Ecology and the

Environments, 4: 132-140.

Mori S, Yamaji K, Ishida A, et al. 2010. Mixed-power scaling of whole-plant respiration from seedlings to giant trees. Proceedings of the National Academy of Sciences, 107: 1447-1451.

Pearson D E, Callaway R M. 2003. Indirect effects of host-specific biological control agents. Trends in Ecology and Evolution, 18: 456-461.

Ramula S, Rees M, Buckley Y M. 2009. Integral projection models perform better for small demographic data sets than matrix population models: a case study of two perennial herbs. Journal of Applied Ecology, 46: 1048-1053.

Richardson D M, Holmes P M, Esler K J, et al. 2007. Riparian vegetation: degradation, alien plant invasions, and restoration prospects. Diversity and Distributions, 13: 126-139.

Sheley R L, Krueger M J. 2003. Principles for restoring invasive plant-infested rangeland. Weed Science, 51: 260-265.

Shen H, Ye W H, Hong L, et al. 2005. Influence of the obligate parasite *Cuscuta campestris* on growth and biomass allocation of its host *Mikania micrantha*. Journal of Experimental Botany, 56: 1277-1284.

Simberloff D, Parker I M, Windle P N. 2005. Introduced species policy, management, and future research needs. Frontiers in Ecology and the Environments, 3: 12-20.

Simmons M T. 2005. Bullying the bullies: the selective control of an exotic, invasive annual (*Rapistrum rugosum*) by oversowing with a competitive native species (*Gaillardia pulchella*). Restoration Ecology, 13: 609-615.

Song Y B, Yu F H, Keser L, et al. 2013. United we stand divided we fall: a meta-analysis of experiments on clonal integration and its relationship to invasiveness. Oecologia, 171: 317-327.

Sun D, Ma R, Liu W, et al. 2013. Sexual reproduction and short-term fitness advantage in the rotifer *Brachionus calyciflorus*: implications for the coexistence of sympatric clones. Chinese Journal of Oceanology and Limnology, 31: 987-993.

Sun D, Niu C. 2012. Adaptive significance of temperature-induced egg size plasticity in a planktonic rotifer, *Brachionus calyciflorus*. Journal of Plankton Research, 34: 874-885.

Torchin M E, Mitchell C E. 2004. Parasites, pathogens, and invasions by plants and animals. Frontiers in Ecology and the Environment, 2: 183-190.

Wang H L, Wang L, Tian C Y, et al. 2012. Germination dimorphism in *Suaeda acuminata*: A new combination of dormancy types for heteromorphic seeds. South African Journal of Botany, 78: 270-275.

Wang L, Huang Z Y, Baskin C C, et al. 2008a. Germination of dimorphic seeds of the desert annual halophyte *Suaeda aralocaspica* (Chenopodiaceae), a C4 plant without Kranz anatomy. Annals of Botany, 102: 757-769.

Wang N, Yu F H, Li P X, et al. 2008b. Clonal integration affects growth, photosynthetic efficiency and biomass allocation, but not the competitive ability, of the alien invasive *Alternanthera philoxeroides* under severe stress. Annals of Botany, 101: 671-678.

Wang Y J, Müller-Schärer H, van Kleunen M, et al. 2017. Invasive alien plants benefit more from clonal integration in heterogeneous environments than natives. New Phytologist, 216: 1072-1078.

Weiner J, Stoll P, Muller L H, et al. 2001. The effects of density, spatial pattern, and competitive symmetry on size variation in simulated plant populations. American Naturalist, 158: 438-450.

Wilson F. 1964. The biological control of weeds. Annual Review of Entomology, 9: 225-244.

Xia J, Ma Y, Fu C, et al. 2017. Effects of temperature acclimation on the critical thermal limits and swimming performance of *Brachymystax lenok tsinlingensis*: a threatened fish in Qinling Mountain region of China. Ecological Research, 32: 61-70.

Xue J, Deng Z, Huang P, et al. 2016. Belowground rhizomes in paleosols: The hidden half of an Early Devonian vascular plant. Proceedings of the National Academy of Sciences, 113: 9451-9456.

Yan G J, He X K, Cao Z D, et al. 2012. The trade-off between steady and unsteady swimming performance in six cyprinids at two temperatures. Journal of Thermal Biology, 37: 424-431.

Yan G J, He X K, Cao Z D, et al. 2013. An interspecific comparison between morphology and swimming performance in cyprinids. Journal of Evolutionary Biology, 26: 1802-1815.

Yang F, Baskin J M, Baskin C C, et al. 2010. Effects of germination time on seed morph ratio in a seed-dimorphic species and possible ecological significance. Annals of Botany, 115: 137-145.

Yu F H, Dong M, Krusi B. 2004. Clonal integration helps *Psammochloa villosa* survive sand burial in an inland dune. New Phytologist, 162: 697-704.

Yu F H, Wang N, Alpert P, et al. 2009a. Physiological integration in an introduced, invasive plant increases its spread into experimental communities and modifies their structure. American Journal of Botany, 96: 1983-1989.

Yu H, He W M, Liu J, et al. 2009b. Native *Cuscuta campestris* restrains exotic Mikania micrantha and enhances soil resources beneficial to natives in the invaded communities. Biological Invasions, 11: 835-844.

Yu H, Liu J, He W M, et al. 2009c. Restraints on *Mikania micrantha* by *Cuscuta campestris* facilitates restoration of the disturbed ecosystems. Biodiversity, 10: 72-78.

Yu H, Liu J, He W M, et al. 2011. *Cuscuta australis* restrains three exotic invasive plants and benefits native species. Biological Invasions, 13: 747-756.

Yu H, Yu F H, Miao S L, et al. 2008. Holoparasitic *Cuscuta campestris* suppresses invasive *Mikania micrantha* and contributes to native community recovery. Biological Conservation, 141: 2653-2661.

Zhan X, Li M, Zhang Z, et al. 2006. Molecular censusing doubles giant panda population estimate in a key nature reserve. Current Biology, 16: R451-R452.

Zhang B, Li M, Zhang Z, et al. 2007. Genetic viability and population history of the giant panda, putting an end to the "Evolutionary Dead End"? Molecular Biology and Evolution, 24: 1801-1810.

Zhao S C, Zheng P P, Dong S S, et al. 2013. Whole-genome sequencing of giant pandas provides insights into demographic history and local adaptation. Nature Genetics, 45: 67-71.

Zhao X F, Ma Y P, Sun W B, et al. 2012. High genetic diversity and low differentiation of *Michelia coriacea* (Magnoliaceae), a critically endangered endemic in southeast Yunnan, China. International Journal of Molecular Sciences, 13: 4396-4411.

Zhou X M, Wang B S, Pan Q, et al. 2014. Whole-genome sequencing of the snub-nosed monkey provides insights into folivory and evolutionary history. Nature Genetics, 46: 1303-1310.

Zhu L F, Zhang S N, Gu X D, et al. 2011. Significant genetic boundaries and spatial dynamics of giant pandas occupying fragmented habitat across Southwest China. Molecular Ecology, 20: 1122-1132.

Zuidema P A, Boot R G A. 2002. Demography of the Brazil nut tree (*Bertholletia excelsa*) in the Bolivian Amazon: impact of seed extraction on recruitment and population dynamics. Journal of Tropic Ecology, 18: 1-31.

撰稿人：董　鸣，宋垚彬，曾　波，陶建平，付世建

# 第 3 章 群落生态学研究进展

## 1 引　言

　　群落是指在一定时间和地理空间上分布的不同物种的种群集合。群落生态学则是在不同的时空尺度上研究群落中物种之间相互作用的科学。群落生态学起源于欧洲植物生态学，在生态学发展史上具有极其重要的地位和意义。正如生态学家北京大学的方精云院士所说："在早期，生态学的发展史实际上就是群落生态学的发展史，生态学研究也主要是观察和描述群落，尤其是植物群落"（方精云，2009）。实际上，对任何一个物种与其环境之间关系的研究都离不开它所在的群落（Shelford，1929）。群落生态学不仅有助于我们理解生物多样性的起源、维持和时空分布，同时群落生态学对种间相互作用的研究也是我们理解生态系统功能和服务的基础。现代群落生态学的主要研究内容包括群落结构、群落构建机制、物种多样性和均匀度格局、群落间的物种组成更替、生产力、群落动态、食物网结构以及全球变化对群落结构与物种组成的影响等。40年来，群落生态学在研究方法、理论和实验研究中都取得了很大的进展。这些进展包括群落中性理论和当代物种共存理论的提出、功能性状和群落系统发育关系在群落生态学研究中的应用以及群落调查数据的大量积累等，都极大地促进了群落生态学的发展。

## 2 群落生态学 40 年的发展历程

### 2.1 群落生态学是国际生态学研究的前沿和热点

　　自群落生态学创立以来，其研究便一直是国际生态学研究的热点领域，尤其是群落构建机制一直是生态学研究的核心问题之一（Rosindell et al.，2011；牛克昌等，2009）。生态学家对群落构建机制的研究已经持续了近一个世纪，在相关理论方面取得了巨大进步并形成了一些共识。即便如此，我们对群落构建机制的认识依然还比较模糊。有的生态学家将群落视为"超有机体"，认为在特定环境中群落的物种组合是确定的而不是随机的（Clements，1916）。相反，Gleason（1926）发现群落的物种组成在时间和空间上都有很大的变异，因此提出了完全不同的观点，认为群落的组成由随机因素造成。当今生态学家倾向于整合这两种理论，即随机过程和确定性过程的共同作用决定了群落物种的组成（Tilman，2004）。

　　在早期群落构建的研究中，构建法则一般指种间关系，主要是竞争对群落物种组成的影响。随着群落生态学的发展，群落构建理论尽管不尽完善，但已取得了许多重要的进展。例如，Keddy（1992）扩展了构建法则的概念，提出任何能够影响物种由区域物种库到局域生境的因素都可以叫做群落构建法则。按照尺度从大到小，影响群落物种组成的因素有：物种形成、灭绝和迁移、扩散限制、环境过滤和竞争排除等（Götzenberger et al.，2012）。其中，物种形成、灭绝和迁移影响着全球物种库，而现在群落生态学家主要关注从区域种库到局域种库的构建过程，包括扩散限制、环境过滤和竞争排除。随着技术的进步和方法的发展，系统发育和功能性状在生态学研究中的广泛普及也为群落构建提供了新的思路，并在近年来取得了一系列的成果。

　　物种共存的综合性理论框架的提出对我们解释物种共存机制提供了一种途径（Chesson，2000）。在 Chesson 提出的框架中，物种之间的差异被分成生态位差异和平均适合度差异两类；其中，生态位差异包含且继承了经典的生态位理论的内涵，强调资源生态位的分化对维持物种共存起到重要作用。另一方面，平均适合度差异强调物种对同种资源进行竞争时所产生的利用效率的差异。根据这个框架，生态位差异越大，平均适合度差异越小，越能够促进物种间的共存。随着对当代物种共存理论认识的不断深入，生态学家逐渐认识到物种始终处于复杂的食物网中，食物网结构和不同营养级物种之间的互作也可能对群落的构建与物种共存产生深远影响（Borer et al., 2014；Seabloom et al., 2017），因此将高营养级生物类群纳入到物种共存的理论框架中显得尤为必要（Mordecai，2011）。例如，Janzen-Connell 假说和植物-土壤反馈假说为我们认识高营养级生物类群调控植物物种共存提供了良好的研究范式。在全球变化的背景下，阐明全球变化因子如何影响营养级内和不同营养级间物种之间相互作用而最终影响物种共存显得尤为紧迫。

在理论上，群落中性理论（Hubbell，2001）的提出无疑是群落生态学近几十年来的最重要的成果之一。虽然群落中性理论自提出之日起就饱受广泛的质疑，但是它成功地预测了包括物种多度分布格局、种面积曲线等宏生态学格局，再次燃起了人们对于物种共存和群落构建机制的研究热情，也极大地促进了群落生态学的发展。

随着全球物种多样性丧失的加剧，生态学家自 20 世纪 90 年代开始更加关注生物多样性与生态系统功能之间的关系。以明尼苏达大学 David Tilman 教授为代表的一批生态学家，使用野外控制性实验的方式，系统性地研究了多样性与生产力、稳定性、资源利用程度、抗入侵性等生态系统功能或服务之间的关系（Tilman et al., 1996；Hector et al., 1999；Loreau and Hector, 2001；Jiang and Pu, 2009）。随着包括 $CO_2$ 浓度升高、全球变暖、降水格局改变、氮沉降等一系列全球变化问题的加剧，关注全球变化因子对生态系统功能的影响，以及对多样性-生态系统功能之间关系的影响显得愈发重要。同时，分子技术的进步使生态学家在关注高等动植物多样性的同时，能够更加深入地认知微生物多样性在维持生态系统功能和服务中起到的作用。

## 2.2 国内研究回顾

### 2.2.1 系统研究了我国不同生态系统类型中典型群落的构建机制

我国是世界上生态系统多样性最高的国家之一。自新中国成立以来，国内学者通过野外调查、定位检测、控制性实验等手段，对我国的森林、草地等生态系统做了大量群落生态学领域的研究工作。20 世纪 70 年代后期，我们许多群落生态学工作者在吴征镒院士的带领下，在总结我国 30 年植被研究工作的基础上，出版了《中国植被》（1980）巨著，这是我国群落生态学工作者对世界植被研究的划时代贡献。20 世纪 80～90 年代，内蒙古大学的李博院士前后组织了全国 9 所高校的近百名专家和专业技术人员展开研究，撰写了近百篇论文和专题报告，编制出了草场资源系列图，建立了草地资源数据库和我国北方草地资源动态监测系统。进入 21 世纪以来，在中国科学院植物研究所马克平研究员等的主导和推动下，组织有关单位合作建立起了中国森林生物多样性监测网络（CForBio），在实现对我国主要森林类型的生物多样性进行长期连续监测的同时，在群落构建和物种共存领域取得了一系列原创性成果（Chen et al., 2018；Liu et al., 2012；Liang et al., 2016a）。在 2009～2010 年，马克平研究员、德国马丁路德大学 Helge Bruelheide 教授和瑞士苏黎世大学的 Bernhard Schmid 教授带领的研究团队联合其他中欧生态学家，在江西省德兴市新岗山镇共建了约为 50ha 的亚热带森林生物多样性与生态系统功能实验（简称 BEF-China）。该实验设计有从纯林到 24 个物种混交林的 6 种多样性梯度，种植了超过 30 万棵树，包含 40 多个亚热带乔木以及 20 种灌木。是当前世界最大的野外人工生物多样性控制实验（Huang et al., 2018）。

近年来，我国科学家结合功能性状、功能多样性和系统发育多样性，以野外调查或控制实验的方式，探讨了我国各主要生态系统中的植物群落构建情况。将植物的功能多样性和系统发育多样性纳入到群落构建框架中后，许多基于我国森林生态系统的研究显示确定性过程，即较大尺度上的环境筛选和局域尺度上的种间相互作用,是主导群落构建的主要机制。例如,通过对长白山地区沿海拔梯度的温带森林进行调查后,Qian 等(2014)发现,随海拔梯度改变的环境因子对木本植物和草本植物的群落系统发育结构都会有一定的影响,相对于草本植物,环境因子对木本植物系统发育 α 和 β 多样性的影响更大。Yang 等(2013)以我国西双版纳补蚌 20ha 大样地为研究对象,结合植物的系统发育和 10 种重要的植物功能性状,分别计算了平均亲缘距离和平均性状距离,并与零模型所构建的随机群落进行比较后得出结论:确定性过程主导了该地的群落构建过程,大尺度上的非生物因素和小尺度上的种间相互作用,共同作用于群落构建。我国台湾地区的森林群落构建过程也大体如此。比如,利用台湾北部福山的 25ha 亚热带雨林样地的调查结果,并结合 5 种反映植物叶片、茎和全株的功能性状,Lasky 等(2013)发现,环境筛选是该地森林群落构建的主要驱动因子。

中山大学余世孝教授等课题组在包含 Janzen-Connell 假说的负密度制约和物种共存方向上做了细致的实验性研究和整合分析工作,发表了一系列研究论文,受到了国际生态学界的广泛关注。通过对广东黑石顶样地内的植物幼苗进行调查,以及使用灭菌和非灭菌土的室内控制实验证明了自然界中存在系统发育 Janzen-Connell 效应,即 Janzen-Connell 效应不仅存在于同种物种的母株和幼苗之间,同样也会存在于母株和异种的幼苗之间,且这种不同物种之间的 Janzen-Connell 效应强度是随着植物物种间的亲缘关系而降低的(Liu et al.,2012)。该研究推翻了 Janzen-Connell 效应中病原菌必须是专一性致病菌的严格前提,在结合植物系统发育信息后,将 Janzen-Connell 效应从同种物种间扩展到不同物种间,从单一物种水平拓展到植物群落水平上。通过野外幼苗调查、室内控制性实验,并结合新兴的微生物高通量测序技术进一步证实土壤病原菌积累是产生 Janzen-Connell 效应的原因(Liang et al.,2016b)。除此之外,分别通过对根系真菌的高通量测序和森林样方调查,证实负密度制约在植物的不同生活阶段强度各有差异(Chen et al.,2018;Zhu et al.,2018)。但是,相对于森林生态系统,我国在草地生态系统开展的相关研究较少,尚不清楚病原菌在维持草地植物群落物种多样性的作用和机制。

### 2.2.2 对多样性-生产力、稳定性等关系有了一定的认识

我国学者通过开展野外控制性实验,以内蒙古干旱/半干旱草原、青藏高原高寒草甸等为主要研究系统,较为深入地理解了植物多样性与生产力、稳定性等之间的关系,尤其是阐明了人类活动干扰(如放牧、施肥)和全球气候变化(如增温、改变降水格局)大背景下的多样性-生产力关系(Bai et al.,2008;Liu et al.,2015;Ma et al.,2017;Huang et al.,2018)、多样性-稳定性关系(Bai et al.,2004;Ma et al.,2017;Yang et al.,2017)和生态系统多功能性格局(Jing et al.,2015)。在多样性与生产力的关系方面,Bai 等(2008)基于内蒙古干旱/半干旱草原,发现多样性-生产力关系为线性相关,且该多样性-生产力关系不受放牧等因素的影响,揭示了大尺度上初级生产力与降水量的协同变化规律。该课题组还系统研究了长期施肥对植物物种、功能群和群落生产力的影响,并阐明了氮肥引起植物群落明显响应的阈值(Bai et al.,2010)。在青藏高原东部的高寒草甸,基于物种功能群去除实验,并结合植物的功能性状、功能多样性和系统发育多样性等手段,研究者发现生产力与物种丰富度、功能多样性和系统发育多样性都存在强烈的正相关关系,但系统发育多样性较其他多样性指标更能够准确地预测群落生产力(Liu et al.,2015)。此外,在全球变化的大背景下,贺金生等通过结合长期监测数据、野外定点的控制性实验和整合分析等途径,发现增温和干旱都会在增加禾本科生物量的同时,降低莎草的生物量(Liu et al.,2018)。

在多样性-稳定性关系方面,白永飞等在内蒙古草原基于连续 24 年的长期定位监测数据,阐明了内蒙古草原生态系统初级生产力稳定性的变化规律,发现不同功能群的补偿效应和 1~7 月的降水量在维持初级生产力和稳定性方面的作用(Bai et al.,2004)。占我国领土面积 1/4 的青藏高原地区对气候变化尤为敏感,基于位于青海海北高寒草地生态系统国家野外科学观测研究站的大型增温-降水控制实验平台,贺金生等阐明了增温和降水对群落生产力稳定性的影响,发现增温会降低物种之间的不同步性,进而降低

群落水平的稳定性；但是改变降水对稳定性无显著影响（Ma et al.，2017）。在生态系统多功能性方面，基于对青藏高原地区的野外大规模采样，并使用结构方程模型等，系统量化了包括植物、动物和微生物在内的生物因素，与气候和土壤等非生物因素对生态系统多功能性的相对影响；阐明了气候和容易被忽视的地下生物多样性对生态系统多功能性所起到的贡献（Jing et al.，2015）。基于位于内蒙古多伦的野外控制实验平台，万师强课题组发现昼间增温，而不是夜间增温，能够通过降低优势种多度的方式，显著地降低植物地上生产力的稳定性（Yang et al.，2017）。这些野外工作极大地拓展了我们对全球变化背景下多样性-稳定性关系的认知，为相关领域的发展起到了重要的推动作用；一系列研究发表在生态学领域或综合类高水平国际期刊上，受到了国际生态学界的广泛关注。

### 2.2.3 近年来在群落生态学的基础理论研究中取得了一系列进展

自新中国成立以来，广大生态学工作者在投入大量精力从事森林、草地资源调查，植被图绘制等配合经济建设的科研工作的同时，在群落生态学的基础理论研究中也取得了一定的成就。阳含熙教授和卢泽愚教授编写的《植物生态学的数量分类方法》，系统性地总结了国内外植物生态学研究中广泛采用的数量分类方法，并突出了这些研究方法对我国森林和草原进行调查时所起的作用。王伯荪教授编写的《植物群落学》系统地总结了当时国际上群落生态学领域主流的理论与研究方法。宋永昌教授编写的《植被生态学》不仅全面地介绍了群落生态学研究的整体框架，同时针对我国的植被类型进行了系统全面的阐述，并提供了大量供野外调查使用的表格等资料。钟章成教授长期从事常绿阔叶林生态系统研究，在其专著《常绿阔叶林生态学研究》中系统地介绍了我国常绿阔叶林的结构与功能。彭少麟教授编写的《南亚热带森林群落动态学》应用群落生态学理论框架，介绍了我国华南地区热带森林群落的时空动态。

近10年来，我国学者在群落生态学的基础理论研究中取得了一系列的成绩，受到了国际同行的瞩目。我国学者先后在群落构建（Si et al.，2017）、物种共存机制（Liu et al.，2015）、中性理论（Zhang and Lin，1997；Zhou and Zhang，2008；Lin et al.，2009）、负密度制约（Zhu et al.，2010；Liu et al.，2012；Liang et al.，2016b）、营养级相互作用（Wang and Brose，2017）等方向上取得了重要进展。这些研究不仅有助于我们充分认识我国典型群落的物种组成、功能和生态系统过程，同时也极大地丰富了原有的群落生态学理论体系与框架（Tilman，1982；Chesson，2000）。

在物种共存与群落构建领域，张大勇等对中性理论的发展作出了重要贡献。中性模型的前提假设是群落中个体的生态等价性，但是这却与大量实际研究的结果不相符合。通过在模型中纳入微小的种间竞争能力差异，指出中性模型的不足，并在此基础上构建了近中性模型（Zhou and Zhang，2008）。通过引入出生-死亡率之间的权衡差异，发现这种权衡能够导致中性的物种共存（Lin et al.，2009）。但是当扩散限制和出生-死亡率权衡同时存在时，具有高繁殖率的物种会通过竞争排斥低繁殖率的物种。方精云院士课题组基于中性模型，对物种的系统发育年龄和其多度关系进行分析；在中性模型中引入种化速率的差异后，发现物种分化速率低的物种往往会具有较大种群，较为合理地解释了为什么热带地区多度较高的物种往往系统发育上较为古老的现象（Wang et al.，2013）。何芳良证明了用种-面积曲线反推的方法总是过高估计由生境丧失导致的物种灭绝速率，一个物种灭绝所需的面积永远比构建种-面积曲线所需的面积大，并提出自己的计算方法——特有种面积关系法（He and Hubbell，2011）。

### 2.2.4 我国学者有待在重大基础理论和基础研究方法上取得突破

经过数十年的积累，我国的群落生态学研究已取得了一系列成绩；但与世界先进水平相比，仍存在一定的差距，具体表现在：①尚未提出具有划时代意义的生态学基础理论或假说；②较少提出在群落生态学研究中具有广泛应用性的研究方法。随着国家对生态学领域研究的不断重视、国内生态学研究人才的加速培养和一系列长时间、多地点的生态学研究网络的建立，可以预见我国的群落生态学研究必将跻身世界一流行列。

# 3 群落生态学研究现状

## 3.1 群落构建机制

自群落生态学创立之初,生态学家对群落构建过程就持有不同的观点。Clements(1916)及其支持者提出的"超有机体"群落以及 Gleason(1926)及其支持者提出的"随机群落"之间的争论持续至今,仍旧是现在群落生态学研究的核心和热点问题之一(Webb,2002;Kembel,2009)。经过几十年的发展,生态学家已经对群落构建有了较为深刻的认识,当今生态学家普遍认为局域尺度上的群落是由上述几种机制的共同作用的结果,而且它们的相对重要性随着不同环境条件而改变。进入 21 世纪,伴随着全球变化、技术进步和理论发展,生态学家开始使用不同的方法并从不同的角度来研究群落构建,这其中包括:①系统发育和功能性状在群落构建研究中的广泛应用;②全球变化对群落结构、物种组成及稳定性的影响;③物种共存理论的发展。这些方法给生态学家提供了新的研究角度并加深了对群落构建的理解。

### 3.1.1 功能性状在群落构建研究中的应用

植物功能性状或功能属性是指植物形态、生理和物候的特征,它反映了植物存活、生长和繁殖等的生态策略(Violle et al.,2007;Perez et al.,2013)。生态学家早在几十年前就开始使用功能性状进行生态学研究。例如,Ricklefs 等于 1980 年第一次从形态学的角度研究了鸟类群落组成特征,即形态多样性(Ricklefs and Travis,1980)。功能性状之所以在群落构建研究中广泛应用,是因为功能性状反映了物种存活、生长和繁殖的生态策略,因此可以用物种间功能性状差异替代物种间的生态差异,从而可能得到一些普适性规律(McGill et al.,2006;He et al.,2018)。目前,基于功能性状的群落构建研究主要是通过群落的功能格局来推断其中的构建机制。其中的主要假设是功能性状相似的物种之间竞争较强,因此倾向于发生竞争排除,而环境则会筛选出群落中具有相似功能性状的物种(Navas and Violle,2009)。但是这种方法也有一些局限性,比如不同的构建过程可能产生相同的功能格局(Adler et al.,2013)。因此,这种通过格局推断机制的方法仍旧限制了生态学家对群落构建的机理性理解和预测能力(Kraft et al.,2015)。

虽然基于性状的方法取得了丰硕的研究成果,但目前仍旧存在一些问题。第一,性状对环境敏感,因此即使是相同的物种在不同的环境中也会具有不同的性状,造成同种个体之间也具有很大的种内变异(Violle et al.,2012)。第二,生态学家在研究某个具体的问题时,如何在各种各样的功能性状中选择合适的性状还缺少可靠的依据(Violle et al.,2007)。这些问题说明,虽然功能性状在生态学研究具有广阔的应用前景,但是我们仍然需要研究性状的一些基础问题,如特定性状的生态学意义等。

### 3.1.2 系统发育与植物群落构建

结合物种的系统发育关系来研究群落生态学的方法由来已久,因为群落就是由一系列进化和环境因素相互作用形成的(Götzenberger et al.,2012)。比如,在 20 世纪中期 Elton 就曾利用群落中的种属比(species-genus ratio)来衡量群落中物种的相似性,即种属比高的群落物种越相似(Elton,1946)。虽然这种近似的方法取得了一些成果,但是经典的物种分类系统没法准确刻画物种间的进化距离。Webb 于 2002 年提出了结合系统发育研究群落构建的理论框架和具体方法(Webb et al.,2002),并于 2005 年发布了在线的系统发育分析软件 Phylomatic,极大地促进了系统发育在群落构建研究中的应用(Webb and Donoghue,2005)。Webb 的方法基于一个基本的假设:亲缘关系越近的物种之间越相似,因此竞争越强,此即竞争-亲缘关系假设（competition-relatedness hypothesis，CRH）（Cahill et al.，2008）。在竞争-亲缘关系假设的基础上，通过比较实际群落与零模型所产生的随机群落之间系统发育结构的差异来推断其构建机制。这种方法已被应用于不同的群落中并取得了丰硕的成果（Mouquet et al.，2012）。但与此同时，这种通过系统发育格局来推断过程的方法也受到一些批评（Gerhold et al.，2015）。首先，系统发育在群落生态学中的应用是基于一些基本的假设，如上述的竞争-亲缘关系假设，而这些假设还没有得到足够的实验验证（Narwani et al.，2015；Lyu et al.，2016）。其次，不同的群落构建过程可能产生相同的系统发育格局（Li et al.，2015）。

### 3.1.3 全球变化下的群落构建研究

由于人类活动所导致的全球变化，比如气候变暖、施肥、氮沉降、降水的改变等，导致地球上几乎每一种自然生态系统都面临着剧烈的环境变化（IPCC，2014）。群落和生态系统对全球变化的响应，可能会对生态系统功能和服务，以及与此相关的人类福祉产生消极影响（MEA，2005）。因此，在这个背景下，为了理解环境改变如何影响群落结构和预测未来的群落组成并及时制定有效的应对策略，生态学家亟需研究全球变化下的群落构建机制，以及主要的全球变化过程所引起的群落解构（community disassembly）（Adler et al.，2013）。

人为的氮素添加能够显著地改变物种、群落结构和生态系统功能，比如这些变化可能使植物开花时间推迟（Xia and Wan，2013）、物种多样性降低（Stevens et al.，2004；Clark and Tilman，2008）和初级生产力增加（Avolio et al.，2014）。其中生态学家最为关注的是氮素添加导致的物种多样性降低，虽然这方面的研究很多，但是生态学家对其中的机制还存在很大争议。Hautier 等（2009）的研究表明氮添加之后物种对光的非对称性竞争增强导致物种之间发生竞争排除，即光竞争中的优势种淘汰掉劣势种（DeMalach et al.，2017）。然而，Dickson 等（2011）的研究却表明即使在光照充足的情况下施肥仍然可以导致物种丧失。同样，Rajaniemi 等（2003）也发现植物根系的竞争而不是光竞争导致施肥之后物种丧失。另外，通过全球养分添加实验网络（Nutrition Network，http://www.nutnet.umn.edu）（Borer et al.，2014），Harpole 等（2016）发现施肥下的物种丧失与生态位维度的降低（添加的限制元素的数量）显著相关。此外，还有一些研究表明其他原因也可以造成多样性丧失，如施肥导致的土壤氮素的空间异质性降低（Chalcraft et al.，2008；Zhang and Han，2012），施肥引起的土壤酸化会向土壤中释放对植物有害的重金属离子（Roem et al.，2002；Tian et al.，2015）。按照现代物种共存理论，施肥引起的物种丧失原因可以总结为两类：①基于生态位的竞争排除，即施肥使物种之间的生态位差异降低，可以通过降低生态位维度（Harpole et al.，2016）或环境的同质化（Chalcraft et al.，2008）实现；②基于相对适合度的非对称性竞争排除，如施肥引起的光竞争增加从而使竞争优势种淘汰掉劣势种（Hautier et al.，2009；DeMalach et al.，2017），也可能通过土壤中重金属离子淘汰掉群落中耐受性较低的那部分物种（Roem et al.，2002；Tian et al.，2015）。

## 3.2 物种共存理论

物种共存理论的发展给群落构建研究注入了新的活力（HilleRis et al.，2012）。首先我们要区分群落构建与物种共存。根据上述讨论，群落构建研究的是不同尺度上的各种生态过程对群落物种组成的影响及其作用的相对重要性；而物种共存研究主要聚焦局域尺度上相互作用的物种是如何实现稳定共存的（HilleRis et al.，2012）。因此，我们可以简单地理解为群落构建研究涵盖了物种共存研究，前者包含了不同尺度上的多种生态过程，而后者只包含在局域尺度甚至是生境尺度上的生态过程。

传统上人们认为，作为竞争的结果，两个物种很难占有相似的生态位，即生态学上相同的物种不可能长期稳定共存，群落内的不同物种如果要共存则必须有生态位的分化（Gause，1934；Harding，1960；

Tilman and Pacala，1993），即生态位分化理论。毋庸置疑，生态位分化理论对于理解物种共存机制和物种在不同尺度的群聚模式具有重要的意义；但是迄今为止，我们仍然缺乏基于生态位理论的物种分布模式理论。从这一点来说，生态位理论只是后验理论，缺乏应有的预测能力。同时，生态位理论无法解释热带雨林等高物种丰富度的群落中物种共存及多样性分布格局。在这样的植物群落中数百种植物以大致类同的方式利用光照、水分、$CO_2$ 及 10 多种必需的土壤矿质养分，其物种共存机理难以在生态位分化的理论框架内得到全面的阐释。与生态位理论不同，以 Hubbell 为代表的学者提出群落中性理论，认为生态学上相同的物种可以共存，物种间在个体水平上是完全对称的，物种多度随机游走，共存的物种数量取决于物种随机灭绝与新物种形成（或迁移）之间的动态平衡（Hubbell 1979，2001；Bell，2000）。中性理论从基本的生物学统计过程出发，提出了全新的多样性分布模式：在区域尺度上，物种数和相对多度取决于物种分化速率和集合群落（metacommunity）大小；在局域尺度上，群落内物种数量和相对多度取决于区域物种多样性、个体迁移速率和局域群落大小，局域群落内物种相对多度分布符合"零和多项式分布"（zero-sum multinomial distribution），而非先前普遍接受的"对数正态分布"（lognormal distribution）。中性理论提出后在生态学界引起了很大的反响和争议；其支持者认为中性理论很好地预测了实际群落的物种多度分布和种面积曲线等宏生态学格局，包含了传统生态位理论所忽略的成分，特别强调了随机性的重要作用，至少提供了一个不同时空尺度上群落动态的零假设。而对中性理论的质疑和争论主要集中在以下几个方面：①中性理论基本假设的合理性和适用性；②中性理论是否能够预测实际群落的物种多度分布和其他宏生态学格局；③中性理论关于新物种形成的模式是否合理。

现代共存理论则强调物种的稳定共存不仅取决于物种之间的生态位差异（niche difference），还取决于物种间的适合度差异（fitness difference）（Chesson，2000）。相比于适合度差异，生态位差异在物种共存中的作用已经得到了大多数生态学家的认同。比如，竞争排除法则表明具有相同生态位的物种无法实现稳定共存（Gause，1934）。在现代共存理论中，由于生态位差异能够使物种在密度较低时具有较高种群增长速率，起到缓冲的作用从而防止物种被淘汰，因此通常被称作"稳定生态位差异（stabling niche difference）"。稳定生态位差异能够使某些物种对同种个体施加的消极影响比对其他物种个体施加的消极影响要大，常见的机制包括资源分割（resource partitioning）、Janzen-Connell 效应（专化天敌、专性致病菌等）和贮存效应（storage effect）（Chesson and Warner，1981）。稳定生态位差异的一个证据就是种群增长的负密度依赖，即种群的增长速率随着种群密度增加而减小（Adler et al.，2007）。

与此同时，现代共存理论还表明，物种之间的差异不仅仅反映了它们之间的稳定生态位差异，还反映了物种间的相对适合度差异（relative fitness difference）（Chesson，2000）。这里的适合度与进化生物学中的个体水平适合度概念不同，可以简单理解为物种竞争能力，因此相对适合度差异就是物种间相对竞争能力的差异（Mayfield and Levine，2010），常见的机制包括物种对干扰或胁迫的耐受性差异和获取限制性资源能力的差异等。相对适合度差异会导致物种间发生竞争排除。

现代的物种共存理论认为物种之间的共存既取决于稳定生态位差异也取决于相对适合度差异。其中，稳定生态位差异可以促进共存，而相对适合度差异则趋向于物种排除。所以，物种间要实现稳定共存，则要求物种之间的稳定生态位差异要大于相对适合度差异。但是，这两种差异同时存在于物种之间，而且与环境条件紧密相关，因此目前还没有较好的测量这两种差异的方法（HilleRis et al.，2012）。也就是说，上述两种方法——基于功能性状和基于系统发育的方法都只是笼统地描述物种之间的差异，而无法区分物种之间稳定生态位差异和相对适合度差异。不过，最近 Kunstler 提出了一种区分稳定生态位差异和相对适合度差异在种间关系中的相对重要性的方法（Kunstler et al.，2012）。

除此之外，病原菌被认为在植物物种多样性维持中起到重要作用（Mordecai，2011；Bever et al.，2015）。早在 20 世纪 70 年代初，Janzen（1970）和 Connell（1971）就分别提出病原菌可能导致森林中距离同种成年个体较近的幼苗生长情况差，进而有利于促进森林中不同树种的共存（即 Janzen-Connell 假说）。

Janzen-Connell 假说强调病原菌本身的宿主范围具有一定的专化性，形成密度依赖的病原菌传输或累积过程，使群落中的稀有种获得一定的优势（Bachelot and Kobe，2013），进而通过稳定化机制促进植物物种共存（Chesson，2000；Mordecai，2011）。近年来，越来越多的研究发现不同物种对病原菌的防御与竞争能力之间（Viola et al.，2010），或防御与生长之间存在权衡（Lind et al.，2013；Parker and Gilbert，2018），从而通过均等化机制促进物种共存。在生活史权衡存在的情况下，即使病原菌本身的宿主范围不具有相对的专化性和密度依赖的传输，病原菌也能够通过降低竞争或生长能力较强物种的适合度的方式，抑制其产生对其他竞争能力较弱物种的竞争排除（Alexander and Holt，1998）。目前，尽管有关病原菌在物种共存中的作用已经作了较为充分的研究，并形成了相关的理论框架（Mordecai，2011）；但关于病原菌如何通过稳定化和均等化机制影响物种共存，目前仍存在较大争议，尤其是在草地生态系统中（Parker and Gilbert，2018；Spear and Mordecai，2018）。

病原菌与群落物种多样性的维持历来是物种共存研究的重点与热点。Chesson（2000）在提出当代物种共存理论时，就已经论述了包括病原菌和捕食者在内的高营养级生物可能会在其中起作用。近年来，除了在传统的理论框架下所做的一系列理论和实验研究之外（Allan et al.，2010），国际生态学界还从分子生态学方面的植物-病原菌协同进化与病原菌的宿主范围（Gilbert and Webb，2007；Parker et al.，2015；Spear and Mordecai，2018）、疾病生态学中宿主多样性对病原菌多度的稀释效应（Mitchell et al.，2002；Rottstock et al.，2014）、生物地理学领域的同物种间负密度依赖强度的纬度变异格局（LaManna et al.，2017）、入侵生态学中的天敌释放效应（Keane and Crawley，2002）等方面，累积了大量有关病原菌与物种共存的理论与实验证据，为进一步将病原菌纳入既有的当代物种共存理论，或提出新的共存框架或假说提供了依据。

## 3.3 生物多样性与群落生产力和稳定性

许多研究表明生物多样性越高，群落生产力越高（Tilman et al.，1996；Hector et al.，1999；Loreau and Hector，2001；Liang et al.，2016a）。一般而言，混种的植物群落生物量比单种高，即正的净生物多样性效应（超产效应），这种正的生物多样性-生产力的关系由补偿效应和抽样效应共同决定（Loreau et al.，2001；Naeem，2002；Loreau and Hector，2001）。补偿效应由同一营养级物种的生态位差异或正的相互作用产生（Loreau and Hector，2001，Bulleri et al.，2016）。由占据不同生态位的物种组成的植物群落可以更有效地利用资源，因此与这些物种单种时相比有更高产量（Hooper and Dukes，2004；Van de Peer et al.，2018）。如果单种下生产力高的物种是混种群落生产力的主要贡献者，那么就会出现抽样效应，抽样效应通常与竞争排除相关（Chesson，2000；Carroll et al.，2011）。而超产效应不仅存在于草地生态系统（Tilman et al.，1996），也存在于森林生态系统（Huang et al.，2018）。Pacala 和 Tilman（2002）提出，在群落建立的初期，影响多样性-生产力的机制主要是抽样效应，随着时间的推移，补偿效应的作用增强，而抽样效应的作用减弱。

但是，也有研究发现生物多样性和生产力不总是呈正相关关系。当植物多样性效应被环境的异质性掩盖时，观察实验很难发现生物多样性与生态系统功能的关系（Loreau，1998；Tilman et al.，2014）。另外，考虑更复杂的营养级关系时（如限制资源、食草动物），理论研究表明植物的生物量不总是随着物种多样性的增加而增加（Thébault and Loreau，2003）。例如，增加食草动物的多样性可能会因为食草作用减少植物的生物量（Thébault and Loreau，2003）。而对一个简单线性食物链的分析表明，随着营养级数量的增加，任何一个特定营养级的平衡多度收敛于一个中间值（Loreau，2010）。

稳定性作为生态系统的基本属性之一，有着多种不同的生态学含义。当一个系统受到干扰后，所有的生态因子都恢复到初始的状态，那么该系统即为一个稳定的系统。衡量生态系统稳定性的参数包括：抵抗力（resistance）（抵抗外界干扰保持不变的能力）、恢复力（resilience）（从干扰中快速恢复的能力）

以及变异性（variability）（随时间生态因子的变异程度）(Pimm，1984)。其中生物量的时间稳定性最受关注(Pimm，1984；Jiang and Pu，2009)。该稳定性用群落年际间生物量的平均值除以生物量年际间的标准差来表示。大量理论和实验研究都证明多样性越高的群落生产力的时间稳定性越高(Jiang and Pu，2009；De Mazancourt et al.，2013；Gross et al.，2014；Craven et al.，2018)。稳定性高的群落拥有高的生物量、高的抵抗力和恢复力的特征(Tilman and Downing，1994；van Ruijven and Berendse，2010；Isbell，2015)，而高稳定性的生态系统能为人类提供持续稳定的生态系统功能和服务。

另外，有研究比较了物种丰富度（species richness）、系统发育多样性（phylogenetic diversity）以及功能性状多样性（functional diversity）对生态系统稳定性预测能力。Cadotte 等（2012）在草地生态系统中的研究表明，亲缘关系越远的物种所在的群落稳定性越高。但 Venail 等（2013）在小宇宙的海藻研究中发现了系统发育多样性和群落稳定性的负相关性。而 Venail 等（2015）综合 16 个草地生态系统的研究表明，物种丰富度而不是系统发育多样性影响着群落生物量的稳定性。不同植物在性状以及生存策略上存在很大差异，与叶经济相关的性状，如比叶面积（SLA）、叶片干重（LDMC）和叶片氮含量（N）能反映出植物资源获取、生长以及组织周转的情况。Craven 等（2018）的研究表明"慢种"（slowly growing species）（低 SLA、高 LDMC 和高 N 的物种，有着低的生长率，低资源获取力及低周转率）占优势的群落稳定性更高。

影响生物多样性与生态系统稳定性关系的主要机制是物种的不同步性，即某些物种生物量减少，同时另一些物种生物量增加，它们之间的补偿作用会增加群落生产力的时间稳定性（Lehman and Tilman，2000；Gross et al.，2014）。此外，优势种的稳定性、功能群的组成也会影响群落稳定性（Grime，1997；Yang et al.，2017）。在环境改变及干扰下，Lcreau 和 De Mazancourt（2013）总结了促进群落稳定性的三个主要机制：①面对环境波动，物种生长的不同步性；②物种对环境变化的反应速度不同；③竞争强度的减弱。例如，增温（Ma et al.，2017）和氮添加（Grman et al.，2010；Song et al.，2015；Xu et al.，2015）都能通过减少物种的不同步性来降低群落稳定性，且这种补偿作用不仅发生在物种之间，也发生在功能群之间，如 Liu 等（2018）在对高寒草甸的研究中发现，在增温和降水条件下，群落通过减少禾本科的生物量，增加莎草科和非禾本科的生物量来维持稳定性，并且这种功能群结构的改变发展出更深的根系以在干旱条件下获取水分。Bertness 和 Callaway（1994）曾提出胁迫梯度假说，即在环境压力增加的情况下，物种间的相互作用会从负的相互作用（如种间竞争）转变为正的相互作用（如促进作用，facilitation）。Douda 等（2018）研究也证明这个假说，在长期干旱条件下种间竞争减弱，从而通过群落生产过程增加稳定性。

## 4 发展趋势及展望

### 4.1 群落生态学研究的联网监测实验平台

当今的群落生态学研究有朝着"长时间、多地点"发展的趋势。传统的群落生态学研究中，研究人员用于发表的数据往往来自于单一的实验地点。由于受到气候、植被等客观因素的影响，单一研究地点所展现出的结果，可能并不能够在其他研究地点重现。除此之外，群落生态学相关的研究本身就具有一定的尺度效应，通过整合多个研究地点的数据，能够较为全面地从局域到全球尺度上了解相关问题。此外，利用不同地点之间存在的生物（如植被）和非生物（如温度、降水等）差异，能够帮助我们解释所观察结果在不同研究地点产生变异的来源，进一步推动我们探求问题的本质。

从国际群落生态学发展的趋势来看，在 21 世纪的第一个 10 年间，众多全球范围内的联网观测实验平台就已经开始兴起。例如，在全球范围内，美国明尼苏达大学教授 Elizabeth T. Borer 和 Eric W. Seabloom 领导建立的全球施氮网络（NutNet）就是较为成功的例子（Borer et al.，2017）。世界范围内，纳入 NutNet

网络的数十个研究地点执行统一的实验设计，并按照一套标准流程采集对应的性状、多度、生物量等数据，便于位于不同地点的各项研究之间的横向比较。该实验平台关注施肥对群落结构影响、多样性-生产力关系、多样性-稳定性关系、草食作用和施肥对群落结构影响、竞争/生长-防御权衡等众多群落生态学核心问题，取得了一系列原创性成果，为群落生态学的发展起到了引领的作用。

并不是说只有在不同的研究地点设置受控实验才是联网监测实验平台建设的唯一标准。在种间相互作用研究领域，Roslin 等（2017）领导的国际合作研究并没有在世界范围内设置固定的实验处理，而只是把橡皮泥制成的、统一标准的假毛毛虫分发给世界各地的研究人员，并由各地的研究人员将其布置在不同纬度、不同海拔的野外实验地点上。通过研究假毛毛虫被捕食的情况，证明了种间作用强度存在纬度和海拔格局这一基本问题。我国于 2004 年以后逐步建立起来的中国森林生物多样性监测网络（CForBio），包含有十余个大型监测实验样地，基本实现了对我国主要森林生态系统类型的全覆盖，为我国群落生态学，尤其是森林群落生态学的发展起到了重要的推进作用。此外，我国在以区域为主导的，跨越国界的联网监测实验平台建设上也取得了一定的成果，如中国科学院西双版纳热带植物园所主导的东经101°森林样带，即囊括了包括泰国等东南亚国家在内的 8 块大型森林动态监测样地。

我国生态学界已开始布局联网监测实验平台，并取得了初步的成果。对于基于联网监测实验平台开展的相关研究，需要加强顶层设计，在平台建设之初即需要凝练出拟解决的核心科学问题。各参与单位、参与个人所采集的数据，在保持准确性与方法一致性的前提下，建立合作、平等、互惠、共享的开放交流模式显得尤为迫切。中国科学院在推动我国群落联网监测实验平台的建设方面起到了极大的作用。我国的大学中拥有大批群落生态学研究者，在未来发展中，应加强大学和中科院在群落联网监测实验平台建设中的协同。

## 4.2 将不同营养级生物类群的作用纳入到群落生态学研究的体系中

长期以来，群落生态学所关注的问题集中在环境因素（如气候、资源等）和同一营养级生物之间的相互作用（如竞争、互补效应等）。然而，任何生物在其生长的过程中，都无可避免地与不同营养级的生物类群产生相互作用。以植物为例，其生长的土壤中存在细菌、古菌、真菌（包括菌根真菌、病原真菌等）、病毒、线虫、节肢动物等诸多不同营养级的生物类群；地上部分受到了大型哺乳动物（如牛、羊）和昆虫的草食作用的影响；即使是在植物体内和叶际/根际，也相生相伴有大量且种类丰富的微生物。然而，在过去相当长的一段时间内，这些不同营养级的生物类群在群落生态过程中所起到的作用却没有得到应有的重视。

有研究表明，长久以来我们所观察到的植物多样性-生产力关系，可能在一定程度上是由土壤病原生物驱动产生的（Maron et al., 2011；Schnitzer et al., 2011）：单种样方的土壤中，积累有较多的具有专一性的病原菌，降低了单种植物的适合度，进而降低其地上生物量。这种土壤病原菌介导的效应，同时很好地解释了观察到的多样性-生产力关系随处理年限而增强的现象。在物种共存领域，在经典的基于资源竞争建立起来的物种共存框架内（Tilman, 1982；Chesson, 2000），病原菌和草食者在其中起到何种作用，如何通过影响适合度差异和生态位差异影响植物物种共存等相关问题，近年来也得到了国际生态学界的广泛关注。但是相对于环境因素和同营养级之间的相互作用，我们对不同营养级的生物类群对群落生态过程的影响仍显得知之甚少。

## 4.3 多学科视野和大数据背景下的群落生态学研究

进入 21 世纪后，交叉学科快速兴起，学科之间的壁垒逐渐被打破已经成为不争的事实，群落生态学也同样面临这种情形。统计学、进化生物学、生物信息学等学科的理论与研究方法早已在不知不觉中融入到了群落生态学的发展过程中。群落系统发育学的兴起即是进化生物学与群落生态学相互融合的结果；

而将植物功能性状和功能多样性引入到群落生态学领域又少不了植物生理学家的功劳。零模型、最大似然法、基于信息论的模型筛选等源自于统计学、信息学相关的研究方法，更是成为群落生态学家手中最犀利的武器。可以确信，未来的群落生态学研究中，多学科的交叉与不同的学科视角将会越来越重要。比如，Tian 等（2017）利用数千年以来的中国历史记录资料，同时结合地理学的相关理论，发现大尺度的气候现象会显著影响我国的各类自然和生物灾害，以及我国古代动物种群的时空变化。

除此之外，大数据时代的到来也给群落生态学的发展带来了新的契机。NCBI 等分子数据库、TRY 植物功能性状数据库等为群落生态学的研究带来了极大的便利。形色、花伴侣等植物识别软件为群落生态学家提供了诸多物种分布、性状、物候等方面的信息，如何利用如此巨大的数据宝库是摆在我们面前的重大课题。以高通量测序技术为代表的微生物学研究手段不断进步，且成本却不断降低，这为我们使用相关技术研究细菌、真菌、古菌，甚至昆虫、藻类等原本较难分类的生物类群的群落结构、分布、功能提供了方法学基础。

## 4.4 群落调查与观测方法的创新

群落生态学是基于野外实际调查数据的一门生态学分支，野外群落调查数据对群落生态学理论的发展与检验至关重要。虽然现在我们已积累了很多群落调查数据，但这些数据仍然无法满足当前群落生态学理论发展的需求。同时，随着观测手段的不断进步，群落生态学家需要发展新的群落调查和观测方法（比如激光雷达与多光谱遥感等），从而提高野外群落调查的效率，降低成本。以目前的情况来看，同时掌握新的群落观测方法与群落生态学背景知识的科研工作者仍相对较少，这限制了这些新的观测手段在群落生态学中的大范围应用。

## 4.5 群落生态学新理论的归纳与创新

纵观群落生态学发展的历史，可以看出该学科是一门理论性较强的基础学科，驱动该学科不断进步的是"理论-实验证据-归纳-理论"的演绎过程，而其中的灵魂就是理论的创新。从 20 世纪 60 年代开始，群落生态学领域几乎每 10 年左右就会产生具有较大影响力的理论成果。自 20 世纪末以 Tilman 为代表的科学家提出并证实多样性-生态系统功能关系和 2001 年 Hubbell 提出中性理论后，群落生态学领域尚未有划时代意义的理论出现。但是在过去的十几年间，受到新技术促进和群落生态学从业人员增加的影响，野外观察、控制实验、模型研究等方面积累的案例较以往大幅度增加。这为群落生态学领域新理论的归纳与创新提供了土壤。

## 参 考 文 献

方精云. 2009. 群落生态学迎来新的辉煌时代. 生物多样性, 17(6): 531-532.

牛克昌, 刘怿宁, 沈泽昊, 等. 2009. 群落构建的中性理论和生态位理论. 生物多样性, 17(6): 579-593.

彭少麟. 1996. 南亚热带森林群落动态学. 北京: 科学出版社.

宋永昌. 2017. 植被生态学. 北京: 高等教育出版社.

王伯荪. 1987. 植物群落学. 北京: 高等教育出版社.

吴征镒. 1980. 中国植被. 北京: 科学出版社.

阳含熙, 卢泽愚. 1981. 植物生态学的数量分类方法. 北京: 科学出版社.

钟章成. 1988. 常绿阔叶林生态学研究. 重庆: 西南师范大学出版社.

Adler P B, Fajardo A, Kleinhesselink A R, et al. 2013. Trait‐based tests of coexistence mechanisms. Ecology Letters, 16(10): 1294-1306.

Adler P B, Hille R L J, Levine J M. 2007. A niche for neutrality. Ecology Letters, 10(2): 95-104.

Alexander H M, Holt R D. 1998. The interaction between plant competition and disease. Perspectives in Plant Ecology, Evolution and Systematics, 1(2): 206-220.

Allan E, Van Ruijven J, Crawley M J. 2010. Foliar fungal pathogens and grassland biodiversity. Ecology, 91(9): 2572-2582.

Avolio M L, Koerner S E, La Pierre K J, et al. 2014. Changes in plant community composition, not diversity, during a decade of nitrogen and phosphorus additions drive above-ground productivity in a tallgrass prairie. Journal of Ecology, 102(6): 1649-1660.

Bachelot B, Kobe R K. 2013. Rare species advantage? Richness of damage types due to natural enemies increases with species abundance in a wet tropical forest. Journal of Ecology, 101(4): 846-856.

Bai Y, Han X, Wu J, et al. 2004. Ecosystem stability and compensatory effects in the Inner Mongolia grassland. Nature, 431(7005): 181-184.

Bai Y, Wu J, Clark C M, et al. 2010. Tradeoffs and thresholds in the effects of nitrogen addition on biodiversity and ecosystem functioning: evidence from inner Mongolia Grasslands. Global Change Biology, 16(1): 358-372.

Bai Y, Wu J, Xing Q, et al. 2008. Primary production and rain use efficiency across a precipitation gradient on the Mongolia plateau. Ecology, 89(8): 2140-2153.

Bell D. 2000. The end of ideology: on the exhaustion of political ideas in the fifties: with "The resumption of history in the new century". Cambridge: Harvard University Press.

Bertness M D, Callaway R. 1994. Positive interactions in communities. Trends in Ecology & Evolution, 9(5): 191-193.

Bever J D, Mangan S A, Alexander H M. 2015. Maintenance of plant species diversity by pathogens. Annual Review of Ecology, Evolution, and Systematics, 46: 305-325.

Borer E T, Grace J B, Harpole W S, et al. 2017. A decade of insights into grassland ecosystem responses to global environmental change. Nature Ecology & Evolution, 1(5): 1-7.

Borer E T, Seabloom E W, Gruner D S, et al. 2014. Herbivores and nutrients control grassland plant diversity via light limitation. Nature, 508(7497): 517-520.

Bulleri F, Bruno J F, Silliman B R, et al. 2016. Facilitation and the niche: implications for coexistence, range shifts and ecosystem functioning. Functional Ecology, 30(1): 70-78.

Cadotte M W, Dinnage R, Tilman D. 2012. Phylogenetic diversity promotes ecosystem stability. Ecology, 93(sp8): S223-S233.

Cahill J F, Kembel S W, Lamb E G, et al. 2008. Does phylogenetic relatedness influence the strength of competition among vascular plants? Perspectives in Plant Ecology, Evolution and Systematics, 10(1): 41-50.

Carroll I T, Cardinale B J, Nisbet R M. 2011. Niche and fitness differences relate the maintenance of diversity to ecosystem function. Ecology, 92(5): 1157-1165.

Chalcraft D R, Cox S B, Clark C, et al. 2008. Scale‐dependent responses of plant biodiversity to nitrogen enrichment. Ecology, 89(8): 2165-2171.

Chen Y, Jia P, Cadotte M W, et al. 2018. Rare and phylogenetically distinct plant species exhibit less diverse root‐associated pathogen communities. Journal of Ecology, 107(3): 1126-1237.

Chesson P. 2000. Mechanisms of maintenance of species diversity. Annual Review of Ecology and Systematics, 31(1): 343-366.

Chesson P L, Warner R R. 1981. Environmental variability promotes coexistence in lottery competitive systems. The American Naturalist, 117(6): 923-943.

Clark C M, Tilman D. 2008. Loss of plant species after chronic low-level nitrogen deposition to prairie grasslands. Nature, 451(7179): 712-715.

Clements F E. 1916. Plant succession: an analysis of the development of vegetation. Washington: Carnegie Institution of

Washington.

Connell J H. 1971. On the role of natural enemies in preventing competitive exclusion in some marine animals and in rain forest trees. Dynamics of populations, 298-312.

Craven D, Polley H W, Wilsey B. 2018. Multiple facets of biodiversity drive the diversity-stability relationship. Nature Ecology & Evolution, 2: 1579-1587.

De Mazancourt C, Isbell F, Larocque A, et al. 2013. Predicting ecosystem stability from community composition and biodiversity. Ecology Letters, 16(5): 617-625.

De Malach N, Zaady E, Kadmon R. 2017. Light asymmetry explains the effect of nutrient enrichment on grassland diversity. Ecology Letters, 20(1): 60-69.

Dickson T L, Foster B L. 2011. Fertilization decreases plant biodiversity even when light is not limiting. Ecology Letters, 14(4): 380-388.

Douda J, Doudová J, Hulík J, et al. 2018. Reduced competition enhances community temporal stability under conditions of increasing environmental stress. Ecology, 99(10): 2207-2216.

Elton C. 1946. Competition and the structure of ecological communities. Journal of Animal Ecology, 54-68.

Gause G F. 1934. Experimental analysis of Vito Volterra's mathematical theory of the struggle for existence. Science, 79(2036): 16-17.

Gerhold P, Cahill J F, Winter M, et al. 2015. Phylogenetic patterns are not proxies of community assembly mechanisms (they are far better). Functional Ecology, 29(5): 600-614.

Gilbert G S, Webb C O. 2007. Phylogenetic signal in plant pathogen-host range. Proceedings of the National Academy of Sciences, 104(12): 4979-4983.

Gleason H A. 1926. The individualistic concept of the plant association. Bulletin of the Torrey Botanical Club, 53(1): 7-26.

Götzenberger L, de Bello F, Brthen K A, et al. 2012. Ecological assembly rules in plant communities—approaches, patterns and prospects. Biological Reviews, 87(1): 111-127.

Grime J P. 1997. Biodiversity and ecosystem function: the debate deepens. Science, 277(5330): 1260-1261.

Grman E, Lau J A, Schoolmaster D R, et al. 2010. Mechanisms contributing to stability in ecosystem function depend on the environmental context. Ecology Letters, 13(11): 1400-1410.

Gross K, Cardinale B J, Fox J W, et al. 2014. Species richness and the temporal stability of biomass production: a new analysis of recent biodiversity experiments. The American Naturalist, 183(1): 1-12.

Harding T G. 1960. Evolution and culture (Vol. 197). Ann Arbor: University of Michigan Press.

Harpole W S, Sullivan L L, Lind E M, et al. 2016. Addition of multiple limiting resources reduces grassland diversity. Nature, 537(7618): 93-96.

Hautier Y, Niklaus P A, Hector A. 2009. Competition for light causes plant biodiversity loss after eutrophication. Science, 324(5927): 636-638.

He F, Hubbell S P. 2011. Species-area relationships always overestimate extinction rates from habitat loss. Nature, 473(7347): 368-371.

He N, Liu C, Piao S, et al. 2018. Ecosystem Traits Linking Functional Traits to Macroecology. Trends in Ecology & Evolution, 34(3): 200-210.

Hector A, Schmid B, Beierkuhnlein C, et al. 1999. Plant diversity and productivity experiments in European grasslands. Science, 286(5442): 1123-1127.

HilleRis L J, Adler P B, Harpole W S, et al. 2012. Rethinking community assembly through the lens of coexistence theory. Annual

Review of Ecology, Evolution, and Systematics, 43(1): 227-248.

Hooper D U, Dukes J S. 2004. Overyielding among plant functional groups in a long‐term experiment. Ecology Letters, 7(2): 95-105.

Huang Y, Chen Y, Castro I N, et al. 2018. Impacts of species richness on productivity in a large-scale subtropical forest experiment. Science, 362(6410): 80-83.

Hubbell S P. 1979. Tree dispersion, abundance, and diversity in a tropical dry forest. Science, 203(4387): 1299-1309.

Hubbell S P. 2001. The unified neutral theory of biodiversity and biogeography. Princeton University Press.

IPCC. 2014. Climate Change 2014: Synthesis Report. Contribution of Working Groups I, II and III to the Fifth Assessment Report of the Intergovernmental Panel on Climate Change [Core Writing Team, R.K. Pachauri and L.A. Meyer(eds.)]. Geneva, Switzerland: IPCC.

Isbell F, Craven D, Connolly J, et al. 2015. Biodiversity increases the resistance of ecosystem productivity to climate extremes. Nature, 526(7574): 574-578.

Janzen D H. 1970. Herbivores and the number of tree species in tropical forests. The American Naturalist, 104(940): 501-528.

Jiang L, Pu Z. 2009. Different effects of species diversity on temporal stability in single-trophic and multitrophic communities. The American Naturalist, 174(5): 651-659.

Jing X, Sanders N J, Shi Y, et al. 2015. The links between ecosystem multifunctionality and above-and belowground biodiversity are mediated by climate. Nature Communications, 6: 8159-8163.

Keane R M, Crawley M J. 2002. Exotic plant invasions and the enemy release hypothesis. Trends in Ecology & Evolution, 17(4): 164-170.

Keddy P A. 1992. Assembly and response rules: two goals for predictive community ecology. Journal of Vegetation Science, 3(2): 157-164.

Kembel S W. 2009. Disentangling niche and neutral influences on community assembly: assessing the performance of community phylogenetic structure tests. Ecology Letters, 12(9): 949-960.

Kraft N J, Adler P B, Godoy O, et al. 2015. Community assembly, coexistence and the environmental filtering metaphor. Functional Ecology, 29(5): 592-599.

Kunstler G, Lavergne S, Courbaud B, et al. 2012. Competitive interactions between forest trees are driven by species' trait hierarchy, not phylogenetic or functional similarity: implications for forest community assembly. Ecology Letters, 15(8): 831-840.

LaManna J A, Mangan S A, Alonso A, et al. 2017. Plant diversity increases with the strength of negative density dependence at the global scale. Science, 356(6345): 1389-1392.

Lasky J R, Sun I F, Su S H, et al. 2013. Trait‐mediated effects of environmental filtering on tree community dynamics. Journal of Ecology, 101(3): 722-733.

Lehman C L, Tilman D. 2000. Biodiversity, stability, and productivity in competitive communities. The American Naturalist, 156(5): 534-552.

Li S P, Cadotte M W, Meiners S J, et al. 2015. Species colonisation, not competitive exclusion, drives community overdispersion over long-term succession. Ecology Letters, 18(9): 964-973.

Liang J, Crowther T W, Picard N, et al. 2016a. Positive biodiversity-productivity relationship predominant in global forests. Science, 354(6309): aaf8957.

Liang M, Liu X, Gilbert G S, et al. 2016b. Adult trees cause density‐dependent mortality in conspecific seedlings by regulating the frequency of pathogenic soil fungi. Ecology Letters, 19(12): 1448-1456.

Lin K, Zhang D Y, He F. 2009. Demographic trade-offs in a neutral model explains death rate-abundance rank relationship. Ecology, 90(1): 31-38.

Lind E M, Borer E, Seabloom E, et al. 2013. Life-history constraints in grassland plant species: a growth-defence trade-off is the norm. Ecology Letters, 16(4): 513-521.

Liu H, Mi Z, Lin L, et al. 2018. Shifting plant species composition in response to climate change stabilizes grassland primary production. Proceedings of the National Academy of Sciences, 115(16): 4051-4056.

Liu J, Zhang X, Song F, et al. 2015. Explaining maximum variation in productivity requires phylogenetic diversity and single functional traits. Ecology, 96(1): 176-183.

Liu X, Etienne R S, Liang M, et al. 2015. Experimental evidence for an intraspecific Janzen-Connell effect mediated by soil biota. Ecology, 96(3): 662-671.

Liu X, Liang M, Etienne R S, et al. 2012. Experimental evidence for a phylogenetic Janzen-Connell effect in a subtropical forest. Ecology Letters, 15(2): 111-118.

Loreau M. 1998. Biodiversity and ecosystem functioning: a mechanistic model. Proceedings of the National Academy of Sciences, 95(10): 5632-5636.

Loreau M. 2010. From populations to ecosystems: theoretical foundations for a new ecological synthesis (MPB-46). Princeton: Princeton University Press.

Loreau M, de Mazancourt C. 2013. Biodiversity and ecosystem stability: a synthesis of underlying mechanisms. Ecology Letters, 16: 106-115.

Loreau M, Hector A. 2001. Partitioning selection and complementarity in biodiversity experiments. Nature, 412(6842): 72-76.

Loreau M, Naeem S, Inchausti P, et al. 2001. Biodiversity and ecosystem functioning: current knowledge and future challenges. Science, 294(5543): 804-808.

Lyu S, Liu X, Venail P, et al. 2016. Functional dissimilarity, not phylogenetic relatedness, determines interspecific interactions among plants in the Tibetan alpine meadows. Oikos, 126(3): 381-388.

Ma Z, Liu H, Mi Z, et al. 2017. Climate warming reduces the temporal stability of plant community biomass production. Nature Communications, 8: 15378-15381.

Maron J L, Marler M, Klironomos J N, et al. 2011. Soil fungal pathogens and the relationship between plant diversity and productivity. Ecology Letters, 14(1): 36-41.

Mayfield M M, Levine J M. 2010. Opposing effects of competitive exclusion on the phylogenetic structure of communities. Ecology Letters, 13(9): 1085-1093.

McGill B J, Enquist B J, Weiher E, et al. 2006. Rebuilding community ecology from functional traits. Trends in Ecology & Evolution, 21(4): 178-185.

Millennium Ecosystem Assessment, MEA. 2005. Ecosystems and human well-being. Washington, DC: Island Press.

Mitchell C E, Tilman D, Groth J V. 2002. Effects of grassland plant species diversity, abundance, and composition on foliar fungal disease. Ecology, 83(6): 1713-1726.

Mordecai E A. 2011. Pathogen impacts on plant communities: unifying theory, concepts, and empirical work. Ecological Monographs, 81(3): 429-441.

Mouquet N, Devictor V, Meynard C N, et al. 2012. Ecophylogenetics: advances and perspectives. Biological Reviews, 87(4): 769-785.

Naeem S. 2002. Disentangling the impacts of diversity on ecosystem functioning in combinatorial experiments. Ecology, 83(10): 2925-2935.

Narwani A, Matthews B, Fox J, et al. 2015. Using phylogenetics in community assembly and ecosystem functioning research. Functional Ecology, 29(5): 589-591.

Navas M, Violle C. 2009. Plant traits related to competition: how do they shape the functional diversity of communities? Community Ecology, 10(1): 131-137.

Pacala S, Tilman D. 2002. The transition from sampling to complementarity. Functional consequences of biodiversity: experimental progress and theoretical extensions. Princeton: Princeton University Press.

Parker I M, Gilbert G S. 2018. Density-dependent disease, life-history trade-offs, and the effect of leaf pathogens on a suite of co-occurring close relatives. Journal of Ecology, 106(5): 1829-1838.

Parker I M, Saunders M, Bontrager M, et al. 2015. Phylogenetic structure and host abundance drive disease pressure in communities. Nature, 520(7548): 542-544.

Perez H N, Diaz S, Garnier E, et al. 2013. New handbook for standardised measurement of plant functional traits worldwide. Australian Journal of Botany, 61(3): 167-234.

Pimm S L. 1984. The complexity and stability of ecosystems. Nature, 307(5949): 321-326.

Qian H, Hao Z, Zhang J. 2014. Phylogenetic structure and phylogenetic diversity of angiosperm assemblages in forests along an elevational gradient in Changbaishan, China. Journal of Plant Ecology, 7(2): 154-165.

Rajaniemi T K, Allison V J, Goldberg D E. 2003. Root competition can cause a decline in diversity with increased productivity. Journal of Ecology, 91(3): 407-416.

Ricklefs R E, Travis J. 1980. A morphological approach to the study of avian community organization. The Auk, 97(2): 321-338.

Roem W J, Klees H, Berendse F. 2002. Effects of nutrient addition and acidification on plant species diversity and seed germination in heathland. Journal of Applied Ecology, 39(6): 937-948.

Rosindell J, Hubbell S P, Etienne R S. 2011. The unified neutral theory of biodiversity and biogeography at age ten. Trends in Ecology & Evolution, 26(7): 340-348.

Roslin T, Hardwick B, Novotny V, et al. 2017. Higher predation risk for insect prey at low latitudes and elevations. Science, 356(6339): 742-744.

Rottstock T, Joshi J, Kummer V, et al. 2014. Higher plant diversity promotes higher diversity of fungal pathogens, while it decreases pathogen infection per plant. Ecology, 95(7): 1907-1917.

Schnitzer S A, Klironomos J N, Hilleris L J, et al. 2011. Soil microbes drive the classic plant diversity-productivity pattern. Ecology, 92(2): 296-303.

Seabloom E W, Kinkel L, Borer E T, et al. 2017. Food webs obscure the strength of plant diversity effects on primary productivity. Ecology Letters, 20(4): 505-512.

Shelford V E. 1929. Laboratory and Field Ecology. Baltimore, Williams & Wilkins.

Si X, Cadotte M W, Zeng D, et al. 2017. Functional and phylogenetic structure of island bird communities. Journal of Animal Ecology, 86(3): 532-542.

Song M H, Yu F H. 2015. Reduced compensatory effects explain the nitrogen-mediated reduction in stability of an alpine meadow on the Tibetan Plateau. New Phytologist, 207(1): 70-77.

Spear E R, Mordecai E A. 2018. Foliar pathogens are unlikely to stabilize coexistence of competing species in a California grassland. Ecology, 99(10): 2250-2259.

Stevens C J, Dupre C, Dorland E, et al. 2004. Nitrogen deposition threatens species richness of grasslands across Europe. Environmental Pollution, 158(9): 2940-2945.

Thébault E, Loreau M. 2003. Food-web constraints on biodiversity-ecosystem functioning relationships. Proceedings of the

National Academy of Sciences, 100(25): 14949-14954.

Tian H, Yan C, Xu L, et al. 2015. Scale-dependent climatic drivers of human epidemics in ancient China. Proceedings of the National Academy of Sciences, 114(49): 12970-12975.

Tilman D. 1982. Resource competition and community structure. Princeton: Princeton University Press.

Tilman D. 2004. Niche tradeoffs, neutrality, and community structure: a stochastic theory of resource competition, invasion, and community assembly. Proceedings of the National Academy of Sciences, 101(30): 10854-10861.

Tilman D, Downing J A. 1994. Biodiversity and stability in grasslands. Nature, 367(6461): 363-365.

Tilman D, Isbell F, Cowles J M. 2014. Biodiversity and ecosystem functioning. Annual Review of Ecology, Evolution, and Systematics, 45(1): 471-493.

Tilman D, Pacala S. 1993. The maintenance of species-richness in plant communities: the importance of the regeneration niche. Biological Reviews, 52(1): 107-145.

Tilman D, Wedin D, Knops J. 1996. Productivity and sustainability influenced by biodiversity in grassland ecosystems. Nature, 379(6567): 718-720.

Van de Peer T, Verheyen K, Ponette Q, et al. 2018. Overyielding in young tree plantations is driven by local complementarity and selection effects related to shade tolerance. Journal of Ecology, 106(3): 1096-1105.

Van Ruijven J, Berendse F. 2010. Diversity enhances community recovery, but not resistance, after drought. Journal of Ecology, 98(1): 81-86.

Venail P A, Narwani A, Fritschie K, et al. 2013. The influence of phylogenetic relatedness on species interactions among freshwater green algae in a mesocosm experiment. Journal of Ecology, 102(5): 1288-1299.

Venail P, Gross K, Oakley T H, et al. 2015. Species richness, but not phylogenetic diversity, influences community biomass production and temporal stability in a re-examination of 16 grassland biodiversity studies. Functional Ecology, 29(5): 615-626.

Viola D V, Mordecai E A, Jaramillo A G, et al. 2010. Competition-defense tradeoffs and the maintenance of plant diversity. Proceedings of the National Academy of Sciences, 107(40): 17217-17222.

Violle C, Enquist B J, McGill B J, et al. 2012. The return of the variance: intraspecific variability in community ecology. Trends in Ecology & Evolution, 27(4): 244-252.

Violle C, Navas M L, Vile D, et al. 2007. Let the concept of trait be functional! Oikos, 116(5): 882-892.

Wang S, Brose U. 2017. Biodiversity and ecosystem functioning in food webs: the vertical diversity hypothesis. Ecology Letters, 21(1): 9-20.

Wang S, Chen A, Fang J, et al. 2013. Why abundant tropical tree species are phylogenetically old. Proceedings of the National Academy of Sciences, 110(40): 16039-16043.

Webb C O, Ackerly D D, McPeek M A, et al. 2002. Phylogenies and community ecology. Annual Review of Ecology and Systematics, 33(1): 475-505.

Webb C O, Donoghue M J. 2005. Phylomatic: tree assembly for applied phylogenetics. Molecular Ecology Notes, 5(1): 181-183.

Xia J, Wan S. 2013. Independent effects of warming and nitrogen addition on plant phenology in the Inner Mongolian steppe. Annals of Botany, 111(6): 1207-1217.

Xu Z, Ren H, Li M H, et al. 2015. Environmental changes drive the temporal stability of semi‐arid natural grasslands through altering species asynchrony. Journal of Ecology, 103(5): 1308-1316.

Yang J, Swenson N G, Cao M, et al. 2013. A phylogenetic perspective on the individual species-area relationship in temperate and tropical tree communities. PloS ONE, 8(5): e63192.

Yang Z, Zhang Q, Su F, et al. 2017. Daytime warming lowers community temporal stability by reducing the abundance of dominant, stable species. Global Change Biology, 23(1): 154-163.

Zhang D Y, Lin K. 1997. The effects of competitive asymmetry on the rate of competitive displacement: how robust is Hubbell's community drift model? Journal of Theoretical Biology, 188(3): 361-367.

Zhang X, Han X. 2012. Nitrogen deposition alters soil chemical properties and bacterial communities in the Inner Mongolia grassland. Journal of Environmental Sciences, 24(8): 1483-1491.

Zhou S R, Zhang D Y. 2008. A nearly neutral model of biodiversity. Ecology, 89(1): 248-258.

Zhu Y, Mi X, Ren H, et al. 2010. Density dependence is prevalent in a heterogeneous subtropical forest. Oikos, 119(1): 109-119.

Zhu Y, Queenborough S A, Condit R, et al. 2018. Density-dependent survival varies with species life‐history strategy in a tropical forest. Ecology Letters, 21(4): 506-515.

撰稿人：周淑荣，刘　向，王志恒，李　博

# 第4章 生态系统生态学研究进展

## 1 引　言

生态系统生态学（ecosystem ecology）是以生态系统（ecosystem）为研究对象，研究生态系统的生物群落与非生物环境之间如何通过能量流动和物质循环相互联系、相互作用以及系统的自我调节机制。其核心研究内容包括生态系统的组成和属性、组织结构与功能、生态过程与格局变化、生态系统的人类福祉，以及自然环境变化和人类活动对生态系统的影响（于贵瑞，2009）。

生态系统（ecosystem）是具有一定物理空间的生物有机体与其相互作用的非生物的物理环境构成的生物集合体（Chapin et al.，2011）。一个完整的自然生态系统中的生命有机体包括物质的生产者（植物）、消费者（动物）和分解者（微生物），其物理环境包括岩石、土壤、水和大气，通过系统内部生物的生命活动、能量转换、物质循环等生态过程以及通过与系统外部环境的相互作用来实现生态系统功能。自然生态系统是一个开放式系统，与外界环境不断进行着物质和能量的输入与输出，同时生态系统也是通过各种反馈机制实现自我调控以维持相对的稳定状态。生态系统自我调控和稳态维持能力存在一定阈值范围，当外界压力（自然和人为因素）超过生态系统的自身调节能力时，其稳态维持机制就失去作用，生态系统结构和功能就受到破坏，生态平衡失常甚至崩溃，导致生态系统功能退化或生态系统状态突变或生态系统类型的转型。因此，生态系统生态学研究更加关注生物群落和自然环境之间的相互作用、相互依存和因果联系，为生态系统管理、生态环境保护和退化生态系统恢复重建提供科学依据。

生态系统概念早在20世纪30～40年代就被明确地提出（Tansley，1935），但是当时并没有引起人们的注意，直到60年代后期，由于人口增长所带来的一系列环境问题日益尖锐，才使得生态系统生态学得到高度重视（Golley，1993）。生态系统研究被认为是当代生态学发展的标志，基于生态系统概念发展起来的生态系统生态学、景观生态学、区域（流域）生态学、全球变化生态学都与不同时空尺度的生态环境问题密切结合，促进了以生态系统为核心概念的大尺度生态学研究的发展，使生态学从生物学中的一个普通分支学科提升为一个举足轻重的新兴学科，使得生态学研究从单纯的生物研究跨进了关注区域和全球环境变化与生态系统结构功能互馈关系，关注生态系统与地球系统和社会经济系统的相互作用，致力于解决制约人类健康生存和社会经济可持续发展重大资源环境问题的新阶段。

## 2 学科40年发展历程

### 2.1 生态学的形成与理论发展

早期的生态系统生态学研究对象主要是空间上均质的各类生态系统。目前的生态系统生态学主要研究生态系统的组成与结构、过程与功能、发展与演替、能量流动、物质循环和信息交换以及自然变化和人为活动的影响及调控机制，是在生物群落学基础上结合现代科学技术的应用和学科间的相互渗透而发展起来，具有独特的研究对象、理论体系和研究方法（图4.1）。

Tansley（1935）首先定义了生态系统（ecosystem）一词，并强调了生态系统中无机成分与有机成分以及生物有机体之间物质交换的重要性。生态系统概念的提出受到广泛的赞同，半个世纪以来，生态学家们不断地对生态系统理论进行完善。Elton（1927）从动物食性以及其他生物捕食关系明确了动物在群

# 第 4 章 生态系统生态学研究进展

落中的地位（即生态位，niche），他将每一种动物视为食物链中的一个环节，在食物链中的物质和能量从一种生物向另一种生物转移，这种营养结构的概念为我们今天认识生态系统中的能量流动和物质循环提供了基本框架。

Brige 和 Juday 在 20 世纪 40 年代就开始关注初级生产力，并提出营养动力学的概念。通过对湖泊生态系统的深入研究，Lindeman（1942）揭示了营养物质的移动规律，创建了营养动态模型，成为生态系统能量流动研究的奠基者。并且，他利用科学数据论证了能量沿着食物链转移定量关系，提出了著名的"百分之十定律"，标志着生态学从定性走向定量阶段。

Odum（1969）提出了大小不同的组织层次谱系，进一步把生态系统的概念系统化，极大丰富了生态系统研究的内涵；他将整体论观点和系统论方法引入到了生态系统研究之中，借助"能流"主线，将包括人类在内的整个自然环境纳入生态系统序列，从而使生态学研究发生了深刻变化，并对人类社会的生存与发展产生了深远的影响。为此，1959 年他的著作 *Fundamentals of Ecology* 被誉为史无前例的生态学科教学参考书，实现了生态学从传统向现代之时代转换。

Ricklefs（1973）在 *Ecology* 一书中绘制了生态系统中物质循环和能量流动的基本模式，形象地表明了生态系统中的生物和非生物成分之间的相互作用和相互依赖关系。Golley（1961，1993）曾开展弃耕地生态系统的营养结构及能量流方面的研究工作，比较深入地揭示了生态系统能流沿着食物链的各营养级逐渐减少的规律。1990 年在日本举行的第五届国际生态学大会上，他做了《生态系统概念的发展-对序的探讨》的报告，强调应加强人类活动对生态系统和生物圈影响的科学研究。

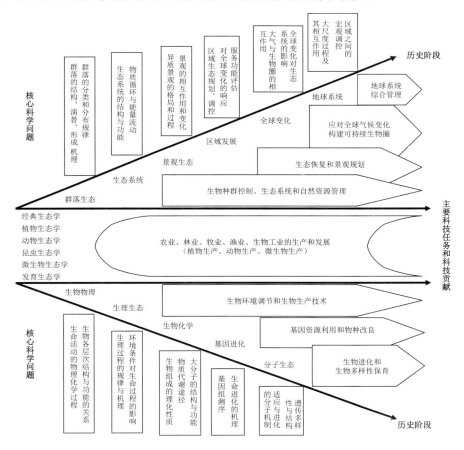

图 4.1 生态学在宏观和微观两个方向的发展历程及其科技贡献（于贵瑞，2009）

20世纪生态学的发展取得了一些重要的科技成就，对生物学和地学的发展作出了重要科技贡献。于贵瑞（2009）将这些贡献总结为：①有关生态系统综合性问题提出推动了生物学研究及生态系统生态学的发展，发展和完善了生态学的基本概念。②生态系统整体性概念已经成为现代生物学、地学和社会科学普遍接受的科学思想，生态系统途径（ecosystem approach）已经成为区域和全球资源管理的理论基础。③生态系统结构与功能、过程与格局的相互依赖以及协调统一性的思维，成为资源利用规划和社会管理的指导原则。④对生态系统变化和演替、稳定性和可持续性的系统动力学机制的认识，奠定了区域可持续发展科学的理论基础。⑤对人类活动与生态系统变化之间基本关系的认识以及在生态系统适应性管理方面的实践，为人类适应和减缓全球变化、设计可持续生物圈提供了有价值的科学认知和方法。⑥生态系统过程的多层级边界、尺度特征和尺度转换的概念成为地球系统科学研究的基本思路。⑦生态系统组分或系统间的比较研究、生态系统过程和格局的控制机制研究为地球系统科学研究提供了新的方法和思路。⑧生态系统变化的动态监测、联网观测和试验为全球气候和环境变化研究提供了丰富的科学数据和基础知识。

## 2.2 生态系统生态学研究发展的新阶段

自20世纪后期以来，全球环境变化和人类活动已经开始改变着生态系统的内部结构、系统功能、空间格局、动态过程，在某些方面的人类活动对生态系统施加的影响甚至已经超过了自然因素。高强度的自然资源利用、不断增加的环境压力、强烈的人为干扰已经导致了生态系统功能的持续降低和退化，威胁着社会经济可持续发展。

地球环境与人类发展之间的矛盾日益尖锐，为生态学研究提出了严峻挑战，生态学家也越来越意识到生态学研究服务于人类社会和经济可持续发展的重要性。由此，生态系统生态学研究重点也开始向景观、流域、区域、洲际乃至全球尺度扩展，不仅仅研究生态系统内部的植物、动物、微生物等生物要素和大气、水分、养分等非生物要素的动态过程及其相互作用关系，还要关注区域尺度上的生态系统空间格局和宏观结构变化及其资源环境效应，关注不同层次的生态系统之间相互作用关系，生态系统与外部环境、社会经济系统之间的动态平衡关系，人为与自然环境变化驱动下生态系统状态变化，生态系统为人类提供服务的数量和质量、生态系统可持续性和稳定性及其影响因素和机制等宏观生态学问题。

通过系统分析方法认识区域生态过程，采用生态系统途径解决生态环境问题的理念将生态系统生态学带入了一个的新发展阶段。通过不同区域、不同类型、不同时空尺度的生态系统组分、结构、功能的属性（或性状）、模式（或格局），过程（或机理）的比较、野外控制实验、观测数据整合和模型模拟分析，认识生态系统的组织系统运维、功能状态维持、生态关系平衡等基本生态学机制、理解生态系统动态演变和空间格局规律、驱动因素及其控制机制等研究成为生态学家新的兴趣点。这一兴趣源于植物地理学家、土壤科学家、气候变化和社会经济学家，因为他们关心气候、地质和社会经济条件相关的生态系统的生物地理变异模式的影响及其环境驱动机制（Schimper，1898；Paul and Clark，1996；Larcher，2003），关注生态系统组分、结构和功能演变及空间格局变化对全球气候系统、人类福祉的反馈作用（Chapin et al.，1995；Turner et al.，2003），也期待通过对生态系统属性（或性状）、模式（或格局），过程（或机理）的理解为复杂的景观和区域生态过程的尺度外推，解决更大尺度的生态学问题提供了生态学知识、信息和技术途径。

随着科学技术的发展，以网络化的生态观测、联网控制试验和定量遥感技术迅速发展，推动了多尺度生态系统观测和实验研究。20世纪70年代建立的国际生物圈计划（IBP）是较早成立的大尺度生态系统研究计划，主要研究生物圈的结构和功能（李文华等，2013），IBP在宏观系统生态学的建立和发展过程中起着重要的作用，随后LTER的建立，其观测研究站逐渐扩展至全球。20世纪90年代以后开始应用大型环境控制试验设施（controlled environmental facilities，CEFs），把生态系统过程机制研究扩展到大型生物群落（如森林）和整个生态系统水平。FLUXNET（比如 EuroFlux、AmeriFlux、AsiaFlux 和 ChinaFlux）的建立，为获取生态系统尺度的植被生产力、能量、水和碳交换时空变异观测数据奠定了基础（孙鸿烈，2009；于贵瑞，2009；李文华，2013）。进而将生态系统碳、氮、水和能量等过程观测和植被碳、水、能量交换过程机理的认识与模型模拟相结合，极大地提高了人们对生态系统的理解和认知能力，促进了生态系统生态学的蓬勃发展。于贵瑞（2009）将当前生态学的研究重点和发展趋势可以概括为：①生态系统、人类福祉及其与地球环境变化的关系成为生态学研究的主要对象；②生态系统与人类活动、自然系统与经济系统的集成研究成为解决全球生态问题的主体思路；③服务于区域和全球可持续发展成为生态学研究追求的社会目标和责任；④定量评估和科学预测环境变化成为生态学研究追求的科技目标；⑤减缓与适应全球气候和环境变化已成为生态系统生态学研究的重点；⑥生态系统联网观测、控制实验和模型模拟成为综合研究生态问题的主要手段。

## 3 研 究 现 状

### 3.1 群落结构与生态系统功能

群落是指生存在一个特定生态系统或自然生境中的多个种群的聚集，它既是生态系统重要的结构单位，又是能量和物质传递与转化的基本功能单元（Odum，1983）。群落概念强调了一个重要事实是：各种生物是以有规律的组合方式共存，而不是独自分散的存在。生态学家围绕不同地区和不同生境的生物群落结构（植物、动物和微生物等）及其生态功能开展了大量研究工作，并努力在不同研究尺度上建立群落结构与生态系统功能间的联系。因此，如何建立群落结构与生态系统有机物质生产、养分循环和能量流动之间的联系是一个经久不衰的研究热点，近年来也取得了丰硕的成果。

生物多样性与生态系统功能（biodiversity and ecosystem functioning，BEF）是一个古老的话题也是一个热点问题。围绕该话题，研究人员在自然生态系统中已开展了大量观测工作，发现了多样化的相关关系，如正相关、负相关、钟形曲线、U 形曲线、无显著关系等（Chapin et al.，1997；Hilleris et al.，2004）。自 20 世纪 90 年代以来，受全球变化和人为干扰的共同影响，生物多样性降低趋势成为令人堪忧的问题（Cardinale et al.，2012）。由于人们担心生物多样性的急剧下降会影响到生态系统服务和人类福祉，国内外在草地和森林开展了大量的生物多样性与生态系统功能的控制实验（简称 BEF 实验）（Bruelheide et al.，2014）。整体而言，BEF 实验结果多表现为生物多样性与生态系统功能之间存在正相关关系，这认识与大尺度野外调查的研究结果往往并不一致，因此科学家围绕控制实验结果的可靠性和内在机制展开了广泛讨论（Loreau et al.，2001；Hooper et al.，2005）。有的学者认为，由于控制实验大多在一个较小的区域内进行，各种因素都相对均匀，所以生态系统生产力的变化主要源于群落密度、均匀度及土壤养分的变化（Fornara and Tilman，2008），以及生物多样性与生态系统生产力之间关系的改变。此外有人认为，实验和调查前后未观测到的极端扰动事件也可能是造成野外调查与控制实验结果存在巨大差异的重要因素。例如，极端干旱、热浪和火烧等扰动，这种干扰其对生态系统的群落结构、多样性和生产力的影响可能会持续几年甚至几十年。

生物多样性与生态系统稳定性关系也一直是生态学研究和重点讨论的焦点问题之一。全面理解生物多样性与生态系统稳定性的关系，有助于我们更好地应对环境变化和生物多样性丧失等重要生态问题。植物多样性与生态系统生产力稳定性的关系在该领域中研究最为深入，普遍的结论是"高多样性导致高稳定性"，科学家们提出并发展了竞争理论、冗余理论和补偿效应等多种理论来解释这一现象（Naeem and Li，1997；Bai et al.，2004；Tilman et al.，2006；De Mazancourt et al.，2013）。然而，有些科学家从理论和实验角度却发现高的生物多样性并不一定导致群落高的稳定性（Naeem，2002）。类似的，也有大量研究通过控制实验来探讨土壤微生物多样性与土壤养分周转稳定性的关系（Borer et al.，2012）。扰动是影响生物多样性与生态系统稳定性关系中的重要因子，不同的扰动因素的影响可能有较大差异。例如，如果把生态系统区分为受非正常外力干扰和受环境因子时间异质性波动干扰两大类，就会获得生物多样性与生态系统稳定性关系的不同结果，这也是过去几十年生态学家争论的焦点之一。探讨多样性和稳定性的关系应该从不同的生物组织层次和不同时空尺度上进行，研究尺度的不一致也是造成不同结果的潜在原因（Naeem et al., 2000; Pasari et al., 2013）。今后土壤微生物多样性与稳定性关系的研究，还需要注重地上与地下生态系统的结合，借鉴宏观生态学理论来构建微生物生态学的理论框架，建立微生物多样性与稳定性关系的机理模型，从定性描述向定量表征方向发展。

土壤微生物与动物的群落结构对土壤碳、氮、磷循环的影响是近年来新兴的研究热点。土壤细菌、真菌和小型动物是土壤生物群落的重要组成部分，与大部分生态系统功能属性具有密切的联系，尤其在土壤有机质分解、养分循环、土壤物理结构维持等方面。关于土壤生物多样性的共存与维持机制，最早提出的解释是：资源的多样性和土壤环境极端异质性为土壤生物提供多样化的微生境而避免竞争，同时也促使了土壤生物的生态位分化。但是因为受土壤生物分类知识和研究技术手段限制，加之土壤自身的复杂性，使得早期的土壤生物多样性如何影响生态系统功能研究还主要集中在增加或减少某种群或群落的物种丰富度来探讨其对土壤生态系统功能的影响（Zhang et al., 2010; Zhang et al., 2013）。Wertz 等（2006）通过剔除实验构建微生物多样性的梯度，发现微生物多样性的差异并不会引起土壤碳矿化、硝化和反硝化速率的显著变化，即土壤生物多样性增加并没有影响生态系统功能。而有些研究却表明：土壤生物多样性增高在一定范围内有助于提升土壤的生态功能，但这种正效应很快会达到饱和状态（Bell et al., 2005）。基于野外观测与实验研究结果，生态学家提出"冗余种假说"来解释土壤生物多样性与生态系统功能之间的关系。但是，Jones 等（1994）的研究发现，改变土壤微生物多样性能够显著影响土壤硝化速率和植物生产力，指出特定物种的功能性状和群落物种组成是影响生态系统功能的主要因素，而非单纯的物种丰富度，即所谓的"不确定性假说"。相对于地上植物多样性与生产力的关系而言，地下生物多样性与生态系统功能的研究尚未深入，亟待加强（Dinnage et al., 2012）。

## 3.2 生物地球化学循环及耦合关系

生态系统的生物地球化学循环可以简单地描述为各种生源要素在土壤、大气、植物和枯枝落叶中迁移和转化过程，从更完整的角度还应考虑动物和微生物的利用与调控作用（Schimel et al., 1997）。该术语在实际使用中，不同学者常将多种多样的化学元素循环简称为养分循环、矿物质循环或元素循环等。化学元素在不同时空尺度的生态系统或生物体迁移转化时，多以化合物的形式存在，各种化学元素很少独来独往，它们只有结伴成群才会在生命系统发挥作用，这意味着元素之间存在广泛的耦合关系（于贵瑞等，2013，2014a）。

陆地生态系统碳循环、氮循环和水循环是全球变化科学研究的三个最为重要的物质循环，而陆地生态系统碳-氮-水耦合循环及其生物调控机制则是全球变化生态学研究的前沿性科学问题（于贵瑞等，2013，2014a）。在陆地生态系统植被-大气、根系-土壤以及土壤-大气三个界面进行着活跃的碳、氮、水交换，相互之间存在着复杂的耦合关系。植物叶片的气孔行为、根系结构对养分和水分吸收以及土壤微生物功能群网络结构分别是调控陆地生态系统碳-氮-水耦合循环的三个关键环节（Evans and Burke, 2013; 于贵瑞等，2014a）。实际上，在土壤-生物系统中的碳-氮耦合循环过程是由一系列生物参与的氧化与还原化学反应过程所构成的网络系统，不同微生物功能群落通过对不同基质的竞争利用、氧化-还原化学反应关系网络制约着不同形态的碳氮物质循环通量，土壤-大气系统的碳氮气体交换通量及其两者的平衡关系（于贵瑞等，2014a）。

陆地生态系统通过植物和土壤微生物等生理活动和物质代谢过程，将植物、动物、微生物、植物凋落物、动植物分泌物、土壤有机质、大气和土壤的无机环境系统的碳、氮、水循环有机地联结起来，形成了极其复杂的连环式的生物物理和生物化学的耦合过程关系网络（于贵瑞等，2014a），三大循环之间是彼此相互制约，可是我们无论对这些过程的机制、环境影响及定量化的表达都知之甚少，正是生态系统与全球变化科学研究的前沿领域（于贵瑞等，2013，2014b）。

典型生态系统和主要区域的碳源汇功能及其对全球变化响应和反馈是生物地球化学循环耦合关系的研究热点。近10年来，中国学者在陆地碳汇格局及其形成机制、中国森林在全球碳汇的贡献方面以及全球变化对陆地生态系统碳汇功能的影响等方面取得了举世瞩目的进展。例如，Piao等（2009）利用已有的土地利用和资源清查数据、大气$CO_2$浓度观测数据、遥感数据以及气象数据，结合大气反演模型和基于过程的生态系统碳循环模型，发现20世纪80年代和90年代，中国陆地生态系统碳储量平均每年增加0.19~0.26 PgC（1 PgC = $10^{15}$ gC）。中国陆地生态系统碳汇大小相当于同期中国工业源$CO_2$总排放量的28%~37%，显著地高于欧洲（7%~12%），跟美国相近（20%~40%）（Piao et al.，2009）。该研究组还组织重新评估了全球森林生态系统的碳平衡状况，是至今为止对全球森林碳收支最为全面系统的一次评估。结果表明，全球森林净碳汇为1.1 PgC /a，主要由北方森林和温带森林所贡献，热带森林由早期的净排放已经转变为"固定与排放基本平衡"的碳中性状态；同时发现，气候变化增加了东亚区域的碳汇能力（Pan et al.，2011）。Zhou等（2006）的研究表明，成熟森林在地上部分净生产力几乎为零的情况下，土壤还在持续积累有机碳，表现出强大的碳汇功能。过去50年来，全球陆地夜间温度的上升速率是白天的1.4倍。Peng等（2013）的研究发现，白天温度的升高有利于大部分寒带和温带湿润地区植被生长及其生态系统碳汇功能，但并不利于温带干旱和半干旱地区植被生长；而在晚上，温度上升对植被生长的影响相反。

利用通量网络观测技术获取不同典型生态系统碳通量，整合分析区域生态系统碳源汇功能是生态系统生态学研究手段的重大技术进步。中国陆地生态系统通量观测研究网络（ChinaFLUX）的建设和发展实现了我国碳通量观测网络从无到有、由国内走向国际的跨越式发展，成为全球FLUXNET中的重要组成部分，并且在科学数据积累，碳通量动态变化机制及区域格局整合分析方面都取得了重大进展。Yu等（2014）通过对过去20年（1990~2010年）的涡度相关碳通量观测数据的综合分析发现，东亚季风区亚热带森林生态系统具有很高的净$CO_2$吸收强度，其净生态系统生产力（NEP）达到（362±39）gC $m^{-2}$/a，超过了亚洲和北美热带森林生态系统，也高于亚洲和北美的温带和北方森林生态系统，与北美东南部的亚热带森林和欧洲温带森林生态系统的碳吸收强度相当，东亚季风区的亚热带森林生态系统NEP区域总量约为0.72± 0.08 PgC /a，约占全球森林生态系统NEP的8%（Yu et al.，2014）。该研究结果表明，亚洲的亚热带森林生态系统在全球碳循环及碳汇功能中发挥着不可忽视的作用，挑战了过去普遍认为欧美温带森林是主要碳汇功能区的这一传统认识，启示了我们需要重新评估北半球陆地生态系统碳汇功能区域的地理分布及其区域贡献。

陆地生态系统氮循环研究主要集中在植被和土壤氮储量清查（Yang et al.，2007）、大气氮沉降通量监测与评价（Liu et al.，2013）、土壤含氮气体通量（$N_2O$、NO、$NH_3$）监测与评价（Zheng et al.，2008；Liu et al.，2010）、典型流域地表径流氮流失通量平衡计算与模拟（Zhu et al.，2009；Zhou et al.，2012）、地表水和地下水硝酸盐污染物的来源与区分（Fang et al.，2011）、土壤氮素转化过程的深度解析以及相关功能微生物群落动态（Zhang et al.，2012；Zhu et al.，2013）以及氮沉降/施氮对典型生态系统碳氮循环过程和生态系统功能的影响等诸多方面（Cheng et al.，2016，2018）。这些研究基本上统一了土壤氮转化和界面氮通量的观测方法和技术规范，初步明确了区域植被和土壤氮储量分布格局与主控因子，深入探讨了典型生态系统的氮素持留能力与微生物驱动机制，定量评价了大气氮沉降/施氮对典型陆地生态系统碳固定和土壤酸化的影响（Liu and Greaver，2010；Lu et al.，2011）。目前，关于大气干湿沉降通量、氮沉降模拟控制实验、农田生态系统长期施肥实验基本上形成网络规模，为生态系统可持续发展和生产力维持的影响评价提供了很好的研究平台和数据支持。最近，科学家们开始尝试使用遥感技术进行大气气溶胶和氮素干沉降的反演研究（Pan et al.，2018）。

生态系统植被-大气界面水循环通量通常是指蒸散发（ET），主要包括自由水蒸发（E）和植物蒸腾耗水（T），它是生态系统通量平衡和水循环的重要组成部分。植物蒸腾耗水（T）是陆地表面最大的水汽通量来源，占陆地生态系统 ET 的 80%～90%，是陆地生态系统水分平衡的主要贡献者和全球水分循环的主导（Jasechko et al.，2013）。根据 ET、T 和 E 蒸散及其组成的特点，从水文学和微气象学角度分别提出了不同的观测方法；其中水文学方法包括水量平衡法、蒸渗仪法以及茎流法；微气象学法有覆盖率法、涡度相关法、波文比法以及稳定性同位素法，多种方法相结合对生态系统蒸散量和过程进行拆分和深入分析是当前研究的热点。整体而言，目前树干液流法（SF）和涡动相关技术（EC）分别是 T 和 ET 的最主要地面测定手段，而遥感途径是更大尺度自上而下的观测技术手段。利用 EC 技术可以对 ET 进行连续测定，但难以区分蒸发或 T 等动态过程对 ET 的贡献率，而结合 SF 法可以实现对 ET 及其组分的同步研究（Hogg et al.，1997；Schmid et al.，2011）。针对土壤蒸发和植被冠层蒸散过程，由于轻重同位素的饱和水气压和扩散速率的差异，导致生态系统不同组分的同位素丰度存在差异，为稳定性同位素在生态系统水分循环研究中提供了理论基础；近年来，稳定性同位素激光光谱技术的快速发展使得大气水汽同位素原位连续观测得以实现，从而为更精细地研究生态系统蒸散过程提供了新技术途径，科研人员已经将该技术广泛应用到了森林、城市、草地、农田和湿地生态系统，并将许多拆分参数成功用于生态系统模型，以提高其预测精度（Williams et al.，2004；Wen et al.，2010；Huang and Wen，2014；He and Richards，2016）；这方面的研究也是生态系统水循环研究的前沿与难点。在理论研究方面，随着 EC 技术（含稳定性同位素）以及全球大量通量观测数据的可获得性提升，近年来科学家针对各种典型生态系统蒸散和蒸腾速率、控制因素以及长时间动态等均进行了深入的分析（Li et al.，2007；Yoshida et al.，2010；Fatichi and Ivanov，2014）。近年来，在区域甚至全球尺度，通过 EC 联网途径或地面观测与遥感配合对生态系统蒸散和蒸腾进行分析的探讨（Zhang et al.，2009；Shao et al.，2015）。在通过对区域生态系统蒸散和蒸腾速率和影响因素深入分析后，科学家尝试着将其研究结果与区域水资源供应平衡或承载力结合，为区域可持续发展提供理论支撑（Zhang et al.，2010）。未来如何将地面观测与遥感观测，如何将地面可测定的生态系统性状融入提高预测精度，将是非常具有发展潜力的方向（Bayat et al.，2018）。

除了常见的生态系统碳、氮和水循环之外，科学家还围绕其他元素（如磷、硅、铁、铝等）的循环也进行了较多的研究。然而，这些研究大多还局限在部分动物、植物和土壤，或者在片段化的食物链中开展；特别是受研究技术和手段的限制，有关生态系统尺度少量和微量元素的生物地球化学循环研究还非常少见（Kopáček et al.，2013）。近年来，生态化学计量学理论得到了快速发展（Sterner and Elser，2002；Elser et al.，2007），为我们认识生态系统多种元素的耦合循环提供了有用的工具，也为研究全球氮、磷、硫和酸沉降对陆地生态系统生物地球化学循环的影响提供了新的技术途径（Reichstein et al.，2013），为探讨陆地生态系统生产力及服务功能对未来环境变化的响应与适应提供了新的科学认识（Chen et al.，2015）。

根据当前的研究现状，未来应加强以下几个方面的研究工作：①生态系统尺度多元素生物地球化学循环的耦合研究；②利用新技术、新方法，在条件成熟的生态系统中开展精细化的示踪研究，深入揭示其影响过程和机理；③生物地球化学循环及其耦合过程的生物调控机制研究，重点考虑土壤微生物和动物在生态系统生物地球化学循环中的作用；④全球变化（如气候变化、氮沉降、酸化等）对陆地生态系统生物地球化学循环及其耦合过程的影响（Beer et al.，2008）；⑤极端事件对生态系统生物地球化学循环及其耦合过程的影响。

## 3.3 生态系统结构和功能的动态变化及空间格局

生态过程形成生态系统格局，生态系统结构决定生态系统功能。生态过程中包含众多塑造结构和格局的动因与驱动力，生态系统格局与生态过程相互作用，驱动着生态系统的动态变化，并在区域上呈现出一定的格局和功能特征（Jenerette and Wu，2004）。生态系统结构、过程和功能的变化主要分为时间变异（年际变异、长期变化、演替）和空间变异（景观异质性、地理分布）。生态系统过程在不同的时间尺度上会随着环境变化而不断改变，所有的生态系统过程速率均在不停调整，以适应时间尺度上资源环境的变化，因此对重要生态过程的预测需要充分认识其不同时间尺度的变化规律（Allen et al.，2006）。

生态系统过程的年际变化和长期变化在广泛的时间尺度上影响着生态系统结构和功能（Goulden et al.，1996；Armitage et al.，2007），干扰是造成这种生态系统结构和功能在时间尺度上波动的主要原因，其中人类活动的干扰加速了生态系统过程的时间波动（Peters et al.，2011）。干扰对生态过程的时间影响取决于它的程度、频率、类型、大小、时令和强度（Cadenasso et al.，2007）。生态过程的演替表现为生态系统的局部变化，干扰体系以及干扰后的演替过程可以说明生态系统过程的格局变化。在时间尺度上，干扰对生态系统的结构和组成影响的直接后果就是产生原生演替和次生演替，目前对生态系统演替的主要研究热点集中在碳平衡、营养循环、营养级动态以及水分与能量交换等方面（Chapin et al.，1994；Turner，2010；Betts et al.，2009）。

由于我们对生态过程监测的通常是在比较短的时间尺度进行。但是在生态系统动态变化研究中经常需要进行时间尺度的扩展推绎，即通过特定时间尺度监测的生态过程变化去推测感兴趣时间尺度的生态系统变化。目前对于生态系统长时间尺度变化的研究方法主要包括依赖同位素测定、长期动态监测和模型模拟等方法，其中同位素示踪方法是估测植物和生态系统长期变化的重要工具，而生态过程模型是时间尺度推绎的最直接方法。

生态系统空间格局的变异性主要强调景观空间格局异质性和大尺度地理分异所引起的各斑块间、不同区域间的相互作用以及整体空间格局和宏观结构表现出来的各种行为。生态系统存在系统内和系统间的空间异质性，这对区域尺度生态系统功能的变异起着关键性作用（Turner et al.，2001；Carpenter and Biggs，2009）。造成这种生态过程空间异质性的主要原因来源于资源环境因素的空间分布的非均质性、生物种群和群落过程演变区域差异，以及生态系统干扰因素及强度的空间差异。自然资源环境的状态因子空间变化是决定生态系统属性和性状空间变化的基础，但是现今的人类活动已经逐渐成为决定生态系统属性和性状空间异质性的主导因素（Holling，1992；Pickett and Cadenasso，1995）。

生态系统格局可划分为生物格局、环境格局和景观格局。物种多样性的空间分布格局是物种多样性的自然属性，主要分两大类：一是自然界中基本且具体的形式，如面积、纬度和栖息地等；另一类是特殊抽象的形式，如干扰、生产率、活跃地点等。环境格局主要体现在大尺度上环境因子在纬度、海拔、地形、地貌等要素上存在的差异（Turner et al.，2010）。人类活动在生态系统格局改变过程中所起的重要作用更多体现在对土地利用类型的转化和集约化管理等。在较小的空间尺度上，关于生态系统空间格局异质性的研究主要运用实地观测和定点实验相结合的手段，如在小区与坡面尺度上研究土壤侵蚀和 C、N 再分布过程，以及采用定位观测土壤温室气体排放等。世界范围内已经建立了多个长期生态学研究网络，如英国的环境变化网络（ECN）、全球陆地监测系统（GTOS）、全球海洋监测系统（GOOS），美国的长期生态学研究网络（LTER），中国的生态系统研究网络（CERN）和森林生态系统研究网络（CFERN）等，这些网络为研究大尺度生态格局变化提供了理想的平台。大尺度生态过程格局研究离不开模型的应用，如陆地生态系统模型、流域水文模型等。目前已有多种方法被用于空间尺度的推绎，例如利用卫星图像来估算斑块空间范围、基于生态过程模型估算区域尺度碳氮通量和储量、利用大气反演模式估算碳浓度格局。尽管如此，现阶段使用各种尺度的推绎方法都存在明显的局限性，发展新的方法对比多源研究结果，是当今全球变化科学和生态系统生态学的一个热点研究领域。

现阶段对于生态系统变化的格局研究多集中于生态过程与格局的耦合作用及其生态功能方面。对生态过程的空间和时间异质性的定量评价，主要采用景观指数、空间特征和景观格局演变等方法。随着空间格局定量化方法和技术逐步提高，景观格局的研究也由定性转为定量，由对景观格局的关注转向探求典型区域或热点地区的时空演变规律，尤其要重视的是整个生态系统时空演变的动态过程、动态监测和自动获取以及对尺度效应进行深入剖析。国际上对生态系统动态变化和空间格局的研究主要利用"3S"技术，包括：遥感技术、地理信息系统以及全球定位系统进行监测和评估。国内研究始于20世纪90年代，随着"3S"技术的兴起以及卫星遥感数据、数字地面模型及海量数据的运用，我国生态系统景观格局变化研究范围逐渐扩大到农业生态系统、林业生态系统、海洋生态系统、土地利用变化等。研究内容也越来越丰富，涉及碳循环、营养物质循环、污染物循环、水分与能量流动、环境因子变化过程及生物过程。同时，研究尺度也在不断变化，由宏观尺度向中微观、区域尺度以及多尺度融合转变（苏常红和傅伯杰，2014）。

### 3.4 生态系统过程对全球变化的响应与适应

全球变化（global change）是指由自然和人文因素引起的全球尺度地球系统及各个圈层的结构和功能的变化，主要包括大气成分变化、气候变化、土地利用和土地覆盖变化、生物多样性丧失、植被与生态系统变化、海洋酸化及海平面上升等。全球变化是驱动生态系统变化的重要因素。近30年来，生态系统生态学围绕气候变化的生态学后果以及生物对气候变化的响应和适应，生态系统的生物地球化学过程对全球变化的响应和反馈，应对减缓和适应全球变化的生态系统适应性管理等生态学问题开展了广泛的研究。因为全球变化生态学主要研究大尺度、区域及全球范围的生态学问题，因此需要国际合作来多方协调方可顺利进行。一些大的研究计划，如国际地圈生物圈计划（IGBP）、世界气候研究计划（WCRP）和生物多样性计划（DIVERSITAS）、全球碳计划（GCP）、美国全球变化研究计划（USGCRP）以及欧洲的碳氮循环研究项目（CarboEurope、NitroEurope）等，在推动全球变化生态学研究起着至关重要的示范作用。

气候变暖、降水变化、$CO_2$浓度富集以及氮沉降增加是四种最具代表性的全球变化事件，对物候、植物多样性、生态系统过程、生态系统生产力及碳固定功能产生了深刻的影响。过去几十年来，围绕上述四个全球变化因子开展了大量的控制实验和模型模拟研究，取得了一系列重要的研究进展。

温度升高会改变植物的物候，不同的物种响应并不完全相同，有些物种物候提前，而有些物种物候延迟，导致群落植物物候期出现空白，可能引起其他物种的入侵风险，伴随着群落组成和结构的变化（Sherry et al.，2007；Wang et al.，2012）。长期的遥感数据也表明，气候变暖促使春季物候提前（Zheng et al.，2002；Fitter and Fitter，2002；Menzel，2003；Piao et al.，2015），但随着气温持续升高，春季物候对温度响应的敏感性降低（Fu et al.，2015），甚至发生逆转导致春季物候推迟（Fu et al.，2014）。气候变暖导致物种分布向高纬度和高海拔方向迁移（Peñuelas and Boada，2003），北半球植被平均每10年向极地移动6.1 km（Parmesan and Yohe，2003），导致过去半个世纪以来，北极地区植被由冰原向灌丛发展的趋势（Sturm et al.，2001）。气候变暖正在推动世界范围内物种分布向高纬度和高海拔迁移（Yohe，2003；Pauli et al.，2012；Steinbauer et al.，2018）。野外增温控制实验结果也显示，温度升高改变植物群落组成和结构，降低草地植物群落丰富度和多样性（Klein et al.，2004；Wahren et al.，2005）。土壤呼吸的温度敏感性在气候变暖的情况下会降低或者产生适应（Acclamation），高温情况下适应性更强，暗示着暖区比寒区生态系统适应全球变暖的能力更强（Luo et al.，2001）。另外，长期和短期的响应也不同，比如Melillo等（2017）在26年增温实验中观测到，生态系统碳循环在增温处理下存在从有显著碳丢失到无明显碳丢失的交替反应。由于夜间温度、冬季温度增加幅度分别与白天、夏季温度增加幅度不一致，非对称（asymmetrical）增温对生态系统碳过程和生产力的影响小于对称（symmetrical）增温，会对温度升高产生负反馈（Peng et al.，2004；）。Meta分析结果表明：增温降低了土壤水分，增加碳循环过程，提高植物生产力，但碳汇下降（Lu et al.，2013）。

水分条件是控制生态系统碳平衡最重要的因素。降水量、降雨频度、降雨强度以及降雨的季节分配等都将影响到草地生态系统多个过程的变化。干旱主要通过调控生态系统中物质循环和能量流通，以及改变物种间的相互作用来引起生态系统生物多样性的改变（Elmendorf et al.，2012）。干旱也可以通过改变生态系统功能群组成来调控生态系统的生物多样性（Liu，2018）。与此同时，降水格局改变对陆地生态系统功能的影响也逐渐引起国际生态学界的广泛关注。大量模型和野外控制实验均表明干旱事件会显著改变植物-土壤-微生物系统之间的生物地球化学循环过程，直接或间接地调控生态系统碳循环过程。例如，自 1960 年以来，中国东北干旱区夏季降雨的频率和强度逐渐减少，对中国整体的碳平衡动态产生着重要影响（Piao et al.，2010）。欧洲夏季逐渐减少的降水显著影响了植物光合、生长和生产力，进一步改变了生态系统恢复力和生态适应性（Beier，2012）。降雨格局改变导致陆地生态系统碳循环的变化可能会引发生态系统对气候变化的正反馈或负反馈，进一步加强或减弱降水格局改变（干旱或增雨）的效应（Davidson，2008）。对干旱、半干旱草地而言，降水变化加剧会快速改变土壤碳循环关键过程和植物群落组成，与降水量变化关系不大（Knapp et al.，2002）。土壤呼吸和总生态系统交换量对不同水平的降雨脉冲会产生不同的功能响应，脉冲式降雨会导致生态系统净损失碳，忽略降水过程中土壤呼吸的演变，导致无法正确地测定生态系统的碳平衡（Huxman et al.，2004）但是有关干旱引起的森林土壤碳汇的时效性尚存在很大的争议（Ciais et al.，2005；Reichstein et al.，2007）。基于全球控水实验数据的 Meta 分析结果，发现降水减少一致降低了地上生物量和地上净生产力，降低土壤呼吸、生态系统呼吸和生态系统净交换量，而增加降水生态系统响应格局正好相反（Wu et al.，2011）。

$CO_2$ 富集关注的科学问题主要集中在 $CO_2$ 浓度升高对植物生长、物种入侵的影响，$CO_2$ 浓度升高与碳氮周转，生态系统渐进式氮限制（PNL）形成，$CO_2$ 浓度升高与其他胁迫因子（$O_3$，N）之间的交互作用等方面。$CO_2$ 浓度升高导致植物群落朝着豆科植物、双子叶植物转变，这意味着未来 $CO_2$ 浓度升高情景下，本地物种和入侵物种之间的种群结构和竞争关系将会发生变化（Smith et al.，2000；Reich et al.，2001）。$CO_2$ 浓度升高会刺激植物光合和生产力，但是生态系统的碳汇功能存在很大的争议，$CO_2$ 富集对整个生态系统碳源影响是瞬时的和非线性的（Gill et al.，2002），随着 $CO_2$ 处理时间的延长碳汇效应消失（Oechel et al.，1994）。然而，Feng（2015）综合全球 8 个国家 15 个 $CO_2$-FACE 实验平台在农田、草地和森林生态系统的研究结果，发现 12 年的 $CO_2$ 升高实验对生态系统地上部 C、N 累积量和植被生产力的促进作用未随时间的延长而显著降低。此外，$CO_2$ 富集对生产力的促进作用受到生态系统氮素有效性的限制（Norby et al.，2005；Luo et al.，2006）。因此，$CO_2$ 富集会加速生态系统碳循环，不同程度地增加植物和土壤碳、氮含量以及 C/N 比，但深层矿质土壤碳并没有发生显著的积累，高的碳同化作用并不会显著增加碳截留（Schlesinger and Lichter，2001；Luo et al.，2006）。最近 Meta 分析表明，尽管 $CO_2$ 浓度升高增加了植物对地下 C 的输入量，但土壤 C 的储量并未发生显著的变化（Bruce，2009）；Rutting（2015）对 FACE 中土壤 N 的转化 Meta 分析更是表明土壤总 N 的矿化，硝化作用和 $NH_4^+$ 的消耗都未受 $CO_2$ 浓度升高的显著影响，不过在不同的生态系统中存在差异。

当前，氮沉降已经成为全球氮循环的重要组成部分，过量氮沉降引起了人们对其产生的生态系统负效应的担忧，例如氮沉降会导致生物多样性的丧失（Bobbink，2010），水体的富营养化（Pakeman，2016），引起氮饱和效应（Aber，1998；Chen，2016），致使土壤酸化（Bowman，2008；Lu，2014），影响生态系统碳、氮、磷循环（Thomas，2010；Vitousek，2010；Penuelas，2013），改变土壤微生物群落结构，对土壤微生物功能产生消极影响从而降低土壤呼吸（Li，2018）等。长期缓慢的氮沉降显著降低植物物种丰富度，并且物种丰富度与无机氮沉降速率呈负线性关系，适应贫瘠条件下的物种在高氮沉降条件下会急剧下降（Lu et al.，2011a，2011b；Song et al.，2012），土壤酸化是生物多样性下降的主要原因之一。土壤 $CO_2$、$CH_4$ 和 $N_2O$ 通量对增氮的响应是非线性的，施氮促进贫氮生态系统土壤 $CO_2$ 排放和 $CH_4$ 吸收，但对富氮生态系统土壤 $CO_2$ 排放和 $CH_4$ 吸收具有明显的抑制作用（Fang et al.，2012，2014；Xu et al.，2014），显著促进土壤 $N_2O$ 排放（方华军等，2015）。Meta 分析表明，施氮导致土壤 $N_2O$ 通量、$NO_3^-$ 淋溶分别增加了134%和461%，而土壤N库仅增加6.2%，生态系统氮循环呈现泄漏状态（Lu et al., 2011a）。施氮增加植物碳储量，但降低土壤碳输入，导致土壤碳库增加不大甚至下降（Lu et al., 2011b）。施氮倾向于增加生态系统碳固定，如果考虑氮沉降对$CH_4$吸收和$N_2O$排放的影响，由氮沉降产生的固碳潜力将被抵消53%～76%（Liu and Greaver, 2009）。氮素添加的直接毒害作用可以降低土壤微生物的总量（Treseder, 2008），从而导致土壤呼吸作用（Janssens et al., 2010）、土壤酶活等受到影响（Carreiro, 2000），但同时也可以缓解一些特定微生物类群的氮限制，特别是利用无机氮作为能量来源或电子受体的硝化和反硝化微生物（Redding, 2016）。另外氮添加还会因为影响土壤中碳的有效性、土壤pH以及地上植被的群落和生理特性，间接影响土壤微生物（Wang, 2018），例如氮沉降可以在一定程度上提高地上植被的净初级生产从而增加地下碳输入量（Liu, 2010）。这些结果表明，微生物会因为生态系统和环境的不同而对大气氮沉降表现出不同的响应。

综上所述，目前生态系统对全球变化的响应与适应研究集中在气候变暖、降水格局变化、$CO_2$富集、氮沉降增加以及土地利用变化等方面，主要研究手段包括长期观测与野外调查（如通量观测、样带研究）、大型野外控制试验、生态系统过程模型、遥感反演等。整体上，草地和森林生态系统研究较多，而农田、湿地、湖泊生态系统研究较少；以单因子环境变化研究较为深入，而多因子交互作用较少，研究结果存在很大的不确定性。因此，未来的研究需多种手段相结合，关注多种环境因子的交互作用对生态系统过程和功能的综合影响，明确短期响应与长期适应规律，深入揭示格局背后的环境控制机制和生物驱动机制。

## 4 国际发展趋势及展望

### 4.1 国际发展趋势与研究热点

生态学系统生态学是一个新兴的学科领域，其研究思路和目标逐步实现从对生态系统过程规律的认知走向对生态系统的调控和管理；从重视科学发现、机理认识走向服务于经济、社会发展和国家利益之目标；从单一生态过程研究向多过程耦合研究演变；从定性认证到定量表达；从系统模拟走向科学预测；从典型生态系统向区域、全球尺度生态系统综合集成研究转变（于贵瑞, 2009）。与此同时，生态系统生态学研究的技术手段也逐渐走向：①基于多尺度、多过程、多学科和多途径的生态过程机制整合认知；②基于生态系统网络的跨区域、长期联网观测与联网控制实验科学数据的综合集成分析；③基于不同区域、不同类型、不同时空尺度的生态系统过程机理、观测实验数据、各种类型模型的融合的定量表达和科学预测的新阶段（于贵瑞, 2009）。这种随着全球尺度高密度生态网络观测的发展，大型联网控制实验系统的完善，以及生态大数据时代的多源数据整合分析技术的日臻成熟，生态系统生态学已经开始为解决大尺度的生态问题，维持全球可持续发展作出相应的贡献。

当前生态系统生态学研究总体上朝着更深、更广、更加系统的方向发展。在区域和全球范围内开展生态系统组分、结构、功能的属性（或性状）、模式（或格局）、过程（或机理）整合研究，认识生态系统的组织系统运维机制、功能状态维持机制、生态关系平衡机制，理解生态系统动态演变和空间格局规律、驱动因素及其生物环境控制机制必将成为生态系统生态学研究前沿领域。

近年来，网络化的生态观测、联网控制实验、定量遥感技术的蓬勃发展，大力推动了多尺度生态系统过程观测与实验研究，研究尺度从局地开始向景观、区域、洲际及全球拓展。在微观层面，越来越强调分子技术和计算手段的融合，DNA编码、高通量测序、网络分析等新技术和新方法应用，将单一层次种间互作网络发展到多层次、多营养级的种间互作网络，为揭示生态系统过程、群落结构与功能之间的复杂机制提供技术途径。此外，同位素示踪技术、生物标记物、生态系统过程模型等正在成为联系微观与宏观生态学研究的桥梁与纽带，在生态系统物质循环与能量转化方面越来越被重视。

总体上，当前该领域的科学研究热点可归纳为以下几个方面：①生态系统尺度多元素生物地球化学循环的耦合研究；②利用新技术、新方法，在条件成熟的生态系统中开展精细化的示踪研究，深入揭示其影响过程和机理；③生物地球化学循环及其耦合过程的生物调控机制研究，重点考虑土壤微生物和动物在生态系统生物地球化学循环中的作用；④全球变化（如气候变化、氮沉降、酸化等）对陆地生态系统生物地球化学循环及其耦合过程的影响；⑤极端事件对生态系统生物地球化学循环及其耦合过程的影响。

## 4.2 我国的研究现状与未来重点发展领域

在过去几十年内，我国的生态系统生态学研究主要集中在全球变化背景下生态系统的生物地球化学循环、动植物对全球变化的响应与适应、退化生态系统的恢复与重建、生态系统服务功能与生态系统健康、生物多样性和生态系统管理等方面。在典型生态系统碳循环、植被物候、生产力和生态系统碳汇时空格局及其驱动力（Zhou et al.，2006；Yu et al.，2013），森林生物多样性维持及系统结构稳定的重要机制（Chen et al.，2010），生态系统碳-氮-水循环耦合关键过程（于贵瑞等，2014a）；中国和东亚地区及全球陆地生态系统碳通量空间格局的生物地理生态学机制（Chen et al.，2013；Yu et al.，2013）；陆地生态系统对全球变化响应和适应机制（Niu et al.，2011，2012）等方面都取得了具有国际影响的研究进展。但是，整体的研究水平上与国际相比，不论在研究手段、统计分析方法，还是理论基础方面还存在一定的差距。

纵观中国近年来全球生态系统生态学研究前沿和发展趋势，我国的研究工作总体上紧紧跟随着国际主流趋势，但仍存在一定差异，我们需要在发挥优势，扬长避短的同时，更加重视所面临的挑战。考虑到当前国际上生态系统生态学发展的趋势和我国已有研究基础，未来我国的生态系统生态学研究应该优先鼓励以下几个领域的发展。

1）物种多样性的形成与维持机制

物种多样性的形成与维持机制是群落生态学最核心的问题。只有发展出一个统一的生物多样性维持机制理论，并评价不同尺度过程的相对重要性，才能对物种多样性维持、物种的多度与分布、物种多样性大尺度格局等科学问题给出明确的答案。同时，我们可以评价生物多样性-生态系统功能关系对物种多样性维持机制的依赖性，并以此将群落生态学和生态系统生态学真正融合在一起。重点包括：基因流与生态物种形成；生物多样性维持机制的检验和融合；多尺度过程对于局域群落多样性的影响；多样性维持机制对生物多样性-生态系统功能关系的影响。

2）地下生态学过程与交互作用机制

受技术和生态学传统培养的限制，土壤微生物群落的生态学功能未得到应有的重视，是某些重建群落失败的原因之一。目前关键问题是如何将微生物多样性与生态学动态分析结合起来。此外，结合基因表达和代谢等数据探讨不同群落的基因组是如何与生态系统碳氮循环过程紧密相关的，探讨群落结构形成机理以及与群落功能的关系，可以实现遗传多样性与物种多样性的整合研究。在强调土壤生物的基础上，应重视植物与土壤的交互作用，重视物种类型、植被类型、土地利用、自然灾害历史以及气候等对土壤生态系统结构和功能的影响。环境条件发生变化导致植物整体策略发生变化，碳输入变化通过激发效应影响土壤动物及微生物的生物量和多样性，导致生态系统地下以及整个生态系统结构和功能发生深刻变化。

3）陆地生态系统碳-氮-水循环耦合过程及区域格局机制

当前全球变化在生态系统结构、功能及其对全球变化的响应方面，主要围绕关键区域碳-氮-水循环过程及其耦合关系、生态系统功能及其对全球变化的响应与反馈等主题开展。现阶段该研究领域的最鲜明的特点是：由过去单一的碳循环、水循环、氮循环研究向碳-氮-水循环耦合研究发展，研究内容由过去的时空格局、环境驱动机制逐渐深化为生物学过程机理研究；研究方法上体现为多学科交叉，微观与宏观技术相结合，野外长期定位观测与生态系统模型模拟、多源遥感数据相结合。而且，更加强调在碳-氮-水耦合过程区域格局以及生态环境效应的整合研究，其中一个重要的视角是将氮和水作为生态系统限制性资源来评价其如何影响生态系统生产力和碳汇功能。

4）生态系统对极端事件的响应机理

全球变化背景下极端事件的发生日益频繁，但生态系统结构和功能对极端事件的响应机制和恢复过程的研究十分缺乏。研究极端气候对陆地生态系统的触发、影响和生态系统的反馈机制，能够增强我们了解和预测未来极端事件对陆地生态系统过程和服务功能的影响。利用长期观测、控制实验、模型模拟等手段，研究生态系统内关键生物、生态系统碳、氮、水循环等关键生态学和生物学过程对极端气候事件的响应，准确评估极端事件所造成的生态系统服务功能的丧失，解析生态系统在极端事件干扰后的恢复过程，从而揭示陆地生态系统关键过程对极端环境变化的响应和恢复机制。

5）生态系统退化、恢复与重建机制

生态系统退化对生态服务功能的影响研究首先要考虑维护生态系统服务功能的自然格局、过程及其测度方法，其次要分析多变量的因果关系和非线性的反馈机理。对复杂系统了解程度最好的检验就是看我们是否可以从它的部分恢复整个系统。成功的恢复可持续群落和重建稳固的复杂系统可提供基本生态系统服务，是对群落动态知识的真正检验。我们应当了解群落的哪些结构在遭到破坏后可以恢复，哪些不行，建立起稳定的系统无疑将减少外来种入侵的风险。

6）生态系统时空格局及机理集成分析

遥感数据、野外台站观测数据、实验数据以及模型模拟数据的快速膨胀促进了生态数据的综合分析和处理技术的发展。如何及时、有效地挖掘生态数据，揭示大尺度生态学问题，成为未来生态学研究的一个重要方向。通过对我国和全球不同区域长期气候和生态数据的整合分析，研究我国典型生态系统的植物生长、群落结构、生态系统功能，尤其是碳、氮、水循环过程等对环境变化的响应和适应机理；阐明陆地生态系统关键过程的空间格局、年际变异以及调控这些时空变异的主要环境因子，揭示不同空间和时间尺度上环境因子对陆地生态系统关键过程的影响和控制机理，为预测未来区域生态系统变化以及应对气候变化决策提供必需的科学数据。

## 参 考 文 献

方华军, 程淑兰, 于贵瑞, 等. 2015. 森林土壤氧化亚氮排放对大气氮沉降增加的非线性响应研究进展. 土壤学报, 52(2): 262-271.

李文华. 2013. 中国当代生态学研究：全球变化生态学. 北京：科学出版社.

苏常红, 傅伯杰. 2012. 景观格局与生态过程的关系及其对生态系统服务的影响. 自然杂志, 34(5): 277-283.

孙鸿烈. 2009. 生态系统综合研究. 北京：科学出版社.

于贵瑞. 2009. 人类活动与生态系统变化的前沿科学问题. 北京：高等教育出版社.

于贵瑞, 高扬, 王秋凤, 等. 2013. 陆地生态系统碳氮水循环的关键耦合过程及其生物调控机制探讨. 中国生态农业学报, 21(1): 1-13.

于贵瑞, 王秋凤, 方华军. 2014a. 陆地生态系统碳-氮-水耦合循环的基本科学问题、理论框架与研究方法. 第四纪研究, 34(4): 683-698.

于贵瑞, 李轩然, 赵宁, 等. 2014b. 生态化学计量学在陆地生态系统碳-氮-水耦合循环理论体系中作用初探. 第四纪研究, 34(4): 881-890.

Aber J. 1998. Nitrogen saturation in temperate forest ecosystems - Hypotheses revisited. Bioscience, 48(11): 921-934.

Allen J L, Wesser S, Markon C, et al. 2006. Stand and landscape level effects of a major outbreak of spruce beetles on forest vegetation in the Copper River Basin, Alaska. Forest Ecology and Management, 227: 257-266.

Armitage D, Berkes F, Doubleday N. 2007. Adaptive co-management: collaboration, learning, and multi-level governance. Vancouver: University of British Columbia Press.

Bai Y F, Han X G, Wu J G, et al. 2004. Ecosystem stability and compensatory effects in the Inner Mongolia grassland. Nature, 431: 181-184.

Bayat B C, Van Der T, Verhoef W. 2018. Integrating satellite optical and thermal infrared observations for improving daily ecosystem functioning estimations during a drought episode. Remote Sensing of Environment, 209: 375-394.

Beier C. 2012. Precipitation manipulation experiments-challenges and recommendations for the future. Ecology Letters, 15(8): 899-911.

Beier C, Emmett B A, Penuelas J, et al. 2008. Carbon and nitrogen cycles in European ecosystems respond differently to global warming. Science of the Total Environment, 407: 692-697.

Bell T, Newman J A, Silverman B W, et al. 2005. The contribution of species richness and composition to bacterial services. Nature, 436: 1157-1160.

Betts E F, Jones J B. 2009. Impact of wildfire on stream nutrient chemistry and ecosystem metabolism in boreal forest catchments of interior Alaska. Arctic, Antarctic, and Alpine Research, 41: 407-417.

Bobbink R. 2010. Global assessment of nitrogen deposition effects on terrestrial plant diversity: a synthesis. Ecological Applications, 20(1): 30-59.

Borer E T, Seabloom E W, Tilman D. 2012. Plant diversity controls arthropod biomass and temporal stability. Ecology Letters, 15: 1457-1464.

Bowman W D. 2008. Negative impact of nitrogen deposition on soil buffering capacity. Nature Geoscience, 1(11): 767-770.

Bruce A. 2009. Assessing the effect of elevated carbon dioxide on soil carbon: a comparison of four meta-analyses. Global Change Biology, 15: 2020-2034.

Bruelheide H, Nadrowski K, Assmann T, et al. 2014. Designing forest biodiversity experiments: general considerations illustrated by a new large experiment in subtropical China. Methods in Ecology and Evolution, 5: 74-89.

Cadenasso M L, Pickett S T A, Schwarz K. 2007. Spatial heterogeneity in urban ecosystems: Reconceptualizing land cover and a framework for classification. Frontiers in Ecology and the Environment, 5: 80-88.

Cardinale B J, Duffy J E, Gonzalez A, et al. 2012. Biodiversity loss and its impact on humanity. Nature, 486: 59-67.

Carpenter S R, Biggs R. 2009. Freshwaters: Managing across scales in space and time. Pages 197-220 in F.S.Principles of Ecosystem Stewardship: Resilience-Based Natural Resource Management in a Changing World. New York: Springer.

Carreiro M M. 2000. Microbial enzyme shifts explain litter decay responses to simulated nitrogen deposition. Ecology, 81(9): 2359-2365.

Chapin F S, Matson P A, Vitousek P M. 2011. Principles of Terrestrial Ecosystem Ecology, second edition. New Yofk: Springer New York Dordrecht Heidelberg London.

Chapin F S, Shaver G R, Giblin A E, et al. 1995. Response of arctic tundra to experimental and observed changes in climate. Ecology, 76: 694-711.

Chapin F S, Walker B H, Hobbs R J, et al. 1997. Biotic control over the functioning of ecosystems. Science, 277: 500-504.

Chapin F S, Walker L R, Fastie C L, et al. 1994. Mechanisms of primary succession following deglaciation at Glacier Bay, Alaska. Ecological Monographs, 64: 149-175.

Chen H. 2016. Nitrogen saturation in humid tropical forests after 6years of nitrogen and phosphorus addition: hypothesis testing. Functional Ecology, 30(2): 305-313.

Chen L, Mi X C, Comita L S, et al. 2010. Community-level consequences of density dependence and habitat association in a subtropical broad-leaved forest. Ecology Letters, 13: 695-704.

Chen Z, Yu G, Ge J, et al. 2015. Roles of climate, vegetation and soil in regulating the spatial variations in ecosystem carbon dioxide fluxes in the northern hemisphere. PloS ONE, 10(4): e0125265.

Chen Z, Yu G, Ge J, et al. 2013. Temperature and precipitation control of the spatial variation of terrestrial ecosystem carbon exchange in the Asian region. Agricultural and Forest Meteorology, 182: 266-276.

Cheng S, Fang H, Yu G. 2018. Threshold responses of soil organic carbon concentration and composition to multi-level nitrogen addition in a temperate needle-broadleaved forest. Biogeochemistry, 137(1-2): 219-233.

Cheng S, Wang L, Fang H, et al. 2016. Nonlinear responses of soil nitrous oxide emission to multi-level nitrogen enrichment in a temperate needle-broadleaved mixed forest in Northeast China. Catena, 147: 556-563.

Ciais P, Reichstein M, Viovy N, et al. 2005. Europe-wide reduction in primary productivity caused by the heat and drought in 2003. Nature, 437: 529-533.

Davidson E A. 2008. Effects of an experimental drought and recovery on soil emissions of carbon dioxide, methane, nitrous oxide, and nitric oxide in a moist tropical forest. Global Change Biology, 14(11): 2582-2590.

De Mazancourt C, Isbell F, Larocque A, et al. 2013. Predicting ecosystem stability from community composition and biodiversity. Ecology Letters, 16: 617-625.

Dinnage R, Cadotte M W, Haddad N M, et al. 2012. Diversity of plant evolutionary lineages promotes arthropod diversity. Ecology Letters, 15: 1308-1317.

Elmendorf S C. 2012. Plot-scale evidence of tundra vegetation change and links to recent summer warming. Nature Climate Change, 2(6): 453-457.

Elser J J, Bracken M E, Cleland E E, et al. 2007. Global analysis of nitrogen and phosphorus limitation of primary producers in freshwater, marine and terrestrial ecosystems. Ecology Letters, 10(12): 1135-1142.

Elton C S. 1927. Animal Ecology. New York: Macmillan.

Evans S E, Burke I C. 2013. Carbon and nitrogen decoupling under an 11-year drought in the shortgrass steppe. Ecosystems, 16: 20-33.

Fang H, Cheng S, Yu G, et al. 2012. Responses of $CO_2$ efflux from an alpine meadow soil on the Qinghai Tibetan Plateau to multi-form and low-level N addition. Plant and Soil, 351: 177-190.

Fang H, Cheng S, Yu G, et al. 2014. Low-level nitrogen deposition significantly inhibits methane uptake from an alpine meadow soil on the Qinghai–Tibetan Plateau. Geoderma, 213: 444-452.

Fang Y T, Koba K, Wang X M, et al. 2011. Anthropogenic imprints on nitrogen and oxygen isotopic composition of precipitation nitrate in a nitrogen-polluted city in southern China. Atmospheric Chemistry and Physics, 11(3): 1313-1325.

Fatichi S, Ivanov V Y. 2014. Interannual variability of evapotranspiration and vegetation productivity. Water Resources Research, 50(4): 3275-3294.

Feng Z Z. 2015. Constraints to nitrogen acquisition of terrestrial plants under elevated $CO_2$. Global Change Biology, 21(8): 3152-3168.

Fitter A H, Fitter R S R. 2002. Rapid changes in flowering time in British plants. Science, 296(5573): 1689-1691.

Fornara D A, Tilman D. 2008. Plant functional composition influences rates of soil carbon and nitrogen accumulation. Journal of Ecology, 96: 314-322.

Fu Y H, Campioli M, Vitasse Y, et al. 2014. Variation in leaf flushing date influences autumnal senescence and next year's flushing date in two temperate tree species. Proceedings of the National Academy of Sciences of the United States of America, 111(20): 7355-7360.

Fu Y H, Zhao H, Piao S, et al. 2015. Declining global warming effects on the phenology of spring leaf unfolding. Nature, 526:

104-107.

Gill R A, Polley H W, Johnson H B, et al. 2002. Nonlinear grassland responses to past and future atmospheric $CO_2$. Nature, 417: 279-282.

Golley F. 1961. Energy values of ecological materials. Ecology, 42: 581-584.

Golley F. 1993. A history of the ecosystem concepts in ecology: more than the sum of the parts. New Haven: Yale University Press.

Goulden M L, Munger J W, Fan S M, et al. 1996. $CO_2$ exchange by a deciduous forest: Response to interannual climate variability. Science, 271: 1576-1578.

He S, Richards K. 2016. Stable isotopes in monsoon precipitation and water vapour in Nagqu, Tibet, and their implications for monsoon moisture. Journal of Hydrology, 540: 615-622.

Hilleres R J, Harpole W S, Tilman D, et al. 2004. Mechanisms responsible for the positive diversity-productivity relationship in Minnesota grasslands. Ecology Letters, 7: 661-668.

Hogg E H, Black T A, den Hartog G, et al. 1997. A comparison of sap flow and eddy fluxes of water vapor from a boreal deciduous forest. Journal of Geophysical Research: Atmospheres, 102(D24): 28929-28937.

Holling C S. 1992. The role of forest insects in structuring the boreal landscape. Pages 170-191 in H.H. Shugart, R. Leemans, and G.B. Bonan, editors. A Systems Analysis of the Global Boreal Forest. Cambridge: Cambridge University Press.

Hooper D U, Chapin F S, Ewel J J, et al. 2005. Effects of biodiversity on ecosystem functioning: A consensus of current knowledge. Ecological Monographs, 75: 3-35.

Huang L, Wen X. 2014. Temporal variations of atmospheric water vapor $\delta D$ and $\delta^{18}O$ above an arid artificial oasis cropland in the Heihe River Basin. Journal of Geophysical Research: Atmospheres, 119(19): 11456-11476.

Huxman T E, Nyder K A, Tissue D, et al. 2004. Precipitation pulses and carbon fluxes in semiarid and arid ecosystems. Oecologia, 141: 254-268.

Janssens I A. 2010. Reduction of forest soil respiration in response to nitrogen deposition. Nature Geoscience. 3(5): 315-322.

Jasechko S, Sharp Z D, Gibson J J, et al. 2013. Terrestrial water fluxes dominated by transpiration. Nature, 496(7445): 347-350.

Jenerette G D, Wu J. 2004. Interactions of ecosystem processes with spatial heterogeneity in the puzzle of nitrogen limitation. Oikos, 107: 273-282.

Jones C G, Lawton J H, Shachak M. 1994. Organisms as Ecosystem Engineers. Oikos, 69: 373-386.

Klein J A, Harte J, Zhao X Q. 2004. Experimental warming causes large and rapid species loss, dampened by simulated grazing, on the Tibetan Plateau. Ecology Letters, 7: 1170-1179.

Knapp A K, Fay P A, Blair J M, et al. 2002. Rainfall variability, carbon cycling, and plant species diversity in a mesic grassland. Science, 298: 2202-2205.

Kopáček J, Cosby B J, Evans C D, et al. 2013. Nitrogen, organic carbon and sulphur cycling in terrestrial ecosystems: linking nitrogen saturation to carbon limitation of soil microbial processes. Biogeochemistry, 115(1-3): 33-51.

Larcher W. 2003. Physiological Plant Ecology: Ecophysiology and Stress Physiology of Functional Groups. Berlin: Springer.

Li S G, Asanuma J, Kotani A, et al. 2007. Evapotranspiration from a Mongolian steppe under grazing and its environmental constraints. Journal of Hydrology, 333(1): 133-143.

Li Y. 2018. Soil acid cations induced reduction in soil respiration under nitrogen enrichment and soil acidification. Science of The Total Environment, 615: 1535-1546.

Lindeman R L. 1942. The trophic-dynamic aspects of ecology. Ecology, 23: 399-418.

Liu J J. 2018. Diversity and density patterns of large old trees in China. Science of The Total Environment, 655: 255-262.

Liu L, Greaver T L. 2009. A review of nitrogen enrichment effects on three biogenic GHGs: the $CO_2$ sink may be largely offset by stimulated $N_2O$ and $CH_4$ emission. Ecology Letters, 12: 1103-1117.

Liu L, Greaver T L. 2010. A global perspective on belowground carbon dynamics under nitrogen enrichment. Ecology Letters, 13(7): 819-828.

Liu X, Zhang Y, Han W, et al. 2013. Enhanced nitrogen deposition over China. Nature, 494(7438): 459-462.

Loreau M, Naeem S, Inchausti P, et al. 2001. Ecology - Biodiversity and ecosystem functioning: Current knowledge and future challenges. Science, 294: 804-808.

Lu M, Yang Y, Luo Y, et al. 2011a. Responses of ecosystem nitrogen cycle to nitrogen addition: a meta-analysis. New phytologist, 189: 1040-1050.

Lu M, Zhou X, Luo Y, et al. 2011b. Minor stimulation of soil carbon storage by nitrogen addition: a meta-analysis. Agriculture, ecosystems & environment, 140: 234-244.

Lu M, Zhou X, Yang Q, et al. 2013. Responses of ecosystem carbon cycle to experimental warming: a meta-analysis. Ecology, 94: 726-738.

Lu X K. 2014. Nitrogen deposition contributes to soil acidification in tropical ecosystems. Global Change Biology, 20(12): 3790-3801.

Luo Y, Hui D, Zhang D. 2006. Elevated $CO_2$ stimulates net accumulations of carbon and nitrogen in land ecosystems: a meta-analysis. Ecology, 87: 53-63.

Melillo J M, Frey S D, Deangelis K M, et al. 2017. Long-term pattern and magnitude of soil carbon feedback to the climate system in a warming world. Science, 358(6359): 101-105.

Menzel A. 2003. Plant phenological anomalies in Germany and their relation to air temperature and NAO. Climatic Change, 57(3): 243-263.

Naeem S. 2002. Biodiversity: Biodiversity equals instability? Nature, 416: 23-24.

Naeem S, Hahn D R, Schuurman G. 2000. Producer-decomposer co-dependency influences biodiversity effects. Nature, 403: 762-764.

Naeem S, Li S B. 1997. Biodiversity enhances ecosystem reliability. Nature, 390: 507-509.

Niu S, Luo Y, Fei S, et al. 2011. Seasonal hysteresis of net ecosystem exchange in response to temperature change: patterns and causes. Global Change Biology, 17: 3102-3114.

Niu S, Luo Y, Fei S, et al. 2012. Thermal optimality of net ecosystem exchange of carbon dioxide and underlying mechanisms. New Phytologist, 194: 775-783.

Norby R J, DeLucia E H, Gielen B, et al. 2005. Forest response to elevated $CO_2$ is conserved across a broad range of productivity. Proceedings of the National Academy of Sciences of the United States of America, 102: 18052-18056.

Odum E P. 1969. The strategy of ecosystem development. Science, 164: 262-270.

Odum E P. 1983. Basic ecology. Philadelphia: Saunders College Publishing.

Oechel W C, Cowles S, Grulke N, et al. 1994. Transient nature of $CO_2$ fertilization in Arctic tundra. Nature, 371: 500-503.

Pakeman R J. 2016. Long-term impacts of nitrogen deposition on coastal plant communities. Environmental Pollution, 212: 337-347.

Pan Y D, Birdsey R A, Fang J Y, et al. 2011. A Large and Persistent Carbon Sink in the World's Forests. Science, 333: 988-993.

Parmesan C, Yohe G. 2003. A globally coherent fingerprint of climate change impacts across natural systems. Nature, 421: 37-42.

Pasari J R, Levi T, Zavaleta E S. 2013. Several scales of biodiversity affect ecosystem multifunctionality. Proceedings of the National Academy of Sciences of the United States of America, 110: 15163.

Paul E A, Clark F E. 1996. Soil Microbiology and Biochemistry. 2nd edition. San Diego: Academic Press.

Pauli H. 2012. Recent plant diversity changes on Europe's mountain summits. Science, 336: 353-355.

Peng S S, Piao S L, Ciais P, et al. 2014. Asymmetric effects of daytime and night-time warming on Northern Hemisphere vegetation. Nature, 501: 88-92.

Penuelas J. 2013. Human-induced nitrogen-phosphorus imbalances alter natural and managed ecosystems across the globe. Nature Communications, 4: 2934-2938.

Peñuelas J, Boada M. 2003. A global change—induced biome shift in the Montseny mountains (NE Spain). Global Change Biology, 9: 131-140.

Peters D P C, Lugo A E, Chapin F S, et al. 2011. Cross-system comparisons elucidate disturbance complexities and generalities. Ecosphere, 2(7): Art81.

Piao S L. 2010. The impacts of climate change on water resources and agriculture in China. Nature, 467(7311): 43-51.

Piao S L, Fang J Y, Ciais P, et al. 2009. The carbon balance of terrestrial ecosystems in China. Nature, 458: 1009-1013.

Piao S L, Tan J, Chen A, et al. 2015. Leaf onset in the northern hemisphere triggered by daytime temperature. Nature Communications, 6: 6911-6914.

Pickett S T A, Cadenasso M L. 1995. Landscape ecology: Spatial heterogeneity in ecological systems. Science, 269: 331-334.

Redding M R. 2016. Soil N availability, rather than N deposition, controls indirect $N_2O$ emissions. Soil Biology & Biochemistry, 95: 288-298.

Reich P B, Knops J, Tilman D, et al. 2001. Plant diversity enhances ecosystem responses to elevated $CO_2$ and nitrogen deposition. Nature, 410: 809-810.

Reichstein M, Bahn M, Ciais P, et al. 2013. Climate extremes and the carbon cycle. Nature, 500(7462): 287-290.

Reichstein M, Papale D, Valentini R, et al. 2007. Determinants of terrestrial ecosystem carbon balance inferred from European eddy covariance flux sites. Geophysical Research Letters, 34(1): L01402

Ricklefs R E. 1973. Ecology. Newton, M A: Chiron Press.

Rutting T. 2015. Nitrogen cycle responses to elevated $CO_2$ depend on ecosystem nutrient status. Nutrient Cycling In Agroecosystems, 101(3): 285-294.

Schimel D S, Braswell B H, Parton W J. 1997. Equilibration of the terrestrial water, nitrogen, and carbon cycles. Proceedings of the National Academy of Sciences of the United States of America, 94: 8280-8283.

Schimper A F W. 1898. Pflanzengeographie auf Physiologischer Grundlage. Jena, Germany: Fisher.

Schlesinger W H, Lichter J. 2001. Limited carbon storage in soil and litter of experimental forest plots under increased atmospheric $CO_2$. Nature, 411: 466-469.

Schmid S, Burkard R, Frumau K F A, et al. 2011. Using eddy covariance and stable isotope mass balance techniques to estimate fog water contributions to a Costa Rican cloud forest during the dry season. Hydrological Processes, 25(3): 429-437.

Shao J, Zhou X, Luo Y, et al. 2015. Biotic and climatic controls on interannual variability in carbon fluxes across terrestrial ecosystems. Agricultural and Forest Meteorology, 205: 11-22.

Sherry R A, Zhou X, Gu S, et al. 2007. Divergence of reproductive phenology under climate warming. Proceedings of the National Academy of Sciences, 104: 198-202.

Smith S D, Huxman T E, Zitzer S F, et al. 2000. Elevated $CO_2$ increases productivity and invasive species success in an arid ecosystem. Nature, 408: 79-82.

Song M H, Yu F H, Ouyang H, et al. 2012. Different inter-annual responses to availability and form of nitrogen explain species coexistence in an alpine meadow community after release from grazing. Global Change Biology, 18: 3100-3111.

Steinbauer M J, Grytnes J A, Jurasinski G, et al. 2018. Accelerated increase in plant species richness on mountain summits is linked to warming. Nature, 556: 231-234.

Sterner R W, Elser J J. 2002. Ecological stoichiometry: the biology of elements from molecules to the biosphere. Princeton: Princeton University Press.

Sturm M, Racine C, Tape K. 2001. Climate change: increasing shrub abundance in the Arctic. Nature, 411: 546-547.

Tansley A G. 1935. The use and abuse of vegetational concepts and terms. Ecology, 16: 284-307

Thomas R Q. 2010. Increased tree carbon storage in response to nitrogen deposition in the US. Nature Geoscience, 3(1): 13-17.

Tilman D, Reich P B, Knops J M H. 2006. Biodiversity and ecosystem stability in a decade-long grassland experiment. Nature, 441: 629-632.

Treseder K K. 2008. Nitrogen additions and microbial biomass: a meta-analysis of ecosystem studies. Ecology Letters, 11(10): 1111-1120.

Turner B L, Kasperson R E, Matson P A, et al. 2003. A framework for vulnerability analysis in sustainability science. Proceedings of the National Academy of Sciences, USA, 100: 8074-8079.

Turner M G. 2010. Disturbance and landscape dynamics in a changing world. Ecology, 91: 2833-2849.

Turner M G, Gardner R H, O'Neill R V. 2001. Landscape Ecology in Theory and Practice: Pattern and Process. New York: Springer-Verlag.

Vitousek P M. 2010. Terrestrial phosphorus limitation: mechanisms, implications, and nitrogen-phosphorus interactions. Ecological Applications, 20(1): 5-15.

Wahren C H, Walker M, Bret H M. 2005. Vegetation responses in Alaskan arctic tundra after 8 years of a summer warming and winter snow manipulation experiment. Global Change Biology, 11: 537-552.

Wang H. 2018. Nitrogen addition reduces soil bacterial richness, while phosphorus addition alters community composition in an old-growth N-rich tropical forest in southern China. Soil Biology & Biochemistry, 127: 22-30.

Wang S, Duan J, Xu G, et al. 2012. Effects of warming and grazing on soil N availability, species composition, and ANPP in an alpine meadow. Ecology, 93: 2365-2376.

Wen X F, Zhang S C, Sun X M, et al. 2010. Water vapor and precipitation isotope ratios in Beijing, China. Journal of Geophysical Research: Atmospheres, 115: D01103.

Wertz S, Degrange V, Prosser J I, et al. 2006. Maintenance of soil functioning following erosion of microbial diversity. Environmental Microbiology, 8: 2162-2169.

Williams D G, Cable W, Hultine K, et al. 2004. Evapotranspiration components determined by stable isotope, sap flow and eddy covariance techniques. Agricultural and Forest Meteorology, 125(3-4): 241-258.

Wu Z, Dijkstra P, Koch G W, et al. 2011. Responses of terrestrial ecosystems to temperature and precipitation change: a meta-analysis of experimental manipulation. Global Change Biology, 17: 927-942.

Xu M, Cheng S, Fang H, et al. 2014. Low-Level Nitrogen Addition Promotes Net Methane Uptake in a Boreal Forest across the Great Xing'an Mountain Region, China. Forest Science, 60: 973-981.

Yang Y H, Ma W H, Mohammat A, et al. 2007. Storage, patterns and controls of soil nitrogen in China. Pedosphere, 17(6): 776-785.

Yohe G W. 2003. More trouble for cost-benefit analysis. Climatic Change, 56(3): 235-244.

Yoshida M, Ohta T, Kotani A, et al. 2010. Environmental factors controlling forest evapotranspiration and surface conductance on a multi-temporal scale in growing seasons of a Siberian larch forest. Journal of hydrology, 395(3-4): 180-189.

Yu G R, Chen Z, Piao S L, et al. 2014. High carbon dioxide uptake by subtropical forest ecosystems in the East Asian monsoon region. Proceedings of the National Academy of Sciences of the United States of America, 111: 4910-4915.

Yu G R, Zhu X J, Fu Y L, et al. 2013. Spatial patterns and climate drivers of carbon fluxes in terrestrial ecosystems of China. Global Change Biology, 19: 798-810.

Zhang G, Zhang Y, Dong J, et al. 2013. Green-up dates in the Tibetan Plateau have continuously advanced from 1982 to 2011. Proceedings of the National Academy of Sciences, 110: 4309-4314.

Zhang J, Hu Y, Xiao X, et al. 2009. Satellite-based estimation of evapotranspiration of an old-growth temperate mixed forest. Agricultural and Forest Meteorology, 149(6-7): 976-984.

Zhang K, Kimball J S, Nemani R R, et al. 2010. A continuous satellite-derived global record of land surface evapotranspiration from 1983 to 2006. Water Resources Research, 46(9): W09522.

Zhang L M, Hu H W, Shen J P, et al. 2012. Ammonia-oxidizing archaea have more important role than ammonia-oxidizing bacteria in ammonia oxidation of strongly acidic soils. The ISME Journal, 6(5): 1032-1045.

Zhang W X, Hendrix P F, Snyder B A, et al. 2010. Dietary flexibility aids Asian earthworm invasion in North American forests. Ecology, 91: 2070-2079.

Zheng J Y, Ge Q S, Hao Z X. 2002. Effects of climate warming on plant phenology changes in China in recent 40 years. Chinese Science Bulletin, 47(21): 1826-1831.

Zheng X, Mei B, Wang Y, et al. 2008. Quantification of $N_2O$ fluxes from soil–plant systems may be biased by the applied gas chromatograph methodology. Plant and Soil, 311(1-2): 211-234.

Zhou G Y, Liu S G, Li Z, et al. 2006. Old-growth forests can accumulate carbon in soils. Science, 314: 1417.

Zhou M, Zhu B, Butterbach B K, et al. 2012. Nitrate leaching, direct and indirect nitrous oxide fluxes from sloping cropland in the purple soil area, southwestern China. Environmental pollution, 162: 361-368.

Zhu B, Wang T, Kuang F, et al. 2009. Measurements of nitrate leaching from a hillslope cropland in the Central Sichuan Basin, China. Soil Science Society of America Journal, 73(4): 1419-1426.

Zhu T, Meng T, Zhang J Y, et al. 2013. Nitrogen mineralization, immobilization turnover, heterotrophic nitrification, and microbial groups in acid forest soils of subtropical China. Biology and Fertility of Soils, 49(3): 323-331.

撰稿人：于贵瑞，牛书丽，方华军

# 第5章 景观生态学研究进展

## 1 引 言

景观生态学（landscape ecology）是在1939年由德国地理学家特洛尔提出，但直到20世纪80年代初，景观生态学在北美才受到重视，并迅速发展成为一门朝气蓬勃的学科，同一时期，被引入中国并不断丰富和发展，景观生态学给生态学和地理学带来了新的思想和新的方法（傅伯杰等，2016）。

景观生态学研究对象是由许多不同生态系统所组成的整个景观，通过物质流、能量流、信息流与价值流在地球表层的传输和交换，通过生物与非生物要素以及人类之间的相互作用与转化，运用生态学原理和系统的方法研究景观的空间格局、内部功能及各部分之间的相互关系，探讨景观异质性发生、发展及保持异质性的机理，建立景观的时空动态模型，研究景观优化利用和保护的原理与途径（傅伯杰等，2016）。景观生态学强调异质性，重视尺度性及高度综合性，强调景观空间格局和生态过程的相互作用、景观功能与服务及尺度效应等。

景观生态学从组织水平上讲，处于生态系统生态学和区域生态学之间。从学科地位来讲，景观生态学兼有生态学、地理学、环境科学、资源科学、规划科学、管理科学等许多现代大学科群系的多功能优点，适宜于组织协调跨学科多专业的区域生态综合研究。景观综合、空间结构、宏观动态、区域建设、应用实践是景观生态学的几个主要特点，因而在现代生态学分类体系中处于应用基础生态学的地位（肖笃宁等，2016）。

中国景观生态学的发展从其引入，到发展、壮大、逐渐成熟，也经历了30余年，在跟踪国际前沿研究基础上，结合中国实际情况开展了大量研究，在许多研究领域取得了重要进展（陈利顶等，2014）。景观生态学在中国的发展历程中，涌现出如傅伯杰、肖笃宁、陈利顶等引领国内学科发展的代表性人物，极大地促进了国内景观生态学的发展。

## 2 景观生态学学科40年发展历程

### 2.1 景观生态学学科发展历程

景观生态学起源于欧洲，其发展的主流也主要表现在欧洲，国际景观生态协会是1982年10月在捷克举行的第六届景观生态问题国际研讨会上成立的。尽管欧洲和北美两大学派在发展过程中由于所关注的对象、解决问题的方法等方面的差异而表现出鲜明的个性，但是二者也在不断地相互影响、相互渗透，推动着景观生态学学科体系的不断发展和完善（傅伯杰等，2008）。1987年7月以美国为主编的《景观生态学》杂志正式出版。20世纪90年代中期以来，国际景观生态学发展迅速。景观生态学研究最为活跃的地区集中在北美、欧洲、大洋洲（澳大利亚）、东亚（中国），表明景观生态学理论、方法和应用的广泛性和越来越高的认知度（傅伯杰等，2008）。

我国景观生态学研究在初期以森林景观、物种等为研究对象，以黄土高原、滨海湿地等为研究区域，利用"3S"技术，在景观尺度上探讨景观格局的变化。这一时期景观生态学的研究特点是注重理论和方法研究，研究对象偏向单一尺度的自然景观。研究热点和前沿主要包括景观格局的动态变化、干扰对景观格局的影响。之后，逐渐开始重视探讨景观结构与生态过程相互作用的关系。这一时期景观生态学的研究特点是注重多尺度的定量分析、驱动力分析以及景观生态学的应用研究，研究对象由单一景观向复杂景观转变。该时期的热点与前沿主要包括景观结构与生态过程关系的尺度效应、基于生物多样性保护的景观规划。目前，以城市景观生态为主要研究对象，开始侧重生态系统服务功能的研究。这一时期景观生态学的研究特点是注重多学科交叉、理论指导实践研究，研究对象集中于宏观与微观相结合，热点与前沿主要包括景观结构对生态系统功能的影响、从遗传学角度探讨生物对景观变化的适应性（李祖政等，2017）。

景观生态学研究以科学和实践问题为导向的学科交叉与融合不断加强，主要包括水域景观生态学、景观遗传学、多功能景观研究、景观综合模拟、景观生态与可持续性科学。在全球化背景下，中国的景观生态学研究也已经取得了长足进展，国际同行开始关注并在重要学术刊物上评价中国的景观生态学研究，标志着中国景观生态学已逐步走上国际舞台（傅伯杰等，2008）。

## 2.2 我国景观生态学学科发展历程

20 世纪 80 年代初，我国自然地理学和地植物学工作者开始介绍国外景观生态学的研究情况和探索景观生态学的学术方向（傅伯杰，1983）。1989 年于沈阳召开了第一届全国景观生态学术研讨会，并在这次会议上酝酿成立领导中国景观生态学发展的组织。1992 年，中国生态学学会景观生态专业委员会正式成立，成为之后几年内领导中国景观生态学研究和开展学术交流的重要学术团体。国际景观生态学会中国分会（IALE-China）1996 年在北京召开的第二届全国景观生态学术研讨会上正式成立。从此以后，中国生态学学会景观生态专业委员会和国际景观生态学会中国分会（IALE-China）作为领导中国景观生态学发展的两个核心组织，在中国景观生态学的发展中起到了举足轻重的作用。自 1989 年在沈阳召开第一届全国景观生态学术研讨会以来，先后在国内召开了 9 次全国性的景观生态学学术研讨会和 4 次国际性的景观生态学学术研讨会（表 5.1）。这些会议的召开，不仅促进了中国景观生态学的蓬勃发展，也推动了一大批景观生态学青年科技工作者的快速成长（陈利顶等，2014）。

表 5.1　中国举办的主要国内或国际景观生态学学术会议（改自陈利顶等，2014）

| 时间 | 会议 | 地点 | 大会主题 |
| --- | --- | --- | --- |
| 1989 年 | 第一届全国景观生态学学术研讨会 | 沈阳 | 景观生态学：理论、方法与应用 |
| 1996 年 | 第二届全国景观生态学学术研讨会 | 北京 | 景观生态学与生物多样性保护 |
| 1999 年 | 第三届全国景观生态学学术研讨会 | 昆明 | 景观生态学与生态旅游 |
| 2003 年 | 第四届全国景观生态学学术研讨会 | 北京 | 中国景观生态学：问题·机遇·发展 |
| 2005 年 | 全国城市景观生态学术研讨会 | 深圳 | 城市景观生态学：理论和实践 |
| 2007 年 | 第五届全国景观生态学学术研讨会 | 北京 | 新形势下景观生态学发展的机遇与挑战 |
| 2009 年 | 第六届全国景观生态学学术研讨会 | 成都 | 变化环境下的景观生态学与山区发展 |
| 2013 年 | 第七届全国景观生态学学术研讨会 | 长沙 | 景观生态学与美丽中国建设 |
| 2015 年 | 第八届全国景观生态学学术研讨会 | 沈阳 | 中国景观生态学创新与发展 |
| 2017 年 | 第九届全国景观生态学学术研讨会 | 广州 | 科学文化智慧：中国景观生态学新进展 |
| 1998 年 | 第一届亚太国际景观生态学学术研讨会 | 沈阳 | 景观生态学与区域持续发展 |
| 2001 年 | 第二届亚太国际景观生态学学术研讨会 | 兰州 | 景观变化与人类活动 |
| 2006 年 | 森林景观模型国际学术研讨会 | 北京 | 森林景观模拟：方法、标准、验证与应用 |
| 2011 年 | 第八届国际景观生态学大会 | 北京 | 可持续的环境、文化与景观生态学 |

陈利顶等（2014）将中国景观生态学发展划分为摸索酝酿、吸收与消化、实践与迅速发展、发展与思考、独立思考与创新等五个阶段（表 5.2）。每个阶段具有不同的时代特点。

表 5.2 我国景观生态学发展学科的重要阶段（基于陈利顶等，2014 年制）

| 时间段 | 阶段 | 代表性人物 | 标志性事件 | 研究概况 |
| --- | --- | --- | --- | --- |
| 1980 年前 | 摸索酝酿 | 李继侗、陈昌笃、陈传康、刘慎谔、黄锡畴、王献溥等 | 将苏联的景观生态学研究工作介绍到中国，探讨了地生物学和地生态学的研究方向 | 开始探索景观生态学研究的核心、内容和方法 |
| 1980~1988 年 | 吸收与消化 | 傅伯杰、黄锡畴、刘安国、林超、董雅文、李哈滨、肖笃宁 | 开始在杂志上公开发表相关文章 | 介绍国外景观生态学研究工作，以及景观生态学的概念、特点与学科体系 |
| 1989~1999 年 | 实践与迅速发展 | 傅伯杰、肖笃宁、陈利顶、王仰麟等 | 第一届全国景观生态学会，第 1 个科研实体；第 1 个国家自然科学基金项目；《景观生态学》研究生教材；《景观生态学》翻译出版，肖笃宁 1996 年当选为 IALE 副主席 | 对景观格局指数的分析和计算，研究典型地区不同时期景观格局演变的特征，但对于景观格局演变的生态学意义缺乏深入思考，更多研究还属于跟踪性研究 |
| 2000~2010 年 | 发展与思考 | 傅伯杰、陈利顶、曾辉、胡远满、李秀珍、丁圣彦等 | 由中国学者独立编写的景观生态学相关著作陆续出版；景观生态学本科生课程相继在许多大学开设。中国学者在国际期刊上发表的文章数量显著增加；傅伯杰期间任 IALE 副主席 | 研究具有中国特色，景观格局与生态过程及尺度效应、典型景观类型的研究，景观模型的发展，新理论和格局指数方法提出，如陈利顶等"源""汇"景观和基于"源-汇"过程的景观空间负荷对比指数；傅伯杰等多尺度土壤侵蚀评价指数 |
| 2011 年至今 | 独立思考与创新 | 傅伯杰、陈利顶、曾辉、胡远满、李秀珍等 | 第八届国际景观生态学大会（2011 年），李秀珍于 2011 年当选为 IALE 议会主席，陈利顶 2013 年当选为 IALE 副主席。IALE-China 和景观专业委员会出版《景观生态学》教材 | 中国景观生态学研究将全面进入独立思考与创新的阶段，将成为中国景观生态学发展的一个重要的历史转折点。中国景观生态学逐渐形成了独具特色的研究领域，如变化景观中生态服务的权衡、供需流动等研究 |

自 20 世纪 90 年代至 21 世纪初，中国景观生态学进入了蓬勃发展阶段，并逐渐形成了独具特色的中国景观生态学研究体系。从最初的每年发表不足 10 篇论文到目前每年发表几十篇，从事景观生态学研究的队伍也在不断壮大。图 5.1 显示的是以"景观生态"为检索词，在 CNKI 数据库中检索的发文数量。可以看出，新世纪以来，景观生态学有了长足的发展，近 10 余年中，每年的发文量稳定在 300 篇以上。

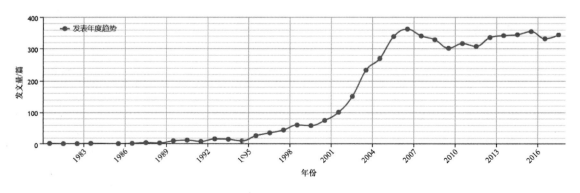

图 5.1 中国景观生态学的研究发展趋势

图 5.2 显示的景观生态学的相关文献在不同期刊来源的分布，《现代园艺》《生态学报》《生态学杂志》等发文数量较多。从基础研究来看，生态学、地理学相关的杂志文献较多。

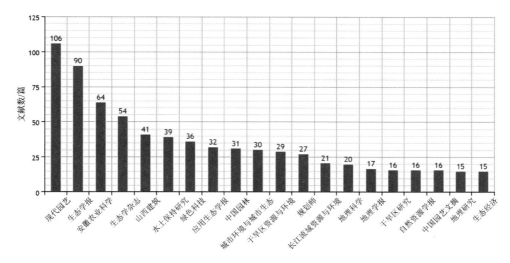

图 5.2　景观生态学文献来源分布

景观生态学与其他学科的交叉与融合也成为中国景观生态学近年来的一个重要的发展趋势。国际景观生态学相关论文多发表在生态学（46.7%）、环境科学（10.2%）、生物多样性保护（9.6%）、自然地理（7.4%）、地理科学（4.4%）以及城市研究（3.2%）等领域。除了在环境科学（32.8%）、生态学（21.1%）、地理学（12.5%）、自然地理学（11.7%）这些与景观生态学相关的传统学科之外，中国学者发表的英文论文还涉及了材料学（14.2%），土木工程（13.7%），环境工程（11.7%），建筑技术（9.2%）等应用性较强的学科。学者已经认识到了景观生态学在环境规划与评价以及人类社会经济发展中的重要作用。

从发表英文论文的完成单位来看，中国科学院（30.8%）、北京师范大学（8.1%）、北京大学（6.6%）、华东师范大学（3.1%）等科研单位是国内发表景观生态学相关论文最多的机构。在国外合作单位中，美国亚利桑那州立大学是与国内科研单位合作发表英文论文数量最多的机构（4.6%）。

# 3　研究现状与特点

## 3.1　我国景观生态学研究现状

从 20 世纪 80 年代初开始，我国学者在景观生态学的基础理论、研究方法、应用方面做了大量的工作，也形成了具有区域特色的景观生态学研究体系。

### 3.1.1　景观生态学基础理论研究

我国景观生态学的研究文献中，有关基础理论研究的文章约占 40%。傅伯杰主编的《景观生态学原理与应用》、肖笃宁主编的《景观生态学的理论、方法及应用》和邬建国主编的《景观生态学》等著作对景观生态学基础理论与方法等研究进行了高度概括，为景观生态学在我国的发展打下了坚实的基础。

1）景观格局与生态过程的相互作用及其尺度效应

"格局-过程-尺度"是景观生态学研究的核心。尺度推绎与尺度转换是研究不同尺度下生态过程关联的手段；而景观格局与生态过程的尺度效应是景观生态学相关理论研究面临的主要难题。在我国景观生态学的相关研究中，对此核心问题方面做了大量有效的探索。不同学者从景观格局的简单量化描述逐渐过渡到以景观格局变化的定量识别为基础并进一步追溯格局变化的复杂驱动机制和综合评价格局发生变化后的生态效应；对格局分析的主要手段"景观指数"的研究进入新的阶段，其尺度变异行为、生态学意义等已经引起了高度关注，在已有指数的选择和新指数的构建过程中，更为理性和谨慎；景观格局与生态过程相互作用关系及其尺度效应的研究得到普遍重视，并在不断发展和深化之中（傅伯杰等，2008）。其中，黄土高原地区景观生态学研究最具特色，将尺度-格局-过程有机结合，从单一土地利用类型、复杂坡面和小流域及区域尺度，通过定位观测、景观样带调查和遥感与模型相结合，系统开展了土地利用格局与生态过程的相互作用机理研究和生态系统服务的动态变化评估（傅伯杰等，2008；陈利顶等，2014）。

在生物多样性研究方面，格局与过程的时空动态提供了多维、多尺度的认识框架。景观格局-过程的尺度依赖理论为解释不同机制在不同时空尺度上主导生物多样性变化指明了方向，也为探索生物多样性与生态系统功能/服务之间的关系提供了关键的视角（沈泽昊等，2017）。中国科学院、北京大学等单位在干旱半干旱区、西南山地、高山林线等关键地区推动了以景观生态学为代表的宏观生态学研究。全球变化和生物多样性等热点问题，在气候变化及生态响应等前沿方向开展了开创性的工作。

2)"源""汇"景观格局理论

在相关理论的开创方面，陈利顶等于2003年提出并逐渐发展"源""汇"景观格局理论。其关键是：基于各景观类型的生态功能特点，从"源""汇"的角度，重新定义了景观类型的性质；根据景观对某一生态过程的作用和功能，将之分为"源"景观和"汇"景观。在此基础上，构建了基于"源-汇"过程的景观空间负荷比指数。该指数已经得到了初步的验证，可以用来比较同一时期，不同流域景观格局在控制水土流失和养分流失方面的优劣，也可以比较同一流域不同时期景观格局变化对水土流失和养分流失的影响。目前，"源""汇"景观概念和相应的评价方法已经被应用到森林格局的水资源涵养评价、水土流失评价、热岛效应等领域。"源""汇"景观理论在具体的应用中，必须要针对特定的生态过程，分析相应的景观格局特征，才能为景观格局的设计与分析提供科学的指导意义。因而，在这个意义上，所建立的"源""汇"景观格局评价模型往往具有特定的应用领域（陈利顶等，2006）。

3) 景观生态安全格局的理论与方法

在景观规划与设计方面，俞孔坚等（1998）提出了景观生态规划的生态安全格局方法。生态安全格局的最重要的生态学理论支撑即景观生态学，即把景观过程（包括城市的扩张，物种的空间运动，水和风的流动，灾害过程的扩散等）作为通过克服空间阻力来实现景观控制和覆盖的过程（俞孔坚等，1998；俞孔坚，1999）。要有效地实现控制和覆盖，必须占领具有战略意义的关键性的空间位置和联系。生态安全格局的理论与构建方法体系是在实践中不断丰富和完善，同时也直接指导了一系列的生态文明实践工作，从不同尺度上，开展了全国数百个城市，不同尺度、不同类型的实践工作。生态安全格局对于引导和限制无序的城市扩张和人类活动，并成为我国划定生态用地、完善和落实生态功能区划、主体功能区划等区域调控政策的有效工具，在国家、省市、区县等各个尺度上达成一致，成为生态保护的关键性格局（官冬杰等，2018）。

4) 景观破碎化与异质种群理论

我国景观生态学在异质种群的研究中，针对景观异质性和生境连通性对复合群落结构的影响大小，景观干扰对生态位时间动态的影响，环境异质性和空间格局对$\beta$多样性空间格局的贡献，物种、谱系、功能$\beta$多样性对景观异质性的响应，开展了较多的研究，这也丰富了相关的理论研究，目前，研究关注人为或自然成因的景观碎裂化的遗传结果，探讨异质或碎裂化景观中，隔离种群的遗传多样性水平和种群间的遗传分化格局，并利用相关指标间接推断种群间的基因流强度（Liu et al.，2012）。一些研究探讨了种群遗传多样性对景观环境变化的响应，针对异质景观中具有碎裂化种群的资源物种、病害物种、濒危珍稀物种或入侵物种，通过物种遗传分化的空间特征，还原物种的谱系分化历史和种群扩散格局。针对景观碎裂化过程的遗传效应的研究目前还为数不多（李艳忠等，2016）。景观生态学对尺度和空间结构的强调及其提供的空间信息与分析手段，都将有助于这一领域的发展，而这一领域的发展也将丰富景观生态学的理论与方法（Shen et al.，2012）。

5）生态系统服务理论与景观可持续性

景观生态学研究中，生态系统服务相关研究一直是关注的重点（Fu et al.，2013）；景观服务也成为我国景观生态学与可持续性科学研究领域的新热点（傅伯杰和张立伟，2014）。近年来，在国内研究中，生态系统服务的理论与研究基本涵盖了关键生态系统类型及热点地区，特别是针对城市化、人类干扰活动、典型地区如黄土高原区等，进一步完善了相关的评价方法，如生态系统服务的价值评价、物质量评价，生态系统服务在景观的权衡与调控。目前，研究深度不断加强，重视机制机理研究，对模型的使用及新算法的应用研究明显提高，而且重视生态系统服务综合管理理论与实践的发展（Fu et al.，2013）。景观可持续性评价是从景观生态学角度开展可持续性科学研究的重要手段，是利用可持续性指标（体系）在景观尺度衡量景观可持续发展能力的方法（Wu et al.，2011）。中国学者利用这些指标或指标体系，在不同尺度开展了不同类型景观的可持续性评价研究。景观可持续性评价，特别是生态可持续性评价已经成为景观生态学研究的热点。此外，中国许多学者还从农田景观设计与生态规划及非点源污染控制、农业景观与美丽乡村建设、农业景观与生物多样性保护、景观格局与生态功能等方面开展了许多有特色的研究，拓展了景观生态学的研究领域。

6）全球变化下的景观生态学研究

对于全球变化相关的基础研究来说，我国景观生态学的研究主要集中在区域景观响应与适应气候变化、区域土地利用变化的驱动力以及气候反馈与生态效应两方面。总体上在这两方面研究较为突出，但与国际同类研究相比，中国的研究更多地偏重格局变化研究，缺少景观过程研究；侧重于人工景观（城市、农田），对自然植被（尤其是森林）景观的研究偏少。正是由于国内研究的这一特点，景观生态学的研究成果在生物多样性保护、森林健康与管理等领域应用较少。针对国内外景观生态学与全球变化研究的现状，未来全球变化研究中景观生态学应该能够发挥越来越重要的作用。气候变化影响下的生态敏感区景观格局变化以及土地利用和土地覆盖变化对气候变化的反馈是未来该领域的两个重要的方向。

### 3.1.2 景观生态学研究方法与研究模型

1）景观格局分析方法

景观空间格局、景观功能和景观动态是景观生态学研究的核心内容，而对景观格局进行定量分析，则是研究格局与过程相互关系的基础，也是研究景观动态和景观功能的关键。此外，景观格局分析还在资源管理和生物多样性保护等方面起着重要作用（陈利顶和傅伯杰，1996；陈利顶等，2008）。也正是这些原因，使景观格局分析自 20 世纪 80 年代以来在北美乃至全球的景观生态学研究中一直占据重要地位。然而，由于多年来景观格局分析一直停留在景观格局特征的描述方面，未能深入反映研究的生态过程，经常存在一定的争议。景观格局分析，作为景观生态学发展的重要特点，在深化景观生态学发展中仍将起到重要作用，关键在于如何利用现有的景观格局指数，来揭示生态过程（陈利顶等，2008）。

2）"3S"技术的发展与景观生态学

由于景观生态学研究中时间和空间尺度的限制，通过动态模型构建和借助实验研究就成为诸多研究工作中唯一可行的技术路线。通过合理景观模型的建立，可以在给定参数下模拟系统的结果、功能或过程，揭示其规律，并可以预测景观的未来变化，为景观管理和规划提供科学依据。近年来，随着计算机技术的应用与发展，特别是"3S"技术的发展和完善，结合大数据、高分遥感、物联网等技术手段的实现，使景观生态学中的模拟模型研究成为当今景观生态学研究中最热点的方向之一。在景观格局与生态过程研究中，景观指数的建立、检验和景观预测模拟等研究领域一直是研究人员关注的焦点，尤其是景观模型方面的研究被关注的程度更显突出。

3）景观生态模型

景观生态学模型研究的发展对景观生态系统结构、功能、过程和机制提供了强有力的工具，使景观研究过程中对于真实世界试验中无法满足、观察、获取的关键问题在一定程度上得以解决。目前景观模型中，空间概率模型、邻域规则模型、景观过程模型和景观智能耦合模型 4 大类都有了较好的进展，特别是智能耦合体模型（何东进等，2012）。随着人类活动对土地利用和覆盖变化主导作用的日益加强，社会与人文因素在景观格局与过程耦合研究中愈来越受到重视。模型的开发使全面定量描述景观格局与生态过程耦合关系及其情景模拟成为可能。景观生态学的情景模拟指在正确描述土地利用现状情况下，结合土地利用变化驱动因子分析，给出两种或多种可能发生的土地利用变化结果（傅伯杰等，2016）。干扰与森林景观动态是景观动态模型的重要研究内容，一直是景观生态学研究的重点。在中国，基于空间直观景观模型，针对森林景观动态及其带来的生态环境效应开展了大量的模拟研究，主要表现为以下几个方面：①火干扰与植被恢复；②森林景观动态模拟；③森林生态系统服务与管理。我国学者利用 LANDIS 模型开展了火干扰、人类活动或不同气候变化情景下，森林生态系统的时空动态演变特征分析。

### 3.1.3　景观生态学应用研究

1）景观生态安全格局优化与景观规划

区域生态安全格局优化逐渐成为改善区域生态安全状况的重要手段。景观生态安全格局的设计，也需要通过构建生态廊道和生态节点等来加强生态网络的空间联系，在保障生态安全基础上优化城市合理的扩展趋势和空间布局模式。在这个过程中，构建城市绿地生态网络、合理扩展城市空间、协调城市景观功能、实施生态调控策略，对于实现城市的生态安全具有重要意义。生态安全格局构建的重点方向，即生态安全格局构建的重要阈值设定、有效性评价、多尺度关联和生态过程耦合等四个方面（彭建等，2017）。

景观生态规划除了针对生物多样性外，在城市生态规划中应用较多（Zhou et al.，2017）。以城市景观为研究对象，以优化城市土地利用格局为主要目的，对城市空间格局进行规划，其中城市绿地系统的规划是研究的焦点。通过综合生物保护、休闲和廊道等功能，充分考虑到景观阻力对生物迁移的影响，利用情景分析、耗费距离模型等方法，模拟绿地斑块间潜在的绿色廊道的空间结构，进一步提出了优化城市景观格局的方案。在乡村景观规划方面，我国学者对乡村景观的设计与分析多采用景观生态学和城乡规划学的有关理论，但与其他学科的借鉴与融合少之又少。西方学者对景观中的人文方面十分关注，我国需要进一步加深研究。对于中小尺度的景观生态规划，更多地适合景观设计结合，并体现美学特征。如桑基鱼塘系统、农草灌乔立体景观设计、循环利用的庭院景观生态设计（宇振荣等，2012；刘世梁等，2017）。对于多水塘景观，对多水塘的大小和结构，植物种植与收获，水塘清淤处理，特别是多水塘景观的空间布局，既可以发挥水塘的生态服务功能，也可以极大地提高土地的使用效率（王夏晖等，2005）。值得一提的是，从已发表的中文论文来看，景观生态与风景园林规划在一些论文中内涵几无分别，所以景观生态一词的内涵和外延有被泛化使用的风险，很多规划所依据的景观生态学原理并不清楚，所以限定和突出景观生态学的内涵与特点，是未来景观生态学科研工作者亟须考虑的问题，也是更好地将景观生态学用于中国经济社会发展实践的保障。

2）生物多样性保护与景观生态网络研究

利用景观生态学的研究方法理解自然保护区人类活动对景观结构的影响以及景观多样性和物种保护往往是关注的重点。中国学者基于景观生态学的原理和方法，从区域物种保护角度做了许多积极的探索性研究。如在大熊猫自然保护区设计方面，以生境评价与通达性分析为主要方法，探讨了自然保护区群的空间合理布局与功能优化。在生物多样性保护方面，重点关注生物多样性格局的形成机制、景观格局过程对动物行为的影响、人类干扰及植被响应的时空格局、濒危物种保护栖息地评价与保护区规划设计等方面。对于景观生态网络来说，可以认为是生态安全格局的重要组成部分，目前学者们基于各自的研究领域，探讨了生态网络的结构和功能、生态网络的构建与评价，并进行了大量关于生物多样性保护、自然保护区设计、城市（区域）景观优化与评价、景观规划与设计、森林管理、土地规划与评价、生态安全格局等方面的研究（刘世梁等，2017）。在城市景观生态网络研究中，重点关注城市生态节点的功能、内部结构和形态与空间发展策略研究，其实质就是连接和优化空间内景观斑块，维持生态过程。

### 3.1.4 我国景观生态学的区域特色研究

陈利顶等（2014）总结了我国目前景观生态学的研究重点领域与特色主要表现为：土地利用格局与生态过程及尺度效应、城市景观演变的环境效应与景观安全格局构建、景观生态规划与自然保护区网络优化、干扰森林景观动态模拟与生态系统管理、绿洲景观演变与生态水文过程、景观破碎化与物种遗传多样性、多水塘系统与湿地景观格局设计、稻-鸭/鱼农田景观与生态系统健康、梯田文化景观与多功能景观维持、源汇景观格局分析与水土流失危险评价等十大方面。我国学者在各典型区域开展了大量的研究，也针对典型的中国特色问题开展相关的研究。概括来说，主要包括以下内容。

1) 黄土高原景观生态学研究

黄土丘陵沟壑区景观格局与水土流失关系密切，一系列的生态恢复与综合治理工程也使得景观发生着深刻变化（傅伯杰等，2014），形成了颇具特色的地表景观，为开展景观生态学研究提供了理想舞台（Fu et al.，2011）。我国学者在针对坡面、小流域、流域、区域等不同尺度，系统开展了景观格局动态及其生态环境效应、景观格局与生态过程耦合、生态系统服务权衡等方面的研究，在理论方法和应用研究方面取得了重要进展（陈利顶等，2015；Wang et al.，2016）。在景观格局动态及其生态环境效应方面，系统开展了不同土地利用类型和植被恢复的时空动态及其驱动机制，以及生态建设与景观格局演变的生态环境效应研究；在格局与生态过程耦合方面，重点探讨了景观格局与土壤水分、景观格局与水土流失、景观格局与生态过程耦合研究（傅伯杰等，2010；刘世梁和傅伯杰，2001）；在生态恢复与生态系统服务方面，基于构建的生态系统服务评价指标和方法体系，以及生态系统服务集成模型，重点开展了生态系统服务权衡分析与区域综合评估。

2) 山地景观与喀斯特景观生态学研究

山地景观生态学研究中，基于全球变化、生物多样性保护、植被地理学等研究也具有典型特色。如山地典型生态带谱分布格局变化、景观尺度过程与功能变化研究呈现不断加强态势，特别是高山林线动态变化与形成机制（Wang et al.，2014）。在生产力、固碳现状与潜力分布格局与动态变化，水源涵养特性及其时空格局等方面均有大量研究并取得显著进展，既有单个山地不同植被带的样地调查分析，也有针对大尺度多个山地植被带的跨气候类型区的样带研究（Tang et al.，2012）。国内喀斯特研究从原来的侧重地貌过程和水文过程的传统岩溶过程研究转变到喀斯特生态系统脆弱性和人类活动影响、生态系统退化机理、生态重建及生态系统服务变化等方面（刘丛强，2009；王克林等，2016）。在喀斯特景观格局变化与生态环境效应研究方面，重视高异质性喀斯特景观要素的提取，并结合喀斯特生态系统退化的人为干扰成因及实施的一些重大生态工程，开始更多关注受人为干扰的景观，特别是长期生态恢复与重建后引起的格局变化，如石漠化格局变化及其驱动机制、植被演替规律与恢复特征等（Qi et al.，2013）。关注关键生态过程研究重点关注水土流失过程，关注喀斯特景观格局与过程相互作用的机理与理论研究，并较为系统地开展了喀斯特地区的生态服务功能评估。

3) 城市与乡村景观生态学研究

中国的城市化备受国际关注，最近几年，综合运用实验监测、模型模拟、地理信息系统和遥感分析等技术，围绕城市景观的结构-过程-功能-服务及其动态演变，系统开展了城市景观格局与动态、城市景观格局的生态环境效应的定量关系、城市景观生态规划与评价等方面的研究，在理论方法和应用研究方面取得了重要进展。中国学者针对城市景观格局演变及其环境效应开展了一系列研究，主要集中在以下方面：①城市景观格局演变与空间扩展模式；②城市景观格局与地表热环境的定量关系（Sun et al.，2018）；③城市不透水面与城市水文过程；④城市景观格局演变的生态服务效应。乡村景观生态学的研究主要集中围绕乡村规划设计、乡村景观的动态变化特征及驱动机制、乡村景观分类与评价、乡村景观格局和水土过程安全关系、乡村景观格局与生物多样性及生态系统服务之间的关系、乡村景观生态文化挖掘与保护、景观生态原理与方法在乡村景观管理中的应用等几个方面展开。

4）以典型生态系统类型为主的景观生态学研究

在湿地景观生态学研究中，重点关注内容主要包括滨海湿地和高纬度、高海拔湿地研究，城市湿地和内陆中低纬度湿地近年研究也较多。在湿地景观的破碎化与驱动机制、湿地景观与养分截留及水文调节、湿地景观与生物多样性保护、湿地景观与区域生态安全等方面也开展了大量研究工作，取得了积极进展。关于人类活动影响下的湿地景观变化研究也很多（吕宪国，2008）。如滨海湿地、红树林等因大规模的围填海活动受到影响。我国湿地研究中，各大湖泊和水库都是景观生态学关注的焦点，如水库消落带的湿地景观研究最具特色。城市湿地的研究和海绵城市建设开展也密切相关，在湿地规划、设计与管理方面取得较多成果（Sun et al.，2012）。

对于森林景观生态学研究来说，近些年的研究从过去的种群、群落研究的注意力转向对森林异质镶嵌体的结构、功能及其动态的研究（Liu et al.，2012）。特别是近10年来，气候变化对森林生态系统碳储量和固碳潜力的研究，同时森林景观模型也可以模拟不同气候变化情景下，森林景观对气候变化的响应，据此来制定森林管理措施，来缓减气候变化（冯玉婷等，2012）。

沙地景观格局和荒漠绿洲景观格局也是目前景观生态学研究的重点。探讨自然因素（水资源）对绿洲景观格局影响外的人为干扰的作用，研究沙漠绿洲景观格局，揭示沙漠化的形成机理，对人类科学有效控制沙漠化，定量化分析绿洲景观格局与演变（Wang et al.，2013）。对于绿洲景观来说，其景观格局演变对区域生态环境、生态水文过程的影响一直是研究的热点问题，特别是中国西北干旱地区，主要研究内容包括了绿洲廊道与景观格局演变研究，绿洲景观格局变化的生态水文效应，绿洲景观格局与绿洲稳定性（陈利顶等，2014）。

文献计量分析表明，景观生态格局、规划设计等相关研究仍是主要的内容。城市景观、可持续发展、生态环境、生态安全等方面的研究也占有一定的比例。从景观生态学的关键词共现网络可以看出不同关键词之间的关联性。其中，景观类型、景观生态、土地利用、区域景观、景观格局、生态安全、建设用地、生态风险等具有较高的级别。而生态安全格局、景观稳定性，景观生态规划也占有较大的比例（图5.3，图5.4）。

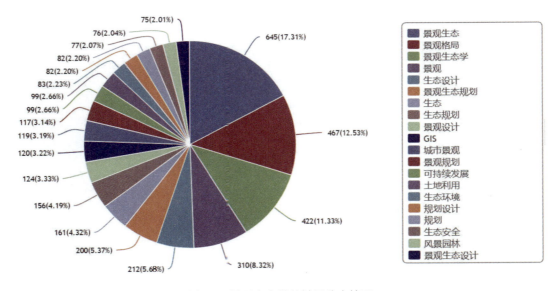

图5.3　景观生态学关键词分布情况

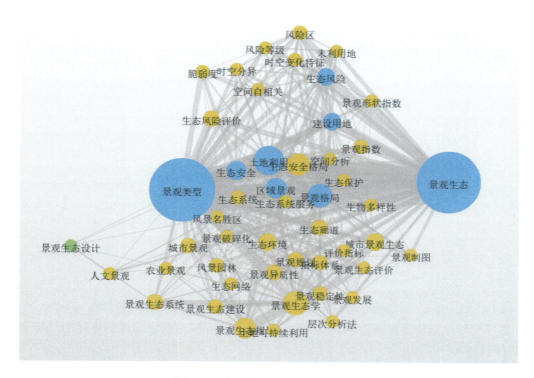

图 5.4　景观生态学关键词共现网络

虽然景观生态学在中国的起步不晚于北美，但理论、方法方面的原创性研究仍需要进一步加强，自然-社会系统之间相互作用的强度、多样性、复杂性和典型性等方面都不亚于世界上任何其他国度，这些为中国景观生态学的发展创造了条件，提出了挑战（傅伯杰等，2008）。中国的景观生态学需要放眼国际前沿、服务本土需求，从中国自身的特色出发，关注受人类影响的和以人为主导的景观，以景观格局与生态过程的多尺度、多维度耦合研究为核心，区域综合与区内分异并重，推动综合整体性景观生态学的建立和完善，可能是一条必由之路（傅伯杰等，2008）。

## 3.2　我国景观生态学学科建设现状

景观生态学学科的发展伴随着生态学、环境科学和地理学等学科的发展而逐渐发展。特别是 2011 年，新修订的学科目录中，生态学（一级学科代码 0713）被列入理学（07）学科门类中。2018 年 6 月，国务院学位委员会生态学科评议组发布生态学二级学科方向，确定了动物生态学、植物生态学、微生物生态学、生态系统生态学、景观生态学、修复生态学和可持续生态学的学科方向。因此景观生态学已经成为生态学研究中在宏观研究方面最为重要的学科支持体系之一。景观生态学学科在环境科学与工程方向也是主要的课程体系。特别是环境科学与环境生态工程两个二级学科中，景观生态学与景观规划设计是必要的支撑学科。在地理学科中，景观生态学是重要的学科分支，和植被地理学、区域地理学以及环境地理学密切相关。2011 年，风景园林学科也跃升为一级学科，其中大地景观规划与修复，园林与景观设计学科方向中，景观生态学也是重要的课程支持体系。

通过以主题词"景观生态学"在 CNKI 数据库检索，可以看出，在不同学科建设中，景观生态学的原理与方法都有很好的应用与发展。目前，从发表的论文数量来看，建筑科学与工程所占的比例最大，此方面的研究主要是景观规划和设计方面的内容，占比 36.17%；其次是环境科学与资源利用，占比 19.83%；自然地理学与测绘学占比 10.79%；其次为林业科学、生物学、农业经济、旅游等（图 5.5）。

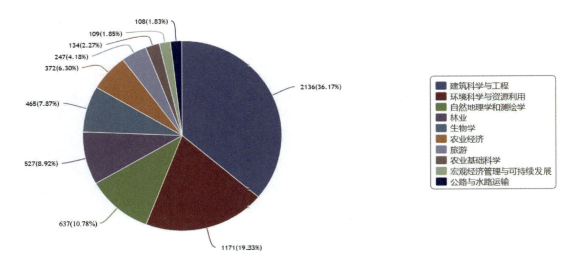

图 5.5　景观生态学学科分布

通过对硕士、博士学位论文库的检索来看，培养硕士为 1443 人，培养博士为 227 人（不含中国科学院系统等单位）。总体上目前能维持年均接近 100 人的情况。在 2006 年之前呈现逐年上升的趋势，在 2006 年后达到稳定的趋势。

图 5.6 显示的是景观生态学在不同学科体系中的研究层次分布，可以看出，自然科学研究中的工程技术（40.49%）和基础与应用基础研究（39.02%）是主要的内容。社会科学中的基础研究也占有一定的比例（8.27%）。而且景观生态学的相关研究覆盖行业指导、政策研究、高级科普、经济信息等各个方面。

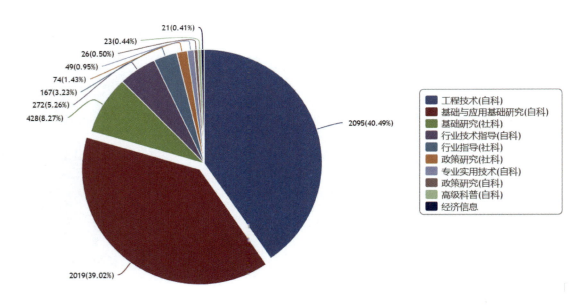

图 5.6　景观生态学研究层次分布

目前，在人才培养方面，科技部、国家自然基金等对景观生态学的相关研究给予较高的重视，目前景观生态学相关的研究在基金委中主要分布在生命学部、地球科学部、工程与材料部。通过 1997 年到 2018 年获得基金的情况来看，地球科学部支撑 318 项，生命学部支撑 166 项，工程与材料部支撑 139 项，其他学部支撑22项。其中青年基金占244项。相关的研究工作也极大地支撑了景观生态学学科的建设与人才的培养。

在研究单位与研究平台建设中，大陆地区景观生态学主要研究机构可分为4类：①中国科学院相关研究所（中心），如中国科学院生态环境研究中心、中国科学院沈阳应用生态研究所、中国科学院地理科学与资源研究所等；②综合性大学，如北京大学、南京大学等；③以林业、农业为特色的大学，如中国农业大学、北京林业大学等；④师范类大学，如北京师范大学、南京师范大学、华东师范大学等（赵文武等，2016）。不同机构充分发挥其所处地理位置和自身特色学科优势，在我国大陆地区景观生态学研究中各有侧重，共同促进学科发展。

# 4 国际背景

## 4.1 景观生态学学科发展现状、动态与趋势

中国的景观生态学研究虽逐步走上国际舞台，但也需要认识到发展中的不足（傅伯杰等，2008）。国际上，景观生态学学科研究内容和研究热点也经历了较大的变化。2003年，世界景观生态学家就景观生态学的关键问题和优先研究领域进行了专门讨论，形成了景观生态学十大论题和6个科学议题（Wu，2003）。2013年，Wu对国际景观生态学的研究议题进行了进一步总结，认为以下10个议题是主要研究内容，主要包括：景观格局过程尺度关系，景观连接度与破碎化，尺度与尺度推绎，空间分析与景观模型，土地利用与土地覆被变化，景观历史与遗赠效应，景观与气候变化交互作用，变化中的生态系统服务，景观可持续性研究，精确性评价与不确定性分析（Wu，2013）。同时还提出了一个分层次、多元化的景观生态学理论框架体系。最近几年，国际景观生态学的研究与目前重点的国际计划相耦合，在生物多样性保护、生态系统服务和可持续性研究方法有了新的进展（赵文武等，2016）。

我国景观生态学学科的发展现状，从研究内容上看，景观生态评价、规划和模拟一直占据主导地位，其次是景观格局、生态过程和尺度，景观生态保护与生态恢复。这3部分内容占到了文献总量的90%以上。主导内容"景观生态评价、规划和模拟"的进展特征表现为：①在景观生态评价中越来越多地考虑人类活动和社会经济因素的作用；②景观规划和设计的科学基础日益得到重视，开始倡导有效地构建基础研究与规划设计之间的桥梁，使科学研究的成果能够更多地应用于实践、发挥其社会价值，同时，使景观规划和设计中能够更多地考虑景观格局与生态过程和景观生态功能的关系，增强规划和设计成果的科学性；③景观模拟的研究越来越注重格局与过程的综合（傅伯杰等，2008）。

## 4.2 我国与国际水平的比较和研究方向

### 4.2.1 我国景观生态学研究与国际水平的比较

我国景观生态学研究从无到有经历了不断发展的过程，但与国际发展相比，仍存在差距。具体来说有以下几个方面。

从学术成果方面，中国学者发表在英文期刊上的论文数量趋于稳定，位于美国（37.2%）、澳大利亚（10.9%）、加拿大（8.5%）、英格兰之后（8.5%），排名世界第五位（图5.7）。近年来，中国学者所发表的景观生态学相关的英文论文数量在全球所占的比重介于6%~10%。

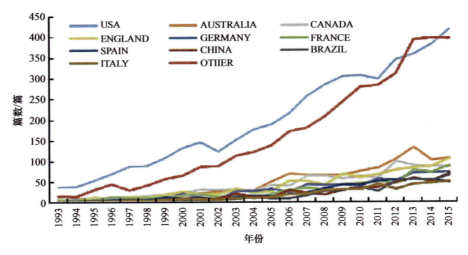

图 5.7　1993～2015 年各国景观生态学相关文献发文量的动态变化（李祖政等，2017）

在基础理论方面，景观生态学的研究范式正经历着从"格局-过程-尺度"向"格局-过程-服务-可持续性"的变化过程（赵文武等，2016）。国内学者已准确把握了这一发展趋势，新的理论范式的形成使得景观生态学的理论与方法与实际应用的关系更加紧密，也是景观生态服务于宏观政策的理论依据。但与国际同行相比，国内学者在景观生态服务功能、景观可持续性等基本理论上的拓展仍较为薄弱，原创性的理论与实际操作的框架并不完善（Wu，2013）。

在技术方法方面，遥感和 GIS 技术的发展推动了景观生态学的迅速发展，当前遥感数据应用于景观生态学研究中，与国际相比，有几点不足：①许多研究缺乏详细的遥感影像分类和制图的精度及不确定性评估；②缺乏将遥感数据与实测的生态学数据相结合，因此许多遥感数据缺乏真正的生态学含义；③缺乏不同的遥感数据类型分类、数据同化和不确定性分析。

在应用研究领域，将景观生态学原理和方法与应用于城市景观服务功能的评估与调控是中国景观生态学研究的一大亮点，形成了明显的研究特点，分析不同景观要素在空间上的调控对于缓解热岛效应、空气污染、噪音污染等"城市病"具有重要意义。同时，结合当前中国城市面临的主要问题，中国学者对城市化进程、城市增长模型、颗粒物污染的空间格局、城市生态系统服务功能以及城市可持续发展等诸多方面都进行了相关的理论探讨与案例研究。

在生态系统服务评价方面，探讨人类干扰下景观要素的变化对生态系统服务的影响已成为当前国际研究的另一个热点议题。与国际景观生态研究相比，国内景观生态学者对景观要素对具体生态过程的关注稍显不足，相关案例研究较少，国内研究更关注于景观生态要素的变化对一些大尺度生态格局的影响。国内相关研究多偏重对景观格局的时空变化研究，但对相关生态过程与机制的研究不够。在生态系统服务评估研究中，适用于不同尺度、不同情景下的模型不断涌现。同时用植物功能属性来指征景观水平上生态系统服务功能的分布格局指数也进行了一些尝试。国际同行也陆续开展了一些控制条件下景观结构变化对生态过程和功能影响的研究，这对于解释景观格局-结构-过程耦合关系的潜在机理很有帮助。但目前国内同行的此类研究尚非常少见。

目前，在景观的社会效应、政策导向与决策规划等方面，相关研究在中国仍远远不足。国外研究中，社会科学、人类科学、设计艺术与公共健康等受到广泛重视，目前中国的这方面研究在大尺度上体现在生态功能区划分、生态红线政策等，小尺度上针对人居环境、绿色社区等开展研究。未来研究中，社会科学相关理论、生态系统服务与景观可持续性等仍需要进一步耦合与协同发展。

总体上，我国景观生态学研究与国际上相比，仍存在一定差距，但也具有一定的特色。呈现出以下特点：学术影响力逐步提升，基础理论有待突破，研究方法紧跟国际，原创模型亟须发展，应用研究具有特色，交叉研究亟须加强。

### 4.2.2 中国景观生态学研究战略需求与研究方向

傅伯杰等（2008）指出当前景观生态学研究存在的 6 大问题：①野外观测不够；②连续性的野外观测和对比实验不够；③遥感与地面观测的整合程度不够；④区域水平上的集成和尺度推移方法缺失；⑤对过程的研究以及相关模型的构建不够；⑥多学科交叉的研究较少。这些方面都是未来景观生态学的重点研究方向。

从战略角度需求来看，景观生态学需要服务于生态文明建设，因而景观生态学研究需要和具体的实践相结合，通过研究和实践，维持区域生态可持续发展（Fu et al., 2011）。目前生态安全格局是实现景观可持续的重要手段，未来研究将着眼于生态安全格局的形成机制、生态安全格局与生态系统服务之间的关系、区域和国家尺度上生态安全格局构建、人类活动和气候变化对生态安全格局的影响及其适应，以及生态安全格局与区域社会经济可持续发展等方面理论和技术方法的研究。

其次，近五年国际科学联盟发起"未来地球—全球可持续性研究计划"（2014~2023 年），提出动态星球、全球发展、可持续性转变 3 项研究主题，使景观可持续性科学与生态系统服务结合紧密。景观可持续性科学是可持续性科学的重要组成部分，"格局-过程-设计"新范式的产生是景观可持续性研究的新发展。因此，未来的景观可持续性研究战略可以从以下方面进行关注：①基于自然科学与社会科学等多学科交叉，探讨景观和区域"持续什么？发展什么？持续多久？"等问题；②探讨景观和区域尺度上，维持和改善生态系统服务、人类福祉的机制和景观单元的配置和布局；③在技术方法上，发展定量评估景观和区域可持续性的方法和指标体系，以及景观可持续性发展的动态模型和空间格局优化设计模型等。

## 5 发展趋势及展望

### 5.1 景观生态学学科发展目标与趋势预测

景观生态学在自然、经济和社会，生态科学与景观设计，格局、过程与尺度之间架起沟通的桥梁，面向客观问题进行相关学科的交叉和融合是景观生态学在未来研究中的一个发展方向。特别是当前可持续发展成为人类发展的共同夙求，这也对景观生态学的发展提出了更高的要求。未来的景观生态学必然与其他学科相互交融，不断地丰富和完善（傅伯杰等，2016）。

近 10 年来，景观生态学研究逐渐地从景观格局的定量描述与刻画转向驱动格局形成与变化的生态过程分析，也逐步地向格局的过程和功能效应、生态系统服务等研究转变。在生态过程研究中，除了一般意义上的物质流、能量流、物种流和信息流外；广度上，也逐步开始注重自然过程与社会经济、人文过程的综合，以解析景观的复杂性；深度上，开始注重宏观过程与微观过程的多尺度结合。

景观动态与效应研究中，人地关系模型理论特别是远程耦合与动态研究目前受到关注，能值理论和其他相关社会经济模型也广泛应用。对于景观生态系统来说，人地关系演进状态模型、动态仿真、区域 PRED 系统的可持续度模型等可以对特定的地域系统进行演变趋势的预测，也是今后对人地关系研究的一个重要方向。

在生态效应方面，景观尺度的气候研究，特别是热环境和大气污染等受到关注，进而与人体健康等相关联。目前更多集中在城市下垫面改变导致的生态效应上。未来的城市热岛效应研究中，未来可能的研究方向包括沿海和复杂地形附近的城市热岛问题、城市群间热岛环流的相互作用、城市热岛效应减缓方案的制定等，而与之相反的是城市冷岛效应，主要强调景观规划对于优化城市热环境的功能和途径。

## 5.2 我国未来的研究方向建议

中国景观生态学应以人工-自然景观为主要研究对象，以景观和区域尺度上的景观生态建设为研究重点，建立符合中国国情的、有特色的景观生态学流派。目前在生态文明背景下，我国生态环境建设亟须景观生态学理论与方法的应用与拓展，在研究问题上，重视景观生态学在国土空间开发、规划与管控、自然保护区和国家公园建设、生物多样性保护、水土流失、喀斯特石漠化治理、退化生态系统恢复、海绵城市建设、城乡景观规划与设计等方面；在研究地区上，重视城市化地区、城乡结合区、乡村景观、脆弱区与生态服务重要区域的景观生态学问题研究。

在学科建设和理论研究方面，应该追踪国际上景观生态学学科领域的拓展，如景观遗传学、景观可持续性科学、水域景观生态学、景观经济学等，加强格局-过程的定量识别与研究理论与方法，基于格局-过程耦合的生态服务评价模型。在研究数据获取与技术方面，应该重视高空间和高时间分辨率的遥感应用，尤其是无人机遥感技术；研究 UAV 搭载雷达传感器发展 3D 景观指数；多种传感器（如高光谱传感器）对植物物种的功能性状特征；高分辨率的遥感技术应用于城市的景观单元提取、城市热岛效应监测、城市小气候、景观格局变化、湿地景观动态与生态环境效应等研究；另外，社会、经济、人文等大数据的获取，包括数据收集与同化、数据存储与归类、数据的处理与综合、数据结果的可视化与应用。

在景观生态学方法与模型方面，景观格局分析方法重点关注发展一些能解译生态学含义和生态过程的景观指数和方法；发展基于斑块镶嵌格局的景观格局确定和不确定性分析方法；发展表面和三维（3D）景观格局分析指数和方法（陈利顶等，2014；Wu et al., 2017）。生态过程与模拟模型未来的发展必须与具体的应用实践研究结合，在生态恢复、生物多样性保护、生态系统服务权衡管理、生态规划等方面将发挥重要的作用。在生态恢复方面，景观尺度上的土壤侵蚀模型、森林动态模型、非点源污染等方面应用将越来越广泛，而且也逐步与实际生态修复相结合；在生物多样性保护方面，异质种群理论、栖息地模型、景观遗传学、廊道分析与生态安全格局等方面研究日趋开展，特别是景观连接度方面的研究受到重视（陈利顶等，2008）。

中国景观生态学在实践应用方面，需要紧密结合中国生态环境面临的实际问题，以及国家发展中的重大需求，加强景观生态学在环境、土地利用的变化与规划、城市化与区域可持续发展、气候变化及其效应、生态系统恢复与生物多样性保护、土地退化过程与治理、人与自然和谐发展等方面的应用，主要是生物多样性保护与国家生态安全格局的关系，快速城镇化过程对区域生态服务功能及其生态安全的影响，城市生态用地流失对城市生态安全的影响，城市生态服务效应与人居环境健康之间的定量关系，景观服务/生态系统服务权衡与景观可持续性（陈利顶等，2014）。

## 参 考 文 献

陈利顶, 傅伯杰. 1996. 景观连接度的生态学意义及其应用. 生态学杂志, (4): 37-42.

陈利顶, 傅伯杰, 赵文武. 2006. "源" "汇"景观理论及其生态学意义. 生态学报, 26(5): 1444-1449.

陈利顶, 贾福岩, 汪亚峰. 2015. 黄土丘陵区坡面形态和植被组合的土壤侵蚀效应研究. 地理科学, 35(9): 1176-1182.

陈利顶, 李秀珍, 傅伯杰, 等. 2014. 中国景观生态学发展历程与未来研究重点. 生态学报, 34(12): 3129-3141.

陈利顶, 刘洋, 吕一河, 等. 2008. 景观生态学中的格局分析: 现状、困境与未来. 生态学报, 11: 5521-5531.

冯玉婷, 常禹, 胡远满, 等. 2012. 大兴安岭呼中森林景观的空间点格局分析. 生态学杂志, 31: 1016-1021.

傅伯杰, 吕一河, 陈利顶, 等. 2008. 国际景观生态学研究新进展. 生态学报, 2: 798-804.

傅伯杰. 1983. 地理学的新领域——景观生态学. 生态学杂志, 4: 60-7.

傅伯杰, 张立伟. 2014. 地理学综合研究的途径与方法: 格局与过程耦合. 地理学报, 69(8): 1052-1059.

傅伯杰, 徐延达, 吕一河. 2016. 景观格局与水土流失的尺度特征与耦合方法. 地球科学进展, 25(7): 673-681.

官冬杰, 赵祖伦, 王秋艳, 等. 2018. 三峡库区景观生态安全格局优化研究——以重庆市开州区为例. 水土保持通报, 38(2): 171-177.
郭旭东, 刘国华, 陈利顶, 等. 1999. 欧洲景观生态学研究展望. 地球科学进展, 4: 40-44.
何东进, 游巍斌, 洪伟, 等. 2012. 近10年景观生态学模型研究进展. 西南林业大学学报(自然科学), 32(1): 96-104.
李艳忠, 董鑫, 刘雪华. 2016. 40年岷山地区白河自然保护区川金丝猴的生境格局动态. 生态学报, 36(7): 1803-1814.
李祖政, 尤海梅, 黎心泽. 2017. 景观生态学研究热点与前沿: 基于Citespace的知识图谱分析. 西北林学院学报, 32(3): 295-300.
刘丛强. 2009. 生物地球化学过程与地表物质循环: 西南喀斯特土壤-植被系统生源要素循环. 北京: 科学出版社.
刘世梁, 傅伯杰. 2001. 景观生态学原理在土壤学中的应用. 水土保持学报, 3: 102-106.
刘世梁, 侯笑云, 尹艺洁, 等. 2017. 景观生态网络研究进展. 生态学报, 37(12): 3947-3956.
刘世梁, 侯笑云, 张月秋, 等. 2017. 基于生态系统服务的土地整治生态风险评价与管控建议. 生态与农村环境学报, (3): 193-200.
吕宪国. 2008. 中国湿地与湿地研究. 石家庄: 河北科学技术出版社.
彭建, 赵会娟, 刘焱序, 等. 2017. 区域生态安全格局构建研究进展与展望. 地理研究, 36(3): 407-419.
沈泽昊, 吉成均. 2010. 景观遗传学原理及其在生境片断化遗传效应研究中的应用. 生态学报, 30(18): 5066-5076
沈泽昊, 杨明正, 冯建孟, 等. 2017. 中国高山植物区系地理格局与环境和空间因素的关系. 生物多样性, 25(2): 182-194.
王根绪, 刘国华, 沈泽昊, 等. 2017. 山地景观生态学研究进展. 生态学报, 37(12): 3967-3981.
王克林, 岳跃民, 马祖陆, 等. 2016. 喀斯特峰丛洼地石漠化治理与生态服务提升技术研究. 生态学报, 36(22): 7098-7102.
王夏晖, 尹澄清, 单保庆. 2005. 农业流域"汇"型景观结构对径流调控及磷污染物截留作用的研究. 环境科学学报, 3: 293-299.
肖笃宁, 李秀珍, 高峻, 等. 2016. 景观生态学(第二版). 北京: 科学出版社.
俞孔坚. 1999. 生物保护的景观生态安全格局. 生态学报, (1): 10-17.
俞孔坚, 李迪华, 段铁武. 1998. 生物多样性保护的景观规划途径. 生物多样性, (3): 45-52.
宇振荣, 张茜, 肖禾, 等. 2012. 我国农业/农村生态景观管护对策探讨. 中国生态农业学报, 20(7): 813-818.
赵文武, 王亚萍. 2016. 1981~2015年我国大陆地区景观生态学研究文献分析. 生态学报, 36(23): 7886-7896.
Fu B J, Liang D, Lu N. 2011. Landscape ecology: Coupling of pattern, process, and scale. Chinese Geographical Science, 21(4): 385-391.
Fu B J, Liu Y, Lü Y H, et al. 2011. Assessing the soil erosion control service of ecosystems change in the Loess Plateau of China. Ecological Complexity, 8(4): 284-293.
Fu B J, Wang S, Su C H, et al. 2013. Linking ecosystem processes and ecosystem services. Current Opinion in Environmental Sustainability, 5(1): 4-10.
Liu Z, Yang J, Chang Y, et al. 2012. Spatial patterns and drivers of fire occurrence and its future trend under climate change in a boreal forest of Northeast China. Global Change Biology, 18: 2041-2056.
Qi X K, Wang K L, Zhang C H. 2013. Effectiveness of ecological restoration projects in a karst region of southwest China assessed using vegetation succession mapping. Ecological Engineering, 54: 245-253.
Shen Z, Fei S, Feng J, et al. 2012. Geographical patterns of community-based tree species richness in Chinese mountain forests: the effects of contemporary climate and regional history. Ecography, 35: 1134-1146.
Sun R H, Chen A L, Chen L D, et al. 2012. Cooling effects of wetlands in an urban region: the case of Beijing. Ecological Indicators, 20: 57-64.
Sun R, Xie W, Chen L. 2018. A landscape connectivity model to quantify contributions of heat sources and sinks in urban regions. Landscape and Urban Planning, 178: 43-50.

Tang Z Y, Fang J Y, Chi X L, et al. 2012. Patterns of plant beta-diversity along elevational and latitudinal gradients in mountain forests of China. Ecography, 35(12): 1083-1091.

Wang G X, Ran F, Chang R Y, et al. 2013. Variations in the live biomass and carbon pools of Abiesgeorgei along an elevation gradient on the Tibetan Plateau, China. Forest Ecology and Management, 329: 255-263.

Wang S, Fu B J, Piao S L, et al. 2016. Reduced sediment transport in the Yellow River due to anthropogenic changes. Nature Geoscience, 9: 38-42.

Wang Y, Zhu H, Li Y. 2013. Spatial heterogeneity of soil moisture, microbial biomass carbon and soil respiration at stand scale of an arid scrubland. Environmental Earth Sciences, 70: 3217-3224.

Wu J G. 2010. Key concepts and research topics in andscape ecology revisited: 30 years after the Allerton Park workshop. Landscape Ecology, 28(1): 1-11.

Wu J G. 2013. Landscape sustainability science: ecosystem services and human well-being in changing landscapes. Landscape Ecology, 28(6): 999-1023.

Wu J G, Hobbs R. 2002. Key issues and research priorities in landscape ecology: An idiosyncratic synthesis. Landscape Ecology, 17: 355-365.

Wu Q, Guo F, Li H, et al. 2011. Measuring landscape pattern in three dimensional space. Landscape and Urban Planning, 167: 49-59.

Zhou W Q, Pickett S T A, Cadenasso M L. 2017. Shifting concepts of urban spatial heterogeneity and their implications for sustainability. Landscape Ecology, 32(1): 15-30.

撰稿人：傅伯杰，刘世梁

# 第6章 区域生态学研究进展

## 1 引 言

区域生态学以区域人与自然复合生态系统为研究对象，运用生态学、地理学、环境科学、人文科学等多学科手段，以解决区域生态环境问题、提高区域生态系统服务功能、实现区域生态安全、生态文明和可持续发展为目的的交叉应用性学科。其主要目的是认识区域复合生态系统演变特征及其影响因子，分析区域生态环境问题形成机制及其主导影响因子，探讨解决区域生态环境问题的理论、方法和技术手段。区域生态学研究一要考虑空间上生态环境要素的协调与整合，包括区域生态结构、生态过程和生态功能在空间的整合性，二要考虑生态环境与经济、社会要素在时空尺度上的协调与整合（高吉喜，2013）。

区域生态研究在我国起源于 20 世纪 70 年代的区域生态环境调查，一般可以将我国区域生态学研究划分为四个阶段：20 世纪 70~80 年代中期的萌芽阶段、1984~2003 年的形成与初创时期、2003~2012 年的快速发展时期和 2013 年以来的提升与完善时期。随着社会经济发展和生态问题日益突出，区域生态学研究发展迅猛。近年来在土地利用/土地覆被变化的环境效应、区域生态系统服务与生物多样性保护、社会-经济-自然复合生态系统分析与可持续发展、区域生态功能评估与生态保护红线划定、区域生态可承载力研究、区域生态风险评估与生态安全保障、脆弱区域生态恢复与生态屏障建设、生态文明建设与生态保护，以及区域生态学学科体系建设、基础研究平台建设等方面取得了突出的进展。但我国正经历着城镇化快速发展、产业转型的关键时期，新的区域生态环境问题不断涌现，解决这些问题需要不断提升和完善区域生态学学科体系，从时空尺度拓展、多要素耦合、强化社会需求导向和实践运用等方面加强研究和创新。

## 2 区域生态学 40 年发展历程

20 世纪 80 年代以来，随着我国经济社会快速发展，自然资源呈现过度消耗态势，粗放式、掠夺式的生产经营，使得区域资源环境和生态系统不堪重负。同时，伴随着新技术快速发展，人类活动的影响范围和力度不断扩大，人类活动对生态系统的干预从局地逐步扩展到区域乃至全球，区域生态环境问题不断涌现和恶化，环境污染和生态破坏呈现更加复杂的区域性特征，严重威胁到人类的生存环境和可持续发展（UNDP，1987）。与此同时，随着区域经济一体化进程加快，生态环境问题又呈现出综合性和跨区域特征，传统生态学的理论和方法已无法诠释与满足现实需要，亟待以更广阔的视野开展系统性、综合性研究。在此背景下，区域生态学作为实践需求和学科发展的一门新学科应运而生（彭宗波等，2012）。区域生态学的诞生顺应了社会发展需求，是现代生态学发展的必然，对于解决日益突出的区域生态环境问题、促进资源合理配置和应用、最终实现可持续发展均有重要的理论价值和现实意义。

国际上，区域生态学一度被研究者等同于大尺度宏观生态学（macroecology），因此其起源最早可追溯到 Brown 和 Maurer 在 1989 年发表的文章和 1995 年 James 出版的 *Macroecology* 专著（Brown，1989；Brown，1995；Brown，1999）。而著名景观生态学家 Richard T.T. Forman 于 1995 年在 *Landscape Ecology* 上发表了 *Some general principles of landscape and regional ecology* 一文（Richard et al.，1995），对景观和区域生态学的一些基本原理进行了阐述。其观点更多是从景观生态学层面予以诠释，将区域理解为土地

利用斑块和景观镶嵌体在更大尺度上的组合。翌年，国内学者李秀珍和肖笃宁将其译成中文，发表在《生态学杂志》上，向国内学者介绍。1999 年，*Global Ecology and Biogeography* 杂志开始采用 *A Journal of Macroecology* 作为其副标题。但国际上最初更多聚焦于保护生物学和生物多样性保育层面，比较接近于生物地理学概念，重点关注物种的分布、多变、体型与不同纬度、海拔等地理要素之间的关系，并探讨了人类活动乃至气候因素等对外来和引进物种分布范围、保护区面积和策略、生物多样性等的影响（Freckleton et al., 2003）。区域生态学在生态学科分类体系中属于宏观生态学研究的范畴，处于分子生态学、个体生态学、种群生态学、群落生态学、生态系统生态学、景观生态学、区域生态学和全球生态学这个生态学学科体系的较高层次。

结合国内外发展历史和重要事件，区域生态学研究，尤其在我国的形成和发展大致可归纳为四个时期，即：萌芽时期、形成与初创时期、发展与成熟时期、快速发展时期。

## 2.1 萌芽时期（1984 年以前）

区域生态学是近些年发展起来的一门新兴学科，但作为生态学的一个重要分支，其发展也有着悠久的历史渊源。区域生态学起源可追溯至 20 世纪 60～80 年代我国开展的大规模区域综合考察和区域环境污染调查，由于区域生态环境问题形成的复杂性，仅依靠独立学科已经无法提供有效的解决手段，从国家层面上先后组织的多次综合性的区域考察，试图通过多学科的交叉融合，找到解决问题的途径（杨文治和余存祖，1992）。这个时期的突出特点是广大资源研究、环保科技工作者已经意识到了生态环境问题的区域性特征和复杂性特征，仅依靠单一学科的手段和方法无法应对当时出现的新问题。为此一些大规模的区域性考察陆续展开，如黄土高原的综合考察、青藏高原综合考察以及黄淮海综合治理，等等。这个时期的研究人员主要来源于地理学、生态学、资源科学、环境科学、环境化学等领域的专家，尚未形成一支明确独立地从事区域生态学研究的科技队伍。

## 2.2 形成与初创时期（1985～2003 年）

随着对区域生态环境问题研究和认识的不断深入，区域生态学的思想逐渐形成。如 1984 年马世骏和王如松在《生态学报》上首先发表了关于社会-经济-自然复合生态系统的文章，认为在人类活动高度干扰下，人类所面对的生态系统均是由自然、社会和经济因素共同影响的复合生态系统；进一步分析了复合生态系统的基本特征，提出了衡量复合生态系统的关键指标和理论体系，由此为区域生态学的形成奠定了基础（马世骏等，1984）。从时间上看，这一概念的提出要早于国际上其他国家（Liu et al., 2007）。此后关于"区域生态"的研究不断增加（图 6.1），一些着眼于区域生态与环境研究的科研单位先后成立。例如，中国科学院原环境化学所在 1984 年 4 月设立了区域环境化学研究室；至 1986 年，综合生态经济、水环境科学、环境化学与规划等方面科技力量成立了区域生态环境评价与规划研究室，并于次年（1987）正式成立了区域生态研究室。1990 年，马世骏院士主编的《现代生态学透视》（马世骏，1990）一书中进一步阐述了复合生态系统理论的学科发展趋势。但这一时期相关研究多集中在区域生态系统特征定性描述和半定量评价上，部分涉及区域生态经济协调发展、生态旅游、生态农业和生态建设与保护层面（浦汉昕等，1988；薛玲等，1996；郑新奇和王爱萍，2000）。

## 2.3 发展与成熟时期（2004～2012 年）

彭宗波等在《生态科学》（彭宗波等，2012）上发表的《区域生态学研究热点及进展》一文认为，国际上，区域生态学的真正诞生时间应该是 2003 年，其标志性事件是两个出版物的正式出版。一是 Blackburn 和 Gaston 撰写的英国生态学会第 43 次年会会议记录，记录包括了近期生态学的研究前沿；二是 Kevin Gaston 出版了题名为 *The structure and dynamics of geographic ranges* 一书。这两个出版物的出版，标志着区域生态学的地位已经获得了大家的认可，并在解决复杂的区域生态环境问题中将起到重要作用。在我国，由于资源和环境问题日益突出，区域生态学研究更关注解决经济社会发展过程中出现的生态环境问题，如区域生态健康与安全（陈利顶等，2006）、生态完整性与适应性、生态资源配置与产业优化布局、区域生态恢复模式与生态补偿政策等（田均良，2010）。这一个时期，王如松等（2000）在马世骏先生创建的复合生态系统理论基础上，进一步深化和发展了区域生态学的理论和调控方法；傅伯杰等（2001）、欧阳志云和王如松（2005）、陈利顶等（2016）借助景观生态学方法，深入开展了区域生态演变与修复机制、城镇化与生态安全格局构建等研究。2006年我国第一个生态学方面的国家重点实验室"城市与区域生态国家重点实验室"在中国科学院生态环境研究中心正式挂牌成立，这也标志着我国区域生态学研究逐渐步入新的轨道。

## 2.4 快速发展时期（2013年至今）

2012年11月，党的十八大从新的历史起点出发，做出"大力推进生态文明建设"的战略决策，为区域生态学的发展提供了前所未有的机遇。区域生态学进入了快速发展时期，这一阶段研究热点主要集中在土地利用、气候变化、区域经济、生态足迹、景观格局、水资源、生态文明与可持续发展等几个方面；研究区域主要位于黄淮海、京津冀地区、南方酸雨区等。在这个时期，多部涉及区域生态学的专著陆续出版。2012年，东南大学出版社出版了吴人坚教授编著的《中国区域发展生态学》（吴人坚，2012），该书耦合了区域经济、社会发展和生态环境建设等多重要素，系统阐述了与区域可持续发展有关的生态经济基本理论和前沿方法；2015年，高吉喜出版了中国第一本《区域生态学》（高吉喜等，2015）专著，该书首次明确了区域生态学的研究范畴、学科特点和未来趋势。认为区域生态结构、过程与功能、区域生态完整性和生态分异规律、区域生态演变规律及其驱动力、区域生态承载力和生态适宜性、区域生态联系和生态资产流转，以及区域生态补偿和环境利益共享机制等是研究重点（高吉喜，2018）。2016年，《生态学的现状与发展趋势》（于振良，2016）一书出版，第26章专门以区域生态学为题进行了深入论述。

尽管目前区域生态学研究中还存在诸如研究方法不完善、数据质量限制、统计资料不严谨、研究尺度不确定等一系列问题，但它的发展对解决目前紧迫的区域生态环境问题具有重要意义，而且随着其研究方法和手段的完善，必将发挥越来越重要的作用。伴随区域发展和全球经济一体化进程加快，以及"区域生态"问题凸显，其研究引起广泛关注。根据CNKI检索表明，截至目前，在中国有40多个高校或科研院所已经开展了"区域生态学"研究。尤其是2000年以来，与区域生态有关的发文量呈迅猛递增态势（图6.1），共有16900多篇硕博学位论文或期刊论文将"区域生态"问题作为研究主题，其中国内发表相

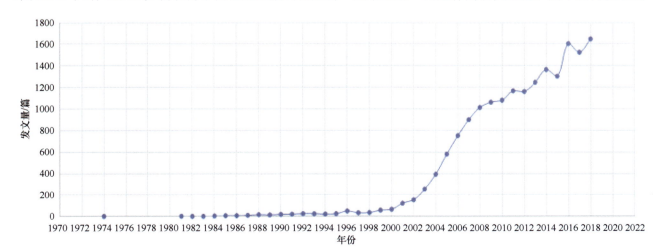

图6.1 区域生态文献的年度发表趋势

关文献数较多的高校有北京林业大学、兰州大学和中国科学院大学等，科研院所中以中国科学院地理科学与资源研究所和中国科学院生态环境研究中心发表文献数最多。2016 年，中国科学院生态环境研究中心开设博士研究生专业课程"区域生态学理论与实践"，从区域景观格局与生态过程、区域生态安全格局构建、区域生态系统损害鉴定技术与方法、区域生态系统服务补偿与权衡、区域污染生态效应模拟与风险评价、生态文明与可持续发展等诸多方面阐述区域生态学研究的理论、方法体系和实践。2017 年，中国生态学学会区域生态专业委员会正式成立，为中国区域生态学工作者搭建了一个更为广阔的交流平台。

2017 年 3 月，以"区域生态学学科建设与环境问题解决路径探索"为主题的第 589 次香山科学会议在北京召开，针对如何建设区域生态学学科体系，解决当下突出的区域环境问题展开深入讨论。与会科学家一致认为，区域生态保护理论具有时代特色和现实价值，区域生态学学科建设势在必行。2018 年 8 月，中国第一届区域生态学术研讨会在昆明隆重召开，会议围绕区域生态学的基础理论、前沿热点和区域生态服务评价、脆弱区生态保护与恢复、高原山地生态安全与可持续发展、城乡生态文明建设与流域生态安全、区域生态学研究方法及应用等多个议题开展深入交流和研讨，来自全国各地高等院校、科研院所的 200 余名科技工作者参加了会议。

## 3 研究现状与取得的重要进展

区域生态学的研究对象聚焦于具有一定生态环境问题的典型区域，强调认识区域复合生态系统演变特征及其形成原因，探讨解决区域生态环境问题的理论、技术手段和方法。随着全球变化和可持续发展问题的日益突出，以解决区域生态环境问题为主要任务的区域生态学在我国得到快速发展（于贵瑞和于秀波，2014）。

### 3.1 区域生态研究现状与热点

#### 3.1.1 基于 web of science 检索的国内区域生态学研究热点

通过关键词共现网络图，分析了近5年来中国学者在 web of science 核心期刊发表的区域生态学成果。发现我国发表的有关区域生态学的英文论文关注热点主要集中在四大方面（图 6.2）：①土地利用变化下的生态系统服务变化，其中包括关键词：土地利用（land use）、生态系统服务（ecosystem service）、尺度（scale）、黄土高原（Loess Plateau）和生态恢复（ecological restoration）等；②气候变化下的土地利用变化，其中包括关键词：温度（temperature）、气候变化（climate change）、土地利用变化（land use change）等；③流域污染与生态风险评估，其中包括关键词：重金属（heavy metal）、污染（contamination and pollution）、生态风险（ecological risk）、生态评估（ecological assessment）、中国南方（south China）和长江流域（Yangtze river）等；④生物多样性及保护，其中包括关键词：多样性（diversity）、生物多样性（biodiversity）、保护（conservation）、种群（population）、群落（community）和演化（evolution）等。研究也包括其他一些小的分支（蓝色圆圈），如内蒙古（Inner Mongolia）、气候（climate）、植被（vegetation）与动态（dynamics），城市化（urbanization）、格局（pattern）、增长（growth）及其影响（impact），以及环境（environment）与可持续性（sustainability）等。通过以上关键词分析，可以发现我国区域生态学研究的重点区域和问题主要集中在黄土高原的生态恢复、青藏高原的气候变化响应、内蒙古的植被动态、中国南方以及长江流域的生态风险和环境安全等。

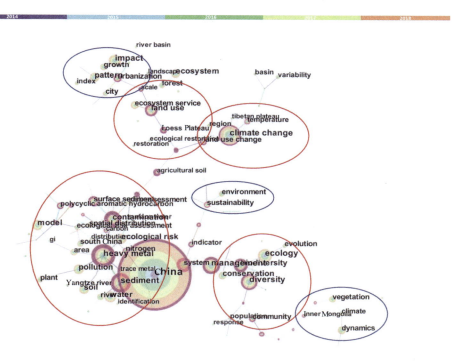

图 6.2 2014～2018 年中国学者在 web of science 核心期刊发表的区域生态学成果的关键词共现网络

图例从左到右共 5 个颜色，分别代表从 2014～2018 年的文献

### 3.1.2 基于 CNKI 检索的国内区域生态研究热点

截至 2018 年 12 月 1 日的 CNKI 检索表明，中国已有 16821 篇期刊论文或硕博学位论文将"区域生态"问题作为研究主题。通过关键词共现网络图可以看出（图 6.3），近 5 年来我国中文期刊发表有关区

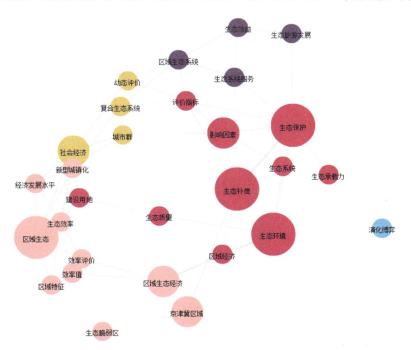

图 6.3 2014～2018 年区域生态学核心期刊文献关键词共现网络

域生态的研究论文主要集中在三个方面：①生态环境保护研究，包括关键词生态保护、生态补偿、生态环境和生态承载力等；②生态系统服务研究，包括关键词生态系统服务、生态效益、区域生态系统和生态旅游发展等；③生态经济研究，包括关键词区域生态经济、京津冀区域、经济发展水平、生态效率、区域特征和生态脆弱区等。此外，演化博弈研究成为以上三个方向之外的独立关键词。由此可以发现，国内的区域生态研究不仅关注生态保护、生态系统服务等热点议题，也全面介入了城市化等社会经济研究主题。

## 3.2 区域生态学研究的重要进展

综合分析基于中英文文献检索的研究热点，可以发现近年来我国在土地利用变化的生态环境效应、生态系统服务与生物多样性、生态承载力、生态风险与生态安全等领域，取得了一系列的重要进展。

### 3.2.1 区域土地利用/土地覆被变化的生态环境效应

中国社会经济的快速发展深刻影响着土地利用/土地覆被，探讨土地利用/土地覆被变化的驱动机制及其对气候变化的响应成为区域生态学和相关学科研究的热点问题，相关研究区域包括农业用地、草地、森林、湿地、生态恢复区、农牧交错区等（Hu et al., 2014；Feike et al., 2015；Wu et al., 2015；Zhao et al., 2018）。此外，对居民点土地利用变化和驱动力的研究逐渐增加，尤其是北京等特大城市（Tian et al., 2014）及其周边地区的土地利用/土地覆被变化。近几年，城市化率不断上升、城市化水平大幅度提高使得城市化成为我国当前土地利用变化的重要特征。过去15年，我国城市总面积扩大约1.61倍，城市年增长率为2.98%，尽管城市呈现迅速扩张趋势，但城市景观的整体扩张正在减缓，在国家层面上更加不规则和复杂，东部、中部和西部各县的城市化发展表现为阶梯状模式（Feng et al., 2016）。城市扩张的驱动因素在国家和地区之间存在显著差异；随着时间推移，推动城市发展的驱动因子趋向于多样化，自然条件对城市扩张的约束效应在不断衰减（Li et al., 2018）。

随着我国经济快速发展和城市化进程加快，区域环境污染（大气、水环境、土壤）成为重要的环境问题之一。流域上游的城市化和水体富营养化对下游水生生物的生存和人类生活产生威胁。我国已有多个地区和流域面临这一严峻问题，如贾鲁河、大汶河、太湖、滇池等（Fu et al., 2014；Wang et al., 2015；Xu et al., 2015）。一直是我国国民经济发展重要支撑的海河流域更是面临着"有河皆干、有水皆污"的景观特征。目前研究重点主要以确定污染源和存在的潜在生态风险（He et al., 2014；Jiang et al., 2014）为主，如Fu等（2014）等通过Pearson相关、层次聚类和主成分分析的手段评估了贾鲁河重金属来源；Wang等（2015）通过多元统计分析确定了东平湖中砷和汞的主要来源为大汶河的工业和采矿来源，镉主要来源是农业来源，并评估了其生态风险指数；Zhang等（2016）通过多元统计分析确定博尔塔拉河流域8种重金属的来源，并通过潜在生态危险指数计算各因子的相对贡献率。

### 3.2.2 区域生态系统服务与生物多样性保护

生态系统服务是人类从自然界获得的惠益（MEA, 2005）。加强土地利用变化驱动下生态系统过程与服务的相互关系、生态系统服务之间的相互关系以及生态系统服务的区域集成与优化是生态系统服务研究的前沿科学问题（傅伯杰和张立伟，2014）。目前，重点关注的生态系统类型包括森林生态系统、草地生态系统、湿地生态系统和城市生态系统等。研究区域多集中于黄土高原、三江源区、内蒙古高原等（Feng et al., 2017；潘韬等，2013；江凌等，2016）。InVEST模型是应用最为广泛的评估模型，可借助土地利用、环境因子、社会经济等数据评估多种生态系统服务的物质量和价值量（Kareiva et al., 2011）。

我国区域生态系统服务研究具有以下特点：①研究区域与类型分布广泛，包括城市化的扩张区、黄土高原生态恢复区、绿洲及农业集约化利用区（Li et al., 2014；Feng et al., 2013；Wang et al., 2014）；

②结合中国土地利用类型的特征，评估中国范围内不同生态系统服务的价值量（胡喜生等，2013；谢高地等，2015）；③从注重生态系统服务价值量和物质量评估到逐渐重视机理和形成过程研究（戴尔阜等，2015；李双成等，2013）；④提高了对模型的使用及新算法的应用研究，目前正逐步开发使用于中国本土的生态系统服务模型（如SAORES模型）（赵文武等，2018）；⑤重点关注以流域为评价单元的生态系统服务，通过集成土地利用变化与气候变化下的多种生态系统服务研究，为土地利用政策制定和区域可持续生态管理提供重要依据（Feng et al.，2017；Yang et al.，2018）。

生物多样性作为生态系统服务产生的核心，可以决定生态系统服务的水平高低，反映了生态系统服务的质量（范玉龙等，2016）。谢高地等认为不同的生态系统（森林、草地、荒漠等）单位面积的生态系统服务价值与生物多样性之间联系紧密，生态系统服务价值评估的量化可从生物多样性开始，设置合理的区域生态系统服务评估参数，从而使生态系统服务价值评估更具针对性和实效性（谢高地等，2006），加强对生物多样性保护对区域生态安全格局构建具有重要的指导意义（刘国华，2016）。

### 3.2.3 生态功能区划和生态保护红线划定

十八大以来，加快推进生态文明及其制度建设成为国家的重要发展战略。《中共中央关于全面深化改革若干重大问题的决定》《中共中央国务院关于加快推进生态文明建设的意见》明确了"强化主体功能定位，优化国土空间开发格局""加大自然生态系统和环境保护力度，切实改善生态环境质量""划定并严守资源环境生态红线和健全生态补偿机制"等一系列重大目标和任务。在此基础上，环保部于2015年5月发布了《生态保护红线划定技术指南》，中共中央办公厅、国务院办公厅于2017年2月印发了《关于划定并严守生态保护红线的若干意见》，形成了全国生态功能区划。至2018年10月，我国已有近一半的省份（15个）完成了生态保护红线的划定工作。功能区划包括水源涵养区、水土保持区等单一类别的生态功能区以及多种类型共存的生态功能区。

生态红线的划定主要运用"3S"技术，结合政府规划以及相关统计数据，采用层次分析法或专家打分法以及多种算法分析生态系统服务功能的重要性，对区域生态环境现状和生态环境敏感性进行评估。黎斌等（2018）在综合分析生态用地历史变化过程和生态适宜性条件的基础上提出了基于贝叶斯网络的城市生态红线划定方法，并对鄂州市的生态红线进行了划定；许妍等（2013）创建了渤海网格空间属性数据库，采用层次分析法确定指标权重，从"生态功能重要性、生态环境敏感性、环境灾害危险性"三方面建立了渤海生态红线划定指标体系。

### 3.2.4 区域生态承载力研究

生态承载力是在资源合理开发利用和环境良性循环前提下，"自然资源-生态环境-社会经济"复合生态系统的承载能力与承载对象压力的反映（叶菁等，2017）。通常生态承载力研究针对土地、海洋、能源等不同类型承载力进行分析，同时也对区域资源环境承载力进行综合分析（朱高立等，2017；杜元伟等，2018；薛阳等，2018）。研究对象包括流域、绿洲、山地等局部地域以及城市群、省市行政单元等多种自然地理或社会经济综合体（巩杰等，2017；张雪琪等，2018；吴歌等，2018）。

生态承载力常用的研究方法包括生态足迹法、净初级生产力估测法、状态空间法、综合指标评价法、系统模型法和生态系统服务消耗评价法等（赵东升等，2019）。净初级生产力估测法更偏向于自然方面，综合评价法和状态空间法针对不同的研究对象没有统一的评判标准，而生态足迹法则常用于区域承载力的研究中（杨璐迪等，2017）。系统模型法从早期的线性规划模型到现在广泛应用的系统动力学模型、模糊目标规划模型、层次分析模型等（张志强等，2000）。生态系统服务消耗评价法揭示了人类生产与生活、社会经济、资源环境之间的供求关系，能够产生全面的生态承载力核算结果，但是模型参数弹性较小（赵东升等，2019）。

生态承载力时空演变是区域生态安全和可持续发展研究的常用指标。张志强和徐中民等基于生态足迹法，最早开展了国内的实证性研究，分别对中国西部地区 12 个省（区、市）和中国 1999 年的生态足迹进行了计算和分析，结果表明大部分省（区、市）的生态足迹超过了当地的生态承载力（张志强等，2000；徐中民等，2003）。高吉喜（2001）探讨了生态可持续承载的条件与机理，提出把生态系统的弹性力、资源与环境子系统的供容能力以及具有一定生活水平的人口数作为判定生态承载力的三个层面。张芳怡等提出基于能值分析的生态足迹计算模型，被应用于分析某区域的可持续发展和生态安全研究（宋豫秦和王群超，2011；唐呈瑞等，2017）。未来生态承载力发展需要完善承载力评价指标体系，并融入生态系统服务的空间流动因素以提高生态承载力核算结果的科学性和可信度（赵东升等，2019）。

### 3.2.5 区域生态风险评估与生态安全保障

生态风险是生态系统暴露在某种危险环境状态下的可能性（张小飞等，2011），生态安全是生态健康与生态风险的综合表现，指生态系统自身的安全，是由生态系统自身的健康性和外界环境对其产生的风险性两个方面共同体现（边得会等，2016）。通过评价生态风险、构建生态安全格局，可为土地资源和生态系统管理提供科学依据。

目前国内的生态风险评价多为单因子单风险评价和多因子单风险评价。城镇化进程的加快推进，使城市生态系统成为风险评价领域的研究热点，研究区域主要以流域、行政区、城市地域、工矿开采区为主。研究工作主要集中在对流域水环境中沉积物重金属的生态风险评价和土壤重金属污染评价（李一蒙等，2015；曾维特等，2018）。国内有关生态安全格局的研究主要集中在格局的识别与构建领域，如基于案例生态评价来划分空间生态安全等级（蒙吉军等，2011），采用空间叠加、目标优化等方法构建生态安全格局（蒙吉军等，2012）。

区域生态风险评价的步骤可以概括为研究区的界定与分析、受体分析、风险源分析、暴露与危害分析以及风险综合评价等几个部分（许学工等，2001）。国内学者大多采用的评价方法有潜在生态风险指数法、累积指数法、基于多元统计和地统计学（巩杰等，2014），常用的评价模型有 HQ、SSDs、PERA 模型等（朱艳景等，2015）。区域生态安全格局的研究通常以"格局形成、演变机制-影响-关键区识别-构建优化-调控管理"为主线，同时加强格局的形成机制、演变规律、影响机理、安全预警及调控的深入研究（叶鑫等，2018）。

近年来，国内研究逐渐重视生态风险空间分布特征和风险受体内在属性，并取得一系列成果。巩杰等（2014）开展以人类活动为风险源的生态风险评价，揭示白龙江流域生态风险的空间变化规律；吴健生等（2013）用 ESDA 方法定量研究矿区生态风险空间分异特征，揭示矿区景观生态风险空间分布特征；许妍等（2013）从风险源危险度、生境脆弱度及受体损失度三方面构建了流域生态风险评价技术体系。生态安全格局的研究内容关注格局的形成、演变及影响机制，生态过程，多目标优化，生态保护红线建设以及生态安全的预测、预警与调控管理（叶鑫等，2018）。构建区域生态安全格局解决生态环境问题，是实现区域可持续发展的重要途径。生态红线是国家和区域生态安全的底线，以此为基础构建国家生态安全格局是目前为止较为有效的方式，对维护区域生态安全具有重要作用（李维佳等，2018）。而城市作为人类生活与生存的重要栖息环境，更是得到了人们的广为关注，陈利顶等（2018）针对城市生态系统特点，提出了城市生态安全格局构建的目标、基本原则和基本框架。认为城市生态安全格局构建是一个涉及多尺度的区域综合问题，必须遵循以人为本原则、流域适应原则、区域协调原则和有限目标原则。城市化过程对区域生态过程的影响及其与周边地区之间的关联也成为目前研究的重要领域（刘菁华等，2018；周伟奇等，2018）。

### 3.2.6 区域生态学学科体系建设

人口剧增和人类对自然资源的开发利用促使全球生态环境发生急剧变化。区域生态学的发展开辟了以人类为关键组分、聚焦生态系统服务和区域可持续发展路径探讨的转型研究，通过权衡生态系统脆弱性和恢复力确保区域可持续发展。区域生态学在研究尺度上，将自然、经济、社会要素在区域发展中加以整合，使惠及人类福祉的生态系统服务在区域范围内价值最大化。从区域尺度研究生态学无疑是经济社会活动与生态学进化辩证统一的发展结果，是学科发展的必然。区域生态学学科体系目前仍在形成与发展时期。进一步推动区域生态学的学科体系建设，为区域生态问题提供系统化解决方案，成为当前区域生态学发展的重要战略议题。

为推动区域生态学的学科建设，中国生态学学会于 2017 年设置了区域生态学专业委员会。随后于 2018 年在云南昆明召开第一届区域生态学术研讨会，会议围绕区域生态学的基础理论、前沿与热点、区域生态学研究方法及其应用、城乡生态文明建设理论与实践、脆弱生态区生态保护与恢复、长江经济带发展与流域生态安全、高原山地生态安全与区域可持续发展、国际河流与跨境区域生态安全和区域生态系统服务评价与实践进行了专题报告和广泛探讨，开启了我国区域生态学研究的新的历史阶段。

### 3.2.7 区域生态学基础研究平台建设

目前，我国建设的国家重点实验室中，涉及区域生态学研究的实验室包括中国科学院生态环境研究中心的城市与区域生态国家重点实验室、中国科学院沈阳应用生态研究所的森林生态中国科学院重点实验室、北京师范大学的地表过程与资源生态国家重点实验室、环保部流域生态与水污染控制中心等科研单位。其中，城市与区域生态国家重点实验室是我国区域生态学研究的重要国家级平台。该实验室以城市和区域生态系统为研究，注重复合生态系统"结构-过程-格局-调控"的全面研究。在理论上，研究不同复合生态系统中人与自然的耦合机制与生态调控机理，发展复合生态系统生态学；在方法上，研究城市与区域生态系统评价与规划、生态保护与恢复的方法与措施，为复合生态系统调控与管理提供技术支持；在应用上，研究城市与区域生态安全保障机制，探索城乡生态建设与可持续发展模式，为国家及区域重大生态环境问题和可持续发展提供决策支持。

## 4 国内外研究比较

### 4.1 国际区域生态学发展

20 世纪 70 年代，空间规模的概念首次出现在生态领域（Schneider，2001），科学家意识到生态问题的区域性。1989 年 Brown 和 Maurer 在发表的文章中提出不同时空尺度上发生的生态现象之间具有耦合过程（Brown，1989），而普通生态实验通常假设生态区域同质性，从概念上消除了生态问题的时空相互作用（Hargrove，1992）。1995 年 James 在出版的 *Macroecology* 一书中提出宏生态学是解决生态地理问题的重要方法，强调按照传统生态学研究方法在时空尺度上做实验是不科学的（Blackburn and Gaston，2003）。为解决大尺度生态问题，区域生态学开始发展。区域生态学作为一门生物学和生态学领域新兴的交叉学科，其诞生到现在已有 30 余年，尽管区域生态学的学科理论以及知识体系还不够完善，但其在解决大尺度生态问题、维持社会可持续发展中发挥重要作用。

欧美两派对区域生态的研究重点不同，二者相辅相成，促进了区域生态学的发展。区域生态学的研究强调区域生态系统的整体性和综合性，研究重点从生物多样性和物种保护逐渐扩展到区域生态结构功能关系与复合生态系统等领域。从 20 世纪末期开始，与区域生态学相关的研究迅速引起国际关注，相关 SCI 论文发表数不断增加，到现在，每年的论文数高达 5000 篇，由此可见区域生态学发展迅速，其理论和研究方法得到了科学界的高度重视。从研究内容来看，生物多样性保护、区域生态系统结构、区域生态安全以及区域可持续发展是研究的重点。

在区域生态学发展初期，受技术发展的限制——仅靠收集科学信息、野外调查、定位观测等生态学技术无法获取足够多的区域生态信息（Farina，1993），区域生态学主要研究生物多样性以及物种组成等以揭示区域生态结构、功能之间的相互作用关系，从区域的视角探讨自然保护规划的策略。

20世纪末，随着遥感、卫星成像等空间信息技术迅速发展，生态学研究从生态系统尺度扩展景观、区域甚至全球尺度。强大的空间信息采集和处理技术使得区域生态学研究所需的数据更为充足且更为精确，能精准通过模型系统进行科学预测，揭示区域生态各要素之间的内在联系（高吉喜，2018）。在强有力的技术支撑下，科学家开始对区域生态安全、区域生态调控与优化开始深入研究。例如对热带森林的生态学研究，生态学家一直受到采样困难的困扰，遥感技术运用使其能够采集足够的数据，这些数据生成的生态学信息极大地推动了热带森林结构和动态的研究（Chambers et al.，2007）。

21世纪以来，经济发展与生态保护之间的矛盾越来越深，特别是中国科学家对区域生态学的研究，其研究范围从区域环境综合治理扩展到生态环境建设。人类的社会行为改变土地覆盖和利用方式，经济发展和人口结构改变对生态系统服务提出了更高要求。生态问题呈现出综合性、复杂性特征，而单一的生态学知识体系无法解决复杂的生态环境问题。为了社会经济可持续发展，社会-经济-自然复合生态的理论逐渐融入到区域生态学的知识体系中，同时生态学家开始与其他学科的专家、管理者、工程师等进行密切合作，从多个角度研究区域生态环境问题（Diego，2004），促进区域可持续发展。

## 4.2 国内外研究比较

区域生态学在中国的研究处于快速发展阶段，尽管尚未形成相对完整理论和研究范式，但区域生态学的理念已经深入到解决各种区域生态环境问题的实践中。但由于不同地区所面临的区域生态环境问题迥异，国内生态学家在对区域生态问题的研究过程中逐渐形成了自己的特点，与国际区域生态学研究既有共性也有差异。

### 4.2.1 关注的重点有所不同

国际上大多数发达国家已经进入工业发展后期，对于区域生态学的研究多偏向于大尺度生态空间格局、生物保护以及气候变化背景下区域之间的物流、能流问题；而我国仍处在快速的工业化和城市化进程中，社会发展使得资源与环境保护的矛盾日益突出；结合我国的实际情况，区域生态学研究更加关注对社会经济发展过程中出现的生态环境问题的解决（高吉喜，2018），比如区域生态安全以及区域社会-经济-自然复合系统的可持续等主题。

### 4.2.2 研究思路存在差异

对于区域生态问题的研究，其基本思路就是利用空间信息技术和数学模型等手段和区域集成的方法对区域生态环境问题进行分析、诊断、模拟和预测，并提出解决问题的方案。以欧美为例，学者更关注大尺度的生态环境问题，其主要目的是探索解决这些问题的先进理论和方法，以指导区域生态问题的解决。而我国区域生态学研究重点是根据国家政策对城市生态系统和几个主要自然生态系统进行规划性保护和修复。随着可持续发展理念的深入，我国区域生态学对复合生态系统理论以及城市下垫面改变对生态系统影响的研究也越来越重视。

### 4.2.3 研究手段存在差异

国内外区域生态学研究主要是通过先进的科学技术以及多学科专家的合作对实验数据进行处理和分

析。由于区域生态的复杂性，空间信息技术在研究中举足轻重，其对数据的采集和处理分析功能能够耦合区域各要素之间的相互作用，加上数学计算模型的运用，能够深入理解生态环境问题的动态过程。由于关注的区域生态重点以及学科发展进度不同，国际上侧重跨学科综合和统计分析方法，而国内偏向文献研究和问题导向研究方法。

## 5 未来发展趋势及展望

整体而言，面对当今我国和世界范围内严峻的生态环境问题，区域生态学具有鲜明的时代特色和重要使命，但其发展深化也面临着不少困难和挑战：①鉴于我国的特殊国情，目前仍需重点关注并致力解决经济快速发展过程中不断出现的各类突出生态环境问题，服务国家和人民的重大关切，为区域乃至国家生态安全以及社会自然复合系统的可持续性提供重要科技支撑。因此，具体研究的视角需要更加宽广、系统和综合，亟需进一步整合社会经济系统与自然生态系统，瞄准区域性和综合性的生态环境问题；②研究目标和方法手段有待聚焦与创新，需要由单纯的机理研究和方法论探讨转向服务区域生态保护、社会经济发展和人类福祉的可持续性研究，在此基础上修正并完善区域生态学的技术框架、理论体系和评估方法；③研究内容要耦合社会生态和经济层面，侧重解决区域实际问题。从格局、过程、功能三位一体理论解决区域问题，从生态环境与社会经济发展适宜角度解决人地关系问题。为此，区域生态学需进一步清晰界定科学内涵和目标框架，丰富和完善学科理论体系，明确学科理论支撑与核心内容，进一步探索定性、定量与半定量相结合的区域生态学研究方法，不断丰富和完善区域生态学科体系和实质内涵，服务地方和国家实际需求。

随着科学技术进步和研究实践不断积累，区域生态学将得到长足发展，研究方法和研究手段得到进一步改进和完善，学科体系进一步健全，为从根本上解决区域生态环境问题提供了科学指导和重要支撑。同时，由于区域生态环境问题的形成机制和影响因素复杂多变，区域生态学的理论方法和技术体系仍需随着时代发展不断完善。区域生态学未来发展需要重点考虑以下方面。

### 5.1 进一步完善学科体系，突出重点研究领域

在区域生态学的学科发展中，可借鉴"格局-过程-服务-可持续性"研究范式（赵文武和王亚萍，2016；Fu and Wei，2018）。在格局分析层面，更深入地揭示区域生态系统空间格局变化机制；在过程描述层面，关注全球气候变化的区域响应，人类活动对区域地表过程的影响（蔡运龙等，2009）；在服务评估和可持续管理层面，解析生态系统服务和人类福祉的关系，明晰灾害形成机制并进行综合风险防范，为自然资源开发与保护提供决策支持等（李双成等，2011）。在生态系统服务、生态安全格局等研究领域，区域生态学与区域自然地理学已经实现了深度融合。作为区域生态学学科发展重要理论与实际需求，以区域"生产、生活、生态""资源、资本、资产"等关键对象为抓手，在认知上进一步明晰区域生态结构、过程和功能的关系，在实践中进一步优化区域生态安全的保障途径，从而为区域生态文明建设提供科学支撑，可以为区域生态学学科发展路线提供重要引导。

### 5.2 进一步加强基础支撑、促进区域生态综合研究

基于过去获取的数据、知识和成果，人们对生态格局和生态过程变化的认知上升到新的高度，并逐步实现了生态预测和调控管理。野外采样、遥感观测和台站网络的监测多方数据积累是区域生态学研究的基础。当前系统性的综合研究涉及多学科多尺度，使得区域生态学的研究问题越来越多样化，数据收集、分析和整合的方法仍然有很大的发展空间。因此，多源异构数据的融合成为区域生态综合研究的迫切需要。区域生态学变量之间的关系常常不是固定的，随着尺度的变化，控制因素也会发生相应的变化，

不同因素在不同时空尺度上时常具有不同的重要性。因此，尺度转换是解决区域生态问题的重要途径，尺度转换过程中对格局和过程的耦合是区域生态研究的关键。目前，过程模型的广泛应用对参数的准确性提出了新的需求，因此有必要发展数据同化技术，利用地面观测数据及遥感数据，优化模型参数，提高模拟精度，系统分析各区域的空间格局特点与动态变化。

### 5.3 面向国家发展战略和重大需求的区域生态学研究

顺应联合国提出 2030 年全球可持续发展的目标，我国正逐步构建适应本地的评价指标体系，体系的建设和目标的完成亟需区域生态学的支撑。区域生态学的研究思路有多元综合、问题导向和系统思维的特点，成为传统生态学向宏观、多维度、多学科交叉与综合和社会需求的深化与拓展提供了重要途径和新的机遇。应对机遇和挑战，区域生态学应该加强人与自然关系耦合、区域之间的相互作用与反馈、区域或跨区域生态保护与恢复、人类活动及其区域生态效应、区域经济发展与生态系统服务及人类福祉提升等科学议题的研究，并进一步在深化机理研究的同时，为推进社会实践和科学决策提供解决方案（傅伯杰，2017）。在面向社会实践需求开展跨尺度、多维度区域生态研究与实践的基础上，加快完善区域生态学的理论与方法体系，是新时代区域生态学进一步发展的重要任务。

### 5.4 未来的研究热点领域和方向

近年来，社会和经济的发展加重了区域生态环境问题，各种大尺度的生态环境问题层出不穷，全球气候变化、生物入侵等情况愈来愈严重，生态学家开始把研究重点放在气候变化对区域生态系统的影响上，以应对气温升高带来的社会经济影响。同时科学技术的发展使得对区域生态的研究可以继续扩大范围，跨国域合作的生态研究已经成为重要的发展方向。

（1）物种多样性梯度变化：物种多样性一直是生态学的基础研究内容之一，发展至今，区域生态学开始注重研究物种多样性的梯度变化，研究的主要内容是物种沿纬度梯度和海拔梯度的变化。物种丰富度从赤道向两极递减的关系是该领域的一个研究重点，而探究物种丰富度分布格局的原因是理解这一变化规律的重要研究内容（Laiolo et al.，2018；Borghini et al.，2016）。

（2）生物多样性保护与区域生态安全：外来物种入侵、物种分布等生物保护问题是区域生态学的重点研究内容。全球经济一体化的发展让物种扩大了分布范围，但物种的生存受周围环境影响极大，物种的引入应考虑整个区域的生态环境特征，避免出现或加重区域生态问题。同时由于生态系统破坏和生物栖息地锐减，加强生物多样性保护迫在眉睫。在保护生物学中需要结合区域生态学理论进行科学规划和管理，才能使物种多样性得到有效维持。

（3）气候变化与区域生态系统响应：21 世纪后，气候变化成为全球性的环境问题，其对区域生态系统的影响不可忽视。该领域的研究主要关注气候变化对区域物种分布及丰富度、区域生态系统恢复能力以及生物地球化学循环的影响等。比如，因气温升高致使森林火灾概率增大，森林对气候变化的适应能力等成为全球关注的热点问题（Stevens et al.，2018）。区域碳循环也是气候变化研究的热点，其循环过程极易受到人类活动和气候变化的影响，目前的研究主要集中于探讨影响碳循环的因素及其机理，以促进区域可持续发展；但现有模型不能耦合所有影响因素，对碳循环的研究还需要不断发展技术以深入了解（Sitch et al.，2015）。

（4）城市生态格局与人居环境健康：随着可持续发展理念的提出，为缓解经济发展对生态的影响，城市生态成为区域生态新兴的研究热点。城市化导致自然生境破碎或丧失，人工生境对生物的影响不可忽视，目前已有学者通过基因技术研究城市化对生物的影响。同时大量土地利用方式发生改变，其中工业活动对城市生态的影响巨大，为维持城市生态的安全，利用复合生态系统理论协调社会与自然之间的关系十分重要。

（5）区域生态系统服务功能评价与生态补偿：区域生态系统的服务功能是其最主要的功能，也是与人类关系最为密切的功能之一。社会对自然生态系统的开发导致其生态功能受损，反过来又会影响人类社会。土地和气候是影响生态服务功能的重要因素，土地面积的锐减影响依靠生物多样性提供服务的生态系统，气候的变化从多方面影响生态系统服务功能，结合区域生态学理论对大型生态系统进行保护有助于维持其生态服务功能。

## 参 考 文 献

边得会, 曹勇宏, 何春光, 等. 2016. 生态健康、生态风险、生态安全概念辨析. 环境保护科学, 42(5): 71-75.
蔡运龙, 宋长青, 冷疏影. 2009. 中国自然地理学的发展趋势与优先领域. 地理科学, 29(5): 619-626.
陈利顶, 郭书海, 姜昌亮. 2006. 西气东输工程沿线地区生态系统评价与生态安全. 北京: 科学出版社.
陈利顶, 景永才, 孙然好. 2018. 城市生态安全格局构建：目标、原则和基本框架. 生态学报, 38(12): 4101-4108.
陈利顶, 周伟奇, 韩立建, 等. 2016. 京津冀城市群地区生态安全格局构建与保障对策. 生态学报, 36(22): 7125-7129.
戴尔阜, 王晓莉, 朱建佳, 等. 2015. 生态系统服务权衡/协同研究进展与趋势展望. 地球科学进展, 30: 1250-1259.
杜元伟, 周雯, 秦曼, 等. 2018. 基于网络分析法的海洋生态承载力评价及贡献因素研究. 海洋环境科学, 37(6): 899-906.
范玉龙, 胡楠, 丁圣彦, 等. 2016. 陆地生态系统服务与生物多样性研究进展. 生态学报, 36(15): 4583-4593.
傅伯杰. 2017. 地理学：从知识、科学到决策. 地理学报, 72(11): 1923-1932.
傅伯杰. 2018. 新时代自然地理学发展的思考. 地理科学进展, 37(1): 1-7.
傅伯杰, 张立伟. 2014. 土地利用变化与生态系统服务：概念、方法与进展. 地理科学进展, 33(4): 441-446.
傅伯杰, 陈利顶, 马克明, 等. 2001. 景观生态学原理及应用. 北京: 科学出版社.
高吉喜. 2001. 可持续发展理论探索. 北京: 中国环境科学出版社.
高吉喜. 2013. 区域生态学基本理论探索. 中国环境科学, 33(7): 1252-1262.
高吉喜. 2018. 区域生态学核心理论探究. 科学通报, 63(8): 693-700.
高吉喜, 陈艳梅, 田美荣, 等. 2015. 区域生态学. 北京: 科学出版社.
巩杰, 柳冬青, 马学成, 等. 2017. 甘肃省白龙江流域生态承载力的时空变化. 水土保持通报, 37(6): 242-247.
巩杰, 赵彩霞, 谢余初, 等. 2014. 基于景观格局的甘肃白龙江流域生态风险评价与管理. 应用生态学报, 25(7): 2041-2048.
胡喜生, 洪伟, 吴承祯. 2013. 土地生态系统服务功能价值动态估算模型的改进与应用——以福州市为例. 资源科学, 35: 30-41.
江凌, 肖燚, 饶恩明, 等. 2016. 内蒙古土地利用变化对生态系统防风固沙功能的影响. 生态学报, 36(12): 3734-3747.
黎斌, 何建华, 屈赛, 等. 2018. 基于贝叶斯网络的城市生态红线划定方法. 生态学报, 38(3): 800-811.
李双成, 许学工, 蔡运龙. 2011. 自然地理学方法研究与学科发展. 中国科学院院刊, 26(4): 399-406.
李双成, 张才玉, 刘金龙, 等. 2013. 生态系统服务权衡与协同研究进展及地理学研究议题. 地理研究, 32: 1379-1390.
李维佳, 马琳, 臧振华, 等. 2018. 基于生态红线的洱海流域生态安全格局构建. 北京林业大学学报, 40(7): 87-95.
李一蒙, 马建华, 刘德新, 等. 2015. 开封城市土壤重金属污染及潜在生态风险评价. 环境科学, 36(3): 1037-1044.
刘国华. 2016. 西南生态安全格局形成机制及演变机理. 生态学报, 36(22): 7088-7091.
刘菁华, 李伟峰, 周伟奇, 等. 2018. 京津冀城市群扩张模式对区域生态安全的影响预测. 生态学报, 38(5): 1650-1660.
马世骏. 1990. 现代生态学透视. 北京: 科学出版社.
马世骏, 王如松. 1984. 社会-经济-自然复合生态系统. 生态学报, (1): 1-9.
蒙吉军, 赵春红, 刘明达. 2011. 基于土地利用变化的区域生态安全评价——以鄂尔多斯市为例. 自然资源学报, 26(4): 578-590.
蒙吉军, 朱利凯, 杨倩, 等. 2012. 鄂尔多斯市土地利用生态安全格局构建. 生态学报, 32(21): 6755-6766.
欧阳志云, 王如松. 2005. 区域生态规划理论和方法. 北京: 化学工业出版社.

潘韬, 吴绍洪, 戴尔阜, 等. 2013. 基于 InVEST 模型的三江源区生态系统水源供给服务时空变化. 应用生态学报, 24(1): 183-189.

彭宗波, 蒋英, 蒋菊生. 2012. 区域生态学研究热点及进展. 生态科学, 31: 92-97.

浦汉昕, 陈定茂, 杨明华, 等. 1988. 贵州省区域生态系统特征分析. 生态学报, 12: 298-303.

宋豫秦, 王群超. 2011. 基于能值生态足迹的浙江省可持续发展分析. 长江流域资源与环境, 20(11): 1285-1290.

唐呈瑞, 逯承鹏, 杨青, 等. 2017. 东北老工业区生态安全动态演变过程及驱动力. 生态学报, 37(22): 7474-7482.

田均良. 2010. 黄土高原生态建设环境效应研究. 北京: 科学出版社.

王如松, 周启星, 胡聃. 2000. 城市可持续发展的生态调控方法. 北京: 气象出版社.

吴歌, 符素华, 杨艳芬, 等. 2018. 2006—2014 年延安市生态足迹和承载力变化分析. 水土保持研究, 25(6): 259-264.

吴健生, 乔娜, 彭建, 等. 2013. 露天矿区景观生态风险空间分异. 生态学报, 33(12): 3816-3824.

吴人坚. 2012. 中国区域发展生态学. 南京: 东南大学出版社.

谢高地, 肖玉, 鲁春霞. 2006. 生态系统服务研究: 进展、局限和基本范式. 植物生态学报, 30(2): 191-199.

谢高地, 张彩霞, 张雷明, 等. 2015. 基于单位面积价值当量因子的生态系统服务价值化方法改进. 自然资源学报, 30: 1243-1254.

徐中民, 张志强, 程国栋, 等. 2003. 中国 1999 年生态足迹计算与发展能力分析. 应用生态学报, 14(2): 280-285.

许学工, 林辉平, 付在毅, 等. 2001. 黄河三角洲湿地区域生态风险评价. 北京大学学报(自然科学版), (1): 111-120.

许妍, 高俊峰, 郭建科. 2013. 太湖流域生态风险评价. 生态学报, 33(9): 2896-2906.

薛玲, 曹江, 营张树, 等. 1996. 黄土高原区煤矿排土场复垦及区域生态恢复示范工程. 环境科学, 2: 60-63.

薛阳, 冯银虎, 赵栩, 等. 2018. 中国北方煤炭资源富集区生态承载力评价研究. 中国煤炭, 44(2): 130-134.

杨璐迪, 曾晨, 焦利民, 等. 2017. 基于生态足迹的武汉城市圈生态承载力评价和生态补偿研究. 长江流域资源与环境, 26(9): 1332-1341.

杨文治, 余存祖. 1992. 黄土高原区域治理与评价. 北京: 科学出版社.

叶菁, 谢巧巧, 谭宁焱. 2017. 基于生态承载力的国土空间开发布局方法研究. 农业工程学报, (11): 270-279.

叶鑫, 邹长新, 刘国华, 等. 2018. 生态安全格局研究的主要内容与进展. 生态学报, 38(10): 3382-3392.

于贵瑞, 于秀波. 2014. 近年来生态学研究热点透视——基于"中国生态大讲堂"100 期主题演讲的总结. 地理科学进展, 33: 925-930.

于振良. 2016. 生态学的现状与发展趋势. 北京: 高等教育出版社.

曾维特, 杨永鹏, 张东强, 等. 2018. 海南岛北部海湾沉积物重金属来源、分布主控因素及生态风险评价. 环境科学, 39(3): 1085-1094.

张小飞, 王如松, 李正国, 等. 2011. 城市综合生态风险评价——以淮北市城区为例. 生态学报, 31(20): 6204-6214.

张雪琪, 满苏尔·沙比提, 马国飞. 2018. 基于生态足迹改进模型的叶尔羌河平原绿洲生态安全评价. 生态与农村环境学报, 34(9): 840-849.

张志强, 徐中民, 程国栋, 等. 2000. 中国西部 12 省(区市)的生态足迹. 地理学报, (5): 598-609.

赵东升, 郭彩赟, 郑度, 等. 2019. 生态承载力研究进展. 生态学报, 39(2): 399-410.

赵文武, 刘月, 冯强, 等. 2018. 人地系统耦合框架下的生态系统服务. 地理科学进展, 37(1): 139-151.

赵文武, 王亚萍. 2016. 1981—2015 年我国大陆地区景观生态学研究文献分析. 生态学报, 36(23): 7886-7896.

郑新奇, 王爱萍. 2000. 基于 RS 与 GIS 的区域生态环境质量综合评价研究——以山东省为例. 环境科学学报, 20(4): 489-493.

周伟奇, 王坤, 虞文娟, 等. 城市与区域生态关联研究进展. 生态学报, 37(15): 5238-5245.

朱高立, 王雪琪, 李发志, 等. 2017. 基于改进三维生态足迹的盐城市自然资本利用特征研究. 土壤通报, 48(6): 1304-1311.

朱艳景, 张彦, 高思, 等. 2015. 生态风险评价方法学研究进展与评价模型选择. 城市环境与城市生态, (1): 17-21.

Forman R T. 1996. 景观与区域生态学的一般原理. 生态学杂志, 15(3): 73-79.

UNDP. 1987. 我们共同的未来. 吉林: 吉林人民出版社.

Blackburn T M, Gaston K J. 2003. Introduction: why macroecology? In Blackburn T M and Gaston K J(ed)Macroecology: concepts and consequences. Oxford: Blackwell Science.

Borghini F, Colacevich A, Caruso T, et al. 2016. Algal biomass and pigments along a latitudinal gradient in Victoria Land lakes, East Antarctica. Polar Research, 35(1): 20703.

Brown J H. 1989. Macroecology: The division of food and space among species on contients. Science, 243: 1145-1150.

Brown J H. 1995. Macroecology. Chicago: University of Chicago Press.

Brown J H. 1999. Macroecology: Progress and prospect. Oikos, 87: 3-14.

Brown J H, Maurer B A. 1989. Macroecology: The division of food and space among species on continents. Science, 243: 1145-1150.

Chambers J Q, Morton D C, Saatch S S, et al. 2007. Regional ecosystem structure and function: ecological insights from remote sensing of tropical forests. Trends In Ecology & Evolution, 22(8): 414-423.

Diego P. Vázquez. 2004. K. J. Gaston, the structure and dynamics of geographic ranges. Biological Conservation, 122(4): 649.

Farina A.1993. Editorial comment-From global to regional landscape ecology. Landscape Ecology, 8(3): 153-154.

Feike T, Mamitimin Y, Li L, et al. 2015. Development of agricultural land and water use and its driving forces along the Aksu and Tarim River, PR China. Environmental Earth Sciences, 73: 517-531.

Feng Q, Zhao W W, Fu B J, et al. 2017. Ecosystem service trade-offs and their influencing factors A case study in the Loess Plateau of China. Science of the Total Environment, 607-608: 1250-1263.

Feng X, Fu B, Piao S, et al. 2016. Revegetation in China's Loess Plateau is approaching sustainable water resource limits. Nature Climate Change, 6: 1019-1024.

Feng X M, Fu B J, Lu N, et al. 2013. How ecological restoration alters ecosystem services: an analysis of carbon sequestration in China's Loess Plateau. Scientific Reports, 3: 2846.

Freckleton R P, Pagel M, Harvey P. 2003. Comparative methods for adaptive radiations. In Blackburn T M and Gaston K J(ed)Macroecology: concepts and consequences. Oxford: Blackwell Science.

Fu B, Wei Y P. 2018. Editorial overview: Keeping fit in the dynamics of coupled natural and human systems. Current Opinion in Environmental Sustainability, 33: A1-A4.

Fu J, Zhao C P, Luo Y P, et al. 2014. Heavy metals in surface sediments of the Jialu River, China: Their relations to environmental factors. Journal of Hazardous Materials, 270: 102-109.

Hargrove W W. 1992. Pseudoreplication - A sine-qua-bon for regional ecology. Landscape Ecology, 6(4): 251-258.

He X R, Pang Y, Song X J, et al. 2014. Distribution, sources and ecological risk assessment of PAHs in surface sediments from Guan River Estuary, China. Marine Pollution Bulletin, 80: 52-58.

Hu X S, Wu C Z, Hong W, et al. 2014. Forest cover change and its drivers in the upstream area of the Minjiang River, China. Ecological Indicators, 46: 121-128.

Jiang Y H, Li M X, Guo C S, et al. 2014. Distribution and ecological risk of antibiotics in a typical effluent-receiving river (Wangyang River) in north China. Chemosphere, 112: 267-274.

Kareiva P, Tallis H, Ricketts T H, et al. 2011. Natural capital: Theory and practice of mapping ecosystem services. Oxford, UK: Oxford University Press.

Laiolo P, Pato J, Obeso J R. 2018. Ecological and evolutionary drivers of the elevational gradient of diversity. Ecology Letters, 21(7): 1022-1032.

Li F, Ye Y P, Song B W, et al. 2014. Assessing the changes in land use and ecosystem services in Changzhou municipality, Peoples' Republic of China, 1991-2006. Ecological Indicators, 42: 95-103.

Li G D, Sun S A, Fang C L. 2018. The varying driving forces of urban expansion in China: Insights from a spatial-temporal analysis. Landscape and Urban Planning, 174: 63-77.

Liu J G, Dietz T, Stephen C, et al. 2007. Complexity of Coupled Human and Natural Systems. Science, 317: 1513-1516.

Millennium Ecosystem Assessment (MEA). 2005. Ecosystems and human well-being: global assessment reports.

Richard T T, Forman. 1995. Some general principles of landscape and regional ecology. Landscape Ecology, 10(3): 133-142.

Schneider D C. 2001. The rise of the concept of scale in ecology. Bioscience, 51(7): 545-553.

Sitch S, Friedlingstein P, Gruber N, et al. 2015. Recent trends and drivers of regional sources and sinks of carbon dioxide. Biogeosciences, 12(3): 653-679.

Stevens R C S, Kemp K B, Higuera P E, et al. 2018. Evidence for declining forest resilience to wildfires under climate change. Ecology Letters, 21(2): 243-252.

Tian L, Chen J Q, Yu S X. 2014. Coupled dynamics of urban landscape pattern and socioeconomic drivers in Shenzhen, China. Landscape Ecology, 29: 715-727.

Wang S X, Wu B, Yang P N. 2014. Assessing the changes in land use and ecosystem services in an oasis agricultural region of Yanqi Basin, Northwest China. Environmental Monitoring and Assessment, 186: 8343-8357.

Wang Y Q, Yang L Y, Kong L H, et al. 2015. Spatial distribution, ecological risk assessment and source identification for heavy metals in surface sediments from Dongping Lake, Shandong, East China. Catena, 125: 200-205.

Wu G, Gao Y, Wang Y, et al. 2015. Land-use/land cover changes and their driving forces around wetlands in Shangri-La County, Yunnan Province, China. International Journal of Sustainable Development and World Ecology, 22: 110-116.

Xu H, Paerl H W, Qin B, et al. 2015. Determining Critical Nutrient Thresholds Needed to Control Harmful Cyanobacterial Blooms in Eutrophic Lake Taihu, China. Environmental Science & Technology, 49: 1051-1059.

Yang S Q, Zhao W W, Liu Y X, et al. 2018. Influence of land use change on the ecosystem service trade-offs in the ecological restoration area: Dynamics and scenarios in the Yanhe watershed, China. Science of the Total Environment, 644: 556-566.

Zhang Z Y, Li J Y, Mamat Z, et al. 2016. Sources identification and pollution evaluation of heavy metals in the surface sediments of Bortala River, Northwest China. Ecotoxicology and Environmental Safety, 126: 94-101.

Zhao X W, Gao Q, Yue Y J, et al. 2018. A System Analysis on Steppe Sustainability and Its Driving Forces-A Case Study in China. Sustainability, 10(1): 233-251.

撰稿人：陈利顶，吕一河，卫 伟，赵文武，冯晓明

# 第7章 全球变化生态学研究进展

## 1 引　言

工业文明的发展带来了诸多的负面影响，如自然资源的不合理开发和利用、环境污染、气候变暖、臭氧层空洞，等等，引发了人类对于全球变化的关注。以"生产力和人类福利的生物学基础"为主题的国际生物学计划（IBP 计划）于 1974 年结束。取而代之的人与生物圈计划（MAB 计划）在早期仍然关注没有人类干扰的自然系统的特征和过程的研究。1986 年在进行 MAB 计划第二阶段研究时，提出了应当把人类当作生态系统的一员，而不是局外者来看待的思想，强调加强人类活动对生态系统结构和功能的影响、资源的管理与恢复等方面的研究。几乎是在同一时期，由国际科学联合会（ICSU）发起、组织的国际地圈生物圈研究计划（IGBP）带动了全球变化研究的全面发展，生态学研究中引入了全球变化的概念和内容。

早在 20 世纪 90 年代初期，美国生态学会提出了新时期生态学研究的三个方向：全球变化、生物多样性、可持续发展。随后，国际生态学会认可了这三个方向并向全球推广。全球变化生态学作为生态学的主要研究方向正式确立。

在生态学的学科划分上，如果根据生命组建水平，可以划分为个体生态学、种群生态学、群落生态学、生态系统生态学、景观生态学、区域生态学和全球生态学。全球生态学被定义为"研究较大尺度，乃至全球范围的大气圈、地圈、水圈和生物圈组成的复合系统的结构、功能以及变化过程为目标，重点研究全球变化领域中的基本生态学问题以及它们之间的相互关系，为预测全球生态系统的变化，以及人类采取相应的对策提供理论依据"（方精云等，2002）。从学科发展来看，全球变化生态学（Global Change Biology）涉及各个生命组建水平，当然也包含了全球生态学关注的地球各圈层相互作用的水平。

纵观近 30 年的生态学发展，全球变化生态学在全球变化对植被分布的影响、对植被物候的影响、对生物多样性的影响、对碳循环的影响等方面取得了长足的进展。全球变化生态学也为生物多样性保护和可持续发展提供了科学基础与支撑。本章将重点探讨全球变化生态学的关键科学问题及其发展现状，并对学科的未来发展进行展望。

## 2 学科 40 年发展历程

### 2.1 全球变化研究

20 世纪 80 年代初，全球变化研究开始被提及。直到 1988 年，这年人们度过了有温度记录以来最热的夏天，变压器爆炸、旱灾严重等正是当时美国社会生活状况的真实写照。也正是由于该年的高温浩劫，敲响了全球气候变暖的警钟，全球变化研究正式进入科学家的视野。同年夏季，联合国环境规划署组织成立了政府间气候变化专门委员会（IPCC）。该委员会主要评估气候变化的相关科学，致力于探究全球气候变化的原因、特征以及气候变化对自然环境和人类社会的影响，并提出适应和缓和全球变化的可选方案。

气温升高、$CO_2$ 浓度增大、降水格局改变、氮沉降加剧以及土地利用变化等这些已查明存在的全球变化，直接或间接地改变了人类赖以生存的地球生态系统功能和结构、动植物的生长发育分布、生物多样性以及生态系统养分（如碳、氮、磷等）循环等过程，进而影响人类社会的生存和发展（Fang et al., 2002；Cong et al., 2012）。为探明人类社会在全球变化背景下所面临的具体挑战，探讨人类社会对全球变化的适应和缓和对策，世界气候研究计划（WCRP，1980）、国际地圈生物圈计划（IGBP，1986）、政府间气候变化专门委员会（IPCC，1988）、国际全球变化人为因素计划（IHDP，1990）以及生物多样性计划（DIVERSITAS，1991）等研究组织的成立和研究计划的陆续实施，推动了全球环境变化、地圈生物圈相互作用以及与人类社会密切相关的生态学研究。

## 2.2 全球变化生态学的发展阶段

全球变化生态学是近 40 年才开始发展的学科。全球变化生态学这一新兴综合学科主要解决全球变化背景下大尺度的生态环境问题（Schlesinger，2006），下文从三个阶段的特征来描述我国全球变化生态学的发展。

### 2.2.1 起步阶段：20 世纪 80 年代

20 世纪 80 年代是全球变化生态学研究的起步阶段，研究内容尚不全面，部分研究正处于认识和了解阶段，涉及的研究内容主要有生态系统碳循环、植物生长、生物多样性对全球变化的响应，全球变化背景下大气圈与生物圈的相互作用和未来全球变化预测等。我国作为 WCRP 的倡导者和 IGBP 的积极支持者，积极参与了国际全球变化研究计划的讨论、确定及实施。同时为解决我国存在的环境问题和实现可持续发展目标的迫切需求，结合我国独特的地域特征，我国科学家对国内全球变化问题进行了系列研究，并于 1986 年正式立项研究全球变化问题，取得了颇具中国特色的研究成果。1989 年我国科学家进行的南极考察，首次实施了大范围国际南极浅冰芯研究，以提取大时间尺度的全球变化信息（张志强和孙成权，1999）。

### 2.2.2 快速发展阶段：20 世纪 90 年代

20 世纪 90 年代开始，随着科学家们对全球变化影响陆地生态系统结构和过程机制的进一步认识和了解，同时伴随着实验设计技术的提高、地理信息系统和遥感等研究技术逐步发展以及生态模型的建立和优化，全球变化生态学研究的内容更加丰富，研究成果频出，全球变化生态学在该时期步入快速发展阶段。1990 年生物多样性计划（DIVERSITAS）的实施，使生物多样性问题受到全球范围的关注。1993 年第 13 次国际生物气象学会学术讨论会成立了物候研究工作组，将气候对生物生长发育期的影响作为主要的科学研究对象（张福春，1995），进一步推动了全球变化物候学研究的发展。张新时（1993）和慈龙骏（1994）等运用植被-气候分类现代工具预测了全球气候变化对我国植被生长及其分布演变趋势的影响。在这一时期，一些统计模型逐渐被生态学家发展完善为陆地生态系统过程机理模型，例如 CENTURY 模型、TEM 模型、Biome-BGC 模型以及 CASA 模型等在全球变化生态学研究中的使用，使得全球变化驱动的生态过程和结果更加清晰和可预测（Schimel，1995；Cao and woodward，1998）。

### 2.2.3 全面发展阶段：21 世纪初至今

进入 21 世纪以后，随着研究的不断深入，研究结果进一步证实了目前存在的全球变化正在改变陆地生态系统的格局和过程，而这些变化又通过反馈机制作用于全球变化。为了深入了解和认识全球变化对陆地生态系统的影响机制和陆地生态系统的反馈机制，以及如何缓解随之而来的负效应，科学家们一直在积极寻找最适的研究方案，这一时期也成为了全球变化生态学研究的全面发展阶段。

在这一阶段，全球变化生态学研究成为生态学领域的热点学科。主要特点包括：空间对地观测技术大跨步发展，从地球外部空间对地球表面进行大尺度时空监测的遥感技术逐渐成熟，遥感卫星数据成为研究陆地生态系统对全球变化响应研究的重要数据源。大尺度的区域、全球性研究成为主流，研究时更加注重区域间的响应差异分析（Zhou et al., 2001；Shen et al., 2015）。早在 1963 年，我国就开始了全国性的物候观测，陈效逑和张福春（2001）通过连续的物候观测数据分析了 1950～1998 年北京春季物候的变化及其对气候变化的响应。2002 年，我国建立运行的中国陆地生态系统通量观测研究网络（ChinaFLUX），推动了国内全球变化背景下大尺度碳循环研究的快速发展。这一时期，生态模型成为模拟动植物生长、分布、多样性以及养分循环等生态过程变化的主流途径（Piao et al., 2013；Zhang et al., 2013），在 21 世纪初，Ni 等（2000）和赵茂盛等（2002）科研工作者就运用不同的机理模型模拟了全球气候变化对我国植被分布的影响，该类模型同样被广泛用于动植物生长发育及养分循环研究（Piao et al., 2011a），量化了全球变化对陆地生态系统的影响。

# 3 研 究 现 状

## 3.1 全球变化对植被分布的影响

全球变化已经改变了陆地植被的分布范围（Zhu et al., 2016）。通过生物物理和化学过程，陆地植被分布动态能够对全球气候产生反馈作用，在一定程度上重塑了区域生态环境。

全球变暖背景下，世界上多数地区的植被沿海拔/纬度/经度梯度呈现显著扩张的态势（Walther et al., 2002）。在全球 166 个树线样点中，52%的样点在近 100 年向高海拔爬升，而仅有 1%样点树线向低海拔退缩，且全球树线还不断向高纬度迁徙（Harsh et al., 2009；Kullman, 2018）。最近的研究还发现，过去 30 年来美国东部 63 个树种沿经度梯度向西部扩张明显（Fei et al., 2017）。近 50 年来，在美国阿拉斯加和中国西藏，灌木线沿海拔爬升（Wang et al., 2015；Dial et al., 2016），环北极地区灌木线正向极地快速扩张（Frost and Epstein, 2014）。沿经度梯度，灌木群落已入侵到萨瓦纳草原、沙漠和牧场中，但入侵幅度有待进一步研究（Naito and Cairns, 2011；Ropars et al., 2018）。随着 20 世纪气候变暖，在喜马拉雅山、中国台湾、落基山、安第斯山等山区，58%~90%的草本植物向更高海拔迁徙（Morueta et al., 2015；Fadrique et al., 2018）。但有些地区的草本植物分布边界在变暖背景下向分布中心收缩（Colwell et al., 2008）。

全球变暖对植被内部格局、物种最适生态位等有深刻影响。气候变暖缓解了低温胁迫，可能导致耐寒植物的聚集分布型难以适应快速暖化的环境。由于植被入侵，植物丰度和组成将发生巨大变化（Greenwood and Jump, 2014），植物间的关系可能由协作转向中性乃至竞争（陈建国等，2011；Wang et al., 2016）。植物扩张可能导致植物分布的破碎化，也可能引起某些植物灭绝或被其他植物种取代（Colwell et al., 2008）。相对于低海拔地区，高山区复杂多样的环境为植物分布提供了丰富且相对稳定的生态位，成为剧变环境下的植物避难所（沈泽昊等，2017）。植物扩张或密度增加改变了栖息地状况，这对动物生存可能产生有利影响或致命威胁（Forrest et al., 2012；Olnes et al., 2017）。在降水亏缺的地区，气候暖干化导致了植物生长最适海拔的后退。

与全球变绿趋势相一致，中国植被的海拔分布范围有扩张趋势。在东北长白山区的岳桦（*Betula ermanii* Cham.）、华北五台山区的落叶松林以及关中太白山区的巴山冷杉（*Abies fargesii*）等在近百年来均表现出一定程度的扩张（Du et al., 2018；Dang et al., 2015）。华南地区的林线在近 50 年表现为上升趋势（张英，2012）。然而，半干旱地区森林未出现显著空间分布的变化（Liu et al., 2013；Wang et al., 2006）。

青藏高原拥有热带雨林至高山草甸的完成的植被垂直带以及北半球全球最高海拔的高山树线，对指示全球变化对高寒生态系统影响具有潜在的敏感性。随着纬度的升高，树线海拔从南至北呈现下降的趋势。沿着横断山区-祁连山的森林分布区，Liang 等（2016）的监测结果显示近百年来的气候变暖促进了青藏高原高山树线位置的上升，但是上升速率受种间关系的调控。另外，尽管高山树线爬升的幅度不同，所有的树线样地在过去100年来种群密度呈持续增加的趋势（Liang et al.，2011；Wang et al.，2016）。由于种群密度增加导致的竞争的加剧，反过来抑制了种群更新与树木的生长，从而缓冲了变暖的有利影响（Wang et al.，2016）。

青藏高原和喜马拉雅山半干旱区，高山树线和灌丛的生长受到降水的限制（Liang et al.，2012，2014），这为预测变暖背景下植被分布的变化带来不确定性。喜马拉雅山中段树线研究揭示，降水也是控制树线上升速率的关键因子（Sigdel et al.，2018）。香柏是青藏高原地区分布面积最广、海拔分布最高的常绿针叶灌木，形成了目前已知的全球最高海拔的灌木线（5280m）（Liang et al.，2012；Lu et al.，2018a）。与环北极地区灌木的大幅度扩张相比，过去100年青藏高原中部香柏灌木线保持稳定（Wang et al.，2015）。灌木线样地更新调查数据显示，香柏灌木线样地的更新在1600~1900年期间逐渐上升，并在1900~1940年期间达到最大值，随后急剧下降。香柏灌木的更新与夏季温度变化之间的关系由1600~1940年期间正相关，转变为随后的负相关关系。这意味着温度对更新的影响已经超过最优生态阈值，从而导致变暖引起的水分胁迫限制了香柏灌木的更新，从长时间尺度上揭示了高寒灌丛生态系统对气候变化的敏感性与脆弱性。

作为草本植物分布上限，草线对气候变化的响应开始引起研究者的关注。仅有的两项研究揭示，青海和西藏的草线没有因气候变暖而上升，但喜马拉雅山的草线爬升十分显著（Dolezal et al.，2016；Huang et al.，2018）。综上所述，变暖背景下，中国植被总体上具有向更高海拔扩张的趋势，植被变绿趋势明显。

植被扩张加对全球变暖起到缓冲作用（刘鸿雁和唐艳鸿，2017）。在环北极地区，木本植物扩张到裸露的苔原带上，对局地小气候和区域气候产生不同的效应。在冬半年，植被能够捕获大量的积雪，积雪绝热作用可增加地表温度0~2℃，但对气温的影响不显著。在夏半年，植被一方面通过遮荫作用降低地表温度0~5℃，另一方面通过减小地表反射率提高了冠层附近的气温（Jeong et al.，2012）。通过增强蒸腾作用、减小大气透明度、影响大气环流、增加碳积累等过程，热带、亚热带、温带森林对气候变化也起到负反馈作用（Bonan，2008）。在中国青藏高原，强辐射导致植被蒸腾降温效应主导了反馈过程，近几十年来植被活动增强对气候变暖形成了负反馈作用（Shen et al.，2015）。因此，全球植被活动对气候变化发挥着负反馈作用（Zeng et al.，2017）。

中国主导了地球变绿。中国占据了全球6.6%的植被面积，但近几十年来却贡献了全球25%的植被面积增加量（Chen et al.，2019）。通过化肥使用、现代灌溉技术、集约化经营等手段，过去40年来中国农作物种植面积增加了10.15%（国家统计局，2018）；而气候变暖、森林保护区的建设以及重大林业工程实施共同驱动了同期森林覆盖率的提高。基于8次全国森林资源连续清查数据，近40年来，中国森林覆盖率由12.70%提高到21.63%，净增森林面积8583万亿公顷（国家林业局中国森林生态系统服务功能评估项目组，2018）。此外，1982年以来，中国草地覆盖率增加了近5%（周伟等，2014）。研究揭示，中国新增植被面积的32%来自农业，42%来自森林（Chen et al.，2019）。

在快速的气候变化和城市化背景下，植被的社会与生态服务功能愈发凸显，中国森林在生态环境建设中的主体地位更加突出。1978~2018年期间，农作物种植总面积的大幅度增加为中国粮食安全与经济发展作出了重要贡献（国家统计局，2018）。近40年间，由于森林覆盖率显著增加，中国森林生态功能显著增强（国家林业局中国森林生态系统服务功能评估项目组，2018）。植被分布范围增加有助于实现中国经济、社会、生态效益的同步提高。

## 3.2 全球变化对植被物候的影响

"春华秋实，夏荣冬枯"这一系列的物候现象是植物生长韵律在视觉上最直接的表现。全球气候变化对北半球陆地生态系统的重要影响已经得到证实，而植被物候节律的变化作为陆地生态系统应对气候变化最直观的反应，是气候与自然环境变化的指示性指标，同时植被物候的动态变化亦可通过改变地表和大气之间能量交换反作用于气候变化（Richardson et al.，2013）。针对物候学的研究从古时服务于农业生产活动转变为现在辅助全球生态系统碳循环的研究，大尺度植被物候学研究已成为近年来国内外科学家持续关注的生态学问题之一。

### 3.2.1 物候学的研究方法

物候学在不同阶段研究侧重的目的不同，在研究手段和研究尺度上也经历了几个阶段的发展过程。我国最初期的物候记录于诗词当中，通过观测归纳得到口口相传的"节气歌"，这一时期物候研究主要服务于农业生产活动。

近代物候研究主要通过定点观测进行（Nasahara and Nagai，2015），系统的物候观测网络研究起源于欧洲瑞典，并不断发展逐步覆盖欧洲，最终建立网络物候资料收集系统。北美地区物候观测网络从 20 世纪 50 年代开始发展，并逐步壮大为目前最发达的物候观测网络之一。我国自新中国成立以来，在著名物候学家竺可桢先生的努力下，逐步形成了覆盖全国的物候观测网，物候观测工作稳定持续 40 余年后进入停滞期，21 世纪以来，由中国科学院地理与资源研究所牵头，物候观测逐渐恢复，且观测网络日益壮大（葛全胜等，2010）。物候观测记录的积累为长时间植被物候与气候变化研究提供了有利的研究依据，定点观测方式保证了观测数据的精度，但是在区域代表性上对于大尺度研究具有一定局限性。

20 世纪 80 年代开始对地观测技术的不断发展，最近十几年基于卫星数据的大尺度植被物候学研究取得了不少进展（Cong et al.，2013）。利用卫星数据提取植被物候信息主要基于各种植被指数，如 NDVI（归一化植被指数）、EVI（增强植被指数）、LAI（叶面积指数）、PPT（植被物候指数）等（Zhang et al.，2004；Jin et al.，2017），相关卫星产品的物候信息提取逐渐发展成熟（Cong et al.，2016；Zhang et al.，2017a）。但是由于卫星数据自身的局限性，以及滤波方法对不同区域不同物种估算物候信息的局限性，遥感方法提取的物候日期存在较大的不确定性（Cong et al.，2012；Ji and Brown，2017），目前尚且没有一个被国际公认的遥感方法作为物候提取的固定算法。

除了卫星数据广泛应用于物候信息提取之外，近年来无人机、数字相机、涡度相关、物候模型、叶绿素等也逐步得到应用（Hufkens et al.，2019），使物种尺度与区域尺度物候研究在尺度上得以较好地衔接（Klosterman et al.，2018），并进一步验证遥感物候的准确性（Richardson et al.，2007）。物候模型的发展让人们从机理机制上认识了植被物候对气候变化的响应。物候模型从早期相对简单的模式入手，逐步发展，考虑的物候相关要素也逐渐增多。部分物候模型将极端天气次数考虑到植被物候过程中（Schwartz and Marotz，1988），后期随着认识的加深，积温、冷激、光周期等因素引入到部分物候模型当中（Keenan and Richardson，2015）。

### 3.2.2 全球变化下植被物候的时空动态研究

植被春季物候在空间上呈现明显的纬度地带性（Vitasse et al.，2009），大尺度上表现为春季物候随着纬度升高春季萌发逐渐延后（Cong et al.，2012）。植被春季物候在局地高山高原地区，同样表现出海拔梯度的变化，植被春季物候随着海拔升高而推迟（Piao et al.，2011b；Wang et al.，2014）。

长期观测记录研究发现，北半球大部分地区植被近几十年春季萌动（开花、展叶等）出现提前现象（Menzel et al.，2006），欧洲东部地区部分物种春季物候出现推迟的现象（Ahas et al.，2002）。不同植被不同时间段春季物候提前的幅度和速率呈现较大差别（Schwartz et al.，2006）。大尺度的卫星数据研究表明，近 30 年来北半球植被春季物候表现为提前的变化趋势（Zeng et al.，2011；丛楠和沈妙根，2016）。北半球温度升高导致植被春季物候显著提前的变化特征在近年来的研究中不断得到证实（Cong et al.，2013），近年来对卫星植被指数的分析发现植被活动出现了"拐点"（Wang et al.，2011a；Piao et al.，2011c），相应的，部分地区植被春季物候变化特征也出现了停滞或推迟的现象（Yu et al.，2010）。

#### 3.2.3　植被物候的驱动机制研究

植被物候活动与温度的驱动作用直接相关，近几十年随着温度的升高导致北半球植被春秋物候提前已经得到证实（Jeong et al.，2011；丛楠和沈妙根，2016），而温度对植被物候的驱动方式也随着植被类型、水热环境等因素的改变而改变，近期研究指出植被春季物候对局地温度的响应呈现非线性特征（Park et al.，2015），部分物种对于冬季温度的冷暖不同以及白天和夜间温度也展现出对春季物候的非对称影响（Fu et al.，2016；Signarbieux et al.，2017）。而这种非线性响应方式可能与区域局地生境以及植被自身生命周期息息相关（Zhang et al.，2017b）。植被物候与温度的关系反映了植被自身的温度敏感性，因此，植被物候的温度敏感性逐渐成为物候学深入关注的一个生态学问题。观测记录显示不同物种的春季物候温度敏感性存在较大差异（Vitasse et al.，2009）。气候变化过程与加温实验对植被物候温度敏感性存在显著差异，这一差异可能是物种或水热环境差异造成的空间异质性（Ford et al.，2017）。

除了温度显著影响植被物候动态以外，生态系统中多种环境因素都对植被物候具有驱动作用，且这些因素之间相互作用，共同调节植被物候的时空动态变化。水分条件作为植物生长的另一个重要因素，在物候机理机制研究中也得到了充分的关注，不同形式的降水对各个阶段中植被物候的激发作用不同。早期研究发现植被春季物候与不同时期早春的降水关系不同（Piao et al.，2006）。近期研究指出冬季降水越多可导致森林生态系统春季物候开始延迟（Yun et al.，2018）；而冰雪的季节动态对植被物候动态也存在明显的影响（Jin et al.，2017）。进一步研究发现环境因子对物候存在交互作用，降水对植被物候的温度敏感性具有调节作用（Cong et al.，2013）；光照作为植被生长的一个必要因子，与水分也存在交互作用（Jones et al.，2014）。

在对物候与环境因子关系的研究基础上，物候学家不断改进优化物候模型（Güsewell et al.，2017），并深入探索植被物候动态的机理机制问题。研究表明，部分物种春季萌发需要一个冷激过程（Chen et al.，2017），即冬季低温累积对春季萌发具有触发作用。可见，持续的全球变暖虽然是植被提前萌动，但冬季变暖冷温不足反而不利于部分物种的春季生长。与此同时，几十年来的气候变暖，导致极端事件频发，对植被生命韵律带来负面影响（Kim et al.，2014）。

相对于春季物候与气候变化的研究工作，秋季物候的研究起步较晚，尚需要更加深入探讨。目前研究发现植被秋季物候的驱动因素与春季物候存在显著差别，对植被生态系统生产力的贡献也有所区别（Piao et al.，2008）。与此同时，秋季物候与春季物候作为植被生命年际循环的共同组成部分，二者之间具有显在或潜在的联动关系（Liu et al.，2016a；Cong et al.，2016）。近期研究也指出秋季物候的驱动方式更加复杂（Wu et al.，2018），因此，为了更加深刻认识全球变化中生态系统碳循环变化机制，有必要加强秋季物候和生长季的机理机制研究。

### 3.3　全球变化对生物多样性的影响

生物多样性表现在生命系统中从基因到生态系统的各个组织水平，是地球生命经过近40亿年进化的结果，是生命支撑系统，是多样化的生命实体群的特征，是所有生命系统的基本特征，包括所有植物、动物、微生物以及所有的生态系统及其形成的生态过程（马克平，1993；苏宏新和马克平，2010）。一般分为遗传多样性、物种多样性和生态系统多样性这三个部分。

#### 3.3.1　生物多样性对全球变化的响应

全球变化背景下，生物多样性已经发生了系列变化。而生物多样性作为人类赖以生存的物质基础，维持着生态系统平衡，还影响着生态系统的多种功能，改变生态系统的稳定性。使得生物多样性研究和保护成为人类社会重要问题之一。生物多样性研究从生物类型区分包括动物多样性研究、植物多样性研究和微生物多样性研究；而从生活范围上又可分为陆地生物多样性研究和海洋生物多样性研究；陆地生物多样性还可分为地上和地下生物多样性。

由于人类活动引起的土地利用变化是全球变化主要结果之一。在不同的空间尺度上，土地利用变化都是影响生物多样性和生态系统过程的主要因素（Sala et al.，2000）。土地利用变化被认为是降低生物多样性的主要驱动力（Zhao et al.，2006），改变了原有动植物和微生物的生存和栖息环境，特别是大量植被用地的减少直接降低了生态系统的植物多样性，以及随之减少的原有动物和微生物栖息环境和食物量，又导致了原有动物和微生物数量的降低，甚至某些物种的消失（Lavelle and Pashanasi，1989；Eggleton et al.，2002）。化石燃料的燃烧和农业化肥的大量使用，使大气氮沉降增加成为全球变化的主要问题之一（Reay et al.，2008）。氮沉降使生态系统氮可获得性发生一定程度的变化，氮沉降增加改变了土壤的理化性质，进而影响植物对营养元素的吸收，影响植物生长和群落结构，又间接改变植食者的动态。Boxman 等（1998）的 NITREX 试验通过人工施氮模拟氮沉降加剧，结果表明氮添加增加了土壤动物之间的竞争，降低了土壤动物的生物多样性。气候变化影响从生物体至生态系统所有级别的生物多样性，可能是影响物种丰富度的主要驱动力（Wang et al.，2011b）。气候变化能够诱导植被群落结构的改变，如温度升高、降水量增加可能加快某些植被类型的增长，而干旱现象或其他极端天气现象的增多则可能对植物的生长产生负效应。植物生长及植被结构的改变又进一步作用于其他动物和微生物的生长。气候变化引起的动植物物候变化可能进一步作用于动植物的营养关系，由于气候变化引起的生态系统阈值的改变将会导致生物群落发生某些不可逆转的变化（Liu et al.，2011；Leadley，2010）。青藏高原东北部的增温实验显著降低了植物多样性（Klein et al.，2004），降水格局的改变也对生物多样性产生了直接且显著的影响，降水增加了某些土壤动物的生物多样性（Wall et al.，2010；Landesman et al.，2011）。此外，全球变化引起的海温升高、海平面上升、海水酸化等也改变了海洋生态系统中某些生物的多样性，例如全球增温使中国东海浮游动物冷温种和暖温种数量大幅减少（徐兆礼，2011）。

### 3.3.2 生物多样性监测与分析方法

长期的地面监测是认识生物多样性变化的基础和重要方式。生态系统观测网络的建立，为大量生态问题的研究如生物多样性，提供了具体的观测分析数据，种群/群落尺度上的生物多样性研究取得了明显进展。遥感影像能够实现大面积的生态系统监测，进而识别出大尺度的生态系统过程，解决地面监测难以处理的某些生态问题，主要用于生态系统尺度的生物多样性监测。同时，为了定量研究全球变化对生物多样性的影响，生态学家一直在寻找生物多样性评价指标。在物种和群落或生态系统尺度上的生物多样性研究，全球变化生态学家主要使用 α-多样性、β-多样性以及 γ-多样性等指数来度量生物多样性。此外，随着 DNA 测序技术的发展，基于 ISSR、SRAP、RFLP 以及 AFLP 等分子标记技术被逐渐用于全球变化背景下的遗传多样性研究。

### 3.3.3 生物多样性与生态系统功能之间关系

经过 20 年的研究发现生物多样性的丧失对生态系统服务及功能有广泛而深远的影响，例如生物多样性的丧失导致生产力下降、养分循环失衡等（Tilman et al.，2012），同时生物多样性的丧失对生态系统的影响等于甚至超过了由人类活动引起的气候变化对生态系统的影响（Cardinale et al.，2011）。然而，人类社会的幸福感依赖于生态系统功能提供的产品和服务，因此在生态学研究中生物多样性与生态系统功能之间的关系成为生态学家关注的热点之一。

生物多样性与生态系统功能间关系的研究主要经历了生物多样性与生态系统单一功能和生态系统多功能之间关系的两个阶段。大量研究发现植物多样性越高，群落生产力越高、生态系统稳定性和抗入侵能力等也越强（Cardinale et al., 2013; Wright et al., 2015），而生物多样性丧失将降低生态系统功能（Loreau, 2000; Gross et al., 2014），意味着生物多样性对单一生态系统功能的正相关关系具有普适性（Cardinale et al., 2012）。但是基于青藏高原高寒草甸的研究发现，物种多样性对地上生物量的时间稳定性没有影响，其主要原因是由于温度和水分变化引起稀有物种的多样性变化，进而弱化多样性的作用（Ma et al., 2017），对生物多样性与生态系统功能的正相关关系提出了挑战。经过第一阶段的研究发现，研究者逐步意识到探究单一生态系统功能与生物多样性的关系不能准确揭示生物多样性丧失对生态系统功能的影响。因此分析及量化生物多样性丧失对生态系统多功能性的影响，以及单一生态系统功能与多生态系统功能对生物多样性丧失的响应是否一致等研究问题逐渐成为当前生态学研究的热点（Byrnes et al., 2014）。研究发现在不同研究尺度和环境因素影响下（模拟温度和降水变化），维持生态系统多功能比单一功能需要更多的物种（Maestre et al., 2012; Perkins et al., 2015），且多功能性对物种多样性丧失的响应更强烈（Gamfeldt et al., 2008），这可能由于只分析单一生态系统功能，往往会低估生物多样性对生态系统功能的影响（Lefcheck et al., 2015）。

目前关于生物多样性与生态系统多功能性研究主要集中在地上植被和某个生态系统尺度，物种多样性与生态系统多功能性之间关系缺少考虑时空变异以及土壤微生物多样性与生态系统多功能之间的研究（Pasari et al., 2013）。基于微宇宙实验，在典型草原群落中建立物种组成和多样性不同的土壤动物和微生物群落，并探究其对多生态系统功能的作用，研究发现生物多样性丧失和土壤群落组成的减少会降低生态系统的多功能性，并且随时间的推移会表现出越来越强的抑制作用（van der Heijden et al., 2015）。只有少量研究在分析物种多样性和多功能性之间关系考虑了不同时间、地点、功能和环境变化等因素，研究发现相对于同一尺度、地点及时间上的生态系统多功能性，多尺度上的功能多样性需要更多物种维持其生态系统功能稳定性（Isbell et al., 2011; Pasari et al., 2013）。

### 3.4 碳循环与全球变化对碳循环的影响研究

#### 3.4.1 碳循环研究

近 5~10 年来中国对于碳循环的研究在碳汇功能评估、碳储量状况调查、碳通量时空格局及其影响机制研究等方面取得了一系列重大进展。我国陆地生态系统 GPP、RE 和 NEP 随纬度增加呈线性下降的纬向变化规律（Chen et al., 2013, 2019; Yu et al., 2013），自西北到东南呈现上升趋势（Yao et al., 2018）；净初级生产力 NPP 自东南向西北逐渐减少（Tan et al., 2010）；GPP 与 RE 在空间格局上呈现同向偶联共变关系（Chen et al., 2015）。

碳汇功能评估：基于遥感、森林清查和通量观测等不同数据源，利用生态系统模型、大气反演、地理统计等方法，发现中国大部分地区都是潜在的碳汇，特别是中国东部、中亚热带和南亚热带地区出现了最大的潜在碳汇（Zhu et al., 2014），中国森林将成为未来 50 年的重要碳汇区（Xu et al., 2010）。夏季季风是导致中国碳汇变化的关键气候因素，由于光合作用和呼吸作用的非对称响应导致中国碳汇的增加（He et al., 2019）。同时，受东亚季风区充足的水热条件、年轻的林龄结构以及快速增加的大气氮沉降量影响，东亚季风区具有较高的碳吸收强度，在全球碳循环及碳汇功能中发挥着不可忽视的作用，这一发现挑战了欧美温带森林是主要碳汇功能区的传统观点（Yu et al., 2014）。此外，生态恢复对于我国碳汇的变化具有重要作用（Lu et al., 2018b）。

#### 3.4.2 全球变化对碳循环的影响

研究者们采用长期观测、野外调查、栏带研究、野外控制试验、生态系统模型模拟、卫星和航空遥感反演等研究手段来认识全球变化的不同方面对碳循环过程的影响。

1）气候变暖对碳循环的影响

温度升高将引起植被物候、光合作用强度、土壤有机碳含量、碳矿化过程、温度敏感性等发生一系列显著变化，影响生态系统碳循环（Zheng et al.，2009；He et al.，2012）。

全球变暖导致全球昼夜增温不对称，全球陆地夜间温度的上升速率是白天的1.4倍。不对称的昼夜和季节增温影响陆地碳循环。白天温度的升高有利于大部分寒带和温带湿润地区植被生长和生态系统固碳，但不利于温带干旱和半干旱地区植被生长。而在夜间，温度上升对植被生长的影响全然相反（Peng et al.，2013a）。

全球气候变暖引起的物候变化对陆地生态系统碳循环产生重要影响。在北半球高寒地区，由于植被光合最适温度低于生长季温度，未来升温仍有促进该区域植被生长的空间。而在热带雨林地区，植被光合最适温度与生长季温度十分接近，暗示未来升温不利于该地区植被生长（Huang et al.，2017）。气候变暖对生长季的草地生产力的影响不同，温暖和潮湿的春季导致生长季节初期草地生物量增加，而干燥的生长季导致后期草地生物量减少（Ma et al.，2010）。然而，植被对温度的适应性研究也指出，植物物候表现出对气候变暖的适应性，植被春季展叶期对春季温度的敏感性呈下降趋势（Fu et al.，2015）。由于春季温度的降低，北半球植被生产力原本呈现的显著增加的趋势表现出趋于停止甚至下降（Wang et al.，2011a）。

气候变暖与土壤碳库变化的研究表明，气候变暖有利于植被的生长，但由于土壤碳分解加剧，气温上升并没有显著加速青藏高原草原生态系统净碳吸收（Piao et al.，2012）。土壤温度升高增加了土壤有机碳分解，但同时草地生产力的提高增加了相应的土壤碳输入，青藏高山草原土壤有机碳保持相对稳定。而全球变暖等因素显著加速了热带原始森林的生长，增加森林NPP和生物质碳，从而吸收了更多的$CO_2$，加之毁林后的森林快速恢复，基本抵消了热带毁林导致的碳排放（Yang et al.，2009；Pan et al.，2011）。

2）降水变化对碳循环的影响

降水变化是全球变化的重要内容之一，不仅表现为降水总量的时空变化，还表现为降水频度及降水强度的改变，对陆地生态系统碳循环过程产生重要影响。研究表明，生态系统生物量和土壤碳库的空间格局和时间动态均与降水格局与变化密切相关（Wang et al.，2014；Fang et al.，2010）。降水与生态系统生产力的响应关系是解析未来降水时空格局变化对碳循环影响的重要理论基础。大量模型模拟指出，降水与生产力（GPP、NPP、ANPP和BNPP）之间是非对称的响应关系，表明大多数模型高估了干旱的负面影响，低估了降水增加对初级生产力的积极影响（Wu et al.，2018）。极端干旱极有可能会导致干旱区草地生态系统转变，预测未来生态系统状态的转变需加强对降水与ANPP的动态变化监测（Zhang et al.，2017b；Hu et al.，2018）。

降雨控制实验表明，降雨总量减少，土壤水分和土壤呼吸都会不同程度的下降，且对较潮湿地区的降水量减少反应更敏感，土壤呼吸对降水减少的敏感性随着环境温度的升高逐渐增强。但也有研究指出，降水增加会促进土壤呼吸，土壤呼吸对降水增加的敏感性随环境温度的升高没有显著变化（He et al.，2012；杨青霄等，2017；Liu et al.，2016b）。模型模拟和区域降水与生态系统生产力的关系表明，降水季节分配、强降雨日的频率、适度雨天频率、强降水事件和降水间隔都会对草地生态系统ANPP、BNPP和NEP产生不同程度的影响（Peng et al.，2013b；Guo et al.，2012）。

3）$CO_2$浓度升高对碳循环的影响

自工业革命以来，全球大气中的二氧化碳浓度迅速上升，被认为是气候变化的主要因素。大气$CO_2$浓度的变化会直接影响植物的光合作用，最终促进陆地净初级生产力和土壤碳储量的增加（Yue et al.，2017）。研究表明，大气$CO_2$浓度升高会促进植被NPP的增长和植物根系生物量的增加（Liu et al.，2018）。

大气$CO_2$浓度升高对土壤碳循环也有重要影响。$CO_2$富集可以改变微生物活性和溶解的有机碳周转，从而影响土壤碳储量（Fang et al.，2015）。研究表明，大气$CO_2$浓度升高可以促进土壤碳通量和土壤有机碳的增加（Liu et al., 2018）。但基于FACE实验和氮沉降模拟控制试验发现，$CO_2$富集会降低表层土壤溶解性碳含量，加剧土壤有机碳的活化与消耗，对中国北方半干旱农业生态系统中土壤碳的积累和稳定性产生不利影响（Fang et al., 2015; Li et al., 2015）。Piao等（2018）利用大气反演模型和陆地碳模型分析陆地净碳汇的最新变化及其驱动因素表明，$CO_2$施肥效应或气候变化并不能完全解释净碳汇的增加，土地利用变化导致的碳排放量的减少是净碳汇增加的主要原因。$CO_2$施肥效应仍存在很大的不确定性，特别是考虑到其与其他全球变化因素的相互作用。

4）氮沉降对碳循环的影响

大气氮沉降也是全球环境变化的要素之一，近几十年来，急剧增加的人类活动产生和排放了大量的活性氮，显著地改变了全球氮循环，导致全球尺度的大气氮沉降通量整体呈现增加的趋势，对植物生长、土壤碳储量、温室气体排放通量、土壤有机质分解多方面产生影响。

森林大气氮沉降和氮源输入的研究表明，温带森林是典型受氮限制的生态系统，土壤碳动态对外源性氮素输入的响应取决于施氮类型和剂量，$NO_x$的增加会促进植被的光合作用和净碳吸收，以及土壤的碳累积（Geng et al., 2017; Cheng et al., 2017）。东亚季风区的亚热带森林受季节性干旱影响限制了其固碳能力，但大气氮沉降的增加促进了其碳汇功能。氮输入抑制亚热带森林土壤真菌生物量和有机质分解酶活性，植物根系自养呼吸和微生物异养呼吸对氮输入的响应截然不同，两者的权衡关系决定了土壤$CO_2$排放对氮沉降增加的非线性响应格局（Wang et al., 2014）。在大兴安岭北方森林研究发现，长期缓慢的氮沉降输入会促进北方森林土壤$CH_4$吸收。在草地氮添加的研究中，中国北方温带草原氮添加促进了生长季的NEE，氮诱导的植物物种组成的变化强烈地调节了氮添加对温带草原碳固存的直接影响（Niu et al, 2010）。在青藏高原高寒草甸研究发现，长期缓慢的氮沉降输入不利于高寒草甸生态系统$CH_4$吸收和碳固定（Fang et al., 2014; Xu et al., 2014）。

## 4 国际趋势

通量观测、控制实验、微生物测序、同位素等研究手段在近40年间取得了快速的发展，极大地提高了我们对植物、微生物和土壤关键生态过程的观测能力，推进了我们对全球变化下生态系统结构与功能的响应与适应的全面认识，为模型模拟提供了机理支持和数据基础，也为陆地生态系统的可持续管理、气候变化应对政策的制定提供丰富的科学基础。本部分内容将从碳水循环、地上-地下关联、微生物结构与功能及土壤有机碳的形成与周转四个方面对相关研究的国际进展进行简述。

### 4.1 碳水耦合过程

近些年来，在全球范围内建立的大量基于生态系统尺度上的野外观测站点，通量、影像、光谱分析等监测技术方法得到广泛的应用，并逐渐形成全球尺度的观测网路（如FluxNet等），得益于这些研究平台，学术界对生态系统碳水循环关键过程的机理认识取得了一系列突破性进展，修正了一些长期存在的认识偏差。在对关键生态系统的碳水循环机制方面，新的观测结果也解决了一些长期存在争议的问题。以热带常绿森林的光合作用为例，该过程是影响陆地生态系统固碳潜力的关键因素之一，然而目前地球系统模型模拟的光合作用季节动态与野外通量塔观测存在明显的不一致性（Restrepo et al., 2017）。

在大量观测数据的积累，使得整合全球尺度上关键碳水生理生态参数的地理格局及调控机制成为可能。以气孔导度的研究为例，气孔过程是预测全球碳水循环变化的关键参数，但目前缺乏广泛适用的机理模型来预测气孔行为对全球变化的响应。根据全球不同植物功能类型和不同植物区系的气孔观测数据库，Lin等（2015）发现不同植物功能类型的气孔行为和其水分利用的边际碳成本密切相关，并发展了一个可参数化气孔导度的理论框架。这个理论框架可直接应用于地球系统模型中，来预测生态系统生产力，能量平衡和生态水文过程在区域及全球尺度上对未来气候情景的响应。此外,近年来的研究也表明气候变化引起的饱和水汽压差的变化对全球水循环起到非常重要的调控。在过去的研究中,生态系统水分胁迫通常用土壤水分的可利用性来表示,但最近对不同气候带生态系统的整合分析发现,生态系统生产力及蒸发散对大气水分含量的响应比对降水及土壤水分的变化更为敏感(Konings et al., 2017; Novick et al., 2016)。这表明,忽略大气水分含量的限制作用,可能会导致对未来气候条件下生态系统响应的错误预测(Novick et al., 2016)。

### 4.2 地上地下关系

生态系统地上和地下组成相互依赖,又彼此制约,是决定生态系统结构和功能的重要基础。全球变化可能改变了地上植物为地下分解过程提供的有机碳的组成和数量,从而影响到根系微生物、根系食草动物、病原体和共生体的能量和养分供应;而地下分解系统也可通过下行效应,影响分解,改变为植物所提供的养分的数量及季节分配等,从而间接调节植物生长和群落组成。因此,近年来,大量研究致力于解析全球变化,尤其是气候变化如何调控环境过滤的作用,从而影响地上和地下群落及其相互作用及生态系统的多功能性。这是因为气候是形成地上和地下群落的主要环境过滤器之一(Hilleris et al., 2012),特定的物种群仅在特定的降水和(或)温度范围内发生(Delgada et al., 2018)。然而,气候条件是动态的,如全球温度的上升和降雨格局的改变(Pacifici et al., 2015)。近年来大量的观测结果证明这些气候变化,不同程度的引起了地上(植物和动物)和地下(细菌、真菌、原生生物和土壤无脊椎动物)群落组成的变化,从而改变整个陆地生态系统碳氮循环等关键过程。

随着地上-地下关联过程的深入认识,越来越多生态学家意识到对生态系统关键过程的研究,需要对地上-地下群落及其相互关系进行整合观测和分析,才能全面理解生态系统结构和功能的调控机制。例如对群落结构的研究发现,气候变化的滞后作用解释了当前陆地生态系统地上和地下群落结构变异的很大一部分,而这是当前气候、土壤特性和管理等无法解释的(Delgada et al., 2018)。这项研究有效的预测气候变化下可能的赢家和输家,提高了全球变化背景下的群落构建动态预测的准确性。此外,国内全球氮循环的研究发现,地上植物氮再吸收速率和地下凋落物氮矿化速率互为消长。从两极到赤道,随着年均温和年降水量的增加,氮循环速度加快,生态系统中植物的氮获取途径由以地上的再吸收为主导转变为以地下的矿化过程为主导(Deng et al., 2018)。这项研究在全球变化下为养分供应如何制约生产力提供了理论基础。

### 4.3 微生物结构与功能

土壤微生物及其代谢活动在陆地生态系统碳和养分循环中起着至关重要的作用,对土壤微生物过程的研究有助于理解陆地生态系统对全球变化响应的生物机制,评估陆地生态系统碳循环应对气候变化的反馈能力(Bardgett et al., 2008)。高通量测序技术、基因芯片等新技术近10年间高速发展,将全球变化生态学中对微生物过程的研究从微生物量监测推进到微生物群落组成、多样性与生态功能的整合研究,全面提升了我们对碳和养分循环的认识能力。

微生物生物量碳在生态学研究中常用于表征土壤微生物的总活性和微生物代谢能力(Fierer et al., 2009)。这些年大量的控制实验研究表明受干旱强度和干旱频率导致的水分变化的影响,气候变暖可以增加或者降低土壤微生物量碳,氮沉降则可以抑制土壤微生物量碳,调节土壤微生物呼吸释放的碳,进而对气候变化产生正或者负的反馈作用(Walker et al., 2018)。在微生物碳的形成和周转过程中,微生物分泌的胞外酶执行不同的功能。例如,多酚氧化酶,葡萄糖苷酶参与碳分解,酸性磷酸酶参与磷矿化(Sinsabaugh et al., 2008)。一项全球整合分析的结果表明,增温、干旱、氮沉降都会抑制氧化酶活性,但是氮沉降提高了水解酶的活性(Xiao et al., 2018)。土壤酶的产生与微生物群落密切相关,例如,真菌更多的执行氧化酶的功能，细菌主要执行水解酶的功能。因此真细菌群落组成的变化可以反映功能的变化。目前基于磷酸脂肪酸（PLFA）提取发现增温和干旱提高土壤真细菌的比例，氮沉降则降低土壤真菌量（Rousk et al.，2013）。

随着实验手段和技术的不断推进，生态学家正在更深入的了解土壤微生物种群，多样性和功能之间的关系以及其对全球变化的响应。例如，最近的研究表明，土壤真菌的群落结构对气候变暖、干旱以及氮沉降的抵抗力比细菌群落更强（Martiny et al.，2017）。并有研究发现干旱和氮沉降可以降低土壤微生物细菌的多样性，并且氮沉降下细菌群落由寡营养向富营养性转变，导致其更有利于利用活性碳源作为底物（Leff et al.，2015）。土壤微生物多样性或者群落组成的变化可以产生不同种类的同工酶，改变酶的生理特性和催化能力，因而未来的研究需要结合土壤微生物具体的群落变化与酶功能，以及微生物功能产生和表达的具体调控机制，从而在生物学上为应对未来全球变化提供策略。

### 4.4 土壤碳动态

土壤碳是陆地生态系统中最大的碳库，在全球碳循环中起着重要的作用（Jackson et al.，2017；Schmidt et al.，2011）。土壤碳库是凋落物、根系周转等植物碳输入与土壤有机碳分解共同作用的结果，全球变化对这两个过程的影响在不同的气候条件、生态系统、土壤类型下都可能存在差异（Crowther et al.，2016；Yue et al.，2017）。因此，精确计量土壤碳储量的变化，解释土壤有机碳形成、周转、稳定化的调控机制，是全球变化领域近10年间的最重要的前沿方向之一（Jackson et al.，2017；Schmidt et al.，2011）。

控制实验的联网研究和整合分析极大地推进了我们对土壤碳循环这一复杂过程的认识。例如，Crowther等（2016）对全球49个野外增温实验进行整合分析，发现全球变暖通过增加土壤$CO_2$释放降低了土壤碳储量，且在高纬度区域最为明显。他们的研究还表明，在未来气温增加1℃的情况下，全球土壤表层（0~10 cm）的碳储量在30（±30）~203（±161）Pg之间。基于全球大规模的氮沉降模拟实验，全球学者对氮沉降下土壤过程及相关联的植被过程开展了一系列的整合分析。这些结果表明氮沉降能够促进植物生长，从而增加植物对土壤的有机碳输入（LeBauer and Treseder，2008）。此外，氮沉降通常抑制土壤呼吸（Janssens et al.，2010）。因此，大多模拟氮沉降的实验都发现了土壤碳储量的增加（Liu and Greaver，2010；Pregitzer et al.，2008）。

然而，目前关于全球变化对土壤碳库的影响大多聚焦于单一因子，对不同因子之间的交互作用的认识还存在较大争议（Yue et al.，2017）。此外，土壤碳库是由稳定性存在差异、周转速率不同的多个组分构成（Schmidt et al.，2011），这些组分对全球变化的响应可能不同。如Neff等（2002）在科罗拉多高山苔原的研究发现，氮添加促进了土壤轻组分碳（不稳定性碳组分）的分解，同时抑制了土壤重组分碳（稳定性碳组分）的分解，而对土壤总碳库没有显著的影响。因此，今后应加强不同全球变化因子交互作用对土壤碳库（尤其是不同碳组分）影响的研究，提高我们对碳循环响应环境变化以及未来气候的预测能力。

### 4.5 全球变化生态学研究技术趋势

#### 4.5.1 定位观测

定位观测实验是研究全球变化条件下生态系统响应机制的基础途径，也是近40年全球变化生态学研究的最重要途径。实地观测数据是解释和评价全球气候变化对生态系统影响的最直接数据源。通过长时期的生态系统定位观测，探索全球变化作用于生态系统的物理、化学过程，定量分析阐述生态变化过程和机制，为生态系统应对全球变化提供可选方案。随着科学技术的发展，定位观测技术也不断成熟，部分生态指标已实现自动观测。同时，为了监测不同生态系统及其组成结构对全球变化的响应，国家、区域和全球尺度的生态系统观测研究网络逐渐形成。例如，近30年来建立的美国国家生态观测网络

（NEON）、英国环境变化网络（ECN）、中国生态系统研究网络（CERN）、国际长期生态观测研究网络（ILTER）以及全球陆地观测系统（GTOS）均为大尺度的生态研究提供了便利。同时，中国陆地生态系统通量观测研究网络（ChinaFLUX）、美国通量观测网络（AmeriFlux）、欧洲通量观测网络（CarboEurope）以及全球通量观测网络（FLUXNET）等通量研究网络主要针对不同生态系统的碳、水循环等关键控制机理和过程进行实时监测，揭示碳通量和净生产力等的时空变异规律（Baldocchi et al.，2001）。

### 4.5.2 遥感技术

遥感技术是研究生态系统对全球变化响应的尺度支撑。地理信息系统技术和遥感技术的引入，使大尺度的全球变化监测和生态现象观测成为可能。地理信息系统技术和遥感技术从 20 世纪 60 年代开始兴起，卫星遥感为实现不同时空尺度和波谱分辨率的陆地环境变化监测提供了一种必要和唯一的工具。1979 年 NOAA 卫星发射，搭载的 AVHRR 传感器积累了大量的 NDVI 数据，提供了连续时空尺度的植被生长状况和植被覆盖度等数据。此后陆续发射的 SPOT 卫星、EOS 卫星等所搭载的 TM/ETM+ 传感器和 MODIS 传感器所获得遥感影像也提供了大批地面数据，为大尺度生态学研究提供了极大的便利。例如，Myneni 等（1997）首次使用 AVHRR 传感器的 NDVI 产品，计算出北半球中高纬地区植被的春季萌发时间发生了变化，1981 年到 1991 年大约提前了约（8±3）天。2009 年日本发射了首颗可以从太空监测温室气体浓度分布的卫星——"温室气体观测卫星"（GOAST），以及之后由美国（2014 年）和中国（2016 年）分别发射的轨道碳观测器（OCO-2）和全球二氧化碳监测科学实验卫星，极大地推动了全球 $CO_2$ 浓度变化条件下生态学问题的研究。遥感技术的结合使用，将全球变化生态学研究尺度由定点向区域和全球发展，研究方法由定性逐渐转为定量，研究范围从单一领域到多领域交叉融合。

### 4.5.3 控制实验

控制实验是研究全球变化对生态系统影响的快速方式。目前全球气候变化问题主要包括温度升高、$CO_2$ 浓度增高、降水变化、N 沉降加剧等，科学工作者为获得陆地生态系统特别是植物生态系统对全球气候变化的影响机制和规律，人为搭建野外实验平台，设计控制实验来模拟某些气候变化。例如，搭建开顶箱、红外增温等模拟温度升高，FACE、OTC 等方式增加 $CO_2$ 浓度，增施氮肥模拟 N 沉降加剧，布设减雨设施减少降水或人工浇水模拟降水量增加等，使全球变化背景下的生态系统研究取得了空前的进展（Norby et al.，1999）。同时，随着协同控制试验和全球变化联网控制实验的建立，将实验设计和处理标准化、试验范围区域化和全球化，实现了不同生态系统对全球变化响应的综合分析研究（Fraser et al.，2013；Vicca et al.，2012）。

### 4.5.4 模型模拟

模型模拟为生态学问题的研究提供了便利，模型模拟可以获得过去、现在和未来的生态系统状况，成功预测全球变化背景下地生态系统响应。最初的生态学模型主要是指数学模型在生态学中应用，包括描述性模型和统计性模型等。40 年来，随着科学技术不断发展和科学研究的进一步需求，生态学模型从最初的简单模型发展到基于大气圈-生物圈-土壤圈的生态过程模型和全球动态植被模型等，实现了全球变化背景下的生态系统变化模拟（彭少麟等，2005）。20 世纪 80 年代末以来，建立了大批能够较好的模拟生态系统植被生长、碳、水循环的生态过程模型，例如一直被广泛使用和改进的 CENTURY 模型、TEM 模型、Biome-BGC 模型以及 CASA 模型等（Parton et al.，1988；Raich et al.，1991），旨在长时序模拟预测全球变化条件下植被生长、生态系统碳循环、水循环等生态变化。20 世纪 90 年代发展起来的动态全球植被模型（DGVM）也逐渐成为研究生态系统对气候变化响应的重要技术，用于模拟气候变化引起的植被生理过程、植被物候、植被分布动态以及营养元素循环过程的变化。

#### 4.5.5 整合分析

精确评估生态系统对全球变化的响应，往往需要忽略独立个体的研究结果，而将区域、全球尺度的反馈作为最终的响应结果，就需对已有相关研究进行整合分析得到普遍规律。整合分析主要针对某一全球变化生态学研究问题，综合统计分析大量独立研究结果，定性和定量地得出适用于区域、全球尺度的普遍规律。植被分布、植被物候、生物多样性以及生态系统碳循环等生态系统结构与过程对气温升高、$CO_2$ 浓度增加、降水格局改变、N 沉降加剧等全球环境变化的响应是近年来的研究热点。对此，国内外开展了大量相关研究，例如，温度升高促进了北半球植被春季物候的提前（Piao et al.，2011b；Cong et al.，2013），而气候暖湿化对土壤碳储量的影响尚没有一致的结论，气候暖湿化可能促进、减缓或者不改变土壤碳储量（Chen et al.，2017；Ding et al.，2017）。整合分析可量化影响因素对陆地生态系统结构和过程的影响，更准确地认识全球变化对陆地生态系统的影响（Wu et al.，2011）。

## 5 发展趋势与展望

### 5.1 我国全球变化生态学的发展目标和前景

党的十八大以来，中国在推动生态环境保护方面所进行的努力取得了诸多成效（Bryan et al.，2018）。其中在应对全球气候变化方面，中国生态学家围绕陆地生态系统物质循环（如碳、氮、水等）的响应及反馈在不同时空尺度进行了一系列研究（Gao，2016）。面对地球生态系统的复杂性，在气候变化的自然和人为驱动因素并存的条件下，基于生物与环境之间的关系探究地球系统对气候变化的响应及反馈机制将成为未来全球变化生态学的研究重点。

中国区域生态系统结构与功能对全球变化的响应及反馈必然影响生态环境问题的全球一体化，尤其是我国陆地生态系统的碳源或碳汇的定量鉴定，将直接影响我国在国际谈判中的话语权。因此基于全球变化生态学的发展现状，整合各种时间和空间尺度上所开展的独立科学研究，揭示中国区域尺度上生态过程的普遍规律或一般性原理，发展中国区域生态预测理论，提出解决中国及全球各种资源环境问题的实用方案（Mirtl et al.，2018），是当前全球气候变化生态学所面临的实际问题。

为解决以上问题，未来我国全球变化生态学研究将实现：①多尺度观测，从个体-群落-生态系统-区域尺度进行全过程观测，借助分布式超级协同观测设施、联网控制实验设施以及数据信息与生态预测模拟设施实现天-地-空一体化，打造国际领先的新一代中国陆地生态系统观测实验网络（ChinaTERN）（Mirtl et al.，2018），实现生态过程的空间推绎和更准确地模拟全球气候变化对中国生态系统的影响；②多方法交互印证，综合利用生态长期观测、控制实验、数据整合及模型模拟等方法对陆地生态系统过程进行交互印证，系统理解生态过程对全球变化的响应机理和反馈机制；③多过程融合，生态系统研究不应受限于碳循环本身，而应以陆地生态系统碳-氮-水循环为突破口，探明生态过程耦合机制及其与生态服务权衡关系的理论基础；④跨尺度模拟，以生物过程-化学要素-物理过程的多学科交叉为基础，进行物质循环和能量流动的跨尺度模拟研究，构建陆地生态系统科学数据与模型预测系统（即陆地生态系统模拟器，terrestrial ecosystem simulator）。其中，在观测和实验设施方面，将逐步实现多尺度集成化，多站点立体化，多因子标准化。以生态仓群、生物反应器群等实验设施实现对关键生态过程的精准调控。基于现有海量数据打破研究壁垒，发展生态系统学科合作研究的新范式；实现最大范围的数据共享，促进新的发现；构建大尺度生态学理论框架；阐明生命系统与生态系统的演化动力学及空间格局的地理学机制、地球表层各圈层间的相互关系及生态学调控机制，以及生态系统与气候变化、环境变化及人类活动间的相互作用机制，以期在全球变化背景下实现对陆地生态系统结构与功能的精确模拟与预测。

## 5.2 全球变化生态学在我国未来的发展趋势和研究方向建议

（1）重视机理的探究。从目前大量的全球气候变化控制实验结果来看，不同区域、不同研究对象、不同实验方法所带来的研究结果的差异，很大程度上限制了研究者对于某一生态过程响应的认知。如何在变化的现象中寻找关键的"不变"关系，探究其机理，是当前全球气候变化生态学首先需要重视的问题。例如，植物功能性状能够将植物个体、群落动态和生态系统结构、过程及功能联系起来。未来需要在现有的植物功能类型划分的基础上，利用植物性状这一量化指标研究植物群落和生态系统对环境变化的响应，建立植物性状与生态系统功能间的关系，确定相对稳定的生物调控机制，从而实现不同气候情境下陆地生态系统结构和功能的准确预测。

（2）坚持长期定位研究和全要素的系统观测与整合。基于国家生态系统观测研究网络实现国家层次的统一规划和设计，重视观测程序的标准化、规范化与数据资源的共享，推动全国乃至全球的长期联网研究；对于关键生态过程采用多样化、全要素观测，提高不同区域生态现象的长期观测和预报能力。

（3）加强对敏感区域和极端灾害事件影响的研究。在现有的野外观测研究基地的基础上，加强热点和敏感区域，如高寒、湿地、海洋生态系统等野外基地的平台建设，加强极端灾害事件影响的研究及应对全球变化的技术策略研究，服务于国家生态安全和生态系统管理。

（4）加强新技术的开发与应用。聚焦目前研究领域中的黑箱系统，例如，由于土壤结构和组成的复杂性，使得植物-土壤-微生物间的物质循环一直是研究难点之一。采用新的技术（如微生物基因技术、多同位素技术、生物标记物等）探明关键过程，突破现有的研究瓶颈。

（5）多手段多尺度的系统研究。在全球气候变化影响研究中，重视生态系统不同层级对全球变化的响应和适应机制的探讨，通过不同层级的数据转化和整合、数据-模型融合，最终提高区域和全球尺度全球变化生态效应的模型预测能力。

## 参 考 文 献

陈建国, 杨扬和, 孙航. 2011. 高山植物对全球气候变暖的响应研究进展. 应用与环境生物学报, 17: 435-446.

陈效逑, 张福春. 2001. 近 50 年北京春季物候的变化及其对气候变化的响应. 中国农业气象, 2-6.

慈龙骏. 1994. 全球变化对我国荒漠化的影响. 自然资源学报, 289-303.

丛楠, 沈妙根. 2016. 1982～2009 年基于卫星数据的北半球中高纬地区植被春季物候动态及其与气候的关系. 应用生态学报, 27: 2737-2746.

方精云, 朱江玲, 王少鹏, 等. 2002. 全球变暖、碳排放及不确定性. 中国科学: 地球科学, 41: 1385.

葛全胜, 戴君虎, 郑景云. 2010. 物候学研究进展及中国现代物候学面临的挑战. 中国科学院院刊, 25: 310-316.

郭群, 胡中民, 李轩然, 等. 2013. 降水时间对内蒙古温带草原地上净初级生产力的影响. 生态学报, 33: 4808-4817.

刘鸿雁, 唐艳鸿. 2017. 北京大学生物地理学与生态学的发展与成就. 地理学报, 72: 1997-2008.

马克平. 1993. 试论生物多样性的概念. 生物多样性, 1: 20-22.

彭少麟, 张桂莲, 柳新伟. 2005. 生态系统模拟模型的研究进展. 热带亚热带植物学报, 13: 85-94.

沈泽昊, 杨明正, 冯建孟, 等. 2017. 中国高山植物区系地理格局与环境和空间因素的关系. 生物多样性, 25: 182-194.

苏宏新, 马克平. 2010. 生物多样性和生态系统功能对全球变化的响应与适应: 进展与展望. 自然杂志, 32: 272-278.

温都如娜, 方华军, 于贵瑞, 等. 2012. 模拟氮沉降增加对寒温带针叶林土壤 $CO_2$ 排放的初期影响. 生态学报, 32: 2185-2195.

徐兆礼. 2011. 全球变暖下东海近海浮游动物与大规模赤潮. 中国水产学会渔业资源与环境分会 2011 年学术交流会, 中国云南腾冲.

杨青霄, 田大栓, 曾辉, 等. 2017. 降水格局改变背景下土壤呼吸变化的主要影响因素及其调控过程. 植物生态学报, 41: 1239-1250.

张福春. 1995. 气候变化对中国木本植物物候的可能影响. 地理学报, 402-410.

张新时. 1993. 研究全球变化的植被-气候分类系统. 第四纪研究, 13: 157-169.

张英. 2012. 近50年来广东山地林线高度的时空变化分析. 广州: 广州大学硕士学位论文.

张志强, 孙成权. 1999. 全球变化研究十年新进展. 科学通报, 44: 464-477.

赵茂盛, Neilson P, 延晓冬, 等. 2002. 气候变化对中国植被可能影响的模拟. 地理学报, 57: 28-38.

周伟, 刚成诚, 章超斌, 等. 2014. 1982-2010年中国草地覆盖度的时空动态及其对气候变化的响应. 地理学报, 69: 15-30.

Ahas R, Aasa A, Menzel A, et al. 2002. Changes in European spring phenology. International Journal of Climatology, 22: 1727-1738.

Baldocchi D, Falge E, Gu L H, et al. 2001. FLUXNET: A new tool to study the temporal and spatial variability of ecosystem-scale carbon dioxide, water vapor, and energy flux densities. Bulletin of the American Meteorological Society, 82: 2415-2434.

Bardgett R D, Freeman C, Ostle N J. 2008. Microbial contributions to climate change through carbon cycle feedbacks. The ISME Journal, 2: 805-814.

Bonan G B. 2008. Forests and climate change: Forcings, feedbacks, and the climate benefits of forests. Science, 320: 1444-1449.

Boxman A W, Blanck K, Brandrud T E, et al. 1998. Vegetation and soil biota response to experimentally-changed nitrogen inputs in coniferous forest ecosystems of the NITREX project. Forest Ecology and Management, 101: 65-79.

Bryan B A, Gao L, Ye Y, et al. 2018. China's response to a national land-system sustainability emergency. Nature, 559: 193-204.

Byrnes J E K, Gamfeldt L, Isbell F, et al. 2014. Investigating the relationship between biodiversity and ecosystem multifunctionality: challenges and solutions. Methods in Ecology and Evolution, 5: 111-124.

Cao M K, Woodward F I. 1998. Dynamic responses of terrestrial ecosystem carbon cycling to global climate change. Nature, 393: 249-252.

Cardinale B J, Duffy J E, Gonzalez A, et al. 2012. Biodiversity loss and its impact on humanity. Nature, 486: 59-67.

Cardinale B J, Gross K, Fritschie K, et al. 2013. Biodiversity simultaneously enhances the production and stability of community biomass, but the effects are independent. Ecology, 94: 1697-1707.

Cardinale B J, Matulich K L, Hooper D U, et al. 2011. The functional role of producer diversity in ecosystems. American Journal of Botany, 98: 572-592.

Chen H, Zhu Q A, Peng C H, et al. 2013. The impacts of climate change and human activities on biogeochemical cycles on the Qinghai-Tibetan Plateau. Global Change Biology, 19: 2940-2955.

Chen X Q, Wang L X, Inouye D. 2017. Delayed response of spring phenology to global warming in subtropics and tropics. Agricultural and Forest Meteorology, 234: 222-235.

Chen Z, Yu G R, Zhu X J, et al. 2015. Covariation between gross primary production and ecosystem respiration across space and the underlying mechanisms: A global synthesis. Agricultural & Forest Meteorology, 203: 180-190.

Chen Z, Yu G R, Wang Q F. 2019. Magnitude, pattern and controls of carbon flux and carbon use efficiency in China's typical forests. Global and Planetary Change, 172: 464-473.

Cheng S, He S, Fang H, et al. 2017. Contrasting effects of $NH_4^+$ and $NO_3^-$ amendments on amount and chemical characteristics of different density organic matter fractions in a boreal forest soil. Geoderma, 293: 1-9.

Colwell R K, Gunnar B, Cardelús C L, et al. 2008. Global warming, elevational range shifts, and lowland biotic attrition in the wet tropics. Science, 322: 258-261.

Cong N, Piao S L, Chen A P, et al. 2012. Spring vegetation green-up date in China inferred from SPOT NDVI data: A multiple model analysis. Agricultural and Forest Meteorology, 165: 104-113.

Cong N, Shen M, Piao S. 2016. Spatial variations in responses of vegetation autumn phenology to climate change on the Tibetan Plateau. Journal of Plant Ecology, 10: 744-752.

Cong N, Wang T, Nan H J, et al. 2013. Changes in satellite-derived spring vegetation green-up date and its linkage to climate in China from 1982 to 2010: a multimethod analysis. Global Change Biology, 19: 881-891.

Crowther T W, Todd B K E, Rowe C W, et al. 2016. Quantifying global soil carbon losses in response to warming. Nature, 540: 104-108.

Dang H, Zhang Y, Zhang Y, et al. 2015. Variability and rapid response of subalpine fir Abies fargesii to climate warming at upper altitudinal limits in north-central China. Trees, 29: 785-795.

Delgado B M, Eldridge D J, Travers S K, et al. 2018. Effects of climate legacies on above- and belowground community assembly. Global Change Biology, 24: 4330-4339.

Deng M F, Liu L L, Jiang L, et al. 2018. Ecosystem scale trade-off in nitrogen acquisition pathways. Nature Ecology & Evolution, 2: 1724-1734.

Dial R J, Smeltz T S, Sullivan P F, et al. 2016. Shrubline but not treeline advance matches climate velocity in montane ecosystems of south-central Alaska. Global Change Biology, 22: 1841-1856.

Ding J Z, Chen L Y, Ji C J, et al. 2017. Decadal soil carbon accumulation across Tibetan permafrost regions. Nature Geoscience, 10: 420-424.

Dolezal J, Dvorsky M, Kopecky M, et al. 2016. Vegetation dynamics at the upper elevational limit of vascular plants in Himalaya. Scientific Reports, 6: 24881.

Du H B, Liu J, Li M H, et al. 2018. Warming-induced upward migration of the alpine treeline in the Changbai Mountains, northeast China. Global Change Biology, 24: 1256-1266.

Eggleton P, Davies R G, Connetable S, et al. 2002. The termites of the Mayombe Forest Reserve, Congo Brazzaville: transect sampling reveals an extremely high diversity of ground-nesting soil feeders. Journal of Natural History, 36: 1239-1246.

Fadrique B, Baez S, Duque A, et al. 2018. Widespread but heterogeneous responses of Andean forests to climate change. Nature, 564: 207-213.

Fang H J, Cheng S L, Yu G R, et al. 2014. Low-level nitrogen deposition significantly inhibits methane uptake from an alpine meadow soil on the Qinghai-Tibetan Plateau. Geoderma, 213: 444-452.

Fang H J, Cheng S L, Lin E D, et al. 2015. Elevated atmospheric carbon dioxide concentration stimulates soil microbial activity and impacts water-extractable organic carbon in an agricultural soil. Biogeochemistry, 122: 253-267.

Fang J Y, Song Y C, Liu H Y, et al. 2002. Vegetation-climate relationship and its application in the division of vegetation zone in China. Acta Botanica Sinica, 44: 1105-1122.

Fang J Y, Yang Y H, Ma W H, et al. 2010. Ecosystem carbon stocks and their changes in China's grasslands. Science China-Life Sciences, 53: 757-765.

Fei S L, Desprez J M, Potter K M, et al. 2017. Divergence of species responses to climate change. Science Advances, 3(5): e1603055.

Fierer N, Strickland M S, Liptzin D, et al. 2009. Global patterns in belowground communities. Ecology Letters, 12: 1238-1249.

Ford K R, Harrington C A, Clair J B S. 2017. Photoperiod cues and patterns of genetic variation limit phenological responses to climate change in warm parts of species' range: Modeling diameter-growth cessation in coast Douglas-fir. Global Change Biology, 23: 3348-3362.

Forrest J L, Wikramanayake E, Shrestha R, et al. 2012. Conservation and climate change: Assessing the vulnerability of snow leopard habitat to treeline shift in the Himalaya. Biological Conservation, 150: 129-135.

Fraser L H, Henry H A L, Carlyle C N, et al. 2013. Coordinated distributed experiments: an emerging tool for testing global hypotheses in ecology and environmental science. Frontiers in Ecology and the Environment, 11: 147-155.

Frost G V, Epstein H E. 2014. Tall shrub and tree expansion in Siberian tundra ecotones since the 1960s. Global Change Biology,

20: 1264-1277.

Fu Y S H, Liu Y J, De Boeck H J, et al. 2016. Three times greater weight of daytime than of night-time temperature on leaf unfolding phenology in temperate trees. New Phytologist, 212: 590-597.

Fu Y S H, Zhao H F, Piao S L, et al. 2015. Declining global warming effects on the phenology of spring leaf unfolding. Nature, 526: 104-109.

Gamfeldt L, Hillebrand H, Jonsson P R. 2008. Multiple functions increase the importance of biodiversity for overall ecosystem functioning. Ecology, 89: 1223-1231.

Gao W, Cheng S, Fang H, et al. 2016. Effects of simulated atmospheric nitrogen deposition on inorganic nitrogen content and acidification in a cold-temperate coniferous forest soil. Acta Ecologica Sinica, 33: 114-121.

Geng J, Cheng S L, Fang H J, et al. 2017. Soil nitrate accumulation explains the nonlinear responses of soil $CO_2$ and $CH_4$ fluxes to nitrogen addition in a temperate needle-broadleaved mixed forest. Ecological Indicators, 79: 28-36.

Grabherr G, Gottfried M, Pauli H. 1994. Climate Effects on Mountain Plants. Nature, 369: 448.

Greenwood S, Jump A S. 2014. Consequences of treeline shifts for the diversity and function of high altitude ecosystems. Arctic Antarctic and Alpine Research, 46: 829-840.

Gross K, Cardinale B J, Fox J W, et al. 2014. Species richness and the temporal stability of biomass production: A new analysis of recent biodiversity experiments. American Naturalist, 183: 1-12.

Guo Q, Hu Z M, Li S G, et al. 2012. Spatial variations in aboveground net primary productivity along a climate gradient in Eurasian temperate grassland: effects of mean annual precipitation and its seasonal distribution. Global Change Biology, 18: 3624-3631.

Güsewell S, Furrer R, Gehrig R, et al. 2017. Changes in temperature sensitivity of spring phenology with recent climate warming in Switzerland are related to shifts of the preseason. Global Change Biology, 23: 5189-5202.

Harsch M A, Hulme P E, Mcglone M S, et al. 2009. Are treelines advancing? A global meta-analysis of treeline response to climate warming. Ecology Letters, 12: 1040-1049.

He H L, Wang S Q, Zhang L, et al. 2019. Altered trends in carbon uptake in China's terrestrial ecosystems under the enhanced summer monsoon and warming hiatus. National Science Review, 6(3): 505-514.

He N P, Chen Q S, Han X G, et al. 2012. Warming and increased precipitation individually influence soil carbon sequestration of Inner Mongolian grasslands, China. Agriculture Ecosystems and Environment, 158: 184-191.

Hille R J, Adler P B, Harpole W S, et al. 2012. Rethinking Community Assembly through the Lens of Coexistence Theory. Annual Review of Ecology, Evolution, and Systematics, 43: 227-248.

Hu Z M, Guo Q, Li S G, et al. 2018. Shifts in the dynamics of productivity signal ecosystem state transitions at the biome-scale. Ecology Letters, 21: 1457-1466.

Huang M T, Piao S L, Janssens I A, et al. 2017. Velocity of change in vegetation productivity over northern high latitudes. Nature Ecology & Evolution, 1: 1649-1654.

Huang N, He J S, Chen L T, et al. 2018. No upward shift of alpine grassland distribution on the Qinghai-Tibetan Plateau despite rapid climate warming from 2000 to 2014. Science of the Total Environment, 625: 1361-1368.

Hufkens K, Melaas E K, Mann M L, et al. 2019. Monitoring crop phenology using a smartphone based near-surface remote sensing approach. Agricultural and Forest Meteorology, 265: 327-337.

Isbell F, Calcagno V, Hector A, et al. 2011. High plant diversity is needed to maintain ecosystem services. Nature, 477, 199-U196.

Jackson R B, Lajtha K, Crow S E, et al. 2017. The ecology of soil carbon: pools, vulnerabilities, and biotic and abiotic controls. Annual Review of Ecology, Evolution, and Systematics, 48: 419-445.

Janssens I A, Dieleman W, Luyssaert S, et al. 2010. Reduction of forest soil respiration in response to nitrogen deposition. Nature

Geoscience, 3: 315-322.

Jeong J H, Kug J S, Kim B M, et al. 2012. Greening in the circumpolar high-latitude may amplify warming in the growing season. Climate Dynamics, 38: 1421-1431.

Jeong S J, Ho C H, Gim H J, et al. 2011. Phenology shifts at start vs. end of growing season in temperate vegetation over the Northern Hemisphere for the period 1982-2008. Global Change Biology, 17: 2385-2399.

Ji L, Brown J F. 2017. Effect of NOAA satellite orbital drift on AVHRR-derived phenological metrics. International Journal of Applied Earth Observation and Geoinformation, 62: 215-223.

Jin H X, Jonsson A M, Bolmgren K, et al. 2017. Disentangling remotely-sensed plant phenology and snow seasonality at northern Europe using MODIS and the plant phenology index. Remote Sensing of Environment, 198: 203-212.

Jones M O, Kimball J S, Nemani R R. 2014. Asynchronous Amazon forest canopy phenology indicates adaptation to both water and light availability. Environmental Research Letters, 9: 12401.

Keenan T F, Richardson A D. 2015. The timing of autumn senescence is affected by the timing of spring phenology: implications for predictive models. Global Change Biology, 21: 2634-2641.

Kim Y, Kimball J S, Didan K, et al. 2014. Response of vegetation growth and productivity to spring climate indicators in the conterminous United States derived from satellite remote sensing data fusion. Agricultural and Forest Meteorology, 194: 132-143.

Klein J A, Harte J, Zhao X Q. 2004. Experimental warming causes large and rapid species loss, dampened by simulated grazing, on the Tibetan Plateau. Ecology Letters, 7: 1170-1179.

Klosterman S, Melaas E, Wang J, et al. 2018. Fine-scale perspectives on landscape phenology from unmanned aerial vehicle UAV photography. Agricultural & Forest Meteorology, 248: 397-407.

Konings A G, Williams A P, Gentine P. 2017. Sensitivity of grassland productivity to aridity controlled by stomatal and xylem regulation. Nature Geoscience, 10: 284-286.

Kullman L. 2018. A review and analysis of factual change on the max rise of the Swedish Scandes treeine, in relation to climate change over the past 100 years. Journal of Ecology & Natural Resources, 2: 00150.

Landesman W J, Treonis A M, Dighton J. 2011. Effects of a one-year rainfall manipulation on soil nematode abundances and community composition. Pedobiologia, 54: 87-91.

Lavelle P, Pashanasi B. 1989. Soil macrofauna and land management in Peruvian Amazonia Yurimaguas, Loreto. Pedobiologia, 33: 283-291.

Leadley P, Pereira H M, Alkemade R, et al. 2010. Biodiversity scenarios: projections of 21st century change in biodiversity and associated ecosystem services: a technical report for the global biodiversity outlook 3. Secretariat of the Convention on Biological Diversity.

LeBauer D S, Treseder K K. 2008. Nitrogen limitation of net primary productivity in terrestrial ecosystems is globally distributed. Ecology, 89: 371-379.

Lefcheck J S, Byrnes J E K, Isbell F, et al. 2015. Biodiversity enhances ecosystem multifunctionality across trophic levels and habitats. Nature Communications, 6: 6936.

Leff J W, Jones S E, Prober S M, et al. 2015. Consistent responses of soil microbial communities to elevated nutrient inputs in grasslands across the globe. Proceedings of the National Academy of Sciences of the United States of America, 112: 10967-10972.

Li X Y, Cheng S L, Fang H J, et al. 2015. The contrasting effects of deposited $NH_4^+$ and $NO_3^-$ on soil $CO_2$, $CH_4$ and $N_2O$ fluxes in a subtropical plantation, southern China. Ecological Engineering, 85: 317-327.

Liang E, Dawadi B, Pederson N, et al. 2014. Is the growth of birch at the upper timberline in the Himalayas limited by moisture or by temperature? Ecology, 95: 2453-2465.

Liang E, Lu X M, Ren P, et al. 2012. Annual increments of juniper dwarf shrubs above the tree line on the central Tibetan Plateau: a useful climatic proxy. Annals of Botany, 109: 721-728.

Liang E Y, Wang Y F, Eckstein D, et al. 2011. Little change in the fir tree-line position on the southeastern Tibetan Plateau after 200 years of warming. New Phytologist, 190: 760-769.

Liang E Y, Wang Y F, Piao S L, et al. 2016. Species interactions slow warming-induced upward shifts of treelines on the Tibetan Plateau. Proceedings of the National Academy of Sciences of the United States of America, 113: 4380-4385.

Lin Y S, Medlyn B E, Duursma R A, et al. 2015. Optimal stomatal behaviour around the world. Nature Climate Change, 5: 459-464.

Liu D, Li Y, Wang T, et al. 2018. Contrasting responses of grassland water and carbon exchanges to climate change between Tibetan Plateau and Inner Mongolia. Agricultural and Forest Meteorology, 249: 163-175.

Liu H Y, Williams A P, Allen C D, et al. 2013. Rapid warming accelerates tree growth decline in semi-arid forests of Inner Asia. Global Change Biology, 19: 2500-2510.

Liu L L, Greaver T L. 2010. A global perspective on belowground carbon dynamics under nitrogen enrichment. Ecology Letters, 13: 819-828.

Liu L, Wang X, Lajeunesse M J, et al. 2016b. A cross-biome synthesis of soil respiration and its determinants under simulated precipitation changes. Global Change Biology, 22: 1394-1405.

Liu Q, Fu Y S H, Zhu Z C, et al. 2016a. Delayed autumn phenology in the Northern Hemisphere is related to change in both climate and spring phenology. Global Change Biology, 22: 3702-3711.

Liu Y Z, Reich P B, Li G Y, et al. 2011. Shifting phenology and abundance under experimental warming alters trophic relationships and plant reproductive capacity. Ecology, 92: 1201-1207.

Loreau M. 2000. Biodiversity and ecosystem functioning: recent theoretical advances. Oikos, 91: 3-17.

Lu F, Hu H F, Sun W J, et al. 2018a. Effects of national ecological restoration projects on carbon sequestration in China from 2001 to 2010. Proceedings of the National Academy of Sciences of the United States of America, 115: 4039-4044.

Lu X, Liang E, Wang Y, et al. 2018b. Past the climate optimum: Recruitment is declining at the world's highest juniper shrublines on the Tibetan Plateau. Ecology, 100: e02557.

Ma W H, Liu Z L, Wang Z H, et al. 2010. Climate change alters interannual variation of grassland aboveground productivity: evidence from a 22-year measurement series in the Inner Mongolian grassland. Journal of Plant Research, 123: 509-517.

Maestre F T, Soliveres S, Gotelli N J, et al. 2012. Response to comment on "plant species richness and ecosystem multifunctionality in global drylands". Science, 337-340.

Martiny J B H, Martiny A C, Weihe C, et al. 2017. Microbial legacies alter decomposition in response to simulated global change. Isme Journal, 11: 490-499.

Menzel A, Sparks T H, Estrella N, et al. 2006. European phenological response to climate change matches the warming pattern. Global Change Biology, 12: 1969-1976.

Mirtl M, Borer E T, Djukic I, et al. 2018. Genesis, goals and achievements of Long-Term Ecological Research at the global scale: A critical review of ILTER and future directions. Science of the Total Environment, 626: 1439-1462.

Morueta H N, Engemann K, Sandoval A P, et al. 2015. Strong upslope shifts in Chimborazo's vegetation over two centuries since Humboldt. Proceedings of the National Academy of Sciences of the United States of America, 112: 12741-12745.

Naito A T, Cairns D M. 2011. Patterns and processes of global shrub expansion. Progress in Physical Geography, 35: 423-442.

Nasahara K N, Nagai S. 2015. Review: Development of an in situ observation network for terrestrial ecological remote sensing: the Phenological Eyes Network PEN. Ecological Research, 30: 211-223.

Neff J C, Townsend A R, Gleixner G, et al. 2002. Variable effects of nitrogen additions on the stability and turnover of soil carbon. Nature, 419: 915-917.

Ni J, Sykes M T, Prentice I C, et al. 2000. Modelling the vegetation of China using the process-based equilibrium terrestrial biosphere model BIOME3. Global Ecology and Biogeography, 9: 463-479.

Niu S L, Wu M Y, Han Y, et al. 2010. Nitrogen effects on net ecosystem carbon exchange in a temperate steppe. Global Change Biology, 16: 144-155.

Norby R J, Wullschleger S D, Gunderson C A, et al. 1999. Tree responses to rising $CO_2$ in field experiments: implications for the future forest. Plant Cell and Environment, 22: 683-714.

Novick K A, Ficklin D L, Stoy P C, et al. 2016. The increasing importance of atmospheric demand for ecosystem water and carbon fluxes. Nature Climate Change, 6: 1023-1027.

Olnes J, Kielland K, Juday G P, et al. 2017. Can snowshoe hares control treeline expansions? Ecology, 98: 2506-2512.

Pacifici M, Foden W B, Visconti P, et al. 2015. Assessing species vulnerability to climate change. Nature Climate Change, 5: 215-225.

Pan Y D, Birdsey R A, Fang J Y. et al. 2011. A Large and Persistent Carbon Sink in the World's Forests. Science, 333: 988-993.

Park H, Jeong S J, Ho C H, et al. 2015. Nonlinear response of vegetation green-up to local temperature variations in temperate and boreal forests in the Northern Hemisphere. Remote Sensing of Environment, 165: 100-108.

Parton W J, Stewart J W B, Cole C V. 1988. Dynamics of C, N, P and S in Grassland Soils-a Model. Biogeochemistry, 5: 109-131.

Pasari J R, Levi T, Zavaleta E S, et al. 2013. Several scales of biodiversity affect ecosystem multifunctionality. Proceedings of the National Academy of Sciences of the United States of America, 110: 10219-10222.

Peng S S, Piao S L, Ciais P, et al. 2013a. Asymmetric effects of day-time and night-time warming on Northern Hemisphere vegetation. Nature, 501: 88-94.

Peng S S, Piao S L, Shen Z H, et al. 2013b. Precipitation amount, seasonality and frequency regulate carbon cycling of a semi-arid grassland ecosystem in Inner Mongolia, China: A modeling analysis. Agricultural and Forest Meteorology, 178: 46-55.

Perkins D M, Bailey R A, Dossena M, et al. 2015. Higher biodiversity is required to sustain multiple ecosystem processes across temperature regimes. Global Change Biology, 21: 396-406.

Piao S, Ciais P, Friedlingstein P, et al. 2008. Net carbon dioxide losses of northern ecosystems in response to autumn warming. Nature, 451: 49-52.

Piao S, Huang M, Liu Z, et al. 2018. Lower land-use emissions responsible for increased net land carbon sink during the slow warming period. Nature Geoscience, 11: 739-747.

Piao S L, Ciais P, Lomas M, et al. 2011a. Contribution of climate change and rising $CO_2$ to terrestrial carbon balance in East Asia: A multi-model analysis. Global and Planetary Change, 75: 133-142.

Piao S L, Cui M D, Chen A P, et al. 2011b. Altitude and temperature dependence of change in the spring vegetation green-up date from 1982 to 2006 in the Qinghai-Xizang Plateau. Agricultural and Forest Meteorology, 151: 1599-1608.

Piao S L, Sitch S, Ciais P, et al. 2013. Evaluation of terrestrial carbon cycle models for their response to climate variability and to $CO_2$ trends. Global Change Biology, 19: 2117-2132.

Piao S L, Tan K, Nan H J, et al. 2012. Impacts of climate and $CO_2$ changes on the vegetation growth and carbon balance of Qinghai-Tibetan grasslands over the past five decades. Global and Planetary Change, 98-99, 73-80.

Piao S L, Wang X H, Ciais P, et al. 2011c. Changes in satellite-derived vegetation growth trend in temperate and boreal Eurasia from 1982 to 2006. Global Change Biology, 17: 3228-3239.

Pregitzer K S, Burton A J, Zak D R, et al. 2008. Simulated chronic nitrogen deposition increases carbon storage in Northern Temperate forests. Global Change Biology, 14: 142-153.

Raich J W, Rastetter E B, Melillo J M, et al. 1991. Potential Net Primary Productivity in South-America-Application of a Global-Model. Ecological Applications, 1: 399-429.

Reay D S, Dentener F, Smith P, et al. 2008. Global nitrogen deposition and carbon sinks. Nature Geoscience, 1: 430-437.

Restrepo C N, Levine N M, Christoffersen B O, et al. 2017. Do dynamic global vegetation models capture the seasonality of carbon fluxes in the Amazon basin? A data-model intercomparison. Global Change Biology, 23: 191-208.

Richardson A D, Jenkins J P, Braswell B H, et al. 2007. Use of digital webcam images to track spring green-up in a deciduous broadleaf forest. Oecologia, 152: 323-334.

Richardson A D, Keenan T F, Migliavacca M, et al. 2013. Climate change, phenology, and phenological control of vegetation feedbacks to the climate system. Agricultural and Forest Meteorology, 169: 156-173.

Ropars P, Comeau E, Lee W G, et al. 2018. Biome transition in a changing world: from indigenous grasslands to shrub-dominated communities. New Zealand Journal of Ecology, 42: 229-239.

Rousk J, Smith A R, Jones D L. 2013. Investigating the long-term legacy of drought and warming on the soil microbial community across five European shrubland ecosystems. Global Change Biology, 19: 3872-3884.

Sala O E, Chapin F S, Armesto J J, et al. 2000. Biodiversity - Global biodiversity scenarios for the year 2100. Science, 287: 1770-1774.

Schimel D S. 1995. Terrestrial Ecosystems and the Carbon-Cycle. Global Change Biology, 1: 77-91.

Schlesinger W H. 2006. Global change ecology. Trends in Ecology and Evolution, 21: 348-351.

Schmidt M W I, Torn M S, Abiven S, et al. 2011. Persistence of soil organic matter as an ecosystem property. Nature, 478: 49-56.

Schwartz M D, Ahas R, Aasa A. 2006. Onset of spring starting earlier across the Northern Hemisphere. Global Change Biology, 12: 343-351.

Schwartz M, Marotz G. 1988. Synoptic Events and Spring Phenology. Physical Geography, 9: 151-161.

Shen M G, Piao S L, Jeong S J, et al. 2015. Evaporative cooling over the Tibetan Plateau induced by vegetation growth. Proceedings of the National Academy of Sciences of the United States of America, 112: 9299-9304.

Sigdel S R, Wang Y F, Camarero J J, et al. 2018. Moisture-mediated responsiveness of treeline shifts to global warming in the Himalayas. Global Change Biology, 24: 5549-5559.

Signarbieux C, Toledano E, Sanginés D C P, et al. 2017. Asymmetric effects of cooler and warmer winters on beech phenology last beyond spring. Global Change Biology, 23(11): 4569-4580.

Sinsabaugh R L, Lauber C L, Weintraub M N, et al. 2008. Stoichiometry of soil enzyme activity at global scale. Ecology Letters, 11: 1252-1264.

Tan K, Ciais P, Piao S L, et al. 2010. Application of the orchidee global vegetation model to evaluate biomass and soil carbon stocks of Qinghai-Tibetan grasslands. Global Biogeochemical Cycles, 24: GB1013.

Tilman D, Reich P B, Isbell F. 2012. Biodiversity impacts ecosystem productivity as much as resources, disturbance, or herbivory. Proceedings of the National Academy of Sciences of the United States of America, 109: 10394-10397.

van der H M G A, Martin F M, Selosse M A, et al. 2015. Mycorrhizal ecology and evolution: the past, the present, and the future. New Phytologist, 205: 1406-1423.

Vicca S, Gilgen A K, Serrano M C, et al. 2012. Urgent need for a common metric to make precipitation manipulation experiments comparable. New Phytologist, 195: 518-522.

Vitasse Y, Porte A J, Kremer A, et al. 2009. Responses of canopy duration to temperature changes in four temperate tree species: relative contributions of spring and autumn leaf phenology. Oecologia, 161: 187-198.

Walker T W N, Kaiser C, Strasser F, et al. 2018. Microbial temperature sensitivity and biomass change explain soil carbon loss with warming. Nature Climate Change, 8: 885-897.

Wall D H, Bardgett R D, Kelly E F. 2010. Biodiversity in the dark. Nature Geoscience, 3: 297-311.

Walther G R, Post E, Convey P, et al. 2002. Ecological responses to recent climate change. Nature, 416: 389-395.

Wang T, Zhang Q B, Ma K P. 2006. Treeline dynamics in relation to climatic variability in the central Tianshan Mountains, northwestern China. Global Ecology and Biogeography, 15: 406-415.

Wang X H, Piao S L, Ciais P, et al. 2011a. Spring temperature change and its implication in the change of vegetation growth in North America from 1982 to 2006. Proceedings of the National Academy of Sciences of the United States of America, 108: 1240-1245.

Wang X H, Piao S L, Ciais P, et al. 2014. A two-fold increase of carbon cycle sensitivity to tropical temperature variations. Nature, 506: 212-215.

Wang Y F, Liang E Y, Ellison A M, et al. 2015. Facilitation stabilizes moisture-controlled alpine juniper shrublines in the central Tibetan Plateau. Global and Planetary Change, 132: 20-30.

Wang Y F, Pederson N, Ellison A M, et al. 2016. Increased stem density and competition may diminish the positive effects of warming at alpine treeline. Ecology, 97: 1668-1679.

Wang Z H, Fang J Y, Tang Z Y, et al. 2011b. Patterns, determinants and models of woody plant diversity in China. Proceedings of the Royal Society B-Biological Sciences, 278: 2122-2132.

Wright A J, Ebeling A, de Kroon H, et al. 2015. Flooding disturbances increase resource availability and productivity but reduce stability in diverse plant communities. Nature Communications, 6: 6092.

Wu D H, Ciais P, Viovy N, et al. 2018. Asymmetric responses of primary productivity to altered precipitation simulated by ecosystem models across three long-term grassland sites. Biogeosciences, 15: 3421-3437.

Wu Z T, Dijkstra P, Koch G W, et al. 2011. Responses of terrestrial ecosystems to temperature and precipitation change: a meta-analysis of experimental manipulation. Global Change Biology, 17: 927-942.

Xiao W, Chen X, Jing X, et al. 2018. A meta-analysis of soil extracellular enzyme activities in response to global change. Soil Biology and Biochemistry, 123: 21-32.

Xu B, Guo Z D, Piao S L, et al. 2010. Biomass carbon stocks in China's forests between 2000 and 2050: A prediction based on forest biomass-age relationships. Science China Life Sciences, 53: 776-783.

Xu B, Yang Y H, Li P, et al. 2014. Global patterns of ecosystem carbon flux in forests: A biometric data-based synthesis. Global Biogeochemical Cycles, 28: 962-973.

Yang Y H, Fang J Y, Smith P, et al. 2009. Changes in topsoil carbon stock in the Tibetan grasslands between the 1980s and 2004. Global Change Biology, 15: 2723-2729.

Yao Y T, Wang X H, Li Y, et al. 2018. Spatiotemporal pattern of gross primary productivity and its covariation with climate in China over the last thirty years. Global Change Biology, 24: 184-196.

Yu G R, Chen Z, Piao S L, et al. 2014. High carbon dioxide uptake by subtropical forest ecosystems in the East Asian monsoon region. Proceedings of the National Academy of Sciences of the United States of America, 111: 4910-4915.

Yu G R, Zhu X J, Fu Y L, et al. 2013. Spatial patterns and climate drivers of carbon fluxes in terrestrial ecosystems of China. Global Change Biology, 19: 798-810.

Yu H Y, Luedeling E, Xu J C. 2010. Winter and spring warming result in delayed spring phenology on the Tibetan Plateau. Proceedings of the National Academy of Sciences of the United States of America, 107: 22151-22156.

Yue K, Fornara D A, Yang W Q, et al. 2017. Influence of multiple global change drivers on terrestrial carbon storage: additive effects are common. Ecology Letters, 20: 663-672.

Yun J, Jeong S J, Ho C H, et al. 2018. Influence of winter precipitation on spring phenology in boreal forests. Global Change Biology, 24: 5176-5187.

Zeng H Q, Jia G S, Epstein H. 2011. Recent changes in phenology over the northern high latitudes detected from multi-satellite data. Environmental Research Letters, 6(4): 045508.

Zeng Z Z, Piao S L, Li L Z, et al. 2017. Climate mitigation from vegetation biophysical feedbacks during the past three decades. Nature Climate Change, 7: 432-436.

Zhang F Y, Quan Q, Song B, et al. 2017a. Net primary productivity and its partitioning in response to precipitation gradient in an alpine meadow. Scientific Reports, 7(1): 15193.

Zhang G L, Zhang Y J, Dong J W, et al. 2013. Green-up dates in the Tibetan Plateau have continuously advanced from 1982 to 2011. Proceedings of the National Academy of Sciences of the United States of America, 110: 4309-4314.

Zhang X Y, Friedl M A, Schaaf C B, et al. 2004. Climate controls on vegetation phenological patterns in northern mid- and high latitudes inferred from MODIS data. Global Change Biology, 10: 1133-1145.

Zhang X Y, Wang J M, Gao F, et al. 2017b. Exploration of scaling effects on coarse resolution land surface phenology. Remote Sensing of Environment, 190: 318-330.

Zhao S Q, Peng C H, Jiang H, et al. 2006. Land use change in Asia and the ecological consequences. Ecological Research, 21: 890-896.

Zheng Z M, Yu G R, Fu Y L, et al. 2009. Temperature sensitivity of soil respiration is affected by prevailing climatic conditions and soil organic carbon content: A trans-China based case study. Soil Biology and Biochemistry, 41: 1531-1540.

Zhou L M, Tucker C J, Kaufmann R K, et al. 2001. Variations in northern vegetation activity inferred from satellite data of vegetation index during 1981 to 1999. Journal of Geophysical Research-Atmospheres, 106: 20069-20083.

Zhu X J, Yu G R, He H L, et al. 2014. Geographical statistical assessments of carbon fluxes in terrestrial ecosystems of China: Results from upscaling network observations. Global and Planetary Change, 118: 52-61.

Zhu Z C, Piao S L, Myneni R B, et al. 2016. Greening of the Earth and its drivers. Nature Climate Change, 6: 791-795.

撰稿人：张扬建，王　荔，丛　楠，刘玲莉，刘鸿雁，周旭辉，陈　智，王亚锋，朴世龙，梁尔源，刘卫星，王　欣，邓美凤，黄俊胜

# 第 8 章 动物生态学研究进展

## 1 引 言

　　动物生态学（animal ecology）是研究动物与环境之间相互关系的学科，是生态学（ecology）的一个重要分支学科。国际上动物生态学很早就是一门独立的学科，包括个体生态学、种群生态学、群落生态学和生态系统等不同组织层次。个体生态学主要研究动物对环境的适应，种群生态学主要研究种群数量的动态变化和调节机制，群落生态学研究物种之间的相互关系、食物网、群落组成与结构等。随着学科的发展和拓展，又出现了兽类生态学、鸟类生态学、两栖动物生态学、爬行动物生态学、鱼类生态学等专门类群的研究。根据研究类群的资料积累，分支学科不断出现，如兽类中的啮齿类生态学、有蹄类生态学、鲸类生态学、蝙蝠生态学等，这种现象在其他类群也是一样。随着研究的不断深入，新的学科也逐渐产生，如行为生态学、分子生态学、生理生态学、保护生态学等。

　　我国的动物生态学研究起步较晚。20世纪50年代林昌善和李汝祺（1956）在《科学通报》上发表文章《中国动物生态学家的当前任务》中指出："……在中国，动物生态学不仅仅是一门年轻的科学，而且也几乎是一个空白点"，并根据苏联动物生态学的发展规划，提出了我国动物生态学的任务。20世纪60年代寿振黄（1964）对新中国成立15年来兽类学的发展进行了回顾，也指出新中国成立前兽类生态学研究几乎是空白。郑光美（1981）在《我国鸟类生态学的回顾与展望》中指出："解放前，我国在（鸟类生态学）这一领域中的研究工作几乎是空白"。所以，我国动物生态学的发展基本是在新中国成立后才开始的。中国生态学会的创始人马世骏（1979）曾对解放后30年我国昆虫生态学的工作进行过总结，他指出：我国昆虫生态学的发展，大致可分为三个阶段，第一个阶段从1949年到1958年，研究的内容主要是重要害虫的田间发生规律及一般的生态习性，也有以生理生态特性为主要内容的实验生态学研究；第二阶段从1961年到1965年，主要是种群生态学的数量动态和空间动态，也有行为生态学的研究；第三阶段从1972年开始，进一步向深度和广度发展，主要表现在数理生态学的研究，也有昆虫群落调查和农业生态系统研究。夏武平（1984）、孙儒泳（1987）、王祖望（2002）、魏辅文（2016）等都从不同角度对我国动物生态学的进展进行过系统总结。本章按动物生态学的不同分支学科，阐述了我国动物生态学40年来的发展。

## 2 国内外研究现状

　　经过几十年的发展，动物生态学已形成了多个分支学科。本章主要从动物分子生态学、动物生理生态学、动物行为生态学、动物种群与群落生态学以及濒危动物保护生物学等几个方面来阐述。

### 2.1 动物分子生态学

　　20世纪50年代，Watson和Crick提出DNA双螺旋结构模型，直接推动分子生物学作为生物学独立学科的诞生。分子生物学从分子水平上研究蛋白质和核酸等生物大分子的结构、功能及其相互关系，已成为人类从分子水平上揭开生命现象本质的基础学科。

20世纪60年代，随着蛋白电泳技术的出现，等位酶标记技术首先被用来从分子水平上揭示人和果蝇等物种的遗传多样性、种群遗传结构和分子系统学等生态与进化方面的问题（May，1992）。从70年代开始，随着线粒体DNA（mtDNA）和限制性内切酶的发现，mtDNA、RFLP标记技术突破了等位酶的局限性，迅速成为种群水平遗传多样性检测的良好标记。80年代开始，DNA分子标记的广泛应用，极大地推动了分子生态学的发展。例如小卫星DNA（Jeffreys et al.，1985），因其具有高度的多态性而发展出"DNA指纹"图谱技术，并很快被用于个体鉴定和谱系分析。而DNA聚合酶链式反应（PCR）的发明（Saiki，1985）和热稳定DNA聚合酶的发现则引发了DNA分析技术的革命；基于PCR技术衍生出来的一系列标记包括微卫星（Tautz，1989）、RAPD、AFLP，以及PCR技术与DNA测序技术的结合极大地推动了序列分析技术（直接测序和SNPs）的发展和应用。上述标记被广泛应用于揭示种群结构、遗传多样性、谱系地理学、迁移和扩散、种群历史动态等（Zhang，2007；Zhu，2013；Yuan，2016），从而推动分子生态学的成熟与繁荣。1992年 Molecular Ecology 杂志在英国的创刊，标志着分子生态学的正式诞生。进入21世纪，生物学迈入组学时代，新一代测序技术及蛋白质组学、转录组学、代谢组学等的发展，使得在全基因组水平上全面开展物种生态学、种群生物学和保护生物学研究成为可能（Zhao，2013；Zhou，2014），分子生态学迎来了前所未有的发展机遇。

我国动物分子生态学研究虽然起步较晚，但经过近20年的发展，已在相关领域取得重大进展，并形成了一支较为稳定的研究队伍，主要体现在以下几个方面。

### 2.1.1　种群结构与遗传多样性

国内学者利用线粒体DNA、微卫星、单核苷酸多态性等多种分子标记开展了大量有关动物种群遗传多样性及分布格局的研究工作，为很多物种的遗传资源保护、管理与可持续利用提供了科学依据。比如，白鱀豚（*Lipotes vexillifer*）（Yang，2003）、大熊猫（*Ailuropoda melanoleuca*）（Zhang，2007）、白鹇（*Lophura nycthemera*）（Dong，2013）、短尾鼩（*Anourosorex squamipes*）（He，2016）、竹叶青蛇（*Viridovipera stejnegeri*）（Guo，2016）等物种。在大熊猫的研究中发现，虽然栖息地丧失和竹子开花等因素曾导致野生大熊猫数量急剧下降，但其仍保持着较高的遗传多样性，而山系、河流以及公路的阻隔则导致了显著的遗传结构（Wei，2012；Zhu，2013；Zhao，2013）。与大熊猫相比，白鱀豚的遗传多样性水平极低，而人类活动被认为是导致其种群数量近期下降的主要因素（Zhou，2013）。

### 2.1.2　种群历史与物种分化

对物种种群历史的研究有助于我们理解现生物种种群分布格局和物种分化。基于线粒体DNA、微卫星等分子标记的研究均发现冰期-间冰期交替主导了当时藏原羚（*Procapra picticaudata*）（Zhang and Jiang，2006）、大熊猫（Zhang，2007）、滇金丝猴（*Rhinopithecus bieti*）（Liu，2007）、短尾蝮蛇（*Gloydius brevicaudus*）（Ding，2011）等物种的种群扩张与收缩过程。近年来，随着新一代测序技术的大发展，学者们得以从全基因组水平更全面、更深入地揭示大熊猫（Zhao，2013）、金丝猴（*Rhinopithecus* spp.）（Zhou，2014）、大山雀（*Parus major*）（Qu，2015）、西方蜜蜂（*Apis mellifera*）（Chen，2016）、江豚（*Neophocaena* spp.）（Zhou，2018）等物种的种群历史及物种分化过程。

### 2.1.3　谱系地理学

地质、气候等历史事件，特别是新生代以来的地质运动和气候变迁，对生物地理分布格局的形成有重要影响。中新世晚期青藏高原抬升所带来的地质和气候环境变化被认为决定了蜥蜴（Guo and Wang，2007；Guo，2011）、棘蛙族（Che，2010）、隙蛛亚科蜘蛛（Zhao and Li，2017）、川金丝猴（Luo，2012a，2012b）以及异齿裂腹鱼（*Schizothorax o'connori*）（Guo，2016）等物种或类群的生物地理分布格局及物种多样性。在棘蛙中的研究显示，正是中新世地质变化所带来的气候环境的差异导致了棘蛙类群的物种分化，而地质造山事件所造成的地理隔离是西部高海拔棘蛙物种分化的主要原因（Che，2010）。最近的研究进一步从全球尺度上揭示蛙属物种可能起源于我国西南地区，曾先后两次独立地从东亚经白令陆桥迁入北美，随后其中一支迁入中、南美洲；后期，从东亚经中亚进入欧洲地区（Yuan，2016）。相似地，横断山脉地区的地壳运动对当地动植物地理格局的演变和生物多样性的起源也起着同样的作用（Xing and Ree，2017）。

### 2.1.4 动物行为生态的分子机制

分子生物学技术及非损伤性取样方法的发展拓展了传统动物行为生态学的研究范式，深化了我们对动物行为生态学机制的认识。例如，基于粪便、毛发等非损伤性遗传材料的分析，发现大熊猫存在偏雌扩散模式并驱动了大熊猫近交避免机制（Zhan，2007；Hu，2010，2017a），而川金丝猴可能因雄性间的交配竞争而形成偏雄扩散模式（Chang，2014）。基于SNPs标记分析，揭示了绵羊随游牧民族迁徙、扩散的历史过程及其品种分化（Lv，2015）。

### 2.1.5 生态适应的分子机制

近年来，国内学者从基因组、转录组、宏基因组等多个层面揭示了动物适应高原低氧、低温等极端或特殊环境的分子机制。比如，已有的研究发现低氧诱导因子HIF-1A和HIF-2B（Wang，2015）、肠道短链脂肪酸吸收和运输机制（Zhang，2016）、PTPN1基因（Ding，2018）、DNA损伤修复和能量代谢通路相关基因（Sun，2018）在不同的高原物种中发生了适应性演化，提示这些物种存在着不同的高原适应机制。

## 2.2 动物生理生态学

当前，动物生理生态学的发展依赖于学科交叉和融合，关注新思想和方法，主要有以下一些研究热点。生态代谢理论（Metabolic Theory of Ecology）是解释多层次生态问题的重要理论，能量代谢是该理论的核心与基础（Brown，2004；Gillooly and Allen，2007）。尽管国内有关动物能量代谢的研究历史较长，但尚未与生态代谢理论进行有机联接，未来在该领域的工作拓展将有力推动相关研究的理论水平。近年来，在大时空尺度上整合和理解生物学现象逐渐成为学科前沿（Osovitz and Hofmann，2007）。只有结合大时空尺度上生理特征的分布模式和形成过程才能深入理解造成这些生理特征变异的原因，并预测环境变化的各种驱动因素交互作用对物种未来的影响。因此，动物生理特征的大时空尺度变异模式及其成因（宏生理学，Macrophysiology）将是一个重要的研究方向（Chown，2004），国内在该领域的工作尚处于起步阶段，与国际水平具有一定的差距，需要全面引进学习和赶超。全球变化带来环境温度的剧烈波动、极端气候事件频发、栖息地改变、环境污染、海洋酸化等生态问题。气候变化影响动物的代谢、繁殖等诸多生理过程（Dillon，2010；Gardner，2011）。动物对全球变化具有怎样的生理响应和适应是生理生态学的一个科学问题，在很大程度上尚未揭示，有待未来的深入研究。动物生理过程对环境的适应涉及个体、器官、细胞和分子等多个层面。多组学、生理生化技术以及基因工程技术的应用，使得我们能在蛋白和DNA水平深入理解动物的生理适应机制。结合生态学的思想，可以使得我们在整合生物学水平上，系统地理解动物对环境的适应与响应。

近几十年来，我国动物生理生态学发展迅速，在无脊椎动物、鱼类、两栖爬行类、鸟类和兽类等动物类群中开展了广泛而卓有成效的研究工作，取得了一系列新进展。主要包括以下几个方面：

（1）在无脊椎动物生理生态学研究中，通过比较分析和实验模拟，探讨大气$CO_2$、温度升高对昆虫、海洋贝类等动物生理特征的影响，揭示其生理特征对环境变化响应的生化和分子基础。譬如，首次揭示了热天暖夜对昆虫生命参数和种群适合度的独特作用，夜间变暖进一步恶化了日间高温对昆虫的不利影响（Zhao，2014）。应用分子生态学方法，阐明 $CO_2$ 增加通过改变植物的水分代谢有利于蚜虫取食（Sun，2015）。开展了海洋软体动物蛋白质温度适应机制的研究，揭示了软体动物细胞质苹果酸脱氢酶（cMDH）结构稳定性和功能适应性的趋同演化模式（Dong，2018）。

（2）在鱼类生理生态学研究中，主要开展了鱼类能量代谢，以及环境因子影响鱼类游泳行为的研究，出版了专著《鱼类游泳运动策略与适应性演化》。发现鲤科鱼类游泳策略的种间和种内差异，揭示了其生理学和形态学机制及演化动力（付世建等，2014）。探讨鱼类低氧耐受机制，阐明了鲤科鱼类溶氧反应规范的限制与权衡及其与生境的关系。开展鱼类"个性"分化研究，揭示鱼类代谢限制及生态关联的环境依赖性（Fu，2015）。

（3）在两栖爬行动物生理生态学研究中，开展了两栖爬行动物生活史特征变异的地理格局，环境因子对胚胎发育和后代特征的影响以及龟鳖类能量代谢和免疫等方面的研究。应用基因组和生理实验等技术手段，解析了蛙、蜥蜴和蛇适应青藏高原的高寒和荒漠的干热等极端环境的生理和遗传机制。提出爬行动物卵大小和卵胎生演化的新理论和新证据（Wang，2014）。发现龟鳖类胚胎具有趋热现象，提出胚胎对温度变化响应的避开、调节和耐受等 3 条行为和生理途径（Du and Shine，2015）。探讨龟鳖动物的能量代谢，应激和免疫功能等各方面对环境变化的响应模式及其生理生化与分子机理。

（4）在鸟类生理生态学研究中，开展了鸟类的生理适应和产热机理研究，发现鸟类冷驯化过程中产热的表型可塑性（Zheng，2014）。开展了青藏高原鸟类的分子适应和环境内分泌学研究，通过基因组学方法等，揭示了地山雀适应青藏高原极端环境的遗传印迹和应激反应调节机制（Li，2013）。

（5）在哺乳动物生理生态学研究中，在体温调节、冬眠、营养生态和能量代谢等方面取得显著成绩，研究方法也不断更新（王德华，2001；王德华等，2009）。譬如，双标记水方法用于测定野生动物的能量收支，稳定同位素技术用于动物营养生态学研究。应用整合动物学思想，从形态、行为、生理和遗传等多层面系统揭示了大熊猫维持低能量代谢以适应竹子食物的机制（Nie，2015）。开展肠道微生物与动物行为和生理功能的关系研究，发现肠道菌群能够介导宿主的能量和体温调节（Zhang，2018）。

## 2.3 动物行为生态学

相对于动物行为学而言，行为生态学的历史相对年轻。虽然达尔文已经提出一些有关行为适应的问题，但行为生态学成为一个具有自身体系的学科，则是 20 世纪 60 年代以后的事情。

早期行为生态学家的工作集中在动物的觅食策略。借用经济学中边际效益原理，建立了动物觅食行为的最优理论体系，这以 Foraging Theory 为象征（Stephens and Krebs，1986）。20 世纪 90 年代，研究热点从觅食这一生命活动的基本行为转向繁殖和个体间相互作用的社会行为，包括性选择、亲本照顾、性冲突、亲子冲突、交配系统、配偶外亲权、合作繁殖和互惠。那时发现的鉴别个体间遗传关系的分子生物学技术，极大地促进了行为生态学的发展。最典型的例子就是对鸟类交配系统的认识。传统认为，90%以上的鸟种为社会单配制，而亲权分析证实，配偶外交配十分普遍，以致社会关系不能真实反映交配关系，这向传统理论提出巨大挑战。2000 年以来，基因组技术迅速渗透到生物学的几乎所有领域，行为生态学也不例外。使用高通量测序和生物信息学方法，人们开始寻找控制各种行为的基因和表观遗传基础，以及环境条件对基因表达的影响（Bengston，2018）。其中，社会昆虫工蜂发育、社会分工和通讯受到最多关注（Jandt and Gordon，2016；Weitekamp，2017）。此外，在备择繁殖策略的分子基础，以及性拮抗基因在位点内性冲突中的作用方面，也取得一定进展（Andrew，2013）。

近 40 年来，我国动物行为生态学得到了极大的发展。1984~1990 年，尚玉昌通过《生态学杂志》以系列讲座的形式介绍行为生态学；1998 年，该作者出版了国内第一本专著《行为生态学》，系统介绍了该学科的基本理论、内容和方法。同一时期，相关中文刊物也发表了一些涉及行为生态学的论文（张君和胡锦矗，2003）。同时基于在线文献数据库 web of science 检索中国学者在国际行为生态学领域主流刊物上的发文来分析，我国行为生态学的研究经过近40年的发展已经取得了巨大的进步。在此，我们分析中国行为生态学的几个亮点和特色研究。

（1）生态限制与动物合作：环境多变、资源稀少的情况下，动物个体之间表现激烈竞争，还是采取合作？我国学者以一种甲虫、两种鸟类为研究对象，以野外观察、操纵实验和数学建模为研究方法，他们发现，虽然不同物种所面临的挑战不同，但在不利条件下，个体间更趋向于合作，从而提高繁殖成功率（Shen，2012；Sun，2014）。这些发现也可以为人类的危机管理提供参考。

（2）鸟类合作繁殖行为的演化：利他行为是社会性演化的基础，合作繁殖中的帮助是一种典型的利他行为。我国学者以青藏高原特有物种地山雀为模式，系统研究了合作繁殖社会的组织形式，合作繁殖系统的配偶外亲权、生态因素与帮助行为的表达等关键问题。基于种群遗传学理论，提出并在地山雀中证实 $rb = c$ 是保持利他基因型与非利他基因在种群中稳定共存的基本条件（Wang and Lu，2018）。这项原创性的工作，将在社会演化领域产生深远影响。

（3）金丝猴的重层社会结构：灵长类的社会行为一直引人注目。科学家利用 GPS 项圈、卫星遥感技术和社会网络分析相结合的方法，通过对秦岭金丝猴长期野外跟踪，获得社群内个体的空间联系，迁移和扩散行为的详实数据，证明其社会结构在一夫多妻制单元的基础上，形成族群、分队、群的结构形式，共同觅食和躲避天敌（Qi，2014）。这项工作丰富了灵长类社会系统演化的理论体系。

（4）人类母系社会的演化：摩梭人生活在中国川滇交界，至今仍保持母系社会结构和独特的"走婚"式婚姻。我国学者基于对摩梭人母系社会婚姻制度及育龄女性生育竞争的研究，提出人类母系社群中男性偏向母系亲属投入的新假说，以及在母系大家庭中女性生育竞争的演化生物学机制（季婷等，2016）。这些工作对于理解母系社会的起源、人类亲缘制度和婚姻制度的演化具有重要意义。

## 2.4 动物种群与群落生态学

自20世纪20年代 Charles Elton 开展动物种群生态研究以来，现代动物种群生态学已走过了将近一百年的时间（Krebs，2015）。早期研究主要关注如动物种群自调节、种间作用、周期性波动等。种群调节研究在20世纪曾分为气候学派与生物学派，前者强调气候等非密度调节，后者主张捕食、寄生、竞争等生物过程对种群调节起决定作用。在研究方法上，一部分生态学家比较重视实验性围栏研究，另一部分则主要采用统计模型对野外监测种群动态进行研究。近年来，大尺度气候的调节作用、生态互作网络逐渐成为动物种群与群落研究的热点领域，并取得重要进展。

过去20余年来，动物种群与群落生态学的显著进展主要表现在全球变化影响和动植物互作网络等诸方面。全球变化对动物种群与群落动态影响的研究逐渐增多，揭示了许多新的规律与机制，已成为种群与群落生态学研究的热点领域。有学者统计了全球脊椎动物种群及群落变化，发现15世纪以来已有322个物种灭绝，现存陆生脊椎动物多数呈现出分布区收缩、种群数量降低、群落小型化等现象（Dirzo，2014）。我国学者早在20世纪90年代便提出生物灾害 ENSO 成因说，陆续发现旅鼠、田鼠、雪兔、猞猁、鼠疫、蝗灾等与全球气温、ENSO、NAO 等大尺度气候因子有密切关系（Jiang，2011；Tian，2011；Tian，2017；Xu，2011；Yan，2013；Zhang and Li，1999；Zhang，2001）。研究发现，气候变化可能导致欧洲小型哺乳类、北美雪兔-猞猁周期性波动消失及数量下降（Cornulier，2013；Kausrud，2008；Yan，2013）。气候变暖及人类影响加剧对极地地区的动物影响更为显著，北极熊、海豹、海象等种群数量随着浮冰面积减少而下降（Derocher，2004；Kovacs，2011；Moore and Huntington，2008）。气候变化导致植物物候与鸟类迁徙、繁殖时间错位，从而导致种群逐渐下降（Sather and Engen，2010）。全球两栖类的种群数量下降也十分显著，主要威胁来自于气候变暖、壶菌病、外来物种入侵及人类活动等（Li，2013）。渔业资源的过度利用、生境破坏等原因导致海洋性鱼类的种群数量下降（Hutchings and Reynolds，2004）。一些洄游鱼类受到人类修建水坝的影响尤为显著，面临灭绝的风险（Liermann，2012）。同时，全球变化可通过影响动物分布改变动物群落组成。例如，由于气候变暖，许多动物分布区向高纬度及高海拔地区迁移，从而改变不同地区的群落结构（Chen，2011）。有研究也发现气候变化与人类活动对小型哺乳动物种群的影响可能存在交互作用（Yan，2013a）。Yan 等（2013b）发现大尺度气候变化是雪兔-猞猁周期波动的必要条件，改变了过去"猎物-捕食者之间的捕食作用是导致周期波动主因"的观点。Tian 等（2011，2017）发现大尺度气候变冷有利于蝗灾、疫病的发生，说明气候变化具有尺度依赖的正负双效作用，改变了"气候变暖有利于生物灾害发生"的传统认知。气候的剧烈变化可显著影响动物分布区的变化。Li 等（2014）发现历史气候变冷导致我国大象、犀牛分布北界线不断向南部退缩。Wan 和 Zhang（2017）发现更新世晚期气温不断上升是导致欧亚大陆大型哺乳动物如猛犸象、犀牛等灭绝的重要外因。虽然全球变化对动物种群与群落动态的影响已有较多记载，但是关于其影响的机制研究仍然较少。

动物群落研究的一个热点领域是动植物互作网络。动物群落内部及其与植物之间存在复杂的相互作用，包括捕食、互惠关系等。近年来，通过野外观察、食性分析、时间序列分析、实验操作、同位素追踪、功能特征分析等各种技术手段（Carreor martinez and Heath，2010；Wootton and Emmerson，2005），食物网与互惠网络数据逐渐增加。得益于网络分析技术的应用，食物网研究在揭示物种营养级互作对生物群落结构及动态的影响方面取得了重要的进展（Cohen，2012；Thébault and Fontaine，2010）。另外，互惠网络（如种子传播、传粉网络）在过去 20 年来逐渐受到重视，强调了互惠作用对生态群落动态的调节（Bascompte and Jordano，2013）。这些研究揭示了生态群落稳定性的许多内在机制，如弱相互作用可促进生态群落稳定性（McCann，2000）。此外，研究还发现自然生态互作网络中存在嵌套结构、模块化、杂食性、种间互作类型等诸多促进群落稳定性的可能因素（Bascompte and Jordano，2013；Mougi and Kondoh，2012；Rooney and McCann，2012）。我国学者在不同森林生态系统中，开展了长期定位研究，揭示了鼠类-植物种子之间复杂的互作关系，阐明了种子特征、种子雨、鼠类密度等是影响种子命运及鼠类的关键因子（张知彬等，2007）。

我国学者提出对抗者之间合作可能是维持群落和复杂生态系统稳定性的另外一个关键因素（Zhang，2003；Yan and Zhang，2014）。经典理论生态学认为，线性的合作不利于复杂系统的稳定。自然界中，物种之间的关系不是固定不变的，对抗与合作关系可以随种群密度、环境梯度等发生转变（Zhang，2003）。科学家依据三种经典的正、负、中性作用，定义了 6 种非单调性作用，即允许种间作用符号根据密度变化而变换。研究发现，抛物线型的非单调作用（即对抗者之间低密度合作、高密度竞争）可以增加生态系统多样性、稳定性及群落生物量（Yan and Zhang，2014；Yan and Zhang，2018a）。集合群落（meta-community）有利于互惠关系的演化，并抑制剥削或欺骗关系的演化（Yan and Zhang，2018b）。这些研究说明，除了环境过滤作用、生态位分化、随机扩散等因素外，合作或互惠可能是群落或生态系统多样性及稳定性维持的重要机制，值得深入探讨。

此外，集合种群（meta-population）或群落（meta-community）生态学研究是种群与群落生态学的重要进展之一，成为保护生物学、入侵生物学的重要基石。该方向起始于 20 世纪 60 年代，主要关注集合种群的动态及其结果，并已取得了显著的发展。近年来，有生态学家提出了集合群落的概念，将中性理论、集合种群理论、物种筛选（species-sorting）及聚集效应（mass effect）整合成尺度依赖的统一框架（Leibold，2004）。野外调查与实验研究表明，通常有两种及以上的机制驱动集合群落，但以往研究主要验证物种筛选及聚集效应，且关联较弱（Logue，2011）。目前，野外研究仍偏重于水生动物。例如，有研究表明局域与区域性生态因子、扩散能力等影响分枝状水系的水生非脊椎动物集合群落组成（Cañedo-Argüelles，2015；Göthe，2013）。另外，理论研究证明集合群落理论可解释食物网的复杂性，为进一步研究动植物互作与群落动态提供了理论支撑（Pillai，2011）。

## 2.5 动物保护生物学

由基因、物种和生态系统构成的生物多样性为人类提供了适应环境变化的重要资源，是人类生存和社会发展的基础和国民经济可持续发展的战略性资源。物种保护是生物多样性保护的核心问题，直接影响生态系统稳定和服务功能（Dawson，2011；Bateman，2013；Costanza，2014；Wei，2018a）。然而，随着全球气候变化和人类活动影响的不断加剧，生物多样性丧失的速率不断加快，从而可能引发第六次生物大灭绝的发生（Barnosky，2011），因而遏制生物多样性减少和丧失已成为了生物多样性保护中的热点研究领域（Hoffmann，2010；Dawson，2011；Cardinale，2012）。由于生物多样性的产生、减少和丧失在时空上是一个自然变化的动态过程、并受环境波动（含人类活动）的巨大影响（Nogués-Bravo，2018），探讨哪些因素对其产生、减少和丧失起主导作用，阐明生物多样性演变规律和揭示物种濒危原因就成为目前濒危动物保护研究中最根本的问题。

作为生物多样性的一个重要组成部分，动物在生态系统中占据着重要的地位，维系着生物链的完整。当前全球大约有五分之一的脊椎动物处于濒危和易危状态，每年平均约有 50 个物种会走向下一个濒危等级（Hoffmann，2012）。大量研究表明，物种逐步衰退而走向濒危和灭绝是与气候、环境和物种本身演化过程等历史和生态因素密不可分的（Li and Wilcove，2009；Midgley，2012；Cahill，2013；Dornelas，2013；Pauls，2013；Zhao，2013；Zhou，2016；Estrada，2017）。一般认为栖息地丧失与破碎化是导致物种濒危的最主要因素（Laurance，2002；Kerr，2004；Butchart，2010），而"3S"等技术的发展又促使了野生动物栖息地评价模型的快速发展，进而评价野生动物的生境现状、变化动态以及保护状况。同时气候变化也被认为是导致动物濒危的重要因素之一（Lorenzen，2011；Urban，2015），且物种分布模型（SDMs）也成为研究气候变化与物种濒危机制的重要手段之一（Hancock，2011；Hazen，2013；Brito，2018）。

尽管目前有关生态外因对物种濒危的影响已被广泛接受，然而有关内因——遗传因素的作用，特别是有关导致动物灭绝和濒危的主导因素是生态因素还是遗传因素至今仍存在着争论（Frankham，2005）。如近亲繁殖和遗传漂变在濒危小种群中的发生概率增加，从而影响其长期演化发展的潜力（Hanski et al. 2000），但有些濒危小种群却仍维持着较高的遗传多样性（Galeuchet，2005；Zhao，2013）。随着组学技术，特别是保护基因组学（Conservation Genomics）的逐渐成熟，基于组学大数据的宏演化和微演化两个层面的研究已成为探讨濒危物种演变规律和机制的一种全新手段和重要趋势（Allendorf，2010；Funk，2012），并为分析动物濒危的历史成因、揭示濒危动物局部适应的遗传基础、评估不同种群的演化潜力、精确定义保护单元和制定保护规划等方面均起到了十分重要的作用（Hoffmann and Sgro，2011；Miller，2012；Zhou，2016；Schluter and Locke，2017；Bay，2018；Johnson，2018）。

中国是世界上野生动物资源最为丰富的国家之一，同时也是地少人多、保护与发展矛盾最为突出的区域。大规模的人类活动已导致野生动物栖息地的不断丧失和破碎化，导致我国脊椎动物受威胁比例超过 20%。从 20 世纪 80 年代起，中国科学院及众多高等院校率先引入和开展了濒危动物保护生物学研究，部分濒危动物也得到了有效的保护。近 40 年来，濒危动物保护生物学在我国得到蓬勃发展，相继出版了保护生物学相关教程和专著，承办了相关的国际会议，成立了国际保护生物学会中国委员会，并举办了系列保护生物学培训班和论坛，推动了我国保护生物学的迅速成长（魏辅文，2016）。

21 世纪以来，中国珍稀动物濒危机制的研究得到了进一步的发展，特别是组学技术在我国濒危动物保护生物学研究中的广泛应用，极大地促进了动物濒危机制的研究。我国学者在国际上率先开展了濒危动物种群基因组学研究（Zhao，2013），应用组学技术不同学者先后对大熊猫、金丝猴、白鱀豚、江豚、藏羚羊、牦牛、猎隼、扬子鳄以及其他鸟类和两栖爬类动物的种群基因组和保护基因组开展了大量研究，阐明了这些动物的种群历史、适应演化及濒危的遗传机制（Zhao，2013；Zhou，2013，2014，2016，2018；

Zhan，2013；Qu，2013；Wan，2013；Nie，2015；Hu，2017b；Yan，2018；Li，2013，2018；Liu，2018），Fan 等（2018）全面总结了这方面所取得的重要进展；我国学者还提出了保护宏基因组学（Conservation Metagenomics）和保护演化生物学（Conservation Evolutionary Biology）等保护生物学新分支学科（Wei，2018b；魏辅文，2018；魏辅文等，2019）。以上进展表明，中国保护生物学研究在国际上产生了重要的影响。

## 3 动物生态学发展趋势及展望

经过 40 年的发展，我国动物生态学的研究方向与内容不断拓展，研究队伍不断壮大，目前我国动物生态学研究队伍已成为国际上动物生态学研究的一支重要力量。随着新的生态学理论、研究技术、方法的不断出现，我国动物生态学研究也将随之得到进一步的提升和发展。本节从以下几个不同领域对我国动物生态学研究态势进行分析，并展望今后的发展趋势。

### 3.1 动物分子生态学

生命科学已经进入组学时代，未来将有越来越多的基因组学、蛋白质组学、转录组学、代谢组学、宏基因组学等组学数据在分子生态学研究中得到应用，从而全面、系统地探讨地球上不同动物的遗传多样性、种群结构与系统地理格局、演化历史动态等分子生态学特征及其形成历史、演化过程与驱动因素，揭示气候变化、人为活动对生物多样性的影响机制与对策措施。基于多物种的比较揭示不同动物分子生态格局及其演化与适应机制的一般性规律，也是今后的重要发展方向。此外，为了应对分子生态学研究中越来越多的数据积累，需要生物信息学技术和手段的不断完善。如何开发出能客观、准确和科学地从海量数据中挖掘分子生态学信息的软件、算法等，将对分子生态学的发展起到推动作用。

### 3.2 动物生理生态学

动物生理生态学将通过多学科交叉拓展自身的内涵与外延。同时，应注重演化生理学、环境生理学、生理生态学的相互融合。借助生态基因组学、代谢组学、蛋白质组学、分子生物学、生态模型、免疫学、发育生物学、神经与行为科学的理论和技术方法，深入研究动物生理与环境之间的作用，回答动物分布、生存、繁殖、迁徙、演化、灭绝等重大生态学问题。应重点关注宏生理学的发展，充分发挥大数据时代的优势，归纳总结，产生新发现和构建新理论。生态代谢理论的发展与完善是生理生态学的一个重要任务，也将极大推动生态学的发展。积极推动动物响应全球变化的过程，动物适应极端环境的生理和分子机制等领域的研究。对新兴领域的发展给予足够的重视。譬如，微生物生态学的发展对生理生态学的贡献，微生物生态学在过去十多年得到了快速发展，越来越多的研究表明微生物与动物的互作对动物的适应和演化具有深远的影响，该领域将为我们提供独特的研究机会，前景充满无限遐想。此外，生态基因组学和发育生物学的发展，为动物生理适应的遗传基础解析提供前所未有的机遇，通过多基因、多位点的序列数据，阐明基因型-生理表型的关联性，进而开展基因功能验证，揭示生理响应和适应的遗传机制。该领域也将在未来焕发勃勃生机。

### 3.3 行为生态学

尽管中国的行为生态学研究已经登上国际舞台，但整体学术地位依然相对很低。依据行为生态学的发展趋势，建议关注以下方面。

（1）长期研究：行为生态学的诸多基本问题，只能通过长期个体标记基础的研究来回答。这里的长期研究，是指持续 10 年以上的工作。通过对标记个体生活史、行为和个体亲缘关系等数据连续多年的搜集，关联终生适合度的个体差异，分析选择方向和强度与环境变异的关系，从而最终捕捉行为性状的演化机制。遗憾的是，中国致力于这种努力的工作还很有限，这在很大程度上制约了中国行为生态学的发展。

（2）理论创新：行为生态学是一门逻辑性很强的科学，理论作为具有内在联系和统一性的知识体系，是行为生态学家思考问题的根本基础，比如最优觅食策略，性选择理论，精子竞争理论。理论创新无疑是最具有一般意义的，能够有力推动学科的发展。总体上看，中国的行为生态学研究以检验现有理论的经验工作为主。深入思考、理论创新，是未来中国行为生态学家必须应对的挑战。

（3）模型分析：现代生态学中的很多理论，包括高斯种间竞争理论、营养动态理论、岛屿生物地理学、亲属选择理论和演化博弈论，都是用对真实系统抽象或简化的数学模型表达的。模型是理论产生的稳健结果，具有精确性、逻辑性、预测性和可检验性。甚至有人认为，经验生态学家在数学生态学方面普遍的低劣训练是不可原谅的；如果经验生态学家畏惧或不懂基本的数学推理，那么生态学的进展将是缓慢的。这种有些过激论点，也指出了生态学研究长期存在的问题，尤其对于中国行为生态学研究。

（4）组学的应用：分子生物学技术的发展，使得回答行为生态学的一些基本问题成为可能。全基因组、转录组等组学信息分析已经用于揭露行为性状的分子机制。其中，个体和种群间行为的差异通常具有表观遗传基础。中国基因组学研究在国际上引人注目，但很少应用到行为生态学。建议关注合作繁殖、配偶外亲权等性状的分子和神经内分泌机制。利用基因组编辑技术构建有关行为的突变体模型，探讨行为对环境的适应机制，也具有诱人的潜力。此外，蛋白组、代谢组和免疫组等技术在行为生态学中的应用，也值得关注。

（5）人类行为生态学：作为人类生态学的一个分支学科，人类行为生态学关注不同环境和社会条件下，人类各种行为的表达及其演化机制。强调人的生物学属性，把人类行为看作与动物一样的自然现象，依据生态学和演化生物学理论开展研究，从而洞悉人类行为对生态和社会因素的适应机制；同时，人又具有社会属性，探讨文化、意识形态、政治制度对人类行为的影响，也是人类行为生态学的范畴。由于与我们自身相关，人类行为生态学一直就是一个有吸引力的研究领域。不过，中国的研究力量十分薄弱。

（6）全球气候变化背景下动物行为的响应和保护行为学：全球气温持续增加引发一系列生态后果，这是生态学研究的热点。这种变化必然影响动物行为，包括内分泌活动和繁殖时间，进而影响种群动态。当环境条件比如气候、栖息地或食物发生变化时，了解动物行为的响应是制定保护措施的前提，这些方面特别值得中国行为生态学家重视。

## 3.4 动物种群与群落生态学

### 3.4.1 全球变化的影响

在当前全球气候变暖与人类活动影响加剧的背景下，大尺度或全球性的外在扰动已成为影响动物种群与群落的重要因素，相关研究亦逐渐从局域尺度提升至区域、全球尺度。厘清各种全球变化因子对动物种群与群落的驱动机制是未来发展趋势之一。长时间、大尺度的种群及群落动态监测需引起足够的重视。

### 3.4.2 生态互作网络

生态群落研究不仅局限于数量性状，物种间相互作用网络研究逐渐成为动物群落研究的主要发展方向之一。未来动物群落研究不仅需要了解物种组成、种群数量、功能性状等，亦需要监测物种之间的相互作用，构建生态互作网络，分析生态群落的结构与动态。包含多种互作形式的杂合网络、互作网络的时空动态及情境依赖性等是该领域的发展趋势。

### 3.4.3 关于种群与群落的空间生态学

不同空间尺度上种群与群落动态的驱动机制有所不同。目前，基于空间分布的集合种群与群落研究仍然处于发展中，相关理论的空间尺度依赖性有待厘清。另外，随着空间定位（GPS）、红外相机、无人机等新型监测技术的应用，动物种群和群落监测在地理精度与范围上都得到了极大提升，提出了新的问题与研究方向。

### 3.4.4 生态-演化动态（eco-evolutionary dynamics）

近年来发现的生物快速演化现象，使动物种群与群落在生态与演化水平上的互相反馈成为生态学领域新的研究热点之一。

### 3.4.5 种群与群落生态研究的整合

学科交叉与融合是未来生态学发展的主要趋势之一。传统的种群与群落生态学科各有所偏重。其中，种群生态学偏重种群时空动态，而群落生态学偏重物种组成与性状。然而，自然生态系统结构、功能与动态的完整阐述往往需要种群及群落水平的多层次研究。

## 3.5 动物保护生物学

随着保护理论和技术的不断产生和发展，当今有关濒危野生动物保护研究发展趋势已从区域性的研究转入到全球性（或整个分布区）的研究，从单纯的野外研究向野外和室内相结合的研究转变，从单一层次转入多层次（如人类活动、外来物种入侵、全球变暖等；行为、生态、生理、遗传等）的整合研究，从单纯的科学发现、资源现状、濒危状况等向机理机制的探索、揭示以及将来的变化预测等方面转变，从简单分子标记分析向各种组学相结合的分析方向转变。

随着组学和计算机技术的迅猛发展，以及全球气候变化的不断加剧和全球经济的高速发展而带来的野生动物栖息环境的不断恶化，当今濒危野生动物保护研究具有了以下方面的研究热点和特点：

（1）相关数学模型、"3S"技术、大数据分析等计算机技术的进步和广泛应用，在分析动物的分布特点、变化特点以及预测将来可能的变化趋势等方面得到了进一步的发展，从而推动了濒危野生动物保护研究的发展。

（2）不断发展和更新的组学理论和技术正逐步融入濒危野生动物保护的研究中。组学研究揭示了一些重要或关键动物类群在动物演化史中具有重要的科研价值和演化意义，因而逐渐成为动物多样性保护的热点之一。目前基于各种组学，并利用多学科交叉，在濒危动物的起源和演化、种群的衰退和恢复、濒危/灭绝的胁迫因子和相关机制、保护规划等方面已得到了广泛应用，并成为了该领域的重要研究内容。

（3）全球气候变化条件下的濒危动物适宜分布区和遗传多样性在时空尺度上的动态变化与预测是当前濒危野生动物保护研究中的重要科学问题。目前气候变暖正在成为威胁生物多样性的一个重要原因，因此探讨并预测全球气候变化下时空尺度上的环境变化如何影响和改变濒危动物及其种群的适宜分布区、从而影响其遗传多样性时空动态变化及其演化潜力等方面已成为了濒危野生动物保护研究中的一个新热点。

（4）将演化生物学原理引入保护生物学研究则能更好地揭示问题的本质，因此"保护演化生物学"将越来越受到保护生物学家的重视，成为未来的研究热点。保护演化生物学是将演化生物学原理和方法整合进保护生物学研究中，旨在从演化的视角探讨物种的过去、现在与未来，揭示物种如何适应和响应环境变化以维持长期生存的机制，阐明物种濒危过程与演化潜力，以期为制定前瞻性的物种保护策略提供科学依据（魏辅文等，2019）。

# 参 考 文 献

付世建, 曹振东, 曾令清, 等. 2014. 鱼类游泳运动-策略与适应性演化. 北京: 科学出版社.

季婷, 何巧巧, 吴佳佳, 等. 2016. 中国摩梭母系社会"走婚"婚姻的演化生物学研究进展. 中国科学生命科学, 46: 129-138.

林昌善, 李汝祺. 1956. 中国动物生态学家的当前任务. 科学通报, 7: 42-48.

马世骏. 1979. 中国昆虫生态学30年. 昆虫学报, 22: 257-266.

尚玉昌. 1998. 行为生态学. 北京: 北京大学出版社.

寿振黄. 1964. 三十年来我国的兽类学(1934-1964). 动物学杂志, 6: 244-245.

孙儒泳. 1987. 动物生理生态学的发展趋势. 中国生态学发展战略研究(马世骏 主编). 北京: 中国经济出版社.

王德华. 2011. 我国哺乳动物生理生态学的一些进展和未来发展的建议. 兽类学报, 31: 15-19.

王德华, 杨明, 刘全生, 等. 2009. 小型哺乳动物生理生态学研究与演化思想. 兽类学报, 29: 343-351.

王祖望, 张知彬. 2002. 二十年来我国兽类学研究的进展与展望: Ⅰ. 历史的回顾及兽类生态学研究. 兽类学报, 21: 161-173.

魏辅文. 2016. 我国濒危哺乳动物保护生物学研究进展. 兽类学报, 36: 255-269.

魏辅文. 2018. 大熊猫演化保护生物学研究. 中国科学: 生命科学, 48: 1048-1053.

邬建国.《现代生态学讲座(Ⅲ)学科进展与热点论题》. 北京: 高等教育出版社. 63-91.

魏辅文, 单磊, 胡义波, 等. 2019. 保护演化生物学——保护生物学的新分支. 中国科学: 生命科学, 49(4): 498-508.

夏武平. 1984. 中国兽类生态学的进展. 兽类学报, 4(3): 223-238.

张君, 胡锦矗. 2003. 行为生态学在中国的研究与进展. 西华师范大学学报(自然科学版), 24: 325-329.

张知彬, 李宏俊, 肖治术, 等. 2007. 动物对植物种子命运的影响. 邬建国. 现代生态学讲座(Ⅲ)学科进展与热点论题. 北京: 高等教育出版社.

郑光美. 1981. 我国鸟类生态学的回顾与展望. 动物学杂志, 16: 63-68.

Allendorfl. 2010. Genomics and the future of conservation genetics. Nature Review, 11: 697-709.

Andrew R L. 2013. A road map for molecular ecology. Molecular Ecology, 22: 2605-2626.

Barnosky. 2011. Has the Earth's sixth mass extinction already arrived? Nature, 471: 51-57.

Bascompte J, Jordano P. 2013. Mutualistic networks. Princeton: Princeton University Press.

Bateman. 2013. Bringing ecosystem services into economic decision-making: land use in the United Kingdom. Science, 341: 45-50.

Bayl. 2018. Genomic signals of selection predict climate-driven population declines in a migratory bird. Science, 359: 83-86.

Bengston S E. 2018. Genomic tools for behavioural ecologists to understand repeatable individual differences in behaviour. Nature Ecology & Evolution, 2: 944-955.

Brito Morales. 2018. Climate velocity can inform conservation in a warming world. Trends in Ecology & Evolution, 33(6): 441-457.

Brown J H. 2004. Toward a metabolic theory of ecology. Ecology, 85: 1771-1789.

Cahill. 2013. How does climate change cause extinction. Proceeding of the Royal Society B Biological Sciences, 280: 1750-1759.

Cañedo-Argüelles M. 2015. Dispersal strength determines meta-community structure in a dendritic riverine network. Journal of Biogeography, 42: 778-790.

Cao L. 2016. Differential foraging preferences on seed size by rodents result in higher dispersal success of medium-sized seeds. Ecology, 97: 3070-3078.

Cardinale B. 2012. Impacts of Biodiversity Loss. Science, 336: 552-553.

Carreonmartinez L, Heath D D. 2010. Revolution in food web analysis and trophic ecology: diet analysis by DNA and stable isotope analysis. Molecular Ecology, 19: 25-27.

Chang Z F. 2014. Evidence of male-biased dispersal in the endangered Sichuan snub-nosed monkey (*Rhinopithexus roxellana*).

American Journal of Primatology, 76(1): 72-83.

Che J. 2010. Spiny frogs (Paini) illuminate the history of the Himalayan region and Southeast Asia. Proceedings of the National Academy of Sciences, USA, 107: 13765-13770.

Chen C. 2016. Genomic analyses reveal demographic history and temperate adaptation of the newly discovered honey bee subspecies *Apis mellifera sinisxinyuan* n. ssp. Molecular Biology and Evolution, 33(5): 1337-1348.

Chen I C. 2011. Rapid range shifts of species associated with high levels of climate warming. Science, 333: 1024-1026.

Chown S L. 2004. Macrophysiology: large-scale patterns in physiological traits and their ecological implications. Functional Ecology, 18: 159-167.

Cohen J E. 2012. Community food webs: data and theory. Borlin: Springer Science and Business Media.

Cornulier T. 2013. Europe-wide dampening of population cycles in keystone herbivores. Science, 340: 63-66.

Costanza. 2014. Changes in the global value of ecosystem services. Global Environment Change, 26: 152-158.

Dawkins R. 1976. The selfish gene. Oxford: Oxford University Press.

Dawson. 2011. Beyond predictions: biodiversity in a changing climate. Science, 332: 53-58.

de Manuel . 2016. Chimpanzee genomic diversity reveals ancient admixture with bonobos. Science, 354: 477-481.

Derocher A E, Lunn N J, Stirling I. 2004. Polar bears in a warming climate. Integrative and Comparative Biology, 44: 163-176.

Dillon M E. 2010. Global metabolic impacts of recent climate warming. Nature, 467: 704-788.

Ding D. 2018. Genetic variation in PTPN1 contributes to metabolic adaptation to high-altitude hypoxia in Tibetan migratory locusts. Nature Communication, 9(1): 4991.

Ding L. 2011. A phylogeographic, demographic and historical analysis of the short-tailed pit viper (*Gloydius brevicaudus*): evidence for early divergence and late expansion during the Pleistocene. Molecular Ecology, 20(9): 1905-1922.

Dirzo R. 2014. Defaunation in the Anthropocene. Science, 345: 401-406.

Dong L. 2013. Phylogeography of Silver Pheasant (*Lophura nycthemera* L.) across China: aggregate effects of refugia, introgression and riverine barriers. Molecular Ecology, 22(12): 3376-3390.

Dong Y W. 2018. Structural flexibility and protein adaptation to temperature: Molecular dynamics analysis of malate dehydrogenases of marine mollusks. Proceedings of the National Academy of Sciences of the United States of America, 115: 1274-1279.

Dornelas. 2013. Quantifying temporal change in biodiversity-challenges and opportunities. Proceeding of the Royal Society B Biological Sciences, 280: 1931-1941.

Du W G, Shine R. 2015. The behavioral and physiological strategies of bird and reptile embryos in response to unpredictable variation in nest temperature. Biological Reviews 90: 19-30.

Estrada. 2017. Impending extinction crisis of the world's primates: Why primates matter. Science Advance, 3: e1600946.

Fan H Z. 2018. Conservation genetics and genomics of threatened vertebrates in China. Journal of Genetics and Genomics, 45: 593-601.

Frankham R. 2005. Genetics and extinction. Biological Conservation, 126: 131-140.

Fu C. 2015. Predator-driven intra-species variation in locomotion, metabolism and water velocity preference in pale chub (Zaccoplatypus) along a river. The Journal of Experimental Biology, 218: 255-264.

Funk. 2012. Harnessing genomics for delineating conservation units. Trends in Ecology and Evolution, 27: 489-496.

Gardner J L. 2011. Declining body size: a third universal response to warming? Trends in Ecology and Evolution, 26: 285-291.

Gillooly J F, Allen A P. 2007. Linking global patterns in biodiversity to evolutionary dynamics using metabolic theory. Ecology, 88: 1890-1894.

Göthe E. 2013. Metacommunity structure in a small boreal stream network. Journal of Animal Ecology, 82: 449-458.

Guo P. 2016. Complex longitudinal diversification across South China and Vietnam in Stejneger's pit viper, *Viridovipera stejnegeri*

(Schmidt, 1925)(Reptilia: Serpentes: Viperidae). Molecular Ecology, 25(12): 2920-2936.

Guo X. 2011. Phylogeny and divergence times of some racerunner lizards (Lacertidae: *Eremias*) inferred from mitochondrial 16S rRNA gene segments. Molecular Phylogenetics Evolution, 61: 400-412.

Guo X Z. 2016. Phylogeography and population genetics of Schizothorax o'connori: strong subdivision in the Yarlung Tsangpo River inferred from mtDNA and microsatellite markers. Scientific Report, 6: 29821.

Guo X, Wang Y. 2007. Partitioned Bayesian analyses, dispersalvicariance analysis, and the biogeography of Chinese toad-headed lizards (Agamidae: *Phrynocephalus*): a re-evaluation. Molecular Phylogenetics Evolution, 45: 643-662.

Hamilton W D. 1964. The genetical evolution of social behaviour. Ⅰ and Ⅱ. Journal of Theoretical Biology, 7: 1-52.

Hancock. 2011. Adaptation to climate across the *Arabidopsis thaliana* genome. Science, 334: 83-86.

Harrison T E. 2010. Does food supplementation really enhance productivity of breeding birds? Oecologia, 164: 311-320.

He K. 2016. Interglacial refugia preserved high genetic diversity of the Chinese mole shrew in the mountains of southwest China. Heredity, 116(1): 23-32.

Hoffmann. 2010. The impact of conservation on the status of the world's vertebrates. Science, 330: 1503-1509.

Hoffmann A A, Sgro C M. 2011. Climate change and evolutionary adaptation. Nature, 470: 479-485.

Hu Y B. 2010. Spatial genetic structure and dispersal of giant pandas on a mountain-range scale. Conservation Genetics, 11: 2145-2155.

Hu Y B. 2017a. Inbreeding and inbreeding avoidance in wild giant pandas. Molecular Ecology, 26(20): 5793-5806.

Hu Y B. 2017b. Comparative genomics reveals convergent evolution between the bamboo-eating giant and red pandas. Proceedings of the National Academy of Sciences, USA, 114(5): 1081-1086.

Hutchings J A, Reynolds J D. 2004. Marine fish population collapses: consequences for recovery and extinction risk. AIBS Bulletin, 54: 297-309.

Jandt J M, Gordon D M. 2016. he behavioral ecology of variation in social insects. Current Opinion in Insect Science, 15: 40-44.

Jeffreys A J. 1985. Hypervariable 'minisatellite' regions in human DNA. Nature, 314: 67-73.

Jiang G. 2011. Effects of ENSO-linked climate and vegetation on population dynamics of sympatric rodent species in semiarid grasslands of Inner Mongolia, China. Canadian Journal of Zoology, 89: 678-691.

Johnson. 2018. Adaptation and conservation insights from the koala genome. Nature Genetics, 50: 1102-1111.

Kausrud K L. 2008. Linking climate change to lemming cycles. Nature, 456: 93-97.

Kovacs K M. 2011. Impacts of changing sea-ice conditions on Arctic marine mammals. Marine Biodiversity, 41: 181-194.

Krebs C J. 2015. One hundred years of population ecology: Successes, failures and the road ahead. Integrative Zoology, 10: 233-240.

Krebs J R, Davies N. 1979. An introduction to behavioural ecology. Oxford: Blackwell.

Leibold M A. 2004. The metacommunity concept: a framework for multi-scale community ecology. Ecology Letters, 7: 601-613.

Li. 2013. Diversification of rhacophorid frogs provides evidence for accelerated faunal exchange between India and Eurasia during the Oligocene. Proceedings of the National Academy of Sciences, USA, 110: 3441-3446.

Li. 2018. Comparative genomic investigation of high-elevation adaptation in ectothermic snakes. Proceedings of the National Academy of Sciences, USA, 33: 8406-8411.

Li D. 2013. Coping With extreme: Highland Eurasian tree sparrows with molt-breeding overlap express higher levels of corticoserone-binding globulin than lowland sparrows. Journal of Experimental Zoology Part A: Ecological Genetics and Physiology, 319: 482-486.

Li X. 2014. Human impact and climate cooling caused range contraction of large mammals in China over the past two millennia. Ecography, 38: 74-82

Li Y. 2013. Review and synthesis of the effects of climate change on amphibians. Integrative Zoology, 8: 145-161.

Liermann C R. 2012. Implications of dam obstruction for global freshwater fish diversity. BioScience, 62: 539-548.

Lindsey. 2013. Evolutionary rescue from extinction is contingent on a lower rate of environmental change. Nature, 494: 463-468.

Liu F L. 2006. Pollen phenolics and regulation of pollen foraging in honeybee colony. Behavioral Ecology and Sociobiology, 59: 582-588.

Liu Z J. 2018. Population genomics of wild Chinese rhesus macaques reveals a dynamic demographic history and local adaptation, with implications for biomedical research. GigaScience, 7: 1-14.

Liu Z J. 2007. Phylogeography and population structure of the Yunnan snub-nosed monkey (*Rhinopithecus bieti*) inferred from mitochondrial control region DNA sequence analysis. Molecular Ecology, 16(16): 3334-3349.

Logue J B. 2011. Empirical approaches to metacommunities: a review and comparison with theory. Trends in Ecology & Evolution, 26: 482-491.

Lorenzen. 2011. Species-specific responses of Late Quaternary megafauna to climate and humans. Nature, 479: 359-365.

Luo M F. 2012b. Historical geographic dispersal route of golden snub-nosed monkey (*Rhinopithecus roxellana*) and influence of climatic oscillations. American Journal of Primatology, 74(2): 91-101.

Luo M F. 2012a. Balancing selection and genetic drift at MHC genes in Isolated populations of golden snub-nosed monkey (*Rhinopithecus roxellana*). BMC Evolutionary Biology, 12: 207.

Lv F H. 2015. Mitogenomic meta-analysis identifies two phases of migration in the history of eastern Eurasian Sheep. Molecular Biology and Evolution, 32(10): 2515-2533.

May B. 1992. Starch gel electrophoresis of allonyms. In: Molecular genetic analysis of populations: a practical appoach. Hoelzel A R. Ed. Oxford: Oxford University Press.

Maynard S J. 1982. Evolution and the Theory of Games. Cambridge: Cambridge University Press.

Mccann K S. 2000. The diversity-stability debate. Nature, 405: 228-233.

Midgley. 2012. Biodiversity and ecosystem Function. Science, 335: 174-175.

Miller. 2012. Polar and brown bear genomes reveal ancient admixture and demographic footprints of past climate change. Proceedings of the National Academy of Sciences of the United States of American, 109: 2382-3290.

Moore S E, Huntington H P. 2008. Arctic marine mammals and climate change: impacts and resilience. Ecological Applications, 18: S157-S165.

Mougi A, Kondoh M. 2012. Diversity of interaction types and ecological community stability. Science, 337: 349-351.

Nie Y G. 2015. Exceptionally low daily energy expenditure in the bamboo-eating giant panda, Science, 2349: 171-174.

Nogués-Bravo. 2018. Cracking the code of biodiversity responses to past climate change. Trends in Ecology & Evolution, 33: 765-776.

Osovitz C J, Hofmann G E. 2007. Marine macrophysiology: studying physiological variation across large spatial scales in marine systems. Comparative Biochemistry and Physiology Part A: Molecular and Integrative Physiology, 147: 821-827.

Parker G A. 1970. Sperm competition and its evolutionary consequences in the insects. Biological Reviews, 45: 525-567.

Pauls. 2013. The impact of global climate change on genetic diversity within populations and species. Molecular Ecology, 22: 925-946.

Pillai P. 2011. Metacommunity theory explains the emergence of food web complexity. Proceedings of the National Academy of Sciences, 108: 19293-19298.

Qi X G. 2014. Satellite telemetry and social modeling offer new insights into the origin of primate multilevel societies. Nature Communications, 5: 5296.

Qu Y. 2013. Ground tit genome reveals avian adaptation to living at high altitudes in the Tibetan plateau. Nature Communication,

4: 2071.

Qu Y. 2015. Genetic responses to seasonal variation in altitudinal stress: whole-genome resequencing of great tit in eastern Himalayas. Scientific Report, 5: 14256.

Rooney N, Mccann K S. 2012. Integrating food web diversity, structure and stability. Trends in Ecology & Evolution, 27: 40-46.

Sæther B E, Engen S. 2010. Population consequences of climate change. In: Effects of climate change on birds. (eds Møller AP, Fiedler W, Berthold P) pp 191-212. Oxford: Oxford University Press.

Saiki R K. 1985. Enzymatic amplification of beta-globin genomic sequences and restriction site analysis for diagnosis of sickle cell anemia. Science, 230: 1350-1354.

Schluter D, Pennell M W. 2017. Speciation gradients and the distribution of biodiversity. Nature, 546: 48-55.

Schoech S J. 2008. Food supplementation: a tool to increase reproductive output? A case study in the threatened Florida Scrub-Jay. Biological Conservation, 141: 162-173.

Shen S F. 2012. Unfavourable environment limits social conflict in *Yuhina brunneiceps*. Nature Communications, 3: 885.

Stephens D W, Krebs J R. 1986. Foraging Theory. Princeton: Princeton University Press.

Sun S. 2014. Climate-mediated cooperation promotes niche expansion in burying beetles. eLife, 3: e02440.

Sun Y B. 2018. Species groups distributed across elevational gradients reveal convergent and continuous genetic adaptation to high elevations. Proceedings of the National Academy of Sciences, USA, 115(45): E10634-E10641.

Sun Y. 2015. Plant stomatal closure improves aphid feeding under elevated $CO_2$. Global Change Biology, 21: 2739-2748.

Tautz D. 1989. Hypervariability of simple sequences as a general source for polymorphic DNA markers. Nucleic Acids Research, 17(16): 6463-6471.

Thébault E, Fontaine C. 2010. Stability of ecological communities and the architecture of mutualistic and trophic networks. Science, 329: 853-856.

Tian H. 2011. Reconstruction of a 1 910-y-long locust series reveals consistent associations with climate fluctuations in China. Proceedings of the National Academy of Sciences, USA, 108: 14521-14526.

Tian H. 2017. Scale-dependent climatic drivers of human epidemics in ancient China. Proceedings of the National Academy of Sciences of the United States of America, 114: 12970-12975.

Tompkins D M. 2013. Predicted responses of invasive mammal communities to climate-related changes in mast frequency in forest ecosystems. Ecological Applications, 23: 1075-1085.

Wan Q H. 2013. Genome analysis and signature discovery for diving and sensory properties of the endangered Chinese alligator. Cell Research, 23: 1091-105.

Wan X, Zhang Z. 2017. Climate warming and humans played different roles in triggering Late Quaternary extinctions in east and west Eurasia. Proceedings of the Royal Society of London Series B: Biological Sciences, 284: 20162438.

Wang C C, Lu X. 2018. Hamilton's inclusive fitness maintains heritable altruism polymorphism through rb = c. Proceedings of the National Academy of Sciences of the United States of America, 115: 1860-1864.

Wang X H, Kang L. 2014. Molecular mechanisms of phase change in locusts. Annual Review of Entomology, 59: 225-243.

Wang Y. 2015. Evidence for adaptation to the tibetan plateau inferred from Tibetan loach transcriptomes. Genome Biology Evolution, 7(11): 2970-2982.

Wang Z. 2014. Viviparity in high-altitude Phrynocephalus lizards is adaptive because embryos cannot fully develop without maternal thermoregulation. Oecologia, 174: 639-664.

Wei F W. 2012. Black and white and read all over: the past, present and future of giant panda genetics. Molecular Ecology, 21: 5660-5674.

Wei F W. 2018a. The Value of ecosystem services from giant panda reserves. Current Biology, 28: 1-7.

Wei F W. 2018b. Conservation metagenomics: a new branch of conservation biology. Science China Life Sciences, 62: 168-178.

Weitekamp C A. 2017. Genetics and evolution of social behavior in insects. Annual Review of Genetics, 51: 219-239.

White T C R. 2008. The role of food, weather and climate in limiting the abundance of animals. Biological Reviews, 83: 227-248.

Wilson E O. 1975. Sociobiology: The New Synthesis. Cambridge: Harvard University Press.

Wootton J T, Emmerson M. 2005. Measurement of interaction strength in nature. Annual Review of Ecology, Evolution, and Systematics, 92(4): 419-444.

Xing Y. 2013. Linking climate change to population cycles of hares and lynx. Global Change Biology, 19: 3263-3271.

Xing Y, Ree R. 2017. Uplift-driven diversification in the Hengduan Mountains, a temperate biodiversity hotspot. Proceedings of the National Academy of Sciences, USA, 114(17): E3444-E3451.

Xu L. 2011. Nonlinear effect of climate on plague during the third pandemic in China. Proceedings of the National Academy of Sciences, USA, 108: 10214-10219.

Yan. 2018. The Chinese giant salamander exemplifies the hidden extinction of cryptic species. Current Biology, 28: R581-R598.

Yan C, Zhang Z. 2014. Specific non-monotonous interactions increase persistence of ecological networks. Proceedings of the Royal Society of London, Series B: Biological Sciences, 281: 20132797.

Yan C, Zhang Z. 2018a. Dome-shaped transition between positive and negative interactions maintains higher persistence and biomass in more complex ecological networks. Ecological Modelling, 370: 14-21.

Yan C, Zhang Z. 2018b. Meta-community selection favours reciprocal cooperation but depresses exploitation between competitors. Ecological Complexity.

Yan C. 2013a. Agricultural irrigation mediates climatic effects and density dependence in population dynamics of Chinese striped hamster in North China Plain. Journal of Animal Ecology, 82: 334-344.

Yan C. 2013b. Linking climate change to population cycles of hares and lynx. Global Change Biology, 19: 3263-3271.

Yang G. 2003. Mitochondrial control region variability of baiji and the Yangtze finless porpoises, two sympatric small cetaceans in the Yangtze River. Acta Theriologica, 48(4): 469-483.

Yuan Z Y. 2016. Spatiotemporal Diversification of the True Frogs (Genus *Rana*): A Historical Framework for a Widely Studied Group of Model Organisms. Systematics Biology, 65(5): 824-842.

Zhan X J. 2007. Molecular analysis of dispersal in giant pandas. Molecular Ecology, 16: 3792-3800.

Zhan X J. 2013. Peregrine and saker falcon genome sequences provide insights into evolution of a predatory lifestyle. Nature Genetics, 45(5): 563-566.

Zhang B W. 2007. Genetic viability and population history of the giant panda, putting an end to the "evolutionary dead end"? Molecular Biology and Evolution, 24: 1801-1810.

Zhang F F, Jiang Z. 2006. Mitochondrial phylogeography and genetic diversity of Tibetan gazelle (*Procapra picticaudata*): implications for conservation. Molecular Phylogenetics Evolution, 41(2): 313-321.

Zhang X Y. 2018. Huddling remodels gut microbiota to reduce energy requirements in a small mammal species during cold exposure. Microbiome, 6: 103-114.

Zhang Z. 2003. Mutualism or cooperation among competitors promotes coexistence and competitive ability. Ecological Modelling, 164: 271-282.

Zhang Z. 2016. Convergent evolution of rumen microbiomes in high-altitude mammals. Current Biology, S0960-9822: 30470-30475.

Zhang Z, Li D. 1999. A possible relationship between outbreaks of the oriental migratory locust (*Locusta migratoria manilensis* Meyen) in China and the El Niño episodes. Ecological Research, 14: 267-270.

Zhang Z. 2001. Relationship between El Niño/South Oscillation (ENSO) and population outbreaks of some lemmings and voles in

Europe. Chinese Science Bulletin, 46: 1067-1073.

Zhao F. 2014. Night warming on hot days produces novel impacts on development, survival and reproduction in a small arthropod. Journal of Animal Ecology, 83: 769-778.

Zhao S. 2013. Whole genome sequencing of giant pandas provides insights into demographic history and local adaptation. Nature Genetica, 45: 67-71.

Zhao Z, Li S. 2017. Extinction vs. Rapid radiation: the juxtaposed evolutionary histories of coelotine spiders support the eocene–oligocene orogenesis of the Tibetan Plateau. Systematics Biology, 66(6): 988-1006.

Zheng W H. 2014. Seasonal phenotypic flexibility of body mass, organ masses, and tissue oxidative capacity and their relationship to RMR in Chinese bulbuls. Physiological and Biochemical Zoology, 87: 432-444.

Zhou X M. 2013. Baiji genomes reveal low genetic variability and new insights into secondary aquatic adaptations. Nature Communication, 4: 2708-2711.

Zhou X M. 2014. Whole-genome sequencing of the snub-nosed monkey provides insights into folivory and evolutionary history. Nature Genetica, 46: 1303-1310.

Zhou X M. 2016. Population genomics reveals low genetic diversity and adaptation to hypoxia in snub-nosed monkeys. Molecular Biology and Evolution, 33: 2670-2681.

Zhou X M. 2018. Population genomics of finless porpoises reveal an incipient cetacean species adapted to freshwater. Nature Communication, 9: 1276-1281.

Zhu L F. 2013. Genetic consequences of historical anthropogenic and ecological events on giant pandas. Ecology, 94(10): 2346-2357.

撰稿人：魏辅文，李　明，王德华，张知彬，杨　光，卢　欣，杜卫国，严　川，宛新荣

# 第 9 章　昆虫生态学研究进展

## 1　引　言

昆虫生态学是以昆虫为研究对象，研究昆虫及其周围环境相互关系的科学。它是昆虫学与生态学的分支学科。

由于昆虫具有物种丰富、数量众多、生活史短、体形小、易饲养和较大经济意义等特点，常被作为生态学研究的重要试验材料，许多生态学的重要领域，如种群动态、进化、性选择等 19 个生态学科领域的产生都来自于昆虫的研究（见表 9.1）。

表 9.1　以昆虫研究为基础而形成的生态学科领域（引自 Price，2003）

| | 学科领域 | 发表年份 | 作者 |
|---|---|---|---|
| 1 | 种群动态 | 1840 | Ratzeburg |
| 2 | 进化 | 1858，1859 | Darwin and Wallace |
| 3 | 生态学 | 1859 | Darwin |
| 4 | 性选择 | 1871 | Darwin |
| 5 | 传粉生物学 | 1870 | Darwin |
| 6 | 生物防治 | 1875 | Riley |
| 7 | 动-植物关系 | 1875 | Darwin |
| 8 | 生物地理学 | 1876 | Wallace |
| 9 | 拟态 | 1862 | Bates |
| | | 1879 | Müller |
| 10 | 捕食者-猎物关系 | 1897 | Howard |
| 11 | 个体生态学 | 1914 | Frisch |
| 12 | 种群统计学 | 1921 | Pearl and Parker |
| 13 | 生态遗传学 | 1930，1964 | Ford and Ford，Ford |
| 14 | 化学生态学 | 1959，1969 | Fraenkel |
| 15 | 协同进化 | 1964 | Ehrlich and Raven |
| 16 | 性比理论 | 1964，1967 | Hamiton |
| 17 | 营养生态学 | 1966 | Janzen |
| 18 | 社会生物学 | 1975 | Wilson |
| 19 | 生物多样性 | 1988，1992 | Wilson |

可见，昆虫生态学为生态学科的发展作出了极大的贡献。其中，昆虫种群动态和管理的研究，对种群动态、数学生态学、种群调节学说的发展；昆虫种群能量学的研究对能流概念的发展；昆虫生物防治的研究对捕食、竞争、寄生等种间关系的理解和定量描述；植食性昆虫与宿主植物的相互关系的研究对植物-植食者间的协同进化和化学生态学等，均起了重大的作用。

我国昆虫生态学的研究是对害虫防治和益虫利用的实践中发展起来的。它可以分为三个阶段。

## 1.1 1949 年之前的萌芽阶段

1949 年以前，昆虫生态学在我国的基础是极其薄弱，仅有一些田间调查描述性的记载。

## 1.2 1949~1979 年的成长阶段

自新中国成立以来，昆虫生态学在我国得到了迅速的发展。20 世纪 50 年代的研究主要是重要害虫（如蝗虫、粘虫）的田间发生规律及生态习性，也相应开展一些生理生态的实验工作（林昌善等，1958；马世骏，1958），出版《昆虫动态与气象》（马世骏，1957）和《中国昆虫生态地理概述》（马世骏，1959）等昆虫生态学专著。

20 世纪 60 年代的中心工作是种群生态学的数量动态与空间动态的研究以及种群大发生理论的讨论，同时开展了全国性粘虫迁飞标志的研究（陈永林，1963；李光博，1964；林昌善，1963；马世骏，1965a，1965b）。期间，出版了《昆虫生态学的常用数学分析方法》（邬祥光，1963）、《东亚飞蝗蝗区的研究》（马世骏，1965）和我国第一本昆虫生态学教材《昆虫生态学》（雅洪托夫，1960）。

20 世纪 70 年代，组建了昆虫种群生命表，发展了昆虫抽样理论，并随着系统学与昆虫生态学的结合，为昆虫数学生态学的发展创造了条件，同时也进行了昆虫群落生态的调查及"作物-害虫-天敌"农田生态系统的探索；此时我国南方地区开展了跨地区的稻飞虱、稻纵卷叶螟的迁飞行为研究，为我国昆虫行为生态学研究又掀起另一高潮（陈若篪，1979；丁岩钦，1978；丁岩钦，1974）。

据马世骏（1979）报道，在 1949~1979 年 30 年期间，昆虫生态学中各分支学科的发展，以昆虫种群生态学为主，研究论文占论文总数的 50%以上，其次是生理生态的研究，占 20%左右，在边缘学科中，数学生态学的论文最多，达 19.3%。而其他的学科研究报导极少（表 9.2）。

表 9.2  1949~1999 年昆虫生态学在主要期刊及论文汇编中发表论文统计（引自丁岩钦等，2000）

| 项　目 | 1949~1979 年各项发表论文比率 | 1980~1989 年各项发表论文比率 | 1990~1999 年各项发表论文比率 |
|---|---|---|---|
| 1. 昆虫-作物生态系统 | 0.022 | 0.009 | 0.016 |
| 2. 昆虫群落生态 | 0.045 | 0.054 | 0.086 |
| 3. 昆虫种群生态 | 0.501 | 0.360 | 0.367 |
| 4. 昆虫生理生态 | 0.193 | 0.286 | 0.254 |
| 5. 昆虫数学生态 | 0.193 | 0.223 | 0.086 |
| 6. 昆虫行为生态 | 0.068 | 0.041 | 0.098 |
| 7. 昆虫化学生态 | 0.000 | 0.027 | 0.051 |
| 8. 昆虫分子生态 | 0.000 | 0.000 | 0.022 |
| 9. 昆虫进化生态 | 0.000 | 0.000 | 0.020 |

## 1.3 1980 年后的发展阶段

进入 20 世纪 80 年代，我国昆虫生态学得到空前的繁荣，突出的特点是：一方面，昆虫生态学的基础研究日益受到重视，有关生理生态方面的研究论文数量急剧上升；另一方面，由于计算机科学的日趋普及，促使昆虫数学生态学迅速发展，在害虫管理、益虫利用，种群数量预测，信息收集技术，均有数量可观的高质量的论文发表，出现了这个领域的一个论文高峰，从而促使昆虫种群生态学研究在数量上与质量上均有很大的提高；一些新兴学科，如昆虫化学生态学、进化生态学的研究论文亦相继出现（见表9.2）（丁岩钦，2000）。我国昆虫生态学家自行编写了一系列的昆虫生态学的专著，如《昆虫种群数学生态学原理与应用》（丁岩钦，1980）、《昆虫生态学》（邹钟林，1980）、《生态学引论——害虫综合防治理论及应用》（赵志模等，1984）、南京农学院主编（1985）《昆虫生态学与预测预报》和《昆虫种群生态学》（徐汝梅，1987）。

此外，还有一个特点是翻译出版了国外优秀的昆虫生态学教材，如北京大学生物系昆虫学教研室 1981 年翻译了 Price 的《昆虫生态学》，北京师范大学徐汝梅等（1981）翻译了 Varley 等的《昆虫种群生态学分析方法》，中山大学罗河清等（1981）翻译了 Southwood 的《生态学研究方法——适用于昆虫种群研究》等，极大地促进了昆虫生态学在我国的发展。

20 世纪 90 年代至 21 世纪初，是我国昆虫生态学研究的深入阶段。大量基础性的实验研究大量开展，如将实验研究论文合计，其发表论文的比例达 34.7%，几乎与种群生态学文献数量相近（见表 9.2）。一些新的学科，如昆虫分子生态学（Ji et al.，2003）、昆虫进化生态学（Jing and Kang，2003；景晓红，2002）、昆虫空间生态学（王正军，2001，2002）、昆虫行为生态学（王正军，2003；长有德，2002）、昆虫生态风险分析（Men et al.，2003；高增祥，2003）和昆虫的化学通讯（Wang and Dong，2001；Yang and Du，2003）研究论文增加；一些新的概念，如昆虫异质种群（徐汝梅，2000）、表现竞争（成新跃，2003）、捕食功能（戈峰，2002b）、性选择（高勇，2002）、母代效应（刘柱东，2003）等大量涌出，也出版了不少著作或编著：如《粘虫生理生态学》（林昌善，1990），《种群数量的时空动态》（徐汝梅，1990），《群落生态学原理与方法》（赵志模，1990），《昆虫数学生态学》（丁岩钦，1994），《害虫种群系统的控制》（庞雄飞，1995）、《斑潜蝇的生态学与持续控制》（康乐，1996）和《棉铃虫的研究》（郭予元，1998）。

目前我国昆虫生态学发展的一个显著的特点是，由在国内刊物上发表论文逐渐转向国际 SCI 刊物，大量优秀的稿件投向国际刊物，在国际舞台上展现我们的昆虫生态学研究成果。

从研究对象（害虫）来看，50 年来我国主要害虫的发生动态亦有较大的变化，从表 9.3 知，在前 30 年（1949~1979 年）中，主要害虫以夜蛾类粘虫发生较多，其次为东亚飞蝗，水稻三化螟与二化螟。而在后 20 年（1980~1999 年）中则以夜蛾类的棉铃虫与水稻飞虱类成为我国的主要发生为害的害虫种类。

表 9.3 1949~1999 年主要害虫与天敌类昆虫发表论文统计（引自丁岩钦等，2000）

| 项　目 | 1949~1979 年各项发表论文比率 | 1980~1989 年各项发表论文比率 | 1990~1999 年各项发表论文比率 |
| --- | --- | --- | --- |
| 夜蛾类（粘虫、棉铃虫） | 0.176 | 0.298 | 0.485 |
| 飞蝗 | 0.123 | 0.043 | 0.039 |
| 二、三化螟 | 0.103 | 0.106 | 0.079 |
| 棉蚜 | 0.064 | 0.020 | 0.029 |
| 稻飞虱 | 0.046 | 0.256 | 0.248 |
| 天敌类昆虫 | 未计 | 0.277 | 0.119 |

## 2　国内外研究现状

自 2000 年来，特别是 2010 年以来，我国昆虫生态学发展非常迅速，主要体现在以下的分支学科上。

### 2.1　昆虫生理生态学

又称为昆虫个体生态学，在昆虫生态学中是一门较古老的学科。主要研究环境因素（如温、湿、光、气）对昆虫生长发育的影响及其昆虫对环境的适应。其中大量的工作是温度对昆虫生长发育、存活与生殖率的影响，用以计算昆虫的发育起点温度与有效积温，以及估计实验种群生命表的参数（王如松，1982；吴坤君，1980）。其次，研究光照长短对昆虫生长发育的影响和诱导滞育的临界光周期（李超，1981）。

近年来，有关昆虫对变动环境的适应及其机制已成为热点。如昆虫已形成了相对固定的生物钟，它如何来对适应变动的光照，以及昆虫如何来适应极端的高温、高湿等（Jing and Kang，2003）。而且这门较古老的学科也正在与现代分子生物学技术结合，揭示昆虫的生理生态适应，如在昆虫抗寒耐热性测定基础上，进一步分析了昆虫抗冻蛋白、耐热蛋白及其基因组成（景晓红，2002）；研究了昆虫滞育产生的基础，分析了昆虫滞育调节物质（PBAN）（Yang and Du，2003）；测定了昆虫抗性基因，阐明了抗性昆虫产生的分子基础，发展了昆虫的生态毒理学（Cervera et al.，2003）。根据 website 的最新统计分析表明，发育生理生态学以温度、生长发育、发育历期、有效积温与滞育等为核心词组，与关键词构建矩阵分析，形成以温度、生长发育、发育历期、有效积温、滞育、繁殖、生命表、发育起点温度、光周期、寄主植物、西花蓟马、扶桑绵粉蚧、甜菜夜蛾、棉铃虫等为核心词群的关于昆虫生理生态学研究的主要内容（刘雨芳等，2017）。

## 2.2 昆虫种群的空间与数量生态学

过去有关昆虫空间格局的研究报告，大都是有关昆虫种群空间分布型与抽样技术的研究，现发展到应用地统计学（GS）与地理信息系统（GIS）相结合，开展了农林害虫的为害与预测研究（王正军等，2001，2002）。目前主要集中于研究昆虫的分布空间异质性，寄主植物、天敌压力、边缘环境对昆虫空间分布的影响（Coupe et al.，2003；Ries and Fagan，2003），昆虫异质种群及其在破碎化景观中的活动，从而为保护生物学提供理论依据（St. Pierre and Hendrix，2003；徐汝梅，2000）。

昆虫种群动态的研究一直是昆虫生态学研究的重点。早期主要是完善有关昆虫的取样方法，以及应用统计分析和多种多元统计模型，进行害虫种群数量预测研究，之后在组建昆虫种群生命表的基础上，相继提出了多种种群动力学模型、种群模拟模型、变维矩阵模型以及作物-害虫-天敌系统模型，并将灰色系统模型、模糊数学模型、种群突变论模型等亦广泛应用于害虫的预测与管理中（丁岩钦，1994）。在种间作用关系研究方面，不仅改进了捕食者－猎物模型、功能反应模型，提出了多种捕食者对猎物的作用形式模型及包含有温度作用的捕食者对猎物的寻找效应模型，而且提出了种间偏利模型与种间偏害模型，填补了种间竞争、相克、共生、偏利与偏害五种作用关系的空白领域（丁岩钦，1994；庞雄飞，1995；徐汝梅，1990）。目前昆虫种间的似然竞争模型（成新跃，2003）、觅食模型（张大勇，2000；张锐锐，2012）、集合种群模型（St. Pierre and Hendrix，2003；徐汝梅，2000）等已成为昆虫种群数学生态学研究热点。

当今，利用结构方程模型和非线性模型，对大尺度、多年的数据进行分析。如针对目前全球气候变暖，利用独特的数学模型，通过收集历史资料重建了东亚飞蝗在过去 1910 年暴发的时间序列，分析飞蝗 2000 多年的发生与温度、湿度变化的关系，发现飞蝗的丰富度与每年或每十年的降水量和温度显著相关（Tian et al.，2011）。

近年来又围绕着褐飞虱、盲蝽象、桔小实蝇、烟粉虱、红火蚁以及十字花科蔬菜害虫的发生规律、种群生态学研究及其控制技术方面取得了重要新进展。如发现由于转 Bt 基因抗虫棉大面积种植有效地控制了棉铃虫的危害，棉田化学农药使用量显著降低，这给棉田盲蝽象的种群增长提供了空间，使棉田由原来区域性种群的"诱杀陷阱"转变为多种作物的虫源地，最终导致盲蝽象的区域性种群剧增、在多种作物上猖獗为害（Lu et al.，2010）。药剂处理的褐飞虱雄虫附腺蛋白含量显著增加；处理的与未处理的雌雄虫相互交配后的蛋白质组学研究表明雄虫的交配和处理显著上调了雌虫和雄虫的生殖蛋白表达（Ge et al.，2011），表明药剂对雄虫生殖的影响可通过交配传导给雌虫。发现了南方多种生境中红火蚁蚁群受干扰后工蚁的攻击保卫区域行为（Xu et al.，2011），揭示了红火蚁入侵中国南方后的生态学效应。该蚁入侵对作物种子产生了负面作用，改变了杂草的分布格局（Huang et al.，2011），干扰了本地蚂蚁与蚜虫的关系（Huang et al.，2010），在一定程度上降低了瓢虫对蚜虫的捕食作用（Huang et al.，2011）。

## 2.3 昆虫群落生态学研究

昆虫群落结构、功能及其动态的研究，一直是昆虫生态学研究的重点，也是生物多样性保护和害虫防治的重要理论基础。迄今，国内外已研究了多种类型昆虫群落的物种多样性及其与环境因素的相互作用关系；探讨了昆虫群落内种间的相互作用和群落组织形成的机理（Price，1976，1984，1997）；分析了食物网图式规律和群落演替变化规律（赵志模，1990）；讨论了化学防治、农业防治、综合防治对昆虫群落的影响（万方浩，1986）。其研究已由过云的定性描述发展到模拟预测和机制探讨，着重于分析昆虫的功能团、中性昆虫、食物网结构、上行控制"top-down"和上行控制"button-up"理论（Andrewarth，1984；Stling，1992），探讨昆虫群落多样性与稳定性关系，目的在于如何更好地改造自然，利用自然，使群落的发展能遵从经济生态学规律，为昆虫的生态管理提供理论基础（Valladares and Salvo，1999）。

近年来，还以能流为统一量纲，将生态能学与群落生态学（或生态系统）结合，不仅使群落生态学由定性描述而进入动态的定量分析水平，并且对洞察群落中各级营养水平的结构与功能动态亦有了可能，从而为群落生态学的发展提供了技术条件（戈峰，1997；戈峰，1996）。未来群落生态学的研究焦点仍将集中于种间竞争分析、群落结构、功能及动态，重视开展它们的定位观测，建立相应的数学模型，进行定量的分析、摸拟和预测（Valladares and Salvo，1999）。

目前以生物多样性与群落结构为关键词，与前 100 位关键词构建矩阵分析表明，形成以区系、群落结构、生物多样性等为核心词群，以鞘翅目、寄主植物、天敌、膜翅目、害虫、生物防治、蚜虫、种群动态、分布、Wolbachia 等为亚核心词群，以棉铃虫、斜纹夜蛾、稻纵卷叶螟等为外围词群的关于昆虫生物多样性与群落结构的研究内容（刘雨芳，2017）。

## 2.4 昆虫行为生态学

昆虫行为生态学主要包括昆虫的取食、交配、产卵、迁移行为。它又可分为两大类：捕食行为和寄生行为。

捕食性天敌觅食和选择猎物的行为是昆虫最基本的捕食行为。大量的研究表明，捕食性天敌在长期的协同进化过程中，能根据外界环境条件的变化，调节其捕食过程中的时间与能量消耗的分配，逐渐形成坐等捕食式（sit-and-wait）、积极搜索式（active search）和搜索活动依猎物密度而变化的混合式（combination）的生态策略，以便获得最大能量，减少其生存的风险（戈峰，1995）。此外：捕食策略形成的机制研究，分析那种机制是引起昆虫捕食策略形成的主导因子及进化过程；以捕食性昆虫为模式动物，探讨行为生态学中的重要理论，尤其是进化稳定对策（ESS）理论；研究捕食性昆虫的学习记忆过程及这个过程形成的机理和研究猎物的防御行为（戈峰，1997）发展也比较迅速。

昆虫行为生态学研究方法也由描述性研究发展到定量分析与模拟预测，由单一的捕食行为观察发展为捕食-猎物系统及植物-猎物-捕食者三个营养级相互作用的行为研究，由经典的观察发展到利用多种自动记录仪和软件的分析，由记录分析发展到利用分子水平的测定，昆虫分子行为生态学正在形成。如利用分子系统发育分析，以较充分的证据推论，烟粉虱是一个包含至少 28 个隐种的复合体（Barro et al.，2011；Jian et al.，2011）。依据所揭示的烟粉虱复合体系统发育谱系，进行了 30 余个组合的杂交试验及部分组合的交配行为观察，并综合分析了近 20 年来各国同行有关不同遗传群之间的杂交试验数据。现已有 14 个推测隐种之间 54 个组合的种间杂交试验数据，其中 7 个组合还有详细的行为观察数据。这些数据综合表明，隐种之间生殖上是完全隔离或基本隔离的，且主要是由于隐种间不能正常交配而导致的生殖隔离（Sun et al.，2010；Wang et al.，2010；Xu et al.，2010）。这些数据代表了 28 个隐种相互杂交的一个较大随机样本，所得结果首次为"烟粉虱复合体包含许多隐种"这一复杂的自然现象提供了遗传学和行为学证据，为烟粉虱不同隐种的生态学研究提供了重要基础。

对烟粉虱不同隐种间的行为互作观察和分析表明，"非对称交配互作"在入侵烟粉虱与土著烟粉虱之间以及两种入侵烟粉虱之间的竞争取代中是一种普遍的行为机制（Crowder et al., 2010；栾军波，2011）。最近的研究表明，东亚飞蝗（*Locusta migratoria*）存在群居型和散居型两种类型，两种类型的行为不同，它们之间的转换与种群密度有关。其中多巴胺生物合成相关的三个基因 *pale*、*henna* 和 *vat1* 是蝗虫型变的关键基因，从而把基因与型变转换行为联系起来（Ma et al., 2011）。

## 2.5 昆虫分子生态学

分子生态学是近年来发展迅速的学科。分子标记被越来越频繁地使用在昆虫的生态学研究领域中，为昆虫的种群遗传学，亲缘地理学等方面提供有力的证据。其中，单拷贝核基因多样性（scnp）是研究进化与起源方面重要的分子标记。然而因为二倍体生物染色体之间的杂交，其单倍型图谱的重建一直困扰着人们。通过比较"共同投票"算法（consensus vote）等4种方法对东亚飞蝗的141个不同的基因型进行了分析，并使用分子实验加以验证。结果表明"共同投票"算法相对于以前的个体数据的单倍型重建算法来说更加精确（Zhang et al., 2008）。利用 S-DIVA、DEC、S-DEC 和 BayArea 等4种生物地理学分析手段，将系统发育的不确定性考虑进分析过程，同时，四种分析方法的结果在系统发育树的根部以饼状图的形式呈现。这种评估预测物种祖先分布范围的方法，降低了生物地理学重建历史过程中的错误率。

DNA 条型码（DNA barcoding）的发展为昆虫生态学提供了新的研究思路与方法（Zhang et al., 2010；Zhang et al., 2012）。将模糊数学理论引入到 DNA 条型码研究领域，提出了基于模糊成员关系与最小遗传距离的 DNA 物种识别新方法，通过实例研究和超过5000次的计算机模拟证明该方法明显优于常用的基于 Bayesian 理论的方法和基于 NJ 建树的方法，尤其能够降低 DNA 条码识别中的假阳性错误，而后者一直是困扰 DNA 条码研究的一大难题（Zhang et al., 2012）。

利用捕食性昆虫肠道宏条形码（主要为 *CO1*, *ITS-1*, *cytb*, *12s*, *18s* 基因），对不同靶标害虫的天敌进行分析，为害虫天敌的筛选及评价提出了很好的方法。如孟翔等（孟翔等，2013）通过利用柑橘木虱 CO1 基因的特异性引物对捕食性天敌进行对柑橘木虱的取食评估，对从属于8个类群的20种检测中发现龟纹瓢虫（*Propylea japonica*）、斜纹猫蛛（*Oxyopes sertatus*）、丽草蛉（*Chrysopa formosa*）对柑橘木虱具有明显的捕食作用，这为柑橘木虱优势性天敌的筛选及对其生物防治奠定了基础。王慧（2015）利用 SCAR 标记对新疆早大球蚧的捕食性天敌种类进行分析，发现其天敌覆盖3个目，6个科，10个种，这为新疆早大球蚧的生物防治提供了天敌资源。王倩2016综述了以 DNA 分子为基础的昆虫与寄主植物营养关系，提出应将 DNA 分子技术与同位素标记技术等方法相结合，能够更全面系统的解析昆虫与寄主植物之间的关系研究。张锐锐2012利用 SCAR 标记筛选出了寄生蜂丽蚜小蜂的特异性引物，丽蚜小蜂的寄主包括不同生物型的烟粉虱，对天敌昆虫丽蚜小蜂特异性引物的筛选对其寄主谱的确定具有重要意义。

## 2.6 昆虫化学生态学

主要研究昆虫之间、昆虫与植物之间的化学通讯，包括昆虫的性信息素、追踪信息素、报警信息素和聚集信息素的结构、鉴定、合成及昆虫对信息素的反应（Wei et al., 2000），现深入到应用分子生物学研究性信息素的生物合成、释放和调控，分析影响性信息素通讯的因素，如内部因子（PBAN、交配因子、蛾龄）和外部因子（光周期、温度、寄主气味等）（赵新成，2003）。目前研究最多的是昆虫激素的合成与应用。且以鳞翅目昆虫的性引诱剂和鞘翅目的聚集激素的研究和应用较多。

近期昆虫化学生态学的重点在于揭示植物-害虫-天敌之间的化学信息联系。研究发现水稻 JA 合成过程中的关键酶基因-脂氧合酶基因 *OsHI-LOX* 参与虫害诱导水稻 JA 的合成，其中茉莉酸信号途径正调控将使水稻产生对咀嚼式口器害虫（二化螟）的抗性，而负调控将使水稻产生对刺吸式口器害虫（褐飞虱）的抗性，从而揭示了 *OsHI-LOX* 基因参与了水稻虫害诱导的茉莉酸的合成，并且在调控水稻直接抗虫与间接抗虫反应方面起着重要作用（Guo，2010）。发现水稻对二化螟（SSB）取食产生的抗性防御反应涉及水稻众多基因转录水平的变化，是水稻整体生理生化及代谢等方面的一个重建过程（Zhou et al.，2011）；水稻乙烯反应因子（ERFs）OsERF3 在植物对昆虫的抗性中起重要作用，其作为一个中心枢纽调节植物的代谢以调控植物对咀嚼式、刺吸式昆虫取食的不同反应（Jing et al.，2011）。与具备完善的 JA 系统野生型番茄相比，JA 缺失体直接和间接防御幼虫能力都被压制，但它对成虫的吸引性降低；而 JA 过量表达体对斑潜蝇抗性最强，说明茉莉酸介导的植物直接和间接防御之间存在平衡（Trade-off）的关系，对昆虫的直接防御能力强，则对天敌的间接防御作用弱（Wei，2007）。

将入侵生物与近缘土著生物两者在媒介-病毒-植物互作关系的异同作为探讨入侵机制的切入点，通过对多个三者组合的互作关系研究，证明了入侵烟粉虱和土著烟粉虱在与病毒及植物的互作中存在明显的不同，双生病毒卫星 DND 中的致病蛋白可反抑烟草等作物中抗虫基因的表达和抗虫次生物代谢，入侵烟粉虱可通过与所传病毒之间形成互惠等不同途径从中获得竞争优势，这种优势是它们能广泛入侵并取代土著烟粉虱的一个重要机制（Guo et al.，2010；Jian et al.，2010；Luan et al.，2011；Liu et al.，2009；栾军波等，2011）。

### 2.7 传粉昆虫学

昆虫在生态系统中发挥着重要的传粉服务。过去的研究主要集中于传粉昆虫多样性的调查。如已记述了中国蜜蜂的种类达 1370 种，隶属于 6 科 14 亚科 71 属，近五年中国有 151 种淡脉隧蜂属种类被记述（张睿等，2012）。近年来，也开展了传粉昆虫网络研究，如在滇西北一个草甸群落的连续调查研究发现，每种植物的传粉者种类在年际间明显改变，但功能群变化较小；群落内物种组成在年际间明显改变，但连接与传粉网络中的核心类群替换率低，揭示该群落保持相对稳定的原因（Gong and Huang，2011）。Fang 和 Hang 在国际上率先构建了一个群落内种间花粉传递的有向网络（Fang and Huang，2013）；首次揭示了自然群落中，传粉者混访和异种花粉落置之间存在着负相关关系，并揭示了共存的开花植物之间降低异种花粉传递的适应策略（Fang and Huang，2016）。Zhao 等发现花形态和花大小对传粉者多样性与选择性均有显著影响，选择性还随着花展示与花多度的升高而增强（Zhao et al.，2016a）。因此，植物通过吸引多样化的传粉者访问而降低花粉限制的不利影响，同时吸引更专一的传粉者而减少种间花粉干扰的发生。

最近，开始重视景观格局对传粉昆虫多样性及传粉服务的影响，如研究了云贵高原不同复杂度景观中蜜蜂和熊蜂为南瓜传粉的相对效率及其与景观复杂度的关系（Xie and An，2014）；分析了周围景观复杂性及半自然生境要素以及景观及局部管理因子交互作用对苹果园传粉蜂多样性及传粉服务影响；明确了景观异质性和景观简化对传粉昆虫多样性的影响（王润，2016）。除景观变化对传粉昆虫的影响外，还分析了转基因作物大面积种植、化学农药的大量使用、传粉昆虫本身的病虫害等问题也可能会对传粉昆虫产生不利影响。

基于人类与昆虫之间的密切关系，欧阳芳（2013）还提出昆虫生态功能与服务的概念和类型，认为昆虫是生物多样性最丰富的物种类群，其在维持生态系统功能，维系并保持着自然界的生态平衡，满足人类需求中的具有重要作用。欧阳芳（2015）又利用昆虫生态服务价值的定量估算方法，基于 2007 年统计数据，计算分析了我国农业生产中昆虫传粉功能的服务价值。结果表明，昆虫在我国农业生产中传粉服务价值为 6790.3 亿元，相当于当年国内生产总值 GDP 的 2.6%。粗略估算的昆虫所产生的传粉服务价值，与我国森林或草地生态系统的直接和间接服务价值处于同一数量级，同样具有巨大的经济价值。

### 2.8 昆虫对全球气候变化的响应

昆虫作为变温动物，它的发生发展与外界的环境密切相关。近年来，我国学者在全球气候变化昆学领域发表了一系列亮点工作被国际社会高度关注，比如：全球变暖正在发生，但是，由于历史资料缺乏，全球变暖对生物种群的长期影响的报道很少。利用独特的数学模型，通过收集历史资料重建了东亚飞蝗在过去1910年暴发的时间序列，分析后发现飞蝗的丰富度与每年或每十年的降水量和温度显著相关（单红伟等，2016）。

大量研究表明，为适应全球变暖，昆虫会通过迁移、扩散等方式，向高海拔和高纬度地区分布（Jepsen et al.，2011）。如空心莲子草叶甲（*Agasicles hygrophila*）由于温度的升高，其发生区向北扩展，有利于我国外来入侵植物空心莲子草（*Alternanthera philoxeroides*）的生防控制（Lu et al.，2013）。又如，以我国内蒙古三个草原蝗虫优势种为研究对象，发现温度增加 1~2℃会促进三种蝗虫卵和蝗蝻的发育，且可能使得内蒙古地区的大多数蝗虫种类分布区北移。由于对气候变化的响应不同，不同的蝗虫种类的发生时期向生长季中期聚集，这将导致种间竞争加剧并加大草原的放牧压（Guo et al.，2009）。因此，全球变暖将改变害虫的分布格局，扩大农林作物的受害面积，增加了害虫防治的压力。

环境温度增加会加快昆虫的生长发育速率，发生世代增多，同时也提高害虫的越冬存活率，增加来年危害的种群基数，有利于害虫的爆发成灾（Hu et al.，2015）。中国农科院植保所马春森研究团队发现昆虫生活史参数对极端高温的响应具有发育阶段特异性，比如：小菜蛾（*Plutella xylostella*）高龄幼虫比早期幼虫或其他阶段具有更高的耐热性；并且，早期阶段经历40℃高温产生的效应可以传递到后期阶段，热浪的发生越接近成虫，其繁殖量降低得越多（Zhang et al.，2015）。尽管成虫期只经历一天的高温不会立即造成小菜蛾大量死亡，对其交配成功率和成虫寿命也无不利影响，但可通过母代效应使后代孵化率下降20%（Zhang et al.，2013）。这一发现在另一种重要害虫梨小食心虫（*Grapholitha molesta*）中也得到了印证，而且还表现出成虫受 38℃高温冲击后寿命显著延长的"毒物兴奋效应"（Liang et al.，2014）。

气候变化也影响了昆虫种间关系和群落结构。由于不同种昆虫的最适温度和对温度的敏感性不同，导致温度升高改变昆虫群里的组成结构。如马春森研究团队发现，极端高温事件幅度和频率增加改变了麦长管蚜、二叉蚜、禾谷缢管蚜三种麦蚜的群落结构，温度增加使禾谷缢管蚜的相对优势度显著增加，另外两种麦蚜得相对优势度则明显降低，由此改变了麦蚜类群的组成（Ma et al.，2015；马罡，2016）。

值得注意的是，全球变暖经常伴随着季节间和昼夜间的非对称性升温，即春、秋、冬季节温度升高的幅度明显高于夏季，夜间温度的升高幅度明显高于日间。如以麦长管蚜为模式昆虫，探索夜间极端高温对麦蚜生活史和适合度影响的研究发现，适宜温度范围内的夜间变暖导致蚜虫存活率线性下降，完全不同于恒温效应；而且夜间变暖也进一步加剧了日间高温对成虫的不利影响；基于这些研究结果预测热天暖夜可导致麦长管蚜在温带地区分布南界将向北萎缩，夜间变暖将抑制害虫的暴发，温度的昼夜非对称升高将导致的害虫暴发（Zhao et al.，2014）。此外，昆虫对温度升高响应并不是一致的，有的甚至相反。比如，温带地区和极地昆虫对于暖春更为敏感，早期种比晚期种、以成虫越冬种比以其他形态越冬种对温度升高的正响应更为明显（Khadioli et al.，2014；Roy et al.，2015）。研究发现一些昆虫需要足够的冷期进行滞育发育，暖冬将破坏个体滞育过程的同步性，使得种群发生时间延长（Stålhandske et al.，2015）；另外昆虫的发育阶段与物候的错配也会导致温度较高的年份种群增长率降低，比如，一些昆虫发育到某种形态进入滞育以抵御低温越冬，由于温度升高加快了发育速率，使得一些个体未发育到此形态无法进入滞育，导致种群数量降低（Van Dyck et al.，2015）。

大气 $CO_2$ 浓度升高被认为是当前全球气候变化的一个重要驱动因子。人工控制实验发现大气 $CO_2$ 浓度升高改变了作物-害虫-天敌三者关系。在自行设计、组装的 12 个开顶式 $CO_2$ 浓度控制箱（Open-Top Chamber，OTC），系统研究了作物、害虫、天敌对 $CO_2$ 浓度升高的响应（戈峰，2010）。发现大气 $CO_2$ 浓度升高，减少了作物体内 N 含量，增加了作物体内 C 含量和C/N 含量，改变了作物的防御蛋白的表达（Sun et al.，2011），导致了不同基因型番茄在未来环境下的抗性变化，作物抗性下降（Sun et al.，2010b），降低了棉铃虫的适合度和对棉花的危害作用（Yin et al.，2009）；尽管大气 $CO_2$ 浓度升高对棉铃虫——寄生性天敌种间关系影响不明显（Yin et al., 2009），但降低了蚜虫的种间竞争和对报警激素的敏感度（Sun et al., 2010a），减少了天敌对蚜虫的捕食作用（Gao et al., 2010），影响了作物-蚜虫-天敌瓢虫三级营养关系，改变了昆虫与其传播的病毒病之间的固有的平衡格局，使植物的防御重心转向昆虫（Fu et al., 2010）。

通过刺吸电位仪分析蚜虫取食行为的不同阶段，并与植物不同的抗性类型相联系（Sun et al., 2016）。发现 $CO_2$ 浓度升高增加了苜蓿叶片非腺体型和腺体型植毛体密度，导致蚜虫的刺探时间增加；与此同时，$CO_2$ 浓度升高增强了植物对于蚜虫的叶肉组织抗性，却降低了最为有效的韧皮部抗性，从而导致蚜虫的刺探时间缩短，取食时间延长，有利于取食效率的提高（Guo et al., 2014）。进一步研究表明，乙烯信号途径参与了 $CO_2$ 浓度升高调节植物结瘤和固氮过程。$CO_2$ 浓度升高通过抑制乙烯信号途径，一方面增加植物的固氮能力和氨基酸代谢，从而满足植物自身对氮的需求；另一方面，降低的乙烯信号途径还直接降低了地上部分对蚜虫取食为害的抗性。此研究通过地上、地下互作，从抗性、营养两个方面系统地阐明了昆植互作对气候变化因子的响应机制（Guo et al., 2014）。而且，大气 $CO_2$ 浓度升高没有改变 ABA 信号途径，但通过调控碳酸酐酶信号途径，进一步闭合气孔并且降低气孔导度。由于 $CO_2$ 浓度升高条件下寄主植物水分含量的提高，蚜虫吸食木质部的时间延长，有利于蚜虫自身获取更多水分，降低血淋巴的渗透势，有利于蚜虫进行持续性的韧皮部取食为害（Sun et al., 2015）。进一步对上游的 MAPK（mitogen-activated protein kinase）激酶信号的调控进行了研究，发现 $CO_2$ 浓度升高特异性增加 MPK4 的表达，一方面抑制下游乙烯和茉莉酸信号途径，降低对蚜虫的有效抗性；另一方面诱导气孔闭合增加植物水势和水分利用率，有利于提高蚜虫的取食效率，表明 MPK4 是植物响应大气 $CO_2$ 浓度升高和蚜虫侵染的关键节点，其利用"双管齐下"的双重调节方式同时调控抗性和水分代谢，有利于蚜虫的种群发生（Guo et al., 2017）。对更为上游的抗性受体（NBS-LRR）进行深入探究，发现不同于野生型蒺藜苜蓿，具有 R-gene 的高抗苜蓿品种在 $CO_2$ 浓度升高环境中会增加植物 HSP90 及伴侣分子 SGT1 和 RAR1 的表达，有利于增强 R-gene 介导的抗虫信号，体现在泛素化介导的蛋白降解途径和茉莉酸信号的增强，不利于蚜虫的韧皮部取食和种群发生；通过瞬时转染干扰苜蓿的 HSP90 表达后，降低了 R-gene 介导的抗蚜性。此项研究揭示了 $CO_2$ 浓度升高对高抗和野生型苜蓿抗蚜性反向效应的分子基础，证明了仅仅单个受体基因就能够改变蚜虫对环境变化的响应特征（Sun et al., 2018）。

由于化石燃料、含氮化肥的大量使用，汽车数量急剧增加等因素，大气中氮氧化物（NO）含量剧增，导致近地层大气臭氧（$O_3$）浓度逐渐升高。据估测，近地层 $O_3$ 浓度从工业革命前的 10 nL/L 上升到目前的 50 nL/L，这一浓度将在 2015～2050 年增加 20%～25%，21 世纪末将增加 40%～60%（Feng and Kobayashi, 2009）。$O_3$ 既是气候变化的重要因子，也是有害的空气污染物，其浓度升高将会影响自然和农业生态系统。$O_3$ 浓度升高对植物影响的研究较多，但对昆虫影响的研究较少。大气 $O_3$ 浓度的升高，不仅直接作用于昆虫，造成死亡率增加，扩散行为降低（Telesnicki et al., 2015），还会通过间接改变寄主植物的发育及代谢，影响昆虫的个体生长与繁殖。比如，$O_3$ 浓度升高形成 ROS（$H_2O_2$, $O^{2-}$, $OH^-$, NO）增加植物氧化胁迫，一方面造成光合速率下降（付伟, 2014; 郭雄飞, 2014; 郑有飞, 2013），加快叶片衰老（Kontunen et al., 2010），降低植物中氨基酸成分和氮含量（Cui et al., 2012; 黄益宗, 2013），不利于昆虫的营养摄入（Couture and Lindroth, 2012; Couture et al., 2012）；另一方面，$O_3$ 浓度升高能引起植物体内水杨酸、乙烯、脱落酸等激素含量增加（Cui et al., 2016; Pellegrini et al., 2013），酚类、单宁、木质素等成分比例提高（Couture and Lindroth, 2012; Couture et al., 2012; 张国友, 2009），从而增强植物的抗虫性（Ren et al., 2015），不利于昆虫的取食和消化利用。$O_3$ 浓度升高还会影响植物挥发物释放，改变种间互作关系。当 $O_3$ 升高到 120 nL/L 时，昆虫取食可以诱导更多挥发物的释放，如丙酮、4-甲基-2-戊酮、α-蒎烯、β-蒎烯、紫罗酮等，从而增强对天敌粉蝶盘绒茧蜂（*Cotesia glomerata*）的吸引作用，$O_3$ 浓度升高到 70 nL/L 时对寄生蜂的选择有负影响（Khaling et al., 2016）。$O_3$ 浓度升高，可显著增加番茄挥发物释放，从而增强对丽蚜小蜂（*Encarsia formosa*）的吸引，降低烟粉虱取食效率（Cui et al., 2014），并且植物茉莉酸通路在挥发物响应 $O_3$ 过程中起重要作用（Cui et al.，2012）。$O_3$ 浓度升高还会影响植物-植物间挥发物信息传播，从而导致小菜蛾（*Plutella xylostella*）对产卵植物（*Brassica oleracea* var. *capitata*）无明显选择倾向（Girón-Calva et al.，2016）。

## 2.9 昆虫对人类活动的响应

人类的各种活动，如品种、灌溉、放牧、种植管理模式等导致农牧林景观格局，都会对害虫发生、食物网关系、群落演替造成的影响。

其中，种植品种与种植模式的变更对不同类群害虫的群落组成、结构和功能研究报道角度。如 Lu 等（2012）的研究显示种植 Bt 棉的田块中节肢动物天敌（瓢虫、草蛉和蜘蛛）数量显著增加，而害虫蚜虫则显著减少，同时这些天敌为 Bt 棉种植田块邻近的作物（玉米、花生和大豆）提供了额外生物防治，表明种植 Bt 棉减少杀虫剂的使用能够增强生物防治的效应。而且，我国华北棉区棉铃虫 Bt 抗性个体频率由 2010 年 0.93%上升到 2013 年 5.5%，而模型模拟显示，如果没有天然庇护所，抗性个体频率在 2013 年将达到 98%。该研究在国际上首次证实天然庇护所能够有效延缓靶标害虫对 Bt 作物抗性的发展，同时也直接证明了在棉铃虫 Bt 抗性遗传方式多样化的背景下显性抗性发展速度显著快于隐性抗性。田间试验显示，天敌昆虫也能有效的延缓靶标害虫-小菜蛾对转 Bt 基因花椰菜的抗性（Jin et al.，2015）。

针对放牧活动的增加、草地退化严重导致内蒙古草原蝗灾发生频度的增加，利用内蒙古草原生态站的 24 个大型野外实验控制围栏，研究了过度放牧与亚洲小车蝗发生的关系，发现重度放牧引起牧草含氮量降低，有利于亚洲小车蝗（*Oedaleus asiaticus*）的生长和发育，从而提出过度放牧是导致植物氮素含量的降低，进而促进了亚洲小车蝗发生的新机制，并指出通过控制放牧活动调节牧草的种类结构与营养状态可达到预防蝗灾发生的目的（Cease et al.，2012）。这不仅对内蒙古草原蝗虫的控制具有指导意义，也对世界各国草原蝗虫的控制具有启发和借鉴作用。

农业景观中斑块的空间配置和排列格局是影响昆虫分布的关键，包括作物生境和非作物生境的组成与布局，目标作物与非目标作物的空间布局等。空间异质性是农业景观（区域）空间斑块配置的核心问题，人类活动导致的农业土地覆盖类型迅速转变，形成了农业景观格局的演替（Zhao et al.，2016b）。这种空间的生境复杂性与害虫种群密切相关，欧阳芳等提出了农业景观的"质、量、形、度"（欧阳芳，2016），这些参数能够准确描述农业景观格局，优化这些参数能够有效地改进农业景观的格局，达到害虫种群调控的目的。为此，在多种作物布局的微景观农田尺度中，通过发展定量分析昆虫转移扩散的稳定同位素方法（Ouyang et al.，2014），以此解析了龟纹瓢虫在棉花和玉米之间的转移扩散规律（Ouyang et al.，2012）；阐明了华北农田景观中棉花品种多样性、作物多样性、景观多样性、非作物生境等对棉花害虫、天敌群落结构与天敌控害功能的作用（Zhao et al.，2013b）。在县域景观尺度，以山东禹城市为研究范围，通过田间实地调查与遥感影像分析，明确了龟纹瓢虫（*Propylaea japonica*）与异色瓢虫（*Harmonia axyridis*）在农田及边缘防护林的种群动态和不同景观尺度的土地利用类型，发现华北小麦耕地与林地等土地覆盖类型组成的景观格局中，树林防护带有利于天敌昆虫（龟纹瓢虫和异色瓢虫）在作物农田与邻近生境之间的迁移运动，从而有利于增强其在农林复合景观结构中的生物控害能力（Dong et al.，2015）。利用农业景观格局的空间配置和布局能为天敌提供避难所或转移寄主，并消除害虫的越冬场所和转移寄主，阻断害虫的大规模扩散与蔓延，能够有效提高害虫的生物防治效果（欧阳芳，2016）。

## 2.10 害虫生态调控

昆虫种群的调节机制，也为害虫发生的机制，一直是昆虫生态学的核心。在传统的昆虫种群调节生物派和气候学派基础上，又发展了昆虫进化学派，昆虫遗传调节学说（徐汝梅，1990）。经过 20 世纪 50

年代冷泉港有关种群调节机制的争论，70 年代国际种群生态专题讨论和 1996 年种群动态研究的方向与重点的研讨，多因素决定着昆虫种群的动态得到共识（戈峰，2002a）。随着系统生态学的引入，昆虫空间生态学和化学生态学的发展，以及曲线性的密度制约作用和多平衡点的认识，为探讨对昆虫种群暴发与调节的机理提供了一些新的方法和新思维（孙儒泳，2001），由此也形成了害虫生态调控的理论（戈峰，1998）。

我国是个农业大国，常见农业害虫多达 860 余种，其中重大害虫 20 多种，其危害造成的年均损失超过 100 亿元。自 Stern（1959）提出害虫防治概念以来，害虫防治的理论与方法得到极大的发展。20 世纪 50 年代的害虫综合防治主要致力于几种防治措施（如化学防治、生物防治）的综合和协调；60 年代围绕着以生态学为基础的害虫综合防治研究；70 年代开始运用系统观念和系统分析指导害虫管理；80 年代开展以农户（农场）整体综合效益的害虫管理，发展了综合的作物管理（Integrated Crop management）；90 年代，提出了害虫的生态调控的概念（戈峰，1998）；进入 21 世纪，又进一步发展了害虫区域性生态调控理论与方法（戈峰，2001）。

近年来，随着人们对生态系统服务功能的认识，发现天敌昆虫、传粉昆虫和土壤分解昆虫作为农田生物多样性的重要组成部分，在农田生态系统的生物控害、传粉和分解等过程中发挥着重要的功能（Resh and Cardé，2009）。同时，由于产业结构调整、耕作制度变更与城镇化建设，引起农田面积减少、作物种类单一等农田景观格局的变迁，导致农业景观中昆虫生态服务功能受到不同程度的影响（Zhao et al.，2013a；Zhao et al.，2013b；欧阳芳和戈峰，2011；赵紫华，2013）。显然，昆虫管理不仅仅是害虫的管理，还应包括有益昆虫（如传粉昆虫、天敌昆虫、分解昆虫）的管理，很有必要进一步拓展害虫管理的理论与方法，将害虫生态调控提升到基于生态服务功能的农田景观昆虫生态调控的水平；由此提出来基于生态服务功能的农田景观昆虫生态调控（戈峰，2014）。而且，以天敌培育和田间释放为关键技术的生物防治理论也得到了迅速的发展，在天敌昆虫资源的发掘、应用、技术研发和配套措施等方面取得了显著进展（雷仲仁，2016）。这些以恢复生态系统功能和提升生态系统服务为目标的技术理论，都是通过建立田间完善的昆虫功能群，充分发挥不同昆虫群的作用，共同提升生态系统功能（陆宴辉，2017）。

赵紫华等提出了多空间尺度下的害虫生态调控理论（赵紫华，2016），认为害虫生态调控需要在多空间尺度下进行。多尺度的景观空间特征强调的是景观大尺度和田块碎块尺度相结合的生境组成与排列空间的复杂性与异质性，即在大尺度空间内形成了一种"马赛克"镶嵌体景观，在"马赛克"体内，适时适地实施有效农事操作，造成生境界面上物种的流动与扩散，阻断害虫生活史，联动天敌库天敌的"溢出"与扩散，进而影响害虫及其天敌生长、交配和繁殖，达到对害虫与其天敌复合体的结构与功能的优化，实现害虫种群生态调控（Zhao et al.，2016b）。

## 3　昆虫生态学展望

面向当前人口、资源、环境的挑战，昆虫生态学将在生态学科与害虫管理实践中发挥越来越重要的作用。未来昆虫生态学的研究，将围绕着我国重要的害虫和模式昆虫为研究对象，从基因-个体-种群-群落-生态系统不同层次，强调微观（分子生物学）与宏观（"3S"为代表的信息科学）相互渗透，利用现代大数据处理与生态基因组学，以现代昆虫种群和群落为研究中心，将经典的实验生态学与以分析内在调节机制为基础的分子生态学和行为生态学相结合，传统的生理生态学与以昆虫与寄主信息传递为中心的化学生态学相结合，目前的系统生态学与以"3S"为核心的宏观信息生态学相结合，在解决农业生产问题的同时，促进各学科的相互交叉和渗透，发展昆虫生态学。预计以下 5 个方面将会有较大的发展：

（1）昆虫分子生态学：应用分子生物学和基因组学方法，深入研究昆虫抗寒耐热、滞育、迁飞、抗药性产生的分子机理，昆虫种群生物型、生活型、翅型分化的遗传机制，阐明昆虫自身调节与适应的内在特征。

（2）昆虫化学生态学：应用生理学、生物化学、基因组学等方法，研究害虫与植物、天敌与害虫的化学通讯和信号识别方式，植物对害虫的化学防御和诱导抗性的信号传导机制，天敌昆虫与害虫相互作用的生理生化特征，深入了解植物-害虫-天敌相互作用关系，阐明昆虫与植物的协同进化。

（3）昆虫行为生态学：应用生态学、行为学、数学和经济学分析方法，研究社会性昆虫行为特征，昆虫的学习记忆程序，昆虫觅食、迁飞、交配、繁殖行为的时间、能量分配策略及其产生机制，探讨昆虫行为的进化稳定对策和最优化理论，明确昆虫行为机制及其适应进化过程。

（4）昆虫信息生态学：应用遥感监测系统（RS）、全球定位系统（GPS）、地理信息系统（GIS）和大数据分析手段，通过整合遥感信息（包括害虫种群动态信息）、地理信息及气候气象信息，建立迁飞扩散能力强的害虫发生与危害的信息识别模型，分析害虫发生的生态适应宽度与种群时空动态，揭示害虫种群区域性成灾规律，建立害虫大尺度长期预警系统。

（5）现代昆虫种群与群落生态学：仍然是昆虫生态学研究的基础与核心。着重于研究昆虫种群数量调节机理，昆虫异质种群及其动态；群落中昆虫之间的相互联系、相互制约的内在机制，农田昆虫群落"源"与"库"的关系，结构与功能的关系，以及它们的演替规律，为有效地开展害虫生态调控提供理论依据。

根据近年来国内外昆虫生态学研究的进展，结合我国害虫管理的实际情况，在未来一段时间，我国昆虫生态学科不仅需要加强应用技术的研究和推广，而且需要加强基础研究。

（1）加强全球变化下的昆虫生态学研究。着重开展全球气候变化下害虫发生特点与灾变规律、害虫及天敌对气候变化的适应机制、害虫致害性变异与损失的新评估、害虫灾变监测预警与防控新技术和新方法等研究。

（2）加强昆虫分子生态学研究。重视昆虫竞争、聚集等行为的分子基础以及昆虫种群遗传结构等研究，为害虫群体的个性化防治提供依据。

（3）加强昆虫数字生态学研究。重视信息技术在昆虫生态学中的应用，进一步提高害虫预测预报水平。探索害虫精准防治技术。

（4）加强昆虫生态基础理论研究，包括群体遗传学、食物网的上行和下行控制、植物多样性控制害虫的生态学机理、斑块种群理论等。

（5）加强植物-昆虫-天敌互作研究，阐明三者相互作用的化学生态学机制。重视绿色农业和有机农业对昆虫种群生态和群落生态的影响，为害虫生态控制提供理论基础。

## 参 考 文 献

长有德. 2002. 昆虫求偶鸣曲的行为特征与功能及其生态学意义. 动物学研究, 23: 419-425.

陈若簾. 1979. 褐飞虱卵巢发育及其与迁飞的关系. 昆虫学报, 22: 280-288.

陈永林. 1963. 中国渤海及黄海海面迁飞昆虫的初步观察. 昆虫学报, 12: 137-148.

成新跃. 2003. 昆虫种间表观竞争研究进展. 昆虫学报, 46: 237-243.

丁岩钦. 1974. 夜蛾趋光特性的研究：棉铃虫和烟青虫成虫对单色光的反应. 昆虫学报, 17: 307-317.

丁岩钦. 1978. 夜蛾趋光特性的研究：烟青虫成虫对双色光与光强度的反应. 昆虫学报, 21: 1-6.

丁岩钦. 1980. 昆虫种群数学生态学原理与应用. 北京：科学出版社.

丁岩钦. 1994. 昆虫数学生态学. 北京：科学出版社.

丁岩钦. 2000. 中国昆虫生态学五十年(1949~1999). 应用昆虫学报, 37: 18-23.

付伟. 2014. 不同浓度$O_3$对黄檗幼苗叶片生理特征的影响. 生态学杂志, 33: 2350-2356.

高勇. 2002. 父方投资与性角色逆转现象：蟊斯类昆虫的婚礼食物及对性选择方向的影响. 昆虫学报, 45: 397-400.

高增祥. 2003. 外来种入侵的过程、机理和预测. 生态学报, 23: 559-570.
戈峰. 1995. 龟纹瓢虫对棉蚜的捕食行为. 昆虫学报 (4): 436-441.
戈峰. 1996. 棉田生态系统中害虫、天敌群落结构与功能关系的研究. 生态学报, 16: 535-540.
戈峰. 1997. 昆虫捕食行为生态学研究进展. 应用昆虫学报, (6): 371-374.
戈峰. 1998. 害虫生态调控的原理与方法. 生态学杂志, (2): 38-42.
戈峰. 2001. 害虫区域性生态调控的理论、方法及实践. 应用昆虫学报, 38: 337-341.
戈峰. 2002a. 21世纪害虫管理的一些特征展望. 应用昆虫学报, 39: 241-246.
戈峰. 2002b. 棉田捕食性瓢虫控害功能的分析. 应用生态学报, 13: 841-844.
戈峰. 2010. 昆虫对$CO_2$升高的响应. 北京: 科学出版社.
戈峰. 2011. 植物-害虫-天敌互作机制研究前沿. 应用昆虫学报, 48: 1-6.
戈峰. 2014. 基于服务功能的昆虫生态调控理论. 应用昆虫学报, (3): 597-605.
郭雄飞. 2014. 地表臭氧增加对4种植物光合作用的影响. 环境科学与技术, 37: 6-10.
郭予元. 1998. 棉铃虫的研究. 北京: 中国农业出版社.
黄益宗. 2013. $O_3$对水稻叶片氮代谢、脯氨酸和谷胱甘肽含量的影响. 生态毒理学报, 8: 69-76.
景晓红. 2002. 昆虫对低温的适应--抗冻蛋白研究进展. 昆虫学报, 45: 679-683.
康乐. 1996. 斑潜蝇的生态学与持续控制. 北京: 中国农业出版社.
雷仲仁. 2016. 我国蔬菜害虫生物防治研究进展. 植物保护, 42(1): 1-6.
李超. 1981. 光周期与温度的联合作用对棉铃虫种群滞育的影响. 应用昆虫学报(2): 58-61.
李光博. 1964. 粘虫季节性迁飞为害假说及标记回收试验. 植物保护学报, 3: 102-109.
林昌善. 1958. 有效温度法则在我国粘虫发生地理学上的检验. 昆虫学报, 8: 41-56.
林昌善. 1963. 粘虫发生规律的研究 III, 粘虫(Leucania separate Walker)蛾迁飞与气流场的关系及其运行可能形式的探讨. 北京大学学报, 3: 291-308.
林昌善. 1990. 粘虫生理生态学. 北京: 北京大学出版社.
刘雨芳. 2017. 基于WOS与CSCD文献计量的中国昆虫学研究透视(2011—2016), 应用昆虫学报, 54(6): 898-908.
刘柱东. 2003. 昆虫的母代效应. 昆虫学报, 46: 108-113.
陆宴辉. 2017. 我国农业害虫综合防治研究进展. 应用昆虫学报, 54: 349-363.
栾军波. 2011. 动物入侵的行为机制. 生物安全学报 20: 29-36.
马罡. 2016. 气候变化下极端高温对昆虫种群影响的研究进展. 中国科学: 生命科学, 46(5): 556-564.
马世骏. 1957. 昆虫动态与气象. 北京: 科学出版社.
马世骏. 1958. 东亚飞蝗(Locusta migratoria manilens s Meyen)在中国的发生动态. 昆虫学报, 8: 1-40.
马世骏. 1959. 中国昆虫生态地理概述. 北京: 科学出版社.
马世骏. 1965. 中国东亚飞蝗蝗区的研究. 北京: 科学出版社.
马世骏. 1965a. 东亚飞蝗中长期数量预测的研究. 昆虫学报, 14: 319-338.
马世骏. 1965b. 东亚飞蝗种群数量中的调节机制. 动物学报, 17(3): 261-270.
马世骏. 1979. 中国昆虫生态学三十年. 昆虫学报, 22: 257-266.
孟翔等. 2013. 基于柑橘木虱COI基因的捕食性天敌捕食作用评估. 生态学报, 33: 7430-7436.
欧阳芳. 2013. 昆虫的生态服务功能. 应用昆虫学报. 50: 305-310.
欧阳芳. 2015. 中国农业昆虫生态调节服务价值的初步估算. 生态学报, 35: 87-95.
欧阳芳. 2016. 区域性农田景观格局对麦蚜及其天敌种群的生态学效应. 中国科学: 生命科学, 46(1): 139-150.
欧阳芳, 戈峰. 2011. 农田景观格局变化对昆虫的生态学效应. 应用昆虫学报, 48: 1177-1183.
庞雄飞. 1995. 害虫种群系统的控制. 广州: 广东科技出版社.

孙儒泳. 2001. 动物生态学原理. 北京: 北京师范大学出版社.

万方浩. 1986. 综防区和化防区稻田害虫-天敌群落组成及多样性的研究. 生态学报, 6: 73-84.

王慧. 2015. SCAR 标记检测新疆枣大球蚧捕食性天敌种类研究. 新疆农业科学, 52: 523-527.

王倩. 2016. 昆虫与寄主植物营养关系的 DNA 分子追踪. 昆虫学报, 59: 472-480.

王如松. 1982. 昆虫发育速率与温度关系的数学模型研究. 生态学报, 2: 49-59.

王润. 2016. 黄河中下游农业景观异质性对传粉昆虫多样性的多尺度效应——以巩义市为例. 应用生态学报, 27: 2145-2153.

王正军. 2001. 水稻二化螟地理信息系统数据库的设计与组建. 昆虫学报, 22: 525-533.

王正军. 2002. 基于 GIS 的种群动态的时空分析与模拟研究的方法进展. 生态学报, 22: 104-110.

王正军. 2003. 金毛弓背蚁行为谱与社会分工的研究. 昆虫学报, 46: 196-200.

邬祥光. 1963. 昆虫生态学的常用数学分析方法, 北京: 农业出版社.

吴坤君. 1980. 温度对棉铃虫实验种群生长的影响. 昆虫学报, 23: 358-368.

徐汝梅. 1987. 昆虫种群生态学. 北京: 北京师范大学出版社.

徐汝梅. 1990. 种群数量的时空动态, 北京: 北京师范大学出版社.

徐汝梅. 2000. 通过网蛺蝶的例证研究试论集合种群的理论和方法. 昆虫学报, 13-17.

雅洪托夫. 1960. 昆虫生态学. 北京: 科学出版社.

张大. 2000. 理论生态学研究. 柏林: 施普林格出版社.

张国友. 2009. 高浓度臭氧对蒙古栎叶片酚类物质含量和总抗氧化能力的影响. 应用生态学报, 20: 725-728.

张锐锐. 2012. 基于 SCAR 标记技术的丽蚜小蜂快速识别. 昆虫学报, 55: 1386-1393.

张睿. 2012. 中国淡脉隧蜂亚属二新种记述(膜翅目, 隧蜂科). Zoological Systematics, 37: 370-373.

赵新成. 2003. 实夜蛾属和铃夜蛾属昆虫性信息素通讯系统的研究进展. 昆虫学报, 46: 96-107.

赵志模. 1984. 生态学引论-害虫综合防治理论及应用. 重庆: 科技文献出版社.

赵志模. 1990. 群落生态学原理与方法. 重庆: 科技文献出版社.

赵紫华. 2013. 生境管理——保护性生物防治的发展方向. 应用昆虫学报, 50: 879-889.

赵紫华. 2016. 从害虫"综合治理"到"生态调控". 科学通报, 61: 2027-2034.

郑有飞. 2013. 遮阴和臭氧浓度增加对冬小麦叶片光合作用的影响. 农业环境科学学报, 32: 1925-1933.

邹钟林. 1980. 昆虫生态学. 上海: 上海科学技术出版社.

Andrewarth H G, Birch L C. 1984. The ecological web. Chicago: University of Chicago Press.

Barro P J D, Liu S S, Boykin L M, et al. 2011. Bemisia tabaci: A Statement of Species Status. Annual Review of Entomology, 56: 1-19.

Cease A J, Elser J J, Ford C F, et al. 2012. Heavy livestock grazing promotes locust outbreaks by lowering plant nitrogen content. Science, 335: 467-470.

Cervera A, Maymó A, MartÍNez P R, et al. 2003. Antioxidant Enzymes in Oncopeltus fasciatus (Heteroptera: Lygaeidae) Exposed to Cadmium. Environmental Entomology, 32(4): 705-710.

Coupe D, Cahill M J. 2003. Effects of insects on primary production in temperate herbaceous communities: A meta-analysis. Ecological Entomology, 28(5): 511-521.

Couture J J, Lindroth R L. 2012. Atmospheric change alters performance of an invasive forest insect. Global Change Biology, 18: 3543-3557.

Couture J J, Meehan T D, Lindroth R L. 2012. Atmospheric change alters foliar quality of host trees and performance of two outbreak insect species. Oecologia, 168: 863-876.

Crowder D, Horowitz A, J De Barro P, et al. 2010. Mating behavior, life history and adaptation to insecticides determine species exclusion between whiteflies. Journal of Animal Ecology, 79(3): 563-570.

Cui H, Su J, Wei J, et al. 2014. Elevated $O_3$ enhances the attraction of whitefly-infested tomato plants to Encarsia formosa. Scientific Reports, 4: 436-436.

Cui H, Sun Y, Chen F, et al. 2016. Elevated $O_3$ and TYLCV Infection Reduce the Suitability of Tomato as a Host for the Whitefly Bemisia tabaci. International journal of molecular sciences, 17(12): e1964.

Cui H, Sun Y, Su J, et al. 2012. Elevated $O_3$ reduces the fitness of Bemisia tabaci via enhancement of the SA-dependent defense of the tomato plant. Arthropod-Plant Interactions, 6: 425-437.

Dong Z, Ouyang F, Lu F, et al. 2015. Shelterbelts in agricultural landscapes enhance ladybeetle abundance in spillover from cropland to adjacent habitats. BioControl, 60: 351-361.

Fang Q, Huang S Q. 2013. A directed network analysis of heterospecific pollen transfer in a biodiverse community. Ecology, 94: 1176-1185.

Fang Q, Huang S Q. 2016. A paradoxical mismatch between interspecific pollinator moves and heterospecific pollen receipt in a natural community. Ecology, 97: 1970.

Feng Z, Kobayashi K. 2009. Assessing the impacts of current and future concentrations of surface ozone on crop yield with meta-analysis. Atmospheric Environment, 43: 1510-1519.

Fu X, Ye L, Kang L, et al. 2010. Elevated $CO_2$ shifts the focus of tobacco plant defences from cucumber mosaic virus to the green peach aphid. Plant Cell & Environment, 33: 2056-2064.

Gao F, Chen F J, Ge F. 2010. Elevated $CO_2$ lessens predation of Chrysopa sinica on Aphis gossypii. Entomologia Experimentalis Et Applicata, 135: 135-140.

Ge L Q, Zhao K F, Huang L J, et al. 2011. The effects of triazophos on the trehalose content, trehalase activity and their gene expression in the brown planthopper Nilaparvata lugens (Stål) (Hemiptera: Delphacidae). Pesticide Biochemistry & Physiology, 100: 172-181.

Girón C P S, Li T, Blande J D. 2016. Plant-plant interactions affect the susceptibility of plants to oviposition by pests but are disrupted by ozone pollution. Agriculture Ecosystems & Environment, 233: 352-360.

Gong Y B, Huang S Q. 2011. Temporal stability of pollinator preference in an alpine plant community and its implications for the evolution of floral traits. Oecologia, 166: 671-680.

Guo H, Peng X, Gu L, et al. 2017. Up-regulation of MPK4 increases the feeding efficiency of the green peach aphid under elevated $CO_2$ in Nicotiana attenuata. Journal of Experimental Botany, 68: 5923-5935.

Guo H, Sun Y, Li Y, et al. 2014. Elevated $CO_2$ alters the feeding behavior of the pea aphid by modifying the physical and chemical resistance of Medicago truncatula. Plant Cell & Environment, 37: 2158-2168.

Guo H, Sun Y, Li Y, et al. 2014. Elevated $CO_2$ decreases the response of the ethylene signaling pathway in Medicago truncatula and increases the abundance of the pea aphid. New Phytologist, 201(1): 279-291.

Guo J Y, Ye G Y, Dong S Z, et al. 2010. An Invasive Whitefly Feeding on a Virus-Infected Plant Increased Its Egg Production and Realized Fecundity. PloS ONE, 5: e11713.

Guo K, Hao S G, Sun O J, et al. 2009. Differential responses to warming and increased precipitation among three contrasting grasshopper species. Global Change Biology, 15: 2539-2548.

Hu C, Hou M, Wei G, et al. 2015. Potential overwintering boundary and voltinism changes in the brown planthopper, Nilaparvata lugens, in China in response to global warming. Climatic Change, 132: 337-352.

Huang J, Xu Y J, Lu Y Y, et al. 2010. Effects of red imported fire ants (Hymenoptera: Formicidae) on the relationship between native ants and aphids in mung bean fields in China. Sociobiology, 55: 415-425.

Huang J, Xu Y, Ling Z, et al. 2011. Changes to the Spatial Distribution of Ageratum conyzoides (Asterales: Asteraceae) Due to Red Imported Fire Ants Solenopsis invicta (Hymenoptera: Formicidae) in China. Journal of Insect Behavior, 24: 307-316.

Jepsen J U, Kapari L, Hagen S B, et al. 2011. Rapid northwards expansion of a forest insect pest attributed to spring phenology matching with sub-Arctic birch. Global Change Biology, 17: 2071-2083.

Ji Y J, Zhang D X, Hewitt G, et al. 2003. Polymorphic microsatellite loci for the cotton bollworm Helicoverpa armigera (Lepidoptera: Noctuidae) and some remarks on their isolation. Primer Note, 3.

Jia W D. 2000. Current and Future Prospects for Insect Behavior - modifying Chemicals in China. Journal of Applied Biological Chemistry, 43: 222-229.

Jian H, Paul D B, Hua Z, et al. 2011. An extensive field survey combined with a phylogenetic analysis reveals rapid and widespread invasion of two alien whiteflies in China. PloS ONE, 6: e16061.

Jian M, Jun M, Chang J, et al. 2010. Viral infection of tobacco plants improves performance of Bemisia tabaci but more so for an invasive than for an indigenous biotype of the whitefly. Journal of Zhejiang University-SCIENCE B (Biomedicine & Biotechnology), 11: 30-40.

Jianing W, Lizhong W, Junwei Z, et al. 2007. Plants attract parasitic wasps to defend themselves against insect pests by releasing hexenol. PloS ONE, 2: e852.

Jin L, Zhang H, Lu Y, et al. 2015. Large-scale test of the natural refuge strategy for delaying insect resistance to transgenic Bt crops. Nature Biotechnology, 33: 169-172.

Jing X H, Kang L. 2003. Geographical variation in egg cold hardiness: A study on the adaptation strategies of the migratory locust Locusta migratoria L. Ecological Entomology, 28(2): 151-158.

Khadioli N, Tonnang Z E, Muchugu E, et al. 2014. Effect of temperature on the phenology of Chilo partellus (Swinhoe) (Lepidoptera, Crambidae); simulation and visualization of the potential future distribution of C. partellus in Africa under warmer temperatures through the development of life-table parame. Bulletin of Entomological Research, 104: 809-822.

Khaling E, Li T, Holopainen J K, et al. 2016. Elevated Ozone Modulates Herbivore-Induced Volatile Emissions of Brassica nigra and Alters a Tritrophic Interaction. Journal of Chemical Ecology, 42: 1-14.

Kontunen S S, Riikonen J, Ruhanen H, et al. 2010. Differential gene expression in senescing leaves of two silver birch genotypes in response to elevated $CO_2$ and tropospheric ozone. Plant Cell & Environment, 33: 1016-1028.

Liang L N, Zhang W, Ma G, et al. 2014. A Single Hot Event Stimulates Adult Performance but Reduces Egg Survival in the Oriental Fruit Moth, Grapholitha molesta. PloS ONE, 9: e116339.

Liu J, Zhao H, Jiang K, et al. 2009. Differential indirect effects of two plant viruses on an invasive and an indigenous whitefly vector: Implications for competitive displacement. Annals of Applied Biology, 155(3): 439-448.

Lu J, Ju H, Zhou G, et al. 2011. An EAR-motif-containing ERF transcription factor affects herbivore-induced signaling, defense and resistance in rice. Plant Journal, 68: 583-596.

Lu X, Siemann E, Shao X, et al. 2013. Climate warming affects biological invasions by shifting interactions of plants and herbivores. Global Change Biology, 19: 2339-2347.

Lu Y, Wu K, Jiang Y, et al. 2010. Mirid bug outbreaks in multiple crops correlated with wide-scale adoption of Bt cotton in China. Science, 328: 1151-1154.

Luan J B, Li J M, Varela N, et al. 2011. Global analysis of the transcriptional response of whitefly to tomato yellow leaf curl China virus reveals the relationship of coevolved adaptations. Journal of Virology, 85: 3330-3340.

Ma G, Rudolf V H W, Ma C. 2015. Extreme temperature events alter demographic rates, relative fitness, and community structure. Global Change Biology, 21: 1794-1808.

Ma Z, Guo W, Guo X, et al. 2011. Modulation of behavioral phase changes of the migratory locust by the catecholamine metabolic pathway. Proceedings of the Notional Acadeny of Sciences of the USA, 108(10): 3882-3887.

Men X Y, Ge F, Liu X, et al. 2003. Diversity of arthropod communities in transgenic bt cotton and nontransgenic cotton agroecosystems. Environmental Entomology, 32(2): 270-275.

Ouyang F, Men X, Yang B, et al. 2012. Maize benefits the predatory beetle, Propylea japonica (Thunberg), to provide potential to enhance biological control for aphids in cotton. PloS ONE, 7: e44379.

Ouyang F, Yang B, Cao J, et al. 2014. Tracing prey origins, proportions and feeding periods for predatory beetles from agricultural systems using carbon and nitrogen stable isotope analyses. Biological Control, 71: 23-29.

Pellegrini E, Trivellini A, Campanella A, et al. 2013. Signaling molecules and cell death in Melissa officinalis plants exposed to ozone. Plant Cell Reports, 32: 1965-1980.

Price P W. 1976. Insect Ecology. New York: NY: John Wiley and Sons.

Price P W. 1984. Insect Ecology. New York: NY: John Wiley and Sons.

Price P W. 1997. Insect Ecology. New York: John Wiley and Sons.

Price P W. 2003. Insect studies of the advancement of science: from Darnin Wallace to the presrnt. American Entomologist, 49: 164-173.

Ren Q, Sun Y, Guo H, et al. 2015. Elevated ozone induces jasmonic acid defense of tomato plants and reduces midgut proteinase activity in Helicoverpa armigera. Entomologia Experimentalis Et Applicata, 154: 188-198.

Resh V H, Cardé R T. 2009. Encyclopedia of Insects. Netherlands: Elsevier Science.

Ries L, Fagan F W. 2003. Habitat edges as a potential ecological trap for an insect predator. Ecological Entomology, 28(5): 567-572.

Roy D B, Oliver T H, Botham M S, et al. 2015. Similarities in butterfly emergence dates among populations suggest local adaptation to climate. Global Change Biology, 21: 3313-3322.

St Pierre M J, Hendrix S D. 2003. Movement patterns of Rhyssomatus lineaticollis Say (Coleoptera: Curculionidae) within and among Asclepias syriaca (Asclepiadaceae) patches in a fragmented landscape. Ecological Entomology, 28: 579-586.

Stålhandske S, Lehmann P, Pruisscher P, et al. 2015. Effect of winter cold duration on spring phenology of the orange tip butterfly, Anthocharis cardamines. Ecology & Evolution, 5: 5509.

Stling P. 1992. Introductory ecology. NJ: Prentice Hall Englewood Cliffs.

Sun D B, Xu J, Luan J B, et al. 2010. Reproductive incompatibility between the B and Q biotypes of the whitefly Bemisia tabaci in China: Genetic and behavioural evidence. Bulletin of Entomological Research, 101: 211-220.

Sun Y, Cao H, Jin Y, et al. 2010b. Elevated $CO_2$ changes the interactions between nematode and tomato genotypes differing in the JA pathway. Plant Cell & Environment, 33: 729-739.

Sun Y, Feng L, Gao F, et al. 2011. Effects of elevated $CO_2$ and plant genotype on interactions among cotton, aphids and parasitoids. Insect Science, 18: 451-461.

Sun Y, Guo H, Ge F. 2016. Plant–aphid interactions under elevated $CO_2$: Some cues from aphid feeding behavior. Frontiers in Plant Science, 7: 502.

Sun Y, Guo H, Yuan E, et al. 2018. Elevated $CO_2$ increases R gene-dependent resistance of Medicago truncatula against the pea aphid by up-regulating a heat shock gene. New Phytologist, 217: 1697-1711.

Sun Y, Guo H, Yuan L, et al. 2015. Plant stomatal closure improves aphid feeding under elevated $CO_2$. Global Change Biology, 21: 2739-2748.

Sun Y, Jin Y, Cao H, et al. 2011. Elevated $CO_2$ influences nematode-induced defense responses of tomato genotypes differing in the JA pathway. PloS ONE, 6: e19751.

Sun Y, Su J, Ge F. 2010a. Elevated $CO_2$ reduces the response of Sitobion avenae (Homoptera: Aphididae) to alarm pheromone. Agriculture, Ecosystems & Environment, 135: 140-147.

Telesnicki M C, Martínez G M A, Arneodo J D, et al. 2015. Direct effect of ozone pollution on aphids: revisiting the evidence at individual and population scales. Entomologia Experimentalis Et Applicata, 155: 71-79.

Tian H, Stige L C, Bernard C, et al. 2011. Reconstruction of a 1, 910-y-long locust series reveals consistent associations with climate fluctuations in China. Proceedings of the National Academy of Sciences of the United States of America, 108: 14521-14526.

Valladares G, Salvo A. 1999. Insect-plant food webs could provide new clues for pest management. Environmental Entomology, 28(4): 539-544.

Van Dyck H, Bonte D, Puls R, et al. 2015. The lost generation hypothesis: could climate change drive ectotherms into a developmental trap? Oikos, 124: 54-61.

Wang C Z, Dong J. 2001. Interspecific hybridization of Helicoverpa armigera and H. assulta (Lepidoptera: Noctuidae). Chinese Science Bulletin, 46(6): 490-492.

Wang P, Sun D B, Qiu B L, et al. 2010. The presence of six cryptic species of the whitefly Bemisia tabaci complex in China as revealed by crossing experiments. Chinese Insect Science, 1: 67-77.

Xie Z, An J. 2014. The effects of landscape on bumblebees to ensure crop pollination in the highland agricultural ecosystems in China. Journal of Applied Entomology, 138: 555-565.

Xu J, De Barro P J, Liu S S. 2010. Reproductive incompatibility among genetic groups of Bemisia tabaci supports the proposition that the whitefly is a cryptic species complex. Bulletin of Entomological Research, 100: 359-366.

Xu Y, Zeng L, Lu Y Y. 2011. Temporarily Defended Dispersal Area of Alarmed Workers of Solenopsis invicta (Hymenoptera, Formicidae) Provoked by Physical Disturbance. Sociobiology, 57(3): 565-574.

Yang Z H, Du J W. 2003. Effects of Sublethal Deltamethrin on the Chemical Communication System and PBAN Activity of Asian Corn Borer, Ostrinia furnacalis (Güenee). Journal of Chemical Ecology, 29(7): 1611-1671.

Yin J, Sun Y, Wu G, et al. 2009. No effects of elevated $CO_2$ on the population relationship between cotton bollworm, Helicoverpa armigera Hübner (Lepidoptera: Noctuidae), and its parasitoid, Microplitis mediator Haliday (Hymenoptera: Braconidae). Agriculture, Ecosystems & Environment, 132: 267-275.

Zhang A B, He L J, Crozier R H, et al. 2010. Estimating sample sizes for DNA barcoding. Molecular Phylogenetics and Evolution, 54: 1035-1039.

Zhang A B, Muster C, Liang H B, et al. 2012. A fuzzy-set-theory-based approach to analyse species membership in DNA barcoding. Molecular Ecology, 21: 1848-1863.

Zhang A B, Sikes D, Muster C, et al. 2008. Inferring Species Membership Using DNA Sequences with Back-Propagation Neural Networks. Systematic Biology, 57(2): 202-215.

Zhang W, Chang X Q, Hoffmann A A, et al. 2015. Impact of hot events at different developmental stages of a moth: the closer to adult stage, the less reproductive output. Scientific Reports, 5: 10436.

Zhang W, Zhao F, Hoffmann A A, et al. 2013. A single hot event that does not affect survival but decreases reproduction in the diamondback moth, Plutella xylostella. PloS ONE, 8: e75923.

Zhao F, Zhang W, Hoffmann A A, et al. 2014. Night warming on hot days produces novel impacts on development, survival and reproduction in a small arthropod. Journal of Animal Ecology, 83: 769.

Zhao Y H, Ren Z X, Lazaro A, et al. 2016a. Floral traits influence pollen vectors' choices in higher elevation communities in the Himalaya-Hengduan Mountains. BMC Ecology, 16: 26.

Zhao Z H, Hui C, He D H, et al. 2013b. Effects of position within wheat field and adjacent habitats on the density and diversity of cereal aphids and their natural enemies. Biocontrol, 58: 765-776.

Zhao Z H, Hui C, Ouyang F, et al. 2013a. Effects of inter-annual landscape change on interactions between cereal aphids and their natural enemies. Basic & Applied Ecology, 14: 472-479.

Zhao Z H, Reddy G V P, Hui C, et al. 2016b. Approaches and mechanisms for ecologically based pest management across multiple scales. Agriculture Ecosystems & Environment, 230: 199-209.

Zhou G, Qi J, Ren N, et al. 2010. Silencing OsHI-LOX makes rice more susceptible to chewing herbivores, but enhances resistance to a phloem feeder. Plant Journal, 60: 638-648.

Zhou G, Wang X, Yan F, et al. 2011. Genome-wide transcriptional changes and defence-related chemical profiling of rice in response to infestation by the rice striped stem borer Chilo suppressalis. Physiologia Plantarum, 143: 21-40.

撰稿人：戈　峰，孙玉诚，欧阳芳，张文庆

# 第10章 植物生态学研究进展

## 1 引　言

　　植物生态学作为独立学科，成为生态学的分支学科，其形成和发展与人类社会发展需求紧密相连。由于特殊的历史原因，我国植物生态学起步是晚于西方国家的，在新中国成立之后才建立起来。中华人民共和国成立之前，政治动荡不安，经济落后，而植物生态学研究由于其应用性差，当时是不被看好的。新中国成立之前只有为数不多的科学家在植物地理、个体生态和群落生态方面，自发做过一些森林、草原、荒漠、海岛、高原等植被及生态学调查工作。我国植物生态学先驱工作者主要有钱崇澍、李继侗、刘慎鄂、侯学煜、郑万钧等前辈，他们早期进行的调查工作都为植物生态学科在中国的成立起到了一定奠基和促进作用（中国植物学会植物生态学和地植物学专业委员会，1983）。

　　在新中国成立初期，各地区开展了大规模的植物资源和植被科学考察工作；同时结合农、林、牧业生产发展任务，对一些重点地区和重要植被类型进行了研究。随着工作范围的扩大和不断深入，陆续确立了植被类型划分的依据、各级分类单位的标准和植被分类系统，这些工作带动了植物生态学在我国的第一次大发展。其集大成的成果，是经过全国植被工作者努力，全面总结了我国大规模植被资源调查研究的资料，集体编写了《中国植被》，这是我国植物生态学在这一时期发展的一个重要标志（侯学煜，1979；中国植被编辑委员会，1980；中国科学院植物研究所，1982）。

　　20世纪50年代，我国植物生态学受苏联影响较大，当时学科定位就是植物生态学与地植物学，涉及地理学的有关内容。地植物学后来被植被概念所取代，现在已经很少有人使用这一概念。当时的成果很少以个人名义发表，多为集体署名。

　　中国生态学会成立于1979年，过去40年是中国植物生态学蓬勃发展时期。1978以来，在大量调查基础上，侯学煜根据对生态系统的理解提出了大粮食和大农业的观点（侯学煜，1984），该观点影响了当时的决策者。其后，针对不同的植被类型，如草原、森林、荒漠、海洋、湿地，乃至南北极区域，我国学者均开展了相应的研究工作，涉及植物个体与生理生态、种群生态、群落学、元素地球化学循环、生态系统服务、生物多样性、全球气候变化等。

　　近代植物生态学综合应用了现代化学、物理、数学、系统工程、计算机科学等的新成就、新技术、新方法，从定性到定量，从描述到实验研究，已进入了一个崭新的发展时期，并取得了一系列丰硕成果。在应用生态学领域，我国学者还先后开展了污染生态学、农田生态学、城市生态学、恢复生态学、生态系统设计等研究。下面简要回顾一下过去40年来中国植物生态学的有关研究。

## 2　中国植物生态学40年发展历程

### 2.1　经典植被研究工作（1978～2010年）

　　"文革"结束后，我国植物生态学研究恢复正常工作，当时重点工作是继续之前进行的全国植被资源调查工作，并落实到图。植被分类与分布研究是植物生态学研究的基础工作，也是经典的工作，对自然资源开发与利用、自然保护、农业发展、草原保护、国土规划等具有重要的指导意义。植被研究带动了全国的力量，当时北京大学、南京大学、云南大学、山东大学、厦门大学、华东师范大学，东北三省的东北师范大学、东北农学院、东北林业大学，西部的内蒙古大学、新疆大学等，都在各自所属的地区进行植被调查。学者们把所有的信息搜集起来，在北京汇总，该成果出版了《中国植被》，获得国家自然科学技术奖二等奖。

自 1978 年开始，由侯学煜、张新时等 3 代 200 余位科学家历经 30 多年艰辛工作才完成的《中华人民共和国植被图（1∶100 万）》的编研及其数字化荣获了 2011 年度国家自然科学奖二等奖。该成果在以下 7 个方面做出了重要创新和突破：①《中华人民共和国植被图（1∶100 万）》是世界上首部最大和最完备的植被图件；②提出以植被群落外貌、群落优势种及其生态地理特征为指标的植被综合分类原则，是植被生态学和植被制图的新进展；③重新调整和修改了中国植被区划的八大植被区域的界线；④明确提出青藏高原隆起是导致中国植被类型和分布格局发生巨大变化的根本成因的重大创新性学术观点；⑤全面定位中国农业植被地理分布格局和反映了我国独特的农业植被类型系统；⑥台湾省植被图的编制是中国植被图的重大突破，是海峡两岸学者合作的新成果；⑦植被图的数字化引发了制图方法的创新与应用上的极大进展，开启了植被制图新纪元。新一代植被图编制工作已经开始启动，将进一步促进植被生态学的发展（中国科学院植被图编辑委员会，2007）。

## 2.2 植物生态学数量分析研究（1980～1995 年）

1980 年至 1995 年期间，中国植物生态研究转向数量生态学。那时候计算机刚开始普及，利用计算机技术梳理生物信息，数量生态学应运而生，很多搞传统植被的也都往这边转。当时发表生态学文章，如果没有数量分类、模糊数学、主成分分析等，几乎很难发表。我国早期的植物生态学对于个体和群落多是定性描述。

1979 年，阳含熙首次应用微机做出中国植物群落数量分类实例，并于 1980 年出版了《植物生态学数量分类方法》（阳含熙，1980）。通过对长白山森林植物群落分类、种群格局、年龄结构、更新策略和动态过程开展了研究，提出新的数量分类方法，证明二元数据不仅可以和数量数据取得同样好的效果，还修正了霍恩（Horn）在 1976 年用马尔科夫链模型研究植物演替中的方法。这一成果于 1986 年第四届国际生态学年会上报告，引起了国际同行关注。之后数量生态学已经成为现代植物生态学研究不可或缺的手段，被广泛应用到植物生态学研究中。通过运用数量分类与排序可以明确控制植物群落中物种分布的关键环境因子（张金屯，2004）。

20 世纪 80 年代末，张新时建立了中国第一个植被数量开放实验室，将计算机应用程序用于生物和环境数据的多元分析和模拟，在生态信息系统、退化草原生态系统恢复、荒漠化治理和全球环境变化等领域取得了重大进展，使中国生态学研究领域进入了一个崭新的发展时期，并使中国在这一研究领域处于国际并行地位。

应当说，早期进行的植被数量研究，是借助计算机应用开始的，当年中国科学院成立的植被数量生态学重点实验室，也是以这种背景出现的。以后陆续的工作由于计算机普及，各种计算与统计软件越来越成熟，几乎所有的科研人员都能熟悉利用计算机，基于群落与植被的各种计算就变成了日常工作，植物数量生态学实验室后来也改名为植被与环境变化国家重点实验室，原来非常热门的数量生态学研究暂告结束。

## 2.3 生物多样性（1985 年至今）

20 世纪 80 年代以后，人们在开展自然保护的实践中逐渐认识到，自然界中各个物种之间、生物与周围环境之间都存在着十分密切的联系，因此自然保护仅仅着眼于对物种本身进行保护是远远不够的，往往也是难于取得理想的效果的。要拯救珍稀濒危物种，不仅要对所涉及的物种的野生种群进行重点保护，而且还要保护好它们的栖息地。或者说，需要对物种所在的整个生态系统进行有效的保护。在这样的背景下，生物多样性概念应运而生。

生物多样性是个舶来品，在20世纪80年代以前，我国没有这个概念。将"Biodiversity"翻译成"生物多样性"，显然是直译。台湾译成"生物歧元化"，后受大陆学者影响，也接受了生物多样性概念。无论是"性"，还是"化"都没有很好地表达英文的含义，或者外国人造这个词本身也存在理解上的问题。但按照约定俗成的规则，生物多样性这个概念已经被广泛接受了。在这个概念传播过程中，中国科学院植物研究所王献溥、陈灵芝、马克平，动物研究所汪松起来很大的作用（马克平，2014）。围绕生物多样性，国内学者进行的研究很多，限于篇幅就不再介绍具体的研究。

## 2.4 全球变化研究（1990年至今）

1995年以后，全球变暖问题越来越突出，气候变化研究逐渐变成植物生态学研究热点。中国生态学家有一部分人从经典的植被生态学分离出来，研究陆地生态系统对气候变化的响应，该领域研究就与国际前沿比较贴近。与人类生产活动关系密切的全球变化主要包括二氧化碳浓度升高、温度升高、氮沉降、干旱等（Yuan and Chen，2015；Yan et al.，2016）。国内学者关于全球变化对植物影响的生态学研究始于1990年前后，当时主要针对$CO_2$浓度加倍后植物的生理生态响应，包括光合作用、蒸腾作用、气孔导度、生物量与产量等。

在未来$CO_2$浓度、温度及降水同时增加的情景下，长白落叶松林NPP明显增加。单独增加温度会减小长白落叶松林的NPP，而降水及$CO_2$浓度增加能够在一定程度上促进NPP的增加，但降水增加的正效应明显弱于温度升高的负效应（解雅麟等，2017）。研究人员还通过氮添加来模拟氮沉降，进而研究其对植物的影响，主要集中在氮磷化学计量方面（田地等，2018）。模拟氮沉降研究发现养分供应量会影响叶片氮磷计量特征在不同个体间的变异，即"养分供应量-个体间变异"假说（Yan et al.，2018）；氮沉降还会造成温带草原的物种缺失（Tian et al.，2016）。

近10年来，国内学者围绕全球变化背景下的高寒生态系统结构与功能等主题开展了大量工作，主要呈现以下两个特点（杨元合，2018）：第一，多以样带调查等大尺度研究为主，而基于定位观测和室内培养的研究较少。通过样带调查等大尺度研究，基本阐明了青藏高原高寒植被属性（He et al.，2009）、土壤特征、微生物属性以及主要生态系统功能的空间分布规律及其影响因素。第二，青藏高原的控制实验研究近年来不断增加，主要集中在增温和施氮等少数全球变化因子上。受技术手段（核磁共振分析、$^{14}C$同位素、微生物功能基因等）的限制，控制实验研究重点还是在阐述不同生态过程对各种全球变化因子的响应上，尚未从机制上剖析全球变化要素对高寒生态系统的影响途径。

## 2.5 植物光合生理与生理生态（1985~2010年）

在生理生态学向宏观方向发展的同时，由于分子生物学、生物技术的兴起，植物生理生态学也向器官、细胞水平、分子水平发展。研究多种环境因素对植物行为的影响是植物生理生态学的经典内容，植物生理生态学研究的另一个重要发展是与进化观结合。有关进化途径的研究，还导致了对不同生境中生态型紧密相关种的生理行为比较研究。随着研究手段、方法和理论的发展，当代植物生理生态学主要集中在几个紧密相关的领域即植物的碳获取，水分平衡和资源分配等方面（钟章成和曾波，2001）。

中国科学家针对植物的个体生态，从草原植物的光合作用（杜占池等，1999），到城市植物在污染胁迫下的生态响应（Lin and Huang，1989；蒋德明等，1992；孔国辉等，2003）都进行了大量的研究工作；围绕森林、荒漠、湿地植物的个体生态，不同学者也开展了相关研究。模拟温室气体浓度升高，或臭氧浓度变化对农作物气体交换以及产量影响，取得了一系列成果，相关论文在国际知名刊物发表（Biswas et al.，2008，2011）。

面向国家重大战略需求，国家启动了首批973项目，主要农作物光合作用研究被列入首批973项目，由中国科学院植物研究所匡廷云主持。地球每年通过光合作用合成的有机物约为2200亿吨，相当于人类每年所需能耗的10倍。植物干重的90%～95%来自光合作用的产物，光合作用是作物和能源植物产量形成的物质基础。提高作物光能利用效率，是提高作物产量的必由之路。中国科学院遗传发育研究所李振声研究组和植物研究所卢从明团队对小麦个体、群体进行高光效特性和抗光氧化QTL初步定位，并利用高光效和抗光氧化种质筛选体系，配备多种组合，选育出系列高光效小麦新品系。这些研究为挖掘水稻、小麦高光合效率基因，开展高光效作物遗传育种奠定了材料基础（王佳，2013）。

## 2.6　恢复生态学研究（1990～2015年）

改革开放以来，国民经济快速发展，资源开采造成的生态破坏很严重，森林、草原、荒漠、湿地都出现了不同程度的退化。中国科学院华南植物研究所、植物研究所、新疆生物地理研究所、山东大学、中国地质大学、山西农业大学等，陆续围绕热带雨林、草原、荒漠、矿山废弃地等开展了大量恢复生态学研究，获得了一系列研究成果（蒋高明等 1993；白中科等，1999；彭少麟，2000；胡振琪等，2002）。1993年，在香港举行了华南退化坡地恢复与利用国际研讨会，系统探讨了中国华南地区退化坡地的形成及恢复问题。

自20世纪60年代中期开始，中国科学院华南植物研究所在广东省茂名小良开展了长达20年的恢复生态研究。研究地点地带性土壤为花岗岩风化而成的砖红壤，顶级植被为热带季雨林的退化森林。由于人类活动不断干扰，原始森林已破坏殆尽，水土流失达百年之久，表土层大部分已遭严重破坏，侵蚀土肥力非常低，有机质含量仅0.6%，全氮含量0.03%，物理性状非常差。经过20多年的生态恢复，已初步恢复了结构与功能良好的热带雨林森林生态系统（余作岳和任海，1993）。"广东热带沿海侵蚀地的植被恢复途径及其效应"项目1986年获中国科学院科技进步奖一等奖，1989年获国家科技进步奖二等奖；"热带亚热带植被恢复生态学研究"1999年获中国科学院科技进步奖一等奖。

进入新世纪以来，围绕退化生态系统恢复重建工作，中国科学院于2000～2010年实施了"中国科学院西部行动计划"（前后两期）。一期在5个典型区域，即北方草地、黄土高原、黑河流域、塔里木河流域、岷江上游，进行不同类型退化生态系统恢复试验与示范研究；二期增加了西南喀斯特、三峡库区和三江源区等3个试区。中国科学院植物研究所、新疆生态地理研究所、成都生物研究所、水土保持研究所等，先后开展了内蒙古草原生态恢复、黑河流域遥感、地面观测同步试验与综合模拟平台建设、青藏铁路冻土路基稳定性、太阳能等特色资源开发，及其他服务于西部大开发的高技术研究与产业化等研究，取得了重要进展（冯仁国，2005；黄铁青等，2007）。其中，中国科学院植物研究所在浑善达克沙地进行的生态恢复工作被美国《科学》杂志报道（Normile，2007），并进入了美国大学教科书《地质与环境》（第6版）。

## 2.7　种群与入侵生态学研究（2000年至今）

进入21世纪以来，传统的种群生态学研究尤其入侵植物的繁殖生态学陆续在国内高等院校或科研单位开展起来，对植物繁殖适应性的研究逐渐增多。繁殖生态学成了国际生态学领域的一个新热点（张大勇和姜新华，2001；张大勇，2004），研究主要集中于以下方面：繁殖分配和繁殖投资；生殖值；生活史进化；繁殖时间和繁殖频率；繁殖构件时空格局和繁殖产量；传粉生态学研究等（孙凡，1997）。

进行无性繁殖的植物称为无性系植物，或称克隆植物。无性系是植物种群生态学研究的热点之一，尤其是克隆生长的生物学意义引起了很多种群生态学家的关注。国内有关无性系植物种群生态学的研究从20世纪90年代末即开展了相关工作，对无性系的研究主要集中在无性系生理整合、克隆生长格局、无性系生长型、等级选择模型、空间扩展性和无性系植物的生态对策谱等方面（钟章成和曾波，2001；何维明和董鸣，2002）。

## 3 植物生态学研究现状

### 3.1 植物对极端气候的生理生态响应

随着全球气候不断变化，干旱发生的频次和强度有逐年增加趋势。深入研究植物对干旱的响应机制，在理论和实践上都具有重要的意义（赵文赛等，2016）。旱后复水能够使植物的生理功能得到恢复，可在一定程度上弥补干旱对植物造成的伤害，提高植物光合速率并使其生长加速（厉广辉等，2014）。但对于旱后植物自身抵御干旱的能力是否得到提高还存在争议（Luo et al.，2011；Ding et al.，2012）。通过对玉米进行"干旱-复水-再干旱"处理研究，发现在生产实践中，如果进行抗旱锻炼，应限制在中度干旱水平，避免重度干旱。

高寒地区的树木生长通常被认为对极端气候响应敏感，中国科学院植物研究所张齐兵课题组利用青藏高原柏树分布区 28 个样点 849 棵树的树木年轮数据定量化了有器测气候资料以来 3 次极端干旱事件中的树木生态弹性。分析发现，森林中树木抵抗力持续减弱，恢复力持续增强，同时对应的高抵抗力区域缩减，高恢复力区域扩张。首次提出，树木生态弹性不仅响应干旱强度和日温差的变化，同时也受到树木生长一致性的影响（Fang and Zhang，2019）。这一成果有助于对未来气候情景下森林树木生态弹性的评估。

### 3.2 入侵物种种群生态学

外来植物入侵是全球性问题，严重威胁入侵地生态系统物种多样性和生态系统过程。当外来植物被引入新的环境时，一系列非生物和生物因素的交互作用的改变，导致其中一部分外来植物对环境的响应策略发生了改变并呈现出进化变异且具有较强的入侵潜力（刘建等，2010）。20 世纪 90 年代开始，达尔文归化假说（Darwin's naturalisation hypothesis）和预适应假说（pre-adaptation hypothesis）受到生态学家的广泛关注。研究发现，与本土物种亲缘关系近的外来种更容易入侵、归化并成为优势物种，这些外来种归化后，对其近缘的本土物种产生更大的危害，从而造成其局部灭绝（Li et al.，2015）。而"天敌逃逸"假说认为，外来植物能够成功入侵可能与入侵地无专食性天敌危害有关。随着研究的深入，土壤有害和有益微生物的综合效应也被认为可能促进或者阻碍植物入侵（Zhang et al.，2013；Huang et al.，2016）。UV-B 辐射增强和氮沉降加剧作为两种全球变化因子，也可能与土壤微生物共同作用于植物入侵的整个过程，对此国内学者开展了有关工作（陈慧泽和韩榕，2015；李良博等，2015）。同时世界上许多恶劣的外来入侵植物具有克隆性，并能在克隆植株内实现资源共享，特别是在异质性环境中，克隆整合可能赋予了外来入侵植物相对于本地植物的竞争优势（Wang et al.，2017）。

自然界中的绝大部分物种都是稀有种，这是一个重要的生态学现象。稀有种在自然界如何生存一直是悬而未决的问题。有人基于海南尖峰岭国家级森林生态站生物多样性长期监测数据，研究了热带雨林物种自然分布格局及其与环境的关联性。研究发现，植物种类受气候和土壤条件的共同影响，呈多个热点分布区，森林中稀有物种和常见物种对生境利用存在分离现象（Xu et al.，2015）。该研究较好地解决了生物地理学、群落生态学和保护生物学等学科中关于物种分布与生境关联的科学问题，对自然保护范围的划定以及保护区和森林公园的有效管理等提供了科学性指导（杨淑华等，2016）。

明确外来物种入侵机制、提高人类预测和治理入侵生物的能力，是各国亟待解决的重大科学问题（Ren and Zhang，2009）。对我国构成严重危害的外来入侵植物，主要有飞机草（*Chromolaene odorata*）、紫茎泽兰（*Eupatorium adenophorum*）、凤眼莲（*Eichhornia crassipes*）和喜旱莲子草（*Alternanthera philoxeroides*）等。近年来，我国学者在入侵植物扩散（Wang and Wang，2006）、入侵机制如植物克隆完整性和表型可塑性等（Wang et al.，2017）、入侵植物的快速进化（Liu et al.，2016）、资源利用方式（胡朝臣等，2016）、生态学效应（Liao et al.，2008）及对气候变化的响应（Lu et al.，2013）等方面取得了诸多成果。

### 3.3 群落生态学

寄生是一种比较常见的互作关系，由于寄生植物特殊的生理生态和进化特性，近年来受到越来越多的关注。中国科学院昆明植物研究所吴建强研究组与德国的科学家合作，提出了"菟丝子及其连接的不同寄主形成微群落"这一崭新概念，并且发现在这种微群落中，菟丝子能在不同寄主植物间传递有生态学效应的抗虫系统性信号，可帮助不同寄主之间建立起抗虫防御"联盟"（Zhang et al.，2018）。

过度放牧引起了世界范围内草地生物多样性和生态系统功能退化。有关放牧对多样性和生态系统功能影响的研究已有大量报道，但尚不清楚放牧强度增加如何影响群落结构和生态系统功能阈值的变化，以及物种及其性状在其中的作用，中国科学院植物研究所白永飞研究组通过在内蒙古典型草原开展长期放牧实验，发现群落结构和生态系统功能对放牧强度的响应阈值均在每公顷 3.0 只羊；群落中常见种与稀有种的组成及其生物量决定了结构和功能的响应阈值；植物比叶面积和叶片含氮量差异导致物种对放牧强度的不同响应（Li et al.，2017）。

### 3.4 陆地生态系统生态学

陆地生态系统植被生产力一直是生态学领域的研究热点。利用普适性的全球陆地生态系统生产力模型（GPP model），基于最低消耗与协同限制假说，将较短时间尺度（分钟到小时）的光合作用生物化学模型与较长时间尺度（周到月）的光能利用率模型有机地联系在一起，实现了从叶片水平的光合作用到生态系统水平的植被总初级生产力之间的尺度转换（Wang et al.，2017）。

近年来，国内学者在系统调查了中国陆地生态系统（森林、草地、灌丛、农田）碳储量及其分布等基础上，经过深入挖掘和分析，取得了一系列突破性进展。PNAS 以专辑形式，共发表了项目群的 7 篇研究论文，全面、系统地报道了中国陆地生态系统结构和功能特征及其对气候变化、人类活动的响应，量化了中国陆地生态系统固碳能力的强度和空间分布，以及生物多样性和大尺度养分条件对生态系统生产力的影响。明确了中国陆地生态系统在过去几十年一直扮演着重要的碳汇角色（Chen et al.，2018；Fang et al.，2018；Liu et al.，2018；Lu et al.，2018；Tang et al.，2018a；Tang et al.，2018b；Zhao et al.，2018）。

植物生长所需的氮约 90% 来自于叶片凋落前氮的再吸收和土壤微生物分解矿化有机氮这两个过程。因此，再吸收和矿化很大程度上决定了生态系统的氮利用效率和生产力。然而，由于再吸收是植物生理过程，而凋落物氮矿化速度主要受土壤微生物调控，以往研究基本都将它们视作相对独立的过程，二者之间的相互作用是如何调控生态系统氮获取和保留的机制尚不清楚。中国科学院植物研究所刘玲莉研究组围绕这一科学问题，构建了全球水平的植物数据库和微生物数据库。利用广义线性混合模型与模型平均结合等方法对数据进行了分析。结果表明，在全球尺度上，植物氮再吸收速率和凋落物氮矿化速率互为消长（Deng et al.，2018）。

半干旱生态系统是陆地上分布最广泛的生态系统类型，且对水分变化非常敏感。以往的研究均表明增加降水会显著促进生态系统的碳水循环过程，减少降水会抑制这一过程，但其对增加和减少降水的响应是否一致还不清楚。通过在内蒙古半干旱草原设置降水梯度控制实验发现，生态系统总光合、呼吸、净光合、蒸散以及碳水利用效率对减少降水的敏感性均大于增加降水（Zhang et al.，2017）。

### 3.5 生物多样性

对于生物多样性起源问题，始终是各国科学家所感兴趣的。物种多样性是系统与进化生物学、生物地理学和生态学的核心研究问题之一，我国拥有约 30000 种维管植物，是全球植物多样性最丰富的国家之一。2018 年，中国科学院植物研究所陈之端课题组通过模拟构建物种水平的生命之树，揭示了中国被子植物系统发育多样性形成的时空格局（Lu et al., 2018）。深圳兰科植物保护研究中心刘仲健研究组等则揭示了兰花的起源及其花部器官发育和生长习性以及多样性形成的分子机制与演化路径，成功解开了困扰人类一百多年的兰花进化之谜（Zhang et al., 2017）。

关于生物多样性的功能，我国学者开展了具有国际一流水平的研究。2009年，来自中国、瑞士和德国的科研人员在江西省德兴市新岗山镇建立了一个约50hm$^2$的森林生物多样性实验平台——中国亚热带森林生物多样性与生态系统功能实验基地（BEF-China），种植了超过30万棵树，包括40多个亚热带树种。造林后8年的研究结果显示，种植多物种混交林既能保护生物多样性，又能减缓气候变化，是比种植纯林更好的植树造林策略（Huang, 2018）。

## 3.6 全球变化生态学

作物模型是研究气候变化对农作物影响的重要应用。北京大学朴世龙研究组通过比较全球范围内大田水稻增温实验和3种模型（经验统计模型、基于站点以及全球格点尺度的作物过程模型）的模拟结果，发现经验统计模型和全球作物模型可能低估了增温对全球水稻的减产效应。同时，针对不同全球作物模型模拟结果间存在较大不确定性的问题，他们首次结合条件概率的方法，估算了未来气候变暖对水稻产量的潜在影响（Zhang et al., 2017）。

近年来，全球大气氮沉降水平逐渐升高。氮沉降增加不仅影响生态系统的碳储量，也影响碳的质量（即碳化学组分）。但由于生态系统的复杂性和实验方法的多样性，人们关于氮沉降对碳化学组分的影响仍未形成统一的认识。中国科学院沈阳应用生态研究所白娥研究组通过整合分析法研究了18个生态系统碳化学组分相关变量对氮添加的响应（Liu et al., 2016）。该研究系统评价了植物-凋落物-土壤连续体中不同的碳化学组分对氮添加的响应，有助于深入了解碳循环对大气氮沉降增加的响应过程，以及氮沉降增加对生态系统功能的影响机制。此外，中国科学院植物研究所张文浩研究组以我国北方温带草原为研究对象，针对氮沉降导致草地生态系统物种丧失的机制进行了研究，发现氮沉降导致杂类草物种多样性降低和土壤酸化，使土壤有效锰浓度显著增加，杂类草与禾草对锰和铁的积累差异决定了其对氮沉降不同的响应（Tian et al., 2016）。该研究从微量元素角度揭示了氮沉降导致草地生态系统物种丧失的机制，丰富了生物多样性与生态系统功能维持机制理论。

## 3.7 恢复生态学

在退化草地生态恢复中，恢复目标排在前三位的分别是生物多样性、植被覆盖度和土壤碳库，草地恢复方法中应用最多是人工播种、围栏封育、放牧应用（尚占环等，2017）。不同的草原管理措施如禁牧和放牧会改变高寒草甸植被与土壤养分分配及其平衡关系，同时，植被与表层土壤主要养分含量之间的关联性仅存在于部分植物器官与部分营养元素之间（杨振安等，2017）。草地开垦利用增强生态系统的碳释放、减少$CO_2$固定，相比开垦农用，禁牧对放牧草地碳交换及其组分的影响相对较小（李愈哲等，2018）。对于退化草地最好的恢复方法是，去除人为干扰因素，实施自然恢复。

喀斯特退化天坑倒石坡的独特负地形和土壤环境孕育了较高的植物多样性和土壤微生物群落功能多样性，未来在退化天坑物种多样性保护中应特别注意倒石坡地下森林资源价值（江聪等，2019）。弃耕年限增加，群落结构从草本+灌木转变为草本+灌木+乔木，群落优势物种由喜阳的一年生或多年生草本转变为耐阴的多年生草本；草本层和灌木层植物物种多样性随着演替年限的延长而增长，在演替的中后期达到最大值（石丹等，2019）。研究发现，煤矿废弃地通过采取适宜的生态修复措施，有很大的土壤固碳潜力（闫美芳等，2019）。

土地退化具有多重影响，包括威胁食物和水安全，影响生物多样性及生态系统服务，引发地区冲突、大规模人口迁徙和疾病传播，加剧贫困及全球气候变化。土地退化过程、机制及影响的审视将为我国沙漠化、石漠化等土地退化的进一步研究提供理论指导，并为我国土地系统统筹治理、美丽中国、生态文明建设提供决策支持（郭晓娜等，2019）。

## 4 中国植物生态学研究在国际舞台的地位

中国植物生态学创始人是侯学煜，他1952年从美国回来。本来他是学土壤的，后来改学生态，回国以后把植物生态学学科带动起来，成立的研究室叫植物生态学与地植物学研究室。研究室成立后，国家启动资源调查等研究，要查清楚中国的植被类型、植物的分布，这些都是非常基础的工作。在那个年代，中国学者在国际刊物发表的文章很少。80年代中后期，有学者陆续从美国、英国、法国、荷兰、德国、澳大利亚、新西兰等学成回国，带来了严谨的植物生态学实验方法，针对国内的植物生态学现象或问题，进行深入的研究，成果不断出现在国际主流生态学刊物上。

应当说，从SCI学术论文发表的总数来看，中国学者紧追美国排名全球第二。植物生态学总体情况可能还好于其他学科。以往中国学者在 *Ecology*、*Ecology Letters* 等专业刊物上名字很少出现，而今经常在这些刊物上看到中国同行的名字（He et al., 2009；Lu et al., 2015；Niu et al., 2016；Yan et al., 2016）。在 *Nature*、*Science* 等著名刊物上，中国植物生态学家也经常发表文章。

中国植物生态学，从最初的是跟着国际潮流转，到部分研究领先国际同行，实现了质的飞跃，反映了由量变到质变的客观规律。在一些研究方向上，中国学者的研究已经引起了发达国家生态学家的关注，国际合作不断。在草原、森林、荒漠、高原等陆地生态系统，中国学者设计的国际大型生态学实验平台，吸引了美国、德国、英国、法国、荷兰等科学家参与，合作成果不断出现在《自然》、《科学》及其子刊或《美国科学院院刊》等著名刊物上（Huang et al., 2018；Chen et al., 2018）。非常值得欣喜的是，一大批70后、80后乃至90后青年才俊的名字不断出现在国际著名刊物上。这些学者已经具有了优良的科研素质，具有了与国际同行竞争的资格，乃至在某些方向上超出对手。

不过，需要指出的是，中国的植物生态学是一门从西方引进的学科。过去40年来，尽管这个学科的研究体系已经建立，并且研究门类蓬勃发展，国际著名刊物上不断出现中国学者的名字，但是我们开展的很多研究没有摆脱英美的痕迹，都是在重复他人研究，或者验证他人提出的理论，较少有自己的创新理论。一些紧跟国际潮流的方向性选择，背离了中国自有的生态机制。在一些重要的国际会议上，中国学者做大会主席的较少；在重要的植物生态学主流刊物上，较少有中国学者做主编或副主编，国际编委也较少；我们自己办的中文刊物因为重视程度不够，质量难以达到被国外同行经常阅览或引用的程度。

改革开放早期回国的植物生态学家先开展的是数量生态学研究，再后来他们又转向研究气候变化和人与生物圈计划研究。第三代应该是20世纪50年代末到60年代初的一些学者，他们在国外经历时间长，在国外获得博士学位。他们强调现代的生态学研究，更强调在国外发表论文，与国际竞争。目前，我们已经接近或超越了这些目标，下一步必须踏踏实实解决自己的生态问题了。否则，我们就会犯下花纳税人钱玩科学（play with science）的错误，被后人所耻笑。

## 5 发展趋势及展望

植物生态学的核心研究内容是探索植物与环境之间的关系，以及植物适应、进化、资源利用的生态学对策。对于自然现象需要两个基本步骤达到人们的认知水平，首先是对这一现象进行基本描述，比如什么特点，什么行为模式；其次是对现象发生背后的深层原因进行解析，为什么会有这种现象？背后的机理是什么？人类能否利用这个原理有效地管理与利用自然资源。植物是生态系统最基本的组分，在系统中执行关键机能。绿色植物通过光合作用将光能转变成化学能，吸收养分促进自身生长，为其他所有生物提供能量。植物在养分循环中起到关键作用,因此植物生态学研究是生态系统研究的基础。根据这些特点,建议我国学者重点开展如下植物生态学研究方向。

## 5.1 植物个体生态学与生理生态学

在自然条件下,研究植物初级生产力和水分关系,分析胁迫条件下植物种适应过程和机制;我国青藏高原特殊植物适应机制,在特定环境下植物生理过程和生理生态特征变化;各种污染物胁迫下植物个体的生理生态研究。利用新手段如通过 PAM 叶绿素荧光仪在野外不破坏叶片前提下监测光系统 II 活性,可使植物生理生态学研究向更加微观领域迈进。应用同位素技术判断植物光合途径,评估植物长期水分利用效率,应用同位素分析生理生态现象确定生态系统物质流等,成为生态学研究重要方向。尽管对于植物光合和水分利用模式的关系基本清晰,但在植物生理生态学领域以下几个方面尚未完全理解。

(1) 植物气孔控制的机制,尤其是有的非 CAM 途径的植物气孔在夜间仍有部分开放的情况发生(Buckley,2005;Roelfsema and Hedrich,2005),在有夜间雾或凝结水发生的生态系统中,植物叶片吸收空气中水分的途径和机制尚未解决。

(2) 植物个体生物量分配模式机制仍需深入研究(Blakeley and Dennis,1993;Lacointe,2000)。根据光合反应曲线建立模型预测指定条件下植物的日动态行为与实测值之间吻合度非常高(Ryel et al.,1993),但是当时间延长且考虑到植物生长和生物量分配因素后,已有模型则无法正确预测植物实际生长情况。这是因为所有相对生长和分配模型几乎都是基于经验数据,包括许多假设和猜测(Gayler et al.,2006;Osone and Tateno,2005)。

(3) 竞争条件下,物种相互作用的生理生态学机制是未来生理生态学研究的方向之一。研究表明植物地上和地下部分生长和生物量分配在独立生长和与其他植物共存的情况是不同的(Bartelheimer et al.,2006;Callaway,2002;Niu et al. 2008),但这一现象背后的机制尚不清楚。很显然,需要在这些群落和生态系统过程水平上,联系植物个体的生理过程才能阐明这一复杂现象背后的生理机制。

(4) 植物为保护自身免受不良环境影响而形成叶刺、枝条刺,叶片革质化,肉毛覆盖,产生有毒物质,改变颜色等形态和生理变化其机理是什么?目前知之甚少。

(5) 对于环境污染物质监测、吸收有关的植物种选择和生理生态学的研究有待于加强。

## 5.2 植物种群生态学

种群是物种存在和进化的基本单元,是生态系统的基本组成部分。在某个生态系统中生物种类、种群数量、种的空间配置以及种的时间变化构成了生态系统的基本形态结构。植物种群生态学是以植物生活史为纲,研究种群数量和动态变化。在深入理解植物组成、分布、结构和动态变化方面尽管取得了一定的进展,但在研究的深度与广度上,尚需要我国学者继续努力,建议加强以下几方面研究。

(1) 种子种群和生态对策研究。种子是植物的潜在种群,是植物个体一生中唯一有移动能力的阶段。种子库中物种数量、种子库密度研究有助于理解物种种群数量和更新潜力。只要生态系统不受到干扰,种子就可以萌发,为生态恢复提供基本的植物繁殖体。荒漠草原封育以后,土壤种子库中植物种数、种子密度和物种多样性均呈增加趋势,且以多年生植物和一年生植物种子居多;禾本科和豆科植物的物种数和种子密度大于菊科和藜科,表明围封后牧草品质改善,植物群落正向演替。但是种子库长期动态过程的监测还不够,土壤种子库的时空变化格局及其生态学对策如何响应全球气候变化还需深入研究。

(2) 在环境选择压力下,基因突变如何在种群中传播产生隔离的机制尚不清楚;物种内部的种群遗传性演化和分化是新物种形成的前奏,是植物种群遗传基础的分化过程,涉及物种的形成和发展。生态基因组学科为植物种群水平上的进化适应和表型变异的机理提供新的研究方法。

(3) 探讨植物集合种群动态和生态系统相关性仍然是种群生态学需要进一步研究的难题。在人为干扰下，种群动态变化会导致群落结构变化，并影响群落物种多样性和生产力，在干扰情况下种群变化现象背后的驱动力和机制仍不十分清楚。

## 5.3 群落生态学

深入理解植物群落中物种组成、动态变化和功能的驱动机制是解开生态系统结构和功能谜团最重要的前提条件。解释群落构建的主要理论是物种的生态位理论和中性理论。群落生态学概念框架提出后，各国生态学家将中性理论和生态位理论的关键要素进行整合，构建包含随机性和确定性过程的综合模型来解释群落物种组成。应用生态位理论研究物种共存时，不仅要考虑生态因子对物种的影响，还要考虑物种对生态因子的影响。构建群落动态模型、量化生态位分化，在大尺度及物种丰富度高的群落中，探索共存物种的生态位差异，及其导致的物种间互补效应。进行物种共存机制研究依然具有一定的挑战性。

中性理论最早指出，群落中相同营养等级的所有个体在生态位上是等价的，群落动态是随机的零和过程，对群落结构起决定作用的是物种的扩散限制。后来，学者们发现中性理论的验证还需考虑空间尺度、环境因子、物种互利和密度依赖等因子对群落构建的影响，在生产力较高的环境中，随机的群落构建过程能维持更高的物种多样性。中性理论强调群落构建中物种的随机作用，生态位理论认为生态位分化是物种组成多样化的基础。无论是生态位理论，还是中性理论，描述的都是群落中物种分布的现状，而不是群落构建的过程。因此深入理解在一定时空尺度下群落构建的动态过程及机制仍需进行大量的基础研究，将中性理论和生态位理论整合已经是群落生态学研究的一种大趋势。我国学者应利用我国自然群落复杂多样的特点，不人云亦云，独立地创造自己的理论。

## 5.4 全球变化生态学

全球变化下，植物叶片中化学元素及它们之间的化学计量平衡不仅受土壤养分影响，也受到植物本身维持多种功能养分需求的影响。生态系统不同氮循环途径对自然界氮素的竞争是同时发生的，土壤中无机氮会影响不同氮循环的响应格局。关于 $CO_2$ 浓度升高对植物生产力影响的研究，随着涡度相关技术的快速发展而取得了很大的进展。但是，关于大气循环和传输的机制容易研究，而在植被与大气界面之间的物质流动仍然缺乏科学数据，还需要深入研究。

气候变化会降低生物多样性和群落初级生产力，温度和降雨对生物多样性的影响也不十分清楚。内蒙古草原生态系统的研究表明物种丰富度促进群落稳定性通过增加物种之间的异步动态，但是气候变化会削减这种正效应，进而影响群落稳定性（Zhang et al.，2018）。在我国，研究森林生态系统、草地生态系统和灌木生态系统，寻找维持生态系统的生物多样性机制，探索不同陆地生态系统土壤碳固持能力，是全球变化生态学研究的长期目标。

气候变化影响植物与其他物种的竞争能力，干扰了植物和传粉者、菌根、食草动物或者病原体之间的相互关系。温度升高是气候变化最容易理解的，温度也是对植物生长影响最明显的环境因子。但是从长期角度，难以预测降雨模式改变或者极端事件受全球变化的影响方向与程度。大气组成包括 $CO_2$ 浓度升高也会影响植物的表现和相互作用（Leakey et al.，2009）。植物通过改变物候和分布模式来响应气候变化，这些变化在我国不同的生态系统中表现是什么？均需要进行深入的研究。

## 5.5 生物多样性

对于生物多样性的基础工作还要加强。我国有 16 个生物多样性热点地区，分别是吉林长白山地区、祁连山地区、伏牛山地区、秦岭地区、大巴山地区、大别山地区、浙皖低山丘陵、浙闽山地地区、川西高山峡谷地区、藏东南部地区、滇西北地区、武陵山地区、南岭地区、十万大山地区、西双版纳地区、海南中部地区。上述地区均被《中国生物多样性保护行动计划》列为优先保护地区。中国西南山区就是

CI 确定的全球 34 个生物多样性热点地区之一。它西起西藏东南部，穿过川西地区，向南延伸至云南西北部，向北延伸至青海和甘肃的南部，这里拥有 12000 多种高等植物和大约 50%的鸟类和哺乳动物。对于这些热点地区，中国植物生态学家，需要联合动物、微生物专家，进行生物多样性家底清查，并培养年轻人。

在物种竞争、相互促进和共存策略的机制是植物生态学家感兴趣的问题。资源可利用性、环境胁迫和干扰因素对物种形成的作用，物种相互作用的信息传递是如何实现的，如何影响生态系统多样性和稳定性？生物多样性结构和动态与群落水平的物质流动有何联系？在生态系统水平上，如何保持生物多样性和功能多样性？都是具有挑战性的研究课题。

## 5.6 应用植物生态学

植物生态学研究的目的在于阐明外界条件对植物形态结构、生理活动、化学成分、遗传特性和地理分布的影响；植物对环境条件的适应和改造作用。为农业、林业、畜牧业生产服务。植物生态学也是环境保护尤其是自然保护的理论基础之一，因此植物生态学具有很强的应用性。

很多人试图想把生态学上升为一种像数理化那样的非常严谨的实验科学，这是对自己的学科信心不足造成的。其实，在与人类生存相关的整个学科体系之中，生态学应该统领农、林、水、地，甚至数、理、化。现在一切技术都试图想让人类生活得更舒服，所谓的全球经济一体化、信息化、地球村等。但是带来了很大的问题，如气候变化、物种消失、生物多样性下降、环境污染加剧、生存质量的急剧恶化。对于这些问题的解决，需要中国生态学家，用系统科学的智慧，从源头发现问题并解决问题。

植物生态学的主要应用方向包括：①自然保护区建设，发现植物的分布规律，植物与动物，植物与微生物之间的天然联系，并应用于自然保护。②生态农业，地球上一切可利用能源来自太阳能，人类的食物也如此。将生态学的基本原理应用到农业中去，逐步叫停围绕食物链上的几万种化学物质，从源头解决面源污染、食物污染问题，修复退化的耕地，并从源头减少病人，解决医患矛盾。生态农业是生态文明建设的重要抓手，这一点我国投入的力量显然是十分微弱的。③污染生态学，重视垃圾资源化研究。在自然生态系统中是不存在垃圾的，人类制造的垃圾能否在最小的处理成本下实现资源化利用？都需要生态学家给出方案。④恢复生态学，过去针对自然生态系统进行的生态恢复研究较多，今后应加强退化农田、湿地与矿山的生态修复工作，并实现产业化修复。⑤生态林业，目前造林存在严重的物种单一问题，如何利用群落学原理，让人工林本地化、多样化，实行固碳、固氮、固土等生态系统服务，是生态林业需要面对的实际问题。⑥城市生态学，城市绿化要改变速绿和物种单一现象，发展城市森林，建设城市植被，要让自然要素出现在城市中的每一个角落，充分发挥城市绿肺的功能。

总之，过去 40 年中国植物生态学发展迅猛，取得了很多可圈可点的成果，对于这些成果，我们不可能一一提到，甚至会挂一漏万。但是，我国植物生态学研究，目前还是偏重于理论，对于国家亟需的粮食安全、生态安全、生态文明建设所需要的硬技术，缺乏系统的、独立的研究，国家应加强这方面的布局，引领全球的植物生态学家，从实验室走出来，着手解决困惑人类可持续发展的众多棘手生态环境问题。

## 参 考 文 献

白中科, 赵景逵, 李景川. 1999. 大型露天煤矿生态受损研究. 生态学报, 19: 870-875.

陈慧泽, 韩榕. 2015. 植物响应 UV-B 辐射的研究进展. 植物学报, 50: 790-801.

杜占池, 杨宗贵, 崔骁勇. 1999. 草原光合生理生态研究. 中国草地, 3: 20-27.

冯仁国. 2005. 西部行动计划项目(群)取得的进展及影响. 中国科学院院刊, 20: 79-82.

郭晓娜, 陈睿山, 李强, 等. 2019. IPBES 专题评估中的土地退化过程、机制与影响. 生态学报, 17: 1-10.

何维明, 董鸣. 2002. 分蘖型克隆植物羹分株和基株对异质养分环境的等级反应. 生态学报, 22: 169-175.

侯学煜. 1984. 生态学与大农业发展. 合肥: 安徽科学技术出版社.

侯学煜. 1979. 中国1∶800万植被图. 北京: 科学出版社.

胡朝臣, 刘学炎, 类延宝, 等. 2016. 西双版纳外来入侵植物及其共存种叶片氮、磷化学计量特征. 植物生态学报, 40: 1145-1153.

胡振琪, 张光灿, 毕银丽, 等. 2002. 煤矸石山刺槐林分生产力及生态效应的研究. 生态学报, 22: 621-628.

黄铁青, 赵涛, 冯仁国, 等. 2007. 中国科学院西部行动计划(二期)项目布局与初步进展. 地球科学进展, 22: 888-896.

江聪, 税伟, 简小枚, 等. 2019. 西南喀斯特退化天坑负地形倒石坡的土壤微生物分布特征. 生态学报, 39: 1-11.

蒋德明, 黄会一, 张春兴, 等. 1992. 木本植物对土壤镉污染物吸收蓄积能力及其种间差异. 城市环境与城市生态, (1): 26-30.

蒋高明, Putwain P D, Bradshaw A D. 1993. 英国圣·海伦斯 Bold Moss Tip 矿废弃地植被恢复实验研究. 植物学报, 35: 951-962.

孔国辉, 陆耀东, 刘世东, 等. 2003. 大气污染对38种木本植物的伤害特征热点. 亚热带植物学报, 11: 319-328.

李良博, 唐天向, 海梅荣, 等. 2015. 植物对UV-B辐射增强的响应及其分子机制. 中国农学通报, 31: 159-163.

李愈哲, 樊江文, 胡中民, 等. 2018. 温性草原利用方式对生态系统碳交换及其组分的影响. 生态学报, 38: 8194-8204.

厉广辉, 万勇善, 刘风珍, 等. 2014. 苗期干旱及复水条件下不同花生品种的光合特性. 植物生态学报, 38: 729-739.

刘建, 李钧敏, 余华, 等. 2010. 植物功能性状与外来植物入侵. 生物多样性, 18: 569-576.

马克平. 2014. 中国生物多样性研究保护研究与进展. 北京: 中国气象出版社.

彭少麟. 2000. 恢复生态学与退化生态系统的恢复. 中国科学院院刊, (3): 188-192.

尚占环, 董世魁, 周华坤, 等. 2017. 退化草地生态恢复研究案例综合分析: 年限、效果和方法. 生态学报, 37: 8148-8160.

石丹, 倪九派, 倪呈圣, 等. 2019. 巫山高山移民迁出区不同弃耕年限对植物物种多样性的影响. 生态学报, 39: 1-10.

孙凡. 1997. 缙云山四川大头茶种群繁殖适应性的数量特征研究. 植物生态学报, 21: 1-8.

田地, 严正兵, 方精云. 2018. 植物化学计量学: 一个方兴未艾的生态学研究方向. 自然杂志, 40: 235-241.

王佳. 2013. 光合作用为农业可持续发展提供支撑: 光合作用分子机理研究"973"项目获得一系列突破性成果. 中国科学报9月30日第8版.

解雅麟, 王海燕, 雷相东. 2017. 基于过程模型的气候变化对长白落叶松人工林净初级生产力的影响. 植物生态学报, 41: 826-839.

闫美芳, 王璐, 郝存忠, 等. 2019. 煤矿废弃地生态修复的土壤有机碳效应. 生态学报, 39: 1838-1845.

阳含熙. 1980. 植物生态学数量分类方法. 北京: 科学出版社.

杨淑华, 王台, 钱前, 等. 2016. 2015年中国植物科学若干领域重要研究进展. 植物学报, 51: 416-472.

杨元合. 2018. 全球变化背景下的高寒生态过程. 植物生态学报, 42: 1-5.

杨振安, 姜林, 徐颖怡. 2017. 青藏高原高寒草甸植被和土壤对短期禁牧的响应. 生态学报, 37: 7903-7911.

余作岳, 任海. 1993. 广东热带沿海侵蚀地的植被恢复途径及其效应成果介绍. 资源生态环境网络研究动态, (4): 40-42.

张大勇. 2004. 植物生活史进化与繁殖生态学. 北京: 科学出版社.

张大勇, 姜新华. 2001. 植物交配系统的进化、资源分配对策与遗传多样性. 植物生态学报, 25: 130-143.

张金屯. 2004. 数量生态学. 北京: 科学出版社.

张新时, 高琼. 1997. 信息生态学研究 第1集. 北京: 科学出版社.

赵文赛, 孙永林, 刘西平. 2016. 干旱-复水-再干旱处理对玉米光合能力和生长的影响. 植物生态学报, 40(6): 594-603.

中国科学院植物研究所. 1982. 中华人民共和国植被图. 北京: 中国地图出版社.

中国科学院中国植被图编辑委员会. 2007. 中华人民共和国植被图, 北京: 地质出版社.

中国植被编辑委员会. 1980. 中国植被. 北京: 科学出版社.

中国植物学会植物生态学和地植物学专业委员会. 1983. 三十年来中国植物生态学和地植物学的回顾和展望. 植物生态

与地植物学丛刊, 7(3): 169-185.

钟章成, 曾波. 2001. 植物种群生态学研究进展. 西南师范大学学报, 26: 230-236.

Bartelheimer M, Steinlein T, Beyschlag W. 2006. Aggregative root placement: a feature during interspecific competition in inland sand dune habitats. Plant & Soil, 280: 101-114.

Biswas D K, Jiang G M. 2011. Differential drought-induced modulation of ozone tolerance in winter wheat species. Journal of Experimental Botany, 62: 4153-4162.

Biwas D K, Xu H, Li Y G, et al. 2008. Genotypic differences in leaf biochemical, physiological and growth responses to ozone in 20 winter wheat cultivars released over the past 60 years. Global Change Biology, 14: 46-59.

Blakeley S D, Dennis D T. 1993. Molecular approaches to the manipulation of carbon allocation in plants. Canadian Jornal of Botany, 71: 765-778.

Buckley T N. 2005. The control of stomata by water balance. New Phytologist, 168: 275-292.

Callaway R M. 2002. The detection of neighbors by plants. Trends in Ecology and Evolution, 17: 104-105.

Chen S P, Wang W T, Xu W T, et al. 2018. Plant diversity enhances productivity and soil carbon storage. Proceedings of the National Academy of Sciences of the United States of America, 15: 4027-4032.

Deng M F, Liu L L, Jiang L, et al. 2018. Ecosystem scale trade-off in nitrogen acquisition pathways. Nature Ecology & Evolution, 2: 1724-1734.

Ding Y, Fromm M, Avramova Z. 2012. Multiple exposures to drought 'train' transcriptional responses in Arabidopsis. Nature Communications, 3: 740.

Fang J Y, Yu G R, Liu L L, et al. 2018. Climate change, human impacts, and carbon sequestration in China. Proceedings of the National Academy of Sciences of the United States of America, 115: 4015-4020.

Fang O Y, Zhang Q B. 2019. Tree resilience to drought increases in the Tibetan Plateau. Global Change Biology, 25: 245-253.

Gayler S, Grams T E E, Kozovits A R, et al. 2006. Analysis of competition effects in mono- and mixed cultures of juvenile beech and spruce by means of the plant growth simulation model PLATHO. Plant Biology, 8: 503-514.

He J S, Wang X P, Flynn D F B, et al. 2009. Taxonomic, phylogenetic and environmental tradeoffs between leaf productivity and persistence. Ecology, 90: 2779-2791.

Huang J X, Xu X, Wang M, et al. 2016. Responses of soil nitrogen fixation to *Spartina alterniflora* invasion and nitrogen addition in a Chinese salt marsh. Scientific Reports, 6: 20384.

Huang Y Y. 2018. Impacts of species richness on productivity in a large-scale subtropical forest experiment. Science, 362: 80-83.

Lacointe A. 2000. Carbon allocation among tree organs: a review of basic processes and representation in functional-structural tree models. Annal of Forest Science, 57: 521-533.

Leakey A D B, Ainsworth E A, Bernacchi C J, et al. 2009. Elevated $CO_2$ effects on plant carbon, nitrogen, and water relations: six important lessons from FACE. Journal of Experimental Botany, 60: 2859-2876.

Li S P, Cadotte M W, Meiners S J, et al. 2015. The effects of phylogenetic relatedness on invasion success and impact: deconstructing Darwin's naturalization conundrum. Ecology Letters, 18: 1285-1292.

Li W H, Xu F W, Zheng S X, et al. 2017. Patterns and thresholds of grazing-induced changes in community structure and ecosystem functioning: species-level responses and the critical role of species traits. Journal of Applied Ecology, 54: 963-975.

Liao C Z, Peng R H, Luo Y Q, et al. 2008. Altered ecosystem carbon and nitrogen cycles by plant invasion: A meta-analysis. New Phytologist, 177: 706-714.

Lin S H, Huang Y X. 1989. Using the element contents to assess the air quality in Tianjin Uran Areas. Journal of Integrative Plant Biology, 1: 57-65.

Liu H Y, Mi Z R, Lin L, et al. 2018. Shifting plant species composition in response to climate change stabilizes grassland primary production. Proceedings of the National Academy of Sciences of the United States of America, 115(16): 4051-4056.

Liu J, Wu N, Wang H, et al. 2016. Nitrogen addition affects chemical compositions of plant tissues, litter and soil organic matter. Ecology, 97: 1796-1806.

Liu M Z, Jiang G M, Yu S L, et al. 2009. The Role of Soil Seed Banks in Natural Restoration of the Degraded Hunshandak Sandlands, Northern China. Restoration Ecology, 17: 127-136.

Lu F, Hu H F, Sun W J, et al. 2018. Effects of national ecological restoration projects on carbon sequestration in China from 2001 to 2010. Proceedings of the National Academy of Sciences of the United States of America, 115: 4039-4044.

Lu L M, Ling F M, Tuo Yang, et al. 2018. Evolutionary history of the angiosperm flora of China. Nature, 554: 234-238.

Lu X M, Siemann E, He M, et al. 2015. Climate warming increases biological control agent impact on a non-target species. Ecology Letters, 18: 48-56.

Lu X M, Siemann E, Shao X, et al. 2013. Climate warming affects biological invasions by shifting interactions of plants and herbivores. Global Change Biology, 19: 2339-2347.

Luo Y Y, Zhao X Y, Zhou R L, et al. 2011. Physiological acclimation of two psammophytes to repeated soil drought and rewatering. Acta Physiologiae Plantarum, 33: 79-91.

Niu S, Classen A T, Dukes J S, et al. 2016. Global patterns and substrate-based mechanisms of the terrestrial nitrogen cycle. Ecology Letters, 19: 697-709.

Niu S L, Liu W X, Wan S Q. 2008. Different growth responses of C3 and C4 grasses to seasonal water and nitrogen regimes and competition in a pot experiment. Journal of Experimental Botany, 59: 1431-1439.

Normile D. 2007. Gettling at the roots od killer dust stors. Science, 317: 314-316.

Osone Y, Tateno M. 2005. Applicability and limitations of optimal biomass allocation models: a test of two species from fertile and infertile habitats. Annals of Botany, 95: 1211-1220.

Ren M X, Zhang Q G. 2009. The relative generality of plant invasion mechanisms and predicting future invasive plants. Weed Research, 49: 449-460.

Roelfsema M R G, Hedrich R. 2005. In the light of stomatal opening. new insights into 'the watergate'. New Phytol, 167: 665-691.

Ryel R J, Beyschlag W, Caldwell M M. 1993. Foliage orientation and carbon gain in two tussock grasses as assessed with a new canopy gas exchange model. Functional Ecololgy 7: 115-124.

Tang X L, Zhao X, Bai Y F, et al. 2018a. Carbon pools in China's terrestrial ecosystems: New estimates based on an intensive field survey. Proceedings of the National Academy of Sciences of the United States of America, 115: 4021-4026.

Tang Z Y, Xu W T, Zhou G Y, et al. 2018b. Patterns of plant carbon, nitrogen, and phosphorus concentration in relation to productivity in China's terrestrial ecosystems. Proceedings of the National Academy of Sciences of the United States of America, 115: 4033-4038.

Tian Q Y, Liu N N, Bai W M, et al. 2016. A novel soil manganese mechanism drives plant species loss with increased nitrogen deposition in a temperate steppe. Ecology, 97: 65-74.

Wang H, Prentice I C, Keenan T F, et al. 2017. Towards a universal model for carbon dioxide uptake by plants. Nature Plants, 3: 734-741.

Wang R, Wang Y Z. 2006. Invasion dynamics and potential spread of the invasive alien plant species Ageratina adeno-phora (Asteraceae) in China. Diversity and Distributions, 12: 397-408.

Wang Y J, Müller Schärer H, van Kleunen M, et al. 2017. Invasive alien plants benefit more from clonal integration in heterogeneous environments than natives. New Phytologist, 216: 1072-1078.

Xu H, Detto M, Fang S Q, et al. 2015. Habitat hotspots of common and rare tropical species along climatic and edaphic gradients. Journal of Ecology, 103: 1325-1333.

Yan Z B, Han W X, Penuelas J, et al. 2016. Phosphorus accumulates faster than nitrogen globally in freshwater ecosystems under anthropogenic impacts. Ecology Letters, 19: 1237-1246.

Yan Z B, Li X P, Tian D, et al. 2018. Nutrient addition affects scaling relationship of leaf nitrogen to phosphorus in Arabidopsis thaliana.Functional Ecology, 32: 2689-2698.

Yang Y H, Fang J Y, Tang Y H, et al. 2008. Storage, patterns, and controls of soil organic carbon in the Tibetan grasslands. Global Change Biology, 14: 1592-1599.

Yuan Z Y, Chen H. 2015. Decoupling of nitrogen and phosphorus in terrestrial plants associated with global changes. Nature Climate Change, 5: 465-469.

Zhang G Q, Liu K W, Li Z, et al. 2017. The Apostasia genome and the evolution of orchids. Nature, 549: 379-383.

Zhang L, Zhang Y J, Wang H, et al. 2013. Chinese tallow trees (*Triadica sebifera*) from the invasive range outperform those from the native range with an active soil community or phosphorus fertilization. PLoS ONE, 8: e74233.

Zhang H F, Li L, Song J, et al. 2018. Aphid Myzus persicae feeding on the parasitic plant Cuscuta australis (dodder) activates defense responses in both the parasite and soybean host. New Phytologist, 218: 1586-1596.

Zhang Y H, Loreau M, He N P, et al. 2018. Climate variability decreases species richness and community stability in a temperate grassland. Oeclogia, 188: 183-192.

Zhao Y C, Wang M Y, Hu S J, et al. 2018. Economics- and policy-driven organic carbon input enhancement dominates soil organic carbon accumulation in Chinese croplands. Proceedings of the National Academy of Sciences of the United States of America, 115: 4045-4050.

撰稿人：蒋高明，刘美珍，李彩虹，郭立月，原 寒，徐子雯

# 第 11 章 微生物生态学研究进展

## 1 引 言

微生物生态学是研究细菌、真菌、藻类、病毒乃至微小动物等各类微生物在不同介质、不同系统中的结构、功能、行为及其与环境之间的相互作用关系的一门学科。其理论基础是生态学，其主要研究手段来自微生物学和分子生物学，服务于环境工程、环境科学、土壤学、湖沼学、医学、公共卫生学等多个领域，并伴随这些学科的进步而快速发展。近 20 年来，微生物生态学可能是生态学领域发展最快的学科之一，使人们对于自然、环境、农业生产甚至健康的认识都上升到了一个全新的高度。可以预料，人类对于环境中微生物资源的利用和掌控能力在不远的将来也会因此得到大幅的提升。

20 世纪 90 年代以来，各种以核酸技术为主的分子生物学方法得到蓬勃发展。至此，人们可以在不进行微生物纯种分离的情况下就能够了解微生物生态系统中各类微生物的结构、功能和相互作用，这种基于非培养的、甚至原位的手段的发展为微生物生态学研究提供了极大的便利。国内外科学家们充分利用这种由于方法学的飞速发展而带来的机遇全面开展了微生物生态学研究，微生物生态学研究的领域得到不断拓展，人们对于各种微生态系统的认识日益深化，由此孕育出一系列重要的科学发现和突破，并在污染治理、环境净化、食品安全、公共卫生等领域发挥越来越显著的作用。

## 2 学科发展简史及近 40 年历程

早在 17 世纪，人们对微生物及微生物生态学已经有了一些初步认识。最早期的 Antonie Philips van Leeuwenhoek（1632~1723 年）是观察微生物多样性的第一人，被称为微生物学之父（https://en.wikipedia.org/wiki/Antonie_van_Leeuwenhoek）。法国著名的微生物学家 Louis Pasteur 在 1837~1885 年之间研究了发酵与腐败的特性和过程，探讨了环境因子对微生物的影响和在不利条件下微生物的存活和演替。俄罗斯微生物学家 Sergei Winogradsky 1887 年发现了微生物在矿物转化途径中的重要作用，首次提出了"自然生境微生物学"，即微生物生态学概念的雏形。荷兰微生物学家 Martinus Beijerinck（1851~1931 年）发现了硫和氮元素循环中微生物转化的重要作用，并认为"approach of the microbial world was within microbial ecology"（Caumette，2015）。当时的微生物生态学研究主要依赖的是传统的分离培养方法，它是基于 Pasteur 和 Robert Koch 为代表的科学家建立的微生物分离、培养、接种和灭菌技术。利用微生物的分离培养技术，能够有目的地从环境样品中筛选特定的微生物种群，并确定它们的生理生化特性。这种方法在微生物生态学的早期发展阶段发挥了重要作用。然而，微生物生态学的研究对象是复杂的环境样品。Carl Woese 对生命之树的阐释（基于 rRNA 基因）显示了其中微生物谱系的巨大多样性（https://en.wikipedia.org/wiki/Carl_Woese），依赖于经典的培养手段只能揭示复杂环境微生物群落的"冰山一角"。其原因是许多微生物在自然环境中经常以一种"存在但不可培养"（viable but non-culturable，VBNC）的状态存在，这种状态下微生物虽然有代谢活性，但很难利用常规的分离筛选技术进行培养。许多研究证实，通过传统的分离方法鉴定的微生物只占环境微生物总数的 0.1%~10%，远远不能适应微生物生态学研究的需要（Keller and Zengler，2004）。20 世纪后期，随着各种以核酸技术为主的分子生物学方法的蓬勃发展，基于纯种分离的传统微生物生态学研究技术的局限性得以克服，使得人们可以在不进行微生物纯种分离的情况下研究生态系统中各类微生物的群落结构、功能和相互作用。这些不依赖于培养的微生物生态学研究方法使我们能够从单细胞到微生物群落，从单个基因到宏基因组，在不同的层面和深度上理解环境中的微生物种类、功能及其生态生理特性，为微生物生态学研究提供了极大的便利。可以说，方法学的进步是推动微生物生态学发展的关键驱动力。

20世纪80年代，随着Carl Woese在系统进化研究领域的突破性进展，核糖体RNA序列及其编码基因被引入到环境中未培养细菌的研究标志着一个新的微生物生态学时代的开始。1984年，Stahl等首次使用5S rRNA基因序列分析研究了管蠕虫（*Riftia pachyptila*）的内共生微生物群落（Stahl et al., 1984）。随后，一系列基于核糖体基因（特别是SSU rRNA基因）分析的微生物生态学研究方法如雨后春笋般出现。例如，Muyzer等（1998）首次将变形梯度凝胶电泳技术用于比较不同样品的微生物群落结构（Muyzer and Smalla, 1998）；Delong等（1989）报道了基于SSU rRNA的荧光原位杂交技术，能够检测特定微生物在群落中的数量及空间分布（Delong et al., 1989）。然而，基于SSU rRNA基因分析的方法通常只能提供环境微生物群落的物种组成信息，难以获知特定种类微生物在环境中的活性和功能。20世纪末，同位素技术的引入在微生物种类和功能间架设了桥梁。通过将同位素探测与各种分子生物学技术联用，在原位或近原位条件下，识别参与特定代谢过程的微生物。Lee等（1999）将rRNA-FISH与显微放射自显影相结合，建立了一种同时测定复杂微生物群落中微生物的种类信息、活性和特定底物利用能力的方法，即MAR-FISH（Lee et al., 1999）。Boschker等（1998）首次通过对脂类生物标志物进行稳定同位素标记（Stable isotope probing，SIP）鉴定了沉积物中参与甲烷氧化过程及硫酸盐还原过程的微生物种类（Boschker et al., 1998）。

进入21世纪以来，随着高通量测序技术（High through-put sequencing，HTS）的不断进步，对环境样品中所有遗传信息进行深度测序成为一项常规技术，使得人们能够更加全面地认识环境中微生物群落的特征，这也导致一些低分辨率的微生物生态学方法逐渐退出历史舞台。在此基础上，伴随着生物信息学的快速发展，微生物生态学研究进入大数据时代，组学技术（宏基因组、宏转录组、蛋白质组学等）不仅能够提供微生物群落的详细种群结构信息，还能够对群落整体或其中特定种类微生物的代谢功能进行分析。

近40年来，国内外科学家们充分利用由于方法学的飞速发展而带来的机遇全面开展了微生物生态学研究，对于各种微生态系统的认识日益深入。例如，活性污泥法就是利用微生物对污染物进行分解、转化的一种废水生物处理技术，在水污染控制中发挥了无法替代的作用。但是，长期以来，人们对于废水处理的主体——活性污泥的微生物群落结构的认识非常有限。国内外科学家综合运用克隆文库技术、FISH、高通量测序技术等各种手段对活性污泥的结构与功能进行了大量研究，发现污水处理工艺、废水水质以及废水中原有的微生物等都会影响活性污泥的群落结构。如何基于这种认识水平的提升来实现活性污泥微生物群落结构的优化和功能强化是今后环境生物技术的一个发展方向。又如，人们已经认识到，人体的健康可能与其肠道微生物的群落结构之间存在密切的联系，如何认识这种联系并将其用于疾病的预防和诊治是微生物生态学向医疗卫生领域拓展的一个实例。此外，刘学端等建立了用于浸矿微生物群落结构与功能研究的功能基因芯片和群落基因组芯片，尝试利用基因芯片技术对浸矿过程中微生物群落进行优化调控。

近10年来，随着人们对微生物在生态系统中重要作用的认识不断深入，以及微生物生态学研究方法的不断进步，一批微生物生态学相关的重大研究计划得以实施，其中许多是面向特定环境或者生态系统中全部微生物及其遗传信息的"微生物组"（microbiome）研究。截至2016年，国际上已启动了9个环境微生物组相关的研究计划（Pointing et al., 2016；Turnbaugh et al., 2007；朱永官等, 2017）。在国际微生物组研究热潮的带领下，2017年国家自然科学基金委员会部署了"水圈微生物"重大专项，中国科学院也部署了"人体与环境健康的微生物组共性技术研究"暨"中国科学院微生物组计划"项目。

在国际学术团体建设发展方面，国际微生物学会联合会（International Union of Microbiological

Societies，IUMS）在 1970 年墨西哥城第十届国际微生物学大会上成立了国际微生物生态学委员会（International Commission of Microbial Ecology，ICOME），并于1972年在瑞典召开了第一届国际微生物生态学会议，这次会议为微生物生态学的发展奠定了极为重要的基础，具有特殊的历史意义。1983年后，ICOME的议题从单独的环境问题扩展到微生物生态学的中心主题，即环境中元素的循环，微生物与植物、动物之间的相互作用，以及环境因素对微生物生长和活动的影响。在前ICOME主席、美国科学院院士、中国科学院"爱因斯坦"讲席教授James M Tiedje 的积极推动下，国际微生物生态学会（ISME）于1998年在加拿大召开的第八届国际微生物生态学会议上正式成立。ISME的建立是现代微生物生态学发展的里程碑式的事件，其主要通过学会会刊（*The ISME Journal*）和国际微生物生态学会议实现微生物生态学家之间的全球交流。每两年组织一次的国际微生物生态学会议是微生物生态学主题研讨的最大的国际会议，与会者从1977年的30个国家380人增加到2018年（第十七届）的68个国家2198人，可以说微生物生态学已经在国际学术界建立了一个明确的"生态位"。同时，由于微生物生态学的不断发展和影响力的不断扩大，许多微生物生态学方面的国际知名学术期刊，如 *Microbial Ecology*（1974年创刊），*Environmental Microbiology*（1976），*FEMS Microbiology Ecology*（1985），*Applied and Environmental Microbiology*（1999），*Nature Reviews Microbiology*（2003），*Nature Microbiology*（2016）等不断创刊出版，见证了许多重要科研成果的诞生。其中，ISME与自然出版公司合作于2007年推出的会刊 *The ISME Journal* 专门刊登微生物生态学领域有代表性的研究论文，是微生物生态学快速发展的一个重要标志。

目前全球关于微生物生态的发文量已经达到每年8000篇（图11.1），中国学者目前在微生物生态领域的发文量已经从20世纪80年代的不到50篇增加到了每年接近2000篇（图11.1），占国际发文量的20%左右，表明中国在该学科发展上的长足进步。中国学者发表论文的主要学科领域是环境科学，其次是生物技术、应用微生物、土壤科学、环境工程和生态等（图11.2）。

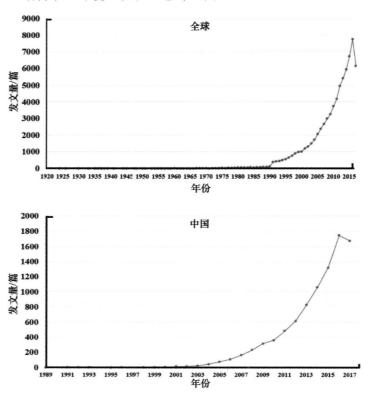

图11.1　全球和中国学者（第一或通讯作者）关于微生物生态的发文量统计

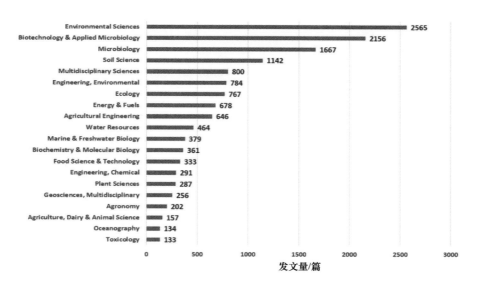

图 11.2　中国学者发表微生物生态论文主要关注的学科领域

为促进我国的微生物生态学研究的发展，我国第一届微生物生态学术会议于 1984 年 11 月在昆明召开，同时中国生态学学会微生物生态专业委员会也在大会上宣告成立。专业委员会旨在加强我国微生物生态学研究者间以及我国与国际学术界间的交流与合作，积极发展微生物生态学新的研究方法与技术手段，拓展微生物生态学技术应用的领域和空间，为全面提高我国微生物生态学的学术水平和地位作出贡献。徐亚同教授是专委会的开创者之一，张洪勋教授在担任主任期间塑造了专委会的现有模式，杨敏研究员于 2006~2017 年担任专委会主任，大力推动了学科的发展、壮大和国际化，张昱研究员为现任专委会主任。另外，清华大学千人计划教授周集中博士长期担任专委会荣誉主任，为专委会国际化作出了卓越贡献。30 多年来，微生物生态专业委员会为中国微生物生态学的启蒙与发展作出了极为重要的贡献。微生物生态专业委员会的主要活动方式是每年一次的微生物生态年会暨国际研讨会，从 2006 年起已经连续举办 13 届，规模从最初不到 100 人升到 1000 人，覆盖全国大多数省份，带动各地的学科发展。同时，每次年会邀请多名国际知名学者参加，也引起了国际微生物生态学会的高度关注。专委会与 ISME 建立密切联系，提高了国际影响力，2017 年年会与 ISME 高层设立对话环节，ISME 专门在其官网报道和庆祝年会活动（https://www.nature.com/collections/zlshffklct）。同时专委会也不定期组织微生态技术培训班、专题研讨会、科普等形式多样的活动，并推动建立了和日本微生物生态学会的合作交流机制。

## 3　中国微生物生态学研究现状与取得的重要进展

### 3.1　微生物生态学中的新技术、新方法、新理论

#### 3.1.1　测序技术

高通量测序技术是传统测序技术的一次深度变革，实现了数据通量的巨大突破，促进了环境中不可培养微生物及稀有微生物物种的研究，也开启了对物种的基因组和转录组全面分析的新时代。

一代 Sanger 测序的测序质量高，序列读长可达 1000 bp，但其依赖于克隆文库单菌株的数量和质量，通量低成本高，不适用于分析微生物多样性丰富的环境样品。二代测序即高通量测序（深度测序），以 454 FLX 焦磷酸测序平台（Roche）、Solexa 测序平台（Illumina）和 SOLiD 测序平台（Applied Biosystems）为代表，在提升测序深度、广度和速度的同时，降低了成本和错误率。因而被广泛应用于空气、水体、

土壤、食品、动物肠道、极端生境等多种环境中的微生物生态学研究。其中扩增子测序在 16S rRNA 基因、18S rRNA 基因、真菌 ITS 区和功能基因等的研究中应用最为普遍，是目前的主流技术之一。例如，韩兴国根据 16S rRNA 基因测序结果分析了环境因素与地理距离对我国北部旱地土壤细菌 β 多样性的影响（Wang et al.，2017b）；张小平通过分析白酒窖泥中的真菌群落（ITS2 区测序）发现了在白酒生产中发挥关键作用的真菌核心属（Liu et al.，2017a）；曾昭海在对 amoA 基因测序的基础上揭示了土壤中氨氧化细菌和氨氧化古菌对不同施肥和灌溉条件的响应（Yang et al.，2018）；顾继东通过对 nifH 基因的高通量测序研究了亚热带酸性天然和复植森林土壤中固氮微生物的群落结构和多样性，发现应用高通量测序方法能够获得更为全面的信息（Meng et al.，2019）。

相对扩增子测序，宏基因组测序在包含微生物群落分类信息的同时，能够包含所有微生物的基因信息，实现对微生物群落功能的深入分析。郭建华采用宏基因组测序实现了对厌氧氨氧化生物反应器不同团聚体中微生物群落的分类和功能谱的比较（Guo et al.，2016）。朱永官通过宏基因组技术对抗生素抗性基因进行调查，发现 110 种抗性基因广泛分布在中国南方水稻土中（Xiao et al.，2016）。葛芹玉通过宏转录组测序绘制了太湖蓝藻聚集体的代谢谱图，证明了蓝藻聚集体在富营养化水体的氮循环中的关键作用（Chen et al.，2018c）。戴晓虎采用宏转录组测定和分析了活性污泥中产甲烷过程的关键酶，发现直接的种间电子转移可以替代部分种间氢转移，清除电子转移后，醋酸酯依赖的甲烷生成可以得到改善（Wang et al.，2018）。

目前测序技术已发展到三代测序，以 tSMS 测序（Helicos）、SMRT 实时测序平台（PacBio）和 MinION 纳米孔测序技术（Oxford Nanopore Technologies）为代表。三代单分子测序最大的优势在于无需 PCR 扩增，具有更高的测序分辨率。其中 tSMS 测序是最早商业化的单分子测序，但由于测序成本和运行时间而限制了发展和应用。SMRT 是目前应用最广的三代测序技术，测序的优势在于测序速度快，但同时也存在着较高的测序错误率，需要通过多次测序来改善。鞠建华利用 HiSeq 4000 和 SMRT 技术对中国广西红沙红树林湿地公园的某放线菌菌株进行了基因组完成图测序，鉴定了其基因组内参与 fungichromin 生物合成的重要结构（I 型 PKS 生物合成基因簇）（贾艳玺等，2017）。张和平基于 SMRT 测序在种的水平上研究了人体肠道微生物菌群丰度和多样性的变化（温永平等，2017）。纳米孔 MinION 测序仪器便携，基于电信号检测 DNA 碱基序列，在很大程度上增加了测序读长（>100kb）并能够对测序数据进行实时分析，但测序准确度仍有待提高。MinION 正逐渐被应用于病毒检测、病毒全基因组测序等领域，但在国内尚未得到大范围应用。

### 3.1.2 微阵列技术

微阵列技术根据探针的研究对象分为三类：群落基因组芯片（Community Genome Arrays，CGAs）、系统发育芯片（Phylogenetic Oligonucleotide Arrays，POAs）和功能基因芯片（Functional Gene Arrays，FGAs）。微阵列技术可以根据模板与探针匹配序列的荧光比例来计算得到微生物的多样性和丰富度信息，目前微生物生态学研究中广泛应用的主要是功能基因芯片。

功能基因芯片 GeoChip 5.0 由于包含 57,0000 个探针，能够覆盖 2400 多种功能基因家族的 260000 种功能基因，而被广泛应用于环境中地球化学循环（碳氮硫磷循环）、金属抗性、抗生素耐药性、有机污染物降解基因和真菌、原生动物、病毒等特有基因的研究（Van Nostrand et al.，2016）。张于光等通过 GeoChip 5.0 实验发现热带雨林土壤中存在着高度的微生物功能基因多样性，土壤速效氮与土壤微生物功能基因结构的关系密切（Cong et al.，2015）。李平采用 GeoChip 5.0 检测了地下水生态系统中的微生物功能基因，分析展现了高砷地下水含水层中功能微生物群落的全貌（Li et al.，2017b）。尹华群通过 GeoChip 5.0 对湘江沉积物中各种重金属污染微生物的功能多样性和基因结构进行分析，发现金属抗性相关功能基因的丰度与重金属污染程度呈正相关关系（Jie et al，2016）。由于基因芯片技术是基于已有的 DNA 序列设计芯片探针，能够从样品中筛选出已知物种的基因组信息，但是存在无法检测到未知物种或稀有物种的局限性。因此 GeoChip 5.0 也被用来结合高通量测序技术如 16S rRNA 测序（Ma et al.，2017；Ren et al.，2016）、宏基因组测序（Yan et al.，2015），共同检测微生物群落的组成、丰度和功能，提高检测的准确性。

### 3.1.3 高通量定量 PCR 技术

高通量定量 PCR 技术在定量 PCR 技术的基础上发展而来，在降低模板使用量的同时，提高了独立反应的数量，可同时运行多达 5184 个 PCR 反应，能够对环境样本中多种基因的丰度同时进行检测，实现对多种基因的对比分析，目前已被应用于抗性基因和生物地球化学元素循环功能基因等的检测。

朱永官团队设计的抗生素抗性基因高通量定量 PCR 基于 Wafergen SmartChip 运行，包含 285 对抗性基因引物，9 种转座子引物及 16S rRNA 基因引物，能够同时检测多种抗生素抗性基因，且具有所需样品量少，重现性高的优势（Wang et al.，2014）。Wang 等采用高通量定量 PCR 方法对回收水灌溉城市公园土壤中的抗生素抗性基因进行检测，共检出 147 种抗性基因，其中氨基糖苷类和 β-内酰胺类抗生素抗性基因是丰度最高的两类，抗生素结构修饰和外排泵是两种主要的抗性机制（Wang et al.，2014）。苏建强等通过高通量定量 PCR 方法调查发现，回收城市污水污泥堆肥化过程会显著增加其中的抗性基因的丰富度和多样性，说明直接对污水污泥进行堆肥化处理会加速土壤中抗性基因的传播和扩散（Su et al.，2015）。基于 SmartChip 开发的高通量定量 PCR 包含 71 对与碳氮磷硫元素循环相关的功能基因引物，能够覆盖 63 种功能基因，同时对 72 个样品和 72 种基因进行检测。通过高通量定量 PCR 检测土壤和沉积物环境中与碳氮磷硫元素循环相关的功能基因的丰度，对比发现几乎所有基因都能检测到，且其在土壤中相对于在沉积物环境中具有更高的丰度（Zheng et al.，2018a）。但是由于高通量定量 PCR 反应中，所有功能基因的定量 PCR 反应同时进行，引物设计在保证退火温度相近的同时必然会对其覆盖度产生影响，可能会使功能基因定量的准确性出现一定偏差。

### 3.1.4 同位素示踪技术

稳定性同位素示踪技术结合分子生物学方法形成的稳定性同位素探针技术（stable isotope probing，SIP），实现了微生物生理生态学从单一微生物向微生物群落的转变，使整体水平上研究微生物的生理生态过程和分子机制成为可能。根据生物的细胞物质组成，SIP 划分为磷脂脂肪酸 PLFA-SIP、核酸 DNA/RNA-SIP 和蛋白质-SIP，在生物地球化学元素循环中具有重要应用。曹慧通过稳定性同位素核酸探针 DNA-SIP 分析了 $^{13}CO_2$ 标记的固碳微生物在免耕水稻土中的群落结构，发现其多样性很高，在农田土壤碳素循环中具有重要作用（钱明媚，2015）。中国科学院南京土壤研究所贾仲君采用稳定性同位素 $^{13}CH_4$ 示踪甲烷氧化菌，以 *pmoA* 功能基因和 16S rRNA 基因作为分子标靶，成功研究了中国典型水稻土中的活性甲烷氧化菌，克服了分子标靶基因鉴定土壤甲烷氧化菌 $^{13}C$-DNA/RNA 的技术难点（郑燕和贾仲君，2016）。李正魁通过同位素 $^{15}N$ 示踪结合 16S rRNA 基因高通量测序技术，分析了无锡亲水河河岸带表层土壤中的铁氨氧化脱氮过程和机制，证明了铁氨氧化在河岸带表层土壤中的存在（丁帮璟等，2018）。

稳定性同位素探针技术也被应用于生物修复过程中发挥关键降解作用的功能微生物，包括不可培养微生物的研究。罗春玲第一次通过同位素 $^{13}C$ 标记探讨了黑麦草根际和根系分泌物在多环芳烃降解中的重要作用（Li et al.，2019），并通过 SIP 技术鉴定和分离了废水中参与菲降解过程的活性微生物（Li et al.，2018c），同时结合 16S rRNA 基因高通量测序技术发现了活性污泥中降解菲的新型细菌（Li et al.，2017a）。Chen 等通过 DNA-SIP 和 16S rRNA 基因高通量测序检测发现参与工业和农业土壤中芘降解过程的主要微生物分别是节杆菌属和不可培养的假诺卡氏菌属，证明它们在多环芳烃的自然生物降解过程中发挥重要作用（Chen et al.，2018b）。

纳米二次粒子质谱技术（Nano-SIMS）是同位素示踪技术与超高分辨率显微镜成像技术（SEM、TEM、

CARD-FISH、HISH 等）结合的先进技术，能够在单细胞水平上分析微生物的生理生态特征，并准确识别复杂环境样品中代谢活跃的微生物细胞及系统分类信息，是目前最为先进的离子探针成像技术。滕应在单细胞水平上研究了赤铁矿对副球菌降解苯并芘影响的机制，发现赤铁矿的存在能够显著降低副球菌对苯并芘的生物降解作用，其中 Nano-SIMS 结果为赤铁矿在降低细胞活性和活力中的作用提供了直接证据（Gan et al.，2018）。李艺用 Nano-SIMS 成像技术识别稳定性同位素 $^{13}C$ 标记的化合物在多环芳烃降解菌中的代谢活性，发现该菌体可以吸收 $^{13}C$-葡萄糖作为自身生长的碳源（苏梦缘等，2016）。

### 3.1.5 分子生态学网络方法

分子生态学网络方法是基于高斯图形理论、多元回归方法或相关性方法（皮尔逊或斯皮尔曼相关性），针对微生物组的大数据而开发。基于相关性构建网络的方法，以分子生态网络分析（molecular ecological network analysis，MENA）、局部相似性分析（local similarity analysis，LSA）和成分数据稀疏相关性分析（sparse correlations for compositional data，SparCC）为代表，由于其自身在计算速度和使用便捷性等方面的优势被广泛应用于探究微生物群落应对环境变化的响应机制方面。杨云锋利用基于 MENA 分子生态网络，分析西藏草地放牧对土壤微生物群落的影响，发现参与碳、氮循环的功能基因网络具有无标度、小世界、模块性和层次性的拓扑学特征，放牧会对微生物之间的相互作用关系产生扰动，导致其相对对照组网络联系更为紧密，揭示了微生物之间以及微生物与环境之间存在着复杂的相互作用（孙欣等，2015）。邓晔以微生物电解池为模型构建了不同微生物多样性梯度的反应器，通过 MENA 分析发现关键功能类群的内部资源或空间竞争可能会对生物膜群落的恢复力产生显著影响，为微生物多样性与生态系统功能关系的理解提供了新的见解（Feng et al.，2017）。申卫军对常绿阔叶林土壤真菌群落的网络结构进行 MENA 分析，发现降水变化会影响真菌的网络结构，加强真菌群落内部物种之间的相互作用，并可能带来微生物介导下土壤碳库变化和地球化学循环等方面的生态影响（He et al.，2017a）。

### 3.1.6 微生物群落构建理论

微生物群落生态学的一个重要目标是揭示微生物群落在不同环境下发生变化的驱动因素。决定性过程（deterministic process）强调非生物环境的选择作用和物种之间的协同拮抗作用在群落形成过程中的影响；随机性过程（stochastic process）则强调不可预测扰动、概率扩散和随机分化与灭绝对群落形成的影响（Stegen et al.，2012）。了解决定性过程和随机性过程在群落组装中的相对角色，以及影响二者相对重要性的驱动因素，对于预测微生物群落对环境变化的响应至关重要。褚海燕对长期施肥处理的农田土壤固氮微生物群落进行研究，发现决定性过程在固氮微生物群落的形成过程中发挥主要作用（Feng et al.，2018）。韩兴国团队模拟分析了 16 种环境变化引起的土壤细菌群落组成的变化，发现在几乎所有的环境变化中，随机变化的绝对值大于决定性变化的绝对值，展示了一种新颖而普遍的生态模式，即人为扰动主要通过介导随机过程而非决定性过程影响土壤细菌群落的形成（Zhang et al.，2016b）。张大勇发现在 3 个空间尺度上的细菌微生物群落，其组装过程主要是由随机过程所控制的（Hao et al.，2016）。邓晔团队的最新研究发现在一系列多样性梯度的微生物电解电池生物膜群落中，接种稀释倍数是影响决定性和随机性过程相对角色的重要因素；因此可以通过控制稀释倍数，改变群落构建机制，对微生物群落在工程上的有效应用具有一定的指导意义（Zhang et al.，2019b）。

### 3.2 自然环境微生物生态

以测序技术、微阵列技术、同位素示踪技术等为代表的生物技术的发展，带来了大量的新数据。针对新信息的挖掘产生的新的微生物生态学分析方法和理论，正迅速改变着环境微生物生态学的研究面貌。自然生态系统，包括土壤（森林、农田、草地）、水域（淡水、海洋）、极端环境（苔原、冰川、热泉、盐湖、矿区）中微生物的组成、功能、多样性、进化关系和相互作用等方面都取得了全新的认识。

### 3.2.1 土壤生态系统

土壤微生物群落是陆地生态系统的重要组成部分，在维持土壤肥力、减轻土壤污染、调节土壤有机质分解和土壤养分生物地球化学循环等生态系统服务和功能中发挥着重要作用，微生物的组成和多样性是决定土壤生态系统生态功能的关键因素。近年来，我国科研工作者也在各类土壤生态系统中取得了很好的成果。

1）森林

森林生态系统是陆地上生物总量最高的复杂生态系统，物种丰富、结构多样，在陆地生态系统中发挥着重要的生态作用。研究表明，原生林向自然再生桦林、混合阔叶林/落叶松人工林和云杉人工林的森林转化显著降低了土壤养分（土壤有机碳和总氮）和微生物量。在原生林向次生林转化过程中，微生物活性下降幅度最大。因此在我国东北温带林区，采用自然与人工相结合的方法恢复阔叶林/落叶松混交林可能更有利于恢复森林采伐后的土壤质量（Fang et al.，2016）。土壤酶是微生物代谢的指标，在生态系统层面的营养生物地球化学循环中发挥重要作用。通过对中国东部 9 个典型森林生态系统的调查发现，土壤 β-葡糖苷酶和 N-乙酰葡糖胺糖苷酶的活性在一定范围内随纬度增加而增加（Xu et al.，2017b）；土壤细菌多样性在一定纬度范围内呈现抛物线的形状，相对于地理扩散限制，土壤性质和环境因素是影响细菌群落结构形成的关键因素（Xia et al.，2016）；而土壤真菌多样性可能随纬度呈现线性或抛物线增长，空间异质性对土壤真菌群落的形成具有主导作用（He et al.，2017b）。

2）农田

农田生态系统提供世界 66%的粮食供给，参与环境的物质转换、能量转换和信息转换，具有巨大的服务功能价值。研究者对农业生态系统可持续性服务功能的关注也增加了对农田土壤微生物组成及功能的研究。土壤微生物通过调节有机质动态和植物养分有效性在农业生态系统中发挥着关键作用。以东北地区黑土农田为试验对象，研究堆肥对大豆苗期、开花期和成熟期土壤的影响发现，堆肥的添加对土壤养分（土壤有机质、电导率、总氮、总磷、速效磷、速效氮和钾）有效性具有显著影响；在一年时间内，时间变化相对堆肥添加对东北黑土微生物群落形成的决定作用更强（Yang et al.，2017）。农业生产管理实践通常会对土壤微生物产生一定的影响，而微生物群落结构的变化也会影响土壤生态系统中碳和氮的转化。通过追踪长期施肥处理条件下土壤微生物的动态变化，发现施肥处理可以显著增加土壤中有机碳和总氮的含量；每年施用有机肥可以显著降低真菌和细菌的比例，并提高革兰氏阳性菌的相对丰度，化肥的添加则会显著降低革兰氏阳性菌与革兰氏阴性菌丰度的相对比例，同时有机肥相对化肥对土壤微生物表现出更为明显的胁迫作用；因此建议施用有机肥和氮磷钾平衡施肥，提高土壤微生物活性，保持土壤肥力（Wei et al.，2017b）。

3）草地

草地面积约占世界陆地面积的 40%，储存着全球土壤有机碳的 10%，在生态服务和生态功能方面发挥着至关重要的作用。放牧等草地管理策略影响草地的微生物群落和草地生态系统的健康。研究表明，轻度放牧和中度放牧对土壤微生物群落影响不大，但过度放牧会显著降低土壤总微生物群落、细菌群落和真菌群落的大小；放牧条件下土壤微生物群落在土壤碳动态中具有重要作用。土壤深度、土壤与植物的相互作用会影响草地土壤微生物的群落结构。在中国北方温带草原土壤中，深层土壤（40～100 cm）中细菌和放线菌是优势微生物，而表层土壤（0～40 cm）中真菌丰度更高；土壤深度决定土壤与植物的相互作用，进而影响微生物的群落结构。上层土壤（10～20 cm）中土壤与植物的相互作用关系最显著（Yao et al.，2018）。氮循环微生物在决定土壤氮动态和草地退化发展方面具有重要作用。如西藏高寒草甸退化土壤通过添加凋落物，可以抑制微生物的硝化作用并刺激反硝化作用，从而降低土壤硝酸盐和无机氮的浓度，改变土壤无机氮库，指导氮素循环微生物在退化草地恢复过程中的应用（Che et al., 2018）。

### 3.2.2 水域生态系统

微生物在水域生态系统的生物地球化学过程中起着重要的引擎作用，微生物的群落结构变化通常可以作为水域环境变化的良好指标。识别水域微生物群落分布变化的驱动因素，为理解生态群落的结构机制，恢复微生物群落及其生态服务功能提供了重要指引。

1）淡水

淡水生态系统通常是指溶解盐小于 1000 mg/L 的天然水体，包括河流水、湖泊水、地下水等生态系统。微生物可以应用于淡水流域污染物的生物修复。研究表明，微生物能够有效降解城市河流中的纤维素和氨氮等污染物，因此可以进一步挖掘微生物的功能，针对输入污染物的条件，建立有效的生物修复模型（Gao et al., 2018）。宁波市甬江流域表层水体中氨氧化微生物参与河流生态系统中的氮素转化过程，其活性和多样性的变化取决于环境因素的变化（Zhang et al., 2015c）；通过对中国沣河流域沉积物和水中微生物群落的测序研究发现，沉积物中微生物多样性远高于水体微生物多样性，样品中氮污染的变化决定了群落结构的变化（Lu et al., 2016）；松花江干流中的细菌群落具有生物地理特征，其中细菌的总生物量和多样性与经度和纬度显著相关（Liu et al., 2019a）。

2）海洋

海洋微生物是海洋环境中能量和物质循环的主要参与者，并介导海洋中的所有生物地球化学循环。环境因素影响海洋中微生物群落的变化。中国华北边缘海域 4 个区域的沉积物微生物调查结果显示，底水温度和溶解氧驱动着微生物的非均质分布，是决定细菌和古菌群落变化的重要环境因素（Liu et al., 2015a）；将中国南海微生物真核生物群落按采集深度分为浅水区、中水区和深水区，解析了微生物群落与深度相关的多样性和分布格局（Xu et al., 2017a）。微生物在海洋污染物的降解中发挥重要作用。渤海湾分离得到的 5 种原油降解菌可以利用原油作为唯一碳源，用于海洋中原油污染的生物修复；因此构建特定污染物的降解菌群，实现对污染物的生物降解，对于保护海洋生态系统具有重要意义（Li et al., 2016）。

### 3.2.3 极端环境生态系统

分子生物学技术的发展促进了极端生态环境中微生物群落的研究，以及苔原、冰川、热泉、盐湖、矿区等环境中微生物的分布和驱动机制的研究，有助于进一步了解极端环境中微生物的功能及其对环境变化的响应机制。

1）苔原

苔原土壤是巨大的碳库，在气候变化的调节中至关重要。作为永久冻土带，其上层土壤随着气候变化会发生季节性冻融，被认为是对环境变化响应最明显的生态系统之一。通过研究典型冻土区上层活跃层和下层永冻层土壤微生物的分布规律和驱动机制，能够预测全球气候变化带来的苔原土壤微生物群落的变化。北极冻土区土壤呼吸和微生物群落的多样性具有明显的垂直分布规律（张慧敏，2017）；多年冻土层冻融后，土壤氮素有效性增加，可以改变土壤微生物的代谢效率，进而调节表层土壤生态系统的碳平衡，揭示微生物对冻土解冻的响应机制，对于理解全球变暖带来的冻土解冻条件下的碳动态具有理论指导意义（Chen et al., 2018a）。

2）冰川

冰川是极端低温环境的代表之一，约占地球陆地总面积的 10%。寒冷和低营养浓度的特殊条件形成了冰川环境中特殊而复杂的微生物群落，目前对冰川环境、全球变暖带来的冰川消融区的微生物群落组成和分布均有研究。刘勤等发现中国北方的寒冰川和南方的温带冰川表面细菌群落具有明显的差异，该差异与冰川年平均温度和地理距离显著相关，可能是由于南北方不同的气候、水和营养模式带来的不同的进化（Liu et al.，2015b）；中国西南的海螺沟冰川消融后的演替区域中，土壤细菌和真菌的群落多样性和均匀度随着演替时间变化呈现先升高再降低的趋势，而土壤性质随演替时间呈显著的线性分布趋势，微生物是构建土壤有机质库、加速冰川生态系统演替的主要驱动力（Sun et al.，2016）。

3）热泉

热泉生态系统为微生物群落的形成和进化提供了独特的环境。热泉微生物是氢硫铁砷等多种生物地球化学和代谢过程的重要参与者。腾冲热泉中砷的氧化主要发生在低氯化物硫酸盐池中，砷的积累对微生物群落多样性具有明显的抑制作用（Jiang et al.，2016）；地热沉积物中微生物群落丰度和多样性的显著差异与不同的原位物理化学条件有关，其中原核生物的代谢活动可以促进硫氮铁化学物质的转化，从而形成陆地地热环境生物地球化学循环的基础（Peng et al.，2016）。

4）盐湖

盐湖由于具有稳定的 pH 和总溶解固体，为嗜盐细菌和古菌提供了独特的栖息地。盐度可能是导致微生物群落分布差异的重要环境因素，中国柴达木盆地的可可盐湖中微生物的群落分布与总盐度关系最为密切，盐度较高的样品中细菌群落以芽孢杆菌、乳球菌和海洋杆菌为主，古菌以盐杆菌为主（Han et al.，2017）。空间和其他环境因素也可能影响盐湖微生物的分布，在中国西部 16 个湖泊的微生物生物地理学分布格局的形成过程中，空间因素相对其他环境因素发挥更重要的作用（Yang et al.，2016）；通过分析盐湖沉积环境特征、物种丰度和多样性及其相互关系，发现微生物群落结构与湖泊独特的水力、水化学特征密切相关，不同种类的细菌在盐湖床微生物介导的氮、硫生物地球化学循环中发挥着重要作用（Yuan et al.，2016）。

5）矿区

矿区环境中的矿区土壤、矿山废水等的污染，会对生态系统中的微生物群落结构和进化关系产生重要影响。以中国攀枝花矿区为例，矿区地表土壤钒含量在很大程度上超过了钒本底值和其他钒污染区，钒污染区细菌群落由钒含量和有效磷、有效硫等营养物质决定，以能耐受或降低钒毒性的细菌为主；在真菌群落方面，子囊菌门和纤毛菌门具有利用钒的代谢能力，丰富度高（Cao et al.，2017）。对中国安徽南山酸性矿山排水湖采集样品进行微生物组成的分析，发现原核生物群落和真核生物群落均表现出较强的季节性变化，$Fe^{2+}$ 是原核生物群落变化的初始地球化学因子，其中湖内衣藻种与北极和高寒衣藻种间具有密切的系统发育关系，说明本地衣藻种在这种极端环境中经过长时间的适应后，可能既嗜酸又嗜冷（Hao et al.，2017）。

## 3.3 人和动物宿主共生微生物生态

### 3.3.1 宿主—微生物共生生态学概述

对于高等动物与微生物互利共生的认知为生物学研究开辟了一个新的视角。目前，动物和人类都可看作复杂的生态系统，每个生态系统都由宿主及其关联的微生物群落组成。共生微生物的代谢过程被作为一个有机整体的功能，对共生生态系统有着深远的影响。虽然共生体在各种生态环境中与宿主的基本关联性有目共睹，但是在机理和细胞层面上，共生微生物如何以及在多大程度上与宿主合作仍有待进一步研究。近年来对于宿主—微生物共生生态系统的研究进展迅速，特别是对于人体共生微生物体系的研究发现在对人类健康、疾病相关性等方面具有重要作用。

### 3.3.2 人体—微生物共生生态体系

人类肠道微生物数量庞大、种类繁多，被称为人体的"第二基因组"。而近年来研究表明正常的人体共生微生物群落与机体健康有着极为密切的联系。人体共生微生物主要存在于人体的肠道当中，目前，肠道菌群的研究已成为生物学、医学领域的研究热点。高通量测序、组学相关研究技术的飞速发展，进一步促进了肠道微生物与人类发育、健康、营养等各方面关系的研究进展。近十年是人类微生物组研究发展最为迅速的时期，而我国科研工作者在近3～5年时间也在该领域取得了许多成绩。2015年张和平团队联合赵立平团队首次针对中国不同生活方式、地域和民族健康年轻人中的肠道菌群核心功能进行了解析。研究发现九种合成短链脂肪酸的菌属在所有人中都存在，这九种微生物的分布根据宿主的民族、地域和生活方式存在不同，这些共有菌群是宿主健康不可或缺的成分（Zhang et al.，2015b）。

肠道菌群参与维持人体的正常生理活动，并且与很多疾病的发生和发展密切相关。赵立平团队近年来致力于揭示微生物组在糖尿病、肥胖和肝功能中的作用。仝小林联合赵立平团队发现二甲双胍或中药复方（AMC，含8味中药）治疗12周后均显著改变了肠道菌群，并缓解了II型糖尿病合并高血脂症患者的高血糖和高血脂症状。其中以 Blautia 菌属细菌为代表的共富集菌的增加与糖脂稳态的改善显著相关。AMC对肠道菌群影响更大，改善HOMA-IR和血浆甘油三酯效果更好，与以栖粪杆菌属细菌为代表的共富集菌的增多相关。两种药物可能通过富集 Blautia 和栖粪杆菌等有益菌功能群来改善疾病（Tong et al.，2018）。在另外一项研究中，发现富含不易消化糖类的饮食可以使体重明显减轻、肠道菌群变化及炎症的缓解，161种肠道菌群宏基因组分析发现产乙酸相关基因显著增加。尿液的代谢组分析表明氧化三甲胺和硫酸吲哚酚的合成显著降低，而这些肠道菌群代谢物会增加炎症风险。该项研究通过多组学分析表明了肠道菌群与遗传性及单纯性肥胖的关系（Zhang et al.，2015a）。2018年赵立平、张晨虹以及彭永德带领团队在 Science 上发表文章，发现富含膳食纤维的饮食可以调节II型糖尿病患者的肠道菌群，增加特定的肠道有益菌菌株，分泌更多的短链脂肪酸（Zhao et al.，2018）。刘宏伟、刘双江团队最新研究发现狄氏副拟杆菌改善小鼠肥胖和代谢障碍（Wang et al.，2019）。肠道微生物稳态与免疫系统密切相关，赵立平团队研究发现携带NLRP3炎性小体突变的 Cryopyrin 相关周期性综合征患者的皮肤、关节和眼睛中有自身免疫性炎症，但肠道中没有。携带Nlrp3 R258W突变的CAPS模型小鼠的肠道维持内稳态，而且对实验性结肠炎和结直肠癌具有很强的抗性。进一步实验证明Nlrp3 R258W突变是通过重塑肠道菌群，诱导增加调节性T细胞提高了抗炎能力（Yao et al.，2017）。

对于肠道微生物生态的研究依赖于优良的模式动物平台，魏泓等以无菌动物与遗传工程技术，研究宿主基因与肠道微生物互作对机体生理病理表型影响。基于模式动物平台，一系列研究揭示了肠道菌群与大脑海马体功能、精神分裂疾病、抑郁行为的相关性（Chen et al.，2017；Li et al.，2018a；Zheng et al.，2019），发现大肠癌患者的粪便让小鼠有长癌倾向。普通及无菌小鼠灌喂结肠直肠癌患者或健康人的粪便，癌症移植组比普通小鼠发展出高度不典型增生和肉眼息肉的比例显著升高，粪便菌群丰度均下降且组成发生变化（Wong et al.，2017）。张和平、魏泓及徐健团队联合研究发现肠道菌群可能引发乳腺炎，给无菌小鼠移植乳腺炎奶牛的粪便菌群，可引起小鼠乳腺炎症状，以及血清、脾脏和结肠中的炎症，而移植健康奶牛的粪菌无此作用（Ma et al.，2018）。

肠道菌群的稳态对于人体健康状态的保持具有重要作用，而近年来对于益生菌的研究陆续发现了其在调节人体机能、疾病防治方面的相关功能。张和平团队近期的一系列研究发现植物乳杆菌P8可缓解压力焦虑，改善记忆认知（Lew et al.，2018）。而在137名健康成年马来西亚人中进行为期12个月的随机双盲对照试验中发现干酪乳杆菌 Lactobacillus casei 可通过免疫调节、抗炎及抗氧化作用缓解呼吸道、消化道症状及红细胞异常（Hor et al.，2018）。陈卫团队近年来致力于益生菌、益生元的研究，相关研究发现低聚果糖可影响小鼠肠道菌群，假长双歧杆菌菌株有代谢低聚果糖的能力，并且显著刺激小鼠中假长双歧杆菌的生长（Mao et al.，2018）。在对78名自闭症谱系障碍患儿及58名健康儿童的研究中发现微量元素及肠道菌群谱的破坏可作为自闭症谱系障碍的标志物（Zhai et al.，2019）。

随着高通量测序的飞速发展，大量序列的获得成本降低，大数据的处理及算法优化在微生物生态，特别是肠道微生态的研究中起到越来越重要的作用。赵方庆团队今年来在生物信息计算方面取得诸多突破。包括宏基因组组转新方法的开发、针对细菌基因组重复区域拼接问题的新算法、无需参考基因组而直接识别基因的新算法等为大数据分析提供了支持（Ji et al.，2017；Peng et al.，2016；Shi et al.，2017）。

### 3.3.3 动物—微生物共生生态体系

1）哺乳动物共生微生物生态体系

哺乳动物体表为微生物栖息提供了场所。在胃肠道的上皮表面，存在着已知的最稠密的微生物生态环境，这些微生物是向植食性转化的关键所在，帮助哺乳动物利用自身难以降解的碳水化合物，并产生短链脂肪酸（SCFAs）为宿主提供能量。另外，通过定植抗性可以抵抗致病菌引起的肠道疾病，有助于为宿主提供上层屏障功能，供给微生物，对异生化合物的解毒，并涉及血管生产和免疫系统的发育成熟（Jagsi et al.，2016；Walter et al.，2011）。Shen 等人以羊为模型，发现微生物 G 蛋白偶联受体（GPR）和微生物组蛋白去乙酰化酶（HDAC）可精确感受肠道微生物产生的 SCFA，形成信号传导网络，从而一方面调节瘤胃上皮细胞生长和新陈代谢等功能；另一方面，维持肠道微生物种群的健康（Shen et al.，2017）。肠道微生物在为宿主提供各种益处的同时，其生态组成也对宿主年龄、生存环境、外源刺激和进食组分等产生影响。Huang 等人通过宏基因组测序首次构建了鸡肠道微生物参考基因集，深入研究了定植位置，饲养方式，日龄，抗生素及其替代物对肠道菌群的影响（Huang et al.，2018）。Zhang 等人对断奶仔猪喂食益生菌 *Lactobacillus* 以及抗生素，发现肠道菌群结构发生明显变化（Zhang et al.，2016a）。对猪喂食外源发酵处理低不溶性纤维含量的玉米糠，和未处理的玉米糠，实验组肠道中纤维素降解功能菌丰度降低（Liu et al.，2017b）。给断奶仔猪喂食纳米 ZnO 能提高肠道菌群丰度和多样性，有助于缓解断奶期仔猪的患病率（Xia et al.，2017）。肠道微生物因其遗传多样性丰富，可塑性强，帮助宿主的适应性进化。Zhang 等人对比高原牦牛、藏绵羊，与低海拔黄牛，普通绵羊的瘤胃宏基因组，发现高原动物肠道微生物的 SCFA 合成通路基因富集，促进了高原动物对 SCFA 的吸收和利用，揭示了肠道微生物与宿主的协同进化（Zhang et al.，2016c）。

2）昆虫共生微生物生态体系

昆虫是自然界分布最为广泛，数量、种类最为繁多的动物类群之一。在历经长期地球环境巨大变迁过程中，昆虫作为最为成功的一类群体仍然大量存在于地球上。昆虫在长期的进化过程当中，与微生物形成了复杂、多样的共生关系。长期进化而来的共生体系使昆虫具备了强大的适应能力。对于昆虫-微生物共生体系的研究不仅可以解开昆虫进化的成功奥秘，也为共生生态研究提供了多样化的研究模式平台。

昆虫与微生物的共生关系是自然界中最典型的共生生态体系之一，国际上对其研究的历史也较长。白蚁肠道生态系统也是典型的共生体系。近年来，杨红团队通过多种分离培养策略获得了许多白蚁肠道内微生物新物种。黄勇平团队近期利用高等食木球白蚁肠道宏基因组测序、功能筛选发现大量具有与食木饮食相关酶的活性，并通过表达纯化和生物化学方法鉴定得到了大量纤维二糖代谢酶，揭示了降解木质食物的白蚁肠道菌群的功能特征（Liu et al.，2019b）。周欣、郑浩等人基于白蚁肠道鞭毛虫-内共生菌体系的研究获得了胞内共生菌固氮新机制、功能演化、基因组简缩进化分子机制等一系列成果（Zheng et al.，2017a，2016a，2016b）。

昆虫是重要的传粉媒介，对于蜜蜂及熊蜂的研究发现其肠道内含有特异的微生物群落。郑浩等基于无菌蜜蜂技术发现肠道微生物对于蜜蜂的生长、糖代谢、激素水平等方面具有重要作用（Zheng et al.，2016c，2017b）。由于蜜蜂肠道菌群简单、特异、易培养、菌株易定植等特点，其可作为研究肠道微生物共生体系的优良模式动物平台（Zheng et al.，2018b）。许多昆虫物种也是环境的清道夫，杨军发现蜡虫能够咀嚼和进食聚乙烯 PE 薄膜，并且其幼虫肠道具有能够降解 PE 薄膜的肠杆菌属 YT1 和芽孢杆菌 YP1，为未来塑料生物降解提供了可能性（Yang et al.，2014；Yang et al.，2015a，2015b）。张吉斌团队近年来研究发现黑水虻与微生物互作可联合高效转化鸡粪（肖小鹏等，2018）。昆虫也是许多重要疾病的传播者，王四宝研究提出肠道共生菌可阻断蚊子传播疟疾的新策略（Wang et al., 2017a; Wei et al., 2017a）。

3）海洋动物共生微生物生态体系

海洋具有广泛的共生体，不同生物体相互依赖生存。从海洋的各种无脊椎动物和化学自养细菌之间的共生关系，到海绵、珊瑚等与藻类的共生，共生微生物为宿主提供防御和营养，每个共生关系都显示出一个独特的生态位。共生微生物与宿主关系的研究对海洋生态稳定，能量和物质循环十分重要。Gong 等人通过对中国南海跨热带和亚热带地区的五种典型珊瑚种类与其共生藻类 *Symbiodinium* 之间共生关系的研究发现，珊瑚种类，海水温度，营养物质（氮、氨、磷）都对共生 *Symbiodinium* 的组成有重要影响，揭示其在珊瑚对环境变化的适应中起到重要作用（Gong et al., 2018）。海洋共生体又是广泛的生物活性代谢物的宿主，为药物研究提供巨大潜力。对海洋微生物的研究，有助于对天然产物的生物合成机制的深入了解，从而解决海洋药物开发的问题（Li, 2009）。Liu 等人通过宏基因组装箱获得 *Theonella swinhoei* 海绵共生菌 *Entotheonella* 的基因组，通过注释对不可培养共生菌 *Entotheonella* 的生理功能，营养代谢，竞争机制有了深入了解（Liu et al., 2016a）。血管生成抑制剂 BC194 是海绵 *Dysidea arenaria* 的共生微生物 *Streptomyces rochei* 生成的生物活性物质，但其前体无 BN 则对细胞毒性较大。Li 等人通过寻找 BN 合成起始单元的抑制物，有效降低了 *Streptomyces rochei* 的 BN 产量（Li et al., 2018d）。

### 3.3.4 人与动物共生微生物生态相关发展趋势的预测和展望

随着各类生物技术的发展，特别是组学技术的进步，未来对于人、动物与微生物群落的共生研究将会更加深入、全面。对于人类肠道微生物的研究也将建立起庞大的数据信息库及更加完善的肠道微生物生态信息。对于肠道微生物与人类疾病关系的探究将从相关性逐步向因果研究发展。未来将健康人的粪便移植到患者肠道，重建肠道菌群的粪菌移植疗法将受到关注。益生菌、益生元的开发也将为疾病防治、功能性食品开发、营养学研究等方面带来巨大进步。由于肠道微生物与营养代谢、免疫、神经发育相关，肠道微生物群落的改变会引发微生态结构改变，导致肥胖症、II 型糖尿病、肠炎等疾病，因此粪便移植可用于相关疾病的治疗。对于人体微生物组的研究势必促进生物学、医学以及食品学等相关学科的发展，为人类健康作出贡献。而对于猪、鸡等禽畜的共生微生物研究将为畜牧业生产等相关产业带来转机。对于昆虫、海洋等各种生态环境下的共生体系多样性的研究也将引领工业生产、生态保护、环境治理等领域进步。总之，对于共生微生物生态学的研究正处于快速发展阶段，许多技术得到应用和开发，相关研究将为我国的经济发展、核心高精尖技术开发、产业进步带来前所未有的契机。

## 3.4 工程系统的微生物生态

当人类活动产生的污染物超过环境的自净能力或需要追求更好更高的环境质量时，采用各种工程措施对污染物进行处理、对受污染环境进行修复、对环境质量进行人工干预就成为必然选择。在众多的污染处理与资源化，以及环境修复工程措施中，生物处理工艺占有极为重要的地位，起着极为关键的作用。生物处理工艺的设计、建造、实施和运行、管理，其本质就是微生物生态学基本原理在工程系统中的应用。

与微生物生态学关系最为密切的工程系统，从环境要素角度划分，主要是各种天然和人工水体、水处理系统、固体废弃物、受污染场地涉及的处理或处置工艺。大气污染控制中生物处理工艺应用不多，而且很多是将气相中的污染物转移到液相中后再行处置，其反应实质已与废水处理接近。所以本节将主要从饮用水和废（污）水处理、污泥和固体废弃物、受污染水体和场地修复等几方面介绍其中的微生物群落多样性、微生物健康风险、微生物生态学过程以及最新的研究技术等相关进展。

### 3.4.1 饮用水处理中的微生物生态学

给水处理系统是城市给水系统的重要一环，其目的在于净化水源水，去除水中有机物、重金属和微生物等以达到饮用水标准，从而给人们提供有安全保障的饮用水。给水处理系统主要由三个部分组成：预处理工艺、常规处理工艺和深度处理工艺（李圭白，2010）。微生物在饮用水给水处理系统中广泛存在，种类也多种多样。一方面微生物作为分解者通过代谢作用转化去除水体中氨氮和有机物等污染（Zhang et al.，2010）。另一方面，给水处理系统中的微生物，包括一些致病菌会随出厂水一起进入管网，附在管壁上形成生物膜，导致管网末梢饮用水污染，从而影响人体健康（Pinto et al.，2014）。

生物预处理是通过各类微生物的新陈代谢作用去除水中污染物，生物接触氧化池是目前部分水厂采用的预处理方法，已有研究证明，在温度条件适宜的情况下，该预处理技术可对氨氮进行有效转化。另外，生物滤池还被证明能有效地去除有机污染物、消毒副产物前体物和一些藻类毒素（Dong et al.，2014，2015）。生物活性炭系统是另一个比较重要的微生物生态系统，经过臭氧氧化后，部分大分子有机物被转化为小分子有机物，这些小分子有机物在后续的生物活性炭床得到矿化，是污染物转化和去除的一个重要环节。近年，高通量测序技术已开始应用于饮用水生物滤池中的微生物多样性研究，对滤池中降解微生物及其功能分析受到关注。

病原微生物是供水系统中最受关注的一类微生物，不动杆菌、沙门氏菌、铜绿假单胞菌、军团菌、贾第虫、隐孢子虫、轮状病毒、腺病毒等均有所报道。对微生物的定量主要为流式细胞术（FCM）（Hammes et al.，2008），实时荧光定量（RT-qPCR）（Farenhorst et al.，2017）等方法，但这些方法也存在定量不准确的问题。高通量测序的发展较好地克服了以上缺点，对环境微生物群落的定性定量研究提供了良好手段。王虹等人证实了二次供水系统中军团菌和分枝杆菌的丰度显著增加，并发现较长的滞留时间、适宜的温度和消毒剂的损耗是机会致病菌在二次供水系统中繁殖和定殖的促进因素（Li et al.，2018b）。另外，对饮用水管网系统生物膜微生物群体效应（Douterelo et al.，2014；Pinto et al.，2014；Sun et al.，2014）以及饮用水中抗生素抗性基因的发生规律等均有相关研究。施鹏等人利用宏基因组学和生物信息学技术系统研究了不同的饮用水消毒策略对抗生素抗性基因的影响，发现臭氧-氯气联用的消毒方法显著增加了抗生素抗性基因的相对丰度，这可能是除消毒副产物外另一个饮用水消毒带来的次生风险因素（Zhang et al.，2019a）。

### 3.4.2 污水处理中的微生物生态学

生物法是污水处理最重要的应用技术之一，微生物是污染物转化的主体（Daims et al.，2006）。因此，污水处理中微生物生态学的研究尤为重要。近年来，分子生物学技术的迅猛发展，为微生物在污水处理中的功能挖掘提供了重要的基础（姬洪飞和王颖，2016）。目前，对污水处理微生物生态学研究已不满足于微生物群落结构解析（Speth et al.，2016；张洪勋等，2003），明确处理工艺中特定微生物功能及其活性，揭示污水处理系统中微生物的种类和功能成为新的研究热点（Lu et al.，2014）。例如，张昱等综合运用高通量测序、定量 PCR、功能基因芯片等手段，发现抗生素废水生物处理系统真菌和细菌的碳降解基因在高浓度抗生素存在下共同发挥污染物降解的功能，高浓度螺旋霉素导致硝化污泥中氨氧化细菌丰度降低而氨氧化古菌丰度增加，氨氧化古菌在这一污水处理系统中发挥着重要功能，上述工作有助于指导抗生素废水生物处理系统的设计和优化（Zhang et al.，2013，2015d）。

宏基因组学包含环境微生物的全部遗传信息，有助于对微生物群落的潜在/未知功能进行深入分析，已广泛运用于实际污水处理工艺氮循环过程中的功能微生物群落解析研究（Chen et al.，2016；Lu et al.，2014）。目前，研究人员致力于通过结合代谢组学快速发现具有特定代谢或生物降解能力的新基因，从而更好地掌握废水处理系统中特征污染物的生物降解途径（Cowan et al.，2005）。但是，宏基因组学技术受限于当前的测序长度和计算资源，目前的挑战是如何将这些短的功能基因片段与其他可以作为分类信息参考的基因联系起来。

稳定同位素标记技术是目前唯一可将不可培养的微生物种类和代谢功能相联系起来的方法，通过对底物（如 $^{13}$C）的标记，实现利用底物的微生物标志物（如 DNA、蛋白质）的标记，从而在群落水平上识别环境中活跃的微生物以及微生物之间的相互作用（Lu and Conrad, 2005）。该技术目前仅适用于富集或密闭培养实验（如污水反硝化反应器）（Lu et al., 2014），污水处理反应器作为微生物生态学模型系统，对实际工艺成功运行同样具有重要的指导意义。

宏基因组学、稳定同位素标记等研究方法是研究污水处理微生物生态学的新方法，与 DGGE 等传统方法（张洪勋等，2003）相比，对功能微生物和微生物功能基因分析的广度、深度和分辨率均有显著提高。但其计算资源均来源于 Sanger 测序或基因组等传统技术，新旧技术应相辅相成，共同服务于污水处理微生物生态学的研究。

### 3.4.3 污泥及固体废弃物处理中的微生物生态学

污泥、动物粪便、垃圾等固体废弃物的处理主要是厌氧消化和堆肥。堆肥过程中微生物优势群落随反应温度的改变发生明显变化，当堆体温度小于 55℃时出现了大量的未培养微生物（张园等，2011）。目前，我国固废处理研究多集中于好氧堆肥，在厌氧处理方面研究有待深入（曾理，2013）。依靠高通量测序技术分析，厌氧生物群落中水解细菌丰度约为 6%，产酸细菌丰度约 70%，乙酸化细菌 7.5%，产甲烷菌 16.5%（Wang et al., 2018）。厌氧消化不仅可以降解有机物，还可以产气回收能源，但是厌氧时间长，甲烷回收率低，过程受 pH、氨浓度、有机负荷等因素抑制。有研究通过解除环境抑制或外加电压来调节微生物群落结构，促进厌氧过程（Liu et al., 2016c；Tao et al., 2017）。例如，外加电压有利于乙酸型产甲烷菌的生长、嗜氢型产甲烷菌的生长（王万琼，2018）。值得注意的是，微曝气对厌氧效果过程有促进作用，如促进水解等，但是微曝气过程机理、工程应用技术问题还需要继续探索（Duc and Khanal, 2018）。田哲等人基于高通量测序和定量 PCR 揭示了"一步法"快速启动的剩余污泥高温厌氧消化过程中细菌和古菌群落的动态变化，发现嗜热产甲烷古菌群落在升温后 11 天就能够建立起来，这一发现对优化高温厌氧消化工艺有指导意义；同时发现高温厌氧消化通过抑制抗生素抗性基因的垂直和水平传播实现污泥中抗生素抗性基因的削减（Tian et al., 2015, 2016）。除了依靠自身微生物作用，菌剂添加也是提高固废处理能力的一个重要方法。垃圾填埋是一个微生物演替过程，在降解的各个阶段微生物群落结构不同，虽然分子生物学技术的研究一定程度上揭示了垃圾降解过程的微生物群落结构与功能，但有关填埋场内部微生物种群和群落的生态作用以及不同微生物类群之间的相互作用仍有待更深入的研究（Semrau, 2011；刘洪杰等，2017）。

### 3.4.4 水环境和污染场地修复中的微生物生态学

社会经济的发展带来一系列环境问题，尤其是水环境在很大程度上遭受破坏，严重降低了水环境的自净能力。微生物修复是目前恢复水环境的主要方法，利用天然存在的或特殊培养的微生物，在可调控环境条件下，通过微生物的降解或生物转化作用，变有毒有害污染物为无毒无害物质。可分为原位微生物修复和异位微生物修复。原位生物修复是在受污染水体的原地点进行，不需换水，通过投加营养物质、电子受体、共代谢基质和供氧等各种措施增加土著微生物的代谢活性，也可以投加分选的菌株或者基因工程菌，有针对性地去除某些污染物，以起到修复水环境的作用（马倩倩等，2013）。异位微生物修复要求把污染水抽入到生物降解反应器，集中对其进行处理，处理完后再将其返回到原来的位置。生物滤池使用拆分回路设计，生物过滤支路采用多级生物滤器，充分进行硝化反应以去除氨氮等物质，同时可去除 $CO_2$，提高生物过滤的效率（宋奔奔等，2012）。

此外，微生物修复多用于重金属、农药、石油和其他有机污染物污染土壤，通过利用土壤中的细菌、真菌等微生物对污染土壤中的污染物进行吸收、转化、氧化还原、螯合沉淀等，从而降低土壤中的污染物含量或生物可利用性（李秀悌等，2013）。微生物修复技术中，固定化技术是未来重点发展的方向，该技术是通过物理或化学方法将微生物限定在特定区域或特定载体，同时使其保持活性便于长期反复使用（胡金星等，2014）。刘娜等人将生物反应墙（bio-PRB）与曝气系统结合起来，实现了固定化的降解菌将土壤/地下水体系中的硝基苯和苯胺等污染物高效降解（Liu et al.，2016b）。固定化技术可使微生物避免次生代谢产物毒害，减弱噬菌体对微生物的不利影响，保持生化反应的稳定性，在污染土壤修复中发挥较高效率。

微生物修复技术在水环境和土壤修复中的应用还存在着许多局限性，需要进一步加强对功能微生物的生态、生理特征的了解，充分筛选土著微生物，或者利用分子生物学技术手段和基因工程理论重新组建微生物的遗传性状，筛选具有降解多种污染物且降解效率更高的优良菌株，从而提高修复的效果。

## 4  微生物生态学国内外发展态势和展望

### 4.1  微生物生态学国内外发展态势

分子生物学技术的发展和生物信息学方法的进步，促进了大数据的分析和应用，带来了微生物生态学领域新理论、新发现和新成果的呈现。近年来，微生物生态学主要致力于探索自然环境中微生物群落的组成、结构、功能、多样性，微生物之间的相互作用及其对环境变化的响应，微生物在地球生物化学元素循环和生物修复中的作用等方面的研究。其中，微生物生态学领域近期的突破性研究进展可总结为以下几个方面。

#### 4.1.1  对不可培养微生物和稀有微生物的研究

微生物约占生物体碳总量的一半，在自然界中发挥重要作用，全面认识生态系统包括对微生物群落的全面了解，是生态学面临的主要挑战之一。微生物群落通常包含许多稀有微生物和不可培养微生物，近期美国田纳西大学 Lloyd 等提出除去人类活动的影响区域，几乎所有的地球环境都是由未培养的世系主导的，因此地球生态系统中的大多数微生物可能是传统分离技术无法获得的系统遗传多样性非培养细胞（PDNC）（Lloyd et al.，2018）。研究表明在多种生态系统中，稀有微生物类群对微生物群落动态的贡献要明显大于其在群落中的低丰度比例（Shade et al.，2014）。因此研究稀有微生物和不可培养微生物对于理解整个微生物群落是至关重要的。

高通量测序技术突破了纯培养的局限性，是目前最有潜力的方法，其发展和应用极大地促进了对微生物广度和深度的研究。基于 16S rRNA 基因测序可以研究稀有微生物群落的组成、结构和多样性（Galand et al.，2009）。宏基因组技术被认为是解锁不可培养微生物的钥匙（Streit and Schmitz，2004），通过从深度测序的宏基因组数据中恢复高质量的微生物基因组，可以有效获取稀有微生物和未培养微生物基因组（Albertsen et al.，2013）。单细胞测序技术开辟了不可培养微生物研究的新途径，实现了直接从单个细胞中对大量新型微生物的基因组测序（Lasken，2012）。同位素示踪技术与分子生物学方法相结合的手段也在不可培养微生物的功能研究中发挥着显著作用（Radajewski et al.，2003）。

#### 4.1.2  对微生物多样性和功能的认识

生态系统中微生物的多样性很高，土壤和海洋沉积物等环境中可能包含约 10000 种细菌类型（Torsvik et al.，1996）。高通量测序技术的发展使微生物群落的分辨率达到了前所未有的精确度，如以 16S、18S rRNA 基因、ITS 区等为标记物的扩增子测序，能够从多个物种分类水平上检测细菌、古菌、真核生物、真菌等的群落多样性和结构特征。在当前全球变化的背景下，确定微生物的多样性和功能，对于应对环境变化具有重要意义（Zinger et al.，2012）。

针对具有特殊功能的微生物类群，则采用功能基因作为分子标记物，开展功能基因多样性的研究。

微阵列技术如 GeoChip 5.0 能够覆盖 260000 种功能基因，可以同时检测环境中参与地球化学元素循环（碳氮硫磷循环）及具有金属抗性、抗生素耐药性和有机污染物降解功能的基因（Van Nostrand et al., 2016）；高通量定量 PCR 技术针对抗生素抗性基因和地球化学元素循环功能基因进行研究，分别覆盖 285 对抗性基因引物和 71 对与碳氮磷硫元素循环相关的引物（Wang et al., 2014；Zheng et al., 2018a）；细胞内融合 PCR 技术能够实现功能基因和 16S rRNA 基因的连接并测序，同时得到功能基因及其对应的物种信息（Spencer et al., 2016）。

### 4.1.3 微生物之间的相互作用及微生物对环境变化的响应

自然环境变化（如全球气候变化）或环境扰动能够显著影响生态系统中微生物群落结构的变化，进而可能影响生态系统的功能和稳定性。在自然或人工生态系统中，不同的物种之间存在共生、竞争等多种形式的相互作用，形成复杂的网络结构。揭示复杂网络中发挥重要作用的关键微生物、探究不同环境条件下不同微生物物种间的相互作用关系，对于应对环境变化和维持生态系统中微生物群落的复杂性和稳定性至关重要。

分子生态学网络分析方法是能够从大数据中提取关键信息，展示微生物之间相互作用和微生物与环境之间关系的有效工具；基于相关关系构建的网络中，正相关关系代表微生物内部之间的关系可能是共生、共聚合、生态位重叠，而负相关关系则通常说明它们之间存在竞争、生态位分离或对环境变化的抵抗（Deng et al., 2012）。通过分析不同条件下网络结构的变化，了解微生物之间相互作用的变化，发掘其中的关键微生物或驱动因素，从而更好地应对环境变化，维持生态系统功能的稳态。

### 4.1.4 我国微生物生态学发展现状

分子生物学技术的迅速发展和应用为我国微生物生态学研究者提供了新的途径和更为全面的数据，随着生物信息学方法的开发和数据的深入挖掘，我国微生物生态学研究的广度和深度都在不断提升，在某些领域和国际差别不大，最大的差距在于方法学开发与数据库建立，目前中科院的赵方庆团队和香港大学的张彤团队等已经在方法学和数据库方面开展了大量工作，引起国内外广泛关注。

近年来，我国在微生物生态学领域取得的研究进展主要包括：在研究方法上，已经形成了研究微生物丰度、结构、多样性和功能的基础技术体系并不断更新完善；技术的进步使研究内容不断向纵深发展，对不可培养微生物和稀有微生物的认知有了显著提升，在探索微生物之间的相互作用以及微生物对环境变化的响应方面有了重要进展；在研究理念方面，微生物多样性、微生物结构与功能的基础理念已经基本完备，决定性和随机性理论指导微生物群落组装的机制有了初步的进展；对功能微生物在地球生物化学元素循环及在水处理和环境生物修复过程中的作用也有了进一步认知和为工程应用提供了依据，这些都为我国微生物生态学的长足发展奠定了研究基础。

## 4.2 微生物生态学未来发展趋势及展望

在微生物生态学发展现状的基础上，结合国际发展前沿，根据我国的发展需求和科学问题提出，未来应集中发展的方向主要包括以下几个方面。

### 4.2.1 微生物的分布格局和维持机制

微生物群落的组成、结构和多样性的时空演变规律是微生物生态学研究的基础科学问题。通过从不同环境、不同时间和空间尺度研究不同微生物（细菌、真菌、古菌、原生动物等）的分布和多样性，揭示微生物群落随时空变化的分布规律、驱动因素和维持机制，探明我国微生物典型的时空分布格局，构建不同环境中微生物时空分布的理论模型。

### 4.2.2 微生物对环境变化的响应机制

环境变化包括自然环境变化或人为活动带来的环境扰动，可能通过改变微生物的生存环境或与微生物生存息息相关的环境，改变微生物的群落结构和功能。通过监测不同环境条件下微生物群落的动态变化，分析驱动微生物群落变化的关键环境因素及其驱动机制，探寻在环境变化过程中发挥关键作用的核心微生物类群及其响应机制，通过合成功能微生物群落等方法应对环境变化，维持生态系统中微生物群落的稳定性。

### 4.2.3 微生物与环境和生态系统之间的相互作用机制

复杂生态系统中通常存在着巨大的物种交互网络，以及物种与环境的交互网络，不同环境的微生物物种之间、微生物与环境之间存在不同的相互作用关系。通过构建先进的网络分析平台，解析微生物的互作网络和功能网络，揭示微生物、环境和生态系统之间的相互关系，预测环境变化或生态系统功能变化条件下微生物的响应，对于维持生态系统的稳定和平衡具有重要意义。

### 4.2.4 微生物在生物修复方面的应用

自然生态系统中的环境污染，影响生态系统的服务和功能。通过系统微生物学分析预测微生物的功能，从种群、群落、生态系统等层次上分析微生物对环境污染的反馈和响应机制，发掘其中的关键和优势微生物，研究其生态学特性和功能及应对环境污染的机理，将特定的微生物提取分离后，应用于吸收、转化、清除或降解环境污染物，实现环境中污染物的生物修复，保证生态系统的功能。

### 4.2.5 新技术、新方法的研发

分子生物学技术的进步突破了纯培养的局限性和通量的限制，促进了微生物生态学的迅速发展。微生物生态学的研究几乎完全依赖于技术的进步和方法的突破，在现有的基础上，结合实际需求，开发更先进的技术、降低现有技术的使用成本或使用新的生物信息学方法挖掘大数据得到更为全面的信息，是克服微生物生态学发展瓶颈的关键。

### 4.2.6 微生物生态学与其他学科的交叉融合

微生物生态学是一门交叉学科，来源于生态学和微生物学，依赖于分子生物学方法，正逐渐应用于环境科学、环境工程、土壤学、湖沼学、公共卫生学等领域。解析不同学科领域中微生物的应用和功能，融合不同学科研究中的先进理论、方法和技术，是维持微生物生态学持续发展的重要手段。

## 参 考 文 献

丁帮璟, 李正魁, 朱鸿杰, 等. 2018. 河岸带表层土壤的铁氨氧化(Feammox)脱氮机制的探究. 环境科学, 39(4): 1833-1839.
胡金星, 苏晓梅, 韩慧波. 2014. 固定化微生物技术修复多氯联苯污染土壤的应用前景. 应用生态学报, 25(6): 1806-1814.
姬洪飞, 王颖. 2016. 分子生物学方法在环境微生物生态学中的应用研究进展. 生态学报, 36(24): 8234-8243.
贾艳玺, 谢运昌, 李青连, 等. 2017. 海洋放线菌 Streptomyces costaricanus SCSIO ZS0073 中 fungichromin 生物合成基因簇的分析鉴定. 中国海洋药物, 36(6): 1-10.
李圭白. 2010. 给排水科学与工程概论. 北京: 中国建筑工业出版社.
李秀悌, 顾圣啸, 郑文杰, 等. 2013. 重金属污染土壤修复技术研究进展. 环境科学与技术, 36(12): 203-208.
刘洪杰, 徐晶, 赵由才, 等. 2017. 生活垃圾填埋场微生物群落结构与功能. 环境卫生工程, 25(2): 5-9.
马倩倩, 孙敬锋, 邢克智. 2013. 养殖水环境微生物修复技术应用研究进展. 水产科技情报, 40(2): 89-96.

钱明娟, 肖永良, 彭文涛, 等. 2015. 免耕水稻土固定 $CO_2$ 自养微生物多样性. 中国环境科学, 35(12): 3754-3761.

宋奔奔, 吴凡, 倪琦. 2012. 国外封闭循环水养殖系统工艺流程设计现状与展望. 渔业现代化, 39(3): 13-18.

苏梦缘, 李艺, 王红旗, 等. 2016. 稳定同位素标记结合 Nano SIMS 亚细胞成像技术分析化合物在微生物体内代谢活性研究. 北京师范大学学报(自然科学版), 52(2): 223-227.

孙欣, 汪诗平, 林巧燕, 等. 2015. 基于分子生态学网络探究西藏草地放牧对土壤微生物群落的影响(英文). 微生物学通报, 9: 1818-1831.

王万琼. 2018. 生物电化学强化污泥厌氧消化产甲烷效能的研究. 哈尔滨: 哈尔滨工业大学硕士学位论文.

温永平, 侯强川, 张和平. 2017. 自然发酵酸马奶对人体肠道菌群的影响——基于 PacBio SMRT 测序技术. 中国乳品工业, 45(2): 4-7.

肖小鹏, 靳鹏, 蔡珉敏. 2018. 非水虻源微生物与武汉亮斑水虻幼虫联合转化鸡粪的研究. 微生物学报, 58(6): 1116-1125.

曾理. 2013. 有机固体废物堆肥化处理的微生物学机理研究刍议. 科技创新导报, 36: 28.

张洪勋, 王晓谊, 齐鸿雁. 2003. 微生物生态学研究方法进展. 生态学报, 23(5): 988-995.

张慧敏, Samuel Faucherre, Bo Elberling, 等. 2017. 北极冻土区活跃层与永冻层土壤微生物组的空间分异. 微生物学报, 57(6): 839-855.

张园, 耿春女, 何承文. 2011. 堆肥过程中有机质和微生物群落的动态变化. 生态环境学报, 20(11): 1745-1752.

郑燕, 贾仲君. 2016. 基于核酸 DNA/RNA 同位素示踪技术的水稻土甲烷氧化微生物研究. 土壤学报, 53(2): 490-501.

朱永官, 沈仁芳, 贺纪正, 等. 2017. 中国土壤微生物组: 进展与展望. 中国科学院院刊, 32(6): 554-565.

Albertsen M, Hugenholtz P, Skarshewski A, et al. 2013. Genome sequences of rare, uncultured bacteria obtained by differential coverage binning of multiple metagenomes. Nature Biotechnology, 31(6): 533-541.

Boschker H T S, Nold S C, Wellsbury P, et al. 1998. Direct linking of microbial populations to specific biogeochemical processes by C-13-labelling of biomarkers. Nature, 392(6678): 801-805.

Cao X L, Diao M H, Zhang B G, et al. 2017. Spatial distribution of vanadium and microbial community responses in surface soil of Panzhihua mining and smelting area, China. Chemosphere, 183: 9-17.

Caumette P. 2015. Environmental Microbiology: Fundamentals and Applications. Netherlands: Springer.

Che R X, Qin J L, Tahmasbian I, et al. 2018. Litter amendment rather than phosphorus can dramatically change inorganic nitrogen pools in a degraded grassland soil by affecting nitrogen-cycling microbes. Soil Biology & Biochemistry, 120: 145-152.

Chen J J, Zeng B H, Li W W, et al. 2017. Effects of gut microbiota on the microRNA and mRNA expression in the hippocampus of mice. Behavioural Brain Research, 322: 34-41.

Chen L Y, Liu, L, Mao C, et al. 2018a. Nitrogen availability regulates topsoil carbon dynamics after permafrost thaw by altering microbial metabolic efficiency. Nature Communications, 9: 3951.

Chen S C, Duan G L, Ding K, et al. 2018b. DNA stable-isotope probing identifies uncultivated members of Pseudonocardia associated with biodegradation of pyrene in agricultural soil. Fems Microbiology Ecology, 94(3): 1-10.

Chen W J, Dai X H, Cao D W, et al. 2016. Performance and microbial ecology of a nitritation sequencing batch reactor treating high-strength ammonia wastewater. Scientific Reports, 6: 35693.

Chen Z Z, Zhang J Y, Li R, et al. 2018c. Metatranscriptomics analysis of cyanobacterial aggregates during cyanobacterial bloom period in Lake Taihu, China. Environmental Science and Pollution Research, 25(5): 4811-4825.

Cong J, LiuX, Lu H, et al. 2015. Analyses of the influencing factors of soil microbial functional gene diversity in tropical rainforest based on GeoChip 5.0. Genomics data, 5: 397-398.

Cowan D, Meyer Q, Stafford W, et al. 2005. Metagenomic gene discovery: past, present and future. Trends in Biotechnology, 23(6): 321-329.

Daims H, Taylor M W, Wagner M. 2006. Wastewater treatment: a model system for microbial ecology. Trends in Biotechnology,

24(11): 483-489.

Delong E F, Wickham G S. 1989. Phylogenetic Stains-Ribosomal Rna-Based Probes for the Identification of Single Cells. Science, 243(4896): 1360-1363.

Deng Y, Jiang Y H, Yang Y F, et al. 2012. Molecular ecological network analyses. Bmc Bioinformatics, 13: 113.

Dong L H, Liu W J, Jiang R F, et al. 2014. Physicochemical and porosity characteristics of thermally regenerated activated carbon polluted with biological activated carbon process. Bioresource Technology, 171: 260-264.

Dong L H, Liu W J, Jiang R F, et al. 2015. Study on reactivation cycle of biological activated carbon (BAC) in water treatment. International Biodeterioration & Biodegradation, 102: 209-213.

Douterelo I, Husband S, Boxall J B. 2014. The bacteriological composition of biomass recovered by flushing an operational drinking water distribution system. Water Research, 54: 100-114.

Duc N, Khanal S K. 2018. A little breath of fresh air into an anaerobic system: How microaeration facilitates anaerobic digestion process. Biotechnology Advances, 36(7): 1971-1983.

Fang X M, Yu D P, Zhou W M, et al. 2016. The effects of forest type on soil microbial activity in Changbai Mountain, Northeast China. Annals of Forest Science, 73(2): 473-482.

Farenhorst A, Li R, Jahan M, et al. 2017. Bacteria in drinking water sources of a First Nation reserve in Canada. Science of the Total Environment, 575: 813-819.

Feng K, Zhang Z J, Cai W W, et al. 2017. Biodiversity and species competition regulate the resilience of microbial biofilm community. Molecular Ecology, 26(21): 6170-6182.

Feng M M, Adams J M, Fan K K, et al. 2018. Long-term fertilization influences community assembly processes of soil diazotrophs. Soil Biology & Biochemistry, 126: 151-158.

Galand P E, Casamayor E O, Kirchman D L, et al. 2009. Ecology of the rare microbial biosphere of the Arctic Ocean. Proceedings of the National Academy of Sciences of the United States of America, 106(52): 22427-22432.

Gan X H, Teng Y, Zhao L, et al. 2018. Influencing mechanisms of hematite on benzo(a)pyrene degradation by the PAH- degrading bacterium Paracoccus sp. Strain HPD-2: insight from benzo(a)pyrene bioaccessibility and bacteria activity. Journal of Hazardous Materials, 359: 348-355.

Gao H, Xie Y B, Hashim S, et al. 2018. Application of microbial technology used in bioremediation of urban polluted river: a case study of chengnan river, China. Water, 10(5): 643-664.

Gong S Q, Chai G J, Xiao Y L, et al. 2018. Flexible Symbiotic Associations of Symbiodinium With Five Typical Coral Species in Tropical and Subtropical Reef Regions of the Northern South China Sea. Frontiers in Microbiology, 32(3): 795-801.

Guo J H, Peng Y Z, Fan L, et al. 2016. Metagenomic analysis of anammox communities in three different microbial aggregates. Environmental Microbiology, 18(9): 2979-2993.

Hammes F, Berney M, Wang Y Y, et al. 2008. Flow-cytometric total bacterial cell counts as a descriptive microbiological parameter for drinking water treatment processes. Water Research, 42(1-2): 269-277.

Han R, Zhang X, Liu J, et al. 2017. Microbial community structure and diversity within hypersaline Keke Salt Lake environments. Canadian Journal of Microbiology, 63(11): 895-908.

Hao C B, Wei P F, Pei L X, et al. 2017. Significant seasonal variations of microbial community in an acid mine drainage lake in Anhui Province, China. Environmental Pollution, 223: 507-516.

Hao Y Q, Zhao X F, Zhang D Y. 2016. Field experimental evidence that stochastic processes predominate in the initial assembly of bacterial communities. Environmental Microbiology, 18(6): 1730-1739.

He D, Shen W J, Eberwein J, et al. 2017a. Diversity and co-occurrence network of soil fungi are more responsive than those of bacteria to shifts in precipitation seasonality in a subtropical forest. Soil Biology & Biochemistry, 115: 499-510.

He J H, Tedersoo L H, Hu A, et al. 2017b. Greater diversity of soil fungal communities and distinguishable seasonal variation in temperate deciduous forests compared with subtropical evergreen forests of eastern China. Fems Microbiology Ecology, 93(7): DOI: 10.1093.

Hor Y Y, Lew L C, Lau A S Y, et al. 2018. Probiotic Lactobacillus casei Zhang (LCZ) alleviates respiratory, gastrointestinal & RBC abnormality via immuno-modulatory, anti-inflammatory & anti-oxidative actions. Journal of Functional Foods, 44: 235-245.

Huang P, Zhang Y, Xiao K P, et al. 2018. The chicken gut metagenome and the modulatory effects of plant-derived benzylisoquinoline alkaloids. Microbiome, 6: 211.

Jagsi R, Jiang J, Momoh A O, et al. 2016. Complications After Mastectomy and Immediate Breast Reconstruction for Breast Cancer A Claims-based Analysis. Annals of Surgery, 263(2): 219-227.

Ji P F, Zhang Y M, Wang J F, et al. 2017. MetaSort untangles metagenome assembly by reducing microbial community complexity. Nature Communications, 8: 14306.

Jiang Z, Li P, Jiang D W, et al. 2016. Microbial Community Structure and Arsenic Biogeochemistry in an Acid Vapor-Formed Spring in Tengchong Geothermal Area, China. PloS ONE, 11(1): e0146331.

Jie S Q, Li M M, Gan M, et al. 2016. Microbial functional genes enriched in the Xiangjiang River sediments with heavy metal contamination. Bmc Microbiology, 16: 179.

Keller M, Zengler K. 2004. Tapping into microbial diversity. Nature Reviews Microbiology, 2(2): 141-150.

Lasken R S. 2012. Genomic sequencing of uncultured microorganisms from single cells. Nature Reviews Microbiology, 10(9): 631-640.

Lee N, Nielsen P H, Andreasen K H, et al. 1999. Combination of fluorescent in situ hybridization and microautoradiography—a new tool for structure-function analyses in microbial ecology. Applied and Environmental Microbiology, 65(3): 1289-1297.

Lew L C, Hor Y Y, Yusoff N A A, et al. 2018. Probiotic Lactobacillus plantarum P8 alleviated stress and anxiety while enhancing memory and cognition in stressed adults: A randomised, double-blind, placebo-controlled study. Edinburgh: Clinical nutrition.

Li B, Guo K N, Zeng L, et al. 2018a. Metabolite identification in fecal microbiota transplantation mouse livers and combined proteomics with chronic unpredictive mild stress mouse livers. Translational Psychiatry, 8: 34.

Li J B, Luo C L, Zhang D Y, et al. 2019. Diversity of the active phenanthrene degraders in PAH-polluted soil is shaped by ryegrass rhizosphere and root exudates. Soil Biology & Biochemistry, 128: 100-110.

Li J B, Luo C L, Zhang G, et al. 2018c. Coupling magnetic-nanoparticle mediated isolation (MMI) and stable isotope probing (SIP) for identifying and isolating the active microbes involved in phenanthrene degradation in wastewater with higher resolution and accuracy. Water Research, 144: 226-234.

Li J B, Zhang D Y, Song M K, et al. 2017a. Novel bacteria capable of degrading phenanthrene in activated sludge revealed by stable-isotope probing coupled with high-throughput sequencing. Biodegradation, 28(5-6): 423-436.

Li P, Jiang Z, Wang Y H, et al. 2017b. Analysis of the functional gene structure and metabolic potential of microbial community in high arsenic groundwater. Water Research, 123: 268-276.

Li X F, Zhao L, Adam M. 2016. Biodegradation of marine crude oil pollution using a salt-tolerant bacterial consortium isolated from Bohai Bay, China. Marine Pollution Bulletin, 105(1): 43-50.

Li Y X, Zhang F L, Banakar S, et al. 2018d. Comprehensive optimization of precursor-directed production of BC194 by Streptomyces rochei MB037 derived from the marine sponge Dysidea arenaria. Applied Microbiology and Biotechnology, 102(18): 7865-7875.

Li Z Y. 2009. Advances in Marine Microbial Symbionts in the China Sea and Related Pharmaceutical Metabolites. Marine Drugs, 7(2): 113-129.

Li H, Li S, Tang W, et al. 2018b. Influence of secondary water supply systems on microbial community structure and opportunistic pathogen gene markers. Water Research, 136: 160-168.

Liu F, Li J L, Feng G F, et al. 2016a. New Genomic Insights into "Entotheonella" Symbionts in Theonella swinhoei: Mixotrophy, Anaerobic Adaptation, Resilience, and Interaction. Frontiers in Microbiology, 7: 154.

Liu J W, Liu X S, Wang M, et al. 2015a. Bacterial and Archaeal Communities in Sediments of the North Chinese Marginal Seas. Microbial Ecology, 70(1): 105-117.

Liu J, Tu T, Gao G, et al. 2019a. Biogeography and Diversity of Freshwater Bacteria on a River Catchment Scale. Microbial Ecology, 1-12.

Liu M K, Tang Y M, Zhao K, et al. 2017a. Determination of the fungal community of pit mud in fermentation cellars for Chinese strong-flavor liquor, using DGGE and Illumina MiSeq sequencing. Food Research International, 91: 80-87.

Liu N, Ding F, Wang L, et al. 2016b. Coupling of bio-PRB and enclosed in-well aeration system for remediation of nitrobenzene and aniline in groundwater. Environmental Science and Pollution Research, 23(10): 9972-9983.

Liu N, Li H J, Chevrette M G, et al. 2019b. Functional metagenomics reveals abundant polysaccharide-degrading gene clusters and cellobiose utilization pathways within gut microbiota of a wood-feeding higher termite. Isme Journal, 13(1): 104-117.

Liu P, Zhao J B, Guo P T, et al. 2017b. Dietary Corn Bran Fermented by Bacillus subtilis MA139 Decreased Gut Cellulolytic Bacteria and Microbiota Diversity in Finishing Pigs. Frontiers in Cellular and Infection Microbiology, 7: 526.

Liu Q, Zhou Y G, Xin Y H. 2015b. High diversity and distinctive community structure of bacteria on glaciers in China revealed by 454 pyrosequencing. Systematic and Applied Microbiology, 38(8): 578-585.

Liu W Z, Cai W W, Guo Z C, et al. 2016c. Microbial electrolysis contribution to anaerobic digestion of waste activated sludge, leading to accelerated methane production. Renewable Energy, 91: 334-339.

Lloyd K G, Steen A D, Ladau J, et al. 2018. Phylogenetically Novel Uncultured Microbial Cells Dominate Earth Microbiomes. Msystems: 3(5): 101128.

Lu H J, Chandran K, Stensel D. 2014. Microbial ecology of denitrification in biological wastewater treatment. Water Research, 64: 237-254.

Lu S D, Sun Y J, Zhao X, et al. 2016. Sequencing Insights into Microbial Communities in the Water and Sediments of Fenghe River, China. Archives of Environmental Contamination and Toxicology, 71(1): 122-132.

Lu Y H, Conrad R. 2005. In situ stable isotope probing of methanogenic archaea in the rice rhizosphere. Science, 309(5737): 1088-1090.

Ma C, Sun Z, Zeng B H, et al. 2018. Cow-to-mouse fecal transplantations suggest intestinal microbiome as one cause of mastitis. Microbiome, 6: 200.

Ma X Y, Zhao C C, Gao Y, et al. 2017. Divergent taxonomic and functional responses of microbial communities to field simulation of aeolian soil erosion and deposition. Molecular Ecology, 26(16): 4186-4196.

Mao B Y, Gu J Y, Li D Y, et al. 2018. Effects of Different Doses of Fructooligosaccharides (FOS) on the Composition of Mice Fecal Microbiota, Especially the Bifidobacterium Composition. Nutrients, 10(8): e1105.

Meng H, Zhou Z C, Wu R N, et al. 2019. Diazotrophic microbial community and abundance in acidic subtropical natural and re-vegetated forest soils revealed by high-throughput sequencing of nifH gene. Applied Microbiology and Biotechnology, 103(2): 995-1005.

Muyzer G, Smalla K. 1998. Application of denaturing gradient gel electrophoresis (DGGE) and temperature gradient gel electrophoresis (TGGE) in microbial ecology. Antonie Van Leeuwenhoek International Journal of General and Molecular Microbiology, 73(1): 127-141.

Peng G X, Ji P F, Zhao F Q. 2016. A novel codon-based de Bruijn graph algorithm for gene construction from unassembled transcriptomes. Genome Biology, 17: 232.

Pinto A J, Schroeder J, Lunn M, et al. 2014. Spatial-Temporal Survey and Occupancy-Abundance Modeling To Predict Bacterial Community Dynamics in the Drinking Water Microbiome. MBio, 5(3): e01135-14.

Pointing S B, Fierer N, Smith G J D, et al. 2016. Quantifying human impact on Earth's microbiome. Nature Microbiology 1(9): 16145.

Radajewski S, McDonald I R, Murrell J C. 2003, Stable-isotope probing of nucleic acids: a window to the function of uncultured microorganisms. Current Opinion in Biotechnology, 14(3): 296-302.

Ren Y H, Niu J J, Huang W K, et al. 2016. Comparison of microbial taxonomic and functional shift pattern along contamination gradient. Bmc Microbiology, 16: 110.

Semrau J D. 2011. Current knowledge of microbial community structures in landfills and its cover soils. Applied Microbiology and Biotechnology, 89(4): 961-969.

Shade A, Jones S E, Caporaso J G, et al. 2014. Conditionally rare taxa disproportionately contribute to temporal changes in microbial diversity. mBio, 5(3): e01135-14.

Shen H, Lu Z Y, Xu Z H, et al. 2017. Associations among dietary non-fiber carbohydrate, ruminal microbiota and epithelium G-protein-coupled receptor, and histone deacetylase regulations in goats. Microbiome, 5: 123.

Shi W Y, Ji P F, Zhao F Q. 2017. The combination of direct and paired link graphs can boost repetitive genome assembly. Nucleic Acids Research, 45(6): e43.

Spencer S J, Tamminen M V, Preheim S P, et al. 2016. Massively parallel sequencing of single cells by epicPCR links functional genes with phylogenetic markers. Isme Journal, 10(2): 427-436.

Speth D R, Zandt I, Guerrero C, et al. 2016. Genome-based microbial ecology of anammox granules in a full-scale wastewater treatment system. Nature Communications, 7: 11172.

Stahl D A, Lane D J, Olsen G J, et al. 1984. Analysis of Hydrothermal Vent-Associated Symbionts by Ribosomal-Rna Sequences. Science, 224(4647): 409-411.

Stegen J C, Lin X J, Konopka A E, et al. 2012. Stochastic and deterministic assembly processes in subsurface microbial communities. Isme Journal, 6(9): 1653-1664.

Streit W R, Schmitz R A. 2004. Metagenomics - the key to the uncultured microbes. Current Opinion in Microbiology, 7(5): 492-498.

Su J Q, Wei B, Yang O, et al. 2015. Antibiotic Resistome and Its Association with Bacterial Communities during Sewage Sludge Composting. Environmental Science & Technology, 49(12): 7356-7363.

Sun H F, Shi B Y, Bai Y H, et al. 2014. Bacterial community of biofilms developed under different water supply conditions in a distribution system. Science of the Total Environment, 472: 99-107.

Sun H Y, Wu Y H, Zhou J, et al. 2016. Variations of bacterial and fungal communities along a primary successional chronosequence in the Hailuogou glacier retreat area (Gongga Mountain, SW China). Journal of Mountain Science, 13(9): 1621-1631.

Tao B, Donnelly J, Oliveira I, et al. 2017. Enhancement of microbial density and methane production in advanced anaerobic digestion of secondary sewage sludge by continuous removal of ammonia. Bioresource Technology, 232: 380-388.

Tian Z, Zhang Y, Li Y Y, et al. 2015. Rapid establishment of thermophilic anaerobic microbial community during the one-step startup of thermophilic anaerobic digestion from a mesophilic digester. Water Research, 69: 9-19.

Tian Z, Zhang Y, Yu B, et al. 2016. Changes of resistome, mobilome and potential hosts of antibiotic resistance genes during the transformation of anaerobic digestion from mesophilic to thermophilic. Water Research, 98: 261-269.

Tong X L, Xu J, Lian F M, et al. 2018. Structural Alteration of Gut Microbiota during the Amelioration of Human Type 2 Diabetes with Hyperlipidemia by Metformin and a Traditional Chinese Herbal Formula: a Multicenter, Randomized, Open Label Clinical Trial. MBio, 9(3).

Torsvik V, Sorheim R, Goksoyr J. 1996. Total bacterial diversity in soil and sediment communities - A review. Journal of Industrial Microbiology, 17(3-4): 170-178.

Turnbaugh P J, Ley R E, Hamady M, et al. 2007. The Human Microbiome Project. Nature, 449(7164): 804-810.

Van Nostrand J D, Yin H, Wu L, et al. 2016. Microbial Environmental Genomics. Martin F and Uroz S. Methods in Molecular Bidogy. Borlin: Springor.

Walter J, Britton R A, Roos S. 2011. Host-microbial symbiosis in the vertebrate gastrointestinal tract and the Lactobacillus reuteri paradigm. Proceedings of the National Academy of Sciences of the United States of America, 108: 4645-4652.

Wang F H, Qiao M, Su J Q, et al. 2014. High Throughput Profiling of Antibiotic Resistance Genes in Urban Park Soils with Reclaimed Water Irrigation. Environmental Science & Technology, 48(16): 9079-9085.

Wang K, Liao M F, Zhou N, et al. 2019. Parabacteroides distasonis Alleviates Obesity and Metabolic Dysfunctions via Production of Succinate and Secondary Bile Acids. Cell Reports, 26(1): 222-235.

Wang S B, Dos Santos A L A, Huang W, et al. 2017a. Driving mosquito refractoriness to Plasmodium falciparum with engineered symbiotic bacteria. Science, 357(6358): 1399-1402.

Wang T, Zhang D, Dai L L, et al. 2018. Magnetite Triggering Enhanced Direct Interspecies Electron Transfer: A Scavenger for the Blockage of Electron Transfer in Anaerobic Digestion of High-Solids Sewage Sludge. Environmental Science & Technology, 52(12): 7160-7169.

Wang X B, Lü X T, Yao J, et al. 2017b. Habitat-specific patterns and drivers of bacterial β-diversity in China's drylands. The Isme Journal, 11: 1345-1358.

Wei G, Lai Y L, Wang G D, et al. 2017a. Insect pathogenic fungus interacts with the gut microbiota to accelerate mosquito mortality. Proceedings of the National Academy of Sciences of the United States of America, 114(23): 5994-5999.

Wei M, Hu G Q, Wang H, et al. 2017b. 35 years of manure and chemical fertilizer application alters soil microbial community composition in a Fluvo-aquic soil in Northern China. European Journal of Soil Biology, 82: 27-34.

Wong S H, Zhao L, Zhang X, et al. 2017. Gavage of Fecal Samples From Patients With Colorectal Cancer Promotes Intestinal Carcinogenesis in Germ-Free and Conventional Mice. Gastroenterology, 153(6): 1621-1633.

Xia T, Lai W Q, Han M M, et al. 2017. Dietary ZnO nanoparticles alters intestinal microbiota and inflammation response in weaned piglets. Oncotarget, 8(39): 64878-64891.

Xia Z W, Bai E, Wang Q K, et al. 2016. Biogeographic Distribution Patterns of Bacteria in Typical Chinese Forest Soils. Frontiers in Microbiology, 7: e69705.

Xiao K Q, Li B, Ma L P, et al. 2016. Metagenomic profiles of antibiotic resistance genes in paddy soils from South China. Fems Microbiology Ecology, 92(3): 1-6.

Xu D P, Jiao N Z, Ren R, et al. 2017a. Distribution and Diversity of Microbial Eukaryotes in Bathypelagic Waters of the South China Sea. Journal of Eukaryotic Microbiology, 64(3): 370-382.

Xu Z W, Yu G R, Zhang X Y, et al. 2017b. Soil enzyme activity and stoichiometry in forest ecosystems along the North-South Transect in eastern China (NSTEC). Soil Biology & Biochemistry, 104: 152-163.

Yan Q, Bi Y, Deng Y, et al. 2015. Impacts of the Three Gorges Dam on microbial structure and potential function. Scientific Reports, 5: 8605.

Yang J, Jiang H C, Wu G, et al. 2016. Distinct Factors Shape Aquatic and Sedimentary Microbial Community Structures in the Lakes of Western China. Frontiers in Microbiology, 7: 1782.

Yang J, Yang Y, Wu W M, et al. 2014. Evidence of Polyethylene Biodegradation by Bacterial Strains from the Guts of Plastic-

Eating Waxworms. Environmental Science & Technology, 48(23): 13776-13784.

Yang W, Guo Y T, Wang X C, et al. 2017. Temporal variations of soil microbial community under compost addition in black soil of Northeast China. Applied Soil Ecology, 121: 214-222.

Yang Y D, Ren Y F, Wang X Q, et al. 2018. Ammonia-oxidizing archaea and bacteria responding differently to fertilizer type and irrigation frequency as revealed by Illumina Miseq sequencing. Journal of Soils and Sediments, 18(3): 1029-1040.

Yang Y, Yang J, Wu W M, et al. 2015a. Biodegradation and Mineralization of Polystyrene by Plastic-Eating Mealworms: Part 1. Chemical and Physical Characterization and Isotopic Tests. Environmental Science & Technology, 49(20): 12080-12086.

Yang Y, Yang J, Wu W M, et al. 2015b. Biodegradation and Mineralization of Polystyrene by Plastic-Eating Mealworms: Part 2. Role of Gut Microorganisms. Environmental Science & Technology, 49(20): 12087-12093.

Yao X M, Zhang C H, Xing Y, et al. 2017. Remodelling of the gut microbiota by hyperactive NLRP3 induces regulatory T cells to maintain homeostasis. Nature Communications, 8: 1896.

Yao X, Zhang N, Zeng H, et al. 2018. Effects of soil depth and plant-soil interaction on microbial community in temperate grasslands of northern China. Science of the Total Environment, 630: 96-102.

Yuan W Z, Su X S, Cui G, et al. 2016. Microbial community structure in hypolentic zones of a brine lake in a desert plateau, China. Environmental Earth Sciences, 75(15): 1132.

Zhai Q, Cen S, Jiang J, et al. 2019. Disturbance of trace element and gut microbiota profiles as indicators of autism spectrum disorder: A pilot study of Chinese children. Environmental research, 171: 501-509.

Zhang C H, Yin A H, Li H D, et al. 2015a. Dietary Modulation of Gut Microbiota Contributes to Alleviation of Both Genetic and Simple Obesity in Children. Ebiomedicine, 2(8): 968-984.

Zhang D, Ji H, Liu H, et al. 2016a. Changes in the diversity and composition of gut microbiota of weaned piglets after oral administration of Lactobacillus or an antibiotic. Applied Microbiology and Biotechnology, 100(23): 10081-10093.

Zhang H, Chang F, Shi P, et al. 2019a. Antibiotic Resistome Alteration by Different Disinfection Strategies in a Full-Scale Drinking Water Treatment Plant Deciphered by Metagenomic Assembly. Environmental Science & Technology, 53(4): 2141-2150.

Zhang J, Guo Z, Xue Z S, et al. 2015b. A phylo-functional core of gut microbiota in healthy young Chinese cohorts across lifestyles, geography and ethnicities. Isme Journal, 9(9): 1979-1990.

Zhang Q F, Tang F Y, Zhou Y J, et al. 2015c. Shifts in the pelagic ammonia-oxidizing microbial communities along the eutrophic estuary of Yong River in Ningbo City, China. Frontiers in Microbiology, 6: 1180.

Zhang X M, Johnston E R, Liu W, et al. 2016b. Environmental changes affect the assembly of soil bacterial community primarily by mediating stochastic processes. Global Change Biology, 22(1): 198-207.

Zhang Y, Tian Z, Liu M M, et al. 2015d. High Concentrations of the Antibiotic Spiramycin in Wastewater Lead to High Abundance of Ammonia-Oxidizing Archaea in Nitrifying Populations. Environmental Science & Technology, 49(15): 9124-9132.

Zhang Y, Xie J P, Liu M M, et al. 2013. Microbial community functional structure in response to antibiotics in pharmaceutical wastewater treatment systems.Water Research, 47(16): 6298-6308.

Zhang Z G, Xu D M, Wang L, et al. 2016c. Convergent Evolution of Rumen Microbiomes in High-Altitude Mammals. Current Biology, 26(14): 1873-1879.

Zhang Z H, Wang L, Shao L. 2010. Study on Relationship Between Characteristics of DOC and Removal Performance by BAC Filter. 2010 4th International Conference on Bioinformatics and Biomedical Engineering (Icbbe 2010).

Zhang Z J, Deng Y, Feng K, et al. 2019b. Deterministic Assembly and Diversity Gradient Altered the Biofilm Community Performances of Bioreactors. Environmental Science & Technology, 53(3): 1315-1324.

Zhao L P, Zhang F, Ding X Y, et al. 2018. Gut bacteria selectively promoted by dietary fibers alleviate type 2 diabetes. Science, 359(6380): 1151-1156.

Zheng B X, Zhu Y G, Sardans J, et al. 2018a. QMEC: a tool for high-throughput quantitative assessment of microbial functional potential in C, N, P, and S biogeochemical cycling. Science China-Life Sciences, 61(12): 1451-1462.

Zheng H, Dietrich C, Brune A. 2017a. Genome analysis of endomicrobium proavitum suggests loss and gain of relevant functions during the evolution of intracellular symbionts. Applied and Environmental Microbiology, 83(17).

Zheng H, Dietrich C, Hongoh Y, et al. 2016a. Restriction-modification systems as mobile genetic elements in the evolution of an intracellular symbiont. Molecular Biology and Evolution, 33(3): 721-725.

Zheng H, Dietrich C, Radek R, et al. 2016b. Endomicrobium proavitum, the first isolate of endomicrobia class. Nov (phylum Elusimicrobia)- an ultramicrobacterium with an unusual cell cycle that fixes nitrogen with a group IV nitrogenase. Environmental Microbiology, 18(1): 191-204.

Zheng H, Nishida A, wong K, et al. 2016c. Metabolism of toxic sugars by strains of the bee gut symbiont gilliamella apicola. MBio, 7(6): e01326.

Zheng H, Powell J E, Steele M I, et al. 2017b. Honeybee gut microbiota promotes host weight gain via bacterial metabolism and hormonal signaling. Proceedings of the National Academy of Sciences of the United States of America, 114(18): 4775-4780.

Zheng H, Steele M I, Leonard S P, et al. 2018b. Honey bees as models for gut microbiota research. Lab Animal, 47(11): 317-325.

Zheng P, Zeng B, Liu M, et al. 2019. The gut microbiome from patients with schizophrenia modulates the glutamate-glutamine-GABA cycle and schizophrenia-relevant behaviors in mice. Science advances, 5(2): eaau8317.

Zinger L, Gobet A, Pommier T. 2012. Two decades of describing the unseen majority of aquatic microbial diversity. Molecular Ecology, 21(8): 1878-1896.

供稿：杨　敏，张　昱，邓　晔

# 第12章 森林生态学研究进展

## 1 引　言

　　森林生态学是生态学的一个重要的分支学科领域，同时作为林学的一个基础分支学科领域，是研究森林与其环境相互关系的科学。森林生态学的研究内容主要包括林木组成、结构、生长、发育、种群变化与各种环境因子的关系；森林生物的种间关系、种群动态及其对环境的响应和适应；森林群落的组成、结构及发生、发展、演替规律；森林生态系统的结构与功能及其对环境变化的响应与适应；森林景观格局、生态过程、干扰体系与动态变化；森林对环境的影响和作用以及森林生态系统管理的生态学原理和技术体系等内容。森林生态学的研究目的是阐明森林生态系统的结构、功能、动态演替及其调节机制，为保护和不断扩大森林资源、提高森林质量、健康和稳定性，充分发挥森林生态系统的多种服务功能和维护地球系统的生态平衡提供理论依据。

　　我国森林生态学的研究始终瞄准国际森林生态学的前沿，同时立足于我国独特的森林类型、区域分布以及森林资源经营管理中的重大生态学问题而不断发展。中国生态学学会创立于1979年，恰好适逢中国实施改革开放，以启动"三北防护林工程"建设为标志的中国林业发展进入了林业生态建设的新阶段。伴随着我国天然林资源保护工程、"三北"和长江中下游地区等重点防护林体系建设工程、退耕还林还草工程、环北京地区防沙治沙工程、野生动植物保护及自然保护区建设工程等重点林业生态工程的相继实施，实现了我国森林面积和蓄积持续"双增长"，区域生态环境得到了极大改善。但是，作为一个发展中国家的人口大国，由于长期以来不合理的森林资源开发利用，加之全球气候变化等因素的影响，我国仍然是一个生态环境脆弱的国家，森林资源总量不足、质量不高，森林破坏和森林退化的问题尚未得到根本扭转，森林生态系统的保护、恢复和健康还面临着严峻的挑战，生态环境问题依然是制约我国经济社会可持续发展的重要短板，远远不能满足生态文明建设的要求和人民日益增长的美好生活需求。当前，我国正在大力加强生态建设，实施山水林田湖草系统治理，森林生态学的发展必将成为我国建设生态文明和美丽中国的重要理论与技术支撑。

　　回顾森林生态学过去40年的发展历程，森林生态学研究内容不断丰富、研究尺度不断拓展，正日趋广泛地与自然科学的其他学科紧密融合，成为林学和生态学学科发展的重要基础，并在森林资源管理与森林生态系统保护与可持续经营中发挥着愈来愈大的作用。目前，森林生态学已由阐明森林与其环境相互关系、指导森林培育和森林经营的经典原理，发展为指导人类科学合理地处理人与森林的相互关系、最大程度地发挥森林生态系统服务功能以增加人类社会的福祉和维持地球系统的平衡、健康和可持续性的科学。当前世界上的许多重大全球性问题，如气候变化、生物多样性保护、能源、环境、资源利用等都与森林密切相关，都涉及森林生态学研究的范畴。森林生物多样性理论和分子生物学技术已成功应用于全球不同地区的森林生物多样性演化、物种共存和濒危动植物的保育研究。森林生态系统长期研究网络、多种气候模式的情景预测以及地气交换技术的发展极大地推动了全球、区域、样带和生态系统等不同尺度森林对气候的响应和适应的研究。遥感和地理信息系统等空间技术的应用促进形成了大尺度景观森林生态学的发展。森林生态学和森林水文学的交叉融合衍生了森林生态水文学新的交叉学科。森林生态学与森林经营学等学科间的融合推动了退化森林的适应性恢复、可持续经营和生态系统综合管理等新的交叉学科领域。微观分子技术和宏观空间分析技术以及森林生态学与社会经济等学科的融合促进了功能生态学的发展、森林生态系统服务功能评估、森林自然资产核算和森林生态效益补偿等新的研究领域。总之，应用现代科学技术与理论，提升森林生态系统结构与功能动态变化规律的认识，建立更加符合自然过程和人类管理需求的生态系统模式，客观准确评价和预测森林生态系统对环境变化的响应和适应，提出最佳的森林生态系统的设计和经营管理方案，已成为当今森林生态学发展的重要任务。

## 2 学科发展历程

森林生态学溯源于19世纪后期和20世纪初期的造林学、营林学。伴随植物地理学和植物生态学的发展以及林学基本理论知识的积累和生产实践发展的需求，森林生态学逐渐应运而生。欧美等发达国家林业的发展促进了林学中关于森林与环境的关系的科学认识，各环境因子、立地条件对造林、营林的影响，以及树种生态学特性等问题的研究。同时期的植物地理学、植物生态学的发展也促进了对森林类型、分布，森林群落的组成、结构和演替的研究。与造林学、营林学等林学基础学科不同，森林生态学除了研究一个具体对象的经营问题外，主要通过考虑森林自身的发育规律、森林环境、动植物和微生物有机体，以及这些有机体的变化、结构和功能特征，及其对环境变化的响应和适应等，科学指导森林的经营和管理，具有重要的理论基础和实践经营目的。从现在森林生态学的发展来看，这就是森林生态系统的可持续经营。20世纪50年代，生态学基础理论有了长足的发展，明确形成了以森林为对象，以研究森林与环境相互关系等自然规律为任务的森林生态学。因此，森林生态学是林学的一个分支，也是生态学的一个分支。20世纪70年代，森林生态学日臻成熟，并作为独立的分支学科不断完善与发展。这期间系统性代表著作包括日本只也良夫著的《森林生态》和美国S.H.Spurr等著的《森林生态学》，都把森林生态学作为独立的学科加以系统介绍。20世纪80年代以来，由于全球生态系统研究的迅速发展，森林生态学研究也不断扩展和深入，学术专著大量出版，其中代表性的著作有1985年美国R.H.Waring等著的《森林生态系统概念及经营》和1987年加拿大大不列颠哥伦比亚大学教授J.P.Kimmins所著的《森林生态学》，成为国际上森林生态学科的经典之作。同时，国际上先后发起的全球性的研究计划，如国际生物学计划（IBP）、人与生物圈计划（MAB）、国际地圈生物圈计划（IGBP）、国际水文计划（IHP）、热带学10年计划、世界气候研究计划（WCRP）、全球环境监测系统（GEMS）等，涉及全球各类森林生态系统，研究森林植被参与区域或全球的水、热、气、碳、物质元素的生物地球循环过程，以及影响生物圈、地圈、大气圈的全球变化的机制。这些重大的国际科学研究计划极大地促进了森林生态学的发展，尤其是森林生态系统的长期定位观测研究，推动了森林生态系统长期观测向网络化、规范化和国际化的发展。

我国森林生态学学科虽然起步较晚，但发展相对较快。总体来看，我国森林生态学的发展过程经历了从物种分布和森林经营的基础研究到生态系统能量流动和物质循环规律的生态系统研究，从对森林生物生长发育与环境关系的探索到今天森林在生物多样性保护、全球气候变化、生态环境建设和可持续发展中的作用研究等。

自20世纪50年代始，为适应我国林业生产建设和调查设计的发展需要，我国森林生态学研究的内容最先是进行了对各天然林区的综合调查研究，在各林区的自然地理、森林植物区系、树种地理分布、森林类型分类、土壤类型及其理化性质、林木生长过程等方面积累了大量科学资料，为林区开发，编制施业方案和整体规划设计提供了科学依据。20世纪50年代开始的全国天然林区调查，在推动森林生态学学科发展方面发挥了重要作用。中国林业科学研究院森林生态学研究早在20世纪50年代初就在我国川西亚高山林区开始了相关的研究工作。如1960年，与四川林业科学研究所合作，在川西米亚罗建立了我国第一个天然林区森林长期定位试验观测站，开展了川西亚高山森林结构与功能以及森林水文学的研究，开创了我国这一领域研究的先河。最早完成了我国森林土壤分布、中国森林立地分类的研究，继后开展的中国森林生态系统结构与功能以及林木栽培生态、经营生态、环境生态和森林采伐的水文影响等方面的长期定位观测研究,取得了多项可喜研究成果,不仅为国家林业发展和森林保护提供了科技支撑,而且极大地促进了我国森林生态学的初期发展。

20 世纪 90 年代初,以中国林业科学研究院为牵头单位,通过与高校和其他科研单位合作,依托我国不同地理区的森林生态站,第一次完成了中国森林生态系统结构与功能规律的综合集成研究,包括森林地理分布格局、森林群落的组成结构、生物生产力、养分循环利用、水文生态功能和能量利用等基本规律。IBP、MAB 等国际计划的实施,极大地促进了我国生态系统生态学的研究,把森林生态学研究变为一种大尺度、高投入、长期性的过程,这也是森林生态系统自身的复杂性和多样性所决定的。2000 年以来,观测、试验和模拟等一系列新的研究方法不断涌现,极大地促进我国森林生态系统进行长期观测和定位研究的发展。如中国科学院、国家林业和草原局在全国不同地区建立了长期森林生态系统研究定位站,长期定点观测森林生态系统的动态变化,并采用全球定位系统和卫星图片等研究森林植被动态和生物多样性等。面向国家重大需求,紧密结合林业生态工程建设、生态学学科发展等需求,综合考虑植被气候区划、森林类型、生态工程区、学科领域等因素,兼顾面向国际科学前沿和相关学科发展,突出综合性、典型性和战略性,优化资源配置,优先重点区域建设,逐步建立了层次清晰、目标明确、布局合理、功能完善、体系完整的森林生态系统长期定位观测研究网络。目前,中国森林生态系统定位研究网络(Chinese forest ecosystem research network, CFERN, https://www.cfern.org/)已经发展成为横跨 30 个纬度、代表不同气候带的由 73 个森林生态站组成的网络,基本覆盖了我国主要典型生态区,涵盖我国从寒温带到热带、湿润地区到极端干旱地区的最为完整和连续的植被和土壤地理地带系列,主要包括东北温带针叶林及针阔叶混交林区、华北暖温带落叶阔叶林及油松侧柏林区、华东中南亚热带常绿阔叶林及马尾松杉木竹林区、云贵高原亚热带常绿阔叶林及云南松林区、华南热带季雨林雨林区、西南高山峡谷针叶林区、内蒙古东部森林草原及草原区、蒙新荒漠半荒漠及山地针叶林区、青藏高原草原草甸及寒漠区等。持续开展了主要类型森林生态系统长期定位观测、生态保护和恢复机制及关键技术研究,有力支撑了森林生态学基础理论研究和国家重大生态工程建设,为林业的转型发展和国家生态建设发挥了重要作用。

近几十年来,由于人类对环境问题和气候变化的重视,一些与环境问题和气候变化相关的研究方向成为森林生态学近 20 年来的重点。以气候变化、土地利用和土地覆盖变化为背景,依托森林生态系统定位研究站和重点实验室,通过生态学、水文学、气象学、地球系统科学等学科交叉,我国森林生态学学科从传统的动植物种群和群落的研究,已经深入到生物多样性保护、植被恢复、全球变化和可持续发展等领域。在森林生物多样性维持机制、森林生态水文过程耦合与尺度效应、森林对气候变化的响应与适应、退化森林生态系统的修复与重建、农林复合系统经营、森林植被水土保持与水源涵养功能、森林固碳增汇机制、森林生态系统服务功能评价和森林多目标经营等方面,取得了国内外同行认可的创新性成果,为新时代森林生态学的发展奠定了坚实基础。

## 3 前沿领域现状与趋势

### 3.1 全球气候变化及森林的响应与适应

森林是陆地生态系统的主体,在全球碳循环和减缓全球气候变化中发挥特殊重要的作用。2007 年 6 月我国发布实施了《中国应对气候变化国家方案》,并把林业纳入我国减缓和适应气候变化的重点领域。全球气候变化与森林之间关系的研究是以提高林业应对气候变化能力为目标,观测与分析我国气候变化敏感区域林木生长和更新、物候、永冻层、树线等对气候变化的响应,研究气候变化对我国重要造林树种、珍稀濒危物种以及森林植被地理分布和森林生产力的影响,森林碳汇/源的时空格局,森林碳汇监测与计量,初步建立了多尺度、多元数据整合的全国林业碳汇计量监测技术体系。以提高森林碳汇能力为经营目标，重点研究了退化土地造林再造林固碳、高碳储量森林结构优化、森林碳储量提升与固碳潜力模拟、碳汇林定向培育与适应性经营以及土壤碳管理（Liu et al.，2013）。通过对森林碳汇及其相关过程的研究，提升了我国林业应对气候变化的能力。

近年来的标志性研究成果包括：中国林业科学研究院主持的两项林业公益性行业科研专项"中国森林对气候变化的响应与林业适应对策研究（200804001）"和"气候变化对森林水碳平衡影响及适应性生态恢复（201404201）"的研究成果，揭示了过去50年来我国东北林区、西南林区、南方林区等三大林区的气候变化及其区域差异，定量预估了三大林区的未来气候变化趋势；定量评估了气候变化对我国主要森林植被/树种/珍稀物种分布以及森林生产力的影响（刘世荣，2013）；揭示了干旱、低温等极端气候条件下我国主要病虫害爆发的诱因、病虫害发生规律及寄主应答响应特征，提出了极端气候干扰条件下减弱病虫害危害的林分管理经营策略（国家林业局森林病虫害防治总站，2012）；建立了我国西南林区和东北林区森林火险预测评估模型，预测了林区历史和未来林火火险期和林火时空动态变化特征，提出了气候变化背景下森林火灾防控对策与应对措施（田晓瑞等，2010，2016；于宏洲等，2018）。完善了森林长期监测网络体系，并编制了森林碳、氮、水动态监测的技术标准和方法，如"森林生态系统长期定位观测方法（GB/T 33027—2016）"和"森林生态系统长期定位观测指标体系（GB/T 35377—2017）"，发展了我国森林碳汇评价和预测的植被动态的多时空尺度碳循环过程模型体系；提出了考虑环境整体性的新的"发展中国家通过减少砍伐森林和减缓森林退化而降低温室气体排放，增加碳汇"等（REDD+）政策与融资机制构架，以及土地利用、土地利用变化和林业（LULUCF）议题的对策建议，为我国林业应对气候变化政策决策、国际谈判和履约以及林业应对气候变化国际合作等方面提供了科技支撑。

在中国森林碳收支研究方面，具有国际影响的代表性研究成果是，2018年4月，我国科学家在《美国科学院院刊》（PNAS）以专辑形式发表了中国科学院战略性先导科技专项"应对气候变化的碳收支认证及相关问题"之"生态系统固碳"的7篇研究论文，为研究中国植被生产力和碳收支提供了大量实测数据。该系列研究量化了包括森林在内的中国陆地生态系统固碳能力的强度和空间分布，在国家尺度上证明了我国重大生态工程的固碳作用显著。该研究证实，在我国碳排放量最大的2001～2010年期间，陆地生态系统年均固碳2.01亿吨，相当于7.37亿吨二氧化碳，抵消了同期中国化石燃料碳排放量的14.1%；其中，森林生态系统贡献了约80%的固碳量；同时，我国重大生态工程（如天然林保护工程、退耕还林工程、退耕还草工程以及长江和珠江防护林工程等）和秸秆还田农田管理措施的实施，分别贡献了中国陆地生态系统固碳总量的36.8%和9.9%。上述研究成果为中国应对气候变化的国际谈判提高了话语权，也体现了中国科学家在这一领域的研究从跟踪、并行到领跑的飞跃（Fang et al.，2018）。

此外，中国林业科学研究院牵头的林业公益性行业科研专项"典型森林土壤碳储量分布格局及变化规律研究"（201104008），制定了林业行业规范《森林土壤碳储量调查技术规范》；构建了典型森林土壤碳储量深度分布模型；建立了我国主要气候带典型森林土壤有机碳空间数据库，完善了我国森林土壤有机碳调查方法，提高了森林土壤有机碳的计量精度，为绘制完成我国森林土壤碳储量分布图提供了技术支持。基于政府间气候变化专门委员会（IPCC）国家温室气体清单指南，中国林业科学研究院还开发了林业碳计量与核算系统，该体系不仅与国际规则和方法接轨，同时兼顾了我国土地利用和林业的特点，尤其包括了我国温室气体自愿减排交易体系下的林业碳汇项目方法学，具有较强的实用性。根据《2017年林业和草原应对气候变化政策与行动白皮书》，我国已完成了首次全国LULUCF碳汇计量监测1.64万个监测样地的数据测算，编制了《首次全国LULUCF碳汇计量监测成果报告》，制作了全国森林碳储量分布图，制定印发了《第二次全国土地利用、土地利用变化与林业（LULUCF）碳汇计量监测方案》。由浙江农林大学主持完成的"竹林生态系统碳汇监测与增汇减排关键技术及应用"成果，获得2017年度国家科学技术进步奖二等奖。

## 3.2 森林生态系统服务功能协同/权衡与多目标经营

生态系统服务功能是人类赖以生存和发展的基础。从生态系统、区域、国家等不同尺度开展森林生态系统的服务功能的系统研究，认识森林生态系统服务功能的形成与调控机制，开展森林生态系统服务功能的评估、权衡/协调及优化，已经成为国内外森林生态学的研究前沿和热点。

人工林在木材生产、环境改善、景观建设和减缓气候变化等方面具有显著的生态系统服务功能。但是，目前我国人工林存在质量较差、结构不尽合理、生产力不高、生态功能较弱和生态稳定性低等问题。针对未来人工林面积继续增加受到适宜发展空间的严重制约和气候变化带来的现实和潜在的影响，我国的人工林经营方式亟需从追求木材产量的单一目标经营转向提升生态系统服务质量和效益的多目标经营（刘世荣等，2018）。围绕人工林生态系统生产力形成机制、人工林生态系统结构对养分平衡的影响机制和人工林生态系统生态功能与生产功能（木材生产）的权衡与协同关系这3个关键科学问题，国家重点基础研究发展计划（973计划）项目"我国主要人工林生态系统结构、功能与调控研究"，以我国面积较大主要的树种（杉木、落叶松、杨树等）人工林生态系统为对象，开展了人工林生态系统生产力形成机理、结构对养分平衡的影响、主要生态功能与木材生产权衡关系及人工林生态系统结构优化原理与功能评估等4个方面的系统研究。据此，提出了人工林生态系统结构优化、功能提升的调控对策，为实现人工林功能高效、健康稳定提供了科学支撑，并促进了人工林生态学研究领域的发展（朱教君和张金鑫，2016）。代表性的研究成果包括：通过种源替代、施肥、不同强度侧枝遮荫（模拟种植密度强弱）等人为调控措施，从个体和种群水平上找出了连栽杉木人工林生产力下降的原因（Dong et al.，2015），阐明了杉木人工林生态系统生产力的制约机制，表明连栽显著降低杉木生长，更换种源能够提高杉木的生长，并且能减轻连栽对杉木生长带来的不利影响。杨树通过抑制根系对磷、氮的获取和同化并提高磷、氮的利用效率来适应磷、氮匮乏的环境（Gan et al.，2016）。此外，还综合评估了杉木、落叶松人工林生态系统在景观/区域尺度上的现实/长期生产力与固碳潜力。

进入新时代，"绿水青山就是金山银山"的理念彰显了国家对现代林业中木材生产与生态服务协同发展的现实需求。人工林经营目标经历了从追求木材产量的单一目标经营向木材生产和生态系统服务协同多目标经营的战略转变（Liu et al.，2014）。党的十八大以来，我国生态文明和美丽中国建设对林业提出了新要求，即着力提升人工林质量、木材供给能力，改善人工林结构、提高生物多样性及维持地力和长期生产力，有效权衡和协同人工林木材生产主导功能与生态系统服务功能等多目标经营。为此，中国林业科学研究院主持的国家"十一五"和"十二五"科技支撑计划等项目，研究制定了南亚热带多功能人工林大径材培育、固碳减排、地力和生物多样性维护等协同发展的多目标可持续经营策略和技术体系。研建了《红椎大径级目标树经营技术规程》（LY/T 2618—2016）、《红椎目标树选择技术规程》（LY/T 2617—2016）等行业标准，首次提出了我国珍贵树种特大径材的培育技术方法，为我国以择伐成熟目标树为利用方式的森林经营生产实践提供了技术指南。在我国南亚热带地区开展的典型人工林生态系统研究，首次从大径材培育-树种多样性-土壤微生物耦合关系，阐明了人工林生态系统碳增汇功能与稳定性固持的生物调节机制，提出了我国亚热带珍贵树种大径材培育与生态系统服务功能提升相协同的人工林多目标经营模式，以及人工针叶纯林近自然化改造与营建混交林提升人工林生态系统碳固持功能的森林经营调控技术，完善和发展了我国南方人工林固碳增汇、生物多样性与地力提升的多目标经营技术与模式（刘世荣等，2015，2018）。研究发现了针-阔混交、阔-阔混交人工林不但比纯林具有更高的土壤有机碳储量、更低的碳排放，还具有更高的土壤有机碳化学稳定性，并且通过增加土壤细菌群落的生态位分化提高土壤微生物群落的稳定性（Wang et al.，2013；Huang et al.，2017；Zhang et al.，2018）。松杉人工针叶纯林的近自然林改造显著增加了木材收益、林分植物多样性指数、植被和土壤的碳储量，地力和林分质量均得到了显著改善（Ming et al.，2018）。德国技术合作公司驻华高级林业技术顾问、中德合作森林可持续经营项目主任 Berhard von der Heyde 认为，如果中国推广了多功能森林经营模式，对提高全球碳汇和降低温室效应的目标将会作出巨大的贡献（Stone，2009）。

人工造林/再造林是增加森林碳固持、减缓气候变化的重要途径，也是国际上履行气候变化公约的重要措施（IPCC，2013）。中国林业科学研究院和美国西弗吉尼亚大学合作开展了中国人工林和天然林固碳耗水效率的时空变化格局研究，发现人工林和天然林的固碳耗水效率存在明显的空间差异，总体上人工林的水分利用效率低于天然林。在水分不受限制的南方区域，人工林和天然林在耗水上无明显差异。然而，随着干旱度指数升高，人工林在水分受限的气候区，耗水能力显著高于天然林，这可能进一步加剧了干旱区的水资源紧张状况。同时发现，气候变化背景下人工林的耗水对气候变化的敏感性显著高于天然林。为此，我国应慎重考虑干旱、半干旱区域的造林规划，人工林发展对策应该从以面积拓展为主转为森林质量、效益和生态系统服务功能提升（Yu et al.，2018）。

针对森林生态系统服务功能评估亟需规范方法的迫切需要，近年来，开展了森林生态系统服务功能定位观测与评估体系研究，创立了"森林生态系统服务功能分布式测算方法"，发展了森林生态系统物种多样性保育价值评估方法，完成了"中国森林生态系统服务功能评估支持系统"的建设。制定了行业标准《森林生态系统服务功能评估规范》（LY/T 1721—2008）和《森林生态系统长期定位观测方法》（LY/T 1952—2011），构建了包括涵养水源、保育土壤、固碳释氧、营养物质积累、净化大气环境、森林防护、生物多样性保护和森林游憩等 8 个方面科学评估体系。采用"分布式测算方法"，以生态定位站长期定位观测和第八次森林资源清查数据，首次评估了全国的森林生态服务功能的总物质量和总价值量。2018 年 5 月，国家林业和草原局和中国林业科学研究院发布《中国森林资源及其生态功能四十年监测与评估》国家报告。该书首次披露了我国 1973～2013 年实施的 8 次森林资源连续清查的数据规律、变化及原因，首次连续、动态地评估了 40 年间我国的森林生态服务功能。评估结果显示，近 40 年间，我国森林生态功能显著增强，第八次森林清查期我国森林生态系统服务功能总价值量相比第七次增加了 18194.44 亿元（国家林业局中国森林生态系统服务功能评估项目组，2018）。

### 3.3 森林生物多样性维持机制与生态系统功能研究

生物多样性的变化影响生态系统的服务功能，既是对全球变化驱动力影响的反应，也是影响生态系统过程和服务及人类福祉的因素（Chapin et al.，2000）。中国森林生物多样性监测网络（Chinese Forest Biodiversity Monitoring Network，CForBio，http://www.cfbiodiv.org）是近年来发展起来的森林生物多样性监测与研究网络，并加入了全球森林生物多样性监测网络（CTFS-Forest GEO）。截至 2015 年年底，该网络已经建成分布不同地理区的 13 个大型森林固定样地，包括北方森林、温带针阔混交林、暖温带落叶阔叶林、亚热带常绿落叶阔叶混交林、亚热带常绿阔叶林以及热带雨林等类型，已成为支撑我国生态学发展最具影响力及研究进展最快的平台。目前，在海南尖峰岭国家级自然保护区建立的一块面积为 60 ha（900 亩[*]）的热带山地雨林动态监测样地，为世界上迄今为止已建好的单个面积最大、单次监测植株数量最多的森林动态监测样地，现已完成了大样地的植被群落结构和土壤等基本属性的全面调查（许涵等，2015）。

CForBio 开展了森林群落中植物、动物及微生物等结构、动态以及不同营养级之间的相互作用的监测以及内在机理探索（马克平，2014）。基于该平台跨气候带谱的数据，已陆续在国际主流生态学刊物发表了多篇具有国际影响力的学术论文。同时，研究团队也带动了林业、环保和教育部等部门的森林生物多样性动态监测的研究。除了基于森林动态监测大样地的方法研究森林生物多样性之外，近年来，国家自然科学基金委员会和德国科学研究会共同资助了由中国、德国、瑞士三国科学家联合开展的多学科重大

---

[*] 1 亩≈666.7 平方米

国际合作项目——中国亚热带森林生物多样性与生态系统功能实验研究（BEF-China），在江西省德兴市新岗山镇建立了大型森林多树种造林控制实验样地。该项目最具代表性的研究成果发表在国际顶级学术期刊 Science 上，研究发现了物种间的互补效应随着时间显著增强，且互补效应与功能多样性的正相关关系也越来越显著。这表明具有不同功能策略的物种配对可能更高产，营造多树种混交林能实现生物多样性保护和减缓气候变化的双赢（Huang et al.，2018）。

针对树种多样性与人工林生态系统功能和稳定性这一科学问题，中国林业科学研究院森林生态环境与保护研究所在广西凭祥和江西吉安分别建立了亚热带人工林多树种不同混交配置模式的大型野外控制试验平台，试图探究人工林地上树种多样性与地下土壤微生物群落与功能网络的关系，树种多样性对人工林地力、长期生产力和生态系统稳定性的影响机制，最终为人工林生态系统服务提质增效与多目标可持续经营提供理论与技术支撑。通过我国南亚热带典型人工纯林和混交林土壤细菌群落组成和响应的生态学过程的研究，建立了树种混交影响土壤有机质形成的微生物调控机制，即树种混交通过调控土壤微生物群落影响土壤有机质和养分物质循环过程。树种混交显著改变了细菌的群落结构和生存策略，树种混交提高了 K 策略细菌的相对丰富度，而抑制了 r 策略细菌；其中重要的发现是 K 策略细菌与土壤碳矿化显著负相关，r 策略细菌与土壤碳矿化显著正相关。由此表明树种混交可以通过调控土壤微生物的生存策略降低土壤碳矿化，进而有利于提高混交林土壤碳储量（Zhang et al.，2018）。

2012 年，我国启动工程拯救保护极小种群野生植物，各地区根据《全国极小种群野生植物拯救保护工程规划（2011—2015）》制定并实施了当地极小种群植物拯救保护工程。2018 年，发布实施了行业标准《极小种群野生植物保护原则与方法》（LY/T 2938—2018）。近年来，中国林业科学研究院以珍稀濒危、极小种群野生植物保护为目标，重点研究珍稀濒危、濒危野生动植物解濒与再引入，极小种群野生植物生境恢复、资源扩繁、原生境仿生栽培等拯救保护以及种群监测、管理和评价等技术（臧润国等，2016），极大地提高了珍稀濒危、极小种群野生植物的保护与恢复能力。以野生动植物保护及自然保护区建设为目标，重点研究了自然保护区退化生境恢复、典型自然保护区生物多样性保育、功能区优化和生态监测、综合成效评估以及生物资源可持续利用等技术，实现主要保护对象及其生境动态监测。此外，针对以保护大熊猫、东北虎豹和雪豹旗舰物种及其栖息地的监测、保护与修复研究也不断加强，有力地支撑了我国正在实施的以国家公园为主体的自然保护地建设。

## 3.4 森林生态与水文过程的耦合与多尺度效应研究

森林生态水文学是林学、生态学和水文学的交叉学科，它研究的重点突出了森林植被作为水文景观的动态要素，建立森林植被的结构、生长过程、物候的季相变化与水文过程的相互关系，全面客观地阐明森林植被生态与水文过程的多尺度耦合关系，揭示森林植被调节水文循环的过程与机制（刘世荣等，2003）。当代森林生态水文学研究的关键科学问题是全球变化背景下森林生态与水文过程的耦合及多尺度效应。在长江上游的岷江流域，围绕森林植被生态-水文过程耦合机制、尺度效应等核心科学问题，中国林业科学研究院组织的研究团队系统开展了森林植被对流域水文过程影响及其调控机理的研究，建立了大流域分布式生态水文模型和大尺度森林植被蒸散的模拟方法（孙鹏森和刘世荣，2003）；发展了多源生态水文模型的框架，基于 SWAT 建立 SWAT-Minjiang 和基于 IBIS 模型的动态植被-水文模型（IBIS-Minjiang），模拟了气候变化、土地利用覆盖变化的森林植被和水文响应过程（Zhu et al.，2010），定量辨析了气候变化和森林植被变化对流域长期径流量的影响（Zhang et al.，2012）；运用氢氧稳定同位素示踪技术，辨识了流域降水水汽与水文循环过程的主要来源（徐庆等，2006；Zhang et al.，2010）和亚高山森林与高山草甸之间的生态水文景观（Cui et al.，2009），研究了在不同的径流时期不同的水源对河水的贡献率和不同植被配置与径流的关系，指出川西亚高山的 3 个主要树种（冷杉、云杉、白桦）具有不同的、但互补的用水模式，这对于物种共存和由气候变化引起的潜在增加的水分胁迫下维持群落的弹性具有重要意义（Zhang et al.，2011）。在大流域空间尺度，率先实现了森林植被生态-水文过程的耦合，揭示了森林植被格局-生态水文过程动态变化机制及其尺度效应（刘世荣和孙鹏森，2013；孙鹏森等，2016），发展了森林生态水文多尺度观测与跨尺度模拟的理论与方法，推动了大尺度空间生态水文学的发展，提高了流域生态水文学过程及其变化机制的非线性和复杂性的科学认识（刘世荣和孙鹏森，2013），为岷江上游水源涵养林构建和天然林保护工程建设提供理论依据。这方面的研究成果获2015年梁希林业科学技术奖一等奖。

干旱半干旱地区林水关系一直是学术界关注的焦点。近年来，以国家自然科学基金委资助的"黑河计划"为代表，结合野外定位观测，构建了西北地区生态水文研究平台，开展了蒸散耗水、径流形成、植被结构、林水管理等方面的过程机理、模型预测、决策支持、技术标准等研究（Cheng et al.，2014），将植被承载力概念从仅考虑植被水分稳定性扩展到了兼顾林地及流域产水需求；将局限在林分（群落）尺度的植株密度单一承载力指标扩展为从区域到林分的多层指标体系（包括森林覆盖率、植被分布格局、植被类型和树种组成、叶面积指数等林分结构）。比如，通过对祁连山区优势树种青海云杉林的空间分布的研究表明，除气候因子（包括海拔变化引起的气温和降水量变化）外，增加对土壤和坡位等地形因子的考虑，提高了对旱区山地森林分布变化的预测精度，即从区域尺度考虑植被的分布格局（Yang et al.，2018）。此外，研究人员采用稳定O-18同位素法研究了青藏高原沙漠草本和灌木水分来源的季节变化，表明当地原生的草本（苔草和沙打旺）和灌木（黄蒿）在整个生长季主要依赖浅层水（0～30cm），而外来引种灌木（沙棘）可根据有效土壤水含量切换利用土壤浅层和深层水，所有被研究的植物在生长季初期均主要依赖浅层土壤中的水分（Wu et al.，2016），据此提出了分层确定植被承载力的技术途径。同时，还制定了科学、简洁、实用的山地水源林多功能经营技术规程，凝练出了多功能水源林分理想结构，创新了多功能森林合理密度的确定方法；开发了"区域水资源植被承载力计算系统"决策支持工具。

尽管目前在森林植被与水文过程的研究中已取得了一些进展，特别是国内外对于森林在坡面和小流域的水文调节作用已有定论，但是，生态水文过程具有高度的尺度依赖性（Cammeraat，2004），对森林与水之间相互作用的多尺度效应的认识还十分有限。由于缺乏具有普适性的大流域森林变化与水文响应的数量关系、空间异质性和大尺度研究方法局限性等问题（Shaman et al.，2010），导致大流域森林生态水文学研究相对滞后，对大流域尺度森林的水文调节的能力和范围仍存在不确定性和质疑。随着遥感、GIS技术和水文模型的发展，以及20世纪90年代生态水文学的兴起，大尺度空间生态水文学研究关注生态格局和生态水文过程，揭示生态格局和生态过程的水文学机制（Zhou et al.，2015；Wei et al.，2017）。在全球变化背景下，气候变化、土地利用和土地覆盖变化对水文过程影响成为大尺度生态水文学研究的热点问题。但目前仍然依赖水文统计学的方法揭示生态水文过程之间的关联（Zhang et al.，2017）；主流的生态水文模型仍然侧重于单一水文过程的描述，缺乏对于森林植被格局-生态过程与水文响应的系统表达以及多过程、多尺度的耦合与模拟。

大尺度空间生态水文学主要解决以下3个关键问题：①生态与水文过程耦合机制问题。生态学过程与水文学过程发生的时空尺度并不完全一致，如何实现多尺度、多过程的耦合是生态水文学理论上的最大难题（余新晓，2013）。尽管生态-水文耦合过程发生在从叶片到区域上，但重点应在生态系统和景观尺度上解决水碳耦合的理论与方法问题。②大尺度空间生态水文学研究的方法学问题。所谓"大尺度"的典型特征是空间格局的异质性和多过程的融合。大尺度生态水文学发展目前仍受方法学限制，如何从当今海量遥感数据中挖掘有价值的生态水文信息是未来的发展趋势。国外一些大学和研究机构，甚至提出了"遥感生态水文学"的新概念。当前的多光谱、高光谱、高分辨率遥感，以及主动遥感技术在生态水文学上的应用扩展了我们认识森林植被的能力，将空间观测技术运用、整合到生态水文学研究中。③生态水文耦合模拟与多效益权衡问题。以水-碳平衡为主要目标的生态系统综合管理旨在满足森林生态系统内外水循环、碳循环、养分循环以及生物进化过程的有序性和稳定性，进而实现植被生态系统生产力和生态服务功能的协同与权衡（刘宁等，2013a，2013b）。但目前，由于受到不同尺度自然过程的高度变异性、生态系统复杂性和人类活动不可预测性等限制，面对急剧变化的气候和自然生态系统，尚缺乏针对我国流域特点和解决大流域中"山水林田湖草"系统治理、生态保护与修复的科学理论和方法。因此，针对我国大规模森林植被建设与生态恢复的国情，研究森林生态系统水-碳平衡对全球变化的响应规律，发展生态系统水碳平衡调控的基础理论和方法，制定适应全球变化的生态恢复方案，是学术界和决策管理层的双重需要。

### 3.5 森林生态系统保护与恢复

针对生态建设和森林生态系统保护与恢复的科技需求，近年来，森林生态学领域的研究者们重点研发了天然林保护与恢复、困难立地造林及植被恢复、林分结构调控、效益监测与定量评价等关键技术。

在退化天然林生态恢复理论与技术方面，中国林业科学研究院牵头开展了我国主要天然林类型的"天然林保护与生态恢复技术"研究，包括天然林动态干扰及其生物多样性维持机制、典型退化天然林的生态恢复技术、天然林景观恢复与空间经营技术等方面。针对我国不同地区天然林类型的特点，构建了典型退化天然林的生态恢复技术与模式，解决了我国天然林保护工程建设中多项关键技术（刘世荣，2011）。针对热带山地雨林，率先将自然干扰体系与生物多样性维持机制联系起来，阐明了林隙特征及其与生物多样性维持的机制（Zang and Wang，2002），提出了基于天然林中树冠干扰、林隙时空动态和不同树种生活史特性变化相互作用机制的生物多样性动态维持理论框架：自然干扰是天然林物种多样性、群落演替和天然林景观格局动态变化的关键驱动力；天然林中任何一个树种都不可能在一个斑块中永远占有对其有利的生存环境，产生不同树种竞争优势的环境此消彼长；天然林中不同功能群物种之间，借助于林隙时空动态变化实现长期共存和生物多样性维持，这种机制是天然林自然干扰体系和树种生活史特性相互作用的结果（臧润国等，2002；Ding and Zang，2010）。同时，提出了复杂热带天然林功能群的辨识方法，将多物种组成的复杂天然林"降维"成数个功能群基本单元，揭示了主要功能群对变化生境的动态响应和适应的规律（臧润国等，2010），并构建了以功能群为基础的潜在植被重现和景观斑块优化的配置系统。针对东北东部山区低质次生结构不合理和目的树种更新困难的问题，依据次生林上层木径级与密度动态变化关系，提出了次生林模拟自然林隙的林冠上层抚育间伐和林冠下层透光抚育间伐技术，有效地促进了目的树种红松的更新和生长，人工诱导成形成异龄复层结构的阔叶红松林，调整后林分径级结构、树种组成和垂直结构得到改善（胡万良等，2007）。针对川西亚高山退化天然次生林中目的树种更新困难的问题，提出了不同退化/演替阶段天然次生林封育改造和结构调整技术，籍以提高退化天然林中目的树种的更新能力及其种群数量（刘世荣等，2009；刘世荣，2011）。针对我国天然林区严重退化林地，如金沙江流域生态脆弱区的严重退化云南松林"地盘松"，提出了以解决土壤种子库和养分双重限制为目标的人工植被重建和土壤功能修复的协同恢复技术，即采用旱冬瓜（*Alnus nepalensis*）作为生态恢复的驱动种，发挥其固氮和快速生长的驱动效应，加速严重退化林地的生态恢复重建（和丽萍等，2007）。上述成果获得2012年度国家科技进步奖二等奖，并在我国9省的天然林保护工程区推广和应用，显著提高了天然林保护工程的科技含量，提高了天然林的生物多样性、稳定性、健康和生物生产力，以及天然林水源涵养和水土保持等生态效益，明显改善了区域生态环境。

以支撑退耕还林、"三北"及长江中下游防护林等生态工程建设为目标，重点开展了工程区及其重点区域不同尺度防护林体系构建、低效和退化防护林更新与改造及防护林质量与生态功能提升、防护林工程效益量化评价等技术研究。例如，通过整合不同尺度上的土壤侵蚀、面源污染、土地适宜性等评价系统，构建了三峡库区防护林质量调控与优化经营技术体系，取得"三峡库区高效防护林构建及优化技术集成与示范"集成科技成果，成功应用于长江防护林三期工程和三峡后续工作规划，推广应用面积累计达443.5万亩，优化模式的应用可削减径流61.2%～77.4%，减少土壤流失量47.5%～66.3%。该成果获得 2015 年湖北省科技进步奖一等奖。

特别值得指出的是，生态复杂性涉及复杂的生态因子、生态格局、生态功能、动力学过程和控制论机理，其时间的累积性、空间的交互性、尺度的多层性、科学方法的多样性等决定了生态研究的复杂性。面对生态系统和生态环境问题的复杂性，森林生态学正在进一步加强生态系统和生态过程的研究，强化多过程、多尺度、多学科的综合研究。重点研究各种生态过程对外界干扰（自然干扰和人为干扰）的响应，整合分子生物学、"3S"等技术手段，在地下生态系统碳氮循环、陆地生态系统碳-氮-水通量的联网观测及其过程机制、森林生态系统的结构和功能、生产力维持、森林生态系统的恢复力与抵抗力、大尺度物种多样性格局等方面取得了重大突破。

## 4 展 望

### 4.1 加强国际间的合作与交流

加强天然林的保护和恢复，保护森林生物多样性，创新森林经营技术，维持森林的地力和长期生产力，维护森林生态系统稳定健康，提高现有森林的碳汇潜力、林产品产量及环境保护等多目标的生态服务功能，已经成为发展现代林业、建设生态文明、推动森林生态学学科发展的时代要求。我国森林生态学研究起步较晚，在研究手段、实验设计、长期观测与数据积累等方面相对落后于发达国家，取得的原创性的基础理论性研究成果不多，总体上还处于跟踪或并跑阶段。

近些年，我国森林生态学通过不断加强国际合作与交流，推进了定量分析、过程研究和理论性探索，不仅对国际上一些现有理论进行了验证和探讨，还提出了具有创新性的生态学理论和模型。通过加入国际间森林生态系统研究网络和国际科学计划，取得了一些可喜的创新性研究成果，在国际生态学主流学术期刊发表的高水平学术论文呈现不断增加趋势，促进了我国森林生态学学科发展。例如，在森林生态系统功能和可持续经营研究领域，我国通过引进国际上森林生态系统经营技术及森林精细经营技术，结合我国林业需求，建立了适合我国的森林碳增汇及多目标的经营与管理技术体系，从林分—景观—区域进行综合管理，全面提升森林的多种产品与生态服务功能，满足社会对林业的多样化需求。

未来仍要继续开展紧密而富有实效的国际交流与长期合作研究，保持互信和畅通的合作渠道，联合国际生态学和林业研究的相关学术组织合作举办具有国际影响力的学术会议，合作发表高水平的基础理论研究和关注全球生态安全的科研论文，合作培养研究生以及研究人员交流互访，通过学术交流和多种形式的实质性合作研究促进国内森林生态学高水平学科团队建设，提升了科研能力，提高创新能力，加速人才培养和扩大国际影响力。针对当前我国生态文明建设的国家战略需求，围绕国家生态建设的重大科学问题积极开展具有前瞻性、创新性的多尺度、多学科交叉的理论及应用研究，为新时代中国森林生态学的发展注入新的活力、搭建国际合作平台。

### 4.2 重点领域及优先发展方向

#### 4.2.1 森林生物多样性与生态系统功能

依托中国森林生态系统研究观测网络和典型地区天然林与人工林动态监测样地平台，开展典型森林的种群和群落结构特征、功能性状和组配原理研究，分析森林物种多样性形成、维持机制及其生态系统功能；综合运用保护生物学、景观生态学、岛屿生物地理学以及定位跟踪、"3S"和生态模型等理论和方法，研究珍稀濒危动植物的濒危机制和保育策略，气候变化与动物迁徙和栖息地选择利用的生态关系及监测、预警；研究干扰与野生动物种群变化、国家公园等自然保护地的功能区划、网络化监测与信息化保护管理的手段和方法；运用分子生态学方法，研究植物物种多样性与土壤微生物多样性之间的相互关系及其对森林生态系统功能的调控机制；研究全球气候变化和人类活动影响下生物多样性敏感区和脆弱区的适应策略和生物多样性保护对策。综合运用植被生态学、生态水文学、景观生态学的理论与方法，研究典型区域和典型森林类型的结构特征及其生物生产力、森林碳通量、土壤碳积累与转化等森林碳循环过程；研究不同时空尺度生态水文过程的演变、尺度效应与耦合机制；通过多过程耦合和跨尺度模拟，研究水分限制区、水资源敏感区和丰沛区森林生态过程与水文过程的相互作用机理及对区域水资源和环境的调控能力；研究水碳耦合机理及其区域效应；研究变化环境下区域林水综合管理的适应性对策与途径。

### 4.2.2 全球变化下森林生态系统的响应、适应与恢复

基于野外长期观测台站和"3S"技术，运用植被生态、生理生态和生态模型模拟方法，多尺度识别气候变化（特别是极端气候事件）对森林树木和生态系统的影响方式和程度，研究气候敏感区和典型森林对全球变化的响应与适应策略，研究全球变化背景下森林生物生产力和净初级生产力数量特征及其变化规律，及森林结构、分布的适应性变化规律。从生理生态、涡度相关、生长发育与繁殖对策等角度，研究变化环境下森林生态系统的碳水通量、树木对环境胁迫的生理生态适应机制和适应环境变化的对策；研究森林生态系统的退化原因、生态过程和机理，区域森林恢复的适应性评价、生态区划及恢复与重建的生态-生产模式和时空配置；研究土地利用变化和森林经营活动对森林生态系统碳固持和排放过程的影响机理。

### 4.2.3 森林生态系统管理与重大林业生态工程

我国现已迈进了生态文明建设的新阶段，即遵循人、自然、社会和谐发展的社会形态。面对资源约束、环境污染、生态系统退化的严峻形势，利用森林生态学的相关理论指导生态文明建设和美丽中国建设的实践已经成为林学和生态学发展的重要方向。森林生态系统服务功能在我国生态文明建设中的地位日趋显著，着力推进国土绿化、提高森林质量、开展森林城市建设、建设国家公园，新时代对我国森林生态学的发展提出了更高的要求。"十三五"推进林业现代化建设，要重视改善生态、保护资源、维护生物多样性等基本任务，在发展布局上以国家"两屏三带"生态安全战略格局为基础，以服务"一带一路"建设、京津冀协同发展、长江经济带发展三大战略为重点，综合考虑林业发展条件、发展需求等因素，按照山水林田湖草生命共同体的要求，优化林业生产力布局，以森林为主体，系统配置森林、湿地、沙区植被、野生动植物栖息地等生态空间，引导林业产业区域集聚、转型升级，加快构建"一圈三区五带"的林业发展新格局（张建龙，2017）。

针对重大林业生态工程的技术需求，开展天然林生态系统保护与修复和人工林生态系统多目标经营理论与技术研究。人工林生态系统经营，主要研究人工林地力衰退机制与地力和生产力长期维持机制，人工林近自然化改造的生物多样性与生态功能变化，人工林生态系统多目标经营与生态系统服务功能提升；天然林生态系统保护与修复，主要研究天然林生态关键种的保育与种群复壮，天然林非木质资源的可持续利用，森林抚育和采伐对天然林结构与物种多样性的影响，森林火灾对树种天然更新和天然林演替的影响，天然林次生林结构调整与定向恢复，天然林景观优化与空间经营规划。森林生态系统综合管理，以追求生态系统服务权衡、协同和最优为目标，探讨不同区域，不同类型森林优化布局、建设和管理的森林可持续经营理论和技术，为实施"山水林田湖草"系统治理提供科技支撑。运用生态学、生物防治理论和方法，研究森林立地条件、林分结构和经营管理对有害生物的影响和调控机理；研究天敌生物的利用途径及其对森林有害生物控制的生态学机理，研究重大森林有害生物的化学通讯机制及其生态调控和分子调控机理；研究气候变化条件下大尺度重大森林有害生物监测、预警、预报技术，爆发和成灾机理及森林健康的维持机制，综合定量评估和预测变化环境下重点林业生态工程的生态环境效应与演变。

## 4.3 强化学科、平台和人才队伍建设

持续强化森林生态定位研究站和重点实验室等条件平台建设，把长期连续定位观测从单一生态站点逐渐扩展到景观单元、区域和全国尺度。优化森林生态站网总体布局，重点加强各自然地理区典型自然生态系统、国家重点生态工程区和国家公园等重要保护地的森林生态站建设，规范森林生态站建设标准，加强数据资源共享，改善工作条件，为全面推进国家科技创新体系建设服务。在已建成的生态系统定位研究网络的基础上，注重长期数据积累和网络化观测，继续强化数据共享和联网研究的综合集成。

稳定资助学科基础研究、重点方向研究，培育学科新兴研究领域及交叉学科领域，重视资源、平台、数据、信息的整合与传统积累的挖掘与提高，为森林生态学学科持续高水平发展提供保障。采取培养与引进相结合机制，加强学术梯队建设，要依托重大科研和建设项目、重点学科和科研基地以及国际合作与交流项目，加大学科带头人，特别是青年学术拔尖人才的引进、培养力度，积极推进创新团队建设。培养一批既懂生态学又懂林学的科技精英，瞄准国际森林生态学的发展趋势和学科前沿，结合我国实际与优势条件，加强多学科、交叉学科的综合研究，逐步形成一支具有世界一流水平的森林生态学科的研究队伍。

## 参 考 文 献

国家林业局森林病虫害防治总站. 2012. 气候变化对林业生物灾害影响及适应对策研究. 北京: 中国林业出版社.

国家林业局中国森林生态系统服务功能评估项目组. 2018. 中国森林资源及其生态功能四十年监测与评估. 北京: 中国林业出版社.

和丽萍, 孟广涛, 柴勇, 等. 2007. 云南金沙江流域退化天然林干扰成因及退化类型探讨. 浙江农林大学学报, 24(6): 675-680.

胡万良, 谭学仁, 孔祥文, 等. 2007. 干扰对人工诱导的阔叶红松林群落结构及高等植物多样性的影响. 北京林业大学学报, 29(6): 72-78.

刘宁, 孙鹏森, 刘世荣, 等. 2013a. WASSI-C 生态水文模型响应单元空间尺度的确定——以杂古脑流域为例. 植物生态学报, 37(2): 132-141.

刘宁, 孙鹏森, 刘世荣, 等. 2013b. 流域水碳过程耦合模拟——WaSSI-C 模型的率定与检验. 植物生态学报, 37(6): 492-502.

刘世荣. 2011. 天然林生态恢复的原理与技术. 北京: 中国林业出版社.

刘世荣. 2013. 气候变化对森林影响与适应性管理. 现代生态学讲座(VI)全球气候变化与生态格局和过程(邬建国, 安树青, 冷欣主编). 北京: 高等教育出版社.

刘世荣, 代力民, 温远光, 等. 2015. 面向生态系统服务的森林生态系统经营: 现状、挑战与展望. 生态学报, 35(1): 1-9.

刘世荣, 史作民, 马姜明, 等. 2009. 长江上游退化天然林恢复重建的生态对策. 林业科学, 45(2): 120-124.

刘世荣, 孙鹏森. 2013. 岷江流域大尺度森林生态水文学研究. 李文华. 当代生态学研究-生态系统卷. 北京: 科学出版社.

刘世荣, 孙鹏森, 温远光. 2003. 中国主要森林生态系统水文功能的比较研究. 植物生态学报, 27(1): 16-22.

刘世荣, 杨予静, 王晖. 2018. 中国人工林经营发展战略与对策: 从追求木材产量的单一目标经营转向提升生态系统服务质量和效益的多目标经营. 生态学报, 38(1): 1-10.

马克平. 2014. 中国森林生物多样性监测网络十年发展. 科学通报, 59(24): 2331-2332.

孙鹏森, 刘宁, 刘世荣, 等. 2016. 川西亚高山流域水碳平衡研究. 植物生态学报, 40(10): 1037-1048.

孙鹏森, 刘世荣. 2003. 大尺度生态水文模型的构建及其与 GIS 集成. 生态学报, 23(10): 2115-2124.

田晓瑞, 代玄, 王明玉, 等. 2016. 多气候情景下中国森林火灾风险评估. 应用生态学报, 27(3): 769-776.

田晓瑞, 赵凤君, 舒立福, 等. 2010. 西南林区卫星监测热点及森林火险天气指数分析. 林业科学研究, 23(4): 523-529.

徐庆, 王中生, 刘世荣. 2006. 川西亚高山暗针叶林降水分配过程中氧稳定同位素特征. 植物生态学报, 30(1): 83-89.

许涵, 李意德, 林明献. 2015. 海南尖峰岭热带山地雨林 60ha 动态监测样地群落结构特征. 生物多样性, 23(2): 192-201.

于宏洲, 舒立福, 邓继峰, 等. 2018. 以小时为步长的大兴安岭典型林分地表死可燃物含水率模型预测及外推精度. 应用生态学报, 29(12): 3959-3968.

余新晓. 2013. 森林生态水文研究进展与发展趋势. 应用基础与工程科学学报, 21(3): 391-402.

臧润国, 丁毅, 张志东, 等. 2010. 海南岛热带天然林主要功能群保护与恢复的生态学基础. 北京: 科学出版社.

臧润国, 董鸣, 李俊清, 等. 2016. 典型极小种群野生植物保护与恢复技术研究. 生态学报, 36(22): 7130-7135.

臧润国, 蒋有绪, 余世孝. 2002. 海南霸王岭热带山地雨林森林循环与树种多样性动态. 生态学报, 22(1): 24-32.

张建龙. 2017. 践行绿色发展理念加快国土绿化步伐——学习习近平总书记关于林业和生态文明建设战略思想. http://www.forestry.gov.cn/main/195/content-957856.html.

朱教君, 张金鑫. 2016. 关于人工林可持续经营的思考. 科学, 68(4): 37-40.

Cammeraat L H. 2004. Scale dependent thresholds in hydrological and erosion response of a semi-arid catchment in southeast Spain. Agriculture Ecosystems & Environment, 104(2): 317-332.

Chapin F S, Zavaleta E S, Eviner V T, et al. 2000. Consequences of changing biodiversity. Nature, 405: 234-242.

Cheng G, Zhao W, Feng Z, et al. 2014. Integrated study of the water-ecosystem-economy in the Heihe River Basin. National Science Review, 1(3): 413-428.

Cui J, An S Q, Wang Z S, et al. 2009. Using deuterium excess to determine the sources of high-altitude precipitation: Implications in hydrological relations between sub-alpine forests and alpine meadows. Journal of Hydrology, 373(1-2): 24-33.

Ding Y, Zang R G. 2010. Community characteristics of early recovery vegetation on abandoned lands of shifting cultivation in Bawangling of Hainan Island, South China. Journal of Integrative Plant Biology, 47(5): 530-538.

Dong T, Li J, Zhang Y, et al. 2015. Partial shading of lateral branches affects growth, and foliage nitrogen- and water-use efficiencies in the conifer Cunninghamia lanceolata growing in a warm monsoon climate. Tree Physiology, 35(6): 632-643.

Fang J, Yu G, Liu L, et al. 2018. Climate change, human impacts, and carbon sequestration in China. Proceedings of the National Academy of Sciences, 115(16): 4015-4020.

Gan H, Jiao Y, Jia J, et al. 2016. Phosphorus and nitrogen physiology of two contrasting poplar genotypes when exposed to phosphorus and/or nitrogen starvation. Tree Physiology, 36(1): 22-38.

Huang X, Liu S, You Y, et al. 2017. Microbial community and associated enzymes activity influence soil carbon chemical composition in *Eucalyptus urophylla* plantation with mixing $N_2$-fixing species in subtropical China. Plant and Soil, 414(1-2): 199-212.

Huang Y, Che Y, Castro I N, et al. 2018. Impacts of species richness on productivity in a large-scale subtropical forest experiment. Science, 362(6410): 80-83.

IPCC. 2013. Summary for Policymakers. In: Climate Change 2013. The Physical Science Basis. Contribution of Working Group I to the Fifth Assessment Report of the Intergovernmental Panel on Climate Change. Cambridge: Cambridge University Press.

Liu S, Innes J, Wei X. 2013. Shaping forest management to climate change: An overview. Forest Ecology & Management, 300(4): 1-3.

Liu S, Wu S, Wang H. 2014. Managing planted forests for multiple uses under a changing environment in China. New Zealand Journal of Forestry Science, 44(1 Suppl): 1-10.

Ming A, Yang Y, Liu S, et al. 2018. Effects of Near Natural Forest Management on Soil Greenhouse Gas Flux in *Pinus massoniana* and *Cunninghamia lanceolata* (Lamb.) Hook. Plantations. Forests, 9: 229.

Shaman J, Stieglitz M, Burns D. 2010. Are big basins just the sum of small catchments? Hydrological Processes, 18(16): 3195-3206.

Stone R. 2009. Nursing China's ailing forests back to health. Science, 325: 556-558.

Wang H, Liu S, Wang J, et al. 2013. Effects of tree species mixture on soil organic carbon stocks and greenhouse gas fluxes in subtropical plantations in China. Forest Ecology & Management, 300(SI): 4-13.

Wei X H, Li Q, Zhang M F, et al. 2017. Vegetation cover-another dominant factor in determining global water resources in forested regions. Global Change Biology, 24(2): 786-795.

Wu H, Li X Y, Jiang Z, et al. 2016. Contrasting water use pattern of introduced and native plants in an alpine desert ecosystem, Northeast Qinghai–Tibet Plateau, China. Science of the Total Environment, 542: 182-191.

Yang W, Wang Y, Webb A A, et al. 2018. Influence of climatic and geographic factors on the spatial distribution of Qinghai spruce forests in the dryland Qilian Mountains of Northwest China. Science of the Total Environment, 612: 1007.

Yu Z, Liu S, Wang J, et al. 2018. Natural forests exhibit higher carbon sequestration and lower water consumption than planted forests in China. Global Change Biology 25(1): 68-77.

Zang R G, Wang B S. 2002. Study on canopy disturbance regime and mechanism of tree species diversity maintenance in the lower subtropical evergreen broad-leaved forest, South China. Giornale Botanico Italiano, 136(2): 241-250.

Zhang M F, Liu N, Harper R, et al. 2017. A global review on hydrological responses to forest change across multiple spatial scales: Importance of scale, climate, forest type and hydrological regime. Journal of Hydrology, 546: 44-59.

Zhang M, Wei X, Sun P, et al. 2012. The effect of forest harvesting and climatic variability on runoff in a large watershed: The case study in the Upper Minjiang River of Yangtze River basin. Journal of Hydrology, 464-465: 1-11.

Zhang W G, Cheng B, Hu Z B, et al. 2010. Using stable isotopes to determine the water sources in alpine ecosystems on the east Qinghai-Tibet plateau, China. Hydrological Processes, 24(22): 3270-3280.

Zhang W, An S, Zhen X, et al. 2011. The impact of vegetation and soil on runoff regulation in headwater streams on the east Qinghai–Tibet Plateau, China. Catena, 87(2): 182-189.

Zhang X, Liu S R, Huang Y T, et al. 2018. Tree species mixture inhibits soil organic carbon mineralization accompanied by decreased r-selected bacteria. Plant and Soil, 431(1-2): 203-216.

Zhou G, Wei X, Chen X, et al. 2015. Global pattern for the effect of climate and land cover on water yield. Nature Communications, 6: 5918.

Zhu Q A, Jiang H, Liu J X, et al. 2010. Evaluating the spatiotemporal variations of water budget across China over 1951–2006 using IBIS model. Hydrological Processes, 24(4): 429-445.

撰稿人：刘世荣

# 第 13 章 草地生态学研究进展

## 1 引 言

草地生态学（Grassland Ecology）是生态学研究的重点领域之一，其研究对象是草地生态系统。草地生态系统是我国面积最大的陆地生态系统类型，是我国重要的可更新战略资源，一直是生态学研究的重要对象（李博，1994，王德利等，2012；Wang et al.，2018），其生态系统服务功能是全球性的，有"地球皮肤"的美誉。草地生态学作为生态学与草地科学之间的交叉学科，研究的是生物与其栖息地之间的关系（植物、动物、微生物与土壤的相互作用及其对过程和功能的影响）（祝廷成，2001；梁存柱等，2002，Wang et al.，2018）。从学科范畴上看，草地生态学属于应用生态学的范畴，通过采用微观、宏观不同水平的生态学研究方法手段技术（陈佐忠，2002，2004），以草、草地为对象、以草地生态系统为载体（张金屯，2003），研究草地生态系统的结构、功能、生物生产、动态、生态调控，并探索其实现高效、平衡和可持续发展的学科。

从历史上来看，重要的生态学理论多来源于湖泊和森林生态系统，因为这两种生态系统有明显的边界和相对稳定。适应干旱寒冷气候条件的草地生态系统，作为地球上最大的生物群区，孕育着极高的生物多样性，提供了重要的生态服务功能（白永飞等，2014；沈海花等，2016；方精云等，2016；贺金生，2018）。2017年党和国家将其提升到国家战略高度（国务院，2017），因此也是国家生态安全的重要组成部分。

纵观国际草地生态学的研究历史，早期的研究多集中在对草地植物的系统演化、草地的分类、群落种间关系、多样性等方面，之后逐步发展到利用长期野外定位观测和监测，以草地生态系统的结构和功能，特别是生产力形成及其时空的变化为主要内容的历史阶段（于振良，2016），近20年的研究则主要集中在草地生态系统对全球气候变化的响应和适应方面以及生态系统的可持续发展等方面（Jones，2004，2006）。

我国草地生态学的发展真正始于新中国成立后对边远牧区的重视和探索，除了学科自身发展需求外，服从并服务于国家与社会经济发展，在不同的历史时期表现出不同的学科发展特征。这种不同在研究内容上更为突出。早期的研究集中在对草地植物资源与环境本底摸查等方面（任继周，1980；苏大学，1994；贾慎修，2002）；1958年内蒙古自治区在苏联专家的帮助下，建立了5个草原生态系统定位研究站（李德新文集）；1979年中国科学院内蒙古草原和青海还被草甸生态系统定位研究站的建立，标志着草地生态系统生态学研究的全面开展，并以草地生态系统的结构、功能和生产力提高途径为主要内容（李文华，1998，2013；贺金生，2016；白永飞和陈世萍，2018），20世纪90年代开始，草地生物多样性、气候变化和可持续管理研究得到迅速发展，并成为本世纪以来持续不断的研究主题。近20年的研究则主要集中在草地生态系统对全球气候变化的响应和适应方面（中国科学院生态与环境领域战略研究组，2009；贺金生，2016，2018）、面对草地生态修复需求带动的草地生态系统动态机制研究、以及权衡生态系统多动能性的生态系统服务研究。不断深入草地生态系统的结构、功能与生态调控机理，以及自然与人为干扰下草地生态系统的退化与恢复、管理体制机制研究，对于合理利用草地资源、发挥区域重要生态功能、维持和构建良好的地区生态平衡等均有重要的意义（陈宜瑜，2013）。

本文面向草地生态学领域的科学前沿问题，系统梳理中国草地生态学研究的历程、学科布局、研究现状，提出了我国草地生态学的学科发展战略以及新时代历史背景下面临的机遇和挑战，为未来10年至20年学科的发展和凝练重要方向提供参考。

## 2 学科40年发展历程

### 2.1 草地生态学的历史渊源

我国是一个文明古国，草地利用的历史记载可以追溯到旧石器时代早期（距今40万～50万年前）。新石器时代（距今4000～8000年），发现以草原狩猎向游牧社会转变。此后漫长的岁月中，草原畜牧业不断发展，孕育了北方各少数民族及其丰富的草原文化。毫无疑问，人们对草地资源的利用中，也不断积累着草地生态方面的知识（李博，1992）。但现代草地生态研究则是随着商品经济的发展而开始的。

17世纪以来，随着西方资本主义兴起，一些传教士、学者及商人来到我国草原区。1724年，德国学者Msesercmidt到呼伦贝尔草原进行植物标本采集，这是最早记录的草原植物采集工作（Bretschneider，1898）。稍后法国人、英国人、俄罗斯人均有到中国采集植物的历史记载，并相继发表了《植物志》等。日俄战争（1904～1905）后，日本侵入东北，开始对我国东北草原植物及植被进行调查研究。同一时期，外国人来西藏、新疆等地进行植物采集及其他活动更加频繁。在这一时期，我国植物学家秦仁昌（1923）、刘慎谔（1931～1933）在我国内蒙古、新疆、西藏等地区收集了植物种类、植被地理和植被区划等最早的一批科学数据，并于1934年发表《中国北部及西北部植物地理概论》。综上所述，新中国成立之前的200年间，中外科学家初步摸查了我国草地植物的种属，对草原与荒漠等草地植被及其自然条件的性质有了初步认识，为新中国成立后草地生态学的发展研究奠定了基础（中国科学院青藏高原综合考察队，1988；Pearse，1905；李博，1990，1991，1992）。

1949年新中国成立后，国家对边远牧区先后多次派遣综合科学考察队对我国草地资源进行了大规模系统研究。草地资源调查的基础是草地系统分类，国内草地分类系统的建立最早在20世纪50年代初期，著名草地学家王栋教授率先提出了我国天然草地分类方法。1951年，任继周在导师王栋教授率领下，对河西走廊的大马营、皇城滩草原进行专业调研，并于1954年出版中国第一部草原调查专著——《皇城滩、大马营草原调查报告》。李继侗先生于1953年开始对北京西山一带植被调查工作，并绘制了我国第一张大比例尺植被图。之后又完成多处考察区的植被图，此时对草地生态的研究还是主要是以区域的植被地带性调查为主；直到1955年，祝廷成先生撰写的《黑龙江省萨尔图附近植被的初步分析》论文，在（《Journal of Integrative Plant Biology》1955年02期）业界一经发表，即引起了世界同行的广泛关注，1960年联邦德国学者丹恩特和苏联学者雅鲁申科（1961年）评论道："这是一篇从植物生态学的角度研究中国草原植被的文章，它代表了中国草原研究的一个新方向。"这也标志着中国草地生态学研究在国际舞台上开始崭露头角。

### 2.2 学科研究发展脉络

我国草地生态学的研究历史，大致可以分为四个阶段（Kang et al.，2007）：1950年以前，主要是俄国、日本以及外国博物学家、植物学家开展了我国草地分布、物种组成的零星研究；1950～1980年，主要在国家和区域尺度上开展了草地资源、土壤、环境的综合考察（陈昌笃，1964；中国科学院内蒙古宁夏综合考察队，1980；许鹏，1993）；1980～2000年，随着一系列野外定位站的建立，布局了中国草地生态过程的动态监测，以及草地生态系统结构和功能的定位研究（陈佐忠和汪诗平，2000；周兴民，2001；Bai，2004），80年代是我国草地生态学发展较快的时期；到2000年以后，随着观测技术的进步，陆续设立了包括全球变化模拟实验在内的多种控制实验，开展了一系列多尺度、多手段的草地生态系统综合研究和模型模拟研究，并启动了草地可持续发展与应对气候变化的探索性研究（赵新全，2009；韩兴国和李凌浩，2012；白永飞和王扬，2017；曹广民等，2018）。概括起来，综合来看可以将中国草地生态学发展过程划分为草地资源与环境本底摸查时期、以草地生态系统结构和功能定位研究为主的草地生态系统生态学时期、从传统草地生态学向草地生态系统可持续发展生态学初创时期。

### 2.2.1 草地资源与环境本底值摸查时期（1980年以前）

草地植物区系及草地资源研究取得显著成果是这个时期最大的特征。前已述及，我国草地植物区系研究有较好的基础，加上50年代以来的多次区域性综合考察工作，已基本查清我国草地植物的种类、性状与分布，大量区域性植被与草场考察报告出版，编制了不同比例尺的植被图与草地图，这些成果被总结在《中国植被》与《中国的草原》专著[1]，成为这一时期草地生态学发展的最大特点，这些基础工作的开展对后期草地生态学发展打下了坚实的基础。

在科研平台与基础设施建设方面，从1959年到70年代后期，各省区先后建立了草原研究所或草原生态研究所，并设立相应的野外试验站。1979年，在北京成立了中国草原学会，随后又成立了草原生态研究会，还成立中国系统工程学会草业系统工程专业委员会，学术机构的建设也促进了草地生态学的学科发展与交流。这一时期还先后出版了《中国草地》《中国草原》《植物生态学与地植物学资料丛刊》（后更名为《植物生态学报》）等专门面向草地领域的学术期刊，标志着我国草地生态学的蓬勃发展。

人才培养方面，李继侗先生是把生态学、地植物学（植被生态学、植物地理学）引入中国的第一人（蒋有绪，2018）。李继侗先生1925年耶鲁大学毕业后回到金陵大学任教，开始草地植物学方面的课程；1931年，李先生在清华大学开始讲授植物生态学，带领学生进行野外植被考察。作为草地生态学的基础学科，我国草业科学起步较晚。王栋先生于1942年在西北农林大学（原西北农学院）才首开草原学课程。20世纪50年代，李继侗先生在北京大学任教，并于1953年率先创办植物生态学与地植物学专门组，招收植物生态学与地植物学方向的研究生，这是草地生态学人才培养发展的出发点，北京大学也因此成为全国高校植物生态学的重要人才培养基地之一。同年，南京农学院开始招收草地科学方面的研究生。而师从王栋教授的许令妊专攻草牧草学，于1958年在原内蒙古畜牧兽医学院创办了全国第一个草原专业，任继周师从王栋教授学习草原学，于1950年到国立兽医学院（现甘肃农业大学）任教，自50年代中期便开始培养草原科学研究生，1963年成立草原专业，办了中国高等农业院校第一个草原系，中国唯一的草原生态研究所；许鹏教授师从王栋教授，1964年在原新疆八一农业大学创办草原专业。1957年，李继侗先生应邀执教并担任内蒙古大学副校长，将他在北京大学创建的生态学与地植物学教研室整建制搬到内蒙古大学，并在植物学专业内设立生态学与地植物学方向。早期还包括中国农业大学草地研究所，前身是1956年贾慎修教授成立的牧草教研室，研究所从1963年开始培养关于草地生态相关领域的研究生。1960年祝廷成教授与李建东教授共同创建了东北师范大学草地科学研究所（时称草原研究室），是我国高等学校中最早的草地学与生态学专门研究机构之一，从此，他们便把全部精力用到草原生态学的研究和人才培养上。由于文化大革命的冲击，各大高校于1966年停止招生，草地生态学发展也被迫停滞不前。1977年，在李博院士的主持下，经教育部批准率先创建了我国第一个植物生态学本科专业，1979年更名为生态学专业（北京大学官网，2018；内蒙古大学官网，2018）。从此，国内正式拉开了草地生态学教育教学与科学研究的历史大幕。随后，国内众多高校创办了生态专业并开始招生。同时，中国科学院植物研究所、西北高原生物研究所、沈阳应用生态研究所（原林业土壤研究所）、新疆生物土壤沙漠研究所等单位也先后建立了植物生态学研究室或研究组，专门从事草地生态学研究，并于1980年开始相继建立了生态学的硕士点和博士点，培养了大批草地生态学方面的人才（陈佐忠，1989）。1984年任继周先生被批准为中国第一位草原学博士生导师，这是我国首位直接与草地生态学直接关系的博士生导师。

总之，20世纪50~80年代的30年中，我国草地生态学研究从无到有，从弱到强，已在许多方面取得显著成就，填补了我国这一领域的一项项空白，紧跟国际水平，特别资源调查基础数据为后续草地生态系统研究的快速发展奠定了基础，其在草地畜牧业生产中起着越来越大的作用。

### 2.2.2 以草地生态系统结构和功能定位研究为主的草地生态系统生态学时期（1980~2000年）

以草地生态系统的结构和功能、特别是生产力形成及其时空的变化为主要内容的野外定位观测研究是这一时期最大的特征。20世纪70年代末80年代初，国际上开始建立野外定位研究站，开展草地生态学长期研究。中国科学院以姜恕、陈佐忠先生为代表的和周兴民先生为代表的草地生态学者在按照国家需求和发展，先后于1976年和1979年在海北和内蒙古锡林郭勒建立海北高寒草地生态系统国家野外科学观测研究站和内蒙古草原生态系统定位研究站，为这一时期系统开展草地生态系统在长期定位和监测起到关键性作用。他们分别以高寒草甸和典型草原为研究对象，开展草地生态系统水分土壤、大气、生物等非生物和生物要素的长期监测；生态系统结构与功能，动物、植物类群的适应特性、机理与进化模式，生物多样性与生态系统功能的关系等方面的生态学基础研究；草地生态系统管理，特别是草地资源可持续利用、退化草地恢复与重建和持续高产人工草地建植等方面的应用基础研究。这些研究中，放牧对典型草地生态系统的影响以及机理，草原蝗虫、啮齿动物的生理生态、危害及其草原综合防治措施得到了系统深入研究。

同时，国内大量的学术刊物如雨后春笋般涌现，《草地学报》《中国草地》（后更名为《中国草地学报》）《生态学报》《生态学杂志》《水土保持研究》《草业科学》《草业学报》等10余类涵盖草地生态领域的学术刊物在这一时期的创刊，也标志着我国草地生态学取得巨大进展和研究突破，标志着我国草地生态学进入一个全新的学术时代。后又设立了宁夏沙坡头沙漠生态系统国家野外科学观测研究站、新疆阜康荒漠生态系统国家野外科学观测研究站、甘肃民勤荒漠草地生态系统国家野外科学观测研究站、鄂尔多斯沙地草地生态定位研究站国家级野外台站，进一步提升野外监测尺度和领域。另外随着计算机技术发展，在80年代初张新时院士率先建立了中国第一个植被数量开放实验室，开发了计算机应用程序用于生物和环境数据的多元分析和模拟，在生态信息系统、退化草原生态系统恢复、荒漠化治理和全球环境变化等领域取得了重大进展，在实验室建设方面，1992年内蒙古大学率先成立草地生态学重点实验室，后来植被数量开放实验室发展成为国家重点实验室，在草原植被恢复与重建草地畜牧业适应气候变化和草原生态系统固碳减排等领域不断紧追国际前沿，使中国草地生态学研究进入了一个崭新的发展时期。

### 2.2.3 从传统草地生态学向草地生态系统可持续发展生态学初创时期（2000年至今）

草地生态系统在全球变化背景和人为干扰下如何实现可持续发展与管理成为这一时期显著的特点。20世纪80年代，马世骏先生参与起草了著名的Brundtland宣言《我们共同的未来》，宣言倡导可持续发展观，草地生态系统可持续发展管理理念也应运而生。进入21世纪后，韩兴国、汪诗平、王艳芬、万师强、白永飞、贺金生、郭继勋、韩国栋、李永宏、王德利等先后建立并进入了国际上先进的全球变化研究实验平台，包括"增温—降水"控制实验、草地N、P、K养分添加实验、湿地温室气体排放监测平台开展野外控制实验。主要集中在温性典型草原、高寒草甸、草甸草原、荒漠草原生态系统对全球气候变化的响应与反馈作用、高原极端生境下生物的适应性与抗逆性、退化生态系统的恢复重建及珍稀生物资源的可持续利用、草地生态系统的放牧管理与可持续发展等重大科学前沿问题的研究。

我国草地在畜牧业生产和维持生计方面的重要作用，草畜平衡关系以及草地生态过程-生态功能-生态服务耦合效应备受关注，草地生态学与区域发展管理逐步成为相关部门和学者关注的焦点领域，草地生态系统能否为人类提供足够丰富多样的生产和服务功能，能否实现草地生态系统的可持续发展成为一系列时代命题。中国科学院、中国农业科学院、中国林业科学研究院以及高等院校先后成立了以当代生态学问题为主题的研究所和实验室，开展生态学理论与实践研究。目前，生态学领域共有8个国家重点实验室，其中2个与草地生态学相关，即中国科学院植物研究所的植被与环境变化国家重点实验室和兰州大学草地农业系统国家重点实验室。在生态学国家级野外台站中，有5个与草地有关。2018年3月确定组建"国家林业和草原局"，使草地上升到国家层面的重点管理领域。逐步形成了以国家重点实验室、国家级野外台站、国家创新引智基地和草地农业生态国际联合研究中心等为研究平台，以学报、杂志等一批专业草地生态研究的各类学术期刊和学术会议为传播媒介，以中国科学院先导专项、国家重大专项、国家基金委重点专项等基金为重要支撑的科研支柱，以一支由院士、长江学者、国家自然科学基金委员会杰出青年基金获得者等人才和科技人员为核心力量的"3+1"研究发展格局。

目前，从政府到公众，都认识到"绿水青山就是金山银山""山水林田湖草是一个生命共同体"。在这样的背景下，草地生态学研究遇到了前所未有的发展机遇，也反映了国家对草地生态学科技工作者的新的更多的期待。

## 3 研究现状

第一次草地普查结果表明，中国各类天然草地约有 $4×10^8 hm^2$，占国土面积的41.7%，总面积仅次于澳大利亚，位居世界第二（中国草地资源，2000；沈海花，2016）。草地生态系统是中国分布最辽阔的陆地生态系统类型，跨越多个水平和垂直气候带，自然条件复杂，植物资源数量巨大、种类繁多，是人类重要的天然物种基因储存库（李博，1997；孙鸿烈，2005）。在我国，草地生态系统不仅每年为畜牧业生产提供3亿~4亿吨优质饲草，而且在防风固沙、水土保持、水源涵养、生物多样性保育和生态系统碳固持等方面具有极其重要的生态功能（白永飞等，2014；沈海花等，2016；方精云，2016），是国家生态安全的重要组成部分。因此，深入研究草地生态系统的结构、功能、过程、生态调控机理，以及自然与人为干扰下草地生态系统的退化与恢复、管理体制机制研究，对于合理利用草地资源，发挥区域重要生态功能、维持和构建良好的地区生态平衡、促进地区生态和经济绿色发展等均有重要的意义。

### 3.1 基础理论研究进展

草地生态学已有近100年的研究历史（Kang et al.，2007），近20年来是最为活跃的时期（贺金生，2016）。一个学科要发展，要为国民经济与社会发展，要作出更大贡献，必须时常注意热点问题的研究。所谓热点，不是学科本身纯粹的研究内容，而是由于社会需要及学科本身发展而引起的人们普遍关注的社会问题。因之所谓热点问题都有时间性。它伴随着社会与学科的发展而变化（陈佐忠，1994，2003）。本文通过运用文献计量学方法对中国学者发表的草地生态领域论文为基础数据进行分析，反映过去40年中国在草地生态领域的研究主题、研究内容构成及研究热点领域（时间跨度：1979~2018年；数据库范围：CNKI，web of science 核心合集；数据库更新时间为2018年12月）。分别根据上述检索的CNKI论文和SCI论文，通过VOS viewer和TDA分析工具对文章关键词进行聚类和相关性分析，获得草地生态领域研究主题分布情况（近40年和近5年），发现这些关键词可分为生物多样性、土壤有机碳、气候变化、草地管理（草地退化、土地利用）、高寒草甸5个主要研究方向。对关键词进行聚类及相关性分析，得出各主题之间的相互关系（图13.1和图13.2）。引人注目的研究方向和热点研究领域主要包括：草地生物多样性与生态系统功能、草地温室气体排放、草地土壤碳库及动态变化、草地生态系统对全球气候变化的响应，以及草地生态系统的可持续发展与管理等。我们选择每个方向的热点文献和重要文献，通过解读和分析，辨析学科的发展现状。

#### 3.1.1 生物多样性与生态系统功能（BEF）

在科技部、国家自然科学基金委员会、中国科学院等机构的资助下，近年来我国植物生态学家围绕温带草地或高寒草地类型开展了大量草地生物多样性和生态系统功能的研究。

# 第 13 章 草地生态学研究进展

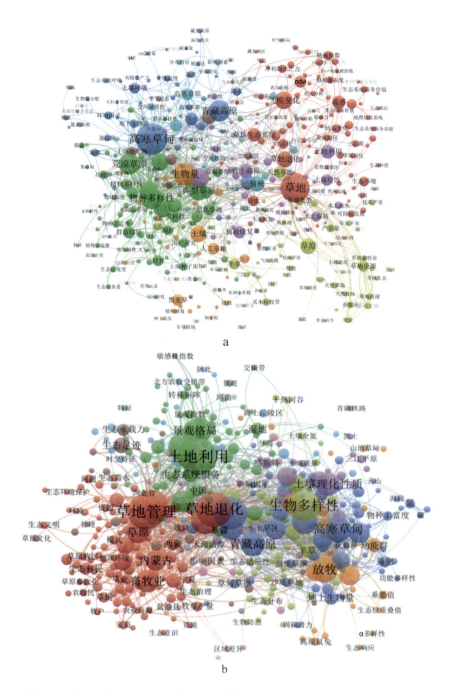

图 13.1 近 40 年（a）和近 5 年（b）草地生态领域 CNKI 论文研究主题分布

在生物多样性的热点地区研究方面，贺金生等对青藏高原高寒草地的生物多样性开展了系列研究，包括植物（Ma et al., 2010）、真菌（Yang et al., 2017）、土壤动物（Zhao et al., 2017）等在青藏高原的分布和主要控制因素。研究组进一步利用野外大范围的调查取样，结合室内高通量测序等技术，探讨了生态系统中生物因素（植物、动物、细菌、菌根真菌和古菌多样性）和非生物因素（气候和土壤）对生态系统多功能性的相对贡献（张全国和张大勇，2003；Wagg et al., 2014）。该研究表明高寒草地地上生物多样性会影响地下生物多样性，而高寒草地地下生物多样性如何影响地上生物多样性，目前仍不清楚。

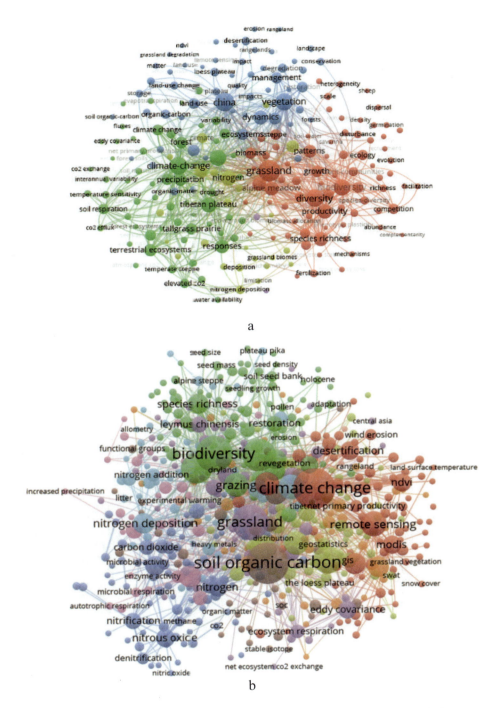

图 13.2 近 40 年（a）和近 5 年（b）草地生态领域 SCI 论文研究主题分布

地下生物多样性对维持生态系统功能，如碳循环、养分循环等方面具有重要作用（Wagg et al.，2014；Jing et al.，2015；Liu et al.，2017；徐炜等，2016；朱金漭等，2019）目前的研究集中在地上生物多样性降低对于生态系统功能的影响，但地下生物多样性降低对于生态系统功能的影响尚不清楚（Wall et al，2010）。

韩兴国、白永飞等在内蒙古锡林郭勒草原生态系统国家野外科学观测研究站开展了一系列关于多样性和生态系统功能之间关系的研究（孙鸿烈，2013），主要包括多样性-稳定性关系研究、物种多样性和初级生产力关系研究，以及氮素添加对内蒙古典型草原生物多样性和生态系统功能的影响等方面的研究

(Schulze and Mooney，1994；Hooper et al.，2005；Cardinale et al.，2006；Zhang et al.，2014，2016；Wang et al.，2016），研究发现降水量和土壤氮含量是影响草原生态系统物种多样性和初级生产力的主要环境驱动因子，发现提高草地多样性可以增加草地生态系统的生产力和稳定性，欧亚大陆草原的多样性-生产力均呈显著的线性正相关关系，而不是驼峰型，物种丰富度指数与生态系统多功能性之间呈极显著的正相关关系，物种多样性指数也与多功能性指数间呈显著的正相关（Zhang et al.，2014，2016；Wang et al.，2016）。对于成熟的草原群落，氮素添加导致了物种多样性显著降低，多年生禾草和尔类草被一年生植物所替代（于振良，2016）；而对于相邻的退化群落，氮素添加则显著增加了群落地上生物量和多年生根茎禾草的优势度，另外，氮素添加频率并不影响生态系统和种群的时间稳定性，也不影响多样性与稳定性关系（Zhang et al.，2016），但氮素添加通过降低群落物种同步性和种群稳定性，从而降低生态系统稳定性，氮素添加和生物多样性对生态系统稳定性存在共线性效应，且氮素添加的作用要强于生物多样性的（Zhang et al.，2014，2016），季节性放牧对草地植物多样性与功能群特征也有一定影响，冷季放牧草地有利于草地群落地上生物量的积累（Deng et al.，2014；刘玉等，2016）。

### 3.1.2 草地土壤碳库及其动态

草地是个巨大的碳库，全球草地总碳储量约为 308 Pg C，其中约 92%储存在土壤中（白永飞和陈士革，2018）。土壤是陆地生态系统最大的碳库，分别是陆地植被和大气碳库的 2 倍和 3 倍（方精云，2010），其微小变化就会显著影响大气二氧化碳（$CO_2$）浓度（Davidson and Janssens，2006；Luo，2007；Mcguire et al.，2009）。如果温度升高加速土壤有机碳（soil organic carbon，SOC）分解，其释放的 $CO_2$ 将有可能正反馈于气候变暖，加剧地球温室效应。中国草地生态系统碳库大小为 29.1 Pg C（方精云和唐艳鸿，2010），约占世界草原总碳储量的 10%。已有研究表明，近 30 年全球陆地碳汇的变化趋势和年际变异主要来自干旱-半干旱生态系统，这也是中国草地的主要分布区。我国草地生产力对气候变化十分敏感，年际波动大（Bai et al.，2004，2008）。准确地评估草地生态系统碳储量及其动态变化具有重要意义，也是巨大的挑战（徐丽等，2018）。

在全球和区域尺度上，土壤有机碳库的空间分布受气候因素、生物因素和土壤质地的影响。具体讲，土壤碳有机分解的速率随温度升高而升高，因而土壤有机碳密度与温度间呈现负相关关系（Jobbagy and Jackson，2000）。杨元合（2018）发现我国温带草地生态系统土壤有机碳密度与温度呈现负相关关系；但在高寒草地生态系统中，由于低温是植物生产的重要限制因素，其土壤有机碳密度与温度呈现正相关关系（方精云等，2016；杨元合，2018）。植物光合产物是土壤碳输入的重要来源，而植物生产力随降水量的升高而升高，因而土壤有机碳密度与降水量之间通常呈现正相关关系（Jobbagy and Jackson，2000）。另外，降水还影响土壤有机碳的垂直分布，如 Yang 等（2008）发现干旱的生态系统具有比湿润的生态系统更深的土壤有机碳分布。王丽华等（2018）发现影响草地土壤有机碳总量变化的主要因素是气候，次要因素是植被。而高寒草甸生态系统水分是影响 GEP 和 NEE 的重要因素，对 ER 影响较弱，未来适度增水（20%～40%）能促进高寒草甸生态系统对碳的吸收（耿晓东等，2018）。提高草地生态系统的管理水平，如适量施肥和灌溉、改良措施、合理放牧、引入高生产力牧草等（Liu et al.，2018），可提高草地生态系统土壤碳固持能力（白永飞和陈士革，2018）。

退化草地在恢复过程中可以固持大量的碳，我国从 2000 年开始实施了一系列退化草地治理工程，大大提升了草地固碳功能（Wang et al.，2008）。目前，森林作为碳固定的主体已经被重视，但对中国最大的陆地生态系统——草地碳汇功能的重视却明显不足（白永飞等，2014；张英俊和周冀琼，2018）。白永飞和陈世萍（2018）采用多尺度数据整合和模型模拟相结合的手段，在全国尺度上估算中国草地的固碳现状和潜力，完成了全国 4207 个面上调查样点的野外调查和取样工作，调查样地包括了除高寒荒漠（无法到达的无人区）外的 17 个草地类、31 个亚类，共计 512 个不同的草地型。所调查草地类型覆盖面积约

$3.8\times10^8$ hm², 占全国草地面积的 95% 以上。弥补了以往草地碳储量的研究多集中在内蒙古、青藏高原和新疆等草地分布面积广的区域，而对华北和南方草地很少关注的不足。该研究揭示了国家尺度不同草地类型植被（地上生物量、凋落物、地下生物量）和土壤碳库（0~100 cm）的空间格局、各组分的分配比例及其关键驱动因子，研究得出中国草地总碳储量为 28.95 Pg C，其中植被碳储量为 1.82 Pg C，土壤有机碳碳储量为 27.13 Pg C（白永飞和陈世萍，2018），该成果得到国际同行的一致高度认可。

### 3.1.3 草地温室气体排放

根据 IPCC（Intergovernmental Panel on Climate Change）第五次报告，随着 $CO_2$ 等温室气体排放的增加，全球气温在 1880~2012 年间上升了 0.85℃，且全球变暖将持续加剧。在全球变化的影响下，在人类活动的干扰下，陆地生态系统不断经历新的变化。草地作为陆地生态系统的重要组成部分，在平衡大气温室气体浓度过程中具有独特的地位和重要性。草地的主要温室气体浓度的变化趋势、源和汇、通量交换规律等的研究一直是生态学焦点问题（Chen et al., 2011, 2013）。

在全球变化背景下，青藏高原降水格局发生改变、全球气温升高，并影响高寒草地温室气体排放（Zhao et al., 2017）。为了更好地认识降水变化与高寒草地温室气体排放的关系，研究了单次降水对高寒草地温室气体昼夜变化的影响，研究表明：①单次降水没有改变土壤温度，但显著增加了土壤湿度；②单次降水后 24h 内，高寒草地 $CH_4$ 吸收量降低，$CO_2$ 和 $N_2O$ 排放量分别提高；③单次降水弱化了高寒草地 $CH_4$ 和 $N_2O$ 排放量与土壤温度的关系（Chen et al., 2013；谢青琰等，2017），梁艳等（2015）认为未来随着降水增加，藏北高寒草甸温室气体排放通量将明显增加，并对该地区气候变化产生正反馈作用。为深入认识高寒草甸温室气体通量对长期气候变暖的响应，模拟增温 2 年和 6 年对藏北高寒草甸生长季 $CO_2$、$CH_4$ 和 $N_2O$ 通量的影响，结果表明增温 6 年处理通过增加植物地上部生物量、蔗糖酶活性，从而提高了土壤 $CO_2$ 排放通量，增温 6 年和 2 年处理通过增加土壤脲酶和 $NO_3$-N 含量，从而促进了土壤 $N_2O$ 排放和 $CH_4$ 的吸收通量（Cai et al., 2014；王学霞等，2018）。研究发现温度越高，甲烷氧化菌的氧化活性越强，说明在未来全球变暖的情况下，草地作为大气甲烷汇的功能也会增强（马田莉等，2016；耿晓东等，2017）。

土壤呼吸是陆地生态系统碳释放的重要过程。贺金生研究组利用先进的土壤呼吸连续监测技术，首次对青藏高原高寒草甸非生长季的土壤呼吸进行了研究，发现尽管非生长季长达半年左右，但高寒草甸非生长季土壤呼吸量为 82~89 gCm$^{-2}$a$^{-1}$，占全年呼吸总量的 11.8%~13.2%。非生长季年土壤呼吸量可以用土壤表层积温来很好的预测（Wang et al., 2014）。

由于草原放牧、湿地破坏以及草地转化为农田等土地利用方式转变导致土壤中碳氮以温室气体的形式排放到大气中。草地的恢复能够增加土壤中碳氮固定能力，减少土壤温室气体排放。但是土地利用转变后土壤温室气体的排放通量不仅与转变过程有关，转变之前的土地利用、转变后的管理措施等都能影响土壤温室气体排放通量（刘慧峰等，2014），放牧是草地的主要利用方式，一般认为放牧会通过减少植物的光合面积、改变光合产物的地上/地下分配等造成整个系统碳交换降低，其研究发现：放牧通过抑制生态系统呼吸改变生态系统碳交换特征（Liu et al., 2016），适度放牧比围封表现出更高的 $CO_2$ 吸收或者更低的 $CO_2$ 释放。

目前的研究多集中于单种类型草地的温室气体通量研究，缺乏多种草地类型间的比较，以高寒草甸、栽培草地和高寒灌丛为研究对象，研究 3 种草地的 $CH_4$、$CO_2$ 和 $N_2O$ 通量特征。发现草地温室气体通量造成的温室效应表现为高寒灌丛>栽培草地>高寒草甸（郭小伟等，2016；Wang et al., 2017）。

### 3.1.4 草地生态系统对全球变化的响应

青藏高原高寒草甸生态系统的敏感性是全球关注的热点之一。贺金生等人在青海海北建立了国际上先进的全球变化研究实验平台，包括"增温—降水"控制实验、草地 N、P、K 养分添加实验、湿地温室气体排放监测平台（刘鸿雁和唐艳鸿，2017）。通过连续 5 年的群落调查和生产力测定，研究了高寒草地植物群落生产力对增温和降水改变的响应，探讨了高寒草甸群落稳定性的控制因子，揭示了气候变暖对高寒生态系统生产力稳定性的影响机制（Ma et al.，2017）。他们进一步结合海北高寒草地生态系统国家野外科学观测研究站 32 年的生物量监测、控制实验和基于青藏高原相关实验的 Meta 分析，发现尽管在过去 32 年间生物量没有显著变化趋势，但群落物种组成却发生了显著变化，禾草类生物量显著增加，而莎草类显著降低。由于禾草类根系较莎草类根系分布更深，气候变化引起的禾草类增加使得整个生态系统能够在干旱条件下接收到更深层次的土壤水分（Liu et al.，2017）。这在机理上解释了为什么尽管高寒草甸经历了急剧的气候变化，但生物量却相对稳定。

草地生态系统对大气 $CO_2$ 浓度升高的响应。研究发现 $CO_2$ 浓度升高会显著提高植物生产力，但 C3 和 C4 植物的响应不同，大气 $CO_2$ 浓度也是影响全球 C3、C4 植物生物地理分布的重要原因之一。大量实验和模拟研究均表明，$CO_2$ 浓度升高会显著扩大 C3 木本植物的生长范围，但是会缩小 C4 草本植物的分布；高 $CO_2$ 浓度下，植物的光合速率升高，叶面积和气孔导度下降，C：N：P 化学计量平衡改变（Dai et al.，2016；Zhang et al. 2016）。另外，在草地等受水分限制的生态系统中，大气 $CO_2$ 浓度上升会提高植物的水分利用效率（Bader et al.，2013），减少土壤水分的蒸腾散失（Van Groenigen et al.，2011），改变植物物候，延长生态系统生长季长度（Reyes et al.，2014），改变根系性状（Nie et al.，2013），增加植物、微生物以及土壤碳库（Luo et al.，2007，2013），同时会刺激 $CH_4$ 和 $N_2O$ 排放增加（Van Groenigen et al.，2011）。

草地生态系统对氮沉降的响应。氮沉降增加了全球生态系统生产力，促进 $CO_2$ 的固定，但同时导致陆地生态系统多样性丧失，并刺激了 $N_2O$ 和 $CH_4$ 的排放（Liu and Greaver，2009）微弱地增加了土壤碳库（Lu et al.，2011）。氮沉降显著加速了 N 循环和 P 循环（Liu et al.，2016），加快了土壤阳离子的流失（Tian and Niu，2015）。在群落水平上，氮沉降提高了植物盖度、密度和高度等指标（Lu et al.，2011），导致植物物种多样性下降，进而改变植物群落的组成和结构（Van den Berg et al.，2011）。氮沉降显著改变了生物地球化学循环过程，尤其是碳、氮和磷三种元素的循环。尽管氮输入能促进植被生长、增加植被碳库，但氮沉降对生态系统的碳汇贡献大小还存在争议（贺金生，2016）。

### 3.1.5 草地生态系统可持续发展管理与草地生态文明建设

近年来，由于人类活动加强，资源开发利用迅速，导致当地脆弱的草地生态环境更加恶化，沙漠化、盐渍化、生物多样性减少等环境问题日益凸显，威胁着草地生态系统健康及草地牧业社会的可持续发展。而导致草地退化和畜牧业发展的主要人类干扰是放牧，放牧生态学（grazing ecology）是研究放牧过程中的动物采食与植物（植被）相互作用的规律及机理的科学，它是草地生态学的重要研究领域，也是草地管理的主要理论基础，更是草地生态系统与其他生态系统区别而有特色的部分；目前放牧生态学研究集中于动物采食行为——食性选择（food selection），以及采食环境特征对采食行为的影响，特别是动物采食与植物特征之间的相互作用过程及功能效果（朱慧等，2017）。早期的放牧生态学研究特点是，注重草地动、植物界面的采食理论、动物采食效率及生态（生产）转化效率，也期望为确定草地最适放牧率提供理论依据（Hodgson and Illius，1996），而近年的研究则强调，草地动物采食与植被异质性的相互作用，以及放牧对生态过程及功能的调节（王德利等，2012；王德利和王岭，2019）。总之，放牧生态学研究在草地生态可持续发展管理中显示了较强的发展潜力与应用价值。

最近的受控与野外放牧实验研究表明，草地植物多样性变化对动物的采食行为产生显著作用。大量实验研究证实了大型草食动物总是偏于采食多样化的食物，多样化食物有利于提高大型草食动物的采食量，改善其生产性能，提高其适合度（王德利等，2012；Wang et al.，2018）。在草地管理的理论与实践中,如何确定依据不同区域水土条件与草地类型的最适家畜放牧率(optimal stocking rate)或最大载畜量(maximum carrying capacity),是草地可持续管理的核心要义(王德利,2019)。通过实施合理有效的利用方式,包括最适的动态放牧率、割草强度、畜群组合等来调控草地的主要生态关系,使之缓解由于气候变化带来的系统稳定性及持续性降低的倾向。有关这方面研究已有较多进展,一些理论(生物多样性、动物采食、营养级互作等)研究也为适应性草地管理提供了可能的技术基础(王德利等,2012;Wang et al., 2018)。

草地可持续发展管理的研究也成为有效解决"三牧"(牧业、牧区和牧民)问题的重要路径(任继周, 2002,2012;孙特生和胡晓慧,2018)。通过近20年的文献计量分析发现,对于传统草地管理的理论与技术研究始终处于稳步上升趋势,这说明草地管理的理论与实践重视程度在不断增加,水平也有极大提升空间(王德利和王岭,2019)在新西兰、澳大利亚、美国、英国等草地畜牧业发展水平较高的国家中,无论是对天然草地,还是人工草地,较多的相关学科的理论或原理得到广泛应用,其结果是,草地管理的形式发展为以"集约化管理"为特征。然而,对于我国草地管理则是一种"半经验、半技术"性质的管理方式。

世界的草地约有60%以上出现退化,在我国温带草原有接近90%处于退化状态造成草原退化、沙化和荒漠化的最主要原因就是对草地资源的管理失当(任继周和侯扶江,2004;任继周,2012)。因此,我国当前的草地管理更主要是针对草地的退化而言。草地恢复管理的思路涉及以下多个方面:一是草地退化状态,这反映草地自身的恢复力,任何恢复技术都应该考虑利用草地的这种特性;二是依据草地退化状态采用差异化的恢复方法或技术,例如,依据草地的轻度、中度、重度程度可以分别采用围栏休牧、围栏封育、围栏种草等方式;三是草地的恢复不仅要注重表观的植被改良,更需要强调土壤的改良,最终是草地的系统恢复;四是对于大部分退化草地,最有效而可行的草地恢复方式可能是利用中的恢复技术,有越来越多的研究证明,利用适度的家畜放牧能够促进植物再生,加速草地的营养循环(Liu et al., 2018),从而提升退化草地的恢复效率。而考究我国草地退化恢复管理中采取了一些措施,如土地承包、草畜平衡、划区轮牧、休牧禁牧等等,的确存在着诸多问题,据此提出了草地生态系统持续生存、生态生产力、顶级群落与前顶级群落相结合等指导草地资源管理的6项原则(董世魁,2009)。侯向阳等(2011, 2016)研究发现,采取基于进化博弈的分步式、合作式及示范引导式的适应性减畜的生态管理途径,以实现牧户心理载畜率向生态优化载畜率的转移,实现优化牧户生产方式、减少牲畜数量、治理草原退化、北方牧区生态和牧民经济双赢的目标。韩国栋(2013)研究组,通过分析家庭牧场的草地、饲草料、家畜等资源,帮助当地牧民进行经济分析,提出了牧场优化管理的技术模型,并在我国草原牧区5个省区推广示范,效果十分显著,在此基础上提出了我国草原牧区家庭牧场的低家畜载畜率生长季放牧和冷季暖棚舍饲的新型草原畜牧业经营模式。汪诗平(2013)从政府、企业、市场和牧民等层面提出了实现草地生态系统可持续利用和管理的咨询和建议。冯静蕾等(2014)以牧民生计为切入点,探求放牧管理制度对草原退化作用的内在机理,研究认为放牧管理制度的设计和制定应考虑不同地区牧户生态和经济条件的差异性、多样性,为牧户放牧方式的改进提供有弹性、相互配套的制度保障。过度放牧是导致高寒草地生产功能退化的主导因子,放牧制度的调整是高寒草地功能提升最为有效的措施(曹广民等,2018),提出了长期生态学研究和试验示范为高寒草地的适应性管理提供了理论和技术支撑。基于农牧民生计资本的干旱区草地适应性管理研究推进牧民生计多样化,转变牧业生产方式,发展牧区草产业,优化草地生产功能与生态功能的时空配置,有助于增强草地畜牧业人文-自然耦合系统的恢复力/弹性力。因此,加快发展现代草牧业,加快建设良好的农牧民组织,加强草地科学放牧管理,成为草地管理的迫切任务(孙特生和胡晓慧,2018)。

总之,目前国内学术界对草地管理的研究,阐述了如何从牧业生产、牧场管理、政策制度、草原文化等角度推进草地适应性管理的基本路径,指出了推进草地适应性管理对于全球生态安全和生态畜牧业现代化发展的深远意义，为社会各界进一步深化对草地可持续发展管理的理论研究和实践运作提供了重要的理论基础和方法论指导。

## 3.2 研究方法和平台建设

### 3.2.1 研究对象的再定位

当代草地生态学的一个突出特点就是把人类社会与自然环境的关系包括在其研究范畴之内，用社会-经济-自然复合生态系统的观点，将生态文明建设（草地）融入到"五位一体"整体战略布局上来。

### 3.2.2 研究范围和时空的扩展

草地生态学研究在空间尺度上向宏观和微观两个方向不断拓宽。宏观方向上逐渐形成了草地景观生态学和全球生态学，当然也伴随相应研究方式的转变，如遥感、地理信息系统，全球定位系统（"3S"系统）的应用以及先进、连续、精密观测仪器的使用外，还强调应用国际上先进的全球变化研究实验平台模拟和模型方法来研究大尺度、多因素的大系统；微观方向上与分子生物学和生物工程相结合，如高通量测序手段、宏基因组等。现代草地生态学研究范围和时空向更宏观、更长期的方向扩展，在空间上由典型生态系统向全球尺度扩展，在时间尺度上也由短期调查研究向更长时段的气候历史回溯和长期未来预测扩展。

### 3.2.3 研究平台从孤立走向网络化

随着草地生态学的发展和全球生态问题的出现，世界各国和全球的生态学正在从相对孤立的局部地区研究逐步向着区域化和全球化发展，并形成网络进行综合与对比的研究。草地生态系统与大气和气候变化研究网络（terrestrial ecosystems response to atmosphere and climate change，TERACC）在全球已经发展到有百余个全球控制实验的研究网络，对这些全球控制实验进行 Meta 分析是草地生态学领域近 10 年来非常活跃的一个方向，尤其在生态系统对 $CO_2$ 浓度升高、全球变暖等方面的响应发展迅速。到目前为止，国家野外科学观测研究站关于草地生态的定位站发展到了 6 个（科技部，2018），河北沽源草地生态系统国家野外科学观测研究站、内蒙古呼伦贝尔草原生态系统国家野外科学观测研究站、内蒙古鄂尔多斯草地生态系统国家野外科学观测研究站、内蒙古锡林郭勒草原生态系统国家野外科学观测研究站、甘肃民勤荒漠草地生态系统国家野外科学观测研究站、青海海北高寒草地生态系统国家野外科学观测研究站，这些野外台站的设立以及中国生态网络（CERN）的互联互通、数据共享为推送草地生态学的发展起到历史性推动作用。

## 3.3 相关政策组织保障

草地是人类赖以生存的不可再生的战略资源，在防风固沙、水土保持、水源涵养、生物多样性保育和生态系统碳固持等方面具有极其重要的生态功能（白永飞等，2014；沈海花等，2016），是国家生态安全的重要组成部分。草地生态学研究自改革开放后也得到了快速发展，这与国家重大政策支持以及实施重大生态工程密不可分，40 年来，我国草地生态事业蓬勃发展，从推行草原承包制度到实施一系列草地生态建设工程、到《中华人民共和国草原法》、生态文明建设的制度法规等相关法律制度的出台，到将"草"上升到国家战略层面，国家整体布局建设上，并首次提出"统筹山水林田湖草系统治理"，其中"草"成为国家"统筹"人与自然和谐共生、实现国家"系统治理"和"美丽中国"建设的重要组成部分。2018 年 3 月召开的第十三届全国人大一次会议通过的国务院机构改革方案中，确定组建"国家林业和草原局"，使草地在国家层面的管理一改过去多年"小马拉大车"的局面，为未来草地生态发展提供了有力的组织保障（国家林业和草原局，2018）。

特别是进入新世纪，国家对草原保护建设的投入力度逐步加大，大力实施退牧还草、京津风沙源治理、生态移民搬迁、草原防火防灾、草原监测预警、石漠化治理、草种基地建设等一系列草原生态建设工程。改革开放初期我国对草原的建设投入每年只有1亿元左右，2018年各类建设总投入接近300亿元；在13个主要草原牧区省份实施草原生态保护补助奖励措施（国家林业和草原局，2018）。

过去10余年，党中央和国务院等十分重视草地生态系统的健康可持续发展的科学研究，科技部、国家自然科学基金委、中国科学院等部委相应都启动了草地生态系统面向全球变化的响应相关重大项目（科技部，国家自然基金委、中国科学院，2013，2015，2016，2018），如国家自然科学基金重点项目"氮沉降对典型草原生态系统生物多样性与功能过程的影响机制"；科技部重大科学计划"土壤系统碳动态、机制及其对全球变化的响应""北方农牧交错带草地退化机理及生态修复技术集成示范、北方农牧交错带草地退化过程与趋势分析""全球变化对中亚典型草地生态过程的影响及生态环境效应"；除对温带草地有大量科研项目资助外，近年来，国家科技部门十分重视高原高寒草地的生态修复和维持，相继启动了"第二次青藏科学考察"，国家自然科学基金重点项目"高寒草地地上/地下生物多样性和生态系统多功能性对气候变化的响应机制"和国家重点研发项目"典型高寒生态系统演变规律及机制"等，将草地生态学的研究工作重点难点推向新的历史时期。

## 3.4 人才培养与学科布局

我国朴素的生态学理念和实践虽有悠久的历史，但是生态学作为一门独立学科，大约从20世纪50年代后才逐步起步。新中国成立初期，我国综合性大学的生物系和农林院校相关专业学科的教学中就已经包含了生态学的内容，开始做初步涉及草地生态学，尽管它们并不是冠以生态学的名称，但当时的生态学教材参照苏联教材的内容，开展了大规模的科学研究，研究层次主要是个体、种群和群落水平。1977年批准创建了我国第一个植物生态学本科专业以来。根据教育部学科结果显示，北京大学、兰州大学、北京师范大学、内蒙古大学等院校外，在草地生态学有相关教育教学的高校多位农林院校。这些高校在本科生、研究生课程中也都相应设置《植物生态学》《草地生态学》《放牧生态学》《全球变化生态学》等相关课程。为我国草地生态领域培养了大量的科技教育管理人才，教学教学一线工作者还对课程还进行了研究和探索，有学者分析了四川农业大学草地生态学本科教学当前存在的问题，提出加强实践教学改革措施、科研与教学相结合，能有效地促进了教学效果提升，田雨等（2017）还借助"微课+对分"理论在《草地生态学》课程中的应用进行了课程探索，这都能促进草地生态学人才的精准培养。

在人才教育和培养方面，呈现了以下几个特点：一是继续瞄准学科前沿，聚焦社会需求，在已有几大特色学科方向（草原生态系统生态学、草地资源与生态等）基础上，进一步凝练科学方向，引进和培养高层次人才，大幅提升科研队伍的创新能力，协同研究，促成重大成果产出；二是不断完善学科专业设置，草地生态学相关专业相关高校和院所统筹草学、生态学、环境科学等学科进行系统招生培养；三是要提升人才培养质量和科研师资队伍，依拖本-硕-博人才培养体系和相关重点实验室资源，积极开展与国内外高校和研究机构的合作交流，培养具有创新精神和国际视野的人才；四是不断加强科学研究平台建设，在已有草地生态学国家重点实验室、省部级重点实验室、教育基地和创新中心等基础上，强化平台建设发展，不断推进生态学相关科研人才后备储备力量建设。

2017年9月，教育部、财政部、国家发展改革委印发了《关于公布世界一流大学和一流学科建设高校及建设学科名单的通知》，在公布的"双一流"建设高校及建设学科名单中，把生态学作为一流学科建设的高校数量达到了11所，位列全部"双一流"学科第六位，其中涉及草地生态学学科的高校有：北京大学、北京师范大学、兰州大学、复旦大学、华东师范大学、云南大学、青海大学、西藏大学等。生态学一级学科成立后下设生态科学、生态工程、生态管理3个二级学科，分属理学、工学、管理学三大门类，这种划分方法不甚合理，且不能满足国家战略发展需求。基于此，2018年6月5日国务院学位委员会生态学科评议组发布了调整后生态学二级学科方向，共7个，分别是动物生态学、植物生态学、微生物生态学、生态系统生态学、景观生态学、修复生态学和可持续生态学，这对生态学科的发展是一个重要机遇，也充分体现了我国当前对生态学相关人才和研究的需求，也同时将深刻影响未来中国草地生态学的科研与教育。

## 4 国际背景

从前述分析可以看出，我国草地生态学研究的主要领域与国际是基本一致的，近年来的某些研究热点（如草地生物多样性与生态系统多功能性、草地生态系统对全球变化的响应等）也有相似之处，但侧重点有所不同，不同领域的研究进展各异。总的来看，国际上更加注重理论研究及机理探究，对全球变化相关草地生态过程高度关注、相关研究比较集中，跨学科、跨尺度的综合研究受到推崇，研究方法创新方面也取得新的进展，同时对草地生态系统管理及生态服务功能的宏观认识也有高度和启发意义。我国则更关注：草地退化治理与生态环境质量管理、生态系统过程与功能（碳氮水过程）、草地土壤碳库动态、全球气候变化对草地生态系统的响应机理机制，在有机碳、草地土壤微生物过程、高寒草地生态多功能等方面系统，在全球变化的响应机理机制、退化草地的生态恢复与可持续管理方面也取得了长足的发展，并在跟踪国际前沿的基础上在某些领域形成了一定的特色、国际影响逐步扩大。

### 4.1 国际草地生态学学科发展的规律和特点

#### 4.1.1 理论引领草地生态学发展

草地生态学是一门扎根于野外自然史观察与实验的经验学科，新观察、新发现虽然能一时刺激人们开展更多的相似工作，但理论、概念、模型的发展对于本学科的成熟与长久发展才会起至关重要的推动作用。例如Clements的群落超有机体概念，即使在今天被认为是一个错误的观念，已被Henry Gleason的个体论所取代，它仍然刺激人们开展了大量的经验观察和实验研究，使群落生态学理论日趋成熟。Clements强调生态系统各组分之间的相互依赖关系，尤其是强调种间相互作用在决定群落结构中的重要地位，极大促进了生态位理论的形成与发展（贺金生，2018）。

#### 4.1.2 新技术推动草地生态学发展

目前国际上应用在草地生态学研究的主要技术有：①分子技术，20世纪80年代DNA聚合酶链反应的发明和热稳定聚合酶的发现湿的科研人员从此不必通过分子克隆就可以从微量样品中提取制备大量DNA样品，并在很短时间内完成大规模样本分析，另外21世纪以来大规模运用高通量测序技术也正大大增加草地生态学家描述微生物世界的能力；②稳定同位素技术，与分子生物学技术对生态学所产生的影响一样，稳定同位素技术逐渐成为现代草地生态学研究中最为有效的方法；③"高通量"野外监测和观测技术，遥感、地理信息系统，全球定位系统（"3S"系统）的应用以及连续、精密观测仪器的使用为草地生态系统的变化提供了强大的技术支持，大大促进了生态系统格局以及全球变化影响的研究；④大型野外控制实验技术，自然条件下的大型控制实验是研究全球变化生态学的主要方法之一，并能为模型模拟和预测提供必须关键参数估计和校正数据；⑤联网观测与控制实验技术，也就是区域尺度的网络化的生态系统长期监测定位站；⑥生态模拟技术，包括计算机模拟，当然这个方法存在诸多不确定因素和参数（李文华，2013；于振良，2016）。

#### 4.1.3 全球可持续发展目标召唤驱动草地生态学的发展

2015 年 9 月，世界各国领导人在纽约联合国峰会上通过了《2030 年可持续发展议程》，该议程涵盖 17 项宏伟的全球可持续发展目标（Sustainable Development Goals，SDGs）。其中 16 项目标直接或间接与草地生态学有关，草地生态系统服务势必为全球可持续发展目标的实现提供关键保障。现阶段的诸多优先发展领域如粮食安全、消除脱贫、人类命运共同体、共同应对气候变化等既是自身发展的需要，也是对联合国《2030 年可持续发展议程》的积极响应。近年来，由于全球气候变化和大规模的人类活动，导致草地环境向着人类不利的方向迅速恶化，社会发展和人类生存都要求生态学家解决草地环境问题，提出解决方案。这种强烈的社会需求是当今草地生态发展的极大驱动力。应用生态学给草地生态学的基础研究提出许多新的任务，而基础的草地生态学理论研究成果，无疑也为应用生态学解决实际问题提供帮助和依据（孙鸿烈，2009；陈宜瑜，2013）。

#### 4.1.4 草地生态系统对全球气候变化的响应是当前研究的重点领域

草地生态系统与全球变化是相互作用、相互影响的。20 世纪 70 年代以来，以全球环境问题为对象的全球变化研究成为当代重要的科学前沿之一。长期定位研究草地生态系统的碳氮收支格局、变率与关键过程，气温升高和土地利用方式变化对湿地生态系统碳、氮过程的影响及其区域效应、草地生态系统对全球变化的响应和适应机制研究、多手段、高时空分辨率数据集的重建和数据库建设，研究草地系统对全球变化的影响与响应，及如何适应和应对气候变化成为当前国内外草地研究的前沿领域。研究内容也主要体现在以下四点：①研究全球变化各要素对"草"生物生理生态响应，个体、种群、群落及生态系统的水平的影响；②探讨全球变化过程中草地生态系统生物地球化学循环的改变，如全球碳、氮循环和水循环；③在明确全球变化生态影响的基础上，阐明这些影响对气候和环境变化的反馈机制，如全球变化，导致区域降水格局的变化等；④提供草地生态系统应对全球变化的理论对策。

### 4.2 研究趋势

草地生态学研究的大数据时代，大尺度的生态学问题需要跨学科、跨区域、跨界面的合作和共享海量数据将是未来研究的一大趋势，如长期生态学网络（LTER）。草地生态多过程的系统耦合，如探讨草地生态系统生物地球化学循环的改变，如全球碳、氮和水耦合循环的机制研究；草地生态学发展需要统一化的"大"理论，由于草地生态学研究对象的多样化、复杂化，也由于学科本身的限制，生态学目前还没有一个公认的理论框架，也就是说目前很多生态学问题是数据和问题驱动的，而非理论驱动。草地生态需要和地球科学以及微生物学紧密结合，进行学科交叉和融合，草地生态系统作为最大的陆地生态系统，毫无疑问，不用纬度地带、不同海拔高度、不同气候条件、非生物环境以及微生物种类都是不同的，对气候变化，温度升高幅度和降水变化情况也是不一样的，进一步走向利用大规模的控制实验，利用先进技术手段来研究一些机制的问题也是国际草地生态学学科发展的重要方向。

### 4.3 比较、判断与借鉴

尽管改革开放以来国内主要草地生态学研究单位抓住机遇，瞄准草地生态学前沿研究，提出了大量具有交叉性和前沿性的研究课题，在生物多样性与生态系统功能、生物地球化学循环、应对全球气候变化、退化草地的恢复与管理等方面取得了一定进展。但我国草地微生物生态学研究与国际相比启动较晚，整体研究力量较薄弱，缺乏高水准的研究平台，以跟进研究为主，原创性研究较少，对重大基础科学问题缺乏足够的研究积累。我国与国际上主要差距包括以下几方面：①重大基础理论研究需要与时俱进。如青藏高原高寒草地，高寒草地中特定土壤生境中存在哪些微生物类群或者功能群？高寒草地地下生物多样性如何影响地上生物多样性？氮沉降对生态系统的碳汇贡献大小？草地生态学又如何体现学科特色？②缺乏草地生态研究耦合系统观。即如何实现生态系统多过程的耦合联动，如何串联自然-经济-社会复合巨系统成为目前的发展的重要问题。③研究手段与方法亟待创新。即如何将宏观生态理论与微生物分子生态理论相结合，现代生态学已经有了成熟的理论和模型，但目前的生态群落理论建立在宏观生态上，如何将草地微观生态的研究与宏观理论相结合，揭示草地在生态服务功能中的作用成为新的研究难点。

## 5 学科发展总结和前景

### 5.1 总结

过去的40年，不管是教育教学还是科学前沿，草地生态学成为生态学发展最为迅速的学科之一。过去20多年，在很多方面已经取得了长足的进步，例如，草地的生物多样性与生态系统功能的关系、草地土壤碳库、动态及碳循环过程、草地温室气体排放、草地生态系统对全球气候变化的响应、草地生态系统管理等，对于指导我国北方及高寒草地管理和退化草地生态系统的恢复重建具有重要指导意义。得益于草地生态系统的各个组分相对容易测定和控制实验易于操作，特别在过去的10多年里，有关草地生态系统结构、过程的大尺度研究，一方面进一步走向宏观，横跨温带草地、高寒草甸和山地草地进行比较研究，得出了一些重要的规律，这在世界上也是少见的；另一方面，进一步走向利用大规模的控制实验，来研究一些机制的问题，这些大尺度工作引领了草地应用生态学理论基础研究，为区域的可持续发展提供了技术支撑。

近5年来，研究热点主题主要集中在草地植被、生态系统及其对环境变化的响应与适应、高寒草甸生态系统、及草地可持续发展等方面，我国草地生态学发展也更趋活跃，显示出良好的发展态势，但同时也面临不少问题和挑战。草地面临的形势与挑战：草地生态学的基础理论研究不够深入、理论性偏弱、定义不够明确，学科体系化程度较低，涉及过程机理的基础研究方法也有待进一步开发，这是国际上存在的共性问题；草地生态学研究平台建设布局不够合理，呈现单点位发展，生态学二级学科划分后二级学科的界定、本科与研究生课程体系建设等以及中国生态学会尚未设立草地生态专业委员会的基础平台也将是未来发展的挑战，我国草业科技队伍规模小，虽专门成立草业科学学院，与林业相比，全国尚无一所草业大学，科研机构、推广机构和相关人才都存在一定的差距；研究者只关注较为单一的生态过程或机理研究，缺乏系统耦合整体研究；技术方法相对缺乏创新，目前依托于植物学、土壤学、微生物学、生态学等学科进行开展研究，缺乏和地球科学、进化生物学以及计算机科学的有机整合研究；政策保障和生态补偿机制有待加强，政府、企业和公众却似乎并未像对待金融危机、雾霾或其他社会问题那样严肃地对待草地退化问题，因此实现草地的可持续利用，需要大力推进全方位的草地保护立法，制定更加严格的草地保护法律法规，提高全民族、全社会的草地生态意识，增强对决策和管理人员的生态认识，促进可持续草地资源管理政策的实施。

纵观国际草地生态学研究发展方向趋势，反思我国草地生态研究发展，建议以下几个方面在未来需要进一步深入。大力健全发展草地科学教育、研究、生态定位观测网、资源和生态数据平台机构、设施。就生态定位站而言，科技部的国家级生态定位站，森林的17个，草地5个。中国科学院系统的，森林的11个，草地3个；国家林业和草原局的，森林的104个，目前尚没有草地站。作为草地大国，我国的草地生态系统定位站数量应当更多一些、分布更合理、类型更齐全。应当大力健全发展草地科学教育、研究、生态定位观测网、资源和生态大数据平台机构、设施等，开设草地/草业专门院校，生态学会设置专门委员会，创设关于草地生态专门性期刊等，推动建立国际草地学术权威组织，我国作为迎头赶上的草地科技发展大国，应当推动建立和发展国际草地学术权威组织，促进世界草地保护利用与可持续经营。

进一步加强有关草地生态系统结构、过程的大尺度研究，进一步走向宏观，另一方面，进一步走向利用大规模的多因素控制实验，来研究一些机制的问题。摸清草地资源家底。继续加强草地生物多样性和生态多功能性研究。强化草地生态系统多样性与稳定性研究。相对于森林而言，草地生态系统的季节及年际变化非常显著，特别生产力、生物多样性的年际变化（Ma et al., 2010）。由于方法统一的、长期定位资料的缺乏，限制了我们对不同草地类型、不同放牧及管理措施下草地动态变化的理解。通过物联网的固定样地的动态监测，在时间和空间尺度上研究草地生态系统的稳定性以及维持机制也将是未来研究的重点领域。加大草地土壤碳汇库的深入理解。目前学术界对草地生态系统的的有机碳的研究还受到一些限制，由于缺乏能反映土壤有机碳储量的观测资料，目前对土壤碳汇源特征的认识还存在很大的不确定性，而且由于青藏地区独特的自然条件，对青藏高原冻土碳库大小及其动态变化的认识非常有限，所以限制了对国家草地生态系统各种生态类型的全貌的整体认知，在未来草地生态系统碳库汇。增强草地生态系统对全球气候变化的响应机制研究。增温、极端干旱、氮沉降、降水变化等一些列全球气候变化的问题已成为全球公认的环境问题，IPCC 发布全球升温 1.5℃特别报告，报告称，全球每十年升温（0.2±0.1）℃，目前已经升温 1℃，按照这一趋势，2030～2052 年之间将达到 1.5℃。草地生态系统作为陆地最大的生态系统，在关键生态过程中如何响应全球变化的机制研究将成为下一步学科发展的重点方向，特别相对于碳循环而言，我国对草地生态系统的氮、磷循环特征还不够深入。同时，学术界对于大气氮沉降对草地生态系统的陆地碳汇影响的认识仍然存在很大争议，对于大气氮沉降是否会影响植物生长受磷限制的认识还缺乏实验证据。因此还需要加强我国草地生态系统氮、磷循环特征以及碳-氮-磷交互作用的研究。推动草地生态文明建设与草地生态系统可持续发展管理。进一步明确草原与草业的功能定位与战略目标，助推草地生态文明建设，长期以来，人们一直把草原作为"放牧地"、"生产资料"或"畜牧业生产基地"，一味追求载畜量和经济利益，而忽视了它的生态保护和多功能性。建立粮草兼顾、生态生产兼顾、牧区农区耦合的草地农业生态系统，解析草地生态生产过程，优化草地畜牧产业结构、时间、结构和布局，实现粮草并重，保障良好生态的同时，促进牧区经济平稳绿色发展，实现草地生态系统的可持续发展。

## 5.2 展望

草地生态学是一门很有发展潜力和多学科融合交叉学科，是自然生产和联系人地关系持续发展的中间学科，它不仅在建设现代化的草地生态农业中继续发挥作用，也在我国和其他发展中国家生态安全国家战略中起着重要作用。

目前从政府到公众，都认识到"绿水青山就是金山银山""山水林田湖草是一个生命共同体"。在这样的背景下，草地生态学研究遇到了前所未有的发展机遇。草地生态学的研究一方面要覆盖更多的区域和草地类型，组成研究网络，另一方面要通过学科交叉和融合，在草地微生物学、草地生态系统多功能性、草地的生态屏障作用、山水林田湖草的优化配置等方面，从基础研究到生态规划，进一步发挥学科的科技支撑作用。

草地生态学联网研究和定位实验的时空尺度和不同生态过程的耦合将会是未来研究的难点，也将更加注重长期、持续和更广泛时空范围的草地资源调查和监测；草地生态学对全球变化的响应将继续是未来关注的重点领域；草地生态服务功能评估与可持续发展管理工作的交互关系和综合利用保护以及草地生态文明建设将是未来其研究的核心内容，如何进行草地生态系统可持续发展管理，以降低人为因素引起的全球变化的负面影响，将是今后我国草地科技和管理部门面临的一项重要任务。

经过一定时期的努力，我们相信，在党和政府的坚强指导下，在我国科技工作者的共同探索努力下，我国广大面积草地的生态状况将会大大改观，草地生态学也将进入一个新的历史发展时期，草地生态学也必将统筹在"山水林田湖草"系统治理和"美丽中国"建设中发挥不可或缺的力量，草地生态学的研究者们也必将用应有的时代担当为新时代的生态文明建设作出贡献。

## 参 考 文 献

白永飞, 陈世苹. 2018. 中国草地生态系统固碳现状、速率和潜力研究. 植物生态学报, 42(3): 261-264.

白永飞, 黄建辉, 郑淑霞, 等. 2014. 草地和荒漠生态系统服务功能的形成与调控机制. 植物生态学报, 38(2): 93-102.

白永飞, 潘庆民, 邢旗. 2016. 草地生产与生态功能合理配置的理论基础与关键技术. 科学通报, 61(2): 201-212.

白永飞, 王扬. 2017. 长期生态学研究和试验示范为草原生态保护和草牧业可持续发展提供科技支撑. 中国科学院院刊, 32(08): 910-916.

北京大学地理系. 1983. 毛乌素沙区自然条件及其改良利用. 北京: 科学出版社.

曹广民, 林丽, 张法伟, 等. 2018. 长期生态学研究和试验示范为高寒草地的适应性管理提供理论与技术支撑. 中国科学院院刊, 33(10): 1115-1126.

陈昌笃. 1964. 我国典型草原亚地带和荒漠草原亚地带中段(鄂尔多斯地区)的界限在哪里? 植物生态学与地植物学丛刊, 2(1): 143-150.

陈世苹, 白永飞, 韩兴国. 2002. 稳定性碳同位素技术在生态学研究中的应用. 植物生态学报, 26: 549-560.

陈宜瑜. 2013. 生态系统定位研究. 北京: 科学出版社.

陈佐忠. 1989. 草原生态系统定位站研究的回顾与建设, 中国草地科学与草业发展. 北京: 科学出版社.

陈佐忠. 1994. 略论草地生态学研究面临的几个热点. 茶叶科学, (1): 42-45.

陈佐忠. 2002. 面向新世纪的草地生态学研究. 中国生态学学会. 生态安全与生态建设——中国科协, 2002年学术年会论文集.

陈佐忠. 2004. 略论我国发展草原生态旅游的优势、问题与对策. 四川草原, (2): 42-45.

陈佐忠, 汪诗平. 2000. 中国典型草原生态系统. 北京: 科学出版社.

陈佐忠, 王艳芬, 汪诗平. 2003. 面向新世纪的草地生态学研究. 四川草原, (5): 1-3.

董世魁. 2009. 草地对全球变化的响应及其适应性管理. 合肥: 中国草原发展论坛.

方精云, 白永飞, 李凌浩, 等. 2016. 我国草原牧区可持续发展的科学基础与实践. 科学通报, 61: 155-164.

方精云, 唐艳鸿. 2010. 碳循环研究: 东亚生态系统为什么重要. 中国科学: 生命科学, 40(7): 561-565.

冯静蕾, 扎玛, 曹建民, 等. 2014. 内蒙古草原放牧管理制度对牧民生计的影响——基于内蒙古锡林郭勒盟4个嘎查的调查. 中国草地学报, 36(2): 1-5.

耿晓东, 旭日. 2017. 梯度增温对青藏高原高寒草甸生态系统碳交换的影响. 草业科学, 34(12): 2407-2415.

耿晓东, 旭日, 刘永稳. 2018. 青藏高原纳木错高寒草甸生态系统碳交换对多梯度增水的响应. 植物生态学报, 42(3): 397-405.

耿晓东, 旭日, 魏达. 2017. 多梯度增温对青藏高原高寒草甸温室气体通量的影响. 生态环境学报, 26(3): 445-452.

郭小伟, 杜岩功, 林丽, 等. 2016. 青藏高原北缘3种高寒草地的$CH_4$、$CO_2$和$N_2O$通量特征的初步研究. 草业科学, 33(1): 27-37.

韩兴国, 李凌浩. 2012. 内蒙古草地生态系统维持机理. 北京: 中国农业大学出版社.

贺金生. 2016. 草地生态系统发展. 北京: 高等教育出版社.

贺金生. 2018. 新时期草地生态学的机遇与挑战. 中国植物学会(Botanical Society of China).中国植物学会八十五周年学术年会论文摘要汇编(1993-2018). 中国植物学会(Botanical Society of China): 云南省科学技术协会.

侯向阳. 2016. 可持续挖掘草原生产潜力的途径、技术及政策建议. 中国农业科学, 49(16): 3229-3238.

侯向阳, 尹燕亭, 丁勇. 2011. 中国草原适应性管理研究现状与展望. 草业学报, 20(2): 262-269.

贾慎修. 2002. 草地经营学及其发展. 贾慎修文集. 北京: 中国农业大学出版社.

贾慎修. 2002. 中国草地类型.贾慎修文集. 北京: 中国农业大学出版社.

姜恕. 1988. 草地生态研究方法. 北京: 中国农业出版社.

蒋有绪. 2018. 积极发展草地科学的理论与实践研究. 中国绿色时报, 第03版: 科教.

李博. 1990. 内蒙古草场资源系列地图. 北京: 科学出版社.

李博. 1991. 草地生态学的发展, 中国生态学发展战略研究. 北京: 中国经济出版社.

李博. 1992. 我国草地生态研究的成就与展望. 生态学杂志, (3): 3-9.

李博. 1994. 生态学与草地管理. 中国草地, (1): 1-8

李博. 1997. 我国草地资源现况、问题及对策. 中国科学院院刊, (1): 49-51.

李文华. 1998. 生态学的发展及我国面临的挑战与机遇. 中国科学技术协会. 科技进步与学科发展——"科学技术面向新世纪"学术年会论文集. 中国科学技术协会: 中国科学探险协会.

李文华. 2013. 中国当代生态学研究. 北京: 中国科学出版社.

梁存柱, 祝廷成, 王德利, 等. 2002. 21世纪初我国草地生态学研究展望. 应用生态学报, (6): 743-746.

梁艳, 干珠扎布, 张伟娜, 等. 2015. 灌溉对藏北高寒草甸生物量和温室气体排放的影响. 农业环境科学学报, 34(4): 801-808.

刘鸿雁, 唐艳鸿. 2017. 北京大学生物地理学与生态学的发展与成就. 地理学报, 72(11): 1997-2008.

刘慧峰, 伍星, 李雅, 等. 2014. 土地利用变化对土壤温室气体排放通量影响研究进展. 生态学杂志, 33(7): 1960-1968.

刘玉, 刘振恒, 邓蕾, 等. 2016. 季节性放牧对草地植物多样性与功能群特征的影响. 草业科学, 33(7): 1403-1409.

马田莉, 陈槐, 康晓明, 等. 2016. 围封年限对内蒙古草地甲烷氧化菌氧化能力的影响. 应用与环境生物学报, 22(1): 8-12.

任继周. 2012. 放牧草原生态系统存在的基本方式——兼论放牧的转型. 自然资源学报, 27: 1259-1275.

任继周, 李向林, 侯扶江. 2002. 草地农业生态学研究进展与趋势. 应用生态学报, 13: 1017-1021.

任继周, 侯扶江. 2004. 草地资源管理的几项原则. 草地学报, 12(4): 261-263.

任继周, 胡自治, 牟新待, 等. 1980. 草原的综合顺序分类法及其草原发生学意义. 中国草原, 1: 12-2.

沈海花, 朱言坤, 赵霞, 等. 2016. 中国草地资源的现状分析. 科学通报, 61(2): 139-154.

苏大学. 1994. 中国草地资源的区域分布与生产力结构. 草地学报, 2: 71-77.

孙鸿烈. 2005. 中国生态系统. 北京: 科学出版社.

孙鸿烈. 2009. 生态系统综合研究. 北京: 科学出版社.

孙鸿烈. 2013. 20世纪中国知名科学家学术成就概览·地学卷: 地质学分册2. 北京: 科学出版社.

孙特生, 胡晓慧. 2018. 基于农牧民生计资本的干旱区草地适应性管理——以准噶尔北部的富蕴县为例. 自然资源学报, 33(5): 761-774.

田雨, 孙泽威, 武祎. 2017. "微课+对分"在《草地生态学》课程中的应用探索. 教育教学论坛, 37: 157-158.

汪诗平. 2013. 草地生态系统可持续利用和管理亟待突破传统理念和机制. 农村经济, 4: 83-86.

王德利, 侯扶江, 梁存柱, 等. 2012. 草地生态系统学科研究进展报告. 北京: 中国科技出版社.

王德利, 王岭. 2019. 草地管理概念的新释义. 科学通报, 64(11): 1106-1113.

王丽华, 薛晶月, 谢雨, 等. 2018. 不同气候类型下四川草地土壤有机碳空间分布及影响因素. 植物生态学报, 42(3): 297-306.

王学霞, 高清竹, 干珠扎布, 等. 2018. 藏北高寒草甸温室气体排放对长期增温的响应. 中国农业气象, 39(3): 152-161.

谢青琰, 杜陈军, 张梦瑶, 等. 2017. 单次降水对高寒草地温室气体通量昼夜变化的影响研究. 环境科学与管理, 42(9): 43-47.

徐丽, 于贵瑞, 何念鹏. 2018. 1980s-2010s中国陆地生态系统土壤碳储量的变化. 地理学报, 73(11): 2150-2167.

徐炜, 井新, 马志远, 等. 2016. 生态系统多功能性的测度方法. 生物多样性, 24: 72-84.

徐炜, 马志远, 井新, 等. 2016. 生物多样性与生态系统多功能性: 进展与展望. 生物多样性, 24(1): 55-71.

许鹏. 1993. 新疆草地资源及其利用. 乌鲁木齐: 新疆科技卫生出版社.

杨元合. 2018. 全球变化背景下的高寒生态过程. 植物生态学报, 42(1): 1-5.

于振良. 2016. 生态学的现状与发展趋势. 北京: 高等教育出版社.

张金屯. 2003. 应用生态学. 北京: 科学出版社.

张全国, 张大勇. 2003. 生物多样性与生态系统功能: 最新的进展与动向. 生物多样性, 11: 351-363.

张英俊, 周冀琼. 2018. 我国草原现状及生产力提升. 民主与科学, 03: 26-28.

赵新全. 2009. 高寒草甸生态系统与全球变化. 北京: 科学出版社.

中国科学院内蒙古宁夏综合考察队. 1980. 内蒙古自治区及其东西部毗邻地区天然草场. 北京: 科学出版社.

中国科学院青藏高原综合考察队. 1988. 西藏植被(第一章). 北京: 科学出版社.

中国科学院新疆综合考察队. 1978. 新疆植被及其利用(第一章). 北京: 科学出版社.

中华人民共和国农业部畜牧兽医司, 全国畜牧兽医总站. 1996. 中国草地资源. 北京: 中国科学技术出版社.

周道玮, 姜世成, 王平. 2004. 中国北方草地生态系统管理问题与对策. 中国草地, 26(1): 57-64.

周兴民. 2001. 中国嵩草草甸. 北京: 科学出版社.

朱慧, 王德利, 任炳忠. 2017. 放牧对草地昆虫多样性的影响研究进展. 生态学报, 37(21): 7368-7374.

朱金濛. 2019. 草地生态系统生物和功能多样性及其优化管理. 现代农业研究, 9(1): 63-64.

祝廷成. 2001. 21 世纪初我国草地生态学研究展望. 中国植物学会植物生态学专业委员会、中国科学院植物研究所.植被生态学学术研讨会暨侯学煜院士逝世 10 周年纪念会论文集. 中国植物学会植物生态学专业委员会、中国科学院植物研究所: 中国植物学会.

Bader M K F, Leuzinger S, Keel S G, et al. 2013. Central European hardwood trees in a high-$CO_2$ future: synthesis of an 8-year forest canopy $CO_2$ enrichment project. Journal of Ecology, 101: 1509-1519.

Bai Y F, Han X G, Wu J G, et al. 2004. Ecosystem stability and compensatory effects in the Inner Mongolia grassland. Nature, 431: 181-184.

Bai Y F, Wu JG, Xing Q, et al. 2008. Primary production and rain use efficiency across a precipitation gradient on the Mongolia plateau. Ecology, 89: 2140-2153.

Bretschneider E. 1898: History of European botanical discoveries in China, I. II. London.

Byrnes J E K, Gamfeldt L, Isbel F, et al. 2013. Investigating the relationship between biodiversity and ecosystem multi functionality: Challenges and solutions. Methods Ecology Evolution, 5: 111-124.

Cai Y, Wang X, Tian L, et al. 2014. The impact of excretal returns from yak and Tibetan sheep dung on nitrous oxide emissions in an alpine steppe on the Qinghai-Tibetan Plateau. Soil Biology & Biochemistry, 76: 90-99.

Cardinale B J, Srivastava D S, Duffy J E, et al. 2006. Effects of biodiversity on the functioning of trophic groups and ecosystems. Nature, 443: 989-992.

Chen H, Wu N, Wang Y F, et al. 2011. Methane fluxes from alpine wetlands of Zoige plateau in relation to water regime and vegetation under two scales. Water Air and Soil Pollution, 217(1-4): 173-183.

Chen H, Zhu Q A, Peng C H, et al. 2013. Methane emissions from rice paddies natural wetlands, lakes in China: synthesis new estimate. Global Change Biology, 19(1): 19-32.

Chen W, Wolf B, Zheng X, et al. 2011. Annual methane uptake by temperate semiarid steppes as regulated by stocking rates, aboveground plant biomass and topsoil air permeability. Global Change Biology, 17: 2803-2816.

Dai E F, Huang Y, Wu Z, et al. 2016. Analysis of spatiotemporal features of a carbon source/sink and its relationship to climatic factors in the Inner Mongolia grassland ecosystem. Journal of Geographical Sciences, 26: 297-312.

David R Kemp, Han G D, Hou X Y, et al. 2013. Innovative grassland management systems for environmental and livelihood benefits. Proceedings of the National Academy of Sciences of the United States of America, 110: 8369-8374.

Davidson E A, Janessensi A. 2006.Temperature sensitivity of soil carbon decomposition and feedbacks to clim ate change. Nature, 440: 165-173.

Delgado B M, Maestre F T, Gallardol A, et al. 2013. Decoupling of soil nutrient cycles as a func- tion of aridity in global drylands. Nature, 502: 672-676.

Deng L, Sweeney S, Shanggua Z P, 2014. Grassland responses to grazing disturbance: plant diversity changes with grazing intensity in a desert steppe. Grass and Forage Science, 69: 524-533.

Gamfeldt L, Hillebrand H, Jonsson P R. 2008. Multiple functions increase the importance of biodiversity for overall ecosystem functioning. Ecology, 89: 1223-1231.

Hector A, Bagchi I R. 2007. Biodiversity and ecosystem multifunctionality. Nature, 448: 188-190.

Hector A, Hooper R. 2012. Darwin and the first ecological experiment. Science, 295: 639-640.

Hilippot L, Spor A, Henault C, et al. 2013. Loss in microbial diversity affects nitrogen cycling in soil. Isme Journal, 7: 1609-1619.

Hodgson J, Illius A W. 1996. The Ecology and Management of Grazing Systems. Wallingford: CAB International.

Hooper D, Chapin III F, Ewel J, et al. 2005. Effects of biodiversity on ecosystem functioning: a consensus of current knowledge. Ecological Monographs, 75: 3-35.

Jing X, Sanders N J, Shi Y, et al. 2015. The links between ecosystem multifunctionality and above- and belowground biodiversity are mediated by climate. Nature Communications, 6(6): 8159.

Jobbagy E G, Jackson R B. 2000. The vertical distribution of soil organic carbon and its relation to climate and vegetation. Ecological Applications, 10: 423-436.

Jones M B, Donnelly A. 2004. Carbon sequestration in temperate grassland ecosystem and the influence of management climate and elevated $CO_2$. New Phytologist, 164: 423-439.

Jones S K, Rees R M, Kosmas D, et al. 2006. Carbon sequestration in a temperate grasslands management and climatic controls. Soil Use and Management, 22: 132-142.

Kang L, Han X G, Zhang Z B, et al. 2007. Grassland ecosystems in China: review of current knowledge and research advancement. Philosophical Transactions of the Royal Society of London Series B-Biological Sciences, 362: 997-1008.

Knapp A K, Beier C, Briske D D, et al. 2008. Consequences of more extreme precipitation regimes for terrestrial ecosystem, Bioscience, 58: 811-821.

Knapp A K, Fay P A, Blair J M, et al. 2002. Rainfall variability, carbon cycling, and plant species diversity in a mesic grassland. Science, 298: 2202-2205.

Knapp A K, Smith M D. 2001. Variation among biomass in temporal dynamics of above ground primary production. Science, 291: 481-484.

Lei L J, Xia J Y, et al. 2018. Water response of ecosystem respiration regulates future projection of net ecosystem productivity in a semiarid grassland. Agricultural and Forest Meteorology, 252: 175-191.

Liu C, Wang L, Song X X, et al. 2018. Towards a mechanistic understanding of the effect that different species of large grazers have on grassland soil N availability. Iournal of Ecolgy, 106: 357-366.

Liu H Y, Mi Z R, Lin L, et al. 2017. Shifting plant species composition in response to climate change stabilizes grassland primary production. PNAS, 12: 21-36.

Liu H Y, Mi Z R, Lin L, et al. 2018. Shifting plant species composition in response to climate change stabilizes grassland primary production. PNAS, 115(16): 4051-4056.

Liu L, Greaver T L. 2009. A review of nitrogen enrichment effects on three biogenic GHGs: the $CO_2$ sink may be largely offset by stimulated $N_2O$ and $CH_4$ emission. Ecology Letter, 12: 1103-1117.

Liu X D, Chen X Z, Li R H, et al. 2017. Water-use efficiency of an old-growth forest in lower subtropical China. Scientific Reports, 7: 47-56.

Liu Y, Delgado B M, Trivedi P, et al. 2017. Identity of biocrust species and microbial com- munities drive the response of soil multifunctionality to simulated global change. Soil Biology and Biochemistry, 107: 208-217.

Lu Y, Zhuang Q, Zhou G, et al. 2011. Possible decline of the carbon sink in the Mongolian Plateau during the 21st century. Environmental Research Letters, 4(4): 045023.

Luo G J, Kiese R, Wolf B, et al. 2013. Effects of soil temperature and moisture on methane uptake and nitrogen oxide emissions across three different ecosystem types. Biogeosciences, 10: 3205-3219.

Luo Y Q. 2007. Terrestrial carbon-cycle feedback to climate warming. Annual Review of Ecology Evolution and Systematics, 38: 683-712.

Ma W H, He J S, Yang Y H. 2010. Environmental factors co-vary with plant diversity- productivity relationships among Chinese grassland sites. Global Ecology and Biogeography, 19: 233-243.

Ma W, He J S, Yang Y, et al. 2010. Environmental factors convey with plant diversity-productivity relationships among Chinese grassland sites. Global Ecology Biogeography, 19: 233-243.

Ma Z Y, Liu H Y, Mi Z R, 2017. Climate warming reduces the temporal stability of plant community biomass production. Nature Communications, 8: 15378.

Mcguire A D, Anderson L G, Christensen T R, et al. 2009. Sensitivity of the carbon cycle in the Arctic to climate change. Ecological Monographs, 79: 523-555.

Nie M, Lu M, Bell J, et al. 2013. Altered root traits due to elevated $CO_2$: a meta-analysis. Global Ecology and Biogeography, 22: 1095-1105.

Pablo L P, He´ctor A B, Marı´a V L, et al. 2016. Guillermo Martı´nez Pasture A review of silvopastoral systems in native forests of Nothofagus antarctica in southern Patagonia, Argentina. Agroforest Syst, 90: 933-960.

Pearse H. 1905. Moorcroft and Hearsey's visit to Lake Mansarowar in 1812: Geography Journal, 16(2): 180-186.

Reyes F M, Steltzer H, Trlica M, et al. 2014. Elevated $CO_2$ further lengthens growing season under warming conditions. Nature, 510: 259-262.

Sanderson M A, Skinner R H, Barker D J, et al. 2004. Plant species diversity and management of temperate forage and grazing land ecosystems. Crop Science, 44: 1132-1144.

Schulze E D, Mooney H A. 1994. Ecosystem Function of Biodiversity: A Summary. Berlin, Heidelberg: Springer.

Sui X H, Zhou G S. 2013. Carbon dynamics of temperate grassland ecosystems in China from 1951 to 2007: an analysis with a process-based biogeochemistry model. Environmental Earth Sciences, 68: 521-533.

Tian D, Niu S L. 2015. A global analysis of soil acidification caused by nitrogen addition. Environmental Research Letters, 10(2): 024019.

Tilman D, Isbell F, Cowles J M. 2014. Biodiversity and ecosystem functioning. Annual Review of Ecology, Evolution and Systematics, 45: 471.

Van Groenigen K J, Osenberg C W, Hungate B A. 2011. Increased soil emissions of potent. greenhouse gases under increased atmospheric $CO_2$. Nature, 475: 214-216.

Wagg C, Bender S F, Widmer F, et al. 2014. Soil biodiversity and soil community composition determine ecosystem multifunctionality. Proceedings of the National Academy of Sciences, USA, 111: 5266-5270.

Wall D H, Bardgett R D, Kelly E. 2010. Biodiversity in the dark. Nature Geoscience, 3: 297-298.

Wang C H, Chen Z, Unteregelsbacher S, et al. 2016. Climate change amplifiers gross nitrogen turnover in montane grasslands of Central Europe both in summer and winter seasons. Global Change Biology, 22(9): 2963-2978.4.

Wang D L, Wang L, Liu J S, et al. 2018. Grassland ecology in China: perspectives and challenges. Frontiers of Agricultural Science and Engineering, 5(01): 24-43.

Wang F, Jiang F L, Chen X F, et al. 2016. Bamboo forest water use efficiency in the Yangtze River Delta Region, China.

Terrestrial, Atmospheric & Oceanic Sciences, 27 981-989.

Wang X H, Piao S L, Ciais P, et al. 2014. A two-fold increase of carbon cycle sensitivity to tropical temperature variations. Nature, 506: 212-215.

Wang Y H, Liu H Y, Chung H, et al. 2014. Non-growing-season soil respiration is controlled by freezing and thawing processes in the summer-monsoon dominated Tibetan alpine grassland. Global Biogeochemical Cycles, 28: 1081-1095.

Wang, Y L, Zhou, G S, Wang, Y H. 2008. Environmental effects on net ecosystem $CO_2$ exchange at half-hour and month scales over Stipa krylovii steppe in northern China. Agricultural and Forest Meteorology, 148: 714-722.

Yang T, Adams J, Shi Y, et al. 2017. Soil fungal diversity in natural grasslands of the Tibetan Plateau: Associations with plant diversity and productivity. New Phytologist, 215: 756-765.

Yang Y H, Fang J Y, Tang Y H, et al. 2008. Storage, patterns, and controls of soil organic carbon in the Tibetan grasslands. Global Change Biology, 14: 1592-1599.

Yang F L, Zhou G S, Hunt J E, et al. 2011. Biophysical regulation of net ecosystem carbon dioxide exchange over a temperate desert steppe in Inner Mongolia, China. Agriculture Ecosystems & Environment, 142: 318-328.

Zhang F M, Ju W M, Shen S H, et al. 2014. How recent climate change influences water use. efficiency in East Asia. Theoretical and Applied Climatology, 116: 359-370.

Zhang L, Tian J, He H L, et al. 2015. Evaluation of water use efficiency derived from MODIS products against eddy variance measurements in China. Remote Sensing, 7: 11183-11201.

Zhang T, Zhang Y J, Xu M J, et al. 2016. Ecosystem response more than climate variability drives the inter-annual variability of carbon fluxes in three Chinese grasslands. Agricultural and Forest Meteorology, 225: 48-56.

Zhang X M, Johnston E R, Liu W, et al. 2016. Environmental changes affect the assembly of soil bacterial community primarily by mediating stochastic processes. Global Change Biology, 22(1): 198-207.

Zhang Y H, Loreau M, Lü X T, et al. 2016. Nitrogen enrichment weakens ecosystem stability. through decreased species asynchrony and population stability in a temperate grassland. Global Change Biology, 22(4): 1445-1455.

Zhang Y H, Lü X T, Isbell F, et al. 2014. Rapid plant species loss at high rates and at low frequency of N addition in temperate steppe. Global Change Biology, 20: 3520-3529

Zhao K, Jing X, Sanders N J, et al. 2017. On the controls of abundance for soil-dwelling organisms on the Tibetan Plateau. Ecosphere, 8(7): e01901.

撰稿人：王艳芬

# 第 14 章 湿地生态学研究进展

## 1 引 言

  湿地是地球表层生态系统的重要组成部分。湿地一般分布在陆地系统和水域系统之间的过渡带，在多水的环境下由负地形或岸边带及其所承载的水体、土壤与生物相互作用所形成的统一整体。湿地与森林、海洋并称为全球三大生态系统，具有较高的生态多样性、物种多样性和生物生产力。湿地作为地球上水陆相互作用而形成的独特生态系统，兼具水陆两类生态系统的某些特征，具有多种社会功能和社会经济价值，对于维护地球生态安全起着重要的作用。同时，湿地是一个巨大的碳库，在碳循环、缓解全球气候变化中起着重要的作用，是众多野生动植物特别是珍稀水禽的繁殖地和越冬地（李益敏和李卓卿，2013）。由于湿地在蓄洪防旱、净化水质、调节气候、保护生物多样性等多方面起着重要作用，享有"地球之肾"、"天然水库"和"天然物种库"的美誉（吕宪国，2002）。

  目前，国内外湿地生态研究领域主要包括湿地生态系统的发育和演替、湿地生态系统的结构与功能、湿地生物多样性、湿地生态系统的生态过程、湿地生态系统评价、湿地生态系统的保护与恢复等方面（Zhang et al.，2008；姜明等，2018）。长久以来，随着经济的快速发展发展，对资源的需求不断加大，导致湿地生态系统受到严重的干扰和破坏，湿地退化减少的现象尤为突出。湿地保护与恢复作为生态文明建设的重要内容，事关生态安全以及生态环境的可持续发展，因此，对湿地生态系统的保护和恢复迫在眉睫。目前，对湿地生态研究越来越受到科学界、社会公众和政府管理部门的关注和重视。

## 2 我国湿地生态学发展现状

### 2.1 我国湿地生态学研究主要进展

  由于湿地类型的多样性、分布的广泛性、面积的差异性、淹水条件的易变性以及湿地边界的不确定性（陈宜瑜等，2003），导致湿地的生态功能特殊性及其生态过程的复杂性，湿地研究的多学科性、边缘交叉性，为湿地研究提供了广阔的创新空间，有利于形成多学科、多层次的湿地科学体系（黄锡畴，2003）。在对不同类型湿地的多年研究基础上，逐渐形成了从事研究湿地生态的专门学科-湿地生态学，主要内容包括：湿地生态系统的结构、功能、生态过程和演化规律及其与理化因子、生物组分之间的相互作用机制，为湿地调查与监测、湿地保护管理、履行国际《湿地公约》、退化湿地恢复与重建等方面提供理论与技术方法。

#### 2.1.1 湿地的调查与监测

  湿地调查与监测是全面了解和掌握湿地生态系统及其组成要素分布及其变化的主要手段，美国、加拿大和英国等国家都对湿地调查与监测方面开展了深入研究，如通过对湿地的全面调查与监测，分析得出了美国佛罗里达州大沼泽地退化的关键胁迫因子并确定了其强度阈值（Richardson et al.，2007）；通过在加拿大劳伦森大湖湿地大量的系统性调查及观测，提出了包括水质指数、水生植物指数、湿地鱼类指数和湿地浮游动物指数在内的评价指标体系（Seilheimer et al.，2009）。20 世纪 60 年代初，我国开展了针对全国范围内的浅水湖泊、沼泽和泥炭资源的调查，调查区包括三江平原、若尔盖高原、青藏高原、新疆维吾尔自治区、神农架、横断山、沿海地区以及黄河和长江中下游地区等。20 世纪 80 年代初期，卫星影像最早被应用于湖泊、芦苇沼泽和海岸湿地调查规划中（张养贞等，1993）。1999 年，我国第一幅 1：400 万沼泽图由中国科学院长春地理研究所（现中国科学院东北地理与农业生态研究所）编绘、制印和出版、发行。在 1995~2003 年和 2009~2013 年，我国先后两次对全国范围内的湿地资源进行了调查，基本掌握了全国湿地的分布、类型、变化情况以及威胁因子等。2013 年，根据由中国科学院东北地理与农业生态研究所主持的科技部基础性工作专项的项目内容，又针对我国不同自然地理区沼泽类型、植物、水和泥炭资源以及主要生态功能进行了系统调查。

在湿地监测研究中，监测的方法和手段是关键。20 世纪初，由于受技术条件限制，对湿地的相关研究是零星的和非系统的，湿地监测基本采取定点、定时的人工实地采样方法，湿地监测内容相对简单，基本限于对湿地的分类、分布和数量的调查。随着技术的发展，自动化仪器逐渐被应用于湿地监测中，主要体现在湿地面积监测、水质监测和气象监测等方面。在 20 世纪 60 年代，湿地监测进入了卫星遥感监测阶段。与航空遥感监测相比，卫星遥感对湿地监测具有宏观性、实时性、连续性、经济性和数据综合性等诸多优点。雷达遥感技术和高光谱遥感技术将会在湿地监测中得到更广泛的应用，成为对湿地实现全天候监测的主要技术手段（薛振山等，2012）。

在湿地定位监测方面，中国科学院东北地理与农业生态研究所在 1986 年建成了我国第一个湿地野外站-三江平原沼泽湿地生态试验站，该站于 1992 年加入中国生态系统研究网络，在 2005 年成为国家野外观测研究站。自建站以来，三江平原沼泽湿地生态试验站已成为我国多类型湿地生态过程、湿地资源保护及生态与环境安全管理等研究的综合研究基地。之后，有关部委、中国科学院以及高等院校陆续建立了许多湿地生态定位监测站，如鄱阳湖湖泊湿地观测研究站、盘锦湿地生态系统野外观测站、兴凯湖湿地生态研究站、若尔盖高原湿地生态系统研究站、长江口湿地生态系统野外监测研究站等。2013 年，由中国科学院、国家林业局、高校联合组建了"中国湿地生态系统观测研究野外站联盟"。通过一系列湿地野外台站的建立，完善了我国湿地监测网络体系的构建，为我国湿地的调查及监测提供了强有力的支撑。

在过去的 20 年中，我国的湿地监测研究开始逐渐形成体系，湿地监测的内容从最初的湿地类型、湿地面积等较为单一的监测逐渐到目前的湿地景观变化、湿地植物以及湿地土壤流失、湿地沙化监测等较为系统的监测。湿地监测的手段不断改进：从最初单纯的湿地野外综合考察到现代遥感技术与 GIS 技术支持下的湿地动态监测，监测研究不断趋于定量化、准确化和网络化。卫星遥感监测总体发展趋势将更加侧重高空间分辨率和高光谱分辨率，并在湿地遥感分类技术上，从传统的目视解译方法逐步发展到统计学分类（监督分类和非监督分类）、人工智能分类（神经网络、专家系统和蚁群算法分类）、支持向量机分类、决策树分类和面向对象分类等方法上。

### 2.1.2 湿地形成及演化过程

近 40 年来，湿地形成与演化的研究内容不断拓展，并由湿地形成、湿地的发育、演化、退化、消亡逐渐发展到对人为影响及湿地恢复的研究（刘翠翠等，2012）。研究方法由定性描述向定量化发展，手段由简单的资料查阅、野外调查发展到对"3S"技术、同位素测年法等宏观和微观先进方法技术的应用。研究湿地的形成与演化过程，对于湿地科学研究内容的深入、研究方法的发展有一定的指导意义，对湿地自然功能的利用和保护，湿地生态系统的恢复与重建，维护生态系统的完整性，具有重要的实践意义。

湿地形成与演化研究技术和方法不断进步，从简单的历史典籍考证、传统野外调查，逐渐发展到利用遥感动态监测技术、地理信息系统和同位素特征法等技术方法，各种数学方法、模型模拟及"3S"集成技术的普遍应用为湿地研究提供了技术支持。20 世纪末，随着遥感及地理信息系统技术的兴起，我国学者对湿地演化的研究也蓬勃发展起来。20世纪80年代美国、荷兰等发达国家首先将"3S"技术应用于湿地研究领域，对湿地的动态、功能、景观分析及保护等方面进行了研究（Schmidt and Skidmore，2003），80年代之后"3S"技术在我国兴起，并开始应用于土地资源的调查（李伯衡，1986）。湿地生态系统的演化是以植物群落的演替为表征的，湿地植被是湿地演进过程中的指示物，因此研究湿地植物生态过程可成为研究湿地演化的重要途径。

20世纪90年代，随着遥感等各种研究方法和技术的兴起，"3S"技术在湿地演化中的应用进入蓬勃发展的时期，我国对湿地演化的研究内容也逐渐从河口演变发展到对湿地的植被生态系统演变的研究（张柏等，1995）。随着科技的进步，对遥感数据进行面向对象技术的分类、遥感数据的多元融合、神经网络等技术方法越来越展现出其精度的优越性。韩振华等（2010）以1990年和2005年遥感影像为基本信息源，基于GIS技术，采用破碎度、分离度、优势度等景观指数构建景观干扰度指数和脆弱度指数，研究了辽河三角洲湿地生态安全的时空分异特征，将空间数据整合到评价体系中。任丽燕等通过对浙江省环杭州湾产业带2005年TM影像和2005～2020年城市规划数据分析结果表明，环杭州湾建设用地扩展对湿地的侵占威胁较大，提出应加大对湿地保护力度。大规模、高强度人类活动对脆弱的湿地生态环境产生了诸多不利影响，导致湿地环境的水文条件发生改变、水质遭到污染、湿地面积萎缩、湿地景观破碎化、动植物减少，并最终导致湿地环境的退化（任丽燕等，2008；李益敏和李卓卿，2013）。未来湿地生态安全评价研究应加强如何将数理模型与RS、GIS技术相结合，构建湿地生态安全空间评价模型（刘艳艳等，2011；任金铜等，2018）。

在沼泽湿地形成过程方面，已有研究发现由于水体系统和陆地系统相互作用的方式与强度不同，会导致不同类型的沼泽湿地的形成，进而提出了水体系统和陆地系统相互作用的沼泽形成模式（栾军伟等，2012）；通过对沼泽沉积进行分析，许多研究发现半干旱地区潜育沼泽沉积具有"不稳定"性和水相沉积与沙化沉积双重特征（殷书柏等，2010；Hill，2011）。在沼泽湿地发育演化过程方面，鲍锟山等在大量的泥炭孢粉和$^{14}C$测年的基础上，重建了沼泽发育阶段和环境特征，揭示了沼泽湿地分布和发生、发展的规律（鲍锟山等，2012）；通过多年考察和泥炭剖面特征分析，研究发现沼泽发育过程不仅有三个阶段的发育模式，还存在长期处于低位阶段，和从低位直接进入高位阶段的发育模式，发展与完善了沼泽湿地发育模式（Tian and Yang，2011）。在泥炭地生态学研究方面，曹建华等阐释了东北山地泥炭地微地貌形态与水文、植被之间的耦合关系，揭示了泥炭地微地貌密度的水文驱动机制（曹建华等，2017）；韩大勇等通过将植物相互作用与环境变化两类生态因子综合考虑，发现了植物相互作用可调控环境变化对植物种群扩展的影响，进一步揭示了区域泥炭地退化的内在机理（韩大勇等，2012）。

### 2.1.3 湿地生物地球化学循环

湿地的生物地球化学循环是指湿地生态系统中物质的迁移和转化过程，包括许多相互联系的物理、化学和生物过程（白军红等，2002）。湿地特殊的生态环境特征决定了湿地元素地球化学循环过程与陆地生态系统及水生生态系统都有差别（王国平等，2002）。对于湿地生态系统中关键限制性元素的认知，是理解并联系微观-宏观各个尺度上元素循环与生态系统中物种组成、群落结构乃至景观格局的核心问题。

湿地作为全球陆地碳库的重要组分，在调控地球气候中发挥着至关重要的作用。湿地生态过程中的碳是主要的生源要素之一，决定了湿地生态与环境变化过程，其他重要元素的生物循环过程均与碳有着密切的关系（段晓男等，2006）。湿地土壤作为陆地重要的有机碳库，可对形成温室气体的主要原料进行储藏或释放，进而影响温室效应，湿地的变化会影响大气中温室气体的含量变化，从而影响全球气候变化的态势与速度（李凤霞等，2011）。在湿地生态系统碳及温室气体排放方面，已有研究表明冬季沼泽湿地是$CH_4$重要排放源，外源氮输入将导致沼泽湿地的固碳潜力降低，相对稳定的大气湿度是湿地可持续固碳的关键（Song et al.，2009；宋长春等，2018）。气候是控制湿地消长的重要因素之一，水分与热量的变化会直接影响到湿地生态系统的结构和功能。当前对湿地碳排放过程各种潜在的影响因素比较清楚，碳排放过程各种影响因子之间存在的交互作用会导致物种组成的改变及植物生产力的变化通过光合作用和呼吸作用直接影响湿地 $CO_2$ 释放动态，从而引起湿地生态系统碳平衡的变化（Christensen et al., 2003；胡启武等，2009）。湿地因其富含有机质、滞水、厌氧等条件，是典型的沉积环境（王国平等，2008），有利于金属元素的沉积与富集。湿地中氮、硫和磷的循环过程则更为复杂，尤其是对于具有价态的变价元素而言，湿地中的还原环境或氧化、还原环境交替，易导致变价元素形态和过程的多样性，从而影响湿地生态系统的相关功能。例如，铁的生物地球化学循环在湿地中扮演着"维生素"的角色，并激发了重要的环境效应（姜明等，2006），不仅双边和多边作用于碳、氮、磷和硫等生源要素（Yu et al., 2018；Zou et al., 2018），还通过铁膜影响镉、铅、砷、锑等重金属和类金属元素的化学行为和生物有效性（刘春英等，2014）；硫在湿地渍水土壤中价态多以 $S^{2-}$ 形式存在，并且易于与金属阳离子形成较为稳定的化合物而促进了金属元素的沉积。此外，较高的微生物活性，导致土壤中源于有机生命体的化合物较多，低分子量有机物较多。在湿地经历较为频繁的冻融过程之后，其释放的氮、磷等营养元素更多（于晓菲等，2010）。气候变化和人类活动已经成为改变湿地关键元素生物地球化学循环的主要营力，在局地乃至区域尺度上，人类活动的影响已经远远超过气候变化，对于湿地生物地球化学循环的改变更为直接和迅速（白军红等，2008）。气候变化对沼泽关键生物地球化学过程产生重大影响，尤其是在北半球高纬度地区（王娇月等，2018），过去、现在和未来可能更快、更剧烈的气候变暖和降雨格局变化，将在更大的空间尺度上改变该地区湿地的发育、发展与分布格局，并通过复杂的反馈过程作用于湿地碳循环过程（马学慧，2013）。

目前湿地生物地球化学循环相关研究主要集中在群落尺度的控制实验和单一或少数元素及生态系统功能指标变量的区域模拟，缺乏大尺度上元素地球化学循环改变与生态系统及景观格局演变耦合作用机制的认知（胡敏杰等，2016），因此，其结果尚不足以为多重胁迫下湿地生态系统适应性调控提供充分的科学依据（Rhee, 2009），尚需有机联系湿地生态系统分子-组织-个体-种群-群落-生态系统各个尺度上元素生物地球化学循环过程与局部-区域-全球等宏观尺度上的生态过程、格局与功能。

### 2.1.4 湿地与全球气候变化

气候变化是人类社会所面临的重大挑战，由气候变化直接或间接引发的全球环境问题已经引起了国际社会的广泛关注（欧英娟等，2012）。气候变化对湿地生态系统影响显著，气候变化常伴随着区域气温及降雨条件等发生变化，对湿地分布、水质与水循环、生物地球化学循环及生态功能等产生重要的影响（宋长春，2003）。最新研究结果表明，全国沼泽湿地主要分布于年均温-7~15℃、年降水量小于1000mm的水热区间。当年均温过低时，由于积温过低，不利于植物生长，难以发育湿地。而当年均温高于10℃时，仅在部分平原区域和山地地区有沼泽湿地发育（吕宪国，2018）。从区域类型分析，山地湿地对降水量的要求要高于平原湿地和高原湿地，而平原湿地对温度的要求要高于山地湿地和高原湿地。我国内陆盐沼主要发育在降水量小于500mm，年均温-5~15℃的水热区间。泥炭沼泽湿地主要的发育水热区间为降水量500~1000mm，年均温-7~5℃。从全国尺度看，泥炭沼泽发育对降水量的要求要高于无泥炭沼泽，而在年蒸发量大于1000mm的区域，基本没有泥炭沼泽湿地发育（吕宪国，2018）。对湿地生态系统来说，气候变化相当于一种胁迫、扰动和灾害等（Gallopín, 2006）。气候变化导致的湿地生态系统脆弱性正在不断加剧，针对气候变化采取稳健的适应政策已经成为全球共识（周广胜和何奇瑾，2015）。了解气候变化与湿地生态系统的相互影响及响应，对提高湿地气候变化适应性和加强湿地保护与管理具有非常重要的指导意义。

湿地生态系统既受到气候变化的影响，又能对区域气候起到调节作用。如最新研究结果表明，城市湿地"冷池"的降温能力是城市绿地的42.3倍；城市湿地中，河流的降温能力最强，其次为湖泊和水库；

城市湿地的水文连通性、形状复杂度和面积是决定其"冷池"大小的关键因素。水文连通的城市湿地，其降温能力是水文隔断的 6 倍（Xue et al., 2019）。气候变化对湿地生态系统的影响有正负两个方面，如何采取积极而有效的措施，降低或减缓其负面效应，增大和加强其正面效应是全球变化中极其重要和不可缺少的组成部分（傅国斌等，2001）。开展对湿地生态系统进行气候适应性管理，有利于保证湿地生态系统的健康和功能，改善湿地生态系统的脆弱性，增强适应性及稳定性，从而达到湿地生态系统的可持续性。因此，气候变化与湿地的关系必须引起足够的重视，有关气候变化的研究应该从单纯的科学研究逐渐向对政策产生影响的适应性管理研究过渡，为决策者采取有效的缓解措施提供依据（肖胜生，2011）。

### 2.1.5 湿地生态水文与水资源

作为湿地生态研究的核心内容之一，湿地生态水文与水资源研究以湿地生态系统恢复、管理和服务为导向，重点集中在湿地生态水文过程与模型、生态需水、生态水文调控与生态补水、流域湿地水资源综合管理、气候变化对湿地生态水文的影响等方面（杨志峰等，2012；章光新等，2014）。

我国学者开展了大量的湿地水文与水资源研究，例如在黄河三角洲和松嫩平原开展了湿地水文情势与盐分变化交互作用对湿地植物生长和演替的影响研究，确定了水位、盐度和碱度生态阈值（崔保山等，2006；章光新等，2012）；在三江平原开展了湿地蒸散发、水量平衡和水动力模拟等研究，促进了我国湿地生态水文研究的发展（陈刚起等，1993）。此外，湿地生态格局及其与水文过程相互作用机制模拟研究逐渐受到我国学者的关注。湿地生态水文模型是在认识环境变化和湿地生态水文过程与机理的基础上，运用计算机技术，建立模拟和预测湿地水文和植被等系统的主要构成要素之间相互作用机制及变化状况的模型，是揭示湿地生态-水文过程相互作用关系、湿地生态需水量精细计算、变化环境下湿地生态水文响应机理和演变趋势等研究不可或缺的有效工具（吴燕锋等，2018）。近些年来，许多学者围绕湿地水文与水动力、湿地水文与生态演变、湿地生态需水、湿地水文功能、气候变化对湿地的影响和湿地恢复重建与水文调控等主题（姚允龙等，2008；黄翀等，2010）应用不同湿地生态水文模型，开展了相关的研究工作，对推动我国湿地生态水文学发展具有重要意义。

湿地生态水文对气候变化具有高度敏感性和脆弱性而备受关注。气候变化通过改变全球水文循环的现状而引起水资源在时空上的重新分布，导致大气降水的形式和数量发生变化；同时，气候变化对气温、辐射、风速、$CO_2$ 浓度和洪水、干旱水文极值事件发生频率和强度等造成直接影响，从而改变湿地水文循环过程和水文情势，进而对湿地生态水文过程产生深远的影响（Li et al., 2014）。在气候变化导致湿地干旱缺水、面积萎缩和功能退化的现实背景下，关于气候变化对湿地生态水文影响的研究成为当前气候变化和可持续发展研究领域关注的热点和重点（王浩等，2010）。近年来，气温升高、蒸发量增大和降水量减少导致黄河源区湖泊和若尔盖高原湿地水位下降、河流径流量减少和沼泽水文、生态功能退化（赵志龙等，2014）。一方面，由于海平面上升，导致长江口崇明岛盐沼植物生理特征发生改变、生态脆弱性问题凸显和湿地面积的不断减少；另一方面，海平面上升引起的海水入侵改变了湿地原有的水-盐交互作用，引起湿地土壤和植物等发生变化。海平面上升导致的潮位变化引起江苏省滨海潮滩表土积盐和植被退化，甚至引起了整个湿地生态系统发生逆向演替（杨桂山等，2002）。未来我国湿地生态水文与水资源研究要重点开展湿地生态水文学理论方法与技术创新、基于湿地生态需水与水文服务的流域水资源综合管控、湿地生态水文对气候变化的响应及适应策略、湿地"水文-生态-社会"系统综合管理等方面研究。

### 2.1.6 湿地生物多样性研究

湿地生物多样性是所有的湿地生物种类、种内遗传变异和生存环境的总称。高度丰富的生物多样性是湿地的重要特征，也是湿地受到国际社会普遍关注的原因之一。国内外湿地生物多样性研究主要侧重在湿地植物分布格局、水鸟栖息地恢复、湿地土壤动物等方面。

湿地植物分布格局及其形成机制是湿地植物多样性研究的核心内容。湿地植物分布具有带状格局特征（娄彦景等，2007），水深和土壤养分等环境梯度是植物组成及丰富度的主控因子，还可以采用生境分布模型方法，通过构建优势种分布对水深变化的响应模型，确定植物优势种分布的关键水深生态参数（Lou et al.，2018）。近年来，水鸟栖息地监测和预测研究取得长足进步，在地理信息系统空间分析的框架下，探索影像光谱纹理原始信息的繁殖栖息地巢址选择关键因子提取方法（江红星等，2009）；莫莫格迁徙白鹤中途停歇地水深和食物源空间密度信息反演；盐城越冬丹顶鹤、扎龙繁殖丹顶鹤多空间尺度下栖息地选择特征提取及栖息地选择模型；洞庭湖地区越冬的3种食草雁类种群数量变化与退水时间和薹草生长状况直接相关（Zou et al.，2017）。同时，水鸟栖息地的适宜性分布及其对气候变化的适应性调控受到重视，如果采取有效的适应性对策，能有效缓解气候变化对栖息地影响的适宜性程度（Zheng et al.，2016）。无脊椎动物作为湿地生态系统的重要组成部分，对湿地环境变化响应敏感。对我国浅海、河流和湖泊中的无脊椎动物已经开展了较多研究，主要以底栖无脊椎动物研究为主；对沼泽中的无脊椎动物开展的研究相对较少，且以土壤动物研究为主，对典型水生无脊椎动物研究比较罕见。水生螺类是湿地水生无脊椎动物的重要类群，是天然沼泽被开发为农田、洪泛湿地水文连通阻隔影响和不同河段洪泛湿地系统结构差异的良好指示物种（Wu et al.，2017）。

目前，我国湿地生物多样性主要进行的是不同湿地、不同流域，乃至不同省市的多尺度生物多样性调查、编目、评价以及利用保护等方面的工作，同时对湿地生物与栖息地之间的关系进行了深入探讨，包括生物与湿地水环境化学因子、水深、基质、沉积物积累等（曲艺等，2018）。也开展了物种种群在不同湿地间的差异研究，而这种差异主要来自于水环境化学因子和生物间的相互关系，如资源竞争、化感、共生等。研究发现，在人类活动干扰下，湿地泥沙淤积会发生变化，泥沙淤积造成植物根区缺氧，并对植物的分生组织等造成机械压力，同时，泥沙淤积能带来丰富的营养，引起湿地植物分布格局的改变（潘瑛等，2011）。已有研究表明互花米草已经对我国温州以南的红树林造成严重威胁，并已经广泛侵入河口，扩散到红树林的下潮汐边缘，从而入侵了被人类活动干扰了树冠的红树林区（Zhang et al.，2012）。水深及其波动是利用土壤种子库进行湿地恢复的关键限制性环境因子之一，长期淹水环境会造成香蒲等非目标物种的大量生长，进而影响湿地植物多样性恢复的效果。湿地被开垦后，土壤种子库的物种丰富度和种子密度随着开垦年限的增加迅速下降，开垦超过15年后，绝大多数的沼泽地中的物种已经消失，湿地自然恢复难度加大（Wang et al.，2015）。作为泥炭地的优势植物，泥炭藓存在逾600年的超长期的持久孢子库，可能是泥炭藓面对多变环境、通过有性更新维持泥炭地苔藓地被格局的重要适应机制（Bu et al.，2017）。

### 2.1.7 湿地生态系统服务及功能评价

1997年美国学者Daily在其出版的《生态系统服务：人类社会对自然生态系统的依赖性》一书中提出了生态系统服务功能的概念（Daily，1997），同年美国学者Costanza等人在Nature杂志发表了一篇署名为《世界生态系统服务和自然资本的价值》的文章，对全球生态系统服务功能进行了评估（Costanza et al.，1997），此后，在全球范围内掀起了对生态系统服务功能的研究热潮。生态系统服务（Ecosystem Service）指生态系统及生态过程所形成与所维持的人类赖以生存的自然环境条件与效用（欧阳志云等，2000），包括对人类生存及生活质量有贡献的生态系统产品和生态系统功能。湿地生态系统的服务包括物质生产、能量转换、水分供应、调节气候、气体调节、调蓄水量、水质净化、生物多样性保育等几个方面（陆健健等，2006）。湿地生态系统服务及功能评价是湿地研究的核心内容之一，也是开展湿地管理工作的重要工具。近年来，学者们致力于研究生态系统功能与生态系统服务，以及生态系统服务与人类福祉之间的关系。联合国千年生态系统评估计划将生态系统服务分为四大类，即供给服务、调节服务、文化娱乐、支持服务（马广仁，2016），其分类方法受到学者的广泛认可。供给服务是指从生态系统中获得的产品，包括食物，薪材，木材，基因资源等。调节服务是指从生态系统调节过程中获得的效益，包括空气质量调节，大气调节，水调节，土壤侵蚀，水质净化和废弃物处理等。我国湿地生态系统功能价值评价工作的系统性研究始于 20 世纪 90 年代中期，寻求湿地生态系统功能量化指标业已成为当前生态学与经济生态学等学科研究的前沿课题。相关研究主要集中在以下方面：不同程度的自然和人类活动对湿地中的生物多样性影响的研究；流域管理在湿地和水资源保护中的作用研究；海岸带湿地中的调整管理过程、影响和重建；大型湿地的生物多样性价值认识和差距；湿地的植被生物多样性管理；海岸带湿地的潜在威胁和调整性管理；湿地的文化和生态问题、政策目标、湿地合理利用和功能评价等。

### 2.1.8 湿地恢复与重建

我国湿地恢复工作集中开始于 20 世纪 70 年代，为了保护和恢复黑颈鹤越冬栖息地，我国政府于 1980 年在贵州省威宁彝族回族苗族自治县草海国家级自然保护区实施了蓄水工程，使该保护区的湿地面积和湿地功能得到显著恢复。1996 年，湿地公约第六届缔约方大会提出缔约国开展湿地恢复，之后，许多国家也都相继开展了大规模的湿地恢复工作。我国政府于 2000 年正式发布了《中国湿地保护行动计划》，并在 2004 年通过了《全国湿地保护工程规划》（2004—2030），由此标志着我国大规模湿地保护与恢复工作的正式开始。在湿地管理部门不断努力和多个国际组织帮助下，在若尔盖高原退化泥炭地实施了筑坝保水恢复工程；在黄河下游三角洲湿地，实施了调水、调沙和水盐调控等恢复措施；在滇池、太湖、巢湖等水质恶化的湖泊湿地，实施了大规模的面源污染物治理（Wang et al.，2017）；在扎龙湿地和科尔沁湿地等退化显著地区，实施了大规模生态补水工程，使这些湿地的面积、水鸟生境和湿地的多种功能得到显著恢复（王国平等，2001；佟守正等，2008）。近些年来，我国退化湿地恢复已经从过去的注重单一要素恢复，走向了湿地多要素协同恢复，恢复目标也从过去的单一目标朝着多目标方向发展，恢复技术手段也朝着更经济、更实用、更易于推广的方向发展。退化湿地恢复和人工湿地构建等研究成为了湿地研究新的热点。

围绕湿地水污染修复问题，我国设立了《水体污染控制与治理科技重大专项》，针对我国江河、湖泊和其他类型湿地开展了大规模的恢复工作，例如，经过恢复后，松花江、辽河等污染水体的水质和生物多样性等都得到了显著提高（杨育红等，2011）。当前，湿地植物恢复方面的研究主要集中在植物物种的筛选技术、有性或无性繁殖技术研发以及大面积推广应用等方面。如何在适宜的时间、选择适宜的品种和采用适合的恢复技术，已经成为湿地植物恢复的热点（安树青，2003；孟焕等，2013）。利用沉水、浮水和耐盐植物，构建不同类型人工湿地，结合不同基质和水流方式，揭示人工湿地的净化效果、关键过程和影响因素（刘亮等，2012），为水体污染控制提供理论和技术支撑。

## 2.2 湿地生态学研究的应用领域

在当前生态文明建设的大背景下，国家重视湿地科学应用研究工作，基于湿地生态学研究的发展，我国湿地生态应用及取得的成果主要体现在以保护区为核心的国家湿地保护网络的不断完善；通过湿地公园、湿地博物馆等多种形式发展湿地旅游业，推动湿地的宣传与保护；以构建人工湿地为主的水质净化工程的推广；湿地保护法制建设的不断完善等方面。

### 2.2.1 湿地保护与修复

生物多样性和生态系统服务政府间科学与政策平台发布的全球土地退化评估报告指出，在过去 300 年中，全球湿地丧失的比例达到 87%，自 1900 年以来，全球湿地丧失的比例达到 54%。第二次全国湿地资源调查结果表明，在 2003～2013 年期间，由于人类的不合理开发与利用造成我国天然湿地面积减少率高达 9.33%（姜明等，2018）。湿地保护和修复是生态文明建设的重要内容，事关国家生态安全，事关经济社会可持续发展，事关中华民族子孙后代的生存福祉。鉴于湿地生态系统的多样性和系统内外互动的复杂性，有效的湿地保护修复原理和实践必须建立在科学理论基础之上，否则往往事倍而功半，甚至会造成整个湿地保护修复项目的失败。《全国湿地保护工程实施规划》实施以来，国家林业和草原局（原国家林业局）和有关部门已审批湿地项目近 200 个。2007 年 8 月 17 日，国家林业和草原局批准实施了三峡库区湿地保护与恢复项目，先后在三峡库区建立了两个湿地保护区。其中，开县澎溪河湿地自然保护区成立于 2008 年 5 月 14 日，保护区在三峡库区具有代表性和典型性，是研究原生演替的理想基地，是开展消落带湿地生态恢复、重建和湿地生态资源合理利用的科学研究和生态工程示范。在湿地保护网络建设方面，2010 年全国建立各级湿地类型自然保护区达到 50 多处，并启动了地生态效益补偿试点，2011 年国家湿地公园总数达到 145 个，目前基本形成了以漫地自然保护区为主体，国际重要湿地、湿地公园等相结合的湿地保护网络体系，使 1795 万 $hm^3$ 近 50% 的自然湿地得到较为有效保护。

### 2.2.2 湿地生态旅游

目前我国北方湿地博物馆主要有吉林莫莫格国家级自然保护区湿地博物馆、北京野鸭湖湿地博物馆、黄河口湿地博物馆、三江平原湿地宣教馆、宁夏沙湖湿地博物馆等。湿地博物馆的建立促进了我国生态文化建设，进一步推动了我国湿地保护事业的发展。截至 2018 年，我国国家湿地公园试点总数达到 898 个，湿地公园作为国家湿地保护体系的重要组成部分，与湿地自然保护区以及湿地多用途管理区等共同构成了湿地保护管理体系。发展建设湿地公园是落实国家湿地分级分类保护管理策略的一项具体措施，也是当前形势下维护和扩大湿地保护面积直接而行之有效的途径之一。发展建设湿地公园，既有利于调动社会力量参与湿地保护与可持续利用，又有利于充分发挥湿地多种功能效益，同时满足公众需求和社会经济发展的要求，通过社会的参与和科学的经营管理，达到保护湿地生态系统、维持湿地多种效益持续发挥的目标。对改善区域生态状况，促进经济社会可持续发展，实现人与自然和谐共处都具有十分重要的意义。

### 2.2.3 人工湿地构建

水质净化是湿地的主要服务功能之一，构造人工湿地或恢复一定面积的自然湿地，发挥其净化水质的功能是缓减水体污染问题的途径之一，我国的湿地水质净化工程主要集中在经济发达的大城市周边或围绕重大水利工程开展。2009 年，在武汉汉口西北湖畔建成 700m 人工湿地，污水被水生植物净化后，清水回渗沟槽，汇集后经泵站重新抽入湖中达到净化湖水的目的。辽宁省建成国内水质净化工程面积最大的人工湿地，是迄今为止全国第六个，北方第一个国家湿地公园试点。为保证南水北调东线工程的顺利实施，南四湖新辟河人工湿地水质净化工程是山东段治污工程的重点项目之一。

人工湿地系统研究在我国起步较晚，且早期的人工湿地较多是对氮、磷等营养物进行处理，而目前人工湿地系统不仅可处理水体中的一般污染物，也适用于农药、医药品等特定污染物的去除。已有研究表明在农药处理领域，人工湿地系统逐渐被公认为处理农药面源污染的最佳管理措施（陈沛君等，2016）。目前，我国人工湿地经过多年的发展，已经细化为水质净化型、水文调蓄型、生物多样性支撑型、景观型、产品供给型和多功能复合型等类型，其在城乡都表现出强大的生命力。针对不同功用的人工湿地的技术改良和一些通性问题，如高效低成本的基质、占地面积、植物配置、微生物驯化及与其他技术的融合等，都需要进一步的基础理论支撑（Wu et al., 2016）。

### 2.2.4 为履行国际《湿地公约》提供支撑

1992 年，我国加入国际《湿地公约》，掀开了我国湿地保护的新篇章。2000 年，国务院 17 个部门联合颁布了《中国湿地保护行动计划》，明确了我国湿地保护的指导思想和战略任务。2004 年，国务院办公厅发出《关于加强湿地保护管理的通知》，是我国政府首次就湿地保护作出的明确声明，表明湿地保护已纳入国家议事日程。2007年，经国务院批准成立了由国家林业局、外交部、国家发展和改革委员会等16个部门组成的履行《湿地公约》国家委员会，进而提高了我国的履约能力及国际合作能力。履行《湿地公约》20多年来，我国在湿地保护方面取得了显著成绩，在湿地温室气体排放、湿地碳收支等方面取得了卓越的成果，如国内学者关于湿地生态系统温室气体排放等研究，已为联合国政府间气候变化专门委员会（Intergovernmental Panel on Climate Change，IPCC）评估报告中关于湿地碳排放等的计算结果和方法提供了科学依据。

## 3　国内外湿地生态学研究发展状况

### 3.1　国际湿地学科发展的机遇与挑战

#### 3.1.1　湿地生态系统对全球变化的响应

湿地生态系统与全球变化是相互作用、相互影响的。20世纪70年代以来，以全球环境问题为对象的全球变化研究成为当代重要的科学前沿之一。长期定位研究湿地生态系统的碳氮收支格局、变率与关键过程，气温升高和土地利用方式变化对湿地生态系统碳、氮过程的影响及其区域效应，湿地生态系统对全球变化的响应和适应机制研究，泥炭和湿地沉积物环境记录重建的方法研究，多手段、高时空分辨率数据集的重建和数据库建设，研究湿地系统对全球变化的影响与响应，及如何适应和应对气候变化成为当前国内外湿地研究的前沿领域。

鉴于全球变化因素以及湿地生态系统维持与驱动因素的复杂性，通过建立生态模型模拟预测湿地生态系统演化。全球变化会在不同时空尺度上对生态系统产生深刻影响，需要加强全球变化背景下关键生态因子及其不同尺度的湿地生态系统相互影响的研究，揭示湿地生态系统适应全球变化的机理。重点加强：①生物对全球变化在不同层次（个体、种群、群落、生态系统、区域）上的响应过程及其相互关系；②全球变化对湿地生态系统碳收支变化的影响及其机理；③多因子协同作用下的生态系统调控机理；④适合全球变化背景下湿地复杂水文过程的不同区域湖泊湿地生态系统演化模型。

#### 3.1.2　湿地水循环过程与区域水安全

近年来，随着生态环境问题的日益显现，不合理的水资源利用导致天然湿地的退化和丧失，因而湿地生态需水和用水配置研究受到人们的关注。从目前国内外研究趋势和研究成果等来看，湿地水文过程与植被的生态响应、湿地生态需水估算、沼泽性河流降雨径流模型包括植物水分传输在内的水平衡方程等研究内容在目前以及未来一段时间内仍将是湿地水文过程研究的热点领域。研究自然不同尺度湿地生态系统"大气水-地表水-土壤水-地下水"的水生态过程的时空变化与循环过程，全球和人类活动驱动的变化环境下的水循环变异响应及其对区域水安全的影响，揭示湿地系统水生态格局与过程的耦合规律，基于生态水文过程的湿地系统生态需水规律和湿地水循环要素对环境变化的时空变异，明确湿地系统形成、发育和演变的水生态驱动机制湿地生态系统对全球气候变化和人类活动影响的响应机制及适应性对策，构建湿地水文功能定量模型，建立湿地系统功能退化表征指标体系，综合模拟湿地水文过程的模型还非常少，主要有多维水流和溶质迁移数值模型，Jorge-MODFLOW湿地模型和MIKE SHE模型等。

#### 3.1.3　湿地景观格局的区域环境效应与湿地资源可持续利用

湿地景观格局的形成是在一定地域内各种自然环境条件与社会因素共同作用的产物，是湿地景观异质性的重要表现，也是各种生态过程在不同尺度上相互作用的结果。从景观尺度上研究其形成机制和演化过程，在不同尺度上研究和推移湿地景观格局与生态过程关系成为全球研究的热点。具体包括：研究湿地农田化、城市化过程中湿地景观格局变化过程及其对生态系统主要生态过程的影响，提出区域湿地景观优化格局；研究湿地景观生态功能变化的环境效应，建立天然湿地可持续利用的生态工程模式，提供湿地资源可持续利用的相关技术支持。

### 3.1.4 湿地生物多样性与生态系统功能

湿地高度丰富的生物多样性是湿地受到普遍关注的重要原因之一。当前国内外湿地生物多样性及生态系统功能研究结果表明，应继续进行国际重要湿地的生物多样性调查、编目与评估，珍稀、濒危和衰退物种的保护与种群恢复研究，加强弥补湿地无脊椎动物的薄弱研究；研究湿地生物多样性形成、维持和演化机制与变化环境效应；从生态系统稳定性、生产力、养分动态和资源利用效率等方面加强生物过程研究，揭示生物多样性与生态系统功能的关系研究；研究湿地生态系统内物种间、物种与土壤水文等环境要素间的相互作用的方式与机制及协同进化；揭示物种和生境多样性格局的自然变化和对人为干扰的反应，为湿地生物多样性保护和受损湿地生态系统的恢复重建提供服务。

### 3.1.5 湿地功能综合评价模型

湿地生态系统功能是指其执行基本生态系统过程的能力，包括水分的流动和储存、生物生产力、生物地球化学循环和生物多样性的维持等。由于湿地系统的特殊性，特别是湿地水文、地貌条件的多变性，目前还缺少较为成熟的湿地水文、生物地球化学循环模型，通过野外定位观测、综合"3S"技术、模型模拟和同位素示踪等技术，如建立流域自然与人为驱动下湖泊营养演化过程的湖泊环境同位素模型，识别不同人类活动方式与强度对湖泊营养状况的影响程度，为湖泊-流域综合管理决策提供科学依据。高精度深入研究不同尺度内湿地结构和过程及其内部关系，研究湿地结构和过程变化的生态效应，筛选不同功能表达的关键指示指标体系、响应阈值和功能空间转换方法，建立基于结构和过程的功能综合评价模型。

## 3.2 我国湿地生态研究存在的问题

当前，我国湿地生态研究取得了显著的成果，但关于不同湿地类型间共性、差异性特征研究尚需进一步加强，在湿地生态研究领域的规律性认知需进一步揭示。此外，由于湿地生态系统自身的复杂性，湿地生态研究的方法和技术手段方面仍需进一步完善。目前许多关于湿地生态的研究散布于其他学科中，与其他学科交织在一起，经常是其他学科的研究案例，缺少关于湿地生态研究自身的理论体系构建。

# 4 我国湿地生态学发展建议

## 4.1 设置国际和国内湿地研究计划，促进湿地科学发展

国际上许多科学计划与湿地研究相关，国际水文计划第六阶段计划曾将湿地作为重要研究领域，评估湿地作为水文循环调节器的重要性，湿地恢复方法与开展监测。1996 年，国际地圈-生物圈计划召开湿地研讨会后，为进一步推动全球湿地的分布研究和发展，全球分析、解析与建模计划、水循环的生物学方面计划、国际地圈-生物圈计划的数据信息系统、国际全球大气化学计划，土地利用/覆被变化 LUCC 计划联合建立了湿地功能特征方案。2005 年，千年生态系统评估对湿地与水的综合报告，为合理利用湿地的理念提供了有利的理论依据的同时，也提出了众多科学问题。这些国际研究计划为湿地研究提供了理想场所、契机和平台。我国《国家中长期科学和技术发展规划纲要（2006—2020 年）》、国家重点基础研究发展计划（973）和国家自然科学基金委"十二五"重点研究方向中全球变化与地球圈层相互作用、人

类活动对环境影响的机理、陆地表层系统变化过程与机理、我国典型地区区域圈层相互作用及资源环境效应等为湿地科学众多问题的研究提供了空间。自 1971 年《湿地公约》签署以来，湿地保护和研究日益受到国际关注。目前《湿地公约》已成为国际上重要的自然保护公约之一，缔约方录。国际生态学会已经先后召开了 10 次国际湿地大会。2005 年，千年生态系统评估对湿地与水的综合报告，为合理利用湿地的理念提供了有利的理论依据，同时也提出了众多湿地科学问题。这些国际研究计划为湿地研究提供了理想场所、契机和平台。我国政府高度重视湿地保护，湿地科学研究也得到跨越式发展，急需开展湿地的全球尺度对比研究，提出并牵头相关国际湿地研究计划，以早日实现引领国际湿地科学研究的目标。

## 4.2 构建国际交流平台，促进湿地生态领域国内外合作

自 1971 年《湿地公约》签署以来，湿地保护和研究日益受到国际关注，目前《湿地公约》已成为国际重要的自然保护公约之一，缔约方达 170 多个。此外，国际湿地科学家学会（SWS）作为进行湿地科学、教育和管理的专门学术研究学会，每年召开年会，中国生态学会湿地生态专业委员会与国际湿地科学家学会已于 2009 年 5 月签署了关于湿地知识管理、湿地保护与合理利用的合作协议，为共同开展和推进合作研究奠定了基础。2017 年 6 月，国际湿地科学家学会 2017 年会在波多黎各举行，湿地生态专业委员会成员积极参会并作精彩报告，会上经国际湿地科学家学会执行理事会共同协商和投票，全票通过成立"国际湿地科学家学会中国分会（China Chapter of SWS）"。国际湿地科学家学会中国分会的成立，是世界湿地研究者对我国湿地研究的认可，也是对湿地生态专业委员会工作所取得成绩的高度认可。自 2016 年开始，由中国生态学会湿地生态专业委员会、中国科学院东北地理与农业生态研究所共同举办的中国湿地论坛已连续举办三届，为大家提供了开展深入、有效的交流与合作的机会，并进一步推动新时期下我国湿地科学体系建设，提升我国湿地科学研究水平起到积极推动作用。

## 4.3 服务国家和地方需求，在解决实际问题中发展学科理论

开展湿地科学研究，加强湿地生态产业化研究，盐碱化湿地综合治理技术研究，退化湿地恢复与重建研究，为区域经济发展，生态与环境保护提供相关的理论与关键技术。湿地对营养物、重金属等物质具有很强的吸附、降解和转化作用，因此，其在水质净化方面的应用潜力巨大，创新人工湿地构建理论、方法和应用实践研究将极大地丰富湿地科学研究理论。湿地具有重要的水文调蓄功能，开展湿地关键水文过程、湿地生态需水和农业用水科学调配、盐碱化湿地综合治理与资源利用等研究，将为区域经济发展、生态与环境保护提供相关的理论与关键技术。湿地所具有的多种生态服务功能是其他生态系统不可替代的，不但为人类发展提供丰厚的社会和经济效益，更具有极高的生态效益，在维持生态平衡、调节气候、保护物种多样性和濒危物种资源以及涵养水源、降解污染等方面起到重要作用。因此，对湿地恢复与重建意义是重大的。

## 参 考 文 献

安树青. 2003. 湿地生态工程：湿地资源利用与保护的优化模式. 北京：化学工业出版社.
白军红, 邓伟, 王庆改, 等. 2008. 松嫩平原湿地环境问题及整治方略. 湿地科学, 6(1): 1-6.
白军红, 邓伟, 朱颜明. 2002. 湿地生物地球化学过程研究进展. 生态学杂志, (1): 53-57.
鲍锟山, 王国平, 赵红梅, 等. 2012. 泥炭沉积与气候变化的泥炭记录. 地层学杂志, 36(1): 97-108.
曹建华, 蒋忠诚, 袁道先, 等. 2017. 岩溶动力系统与全球变化研究进展. 中国地质, 44(5): 874-900.
陈刚起, 吕宪国, 杨青, 等. 1993. 三江平原沼泽蒸发研究. 地理科学, 13(3): 220-226.
陈沛君, 王团团, 杨扬. 2016. 人工湿地去除非持久性农药研究进展. 湿地科学, (6): 796-806.
陈宜瑜, 吕宪国. 2003. 湿地功能与湿地科学的研究方向. 湿地科学, 1: 7-11.

崔保山, 赵欣胜, 杨志峰, 等. 2006. 黄河三角洲芦苇种群特征对水深环境梯度的响应. 生态学报, 26(5): 1533-1541.

段晓男, 王效科, 尹弢, 等. 2006. 湿地生态系统固碳潜力研究进展. 生态环境, 1(5): 1091-1095.

傅国斌, 李克让. 2001. 全球变暖与湿地生态系统的研究进展. 地理研究, 20(1): 120-128.

韩大勇, 杨永兴, 杨杨, 等. 2012. 湿地退化研究进展. 生态学报, 32(4): 1293-1307.

韩振华, 李建东, 殷红, 等. 2010. 基于景观格局的辽河三角洲湿地生态安全分析. 生态环境学报, 19(3): 701-705.

胡敏杰, 邹芳芳, 任鹏, 等. 2016. 河口潮滩湿地 $CH_4$、$CO_2$ 排放通量对氮硫负荷增强的响应. 环境科学学报, 36(4): 1359-1368.

胡启武, 吴琴, 刘影, 等. 2009. 湿地碳循环研究综述. 生态环境学报, 18(6): 379-384.

黄翀, 刘高焕, 王新功, 等. 2010. 不同补水条件下黄河三角洲湿地恢复情景模拟. 地理研究, 29(11): 2026-2034.

黄锡畴. 2003. 湿地科学建设的浅议-祝贺《湿地科学》创刊. 湿地科学, 1(1): 2-6.

江红星, 刘春悦, 钱法文, 等. 2009. 基于3S技术的扎龙湿地丹顶鹤巢址选择模型. 林业科学, 45(7): 76-83.

姜明, 吕宪国, 杨青, 等. 2006. 湿地铁的生物地球化学循环及其环境效应. 土壤学报, 43(3): 493-499.

姜明, 邹元春, 章光新, 等. 2018. 中国湿地科学研究进展与展望——纪念中国科学院东北地理与农业生态研究所建所60周年. 湿地科学, 16(3): 279-287.

李伯衡. 1986. 关于国家土地资源信息系统的建立和发展. 国家测绘局测绘科学研究, (2): 56-63.

李凤霞, 伏洋, 肖建设, 等. 2011. 长江源头湿地消长对气候变化的响应. 地理科学进展, 30(1): 49-55.

李益敏, 李卓卿. 2013. 国内外湿地研究进展与展望. 云南地理环境研究, 25(1): 36-43.

梁雪, 贺锋, 徐栋, 等. 2012. 人工湿地植物的功能与选择. 水生态学杂志, 33(1): 131-138.

刘春英, 陈春丽, 弓晓峰, 等. 2014. 湿地植物根表铁膜研究进展. 生态学报, 34(10): 2470-2480.

刘翠翠, 韩美, 上官修敏, 等. 2012. 我国湿地演化研究的进展. 山东师范大学学报: 自然科学版, 27(2): 63-67.

刘亮, 范航清, 李春干. 2012. 广西西端海岸四种红树植物天然种群生境高程. 生态学报, 32(3): 690-698.

刘艳艳, 吴大放, 王朝晖. 2011. 湿地生态安全评价研究进展. 地理与地理信息科学, 27(1): 69-75.

娄彦景, 赵魁义, 马克平. 2007. 洪河自然保护区典型类型湿地植物群落特征及物种多样性梯度变化分析. 生态学报, 27(9): 3883-3891.

陆健健, 何文珊, 童春富, 等. 2006. 湿地生态学. 北京: 高等教育出版社.

吕宪国. 2002. 地球之"肾"——湿地系统的性质, 功能问题. 今日国土, 5: 37-40.

吕宪国. 2018. 气候变化影响与风险: 气候变化对湿地影响与风险研究. 北京: 科学出版社.

栾军伟, 崔丽娟, 宋洪涛, 等. 2012. 国外湿地生态系统碳循环研究进展. 湿地科学, 10(2): 235-242.

马广仁. 2016. 中国国际重要湿地及其生态特征. 北京: 中国林业出版社.

马学慧. 2013. 中国泥炭地碳储量与碳排放. 北京: 中国林业出版社.

孟焕, 王雪宏, 佟守正, 等. 2013. 预处理方式对香蒲和芦苇种子萌发的影响. 生态学报, 33(19): 6142-6146.

欧阳志云, 王如松. 2000. 生态系统服务功能, 生态价值与可持续发展. 世界科技研究与发展, 22(5): 45-50.

欧英娟, 彭晓春, 周健, 等. 2012. 气候变化对生态系统脆弱性的影响及其应对措施. 环境科学与管理, 37(12): 136-141.

潘瑛, 谢永宏, 陈心胜, 等. 2011. 湿地植物对泥沙淤积的适应. 生态学杂志, 30(1): 155-161.

曲艺, 罗春雨, 张弘强, 等. 2018. 基于历史生物多样性与湿地景观结构的三江平原湿地恢复优先性研究. 生态学报, 38(16): 5709-5716.

任金铜, 杨可明, 陈群利, 等. 2018. 贵州草海湿地区域土地利用景观生态安全评价. 环境科学与技术, 41(5): 158-165.

任丽燕, 吴次芳, 岳文泽, 等. 2008. 环杭州湾城市规划及产业发展对湿地保护的影响. 地理学报, 63(10): 1055-1063.

宋长春. 2003. 湿地生态系统对气候变化的响应. 湿地科学, (2): 122-127.

宋长春, 宋艳宇, 王宪伟. 2018. 气候变化下湿地生态系统碳, 氮循环研究进展. 湿地科学, 16(3): 424-431.

佟守正, 吕宪国, 苏立英, 等. 2008. 扎龙湿地生态系统变化过程及影响因子分析. 湿地科学, 6(2): 179-184.

王国平. 2001. 水资源开发对科尔沁湿地环境的负面效应. 国土与自然资源研究, 2: 45-47.

王国平, 刘景双. 2002. 湿地生物地球化学研究概述. 水土保持学报, 16(4): 144-148.

王国平, 吕宪国. 2008. 沼泽湿地环境演变研究回顾与展望——纪念中国科学东北地理与农业生态研究所建所50周年. 地理科学, 28(3): 309-313.

王浩, 严登华, 贾仰文, 等. 2010. 现代水文水资源学科体系及研究前沿和热点问题. 水科学进展, 21(4): 479-489.

王娇月, 韩耀鹏, 宋长春, 等. 2018. 冻融作用对大兴安岭多年冻土区泥炭地土壤有机碳矿化的影响研究. 气候变化研究进展, 14(1): 59-66.

吴燕锋, 章光新. 2018. 湿地生态水文模型研究综述. 生态学报, 38(7): 2588-2598.

肖胜生, 杨洁, 叶功富, 等. 2011. 鄱阳湖湿地对气候变化的脆弱性与适应性管理. 亚热带水土保持, 23(3): 36-40.

薛振山, 姜明, 吕宪国, 等. 2012. 农业开发对生态系统服务价值的影响——以三江平原浓江-别拉洪河中下游区域为例. 湿地科学, 10(1): 40-45.

杨桂山, 施雅风, 张琛. 2002. 江苏滨海潮滩湿地对潮位变化的生态响应. 地理学报, 57(3): 325-332.

杨育红, 阎百兴. 2011. 小流域面源污染减控措施优化管理. 生态与农村环境学报, 27(2): 11-15.

杨志峰, 崔保山, 孙涛. 2012. 湿地生态需水机理、模型和配置. 北京: 科学出版社.

姚允龙, 王蕾. 2008. 基于SWAT的典型沼泽性河流径流演变的气候变化响应研究. 湿地科学. 6(2): 198-203.

殷书柏, 吕宪国, 武海涛. 2010. 湿地定义研究中的若干理论问题. 湿地科学, 8(2): 182-188.

于晓菲, 王国平, 吕宪国, 等. 2010. 冻融交替处理下湿地土壤可溶性铁的动态变化研究. 环境科学, 31(5): 1387-1394.

张柏, 孙伯达, 王祁春. 1995. 呼伦贝尔草原区辉河下游芦苇资源研究. 地理科学, 15(04): 385-393.

张养贞, 华润葵, 李玉勤. 1993. 陆地卫星图象在三江平原沼泽调查中的应用. 地理科学, 13(1): 49-56.

章光新, 张蕾, 冯夏清, 等. 2014. 湿地生态水文与水资源管理. 北京: 科学出版社.

章光新. 2012. 水文情势与盐分变化对湿地植被的影响研究综述. 生态学报, 32(13): 4254-4260.

赵志龙, 张镱锂, 刘林山, 等. 2014. 青藏高原湿地研究进展. 地理科学进展, 33(9): 1218-1230.

周广胜, 何奇瑾. 2015. 陆地生态系统对气候变化的脆弱性评价与适应性管理. 中国基础科学, 3: 1-7.

Bu Z, Sundberg S, Feng L, et al. 2017. The Methuselah of plant dia-spores: Sphagnum spores can survive in nature for centuries. New Phytologist, 214(4): 1398-1402.

Christensen T R, Ekberg A, Strom L, et al. 2003. Factors controlling large scale variations in methane emission from wetlands. Geophysical Research Letters, 30: 1414.

Costanza R, d'Arge R, De Groot R, et al. 1997. The value of the world's ecosystem services and natural capital. Nature, 387(6630): 253.

Daily G C. 1997. Nature's Services: Societal Dependence on Natural Ecosystems. Washington D.C.: Island Press.

Gallopín G C. 2006. Linkages between vulnerability, resilience, and adaptive capacity. Global Environmental Change, 16: 293-303.

Gorham E. 1991. Northern wetlands: role in the carbon cycle and probable responses to climatic warming. Ecological Applications, 1: 182-195.

Hill K J. 2011. Research on Preventing and Remediating the Dust Storms of China: A Case Study Investigating the Development of Salt Water Agriculture. Ohio: The Ohio State University.

Li F P, Zhang G X, Xu Y J. 2014. Spatiotemporal variability of climate and streamflow in the Songhua River Basin, northeast China. Journal of Hydrology, 514: 53-64.

Lou Y J, Gao C Y, Pan Y W, et al. 2018. Niche modelling of marsh plants based on occurrence and abundance data. Science of the Total Environment, 616-617: 198-207.

Rhee J S. 2009. Carbon capture and sequestration by a treatment wetland. Ecological Engineering, 35(3): 393-401.

Richardson C J, King R S, Qian S S, et al. 2007. Estimating Ecological Thresholds for Phosphorus in the Everglades.

Environmental Science and Technology, 41(23): 8084-8091.

Schmidt K S, Skidmore A K. 2003. Spectral discrimination of vegetation types in a coastal wetland. Remote sensing of Environment, 85(1): 92-108.

Seilheimer T S, Mahoney T P, Chow F P. 2009. Comparative Study of Ecological Indices for Assessing Human - induced Disturbance in Coastal Wetlands of the Laurentian Great Lakes. Ecological Indicators, 9(1): 81-91.

Song C, Xu X, Tian H, et al. 2009. Ecosystem-atmosphere exchange of $CH_4$ and $N_2O$ and ecosystem respiration in wetlands in the Sanjiang Plain, Northeastern China. Global Change Biology, 15(3): 692-705.

Tian J J, Yang S G. 2011. Sequence strata and coal accumulation of lower and middle Jurassic formation from southern margin of Junggar Basin, Sinkiang, China. Journal of China Coal Society, 36(1): 58-64.

Wang G D, Wang M, Lu X G, et al. 2015. Effects of farming on the soil seed banks and wetland restoration potential in Sanjiang Plain, Northeast of China. Ecological Engineering, 77: 265-274.

Wang J, Zhao Q, Pang Y, et al. 2017. Dynamic simulation of sediment resuspension and its effect on water quality in Lake Taihu, China. Water Science and Technology: Water Supply, 17(5): 1335-1346.

Wu H, Fan J, Zhang J, et al. 2016. Optimization of organics and nitrogen removal in intermittently aerated vertical flow constructed wetlands: effects of aeration time and aeration rate. International Biodeterioration & Biodegradation, 113: 139-145.

Wu H T, Guan Q, Lu X G, et al. 2017. Snail (Mollusca: Gastropoda) as-semblages as indicators of ecological condition in freshwater wetlands of Northeast China. Ecological Indicators, 75: 203-209.

Xue Z, Hou G, Zhang Z, et al. 2019. Quantifying the cooling-effects of urban and peri-urban wetlands using remote sensing data: Case study of cities of Northeast China. Landscape and Urban Planning, 182: 92-100.

Yu X F, Grace M R, Sun G Z, et al. 2018. Application of ferrihydrite and calcite as composite sediment capping materials in a eutro-phiclake. Journal of Soils and Sediments, 18(3): 1185-1193.

Zhang F, Liu A, Li Y, et al. 2008. $CO_2$ Flux in Alpine Wetland Ecosystem on the Qinghai-Tibetan Plateau. ActaEcologicaSinica, 28(2): 453-462.

Zhang Y H, Huang G M, Wang W Q, et al. 2012. Interactions between mangroves and exotic Spartina in an anthropogenically disturbed estuary in southern China. Ecology, 93(3): 588-597.

Zheng H F, Shen G Q, Shang L Y, et al. 2015. Efficacy of conservation strategies for endangered oriental white storks (Ciconiaboyci-ana) under climate change in Northeast China. Biological Conservation, 204: 367-377.

Zou Y A, Tang Y, Xie Y H, et al. 2017. Response of herbivorous geese to wintering habitat changes: conservation insights from long-term population monitoring in the East Dongting Lake, China. Regional Environmental Change, 17(3): 879-888.

Zou Y C, Zhang S J, Huo L L, et al. 2018. Wetland saturation with in-troduced Fe(III) reduces total carbon emissions and promotes the sequestration of DOC. Geoderma, 325: 141-151.

撰稿人：吕宪国，神祥金

# 第 15 章 湖泊生态学研究进展

## 1 引 言

湖泊生态学是以湖泊生态系统为主要研究对象，探讨湖泊水域中生物群落结构、功能关系、发展规律及其与环境间相互作用机制的生态学分支学科。湖泊中的生物包括水生植物、鱼类、浮游植物、浮游动物、底栖生物以及微生物等。环境因子可分为物理因子与化学因子。水生生物的种类组成、群落结构特征由环境因子所决定，而生物的组成与数量也会反过来改变湖泊环境。湖泊生态系统所面临的一系列问题，不断地推动着湖泊生态学的快速发展，丰富了湖泊生态学的研究内容。

虽然全球湖泊面积占陆地面积不到2%，但湖泊作为地球上水资源的储存库，不仅承担着为人类提供饮用水、渔业资源、景观娱乐等功能，还具有调节区域气候和维护生物多样性的生态功能，并且与陆地、海洋等全球尺度生态系统紧密相连。湖泊生态学的发展有利于进一步加深人们对湖泊生态系统的了解，同时也能帮助人们更好地保护湖泊和服务社会。在社会经济高速发展的今天，人们在对良好的水域生态环境需求日益迫切的同时，对湖泊生态系统造成的压力却有增无减。因此，湖泊生态学还肩负着协调湖泊环境与社会发展平衡的使命。

我国是一个湖泊众多的国家。根据第二次全国湖泊调查，我国面积1.0 km$^2$以上的自然湖泊共有2693个，总面积为81414.6 km$^2$（杨桂山等，2010），此外还有大大小小的人工湖泊——水库98002座（中华人民共和国水利部，2013）。在新中国成立前，湖泊科学研究在我国处于空白领域。20世纪中叶陆续开展的全国湖泊调查，目的是为了寻找可资利用的湖泊资源，特别是服务于当时迫切的水产和渔业发展需求。直到20世纪90年代，日益增强的人类活动对湖泊生态系统产生了持续的负面影响，造成全球湖泊生态功能退化和生物多样性降低等问题，我国许多湖泊和水库也面临着流域污染、水体富营养化和生态系统退化等的严峻挑战。比如，由于富营养化及其蓝藻水华生态灾害污染太湖水源地导致的2007年无锡水危机事件，造成数百万人的城市自来水供应中断一周时间，不良的社会效应和巨大的经济损失引起了广泛关注。迫切的国家科技需求促使湖泊科学从传统的资源开发利用逐步转向以生态学为基础的湖泊生态科学研究。因此，我国湖泊生态学的发展一直是以国家需求为导向，通过任务带学科而成长壮大起来的。

## 2 湖泊生态学发展历程

湖泊生态学起源较早，与湖泊生态学相关的专著最早可以追溯到1901年，瑞士洛桑大学生理学教授Francois Alphonse Forel出版了《湖沼学》一书，而与湖泊生态学相关的研究历史则更为久远。早期的湖泊生态学研究多集中于欧洲，进入20世纪后北美的湖泊生态学开始发展并出现了一批杰出的科学家，代表性的人物有Edward A. Brige、Chancey Juday和G. Eevelyn. Hutchinson等。但研究内容则长期关注于对单个生物因子或者环境因子的研究，典型的如19世纪70年代Forel对日内瓦湖底栖动物的研究和1867年Muller对丹麦浮游甲壳类的研究。随着人们对湖泊认识的深入，湖泊生态学逐渐开始研究功能群分类、食物网以及营养循环等，并通过整合研究环境因子与生物之间的关系，进而开始对生态系统功能进行探索研究。20世纪70年代以后，由于工业化和农药化肥大量使用，导致大量湖泊受到营养盐、酸雨、有机物、重金属等污染。在湖泊环境问题和实际需求的影响下，这一时期的湖泊生态学研究开始由基础研究转到应用研究。近40年来，随着新技术、新方法的不断开发与应用，湖泊生态学得到快速发展，开始从不同的格局与尺度对其进行研究，这一变化使得人们更好地认识湖泊生态学，同时有助于整合不同观点与分歧。

与国际湖泊生态学发展相比，我国湖泊生态学研究起步相对较晚，直到20世纪50年代才开始对部分湖泊进行渔业等生态资源调查。虽然同时期的发达国家的湖泊生态学已经快速发展，但湖泊生态学是以湖泊为研究对象的一门学科，不同区域的湖泊有着不同的特征。因此，与国际湖泊生态学的发展历程类似，我国湖泊生态学的发展也是由基础观测到系统研究、由基础研究到应用研究。总体而言，我国湖泊生态学发展可归纳为两个主要阶段。

## 2.1 以湖泊资源开发利用为目标的湖泊综合调查研究阶段

新中国成立后的第一个五年计划中，湖泊放养成为发展淡水渔业的主要措施之一，因此早期的湖泊生态学研究多集中于湖泊资源调查，尤其是渔业资源。1951年，中国科学院水生生物研究所在太湖五里湖全面开展了淡水生物资源调查研究，同时在长江中下游以及淮河流域也开展了湖泊资源调查，这是我国最早开展的湖泊调查研究。这一时期的标志性成果为1956年出版的《湖泊调查基本知识》（饶钦止等，1956），是我国第一本湖泊调查的综合性参考书，至今仍然对我国水生态和水环境保护调查研究有一定的指导作用。1955～1957年，由刘建康院士负责的梁子湖鱼类生态调查，系统的开展了鱼类个体生态学、鱼类分类学、水环境、水化学的研究。早期的湖泊调查为湖泊放养奠定了科学基础，同时填补了我国湖泊资源调查的空白，引领并推动了我国湖泊生态学的发展。1958年中国科学院地理研究所（中国科学院南京地理与湖泊研究所前身）成立了湖泊科学研究组，并在随后的四十年里联合南京大学等单位，克服艰难险阻，对我国江淮中下游、青藏、新蒙、云贵和东北地区的湖泊进行了全面调查，取得了大量珍贵的一手资料。这一时期的主要成果就是1998年出版的详细记载了我国湖泊的水生生物（包括鱼类、浮游植物、浮游动物、底栖生物等）、水环境、水文相关资料的《中国湖泊志》一书。《中国湖泊志》凝结了我国湖泊科学各专业几代科研人员40年的野外科研调查结果。

虽然在同一时期欧美等发达国家湖泊生态学已经开始由基础湖泊生态学研究转向应用湖泊生态学研究，但湖泊水生态调查是湖泊科学研究发展的基础，为后续进行长时间与大范围空间尺度湖泊生态学研究提供了可能。早期全国范围的湖泊调查是我国最早对湖泊进行的系统性研究，取得了大量的湖泊生物、物理化学等相关的权威资料，是湖泊生态学发展的先驱。同时由此发展的规范统一的湖泊调查技术也大大推动了湖泊生态学的发展。由于所处时代原因，加上国际湖泊生态学进入应用生态学阶段，不同于欧美早期的湖泊监测，我国早期的湖泊生态调查在大大丰富了我国湖泊生态学本身发展内容的同时，也是结合了国民经济建设发展的需要，最重要的表现就是早期的湖泊调查都是基于科学院、水利部、环保部、农业部等的任务需求。逐渐积累的资料为后续解决环境污染、渔业资源捕获、闸坝建设等问题提供了科学数据。

早期的湖泊调查大多是朝着湖泊资源开发利用的目标进行的，而真正的湖泊资源开发利用则是在大范围的湖泊调查开始后逐步开始的。20世纪80年代初，湖泊生态学研究开始由传统的湖泊调查转向湖泊生态系统结构、功能和生产力的研究。同时，生物群落演替、生物与环境因子之间的相关性以及湖泊污染等问题开始受到关注。这一时期主要的研究方向包括水产养殖与增殖、水体农业发展以及全国湖泊富营养化调查等。

这一时期渔业增值移植的最典型成果就是太湖银鱼的增殖移植取得巨大成功。银鱼是我国重点水资源保护对象，不仅有着重要的科研意义，而且出口创汇有着重大的经济价值。这一时期我国科研人员在对银鱼的生物特性进行充分研究后，在洪泽湖顺利进行了银鱼的增殖，同时顺利在滇池进行了移植（高礼存等，1989）。随后这一成果逐渐推广到全国十多个省市区。此外，如何突破技术瓶颈，使得我国几万平方公里的水面单位水产品产量增加也是一个亟待解决的问题。针对这一国家需求，科研工作者通过提高水体光能利用率，创造有利于生物生长的环境以提高湖泊生产力，促进淡水资源的多目标开发，客观导致湖泊生态学开始关注生态系统功能、食物链和食物网等的研究。湖泊生态学研究的时间与空间尺度也逐渐扩大，不同时间与空间尺度的研究更加有利于增加对湖泊生态系统的认识，整合生态环境问题并提出合理的解决方案。

## 2.2 以湖泊生态系统稳定与保护为目标的应用生态学研究阶段

人口激增、经济快速增长和城市化进程加快，都给湖泊生态系统带来持续的压力。而我国大多数地区走的还是"先污染后治理"的老路，因此湖泊生态学最近几十年面临的最大挑战就是解决因人类活动而造成的湖泊生态系统恶化与人们对美好生活环境需求之间的矛盾。此外，随着生活水平的提高，人们对水产品数量和质量的要求也都在逐渐提高，而污染物在湖泊中的迁移转换、积累放大等都会通过食物链传递到人类本身，使得湖泊生态环境的污染受到格外关注。随着渔业增殖、水体农业、围网养殖等项目的大规模开展，加上工农业污染加剧，我国大多数湖泊都呈现出不同程度的富营养化问题。例如在东太湖，由于围网养殖、过度开发使得水质恶化，富营养化趋势加快。此外，生物群落结构发生剧烈变化，浮游植物种类数减少，物种多样性下降，而生物量明显上升；浮游动物生物量急剧下降，原生动物增加，枝角类和桡足类数量降低，个体趋于小型化；大型无脊椎动物被捕食压力增大，资源量减少，而耐污种数量增加。尤其是2007年太湖因为蓝藻暴发而引起的无锡饮用水危机事件，造成了巨大经济损失以及民众恐慌（秦伯强等，2007）。为此，湖泊生态学家对部分主要湖泊开展了湖泊污染和富营养化调查工作，积累了许多关于富营养化和湖泊污染状况的相关资料。除此之外，重金属、持久性有机污染物对湖泊生态环境造成的危害也备受关注。污染物在生态系统中的迁移转化，且污染物对生物群落产生的影响千变万化，为了弄清楚这些变化，需要进行更多更全面的湖泊生态学研究。因此，这一时期人们除了对湖泊中各种生物种群本身的生理、遗传和代谢等过程进行了深入研究外，湖泊生态学也逐渐开始关注湖泊中各种生物种群之间的相互作用、湖泊生物资源的变化、环境条件对生物群落结构的影响、水草退化机理和蓝藻水华形成机制等有关生态系统结构和功能变化过程与机制方面的研究（秦伯强等，2005）。

在迫切需要解决湖泊生态环境问题需求的驱动下，近些年湖泊生态学迅速发展，从沉积物到水气界面，从微生物到水生动植物，从单个湖泊到流域湖泊群，从短期调查到长期高频监测，从原始的人工监测到"天-地-空"一体化监测技术和手段的应用，人们对湖泊生态系统的认识越来越全面，面对一系列的水生态环境问题提出的解决方法也更加合理可行。然而，全球变暖与富营养化叠加加剧了蓝藻水华暴发（Moss等，2011），不管是现在还是将来，湖泊生态系统面临的压力只会有增无减——寻求人类社会健康发展与湖泊生态环境良好稳定的平衡点，以及如何对受损的湖泊生态环境进行科学有效地恢复和保护，还有很长的路要走。因此，湖泊生态学现在以及在未来一段时间内发展方式都会是以面向解决生态环境问题而驱动的应用湖泊生态学。

# 3 湖泊生态学研究进展

## 3.1 创立和发展湖泊生态过程与格局变化研究新方法和新技术

### 3.1.1 湖泊生态学系统研究思想的创立

始于20世纪60年代的太湖调查研究，主要是通过野外调查和科学考察获取概念性的资料，服务于湖泊资源开发利用的目标，已无法满足80年代以来湖泊污染和生态系统退化等问题的科学需求。特别是在我国广泛分布的大型浅水湖泊一直是国际湖沼学研究的薄弱领域，湖泊现代过程与生态环境变化关系的研究几近空白。针对自然过程与人类活动复杂叠加、多因子交互作用剧烈等为特点的复杂湖泊生态系统，秦伯强等（2005）在21世纪初提出了"抓过程、释机理"的湖泊系统研究思想，并以此为指导创建了湖泊现代过程物理、化学、生物多学科协同的野外原位研究方法（Qin et al., 2004；Qin, 2009）。通过对湖泊水文气象、环境化学和生物生态等多参数的同步观测、高频监测和遥感监测，结合风浪、底泥悬浮和蓝藻水华暴发等过程的捕捉，实现了湖泊生态从传统考察和调查到过程与格局、结构和功能相结合研究方法的转变。

### 3.1.2 新技术研发应用拓展了湖泊生态系统观测与研究的时空尺度

2007年，太湖建成了国内第一套湖泊高频、在线自动观测系统，随后逐渐实现了对太湖北部水文气象、水质、生物和蓝藻水华等多指标的高频在线监测（Qin et al., 2015）；Ding等（2012，2013）和Xu等（2013）通过探索陆续研发了微界面间隙水扩散平衡装置和Zr-oxide DGT系列技术，实现了沉积物营养盐同步、快速及（亚）毫米级高分辨率获取。为解决器测记录时间尺度上的不足，Yang等（2008）、Chen等（2011）通过对我国不同区域大量现代湖泊生物和水环境数据的调查，发展了沉积硅藻、枝角类和摇蚊等多种湖泊古生态指标的识别与提取技术，建立了百年尺度湖泊温度、总磷和水位等多种定量重建模型（Wang et al., 2011；Hu et al., 2015），为深入探讨湖泊生态系统演化动力机制、评估湖泊自然本底状况和生态服务功能长期变化奠定了基础。为弥补传统监测在空间上的离散性和非同步性，Shi等（2014，2015）和Zhang等（2016a）开发了水环境关键指标的遥感反演模型，实现了水环境参数的同步监测和大范围空间连续获取，准确获取了典型湖泊相关指标大范围连续空间分布和长时间序列动态变化规律；Qin等（2004）、Ma等（2014）和Xu等（2015）创新开展了水槽动力模拟实验和环境变化对湖泊生态系统影响的中宇宙实验；并进一步结合人工巡测、长期定位观测和遥感反演技术，逐步建成了覆盖太湖全部水域和部分环湖河道的多指标"天-地-空"一体化监测体系。目前这一技术体系已经在水环境和水生态研究领域得到广泛应用。

### 3.1.3 湖泊生态学基础研究平台

湖泊生态学的研究最重要的就是对生态过程进行捕捉，只有对生态过程有了足够的了解才能更好地分析生物与环境之间的关系。所以建立相应的湖泊生态系统野外观测站能够进行长期、系统和稳定的野外定位观测试验及研究，国内相对较为重要的湖泊现都已建立野外监测站，例如太湖、东湖、梁子湖、抚仙湖、呼伦湖、洪泽湖、巢湖、天目湖、鄱阳湖、洞庭湖等。其中太湖、东湖、鄱阳湖、洞庭湖野外监测站被纳入了中国生态系统研究网络（CERN），特别是中国科学院太湖湖泊生态系统研究站（简称太湖站）和中国科学院东湖湖泊生态系统试验站（简称东湖站）历史最为悠久，在国际上拥有较高的知名度。东湖站作为我国最早的湖泊生态系统观测站被列为"人与生物圈"的定位观测站，对以东湖为代表的城市湖泊生态系统演变进行了长达四十年的探索研究，是我国湖泊生态学发展的先驱之一，为我国湖泊生态学发展作出了突出贡献。太湖站不仅是CERN的优秀生态站，还是我国目前唯一纳入国际湖泊生态观察网络（GLEON）的野外台站，作为我国湖泊科学理论的野外试验基地、湖泊资源优化利用与生态系统恢复的示范基地、湖泊科学研究的人才培养基地与国际浅水湖泊科学交流基地，在湖泊生态学发展中地位举足轻重。Zhang等（2016d）研究表明近年来关于太湖的研究已经超过贝加尔湖、琵琶湖、伊利湖、密歇根湖、安大略湖、苏必利尔湖、维多利亚湖等国际上研究热点湖泊。

湖泊与环境国家重点实验室是在原1991年成立的中国科学院湖泊沉积与环境开放实验室基础上筹建的，于2007年初由国家科技部正式批准建设，2009年通过建设验收，2010年通过评估。实验室以探索自然与人文要素驱动下湖泊系统过程、格局及其相互作用规律为基础，针对保障湖泊水安全和维系区域生态安全为核心的国家紧迫需求和现代湖泊科学发展的需要，重点在湖泊形成与演化、湖泊水文与水资源、湖泊环境污染与生态修复及湖泊-流域相互作用与调控四个领域展开研究，揭示湖泊环境演变规律，发展湖泊环境污染治理和生态修复的原理与技术，建立湖泊-流域综合管理的理论与方法。实验室承担着国家重点基础研究发展计划973项目，国家科技重大专项、国家基金委创新群体、重大、重点项目，国家高技术研究发展计划863项目及中国科学院"百人计划"等一百多项重要科研项目。实验室获国家自然科学奖二等奖1项，国家科技进步奖二等奖1项，省科技进步奖十余项，其他部委级一等奖2项。

## 3.2 湖泊生态环境变化及其生态系统响应基础理论研究取得重要突破

### 3.2.1 全球气候变暖对湖泊关键生态过程的驱动机制研究

湖泊生态系统由于其敏感性强，一直被认为是全球变化的哨兵，近年来全球气候变暖对湖泊生态系统的影响备受湖泊生态学者关注。联合国政府间气候变化专门委员会第五次评估报告指出1880~2012年全球平均地表温度上升了0.85℃，预测21世纪末平均温度在1986~2005年基础上将升高0.3~4.8℃（IPCC，2013，秦大河和Stocker，2014）。在过去的30年里，人类活动引起的快速变暖很可能在全球尺度上已经对许多生态系统产生了影响。对于湖泊生态系统而言，面临的问题尤为严重，基于全球数百个湖泊的监测结果显示，全球变暖湖泊快于大气和海洋。1985~2009年之间，每十年湖泊平均变暖速度为0.34℃，超过同期海洋升温速度（0.12℃）和地表气温升高速度（0.25℃）（Kintisch，2015；O'Reilly et al.，2015）。然而，广布于中国中东部的大量浅水湖泊由于面积/容积比大，更易受到气候变暖的影响，其生态系统更易受到冲击。气候变暖必然会引起湖泊表面温度的升高，其结果就是湖泊的分层现象变得更加严重，温跃层的深度将增加，湖泊的水文物理条件的变化将引起湖泊化学性质的改变，如营养浓度（尤其是氮和磷）的升高、溶氧降低、可溶性颗粒浓度增加。

气候变暖会显著改变湖泊生态系统中消费者的生活史。鱼类研究发现，变暖将导致鱼类幼体生长速率加快、性成熟和初始繁殖时间提前、繁殖持续时间延长，但成体个体变小、寿命缩短（Jeppesen et al.，2015）。对低纬度螺（*Patella depressa*）的长期观测（1946~2007年）结果显示，变暖导致初始繁殖时间提前10.2d/十年，并延长繁殖持续时间；但高纬度螺（*Patella vulgate*）的研究结果相反，初始繁殖时间延迟3.3d/十年，繁殖能力降低，其原因是该螺在长期进化中适宜于冬季产卵，低温是触发繁殖的信号，故变暖延迟了繁殖时间（Moore et al.，2011）。同时，变暖引起消费者生活史改变使得其密度和生物量发生变化。根据生态学代谢理论（metabolic theory of ecology，MTE），温度升高将增加消费者能量支出，其对食物资源的需求将随之增加，然而当可获得的资源有限时，难以满足所有个体的需求，变暖将导致消费者种群及群落的密度和生物量降低（Brown et al.，2004；Meerhoff et al.，2012）。该研究结果在多个生物类群得到验证，如温带和亚热带多个浅水湖泊的对比研究发现，前者底栖动物密度可达后者的5倍，浮游动物密度达后者的5.5倍（Meerhoff et al.，2007）。整合分析（Meta-analysis）也发现浮游动物密度与纬度呈显著正相关（Meerhoff et al.，2012），表明变暖会降低其密度。然而，鱼类整合分析则发现随温度升高密度和生物量呈增加趋势，此结论在纬度梯度研究（Brucet et al.，2010）、对比研究（Meerhoff et al.，2007；Teixeira-de et al.，2009）和控制实验中均得到验证。因此，MTE理论预测的普适性还需进一步验证。

个体大小是决定消费者在生态系统中地位和功能的重要因素，伯格曼法则（Bergmann's rule）和温度—大小法则（temperature-size rule）认为，同一物种的成体大小随温度升高而变小（Gibert and Delong，

2014)。基于这一原理,研究者预测气候变暖将导致个体小型化,并得到大量水域和陆地生态系统研究的支持(Gardner et al.,2011)。基于长期观测和实验数据,对湖泊水体中细菌、浮游植物、浮游动物和鱼类的整合分析结果显示,气候变暖导致成体个体变小,在种群与群落层面分别表现为小个体和小型种类的优势度增加,平均大小均变小(Daufresne et al.,2009)。Forster 等(2012)发现变暖引起小型化对水生生物的作用较陆生生物更加强烈。对湖泊鱼类和浮游动物的大量研究也发现随温度升高其平均大小减小,小型种类优势度增加(Brucet et al.,2010;Emmrich et al.,2014)。

### 3.2.2 湖泊富营养化与水华形成机理研究

湖泊富营养化导致藻类在夏季大量生长,在水动力和高温的作用下在岸边堆积分解,产生恶臭。世界各国为此投入了巨大的人力财力进行研究和治理,并针对富营养化发生的过程与机制开展了一系列研究,我国学者近来更是为了满足国家的重大科技需求,对湖泊富营养化与水华形成机理进行了大量的实验与探索(秦伯强,2002)。藻类水华本质上是营养盐富集导致浮游植物大量繁殖而发生的。由于营养盐的输入与流域人类活动、降水径流等密切相关,加上温度、光照等对浮游植物光合作用的影响,湖泊富营养化及其蓝藻水华实际上与湖泊的流域地学环境关系密切。因此,引入地学要素进行系统综合研究是解决这个问题的关键所在。

目前多数观点认为关于富营养化湖泊蓝藻水华形成机理包括物理、化学、生物各方面的原因。微囊藻生长最适温度为 30~35℃(陈宇炜和高锡云,1998),在低风速条件下,水体中的微囊藻容易上浮到水面形成藻类聚集体——水华。微囊藻具有能够利用其他藻类所不能利用的光和生长速率快等特点,比其他藻类具有更强的竞争优势。另外水文气象因素也可以直接或者间接的影响微囊藻的分布、密度以及代谢周期。例如风浪不仅通过扰动使得漂浮在水面的藻类在岸边聚集,还可以加速沉积物中营养盐释放,从而促进藻类生长(秦伯强等,2003)。不同于海洋生态系统,藻类生长所必需的大量元素碳氮磷中,碳在湖泊水体中的一般认为是过量的,因此氮磷浓度过高被认为是导致富营养化的直接原因,水体中的氮磷比也会直接影响着浮游植物的群落(Schindler,1977),但是当营养盐浓度增加到一定时候就不会成为蓝藻生长的限制因子。另外由于微囊藻的本身特性,使得它们能够在生长的初始阶段吸附大量的磷,足够其细胞分裂 2~4 次(Sommer,1985)。

最新的研究表明,在太湖这种大型浅水湖泊,蓝藻水华形成通常只需数小时,而传统的微囊藻漂浮聚集形成水华的观点显然不能很好解释这种现象的发生。秦伯强等(2016)指出,蓝藻水华形成需要具备两个基本条件,一是充足的生物量;二是适宜的水动力条件,即在风浪扰动条件下,微囊藻通过碰撞形成大群体并在风浪作用趋弱时快速上浮形成肉眼可见的水华。此外,风浪作用引起的沉积物频繁再悬浮可将沉积物中蓄积的营养盐大量释放进入上覆水。研究表明,如果太湖全湖沉积物表层中的有效态磷(铁结合态磷)完全释放到水体中,可将水体磷浓度提高 0.249 mg/L(Zhu et al.,2013b)。底泥营养盐释放会快速补充水体中的生源要素,进而促进蓝藻水华暴发(Zhu et al.,2014;Yang et al.,2016)。沉积物古生态指标重建结果显示,长江中下游地区湖泊历史时期即已具有较高的营养背景,极易发生富营养化(Dong et al.,2012);而近年来重建历史时期湖泊生态环境变化区域对比研究发现,在该区域湖泊的高营养本底条件下,人类活动引起的水文条件改变快速诱发了湖泊富营养化(Liu et al.,2011)。

### 3.2.3 湖泊生态系统对气候变化与人类活动的响应与反馈机制

一般认为全球变暖最直接的原因就是人类活动导致 $CO_2$ 等温室气体排放增加,在大气 $CO_2$ 浓度增加的背景下,湖泊水体中 $CO_2$ 浓度的变化以及湖泊生态系统的响应研究将十分重要。碳酸盐平衡是维持水体中 pH 稳定的重要缓冲体系,相对稳定的 pH 对生物的生长至关重要,例如水体中的 $CO_2$ 为浮游植物光合作用提供了大量的碳源。近年来已有证据表明大气中 $CO_2$ 浓度升高会直接或间接导致湖泊水体中的 $CO_2$

浓度增加。除了氧分压以外，食草动物和鱼类、异养自养平衡、陆地呼吸、流域类型等因素都会改变水体中 $CO_2$ 浓度。例如水温的增加会强化微生物对沉积物溶解性有机碳（DOC）的利用率，从而造成湖泊中 $CO_2$ 浓度显著增加（Sobek et al.，2005）。在水生态系统与陆地联通性不变的情况下，全球变暖和 $CO_2$ 浓度增加将会增加陆地生态系统的初级生产力，由此产生大量的 DIC 和 DOC 将会通过水流传送到湖泊之中，未来淡水中 $CO_2$ 浓度将会升高。

湖泊生态系统对水体中 $CO_2$ 浓度的增加有着不同的响应，但在不同湖泊和物种间有所差异。例如在深水湖泊中由于水温的增加加剧湖泊分层，上下层之间的营养盐不能够很好地交换，上层水体中浮游植物可利用的营养盐减少，同时由于 $CO_2$ 的增加使得浮游植物可利用碳增加，这种变化改变了水体中的碳氮磷比，进而影响浮游植物的群落结构。Jansson 等（2012）通过采集不同湖泊水体进行的室内试验结果表明，饱和的 $CO_2$ 浓度最多能够增加 10 倍的初级生产力。因此在深水湖泊中碳也有可能成为初级生产力的限制因子，而当水体中的碳源增加时，原本碳限制的湖泊可能转换为氮限制，在合适的光照和温度条件下，固氮蓝藻会逐渐占据优势。这种变化也会通过食物链传递到浮游动物和底栖生物，例如浮游植物体内的碳氮磷比例改变会影响浮游动物捕食的口味，间接改变了浮游动物的生长速率、群落结构等。底栖生物中软体动物生存会直接受到水体 pH 影响，$CO_2$ 浓度的增加无疑会对其产生一系列的影响。

研究发现，随着蓝藻水华的持续发生与发展，湖泊中浮游动物趋于小型化，造成其对蓝藻的控制能力下降，下行效应明显减弱，从而有利于蓝藻水华的维持（Chen et al.，2012）。在太湖利用 DGT 等技术发现蓝藻水华堆积腐烂造成沉积物表层极度缺氧，促进沉积物向水体释放大量营养盐（Zhu et al.，2013b；Ding et al.，2015）；同时蓝藻水华造成异养细菌数量和活性显著增加，湖泊异养过程增强，加速藻类残体的降解及矿化，进一步加速了水体营养循环速率（Tang et al.，2010；Li et al.，2011；Xing et al.，2011），两者的共同作用加强了上行效应，形成湖泊生态系统对富营养化和蓝藻水华的正反馈。但湖泊生态系统对于气候变化与人类活动影响具有显著的区域差异。在云贵高原湖泊区域，人类活动加剧带来的营养盐富集和外来物种入侵共同导致了断陷湖泊地方物种消失和生态系统退化（Zhang et al.，2013）；而在远离人类活动影响的高海拔湖泊，温度上升和大气活性氮沉降也驱动着湖泊生物群落结构演化（Hu et al.，2014）。此外，基于云贵高原湖泊沉积记录揭示的生态系统 Flickering 现象，反映了生态系统对环境胁迫的非线性响应（Wang et al.，2012）。

### 3.2.4 湖泊生态系统生物多样性下降原因分析

富营养化、水位上升或者下降、资源过度开发、栖息地破坏等都会直接导致湖泊生态系统生物多样性下降，甚至是生态系统崩溃。虽然地球上淡水面积只有地球表面积的 0.8%，但是却拥有全球 6%的物种，因此水生生物多样性至关重要。然而水生生物多样性下降远比陆生生物严重（Dudgeon et al.，2006）。陆地生态系统与淡水生态系统在物种组成和功能群组等方面有着很大的差别，对于水生生态系统来说，不能够按照陆地生态系统那样过分强调保护单个物种和某些特殊区域（Moss，2000）。湖泊生态学则需要承担为湖泊生物多样性保护提供技术支持的使命。我国目前湖泊普遍面临生物多样性下降的问题，根据我国前后两次湖泊调查结果表明，近 50 年来我国消失的面积大于 1 $km^2$ 的湖泊多达 243 个。例如在太湖，鱼类资源种类由 20 世纪 60 年代的 106 种下降到目前的 60~70 种、洄游性鱼类几乎绝迹。自 20 世纪 50 年代以来，滇池水生植物物种数下降了 80%。我国湖泊生物多样性所面临的问题包括：①河流冲刷淤积和围湖造田使湖泊生态系统萎缩、碎裂；②江湖阻隔对江湖复合生态系统的破坏；③过度捕杀导致鱼类多样性下降以及优势鱼类小型化；④水草顶级群落消失带来的次生性灭绝（谢平和陈宜瑜，1995）。水体富营养化将使浮游动物群落组成演替趋于小型化（Chen et al.，2012），影响和改变底栖生物的种群多样性、优势种群类型和群落结构演替，导致其敏感种类减少（Cai et al.，2011）。太湖沉水植物覆盖面积与范围在逐年缩减，主要原因是富营养化导致的浮游植物大量增加影响水体透明度，遏制沉水植物的光合作用，并最终导致水生植物的消亡（秦伯强等，2016；Zhang et al.，2016a）。通过遥感监测的太湖沉水植物与环境因子的相关分析表明，影响沉水植物的第一贡献因子是透明度，其次是氨氮浓度，前者为富营养化的间接结果，后者为富营养化的直接结果（Zhang et al.，2016a）。

### 3.2.5 湖泊污染控制治理与湖泊生态系统修复应用研究

蓝藻水华产生机制研究的最终目的是解决如何治理蓝藻水华问题，尽管多数研究者都赞成富营养化的治理最根本的途径是削减营养盐，但对控氮还是控磷的问题却一直存在争议。最经典的研究就是Schindler 和 Hecky（2009）对加拿大227号湖进行了持续37年的磷输入，同时逐渐消减氮的输入量直到最后16年完全停止氮输入。实验结果表明，减少氮输入直接导致了固氮蓝藻的增加，据此他认为富营养化湖泊不能通过控制氮的输入来治理。国际上主流观点也因此认为控磷是控制富营养化水体蓝藻暴发的正确选择，很多湖泊也通过控磷得到很好的治理效果。然而，Xu 等（2010）通过长期野外监测和原位试验发现，像太湖这种大型浅水富营养化湖泊在春冬季为磷限制而夏季则为氮磷双限制，并据此提出太湖富营养化治理应该氮磷双控；通过中宇宙营养盐添加实验得出在太湖要有效控制蓝藻水华暴发需分别消减氮61%～71%和磷20%～46%（Xu et al.，2015）。Paerl 和 Fulton（2006）指出与太湖类似的大型浅水湖泊，存在氮限制的原因是由于磷在沉积物和水中快速循环，使得微囊藻能够从沉积物中吸收大量的磷并垂直迁移到湖面。因此，湖库富营养化的治理需结合不同湖泊的差异，这就进一步提高了人们对湖泊认知的要求。Schindler 等（2008）认为富营养化治理还需要更多氮的基础数据积累和研究提供支撑。虽然目前大多数关于氮的模型经过参数调试后都有很好的预测效果，但是这会掩盖其真实的循环机理，因此治理前还需要开发更有效的模型来预测其氮循环。

基于浅水湖泊草型生态系统退化机制的研究和太湖梅梁湾水源地水质改善的生态工程试验，确定浅水湖泊沉水植物恢复的核心条件是水下光环境，其阈值是真光层深度与水深比值大于0.8（Zhang et al.，2007；Qin，2013）；提出了降低水深、消除风浪、控制营养盐进而提高真光层深度与水深的比值，改善水下光环境和恢复水生植物的湖泊生态恢复原理（Qin et al.，2013）。以此原理为指导，提出了湖泊生态恢复应遵循"控源截污—环境改善—生态修复"的长效治理战略（Qin，2013；Zhang et al.，2016a）。

富营养化导致的后果就是蓝藻水华暴发及其次生灾害——湖泛（水华堆积并在高温下分解，形成恶臭），湖泛不仅会对湖泊生态系统产生巨大影响，也会威胁饮用水安全。在湖泛发生前五天，平均温度一般大于25℃，平均风速低于2.6 m/s，连续五天无降水（Zhang et al.，2016）。能够在湖泛发生前进行准确的预测，就能够提前采取行动，从而避免造成严重的后果。因此湖泊生态学重点研究领域之一就是对富营养化湖泊水华和湖泛进行预测预警。Qin 等（2015）和 Li 等（2014）近年来在太湖开展了水华及湖泛预测预警，通过在太湖北部湖泛易发区域布设若干监测点，测定水环境参数和气象参数，利用空间网格划分和插值算法将环境参数插值到全湖，以空间分布作为水质模型的初始条件，未来3天天气条件时空分布作为模型外部应力，驱动三维水动力水质数值模型，计算出未来3天湖泊中叶绿素 $a$ 和溶解氧浓度的时空分布；利用计算出的叶绿素 $a$ 和溶解氧浓度的数据，结合气象参数建立概率经验模型，计算未来3天湖泛易发水域发生湖泛的概率；对于湖泛发生概率较大的区域，进一步确定发生湖泛的位置和面积，自2009年以来每年4～10月都会进行水华预测预警并发布《太湖蓝藻及湖泛监测预警半周报》（图15.1），预报未来三天全湖叶绿素 $a$ 和溶解氧浓度的空间分布，同时对七个湖泛易发生的区域内进行湖泛发生概率及面积预测。2017年、2018年预测准确率分别达到79.3%，88.1%，为保障太湖流域的饮用水供水安全提供了坚实的科技支撑。

# 第 15 章 湖泊生态学研究进展

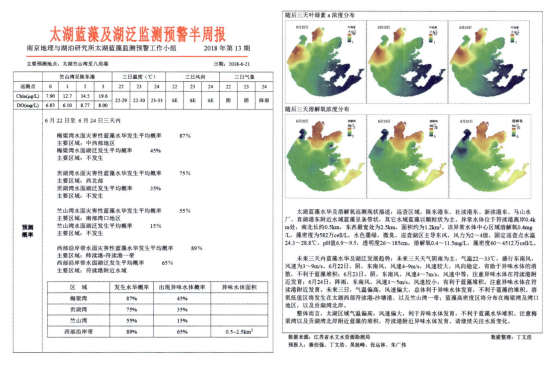

图 15.1  发布蓝藻及湖泛预警半周报样稿

## 3.3 人才培养与学术建制

人才培养与学术建制相辅相成，好的学术建制会大大地促进人才的成长，人才成长之后也会反哺，使得学术建制更加健全、健康。在我国，自然科学基金委作为支持基础研究，坚持自由探索，发挥导向作用，发现和培养科学技术人才的机构，它的资助研究方向很大程度上能够指导学科的发展。近年来以湖泊为研究对象的相关项目越来越多，图 15.2 为 2000 年以来，在基金委批准的项目中，以"湖泊"为关键词检索的项目数量。其中，2007 年以后，资助项目迅速增加，近些年来一直稳定在 70 项左右。近五年以来，基金委资助的与湖泊相关的较为重要的项目包括：两个创新研究群体（湖泊环境变化及其生态系

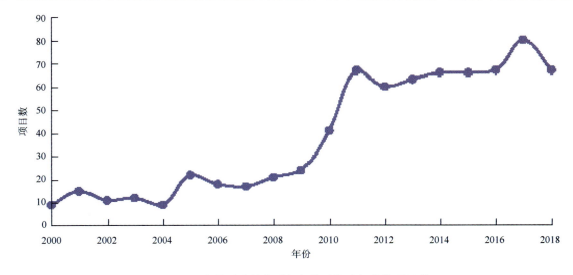

图 15.2  自然科学基金委每年关于湖泊相关的项目数

统响应、湖泊污染湿地修复）和两项杰出青年科学基金（青藏高原冰川—湖泊微生物及其与气候环境关系、湖泊光学与水色遥感）。

学科的发展与成果的交流合作息息相关，近年来国内与湖泊相关的学术活动与各类会议也逐渐增多。例如中国地理学会湖泊与湿地分会自 2015 年成立以来，已经在南京、延边、昆明和西安城市举办过多次学术会议及湖泊环境与生态研究为主题的高峰论坛。2018 年 8 月，我国第一次举办第三十四届国际湖沼学大会。这些会议的举办一方面说明我们的湖泊生态学在国内发展较为迅速，逐渐受到更多的人重视，另一方面说明中国的湖泊生态学在国际上扮演着越来越重要的角色。

## 4 湖泊生态学研究发展趋势

### 4.1 湖泊生态系统对气候变化的响应研究

#### 4.1.1 极端天气事件对湖泊生态系统的影响

气候变化与我们的生活息息相关，不管是现在还是将来，都会受到人们的极大关注，了解气候变化对生态环境的影响是 21 世纪的一个重大挑战。近年来，除了气候变暖以外，极端天气事件也变得越来越频繁。比如台风等极端天气对蓝藻水华的营养盐效应产生了重要影响。强风过境期间的营养盐、蓝藻水华及相关参数的高频监测表明，强风浪扰动带来的沉积物营养盐大量释放，台风过境后水柱理化指标及藻类分层的快速形成，以及台风过后伴随较稳定的高温晴热天气条件，共同促进了较大规模的微囊藻水华形成（Zhu et al.，2013）。Zhang 等（2012）利用室内模拟试验和野外观测数据研究发现，春季温度的快速波动有利于蓝藻的光合作用和生长，而不利于其他藻类。这一结果表明在春季藻类群落演替期间，温度波动很可能会促进水华蓝藻种群优势的更早确立。极端气象事件发生频次和强度的增加也对湖泊生态过程产生极其重要的影响。Zhang 等（2016b）分析台风等暴雨事件对太湖水体悬浮颗粒物含量场分布的影响，发现极端暴雨将大大增加水体颗粒物含量，影响范围可达上百平方公里，而近 60 年来该流域不但极端降雨事件频次在增加，降雨强度也在增加。极端气象事件在影响水体物理参数的同时，必将通过改变水体透明度、温跃层、化学组分等方式对水体初级生产力和食物链产生深远的影响，生态系统对其的响应机制、应对策略也将是个宽泛而又迫切的研究主题。

#### 4.1.2 全球风速下降对湖泊生态系统的影响

全球范围内观测到的风速下降已经是不争的事实，湖泊生态系统中，浅水湖泊是极易受风浪扰动影响引起底泥悬浮、造成水柱混合、改变沉积物—水界面等溶解氧含量，进一步影响浅水湖泊的理化过程。在过去的 30 年间，全球地表风速以平均每年 0.014 m/（s·a）速度下降。在中国，观测数据表明，风速下降更快，达到 0.018 m/（s·a）（Guo et al.，2015），而蒸发是决定风速的空气动力学驱动力，全球变暖和城市化可能是造成全球风速下降的原因。传统观点认为，在浅水湖泊中风浪扰动能显著增加水柱中营养盐的含量，营养盐释放量在一定范围内与风速呈正相关。同时也有研究表明，风浪扰动引起悬浮的营养盐形态主要以颗粒态为主，而能被藻类直接利用的溶解态营养盐含量变化不大，并且水柱中营养盐含量随着风速减弱、颗粒物沉降而逐渐降低。Deng 等（2018）的研究表明在太湖北部湖区，污染严重的底泥受风浪扰动的临界风速约 3～4 m/s，因此太湖地区风速的下降将有利于增加太湖水柱的稳定性。太湖历史观测资料显示水柱中溶解性营养盐浓度及其与总营养盐浓度的比值均与年平均风速、每月日平均风速持续< 3 m/s 的最大天数显著相关。太湖地区风速变化能显著影响水柱中营养盐浓度（尤其是溶解性营养盐浓度），并进一步影响水柱中藻类生物量；而其他因素如降雨、气温等对水体中营养盐及叶绿素浓度的影响较弱。太湖属于大型浅水湖泊，通常认为水柱常年处于混合状态。但根据太湖高频观测资料显示，

水柱在低风速期可能出现短暂的分层现象并引起湖泊底部缺氧甚至厌氧，尤其是在生产力旺盛的夏秋季节。随着风速下降，太湖梅梁湾底部夏季溶解氧日最低值 2007~2016 年间呈现显著下降趋势。因此，太湖地区风速下降可能增加水体稳定性，导致湖泊底部缺氧厌氧的概率增加，从而有利于底泥中有机营养盐降解矿化并向水柱中释放，增加水柱中溶解性营养盐的比例。上述推论在室内模拟实验中得到验证。我们的研究认为随着风速下降，尤其是低风速持续时间延长，湖底间歇性缺氧/厌氧的概率增加，更有利于浅水湖泊中底泥溶解性营养盐的释放，从而加重水体富营养化。

### 4.1.3 全球变暗对湖泊水下光环境和湖泊生态系统的影响

太阳辐射是自然界中各种物理、化学和生物过程的主要能量来源，是驱动陆地和水域生态系统光合作用的源动力，决定了生态系统生产力和营养物质收支。对于湖泊等水域生态系统而言，其生物量和生产力一方面与到达地表的太阳辐射强度有关，另一方面还与太阳辐射在水柱中的衰减程度有关。过去数十年由于中国经济的快速发展和工业化水平提高，大气污染、气溶胶粒子增加等环境问题以及云量、水汽等气候因素对到达地表的太阳辐射带来很大影响。大型水生植被是湖泊重要的初级生产者，对营养盐拦截、滞留和水质净化起到非常重要的作用，为浮游动物及各种鱼类提供栖息场所，成为湖泊生态系统健康状况的表征，在湖泊生态系统修复中占据重要的地位。由沉水植物为主形成的湖泊草型生态系统，具有多种生态服务功能，提供重要的生态产品。但对于生长于湖泊底部的沉水植物，水下光照是控制其分布和生物量的决定性环境因子。污染及富营养化等人类活动的影响，会导致透明度下降和水下光照变暗。到达地表太阳辐射下降和富营养化等引起的透明度降低相互叠加，加剧了湖泊水下变暗，造成到达湖泊底部的太阳辐射强度降低了 36.5%，驱动草型湖泊生态系统退化。Zhang 等（2017）通过分析全球 155 个湖泊和我国 41 个典型湖泊水生植被年际变化发现，绝大部分湖泊均存在不同程度的水生植被（特别是沉水植被）消退和生态系统退化，并且 1980 年以后水生植被面积显著下降的区域比例明显增大，超过 70%，我国湖泊水生植被退化速率明显高于全球。据统计，我国 41 个典型湖泊中大型水生植被面积已消失 3370 km$^2$，其中水生植被面积退化比较严重的湖泊有鄱阳湖、洪泽湖、洪湖、南四湖、滇池、梁子湖、博斯腾湖、菜子湖、滆湖、长湖和太湖等。未来在加强全国湖泊水生植被退化监测及退化机制机理分析的基础上，要积极推进湖泊生态修复和草型湖泊生态系统重构，加快湖泊生态保护和恢复，形成格局优化、系统稳定、功能提升的良性湖泊生态系统，支撑国家生态文明建设和美丽中国建设。

### 4.2 大力推进多学科融合的湖泊生态学理论研究

一个开放的湖泊生态学才能够拥抱未来，迎来新的机遇与挑战，产生新的火花。生态学与水文学结合形成了水文生态学，生态学与数理统计结合形成了数量生态学，生态学与地理结合起来形成了地理生态学。湖泊生态学在湖泊生态问题的挑战下，应生态管理和治理实践的需求，将会与更多的学科交叉融合。湖泊生态学与其他学科不断的交融也意味着我们对湖泊生态学的认识越来越深，只有不断地进行学科交融，我们才能够有能力去迎接湖泊生态所面临的新挑战与新需求。

例如全球变暖将会通过改变湖泊的物理过程从而改变其他环境因子或者直接影响生物本身，这就需要物理学、化学、生理学等学科相结合才能更好地评估生态系统对全球变暖的响应。同样，根据两次全国性湖泊调查，我国湖泊基本上都存在着大大小小不同的问题，北方和西北干旱区湖泊水位下降，盐碱化萎缩现象严重，青藏高原湖区湖泊水位与湖面波动剧烈，云贵高原湖泊生物多样性下降，水质降低明显，东部平原湖泊调蓄能力下降，水体富营养化问题突出（杨桂山等，2010）。这些都需要不同学科的交叉融合才能更好地认识问题并提出合理的应对措施。湖泊与流域是一个整体，湖泊生态系统的千变万化跟流域息息相关，流域的来水量、污染物负荷等都决定着湖泊生物的群落组成与动态。多学科交融有助于从不同尺度了解生态现象，同时湖泊生态学也可以促进其他学科的进步。

然而，目前湖泊生态学在学科之间的交叉融合还不足，在具体的研究方法和关注问题上还不够深入。例如湖泊水文过程会影响到湖泊生态系统的方方面面，对生态系各因子的塑造往往又会引申出错综复杂的生态效应。比如 Carmignani 和 Roy（2017）在评估湖泊冬季枯水位对近岸带生态系统的影响时，从生态系统的角度提出了一系列的影响，比如底栖藻类、底栖动物以及鱼类。遗憾的是，目前既缺乏对这些具体生物学响应的了解，也缺乏整体性、系统性的解释和研究，而系统认知这些过程，需要鱼类生态学、植物学、水文学、地球化学和微生物学等多学科的交叉融合。在未来的学科发展中，多学科交叉融合认知湖泊生态学机制，将能产生一大批新的理论和应用工具，成为湖泊生态学今后发展的重点。

### 4.3 湖泊生态数值模拟研究

数值模拟是指对观测到的现象用数学的方法进行凝练和提升，建立不同单元之间的关系，近年来在湖泊生态环境管理方面越来越受到重视。湖泊数值模拟包括对湖泊水动力、水质、水生态进行模拟。生态过程的捕捉对湖泊数值模拟至关重要。因此，长时间序列、高频次的湖泊物理、化学、生物监测就变得至关重要。高频在线监测技术的快速发展和多种湖流、波浪自动监测设备与技术的完善，都为湖泊观测数据积累并进一步开展湖泊生态过程数值模拟提供了基础，加深人们对生态过程与格局变化的了解。例如风浪扰动是大型浅水湖泊最重要的特征，风浪的作用深刻影响着蓝藻水华的暴发，因此了解风力条件如何影响蓝藻水华至关重要。Wang 等（2016）通过结合室内试验和野外调查数据进行数值模拟，得出太湖梅梁湾直接风驱漂移堆积是发生蓝藻水华的主要效应。这有助于人们了解风浪对蓝藻水华的效应。Wu 等（2018）通过在太湖收集的水文气象数据研究了太湖不同风场对水流的影响，得出风驱动的表面流可能随着风速的增大而呈下降趋势，并在水柱中形成均匀流。在单层流期间，观测到顺时针环流和 80 小时周期的湖盆尺度的临时振荡，这两种模式都有利于西北部地区的蓝藻水华暴发。

### 4.4 湖泊生态系统的综合恢复与调控

退化生态系统的恢复与重建需要对生态系统的演替规律、退化机理以及人类活动的影响有着深刻的认识，并在此基础上开发一系列的恢复方法与技术。国际恢复生态学会（SER，2004）认为成功恢复的生态系统有至少包含以下 9 个方面的特征：①有受损前的物种，并形成了相应的生物群落结构；②土著物种进行了最大程度地恢复；③出现了维持生态稳定所必需的功能群；④ 物理环境可以保障维持系统稳定或沿着既定恢复轨迹发展的关键物种；⑤发育的各阶段功能正常；⑥系统适宜地整合到区域环境之中，与周围环境存在生物和非生物的作用与交流；⑦区域环境中对系统健康和完整性构成威胁的因素已根除或降到了最低；⑧对区域环境中存在的周期性胁迫有足够的恢复力；⑨系统能像受损前或参照系统一样自我维持，能在目前环境条件下持续下去。当然，系统的多样性、结构和功能可能因环境胁迫而有所波动（刘正文，2006）。

例如浅水湖泊生态系统的退化主要表现为沉水植物的消退和食物网结构的退化，在我国东部富营养化严重的浅水湖泊群中，营养盐的增加导致了沉水植物表面固着底栖藻类迅速生长，阻碍了沉水植物对光的利用，其次富营养化造成的蓝藻水华暴发也会改变水下光照引起沉水植物衰退。此外富营养化以及过度捕捞会造成水体中鱼类资源的减少、小型化，进而通过食物链的下行控制效应改变了食物网结构。为了应对湖泊生态系统恶化，近些年来我国进行了一系列的生态系统调控工程，其中影响比较大的有太湖的"引江济太"工程，巢湖的"引江济巢济淮"工程，白洋淀的水量调度等。而真正实现生态系统科学调控以及更好地对生态系统进行恢复，未来还需要进行更多的研究。

湖泊生态系统将会受到环境污染、富营养化、水产资源过度捕捞、全球变化的影响，如何在多因子胁迫下调控与恢复健康、稳定的生态系统需要更深入的捕捉生态系统变化轨迹。此外，不同地区的湖泊气候环境大不相同，不同水深的湖泊生态系统也完全不用。因此，湖泊生态系统的恢复不能一刀切，对症下药才是未来的主流。

## 参 考 文 献

陈宇炜, 高锡云. 1998. 西太湖北部夏季藻类种间关系的初步研究. 湖泊科学, 10(4): 35-40.
高礼存, 庄大栋, 迟金钊, 等. 太湖短吻银鱼移殖滇池试验研究. 湖泊科学, 1(1): 79-88.
刘正文. 2006. 湖泊生态系统恢复与水质改善. 中国水利, (17): 30-33.
秦伯强. 2002. 长江中下游浅水湖泊富营养化发生机制与控制途径初探. 湖泊科学, 14(3): 193-202.
秦伯强, 胡维平, 高光, 等. 2003. 太湖沉积物悬浮的动力机制及内源释放的概念性模式. 科学通报, 48(17): 1822-1831.
秦伯强, 王小冬, 汤祥明, 等. 2007. 太湖富营养化与蓝藻水华引起的饮用水危机——原因与对策. 地球科学进展, 22(9): 896-906.
秦伯强, 谢平. 2005. 长江中下游地区湖泊内源营养负荷、循环与富营养化. 中国科学(D 辑), 35(增刊): 1-202.
秦伯强, 杨桂军, 马健荣, 等. 2016. 太湖蓝藻水华"暴发"的动态特征及其机制. 科学通报, 61(7): 759.
秦伯强, 朱广伟, 张路, 等. 2005. 大型浅水湖泊沉积物内源营养盐释放模式及其估算方法——以太湖为例. 中国科学(D 辑), (35): 33-44.
秦大河, Stocker T. 2014. IPCC 第五次评估报告第一工作组报告的亮点结论. 气候变化研究进展, 10(1): 1-6.
饶钦止等. 1956. 湖泊调查基本知识. 北京: 科学出版社.
谢平, 陈宜瑜. 1995. 淡水生态系统中生物多样性面临的威胁. 科学与社会, (4): 15-24.
杨桂山, 马荣华, 张路, 等. 2010. 中国湖泊现状及面临的重大问题与保护策略. 湖泊科学, 22(6): 799-810.
中华人民共和国水利部. 2013. 第一次全国水利普查公报. 中国水利, (7): 1-3.
Brown J H, Gillooly J F, Allen A P, et al. 2004. Response to forum commentary on and toward a metabolic theory of ecology. Ecology, 85(7): 1818-1821.
Brucet S, Boix D, Quintana X D, et al. 2010. Factors influencing zooplankton size structure at contrasting temperatures in coastal shallow lakes: implications for effects of climate change. Limnology & Oceanography, 55(4): 1697-1711.
Cai Y, Gong Z, Qin B. 2011. Influences of habitat type and environmental variables on benthic macroinvertebrate communities in a large shallow subtropical lake (Lake Taihu, China). Annales de limnologie-Interndtional of Limnoloyy, 47(1): 85-95.
Chen F Z, Chen M J, Kong F X, et al. 2012. Species-dependent effects of crustacean plankton on a microbial community, assessed using an enclosure experiment in Lake Taihu, China. Limnology and Oceanography, 57(6): 1711-1720.
Chen X, Yang X, Dong X, et al. 2011. Nutrient dynamics linked to hydrological condition and anthropogenic nutrient loading in Chaohu Lake (southeast China). Hydrobiologia, 661(1): 223-234.
Daufresne M, Lengfellner K, Sommer U. 2009. Global warming benefits the small in aquatic ecosystems. Proceedings of the National Academy of Sciences of the United States of America, 106(31): 12788-12793.
Deng J, Paerl H W, Qin B, et al. 2018. Climatically-modulated decline in wind speed may strongly affect eutrophication in shallow lakes. Science of The Total Environment, 645: 1361-1370.
Ding S, Han C, Wang Y, et al. 2015. In situ, high-resolution imaging of labile phosphorus in sediments of a large eutrophic lake. Water Research, 74: 100-109.
Ding S, Sun Q, Xu D, et al. 2012. High-resolution simultaneous measurements of dissolved reactive phosphorus and dissolved sulfide: the first observation of their simultaneous release in sediments. Environmental Science & Technology, 46(15): 8297-8304.
Ding S, Wang Y, Xu D, et al. 2013. Gel-based coloration technique for the submillimeter-scale imaging of labile phosphorus in sediments and soils with diffusive gradients in thin films. Environmental Science & Technology, 47(14): 7821-7829.
Dong X, Anderson J N, Yang X, et al. 2012. Carbon burial by shallow lakes on the Yangtze floodplain and its relevance to regional carbon sequestration. Global Change Biology, 18(7): 2205-2217.

Dudgeon D, Arthington A H, Gessner M O, et al. 2006. Freshwater biodiversity: importance, threats, status and conservation challenges. Biological Reviews, 81(2): 163-182.

Emmrich M, Pedron S, Brucet S, et al. 2014. Geographical patterns in the body-size structure of European lake fish assemblages along abiotic and biotic gradients. Journal of Biogeography, 41(12): 2221-2233.

Forster J, Hirst A G, Atkinson D. 2012. Warming-induced reductions in body size are greater in aquatic than terrestrial species. Proceedings of the National Academy of Sciences of the United States of America, 109(47): 19310.

Gardner J L, Peters A, Kearney M R, et al. 2011. Declining body size: a third universal response to warming? Trends in Ecology & Evolution, 26(6): 285-291.

Gibert J P, Delong J P. 2014. Temperature alters food web body-size structure. Biology Letters, 10: 20140473.

Guo H, Xu M, Hu Q. 2015. Changes in near-surface wind speed in China: 1969-2005. International Journal of Climatology, 31(3): 349-358.

Hu Z, Anderson J N, Yang X, et al. 2015. Climate and tectonic effects on Holocene development of an alpine lake(Muge Co, SE margin of Tibet). Holocene, doi: 10.1177/0959683615618263.

Hu Z, Anderson J N, Yang X, et al. 2014. Catchment-mediated atmospheric nitrogen deposition drives ecological change in two alpine lakes in SE Tibet. Global Change Biology, 20(5): 1614-1628.

IPCC. 2013. Climate change 2013: The physical science basis. Contribution of Working Group I to the Fifth Assessment Report of the Intergovernmental Panel on Climate Change Cambridge, United Kingdom and New York, NY, USA. Cambridge: Cambridge University Press.

Jansson M, Karlsson J, Jonsson A. 2012. Carbon dioxide supersaturation promotes primary production in lakes. Ecology Letters, 15(6): 527-532.

Jeppesen E, Brucet S, Naselli F L, et al. 2015. Ecological impacts of global warming and water abstraction on lakes and reservoirs due to changes in water level and related changes in salinity. Hydrobiologia, 750(1): 201-227.

Kintisch E. 2015. Earth's lakes are warming faster than its air. Science, 350(6267): 1449.

Li H, Xing P, Chen M, et al. 2011. Short-term bacterial community composition dynamics in response to accumulation and breakdown of *Microcystis* blooms. Water Research, 45(4): 1702-1710.

Li W, Qin B, Zhu G. 2014. Forecasting short-term cyanobacterial blooms in Lake Taihu, China, using a coupled hydrodynamic–algal biomass model. Ecohydrology, 7(2): 794-802.

Liu Q, Yang X, Anderson J N, et al. 2011. Diatom ecological response to altered hydrological forcing of a shallow lake on the Yangtze floodplain, SE China. Ecohydrology, 5: 316-325.

Ma J, Brookes J D, Paerl H W, et al. 2014. Environmental factors controlling colony formation in blooms of the cyanobacteria *Microcystis* spp. in Lake Taihu, China. Harmful Algae, 31: 136-142.

Meerhoff M, Clemente J M, Mello F T D, et al. 2007. Can warm climate-related structure of littoral predator assemblies weaken the clear water state in shallow lakes? Global Change Biology, 13(9): 1888-1897.

Meerhoff M, Mello T D, Kruk C, et al. 2012. Environmental warming in shallow lakes : A review of potential changes in community structure as evidenced from space-for-time substitution approaches. Advances in Ecological Research, 46(46): 259-349.

Moore P J, Thompson R C, Hawkins S J. 2011. Phenological changes in intertidal con-specific gastropods in response to climate warming. Global Change Biology, 17(2): 709-719.

Moss B. 2000. Biodiversity in fresh waters-an issue of species preservation or system functioning? Environmental Conservation, 27(1): 1-4.

Moss B, Kosten S, Meerhoff M, et al. 2011. Allied attack: climate change and eutrophication. Journal of the International Society of Limnology, 1(2): 101-105.

O'Reilly C M, Sharma S, Gray D K, et al. 2015. Rapid and highly variable warming of lake surface waters around the globe. Geophysical Research Letters, 42(24): 773-781.

Paerl H W, Fulton R S. 2006. Ecology of harmful cyanobacteria. Spring, 189: 95-109.

Qin B. 2009. Lake eutrophication: Control countermeasures and recycling exploitation. Ecological Engineering, 35(11): 1569-1573.

Qin B. 2013. A large-scale biological control experiment to improve water quality in eutrophic Lake Taihu, China. Lake and Reservoir Management, 29(1): 33-46.

Qin B, Gao G, Zhu G, et al. 2013. Lake eutrophication and its ecosystem response. Chinese Science Bulletin, 58(9): 961-970.

Qin B, Hu W, Gao G, et al. 2004. The dynamics of resuspension and conceptual mode of nutrient releases from sediments in large shallow Lake Taihu, China. Chinese Sciences Bulletin, 49(1): 54-64.

Qin B, Li W, Zhu G, et al. 2015. Cyanobacterial bloom management through integrated monitoring and forecasting in large shallow eutrophic Lake Taihu (China). Journal of Hazardous Materials, 287(2): 356.

Schindler D W. 1977. Evolution of phosphorus limitation in lakes. Science, 195(4275): 260-262.

Schindler D W, Hecky R E. 2009. Eutrophication: more nitrogen data needed. Science, 324(5928): 721.

Schindler D W, Hecky R E, Findlay D L, et al. 2008. Eutrophication of lakes cannot be controlled by reducing nitrogen input: Results of a 37-year whole-ecosystem experiment. Proceedings of the National Academy of Sciences of the United States of America, 105(32): 11254-11258.

Shi K, Zhang Y, Liu X, et al. 2014. Remote sensing of diffuse attenuation coefficient of photosynthetically active radiation in Lake Taihu using MERIS data. Remote Sensing of Environment, 140: 365-377.

Shi K, Zhang Y, Xu H, et al. 2015. Long-term satellite observations of microcystin concentrations in Lake Taihu during cyanobacterial bloom periods. Environmental Science & Technology, 49(11): 6448-6456.

Sobek S, Tranvik L J, Cole J J. 2005. Temperature independence of carbon dioxide supersaturation in global lakes. Global Biogeochemical Cycles, 19(2): GB2003. doi: 10.1029/2004GB002264.

Sommer U. 1985. Comparison between steady state and non-steady state competition: experiments with natural phytoplankton. Limnology and Oceanography, 30(2): 335-346.

Tang X, Gao G, Chao J, et al. 2010. Dynamics of organic-aggregate–associated bacterial communities and related environmental factors in Lake Taihu, a large eutrophic shallow lake in China. Limnology and Oceanography, 55(2): 469-480.

Teixeira de M F, Meerhoff M, Pekcan H Z, et al. 2009. Substantial differences in littoral fish community structure and dynamics in subtropical and temperate shallow lakes. Freshwater Biology, 54(6): 1202-1215.

Wang H, Zhang Z, Liang D, et al. 2016. Separation of wind's influence on harmful cyanobacterial blooms. Water Research, 98: 280-292.

Wang R, Dearing J A, Langdon P G, et al. 2012. Flickering gives early warning signals of a critical transition to a eutrophic lake state. Nature, 492: 419-422.

Wang R, Yang X, Langdon P, et al. 2011. Limnological responses to warming on the Xizang Plateau, Tibet, over the past 200 years. Journal of Paleolimnology, 45(2): 257-271.

Wu T, Qin B, Ding W, et al. 2018. Field observation of different wind-induced basin-scale current field dynamics in a large, polymictic, eutrophic lake. Journal of Geophysical Research: Oceans, 123(9): 6945-6961.

Xing P, Guo L, Tian W, et al. 2011. Novel Clostridium populations involved in the anaerobic degradation of Microcystis blooms. ISME Journal, 5(5): 792-800.

Xu D, Chen Y, Ding S, et al. 2013. Diffusive gradients in thin films technique equipped with a mixed binding Gel for simultaneous measurements of dissolved reactive phosphorus and dissolved iron. Environmental Science & Technology, 47(18): 10477-10484.

Xu H, Paerl H W, Qin B, et al. 2010. Nitrogen and phosphorus inputs control phytoplankton growth in eutrophic Lake Taihu,

China. Limnology and Oceanography, 55(1): 420-432.

Xu H, Paerl H W, Qin B, et al. 2015. Determining critical nutrient thresholds needed to control harmful cyanobacterial blooms in eutrophic Lake Taihu, China. Environmental Science & Technology, 49(2): 1051.

Yang Z, Zhang M, Shi X, et al. 2016. Nutrient reduction magnifies the impact of extreme weather on cyanobacterial bloom formation in large shallow Lake Taihu (China). Water Research, 103: 302-310.

Zhang E, Cao Y, Langdon P, et al. 2013. Within-lake variability of subfossil chironomid assemblage in a large, deep subtropical lake (Lugu Lake, southwest China). Journal of Limnology, 72(1): 117-126.

Zhang M, Yu Y, Yang Z, et al. 2012. Photochemical responses of phytoplankton to rapid increasing-temperature process. Phycological Research, 60(3): 199-207.

Zhang Y, Jeppesen E, Liu X, et al. 2017. Global loss of aquatic vegetation in lakes. Earth-Science Reviews, 173: 259-265.

Zhang Y, Liu X, Qin B, et al. 2016a. Aquatic vegetation in response to increased eutrophication and degraded light climate in Eastern Lake Taihu: Implications for lake ecological restoration. Scientific Reports, 6: 23867.

Zhang Y, Shi K, Liu J, et al. 2016c. Meteorological and hydrological conditions driving the formation and disappearance of black blooms, an ecological disaster phenomena of eutrophication and algal blooms. Science of the Total Environments, 569-570: 1517-1529.

Zhang Y, Shi K, Zhou Y, et al. 2016b. Monitoring the river plume induced by heavy rainfall events in large, shallow, Lake Taihu using MODIS 250 m imagery. Remote Sensing of Environment, 173: 109-121.

Zhang Y, Yao X. 2016d. A critical review of the development, current hotspots, and future directions of Lake Taihu research from the bibliometrics perspective. Environmental Science & Pollution Research, 23(13): 12811-12821.

Zhu M, Paerl H W, Zhu G, et al. 2014. The role of tropical cyclones in stimulating cyanobacterial(*Microcystis* spp.)blooms in hypertrophic Lake Taihu, China. Harmful Algae, 39: 310-321.

Zhu M, Zhu G, Li W, et al. 2013a. Estimation of the algal-available phosphorus pool in sediments of a large, shallow eutrophic lake (Taihu, China) using profiled SMT fractional analysis. Environmental Pollution, 173(1): 216-223.

Zhu M, Zhu G, Zhao L, et al. 2013b. Influence of algal bloom degradation on nutrient release at the sediment–water interface in Lake Taihu, China. Environmental Science and Pollution Research, 20: 1803-1811.

撰稿人：秦伯强

# 第16章 流域生态学研究进展

## 1 引　　言

现代生态学以生态系统为基本研究单元，发展了一系列与生态系统生态学紧密相关的分支学科。如以"水"为主要环境介质的河流、湖泊、水库、湿地和海洋等各类水域生态系统为研究对象，所对应的学科是河流生态学、湖泊生态学、水库生态学、湿地生态学、海洋生态学等水域生态系统生态学；而以"土"为主要环境介质的森林、草地、荒漠、农田和城市等各类陆地生态系统为研究对象，则对应的学科是森林生态学、草地生态学、荒漠生态学、农业生态学、城市生态学等陆地生态系统生态学。这一系列生态学分支学科的发展和知识体系的完善，为各类生态系统的实践与管理提供了相应的科学理论支撑。

流域生态学以流域为基本研究单元，与生态系统生态学的一系列分支学科具有紧密的联系但又有明显的区别，是现代生态学一个新兴的分支学科（蔡庆华等，1997）。流域是由分水线所包围的集水区而且具有明显自然地理边界的生态系统，是现代生态学最为理想的研究单元和空间尺度（赵斌，2014）。流域生态系统不仅包括包含有以"水"作为主要环境介质承载的河流、湖泊、湿地和池塘等各类内陆水域生态系统，而且还包含有以"土"作为主要环境介质承载的森林、草地、荒地、农田和城市等各类陆地生态系统。然而，流域生态学不是这些不同类型生态系统的简单叠加研究，也不是生态系统生态学一系列分支学科的简单交叉研究，而是从系统科学的视角将流域内各类生态系统作为一个整体，研究流域生态系统的格局与结构、动态与机制、过程与功能、服务与管理等。

现代生态学虽然以生态系统为基本单元，但长期以来其学科体系以陆地生态学和水域生态学分别主导发展。不同于陆地生态学和水域生态学等已有长期发展的传统分支学科，流域生态学旨在将研究尺度从内陆水域生态系统向陆地生态系统拓展（邓红兵等，1998）。流域生态学在生态学科分类体系中属于宏观生态学研究的范畴，处于分子生态学、个体生态学、种群生态学、群落生态学、生态系统生态学、景观生态学、流域生态学、区域生态学和全球生态学这个生态学学科体系的较高层次。对此，流域生态学作为一门新兴学科，创建发展历程较短，其学科体系的全面建设仍然有较大的挑战。同时，随着生态系统观测和数据挖掘技术的不断进步以及国家在生态文明体制改革的战略部署和地方各级政府在流域生态保护和修复对科技支撑的现实需求，流域生态学的基础研究和应用管理研究将迎来前所未有的发展机遇。

## 2 学科发展历程

以生态系统为基本单元开展学科交叉研究是现代生态学发展的主流。例如，20世纪30年代末德国地理学家卡尔·特罗尔在地球航拍和生态学研究论文中提出的景观生态学，得益于两个不同传统学科观点的交叉，一个是地理学上的景观，另一个是生物学上的生态学（傅伯杰，1983）。其中，地理学上的景观学知识源自于卡尔·特罗尔本人，而生物学上的生态学知识可能源于卡尔·特罗尔与其兄长威廉·特罗尔（Wilhelm Troll：植物学家，1897—1978）的交流。20世纪80年代以来，随着可持续发展理念的提出以及人类应对资源与环境挑战的需求，马世骏和王如松（1984）提出复合生态系统的概念，把生态系统中社会、经济和自然三个不同属性整合起来作为一个系统，其中，一个典型的例子即是城市生态系统；城市生态系统是典型的社会-经济-自然复合生态系统，其对应的生态学分支学科是城市生态学。

流域生态学概念的提出在很大程度上得益于现代生态学以学科交叉研究为主流的大背景。流域生态学起源于以河流、湖泊等内陆水域生态系统为基本研究单元的淡水生态学，以内陆水域生态系统保护和渔业可持续发展为实践需求和问题导向，与地理学中的景观生态学、水文学等学科交叉融合，将生态系统研究的基本单元从内陆水体拓展至其流域边界内的陆地生态系统（蔡庆华等，1997；吴刚和蔡庆华，1998）。然而，相比于景观生态学等其他生态学分支学科，无论是在国内还是国外流域生态学发展的历程较短，仍然是现代生态学领域中十分年轻的新兴分支学科。根据这一新兴学科发展的代表性时间节点，把流域生态学发展历程大致分为3个阶段：孕育萌芽阶段（1997年以前）、创建发展阶段（1997~2017年）和实践应用阶段（2018年至今）。

在孕育萌芽阶段（1997年以前），流域生态学的研究范畴可追溯至湖沼学、水文学等学科的一些重要研究主题。其中，湖沼学领域中富营养化问题的认知过程和研究进展，是流域生态学处于孕育萌芽阶段的一个典型案例。20世纪60年代，湖沼学家Vollenweider应国际经济合作与发展组织（Organisation for Economic Co-operation and Development，OECD）的邀请对湖泊富营养化成因进行研究时，把湖泊富营养化问题与湖泊所在流域的环境变化联系起来，并指出："控制磷输入对减轻富营养化最为关键，而且在某些情况下应同时控制氮输入"（Vollenweider，1968）。随着气候变化对流域水循环影响研究的深入，20世纪90年代以来湖沼学界深刻认知到气候水文驱动与营养盐输入在流域尺度上对湖泊富营养化具有叠加的效应（Schindler et al.，1996）。例如：对于受点源污染严重的湖泊，持续的干旱可能使得湖泊蒸发量增加和流量减少，延长水体滞留时间，从而加速湖泊富营养化过程。对于流域面源污染为主的湖泊，情况则大不相同。流量输入减少的同时，可能会削减湖泊的外源营养盐输入，从而削弱流量减少导致水体滞留时间延长的富营养化效应。此外，大多数湖泊的可溶性硅来源于流域内岩石风化和土壤流失的产物，干旱可能导致流域硅输入的减少，引起湖泊硅浓度下降而加剧固氮蓝藻水华问题。在流域生态学孕育萌芽阶段，湖泊富营养化等研究主题已经将研究尺度从湖泊拓展至其所在的流域，但仍然被视为湖沼学的研究范畴，尚未出现流域生态学的学科定义和概念体系及研究内容的整体表述。

流域生态学进入创建发展阶段的重要时间节点，是1997年在《科技导报》发表的学术论文中提出了流域生态学的概念、学科定义和理论框架，该定义及学术论文全文收录于百度百科（蔡庆华等，1997）。所谓流域生态学，即以流域为研究单元，研究流域内高地、沿岸带、水体间的物质、能量、信息变动规律。流域生态学概念创建周年后，中国生态学学会主办的两个主要学术刊物《生态学报》和《应用生态学报》发表学术论文，进一步论述了流域生态学的学科起源、研究内容和研究意义（邓红兵等，1998；吴刚和蔡庆华，1998）。其中，流域生态学的学科起源不仅包括湖沼学，还包括水文学、生态系统生态学和水土保持的相关学科（邓红兵等，1998）。流域的形成历史与发展、结构与功能及变化、生物多样性与影响机制、干流与支流的相互作用等方面被提议为流域生态学基础研究的主要内容，而面向生态环境整治的生态工程、水系的环境背景值及环境容量、水体梯级开发的环境效应与对策、自然灾害的评估与预警、工农业现状及生物资源的利用与保护、社会经济可持续发展对策等方面被列为流域生态学应用研究的主要方向（吴刚和蔡庆华，1998）。

20世纪末，流域生态学创建发展早期的学科贡献主要来自于中国科学院所属的水生生物研究所、生态环境研究中心、沈阳应用生态研究所等研究单位。这些研究单位围绕流域生态学的创建发展分别以内陆水域生态系统和陆地生态系统为研究领域开展学科交叉研究。其中，中国科学院水生生物研究所还成立了系统与流域生态学学科组等等。21世纪以来，北京师范大学、华东师范大学、复旦大学和南昌大学等单位作为高校研究力量相继发表了与流域生态学学科理论探索有关的学术论文（尚宗波和高琼，2001；阎水玉和王祥荣，2001）。21世纪初发表的学术论文所论述的学科定义和理论框架整体上和20世纪末相一致。2010年，南昌大学成立了流域生态研究所。该研究所成立以来先后在《生态学报》和《中国人口·资源与环境》等刊物上发表学术论文,进一步论述了流域生态学近20年来的发展历程及面临的挑战和未来的任务方向(杨海乐和陈家宽,2016a,2016b)。

流域生态学进入应用实践阶段的重要时间节点,是2018年中国生态学学会流域生态专业委员会正式成立并举办了首届流域生态论坛。流域生态专业委员会挂靠于中国科学院水生生物研究所,主要成员单位来自中国科学院所属的生态环境研究中心、武汉植物园、城市环境研究所等研究单位和复旦大学、南昌大学、长安大学等高等院校。首届流域生态论坛以"流域生态学:回顾与展望"为主题,旨在通过多学科多视角的高端研讨会形式,探索"山水林田湖生命共同体"复合研究和综合管理范式,探讨人与自然和谐共存美好生活的建设理念,推动流域生态学学科发展,促进多学科交叉的研究合作,服务国家生态文明建设和长江大保护、"一带一路"倡议等重大战略。在首届流域生态论坛上,与会专家结合各自研究工作围绕流域生态学学科交叉与创新、主要任务、研究方向、研究方法、生态管理、生态学大数据、物质循环和生态监测与评价等议题作了报告。与会专家代表针对大会议题进行交流讨论,一致认为:要实现党的十九大报告中提出的"统筹山水林田湖草系统治理",须将流域生态系统作为基本认知尺度和管理实践单元,创新监测技术和研究手段,开展长期、系统的科学观测,深化对生命共同体的综合理解,方能科学支撑美丽中国的建设,满足人民的美好生活需求。同年,中国生态学学会流域生态专业委员会主任蔡庆华研究员接受《人民日报》记者专访,介绍了流域生态学发展历程,并畅谈了流域生态学在服务国家重大发展战略中的作用。流域生态学学科体系仍在形成过程中,进一步推动流域生态学的学科体系建设,为流域生态问题提供系统化解决方案,成为当前流域生态学发展的重要议题。

## 3 研 究 现 状

截至2018年9月,web of science核心数据库收录了7105篇以 Watershed Ecosystem 为主题的学术论文。关于该主题的文章,最早可以追溯到1970年,随着时间的增长文章数量呈稳步增长态势(图16.1)。刊载文章的杂志共1110种,杂志主题涵盖生态学、环境科学、水文学、环境管理、湿地保护、河口海岸带保护等(参考本章附录图A)。发文量排前三名的杂志分别为 Biogeochemistry、Journal of the American Water Resources Association 和 Science of the Total Environment。其中,载文量最多的杂志为 Biogeochemistry,共刊载了185篇流域生态系统的文章,占总文章数量的2.6%。Journal of the American Water Resources Association 紧随其后,在调查时间范围内发表了169篇,占比为2.4%。Science of the Total Environment 则发表了152篇流域生态学相关的文章,占比为2.1%。通过对该主题文献信息中出现频次排名前50的关键词(Key words)进行可视化网络关联性分析,本节内容将从总体上阐述流域生态学学科发展的研究现状和热点方向。网络关联性分析结果表明,web of science数据库中的论文关于流域生态系统的研究领域可概括为四个方面(图16.2):①流域水质时空动态与建模(网络中黄色节点与连线);②水体富营养化生态效应与响应机制(网络中蓝色节点与连线);③生物地球化学循环(网络中红色节点与连线);④生态系统服务与管理(网络中绿色节点与连线)。

水域生态系统水质(water quality)的时空动态与机理是流域生态学研究的一个基础科学问题,而水质的改善是流域生态系统管理和生态系统服务功能提升的一个重要目标(Álvarez-Cabria et al.,2016;Motew et al.,2017)。水域生态系统中水质时空动态受控机制在流域尺度上的研究主要集中在侵蚀(erosion)和径流(runoff)及非点源污染(non-point source pollution)有关的过程(Brauman,2015;Hale et al.,2015;Rissman and Carpenter,2015)。以水域生态系统水质改善为目标,把流域非点源污染过程与生态系统管理关联起来的研究,主要利用遥感(Remote sensing,RS)、地理信息系统(geographic information systems,GIS)和土-水评价工具模型(soil and waters assessment tool,SWAT)等模拟技术和工具(Francesconi et al.,2016;Gabriel et al.,2016;Ricci et al.,2018)。

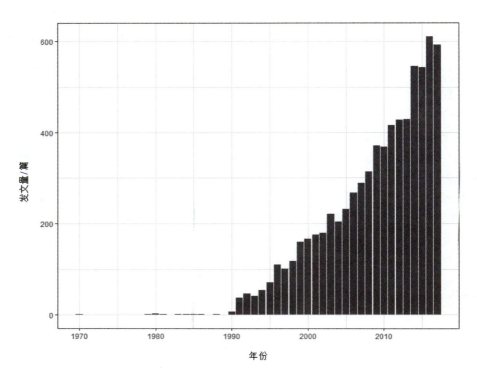

图 16.1　不同年份以 *Watershed Ecosystem* 为主题的学术论文发表数量变化趋势

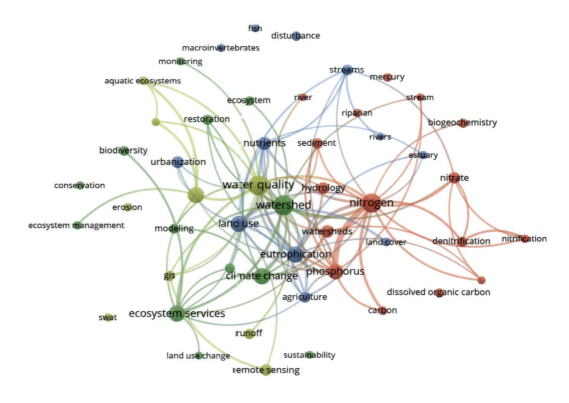

图 16.2　流域生态系统研究热点网络
黄色节点与连线：流域水质时空动态与建模；蓝色节点与连线：水体富营养化生态效应与响应机制；
红色节点与连线：生物地球化学循环；绿色节点与连线：生态系统服务与管理

作为流域内溪流（stream）、河流（river）、河口（estuary）等水域生态系统水质退化问题的一个重要的表征，富营养化（eutrophication）不仅是流域生态系统研究重点关注的一个主题，同时也是流域生态系统管理和服务功能提升亟需解决的首要任务（Dodds and Smith，2016；Gooddy et al.，2016；Paerl et al.，2016）。其中，富营养化有关的水质退化对水生态系统的干扰（disturbance）效应研究方面，主要的研究对象集中在受影响的鱼类（fish）、大型底栖动物（macro-invertebrate）等重要水生生物类群（Seehausen et al.，1997；Östman et al.，2016；Poikane et al.，2017）。水域生态系统富营养化在流域尺度上的调控机制研究，重点关注城镇化（urbanization）和农业（agriculture）发展等人类活动引起的流域土地利用（land use）或土地覆盖（land cover）以及由此引起的营养物（nutrient）在水域生态系统的过量输入（Schindler et al.，2016；Hobbie et al.，2017）。

生物地球化学（Biogeochemistry）循环是流域生态系统基础研究的重点内容，主要包括流域外部驱动因素和流域内部过程机理两个主要方面。流域外部驱动因素的研究集中在流域水文特征（hydrology）和大气沉降（atmospheric deposition）对主要生源要素生物地球化学循环的驱动效应（Brauman，2015；Raymond et al.，2016；Covino，2017），而流域内部过程机理的研究则重点关注与硝酸盐（nitrate）有关的硝化作用（nitrification）与反硝化作用（denitrification）等影响氮元素在流域生态系统内部循环的微生物过程（Griffiths et al.，2016；Gilliam et al.，2018）。流域生物地球化学循环研究重点关注的化学元素包括碳（carbon）、氮（nitrogen）、磷（phosphorus）和汞（mercury）等，并以溪流（stream）、河流（river）、沿岸带（riparian）及其沉积物（sediment）作为流域内的热点研究区和环境介质（Smith and Kaushal，2015；Hobbie et al.，2017；Vermilyea et al.，2017）。此外，溶解性有机碳（dissolved organic carbon）作为光学上可测量的组分，其光谱的测定及荧光性质能够示踪水域生态系统中碳元素外源性和内源性的相对贡献大小，逐渐成为流域生物地球化学循环研究的一个热点方向（Raymond et al.，2016；Eckard et al.，2017；Ruhala and Zarnetske，2017）。

流域生态系统管理（ecosystem management）是流域生态学应用研究的重点方向（Schultz et al.，2015；DeFries and Nagendra，2017）。可持续性（sustainability）是流域生态系统管理研究的基本原则，而生态系统服务（ecosystem services）的功能提升则是流域生态系统管理研究的目标需求导向（Nyerges et al.，2016；DeFries and Nagendra，2017；Kitamura et al.，2018）。气候变化（climate changes）和土地利用变化（land use change）是流域生态系统面对变化环境下实现可持续发展的两个重要的挑战，因而成为流域生态系统管理研究的热点问题（Simonneaux et al.，2015；Caldwell et al.，2016；Ficklin et al.，2016）。流域生物多样性（biodiversity）是维系生态系统服务功能的关键部分，其保护（conservation）是流域生态系统管理的具体任务，因而是流域生态系统管理研究的核心主题（Pascual et al.，2016；Winemiller et al.，2016；Knouft and Ficklin，2017）。同时，湿地（wetlands）是流域生态系统中敏感而脆弱的热点区域，其生态恢复（restoration）是流域生态系统管理的另一个具体的任务需求（Czuba et al.，2018；Hansen et al.，2018）。流域生态系统监测（monitoring）以获取全面系统的科学数据，是流域生态系统管理研究的基础性工作，同时进一步通过建模（modeling）等途径将监测数据有效地转化为流域生态系统管理可用的科学知识是流域生态系统管理研究的技术需求（Lepistö et al.，2014；Gleason et al.，2017）。

## 4 国际背景

针对 web of science 英文数据库收录主题为"*Watershed Ecosystem*"和 CNKI 中文数据库收录主题为"流域生态系统"的文献信息中出现频次排名前 50 的关键词进行年尺度上的可视化网络关联性分析（图 16.3），结合这些关键词词频占比在时间上的变化（图 16.4、图 16.5），本节内容将进一步比较国际和国内流域生态学发展趋势和主要研究方向的异同（数据库收录文献的主要杂志构成信息见本章附录）。以

5 年作为时间的间隔（2005 年、2010 年和 2015 年）对 21 世纪以来国际与国内流域生态系统研究热点的网络动态进行各阶段比较分析表明：在前两个阶段国际和国内流域生态学研究侧重点有明显不同，而在最后一个阶段国际和国内的研究热点更加趋于一致。总体来说，第一阶段（2005 年，蓝色节点），国际上流域生态学研究以水生态系统和生态系统管理为主，而国内则以生态补偿为主；第二阶段（2010 年，绿

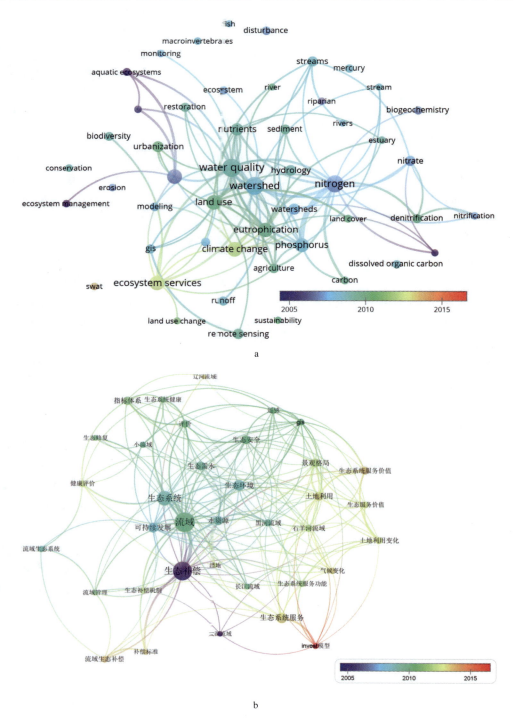

图 16.3　不同年份国际（a）、国内（b）流域生态系统研究热点分析

# 第16章 流域生态学研究进展

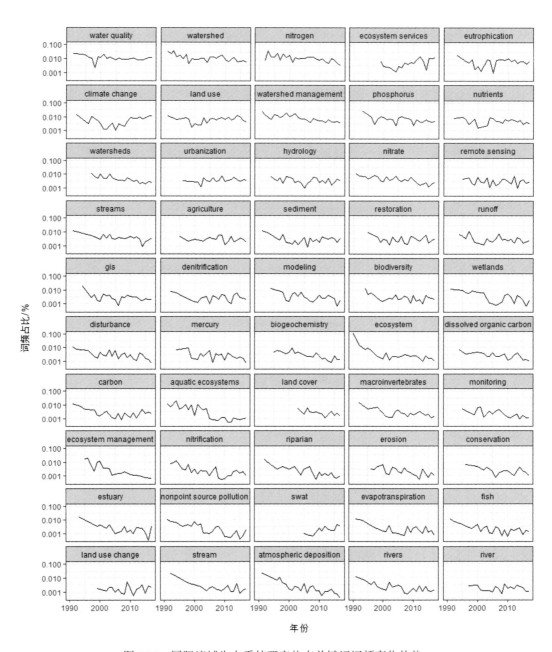

图16.4 国际流域生态系统研究热点关键词词频变化趋势

色节点)国际上流域生态学研究以富营养化和土地利用为主,而国内则以流域生态安全和生态需求为主;第三阶段(2015年,橙红节点)国际和国内流域生态学研究以生态系统服务和价值及气候变化为共同主题,同时国内还包括土地利用等研究热点。

在第一阶段(2005年),国际上流域生态系统研究以水域生态系统保护为问题导向开展生物地球化学循环等基础研究和生态系统管理等应用研究。第一阶段的流域生物地球化学循环基础研究包括碳(carbon)、氮(nitrogen)循环及硝化作用(nitrification),其生境类型包括沿岸带(riparian),而生态系统管理应用研究的热点问题包括侵蚀(erosion)和非点源污染(nonpoint source pollution)。水域生态系统的问题研究导向包括改善水质和保护水生生物多样性(Moore and Palmer,2005)。其中,改善水质既是保护水生生物多样性的必要举措,也是流域生态系统管理的基本目标(Chase and Leibold,2002)。

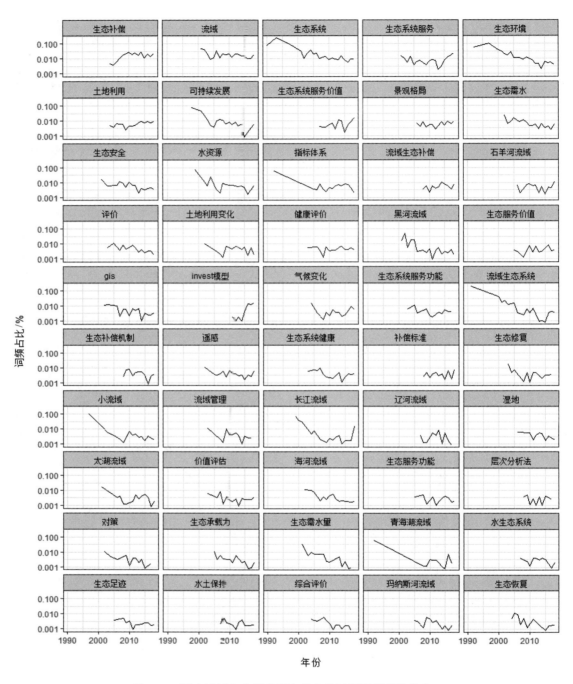

图16.5 国内流域生态系统研究热点关键词词频变化趋势

然而，国内流域生态系统研究在第一阶段与国际研究热点明显不同的是，主要包括生态补偿、可持续发展和水资源管理等应用研究（陈利顶，2002；夏军等，2003），较少包括水域生态系统、水生生物多样性和生物地球化学循环等基础研究，也较少包括侵蚀和非点源污染等生态系统管理应用研究。

在第二阶段（2010年），国际流域生态系统研究热点仍然以水域生态系统和水质动态等为主，着重突出水质恶化的富营养化（eutrophication）问题，并将富营养化问题与农业发展（agriculture）、城镇化（urbanization）和土地利用（land use）或土地覆盖（land cover）等关联起来（Borbor et al.，2006；Yasuhara et al.，2007；Fraterrigo and Downing，2008）。生物地球化学循环方面的研究包括以溶解性有机物相关的碳循环和反硝化作用（denitrification）相关的氮循环（Fahey et al.，2005；Saunders et al.，2006；Alexander et al.，2009）。然而，国内流域生态系统研究在第二阶段和国际研究热点明显不同的是，主要包括生态安全、生态健康和生态需求以及遥感和地理信息系统等相关技术的应用研究（龙笛等，2006；刘明等，2007；陈亚宁等，2008），较少将富营养化与农业发展、城镇化和土地利用的关联机制及生物地球化学循环等基础研究纳入研究范畴。

在第三阶段（2015年），国际流域生态系统研究热点从水域生态系统保护为问题导向的水生生物多样性、水质动态、富营养化、生物地化循环等基础研究为主导，发展到以生态系统服务（ecosystem services）为核心的应用研究为主导，并与气候变化（climate change）等主题紧密关联起来。与国际流域生态系统研究热点相同的是，国内研究热点在第三阶段也以生态系统服务和价值为应用研究的核心，并将流域生态系统服务与气候变化和土地利用等紧密联系起来。国内流域生态系统研究在第三个阶段的热点同时还继续以生态补偿作为一个重要的内容，但较少包括可持续发展、水资源、生态安全、生态健康和生态需求等应用研究。

## 5 发展趋势及展望

流域生态学以流域作为研究基本单元的生态学新兴分支学科，虽然经历了从孕育萌芽阶段到20余年的学科创建发展历程，但无论是在理论基础或是实践应用等方面的研究，在新的时代背景下将迎来新的发展目标及面临新的机遇和挑战。根据研究现状和国际背景的分析来看，流域生态学未来学科发展目标应进一步将现代生态学理论体系和系统科学的方法论体现在流域生态系统研究中的应用。从系统科学基础理论角度出发，流域生态学在流域生态系统基础研究应体现在三个相互关联的层次上，一是系统的输入层，即流域生态系统结构与格局及外部干扰因素；二是系统的内部层，即流域生态系统动态及对系统外部输入的响应；三是系统的输出层，即是流域生态系统过程与功能。与此同时，流域生态学应在认知流域生态系统规律的基础上开展流域管理实践有关的应用研究。这一层次可视为流域生态系统的管理层或控制层，其核心的主题是流域中人与生态系统的相互关系，即流域生态系统服务与管理。

流域生态学应从系统的整体性角度开展流域生态系统结构与格局及外部干扰因素的研究，进而在流域尺度上从生态学的角度解读"山水林田湖草生命共同体"理论体系。在流域生态系统格局方面，以流域空间异质性为要点，研究流域内高地、河岸、水体的梯度特征及有关地形地貌，从水、土两类主要环境介质的时空相互关系及水系和水文连接度的角度揭示湖泊、河流、湿地等水域生态系统与草地、森林、市镇等陆地生态系统在流域中的分布格局。在流域生态系统结构方面，应结合流域生态系统格局研究，量化流域生物多样性和完整性及食物网结构特征，并揭示其空间自相关性及与环境异质性的相互关系。在流域生态系统外部干扰因素方面，应包括气候变化背景下的流域水文驱动（如强降雨和洪水）和人类活动主导下（如城镇化和农业发展）的流域环境污染及其耦合干扰效应。

流域生态学应从系统的复杂性角度开展流域生态系统演变和内在动态规律及其响应机制的研究，进而为流域生态系统的模型模拟和早期预警提供科学依据。在流域生态系统演变方面，应重点研究时间尺度上流域陆地和水域生态系统之间的动态关系及物种进化和生物群落演替与环境变化的动态关系。在流域生态系统内在动态规律方面，以系统动态的非线性特征为核心内容，研究流域生态系统关键生态参数随时间变化的趋势性、周期性和随机性，如时间趋势拟合、周期信号识别和随机频谱分析等等。在流域生态系统响应机制方面，应基于内在动态规律和外部干扰因素的研究，揭示流域生态系统的自组织、抵抗力、弹性、平衡和突变等关键的系统响应特征，并进一步量化内在因素和外部干扰对生态系统演变和动态影响的相对重要性。

流域生态学应以生物地球化学循环为核心开展流域生态系统过程和功能研究，揭示其与流域生态系统格局和结构特征的相互联系，为流域生态系统应对气候变化及水污染和土壤污染防治提供科学基础。在流域生态系统过程方面，应重点研究水文物理过程、生物化学过程和人类活动过程影响下碳、氮和磷等主要生源要素在流域陆地和水域生态系统之间的循环与耦合关系及相应的能量流动。其中，水文物理过程的影响如包括侵蚀、蒸散、径流、沉积和平衡等方面；生物化学过程的影响如包括硝化作用和反硝化作用等方面；人为活动过程影响包括点源污染和面源污染等方面。在流域生态系统功能研究方面，应结合格局与过程研究，计算评估流域陆地和水域生态系统的初级生产力与生物量，并揭示这些关键功能参数在流域内不同系统间的相互关系。

流域生态学应依据格局与结构、动态与机制、过程与功能等方面的基础研究，开展流域生态系统服务与管理的应用研究，在流域尺度上为统筹山水林田湖草系统治理提供基于自然的解决方案。在流域生态系统服务方面，围绕流域社会经济可持续发展研究流域生态系统的供给服务（如食物、饮用水和能源等）、调节服务（如水源涵养、废弃物降解、环境净化、洪水和疾病控制）、文化服务（如自然遗产和自然保护等的精神、旅游和文化收益）和支持服务（如维持流域生物多样性与生境的物质循环过程），计算评估流域生态系统的服务价值并揭示其与流域社会经济发展的相互关系。在流域生态系统管理方面，以流域生态系统服务提升为总体目标对流域生态安全、生态承载力、生态需求、生态功能分区、支付意愿、生态补偿等进行应用研究，并以水为纽带阐释农业、林业、渔业、畜牧、水电等基础设施的统筹规划和协调管理体制。

流域生态学无论是在科学上的理论基础研究还是管理上的实践应用研究，都依赖于信息科学领域在技术上的迅猛发展。生态信息学能够在技术上为流域生态系统基础研究和实践应用之间架起一座桥梁，是流域生态学未来应该重点研究的技术领域。从流域生态系统的输入层、内部层、输出层和管理层等四个层次的视角，流域生态信息学可从四个方面展开研究：一是遥感和地理信息技术在流域生态系统格局与结构及外部干扰因素研究中的应用，包括全球气候变化和区域城镇化在流域的降尺度推绎（scaling-down）研究；二是地面高频观测技术和动态复杂算法在流域生态动态与机制研究中的整合应用，包括代表性研究样点高频观测时间序列的谱分析和小波分析及在流域的升尺度推绎（scaling-up）研究；三是生态水文模型和稳定同位素等方法在流域过程与功能研究中的应用与整合研究，如土-水评价工具模型（soil and waters assessment tool，SWAT）等在流域生物地球化学循环及山水林田湖草生命共同体景观配置中的应用研究等；四是大数据、物联网等技术和机器学习等模式在流域生态系统服务和管理研究中的应用，包括流域蓝/绿色基础设施运行数据的可视化和人工智能辅助决策等研究。流域生态信息学在上述四个层次的研究，应以流域生态系统联网观测为核心，开展数据共享机制和体制研究。

## 参 考 文 献

蔡庆华, 吴刚, 刘建康. 1997. 流域生态学: 水生态系统多样性研究和保护的一个新途径. 科技导报, 15: 24-26.
陈利顶, 李俊然, 张淑荣, 等. 2002. 流域生态系统管理与生态补偿. 土地覆被变化及其环境效应学术会议论文集, 325-333.
陈亚宁, 郝兴明, 李卫红, 等. 2008. 干旱区内陆河流域的生态安全与生态需水量研究——兼谈塔里木河生态需水量问题. 地球科学进展, 23: 732-738.
邓红兵, 王庆礼, 蔡庆华. 1998. 流域生态学——新学科、新思想、新途径. 应用生态学报, 9: 443-449.
傅伯杰. 1983. 地理学的新领域——景观生态学. 生态学杂志, (4): 60.
刘明, 刘淳, 王克林. 2007. 洞庭湖流域生态安全状态变化及其驱动力分析. 生态学杂志, 26: 1271-1276.
龙笛, 张思聪, 樊朝宇. 2006. 流域生态系统健康评价研究. 资源科学, 28: 38-44.
马世骏, 王如松. 1984. 社会-经济-自然复合生态系统. 生态学报, 4: 3-11.
尚宗波, 高琼. 2001. 流域生态学——生态学研究的一个新领域. 生态学报, 21: 468-473.
吴刚, 蔡庆华. 1998. 流域生态学研究内容的整体表述. 生态学报, 18: 575-581.

夏军, 孙雪涛, 谈戈. 2003. 中国西部流域水循环研究进展与展望. 地球科学进展, 18: 58-67.

阎水玉, 王祥荣. 2001. 流域生态学与太湖流域防洪、治污及可持续发展. 湖泊科学, 13: 1-8.

杨海乐, 陈家宽. 2016a. 基于学科评价的流域生态学学科构建策略分析. 中国人口资源与环境, 52: 382-387.

杨海乐, 陈家宽. 2016b. 流域生态学的发展困境——来自河流景观的启示. 生态学报, 36: 3084-3095.

赵斌. 2014. 流域是生态学研究的最佳自然分割单元. 科技导报, 32: 12.

Alexander R B, Böhlke J K, Boyer E W, et al. 2009. Dynamic modeling of nitrogen losses in river networks unravels the coupled effects of hydrological and biogeochemical processes. Biogeochemistry, 93: 91-116.

Álvarez C, Barquín M J, Peñas F J. 2016. Modelling the spatial and seasonal variability of water quality for entire river networks: Relationships with natural and anthropogenic factors. Science of The Total Environment, 545-546: 152-162.

Borbor C, Boyer M J, McDowell W H, et al. 2006. Nitrogen and phosphorus budgets for a tropical watershed impacted by agricultural land use: Guayas, Ecuador. Biogeochemistry, 79: 135-161.

Brauman K A. 2015. Hydrologic ecosystem services: linking ecohydrologic processes to human well-being in water research and watershed management. Wiley Interdisciplinary Reviews: Water, 2: 345-358.

Caldwell P V, Miniat C F, Elliott K J, et al. 2016. Declining water yield from forested mountain watersheds in response to climate change and forest mesophication. Global Change Biology, 22: 2997-3012.

Chase J M, Leibold M A. 2002. Spatial scale dictates the productivity–biodiversity relationship. Nature, 416: 427.

Covino T. 2017. Hydrologic connectivity as a framework for understanding biogeochemical flux through watersheds and along fluvial networks. Geomorphology, 277: 133-144.

Czuba J A, Hansen A T, Foufoula G E, et al. 2018. Contextualizing Wetlands Within a River Network to Assess Nitrate Removal and Inform Watershed Management. Water Resources Research, 54: 1312-1337.

DeFries R, Nagendra H. 2017. Ecosystem management as a wicked problem. Science, 356: 265-270.

Dodds W K, Smith V H. 2016. Nitrogen, phosphorus, and eutrophication in streams. Inland Waters, 6: 155-164.

Eckard R S, Pellerin B A, Bergamaschi B A, et al. 2017. Dissolved Organic Matter Compositional Change and Biolability During Two Storm Runoff Events in a Small Agricultural Watershed. Journal of Geophysical Research: Biogeosciences, 122: 2634-2650.

Fahey T J, Siccama T G, Driscoll C T, et al. 2005. The Biogeochemistry of Carbon at Hubbard Brook. Biogeochemistry, 75: 109-176.

Ficklin D L, Robeson S M, Knouft J H. 2016. Impacts of recent climate change on trends in baseflow and stormflow in United States watersheds. Geophysical Research Letters, 43: 5079-5088.

Francesconi W, Srinivasan R, Pérez-Miñana E, et al. 2016. Using the Soil and Water Assessment Tool (SWAT) to model ecosystem services: A systematic review. Journal of Hydrology, 535: 625-636.

Fraterrigo J M, Downing J A. 2008. The Influence of Land Use on Lake Nutrients Varies with Watershed Transport Capacity. Ecosystems, 11: 1021-1034.

Gabriel M, Knightes C, Cooter C, et al. 2016. Evaluating relative sensitivity of SWAT-simulated nitrogen discharge to projected climate and land cover changes for two watersheds in North Carolina, USA. Hydrological Processes, 30: 1403-1418.

Gilliam F S, Walter C A, Adams M B, et al. 2018. Nitrogen (N) Dynamics in the Mineral Soil of a Central Appalachian Hardwood Forest During a Quarter Century of Whole-Watershed N Additions. Ecosystems, 21: 1489-1504.

Gleason K E, Nolin A W, Roth T R. 2017. Developing a representative snow-monitoring network in a forested mountain watershed. Hydrology and Earth System Sciences, 21: 1137-1147.

Gooddy D C, Lapworth D J, Bennett S A, et al. 2016. A multi-stable isotope framework to understand eutrophication in aquatic ecosystems. Water Research, 88: 623-633.

Griffiths N A, Jackson C R, McDonnell J J, et al. 2016. Dual nitrate isotopes clarify the role of biological processing and hydrologic flow paths on nitrogen cycling in subtropical low-gradient watersheds. Journal of Geophysical Research: Biogeosciences, 121: 422-437.

Hale R L, Turnbull L, Earl S R, et al. 2015. Stormwater Infrastructure Controls Runoff and Dissolved Material Export from Arid Urban Watersheds. Ecosystems, 18: 62-75.

Hansen A T, Dolph C L, Foufoula G E, et al. 2018. Contribution of wetlands to nitrate removal at the watershed scale. Nature Geoscience, 11: 127-132.

Hobbie S E, Finlay J C, Janke B D, et al. 2017. Contrasting nitrogen and phosphorus budgets in urban watersheds and implications for managing urban water pollution. Proceedings of the National Academy of Sciences, 114(16): 4177-4182.

Kitamura K, Nakagawa C, Sato T. 2018. Formation of a Community of Practice in the Watershed Scale, with Integrated Local Environmental Knowledge. Sustainability, 10: 404.

Knouft J H, Ficklin D L. 2017. The Potential Impacts of Climate Change on Biodiversity in Flowing Freshwater Systems. Annual Review of Ecology, Evolution, and Systematics, 48: 111-133.

Lepistö A, Futter M N, Kortelainen P. 2014. Almost 50 years of monitoring shows that climate, not forestry, controls long-term organic carbon fluxes in a large boreal watershed. Global Change Biology, 20: 1225-1237.

Moore A A, Palmer M A. 2005. Invertebrate biodiversity in agricultural and urban headwater streams: implications for conservation and management. Ecological Applications, 15: 1169-1177.

Motew M, Chen X, Booth E G, et al. 2017. The Influence of Legacy P on Lake Water Quality in a Midwestern Agricultural Watershed. Ecosystems, 20: 1468-1482.

Nyerges T, Ballal H, Steinitz C, et al. 2016. Geodesign dynamics for sustainable urban watershed development. Sustainable Cities and Society, 25: 13-24.

Östman Ö, Eklöf J, Eriksson B K, et al. 2016. Top-down control as important as nutrient enrichment for eutrophication effects in North Atlantic coastal ecosystems. Journal of Applied Ecology, 53: 1138-1147.

Paerl H W, Gardner W S, Havens K E, et al. 2016. Mitigating cyanobacterial harmful algal blooms in aquatic ecosystems impacted by climate change and anthropogenic nutrients. Harmful Algae, 54: 213-222.

Pascual M, Miñana E P, Giacomello E. 2016. Integrating knowledge on biodiversity and ecosystem services: Mind-mapping and Bayesian Network modelling. Ecosystem Services, 17: 112-122.

Poikane S, Ritterbusch D, Argillier C, et al. 2017. Response of fish communities to multiple pressures: Development of a total anthropogenic pressure intensity index. Science of The Total Environment, 586: 502-511.

Raymond P A, Saiers J E, Sobczak W V. 2016. Hydrological and biogeochemical controls on watershed dissolved organic matter transport: pulse-shunt concept. Ecology, 97: 5-16

Ricci G F, De Girolamo A M, Abdelwahab O M M, et al. 2018. Identifying sediment source areas in a Mediterranean watershed using the SWAT model. Land Degradation & Development, 29: 1233-1248.

Rissman A R, Carpenter S R. 2015. Progress on Nonpoint Pollution: Barriers & Opportunities. Daedalus, 144: 35-47.

Ruhala S S, Zarnetske J P. 2017. Using in-situ optical sensors to study dissolved organic carbon dynamics of streams and watersheds: A review. Science of The Total Environment, 575: 713-723.

Saunders T J, McClain M E, Llerena C A. 2006. The biogeochemistry of dissolved nitrogen, phosphorus, and organic carbon along terrestrial-aquatic flowpaths of a montane headwater catchment in the Peruvian Amazon. Hydrological Processes, 20: 2549-2562.

Schindler D W, Bayley S E, Parker B R, et al. 1996. The Effects of Climatic Warming on the Properties of Boreal Lakes and Streams at the Experimental Lakes Area, Northwestern Ontario. Limnology & Oceanography, 41: 1004-1017.

Schindler D W, Carpenter S R, Chapra S C, et al. 2016. Reducing Phosphorus to Curb Lake Eutrophication is a Success. Environmental Science & Technology, 50: 8923-8929.

Schultz L, Folke C, Österblom H, et al. 2015. Adaptive governance, ecosystem management, and natural capital. Proceedings of the National Academy of Sciences, 201406493.

Seehausen O, Alphen J J, Witte F. 1997. Cichlid Fish Diversity Threatened by Eutrophication That Curbs Sexual Selection. Science, 277: 1808-1811.

Simonneaux V, Cheggour A, Deschamps C, et al. 2015. Land use and climate change effects on soil erosion in a semi-arid mountainous watershed (High Atlas, Morocco). Journal of Arid Environments, 122: 64-75.

Smith R M, Kaushal S S. 2015. Carbon cycle of an urban watershed: exports, sources, and metabolism. Biogeochemistry, 126: 173-195.

Vermilyea A W, Nagorski S A, Lamborg C H, et al. 2017. Continuous proxy measurements reveal large mercury fluxes from glacial and forested watersheds in Alaska. Science of The Total Environment, 599-600: 145-155.

Vollenweider R A. 1968. Scientific fundamentals of the eutrophication of lakes and flowing waters.

Winemiller K O, McIntyre P B, Castello L, et al. 2016. Balancing hydropower and biodiversity in the Amazon, Congo, and Mekong. Science, 351: 128-129.

Yasuhara M, Yamazaki H, Tsujimoto A, et al. 2007. The effect of long-term spatiotemporal variations in urbanization-induced eutrophication on a benthic ecosystem, Osaka Bay, Japan. Limnology and Oceanography, 52: 1633-1644.

撰稿人：蔡庆华，赵 斌，徐耀阳

# 附录　国内外流域生态系统研究文献主要杂志构成状况

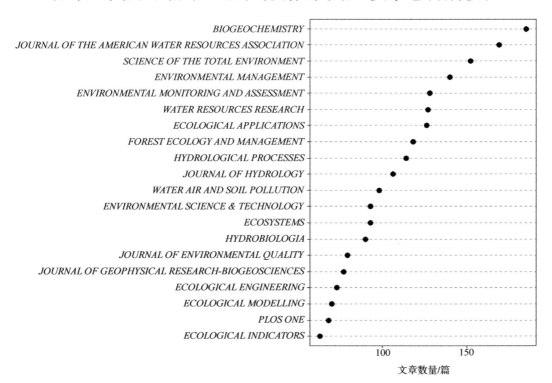

图 A　国际流域生态系统研究载文量排名前 20 位的英文期刊

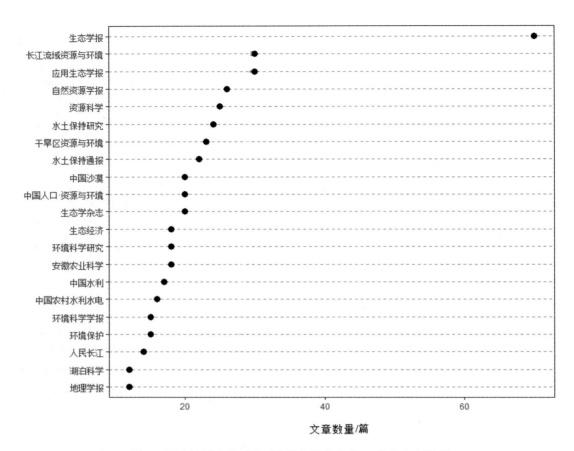

图 B 国内流域生态系统研究载文量排名前 21 位的中文期刊

# 第17章 海洋生态学研究进展

## 1 引　言

海洋约占地球表面积的71%，是地球上生物栖息生存的最大空间，是地球生命支持系统的重要组成部分，也是实现人类社会可持续发展的重要资源基础。海洋生态学是海洋科学的重要组成部分，主要研究海洋生物系统与环境系统相互关系、相互作用的各种生态过程，是海洋科学体系的重要分支学科。近40年来，海洋生态学取得长足发展，进入一个全新的现代海洋生态学发展阶段。本章主要围绕现代海洋生态学研究的六大主要内容，着重阐述在我国40年来的发展历程、研究现状、国际背景、发展趋势与展望。第一部分内容为海洋生态系统与全球变化，主要从全球变暖、碳循环、海气相互作用、海洋生态系统的结构与功能等方面阐述全球变化背景下的海洋生态系统；第二部分为基于生态系统的近海生物资源可持续利用机理，从海洋生态系统动力学研究、近海捕捞和增养殖可持续利用、海洋农牧化等方面阐述海洋生态系统动力学与生物资源利用；第三部分为海洋生态灾害与生态安全，主要阐述近年来海洋中频发的几种典型生态灾害的发生机制、监测、预测与防控的理论与实践；第四部分为海洋生物多样性与珍稀濒危物种保护，介绍海洋生物多样性编目与生物条形码、海洋生物多样性退化与演变机制、珍稀濒危物种保护的研究进展；第五部分为海洋生态修复，分别介绍岛礁、湿地、海湾等典型生境的生态修复；第六部分为海洋生态文明和国际合作，从基于生态系统的海岸带综合管理、海洋生态补偿、海洋国际合作等方面阐述海洋生态文明建设的情况。

## 2 海洋生态学科40年发展历程

海洋生态学自18世纪末以来经历了几个主要发展阶段。自19世纪初，欧洲各国的生物学家开始把海洋生物的组成和分布规律与沿岸和浅海环境联系起来，属于海洋生态学研究的初始阶段。19世纪末、20世纪初开始了海洋生物生态的定量研究，是海洋生态学发展的第二阶段。20世纪60年代以来，海洋生态学进入了一个快速全面发展新阶段。综合研究海洋生物与环境条件之间的相互关系，包括人类活动对海洋环境、生物和资源的影响，称之为现代海洋生态学（沈国英等，2010）。回顾我国海洋生态学科40年的发展历程，从以下几个方面加以阐述。

### 2.1 海洋生态系统与全球变化

我国海洋生态系统与全球变化研究虽起步较晚但起点较高。20世纪80年代以来，宋金明、洪华生等分别在渤海、黄海、东海、南海等生态系统碳循环方面开展了系统的研究工作。90年代国家自然科学基金委员会启动了苏纪兰等牵头的"渤海生态系统动力学和生物资源可持续利用"重大基金项目研究。随后，以唐启升为首席的"东、黄海生态系统动力学与生物资源可持续利用"（1999~2004）、"我国近海生态系统食物产出的关键过程及其可持续机理"（2006~2010）以及以黄邦钦为首席正在实施的"海洋生态系统储碳过程的多尺度调控及其对全球变化的响应"（2016~2021）等项目取得了丰硕的研究成果，加深了对我国近海生态系统现状和全球变化背景下生态系统演变的认识，并显著提高了近海生态系统的综合观测、建模和预测技术的研究水平。21世纪初以来，戴民汉等在碳等生源要素的生物地球化学过程与生态系统相互作用等研究方面取得了卓越的成效；焦念志等提出的"海洋微型生物碳泵"的概念拓展了对海洋微型生物在碳循环过程中作用的认识。针对近年来受到高度关注的海洋酸化及其效应问题，我国科学家也相继开展了海洋酸化监测系统研发、大尺度时空演化观测，以及预测未来发展趋势和生态环境响应的研究。我国是较早开展海洋生态系统动力学研究的国家之一（中国海洋学会，2015）。目前，随着多学科交叉和综合观测网的建设，气候变化与我国近海生态系统研究已由最初的基础观测逐步发展到多尺度动力过程影响研究、生态灾害风险评估及预测预警。

我国对极地的考察研究始于20世纪80年代，在1984年中国首次南极考察中就开展了南大洋海洋生态学调查与研究工作，并且在国家"八五"科技攻关项目"中国南极考察科学研究"中设立了王荣负责的"南大洋磷虾资源科学考察与开发利用研究"专题和吴宝玲负责的"南极菲尔德斯半岛及其邻近地区生态系统的调查研究"专题，全面开启了我国在南极的海洋生态学研究工作，并从此开始了每年在南大洋和南极陆地进行长期连续的观测研究。1999年开展了我国第一次北极科学考察，标志着我国针对北极生态系统的调查与研究的正式开启。近年来我国在极地生物地球化学、生物群落对气候变化响应和海洋酸化等方面取得了长足的进展。随着我国极地科考能力的提升和综合国力的增强，我国的极地研究从单学科的探索和发现为主逐渐转向以海洋生态系统结构、功能及其对全球变化响应研究的拓展。

## 2.2 基于生态系统的近海生物资源可持续利用机理

20世纪50年代起，刘瑞玉等对中国对虾的生活史、幼体发育过程和生殖生物学以及仔稚虾生态分布开展了首创性研究。曾呈奎等查清了中国海藻资源的分布及区系特点，解决了有重要经济价值的紫菜、海带栽培和海带南移栽培中的关键问题，推动了中国海洋水产事业的发展，对世界水产事业产生了影响。从20世纪80年代以来，在近海生物资源调查方面，国家先后组织实施了多个调查专项，基本摸清了我国近海生物资源家底。紧接着80年代中期以来，以苏纪兰、唐启升、张经等为代表的我国学者，将大海洋生态系和海洋生态系统动力学等概念和理论介绍到国内，领导开展了一系列近海生物资源的可持续利用机理研究，极大地推动了我国海洋生物资源管理从传统管理模式向基于生态系统的现代管理模式转变。在近海生物资源恢复方面，80~90年代，刘家富等人在福建宁德突破了大黄鱼人工育苗技术，使大黄鱼人工养殖和增殖放流成为可能，为大黄鱼产业和资源的恢复奠定了重要基础。在此前后，中国明对虾、长毛明对虾、日本囊对虾、拟穴青蟹、三疣梭子蟹、菲律宾蛤仔、黄鳍鲷、黑鲷、曼氏无针乌贼等一系列重要海洋生物种类的人工育苗也获得成功，使通过增殖放流恢复东海生物资源成为了可能，并有力推动了我国海洋牧场建设的发展，取得了重要的资源恢复成效。半个世纪以来我国海洋养殖生物生态学研究的成果转化为生产力，促进了水产养殖的发展浪潮，推动我国成为世界主要的水产养殖大国。

60年代初，曾呈奎初步形成了"海洋水产生产农牧化"理论，并于80年代进一步发展成为"蓝色农业"的系统思想。90年代，我国学者在海洋牧业的基础上吸收了日本等国学者的思想，更为明确地定义了海洋牧场。2017年和2018年中央一号文件均明确提出发展和建设现代化海洋牧场。习近平总书记2018年4月在海南省考察时强调："支持海南建设现代化海洋牧场"；2018年6月在山东强调："海洋牧场建设是发展趋势，可以在山东试点"。截至2018年年底，我国已批复建设86个国家级海洋牧场示范区。

20世纪60年代开始，在海洋初级生产力与新生产力方面，费修绠等对叶绿素a的测定进行了方法学的研究。自20世纪80年代黄良民等开展了南海及西太平洋叶绿素和初级生产力研究，发现次表高值层与温跃层强度相关，并阐释其驱动机制，建立了开阔海区叶绿素垂向分布模式和现场荧光测量经验公式。90年代之后随着新技术、新方法的应用，海洋初级生产力及新生产力研究取得了一系列进展。

在海洋生物工程方面，徐洵90年代初创建了我国第一个海洋生物基因工程实验室，在世界上率先完成了困扰对虾养殖业多年的病原——对虾白斑杆状病毒基因组全部密码的破译和分析工作，使我国对虾病毒分子水平的研究取得重大突破，这项研究成果的报道被评选为"中国1999年十大基础研究新闻"和

"中国2000年十大科技进展新闻"。张偲围绕"热带海洋微生物多样性的时空分布特征及其功能"关键生态工程科技问题，开展微生物多样性的观测、认知和利用研究，发展热带海洋生态工程理论，促进热带海洋生态保护和生物资源利用的工程化，积极推进我国海洋战略性新兴产业发展。丁德文率先开展海洋生态环境的复杂性与非线性问题研究工作，从事"海岸带系统科学与工程"学科构建工作，并组织进行"人工生态系统生态学"学科构建工作。

## 2.3 海洋生态灾害与生态安全

20世纪70年代以来，我国近海的赤潮等生态灾害现象频发，对海洋生态灾害的研究也逐渐从现象、过程发展到对生态学、海洋学机制的研究。80年代邹景忠、齐雨藻等科学家对我国沿海富营养化与赤潮开展了基础性研究工作；原国家海洋局第三海洋研究所利用海洋围隔生态系统初步探讨了赤潮的发生和发展过程；20世纪90年代以来，人们开始关注人类活动和气候变化对近海生态系统的综合影响。在人为和自然因素的双重作用影响下，海洋生态系统的关键物理、生物及化学过程发生变化，导致海洋生态系统失衡和异常，从而触发海洋环境污染、海洋生态灾害，并危及生态安全。张水浸和杨清良等人在多年调查研究和收集国内外相关资料的基础上，撰写和发表了《赤潮及其防治对策》。自21世纪初以来周名江、朱明远等对赤潮种类的生态学海洋学机制进行了系统研究，取得了系列重大成果；俞志明等在赤潮防治方面提出了创新性的改性黏土法，并在我国沿海推广应用。

自20世纪80年代以来，随着人工引种、压舱水等途径带来的入侵生物对我国近海生态影响引起了关注；例如，作为外来物种入侵的例子，我国自1979年从美国引入互花米草以来，经过近40年的人工种植和自然扩散，互花米草已遍及中国沿海滩涂。近年来，有关互花米草入侵生物学特性、入侵分布格局及其对滨海湿地生态系统的影响等一直是滨海湿地生态学研究的重要课题之一。

20世纪90年代末，大型水母在我国近海也出现了数量增多的现象，孙松等从海洋生态系统演变机理、生态灾害的关键过程和环境控制因素等方面入手，揭示了中国近海大型水母灾害发生、发展过程和生态环境影响机理。2007年以来，我国黄海海域首次出现绿潮，2008年开始，孙松、王宗灵等对黄海发生大规模浒苔绿潮开展了较为系统的研究。目前已基本掌握其起源、发生发展过程、爆发的环境调控机制和内在生物学与生态学机理，并提出浒苔灾害源头控制、打捞前移等系统防控方案。

## 2.4 海洋生物多样性与珍稀濒危物种保护

我国早在20世纪20年代就开始了与海洋生物多样性相关的调查研究。郑重是我国海洋浮游生物学研究的开拓者，他和李少菁合著的《海洋浮游生物学》成为了科研与教学的经典之作。陈清潮奠定了中国南海海洋生物多样性研究的基础。金德祥作为浮游硅藻研究的奠基人，为浮游植物生态学研究作出了贡献。80年代以来，海洋浮游生物学从种类组成、数量分布逐渐转入对生态系统结构、功能及环境影响过程的系统研究。90年代以来海洋微型生物生态学研究得到了快速发展，先后启动的异养细菌"二次生产力"与营养动力学研究以及微食物环研究，打破了细菌是分解者的传统观念。宋微波领导开创了全球海洋纤毛虫多样性研究的新局面，完成了对凯毛虫等大量代表类群的个体发育模式研究，首次揭示了一系列细胞结构分化的新现象。张志南教授在海洋底栖生物多样性、底栖生态等方面开展了系列开创性研究。

从1950年代末开始，我国开展了全国性海洋调查，如海洋普查（1958～1960年）、海岸带调查（1980～1986年）、大陆架专项调查（1997～2000年）、南沙群岛及其邻近海区综合科学考察（1984～2005年）、我国近海海洋综合调查与评价（2003～2008年）和全球变化与海气相互作用专项等。我国开展的一系列海洋调查为分析我国潮间带和近海生物分布、习性、季节动态，群落结构乃至生态系统功能提供了重要的数据支撑。相关涉海单位的专家学者发表了大量的海洋生物多样性论文，记录了大量的新种和新记录种，如我国近海海洋综合调查与评价的专项中发现了水母类 2 个新属 37 个新种，首次对小型底栖桡足类进行了比较系统的研究，并发现 63 种为我国新记录种等，为编著大型海洋生物专著奠定了基础。先后出版了《海洋浮游生物学》（郑重，1984）、*Marine Planktology*（Zheng et al.，1989）、《中国海洋生物种类与分布》（黄宗国，1992）、*Zooplankton in China Seas*（Chen，1994）、《海洋微型生物生态学》（焦念志，2006）、《中国海洋生物名录》（刘瑞玉，2008）等。

我国大洋和深海海洋生物多样性研究虽然起步晚，但起点却较高。近十多年我国相继新建或改造了若干远洋科考船，研发了载人潜水器（HOV）等海上作业平台。在极地科考中，南极长城站、中山站、昆仑站和北极黄河站等科考站，以及雪龙船、雪鹰号直升机形成了海、陆、空综合科考格局。随着海洋调查能力的提高，对于深海和极地生物多样性调查研究逐渐增多，取得了一系列重要成果。

在珍稀濒危物种研究方面，20 世纪 90 年代，原国家海洋局第三海洋研究所开展了水生野生一级保护动物中华白海豚的种群动态、数量调查等研究，开启了我国对海洋珍稀哺乳动物保护研究工作。随后，越来越多的学者和研究团队开始关注海洋珍稀濒危物种保护研究工作，对以中华白海豚和江豚为主的海洋鲸豚类以及斑海豹、绿海龟等，开展了大量的调查保护研究工作。

## 2.5 海洋生态修复

我国红树林生态修复的实践可追溯到 20 世纪 50 年代。90 年代以来，红树林恢复进入了快速发展期，围绕常见树种造林配套技术、退化次生红树林改造优化、红树植物北移引种技术、特定生境的红树植被恢复等开展了大量的研究和实践活动。进入 21 世纪后，围绕着人工红树林中植被以外的亚系统，如土壤环境、底栖动物群落、微生物群落的恢复特征展开了研究。生态系统的凋落物生产力、物质循环等生态过程和功能，以及生态服务价值也受到关注，这些研究从生态系统层次推动了对红树林恢复生态学特点的认识。

为加快开展海湾环境整治和生态修复，2010～2013 年原国家海洋局先后启动了多个与海湾生态修复有关的海洋公益性行业科研专项经费项目，初步构建了封闭和半封闭海湾生境退化诊断与修复效果的评价指标体系和评价方法，建立了海湾水动力—水质数值计算模型和受损生境修复动态模型，研发了海岸、滩涂和浅海等受损生境修复与生态重构的关键技术。

自 20 世纪 60 年代以来，中国科学院南海海洋研究所等科研单位对南海珊瑚礁、海草床、红树林等特色生态系统开展了大量研究工作，对其生物多样性、生态特征及退化规律有了系统认识，提出生态恢复原理和养护技术并得到应用，推动了海洋生态保护与管理措施的落实。近年来，我国开展了一批大型的科学计划以及生态修复工程，如海洋公益行业科研专项在海南蜈支洲开展了 $5hm^2$ 的珊瑚礁修复示范推广区，中国科学院科技服务网络计划在七连屿实施的修复示范工作；原国家海洋局第三海洋研究所在涠洲岛开展了珊瑚礁生态恢复示范工程等。随着相关修复技术的成熟，珊瑚礁修复的技术标准和指南也在编制之中。

近年来，我国海南等各沿海省市均开展了岛礁生态工程建设，如山东半岛南部前三岛开展大型藻类的修复、资源保护型人工鱼礁区构建等。国家海洋公益项目三沙岛礁生态系统特有物种资源修复技术的研究与示范深入开展了三沙岛礁植树行动，对保护和改善岛屿生态环境、稳固海岛形态起到重要作用。在 2015 年以来，南沙岛礁建设中，由多位院士牵头攻关，精心设计创新实践，走出了一条自然仿真造岛的新路。为了保护好珊瑚礁，建设单位与中国科学院合作，开展全球最大规模珊瑚礁生态系统修复，实现珊瑚礁生态系统人工修复技术集成，为全球最大规模珊瑚礁生态修复案例，申报了 60 多项国家专利，这是我国在世界范围内为吹填造岛和生态绿化作出的突破性探索和卓越贡献。

## 2.6 海洋生态文明和国际合作

1992年联合国环境与发展会议（United Nations Conference on Environment and Development，UNCED）提出要从整个生态系统来管理海洋资源和人类的海洋开发活动，促进沿岸和近海环境综合管理及持续利用，基于生态系统的海洋管理（Ecosystem-Based Management，EBM）的概念初步形成。二十多年来，基于生态系统的海洋管理逐渐被世界沿海国家普遍接受并得以迅速发展。基于生态系统的渔业管理、基于生态系统的海岸带管理、海洋空间规划等方面研究进展尤为突出，为海洋国家实施基于生态系统的海洋管理提供了很好的借鉴。

我国高度重视生态文明建设和海洋强国建设，提出了一系列新思想、新论断、新要求，逐步形成了关于海洋生态文明建设的系统部署，将我国的海洋生态文明建设和海洋强国建设推到了前所未有的历史新高度。这个系统部署可以分为战略思想和实现途径两个层面，前者主要解决"为什么要进行海洋生态文明建设"的认识问题，后者主要解决"怎样建设海洋生态文明"的实践问题。这一领域先后出版了海洋生态文明建设丛书，包括《海洋生态文明建设研究》（袁红英和李广杰，2014）、《基于陆海陆统筹的我国海洋生态文明建设战略研究——理论基础及典型案例应用》（石洪华等，2017）和《海洋生态文明建设及制度体系研究》（关道明等，2017）等。

中国海洋生态国际合作的发展大体分为三个阶段（徐贺云，2018），一是改革开放初期到20世纪90年代末，以美国等西方大国为合作对象，以海洋科技合作为核心，借鉴西方，提升能力，这一时期海洋国际合作的重点是"引进来"；二是2000年至2012年，大国海洋合作与周边海洋合作并重，与发展中国家合作不断拓展，这一时期的重点是坚持"引进来"和"走出去"相结合；三是2013年至今，"一带一路"建设为中国海洋国际合作提供了新的发展良机，这一时期的国际合作重点是以构建人类命运共同体为目标，全面开展与"一带一路"沿线国家的双、多边海洋合作，积极参与全球海洋事务和规则制定，既结合自身利益考虑问题，又体现大国责任担当。

# 3 研究现状

海洋生态学从近十多年来，经历了翻天覆地的变化，近3~5年在海洋生态系统与全球变化、基于生态系统的近海生物资源可持续利用机理、海洋生态灾害与生态安全、海洋生物多样性与珍稀濒危物种保护、海洋生态修复以及海洋生态文明等方面取得了一系列新进展、新成果、新观点、新方法和新技术。

## 3.1 海洋生态系统与全球变化

### 3.1.1 近海

由于气候变化和人类活动的影响，我国近海海洋生态系统发生了明显的变化。几十年来，中国近海及邻近海域海表温度（Sea Surface Temperature，SST）呈现快速上升趋势，约为 $0.83\pm0.02$ ℃（1958~2017年），尤其是位于东海的长江河口附近至台湾海峡南部海域，这是全球海洋温度上升最显著的区域之一（Cai et al.，2017）。

中国近海的显著海洋变暖直接导致了等温线的北移，海洋物候发生变化（春季提前，秋季滞后），极端高海温事件（海洋热浪）的发生频率增加（Tan and Cai，2018）。1998~2014年，东中国海的叶绿素 $a$ 含量上升了约 $0.136\pm0.002$ $mg/m^3$。中国近海的鱼类分布由于海水变暖已经呈现向北扩展的迹象（Tian et al.，2012）。黄海冷水物种数和种群密度随海水温度的升高正在减少，黄海冷水团成为冷水区系成员的避难所，但冷水性种群数和种数在衰退之中（刘瑞玉，2011）。

此外，由于海洋变暖，海洋热浪频发使得南海珊瑚白化和死亡率也越来越严重。全球变暖还导致海平面上升，1980~2017年中国沿海海平面上升速率为3.3mm/a，高于同期全球平均水平。高海平面加剧了中国沿海风暴潮、洪涝、海岸侵蚀、咸潮及海水入侵等灾害，影响了海岸带生态系统及生物栖息地。自20世纪80年代以来，中国红树林面积从5.5万$hm^2$减少到不足1.5万$hm^2$（《第三次气候变化国家评估报告》，2015）。近5~10年来，全球变化背景下的我国近海浮游生态系统研究日趋深入，尤其是较为系统地开展了气候变化和人类活动等多重压力对中国近海典型生态系统（如黄海冷水团、胶州湾、长江口、东海陆架、南海北部陆架和海盆、台湾海峡上升流等）的影响与响应机制研究。例如在浮游植物群落演变方面，通过东海14年（2002~2015年）的现场观测资料建立广义加性混合模型（Generalied Additional Mixed Models，GAMMs），对东海的优势浮游植物类群硅藻和甲藻在未来全球变暖和富营养化双重压力下的响应动态做了定量预测，发现在全球变暖和富营养化加剧背景下，未来东海甲藻藻华会加剧，需引起重视（Xiao et al.，2018a）。

### 3.1.2 极地大洋

通过多年深入与系统的研究，我国在极地海洋生态系统研究领域已经取得了一部分具有国际影响力的成果与突破。在南极方面，我国持续开展了南大洋生物地球化学研究，建立了海洋碳循环和碳通量估算的技术和方法，对极区碳循环的变化及其气候效应做出了评估，为全球气候预测模式的优化提供了重要的依据。在北极方面，陈立奇研究团队在北冰洋碳循环和海洋酸化研究中取得了重大突破，揭示了北冰洋酸化水团快速扩张机理，提出了全球变化驱动了北极酸化的论断（Qi et al.，2017）；在对北极海洋生物群落的研究中，揭示了在气候变化影响下，部分对北极鱼类群落分布范围北移和大型底栖生物群落结构改变等适应性响应机制的影响，提出了西北冰洋陆坡区是浮游动物极地种源区之一的观点（余兴光，2018）。

### 3.2 基于生态系统的近海生物资源可持续利用机理

近年来，海洋生物资源养护和增殖放流在全国范围内蓬勃开展。在国家各种资助项目的支持下，突破了一系列衰退渔业种群重建及资源养护的共性关键技术，创新性地将"增殖生态容量"、"增殖生态效应"、"生态风险"和"最小繁殖群体"等引入到增殖效果评价体系，使增殖放流纳入了"基于生态系统的渔业管理"这一国际前沿管理模式，推进了近海渔业资源修复和养护的发展进程。

近年来，基于生态系统水平管理的可持续海水养殖模式越来越受到人们的重视。始于20世纪90年代中期的海水养殖系统养殖容量的研究，使多种形式的多营养层次综合养殖模式普遍应用于生产实践。在山东、辽宁等海域构建并实施了多种形式的海水养殖可持续生产模式，包括贝-藻、鲍-参-海带、鱼-贝-藻等多营养层次综合养殖模式等。

过去40年，东海区的渔业资源结构变动大，海洋生物资源衰退严重，渔获物小型化突出，平均营养级下降，生态系统过度捕捞特征明显。我国先后实施了以1个重大项目"渤海生态系统动力学与生物资源可持续利用"和两个973计划项目"东、黄海生态系统动力学与生物资源可持续利用"和"我国近海生态系统食物产出的关键过程及其可持续机理"为代表的一系列重大科研项目，从人类活动和自然变化两个方面认识了我国近海生态系统对食物产出的支持功能、调节功能和可持续机理，使我国海洋生态系统动力学研究进入区域性大研究计划主导的时期，将近海生物资源可持续利用研究提高到一个新的层次。

2013年中国科学院启动了战略性A类先导科技专项，研究了黑潮及其变异对南海北部生态系统的影响，阐明了黑潮入侵南海东北部高生产力的机制。2014年启动了另一个973计划"南海陆坡生态系统动力学与生物资源的可持续利用"，发现在初级生产力低寡的表面之下，南海陆坡有一个非常丰富活跃的中层生物圈。目前正在实施的中国科学院A类先导专项"南海生态环境工程"，在岛礁生态修复研究方面取得了重要进展。近几年基于粒径谱、稳定同位素和分子生物学方法综合分析了不同生态环境背景下，海湾生态系统内部的能量传递和物质循环。基于长年研究资料综合分析，提出了珊瑚礁系统高效营养生态泵概念，指出每个珊瑚礁就像沙漠中的绿洲，其营养生态泵效应，辐射周边开阔海域，有利于其生物资源的形成和可持续利用。

## 3.3 海洋生态灾害与生态安全

### 3.3.1 生态灾害的发生机理、监测预测研究

有害藻华和水母爆发均是一种异常生态现象，按爆发的藻类种类不同，有害藻华又可分为赤潮、褐潮、金潮、绿潮。我国近海有害藻华的发生具有鲜明的演变趋势，出现多潮并发的态势，除传统的赤潮以外，褐潮（金球藻），绿潮（浒苔），金潮（马尾藻）也相继出现。赤潮的发生频率持续上升，规模不断扩大，且持续时间增加，赤潮的危害进一步严重，诱发赤潮的原因种不断增加，新的原因种持续涌现，赤潮原因种出现了明显的"多样化、有害化和小型化"的演变趋势（于仁成等，2018）。近年来，我国赤潮研究主要在微型和微微型赤潮生物多样性和发生机制、底栖甲藻赤潮、有毒有害赤潮的毒性及其危害机理、有害赤潮的防控等领域取得了可喜进展。与此同时，相关学者针对褐潮发生的生理生态机制作了较深入的研究（Ou et al.，2018），在渤海秦皇岛近岸海域，海滨城市化和近岸海域养殖活动使得水体中有机氮浓度显著上升，也是褐潮在此海域爆发的重要诱因。此外，以卡罗藻属（Karlodinium）等为代表的个体较小的有毒赤潮新种及其毒素不断被发现，对麻痹性贝毒的产毒藻及其毒性进行了系统研究（Yu et al.，2014），同时对我国热带和亚热带海域的有害底栖甲藻的生物多样性、毒性和地理分布等进行了研究，并于2018年在我国黄海和南海近岸海域首次发现了3起底栖甲藻赤潮。

针对黄海绿潮，国内外学者开展了一系列研究，在黄海绿潮的起源和发生发展过程、绿潮藻的种类组成及主要原因种的生理生态学特征、绿潮的漂移路径与年际变化以及环境因子对绿潮发生的驱动机制等方面取得了重要研究进展（王宗灵等，2018；于仁成等，2018）。目前的研究认为，黄海浒苔绿潮是一种跨区域的生态灾害，起源于黄海南部浅滩（Wang et al.，2015），并具有一定的年际变化（Xu，2011）。黄海南部近岸海域丰富的无机氮和适宜的温度为浒苔爆发增长提供了物质基础和环境保障（范士亮等，2012；），黄海南部浅滩强潮流是漂浮浒苔漂移出浅滩的动力保障，夏季季风和北向表层流是漂浮浒苔由南向北漂移的驱动力。

针对水母灾害，近年来，我国科学家主要在致灾水母的时空分布、生活史策略、环境调控、数值模拟、灾害暴发机制及生态效应等研究方面取得显著进展。主要抓住影响灾害水母爆发的无性世代（底栖阶段）的关键过程及机理，对灾害水母的暴发原因进行了深入研究。我国在水母预警、防控和应急技术方面尚处于起步阶段，尚缺少适用而且有效的监测预警技术手段，应急处置主要依赖于网具物理隔离，目前还不能满足防灾减灾的需求。

### 3.3.2 生态灾害的防控与治理

赤潮灾害的治理一直以来都是世界性的难题。我国现阶段的赤潮防治研究已取得重要进展，在防控方法研究上已达到国际领先水平。作为我国拥有完全自主知识产权、在国际上有广泛影响的赤潮防治方法，改性黏土法治理赤潮是近年来国内外研究和推广的热点。一方面，相关研究借助微观表征技术（如原子力显微镜 AFM、透射电子显微镜 TEM 等）深入分析了改性黏土材料高效除藻的微观机制，系统探讨了影响改性黏土絮凝除藻的关键控制因素；引入新兴的分子生物学技术，从微藻生理和分子生物学特征上探讨了改性黏土胁迫对赤潮消除的贡献，不仅进一步丰富了改性黏土治理赤潮的机制认识，也为赤潮防控新方法研究提供了思路。另一方面，面向国内外赤潮防控的迫切需求，针对不同规模、不同生物

特征和不同环境条件下暴发的赤潮，制定了基于改性黏土法的系统应急处置策略，研发了一系列改性黏土材料和应用配套设备，初步形成了较为健全的改性黏土法消除赤潮系统技术，为其推广应用奠定了基础（Yu et al.，2017）。

对于黄海绿潮的防治，根据绿潮发展的不同阶段开展有针对性的防治策略。首先，发展绿潮早期防控技术，开展浒苔绿潮源头防治；其次，科学指导，实施早期上游打捞；再次，优化中后期打捞区域，以及重点防控区域绿潮生物量分布，科学部署浒苔拦截打捞力量，在绿潮运移关键通道开展有针对性的打捞，提升浒苔海上处置能力，快速转移巨大的漂浮浒苔生物量，从而减少绿潮灾害对绿潮发生地沿岸海区生态造成的影响。

## 3.4 海洋生物多样性与珍稀濒危物种保护

### 3.4.1 海洋生物多样性

经过半个多世纪的努力，我国取得了整个中国海域生物种类组成、地理分布和数量的基本数据，厘清了海洋生物多样性的基本特点，完成了物种编目的基础工作。如黄宗国和林茂组织国内外44家单位112位专家系统地辑录了100多年来我国管辖海域记录到的海洋物种，2012年出版了《中国海洋物种多样性》和《中国海洋生物图集》等专著，收录了我国已记载的2.8万个物种及其形态，成为至今收录我国海洋物种最多的专著。2016年，陈大刚和张美昭编撰的《中国海洋鱼类》收录我国近海海洋鱼类3090种，是鱼类多样性研究领域的重要著作。

近年来，在"蛟龙"探海工程、中国科学院战略性先导科技专项、科技部国家重点基础研究发展计划（973计划）、国家高技术研究发展计划（863计划）和重点研发计划等项目的资助下获得了太平洋、印度洋和南海的海山、冷泉、热泉、海沟和深海平原较系统的生物样品、海底视频和环境资料，在深海生物多样性和生物生态研究方面取得了重要成果，发现了深海海盆、海山、海沟、热泉和冷泉底栖生物1个新科（Ren et al.，2015）、3个新属30多个新种，首次揭示了西南印度洋热液区热泉生物群落结构、时空变化和生物地理区特征（Zhou et al.，2018），提出了若干具有国际影响力的新见解和新理论。

2003年Herbert等首次提出DNA条形码（DNA Barcoding）的概念，与传统的形态学鉴定相比，DNA条形码技术具有操作简单、准确性高、不受样品发育阶段、个体差异、完整程度限制等优点，在生物分类学、保护生物学及生物多样性研究领域的应用潜力受到学界的广泛关注。近年来，我国相继开展了多个海洋生物DNA条形码数据库建设与研究。截至2018年7月，科技基础性工作专项"我国重要渔业生物DNA条形码信息采集及其数据库构建"已保存渔业生物DNA条形码30445条。科技基础性工作专项"我国近海海洋生物DNA条形码资源库构建"，计划搭建起一个涵盖2000个物种的15000条标准数据的基础DNA条形码数据共享平台，截至2018年12月，已获得2607个物种的15944条标准数据的基础DNA条形码数据。

### 3.4.2 海洋生物多样性变化与演变机制

在全球尺度上，气候变化（温度升高、海洋酸化、海平面上升和降水量变化等）正在改变海洋生物的分布，在局域尺度上，海洋生物还遭受着人类活动（土地围垦、富营养化等）所造成的影响。在多重环境胁迫的影响下，海洋生态系统的群落结构和各种生态过程的改变，导致海洋生物多样性发生改变。研究表明，在气候变化的影响下，暖温性生物比例下降，而暖水性生物比例升高。通过多年的样品采集、现场调查等相关研究，发现近20年来的人类活动已对石斑鱼等诸多种类的渔业资源带来极大压力，无节制的种间杂交亦可能对石斑鱼类野生资源带来潜在威胁。技术上的进步促进了海洋生物多样性研究的进展。DNA条形码、环境DNA技术、遥感技术、生态系统模型等方面进展，为深入分析和预测海洋生物多样性的动态提供了技术支撑。高通量测序技术的发展为海洋生物基因组测序提供了技术支撑，可深入分析海洋生物对环境适应的分子机制。

### 3.4.3 珍稀濒危物种保护

我国在海洋珍稀濒危动物的保护方面已开展了大量的研究工作，以国家一级保护动物中华白海豚为代表，对不同地区和种群的中华白海豚开展了种群生态学等研究；利用分子手段和技术，对其分类地位及不同种群的遗传结构开展了研究；利用声学技术研究了其发声特征；另外，还研究了海洋环境污染物对中华白海豚的影响。对于极其濒危的长江江豚，也开展了系统的保护研究工作，通过建立安全捕捞和远距离运输及驯化技术、非损伤性生殖监测技术、孕豚分娩及幼豚护理技术、迁地繁育种群遗传管理技术以及江豚的"软释放"技术，使长江江豚在人工饲养繁殖和迁地保护方面取得了极为显著的成绩，并得到了国际上的认可。除此之外，在技术手段、研究成果和国际合作方面，也有了更新的进展和显著的研究成果。过去野外调查主要是采用目视调查法，而近两年也开展了国际上通用的结合无人机和声学设备的调查技术。对于白海豚的个体识别技术，也正在开发智能的类似人脸识别的电子识别软件。另外，随着大数据时代的到来，国内科学家对许多鲸类物种的全基因组也已经开展了测序工作，并发表了高水平的研究成果。

## 3.5 海洋生态修复

### 3.5.1 滨海湿地

近年来，红树林生态系统退化的问题逐渐凸显，互花米草入侵、环境污染、病虫害、岸线侵蚀和外来红树物种等威胁着红树林的保护和健康，不同退化类型湿地的退化机制和植被恢复仍是生态修复研究的一个重要内容。目前海草床生态修复学科的发展仍处于起步阶段，对海草床资源分布、生态现状和退化原因以及海草植被修复技术有了深入研究和资料积累。盐沼湿地方面，大量的研究关注于互花米草入侵后对湿地生态系统的影响、对土著物种的竞争以及防治技术等方面，近年来，盐沼湿地修复后的生态系统响应也受到关注。

随着对"生态修复"内涵和工作内容认识的加深，滨海湿地生态修复学科又迎来一个新的发展阶段，退化因素的识别、退化湿地的自然恢复和少量人工干预下的恢复、修复后的生态系统跟踪监测和修复后的生态/社会效益的评估等都是滨海湿地生态修复相关研究的重要方面。

### 3.5.2 海湾

在海湾生态退化诊断研究方面，根据多途径综合诊断方法分析自然和人类活动对封闭海湾生境产生的多重压力，构建了我国封闭海湾生境退化诊断的指标体系和评价方法，是国内封闭海湾生境退化诊断和评价方法上的一个突破。在海湾退化生境的生物修复技术方面，构建了海湾受损生境高效修复新技术、受损生境修复效果多元评价技术和受损生境修复动态模型，以及"海岸-滩涂-浅海"一体化的海湾生境修复技术体系等。在海滩修复和养护技术方面，蔡锋等（2015）系统建立了热带风暴作用下的海滩地貌过程量化模式，首次提出潮汐影响下的海滩风暴响应模式，获得了强潮海滩动力地貌特征的突破性认识，该技术成为我国正在开展的"蓝色海湾""生态岛礁"等重点生态修复和保护工程的重要技术支撑。

### 3.5.3 岛礁

2016年10月，原国家海洋局批准实施《全国生态岛礁工程"十三五"规划》，通过实施保护、科研、合理开发利用等措施，保护岛礁生态系统的物种多样性。辽宁、山东、浙江、福建、广东和海南等多个沿海省市纷纷开展了岛礁生态工程建设。在南沙岛礁建设中，创新性地走出了一条自然仿真造岛的新路。

岛礁经吹填形成陆地后，立即实施了"蓝、绿、淡"工程，即养护海洋生态系统、保护珊瑚礁、植树种草固砂造绿、淡化陆地改善生态。2018 年启动了国家重点研发计划"南海重要岛礁及邻近海域生物资源评价与生态修复"项目，将形成南海岛礁生境修复与生物资源恢复技术体系，构建珊瑚礁生境修复和岛礁新型生态牧场示范区。

### 3.6 海洋生态文明和国际合作

海洋在国家战略中越发占有举足轻重的地位，海洋生态文明建设事关海洋强国战略的全局，同时对整体推进生态文明建设起着至关重要的作用。生态文明建设作为中国特色社会主义事业的重要内容。学界对海洋生态文明的概念、内涵、经验、制度和示范区等问题虽然都进行了探讨，但仍有待继续深化（刘健，2014）。在对其概念的表述中，"和谐""共存""规律"是使用最多的词语。关于海洋生态文明建设的内涵，主要包括以下几个方面：一是海洋生态文明意识；二是海洋生态文明行为；三是海洋生态制度文明。这其中，意识决定行动，行动须有规范，规范的根本在于制度的建立和执行（朱雄和曲金良，2017）。

#### 3.6.1 基于生态系统的海岸带综合管理

近年来，对基于生态系统的管理（EBM）概念的科学理解和认知的不断加深，EBM 的关键原则也逐渐清晰，其原则是保护优先，在海洋生态系统结构和功能完整的基础上进行适度的开发利用，其最终目的是实现海岸带可持续发展。另外，EBM 行动框架也逐步完善，为制定有效的管理计划提供了一个整体的框架。EBM 的工具和手段也不断丰富，如近 10 年来世界各国纷纷制定以管理人类用海活动为目的的海洋空间规划（Marine Spatial Planning，MSP）。我国还先后创新性的提出海洋生态保护红线、海洋主体功能区规划、海岸保护和利用规划、海域使用规划、近岸海域环境功能区划、区域用海规划等海洋空间规划工具。

#### 3.6.2 海洋生态补偿

我国目前对于海洋生态补偿机制的研究还在不断发展完善中（陈克亮等，2018）。近五年来，国内研究主要集中在法规、制度、标准的理论探讨和实践方面。针对机制研究和标准核算开展了一系列工作，制定并颁布了相关的技术方法，包括海洋生态资本评估技术导则（GB/T 28058—2011）、海洋生态损害评估技术导则（2013 年试行颁布）、海洋生态损害评估技术导则第 1 部分：总则（GB/T 34546.2—2017）、海洋生态损害评估技术导则第 2 部分：海洋溢油（GB/T 34546.2—2017）、用海建设项目海洋生态损失补偿评估技术导则（DB37/T 1448—2016）等。

#### 3.6.3 海洋生态国际合作

近年来，海洋生态领域国际合作步伐加快（徐贺云，2018a，2018b）。中美在应对气候变化、海洋生态和环境保护等领域有着广泛的共同利益，双方制定了 2011～2015 年合作框架计划，就加强海洋环保等达成新共识。中国和东盟国家也通过了《未来十年南海海岸和海洋环保宣言（2017—2027）》。

海上丝绸之路倡议为海洋生态国际合作提供了难得的机遇。中国与印尼、马来西亚、泰国等丝路沿线国家签署了政府间或部门间海洋领域合作协议，共建了中印尼海洋与气候联合研究中心和海洋联合观测站等，在东南亚地区成功建立了我国在境外第一个联合海洋生态站——中印尼比通海洋生态站（Chen and Dirhamsyah，2019；Du et al.，2016），为积极参与全球海洋生态治理作出了重要贡献。

另外，中国在亚洲太平洋经济合作组织（Asia-Pacific Economic Cooperation，APEC）、北太平洋海洋科学组织（North Pacific Marine Science Organization，PICES）、环印联盟等多边机制下积极倡导蓝色经济

合作，构建蓝色伙伴关系。中国先后承建了亚洲太平洋经济合作组织海洋可持续发展中心、政府间海洋学委员会（Intergovernmental Oceanographic Commission，IOC）海洋动力学和气候培训与研究中心等 8 个国际组织在华国际合作机制，为中国参加相关国际组织合作提供了重要平台。中国在 PICES 首先提议成立了北太平洋环境放射性质量评估工作组（Working Group on Marine Radioactivity in the North Pacific Ocean，WG-AMR），与加拿大、韩国、日本和美国等成员国建立了合作机制，客观而且科学地评估了日本福岛核事故污染物在北太平洋的扩散与迁移，及其对海洋生态系统的影响。

近年来，中国积极参与"国家管辖范围外海域生物多样性养护与可持续利用（Biodiversity Beyond National Jurisdiction，BBNJ）"和"2030 年可持续发展议程"等重要国际谈判和磋商进程，提出了《中国落实 2030 年可持续发展议程国别方案》。

## 4 国际背景

### 4.1 海洋生态系统与全球变化

近半个世纪以来，海洋生态系统与全球变化一直是海洋生态学研究的热点。当前国际大洋和深海生物生态研究呈现从单一类群、单一区域向多种群和全球尺度发展的趋势。另一方面，国际海洋生态学研究对长时间序列观测极为重视。国际上著名的大西洋百慕大 BATS（Bermuda Atlantic Time-Series）站和太平洋夏威夷 HOTS（Hawaii Ocean Time-Series）站几十年积累的资料已为研究全球气候变化和大洋生态系统响应研究提供了丰富的数据（Ducklow et al.，2009）。但我国由于缺乏系统的规划，尚缺少长时间序列的大洋观测站，在全球气候变化与大洋生态系统的响应与反馈作用研究方面存在明显的短板。近年来，极地环境气候变化及其全球效应、极地环境保护等将成为各国极地考察工作的主要出发点和落脚点，并将成为新一轮国际极地事务斗争的焦点。

### 4.2 基于生态系统的近海生物资源可持续利用机理

国际上对海洋生物资源变动的研究经历了从单纯的资源种群研究到基于生态系统的生物资源重建和管理的发展过程。20 世纪 90 年代以来，在全球海洋生态系统动力学（Global Ocean Ecosystem Dynamics，GLOBEC）计划推动下，近海生态系统食物产出的关键过程与可持续机理研究得到了快速发展（Thrush et al.，2011；Fung et al.，2015；Melià et al.，2016；张偲等，2016）。随着国际社会对渔业生态安全和管理的日益重视，许多发达国家的渔业管理已经步入基于生态系统水平的管理时代，美国、加拿大、澳大利亚和欧盟等在各自的海洋发展战略中均明确提出应用基于生态系统的方法管理海洋（Agardy et al.，2011）。

人工鱼礁的出现是海洋牧场转型发展的关键阶段，20 世纪 50 年代，美国和日本出现了人工鱼礁的雏形，此后开展大规模投放。欧洲、东南亚等国家也在 20 世纪 60~70 年代开展人工鱼礁建设。到了 80 年代，注重全过程、精细化管理的海洋牧场成为海洋牧业的更高级形态。日本在海洋牧场建设方面走在了世界前列，1984 年大分县海洋牧场的建立标志着海洋牧业实现了从传统海洋牧业向现代海洋牧业的转变，1990 年以来，日本长崎、冈山和韩国统营等海洋牧场也成功实施，并在海藻场建设、休闲渔业等方面做出了更多探索。

### 4.3 海洋生态灾害与生态安全

在海洋生态灾害与生态安全方面，2001 年全球第一个赤潮国际研究计划"全球赤潮的生态学与海洋学"的发起，极大地推动和指引了赤潮的科学研究和国际及区域间的合作，通过国际合作、多学科交叉、不同生态系统比较等研究手段，对赤潮发生的生态学和海洋学机制有了更进一步的认识。喷洒黏土或改性黏土应急处置赤潮是近年来国际上赤潮防控研究最推崇的方法（Anderson，1997），特别是随着我国改性黏土技术在处置沿海大规模赤潮中的成功应用后，该技术先后出口到智利、美国等受赤潮严重危害的国家。对于我国黄海绿潮，与世界其他海域相比，黄海绿潮具有其独特性：世界其他区域绿潮灾害一般发生和消亡于同一富营养化程度较高的近岸水域；而黄海浒苔绿潮起源与灾害形成在不同海域，是一种典型的跨区域海洋生态灾害，在其长距离的运移过程中，经历复杂的海洋过程。我国学者在黄海绿潮预测预报和防治等方面的研究成果在国际上处于领先水平。20世纪90年代末，人们认识到水母爆发是一个全球化的问题，强调应该从全球范围内开展水母爆发动力学研究。中国近海水母爆发机理的研究处于国际领先水平，爆发机理方面的研究成果为其他海域的水母爆发机制研究提供了借鉴。尽管国际上水母灾害的监测预测及防控技术有一些进展，但是总体讲还不能满足各国防灾减灾的需求。

### 4.4 海洋生物多样性与珍稀濒危物种保护

1998年欧共体统一了海洋生物的采样、分类和鉴定方法，建立了欧洲海洋物种库（European Register of Marine Species，ERMS）。基于对海洋生物调查的数据资料的整理和共享，很多国家和国际性组织都建立了区域性或全球性的海洋生物数据库。2000年开始进行为期10年的"国际海洋生物普查计划（Census of Marine Life，CoML）"，新增加了6000多个新种，搜集整合了迄今8万个物种的描述信息数据，以及19万种3000多万个地理分布数据，建立了海洋生物地理信息系统数据库（Ocean Biogeographic Information System，OBIS）。我国自2004年参加该计划，并完成了浮游动物多样性项目（刘瑞玉，2011）。

国际上首个DNA条形码数据系统—生命条形码数据库系统（Barcode of Life Database，BOLD）于2007年建立。2009年国际生命条形码计划（International Barcode of Life，IBOL）正式启动。目前，国际上针对海洋生物的条形码项目包括：海洋生命条形码计划（Marine Barcode of Life，MarBOL），旨在利用DNA条形码技术鉴定海洋生物并获取条形码记录；鱼类条形码数据库（Fish Barcode of Life，Fish-BOL），旨在收集30 000种以上世界范围内鱼类的条形码；海绵条形码数据库（Sponge Barcoding Project，SBP），旨在为全球的海绵物种鉴定提供工具。

全球变化和人为活动引起的环境退化导致生物多样性的损失，不仅包括物种丰度、数量，还体现在基因型、种群、功能群和地理分布。生物长期暴露在动荡的气候环境中，演变出适应当前环境压力的多种进化机制，其生态位发生动态变化。虽然生物的演化机制有很多不确定性，但在地理分布研究方面积累了一定成果，如全球变暖改变了海洋生物群落的地理分布格局和物种组成，暖水种数量及分布有增加趋势；同时，受酸化的影响，珊瑚礁等钙化生物死亡、物种多样性降低，此外全球变化还包括海平面上升、紫外线增加、海洋环流变化等的影响。

当前国际海洋珍稀濒危物种的保护还是以设立海洋保护区，以保护海洋生物的栖息地为重要内容。对于海洋动物的搁浅和死亡问题，部分国家有完备的信息网络和专业的救助和研究团队。国际上海洋珍稀哺乳动物的生理学、病理学发展迅速，救助和治疗手段日趋成熟。另外，国际上对于远洋大型鲸类的调查，也有着丰富的研究成果。而我国在海洋珍稀哺乳动物的保护研究方面，还大多局限于近岸的小型鲸类，搁浅网络和救助团队还不够完备。

### 4.5 海洋生态修复

1975年，在美国佛吉尼亚理工大学首次召开了全球"受损生态系统的恢复"国际会议。1988年，国际恢复生态学会的成立标志着恢复生态学学科的形成。在随后的20年，恢复生态学得到了迅速的发展，涵盖了生态退化诊断、生态恢复措施、生态恢复监测与成效评估等，并出版了一系列海洋生态恢复的专著。

美国是较早开展海岸带生境综合评价研究的国家，20世纪70年代开始就先后建立了生境评价程序和海岸带生境评价模型等生态影响预测和评价的结构化方法。20世纪90年代以来，"压力—状态—响应"

（Pressure，State，Response，PSR）模型及其修正模型——驱动力—压力—状态—影响—反应（Drivers，Pressures，States，Impacts，Responses，DPSIR）模型在生境和生态系统评价方面得到广泛应用。在海湾和海岸带生物修复技术研究方面，20世纪80年代以来国内外都开展了卓有成效的工作，如日本的濑户内海和英国的泰晤士河口的整治和修复。有关大型海藻和贝类在海洋生态环境修复中的作用，已受到国际广泛关注和研究。在研究计划方面，欧盟、美国、日本、韩国和我国都启动了以大型海藻和滤食性贝类作为近海水域生物过滤器和生产力系统的计划，以缓解人类活动所带来的近海富营养化问题。湿地退化是全球共同面临的一个问题。2014年政府间气候变化专门委员将滨海湿地生态修复产生的固碳减排纳入国家温室气体清单（IPCC，2014），意味着滨海湿地生态修复上升为履行国家二氧化碳减排承诺的手段之一。

国际上岛屿恢复包括重现景观、重新引入和复原三个关键组成部分：如加利福尼亚海峡群岛的西马林岛、马林岛和东马林岛，应用历史生态学的修复案例先指定岛礁为生态保护区后，通过与历史对比，重新引入物种而加以复原，从而达到修复的目的。美国在国家公园管理中，为确保阿纳卡帕岛和其他海峡群岛上动植物的生存，已经着手实施一项多年复原计划，以恢复阿纳卡帕岛等。美国采用古生态学和现代生态学相结合的方法进行了夏威夷毛伊岛的恢复，即重现景观和复原。国际上生态岛礁建设最成功的案例是美国国际开发署（United States Agency for International Development，USAID）资助的2010年在塞舌尔群岛（115个岛屿）实施的珊瑚礁救援计划，以应对气候变化引起的珊瑚褪色问题。

国际上的珊瑚礁保护和修复技术研究起步较早。美国、澳大利亚、以色列、日本等多年前已对珊瑚人工繁殖与生态环境模拟技术等进行了研究和实践，珊瑚礁生态修复已有显著成效。目前世界范围内已有40个国家实施了珊瑚礁移植，建立了人工珊瑚礁区，珊瑚礁生态修复的研究和实践也日益增多，并出版了一系列指南和专著等以指导珊瑚礁生态修复实践。

## 4.6 海洋生态文明和国际合作

1998年《澳大利亚海洋政策》出台，成为世界上第一个专门针对海洋环境保护和管理的国家政策。2002年的"里约+10"世界可持续发展首脑会议（World Summit on Sustainable Development，WSSD）进一步推动了区域性和国家级的海洋规划和海洋保护区管理。美国海洋政策委员会于2004年提交给政府的国家海洋政策报告《21世纪海洋蓝图》以及美国政府随后公布的《美国海洋行动计划》都高度重视EBM，将其作为21世纪美国海洋管理的基本方针。与此同时，一系列的基于生态系统的海洋管理研究得以开展，这些研究涵盖了不同的国家、海域、学科领域，在海洋生态系统健康评估、模式的研发、政策的制定方面给予了重要支撑。

我国提出的海洋生态补偿，类似国外的海洋生态系统服务付费（Payments for Environmental Services，PES），作为一种环境保护和管理的市场机制，PES在国际上广泛应用，在德国等国家，PES获得环境基本法或生物多样性基本法授权，国际上也存在类似国内提出的海洋生态保护补偿的实践和研究。

自1977年我国加入联合国教科文组织政府间海洋学委员会开始，我国参与该会发起的全球海洋与大气相互作用计划、世界大洋环流计划、全球海洋观测计划等全球性重大科学计划以及国际海洋生物普查等，这些国际海洋计划代表着世界海洋科学发展的最前沿。随着经济和科研实力不断增强，中国更加自信地走向世界多边舞台，深入参与海洋领域全球治理，由初期的跟踪参与逐步转向主动引领和积极担当。中国积极参与涉海国际组织事务、多边机制和重大科学计划，推进地区和国际海洋合作，并积极分享中国海洋事业发展的实践经验，提出建设性意见。

## 5 发展趋势及展望

国内外发展趋势显示了现代海洋生态学的研究应该往更加宏观和微观的方向发展，从整个海洋生态系统的结构与功能研究入手，系统理论的应用更加广泛，与应用科学和社会科学的结合更为密切。从生态系统和全球变化研究的视角，聚焦驱动海洋生态系统结构与功能变化的关键物理和化学过程、生物之间及生物与环境之间的相互作用，以揭示气候变化和人类活动对我国近海生态系统的影响机制，为维护海洋生态系统健康提供决策依据。

### 5.1 海洋生态系统与全球变化

气候变化背景下中国近海环境发生了显著变化。预计未来中国近海将持续变暖，物候的变化将更为明显。在叠加人类活动的干扰后，中国近海的海洋生态系统、渔业资源和水产养殖、食物供应和生物资源的利用等将表现出更为明显的脆弱性和风险，为降低生态系统的脆弱性和减小气候变化影响的风险，迫切需要采取相应的适应性措施。

今后应着重研究的方向为：①加强长期、连续及高覆盖度的海洋生态系统及目标物种观测，建立我国的海洋生物地理信息系统数据库；②加大生物区系和群落结构研究，关注从中国近海乃至北太平洋大尺度范围内海洋生物物种分布变化研究；③加强典型生态系统的综合观测研究，海平面上升和海洋变暖使得海岸带红树林和珊瑚礁等典型生态系统受损害程度加大，加强气候变化对生态系统影响的脆弱性评估。

在深海大洋方面，今后应在全球气候变化与大洋生态研究的关键区域，设立大洋长时间序列观测站和生物生态综合调查固定断面。持续开展海沟、热液、海山、海盆和冷泉等典型深海生境调查与研究，发起由我国科学家主导的大洋生物与生态环境大型国际计划，为应对全球气候变化研究，国家管辖范围以外的生物多样性保护和公海保护区建设作出中国贡献。

未来我国极地海洋生态的研究应围绕生态系统演变与全球变化，以维护我国极地权益为中心，开展海冰、海洋、大气、生态等多学科综合观测与系统研究，识别极地海洋生态系统变化的关键过程，揭示极地海洋生态系统变化的主要原因，实现对极地未来变化的科学预测。

### 5.2 基于生态系统的近海生物资源可持续利用机理

应该继续开展深入细致而且系统的基础性研究工作，在深入研究海洋生态系统结构与功能的基础上，阐明在全球变化下的海洋生态系统演变的过程和机理，如定量不同生物类群在生态系统中的作用和贡献，物理过程在生物地球化学循环中的作用等，进一步深入研究全球变化下生态系统的可持续机理，并加强未来海洋生态系统结构与功能的变化趋势预测的研究。这些基础研究理论将为维护生物/渔业资源可持续发展和实施生态系统管理提供科技支撑。

在加强基础理论研究的同时应该加强渔业可持续发展的管理技术研究，实施生态系统水平的近海生物资源管理。开发基于增殖容量的资源增殖放流和现代海洋牧场建设技术，发展多功能、多效应渔业，搭建渔业资源养护和生态修复科技创新平台；完善渔业资源环境评估技术体系；系统总结、研发和推广我国水产养殖新模式，鼓励发展符合不同水域生态系统特点的养殖生产新模式。

我国的经济增长进入新常态，特别是海洋经济增长，供给侧改革要求海洋产业向绿色、低碳、安全、环保的方向发展。展望未来，现代海洋牧场建设必须坚持"生态优先、陆海统筹、三产贯通、四化同步、创新跨越"的原则，集成应用环境监测、安全保障、生境修复、资源养护、综合管理技术等，加强海洋牧场建设的宏观引导，推动海洋牧场体系化建设，实施海洋牧场企业化运营，在获得经济效益的同时，实现产业繁荣和保持健康生态系统的和谐统一。

## 5.3 海洋生态灾害与生态安全

在生态灾害的发生过程、机理以及驱动机制研究的基础上，开展海洋生态灾害的预测、预警及预估研究。从整个生态系统的结构与功能研究入手，研究生态系统中食物网结构、基础生物生产过程、生态系统中关键生物功能群的基础生物学和生态学，以及有害藻华、绿潮、褐潮、水母爆发等海洋生态灾害发生的基础生物学，重点研究导致海洋生态系统结构与功能变动的关键驱动过程。

在海洋生态灾害防控方面，从可持续发展和生态系统健康的角度出发，研究影响海区内生态灾害暴发的环境和生态关键控制因子，进而提出环境综合利用、总量控制和整治策略。除此之外，研制价廉特效、方便易用的生态灾害防控和应急处置的新材料和新方法仍是国内外生态灾害研究的一个重要内容。

## 5.4 海洋生物多样性与珍稀濒危物种保护

当前，分子生物学手段越来越多地应用于分类学研究中，来自分子方法的数据，结合形态分类学特征，将引起分类、系统、发育和进化研究中的又一次革命性的变化，在生物多样性的研究和保护中起到重要指导作用。随着 DNA 条形码的深入研究和广泛应用，我国的海洋生物 DNA 条形码研究还应该在深度和广度上均有所发展。一方面，需要进一步增加海洋生物的种类、所涉及的海洋生境和 DNA 条形码种类；另一方面，需要加强宏 DNA 条形码（DNA metabarcoding）的研究（陈炼等，2016）。

海洋生物多样性变化和演化研究应针对海洋生物的特性，着重开展以下研究：①加强海洋生物适应机制的研究。深入分析海洋生物适应的行为、生理和进化机制，整合环境与生物学数据，基于机理性模型来分析海洋生物多样性的动态；②加强多尺度多重环境因子的整合研究。海洋生物面临着气候变化和人类活动等多重因子的影响，未来研究中应综合分析多重因子的整合影响，加强原位监测和原位实验，分析生物在"自然"状态下的变化；③建立关键物种和关键生境长期标准化的监测系统。为准确评估和预测关键物种和生境的变化，急需建立长期的监测体系，形成标准化数据库，分析海洋生物多样性的时空动态，为准确评估海洋生物多样性的动态提供数据支撑。

我国海洋珍稀动物的保护技术正在与国际水平接轨，围绕我国的海洋珍稀保护动物，如中华白海豚、斑海豹和绿海龟等，虽然开展了个体识别与定位、种群数量统计与估算、种群遗传学、种群繁殖趋势、生态毒理学、迁徙路线的推测以及繁殖场、觅食场的考察和相应规划与管理等方面的研究，然而国内也尚存一些未发展成熟的研究与保护手段，例如鲸类的卫星信标追踪技术，我国将继续通过合作的方式，博采众长，以期在未来获得自主产权的研究成果。对于沿海保护区，我国将在保护优先的前提下，合理选择周边生态产业的发展方向，加强生态环境保护和修复，以辅助保护海洋珍稀物种。此外，我国将继续与国际上相关的科研机构合作，共同进行沿海珍稀濒危动植物的调查与保护，技术互助，数据共享。长此以往，有望将保护生物领域的合作向远洋与极地拓展。

## 5.5 海洋生态修复

当前，我国高度重视滨海湿地的保护和修复工作，在严格控制开发活动的同时，通过实施"南红北柳"湿地修复，积极恢复滨海湿地。但滨海湿地的保护和修复仍面临着来自人类开发活动和全球气候变化的挑战。滨海湿地生态修复的发展要顺应新的形势，发展基于生态系统的生态修复理论和技术体系，摸清湿地退化的关键机制、从典型退化湿地的生态修复、特定修复目标下的定向修复、生态修复效果评估等方面推进修复技术研究，加强大尺度空间（如全国尺度和区域尺度）生态修复的规划和修复技术研究，注重发挥湿地的生态功能和社会经济效益。

在海湾生境修复技术方面，虽然以截污减排、疏浚清淤等传统工程技术为特征的物理修复技术仍然占据主导地位，但是近年来在海洋生态学和恢复生态学理论的指导下，以物理修复技术和生物修复技术相结合的生态工程技术（如海岸人工湿地技术）得到了快速的发展。近年来，在可持续理论指导下，循环经济理念也被广泛引入到海湾生物修复技术的开发和应用上，形成了以规模化养殖大型藻类、贝类等经济海洋生物改善海湾水质、底质环境的多营养层次立体化生态养殖技术模式。另外，基于食物网能流模型和营养级谱理论的生物操纵技术也正在成为生态系统水平的海湾生态修复研究新方向。

当前，我国正在推动生态岛礁等工程，目前的挑战是如何遏制生物多样性的损失、入侵物种的继续传播和气候变化的负面影响（海平面上升，土地面积和栖息地减少失利）。我国珊瑚礁的保护形势仍不容乐观，需紧跟国际珊瑚礁保护和修复研究前沿，重点开展珊瑚礁全球变化生物与生态学、珊瑚礁生态系统动力学以及珊瑚礁生态修复技术的研究，加强重点海域珊瑚礁的生态监测与修复工作，以保护我国的珊瑚礁生态系统以及生物资源的可持续利用。

## 5.6 海洋生态文明和国际合作

基于生态系统管理理念符合中国海域资源的可持续利用和海洋经济的可持续发展，对于我国来说，如何在已有的规划和管理体系中融入生态学理念，是一个需要从体制、机制、思想等方面全面改进的过程。我国在EBM方面需完善以下途径：①加强海洋生态系统研究，夯实海洋管理的科学基础；②构建多尺度目标融合的规划管理体系，制定统筹协调的海洋管理行动纲领；③从科学上认识和把握海洋生态系统及其变动规律，提出新技术作为管理的基础。

海洋生态补偿发展趋势包括：①建立和完善海洋生态补偿机制的目标，包括构筑生态补偿的国家战略框架、建立一套有效的协调合作机制、正确处理市场和政府的关系等。②海洋生态补偿机制的发展趋势和研究方向，包括制定《海洋生态补偿法》、修改现行环境保护法律体系以及研究和制订相关海洋生态补偿标准等。

自2010年以来，中国已经成为世界第二大经济体，有能力以"一带一路"沿线国家的需求为导向，通过构建优势互补、开放、可持续发展的合作框架体系，创造与沿线国家共同发展的时代机遇。国际上，海洋垃圾、海洋领域应对气候变化、非法捕鱼等议题的凸显，需要我们完善既有的规则或建立新的规则。海洋全球治理进入了深度治理阶段，我们的国际合作重点是以构建人类命运共同体为目标，积极参与全球海洋事务和规则制定。

## 参 考 文 献

蔡锋. 2015. 中国海滩养护技术手册. 北京: 海洋出版社.
陈大刚, 张美昭. 2016. 中国海洋鱼类(上、中、下). 青岛: 中国海洋大学出版社.
陈克亮, 张继伟, 姜玉环, 等. 2018. 中国海洋生态补偿立法: 理论与实践. 北京: 海洋出版社.
陈炼, 吴琳, 刘燕, 等. 2016. 环境DNA metabarcoding及其在生态学研究中的应用. 生态学报, 36(15): 4573-4582.
陈少波, 卢昌义. 2012. 应对气候变化的红树林北移生态学. 北京: 海洋出版社.
第三次气候变化国家评估报告编委会. 2015. 第三次气候变化国家评估报告. 北京: 科学出版社.
关道明, 马明辉, 许妍. 2017. 海洋生态文明建设及制度体系研究. 北京: 海洋出版社.
洪华生. 1994. 海洋生物地球化学研究论文集. 厦门: 厦门大学出版社.
黄宗国. 1992. 中国海洋生物种类与分布. 北京: 海洋出版社.
黄宗国, 林茂. 2012. 中国海洋生物图集(1-8). 北京: 海洋出版社.
黄宗国, 林茂. 2012. 中国海洋物种多样性(上、下). 北京: 海洋出版社.
焦念志. 2006. 海洋微型生物生态学. 北京: 科学出版社.
廖宝文, 李玫, 陈玉军, 等. 2010. 中国红树林恢复与重建技术. 北京: 科学出版社.

林鹏. 2001. 中国红树林研究进展. 厦门大学学报(自然科学版), 40(2): 592-603.

刘健. 2014. 浅谈我国海洋生态文明建设的基本问题. 中国海洋大学学报(社会科学版), (2): 29-32.

刘瑞玉. 2008. 中国海洋生物名录. 北京: 科学出版社.

齐雨藻. 2003. 中国沿海赤潮. 北京: 科学出版社.

沈国英, 黄凌风, 郭丰, 等. 2010. 海洋生态学. 北京: 科学出版社.

石洪华, 丁德文, 霍元子, 等. 2017. 基于海陆统筹的我国海洋生态文明建设战略研究——理论基础及典型案例应用. 北京: 海洋出版社.

孙松. 2012. 水母爆发研究所面临的挑战. 地球科学进展, 27(3): 257-261.

唐启升. 2006. 中国专属经济区海洋生物资源与栖息环境. 北京: 科学出版社.

唐启升, 苏纪兰. 2000. 中国海洋生态系统动力学研究: I 关键科学问题与研究发展战略. 北京: 科学出版社.

唐启升, 苏纪兰. 2002. 中国海洋生态系统动力学研究: II 渤海生态系统动力学过程. 北京: 科学出版社.

王宗灵, 傅明珠, 肖洁, 等. 2018. 黄海浒苔绿潮研究进展. 海洋学报, 40(2): 1-13.

徐贺云. 2018. 改革开放以来中国海洋国际合作的主要成就. 边界与海洋研究, 3(6): 18-26.

杨红生. 2017. 海洋牧场构建原理与实践. 北京: 科学出版社.

于仁成, 孙松, 颜天, 等. 2018. 黄海绿潮研究: 回顾与展望. 海洋与湖沼, 49(5): 942-949.

余兴光. 2018. 变化、影响和响应: 北极生态环境观测与研究. 北京: 海洋出版社.

袁红英, 李广杰. 2014. 海洋生态文明建设研究. 北京: 海洋出版社.

张偲, 金显仕, 杨红生. 2016. 海洋生物资源评价与保护. 北京: 科学出版社.

张芳, 李超伦, 孙松, 等. 2017. 水母灾害的形成机理、监测预测及防控技术研究进展. 海洋与湖沼, 48(6): 1187-1195.

郑元甲. 2003. 东海大陆架生物资源与环境. 上海: 上海商务出版社.

郑重. 1984. 海洋浮游生物学. 北京: 海洋出版社.

中国海湾志编纂委员会. 1993. 《中国海湾志》(I-XIII). 北京: 海洋出版社.

中国海洋学会. 2015. 中国海洋学学科史. 北京: 中国科学技术出版社.

中国科学技术协会, 中国生态学学会. 2012. 2011—2012 生态学学科发展报告. 北京: 中国科学技术出版社.

周名江, 朱明远, 张经. 2001. 中国赤潮的发生趋势和研究进展. 生命科学, 13(2): 52-58.

朱雄, 曲金良. 2017. 我国海洋生态文明建设内涵与现状研究. 山东行政学院学报, 154: 84-89.

Agardy T, Davis J, Sherwood K, et al. 2011. Taking Steps toward Marine and Coastal Ecosystem-Based Management—An Introductory Guide. Kenya: United Nations Environment Programme–Headquarters (UNEP).

Anderson D M. 1997. Turning back the harmful red tide–Commentary. Nature, 6642: 513-514.

Cai R, Tan H, Kontoyiannis H. 2017. Robust Surface Warming in Offshore China Seas and Its Relationship to the East Asian Monsoon Wind Field and Ocean Forcing on Interdecadal Time Scales. Journal of Climate, (30): 8987-9005.

Cai R, Tan H, Qi Q. 2016. Impacts of and adaptation to inter-decadal marine climate change in coastal China seas. International Journal of Climatology, 36(11): 3770-3780.

Chen B, Dirhamsyah. 2019. Marine Ecosystems of North Sulawesi, Indonesia. Beijing: Science Press.

Chen Q C. 1994. Zooplankton in China Seas. Beijing: Science Press.

Condon R, Duarte C M, Pitt K A, et al. 2013. Recurrent jellyfish blooms are a consequence of global oscillations. Proceedings of the National Academy of Sciences of the United States of America, 110(3): 1000-1005.

Du J G, Hu W J, Makatipu P C, et al. 2016. Common Reef Fish of North Sulawesi, Indonesia. Beijing: Science Press.

Ducklow W H, Doney S C, Steinberg D K. 2009. Contributions of long-term research and time-series observations to marine ecology and biogeochemistry. Annual Review of Marine Science, 1: 279-302.

Fung T, Farnsworth K D, Reid D G, et al. 2015. Impact of biodiversity loss on production in complex marine food webs mitigated by prey-release. Nature Communications, 6: 6657.

He Y, Li M, Perumal V, et al. 2016. Genomic and enzymatic evidence for acetogenesis among multiple lineages of the archaeal phylum Bathyarchaeota widespread in marine sediments. Nature Microbiology, 3: 39.

He Z Y, Peng Y S, Guan D S, et al. 2018. Appearance can be deceptive: shrubby native mangrove species contributes more to soil carbon sequestration than fast-growing exotic species. Plant and Soil, 432(1-2): 425-436.

Hebert P D N, Ratnasingham S, de Waard J R. 2003. Barcoding animal life: cytochrome c oxidase subunit I divergences among closely related species. Proceedings of the Royal Society of London B Biological Sciences, 270(Suppl 1): 96-99.

IPCC. 2014. 2013 Supplement to the 2006 IPCC Guidelines for National Greenhouse Gas Inventories: Wetlands. Switzerland: IPCC.

Jiao N, Herndl G J, Hansell D A, et al. 2010. Microbial production of recalcitrant dissolved organic matter: long-term carbon storage in the global ocean. Nature Reviews Microbiology, 8: 593-599.

Liu S, Jiang Z, Wu Y, et al. 2019. Macroalgae bloom decay decreases the sediment organic carbon sequestration potential in tropical seagrass meadows of the South China Sea. Marine Pollution Bulletin, 138: 598-603.

Liu J Y. 2013. Status of Marine Biodiversity of the China Seas. PLoS ONE, 8: e50719.

Melià P, Schiavina M, Rossetto M, et al. 2016. Looking for hot spots of marine metacommunity connectivity: a methodological framework. Scientific Reports, 6: 23705.

Purcell J E, Uye S I, Lo W T. 2017. Anthropogenic causes of jellyfish blooms and their direct consequences for humans: a review. Marine Ecology Progress Series, 350: 153-174.

Qi D, Chen L Q, Chen B S, et al. 2017. Increase in acidifying water in the western Arctic Ocean. Nature Climate Change, 7: 195-199.

Ren H, Lu H, Shen W, et al. 2009. Sonneratia apetala Buch. Ham in the mangrove ecosystems of China: An invasive species or restoration species. Ecological Engineering, 35: 1243-1248.

Ren X Q, Sha Z L. 2015. Probathylepadidae, a new family of Scalpelliformes (Thoracica: Cirripedia: Crustacea), for Probathylepas faxian gen. nov., sp. nov., from hydrothermal vent in Okinawa Trough. Zootaxa, 4033(1): 144-150.

Tan H, Cai R. 2018. What caused the record-breaking warming in East China Seas during August 2016. Atmospheric Science Letters, 19(10): e853.

Tan Y, Lv D, Cheng J, et al. 2018. Valuation of environmental improvements in coastal wetland restoration: A choice experiment approach. Global Ecology and Conservation, 15: e00440.

Thrush S F, Hewitt J E, Lundquist C, et al. 2011. A strategy to assess trends in the ecological integrity of New Zealand's marine ecosystems. NIWA Client Report No: HAM2011-140, New Zealand: National Institute of Water & Atmospheric Research Ltd.

Tian Y J, Kidokoro H, Watanabe T, et al. 2012. Response of yellowtail, Seriola quinqueradiata, a key large predatory fish in the Japan Sea, to sea water temperature over the last century and potential effects of global warming. Journal of Marine Systems, 91(1): 1-10.

United Nations Environment Programme (UNEP). 2008. Global programme of Action for the Protecetion of the Marine Environment from Land-based Activities (GPA). Ecosystem-based management-Markers for assessing progress.

Wang Z L, Xiao J, Fan S L, et al. 2015. Who made the world's largest green tide in China?—an integrated study on the initiation and early development of the green tide in Yellow Sea. Limnology and Oceanography, 60: 1105-1117.

Xiao W, Liu X, Irwin A J, et al. 2018a. Warming and eutrophication combine to restructure diatoms and dinoflagellates. Water Research, 128: 206-216.

Xiao W, Wang L, Laws E, et al. 2018b. Realized niches explain spatial gradients in seasonal abundance of phytoplankton groups in the South China Sea. Progress in Oceanography, 162: 223-239.

Xu Z L. 2011. The past and the future of zooplankton diversity studies in China seas. Biodiversity Science, 19(6): 635-645.

Yu G, Sun P, Liu G, et al. 2014. Diagnostic model construction and example analysis of habitat degradation in enclosed bay: I. diagnostic model construction. Chinese Journal of Oceanology and Limnology, 32(3): 626-635.

Yu T, Wu W, Liang W, et al. 2018. Growth of sedimentary Bathyarchaeota on lignin as an energy source. Proceedings of the National Academy of Sciences, 115(23): 6022-6027.

Yu Z, Song X, Cao X, et al. 2017. Mitigation of harmful algal blooms using modified clays: Theory, mechanisms, and applications. Harmful Algae, 69: 48-64.

Zhang Y H, Huang G M, Wang W Q, et al. 2012. Interactions between mangroves and exotic Spartina in an anthropogenically disturbed estuary in southern China. Ecology, 93: 588-597.

Zheng Z. 1989. Marine Planktology. Beijing: China Ocean Press & Springer.

Zhou M J, Liu D Y, Anderson D M, et al. 2015. Introduction to the Special Issue on Green Tides in the Yellow Sea. Estuarine, Coastal and Shelf Science, 163: 3-8.

Zhou Y D, Zhang D S, Zhang R Y, et al. 2018. Characterization of vent fauna at three hydrothermal vent fields on the Southwest Indian Ridge: implications for biogeography and interannual dynamics on ultraslow-spreading ridges. Deep-Sea Research Part I, 137: 1-12.

撰稿人：陈　彬，杜建国，张　芳，张玉生，马志远，王宗灵，王春生，王彦国，付明珠，吕颂辉，李新正，陈光程，陈克亮，张立斌，张宜辉，张　锐，林龙山，郑新庆，赵丽媛，曹西华，黄邦钦，黄凌风，董云伟，蒋增杰，蔡榕硕，谭烨辉

# 第18章 农业生态学研究进展

## 1 引　言

最早使用"农业生态学"这个术语可以追溯到1928年的捷克农学会，1929年意大利教授. Azzi 的农业生态学课程及其1956年出版的 *Agricultural Ecology* 著作。然而，农业生态学开始受到广泛关注则是在人类生态环境意识觉醒，生态系统生态学在生态学获得长足发展并运用到农业之后的70年代。近四十年，农业生态学在国际上发展迅速，涉及的范围越来越广。法国的 Wezel 等（2009）在深入分析农业生态学发展趋势之后，认识到 Agroecology 这个术语在国际上已经涵盖了从农场生产到餐桌消费的整个食物体系（Food System）。农业生态学是一个学科，属于生态学的一个分支学科。农业生态学是一种农业实践，即生态农业实践。农业生态学也是一类社会变革，即社会的农业生态转型。基于这种认识，国外教科书也对农业生态学的定义进行了修订（Gliessman, 2018）。从80年代开始，我国的农业生态学的定义一直沿用："运用生态学和系统论的原理与方法，把农业生物与其自然和社会环境作为一个整体，研究其中的相互作用、协同演变、调节控制和可持续发展规律的学科"（骆世明，2017a）。我国农业生态学的学科体系已经涵盖了当前国际农业生态学关注的三大领域。在学科方面，农业生态学是研究农业生态系统的结构、功能及其调控规律的一个生态学分支学科。在实践方面，农业生态学原理指导下推进农业可持续发展的实践形式就是生态农业。在社会变革方面，我国农业生态学体系把促进农业生态转型的社会改革看作是一种影响农业经营者行为从而间接实现对农业生态系统调控的途径。农业生产经营者的行为是农业生态系统的直接调控力量。农业生态学作为一个学科，我国在轮间套作、稻田养鱼、稻田养鸭、旱作保墒、连作障碍、作物化感、土壤生物、作物根系生物学、农业生物诱导抗性、农业循环体系的能流物流等揭示农业生态系统的结构功能与相互关系方面取得了举世瞩目的进展。农业生态学作为一种实践，我国无论是在传统生态农业方法的挖掘，还是在现代生态农业模式与技术体系的创新方面都丰富多彩，而且逐步赢得了世界的关注。农业生态学作为一种社会变革，我国农业生态转型已经获得举国上下的认同。然而，我国在促进农业生态转型的体制机制转换方面才刚刚起步，目前正在积极探索之中。

## 2 农业生态学在中国的40年发展历程

### 2.1 学科体系的构建

我国在20世纪70年代末80年代初开拓农业生态学的力量分别来自农业院校的作物学、耕作学、土壤学的教师，以及来自中国科学院土壤与生态学研究领域的科学家。1975年沈阳农业大学的沈亨理教授发表了《论农业生态系统与用地养地》的论文（沈亨理，1975）。1981年华南农业大学吴灼年教授发表了《用农业生态系统的观点指导农业生产》（吴灼年，1981）。1982年中国科学院南京土壤研究所的熊毅研究员发表了《农业生态系统的特点及其研究任务》（熊毅，1982）。这是我国早期关于农业生态学发表的3篇论文。在20世纪60年代和70年代，我国物理学家钱学森的系统工程思想和数学家华罗庚的运筹学方法在我国科技界有广泛影响（魏宏森，2013）。我国农业生态学发展的重要学术思想源头不仅仅来自生态学，显然还来自系统论和控制论。中华文明传统中朴素的整体观也是农业生态学能够在中国迅速扎根的重要原因。

在 20 世纪 80 年代初的改革开放形势下，农业部非常重视发展农业生态学。在 1981 年和 1983 年两次主办全国农业生态学师资培训班，1984 年举办了全国农科系统研究人员农业生态学培训班。这些培训班都由华南农业大学承办。培训班引进了 Odum 的《生态学基础》教材和 Cox Atkins 的《农业生态学》教材，介绍了利用数学和计算机开展农业生态系统分析的方法，用生态系统生态学观点分析了中国的农业问题，提出了实现农业可持续发展的生态农业方向。在 1983 年的培训班中各农业高校交流了自主编写的第一批内部交流用的农业生态学教材，其中包括新疆八一农学院农业生态教研组的《农业生态学》(1981)，沈阳农学院沈亨理教授的《农业生态系统的基本原理》(1981)，华中农业大学陈聿华教授的《农业生态学基础》(1982)，华南农业大学吴灼年教授主编的《农业生态学》(1983)等。在全国培训班之后，各个农业院校纷纷出版各校本科生教学用的农业生态学油印本教材。在 1984 年到 1985 年期间编写了农业生态学教材的老师就有北京农业大学的王在德、湖南农学院的严斧、四川农学院的雷圣远、华南农学院的骆世明等。在这些内部教材的基础上，1986 年福建农学院吴志强教授在福建科技出版社出版了《农业生态学基础》，1987 年骆世明、陈聿华、严斧在湖南科技出版社出版了《农业生态学》教材。我国农业生态学的学科体系得以逐步形成。我国农业生态学的学科体系以农业生态系统为核心，介绍其中的生态学原理，用生态观分析农业发展的过去、现状和未来，在重点剖析中国农业可持续发展面临的挑战与机遇的基础上，着重介绍生态农业的模式与技术体系，并提出了实现农业生态转型的社会变革途径。在此后 30 年里我国农业生态学的教科书出版数量超过 40 个版本。这段时间由于生态学的普及，农业生态学的生态学基本原理介绍有所压缩。由于我国与国际社会生态农业的持续发展，涉及生态农业方法与农业生态转型社会变革的内容越来越充实。由于农业生态学相关的实验与实习方法与数量分析方法都已经单独成书，农业生态学教材中关于方法的内容就减少了（骆世明和彭少麟，1996；骆世明，2009b）。总的来说，我国农业生态学的学科体系长期保持稳定，学科内容不断调整充实。农业生态学已经成为多数农业高等院校农业资源与环境、生态、农学、环境等专业的必修课，也成为一些传统农业技术分支学科和农业经济学科的选修课。"农业生态学进展"作为研究生课程在我国农科研究生人才培养中起到了重要作用。

## 2.2 科学研究的发展

中国生态学学会第一任理事长马世骏院士非常重视生态学在农业的运用，他在 1987 年出版了《中国的农业生态工程》一书（马世骏和李松华，1987），还主持了 1987 年在广东鹤山中山召开的"全国生态农业学术讨论会"、参加了 1991 年在河北唐山的"全国生态农业县建设经验交流会议"。他提出的社会－经济－自然复合生态系统理论和生态系统的"整体、协调、循环、再生"原理对推动我国农业生态学研究和生态农业发展起到了重要作用。

农业生态学专业委员会是中国生态学学会中成立较早的专业委员会。中国科学院南京土壤研究所熊毅院士 1980 年主持召开了第一次全国农业生态学研讨会。在 1981 年的第一届农业生态学研讨会上，中国科学院林业土壤研究所（现中国科学院沈阳应用生态研究所）的曾昭顺研究院成为第一届农业生态学专业委员会的主任，此后南京农业大学的黄瑞采教授、华南农业大学骆世明教授、福建农林大学林文雄教授、中国农业大学吴文良教授先后当选为农业生态学专业委员会主任。农业生态学研讨会也规范为每 2 年召开一次。为了让科学研究与生产实际更密切结合，2013 年第十六届研讨会开始从"全国农业生态研讨会"更名为"全国农业生态与生态农业研讨会"。2017 年已经是农业生态学专业委员会的第十八届全国大会了。为了满足学术交流的需要，农业生态学专业委员会还在大型学术研讨会之间，隔年召开针对性更强的小型研讨会。小型研讨会集中交流诸如农业生态研究的定位站建设经验、农业生态学的教学经验、生态农业的社会管理与政策制定等议题。积极传播农业生态学及生态农业研究成果的《生态与农村环境学报》和《中国生态农业学报》分别在 1985 年和 1993 年创刊。活跃的学术交流有力促进了农业生态学在我国的发展。

在近40年，我国农业生态学研究的发展令人瞩目。在我国高等院校和科研院所设立了与农业生态学密切相关的研究机构超过20个，例如：中国科学院系统中的地理科学与资源研究所、南京土壤研究所、沈阳应用生态研究所、东北地理与农业生态研究所、亚热带农业生态研究所、遗传与发育生物学研究所、寒区旱区环境与工程研究所；中国农业科学院体系中的农业资源与区划研究所、农业环境与可持续发展研究所、农业环境保护监测研究所；省级农业科学院体系中的福建农科院农业生态研究所、云南农科院热区农业生态研究所；高等学校中的云南农业大学农业生物多样性应用技术国家工程研究中心、兰州大学草地与农业生态系统国家重点实验室、华南农业大学的农业部华南热带农业环境重点实验室、华中农业大学的农业部长江中下游作物生理生态与耕作重点实验室、福建农林大学农业生态研究所、上海交通大学崇明生态农业研究与发展中心、中国农业大学的生物多样性与有机农业北京市重点实验室、南京农业大学的农业资源与生态环境研究所、浙江大学的生态研究所等都有非常活跃的农业生态学研究（骆世明，2017）。在"中国知网"用"农业生态"作为关键词查询到的中文论文数量已经从1981~1999年平均每年3.1篇，上升到2007~2017年平均达到69.4篇（图18.1），用"农业生态"作为主题词查询到的论文数量也从2000年前年均150篇左右上升到近年接近每年800篇的数量（图18.2）。

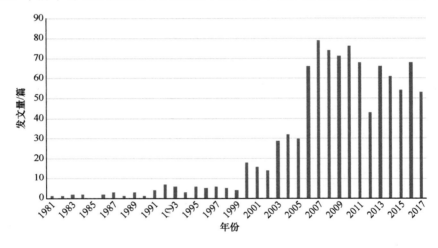

图18.1　在中国知网用关键词"农业生态"查询的论文数量

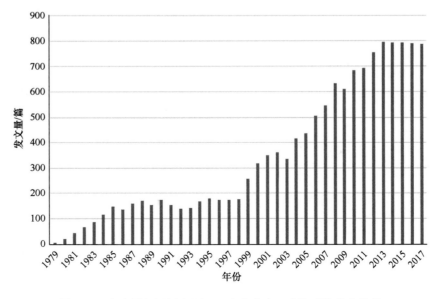

图18.2　在中国知网用主题词"农业生态"查询到的论文数量

云南农业大学以朱有勇院士为核心的农业生物多样性应用技术国家工程研究中心在水稻不同品种间种防治稻瘟病的成果在 Nature 上发表（Zhu，2000），有关成果获得过中国科技进步奖。浙江大学陈欣团队关于稻鱼共作模式的研究成果在美国科学院院报等高水平学术刊物发表（Xie et al.，2011），而且获得 Science 刊发对该成果的高度评价。中国农业大学李隆教授关于禾本科与豆科间套种的地下部营养与分泌物相互关系在美国科学院院报等国际知名刊物发表（Li et al.，2016），成为这个领域在国际享有盛誉的专家。福建农林大学林文雄团队在作物化学相互作用及连作障碍的机制研究方面，华南农业大学章家恩团队在稻田养鸭与福寿螺的生态防控方面，上海交通大学农学院曹林奎团队在稻田养蛙方面，兰州大学李凤民团队在西北旱区节水农业生态研究方面，中国科学院亚热带农业生态研究所王克林团队在洞庭湖湖区与喀斯特地貌农区的农业布局优化研究方面，吴金水团队在农业面源污染的人工湿地研究方面，中国农业大学的宇振荣团队在农业景观研究与规划方面都取得了很多令人瞩目的成果。中国科学院和中国农业科学院系统各个研究所分别在我国东北、华北、西北、西南、华东、华中不同气候带和不同土壤区设立了 30 个以上的农业生态长期定位站，为农业生态学研究累积了丰富的原始资料，为今后深入发掘规律和揭示机理打下了良好基础。介绍我国学者研究成果和生态农业经验的英文专著 Agroecology in China: Science, Practice, and Sustainable Management 的出版表明我国农业生态学的研究与实践成果正在更广泛被国际社会所认识和接纳，影响力逐步增加（Luo and Stephen，2016）。

## 2.3　生态农业的发展

农业生态学的重要应用领域就是开展生态农业建设，推动农业生态转型，促进农业可持续发展。我国是世界上农耕历史没有中断过的唯一国家。在悠久的历史长河中，通过无数成功与失败的探索，形成了天-地-人协调，用地-养地结合的农耕方式及其相适应的儒家与道家伦理。工业化农业是对传统农业的革新，生态农业又是对工业化农业的革新。经过否定之否定，传统农业和民间实践中很多模式与方法可为生态农业提供借鉴。诸如作物轮间套作、有机物循环利用、种养结合体系、稻田复合种养体系、生态平衡与生物保护等传统与民间的经验都为现代生态农业的发展提供了思路和方法。传统和民间的农家品种也为当代生态农业提供了丰富的物种与基因多样性基础。在李文华院士与闵庆文研究员牵头下，我国还积极参与了联合国粮农组织 2002 年发起的全球重要农业文化遗产（GIAHS）倡议，目前成为获得全球重要农业文化遗产地认定最多的国家，2012 年起我国也相应开展了中国重要农业文化遗产（China-NIAHS）发掘与保护工作，并在科学研究、遗产管理、保护与发展实践等方面走在了世界前列。"全球重要农业文化遗产是关乎人类未来的遗产"这一重要的理念正在得到落实，我们通过发掘、保护、研究和利用农业文化遗产，从一个独特的侧面推进我国农业的生态转型。

在近 40 年现代农业科学技术在生态农业中得到广泛利用。沼气、太阳能、风能等新能源技术、微灌喷灌等节水技术、病虫害综合防控技术、植物养分供给调控技术、复合有益微生物制剂利用、秸秆综合利用技术、污水人工湿地处理技术、污染土壤修复技术等已经被整合到各地的生态农业模式中。新的稻田养蛙、养虾、养鳖模式、旱作节水模式、果园、茶园、胶园立体种养模式、林农间作模式、水土流失综合治理模式、农田林网与有花植物带模式、南方"猪-沼-果"模式与北方"四位一体"循环模式被越来越广泛利用。李文华院士 2003 年组织全国力量编写了《生态农业——中国可持续农业的理论与实践》专著，对全国的生态农业进行了总结。丰富多彩的生态农业模式与技术体系，可以按照其自然组织层次，区分为区域与景观的布局模式，生态系统层次的循环模式，以及生物群落层次的多样性利用模式。生态农业技术体系是与具体生态农业模式紧密相关的多个单项技术经过组装、协调与优化而成。在生态农业技术体系的组装中尤其重视利用与资源匹配、生态保育、环境保护、食品安全相关的技术（骆世明，2008，2009a）。我国生态农业的实践经验也为国际社会所重视，联合国粮农组织 2018 年发布了我国稻田生物多样性利用的生态农业经验（Luo，2018）。

我国生态农业的发展可以明显分为两个阶段：第一个阶段从 20 世纪 70 年代末开始到 2005 年前后，这个阶段是生态农业发展的认识推动阶段；第二个阶段从 2010 年前后开始一直延续到今天，这个阶段是生态农业发展的需求推动阶段。第一个阶段的主要动力来自学者的呼吁与领导的重视。我国当时存在地力下降，水土流失严重，地下水位下降，耕地盲目扩大，秸秆在燃料、饲料、肥料等不同利用方式之间分配有矛盾等人多地少情况下农业生产面对的生态问题。当时学者们也通过学术交流了解到发达国家工业化农业发展在资源、生态与环境方面遇到的问题，因而也担忧我国未来也可能出现的类似问题。在改革开放初期，我国学术届的思想相当活跃，从 70 年代末开始，我国学者独立于国外提出了发展生态农业主张。叶谦吉、马世骏、阳含熙、熊毅、曾昭顺、黄瑞采、辛德惠、李文华、沈亨理、吴灼年、王兆骞、章熙谷、韩纯儒等都是早期就呼吁和支持发展生态农业的学者。学者们的呼吁也先后得到了农业部石山、郭书田、张文庆、相重阳、边疆、洪绂曾、路昉等领导干部的重视。20 世纪 80 年代和 90 年代，我国举办过多次全国生态农业经验交流会、现场会和研讨会，还出版多本介绍生态农业的著作，如《中国生态农业》（郭书田，1988）、《中国生态农业的崛起》（农业部政策法规司等，1993）、《中国生态农业的理论与实践》（边疆，1993）等。1990 年为止，全国开展生态农业实践的有约 500 个村，300 个乡镇，100 个县。1994 年开始农业部正式开展全国生态农业试点县工作。到 2003 年项目结束时，全国生态农业试点县达 101 个。

我国改革开放后，工业化步伐加速。到 2010 年前后，尽管我国还在工业化中期，由于人口密度高，工业化引起的资源、环境、生态问题的严重程度已经达到甚至超越 60 年代工业化国家的状况。农业投入的化肥、农药、农膜、激素、抗生素呈直线上升态势。地下水位持续下降、耕地发生酸化、东北黑土地退化、土壤工业污染、草原退化、渔场过捕等问题越来越严重。2007 年太湖蓝藻爆发事件、2008 年三聚氰胺奶粉事件、2013 年的湖南大米镉污染事件等生态环境与食品安全问题引起了公众广泛关注。这个时候，是否要实施农业的生态转型，已经不是专家和领导高瞻远瞩的认识推动，而是社会普遍关注和急切需求的推动。2015 年农业部和浙江省政府签署了《关于共建现代生态循环农业试点省合作备忘录》，同年农业部和安徽省人民政府签署了《共同推进安徽现代生态农业产业化建设合作备忘录》；2017 年农业部和海南省签署《共同推进生态循环农业示范省备忘录》。同年，中共中央国务院发布《关于创新体制机制推进农业绿色发展的意见》，颁布《种养结合循环农业示范工程建设规划（2017—2020 年）》。这都是国家自上而下推动农业生态转型的重要标志。2010 年前后，自下而上的生态农业行动在社会上也得到了迅速发展。2008 年北京小毛驴市民农园为代表的社区支持生态农业（CSA）是一个开端，2010 年创办的北京农夫市集以参与式的食品安全保障体系（PGS）为特色，2012 年石嫣创办的分享收获农场实行生产者与消费者直接对接（石嫣，2013），2014 年成立的沃土可持续农业发展中心集结了一批返乡从事生态农业的新农人。生态农业越来越受到关注。从查阅文献数量可以了解到，近 40 年来我国涉及生态农业的论文呈不断增长的态势（图 18.3）。2007 年以后，以"生态农业"为主题的论文数量每年稳定在 2000 篇以上。

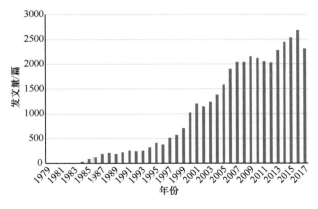

图 18.3　在"中国知网"用主题词"生态农业"查询到的论文数量

# 3 农业生态学的国际发展现状

农业生态学（Agroecology）近年在国际社会发展也相当快。农业生态学关注的焦点已经从20世纪80年代集中关注农业生态系统的自然生态关系与农业技术方面，到90年代以后拓展到了整个食物供应体系（Gliessman，2015）。社会平等、经济制度、管理政策也逐步成为农业生态学关注的热点。农业生态学的应用领域——生态农业更是受到了国际社会的高度重视。

## 3.1 农业生态学的研究进展

通过web of science用Agroecology作为主题词查询的论文数量，发现论文数在1989年以来数量不断增加（图18.4）。文章内容相关的学科按照比重顺序分别为：农业、环境科学与生态学、植物学、生物多样性保护、产业经济学、食品科技、化学、动物学、气象学、林学、营养学、心理学、公共管理、昆虫学、物理学、社会学、教育学、地理学、数学与计算生物学、病理学、公共卫生学等（表18.1）。这个一方面反映了农业生态学研究关注重点的顺序，另一方面也反映了农业生态学涉及多个学科的跨学科性质。考虑到涉及农业生态系统结构与功能、调节与控制的众多科研成果不一定使用"农业生态"作为论文主题词，因此可以推断相关农业生态学的研究论文应是图表反映数量的数倍到数十倍。

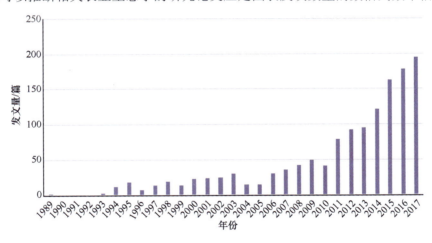

图18.4 在web of sciences查询主题为Agroecology的论文数量

表18.1 Agroecology作为主题的论文所涉及的主要学科领域

| 论文内容涉及的学科 | 篇数 | % |
| --- | --- | --- |
| 农业 | 1238 | 83.65 |
| 环境科学与生态学 | 947 | 63.99 |
| 植物学 | 654 | 44.19 |
| 生物多样性保护 | 431 | 29.12 |
| 产业经济学 | 416 | 28.11 |
| 食品科技 | 195 | 13.18 |
| 化学 | 187 | 12.64 |
| 动物学 | 170 | 11.49 |
| 气象学 | 156 | 10.54 |
| 林学 | 134 | 9.05 |

续表

| 论文内容涉及的学科 | 篇数 | % |
| --- | --- | --- |
| 营养学 | 125 | 8.45 |
| 心理学 | 107 | 7.23 |
| 公共管理 | 95 | 6.42 |
| 昆虫学 | 85 | 5.74 |
| 物理学 | 84 | 5.68 |
| 社会学 | 77 | 5.20 |
| 教育学 | 75 | 5.07 |
| 地理学 | 70 | 4.73 |
| 数学与计算生物学 | 68 | 4.59 |
| 病理学 | 68 | 4.59 |
| 公共卫生学 | 68 | 4.59 |

注：用 web of science 作为搜索引擎

2018 年 Journal of Applied Ecology 专门出版了一个关于在农业生态学中利用功能性状的专刊。Adam 等（2018）指出，生物个体、物种、群落和生态系统在长期适应进化中会适应生态环境，并产生对应的特征性状。近年来，生态学家认识到通过评估生态学上有意义的少量植物种类或者少量植物器官的具体特性性状就可以：①在一个生态梯度上对不同的物种进行定量分析；②在机理上预测植物对周围生态环境的适应力与影响力。这有利于形成研究的假设。如果把这个特征性状的方法应用到农业生态学，可能会对基础研究方面提供一个方法上的突破口。有利于在农田管理、区域规划甚至全球环境政策的研究中产生积极成果。赫尔辛基大学的芬兰学者 Ingeborg 等（2017）介绍了一种利用蜜蜂进行生物防治的新思路，称为 Entomovectoring（昆虫携带感染）。研究人员通过在蜂箱出入口放置含有粉红粘帚霉的垫，让蜜蜂离开蜂巢时顺便携带粉红粘帚霉飞到蜜源植物，让蜜蜂在草莓上采蜜的时候同时实现了对草莓灰霉病的防治。

## 3.2 国际社会高度重视发展生态农业

联合国粮农组织（FAO）在 2014 年和 2018 年召开了两届国际生态农业研讨会。在两次大会之间，FAO 还分别在亚太地区、南部非洲、拉美和加勒比、欧洲和西非、近东和北非、中国等地召开了各大区域的生态农业国际研讨会。FAO 把推动生态农业发展作为落实联合国 2015 年提出的 2030 年可持续发展目标的重要手段。2018 年会议的主题是"更广泛推进生态农业，实现可持续发展目标"（Scaling Up Agroecology to Achieve the Sustainable Development Goals），会议提出的行动倡议包括：支持技术创新，特别是支持农民的创新；鼓励建立各国的生态农业支撑政策；促进食物体系中的公平与分享；强化联合国的内部协调，让生态农业成为国际社会农业发展的主流思路。

2014 年丹尼尔和妮娜卡拉索基金会（Daniel and Nina Carasso Foundation）在欧洲资助成立了一个中立、非盈利、有国际威望的可持续食物体系国际委员会（International Panel of Experts on Sustainable Food System），专注于国际食物体系的可持续发展。该委员会 2016 年发布了第二个报告，题目是《从单一性到多样化——从工业化农业模式向多样化的生态农业体系转换》（IPES-FOOD，2016）。报告认为世界农业的发展方向是多样化的生态农业体系。目前发达国家的工业化农业正在被一系列蔓延到农业之外的政府政策、教育宣传、市场结构、思维模式、研究取向、评价方法等社会机制和思想意识所强化和锁定。要发展生态农业就需要有食品体系激励机制的重大转变，才能让农民重新审视他们的生产模式，让消费者彻底地改变其消费习惯，从而打破原有的复杂锁定机制，有利于农业的生态转型。

## 3.3 农业生态在拉美与欧洲发展的不同特点

在拉美，Agroecology 最显著的特点是作为一种最初由民间开始的社会变革运动。墨西哥的生态农业变革运动起源于 20 年前农民保护传统种植方式，对抗转基因作物进入的活动。传统农民种植玉米采用复合立体种植模式，玉米与豆角、南瓜、辣椒、籽粒苋、叶菜混合种植，称为 milpa 模式。然而，1997 年前后转基因玉米出现，农业生物多样性流失。这引起了城乡社会各个方面的抵抗声浪，人们提出了"没有玉米就没有国家"的口号，要求保护土著居民领地和地方生产的食物消费权。另外，转基因大豆的引入增加了墨西哥出口欧盟蜂蜜的退货风险，因为蜂蜜很容易被含转基因大豆花粉所污染。为此，农户们联手抗争，最终扭转了形势，在 Yucatan 州等地获得了立法支持，禁止种植转基因大豆。墨西哥的咖啡联盟则通过联络 126 个合作组织，联系了 7.5 万个小型咖啡有机生产农户，为大家提供技术、改善民生、保护环境，保护和促进了咖啡的有机生产方式。他们大量采用遮荫林下开展有机咖啡生产的模式，保护了生物多样性，促进了产品销售（Victor et al.，2017）。在巴西，农业生态协会（the Rede Ecovida de Agroecologia，Ecovida）成立于 1999 年。最初是因为巴西南部农民和地方政府反对中央政府强制采取第三方有机食品认证方法。因为第三方认证制度忽视和损害了当地传统的参与式有机生产。农业生态协会成立之初，参加的农户有 343 户，农民合作社 35 个，消费者联盟为零。发展到 2016 年，加入农业生态协会的农户达到 4500 户，农民合作社 300 个，消费者联盟 20 个。目前巴西参与式和社区认可的有机产品达到全部有机产品的 55.9%，第三方认证有机产品仅占 44.1%（Oscar et al.，2017）。在拉美各国活跃的民间运动基础上，2007 年成立了拉美农业生态协会（Latin American Scientific Society of Agroecology，SOCLA）。著名农业生态学家 Miguel Altieri 为第一任主席。到 2017 年，已经召开第六届大会。每次参加大会的人数达数千人。2016 年拉美农业生态协会还建立了一个包含加拿大和美国的有志之士的北美分会（SOCLA-NA）（Gliessman，2017）。像巴西和墨西哥这些拉丁美洲国家的社区参与式有机产品的产销实践也影响了国际有机农业联盟，为了加速有机农业对全球农业发展的影响，国际有机农业联盟（IFORM）2015 年发布了有机农业 3.0 发展战略。这个战略一方面改变有机农产品单靠第三方认证的做法，积极鼓励有机生产者与消费者的参与式保障体系（participation guarantee system，PGS）和社区支持农业体系（Community Supported Agriculture，CSA）发展，另一方面与其他类型的农业可持续发展实践建立其联盟关系，相互借鉴，相互支持，共同推进世界农业的生态转型（IFORM，2018）。

在欧洲，总体来说对农业生态学更多是作为一个学科来理解，其次是作为一种实践，比较少被看作是一场社会变革（Felipe et al.，2018）。相对西欧来说，东欧的农业生态学发展起步更慢一些。农业生态学在东欧的发展一直到九十年代以后才得以确立（Jan et al.，2018）。2016 年欧洲成立了一个欧洲农业生态协会（Association of Agroecology Europe）致力于农业与食品系统的可持续发展，开展知识分享和组织相关行动，推进农业生态学的发展（Gliessman，2016）。Wezel 等（2018）认为农业生态学在欧洲要获得更大发展，需要克服的主要障碍有 7 个方面：农业生态学内涵理解的混乱，在高校学生的农业生态学教育和对农民的生态农业培训不足，跨学科的农业生态学研究以及农民参与的研究缺乏，认为生态农业就是低产、低生产力、劳动密集型的偏见流行，至今欧盟共同农业政策总体上还是有利于大规模、高投入、资金密集型的工业化农业模式而不是生态农业模式，缺乏生产者与消费者在食物体系中的沟通与连接，还有就是一些工业化农业企业对生态农业概念的歪曲和滥用。为此，他认为需要在欧洲采取 7 方面的针对性措施，包括：促进对 Agroecology 的共识，扩大农业生态学的教育、交流和培训，加大跨学科、农民参与、长期的农业生态研究，在经济补偿和市场价值方面改进欧盟的共同农业政策，支持现有成功的生态农业实践加快农药化学品的替代，通过强化消费方式教育并强化消费者与农民的关系来改造食物体系，通过不同利益相关方的同盟来推进生态农业。

## 3.4 农业生态学的教学

美国著名农业生态学家 Stephen Gliessman 在 2015 年出版其《农业生态学》教科书的第三版（Gliessman，2015）。这版教材与前面的版本相比有几个重要的变化。首先是对农业生态学的定义进行了拓展，认为"农业生态学是运用生态学概念与原理来研究和管理可持续食物系统的学科"。该教科书除了按照生态学的层次分别就生物、环境、种群、群落、生态系统、景观等不同组织层次的相互作用进行阐述以外，还专门设了一章论述农业的生态转型。按照难易程度和组织层次，Gliessman 把农业的生态转型分为 5 个水平，分别为：①提高工业品投入的利用率，从而减少投入；②通过工业投入的替代，进一步减少甚至不用工业投入；③在农场水平对农业生态系统进行结构和功能调整，增加多样性，强化内部联系和加强内部循环；④在食物供应链层面加强生产者与消费者直接联系，减少中间环节消耗；⑤建立平等、参与、公正的全球食物体系与可持续发展体系。他在最后一章分析了美国工业化农业的现实、社区支持农业生态转型的行动进展，以及对今后农业生态转型的展望。

法国农业生态学专家 Alexander Wezel 在 2017 年出版的专著中不仅收集了世界各地的生态农业研究成果与实践经验，还用 3 章分别介绍了法国、美国、挪威、瑞典有关农业生态学的高等教育与生态农业的培训。他们的经验表明农业生态学教育与培训中应当让学生抱有开放心态，接触丰富的不同类型的农业实际，克服传统学科的还原论思维方式，建立起整体观、系统观至关重要。在教学与培训中，要重视培养学生的观察能力、沟通能力、独立思考能力和动手参与能力（Wezel，2017；骆世明，2018a）。

# 4 农业生态学发展趋势与展望

展望农业生态学的发展。作为一门学科，农业生态学将更深入揭示农业生态系统为基础的相互联系、协同变化、调节控制规律。作为一类实践，农业生态学将继续为农业生态转型提供丰富的、因地制宜的模式与技术体系。作为一种社会变革，农业生态学将汇入生态文明建设的大潮中，推动思维方式、生产方式、生活方式、市场体系、社会结构、政策导向、法律体系的变革，推动农业与社会的可持续发展。

## 4.1 农业生物多样性的利用

农业生态系统生物间有复杂的相互作用，其效应和机理的揭示才开了个局。更多激动人心的现象和机理等待我们揭示，有更多利用的机会等待我们发掘。在机理研究方面，农业生态学研究尽管与不同学科的研究之间有很多交叉之处，然而农业生态学的研究始终注意从农业生态系统的相互联系、结构优化和多功能提升的角度展开。

### 4.1.1 农业生态系统中的生物相互关系研究

农业生态系统中的不同农业生物之间的相互关系研究是农业生物多样性研究的一个重要方向。稻田养鱼的研究中发现了稻与鱼的长期相互作用，促成了鱼撞击水稻植株的特殊行为。这个行为与取食害虫及花药有关（Chen，2016）。稻田养鸭的研究发现鸭穿行在稻株之间的觅食过程能引起水稻的意外变化。水稻体内激素因为鸭的行为刺激而发生变化，从而影响植株的生长，使得植株变矮，机械组织增强，抗倒伏能力增加（Zhang et al.，2016）。类似的跨学科研究增加了人们对于农田生态系统内生物相互作用的认识，开阔了视野，揭示了传统农业的"秘密"，也为生态农业模式的进一步利用打下了坚实的理论基础。农田邻近自然与半自然植被与农田作物的关系也值得重视。例如：对害虫有吸引作用的陷阱植物与对害虫有驱赶作用的驱赶植物的筛选能够为构建诸如推拉体系（push and pull system）等生态农业模式提供科学基础（唐林，2016）。

### 4.1.2 农田生态系统地下部相互关系

在生态农业实践中，重视轮间套作、有机肥、豆科作物、微生物肥等。农田生态系统的地下部相互作用与这些生态农业模式与技术体系的效果密切相关。农田生态系统地下部的根系和土壤中各类生物的复杂相互关系是长期以来人们对农业生态系统相互关系认识中的一个短板。由于分子生物学、化学分析、信息处理等研究手段的进步，有关"秘密"正在被揭示，也成为了研究的一个热点。值得关注的研究方向包括：①植物与植物之间的地下部关系：李隆教授团队关于作物间套作地下部的营养关系研究成果是一个启示（李隆，2016）。不同植物的根系的信号识别与反应，植物根系分泌物与相邻植物的直接作用，分泌物通过土壤生物转化之后对相邻植物的间接作用等研究都值得进一步深入。②土壤中各种生物之间的相互关系：揭示土壤不同类型生物在不同土壤条件下的变化规律，以及这些变化对土壤肥力、连作障碍、病虫害、植物营养的影响。③植物健康与土壤微生物的关系：人体健康与消化道微生物的关系已经越来越清楚，甚至产生了用粪便微生物群移植的治疗方法。在有机农业与自然农业实践中，也有通过繁殖本土自然植被下的土壤微生物群落（土著微生物）接种到农田或者用于堆肥。以乳酸菌、酵母菌和光合菌等组成的有益微生物群（Effective Microorganisms，EM）自 1982 年第一个产品研制出以后，类似的 EM 产品也越来越多。研究表明有益微生物群落在农业中有改善环境，减少病害，提高养分利用效率等效果。木霉及木霉制剂有减少土传病害和克服连作障碍的效果（徐文等，2017）。内生菌根入侵高等植物不仅对高等植物的养分、水分供应产生影响，而且诱发和激活了高等植物以次生代谢产物为基础的抗性机制（马咸龙等，2011）。有研究表明番茄青枯病可以通过土壤微生物群落的改变而减少入侵概率（蔡燕飞等，2002）。不同类型芽孢杆菌在农业中的应用越来越广（陈向东，2013；王帅，2009）。

### 4.1.3 植物在逆境下的诱导抗性研究

病虫草害发生的严重程度与作物的抗性关系密切，作物在经历干旱、高温、水淹以后的产量稳定性也与作物的抗性有关。在逆境下的植物诱导抗性是一个很有前景的研究方向（俞振明，2013）。在适度的干旱、高温、低温、辐射、虫咬、病原入侵、化学物质接触等逆境下，能够诱导植物产生抗性或者增强抗性。通常植物抗性是通过激活和增强植物体内以茉莉酸途径、水杨酸途径、乙烯等抗性代谢途径获得（Ryals et al.，1996）。因此"娇生惯养"不见得是一个好的农业方法。揭示诱导和增强生物抗性的机理和规律，有利于人为创造适度逆境，增强作物抗性，减少作物病虫草害的发生，减少不良自然环境对产量的影响，形成独特的生态农业技术。

## 4.2 农业循环体系的构建

目前在农业循环体系构建过程中，秸秆作为动物饲料、有机肥料、食用菌基质、生物质燃料、工业原料等的利用方式不断拓展。动物粪便作为有机肥料、食用菌基质、蚯蚓和蝇蛆培养基等利用方式也在广泛应用。然而循环体系建立过程出现的循环渠道不畅问题，以及循环系统构建的数量关系问题仍然值得重视。

### 4.2.1 循环体系构建的质量关系

目前全国各地在循环体系建立过程中，经常会遇到的问题有：作物秸秆全量还田后影响下一茬作物（周德平等，2018；吴玉红等，2018），秸秆直接还田引起的病虫害增加（谢中卫，2015），动物粪便的重金属对土壤的影响（任玉琴等，2018；王婉强等，2017），兽药残留对环境的负面影响等（张树清，2004）等。这类问题值得我们继续因地制宜深入开展研究。我国有很多农业定位站已经开展了循环体系对土壤肥力与环境影响的长期效应研究。不同的长期定位研究分别就作物秸秆、动物粪便、种植绿肥、有机垃圾、沼液沼渣等不同来源有机肥，通过不同的加工、混合、制作方式，探讨其对土壤和作物产生不同的短期与长期后果（高洪军，2015；王姗娜，2012）。这类研究值得长期坚持下去。

#### 4.2.2 循环体系构建的数量关系

目前在建立农业生态系统循环体系的另外一个制约因子是能流与物流体系的区域量化研究不足。目前我国对于施肥量的研究多从作物高产角度开展，也有施肥经济效益分析的研究，但是平衡产量、经济与环境的最佳施肥量和施肥上限研究很不足（杨秀玉和乔翠霞，2018）。对于一个具体农业区域的最高有机肥与化肥的施用上限，我们不得不经常引用国外标准作为参考（颜晓元等，2018）。多样化的种养结合模式中，可持续的畜禽数量与农田数量的比例关系，常常还是使用非常粗略的经验值（侯俊，2017）。即使是缺水区域，不少地方农业部门对区域实现水平衡的灌溉定额还不是很清晰。在牧区实现草畜平衡的载畜量与在渔场可持续捕获量的测算都需要进一步深入到各具体区域。在生态农业建设中，依赖能流、物流为基础的循环体系构建需要依据在该特定区域的具体种养类型和具体转化途径的能流与物流研究成果。只有强化这类研究，才能够得到各地不同类型循环体系各个组分的合理比例关系，优化循环途径的转化技术体系。

### 4.3 农业景观布局研究

我国农业生态学的景观层次的研究起步比较晚。农业景观生态学研究的范围大、时间长，增加了研究的难度。然而，正是由于农业景观布局的影响时间长，影响范围广，因而具有战略意义，更加值得今后进一步加强。

#### 4.3.1 农业景观廊道的研究

为了减少农田的水污染和保护农区的生物多样性，农区河流和灌溉渠道两边需要保留一定宽度的半自然植被缓冲带（杨家喜，2014）。在欧洲和北美不少国家，对于这个缓冲带的宽度，都有立法要求。目前我国在这方面的相关研究刚刚起步，离为立法提供依据还有很长的路要走。类似的景观廊道如农田防护林体系构建、坡地不同类型水平植物篱的水土流失治理效应、田埂不同类型植被组合对农田昆虫的影响等景观生态学方面研究都值得进一步加强。

#### 4.3.2 农业景观斑块的研究

不同作物斑块的形状、大小及镶嵌方式对病虫害及其天敌的作用，农区内自然植被斑块作为天敌栖息地对作物斑块的作用都值得研究（王秀秀，2014）。欧盟的共同农业政策下的绿色补贴制度规定了农田作物多样性的要求。按照规定，农场面积 10 ha 以上的至少要种植 2 种作物，30 ha 以上的农场要种植 3 种作物，而且第一种作物面积不超过 75%，第一和第二种作物的面积不得大于 95%。这是有利于土壤肥力平衡和有利于减少病虫害爆发的一种农田景观布局（王有强和董红，2017）。希望通过研究，我国能够提出一个类似的规范要求。

#### 4.3.3 农业景观规划研究

在目前实施乡村振兴战略，以及一二三产业融合发展的形势下，需要平衡乡村不同用地类型的需求，实施科学规划（李成等，2018），也要实现乡村景观建设与自然融合、与传统文化融合（陈梦菲，2018）。这类农业与农村的景观规划的原理、原则和方法的研究有待加强。

## 4.4 农业生态转型的社会动力研究

国际上农业生态学的发展已经紧密与社会农业生态转型的变革紧密联系在一起。事实上，一个社会无论从传统农耕社会，还是从工业化社会，向生态文明社会的生态农业方式转变并不容易，需要自上而下的制度创新，也需要自下而上的民间推动。农业生态学的一个使命就是要寻求这种转型的动力，推动农业生态转型的愿望得以成为现实。这是科学技术学科与社会人文学科的交叉领域。正因为其领域交叉的跨度大，也往往成为农业生态学研究相对比较弱的方向。

自上而下的制度建设包括与农业生态转型相关的政府激励政策、行政监测与问责、法律规范与制度创新等。由于生态农业很重要的资源匹配、生态保育、环境保护目标都属于公益性，很难在传统市场体系体现其经济价值，从而产生了经济外部性。因此，合理的社会制度需要对于产生资源耗竭、生态破坏、环境污染的农业行为给予法律上的界定，划出红线，给予相应的经济惩罚。相对应，我们需要对致力于资源匹配、生态保育、环境保护的生态农业行为给予法律上的界定，通过绿色清单明确行动内容，明确给予经济补偿或财政支持（骆世明，2015，2017b，2018b）。吸收有机农业 2.0 阶段在认证方面的经验与教训，参考有关有机农业 3.0 的思路，减少认定农业生态转型相关行为的行政成本和执法成本非常值得深入探讨（http://www.agriplan.cn/industry/2016-10/zy-1721_4.htm）。

在大约 10 年前开始，由于生态环境问题和食品安全问题的广泛社会关注，出于热爱自然与回归农耕的自觉，自下而上的民间行动已经开始萌动。随着人们生活水平的提高，对食品安全的关切度增加，对生态环境的敏感度上升，从事生态农业的民间行动正如火如荼，蓬勃发展。民间行动在农业生态转型中的行为特点、发展规律、社会基础都值得我们重视。这是一个不应忽视的方向。

农业的生态转型在不同国家、不同时期会有不同侧重和不同偏好，因此除了生态农业以外，就有了诸如多功能农业、环境友好型农业、循环农业、绿色农业、低碳农业、农业清洁生产、气候智慧型农业等各种农业生态转型方式的称谓。有时候还加上了"现代的"或者"集约的"等定语。有的强调自身信念和自律要求，提出诸如有机农业、自然农业等带有更多限定条件的农业方式也成了农业生态转型大潮中的"弄潮儿"。农业生态转型已经融入生态文明的时代潮流。

## 参 考 文 献

边疆. 1993. 中国生态农业的理论与实践. 北京: 改革出版社.
蔡燕飞, 廖宗文, 董春, 等. 2002. 番茄青枯病的土壤微生态防治. 农业环境保护, 21(5): 417-420.
陈梦菲. 2018. 对地域文化特色表达的乡村景观设计研究. 山西农经, (15): 127-139.
陈向东. 2013. 枯草芽孢杆菌作为盛放制剂在农业上的应用. 微生物学通报, 40(7): 1323-1324.
高洪军. 2015. 长期不同施肥对东北玉米产量和土壤肥力及温室气体排放的影响研究. 南京: 南京农业大学博士学位论文.
郭书田. 1988. 中国生态农业. 北京: 中国展望出版社.
侯俊. 2017. 种养一体化中养分高效的制约因素研究——以滦南为例. 北京: 中国农业大学博士学位论文.
李成, 徐晓云, 刘瑶瑶, 等. 2018. 乡村景观分类与评价方法研究. 安徽农业科学, 46(25): 41-43.
李隆. 2016. 间套作强化农田生态系统服务功能的研究进展与应用展望. 中国生态农业学报, 24(4): 403-415.
骆世明. 2008. 生态农业的景观规划、循环涉及及生物关系重建. 中国生态农业学报, 16(4): 805-809.
骆世明. 2009a. 论生态农业模式的基本类型. 中国生态农业学报, 17(3): 405-409.
骆世明. 2015. 构建我国农业生态转型的政策法规体系. 生态学报, 35(6): 2020-2027.
骆世明. 2017b. 农业生态转型态势与中国生态农业建设路径. 中国生态农业学报, 25(1): 1-7.
骆世明. 2018a. 介绍多国生态农业实践的一本新著作. 中国生态农业学报, 26(2): 314-316.
骆世明. 2018b. 中国生态农业制度的构建. 中国生态农业学报, 26(5): 759-770.

骆世明. 2009b. 农业生态学试验与实习指导. 北京: 中国农业出版社.

骆世明. 2017a. 农业生态学. 北京: 中国农业出版社.

骆世明, 彭少麟. 1996. 农业生态系统分析. 广州: 广东科技出版社.

马世骏, 李松华. 1987. 中国的农业生态工程. 北京: 科学出版社.

马咸龙, 李深, 张宏敏. 2011. 根际有益微生物对植物的促生抗逆作用. 吉林农业, 4: 65.

农业部政策法规司等. 1993. 中国生态农业的崛起. 石家庄: 河北科技出版社.

任玉琴, 黄娟, 饶凤琴, 等. 2018. 浙江省重点地区猪粪中重金属含量及安全施用评估. 植物营养与肥料学报, 24(3): 703-711.

沈亨理. 1975. 论农业生态系统与用地养地. 铁岭农学院院报, 7: 65-74.

石嫣. 2013. 全球范围的社区支持农业(CSA). 中国农业信息, 13: 35-38.

唐林. 2016. 大豆作为陷阱植物防治根肿病的效果评价及机制研究. 武汉: 华中农业大学硕士学位论文.

王姗娜. 2012. 长期施肥下我国典型红壤性水稻土肥力演变特征与持续利用. 北京: 中国农业科学院博士学位论文.

王帅. 2009. 芽孢杆菌及其脂肽类化合物防治植物病害和促进植物生长的研究. 南京: 南京农业大学博士学位论文.

王婉强, 张文娟, 王小平, 等. 2017. 重金属在"猪粪-蝇蛆-鸡"生产链中的流向研究. 华中昆虫研究(年刊), 249.

王秀秀. 2014. 农田景观结构与捕食性天敌瓢虫种群数量关系研究. 长沙: 湖南科技大学硕士学位论文.

王有强, 董红. 2017. 欧盟农业生态补贴政策及其对中国的启示. 世界农业, 435(1): 87-90.

魏宏森. 2013. 钱学森构建系统论的基本设想. 系统科学学报, 21(1): 1-8.

吴玉红, 郝兴顺, 田霄鸿, 等. 2018. 秸秆还田与化肥减量配施对稻茬麦土壤养分、酶活性及产量影响. 西南农业学报, 31(5): 998-1005.

吴灼年. 1981. 用农业生态系统的观点指导农业生产. 农业区划, (2): 61-67.

谢中卫. 2015. 秸秆还田对玉米病虫草害的影响及防治对策. 现代农业科技, (21): 140-141.

熊毅. 1982. 农业生态系统的特点及其研究任务. 中国农业科学, 2: 78-83.

徐文, 黄媛媛, 黄亚丽, 等. 2017. 木霉-植物互作机制的研究进展. 中国生物防治学报, 33(3): 408-414.

颜晓元, 夏龙龙, 遆超普. 2018. 面向作物产量和环境双赢的氮肥使用策略. 中国科学院院刊, (2): 177-183.

杨家喜. 2014. 河岸缓冲带对农业非电源污染的阻控作用研究. 北京: 沈阳农业大学博士学位论文.

杨秀玉, 乔翠霞. 2018. 农业补贴对生态环境的影响——从话费使用角度分析. 中国农业资源与区划, 39(7): 47-53.

俞振明. 2013. 植物抗性诱导防御病虫草害的研究进展. 农业科学研究, 34(2): 69-76.

张树清. 2004. 规模化养殖畜禽粪有害成分测定及其无害化处理效果. 北京: 中国农业科学院博士学位论文.

周德平, 褚长彬, 赵峥, 等. 2018. 小麦秸秆全量还田下腐熟剂对下茬水稻产量及土壤的影响. 中国农学通报, 34(19): 102-107.

Adam R, Martin, Marney E, et al. 2018. Functional traits in agroecology: Advancing description and prediction in agroecosystems. Journal of Applied Ecology, 55: 5-11.

Chen X. 2016. Integrated Rice-Fish Agroecosystem in China. in Luo Shiming and Stephen Gliessman edited. Agroecology in China. New York: CRC Press.

Felipe G L, Mario A H, Pedro C S, et al. 2018. Development of the Concept of Agroecology in Europe: A Review. Sustainability, 10(1210): 1-23.

Gliessman S. 2015. Agroecology: The ecology of sustainable food systems, 3rd ed. New York. CRC Press.

Gliessman S. 2016. Agroecology Europe, Agroecology and Sustainable Food Systems, 40(6): 517.

Gliessman S. 2017. Important activities in the Latin American agroecology movement. Agroecology and Sustainable Food Systems, 41(5): 449.

Gliessman S. 2018. Defining Agroecology. Agroecology and Sustainable Food Systems, 42(6): 599-600.

IFORM. 2018. The World of Organic Agriculture: Statistics & Emerging Trends 2018. Ackerstrasse, Switzerland: Research Institute of Organic Agriculture (FiBL).

Ingeborg M H, Heikki M T. 2017. Entomovectoring: An Agroecological Practice of Using Bees for Biocontrol. In: Alexander Wezel edited. Agroecological Practices for Sustainable Agriculture: Principles, application, and Making the Transition.Paris: World Scientific Publishing Europe Ltd., 183-200.

IPES-FOOD. 2016. From uniformity to diversity: a paradigm shift from industrial agriculture to diversitied agroecological systems. International Panal of Experts on Sustainable Food Systems.

Jan Moudry Jr, Jaroslav B, Moudry J, et al. 2018. Agroecology Development in Eastern Europe-Cases in Czech Republic, Bulgaria, Hungary, Poland, Romania, and Slovakia. Sustainability, 10(1311): 1-23.

Li B, Li Y Y, Wu H M, et al. 2016. Root exudates drive interspecific facilitation by enhancing nodulation and N2 fixation. Proceedings of the National Academy of Sciences of the United States of America, 113(23): 6496-6501.

Luo S. 2018. Agroecological Rice Production in China: restoring biodiversity interactions. Rome: Food and Agriculture Organization of the United Nations.

Luo S, Stephen G. 2016. Agroecology in China: Science, Practice, and Sustainable Management. New York: CRC Press.

Oscar J R, Bernardo C G, Luigi R. 2017. Social Innovation and Sustainable Rural Development: The Case of a Brazilian Agroecology Network. Sustainability, 9(3): 1-14.

Ryals J A, Neuenschwander U H, Willits M G. 1996. Systemic acquired resistance. Plant Cell, 8(10): 1809-1819.

Victor M, Toleda, Narciso B B. 2017. Political Agroecology in Mexico: A Path toward Sustainability. Sustainability, 9(268): 1-13.

Wezel A. 2017. Agroecological Practices for Sustainable Agriculture: Principles, Applications, and Making the Transition. Paris: World Scientific Publishing Europe Ltd.

Wezel A, Bellon S, Dore T, et al. 2009. Agroecology as a science, a movement and a practice: a review. Agron. Sustain. Devel., 29: 503-515.

Wezel A, Margriet G, Janneke B, et al. 2018. Challenges and Action Points to Amplify Agroecology in Europe. Sustainability, 10(1598): 1-12.

Xie J, Hu L L, Tang J J, et al. 2011. Ecological mechanisms underlying the sustainability of the agricultural heritage rice-fish co-culture system. PNAS, 108(50): E1381-1387.

Zhang J, Quan G, Zhao B, et al. 2016. Rice-Duck Co-culture in China and Its Ecological Relationships and Functions. in Luo Shiming and Stephen Gliessman edited. Agroecology in China. New York: CRC Press.

Zhu Y Y. 2000. Genetic diversity and disease control in rice. Nature, 406(6797): 718-722.

撰稿人：骆世明

# 第 19 章 城市生态学研究进展

## 1 引 言

城市生态学是生态学的一个重要分支学科，是一门相对年轻，但蓬勃发展的学科。随着全球城市化进程的不断推进，城市面临着一系列的生态环境问题与挑战，其影响远远超出城市的边界范围。无论城市自身的发展特征与模式，其对生态环境的影响都面临着许多新的问题与挑战。城镇化与生态环境的交互胁迫效应已经成为影响或限制很多城市，尤其是发展中国家城市发展的瓶颈。城市的可持续发展，是区域、国家乃至全球可持续的关键。

城市生态学作为一门交叉性很强的学科，面对城市化的新挑战及生态文明建设新需求，同样面临着新的挑战和机遇，在充分利用已有的城市生态学理论与方法的基础上，需要进一步发展新的理论范式，融合新的方法和技术，提高人类解决当前和未来可能面临的城市生态环境问题的能力，促进城市社会经济发展，提高城市人居环境质量，增强城市生态系统服务，实现城市生态系统的良性循环与可持续发展。

本章节首先简要介绍城市生态学研究范式的变迁，然后重点介绍城市生态系统格局、典型要素、过程、功能和服务及其动态等几个方面的研究进展，最后对城市生态学未来发展的机遇和挑战进行展望。

## 2 城市生态学简史与研究范式变迁

城市生态学是研究城市生态系统要素、结构、过程、功能和服务及其动态的学科，是生态学的一个重要分支学科。有趣的是，城市生态学（urban ecology）这一科学术语最初是由美国芝加哥大学的两位社会学家 Robert E. Park 和 Ernest W. Burgess 在 20 世纪 20 年代提出的。不同于当代的城市生态学研究，他们只是在社会学研究中引入生态学概念（如演替、竞争和地带分布），研究城市人口迁移不同阶段的社区功能和社会秩序，解释不同社会族群间的竞争关系及社区空间分布。而当代的城市生态学，起源于第二次世界大战之后生态学家对城市废墟中植被区系的研究，发展到现今的长期城市生态系统研究，经历了从"城市中的生态学（ecology in the city）"到"城市的生态学（ecology of the city）"以及"服务城市的生态学（ecology for the city）"的发展过程。

最早的城市生态学研究，始于第二次世界大战后的"城市中的生态学"研究，主要研究欧洲和日本的城市废墟上植被的生长和演替。"城市中的生态学"研究在 20 世纪 70 年代得到了进一步的发展。尤其是 1970 年联合国教育、科学及文化组织（UNESCO）发起全球人与生物圈计划（MAB），推动了世界范围内的城市生态系统研究。与此同时，在环境保护运动的推动下，全球范围内开展了大量的"城市中的生态学"研究，使城市生态学真正成为了生态学的分支学科。

随着城市生态学研究的深入，学者们逐渐认识到城市生态系统是一个高度复杂的复合生态系统。1984年，马世骏和王如松提出"社会-经济-自然复合生态系统"的概念，认为社会、经济和自然这三个不同性质的子系统之间存在着结构与功能的相互制约，指出解决城市与郊区各类生态环境问题的研究需要在复合生态系统的框架下进行，是"城市中的生态学"研究范式的进一步发展。20 世纪 90 年代末，城市生态学的研究随着美国两个长期城市生态系统研究站的建立进入一个全新的阶段。1997 年，Pickett 等在 Urban

Ecosystem 期刊创刊篇中,首次提出了"城市的生态学"的概念,城市是"社会-经济-自然复合生态系统"(或者称之为"社会—生态系统")的思想在城市生态学研究中逐渐达成广泛共识。综合多个学科,尤其是生态学和社会科学,"城市的生态学"研究理论框架和方法得到不断发展,并被广泛应用于以美国巴尔的摩和凤凰城两个长期城市生态研究站为代表的城市生态学研究,成为了城市生态学研究的一个新范式。

2015 年,Childers 等提出"设计-生态"反馈模型,并探讨了如何通过从知识到行动的过程,推动城市生态学从"城市的生态学"向"服务城市的生态学"发展。"服务城市的生态学"认为,城市作为一个"社会-生态"复合生态系统,基于科学认知的"负责任"的决策对生态系统的过程有很大的影响,多学科学者、政府决策部门以及不同群体公众的通力合作是实现城市可持续发展的基础(Childers et al., 2015)。2016 年,Pickett 等对该概念框架展开了进一步的阐述,并与"城市中的生态学"和"城市的生态学"两个研究范式进行了对比(图 19.1)。三个研究范式在学科关注点、异质性理论、异质性表征技术、结果表达和可持续发展实际应用等方面均存在差异(Pickett et al., 2016)。

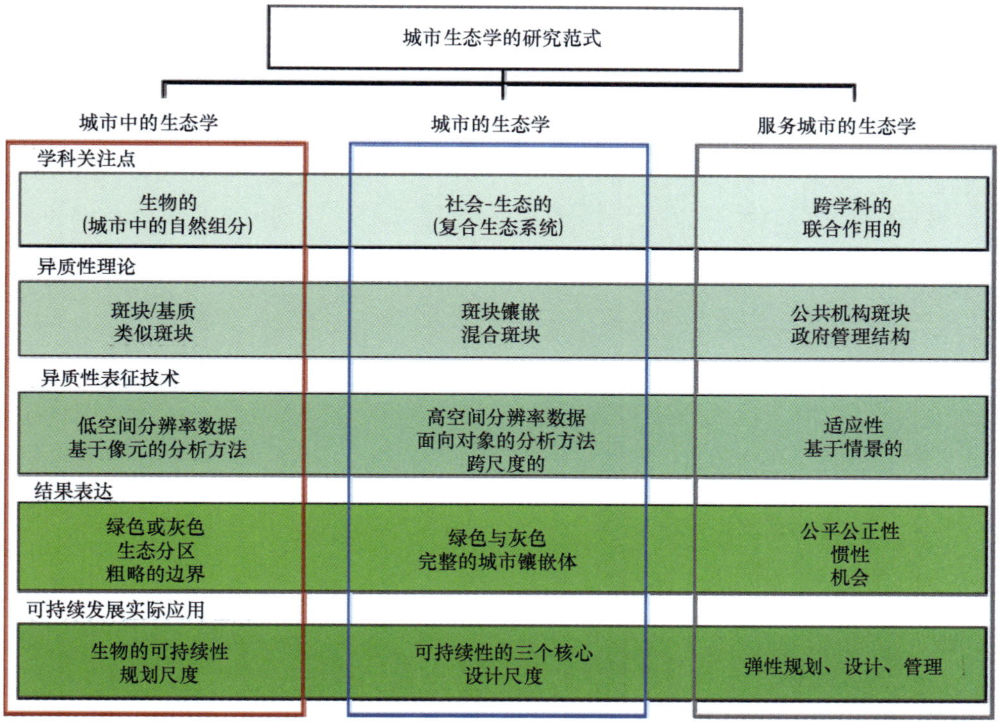

图 19.1　城市生态学的研究范式(引自 Pickett et al., 2016)

## 3　城市生态学研究进展

本节将从城市景观格局、构成、过程、功能与服务等几个方面,对国内外城市生态学的研究进展进行综述,重点对国内近几年在相关研究领域的研究展开综述。

### 3.1　城市景观格局研究进展

城市景观格局与动态,及其生态环境效应,一直是城市生态学研究的热点。城市是社会-经济-自然复合生态系统。与自然生态系统相比,其景观具有高度空间异质性和社会经济复合性两个特征(Cadenasso et al., 2007; Zhou et al., 2014; Zhou et al. 2017）。城市景观格局相关的研究，主要包括景观格局与动态的定量分析，及其生态环境效应的研究。本节重点介绍景观格局与动态的定量分析的内容，在后面的小节中会部分涉及景观格局与动态的生态环境效应的内容。大量的城市景观格局的定量分析主要集中在两个方面：①城市扩张的景观格局特征及演变；②城市内部精细景观格局与动态。

城市扩张的景观格局特征及演变的分析主要以土地覆盖/利用专题图为基础，重点关注：①城市扩张引起的土地覆盖/利用变化；②城市建设用地的空间扩张模式；③城市景观在城-乡梯度上的空间分异特征。第一类研究主要利用转移矩阵法，分析城市化带来的土地覆盖/土地利用变化（于冰等，2018；连婧慧等，2017）。第二类研究主要探讨城市扩张的空间形态和扩展模式。城市空间扩张形态包括：蔓延型、紧凑型和介于两者之间的形态。扩展模式则包括：边缘型、内填式和蛙跳式增长等（Li et al., 2013；Yu and Zhou, 2017）。第三类研究则结合城乡梯度法和景观指数法，量化城市中心到乡村一个或多个方向上景观格局的特征（俞龙生等，2011；Li et al., 2013b）。近年来，随着长时间序列遥感数据（尤其是陆地卫星系列数据）的免费开放，越来越多的研究开始利用高密度长时间序列的遥感数据来分析城市扩张在时间上的动态变化（Sexton et al., 2013；Li et al., 2018）。

近10年，越来越多的研究关注城市内部精细尺度上的景观格局与动态。这类研究通常采用高空间分辨率遥感影像，利用面向对象的图像分析方法（Object-Based Image Analysis）开展景观制图和信息提取。面向对象的图像分析方法在利用地物的光谱特征的基础上，辅以地物的几何信息，如地物的形状、大小、空间关系等进行分类，提高了分类精度和效率，实现了自动的精细制图（Zhou and Troy, 2008），不再完全依赖于传统的目视解译，推动了城市内部精细尺度上的景观格局与动态的定量研究（Qian et al., 2015；Wang et al., 2018）。基于多个时间段的数据，进一步揭示了城市内部景观要素（如绿地）高度的动态度的特征；而传统的基于中低分辨率的数据，严重低估了这种动态度（Qian et al., 2015；Zhou et al., 2018）。城市内部精细尺度上的景观格局与动态的定量分析面临的主要挑战是如何定量刻画城市景观的社会经济自然复合的特性（Zhou et al., 2017）。基于遥感自动分类的方法难以准确地提取复合斑块的边界（Cadenasso et al., 2007；Zhou et al., 2014），而目视解译的方法带有主观性且费时费力，通过结合遥感自动分类和专家目视解译的方法，未来有望解决这个难题（Graesser et al., 2012；Zhou et al., 2014；Pickett et al., 2016；Zhou et al., 2017）。

发展精细景观格局与动态的量化技术与方法，提高量化精度与效率仍是未来研究的重要方向。在二维视角下，将回溯/更新的分类思想与面向对象的图像分析方法相结合，有望发展准确且高效的方法。一方面，回溯/更新的分类思想仅对发生变化的区域进行分类，可极大地提高分类效率（Jin et al., 2013；Yu et al., 2016）。另一方面，面向对象的图像分析方法能将已有分类结果和专家知识系统应用于分类，提高分类精度。因此，两者结合有望发展出高效且准确的量化方法。

定量刻画城市景观社会经济和自然耦合的特征，仍然是城市景观格局定量化研究的一个难点和挑战。综合高分遥感数据、大数据等多种数据，应用深度学习的方法，有望在这一方向上有所突破；三维数据的融入不仅能解决二维景观分类中的阴影和空间配准问题，更能展现城市的立体景观（陈探等，2015；杨俊等，2017）。城市景观研究从二维向三维的扩展，可为城市景观格局-过程研究提供新的视角，是未来城市景观格局研究的重要方向。

## 3.2 城市生态系统构成、过程、功能与服务研究进展

### 3.2.1 城市生境（环境要素）研究进展

本小节将从城市水环境、土壤环境、空气质量和热环境等4个方面，对城市生态系统中的环境要素的研究进展，进行综述。

1）城市水环境研究进展

水不仅是生命体必不可少的组成要素，也是保障城市经济社会可持续发展的重要基础资源。随着全球城市化进程的不断推进，城市水安全问题受到越来越多的关注，城市的快速发展导致了一系列水安全问题，如水资源短缺、水质污染，及城市内涝灾害等，已经成为影响或制约城市发展的主要因素（夏军和张永勇，2017；彭建，2016）。而这些问题是由于城市复杂的社会、经济及自然要素的交互作用所致，从单一视角或单一学科角度无法实现全面系统的分析。因此，从复合生态系统角度，系统研究人与自然的耦合作用对水安全的影响特征与机制，是缓解城市水安全问题的关键，加强多学科理论与不同方法、技术手段的集成应用是当前城市水问题研究的焦点。

（1）城市发展与水资源的相互胁迫作用

水资源短缺是全球面临的重要水安全问题之一。目前，关于水资源短缺问题，多数研究主要集中在全球、全国或区域尺度上，即从较大的空间尺度上，解析自然要素与人类活动水资源短缺的影响，而城市化作为最为剧烈的人为活动代表，大量的人类需求导致了过度的地表水利用与地下水开采，以及水质污染，进而加重了水资源短缺问题。研究表明，1900年，全球受水资源短缺问题胁迫的人口比例为14%，而至2000s，已经增加至全球人口的58%，而问题严重的区域很多都是城市化地区（Morote and Hernández，2016）。我国的很多地区也面临着严重的水资源短缺问题，例如华北地区，由于受自然资源限制与高度密集的城市发展需求的双重胁迫，水资源短缺问题非常严重（Jiang 2009；Ye et al.，2018）。全球、国家或区域大尺度上缺水问题的研究方法主要采用的是多指标评价与统计分析方法，即选择具有代表性的自然与社会、经济活动指标，综合评价不同地区水资源短缺的程度与原因，而针对城市尺度水资源短缺问题的研究普遍应用的方法包括虚拟水与水足迹的方法，主要围绕城市系统的"生产"与"消费"过程，综合分城市系统对水资源的需求特征（Zhao et al.，2017；），对城市水资源短缺问题机制的深入研究较少。

（2）城市景观与人类活动的水文水环境过程响应机制

"内涝"也是全球很多城市面临的重要水安全问题。城市内涝的形成主要是因为城市的发展极大地改变了下垫面景观格局，进而改变了降雨的产汇流过程，再加上不合理的人工排水系统的设计，导致了暴雨积水的发生（Miller et al.，2014；Bin et al.，2018；Bonneau et al.，2017）。从传统的水文学视角，国内外很多研究采用数值模型方法，模拟分析了城市典型下垫面类型对径流过程的影响（Chen et al.，2016），而随着遥感、地理信息技术的发展，相关的研究可以拓展到更精细的时空尺度。此外，城市非点源污染是城市水环境研究的一个焦点，国内外大量的研究所采用方法包括原位的径流污染过程监测与城市不同下垫面的径流污染特征解析，以及通过模型模拟不同地形与不同土地覆盖类对非点源污染形成过程的影响（徐宗学等，2018），随着景观生态学的发展，很多学者应用景观生态学理论研究城市面源污染，揭示了不同的景观组成与空间配置特征对面源污染具有显著的影响（戴莹等，2016）。

（3）城市雨洪管理与水质净化的调控管理

针对城市的水安全问题，当前多数城市水安全管理的重点主要为"雨洪调控"与"水质净化"措施。针对雨洪管理，目前国际上应用比较多的调控措施是由美国最早提出的最佳管理措施（best management practices，BMP）与低影响开发技术（low impact development，LID），这些技术措施主要是通过规划设计开发以自然或人工材质为主的雨水收集与污染净化系统（绿色屋顶、透水地面、雨水花园等），实现对城市径流量与水质的管理（Liu et al.，2017；Kamali et al.，2017；Liu et al.，2016；Kim and Park，2016）。我国于2013年明确提出了"海绵城市"理念，明确将城市水资源管理纳入城市发展目标，并确定了一些试点城市开展海绵城市建设，已经取得了一些初步成效与经验，但尚存在应用技术较少，以及缺乏长期效果评估等问题（Zhang et al.，2015；Loperfido et al.，2014；Li and Bergen，2018；Nguyen et al.，2019；齐云飞等，2018）。

城市水环境的未来研究的重点主要为两个方面：①城市水安全问题研究的多尺度耦合。由于城市系统规划与管理的空间尺度多以行政边界为范围，而水文与水环境过程多是以自然流域为边界，因此，如何有效地耦合行政管辖与自然流域尺度，将是决定管理决策落地实施的关键（Brandeler et al., 2018）；②城市低影响开发新模式研究。低影响开发技术虽然取得很大成效，但是还存在许多不足之处，尤其是国内的实际应用时间不长，相关的政策、法规还不完善，也缺乏通用的规范与标准，试点应用比较多，推广应用比较少，缺乏与市政设施与城市规划管理的紧密衔接。城市低影响开发新模式研究，是未来的重要研究方向。

2）城市土壤环境研究进展

土壤是城市生态系统中各类物质的"汇"与"源"（宋永昌，2000）。以往对城市土壤的大量研究，主要集中在城市土壤污染方面，包括土壤污染的类型、来源和分布（Wang et al., 2012a）。同时，越来越多的学者认为土壤是城市生态系统的主要组成部分，是一种重要且稀缺的生态资源，研究如何保护及充分利用这一资源能够促进城市生态学在实际中的应用，为城市生态建设提供理论基础和技术支撑。其中，社会、经济因素与土壤生态过程和功能之间的相关关系的研究，日益成为城市土壤研究的关键问题与热点。我国城市土壤环境的研究进展，可以概括为以下三个方面。

（1）城市土壤物理化学和生物学特征研究

城市地表中被硬化地表覆盖的土壤已丧失其原始价值，而仍然暴露的土壤也由于城市人为活动的影响，其理化性质及生物数量、活性等都发生了显著的变化（宋永昌，2000）。受到城市人为活动的强烈影响，城市土壤的物理性质、化学性质及其生态服务功能均会发生不同程度的改变（Sloan et al., 2012）。具体表现为容重增加、孔隙度降低、土壤质地变得粗糙（Edmondson et al., 2011；杨金玲等，2005）、pH升高（卢瑛等，2002）、污染物累积（Wang et al., 2012a；Wang et al., 2012b），以及微生物群落结构改变与活性降低（Wei et al., 2013；Wang et al., 2011；Lorenz and Kandeler, 2005）。城市土壤表面的不透水面、土地利用的破碎化、土壤污染的加重等，会造成城市土壤生物群落结构单一，多样性水平降低（李小马，2013；魏宗强等，2014），最终导致城市土壤水分和营养元素普遍匮乏，各种土壤养分有效性较低，土壤肥力下降。

（2）城市土壤污染研究

城市化对土壤最为显著的影响是对城市土壤的污染。我国经济发达地区，尤其是长江三角洲、珠江三角洲以及东北老工业基地等典型城市区域土壤污染相对较严重（黄琳等，2007）。城市土壤污染趋势往往表现为市中心区域远高于城市周边区域（Wang et al., 2012a, 2012b），历史性工业区的土壤污染物累积明显高于当地其他区域的特征（王莹等，2012；Wang et al., 2012 a, 2012b）。其中，重金属 Pb、Zn、Cu、Sb、Hg 的累积与当地的交通排放有关（Manta et al., 2002）。此外，城市土壤重金属累积的影响的自然因素还包括土壤有机质、阳离子交换量以及当地的风速和风向等；社会因子如人口年均增长率、景观的香农-维纳多样性指数和景观形状指数、公共用地和商业用地的面积百分比等也会对土壤重金属的累积产生显著的影响（Liu et al., 2016）。

（3）城市土壤生态功能研究

土壤是碳、氮地球化学生物循环的主要主体，城市土壤为城市生态系统提供诸多重要的生态系统服务功能。例如，土壤对污染物的自然消减能力对城市环境的保护以及城市居民健康起到了积极的作用（Remediation, 2000；Rittmann, 2004）。城市化显著影响土壤的各种生态功能（Liu et al., 2018）。总体而言，国内外对城市土壤生态服务功能评价，以及城市化对其影响的研究不多，尤其是如何选取合适的土壤指标构建土壤功能的评价模型仍然是土壤功能评估的重点与难点（Luck et al., 2009）。生态系统服务功能的评价，尤其是土壤生态功能的评价应该充分考虑其生态服务功能的生态需求，以便将该生态服务功能过程分解为一系列的土壤过程，并用对应的终端因子加以表征（Faber and Wensem, 2012；Rutgers et al., 2012; Thomasen et al., 2012)。Xie 等（2018）基于熵权法与生态系统服务功能计算指数评价方法（EPX），筛选出了由 11 个物理化学和生物学指标组成指标体系，定量评价了北京市建成区居民区土壤的自然消减能力及其影响因素。

随着城市生态学的发展，城市土壤研究从单纯基于布点调查分析数据转向与社会、经济因素相结合，更多的体现出在城市规划和生态风险评价中的实际应用性。城市土壤研究的发展趋势和展望可以包括以下几点：①城市土壤生态系统结构、过程和功能的演变；②城市不同土地利用类型的土壤生态系统结构、过程和功能与经济、社会因素之间的相关关系研究；③城市人居环境质量与城市土壤生态健康水平之间的相关关系研究。

3）城市空气质量研究进展

城市表层的大气层受人类活动直接影响，是城市居民赖以生存的大气层。一般情况下，城市人为活动剧烈，会向城市空气中排放一系列的空气污染物，使得城市空气污染物浓度显著高于自然环境。在城市化初期快速发展的阶段，由于忽视生态环境保护投入，这种差异会呈显著增大趋势，城市化的中后期，随着生态环境保护意识的增强、生态基础设施建设投入加大和环境保护措施的逐步完善，这种差异会保持平稳并逐渐减小，一般认为这个过程符合环境库兹涅茨曲线（environmental kuznets curve）。在特殊情况下，如干旱区的城市，城市大气污染物浓度低于周边区域，这主要归因于城市绿地等生态基础设施对城市大气的改善效应（Han et al., 2014）。

（1）城市空气质量演变过程及其与城市发展的权衡

进入 20 世纪以来，发达国家首先经历了以化石能源燃烧为主的工业排放型城市空气污染过程，其中硫氧化物（$SO_x$）和颗粒物（$PM_x$）等是城市大气的主要污染物；之后又经历了以城市燃油机动车排放为主的生活排放型城市大气污染过程，主要污染物为氮氧化物（$NO_x$）和臭氧（$O_3$）等。在发展中国家，20 世纪后期开启快速的城市化进程，以化石能源燃烧为主的工业型空气污染与以燃油机动车为主的生活型空气污染叠加，在一次污染排放的基础上，又形成了大量的二次空气污染物［如细颗粒物（$PM_{2.5}$）］，造成了复合型的城市大气污染。一般认为，采取人口、社会、经济和生态环境协同发展模式，是消除城市空气污染和改善城市空气质量的根本途径（Han et al., 2015a）。

城市空气质量与城市发展的权衡是环境化学、地理学、经济学和生态学等学科的研究的前沿和热点。城市面积虽然仅占地球表面非常微小的一部分，但却是人类活动强度最为剧烈的区域，城市内部的剧烈人为活动会直接或间接对城市空气质量造成多种程度的影响，进而直接对城市居民的生活质量产生负面影响（Bai et al., 2014; Han et al., 2014）。因此，城市如何发展才能最大限度的不对城市空气质量造成影响成为了多学科研究的热点（韩立建，2018）。环境化学从污染物的化学成分出发有针对性的分析其主要来源和形成机制（Huang et al., 2015; Brauer et al., 2016）；地理学从人地相互作用关系的角度分析地理要素与城市空气质量之间的相互关系；经济学从经济发展的角度解析不同的经济发展模式、经济要素投入与产出和空气质量之间的统计相关关系（Brajer et al., 2011）；而生态学则从较为宏观的角度，通过耦合人口、自然、社会经济等要素形成的城市复合生态系统，分析城市复合生态系统演变与城市空气质量的权衡过程，旨在为城市发展提供生态环境友好的策略（韩立建，2018）。在目前我国城市空气质量问题突出的背景下，城市空气质量与城市发展的权衡已经成为多个学科的研究前沿和热点。

（2）城市空气质量研究从传统向新型污染物转变，从单一向复合污染转变，研究日益深入

近十年，尤其是 2013 年以来，城市空气质量的研究呈现新的特征：从关注传统污染物（$SO_2$，$NO_x$，TSP 等）向新型污染物转变（$PM_{2.5}$，$O_3$ 等），从关注单一污染向复合空气污染转变（Han et al., 2018）；从早期的污染物空间分布格局分析（Han et al., 2014; Luo et al., 2017; Peng et al., 2016; Ma et al., 2016; 别同等，2018；李沈鑫，2017）、污染健康影响（Lim et al., 2012; Wang et al., 2013; Forouzanfar et al., 2015; Brauer et al., 2016; Ford and Heald, 2016; Lin et al., 2016; Liu et al., 2016; Guo et al., 2017;

Lu et al., 2017; Han et al., 2017; 张凡, 2016; 刘帅, 2016) 向社会经济因素对污染的驱动效应等复合主题拓展 (Han et al., 2016a, 2016b, 2017, 2018a, 2018b; Li et al., 2016; Larkin et al., 2016; Luo et al., 2017), 研究逐渐深入。

(3) 我国城市空气质量研究与改善展望

近年来, 我国在空气污染治理方面也取得了一些卓有成效的进展, 主要表现为传统污染物 ($SO_2$, $NO_x$ 等) 浓度显著降低, $PM_{2.5}$ 浓度逐年下降, 并逐渐对 $O_3$ 和复合空气污染取得了一些新的认识 (Han et al., 2018a), 但与发达国家的污染治理过程相比较, 我国在治理政策、技术手段、公众认知、治理周期、环境教育等多个方面仍存在较大的差距 (McNeil, 2000; 王振波等, 2015; 韩立建, 2018)。这些差距中最为突出的问题表现为我国仍缺乏系统的城市发展与城市空气污染相互作用关系的认知, 这种缺失导致治理方法的推进严重滞后于复杂的治理需求, 同时治理办法仅关注于具体的污染物, 而缺乏与城市居民的污染认知结合的促进与反馈。解决这一问题, 我们仍需要从科学上探讨不同城市发展阶段的首要空气污染物是如何演变的, 其主要驱动机制如何？长期的城市空气污染演变过程中, 生态环境管理如何调控等一系列尚未解决的重要科学和现实问题。在我国城市化进程进一步推进及其与空气污染矛盾加剧的同时, 亟待开展相关的研究, 以保障城市发展不以降低城市空气质量的可持续发展为目标, 不断满足人民群众日益增长的对美好生态环境的需求, 实现美丽中国的城市梦。

4) 城市热环境研究进展

城市热环境是指与热相关的, 影响人体冷暖感受和健康的物理环境, 城市冠层的空气温度和城市地表层的地表温度与人体感受密切相关, 是城市热环境的核心。在全球气候变化和快速城市化的双重影响下, 城市热岛效应日益加剧, 显著影响城市居民的健康、热舒适度及其他城市生态功能, 是制约城市健康发展的重要因素之一。近年来, 城市热环境研究在数据方法、时空特征、形成机制、以及缓解策略等方面都有所发展, 主要表现在以下 5 个方面。

(1) 越来越多的新数据和新方法开始应用到城市热环境的研究。2013 年 NASA 发射 Landsat 8 卫星后, 大量基于该卫星的地表温度反演方法, 和热环境相关的研究不断涌现 (Jiménez et al., 2014; Rozenstein et al., 2014; Rasul et al., 2015)。在主流遥感软件 ENVI 中也开发了相应的地表温度扩展包, 简化了地温反演流程, 降低了应用门槛。近年来, 利用无人机热红外航拍来研究城市热环境也开始流行, 促进了高分辨率的地温研究和能量平衡分析 (Hoffmann et al., 2016; Su et al., 2016)。气温方面, 许多城市内部建设了高密度自动气象站监测网络, 辅以大量的车载流动监测, 用于解析城市内部热环境 (Sherin et al., 2014; Fan et al., 2014; Bouyer et al., 2015; Snyder et al., 2015)。此外, 通过社交媒体数据来研究城市热环境也在逐渐兴起, 如利用社交媒体数据来研究建筑内的热舒适度 (Anastasopoulos et al., 2016)。

(2) 基于新数据和方法, 近年来城市热岛的研究更加关注城市内部热环境特征及其生态环境效应。基于高密度的气温监测站网络和高空间分辨率的热红外传感器, 许多研究量化了城市内部的气温和地表温度特征 (Smoliak et al., 2015; Hall et al., 2016; Qian et al., 2018)。研究结果显示城市内部也存在明显的高温区和低温区, 城市内部的最大瞬时气温差异可达到 9℃; 不同土地利用中, 商业区的气温最高 (Smoliak et al., 2015)。即使在同样的土地利用类型中 (如居民区), 日最高气温的最大温差也可达到 5℃ (Qian et al., 2018)。城市内部的温度差异会显著影响城市内部的大气化学组成、能源消耗以及植物生理 (Zipper et al., 2016; Yadav et al., 2017)。

(3) 结合三维结构来分析景观格局对城市热环境的影响。随着激光雷达 (lidar), 倾斜摄影等技术的发展, 城市三维建模技术得到了快速发展, 并逐渐应用于城市热环境的研究中 (Chun, 2014; Guo et al., 2016; Panet al., 2017; Alavipanah et al., 2018)。研究发现, 天空可视角、建筑高度、建筑密度等三维指标对城市热环境有显著影响, 其影响程度甚至超过了二维的景观要素 (Guo et al., 2016; Pan et al., 2017)。然而, 三维结构的研究主要集中在建筑方面, 植被三维结构的研究较少。

（4）城市热环境与空气污染的耦合研究逐步深入。基于空气流动、能量传递、化学反应等过程，大量研究开展了空气颗粒物对城市热岛的影响，研究发现由于空气颗粒物对太阳辐射有阻挡作用，且增加了大气长波辐射，因此会减弱城市热岛强度；但城市热岛强度与臭氧浓度呈正相关，且受景观格局、地形地貌及人口的影响（Feizizadeh and Blaschke，2013；Hao et al.，2014；Wu et al.，2017；Wang et al.，2018）。此外，还有研究利用模型分析了城市热岛和逆温层对城市空气污染物传输可能产生的影响（Rendón et al.，2014）。

（5）面向城市热环境改善的多尺度研究。在城市尺度上，比较了城市大小和形态对城市热岛的影响，发现小面积、不太紧凑的城市有助于缓解城市热岛（Zhou et al.，2017）。在街区尺度，研究发现景观的组成和配置对地表温度都有显著影响，但其影响在不同类型的城市并不完全相同（Zhou et al.，2017）。在斑块尺度，发现绿地斑块的面积大小、形状等特征对绿地本身及其周边的温度都有显著影响。随着绿地斑块面积的增加，绿地斑块整体的温度逐渐降低（Cheng et al.，2014；Gioia et al.，2014；Lin and Lin，2016），且降温影响的范围也更大（Adams and Smith，2014；Guo et al.，2015），可能存在具有最大降温效率的林地斑块大小，使得蒸腾和遮阴的综合效益最大（Jiao et al.，2017）。此外，还有研究对比了城市尺度和局地尺度对热环境的影响，发现城市大小和土地覆盖都对热环境有影响，当城市规模较小时，局地景观格局对热环境影响较大；而当城市规模较大时，城市大小对热环境的影响更强（Hu et al.，2017）。

未来城市热环境的研究，应该加强以下几个方面的工作：①城市内部热环境时空动态变化及形成机制的解析。随着城市自动气象监测网络的建设，无人机热红外航拍技术的发展，各类红外热像仪的普及，城市内部高时空分辨率的热环境定量研究已逐步展开。随着高分辨率遥感影像和三维激光雷达（LIDAR）的发展，城市二维和三维格局的定量化研究也开始普及，促进了城市内部更加精细尺度上的热环境能量机理研究。②面向改善城市热环境的定量化研究。研究热环境影响因子调节温度的阈值也可能成为热环境研究的重要发展方向。例如探索城市规模影响城市热岛的阈值；通风廊道的阈值；绿地配置指数的最优阈值；最大降温效率的绿地斑块大小阈值等。③基于大数据的城市热环境研究。各类大数据如移动通信数据、社交媒体数据、智能刷卡数据、定位导航数据、物联网传感数据等可提供大量与热环境相关的信息，将其与城市热环境相结合，可从更多的角度分析城市热环境的形成机制、城市居民对城市热环境的感知、热环境对人类活动和人体健康的影响，进而为提升人类福祉和实现城市的可持续发展提供有力支撑。

### 3.2.2 城市生物相关研究进展

1）城市植物研究进展

城市环境对人类影响的诸多因素无不与植物息息相关，城市中残存的生境及生物的重要作用将随着城市发展更加凸显（Crane and Kinzig，2005）。由于人类偏好某些观赏价值高的植物种类，通过对绿地植物进行设计与管理，人类活动显著影响城市植物的种类构成及多样性结构（Smart et al.，2005）。例如，通过密集管理，并引入大量外来植物（Turner et al.，2005），城市植物群落通常比乡村具有更高的植物种类丰富度（Gilbert，1989）和较低的群落稳定性，并且市中心区到郊区的植被结构呈现一个明显的演变过程（McKinney，2002）。人类的强烈干扰对保持城市植物的多样性形成潜在的威胁（Knapp et al.，2008）。只有通过规划设计、保护和管理城市植物，城市才能在自然生物多样性的保护中起到应有的重要作用。近年来我国城市植物研究发展迅速，研究内容主要涉及城市植物多样性及群落结构、生态效益评价与生态效应作用机理、城市植物的配置与园林应用、城市植物调查与研究方法等。

基于现状调查（洪志猛，2009）、多样性及城乡梯度（宋坤等，2008）、植物种类构成、群落结构（杨学军和唐东芹，2011）等生物多样性及群落结构研究发现，人类活动的干扰使城市植物在种类、区系、来源、生活型和群落等方面都发生了重大的改变。另外，城市植物的环境条件相比自然环境发生了重大改变，城市特殊的热岛效应（蔡红艳等，2014）、光污染（陈芳和彭少麟，2013）、土壤污染（胡海辉和徐苏宁，2013）等改变了城市植物生理和生长规律，产生了一定的负面影响，需根据具体环境条件调整种类配置、布局模式和种植措施（胡海辉和徐苏宁，2013；蔡红艳等，2014）。基于城市绿地的独特结构，城市植物的调查方法应该在自然植物调查方法的基础上有所调整（赵娟娟等，2009），生态学分析方法也需根据园林特色科学合理地进行应用（郝日明，2009）。

城市植物具有多种生态、社会、经济功能。除了能够吸附及削减颗粒物（范舒欣等，2015）、抑菌（才满和戚继忠，2011）、固碳释氧与增湿降温（陈少鹏等，2012）、削减地表径流（程江等，2009）、吸收大气污染物（吴耀兴等，2009）、提供动物栖息地（周雯等，2018）等生态功能，还具有保健（张凯旋和张建华，2013）、避灾、文化传承等社会经济功能。城市植物各项功能的发挥，与植物个体特征、绿地结构及环境条件等因素有关（马克明等，2018），从不同绿地类型（罗英等，2010；唐丽红等，2013）、功能需求（陈玉梅等，2010）及立地条件（宋芬芳和杨世勇，2011）出发，比较不同设计模式或配置方式的差异性为园林设计提供了理论参考。

国际上城市植物研究的对象涉及城市不同生长环境下的植物，除了绿地之外，还涉及能够生长植物的一些其他城市环境，例如屋顶（Williams et al., 2015）、墙面（Benvenuti et al., 2016）、铺砌地面（Mullaney et al., 2014）、遗留迹地（Johnson et al., 2015）等。对城市植物功能的研究，也涉及更广阔的范围，包括人类的身体和精神健康、娱乐、教育、减缓热岛效应等环境影响、经济与能源效益、提高生活质量等。并且，城市规划与设计中，开始考虑城市植物的生态系统服务功能。

随着规划师和设计者越来越多地把城市植物的生态系统服务功能结合到决策中，城市植物的研究也更多地关注城市植物多样性及功能的驱动机制（Schwarz et al., 2017）。然而城市影响因素错综复杂，城市化改变了生物及非生物生态系统在各尺度上的特征（Grimm et al., 2008），城市植物多样性及其功能随资源、环境条件、时空尺度以及人类干扰的变化模式及作用机理而变化，城市植物多样性及功能多样性的影响机制逐渐被作为一个跨学科、多尺度的问题来研究（Pickett et al., 2008）。

未来城市植物的研究需要解决的问题还有功能特征、评价指标的标准化、功能冗余及长期响应机制、植物与动物及多营养级间的相互关系、社会经济系统时空变化的影响机制、人类生活方式的影响、基于社会经济与生物-地球物理背景的系统研究、关乎全球问题的规范和伦理、对气候变化的响应、管理措施的影响机制、与人类健康的关系等（Brink et al., 2016；）。

2）城市鸟类研究进展

鸟类因为其高度移动性和适应能力，成为城市生态系统中为数不多的动物类群之一（Chace and Walsh, 2006；薛达元等，1999）。鸟类伴随并促进了人类文明的发展（Konishi et al., 1989），其艳丽的羽毛和悦耳的鸣声给城市居民提供了普适性的休闲娱乐服务（Marzluff, 2016）。人口聚居区往往与生物多样性热点区域存在广泛重叠，因此全球尺度上土地利用和人口的城市化的迅速发展使得包括鸟类在内的脊椎动物面临适应城市环境的难题（Pereira et al., 2012）。事实上，城市化是造成全球尺度上物种灭绝的主要原因之一（Grimm et al., 2008）。城市环境在空间上以斑块化为显著特征，如何在这些斑块化的生境中长期维系物种多样性日益成为国内外生态学家和环保主义者重点关注的问题（Freeman et al., 2018）。

城市鸟类生态学是国外生态学研究的热点，比较系统地研究了城市化过程中鸟类与城市环境的关系。城市中鸟类栖息地的破碎化严重，限制了鸟类个体在空间上的移动，增加了其满足生活史需求的栖息地面积（Godet et al., 2018）。同时，城市环境中的噪声（Perillo et al., 2017）和光污染，以及人类的直接接触（包括视觉接触）（Zhou and Chu, 2012），会对鸟类的觅食、求偶、繁殖以及种群间基因交流产生深远影响，最终表现为本地特有种的消失和外来种的迁入。虽然鸟类物种丰富度并不一定会较城市化之前降低（Tait et al., 2009），但在区域和全球尺度上表现为鸟类群落物种组成的同质化现象，以及大尺度上功能多样性和进化多样性的显著降低（Morell et al., 2016）。而且，城市化对植物、昆虫和两栖类动物的显著影响，也会通过食物链传导塑造鸟类群落（Chamberlain et al.，2004；Kajtoch，2017；）。

基于历史原因，我国城市鸟类生态学的起步较晚，直到20世纪80年代才开始有相关研究发表。早期的研究多为调查性研究，基于典型样线或样方的实地调查，记录样地中出现的鸟类物种和数量，并进一步分析得出研究地的鸟类群落物种组成和多样性等特征（武宇红等，2006）。后续越来越多在大型城市进行的相关研究逐步涉及各类城市环境特征对鸟类群落的影响，这些环境特征主要涉及局部栖息地尺度，比如植被水平和垂直结构（陈水华等，2002）、植物物种构成（郭佳，2008；隋金玲等，2006）、水体面积（黄越等，2014；杨刚等，2016）和人类干扰等（曹长雷等，2010）。近几年，随着景观生态学的迅速发展和高分遥感影像应用的普及，基于遥感影像分类探讨景观水平上斑块化的城市环境对鸟类群落的影响在国内日益增多。相关研究发现，城市公园外围缓冲区内人工表面比例（谢世林，2016）和栖息地破碎化程度对鸟类群落有显著负面影响（叶辛，2016），更高的景观异质性，即更丰富的生境类型有利于鸟类群落多样性的增加（张敏等，2009）。基于某些鸟类种群有限的扩散能力，许多研究强调建设生态廊道，增加景观连接度以降低景观破碎化影响的重要性（Huang et al.，2015）。还有许多研究在鸟类招引方面取得了显著成果（谭丽凤等，2012；吴贤斌等，2008）。

未来城市鸟类的研究，应该加强以下两个方面的工作：①城市区域内的鸟类物种保护及其对区域与全球生物多样性的贡献（Frishkoff et al.，2016；Grimm et al.，2008）。长期以来，城市化一直被视为全球尺度上物种灭绝的一大主要因素（Frishkoff et al.，2016；Grimm et al.，2008），但相关研究表明，合理的城市绿地规划可以使得城市环境成为濒危物种的稳定栖息地（Jokimaki et al.，2018）；②加强基于鸟类个体数量的城市生态系统服务功能研究。生态系统服务功能的提供与鸟类个体数量具有普遍的非线性正向关系（Gaston et al.，2018）。然而，基于鸟类群落分布的复杂性及其价值量的高度不确定性，目前尚无研究得出特定区域中鸟类提供的生态系统服务的功能量和价值量。

3）城市昆虫研究进展

昆虫是世界上种类和数量最多的动物，在人类出现以前就已存在，至今已经有3.5亿年的历史。作为生态系统中重要的组成部分，昆虫具有种类多、数量大、分布广、世代周期短等特点，在生态系统中的营养循环、能量流动和信息传递中发挥着非常重要的作用。千年生态系统评估报告（MA）指出，昆虫具有病虫害生物防治、传粉作用等独特的生态服务功能。爱因斯坦曾经说道："如果蜜蜂消失，人类将只能存活4年。"可见，昆虫在生态系统中起着至关重要的作用。

早在19世纪末、20世纪初，发达国家政府和科学家就注意到城市的发展改变了当地的昆虫群落。研究发现，有些昆虫种类因为自然环境被城市环境所替代，丧失了适宜的栖境、食料来源等条件而消失或迁离，如美国加州旧金山湾地区的城市化导致一种眼蝶（*Cercyonis sthenele sthenele*）灭绝，成为美国本土种灭绝的首个记录（Connor et al.，2002）。巴西东南部城市库里蒂巴（Curitiba）Passeio Publico 公园蜜蜂总科昆虫丰富度快速下降（Taura and Laroca，2001），1975年为74种，1992年则降至49种，这主要与该市城市化进程中蓼属植物（*Polygonum puctatum*）、苘麻属植物（*Abutilon bedfordianum*）及大波斯菊属植物 *Cosmus* 消失有关。而有些昆虫种类则对改变了的城市环境更加适应。例如，科罗拉多州的一种蚊类昆虫，在天然松林中并不多见，而在城市里却比比皆是。蜚蠊目的德国小蠊（*Blattella germanica*）和美洲大蠊（*Periplaneta americana*），其种群分布范围随城市化的发展而扩张（McKinney，2002）。等翅目昆虫也是城市化推进的受益者，城市化的发展增加了白蚁的栖息环境和食物资源，从而导致白蚁由城市中心向近郊不断扩散（叶水送等，2013）。不同体型的昆虫物种在城市环境中的分布也不同，个体大小可能随干扰强度的增加而变小（Sadler et al.，2005）。

城市化的高速发展还必然伴随着工业化的突飞猛进，而工业化的到来则是以牺牲环境为代价的，这就使有些鳞翅目昆虫出现了所谓的"工业黑化现象"（Industrial melanism）（Kettlewell，1958，1961）。如桦尺蠖 *Biston betularia* L.有常见型（白色带黑斑纹）与黑化型两类个体，在19世纪中期以前，英国曼彻斯特附近的桦尺蠖几乎全为常见型；1848年，人们观察到第一个黑化型个体，随着工业的污染，在城市工业区桦尺蠖黑化型的比例逐渐上升，到1895年，曼彻斯特附近98%的桦尺蠖个体变成了黑化型（Kettlewell，1958）。在欧洲其他国家及美国等地工业区的鳞翅目昆虫也有类似的现象。

近二三十年来，各国科学家开始关注城市中昆虫多样性的现状、价值及影响因素。2000年前后，由芬兰科学家发起的一项跨国研究项目GLOBENET（Niemelä et al.，2000），主要以步甲为研究对象，采用定性的城市-郊区-农村梯度方法，研究城市化对步甲集群的影响。多数研究认为，城市化对昆虫多样性具有负面的影响（Jones and Leather，2012）。2008年，美国学者McKinney综述了关于城市化对除鸟类以外的其他动植物物种数影响的105个案例中，大部分研究基于三段梯度方法对调查地点进行划分，得到五种类型的变化趋势，包括上升、下降、V型、倒V型和不变（McKinney，2008）。对27个基于三段梯度划分方法的城市昆虫研究案例进行分析，发现物种丰富度大部分呈下降趋势，占了66.7%，其次是在中间梯度达到高峰的趋势，占了18.5%，呈上升趋势的只有1个案例。

我国对城市昆虫的研究起步较晚。自改革开放以来，随着我国城市化速度逐渐加快，城市昆虫引起我国昆虫学家的重视。2000年以后，我国学者陆续在重庆（晏华等，2006；左自途等，2008）、北京（刘红霞，2006；孙婷婷和颜忠诚，2007；Huang et al.，2010；Su et al.，2011；Su et al.，2015）、保定（卜志国等，2007）、广州（李志刚等，2009）等城市开展城市昆虫多样性研究，主要采用城区-郊区-农村的定性梯度法分析了蝴蝶、椿象、象虫以及昆虫群落的物种数、个体数、多样性和均匀性等沿城市化梯度的变化规律。Su等（2011）根据北京城市化呈典型的环状扩展特点，以环城路为城市化梯度，研究了六环路内（即共有5个梯度）的柳树树干栖息昆虫群落从市中心到郊区的逐环变化规律，结果表明，象虫物种多样性随城市化强度的减弱而呈单调递增趋势。但是这方面的研究仍处于初步发展阶段，很多研究尚未深入开展，与发达国度相比存在很大差距。

4）城市空气微生物研究进展

空气微生物是城市生态系统的重要组成部分，与人类生产和生活息息相关。其可以造福人类，也可能会危害人类生活和健康，是环境质量的重要评估指标之一（薛林贵等，2017）。空气微生物与生态平衡及许多生命现象直接相关，在自然界物质循环中起着非常重要的作用。然而，空气中的有害微生物不仅可引发动植物和人类疾病，而且可导致许多工业建筑设施腐蚀，食品变质，造成严重的经济损失（方治国等，2017）。随着城市化、工业化进程的加快，城市人口迅速增加，城市空气微生物特征已成为关注和研究的热点。

空气微生物采集、检验及鉴定方法的进步，尤其是分子生物学技术的普及，推动了空气微生物研究从培养到非培养模式的转变（方治国等，2016）。空气微生物的来源及其在大气中的迁移、扩散和沉降过程，空气微生物的浓度、群落结构、粒径分布特征，空气微生物群落时空变化特征及其影响因素得到了广泛的研究（Jones et al.，2004；Smets et al.，2016）。近年来，极端天气现象、空气污染事件的频发及气传疾病的发病率增高，特殊大气环境下空气微生物的群落特征（高敏等，2014；韩晨等，2015），尤其是其中动植物病原菌的组成和丰度的变化（Cao et al.，2014），已成为目前新的研究热点。

城市空气中的微生物主要来源于自然界的土壤、水体、动植物以及人类的工农业等活动。它们以吸附于颗粒物或以独立的状态悬浮于空气中，随气流的运动进行水平或垂直方向的迁移（Smets et al.，2016）。细菌是空气微生物主体，在$PM_{2.5}$和$PM_{10}$的生物组分中，其相对百分比可达80%以上（Cao et al.，2014）。空气中的细菌、真菌具有明显的时空差异，意大利（Bertolini et al.，2013）、美国（Bowers et al.，2012）、以及中国的北京（Fang et al.，2007）、青岛（Li et al.，2011）、杭州（方治国等，2017）、西安（路瑞等，2017）等城市均观测到空气微生物浓度、群落结构的年际、季节、月份及日变化；不同城市间、甚至同一城市内不同功能区空气微生物特征也差异显著（Gandolfi et al.，2015；Fang等，2007；龚婵娟，2014）。空气细菌主要吸附于粗颗粒物，呈偏态分布；而空气真菌多集中于中等粒径的颗粒物上，呈对数正态分布（韩晨等，2016）。气象条件，如温度、湿度、刮风、降雨、光照、沙尘暴等的变化可引发空气微生物浓度、群落结构、粒径谱等特征的改变；而人为排放的大气污染物对微生物气溶胶的影响方式及机制尚存争议（Jones et al.，2004；Zhen et al.，2017）。以雾霾为例，随着 PM2.5 浓度的升高，西安市空气细菌浓度随之升高、群落组成发生改变（Li et al.，2015）；而北京市空气细菌浓度则逐渐降低（高敏等，2014），群落结构没有明显变化（Wei et al.，2016）。此外，一些学者尝试通过微生物属种信息推断空气中病原菌，或通过空气微生物浓度开展健康风险评价的初步研究（Gao et al.，2016；刘建福等，2016）。

城市规模、功能分区、污染源、绿化率及植被选择等对空气微生物浓度及群落特征影响显著（方治国等，2005；Gandolfi et al.，2015）。同一城市中，北京市（Fang et al.，2007）、杭州市（龚婵娟等，2014）空气细菌浓度交通枢纽高于城市绿地，人流车流量大的地区扬尘较大，空气细菌浓度高，而植物能吸附空气颗粒物（包括微生物粒子），同时其释放的挥发性分泌物对空气细菌由杀灭作用（谢慧玲，1999）。城市黑臭水体离岸百米范围内存在微生物浓度聚集现象，附近居民短期暴露健康风险儿童＞女性＞男性（刘建福等，2016），城市污水处理厂、垃圾填埋场、医院废弃物等处理不当，也是重要空气微生物污染源。此外，沙尘天气及大气污染物可能也加重了空气微生物污染程度，沙尘暴和雾霾空气条件中致病菌种类增多，相对丰度升高，其潜在健康风险增加（甄泉等，2019；Yan et al.，2016）。因此，为防控城市空气微生物污染，应合理规划城市规模、控制城市人口，完善城市功能区布局。同时，应加强城市绿化建设，合理布局公园绿地、居住区绿地、生产绿地和防护绿地的规模和数量，尤其是在人流量车流量较大的交通枢纽、商业街区以及垃圾填埋场、污水处理站等潜在污染源处。研究表明，城市单侧道路防护绿地在 15 m 以上对空气微生物污染能起到良好的屏障作用，树种选择应以乔木为主，合理搭配灌草景观植物，优先选择具有滞尘、杀菌、吸收 $SO_2$ 等特殊功能的树种。绿化空间结构配置建议北方城市以乔灌草复层结构为主，南方城市以多树种混交的乔草结构为主（任启文等，2015）。

总体而言，目前人们对空气微生物变化的内在机制的认识还非常有限。同时，由于空气微生物采样耗时长，定量、鉴定过程繁琐，对专业技术要求高，该调查多在大城市开展，中小城市鲜有涉及，尤其是使用最新的分子生物学技术。此外，微生物类群多样，种水平上大规模全覆盖掌握微生物尤其是病原微生物信息，目前技术上还不经济可行，空气微生物的健康风险评价及防控措施还未建立。因此在今后的研究中，应进一步扩大调查区域，全面掌握各种城市规模、功能区空气气溶胶特征，同时关注城市定位、人口数量、产业布局、风俗文化对空气微生物的影响；揭示气象因素和大气污染物影响空气微生物的内在机制；革新空气微生物的采集、检验、鉴定技术，以期准确判定空气病原菌，制定空气微生物的健康风险评价办法；最终，能够定量预测健康危害，主动采取防控措施，有效保护和促进城市居民健康，实现城市绿色良性和谐发展。

### 3.2.3 产业生态学与城市物质代谢过程研究进展

1）产业生态学研究的前沿和热点

1965 年 Wolman 通过类比自然代谢过程，提出城市代谢的概念，用以描述城市物质、能量输入城市和产品、废物输出城市的完整过程（Wolman，1965）。近 20 年，产业生态学家处于城市代谢研究的前沿，物质流分析、生命周期分析、投入产出分析、网络分析等方法为深入剖析代谢过程、格局、网络关系及其社会经济驱动力奠定了基础，与 GIS 等方法的结合，进一步深化了城市代谢的时空表达，从而为城市代谢研究融入城市生态规划和管理提供了基础（Conke and Ferreira，2015；Kennedy et al.，2011）。产业生态学的研究进展，主要包括以下 3 个方面。

（1）研究视角从关注流量到聚焦存量

有别于早期城市代谢研究对"流量"的关注，近期"存量"越来越成为研究的热点。相关研究表明，在长时间尺度下，城市基础原材料的社会积累过程具有显著的非线性特征，即流量指标具有明显的达峰过程，而对城市功能起重要作用的则是累积的物质资本存量（Chen and Graedel，2015；刘刚，2018）。存量具有明显的"技术锁定"效应，存量的技术效率决定了城市运行维护所需要的资源能源数量，也决定了城市的形态和效率。近年来，结合 GIS 方法，学者们开展了大量城市基础设施存量（建筑和道路）的定量分析，并探讨了城市发展与存量之间的相互关系（Breunig et al.，2018；Haberl et al.，2017；韩骥，2017）。

（2）研究方法从静态核算到动态分析

早期的城市代谢研究是对具有明确时间和空间边界的城市系统的静态核算，物质平衡成为核算的关键。90 年代后期，为适应管理和政策决策的需求，逐渐发展了动态代谢分析方法和模型，从而可以更系统的刻画人类社会经济活动、技术发展、管理决策导致的物质代谢的原因与后果（Muller et al.，2014；Paul H B，2017）。与静态分析不同，动态代谢将存量作为时间变量融入了核算模型，考虑了存量变量在时间尺度的代谢特征。动态代谢分析更多的应用于资源管理和城市矿产研究，如钢铁、铜、铝等金属资源和电子废物、报废汽车等都是城市代谢研究的重要领域（Hatayama et al.，2014；Liu and Muller，2013；Wang et al.，2016；陈伟强，2008；温宗国，2013）。

（3）研究重点从关注代谢过程到注重代谢关系分析

早期的城市代谢研究采用数量及强度等线性指标核算和评价城市发展对资源环境的压力。随着新方法的引入，城市代谢研究的维度不断完善，从而使城市代谢研究模式从黑箱逐渐白化，从线性模型拓展到网络模型。生命周期分析及基于生命周期的足迹方法拓展了代谢分析的空间维度，丰富了代谢评价的清单因子（Chester et al.，2012）。投入产出分析为量化经济系统物质代谢的关联关系提供了系统分析模型。生态网络的结构路径分析、网络尺度分析、功能互动分析等进一步完善了城市代谢研究的整体性和复杂性研究（Chen and Chen，2015）。2008 年后迅速发展的"耦合"（nexus）分析为多要素耦合、多过程耦合、多政策耦合提供了复杂系统解决方法（薛婧妤，2018）。

2）城市物质代谢研究国内外研究进展

随着城市化进程的加剧，日益增大的外部资源压力与生态破坏问题已成为限制城市发展的重要因素，研究者开始尝试各种方法以城市类比成自然生态系统来寻找解决或缓解该问题的关键。"代谢"一词起源于生物学，指的是一个生命体的内在发展过程，即生物体在吸收了富含能量的低熵材料后，用它维持自身的生存和发挥其各项机能，同时将高熵的废弃物排泄或呼出的过程。代谢分析方法的核心是对人类活动所消费的资源和能源的核算，关注人类活动对自然环境的压力，这种压力最直接的反应就是对元素地球化学循环过程的干扰。1965 年 Wolman 提出"城市代谢"的概念，他将城市环境作为生态系统来研究其新陈代谢活动，用于描述城市物质、能量输入和产品、废物输出的过程，并对早期美国城市物质代谢进行了经验估计（Wolman，1965）。1999 年，Newman 对城市代谢的概念进行了拓展（Newman，1999），认为城市代谢分析中也需考虑到人为因素的重要性，重视人类活动对物质代谢的影响。Kennedy 等人对世界主要城市的物质流进行整合分析（Kennedy et al.，2007），并提出城市代谢完善过程即可带来城市发展和能量生产，同时可以消除浪费，进一步丰富了城市物质代谢的理论内涵。整体而言，国外城市物质代谢研究起步较早，从 1965 年概念的提出开始了"城市物质代谢"研究的启蒙阶段，先后经历了 20 世纪 70 年代的发展阶段，20 世纪 80 年代的停滞阶段，20 世纪 90 年份的崛起阶段以及 21 世纪兴起的多元化阶段（沈丽娜和马俊杰，2015）。

中国城市物质代谢研究始于 20 世纪 70 年代相关科学家根据联合国教科文组织人与生物圈计划项目对香港城市物质代谢进行的研究（Newcombe et al.，1978）。早期涉及物质流的研究多数着重于农业生态系统（陈聿华，1985），随后逐渐倾向于城市尺度的物质代谢研究。关于城市代谢内涵的补充，国内早期马世骏和王如松先生则创造性地提出城市是以人类社会经济系统为主导，生态代谢过程为经络，受自然生命支持系统所供养的社会—经济—自然复合生态系统（马世骏和王如松，1984）。2001 年欧盟统计局出台《物质流账户及指标—方法导则》(Eurostat, 2001), 国内学者采用该分析方法, 开展了大量的城市物质代谢案例研究（石磊与楼俞, 2008), 包括贵阳市（徐一剑等, 2004)、常州市（黄和平等, 2006)、北京市（张妍等, 2007a)、深圳市（颜文洪等, 2003; 张妍等, 2007b)、青岛市（孙磊等, 2007)、金昌市（张艳秋等, 2007)、邯郸市（楼俞等, 2008)、厦门市（魏婷等, 2009)、上海市（黄晓芬, 2010)、成都市（高雪松等, 2010)、榆林市（徐福军等, 2011)、徐州市（张兆臣等, 2011)、广州市（吴玉琴和严茂超, 2011)、石家庄市（李爽等, 2013）等。城市代谢过程成为美国的 Phoenix, Baltimore 和北京等 3 个城市生态系统研究站的重要内容（王效科等, 2009)。

除了上述早期的研究, 近 5 年国内城市物质代谢研究逐渐着重于城市物质代谢与城市可持续发展间的联系, 包括国内相关学者对城市代谢的狭义与广义内涵进行辨析, 提出城市的"四因图"理念（卢伊和陈彬, 2015)。同时, 更多研究是针对城市的具体案例分析, 包括北京市物质代谢与资源环境关系的研究（戴铁军等, 2017)；上海市、天津市土地利用变化与物质代谢的关系研究（Lu et al., 2016; 王磊等, 2015)；金昌市代谢效率分析（Li et al., 2016; 张丰等, 2017）等。还有较多的研究着重于对城市特定物质流分析, 主要包括：①城市基础设施与建筑废弃物代谢, 如上海市基础设施物质流过程分析（曹武星等, 2015; 周燕, 2018)；北京市住宅建筑物质流过程分析（吕文倩, 2014)。②城市特定物质及元素代谢概括, 如城市碳代谢（夏琳琳等, 2017; 夏楚瑜等, 2018)；城市氮代谢（冼超凡和欧阳志云, 2014)；城市食物源碳氮磷代谢（王进和吝涛, 2014)；城市能源与碳代谢（黄和平和王丽影, 2017)；城市生活垃圾代谢（周传斌等, 2014）等。③城市特殊流分析, 如北京市生态系统服务流分析（李婧昕等, 2018)。

受理论发展与研究手段的限制, 大量的城市物质流分析大多将城市代谢理解为线性输入-输出过程, 仅基于固定的城市边界从代谢过程外围量化代谢规模与环境压力, 无法揭示城市内部参与代谢过程的质料流动动态及其关系网络, 难以突破城市黑箱问题的局限（卢伊和陈彬, 2015)。近年来, 国内学者尝试联合多种分析方法来打开城市代谢"黑箱", 在多个领域开展了相关研究：①物质流分析与生态网络分析为主体的混合研究方法, 如北京城市物质代谢（Zhang et al., 2014a)、水代谢（Zhang et al., 2010)、氮代谢（Zhang et al., 2016a)、能源代谢与碳代谢（Zhang et al., 2014b, 2014c, 2015)；②投入产出分析与生态网络分析为主体的混合研究方法, 如北京市物质代谢（Zhang et al., 2014d)；③环境足迹与生态网络分析为主体的混合研究方法, 如滇池区域的灰水足迹及水代谢（Wu et al., 2016)。

城市代谢为系统量化人类社会经济系统与环境的相互关系提供了全过程、多维度的全新视角, 并提供了量化工具和评价方法。但城市代谢分析依然面临着诸多问题, 是未来研究的重要方向：①多数研究依然停留在"核算"的阶段, 如何将代谢分析结果应用于城市生态规划和管理, 将研究所揭示的"线性"代谢格局转向"闭环"循环, 还需要指标、模型、规划、管理等多学科、多主体的系统整合；②地理信息系统在城市物质代谢研究中的应用, 解决代谢研究中时空尺度特征分析的短板(王雪和施晓清, 2017)；③城市物质代谢的概念在城市设计领域的（沈丽娜和马俊杰, 2015; Oswald et al., 2003; Kennedy et al., 2011)。

### 3.2.4 城市生态系统服务研究进展

城市生态系统服务是维持和提高城市人类福祉, 实现城市可持续发展的基本条件。对城市生态系统服务的研究能够为城市景观设计和规划提供依据, 为城市生态规划与管理提供支撑, 为绿色基础设施建设提供参考。城市生态系统服务研究的目标是阐明服务的时空格局和相互关系, 揭示服务的产生机制和影响因素, 探究服务对人类福祉的作用。相关的前沿热点问题包括绿色基础设施的服务功能、城市生态系统文化服务、服务供给需求的空间格局与关系、服务间的关系及对人类福祉的影响、服务的模拟评估方法以及服务的形成机制与影响因素。

城市绿色基础设施提供的生态系统服务一直是国外学界研究的热点。对绿色基础设施调节服务的研究主要针对雨洪管理、缓解热岛效应、空气净化以及吸收温室气体等方面（EPA，2014；Luederitz et al.，2015；O'Brien et al.，2017）。近年来国外学者越来越多关注城市绿地和湿地提供的休闲、旅游、美学价值等文化服务（Casado-Arzuaga et al.，2013；Langemeyer et al.，2015），以及城市绿地释放挥发性有机化合物、产生致敏物质、增加犯罪率等不利服务（Lyytimäki et al.，2008；Escobedo et al.，2011；Gomez and Barton，2013）。

实地观测和调查、遥感解译、模型模拟是城市生态系统服务评估的常用方法（Larondelle and Haase，2013；Radford and James，2013；Haase et al.，2014）。近年来美国国家环保局、美国农业部林务局等机构开发了一系列的评估工具，用以评估城市绿色基础设施的生态系统服务，推动评估结果在实践中的应用（张炜等，2017）。城市生态系统服务的供给和需求呈现出高度的空间异质性和城-乡空间梯度特征（Kroll et al.，2012；Hou et al.，2015）。生态系统支持服务和调节服务间普遍存在协同关系，而支持服务与文化服务之间、调节服务与文化服务之间则呈现出权衡关系（Haase et al.，2012；Sanon et al.，2012；Setala et al.，2014）。对多个欧洲和美国城市的研究表明城市生态系统服务对人类福祉的贡献主要在于提高城市居民的生理和心理健康水平，并且受经济条件、种族、受教育程度等影响，具有不公平性（Escobedo et al.，2011；Huang et al.，2011；Gomez and Barton，2013）。影响城市生态系统服务的主要因素有气候变化、土地利用转变、资源利用与废弃物排放、社会经济与管理决策、景观格局等（Buyantuyev and Wu，2010；Schneider et al.，2012；Viguie and Hallegatte，2012；Breuste et al.，2013）。目前，除美国将城市生态系统服务评估结果应用在绿色基础设施建设中外（张炜等，2017），其他国家鲜有将研究结果应用于城市生态规划和管理的实践。

国内学界对城市生态系统服务的研究近年来成果显著。已有的研究主要在北京和上海开展，研究重点关注了城市生态系统的净化环境、调节小气候、涵养水源、维持生物多样性、景观、休闲、教育等服务（张凯旋等，2012；范昕婷等，2013；张彪 2016；Dou et al.，2017；Liu et al.，2017；Liu et al.，2018；刘娜娜等，2018）。Liu 等（2015，2018）研究了北京城市公园生态基础设施提供的服务间的关系，产生的不利服务以及影响公园参观人数的因素。张彪（2016）对北京市绿地提供的调节和文化服务，湿地提供的调节服务进行了系统的研究。针对上海的研究则重点关注了环城林带的支持服务和景观价值（张凯旋等，2012；2015），城市森林的空气净化服务（曹宏亮等，2016；张文文等，2018）。国内学界对城市生态系统服务间关系的研究主要使用关系模型、情景分析和多目标分析等方法，同样发现了支持服务和调节服务间普遍存在协同关系（Yu et al.，2013；毛齐正等，2015）。诸多研究辨识了景观格局、土地利用变化、人口增长、经济增长、硬化地表扩张等城市生态系统服务的主要影响因素（Bai et al.，2011；Li et al.，2012；李锋等，2014；陈卫平等，2018）。目前国内学界对城市生态系统服务供给和需求间的关系、服务与人类福祉的关系以及服务的形成机制的研究还十分有限。

城市生态系统服务未来的重点研究方向包括：①加强对文化服务和不利服务的研究；②加强城市生态系统服务评估模型的研究，开发适用于不同地区，能够评估不同服务的工具；③广泛开展城市生态系统服务的供需关系及服务与人类福祉关系的研究；④深入研究城市生态系统服务的形成与影响机制；⑤加强城市生态基础设施与市政基础设施综合服务功能的研究；⑥推动城市生态系统服务在景观规划与设计、城市生态规划与管理中的应用研究。

## 4 城市生态学研究的挑战与展望

作为相对年轻的学科，城市生态学的学科理论体系、研究方法和技术还需要不断地发展和完善。城市生态学研究存在的问题和未来的研究热点主要包括：①理论范式与多学科交叉的综合研究。城市生态学家需要进一步深化对城市生态学研究范式的理解与应用，发展和构建新的概念框架，加强生态学、社会学、可持续发展科学、城市规划与设计等多学科交叉研究。②新的概念模型与技术方法研究。城市生态学现有的方法多是基于早期"城市中的生态学"发展起来的，城市生态系统组成要素及物质能量代谢过程的监测方法多采用传统生态学或环境科学的监测方法，很难整体地反映城市社会-经济-自然复合系统的特征。"城市的生态学"和"服务城市的生态学"的研究，需要基于现有的方法，不断地研究与发展新的研究方法和技术，尤其是系统、规范的观测、试验、分析和模型模拟的方法和标准。③城市之间的比较研究。不同城市因为其社会、经济和自然环境的差异，其格局-过程-功能-服务以及四者之间的关系也不尽相同，但又具有一定的共性和相似性。城市之间的对比研究，是归纳、总结和发现城市生态学一般规律，进而建立和发展城市生态学学科研究框架和理论体系最为有效的方法之一。但现有城市生态学研究多数是基于单一城市开展的，在设计和执行的过程中都没有优先考虑城市之间的比较研究。如何设计和开展不同城市之间的比较研究，从而发现城市生态学中的一般性规律，进而发展成熟的学科理论体系，是未来城市生态学研究的一个热点和重大挑战。④面向城市可持续发展的城市生态学研究。城市生态学是一门应用性很强的学科，其研究的一个重要目标是提高人类解决当前和未来可能面临的城市生态环境问题的能力，促进城市社会经济发展，提高城市人居环境质量，增强城市生态系统服务，实现城市生态系统的良性循环与可持续发展。以城市可持续发展为目标，加强城市生态学与可持续发展科学、环境公平、城市规划与设计等学科的交叉，探讨城市生态系统的恢复力、自适应策略和过程，是未来研究的重要方向。此外，城市生态学的研究需要多学科学者、政府决策部门以及公众的通力合作，真正实现从生态系统的"观察者"到置身其中的"参与者"的转变，探索一条可持续发展道路。

## 参 考 文 献

别同, 韩立建, 何亮, 等. 2018. 城市空气污染对周边区域空气质量的影响. 生态学报, 38(12): 4570-4583.

卜志国, 王志刚, 杜绍华. 2007. 城市市区与郊区园林绿地昆虫群落的比较研究. 河北农业大学学报, 30(4): 72-75.

才满, 戚继忠. 2011. 城市植物抑菌效果对环境变化的响应. 北方园艺, (20): 73-76.

蔡红艳, 杨小唤, 张树文. 2014. 植物物候对城市热岛响应的研究进展. 生态学杂志, 33(1): 221-228.

曹长雷, 韩宗先, 李宏群, 等. 2010. 城市化对涪陵三峡库区城市鸟类群落结构的影响. 安徽农业科学, 38(3): 1275-1278.

曹宏亮, 殷杉, 章旭毅, 等. 2016. 基于UFORE模型的上海城市森林对大气$PM_{2.5}$的削减量估算. 上海交通大学学报(农业科学版), 34(5): 76-83.

曹武星. 2015. 上海市30年基础设施中物质代谢的时空变化及其环境效应研究. 上海: 华东师范大学博士学位论文.

陈芳, 彭少麟. 2013. 城市夜晚光污染对行道树的影响. 生态环境学报, (7): 1193-1198.

陈少鹏, 庄倩倩, 郭太君, 等. 2012. 长春市园林树木固碳释氧与增湿降温效应研究. 湖北农业科学, 51(4): 750-756.

陈水华, 丁平, 范忠勇. 2002. 城市鸟类对斑块状园林栖息地的选择性. 动物学研究, 23(1): 31-38.

陈探, 刘淼, 胡远满, 等. 2015. 沈阳城市三维景观空间格局分异特征. 生态学杂志, 34(9): 2621-2627.

陈伟强, 石磊, 钱易. 2008. 国家尺度上铝的社会流动过程解析. 资源科学, 30(7): 1004-1012.

陈卫平, 康鹏, 王美娥, 等. 2018. 城市生态风险管理关键问题与研究进展. 生态学报, 38(14): 5224-5233.

陈玉梅, 王思麒, 罗言云. 2010. 基于抗重金属铅、镉污染的城市道路绿化植物配置研究. 北方园艺, (8): 92-95.

陈聿华. 1985. 农业生态基础知识——第三讲 农业生态系统的物质流 湖北农业科学, (7): 36-39.

程江, 杨凯, 吕永鹏, 等. 2009. 城市绿地削减降雨地表径流污染效应的试验研究. 环境科学, 30(11): 3236-3242.

戴铁军, 刘瑞, 王婉君. 2017. 物质流分析视角下北京市物质代谢研究. 环境科学学报, (8): 3220-3228.

戴莹, 陈磊, 沈珍瑶. 2016. 城市景观的水环境响应及景观调控研究综述. 北京师范大学学报, 52(6): 696-704.

范舒欣, 晏海, 齐石茗月, 等. 2015. 北京市26种落叶阔叶绿化树种的滞尘能力. 植物生态学报, 39(7): 736-745.

范昕婷, 郭雪艳, 方燕辉, 等. 2013. 上海市环城绿带生态系统服务价值评估. 城市环境与城市生态, (5): 1-5.

方恺. 2015. 环境足迹的指标分类与整合范式. 生态经济(中文版), 31(7): 22-26.

方治国, 郝翠梅, 姚文冲, 等. 2016. 空气微生物群落解析方法: 从培养到非培养. 生态学报, 36(14): 4244-4253.
方治国, 黄闯, 楼秀芹. 2017. 南方典型旅游城市空气微生物特征研究. 中国环境科学, 37(8): 2840-2847.
方治国, 欧阳志云, 胡利锋, 等. 2005. 室外空气细菌群落特征研究进展. 应用与环境生物学报, 11(1): 123-128.
傅伯杰. 2001. 景观生态学原理及应用. 北京: 科学出版社.
高敏. 2014. 北京雾霾天气生物气溶胶浓度和粒径特征 环境科学, (12): 4415-4421.
高雪松, 邓良基, 张世熔, 等. 2010. 成都市环境经济系统的物质流分析. 生态经济(中文版), (2): 18-23.
龚婵娟, 许晶, 方治国, 等. 2014. 杭州市空气微生物群落碳代谢特征研究. 环境科学, 35(2): 753-758.
郭佳. 2008. 北京市区公园鸟类群落及其栖息地研究. 北京: 北京林业大学硕士学位论文.
韩晨, 祁建华, 谢绵测, 等. 2015. 青岛近海春季沙尘天空气可培养真菌及其潜在健康风险. 城市环境与城市生态, (4): 18-23.
韩晨, 谢绵测, 祁建华, 等. 2016. 青岛市不同空气质量下可培养生物气溶胶分布特征及影响因素. 环境科学研究, 29(9): 1264-1271.
韩骥, 周燕. 2017. 物质代谢及其资源环境效应研究进展. 应用生态学报, 28(3): 1049-1060.
韩立建. 2018. 城市化与$PM_{2.5}$时空格局演变及其影响因素的研究进展. 地理科学进展, 37(8): 1011-1021.
郝日明. 2009. 植物群落学方法用于城市绿地分析值得注意的几个问题. 传承交融: 陈植造园思想国际研讨会暨园林规划设计理论与实践博士生论坛.
洪志猛. 2009. 厦门城市公园植物群落的物种丰富度调查分析. 南京林业大学学报, 33(2): 51-54.
胡海辉, 徐苏宁. 2013. 哈尔滨市不同绿地植物群落重金属分析与种植对策. 水土保持学报, 27(4): 166-170.
黄和平, 毕军. 2006. 基于物质流分析的区域循环经济评价——以常州市武进区为例. 资源科学, 28(6): 20-27.
黄和平, 王丽影. 2017. 基于能源代谢分析的南昌市能源消费碳排放综合生态效率研究. 生态学报, 37(12): 4191-4197.
黄琳, 蔡鲁晟, 贾莹. 2007. 我国环境中有害重金属的来源与分布及防治对策. 科技情报开发与经济, 17(7): 189-191.
黄晓芬. 2010. 上海市物质流分析. 南华大学学报(社科版), 11(4): 37-40.
黄越, Zhao Y, Li S. 2014. 影响北京城市公园鸟类多样性的环境因子(英文). 北京论坛(2014)文明的和谐与共同繁荣——中国与世界: 传统、现实与未来, 中国北京.
贾铠针, 叶青, 赵强, 等. 2014. 论绿色基础设施规划与新型城镇化城乡生态建设同构关系. 工业建筑, (s1): 57-60.
李锋, 王如松, 赵丹. 2014. 基于生态系统服务的城市生态基础设施: 现状、问题与展望. 生态学报, 34(1): 190-200.
李婧昕, 杨立, 杨蕾, 等. 2018. 基于熵理论的城市生态系统服务流定量评估——以北京市为例. 应用生态学报, 29(3): 987-996.
李沈鑫, 邹滨, 刘兴权, 等. 2017. 2013—2015年中国$PM_{2.5}$污染状况时空变化. 环境科学研究, (5): 678-687.
李爽, 张国臣, 王丽艳. 2013. 基于生态足迹和物质流的可持续性分析与评价——以石家庄市为例. 水土保持研究, 20(5): 226-231.
李小马. 2013. 北京城市景观格局的生态环境效应. 北京: 中国科学院大学博士学位论文.
李志刚, 张碧胜, 龚鹏博, 等. 2009. 广州市不同城市化发展区域蝶类多样性. 生态学报, 29(7): 3911-3918.
连婧慧, 王钧, 曾辉. 2017. 土地利用/覆被的剧烈变化对深圳市气温的影响. 北京大学学报, 53(4): 692-700.
刘红霞. 2006. 城市化对北京半翅目昆虫多样性的影响. 北京: 中国农业大学硕士学位论文.
刘建福, 陈敬雄, 辜时有. 2016. 城市黑臭水体空气散生物污染及健康风险. 环境科学, 37(4): 1264-1271.
刘帅. 2016. 城市$PM_{2.5}$健康损害评估研究. 环境科学学报, 36(4): 1468-1476.
楼俞, 石磊. 2008. 邯郸市物质流分析. 环境科学研究, 21(4): 201-204.
卢伊, 陈彬. 2015. 城市代谢研究评述: 内涵与方法 生态学报, 35(8): 2438-2451.
卢瑛, 龚子同, 等. 2002. 南京城市土壤Pb的含量及其化学形态. 环境科学学报, 22(2): 156-160.
陆小成, 李宝洋. 2014. 城市生态文明与绿色基础设施建设. 城市管理与科技, (3): 16-19.

路瑞, 李婉欣, 宋颖, 等. 2017. 西安市不同天气下可培养微生物气溶胶浓度变化特征. 环境科学研究, 30(7): 1012-1019.
吕文倩. 2014. 城市住宅建筑代谢研究——以北京为例. 南京: 南京农业大学硕士学位论文.
罗英, 何小弟, 黄利斌, 等. 2010. 城市公园绿地植物群落配置模式的抑菌功能. 东北林业大学学报, 38(3): 73-75.
马克明, 殷哲, 张育新. 2018. 绿地滞尘效应和机理评估进展. 生态学报, 38(12): 4482-4491.
马世, 王如松. 1984. 社会-经济-自然复合生态系统. 生态学报, 4(1): 3-11.
毛齐正, 黄甘霖, 邬建国. 2015. 城市生态系统服务研究综述. 应用生态学报, 26(4): 1023-1033.
彭建, 赵会娟, 刘焱序, 等. 2016. 区域水安全格局构建: 研究进展及概念框架. 生态学报, 36(11): 3137-3145.
齐云飞, 张平俊, F. Chan. 2018. 基于海绵城市理念的城市雨洪资源综合开发治理研究. 水利规划与设计, (11): 17-19.
任启文, 徐振华, 党磊, 等. 2015. 城市道路防护绿地对空气微生物污染的屏障作用. 生态环境学报, (5): 825-830.
沈丽娜, 马俊杰. 2015. 国内外城市物质代谢研究进展. 资源科学, 37(10): 1941-1952.
石磊, 楼俞. 2008. 城市物质流分析框架及测算方法. 环境科学研究, 21(4): 196-200.
宋芬芳, 杨世勇. 2011. 基于重金属积累特征的城市绿化树种配置模式研究. 安徽师范大学学报, 34(4): 365-369.
宋坤, 秦俊, 高凯, 等. 2008. 上海城镇居住区植物多样性: 梯度性还是均质化? 第五届中国青年生态学工作者学术研讨会论文集.
宋永昌. 2000. 城市生态学. 上海: 华东师范大学出版社.
隋金玲, 张志翔, 胡德夫, 等. 2006. 北京市区绿化带内鸟类食源树种研究. 林业科学, 42(12): 83-89.
孙磊, 周震峰. 2007. 基于MFA的青岛市城阳区物质代谢研究. 环境科学研究, 20(6): 154-157.
孙婷婷, 颜忠诚. 2007. 北京地区草坪昆虫群落的初步研究. 首都师范大学学报, 28(3): 58-62.
谭丽凤, 隆卫革, 梁爱丽, 等. 2012. 基于鸟类保护的城市绿地建设与管理——以柳州市为例. 安徽农学通报, 18(9): 115-117.
唐丽红, 马明睿, 韩华. 2013. 上海市景观水体水生植物现状及配置评价. 生态学杂志, 32(3): 563-570.
王进, 吝涛. 2014. 食物源CNP的城市代谢特征——以厦门市为例. 生态学报, 34(21): 6366-6378.
王磊, 赖迪辉, 李慧明. 2015. 城市土地利用变化的物质代谢效应研究. 干旱区资源与环境, 29(10): 14-19.
王效科, 欧阳志云, 仁玉芬, 等. 2009. 城市生态系统长期研究展望. 地球科学进展, 24(8): 928-935.
王雪, 施晓清. 2017. 基于GIS的产业生态学研究述评. 生态学报, 37(4): 1346-1357.
王莹, 陈玉成, 李章平. 2012. 我国城市土壤重金属的污染格局分析. 环境化学, 31(6): 763-770.
王振波, 方创琳, 许光. 2015. 2014年中国城市$PM_{2.5}$浓度的时空变化规律. 地理学报, 70(11): 1720-1734.
魏婷, 朱晓东. 2009. 厦门市生态经济系统物质流分析. 生态学报, 29(7): 3800-3810.
魏宗强, 颜晓, 吴绍华, 等. 2014. 人工封闭对城市土壤功能的影响研究进展. 生态环境学报, (4): 710-715.
温宗国, 季晓立. 2013. 中国铜资源代谢趋势及减量化措施. 清华大学学报, (9): 1283-1288.
吴贤斌, 李洪远, 黄春燕, 等. 2008. 城市绿地结构与鸟类栖息生境的营造. 环境科学与管理, 33(6): 150-153.
吴耀兴, 康文星, 郭清和, 等. 2009. 广州市城市森林对大气污染物吸收净化的功能价值. 林业科学, 45(5): 42-48.
吴玉琴, 严茂超. 2011. 广州城市代谢效率的模拟分析. 资源科学, 33(8): 1555-1562.
武宇红, 武明录, 李海燕. 2006. 邢台市及郊区鸟类区系组成及多样性. 动物学杂志, 41(2): 98-106.
夏军, 张永勇. 2017. 雄安新区建设水安全保障面临的问题与挑战. 中国科学院院刊, (11): 1199-1205.
夏琳琳, 张妍, 李名镜. 2017. 城市碳代谢过程研究进展. 生态学报, 37(12): 4268-4277.
冼超凡, 欧阳志云. 2014. 城市生态系统氮代谢研究进展. 生态学杂志, 33(9): 2548-2557.
谢慧玲, 李树人, 袁秀云, 等. 1999. 植物挥发性分泌物对空气微生物杀灭作用的研究. 河南农业大学学报, 33(2): 127-133.
谢世林. 2016. 北京城区公园繁殖期鸟类群落特征及多尺度影响因素研究. 北京: 中国科学技术大学博士学位论文.
徐福军, 马俊杰. 2011. 基于物质流分析的区域循环经济评价指标体系构建——以陕西省榆林市为例. 地下水, 33(1): 158-159.

徐一剑, 张天柱, 石磊, 等. 2004. 贵阳市物质流分析. 清华大学学报(自然科学版), (12): 1688-1691,1699.
徐宗学, 程涛, 洪思扬, 等. 2018. 遥感技术在城市洪涝模拟中的应用进展. 科学通报, 63(21): 2156-2166.
薛达元, 包浩生. 1999. 长白山自然保护区生物多样性旅游价值评估研究. 自然资源学报, 5(2): 140-145.
薛林贵, 姜金融, Famous E. 2017. 城市空气微生物的监测及研究进展. 环境工程, 35(3): 152-157.
颜文洪, 刘益民, 黄向, 等. 2003. 深圳城市系统代谢的变化与废物生成效应. 城市问题, (1): 40-44.
晏华, 袁兴中, 刘文萍, 等. 2006. 城市化对蝴蝶多样性的影响：以重庆市为例. 生物多样性, 14(3): 216-222.
杨刚, 王勇, 许洁, 等. 2016. 上海大型城市公园斑块结构对鸟类群落的影响. 华东师范大学学报(自然科学版), 6: 46-53.
杨金玲, 张甘霖, 赵玉国, 等. 2005. 土壤压实指标在城市土壤评价中的应用与比较. 农业工程学报, 21(5): 51-55.
杨俊, 国安东, 席建超, 等. 2017. 城市三维景观格局时空分异特征研究——以大连市中山区为例. 地理学报, 72(4): 646-656.
杨学军, 唐东芹. 2011. 园林植物群落及其设计有关问题探讨. 中国园林, 27(2): 97-100.
叶水送, 方燕, 李恺. 2013. 城市化对昆虫多样性的影响. 生物多样性, 21(3): 260-268.
叶辛. 2016. 城市景观格局对鸟类群落结构的作用机制. 上海: 华东师范大学硕士学位论文.
于冰, 王继燕, 苏勇, 等. 2018. 基于像元转换的土地覆盖变化监测方法——以北京市区县为例. 国土资源遥感, 30(3): 60-67.
俞龙生, 符以福, 喻怀义, 等. 2011. 快速城市化地区景观格局梯度动态及其城乡融合区特征——以广州市番禺区为例. 应用生态学报, 22(1): 171-180.
约翰·马敬能, 卡伦·菲利普斯, 等. 2000. 中国鸟类野外手册. 长沙: 湖南教育出版社.
云昀. 2015. 工业园区水代谢与环境效应分析. 北京: 清华大学硕士学位论文.
张彪. 2016. 北京市绿色空间及其生态系统服务. 北京: 中国环境出版社.
张凡. 2016. $PM_{2.5}$对人体健康的影响研究进展. 疾病预防控制通报, (4): 88-91.
张丰, 陈兴鹏, 张子龙. 2017. 资源型城市代谢效率分析——以金昌市为例. 经济视角, (4): 14-23.
张甘霖, 骆国保, 龚子同. 2007. 城市土壤特性与城市土壤研究的兴起和进展. 土壤学报, 44(5): 925-933.
张凯旋, 凌焕然, 达良俊. 2012. 上海环城林带景观美学评价及优化策略. 生态学报, 32(17): 5521-5531.
张凯旋, 商侃侃, 达良俊. 2015. 上海环城林带不同植物群落土壤质量综合评价. 南京林业大学学报, (3): 71-77.
张凯旋, 张建华. 2013. 上海环城林带保健功能评价及其机制. 生态学报, 33(13): 4189-4198.
张敏, 邹发生, 梁冠峰. 2009. 澳门地区鸟类生境的景观格局. 生态学杂志, 28(3): 483-489.
张炜, 杰克·艾亨, 刘晓明. 2017. 生态系统服务评估在美国城市绿色基础设施建设中的应用进展评述. 风景园林, (2): 101-108.
张文文, 孙宁骁, 韩玉洁. 2018. 上海城市森林生态系统净化大气环境功能评估. 中国城市林业, 16(4): 17-21.
张妍, 杨志峰. 2006. 城市物质代谢的生态效率——以深圳市为例. 生态学报, 27(8): 3124-3131.
张妍, 杨志峰. 2007. 北京城市物质代谢的能值分析与生态效率评估. 环境科学学报, 27(11): 1892-1899.
张妍, 郑宏媚, 陆韩静. 2017. 城市生态网络分析研究进展. 生态学报, 37(12): 4258-4267.
张艳秋. 2007. 基于物质流分析的金昌市生态工业研究. 兰州: 兰州大学硕士学位论文.
张兆臣, 仇方道, 姜萌. 2007. 矿业城市的物质代谢分析——以徐州市为例. 环境科学与管理, 36(3): 141-144.
赵娟娟, 欧阳志云, 郑华, 等. 2009. 城市植物分层随机抽样调查方案设计的方法探讨. 生态学杂志, 28(7): 1430-1436.
甄泉, 王雅晴, 冼超凡, 等. 2019. 沙尘暴对北京市空气细菌多样性特征的影响. 生态学报, (2): 1-9.
郑光美. 2005. 中国鸟类分类与分布名录. 北京: 科学出版社.
周传斌, 徐琬莹, 曹爱新. 2014. 城市生活垃圾代谢的研究进展. 生态学报, 34(1): 33-40.
周雯, 陈柘舟, 饶显龙, 等. 2018. 基于引鸟和护鸟的城市绿地植物景观营造. 中国城市林业, (1): 25-29.
周燕. 2018. 城市基础设施物质代谢及城市矿产研究. 上海: 华东师范大学硕士学位论文.

左自途, 袁兴中, 刘红, 等. 2008. 重庆市主城区不同生境类型的蝴蝶多样性. 生态学杂志, 27(6): 946-950.

Aaron V D, Martin R V, Michael B, et al. 2015. Use of satellite observations for long-term exposure assessment of global concentrations of fine particulate matter. Environmental Health Perspectives, 123(2): 135.

Adams M P, Smith P L. 2014. A systematic approach to model the influence of the type and density of vegetation cover on urban heat using remote sensing. Landscape Urban and Planning, 132: 47-54.

Ahiablame L M, Engel B A, Chaubey I. 2013. Effectiveness of low impact development practices in two urbanized watersheds: Retrofitting with rain barrel/cistern and porous pavement. Journal of Environmental Management, 119(119C): 151-161.

Ahrne K, Bengtsson J, Elmqvist T. 2009. Bumble bees (*Bombus* spp) along a gradient of increasing urbanization. PLoS ONE, 4(5): 9.

Alavipanah S, Schreyer J, Haase D, et al. 2018. The effect of multi-dimensional indicators on urban thermal conditions. Journal of Cleaner Production, 177: 115-123.

Aronson M F, Lepczyk C A, Evans K L, et al. 2017. Biodiversity in the city: key challenges for urban green space management. Frontiers in Ecology and the Environment, 15(4).

Bai X M, Shi P J, Liu Y S. 2014. Realizing China's urban dream. Nature, 509(7499): 158-160.

Bai Y, Wang R, Jin J. 2011. Water eco-service assessment and compensation in a coal mining region—A case study in the Mentougou District in Beijing. Ecological Complexity, 8(2): 144-152.

Bedimo R A L, Mowen A J, Cohen D A. 2005. The significance of parks to physical activity and public health: A conceptual model. American Journal of Preventive Medicine, 28(2): 159-168.

Beninde J, Veith M, Hochkirch A. 2015. Biodiversity in cities needs space: a meta-analysis of factors determining intra-urban biodiversity variation. Ecology Letters, 18(6): 581-592.

Benvenuti S, Malandrin V, Pardossi A. 2016. Germination ecology of wild living walls for sustainable vertical garden in urban environment. Scientia Horticulturae, 203: 185-191.

Bertolini, Valentina, Gandolfi, et al. 2013. Temporal variability and effect of environmental variables on airborne; bacterial communities in an urban area of Northern Italy. Applied Microbiology and Biotechnology, 97(14): 6561-6570.

Bin L L, Xu K, Xu X Y, et al. 2018. Development of a landscape indicator to evaluate the effect of landscape pattern on surface runoff in the Haihe River Basin. Journal of Hydrology, 566: 546-557.

Bo W, Zeng W, Chen H. 2016. Grey water footprint combined with ecological network analysis for assessing regional water quality metabolism. Journal of Cleaner Production, 112: 3138-3151.

Bonneau J, Fletcher T D, Costelloe J F, et al. 2017. Stormwater infiltration and the 'urban karst' – A review. Journal of Hydrology, 552: 141-150.

Boulton C, Dedekorkut H A, Byrne J. 2018. Factors shaping urban greenspace provision: A systematic review of the literature. Landscape and Urban Planning, 178: 82-101.

Bowers R M, Mccubbin I B, Hallar A G, et al. 2012. Seasonal variability in airborne bacterial communities at a high-elevation site. Atmospheric Environment, 50(4): 41-49.

Brajer V, Mead E W, Xiao F. 2011. Searching for an environmental kuznets curve in China's air pollution. China Economic Review, 22(3): 383-397.

Brandeler F V D, Gupta J, Hordijk M. 2018. Megacities and rivers: scalar mismatches between urban water management and river basin management. Journal of Hydrology: S0022169418300015.

Brauer M, Freedman G, Frostad J, et al. 2016. Ambient air pollution exposure estimation for the global burden of disease 2013. Environmental Science and Technology, 50(1): 79.

Breunig H M, Huntington T, Jin L, et al. 2018. Dynamic geospatial modeling of the building stock to project urban energy demand. Environmental Science and Technology, 52(14): 8b00435.

Breuste J, Haase D, Elmqvist T, et al. 2013. Urban landscapes and ecosystem services. Ecosystem Services in Agricultural and Urban Landscapes, 83-104.

Brink E, Aalders T, Ádám D, et al. 2016. Cascades of green: A review of ecosystem-based adaptation in urban areas. Global Environmental Change, 36(Suppl. 1): 111-123.

Buyantuyev A, Wu J. 2010. Urban heat islands and landscape heterogeneity: linking spatiotemporal variations in surface temperatures to land-cover and socioeconomic patterns. Landscape Ecology, 25(1): 17-33.

Cadenasso M L, Pickett S T A, Schwarz K. 2007. Spatial heterogeneity in urban ecosystems: reconceptualizing land cover and a framework for classification. Frontiers in Ecology and the Environment, 5(2): 80-88.

Casado A, Madariaga I I, Onaindia M. 2013. Perception, demand and user contribution to ecosystem services inthe Bilbao Metropolitan Greenbelt. Journal of Environmental Management, 129(C): 33-43.

Chace J F, Walsh J J. 2006. Urban effects on native avifauna: a review. Landscape Urban and Planning, 74(1): 46-69.

Chamberlain D, Cannon A, Toms M. 2004. Associations of garden birds with gradients in garden habitat and local habitat. Ecography, 27(5): 589-600.

Chan C, Yao X. 2008. Air pollution in mega cities in China. Atmospheric Environment, 42(1): 1-42.

Chandler T. 1987. Four thousand years of urban growth: an historical census. New York: St. Lewiston New York St.

Charpentier J. 2007. The Changing Metabolism of Cities. Journal of Industrial Ecology, 11(2): 43-59.

Chen C, Wenjun J, Buying W, et al. 2014. Inhalable microorganisms in Beijing's $PM_{2.5}$ and $PM_{10}$ pollutants during a severe smog event. Environmental Science Technology, 48(3): 1499-1507.

Chen J, Theller L, Gitau M W, et al. 2016. Urbanization impacts on surface runoff of the contiguous United States. Journal of Environmental Management, 187: 470-481.

Chen S, Chen B. 2015. Urban energy consumption: Different insights from energy flow analysis, input-output analysis and ecological network analysis. Applied Energy, 138(C): 99-107.

Cheng L, Li J, Wu J. 2013. Quantifying the speed, growth modes, and landscape pattern changes of urbanization: a hierarchical patch dynamics approach. Landscape Ecology, 28(10): 1875-1888.

Cheng X, Wei B, Chen G, et al. 2015. Influence of park size and its surrounding urban landscape patterns on the park cooling effect. Journal of Urban Planning Development, A4014002.

Chester M, Pincetl S, Allenby B. 2012. Avoiding unintended tradeoffs by integrating life-cycle impact assessment with urban metabolism. Current Opinion in Environmental Sustainability, 4(4): 451-457.

Childers D L, Cadenasso M L, Grove J M, et al. 2015. An ecology for cities: a transformational nexus of design and ecology to advance climate change resilience and urban sustainability. Sustainability, 7(4): 3774-3791.

Chrysoulakis N, Lopes M, San José R, et al. 2013. Sustainable urban metabolism as a link between bio-physical sciences and urban planning: The BRIDGE project.Landscape Urban and Planning, 112(1): 100-117.

Chun G. 2014. Spatial statistical analysis and simulation of the urban heat island in high-density central cities.Landscape Urban and Planning, 125(3): 76-88.

Clergeau P, Mennechez G, Sauvage A, et al. 2001. Human perception and appreciation of birds: A motivation for wildlife conservation in urban environments of France. Berlin: Springer.

Conke L S, Ferreira T L. 2015. Urban metabolism: Measuring the city's contribution to sustainable development. Environmental Pollution, 202: 146-152.

Connor E F, Hafernik J, Levy J, et al. 2002. Insect conservation in an urban biodiversity hotspot: the san francisco bay area. Journal of Insect Conservation, 6(4): 247-259.

Cox D T, Shanahan D F, Hudson H L, et al. 2017. Doses of neighborhood nature: the benefits for mental health of living with nature. Bioscience, 67(2): 147-155.

Crane P, Kinzig A. 2005. Nature in the metropolis. Science, 308(5726): 1225.

Daily G C, Matson P A, Vitousek P M, et al. 1997. Ecosystem services supplied by soil. Natures Services Societal Dependence on Natural Ecosystems, 113-132.

Derkzen M L, Teeffelen A J V, Nagendra H, et al. 2017. Shifting roles of urban green space in the context of urban development and global change. Current Opinion in Environmental Sustainability, 29: 32-39.

Dou Y, Lin Z, Groot R D, et al. 2017. Assessing the importance of cultural ecosystem services in urban areas of Beijing municipality. Ecosystem Services in Agricultural, 24: 79-90.

Edmondson J L, Davies Z G, Mccormack S A, et al. 2011. Are soils in urban ecosystems compacted? A citywide analysis. Biology Letters, 7(5): 771-774.

EPA. 2014. The economic benefits of green infrastructure, a case study of lancaster, PA. United States Environmental Protection Agency, 800-R-14-007. EPA Green Infrastructure Technical Assistance Program.

Escobedo J, Francisco K, Timm Wagner, et al. 2011. Urban forests and pollution mitigation: Analyzing ecosystem services and disservices. Environmental Pollution, 159(8): 2078-2087.

Esther M, Hilty L M, Rolf W, et al. 2014. Modeling metal stocks and flows: a review of dynamic material flow analysis methods. Environmental Science and Technology, 48(4): 2102-2113.

Eurostat. 2001. Economy-wide material flow accounts and derived indicators: a methodological guide. Luxembourg: Office for Official Publications of the European Communities.

Faber J H, Wensem J V. 2012. Elaborations on the use of the ecosystem services concept for application in ecological risk assessment for soils. Science of the Total Environment, 415(2): 3-8.

Faeth S H, Kane T C. 1978. Urban biogeography. city parks as islands for diptera and coleoptera. Oecologia, 32(1): 127-133.

Fang Z, Ouyang Z H, Wang X, et al. 2007. Culturable airborne bacteria in outdoor environments in Beijing, China. Microbial Ecology, 54(3): 487-496.

Fattorini S, Mantoni C, De Simoni L, et al. 2018. Island biogeography of insect conservation in urban green spaces. Environmental Conservation, 45(1): 1-10.

Feizizadeh B, Blaschke T. 2013. Examining urban heat Island relations to land use and air pollution: multiple endmember spectral mixture analysis for thermal remote sensing. IEEE Journal of Selected Topics in Applied Earth Observations and Remote Sensing, 6(3): 1749-1756.

Ford B, Heald C L. 2016. Exploring the uncertainty associated with satellite-based estimates of premature mortality due to exposure to fine particulate matter. Atmospheric Chemistry and Physics, 15(18): 3499-3523.

Forouzanfar M H, Alexander L, Anderson H R, et al. 2015. Global, regional, and national comparative risk assessment of 79 behavioural, environmental and occupational, and metabolic risks or clusters of risks in 188 countries, 1990-2013: a systematic analysis for the global burden of disease study 2013. Lancet, 386(10010): 2287-2323.

Freeman M T, Olivier P I, Aarde R J V. 2018. Matrix transformation alters species-area relationships in fragmented coastal forests. Landscape Ecology, (10): 1-16.

Frishkoff L O, Karp D S, Flanders J R, et al. 2016. Climate change and habitat conversion favour the same species. Ecology Letters, 19(9): 1081-1090.

Gandolfi I, Bertolini V, Bestetti G, et al. 2015. Spatio-temporal variability of airborne bacterial communities and their correlation with particulate matter chemical composition across two urban areas. Applied Microbiology and Biotechnology, 99(11): 4867-4877.

Gang L, Müller D B. 2013. Centennial evolution of aluminum in-use stocks on our aluminized planet. Environmental Science and

Technology, 47(9): 4882-4888.

Ganlin H, Weiqi Z, Cadenasso M L. 2011. Is everyone hot in the city? Spatial pattern of land surface temperatures, land cover and neighborhood socioeconomic characteristics in Baltimore, MD. Journal of Environmental Management, 92(7): 1753-1759.

Gao J F, Fan X Y, Li H Y, et al. 2017. Airborne bacterial communities of $PM_{2.5}$ in Beijing-Tianjin-Hebei megalopolis, China as revealed by illumina MiSeq sequencing: a case study Aerosol and Air Quality Research, 17(3): 788-798.

Gaston K. 2010. Urban ecology. Cambridge: Cambridge University Press.

Gaston K, Cox D, Canavelli S, et al. 2018. Inger. population abundance and ecosystem service provision: the case of birds. Bioscience, 68(4): 264-272.

Gilbert O L. 1989. The Ecology of Urban Habitats. Berlin: Springer Nature Press.

Gioia A, Paolini L, Malizia A, et al. 2014. Size matters: vegetation patch size and surface temperature relationship in foothills cities of northwestern Argentina. Urban Ecosystems, 17(4): 1161-1174.

Godet L, Harmange C, Marquet M, et al. 2018. Differences in home-range sizes of a bird species in its original, refuge and substitution habitats: challenges to conservation in anthropogenic habitats. Biodiversity and Conservation, 1-14.

Gómez B E, Barton D N. 2013. Classifying and valuing ecosystem services for urban planning. Ecological Economics, 86(1): 235-245.

Graesser J B, Cheriyadat A M, Vatsavai R R, et al. 2012. Image based characterization of formal and informal neighborhoods in an urban landscape. IEEE Journal of Selected Topics in Applied Earth Observations and Remote Sensing, 5(4): 1164-1176.

Grimm N B, Faeth S H, Golubiewski N E, et al. 2008. Global change and the ecology of cities. Science, 319(5864): 756-760.

Grimm N B, Grove J M, Pickett S T A, et al. 2000. Integrated approaches to long-term studies of urban ecological systems. Bioscience, 50(7): 571-584.

Guo G, Wu Z, Xiao R, et al. 2015. Impacts of urban biophysical composition on land surface temperature in urban heat island clusters. Landscape and Urban Planning, 135: 1-10.

Guo G, Zhou X, Wu Z, et al. 2016. Characterizing the impact of urban morphology heterogeneity on land surface temperature in Guangzhou, China. Environmental Modelling and Software, 84: 427-439.

Guo Y, Zeng H, Zheng R, et al. 2016. The burden of lung cancer mortality attributable to fine particles in China. Science of the Total Environment, 579: 1460-1466.

Guo Z, Hu D, Zhang F, et al. 2014. An integrated material metabolism model for stocks of urban road system in Beijing, China. Science of the Total Environment, 470-471(1): 883-894.

Haase D, Larondelle N, Andersson E, et al. 2014. A quantitative review of urban ecosystem service assessments: concepts, models, and implementation. Ambio, 43(4): 413-433.

Haase D, Schwarz N, Strohbach M, et al. 2012. Synergies, trade-offs, and losses of ecosystem services in urban regions: an integrated multiscale framework applied to the leipzig-halle region, Germany. Ecology and Society, 17(3): 22.

Haberl H, Wiedenhofer D, Erb K H, et al. 2017. The material stock-flow-service nexus: a new approach for tackling the decoupling conundrum. Sustainability, 9(7): 19.

Hai Y, Shuxin F, Chenxiao G, et al. 2014. Quantifying the impact of land cover composition on intra-urban air temperature variations at a mid-latitude city. PloS ONE, 9(7): e102124.

Hall S J, Learned J, Ruddell B, et al. 2016. Convergence of microclimate in residential landscapes across diverse cities in the United States. Landscape Ecology, 31(1): 101-117.

Han L, Zhou W, Li W. 2015a. Increasing impact of urban fine particles($PM_{2.5}$)on areas surrounding Chinese cities. Scientific Reports, 5: 12467.

Han L, Zhou W, Li W. 2016. Fine particulate ($PM_{2.5}$) dynamics during rapid urbanization in Beijing, 1973-2013. Scientific Reports,

6: 23604.

Han L, Zhou W, Li W, et al. 2014. Impact of urbanization level on urban air quality: A case of fine particles (PM$_{2.5}$) in Chinese cities. Environmental Pollution, 194(1): 163-170.

Han L, Zhou W, Li W, et al. 2017. Global population exposed to fine particulate pollution by population increase and pollution expansion. Air Quality Atmosphere and Health, 10(10): 1-6.

Han L, Zhou W, Li W, et al. 2018. Urbanization strategy and environmental changes: An insight with relationship between population change and fine particulate pollution. Science of the Total Environment, 642(2018): 789-799.

Han L, Zhou W, Pickett S T A, et al. 2015b. An optimum city size? The scaling relationship for urban population and fine particulate (PM 2.5) concentration. Environmental Pollution, 208(Pt A): 96-101.

Han L, Zhou W, Pickett S T, et al. 2018. Multicontaminant air pollution in Chinese cities. Bulletin of the World Health Organization, 96(4): 233-242.

Hao W U, Wang T J, Fang H, et al. 2014. Impacts of aerosol on the urban heat island intensity in Nanjing. Transactions of Atmospheric Sciences, 4.

Hatayama H, Daigo I, Tahara K. 2014. Tracking effective measures for closed-loop recycling of automobile steel in China. Resources Conservation and Recycling, 87(6): 65-71.

Hess P M, Sorensen A. 2015. Compact, concurrent, and contiguous: smart growth and 50 years of residential planning in the Toronto region. Urban Geography, 36(1): 127-151.

Hoffmann H, Nieto H, Jensen R, et al. 2016. Estimating evaporation with thermal UAV data and two-source energy balance models. Hydrology and Earth System Sciences, 20(2): 697-713.

Hou Y, Müller F, Li B, et al. 2015. Urban-rural gradients of ecosystem services and the linkages with socioeconomics. Landscape Online, 39(1): 1-31.

Hu X, Zhou W, Qian Y, et al. 2017. Urban expansion and local land-cover change both significantly contribute to urban warming, but their relative importance changes over time. Landscape Ecology, 32(4): 763-780.

Huang D, Su Z, Zhang R, et al. 2010. Degree of urbanization influences the persistence of Dorytomus weevils (Coleoptera: Curculionoidae) in Beijing, China. Landscape and Urban Planning, 96(3): 163-171.

Huang Y, Zhao Y Z, Li S H, et al. 2015. The effects of habitat area, vegetation structure and insect richness on breeding bird populations in Beijing urban parks. Urban Forestry & Urban Greening, 14(4): 1027-1039.

IbÃ Ã ez-Ã, lamo J D, Rubio E, et al. 2016. Global loss of avian evolutionary uniqueness in urban areas. Global Change Biology, 23(8): 2990-2998.

IWG Wrb. 2006.World reference base for soil resources 2006: A framework for international classification, correlation and communication. World Soil Resources Reports.

Jian P, Sha C, Lü H, et al. 2016. Spatiotemporal patterns of remotely sensed PM$_{2.5}$ concentration in China from 1999 to 2011. Remote Sensing of Environment, 174: 109-121.

Jiang Y. 2009. China's water scarcity. Journal of Environmental Management, 90(11): 3185-3196.

Jiménez M J C, Sobrino J A, Skokovic D, et al. 2014. Land surface temperature retrieval methods from landsat-8 thermal infrared sensor data. IEEE Geoscience and Remote Sensing Letters, 11(10): 1840-1843.

Jin S, Yang L, Danielson P, et al. 2013. A comprehensive change detection method for updating the National Land Cover Database to circa 2011. Remote Sensing of Environment, 132(10): 159-175.

Johnson A L, Tauzer E C, Swan C M. 2015. Human legacies differentially organize functional and phylogenetic diversity of urban herbaceous plant communities at multiple spatial scales. Applied Vegetation Science, 18(3): 513-527.

Jokimaki J, Suhonen J, Kaisanlahti J M L. 2018. Urban core areas are important for species conservation: A European-level analysis of breeding bird species. Landscape and Urban Planning, 178: 73-81.

Jones A M, Harrison R M. 2004. The effects of meteorological factors on atmospheric bioaerosol concentrations—a review. Science of the Total Environment, 326(1): 151-180.

Jones E L, Leather S R. 2012. Invertebrates in urban areas: A review. European Journal of Entomology, 109(4): 463-478.

Kajtoch Ł. 2017. The importance of traditional orchards for breeding birds: The preliminary study on Central European example. Acta Oecologica, 78: 53-60.

Kalma J D. 1978. The metabolism of a city: the case of Hong Kong. Ambio, 7(1): 3-15.

Kamali M, Delkash M, Tajrishy M. 2017. Evaluation of permeable pavement responses to urban surface runoff. Journal of Environmental Management, 187: 43-53.

Kammeier H D. 2015. Green infrastructure: incorporating plants and enhancing biodiversity in buildings and urban environments. Disp, 52(4): 102.

Karin A, Jan B, Thomas E. 2009. Bumble bees (Bombus spp) along a gradient of increasing urbanization. PLoS ONE, 4(5): e5574.

Kennedy C, Pincetl S, Bunje P. 2011. The study of urban metabolism and its applications to urban planning and design. Environmental Pollution, 159(8): 1965-1973.

Kennedy C, Stewart D I, Ibrahim N, et al. 2014. Developing a multi-layered indicator set for urban metabolism studies in megacities. Ecological Indicators, 47: 7-15.

Kettlewell H B D. 1961. The phenomenon of industrial melanism in Lepidoptera. Annual Review of Entomology, 6(1): 245-262.

Kettlewell H B D. 1958. A survey of the frequencies of Biston betularia (L.)(Lep.) and its melanic forms in Great Britain. Heredity, 12(1): 51-72.

Kim H W, Park Y. 2016. Urban green infrastructure and local flooding: The impact of landscape patterns on peak runoff in four Texas MSAs. Applied Geography, 77: 72-81.

Knapp S, Kuhn I, Wittig R, et al. 2008. Urbanization causes shifts in species' trait state frequencies. Preslia, 80(4): 375-388.

Koh L P, Sodhi N S. 2004. Importance of reserves, fragments, and parks for butterfly conservation in a tropical urban landscape. Ecological Applications, 14(6): 1695-1708.

Konishi M, Emlen S T, Ricklefs R E, et al. 1989. Contributions of bird studies to biology. Science, 246(4929): 465-472.

Kroll F, Müller F, Haase D, et al. 2012. Rural–urban gradient analysis of ecosystem services supply and demand dynamics. Land Use Policy, 29(3): 521-535.

Langemeyer J, Baró F, Roebeling P, et al. 2015. Contrasting values of cultural ecosystem services in urban areas: The case of park Montjuïc in Barcelona. Ecosystem Services, 12: 178-186.

Larondelle N, Haase D. 2013. Urban ecosystem services assessment along a rural–urban gradient: A cross-analysis of European cities. Ecological Indicators, 29(6): 179-190.

Leconte F, Bouyer J, Claverie R, et al. 2015. Using local climate zone scheme for UHI assessment: evaluation of the method using mobile measurements. Building and Environment, 83: 39-49.

Li J, Li C, Zhu F, et al. 2013. Spatiotemporal pattern of urbanization in Shanghai, China between 1989 and 2005. Landscape Ecology, 28(8): 1545-1565.

Li L, Bergen J M. 2018. Green infrastructure for sustainable urban water management: Practices of five forerunner cities. Cities, 74: 126-133.

Li X, Zhou W, Ouyang Z, et al. 2012. Spatial pattern of greenspace affects land surface temperature: evidence from the heavily urbanized Beijing metropolitan area, China. Landscape Ecology, 27(6): 887-898.

Li Y, Beeton R J S, Halog A, et al. 2016. Evaluating urban sustainability potential based on material flow analysis of inputs and outputs: A case study in Jinchang City, China. Resources Conservation and Recycling, 110: 87-98.

Li Y, Fu H, Wei W, et al. 2015. Characteristics of bacterial and fungal aerosols during the autumn haze days in Xi'an, China. Atmospheric Environment, 122: 439-447.

Lim S S, Vos T, Flaxman A D, et al. 2012. A comparative risk assessment of burden of disease and injury attributable to 67 risk factors and risk factor clusters in 21 regions, 1990-2010: a systematic analysis for the Global Burden of Disease Study 2010. Lancet, 380(9859): 2224-2260.

Lin B S, Lin C T. 2016. Preliminary study of the influence of the spatial arrangement of urban parks on local temperature reduction. Urban Forestry and Urban Greening, 20: 348-357.

Lin C, Ying L, Lau A K H, et al. 2016. Estimation of long-term population exposure to $PM_{2.5}$ for dense urban areas using 1-km MODIS data. Remote Sensing of Environment, 179: 13-22.

Liu H, Feng L, Xu L, et al. 2015. The impact of socio-demographic, environmental, and individual factors on urban park visitation in Beijing, China. Journal of Cleaner Production, 163: S0959652615012330.

Liu H X, Hu Y H, Li F, et al. 2018. Associations of multiple ecosystem services and disservices of urban park ecological infrastructure and the linkages with socioeconomic factors. Journal of Cleaner Production, 174: 868-879.

Liu M, Huang Y, Ma Z, et al. 2017. Spatial and temporal trends in the mortality burden of air pollution in China: 2004– 2012. Environment International, 98: 75.

Liu R, Wang M E, Chen W P. 2018. The influence of urbanization on organic carbon sequestration and cycling in soils of Beijing. Landscape and Urban Planning, 169: 241-249.

Liu R, Wang M, Chen W, et al. 2016. Spatial pattern of heavy metals accumulation risk in urban soils of Beijing and its influencing factors. Environmental Pollution, 210: 174-181.

Liu Y, Cibin R, Bralts V F, et al. 2016. Optimal selection and placement of BMPs and LID practices with a rainfall-runoff model. Environmental Modelling and Software, 80: 281-296.

Liu Y, Engel B A, Flanagan D C, et al. 2017. A review on effectiveness of best management practices in improving hydrology and water quality: Needs and opportunities. Science of the Total Environment, 601-602: 580-593.

Loperfido V J, Gregory B, Taylor S, et al. 2014. Effects of distributed and centralized stormwater best management practices and land cover on urban stream hydrology at the catchment scale. Journal of Hydrology, 519(Part C): 2584-2595.

Lorenz K, Kandeler E. 2005. Biochemical characterization of urban soil profiles from Stuttgart, Germany. Soil Biology and Biochemistry, 37(7): 1373-1385.

Lorenz K, Kandeler E. 2010. Microbial biomass activities in urban soils in two consecutive years. Journal of Plant Nutrition and Soil Science, 169(6): 799-808.

Lu X, Lin C, Li Y, et al. 2016. Assessment of health burden caused by particulate matter in southern China using high-resolution satellite observation. Environment International, 98: S0160412016307322.

Lu Y, Geng Y, Qian Y, et al. 2016. Changes of human time and land use pattern in one mega city's urban metabolism: a multi-scale integrated analysis of Shanghai. Journal of Cleaner Production, 133: 391-401.

Luck G. 2010. A review of the relationships between human population density and biodiversity. Biological Reviews, 82(4): 607-645.

Luck G W, Harrington R, Harrison P A, et al. 2009. Quantifying the contribution of organisms to the provision of ecosystem services. Bioscience, 59(3): 223-235.

Luederitz C, Brink E, Gralla F, et al. 2015. A review of urban ecosystem services: six key challenges for future research. Ecosystem Services, 14(14): 98-112.

Luo J, Du P, Samat A, et al. 2017. Spatiotemporal pattern of $PM_{2.5}$ concentrations in Mainland China and analysis of its influencing factors using geographically weighted regression. Scientific Reports, 7: 40607.

Lyytimäki J, Petersen L K, Bo N, et al. 2008. Nature as a nuisance? Ecosystem services and disservices to urban lifestyle. Environmental Sciences, 5(3): 161-172.

Ma Z, Hu X, Sayer A M, et al. 2016. Satellite-based spatiotemporal trends in $PM_{2.5}$ concentrations: China, 2004-2013. Environ Health Perspect, 124(2): 184-192.

Mansur E, Bakker L, Ndesoatanga A. 1992. The value of biodiversity. World Environment, 12(9): 1115-1118.

Manta D S, Angelone M, Bellanca A, et al. 2002. Heavy metals in urban soils: a case study from the city of Palermo(Sicily), Italy. Science of the Total Environment, 300(1): 229-243.

Marzluff J M. 2016. A decadal review of urban ornithology and a prospectus for the future. Ibis, 159(1): 1-13.

Mcfrederick Q S, Lebuhn G. 2006. Corrigendum to "Are urban parks refuges for bumble bees Bombus spp. (Hymenoptera: Apidae)?" Biological Conservation, 129(3): 372-382.

Mckinney M L. 2002. Urbanization, biodiversity, and conservation. Bioscience, 52(10): 883-890.

Mckinney M L. 2006. Urbanization as a major cause of biotic homogenization. Biological Conservation, 127(3): 247-260.

Mckinney M L. 2008. Effects of urbanization on species richness: A review of plants and animals. Urban Ecosystems, 11(2): 161-176.

Mcneill J R. 2000. Something new under the sun: an environmental history of the twentieth-century world. Journal of Social History, 36(4): 1570.

Mengfei L, Jianhua Q, Haidong Z, et al. 2011. Concentration and size distribution of bioaerosols in an outdoor environment in the Qingdao coastal region. Science of the Total Environment, 409(19): 3812-3819.

Miller J D, KimH, Kjeldsen T R, et al. 2014. Assessing the impact of urbanization on storm runoff in a peri-urban catchment using historical change in impervious cover. Journal of Hydrology, 515: 59-70.

Miller P J R. 2015. Habitat and landscape characteristics underlying anuran community structure along an urban-rural gradient. Ecological Applications, 18(5): 1107-1118.

Min J, Zhou W, Zhong Z, et al. 2017. Patch size of trees affects its cooling effectiveness: A perspective from shading and transpiration processes. Agricultural and Forest Meteorology, 247: 293-299.

Morelli F, Benedetti Y, Ibáñez-Álamo J D, et al. 2016. Evidence of evolutionary homogenization of bird communities in urban environments across Europe. Global Ecology and Biogeography, 25(11): 1284-1293.

Morote Á F, Hernández M. 2016. Urban sprawl and its effects on water demand: A case study of Alicante, Spain. Land Use Policy, 50(50): 352-362.

Mullaney J, Lucke T, Trueman S J. 2014. A review of benefits and challenges in growing street trees in paved urban environments. Landscape and Urban Planning, 134: 157-166.

Newman P W G. 1999. Sustainability and cities: extending the metabolism model. Landscape and Urban Planning, 44(4): 219-226.

Nguyen T T, Ngo H H, Guo W S, et al. 2019. Implementation of a specific urban water management-Sponge City. Science of the Total Environment, 652: 147-162.

Niemelä J, Kotze, J Ashworth A, et al. 2000. The search for common anthropogenic impacts on biodiversity: a global network. Journal of Insect Conservation, 4(1): 3-9.

O'Brien L, Devreese R, Kern M, et al. 2017. Cultural ecosystem benefits of urban and peri-urban green infrastructure across different European countries. Urban Forestry and Urban Greening, 24: 236-248.

Opdam P, Steingröver E. 2008. Designing metropolitan landscapes for biodiversity. Landscape Journal, 27(2008): 69-80.

Pan Y, Liao M, Liao M, et al. 2017. Study on the Impacts of Urban Morphology Heterogeneity on Land Temperature in the Core Area of Poyang Lake. Ecology and Environmental Sciences, 26(8): 1358-1367.

Pauliuk S, Müller D B. 2014. The role of in-use stocks in the social metabolism and in climate change mitigation. Global

Environmental Change, 24(1): 132-142.

Pereira H M, Navarro L M, Martins I S. 2012. Global biodiversity change: the bad, the good, and the unknown. Annual Review of Environment and Resources, 37(1): 25-50.

Perillo A, Mazzoni L G, Passos L F, et al. 2017. Anthropogenic noise reduces bird species richness and diversity in urban parks. Ibis, 159(3): 638-646.

Pickett S T A, Cadenasso M L, Childers D L, et al. 2016. Evolution and future of urban ecological science: ecology in, of, and for the city. Ecosystem Health and Sustainability, 2(7): e01229.

Pickett S T A, Cadenasso M L, Grove J M, et al. 2001. Urban ecological systems: Linking terrestrial ecological, physical, and socioeconomic components of metropolitan areas. Annual Review of Ecology and Systematics, 32: 127-157.

Pickett S T A, Cadenasso M L, Grove J M, et al. 2008. Beyond urban legends: An emerging framework of urban ecology, as illustrated by the Baltimore Ecosystem Study. Bioscience, 58(2): 139-150.

Pickett S T A, Cadenasso M L, Grove J M, et al. 2011. Urban ecological systems: scientific foundations and a decade of progress. Journal of Environmental Management, 92(3): 331-362.

Pincetl S, Bunje P, Holmes T. 2012. An expanded urban metabolism method: Toward a systems approach for assessing urban energy processes and causes. Landscape and Urban Planning, 107(3): 193-202.

Qian Y G, Zhou W Q, Hu X F, et al. 2018. The Heterogeneity of air temperature in urban residential neighborhoods and its relationship with the surrounding greenspace. Remote Sensing, 10(6): 14.

Qian Y, Zhou W, Li W, et al. 2015. Understanding the dynamic of greenspace in the urbanized area of Beijing based on high resolution satellite images. Urban Forestry and Urban Greening, 14(1): 39-47.

Radford K G. 2013. Changes in the value of ecosystem services along a rural–urban gradient: A case study of Greater Manchester, UK. Landscape and Urban Planning, 109(1): 117-127.

Rasul A, Balzter H, Smith C. 2015. Spatial variation of the daytime surface urban cool island during the dry season in Erbil, Iraqi Kurdistan, from Landsat 8. Urban Climate, 14: 176-186.

Remediation N C C O I. 2000. Natural attenuation for groundwater remediation. Washington D.C: National Academy Press.

Rendón A, Wirth V, Salazar J F, et al. 2014. Mechanisms of air pollution transport in urban valleys as a result of the interplay between the temperature inversion and the urban heat island effect. Transgenic Research, 20(3): 599-611.

Rittmann B E. 2004. Definition, objectives, and evaluation of natural attenuation. Biodegradation, 15(6): 349-357.

Robinson D A, Hockley N, Cooper D M, et al. 2013. Natural capital and ecosystem services, developing an appropriate soils framework as a basis for valuation. Soil Biology and Biochemistry, 57(3): 1023-1033.

Rozenstein O, Qin Z, Derimian Y, et al. 2014. Derivation of land surface temperature for Landsat-8 TIRS using a split window algorithm. Sensors, 14(4): 5768-5780.

Ru J, Yanlin H, Carlo B, et al. 2014. High secondary aerosol contribution to particulate pollution during haze events in China. Nature, 514(7521): 218-222.

Rutgers M, Schouten A J, Bloem J, et al. 2010. Biological measurements in a nationwide soil monitoring network. European Journal of Soil Science, 60(5): 820-832.

Sadler J, Small E, Fiszpan H, et al. 2010. Investigating environmental variation and landscape characteristics of an urban-rural gradient using woodland carabid assemblages. Journal of Biogeography, 33(6): 1126-1138.

Sahely H R, Kennedy C A, Adams B J. 2005. Developing sustainability criteria for urban infrastructure systems. Canadian Journal of Civil Engineering, 32(32): 72-85.

Salvadore E, Bronders J, Batelaan O. 2015. Hydrological modelling of urbanized catchments: A review and future directions. Journal of Hydrology, 529: 62-81.

Sanon S, Hein T, Douven W, et al. 2012. Quantifying ecosystem service trade-offs: The case of an urban floodplain in Vienna, Austria. Journal of Environmental Management, 111(11): 159-172.

Schneider A, Kucharik C J. 2012. Impacts of urbanization on ecosystem goods and services in the U. S. Corn Belt. Ecosystems, 15(4): 519-541.

Schwarz N, Moretti M, Bugalho M N, et al. 2017. Understanding biodiversity-ecosystem service relationships in urban areas: A comprehensive literature review. Ecosystem Services, 27: 161-171.

Schwilch G, Bernet L, Fleskens L, et al. 2016. Operationalizing ecosystem services for the mitigation of soil threats: A proposed framework. Ecological Indicators, 67: 586-597.

Setälä H, Bardgett R D, Birkhofer K, et al. 2014. Urban and agricultural soils: conflicts and trade-offs in the optimization of ecosystem services. Urban Ecosystems, 17(1): 239-253.

Sexton J O, Song X P, Huang C, et al. 2013. Urban growth of the Washington, D. C.–Baltimore, MD metropolitan region from 1984 to 2010 by annual, Landsat-based estimates of impervious cover. Remote Sensing of Environment, 129(2): 42-53.

Shwartz A, Muratet A, Simon L, et al. 2013. Local and management variables outweigh landscape effects in enhancing the diversity of different taxa in a big metropolis. Biological Conservation, 157(1): 285-292.

Sloan J J, Ampim P A, Basta N T, et al. 2012. Addressing the need for soil blends and amendments for the highly modified urban landscape. Soil Science Society of America Journal, 76(4): 1133.

Smart S M, Bunce R, Marrs R. 2005. Large-scale changes in the abundance of common higher plant species across Britain between 1978, 1990 and 1998 as a consequence of human activity: Tests of hypothesised changes in trait representation. Biological Conservation, 124(3): 355-371.

Smets W, Moretti S, Denys S, et al. 2016. Airborne bacteria in the atmosphere: Presence, purpose, and potential. Atmospheric Environment, 139: 214-221.

Smoliak B V, Snyder P K, Twine T E, et al. 2015. Dense network observations of the twin cities canopy-layer urban heat island. Journal of Applied Meteorology and Climatology, 54(9): 150702111306007.

Snep R, Ierland E V, Opdam P. 2009. Enhancing biodiversity at business sites: What are the options, and which of these do stakeholders prefer? Landscape and Urban Planning, 91(1): 26-35.

Spatari S, Yu Z, Montalto F A. 2011. Life cycle implications of urban green infrastructure. Environmental Pollution, 159(8): 2174-2179.

Spiliotis E, Athanasopoulos G, Dede P, et al. 2016. A framework for integrating user experience in action plan evaluation through social media: Transforming user generated content into knowledge to optimise energy use in buildings. International Conference on Information, DOI: 10.1109.

Steiner, Frederick. 2014. Frontiers in urban ecological design and planning research. Landscape and Urban Planning, 125(3): 304-311.

Su H, Liu S, Liu K, et al. 2016. Revealing the different Evapotranspiration of vegetated land in shadow and in sunlight by an Unmanned Aerial Vehicle (UAV). Agu Fall Meeting.

Su Z, Li X, Zhou W, et al. 2015. Effect of landscape pattern on insect species density within urban green spaces in Beijing, China. PLoS ONE, 10(3): e0119276.

Su Z, Zhang R, Qiu J. 2011. Decline in the diversity of willow trunk-dwelling weevils (Coleoptera: Curculionoidea) as a result of urban expansion in Beijing, China. Journal of Insect Conservation, 15(3): 367-377.

Tait C J, Hill D R S. 2009. Changes in Species Assemblages within the Adelaide Metropolitan Area, Australia, 1836-2002. Ecological Applications, 346-359.

Takano T, Nakamura K, Watanabe M. 2002. Urban residential environments and senior citizens' longevity in megacity areas: the importance of walkable green spaces. Epidemiol Community Health, 56(12): 913-918.

Tao W, Yu Y, Zhou W, et al. 2016. Dynamics of material productivity and socioeconomic factors based on auto-regressive distributed lag model in China. Journal of Cleaner Production, 137: 752-761.

Tartaglia E S, Aronson M F J, Raphael J. 2018. Does suburban horticulture influence plant invasions in a remnant natural area? Natural Areas Journal, 38(4): 259-267.

Taura H M, Laroca S. 2001. The assemblage of wild bees of an urban biotope of Curitiba (Brazil), with spatio-temporal comparations: relative abundance, diversity, phenology and exploitation of resources (Hymenoptera, Apoidea). Acta Biologica Paranaense, 30(1-4): 35-137.

Thomas G, Sherin A P, Ansar S, et al. 2014. Analysis of urban heat island in Kochi, India, using a modified local climate zone classification. Procedia Environmental Sciences, 21: 3-13.

Thomsen M, Faber J H, Sorensen P B. 2012. Soil ecosystem health and services – Evaluation of ecological indicators susceptible to chemical stressors. Ecological Indicators, 16(6): 67-75.

Tratalos J, Fuller R A, Warren P H, et al. 2007. Urban form, biodiversity potential and ecosystem services. Landscape and Urban Planning, 83(4): 308-317.

Turner R K, Daily G C. 2008. The Ecosystem services framework and natural capital conservation. Environmental adn Resource Economics, 39(1): 25-35.

Turner R K. 2005. Plant communities of selected urbanized areas of Halifax, Nova Scotia, Canada. Landscape and Urban Planning, 71(2): 191-206.

Tzoulas K, KorpelaV K, enn V, et al. 2007. Promoting ecosystem and human health in urban areas using Green Infrastructure: A literature review. Landscape and Urban Planning, 81(3): 167-178.

Viguie V, Hallegatte S. 2012. Trade-offs and synergies in urban climate policies. Post-Print, 2(5): 334-337.

Wang M, Bai Y, Chen W, et al. 2012a. A GIS technology based potential eco-risk assessment of metals in urban soils in Beijing, China. Environmental Pollution, 161(1): 235-242.

Wang M, Markert B, Chen W, et al. 2012b. Identification of heavy metal pollutants using multivariate analysis and effects of land uses on their accumulation in urban soils in Beijing, China. Environmental Monitoring and Assessment, 184(10): 5889-5897.

Wang M, Markert B, Shen W, et al. 2011. Microbial biomass carbon and enzyme activities of urban soils in Beijing. Environmental Science and Pollution Research, 18(6): 958-967.

Wang Y Y, Du H Y, Xu Y Q, et al. 2018. Temporal and spatial variation relationship and influence factors on surface urban heat island and ozone pollution in the Yangtze River Delta, China. Science of the Total Environment, 631-632: 921-933.

Wang Z, Liu Y, Hu M, et al. 2013. Acute health impacts of airborne particles estimated from satellite remote sensing. Environment International, 51(5): 150-159.

Wei K, Zou Z, Zheng Y, et al. 2016. Ambient bioaerosol particle dynamics observed during haze and sunny days in Beijing. Science of the Total Environment, 550: 751-759.

Wei Q, Graedel T E. 2015. In-use product stocks link manufactured capital to natural capital. Proc Natl Acad Sci U S A, 112(20): 6265-6270.

Wei Z, Wu S, Zhou S, et al. 2013. Installation of impervious surface in urban areas affects microbial biomass, activity (potential C mineralisation), and functional diversity of the fine earth. Soil Research, 51(1): 59-67.

Wijnen H J V, Rutgers M, Schouten A J, et al. 2012. How to calculate the spatial distribution of ecosystem services — Natural attenuation as example from The Netherlands. Science of the Total Environment, 415(3): 49-55.

Williams N S G, Lundholm J, Macivor J S. 2015. Do green roofs help urban biodiversity conservation?Journal of Applied Ecology, 51(6): 1643-1649.

Winfree R, Fox J W, Williams N M, et al. 2015. Abundance of common species, not species richness, drives delivery of a real-world ecosystem service. Ecology Letters, 18(7): 626-635.

Wolman A. 1965. METABOLISM OF CITIES. Scientific American, 213(3): 179-187.

Wu H, Wang T, Riemer N, et al. 2017. Urban heat island impacted by fine particles in Nanjing, China.Scientific Reports, 7(1): 11422.

Xie T, Wang M, Su C, et al. 2018. Evaluation of the natural attenuation capacity of urban residential soils with ecosystem-service performance index (EPX) and entropy-weight methods. Environmental Pollution, 238: 222-229.

Xue C L, Yu Z, Zheng Y Z, et al. 2017. Wenting mapping annual urban dynamics (1985–2015) using time series of Landsat data. Remote Sensing of Environment.

Yadav N, Sharma C, Peshin S K, et al. 2017. Study of intra-city urban heat island intensity and its influence on atmospheric chemistry and energy consumption in Delhi. Sustainable Cities and Society, 32: 202-211.

Yan D, Zhang T, Su J, et al. 2016. Diversity and composition of airborne fungal community associated with particulate matters in Beijing during haze and non-haze days. Front Microbiol, 7: 487.

Yan Z, Zhifeng Y, Fath B D. 2010. Ecological network analysis of an urban water metabolic system: model development, and a case study for Beijing. Science of the Total Environment, 408(20): 4702-4711.

Yang D, Kao W T M, Zhang G, et al. 2014. Evaluating spatiotemporal differences and sustainability of Xiamen urban metabolism using emergy synthesis. Ecological Modelling, 272: 40-48.

Ye Q, Li Y, Zhuo L, et al. 2018. Optimal allocation of physical water resources integrated with virtual water trade in water scarce regions: A case study for Beijing, China. Water Research, 129: 264-276.

Yong G Z, Ioannidis J P A, Hong L, et al. 2011. Understanding and harnessing the health effects of rapid urbanization in China. Environmental Science and Technology, 45(12): 5099.

Yu D, Shi P, Liu Y, et al. 2013. Detecting land use-water quality relationships from the viewpoint of ecological restoration in an urban area. Ecological Engineering, 53(3): 205-216.

Yu W, Zhou W. 2017. The Spatiotemporal pattern of urban expansion in China: A comparison study of three urban megaregions. Remote Sensing, 9(1): 45.

Yu W, Zhou W, Qian Y, et al. 2016. A new approach for land cover classification and change analysis: Integrating backdating and an object-based method. Remote Sensing of Environment, 177: 37-47.

Zeng X L, Li J H. 2017. Handbook of material flow analysis: for environmental, resource, and waste engineers 2nd ed. Resources Policy, 53: 64-65.

Zhang B, Xie G D, Li N, et al. 2015. Effect of urban green space changes on the role of rainwater runoff reduction in Beijing, China. Landscape and Urban Planning, 140(140): 8-16.

Zhang Y, Liu H, Brian D. 2014. Synergism analysis of an urban metabolic system: Model development and a case study for Beijing, China. Ecological Modelling, 272(272): 188-197.

Zhang Y, Lu H, Fath B, et al. 2016. A network flow analysis of nitrogen metabolism in Beijing, China. Environmental Science and Technology, 50(16): 8558.

Zhang Y, Xia L L, Fath B D, et al. 2016. Development of a spatially explicit network model of urban metabolism and analysis of the distribution of ecological relationships: case study of Beijing, China. Journal of Cleaner Production, 112: 4304-4317.

Zhang Y, Xia L, Xiang W. 2014. Analyzing spatial patterns of urban carbon metabolism: A case study in Beijing, China. Landscape and Urban Planning, 130(5): 184-200.

Zhang Y, Zheng H M, Fath B D. 2014. Analysis of the energy metabolism of urban socioeconomic sectors and the associated carbon footprints: Model development and a case study for Beijing. Energy Policy, 73: 540-551.

Zhang Y, Zheng H, Yang Z, et al. 2015. Analysis of urban energy consumption in carbon metabolic processes and its structural attributes: a case study for Beijing. Journal of Cleaner Production, 103: 884-897.

Zhao D, Tang Y, Liu J, et al. 2017. Water footprint of Jing-Jin-Ji urban agglomeration in China. Journal of Cleaner Production, S0959652617314336.

Zhen Q, Deng Y, Wang Y, et al. 2017. Meteorological factors had more impact on airborne bacterial communities than air pollutants. Science of the Total Environment, 601-602: 703-712.

Zhou B, Rybski D, Kropp J P. 2017. The role of city size and urban form in the surface urban heat island. Scientific Reports, 7(1): 4791.

Zhou D, Chu L M. 2012. How would size, age, human disturbance, and vegetation structure affect bird communities of urban parks in different seasons? Journal of Ornithology, 153(4): 1101-1112.

Zhou D, Fung T, Chu L M. 2012. Avian community structure of urban parks in developed and new growth areas: A landscape-scale study in Southeast Asia. Landscape and Urban Planning, 108(2-4): 91-102.

Zhou W, Cadenasso M L, Schwarz K, et al. 2014. Quantifying spatial heterogeneity in urban landscapes: integrating visual interpretation and object-based classification. Remote Sensing, 6(4): 3369-3386.

Zhou W, Jia W, Cadenasso M L. 2017. Effects of the spatial configuration of trees on urban heat mitigation: A comparative study. Remote Sensing of Environment, 195: 1-12.

Zhou W, Pickett S T A, Cadenasso M L. 2017. Shifting concepts of urban spatial heterogeneity and their implications for sustainability. Landscape Ecology, 1-16.

Zhou W, Troy A, Grove M. 2008. Object-based land cover classification and change analysis in the baltimore metropolitan area using multitemporal high resolution remote sensing data. Sensors, 8(3): 1613-1636.

Zhou W, Troy A. 2008. An object-oriented approach for analysing and characterizing urban landscape at the parcel level. Tools and Resources, 29(11): 3119-3135.

Zhou W Q, Wang J, Qian Y G, et al. 2018. The rapid but "invisible" changes in urban greenspace: A comparative study of nine Chinese cities. Science of the Total Environment, 627: 1572-1584.

Zipper S C, Schatz J, Singh A, et al. 2016. Urban heat island impacts on plant phenology: intra-urban variability and response to land cover. Environmental Research Letters, 11(5): 054023.

撰稿人：周伟奇，李伟峰，韩立建，钱雨果，虞文娟，刘晶茹，侯　鹰，
王美娥，苏芝敏，赵娟娟，冼超凡，谢世林，甄　泉

# 第 20 章 土壤生态学研究进展

## 1 引 言

土壤生态学是研究土壤生物之间，以及土壤生物与非生物环境之间相互作用关系的一门边缘学科（Coleman et al.，2004）。其着重研究土壤生态系统的结构、功能与调控规律，通过研究土壤生态系统的物理过程、化学过程和生物过程的相互作用，揭示不同尺度土壤生态系统中微生物、土壤动物的分布和演变特征，阐明土壤微生物、土壤动物、根系之间的能量流动、物质循环和信息传递等生态过程，及其对环境污染和全球变化的反馈机制（国家自然基金委，2016）。土壤生态系统在是陆地生态系统存在、演变和发展的物质基础，通过能量传递和物质循环，支撑着陆地生态系统中的生命过程，调节着陆地表层地质作用，保护着人类生存的自然环境（国家自然基金委，2012）。因此研究土壤生态系统的自调节与自稳定机制，及人为干扰或管理下土壤生态系统的退化与恢复重建机理，对于合理利用土壤资源，发展农、林、牧各业的生产，防治土壤污染和土地退化，维持和建立良好的地区生态平衡等均有重要的意义。

2000 年在 Nature 杂志发表的 Ecology Goes Underground（Copley，2000）指出陆地生态系统功能与土壤微生物多样性密切相关，研究两者关系是生态学的新方向。因此进入 21 世纪以来，国际土壤生态研究蓬勃兴起，在理论、方法以及研究内容拓展上取得较大进展，逐步成为现代土壤科学及生态科学的重要热点领域（胡锋等，2011）。同时，我国相关部门也高度重视土壤微生物的研究，国家自然科学基金委、科技部和农业部等部委相继设立了一系列土壤微生物的重大项目，其中中国科学院 2014 年 6 月启动了"土壤-微生物系统功能及其调控"战略性先导科技专项，依托中国科学院建制化的土壤微生物研究队伍，联合国内著名科研机构，聚焦土壤养分转化的微生物驱动机制，围绕土壤微生物组的作用机理，在土壤氮素转化、土壤温室气体排放、土壤有机质的周转与肥力演变、根际微生物生态及其调控原理、土壤矿物表面与微生物相互作用机理、土壤污染物的微生物降解过程等方面取得了显著的进展，使我国土壤微生物生态学研究取得重大创新突破和集群优势并进入国际先进行列。

## 2 学科 40 年发展历程

土壤生态学是土壤学、生态学、地理学、环境科学等发展到一定阶段综合交叉而形成的，具有广泛研究领域的新兴学科（Paul，2014）。其以土壤生态系统为载体和研究对象，研究土壤生态系统的结构、功能和人类活动对土壤生态系统的影响及过程（胡峰，2011）。一般认为，国际上土壤生态学的研究始于 1840 年 Darwin 发表《关于壤土的形成》一文，迄今已有 170 多年的历史。随后，土壤微生物学家在 19 世纪后半叶从多方面逐步揭示了土壤中的部分微生物及其生态功能，并在 20 世纪初叶形成了土壤微生物生态学。近几十年来土壤微生物研究方法取得了突破性进展，Biolog、磷脂脂肪酸法、基因指纹图谱、克隆文库、基因芯片、稳定同位素酸探针和环境基因组学等新兴技术推动了土壤微生物生态学的发展（林先贵，2008）。目前，土壤生态学研究已经成为环境与生态领域中的研究热点，世界各国的学者正从不同角度探讨土壤生物群落的结构、功能及其与环境乃至全球变化的关系问题。与国际学术界相比，土壤生态学引入中国相对较晚，直到 1991 年中国土壤学会第七届理事会上才成立了"土壤肥力和土壤生态专业委员会"，老一辈土壤学和生态学科技工作者逐渐将土壤生态学的概念和理论介绍到中国，并逐渐形成了独具特色的中国土壤生态学研究体系。从事土壤生态学研究的队伍也在不断壮大。概括起来，可以将中国土壤生态学发展划分为初创阶段、全面发展阶段、深化与创新阶段等三个阶段。

## 2.1 土壤生态学初创阶段

18世纪初到19世纪末，Humboldt的《植物地理学》、Darwin的《物种起源》和Warming与Schimper的《植物生态学》均包含植物与土壤关系的论述，体现着土壤生态思想的雏形（章家恩等，1996）。我国的土壤生态学起步于20世纪70年代末，中国科学院地理研究所张荣祖研究员在1979年成立了长白山森林生态定位站，开展土壤动物区系和生态地理研究，标志着我国土壤生态学研究的起步。20世纪80年代，随着美国Georgia农业生态系统研究、荷兰土地耕作系统研究、瑞典耕地生态学研究等土壤生态学项目的研究，及国际土壤生态学会（Soil Ecology Society）的成立，标志着土壤生态学正式建立。其间，有关土壤生态学的概念也逐渐被介绍到国内，并得到了长足的发展（熊毅，1978；黄瑞采，1979；徐琪，1982）。

## 2.2 土壤生态学的全面发展阶段（1991~2005年）

20世纪90年代中期以来，随着对生物多样性与全球变化的日益关注，土壤中生物多样性及其生态功能成为诸多学科的研究热点。国内，中国土壤学会在1991年的第七次理事会上成立了"土壤肥力和土壤生态专业委员会"，标志着国内的土壤生态学开始进入实践期。在土壤微生物生态学方面，这一时期国内主要关注农业生产过程的特定微生物，如与固氮相关的大豆根瘤菌、与提高氮磷利用相关的丛枝菌根真菌、与土壤碳循环相关的脲酶活性以及应用于堆肥的双孢蘑菇等。土壤动物生态学方面，1993年中国科学院上海昆虫研究所尹文英联合中国国内有关专家共同开展了"中国典型地带土壤动物的研究"（国家自然科学基金重点项目），通过大量的调查取样和研究，编辑出版了《中国亚热带土壤动物》、《中国土壤动物》和《中国土壤动物检索图鉴》。这一时期，王宗英、王振中、廖崇惠、宋碧玉和刘红等学者对九华山、衡山、鼎湖山、天目山和泰山等区域的土壤动物进行了全面深入研究，推动了我国土壤动物生态的蓬勃发展。

## 2.3 土壤生态学深化与创新阶段

*Science* 于2004年6月出版了专辑，系统论述了土壤生物互作与植物地上地下反馈的机制，认为土壤生态学是当前生命科学与地球科学交叉的、带有根本性的科学前沿（于振良，2016）。这一时期，国内的研究跟随国际研究热点的变化趋势，同样在2004年以来土壤生态学的发展迅猛，加强了对微生物生物量和群落结构影响土壤功能的研究，特别是在土壤氮素转化以及稻田温室气体排放的微生物学机制方面展开了深入研究（Lu et al.，2005）。同时，本时期加强了对根际生态系统中土壤有机碳循环与微生物群落多样性交互作用的研究，并从进化角度去理解根际中植物-微生物-土壤相互作用，阐明根际的生态与进化意义，在根际分泌的机制及其调控（Kong et al.，2018）、根系与根际微生物相互作用（Zhang et al.，2018）、地上与地下相互作用（Zhao et al.，2012；Wang et al.，2011；Zhang et al.，2013）及根际激发效应（Zhu et al.，2012；Cheng et al.，2014）等方面取得了重要进展，逐渐成为国际土壤生态学研究不可忽视的主力军。

本时期土壤动物生态学的研究也发展迅猛，以中国科学院华南植物园、沈阳应用生态研究所、东北地理与农业生态研究所、西双版纳热带植物园等为代表的研究所在我国不同区域开展了大量土壤动物多样性研究和监测工作，获取了丰富的基础数据资料，并于2015年建立了土壤动物多样性监测专项网，作为中国生物多样性监测网络的有机组成部分，在全国开展多点化土壤动物多样性及分布状况的监测工作，从而揭示土壤动物多样性的空间分布、时间变化规律及其对外来干扰的反馈效应和对地下生态过程的调控机理，完善了对土壤生物网络功能的研究。进而为我国土壤动物的保护和管理、土壤肥力和生态系统生产力的维持提供第一手的基础科学数据，也为土壤动物多样性保育、资源合理利用、土壤肥力和生态系统生产力的维持提供新思路、新方法和科学支撑。

此外，国家自然科学基金委 2011 年启动了相关重大项目，针对稻田土壤关键生物地球化学过程与环境功能，开展了土壤微生物生态学机理研究。2014 年科技部启动了 973 基础性研究项目"作物高产高效的土壤微生物区系特征及其调控"。同年，中国科学院启动了"土壤-微生物系统功能及其调控"战略性先导科技专项，开展土壤微生物组研究，成为继美国"人类-微生物组"计划（HMP）以来的第 2 个环境微生物组计划。经过 10 多年的努力，我国土壤微生物研究论文总发文数量排在第 2 位，土壤微生物生态学的研究已经受到国际同行的关注，在某些领域接近国际先进水平。

## 3 研究现状

### 3.1 基础理论创新

土壤被誉为地球"活的皮肤"，蕴含着极其丰富的生物多样性，包括在土壤和凋落物层中生活的生物类群多样性，以及它们的遗传多样性、功能多样性和土壤-生物自组织系统的多样性（时雷雷，2014）。土壤生物多样性在土壤的形成发育、维持生态系统循环稳定，尤其在养分循环和凋谢物分解中发挥着不可替代的作用（李保杰等，2015），因此土壤生物多样性及其时空变异规律成为目前土壤生态学领域最为重要的议题（李香真等，2016）。在国家科技部、国家自然科学基金委员会、中国科学院等机构的资助下，我国土壤微生物学家围绕不同地域或不同土地利用类型开展了大量土壤微生物群落结构和多样性的研究（宋长青等，2013；陆雅海等，2015）。如中国科学院微生物所通过开展大型真菌的监测工作，对我国典型森林生态系统中真菌的组成和多样性开展了研究，揭示了真菌群落的形成机制（Gao et al., 2013, 2015）。成都生物所在青藏高原、贡嘎山开展了土壤微生物多样性监测工作，研究揭示了不同细菌类群对氮沉降（Yao et al., 2014）和增温的响应模式（Rui et al., 2015）。南京土壤所等单位的研究人员调查了长白山垂直带谱上土壤细菌（Shen et al., 2013）和真菌（Shen et al., 2014）多样性的变异，发现土壤微生物多样性随海拔的变化与植物表现出不同的趋势。东北地理与农业研究所等调查了我国黑土微生物群落的地理分布，发现细菌群落组成主要受土壤 pH 和有机碳的影响（Liu et al., 2014），而真菌群落的变化主要受土壤有机碳的驱动（Liu et al., 2015）。这些研究为揭示土壤生物多样性形成和维持机制，阐明土壤生物多样性及其生态功能奠定了基础（贺纪正等，2015；诸海燕等，2017）。

此外，中国科学院 2015 年启动的土壤微生物多样性监测专项网，已完成对中国典型农田、草地和森林的土壤采样工作，行程超过 8000 余公里，取得以下 4 方面成果：①评价了当代环境与历史因素对土壤微生物群落空间分布格局的影响规律，揭示了沿纬度及海拔梯度微生物多样性与植物多样性不同的分布模式；②揭示了土壤微生物地理分异规律的环境驱动机制，发现土壤 pH 能够最大程度解释土壤微生物变异规律，包括微生物类群变异（整体群落和特异功能类群）、空间尺度变异（水平梯度和垂直梯度）、生态系统变异（自然和干扰生态系统）。在高寒地带，有机碳含量则能更好地解释青藏高原土壤微生物分布格局；③阐明了全球变化下土壤微生物群落的演替和维持机制；④定量了干旱程度对土壤微生物群落分布的影响规律，分析了干旱程度驱动下土壤细菌群落的变化规律，解析了其在导致生态系统氮素循环发生根本性变化过程中的重要作用（朱永官等，2017）。

近几年，以中国科学院华南植物园、沈阳应用生态研究所、东北地理与农业生态研究所、西双版纳热带植物园等为代表的研究所以森林、草地等自然、半自然生态系统为主，在我国不同区域开展了土壤动物群落及演变动态的研究，统计数据表明：我国在土壤动物领域发文量从 2009 年开始呈逐年上升趋势，2013 年的增长速度最快，且当年的发文量仅次于美国，到 2016 年发文量达到 344 篇（伍一宁等，2018），在不同生态系统土壤动物群落的结构组成、多样性特征、时空动态及演变/演替规律等方面取得了一系列突出的成果（Sun and Wu, 2012; Yang et al., 2012; Chang et al., 2013），主要进展如下：①土壤动物生态地理系统性研究有所加强；②我国农田生态系统土壤动物区系调查和研究工作取得了较大的进展；③土壤生物的功能逐步得到了解析；④特殊生境（荒漠/岩漠、矿区/厂区等）土壤动物群落组成、多样性及影响因素研究引起重视；⑤城市化对土壤动物的影响已成为土壤生态学的研究热点之一。在城市生物多样性丧失及对土壤动物总体认识相对局限的双重背景下（时雷雷等，2014；傅伯杰等，2017），注重土壤动物多样性的大尺度保护将对土壤生态安全和人居环境的健康发展起到积极作用（吴文等，2018）。

## 3.2 土壤生物网络与生态服务功能

土壤是人类赖以生存的不可再生资源，不仅是生产粮食、纤维、水果、蔬菜等作物的基地，同时也具有保障粮食安全、维护生态环境健康、缓解全球气候变化、维持生物多样性等生态系统服务功能（张甘霖等，2018），且这些功能在不同程度上取决于外界环境和土地管理方式介导下土壤生物群落结构的变化（杜晓芳等，2018）。根际分泌物主导了根际生物之间、生物与非生物之间的各种生态过程。根际激发效应可以显著改变土壤有机碳的动态，增加大气 $CO_2$ 浓度而对气候变暖产生正反馈（Cheng et al., 2014）。因此了解土壤生物与生态服务功能的关系在预测和调控生态系统可持续发展方面具有重要意义。

中国科学院南京土壤研究所孙波课题组针对中亚热带典型的贫瘠旱地红壤，基于长期有机培肥（猪粪）试验，结合高通量测序技术和结构等式模型分析，发现长期培肥后根际微生物总量和解有机磷微生物数量显著增加，食细菌线虫通过对解磷微生物的捕食作用促进了碱性磷酸酶的活性，最终提高了红壤磷素的有效供应。其关键机制是食细菌线虫的优势属（原杆属，*Protorhabditis*）通过对生物网络中的共有关键微生物（中慢生型根瘤菌属，*Mesorhizobium*）的捕食作用，增强红壤有机磷的生物分解。近几年国内学者也十分重视土壤食物网内不同生物之间的交互作用及其对养分转化的影响，研究了不同管理措施下土壤原生动物、线虫对细菌的捕食作用；同时深入研究了不同团聚体中线虫捕食对微生物碳氮转化功能的影响，发现大团聚体中线虫选择性捕食氨氧化细菌促进了土壤硝化作用（孙波等，2017）。

此外，地上和地下生态系统是有机联系的整体，显现出高度的联动及反馈关系（Wardle, 2004; Van der Putten et al., 2009）。土壤动物可以通过直接作用（如取食根系）和间接作用（改变微生物群落结构、提高养分周转速率和养分有效性），进而影响植物的养分吸收和生长。研究发现，在低磷添加秸秆的条件，蚯蚓可以显著增加菌根的侵染率，蚯蚓和菌根通过提高土壤酶活性和养分有效性促进玉米对氮磷的利用，并形成氮磷互补效应（Li et al., 2012）。同时通过蚯蚓活化-菌根传递的方式，蚯蚓菌根相互作用还可以促进玉米对秸秆中氮素的吸收利用（Li et al., 2013）。此外，刘满强等（2009）还研究了水稻地上部褐飞虱取食对地下部土壤中线虫群落的影响，结果显示褐飞虱强烈影响土壤线虫的数量、群落组成和营养结构，响应程度和趋势因水稻品种抗性或地上部褐飞虱的数量的不同而异，进而影响水稻的产量和品质。综上所述，充分了解生物网络的结构、形成和影响机制不仅有助于揭示土壤生物多样性与生态系统服务功能的关系机制，而且可以进一步结合土壤环境网络的研究，指导土壤生态系统服务的管理，促进土壤利用和管理政策的协调（张甘霖等，2018）。

## 3.3 土壤生物与元素生物地球化学循环

土壤中碳、氮、磷、硫、铁等生源要素的生物地球化学循环影响到地球各圈层之间物质交换的动态平衡和稳定性，是土壤生态学的前沿研究方向。研究表明土壤生物可以通过取食与被取食的关系，调节食物网结构，进而影响陆地生态系统的碳固存、养分流动和物质循环过程（Xiao et al., 2017）。其中微生物群落组成的变化不仅对土壤碳循环具有重要影响（Zhang et al., 2015），还决定了氮素转化及其有效性，如生物固氮、硝化作用和反硝化作用的酶活性及其与相关微生物功能基因的关系等，在提高氮素利用率和减少氮肥施用的负面环境效应方面发挥了重要作用（朱永官等，2017）。其中氨氧化是土壤中氮循环的关键环节（贺纪正和张丽梅，2013）。研究表明厌氧氨氧化不仅是湿地和土壤系统中的重要过程，而且是稻季土壤氮素损失的重要途径，其中根际氮损失是发展氮肥高效利用技术的热点微域，同时发现了厌氧氨氧化与铁氧化还原的耦合机制（朱永官等，2017）。此外，土壤微生物在磷元素的循环过程中也扮演着重要角色。在土壤-植物系统中，土壤微生物通过溶解、矿化、固定，与植物共生等方式直接驱动着土壤磷的转化和循环。如 Zhang 等（2018）发现 AM 真菌可以通过吸附能够产生碱性磷酸酶的细菌，进而增加了菌根途径的磷获取效率，促进有机磷矿化，表明生物之间的相互作用促进元素循环。

土壤动物也几乎参与了所有的物质循环过程（邵元虎等，2015）。例如，原生动物通过取食细菌可以释放多余的氮素来刺激植物生长；线虫直接影响碳、氮和磷的矿化，线虫在取食细菌时增强细菌多样性，并且细菌的丰度与细菌生物量呈正相关，刺激产生功能菌群，例如产生碱性磷酸单酯酶的细菌，促进 P 的矿化，显著提高土壤脲酶和蔗糖酶活性，增加土壤矿质氮含量（李贺勤等，2014）；以蚯蚓为代表的大型土壤动物加快了有机质的矿化速率和稳定化过程，由于稳定化大于矿化，最终导致生态系统碳的净固存（Zhang et al.，2013）。综上所述，土壤生物能够对外界环境的变化调整元素循环的通道及方式（Guan et al.，2018），保持元素循环的平衡与稳定。值得注意的是，土壤动物同时促进有机物的矿化和腐殖化过程，因此可能对土壤有机碳的稳定性及功能发挥中起到共同的调控作用（刘满强等，2007）。

### 3.4 全球变化的土壤生态效应研究

全球变化对土壤的物质循环、土壤生物等方面均会产生影响，理解地下生物网络对全球变化的响应与反馈是预测未来全球变化影响不可或缺的基础（贺金生等，2004）。全球变化不断增加的压力改变了土壤生物相互作用及土壤生态系统发挥生态功能的能力（Li et al.，2012），研究表明温度升高显著增加冬季的土壤呼吸，根系呼吸低于异养呼吸，土壤环境变量包括温度、湿度、营养状况、根生长、土壤微生物活动共同调节土壤碳含量（Liu et al.，2016a）。而变暖和干旱均能单独提高土壤呼吸和自养呼吸，异养呼吸仅被变暖提升。变暖带来的呼吸提升被干旱减少，可能是由于干旱诱导的土壤微生物生物量和细根生物量的减少（Liu et al.，2016b）。沈瑞昌等（2018）认为土壤微生物呼吸的热适应性机理涉及生物膜结构变化、酶活性变化、微生物碳分配比例变化和微生物群落结构变化等方面。这些研究结果表明土壤微生物呼吸（$CO_2$ 排放）对全球气候变化的响应存在着普适性规律。

在微生物对全球变化的响应方面，研究表明全球变暖可以引起土壤微生物类群比率（真菌/细菌）变化、增强土壤真菌的优势，进而影响微生物群落结构（张乃莉等，2007）。Li 等（2016）在内蒙古草原生态系统的模拟试验表明，降水增加和氮沉降影响土壤细菌多样性以及群落组成，而氮的添加显著降低细菌的 α 多样性，但增加降水却会减弱氮沉降对土壤细菌群落的效应。Zhao 等（2014）利用基因芯片研究了模拟增温下土壤微生物的碳、氮循环相关基因，结果显示土壤 $CO_2$ 排放量及土壤硝化势分别与碳、氮循环的基因丰度呈显著正相关。近 10 多年来，学术界针对缺氧土壤有机质降解和产甲烷的微生物机理开展了广泛研究并取得了一系列突破。研究表明在水稻土中起关键作用的并非传统菌群，而是一类拥有独特适应水稻田环境条件的产甲烷古菌（陆雅海等，2015），研究结果对于湿地生态系统和稻田的温室气体减排具有重要意义。

土壤动物是土壤生物的另一大类群。土地利用方式的改变、温度增加和降水格局的变化能够通过改变土壤动物的栖境条件、活动和生长发育直接对土壤动物多样性产生影响，而 $CO_2$ 浓度增加和氮沉降的变化主要通过影响植物群落的组成和生产力对土壤动物产生间接影响（吴廷娟，2013；美丽等，2018）如 $CO_2$ 与大气氮沉降主要是通过影响地上植被，凋落物质量，土壤理化性质等间接过程影响土壤线虫（宋敏等，2015）。模拟试验结果表明，增加降水及氮素添加对土壤螨类及跳虫的种群密度均无影响。增加降水使土壤线虫的数量显著增加了 14.9%。氮沉降对土壤线虫的数量无影响，但显著增加了群落中食细菌性线虫的数量（45.8 %）（宋敏等，2017）。此外，土壤动物（蚯蚓和食微线虫）还可以通过改善土壤物理结构、调控土壤可溶性有机碳或氮含量以及改变土壤内温室气体排放微生物群落及功能酶活性等途径促进 $CO_2$ 和 $N_2O$ 排放（罗天相等，2008；高波等，2010）。综上所述，土壤动物不仅响应气候变化，而且在不同时空尺度上与温室气体排放和有机碳稳定性的关系密切。

## 3.5 重要技术与工程突破

### 1) 耕地质量提升技术

30 年来，我国耕地资源利用处在高强度、超负荷状态，10 多年的连续增产已经使耕地的生产能力已经处在历史的高位，耕地资源总量的"天花板"和耕地利用强度的"地板"约束，致使中国耕地土壤肥力基础薄弱、土壤酸化加剧、粮食主产区土壤重金属污染呈加重趋势（张红旗等，2018）。目前我国有超过 $46600 hm^2$（50%的土壤）出现一种或多种类型的退化，$7300 hm^2$ 土壤轻度退化，$8600 hm^2$ 土壤严重退化。超过总耕地面积60%的耕地出现中、重度退化（张甘霖等，2018）。其中，土壤侵蚀是导致土壤退化和土壤质量下降的最重要因素之一，全国现有土壤侵蚀面积达 357 万 $km^2$，占总退化面积的 83.56%（孙鸿烈，2011）。因此，提升耕地质量对于将中国人的饭碗牢牢端在自己手中，实现国家资源安全、粮食安全、生态安全和社会稳定，具有重大战略意义。

联合国粮食及农业组织（FAO）数据表明，我国耕层土壤有机质含量平均值为 18.63 g/kg，仅为世界土壤有机质含量平均值（32.54 g/kg）的 57%，仅略高于中亚、西亚、北非等地区，远低于东南亚、北美、北欧等地区。因此因地制宜地实行粮肥轮作、间作制度，保持和提高有机质含量，以实现耕地可持续利用，保障农业健康可持续发展（胡莹洁等，2018）。近年来，我国相继实施了"中低产田改造""沃土工程""高标准农田建设""测土配方施肥"计划，在盐碱地改良、沙地治理、坡改梯、各种土壤质量提升等方面取得了显著的科技进步，并取得了一系列科技成果，如针对盐碱化，基于垄作、硫酸铝改良和氮肥分次施用效应，提出在重度盐碱土上提高作物产量和养分利用率的技术体系（杨劲松和姚荣江，2015）；针对连作障碍，研发了控制土壤连作障碍的新型微生物有机肥（沈其荣，2007）。其中主要粮食产区农田土壤有机质演变与提升综合技术、黄淮地区农田地力提升与大面积均衡增产技术及其应用、克服土壤连作生物障碍的微生物有机肥及其新工艺等成果先后获得国家科技奖（孙波等，2017）。

### 2) 退化土壤生态系统的恢复与重建

土壤退化是土壤环境和土壤理化性状恶化的综合表征，有机质含量下降，营养元素减少，土壤结构遭到破坏；土壤侵蚀，土层变浅，土体板结；土壤盐化、酸化、沙化等。近 30 年来，我国耕作土壤的 pH 值下降了 0.13~0.80，其中南方地区耕地土壤酸化严重（Guo et al.，2010）；五大粮食主产区耕地土壤重金属点位超标率从 7.16% 增至 21.49%，其中 Cd、Ni、Cu、Zn 和 Hg 的污染比重分别增加了 16.07%、4.56%、3.68%、2.24% 和 1.96%（张红旗等，2018）。2014 年 4 月 17 日环境保护部和国土资源部发布的《全国土壤污染状况调查公报》显示，全国土壤环境状况总体不容乐观，部分地区土壤污染较重，耕地土壤环境质量堪忧，工矿业废弃地土壤环境问题突出。全国土壤总的点位超标率为 16.1%，其中镉污染点位超标率为 7.0%，滴滴涕点位超标率为 1.9%。土壤退化和污染已经导致我国部分农田生产的粮食和蔬菜重金属含量超标严重（Zhao et al.，2015）。因此改善土壤环境质量、保障土壤健康和农产品安全已成为百姓关切、国家急需解决的重大课题。

相对于大气和水污染治理，中国土壤污染治理更显薄弱，土壤环境总体状况堪忧，部分地区污染较为严重，土壤环境问题已成为绿色发展、乡村振兴的突出短板之一（张旭梦等，2018）。因此，深入了解土壤污染，做好退化土壤生态系统的恢复与重建工作至关重要。"十五"以来，在国家科技支撑项目的支持下，国内先后开展了植物修复、农艺阻控、化学调控、农艺和化学相结合等控制和修复技术研究及示范工作，包括重金属污染耕地土壤的植物修复技术、低积累品种的农艺阻隔技术、水肥调控等耕地土壤安全利用技术等，发展了有机污染农田土壤的生物修复技术、植物-微生物联合修复技术等（林玉锁，

2016）。其中 2004 年北京"宋家庄事件"是开启我国土壤修复的钥匙。到目前为止，我国已成功完成了多个土壤修复工作，如北京化工三厂、红狮涂料厂、沈阳冶炼厂、唐山焦化厂、重庆天原化工厂、杭州红星化工厂、江苏的农药厂等，这些案例针对的污染物类型主要是有机污染物和重金属（程甦，2015），为我国土壤修复提供了宝贵的技术和管理经验。

与国外发达国家和地区相比，我国土壤污染治理与修复工作起步较晚，处于边实践、边提高、边摸索、边总结的阶段。就农用地而言，受污染耕地土壤修复技术主要包括化学修复、物理修复和生物修复。其中化学修复技术主要包括钝化技术和阻控技术（陈卫平等，2018）。土壤污染钝化技术是基于重金属土壤化学行为的改良措施，通过向污染土壤中添加重金属钝化剂来降低重金属在土壤中的溶解性、迁移能力和生物有效性，从而使重金属转化为低毒性或移动性较低的化学形态，以减轻其对生态环境和人类健康的危害（武成辉等，2017）。而土壤污染阻控技术则是利用硅（Si）、锰（Mn）、锌（Zn）等微量元素与重金属之间的竞争拮抗关系，不仅能有效抑制作物对重金属的吸收与转运，也能提供大量的营养元素保证植物正常生长（陈卫平等，2018）。土壤物理修复法就是采用一定的技术和手段，将污染物从土壤中分离出来使土壤恢复可利用价值的方法（陈卫平等，2018）。土壤生物修复技术则是指一切以利用生物为主体的土壤污染治理技术，包括利用植物、动物和微生物吸收、降解、转化土壤中的污染物，使污染物的浓度降低到可接受的水平，或将有毒有害的污染物转化为无毒无害的物质，也包括将污染物固定或稳定，以减少其向周围环境的扩散（李飞宇，2011）。此外，生物炭作为一种新兴的材料，能够修复退化的土壤。研究发现，施加生物炭在非强还原修复环境下减少 68.7% 的 $N_2O$ 排放，在强还原修复环境下减少了 16.0%（王军等，2016），且生物炭还可以降低土壤中重金属的毒性、生物有效性（王桂君等，2017）。

3）土壤生态学研究方法和平台建设

现代土壤生态学的研究更多地转向生物个体与群落的分子代谢机制及生物化学特性研究。如核磁共振技术能检测土壤生物代谢物质的结构和组成信息，以及定量分析土壤生物细胞物质的化学功能团等。近年来，利用土壤生物中的生物大分子化合物作为标记物，成为研究土壤生物功能和分类鉴定的重要手段。同时这些分子标记物与稳定同位素示踪技术相结合，已成为土壤生物相互作用及其功能研究的重要手段。如中科院利用 2014 年启动的"土壤-微生物系统功能及其调控"战略性先导科技专项，开发了稳定性同位素示踪土壤微生物组标记物方法，建立了稳定性同位素示踪土壤微生物各种分子标记物，如氨基糖（AA）、磷脂脂肪酸（PLFA）和 DNA/RNA 等，并在国际上首次实现了纳升级别的单细胞扩增体系，降低成本 100 倍；构建了首台基于拉曼光谱的活体单细胞筛选设备，开发了土壤-微生物-植物系统中碳、氮耦合研究的技术平台（土壤微生物单分子技术、土壤微生物基因组、转录组、蛋白组、代谢组和脂质组技术、土壤微生物功能组学技术等），揭示了典型水稻土微生物介导土壤食物网结构；提出了全转录组水平的微生物群落管理分析理念，阐明了水稻土氧化 2% 超低浓度甲烷的微生物过程机制。实现了单一微生物向微生物组研究的转变。此外，荧光原位杂交、超高分辨率显微技术、纳米二次离子质谱技术（NanoSIMS）等显微成像技术不仅能在细胞水平指示微生物的功能，而且能够准确识别负责土壤中活性的生物细胞及其系统分类信息，已经成为土壤生物功能研究的重要手段。

## 3.6 相关政策法规的形成

土壤是人类赖以生存的不可再生资源，具有社会、生态、经济、文化和精神层面的价值，同时也在生态系统服务中发挥着支持、供给、调节和文化服务等功能，在生物质生产、环境净化、气候变化缓解、生物多样性维持、自然文化遗产保护、景观旅游资源开发等方面发挥着重要作用。保护好土壤环境是推进生态文明建设和维护国家生态安全的重要内容。当前，我国土壤环境总体状况堪忧，部分地区污染较为严重，已成为全面建成小康社会的突出短板之一。为切实加强土壤污染防治，逐步改善土壤环境质量，环保部在 2008 年印发了《关于加强土壤污染综合防治先行区建设的指导意见》，要求在土壤污染源头预防、风险管控、治理与修复、监管能力建设等方面进行探索实践，力争到 2020 年先行区土壤环境质量得到明显改善。2013 年国务院办公厅关于印发了《近期土壤环境保护和综合治理工作安排的通知》，提出了严格控制新增土壤污染、确定土壤环境保护优先区域、强化被污染土壤的环境风险控制、开展土壤污染治理与修复、提升土壤环境监管能力、加快土壤环境保护工程建设六项主要任务，并要求各级政府部门有序推进典型地区土壤污染治理与修复试点示范，逐步建立土壤环境保护政策、法规和标准体系。

2015 年 10 月 28 日，农业部为贯彻落实 2015 年中央 1 号文件精神和中央关于加强生态文明建设的部署，加强耕地质量保护，促进农业可持续发展，特制定了《耕地质量保护与提升行动方案》，指出：到 2020 年，全国耕地质量状况得到阶段性改善，耕地土壤酸化、盐渍化、养分失衡、耕层变浅、重金属污染、白色污染等问题得到有效遏制，土壤生物群系逐步恢复。习近平总书记指出"藏粮于技"是粮食生产的必然选择，通过研究开发粮食科技，用科技手段维持粮食供求平衡，坚持应用一代、储备一代、开发一代，根据粮食市场的平衡状态，适时地采用相应的技术，始终保持科学技术的接续能力。

2016 年国务院出台的《土壤污染防治行动计划》（简称"土十条"）体现了党中央国务院对土壤保护的高度重视，从顶层设计的战略角度对更好地推进中国土壤污染防治工作作了系统部署。此外，党的十九大报告指出要强化土壤污染管控和修复，加强农业面源污染防治，开展农村人居环境整治行动。2018 年中央一号文件也将推进重金属污染耕地防控和修复、开展土壤污染治理与修复技术应用试点等作为"乡村振兴战略"的重要内容。2018 年 8 月 31 日下午，十三届全国人大常委会第五次会议全票通过了《中华人民共和国土壤污染防治法》。该法规定，污染土壤损害国家利益、社会公共利益的，有关机关和组织可以依照环境保护法、民事诉讼法、行政诉讼法等法律的规定向人民法院提起诉讼。本法自 2019 年 1 月 1 日起施行。可见，土壤污染防治和生态恢复逐步受到了国家的高度重视。保持土壤健康是实现可持续发展的必经之路，只有健康的土壤，才有健康的食物、健康的生活。

## 3.7 人才培养与公众教育

2015 年 9 月，世界各国领导人在纽约联合国峰会上通过了《2030 年可持续发展议程》，该议程涵盖 17 项宏伟的全球可持续发展目标（Sustainable Development Goals，SDGs）。其中 13 项目标直接或间接与土壤有关，土壤生态系统服务势必为全球可持续发展目标的实现提供关键保障。我国现阶段的诸多优先发展领域如粮食安全、精准脱贫、生态文明建设、乡村振兴等既是自身发展的需要，也是对联合国《2030 年可持续发展议程》的积极响应，而土壤资源高效利用和可持续管理是重要的应对措施。因此政府、企业及公众需要增强对土壤生态系统服务的认知，积极呼吁全社会珍爱和保护土壤这一不可再生资源，以促进土壤利用和管理政策的协调，助推可持续发展目标的实现。我国的土壤的土壤生态学教育及专业人才培养工作始于 20 世纪 80 年代中后期，随着本学科的发展日益受到重视，目前有中国科学院、中国农业大学、南京农业大学、兰州大学、云南大学、西北农林科技大学、青岛农业大学、大连交通大学、山西师范大学、四川农业大学、甘肃农业大学、东北农业大学、上海应用技术大学、福建农林大学、南京林业大学、华北水利水电学院、南昌工程学院、河北农业大学、南京信息工程大学、山东农业大学、湖南农业大学、华南农业大学、山西农业大学、辽宁大学、安徽农业大学等 25 所单位为本科生或者硕士研究生开设了《土壤生态学》课程。全国先后有 46 个单位（分布在中科院有关院所、农林高校以及部分综合性大学和工科院校）招收土壤生态及土壤生物、土壤生态与生物肥力、土壤生态功能、土壤生态修复等方向的硕士或者博士研究生。在教材建设方面，《土壤生态系统》《土壤生态学》《根际生态学》《土壤微生物生态及其实验技术》《土壤动物生态学研究方法》《土壤污染与生态修复实验指导》等相关教材陆续出版。近年来，土壤生态方面的培训工作也得到加强，并开办了数次国际性培训班。如中科院南京土壤所先后组织了土壤微生物组相关技术研讨会暨培训班 12 次，共计 16 个国家/地区的上千名青年科研人员参与活动。打造了国际一流的土壤微生物功能研究平台，为土壤微生物功能研究提供了重要支撑。

## 4 国际背景

从前述分析可以看出，我国土壤生态学研究的主要领域与国际是基本一致的，近年来的某些研究热点（如土壤生物多样性、全球变化的土壤生态效应等）也有相似之处，但侧重点有所不同，不同领域的研究进展各异。总的来看，国际上更加注重理论研究及机理探究，对全球变化相关土壤生态过程高度关注、相关研究比较集中，跨学科、跨尺度的综合研究受到推崇，研究方法创新方面也取得新的进展，同时对土壤生态系统管理及生态服务功能的宏观认识也有高度和启发意义。我国则更加关注土壤质量、土壤环境、土壤保育及持续生产力提升相关的土壤（尤其是农田土壤）生态问题，在有机质分解、土壤元素转化与土壤质量保育过程等方面系统研究了土壤微生物的群落结构及其功能，形成了较为完善的土壤微生物多样性与功能的研究理念，在土壤元素的生物地球化学循环的微生物驱动机制等方面取得了重要进展，在全球变化的土壤生态效应、土壤污染的生态恢复方面也取得了长足的发展，并在跟踪国际前沿的基础上在某些领域形成了一定的特色、国际影响逐步扩大。

### 4.1 代表性领域透视

近60年来，随着世界人口增长，资源枯竭、环境恶化等问题加剧，人们逐渐认识到土壤不但是孕育万物之本，更是保障粮食安全和食品安全的重要生产资源（陈卫平等，2018）。为了加强全球对土壤资源的重视，联合国决议通过了12月5日为世界健康日，宣布2015年为国际土壤年，主题为"健康土壤带来健康生活"。未来的土壤生态学将会侧重于土壤生态系统服务与土壤健康。此外，近几年越来越多的研究表明，根际区域发生的所有过程及相互作用都与根系分泌这一过程密切相关（Kuzyakov and Blagodatskays，2015），因此根系间的相互作用（de Kroon，2007）、根系与根际微生物的相互作用（Hodge et al.，2010）、地上地下相互作用（Wardle et al.，2004）、根际食物链和食物网（Putten et al.，2013）、根际激发效应（Kuzyakov，2010）、根际信号传递与识别（Dudley et al.，2013）等也是近年来国际根际生态学研究的热点。

我国学者在国家自然基金委的资助下，率先在根分泌物、根际和菌根际养分活化利用，以及养分胁迫条件下的根际过程与调控机制研究等方面取得了重大突破（袁力行等，2018）。研究发现VA菌根真菌可使作物吸收土壤磷的范围扩大60倍，对植物吸磷的贡献潜力高达70%，揭示了菌丝际养分活化的机理，将根际研究深入到菌丝际水平（Zhang et al.，2016）；发现解磷细菌可以在菌根真菌的菌丝际定殖，并利用菌丝分泌物来活化土壤难溶性磷，为通过微生物互作强化菌丝际效应来提高作物养分效率提供了新思路（Zhang et al.，2018）。研究还发现根际互作是间套作体系养分高效利用的关键过程，禾本科与豆科作物间作显著提高豆科作物结瘤固氮能力，为高产高投入体系仍能充分利用固氮菌的生物学潜力提供了科学依据（Li et al.，2016）。此外，近20年，植物之间的化学通讯识别大多集中于地上部空气媒介的信号，如茉莉酸甲酯和乙烯等挥发性物质，而地下部土壤媒介的化学信号物质由于土壤和根系互作的复杂性一直没能澄清。针对这一问题，中国农业大学孔垂华教授历时7年发现植物根系分泌的黑麦草内酯是介导植物地下部土壤媒介的化学信号物质，最终阐明小麦是通过根分泌的黑麦草内酯以及茉莉酸信号物质识别邻近的其他植物从而合成释放化感物质显示化感效应，这一结果对正确认识生态系统中植物间的地下生态作用具有积极的意义（Kong et al.，2018）。

### 4.2 比较、判断与借鉴

统计数据显示从1990～2016年国际学者的研究热点始终围绕土壤氮循环和碳循环与微生物群落的交互作用；其次，磷、根、根际、土壤、植被等关键词也贯穿始终，说明国际学者在该领域研究侧重于农田土壤养分循环及其肥力功能，特别关注土壤"热区"——根际微环境的微生物学驱动机制，为提高土壤肥力和氮磷利用率提供理论基础。英国自然环境研究委员会（NERC）于1998年率先启动土壤生物学重大研究计划，重点研究陆地生态系统碳循环微生物群落结构和功能；1999年美国国家科学基金会（NSF）启动了"微生物观测"项目群计划，2004年将其扩展为"微生物观测、相互作用和过程研究"项目群计划，2009年美国科学院（NAS）出版战略咨询报告《土壤科学研究前沿》，强调学科交叉研究土壤微生物的重要性；2010年美国和欧盟土壤生物学家联合提出土壤宏基因组研究计划（Terra Genome）；2010年欧盟启动"欧洲土壤生态功能与生物多样性指标"项目，重点研究土壤生物多样性与土壤功能；2011年美国阿贡国家实验室启动了地球微生物计划，在全球范围内开展地球微生物群落结构和功能的系统研究；2013年美国微生物科学院出版了《微生物如何帮助养活世界》，强调土壤微生物调控能够实现作物增产20%，化肥和农药投入减少20%，是绿色农业新出路。2011~2016年期间，高通量测序方法开始更新换代，功能基因微阵列（Fuction Gene Arrays）方法加强了对特定功能基因的研究，同时微生物系统发育/功能分子生态网络和结构方程模型等统计分析方法不断发展，土壤微生物学加强了对微生物网络的研究，在微生物网络响应环境条件变化发展方面取得了新的突破。同时，农田土壤中有机质转化的微生物驱动机制日益成为研究热点，植物与土壤的互作和地上与地下的协同管理成为未来农田养分管理的重点领域。

尽管"十一五"以来国内主要土壤学研究单位抓住机遇，瞄准土壤生态学前沿研究，提出了大量具有交叉性和前沿性的研究课题，在土壤元素生物地球化学循环的微生物驱动机制、土壤-植物根系-微生物之间的相互作用、微生物过程与环境污染修复等方面取得了一定进展。但我国土壤微生物研究与国际相比启动较晚，整体研究力量较薄弱，缺乏高水准的研究平台，以跟进研究为主，原创性研究较少，对重大基础科学问题缺乏足够的研究积累。我国与国际上主要差距体现为：

（1）重大基础理论研究需要与时俱进。如特定的土壤生境中存在哪些微生物类群或者功能群？不同的时空尺度上影响微生物群落结构的因素有哪些？土壤微生物在不同生态过程及多过程耦合作用的影响机制是什么？提升土壤肥力的微生物机理和途径是什么？土壤微生物对全球环境变化的响应与反馈机制是什么？

（2）缺乏将重大基础理论转化为生产力的有效途径。即如何利用土壤微生物过程及其相互作用，提高土壤质量，防治土壤退化；然后是实现可持续的土壤管理，提高养分利用率，帮助农民降低农业化学品投入，发展高效、高产和高品质的农业生产，最终实现粮食产量、质量及生态环境的安全。

（3）研究手段与方法亟待创新。即如何将宏观生态理论与微生物分子生态理论相结合，现代生态学已经有了成熟的理论和模型，但目前的生态群落理论建立在宏观生态上，如何将土壤微生物微观生态的研究与宏观理论相结合，揭示土壤微生物在生态服务功能中的作用成为新的研究难点。

## 5　发展趋势及展望

近10年来，我国土壤生态学更趋活跃，显示出良好的发展态势，但同时也面临不少问题和挑战：一是基础理论研究不足，学科体系有待完善。相对于母体学科尤其是生态学学科，土壤生态学的基础研究不够深入、理论性偏弱，学科体系化程度较低，涉及过程机理的基础研究方法也有待进一步开发，这是国际上存在的共性问题；二是应用研究和技术开发滞后，能够解决生态环境退化问题、农业生产力提升与环境保护之间的矛盾以及全球变化、生物入侵、转基因作物生态风险等问题的基于生物调控的土壤生态技术和装备，均需要创新和开发；三是政策保障有待加强，政府、企业和公众却似乎并未像对待金融危机、雾霾或其他社会问题那样严肃地对待土壤退化问题，因此实现土壤的可持续利用，需要大力推进全方位的土壤保护立法，制定更加严格的土壤保护法律法规，促进可持续土壤资源管理政策的实施。

鉴于土壤生态学在农业可持续发展、生态环境保护和全球变化研究中扮演着越来越重要的作用，未来十年我国土壤生态学重点研究领域和亟待解决的科学问题如下。

## 5.1 趋势

1) 土壤健康调控过程与机理的理论探索

土壤动物和微生物之间的双向影响，尤其是微生物对土壤动物取食压力下的适应与进化策略；基于更多的物种特性和营养级构成研究土壤食物网结构的链接和稳定机制；土壤食物网内的级联效应、上行和下行效应；食物网内能量转化和养分流动的速率和效率；区分生物和资源生境等因素在调控土壤食物网结构和功能的相对贡献等。同时明晰以植物（根系）为纽带的地上部与土壤食物网之间的交互作用；揭示土壤食物网、根系、植物地上部食物链（网）的联动机制及反馈关系；阐明自然环境和管理措施下地上和地下部生态关系的变化；探索基于地上和地下部的联系及反馈机制阐释全球变化的热点问题，如生物多样性丧失、生物入侵、退化土壤生态系统功能的恢复等。

2) 土壤生态系统修复与重建的技术创新

（1）土壤生态投入品开发技术：过去的几年，随着人口急剧增加，资源损耗严重，农民为了追求高产高收入，在农田中投入大量的化学肥料和农药，使土壤退化严重，导致土壤的物理结构、化学性质及微生物多样性发生改变，对土壤生产力产生了深远的影响。因此急需针对土壤有机质下降、生物多样性减少、团聚结构降低、自净化能力减退，土传病害加剧等问题，研发一批绿色高效的功能性肥料、天然矿物投入品及多功能微生物复合菌群制剂等健康土壤的绿色投入品，集成适合不同生态类型土壤健康和基础地力的技术模式与装备，形成以土壤有机质提升核心的集成技术体系，全面提升土壤生态系统稳定性和恢复力。

（2）耕地质量提升技术：以耕地资源安全、粮食安全、生态安全为导向，全面落实中央关于"藏粮于地，藏粮于技"粮食安全战略的决策部署。针对耕地质量与生产能力形成机理、耕地质量要素对产能形成的耦合协同作用机制、快速生产能力全流程形成技术和耕地质量提升全方位工程手段和管控技术，研究农地基础地力快速提升与产能提升技术、农田基础设施快速配套工程与设备技术、农田健康快速调查、诊断、调查、修复工程与技术，研制成套装备、构建全天候监控预警平台、建立全要素大数据信息管理系统、集成应用示范、产业服务能力等，开展跨部门跨学科全链条的协同研发，实现耕地质量提升与生产能力拓展技术的整体创新和系统突破，显著提升土地资源高效利用的科技贡献率，形成有国际竞争力的科技产业支撑能力，达到国际领先水平。

（3）退化生态系统的恢复与改良：近年来，土壤盐渍化、土壤酸化、土壤重金属污染（如镉、砷、汞、铜、铅、铬等为主的土壤污染）和土壤有机污染［以六六六、滴滴涕、多氯联苯、多环芳烃、抗生素、全氟化合物、多溴联苯醚、五氯苯、药品与个人护理品（PPCPs）等为主的土壤污染］已经成为全球面临的主要环境问题之一。基于当前生态环境污染严重的现状，开展退化生态系统生态修复的理论和技术研究。例如，结合生态学种群、群落和生态系统的基础理论，进行退化生态系统的地上和地下部分综合修复，研究和开发植物生物技术与土壤管理技术相结合的复合生态工程模式，促进退化生态环境的生态修复，提高土壤质量、改善环境质量及促进食品安全。

3) 土壤健康与可持续发展的政策与法律基础

发达国家的土壤保护大多自上而下政策法规先行，然后技术措施跟进，而我国则主要从试点做起，生产与技术配套先行，比较而言，我们的政策法规保障相对滞后，所以成效往往达不到预期。随着国务院《土壤污染防治行动计划》的颁布，全社会对土壤污染造成的生态安全和农产品质量安全问题高度关注，为制定更加严格的土壤保护政策集聚了社会共识。然而与大气污染和水污染相比，土壤污染具有隐蔽性、滞后性、累积性、治理周期长等特点，因此在"蓝天、碧水、净土三大保卫战"中，净土保卫战被称为一场"看不见硝烟的战争"。因此必须摒弃"先污染，后治理"或"边破坏，边治理"的发展模式，大力推进全方位的土壤保护立法，从土壤污染防治法走向土壤保护法，以制定更加严格的土壤保护法律法规，促进可持续土壤资源管理政策的实施。

## 5.2 展望

近年来，由于全球以及区域生态问题的不断出现，国内外土壤生态学研究的广度和深度不断拓展，研究的系统性也得到进一步增强；特别是相关学科在方法技术和理论研究上的进展为土壤动物和功能关系研究提供了帮助。未来若干年我国土壤动物生态学的重点研究领域及发展方向有如下几个方面：①研究土壤生态系统的结构、功能及提升其稳定性和恢复力的调控机制；②研究不同类型退化土壤的原位生态修复过程和机理；③建立土壤健康原位长期生态监测站点及监测网络；研制适于土壤健康关键参数实时监测的新方法、新技术和新装备。力争通过基础理论创新驱动关键技术突破进而带动产业模式与技术集成示范，进而构建"理论—技术—模式"的中国土壤生态学研究范式。

## 参 考 文 献

陈鹏, 张一. 1983. 长白山北坡冰缘环境与土壤动物. 地理科学, 3(2): 133-140.

陈卫平, 谢天, 李笑诺, 等. 2018. 中国土壤污染防治技术体系建设思考. 土壤学报, (3): 557-568.

程甦. 2015. 我国土壤修复工程开展现状分析. 绿色科技, (8): 197-199.

褚海燕, 王艳芬, 时玉, 等. 2017. 土壤微生物生物地理学研究现状与发展态势. 中国科学院院刊, 32(6): 585-592.

杜晓芳, 李英滨, 刘芳, 等. 2018. 土壤微食物网结构与生态功能. 应用生态学报, 29(2): 403-411.

傅伯杰, 于丹丹, 吕楠. 2017. 中国生物多样性与生态系统服务评估指标体系. 生态学报, 37(2): 341-348.

高波, 张卫信, 刘素萍, 等. 2010. 西土寒宪蚓和三叉苦植物对大叶相思人工林土壤 $CO_2$ 通量的短期效应. 植物生态学报, 11: 1243-1253.

国家自然基金委, 中国科学院. 2012. 未来10年中国学科发展战略·资源与环境科学. 北京: 科学出版社.

国家自然基金委, 中国科学院. 2016. 中国学科发展战略·土壤生物学. 北京: 科学出版社.

贺纪正, 王军涛. 2015. 土壤微生物群落构建理论与时空演变特征. 生态学报, 35(20): 6575-6583.

贺纪正, 张丽梅. 2013. 土壤氮素转化的关键微生物过程及机制. 微生物学通报, 40(1): 98-108.

贺金生, 王政权, 方精云. 2004. 全球变化下的地下生态学：问题与展望. 科学通报, 49(13): 1226-1233.

胡锋, 刘满强, 李辉信, 等. 2011. 土壤生态学发展现状与展望. 见：中国土壤学会编著《土壤学学科发展报告》. 北京: 中国科学技术出版社.

胡莹洁, 孔祥斌, 张玉臻. 2018. 中国耕地土壤肥力提升战略研究. 中国工程科学, 20(5): 84-89.

黄瑞采. 1979. 从物质实体和"生态系统"来研究土壤. 土壤学进展, (3): 1-19.

李保杰, 朱江, 陈少祥, 等. 2015. 变化环境下土壤生物多样性潜在威胁与影响因素. 水土保持研究, 22(6): 354-360.

李飞宇. 2011. 土壤重金属污染的生物修复技术. 环境科学与技术, 34(12): 148-151.

李贺勤, 张林林, 刘奇志, 等. 2014. 接种食细菌线虫对连作草莓幼苗生长及其根际土壤酶活性和矿质氮含量影响的研究. 中国生物防治学报, 30: 355-360.

李建海, 陵军成. 2016. 葡萄园养殖蚯蚓对土壤肥力和葡萄产量品质的影响. 林业实用技术, (2): 67-69.

李通, 马雪婷, 李春杰, 等. 2017. 基于web of science 的土壤微生物研究文献国际发展态势分析. 北方园艺, (10): 198-207.

李香真, 郭良栋, 李家宝, 等. 2016. 中国土壤微生物多样性监测的现状和思考. 生物多样性, 24(11): 1240-1248.

廖崇惠, 李健雄, 黄海涛. 1997. 南亚热带森林土壤动物群落多样性研究. 生态学报, 17(5): 549-555.

林先贵, 胡君利. 2008. 土壤微生物多样性的科学内涵及其生态服务功能. 土壤学报, 45(5): 892-900.

林英华, 黄庆海, 刘骅, 等. 2010. 长期耕作与长期定位施肥对农田土壤动物群落多样性的影响. 中国农业科学, 43(11): 2261-2269.

林玉锁. 2016. 我国目前土壤污染治理工作的进展情况. 世界环境, (4): 18-20.
刘红, 袁兴中. 1998. 泰山土壤动物群落结构特征. 山地学报, (2): 114-119.
刘红, 袁兴中. 1999. 泰山土壤动物群的生态分布. 生态学杂志, (2): 13-16.
刘满强, 陈小云, 郭菊花, 等. 2007. 土壤生物对土壤有机碳稳定性的影响. 地球科学进展, 22: 152-158.
刘满强, 黄菁华, 陈小云, 等. 2009. 地上部植食者褐飞虱对不同水稻品种土壤线虫群落的影响. 生物多样性, 17: 431-439.
陆雅海, 傅声雷, 褚海燕, 等. 2015. 全球变化背景下的土壤生物学研究进展. 中国科学基金, (1): 19-24.
罗天相, 李辉信, 王同, 等. 2008. 线虫和蚯蚓对土壤微量气体排放的影响. 生态学报, 28: 993-999.
美丽, 红梅, 赵巴音那木拉, 等. 2018. 水氮控制对荒漠草原中小型土壤动物群落的影响. 西北农林科技大学学报(自然科学版), 46(4): 75-84.
潘开文, 张林, 邵元虎, 等. 2016. 中国土壤动物多样性监测: 探知土壤中的奥秘. 生物多样性, 24(11): 1234-1239.
单奇华, 张建锋, 唐华军, 等. 2012. 质量指数法表征不同处理模式对滨海盐碱地土壤质量的影响. 土壤学报, 49(6): 1095-1103.
邵元虎, 张卫信, 刘胜杰, 等. 2015. 土壤动物多样性及其生态功能. 生态学报, 35(20): 6614-6625.
沈其荣, 杨兴明, 黄启为, 等. 2006. 一种能防除连作作物枯萎病的拮抗菌及其微生物有机肥料: 中国, ZL200510122898.0. 2006-05-04.
沈瑞昌, 徐明, 方长明, 等. 2018. 全球变暖背景下土壤微生物呼吸的热适应性: 证据, 机理和争议. 生态学报, 38(1): 11-19.
时雷雷, 傅声雷. 2014. 土壤生物多样性研究: 历史、现状与挑战. 科学通报, 59: 493-509.
宋碧玉, 刘勇. 1995. 天目山自然保护区土壤原生动物群落生态的研究. 武汉大学学报(工学版), (2): 191-197.
宋长青, 吴金水, 陆雅海, 等. 2013. 中国土壤微生物学研究10年回顾. 地球科学进展, 10(10): 1087-1105.
宋敏. 2017. 增加降水及施氮对弃耕草地土壤线虫和小型节肢动物的影响. 生态学杂志, 36(3): 631-639.
宋敏, 刘银占, 井水水. 2015. 土壤线虫对气候变化的响应研究进展. 生态学报, 35(20): 6857-6867.
孙波, 陆雅海, 张旭东, 等. 2017. 耕地地力对化肥养分利用的影响机制及其调控研究进展. 土壤, 49(2): 209-216.
孙波, 王晓玥, 吕新华. 2017. 我国60年来土壤养分循环微生物机制的研究历程——基于文献计量学和大数据可视化分析. 植物营养与肥料学报, (6): 1590-1601.
孙鸿烈. 2011. 我国水土流失问题与防治对策. 中国水利, (6): 25.
孙启武, 毛琪. 2015. 浅析微生物对土壤肥力的贡献. 农技服务, 32(9): 96-99.
王桂君, 许振文, 路倩倩. 2017. 生物炭对沙化土壤理化性质及作物幼苗的影响. 江苏农业科学, 45(11): 246-248.
王军, 钟莉娜. 2016. 中国土地整治文献分析与研究进展. 中国土地科学, 30(4): 88-96.
王启兰, 王溪, 曹广民, 等. 2011. 青海省海北州典型高寒草甸土壤质量评价. 应用生态学报, 22(6): 1416-1422.
王振中, 张友梅. 1989. 衡山自然保护区森林土壤中动物群落研究. 地理学报, 9(2): 205-213.
王宗英, 李景科. 1994. 九华山土壤甲虫的生态分布. 动物学研究, (2): 23-31.
王宗英, 路有成, 王慧芙. 1996. 九华山土壤螨类的生态分布. 生态学报, 16(1): 58-64.
王宗英, 朱永恒, 路有成, 等. 2001. 九华山土壤跳虫的生态分布. 生态学报, 21(7): 1143-1147.
吴廷娟. 2013. 全球变化对土壤动物多样性的影响. 应用生态学报, 24(2): 581-588.
吴文, 修春亮, 胡远满, 等. 2018. 城市景观格局对土壤动物多样性的影响研究进展. 生态学杂志, 37(7): 2199-2204.
吴玉红, 蔡青年, 林超文, 等. 2009. 四川紫色土丘陵区不同土地利用方式下大型土壤动物群落结构. 生态学杂志, 17(1): 34-40.
伍一宁, 钟海秀, 王贺, 等. 2018. 基于文献计量的土壤动物发展研究现状与趋势. 中国农学通报, 34(9): 74-80.
武成辉, 李亮, 雷畅, 等. 2017. 硅酸盐钝化剂在土壤重金属污染修复中的研究与应用. 土壤, 49(3): 446-452.
熊毅. 1978. 土壤生态系统研究的意义与展望. 土壤, (6): 209-211.
徐琪. 1982. 土壤生态系统的特点及其研究进展. 土壤学进展, (4): 1-13.

杨劲松, 姚荣江. 2015. 我国盐碱地治理与农业高效利用. 中国科学院院刊, 30(增刊): 162-170.

殷秀琴, 王海霞, 周道玮. 2003. 松嫩草原区不同农业生态系统土壤动物群落特征. 生态学报, 23(6): 45-52.

尹文英. 2001. 土壤动物学研究的回顾与展望. 生物学通报, 36(8): 1-3.

于振良. 2016. 生态学的现状与发展趋势. 北京: 高等教育出版社.

袁力行, 申建波, 崔振岭, 等. 2018. 植物营养学科发展报告. 农学学报, (1): 39-43.

张甘霖, 吴华勇. 2018. 从问题到解决方案: 土壤与可持续发展目标的实现. 中国科学院院刊, 33(2): 124-134.

张红旗, 谈明洪, 孔祥斌, 等. 2018. 中国耕地质量的提升战略研究. 中国工程科学, 20(5): 16-22.

张乃莉, 郭继勋, 王晓宇, 等. 2007. 土壤微生物对气候变暖和大气 N 沉降的响应. 植物生态学报, 31(2): 252-261.

张淑花, 张雪萍. 2014. 基于 δ～(15)N 稳定同位素分析的人工防护林大型土壤动物营养级研究. 生态学报, 34(11): 2892-2899.

张旭梦, 胡术刚, 宋京新. 2018. 中国土壤污染治理现状与建议. 世界环境, 3: 23-25.

章家恩, 徐琪. 1996. 土壤生态研究的回顾及其发展趋向. 长江流域资源与环境, (3): 278-283.

赵吉. 2006. 土壤健康的生物学监测与评价. 土壤, 38(2): 136-142.

朱强根, 朱安宁, 张佳宝, 等. 2010. 黄淮海平原保护性耕作下土壤动物短期动态研究. 土壤通报, 41(4): 819-824.

朱永官, 沈仁芳, 贺纪正, 等. 2017. 中国土壤微生物组: 进展与展望. 中国科学院院刊, 32(6): 554-565.

Bardgett R D, Putten W H. 2014. Belowground biodiversity and ecosystem functioning. Nature, 515(7528): 505-511.

Brussaard L, Pulleman M M, ÉliséeOuédraogo, et al. 2007. Soil fauna and soil function in the fabric of the food web. Pedobiologia-International Journal of Soil Biology, 50(6): 447-462.

Bünemann E K, Bongiorno G, Bai Z, et al. 2018. Soil quality—A critical review. Soil Biology & Biochemistry, 120: 105-125.

Chang L, Wu H T, Wu D H, et al. 2013. Effect of tillage and farming management on Collembola in marsh soils. Applied Soil Ecology, 64: 112-117.

Cheng W, Parton W J, Gonzalez M M A, et al. 2014. Synthesis and modeling perspectives of rhizosphere priming New Phytologist, 201(1): 31-44.

Coleman D C, Crossley D A, Hendrix P F. 2004. Fundamentals of soil ecology. 2nd ed. San Diego: Elsevier Academic Press.

Copley J. 2000. Ecology goes underground. Nature, 406: 452-454.

Deshpande G, Rao S, Patole S. 2011. Probiotics for preventing necrotizing enterocolitis in preterm neonates- a meta-analysis perspective. Pediatrics, 125(5): 921-930.

Doran J W, Parkin T B. 1994. Defining and assessing soil quality. Sssa Special Publication, 1-21.

Dudley, John W, Johnson, et al. 2013. Epistatic models and pre-selection of markers improve prediction of performance in corn. Molecular Breeding, 32(3): 585-593.

Gao C, Shi N N, Liu Y X, et al. 2013. Host plant genus-level diversity is the best predictor of ectomycorrhizal fungal diversity in a Chinese subtropical forest. Molecular Ecology, 22(12): 3403-3414.

Gao C, Zhang Y, Shi N N, et al. 2015. Community assembly of ectomycorrhizal fungi along a subtropical secondary forest succession. New Phytologist, 205: 771-785.

Guan P, Zhang X, Yu J, et al. 2018. Soil microbial food web channels associated with biological soil crusts in desertification restoration: The carbon flow from microbes to nematodes. Soil Biology & Biochemistry, 116: 82-90.

Guo J H, Liu X J, Zhang Y, et al. 2010. Significant acidification in majorChinese croplands. Science, 327(5968): 1008-1010.

Guo L, Sun Z, Ouyang Z, et al. 2017. A comparison of soil quality evaluation methods for *Fluvisol* along the lower Yellow River. Catena, 152: 135-143.

Hodge A. 2010. The plastic plant: root responses to heterogeneous supplies of nutrients. New Phytologist, 162(1): 9-24.

Kong C H, Zhang S Z, Li Y H, et al. 2018. Plant neighbor detection and allelochemical response are driven by root-secreted signaling chemicals. Nature Communications, 9(1): 3867.

Kuske C R. 2006. Microbial biogeography: putting microorganisms on the map. Nature Reviews Microbiology, 4(2): 102-112.

Kuzyakov Y. 2010. Priming effects: Interactions between living and dead organic matter. Soil Biology & Biochemistry, 42(9): 1363-1371.

Kuzyakov Y, Blagodatskaya E. 2015. Microbial hotspots and hot moments in soil: Concept & review. Soil Biology & Biochemistry, 83: 184-199.

Leopold A. 1941. Wilderness as A Land Laboratory. Living Wilderness, 6(7): 2-3.

Li B, Li Y Y, Wu H M, et al. 2016. Root exudates drive interspecific facilitation by enhancing nodulation and $N_2$ fixation. Proceedings of the National Academy of Sciences of the United States of America, 113(23): 6496-6501.

Li H, Li X, Dou Z, et al. 2012. Earthworm (Aporrectoceatrapezoides)-mycorrhiza (Glomus intraradices) interaction and nitrogen and phosphorus uptake by maize. Biology and fertility of soils, 48: 75-85.

Li H, Wang C, Li X, et al. 2013. Impact of the earthworm Aporrectodea trapezoides and the arbuscular mycorrhizal fungus Glomus intraradices on $^{15}N$ uptake by maize from wheat straw. Biology and Fertility of Soils, 49: 263-271.

Li H, Xu Z, Yang S, et al. 2016. Responses of soil bacterial communities to nitrogen deposition and precipitation increment are closely linked with aboveground community variation. Microbial Ecology, 71(4): 974-989.

Li Q, Bao X, Lu C, et al. 2014. Soil microbial food web responses to free-air ozone enrichment can depend on the ozone-tolerance of wheat cultivars. Soil Biology & Biochemistry, 47: 27-35.

Liu J J, Sui Y Y, Yu Z H, et al. 2014. High throughput sequencing analysis of biogeographical distribution of bacterial communities in the black soils of northeast China. Soil Biology & Biochemistry, 70: 113-122.

Liu J, Sui Y, Yu Z, et al. 2015. Soil carbon content drives the biogeographical distribution of fungal communities in the black soil zone of northeast China. Soil Biology & Biochemistry, 83: 29-39.

Liu T, Xu Z Z, Hou Y H, et al. 2016a. Effects of warming and changing precipitation rates on soil respiration over two years in a desert steppe of northern China. Plant & Soil, 400(1-2): 15-27.

Liu Y, Liu S, Wan S, et al. 2016b. Differential responses of soil respiration to soil warming and experimental throughfall reduction in a transitional oak forest in central China. Agricultural and Forest Meteorology, 226: 186-198.

Lu Y, Conrad R. 2005. In situ stable isotope probing of methanogenic Archaea in the rice rhizosphere. Science, 309(5737): 1088-1090.

Obade V D P, Lal R. 2016. Towards a standard technique for soil quality assessment. Geoderma, 265: 96-102.

Paul E A. 2014. Soil Microbiology, Ecology and Biochemistry (Fourth Edition). Boston: Academic Press.

Perveen N, Barot S, Alvarez G, et al. 2014. Priming effect and microbial diversity in ecosystem functioning and response to global change: a modeling approach using the SYMPHONY model. Global Change Biology, 20(4): 1174-1190.

Putten W H V D, Bardgett R D, Bever J D, et al. 2013. Plant–soil feedbacks: the past, the present and future challenges. Journal of Ecology, 101(2): 265-276.

Rui J P, Li J B, Wang S P, et al. 2015. Responses of bacterial communities to simulated climate changes in alpine meadow soil of Qinghai-Tibet Plateau. Applied and Environmental Microbiology, 81: 6070-6077.

Shen C, Liang W, Shi Y, et al. 2014. Contrasting elevational diversity patterns between eukaryotic soil microbes and plants. Ecology, 95(11): 3190-3202.

Shen C, Xiong J, Zhang H, et al. 2013. Soil pH drives the spatial distribution of bacterial communities along elevation on Changbai Mountain. Soil Biology & Biochemistry, 57: 204-211.

Sun X, Wu D H. 2012. Two new species of the genus SensillonychiurusPomorski et Sveenkova, 2006 (Collembola: Onychiuridae) from Changbai Mountains, China. Annales Zoologici, 62: 563-570.

Van der Putten W H, Bardgett R D, de Ruiter P C, et al. 2009. Empirical and theoretical challenges in aboveground-belowground ecology. Oecologia, 161: 1-14.

Wang X, Zhao J, Wu J, et al. 2011. Impacts of understory species removal and/or addition on soil respiration in a mixed forest plantation with native species in southern China. Forest Ecology & Management, 261(6): 1053-1060.

Wardle D A, Bardgett R D, Klironomos J N, et al. 2004. Ecological linkages between aboveground and belowground biota. Science, 304(5677): 1629-1633.

Wood M, Litterick A M. 2017. Soil health – What should the doctor order?. Soil Use and Management, 33(S1): 12344.

Xiao K Z, Howard F, Jeffrey M, et al. 2017. Ecosystem services of the soil food web after long-term application of agricultural management practices. Soil Biology & Biochemistry, 111: 36-43.

Yang X D, Yang Z, Warren M W, et al. 2012. Mechanical fragmentation enhances the contribution of *Collembola* to leaf litter decomposition. European Journal of Soil Biology, 53: 23-31.

Yao M J, Rui J P, Li J B, et al. 2014. Rate-specific responses of prokaryotic diversity and structure to nitrogen deposition in the *Leymus* chinensis steppe. Soil Biology & Biochemistry, 79: 81-90.

Zhang L, Feng G, Declerck S. 2018. Signal beyond nutrient, fructose, exuded by an arbuscular mycorrhizal fungus triggers phytate mineralization by a phosphate solubilizing bacterium. The ISME Journal, 12(10): 2339-2351.

Zhang L, Xu M, Liu Y, et al. 2016. Carbon and phosphorus exchange may enable cooperation between an arbuscular mycorrhizal fungus and a phosphate-solubilizing bacterium. New Phytologist, 210(3): 1022-1032.

Zhang N, Wan S, Guo J, et al. 2015. Precipitation modifies the effects of warming and nitrogen addition on soil microbial communities in northern Chinese grasslands. Soil Biology & Biochemistry, 89: 12-23.

Zhang W, Hendrix P F, Dame L E, et al. 2013. Earthworms facilitate carbon sequestration through unequal amplification of carbon stabilization compared with mineralization. Nature Communications, 4: 2576.

Zhao F J, Ma Y B, Zhu Y G, et al. 2015. Soil contamination in China: current status and mitigation strategies. Environmental Science & Technology, 49: 750-759.

Zhao J, Wan S, Li Z, et al. 2012. Dicranopteris-dominated understory as major driver of intensive forest ecosystem in humid subtropical and tropical region. Soil Biology & Biochemistry, 49(5): 78-87.

Zhao M, Xue K, Wang F, et al. 2014. Microbial mediation of biogeochemical cycles revealed by simulation of global changes with soil transplant and cropping. The ISME Journal, 8(10): 2045-2055.

Zhu B, Cheng W. 2012. Nodulated soybean enhances rhizosphere priming effects on soil organic matter decomposition more than non-nodulated soybean. Soil Biology & Biochemistry, 51(3): 56-65.

撰稿人：吴文良，王　冲

# 第21章 采矿废弃地的生态恢复与修复
## ——污染生态学热点领域研究进展

## 1 引 言

矿产资源是经济社会发展十分重要的物质基础。开发利用矿产资源是每个国家国民经济和现代化建设的必然要求。根据其用途不同，矿产资源可划分为十类：能源矿产（石油、煤、油页岩、天然气、铀等）、有色金属矿产（铜、锌、铝、铅、镍、钨、铋、钼等）、黑色金属矿产（铁、锰、铬等）、稀有金属矿产（铌、钽等）、贵金属矿产（金、银、铂等）、冶金辅助矿产（溶剂用石灰岩、白云岩、硅石等）、化工原料矿产（硫铁矿、自然硫、磷、钾盐等）、特种类矿产（压电水晶、冰洲石、金刚石、光学萤石等）、建材类矿产（饰面用花岗岩、建筑用花岗岩、建筑石料用石灰岩、砖瓦用页岩、水泥配料用黏土等）和水气类矿产（地下水、地下热水、二氧化碳气等）。矿产资源的开发利用在为经济社会发展作出突出贡献的同时，其所带来的一系列严重的生态环境问题也愈发成为人们关注的焦点（周启星和宋玉芳，2004；周启星，2005；Zhou et al.，2011；Li et al.，2018）。

采矿废弃地是指因采矿活动所导致的废弃场地，即因采矿活动所占用或破坏的、非经治理而无法使用的土地（束文圣等，2003；刘国华和舒洪岚，2003）。根据其来源可分为三种类型：①由剥离表土、开采的废石及低品位矿石堆积所形成的废石堆废弃地（俗称排土场）；②矿物开采完成后留下的采空区、塌陷区，即开采坑废弃地；③利用分选方法从开发的矿石中选取出精矿后的剩余物排放形成的尾矿废弃地。广义的采矿废弃地还包括采矿作业面、机械设备和矿山辅助建筑物等先占用后废弃的土地；矿石冶炼所带来的冶炼渣堆积地，以及冶炼厂周边的，因冶炼过程中重金属和 $SO_2$ 排放所导致的退化土地（蓝崇钰等，1993；束文圣等，2000）。采矿业中各类型占地的比例为：采矿本身用地占59%，排土场占20%，尾矿占13%，废石堆占5%，塌陷区占3%。据统计，我国矿山固体废弃物累积堆存量已高达508.7亿吨（中华人民共和国国家统计局和环境保护部，2015）。截至2014年年底，全国矿产开发累计损毁土地达303万ha，而治理率仅有26.7%（王世虎，2018）。矿业废弃物的堆存和排放不仅占用了大量的土地资源，还成为持久而严重的污染源地（Wong，2003；Shu et al.，2005），引发了一系列影响较大的土地环境问题，如土壤极端贫瘠，区域性的重金属污染、石油烃污染以及极端的pH等（周启星和宋玉芳，2004；周启星等，2005；周启星和张倩茹，2005）。同时，污染物通过大气和水体等途径广为扩散，严重污染矿山周边地区，导致作物质量下降、减产甚至失收，生态系统极度退化，生物多样性锐减。污染物直接或通过食物链最终影响人体健康。此外，未经处理的堆积的废石和尾矿堆，极易导致水土流失，引起库塘淤积、河床抬高、农田被毁，并可能导致一系列地质灾害（Dudka and Adriano，1997）。

矿产资源开采所引发的土地、水体和大气污染以及地质问题（周启星和宋玉芳，2004；周启星等，2006），越来越成为我们打好保护生态环境攻坚战重要"战役"所关注的焦点。近十几年来，特别是党的十八大以来，我国政府在保护生态环境方面下了很大功夫，生态修复的话题热度持续升温，而采矿废弃地的生态恢复/修复问题也引发了越来越多的关注。

## 2 生态恢复的措施与生态修复及研究进展

在当今采矿废弃地造成的各类生态环境问题日益突出的形势下，如何有效地预防和治理采矿废弃地的生态环境问题成为社会关注的重点。而生态恢复/修复以其环境友好、经济有效和效果持久等优点，逐渐成为解决采矿废弃地生态环境问题的首选。

### 2.1 采矿废弃地生态恢复的措施与生态修复

生态恢复（Ecological restoration）是指通过借助植物、微生物以及它们产生的酶等措施使已破坏的生态系统恢复其自然功能，并建立一个完整的自然生态系统（Cooke and Johnson，2002）。生态修复（Ecological remediation）是指在生态学原理指导下，以生物修复为基础，结合各种物理修复、化学修复以及工程技术措施，通过优化组合和技术再造，使之达到最佳效果和最低耗费的一种综合的修复污染环境的方法（周启星等，2006）。采矿废弃地的生态恢复和（或）生态修复，是一个以恢复生态学和（或）修复生态学为基础，多学科理论交叉应用的过程。采矿废弃地生态恢复/修复过程的主要步骤包括：目标的确定，植被重建或修复植物筛选与利用，基质改良与污染物去除，植物种植与管理，监测、评价与维护等。其中，基质改良、污染物去除和植被重建或修复植物利用是采矿废弃地生态恢复/修复的核心过程，同时也是采矿废弃地生态恢复/修复成功与否的关键。

#### 2.1.1 目标的确定

生态恢复/修复目标的确定，是采矿废弃地生态恢复/修复的首要任务。生态恢复/修复目标的确定，取决于废弃地的物理化学性质、自然地理条件以及社会需求。物理化学性质的数据是基于实地调查、采样、地形、地貌等的勘察分析所获得；而气候、景观、植物类型和多样性以及水资源状况等都是自然地理条件要考虑的；社会需求则要考虑废弃地生态恢复/修复的用途与经济社会发展的需求等。在获得上述一系列数据参数的基础上，综合考虑以确定废弃地的生态恢复/修复目标。

#### 2.1.2 植被重建或修复植物筛选与利用

植被重建是生态恢复最关键的阶段；同样，修复植物的筛选与利用是生态修复最为关键的环节。不论是植被重建过程，还是修复植物的筛选与利用，其重点均在于必须建立一个稳定的、自维持的植被系统。因此，筛选出适应于采矿废弃地极端环境生长繁殖的植物品种是植被重建或修复植物利用过程中最为关键的步骤（Singh et al.，2002）。

就植被重建而言，其主要步骤为：首先，先锋植物在植被重建中的作用十分重要。先锋植物能适应于废弃地早期恶劣的环境条件，在基质改良后能够迅速生长并形成覆盖地表的植被，改善早期土壤条件，为后面长期定居的植物提供合适的生长环境。目前，通过各种室内和野外实验，已筛选出包括狗牙根（*Cynodon dactylon*）、紫花苜蓿（*Medicago sativa*）、白三叶（*Trifolium repens*）等一批适宜的先锋物种。禾本科和豆科植物大多具有适应于营养贫瘠环境和生长速度快的特点，从而成为先锋植物的主要选择。其次，重金属或石油烃耐性植物在植被重建或生态修复过程中的作用不容小觑。在重金属含量较高的有色金属采矿废弃地中，重金属耐性植物不仅能够耐重金属毒性，还能适应采矿废弃地的土壤贫瘠、极端pH等恶劣环境。目前已筛选出多达数百种的重金属耐性植物（杨胜香等，2011），如芦苇（*Phragmites australias*）、苎麻（*Boehmeria nivea*）等，这些重金属耐性植物大多已经在实践中取得了良好的效果。再次，乡土植物和土壤种子库在有色金属采矿废弃地整个植被重建过程中也是不可或缺的。由于对当地的气候和土壤条件有一定的耐性和适应性，并且能避免引起生物入侵等问题，乡土植物在植被重建过程中的选择至关重要。并且，土壤种子库大多为乡土先锋物种（张志权等，2000）。因此，在植被重建的过程中，适当选择乡土植物和引入土壤种子库，有助于提高采矿废弃地的生态恢复效果。

### 2.1.3 基质改良与污染物去除

基质改良是采矿废弃地生态恢复的核心问题，而污染物从介质中去除则是采矿废弃地生态修复的核心问题。由于采矿废弃地的土壤结构及理化性质比较特殊，其主要体现在（蓝崇钰和束文圣，1996；束文圣等，1999；Kong et al.，2018；Li et al.，2018）：①物理结构不良，持水保肥能力较差；②N、P、K和有机质含量极低，或养分不平衡；③重金属或石油烃等污染物含量过高；④干旱或盐分过高引起的生理干旱；⑤土壤盐碱化或极端 pH 值；⑥产酸微生物比例过高，极易导致土壤酸化加快，使土壤再次发生酸化现象。

针对以上采矿废弃地的特殊土壤结构和理化性质，在基质改良前进行酸化预测以及选择合适的改良物质至关重要。土壤酸化预测技术主要包括地质评估、地化学动态实验和地化学静态实验等三类。束文圣等（1999）基于地化学静态实验中的净产酸实验对来自不同矿山的 49 个不同类型的样品进行分析，发展了一种快速预测产酸情况的 NAG-pH 方法，并制定了相应的阈值和酸化控制措施。NAG-pH 方法在有色金属采矿废弃地的生态恢复中得到了有效的实践验证（Yang et al.，2010，2016）。常用的改良物质主要包括化学改良剂如各种化学肥料、碳酸氢盐和石灰等（Yang et al.，2011），有机改良剂如污泥、生活垃圾、动物粪便等，这些都已经在室内或野外实验中取得了不错的改良效果。

为了有效去除油田石油烃等污染物，周启星等率先从 30 种花卉植物中筛选出了 3 种对石油烃污染具有强耐受力且能促进总石油烃降解的修复植物，包括紫茉莉（*Mirabilis jalapa* L.）（Peng et al.，2009）、凤仙花（*Impatiens balsamina*）（Cai et al.，2010）和牵牛花（*Pharbitis nil* L.）（Zhang et al.，2010），奠定并开创了利用花卉植物修复石油污染土水环境的新领域。之后，又相继成功筛选出了长药八宝（*Hylotelephium spectabile*）、大滨菊 [*Leucanthemum maximum* (Ramood) DC.]、马蔺 [*Iris lactea* Pall. var. chinensis (Flsch.) Koidz.] 和野鸢尾（*Iris dichotoma* Pall.）等石油烃修复野生花卉，创建了石油污染土壤花卉修复技术体系，并成功应用于油田污染场地的修复（周启星等，2016）。

### 2.1.4 植物种植与管理

关于植物的种植，应根据基质改良方式和植物种类的选择以及当地的气候条件，选择合适的种植模式。而对于植被重建后的管理，在第一年度，可能需要较高强度的管理，如灌溉、追肥等。随着植物的生长，管理强度应逐年降低，第三、四年度则应该让其自然生长，从而建立自维持的生态系统。

### 2.1.5 监测、评价与维护

在管理强度降低直至停止后，重建的植被或种植的修复植物需要继续进行检测和评价。对于生长不良，甚至逐渐退化的植物，监测和评价的目的在于发现植被退化的原因，以作为后期维护的参考。而对于生长良好，生产力逐步提高的植物，检测和评价的目的在于评估植被重建或种植修复植物后的生态效益、环境效应，深入了解生态恢复/修复的过程与机制。必要时还可以人为地引入一些物种，丰富植被的多样性，使整个生态系统更快地向自维持的方向发展。

## 2.2 采矿废弃地生态恢复/修复的研究进展

随着我国经济发展进入新常态，国内生产总值（GDP）维持在中高速增长阶段，对大宗有色金属矿产和石油仍保持较高需求，高新技术产业对相关有色金属和石油等矿产资源的需求量也快速增长。因此，在生态文明建设提出了绿色矿业要求的背景下，对各种采矿废弃地的生态恢复/修复（比如：有色金属采矿废弃地的生态恢复和油田污染场地的生态修复）变得尤为重要。

我国古代采石场生态恢复重建历史悠久。浙江绍兴东湖原是一处采石场，历经千年的开采，在清代经过长期改造后形成国内外享有盛誉的风景旅游胜地，在世界矿山废弃地恢复史上享有盛名（李根福，1991）。20 世纪 50～80 年代，我国相继开展了一些废弃地的复垦工作，并积累了许多宝贵经验。这些成绩的取得，对我国有色金属、石油等采矿废弃地的治理与修复起着举足轻重的影响。然而，由于当时缺乏采矿废弃地生态恢复/修复工作理论知识的指导，早期复垦工作起点低，导致我国有色金属采矿废弃地的治理程度还不够深，范围不够广。而在 20 世纪 80 年代以后，在较大规模的理论和政策介入下，情况有了很大的改观。1988 年 10 月，国务院颁布了《土地复垦规定》，开辟了我国土地复垦的新时代。从 1989 到 1991 年，国家土地部门在全国范围内先后开展了 23 个土地复垦点，至 1992 年年底已复垦土地 3.3 万 $hm^2$。总体来看，20 世纪 80 年代初，复垦率为 0.7%～1%；90 年代初，复垦率为 6.67%；到 1994 年，复垦率达 13.33%。截至 2011 年，我国矿区土地的复垦率达到 25%，可见废弃地的复垦工作已引起普遍的重视。但与国外相比仍存在很大差距，发达国家采矿废弃地复垦率已高达 75%以上，且复垦的质量很高（赵景逵，1993；Gao，1996）。

当前有色金属采矿废弃地的生态恢复不单单是指土地复垦，还应结合自然条件、景观和社会需求等因素制定合理的恢复目标，遵循完整的生态恢复模式，应用新的技术手段，来实现采矿废弃地的生态恢复。在采矿废弃地生态恢复的过程中，受关注度最高的是植被重建。先锋植物和超耐性植物的选择是植物重建技术的关键，因此，其作用机理和资源的筛选是研究的重点。周启星、魏树和、孙约兵等率先开展了重金属超积累杂草及污染土壤修复的研究（周启星，1998，2002；周启星和林海芳，2001；周启星和宋玉芳，2001；王新和周启星，2002），通过对沈阳未污染区 140 多种田间杂草的系统筛选研究，在国际上首次从杂草植物中发现并证实龙葵（*Solanum nigrum* L.）和球果蔊菜（*Rorippa globosa*）为 Cd 超积累植物，蒲公英（*Taraxacum mongolicum* Hand.-Mazz.）、全叶马兰（*Kalimeris integrifolia* Turcz. ex DC.）和狼把草（*Bidens tripartita* L.）等为 Cd 富集植物，以及这些杂草对 Cd、Pb、Cu 和 Zn 等重金属复合污染具有超积累特性（魏树和等，2003，2004），它们可以用于修复、解决采矿废弃地的重金属污染问题；之后，又从杂草中发现 1 种新的 Cd 超积累植物三叶鬼针草（*Bidentis Pilosae*），以及三叶鬼针草对 Cd-As 复合污染土壤具有较为强大的修复能力（Sun et al., 2009），可以用于修复铅锌矿废弃地及污染场地。李影等（2003）通过野外调查分析和温室营养液砂培试验，验证了节节草和蜈蚣草对铜具有较高的耐性，可作为先锋植物去修复铜污染土壤。周启星、刘家女、王林等还首次发现紫茉莉（*Mirabilis jalapa* L.）、孔雀草（*Tagetes patula*）和缨绒花（*Emilia javanica*）为 Cd 超积累花卉（Liu et al., 2006, 2008, 2018），开创了利用超积累花卉修复重金属污染土壤和采矿废弃地的新领域。杨胜香等（2007）通过对广西锰矿废弃地 13 种优势植物及其土壤重金属含量的研究筛选出木荷（*Schima superba*）、商陆（*Phytolacca acinosa*）作为 Mn 污染土壤植物修复的理想物种，而地瓜榕（*Ficus microcarpa*）是矿渣、尾矿坝等严重污染区良好的恢复/修复植物。赵玉红等（2016）在重金属污染严重的西藏拉屋矿区（Cu-Zn-Pb）废弃的尾矿库，筛选出了适合当地气候与土壤条件的重金属耐性植物（高原荨麻和尼泊尔酸模）。王俊等（2016）在广东凡口铅锌矿尾矿库废弃地进行了生态恢复实践的研究，研究结果表明尾砂区和覆土区生态恢复 3 个月后，覆土区植被覆盖度达到 90%以上，植物种类多达 14 种，其中黑麦草（*Lolium perenne*）、高羊茅（*Festuca elata*）、斑茅（*Saccharum arundinaceum*）、苎麻（*Boehmeria nivea*）、紫花苜蓿（*Medicago sativa*）、白三叶（*Trifolium repens*）在试验区生长植物中占主要优势，可作为尾矿库生态恢复先锋物种的候选植物。高洁等（2017）筛选出了对 Cu、Zn、Pb 有较好耐性，适合提升植被覆盖率的葛根（*Pueraria mirifica*）和蛇葡萄（*Ampelopsis sinica*）。

近年来，微生物在有色金属采矿废弃地生态恢复/修复中的作用逐渐得到重视。有色金属采矿废弃地生态恢复/修复过程中土壤微生物群落结构与功能的变化，以及地下微生物驱动的土壤学过程与地上植被过程的耦合，也越来越成为污染生态学研究的热点问题。在成土的过程中，地下微生物主要扮演分解者的角色，参与了 C、N、P、S 等几乎所有元素的循环过程（Gadd, 2010）。微生物与采矿废弃地的生态恢复/修复密切相关。一方面，对于采矿废弃地，特别是重金属采矿废弃地，微生物介导的酸化问题是影响植物定居生长最主要的难题。另一方面，微生物也积极地推动着采矿废弃地的生态恢复/修复进程。此前的研究发现在裸露的尾矿中存在固氮相关的微生物，这些微生物可能有助于缓解裸露尾矿极低的氮含量环境条件，能够创造有利于其他生物生长的微环境（Huang et al., 2011）。反过来，关于地上植被恢复过程对地下微生物的影响，Waid（1999）认为植被的类型、数量和化学组成可能是土壤生物多样性变化的主要推进力量，地上植被的存在有利于增加土壤微生物多样性和微生物量。在重金属污染的采矿废弃地（比如尾矿）的生态修复过程中，地上植被的存在对于废弃地的修复显得尤其重要。杨胜香（2016）通过对物种多样性在重金属尾矿生态恢复中的作用与机制研究发现，植物物种多样性可通过降低重金属毒性和提高营养状况改变微生物群落类群，进而促进了尾矿生态恢复/修复的进程。并且在整个采矿废弃地的生态恢复/修复过程中，地下土壤微生物群落的结构能随着恢复过程的变化而变化。Yang 等（2017）通过对极端酸性 Cu 尾矿生态恢复过程中微生物群落组成的变化研究发现，从门水平的分类结果来看，生态恢复 6 个月后，UT（未恢复尾矿）系列样品微生物群落最主要的门是 *Euryarchaeota*（广古菌门），其相对丰度达到了 57%。相比之下，*Proteobacteria*（变形菌门）则是 ALRT（恢复区改良层尾矿）和 ULRT（恢复区未改良层尾矿）中微生物群落最主要的门类，其相对丰度分别达到了 29% 和 53%（图 21.1 a）。在生态恢复 12 个月后，*Euryarchaeota* 仍然是 UT 微生物群落中最主要的门，其相对丰度高达 84%。尽管 *Proteobacteria* 仍然在 ALRT 和 ULRT 中占据最优势地位，但其相对丰度在 ULRT 中下降至 37%（图 21.1 b）。此外，地上生态系统和地下微生物群落的互作，也是影响微生物结构和功能的关键因素。Stéphane 等（2009）通过对酸性土壤生态系统的研究发现，地下微生物通过介导土壤中矿质元素的分解和风化，影响植物对营养元素的吸收和循环过程（图 21.2）。而植物对土壤的反馈作用，又会影响土壤中微生物群落的功能。因此，地下微生物和地上植被的影响是相互的，关于其耦合作用的研究对采矿废弃地生态恢复而言也是十分必要的。

　　资料显示，越来越多的新技术被应用到采矿废弃地的生态修复与治理中。付浩等（2009）运用 GIS 辅助下的人工神经网络技术对复垦土地利用结构进行优化。2012 年，周启星等开创性地发明了 U 型生物电化学系统（U-BES），首次实现了原油污染土壤的生物电化学高效修复。将电路接通后，与开路运行的对照反应器相比，土壤石油烃降解率由空白的 6.9 % 升高到 15.2%，提高了 120%，同时输出了 125 C 的电量，1kΩ 电阻下功率密度为 0.85 mW/m$^2$（Wang et al., 2012）。石油烃碳指纹分析表明，烷烃和 PAHs 均有降解。土壤含水率由 33% 降低到 28% 和 23% 后，输出电量和石油烃降解率均大幅降低。长期运行后，由于水蒸发造成电极表面土壤电导率升高，抑制了产电微生物的活性。在接通电路的 BES 中，靠近电极的土壤（< 1cm）中石油烃降解菌（HDB）数量为 373 × 10$^3$ CFU/g 土壤，比空白高出 2 个数量级，表明 BES 的插入能促进 HDB 的生长，加速了土壤石油烃的分解速率。在此基础上，针对土壤传质、盐度、有机质和生物标志物开展了系统研究。通过构建多层阳极土壤 BES，土壤 BES 的有效修复范围拓展了 6 倍，并且土壤 BES 在 180 d 的修复周期内累计产出 918 C 电量。在不同层的土壤中，16 种 PAHs 和 33 种正构烷烃（C8–C40）的降解率均被不同程度地提升。相对于自然降解空白，总石油烃、PAHs 和正构烷烃的降解率分别增加了 18%、36% 和 29%。研究确定了一些与产电相关的微生物，如地杆菌（*Geobacteraceae*）、埃希氏菌（*Escherichia*）等，它们可能在石油烃污染土壤的生物电化学修复中发挥着重要作用（Li et al., 2014）。以砂子改变土壤结构的实验中，发现了砂粒添加后土壤截面的溶解氧和质子扩散得到促进。掺砂后土壤的孔隙度从 44.5% 增加至 51.3%，同时欧姆内阻下降了 46%，从而单位质量石油烃污染土壤的产电量由 2.5 C 升高至 3.5 C。临近空气阴极的土壤中生物电流刺激了微生物的生长，尤其是常见的石油烃降解菌——食烷菌（*Alcanivorax*）。此外，生物电流刺激对阳极室土壤中的微生物群落结构产生了选择性的

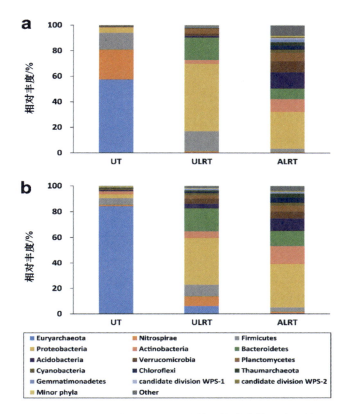

图 21.1　生态恢复后 6 个月（a）和 12 个月（b）尾矿样品的微生物门水平情况（Yang et al.，2017）
UT（unreclaimed tailings）：未做恢复的尾矿；ULRT（unamended layer of the reclaimed tailings）：已做恢复区域的未改良层尾矿；
ALRT（amended layer of the reclaimed tailings）：已做恢复区域的改良层尾矿

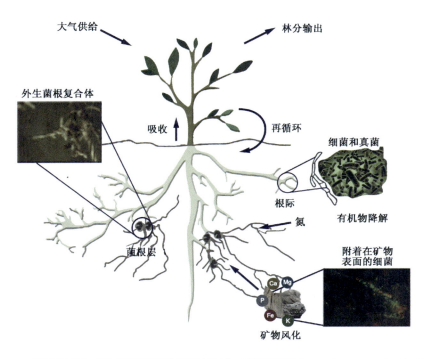

图 21.2　微生物参与养分循环和植物营养的过程（图片翻译自：Stéphane et al.，2009）

诱导，作用范围可达远离空气阴极的土壤（Li et al., 2015）。土壤/沉积物中石油烃作为唯一电子供体，其生物毒性也影响了微生物代谢的速率。为了解决此问题，周启星等提出了引入容易降解的有机物作为共基质加速生物电化学的石油烃降解概念。葡萄糖氧化酶是常见的脱氢酶，将葡萄糖作为一种共代谢底物添加到石油烃污染土壤中，发现了土壤BES在135 d的修复期间累积产电量增加了262%，总石油烃的降解率提升了200%。葡萄糖添加后，土壤的脱氢酶和多酚氧化酶活性升高，说明葡萄糖实际上刺激了烃类降解菌（如食烷菌）的活性。添加葡萄糖的土壤中微生物群落多样性和丰度下降，说明葡萄糖选择性地激发了某些特定菌群的富集（Li et al., 2016）。宋婷婷等（2018）把遥感技术作为环境监测的重要工具，应用其建立了Zn含量最优预测模型并基于ASTER影像开展了污染制图，可以为大规模的矿区环境污染监测提供研究基础和技术支持。

## 3 采矿废弃地生态恢复/修复的发展趋势

在加强绿色中国和生态文明建设的背景下，当今我国采矿废弃地的生态恢复/修复工作虽然取得了不错的成绩，但还远未达到中国绿色发展和可持续发展的要求。也就是说，还有很多工作需要在生态学的大框架下致力而为：

（1）虽然超耐性、超积累/修复植物已经被成功应用到采矿废弃地生态恢复/修复的研究中，但其种类和数量还远远不够。今后就采矿废弃地生态恢复/修复研究，将更多地通过基因工程技术将超耐性、超累/修复植物的耐受基因或调控基因转入生物量大、生长快的植物特别是乡土植物内，进一步筛选强化，获得超耐性、超积累/修复基因工程植物。

（2）无处不在的微生物是土壤形成的催化剂，它们创造复杂的微环境或BES，通过影响土壤的结构和性质以及与地上植物的互作，进而影响采矿废弃地整体的恢复/修复效果。因此土壤微生物或电活性微生物驱动的地上-地下生态过程的耦合恢复/修复生态学将日益受到生态学家的青睐。

（3）虽然采矿废弃地的生态恢复/修复技术日渐成熟，但是单一的技术毕竟有限。生态恢复/修复是一项多学科（生态学、植物学、微生物、化学和基因组学等）交叉应用的技术，其他技术手段（如遥感、基因工程）的应用无疑会丰富废弃地生态恢复/修复的内容。在高新技术飞速发展的今天，采矿废弃地的生态恢复和油田污染土壤的修复工作在传统恢复/修复手段的基础上，结合其他各学科的学科优势，对金属/油田废弃地的污染进行更高效的恢复、修复与治理。

因此，随着矿产资源的进一步开发利用，未来采矿废弃地生态恢复/修复将向着更深层次、更广范围的趋势发展。

## 参 考 文 献

付浩, 崔玉朝, 奚新丽. 2009. GIS在矿区复垦土地相关模型中的耦合应用. 矿业工程, 7(2): 57-59.
高洁, 周举军, 李桂芳, 等. 2017. 抗多元重金属植物的有效筛选及生态修复研究——以湖南柿竹园有色金属矿区为例. 安徽农业科学, 45(27): 90-92.
蓝崇钰, 束文圣. 1996. 矿业废弃地植被恢复中的基质改良. 生态学杂志, 15(2): 55-59.
李根福. 1991. 土地复垦知识. 北京: 冶金工业出版社.
李影, 王友保, 刘登义. 2003. 安徽铜陵狮子山铜尾矿场植被调查. 应用生态学报, 14(11): 1981-1984.
刘国华, 舒洪岚. 2003. 矿区废弃地生态恢复研究进展. 江西林业科技, 2(7): 21-25.
束文圣, 黄立南, 张志权, 等. 1999. 几种矿业废物的酸化潜力. 中国环境科学, 19(5): 402-405.
束文圣, 叶志鸿, 张志权, 等. 2003. 华南铅锌尾矿生态恢复的理论与实践. 生态学报, 23(8): 1629-1639.

宋婷婷, 付秀丽, 陈玉, 等. 2018. 云南个旧矿区土壤锌污染遥感反演研究. 遥感技术与应用, 33(1): 88-95.

王婧静. 2010. 金属矿山废弃地生态修复与可持续发展研究. 安徽农业科学, 38(15): 8082-8084.

王俊, 张金桃, 杨涛涛, 等. 2016. 凡口铅锌矿尾矿库废弃地生态恢复实践. 韶关学院学报, 37(8): 49-54.

王世虎. 2018. 生态文明建设背景下历史遗留矿山环境问题与对策. 矿业安全与环保, 45(6): 88-91.

王新, 周启星. 2002. 土壤汞污染及修复技术研究. 生态学杂志, 21(3): 43-46.

魏树和, 周启星, 王新, 等. 2003. 杂草中具重金属超积累特征植物的筛选. 自然科学进展, 13(12): 1259-1265.

魏树和, 周启星, 王新, 等. 2004. 一种新发现的镉超积累植物龙葵(Solanum nigrum L.). 科学通报, 49(24): 2568-2573.

杨胜香. 2016. 物种多样性在重金属尾矿生态恢复中的作用与机制. 长沙: 中南大学博士后研究工作报告.

杨胜香, 李朝阳, 郗玉松. 2011. 矿业废弃物酸化及治理技术研究进展. 地球与环境, 39(3): 423-428.

杨胜香, 李明顺, 赖燕平, 等. 2007. 广西锰矿废弃地优势植物及其土壤重金属含量. 广西师范大学学报(自然科学版), 25(1): 108-112.

张志权, 束文圣, 蓝崇钰, 等. 2000. 引入土壤种子库对铅锌尾矿废弃地植被恢复的作用. 植物生态学报, 24(5): 601-607.

赵景达. 1993. 矿区土地复垦技术与管理. 北京: 农业出版社.

赵玉红, 敬久旺, 王向涛, 等. 2016. 藏中矿区先锋植物重金属积累特征及耐性研究. 草地学报, 24(3): 598-603.

中华人民共和国国家统计局和环境保护部. 2015. 2013 年中国环境统计年鉴. 北京: 中国统计出版社.

钟珍梅, 王义祥, 杨冬雪, 等. 2010. 4 种植物对铅、镉和砷污染土壤的修复作用研究, 农业环境科学学报, 29(S1): 123-126.

周启星. 1998. 污染土地就地修复技术研究进展及展望. 污染防治技术, 11(4): 207-211.

周启星. 2002. 污染土壤修复的技术再造与展望. 环境污染治理技术与设备, 3(8): 36-40.

周启星. 2005. 老工矿区污染生态问题与今后研究展望. 应用生态学报, 16(6): 1146-1150.

周启星, 程立娟, 刘家女. 2016. 污染土壤的花卉植物修复技术与应用(第 10 章). 见: 土壤学进展——纪念朱祖祥院士诞辰 100 周年(徐建明主编). 北京: 科学出版社.

周启星, 林海芳. 2001. 污染土壤及地下水修复的 PRB 技术及展望. 环境污染治理技术与设备, 2(5): 48-53.

周启星, 宋玉芳. 2001. 植物修复的技术内涵及展望. 安全与环境学报, 1(3): 48-53.

周启星, 宋玉芳. 2004. 污染土壤修复原理与方法. 北京: 科学出版社.

周启星, 宋玉芳, 孙铁珩. 2004. 生物修复研究与应用进展. 自然科学进展, 14(7): 721-728.

周启星, 王美娥, 张倩茹, 等. 2005. 某小城镇土地利用变化的生态效应分析. 应用生态学报, 16(4): 651-654.

周启星, 魏树和, 张倩茹, 等. 2006. 生态修复. 北京: 中国环境科学出版社.

周启星, 张倩茹. 2005. 东北老工业基地煤炭矿区环境问题与生态对策. 生态学杂志, 24(3): 287-290.

Cai Z, Zhou Q, Peng S, et al. 2010. Promoted biodegradation and microbiological effects of petroleum hydrocarbons by Impatiens balsamina L. with strong endurance. Journal of Hazardous Materials, 183: 731-737.

Cooke J A, Johnson M S. 2002. Ecological restoration of land with particular reference to the mining. Environmental Reviews, 10(1): 41-71.

Cui S, Zhou Q, Wei S, et al. 2007. Effects of exogenous chelators on phytoavailablilty and toxicity of Pb in Zinnia elegans jacq. Journal of Hazardous Materials, 146(1-2): 341-346.

Dudka S, Adriano D C. 1997. Environmental impacts of metal ore mining and processing: a review. Journal of Environmental Quality, 26(3): 590-602.

Gadd G M. 2010. Metals, minerals and microbes: geomicrobiology and bioremediation. Microbiology, 156(3): 609-643.

Gao L. 1996. Environmental management and pollution control in mine—a case study on nonferrous metal industry of China. Symposium of restoration and management of mined lands: principles and practice, Guangzhou.

Huang L N, Tang F Z, Song Y S, et al. 2011. Biodiversity, abundance, and activity of nitrogen-fixing bacteria during primary succession on a copper mine tailings. FEMS Microbiology Ecology, 78(3): 439-450.

Kong L, Gao Y, Zhou Q, et al. 2018. Biochar accelerates PAHs biodegradation in petroleum-polluted soil by biostimulation strategy. Journal of Hazardous Materials, 343: 276-284.

Li X, Wang X, Ren J Z, et al. 2015. Sand amendment enhances bioelectrochemical remediation of petroleum hydrocarbon contaminated soil. Chemosphere, 141(1): 62-70.

Li X, Wang X, Wan L, et al. 2016. Enhanced biodegradation of aged petroleum hydrocarbons in soils by glucose addition in microbial fuel cells. Journal of Chemical Technology & Biotechnology, 91(1): 267-275.

Li X, Wang X, Zhang Y, et al. 2014. Extended petroleum hydrocarbon bioremediation in saline soil using Pt-free multi-anodes microbial fuel cells. RSC Advances, 4: 59803-59808.

Li X, Zhao Q, Wang X, et al. 2018. Surfactants selectively reallocated the bacterial distribution in soil bioelectrochemical remediation of petroleum hydrocarbons. Journal of Hazardous Materials, 344: 23-32.

Liu J, Xin X, Zhou Q. 2018. Phytoremediation of contaminated soils using ornamental plants. Environmental Reviews, 26(1): 43-54.

Liu J, Zhou Q, Sun T, et al. 2008. Growth responses of three ornamental plants to Cd and Cd-Pb stress and their metal accumulation characteristics. Journal of Hazardous Materials, 151(1): 261-267.

Liu J, Zhou Q, Wang X, et al. 2006. Potential analysis of ornamental plant resources applied to contaminated soil remediation. IN: Floriculture, Ornamental and Plant Biotechnology: Advances and Topical Issues (Volume III). Jaime A. Teixeira da Silva(Ed.). Global Science Books, London, UK, 245-252.

Peng S, Zhou Q, Cai Z, et al. 2009. Phytoremediation of petroleum contaminated soils by Mirabilis Jalapa L. in a field plot experiment. Journal of Hazardous Materials, 168: 1490-1496.

Shu W, Ye Z, Zhang Z, et al. 2005. Natural colonization of plants on five lead/zinc mine tailings in Southern China. Restoration Ecology, 13(1): 49-60.

Singh A N, Raghubanshi A S, Singh J S. 2002. Plantations as a tool for mine spoil restoration. Current Science, 82(12): 1436-1441.

Stéphane U, Calvaruso C, Turpault M P, et al. 2009. Mineral weathering by bacteria: ecology, actors and mechanisms. Trends in Microbiology, 17(8): 378-387.

Sun Y, Zhou Q, Wang L, et al. 2009. Tolerant characteristics and cadmium accumulation of Bidens pilosa L. as a newly found Cd-hyperaccumulator. Journal of Hazardous Materials, 161: 808-814.

Waid J S. 1999. Does soil biodiversity depend upon metabiotic activity and influences? Applied Soil Ecology, 13(2): 151-158.

Wang X, Cai Z, Zhou Q, et al. 2012. Bioelectrochemical stimulation of petroleum hydrocarbon degradation in saline soil using U-tube microbial fuel cells. Biotechnology and Bioengineering, 109(2): 426-433.

Wong M. 2003. Ecological restoration of mine degraded soils, with emphasis on metal contaminated soils. Chemosphere, 50(6): 775-780.

Yang S X, Li J T, Yang B, et al. 2011. Effectiveness of amendments on re-acidification and heavy metal immobilization in an extremely acidic mine soil. Journal of Environmental Monitoring, 13(7): 1876-1883.

Yang S X, Liao B, Li J T, et al. 2010. Acidification, heavy metal mobility and nutrient accumulation in the soil–plant system of a revegetated acid mine wasteland. Chemosphere, 80(8): 852-859.

Yang S X, Liao B, Yang Z H, et al. 2016. Revegetation of extremely acid mine soils based on aided phytostabilization: a case study from southern China. Science of the Total Environment, 562: 427-434.

Yang T T, Liu J, Chen W C, et al. 2017. Changes in microbial community composition following phytostabilization of an extremely acidic Cu mine tailings. Soil Biology and Biochemistry, 114: 52-58.

Zhang Z, Zhou Q, Peng S, et al. 2010. Remediation of petroleum contaminated soils by joint action of Pharbifis nil L. and its microbial community. Science of the Total Environment, 408: 5600-5605.

Zhou Q, Cai Z, Zhang Z, et al. 2011. Ecological remediation of hydrocarbon contaminated soils with weed plants. Journal of Resources and Ecology, 2(2): 97-105.

撰稿人：李金天，王　鑫，魏树和

# 第 22 章　生物多样性研究进展

生物多样性是指生物及其与环境形成的生态复合体，以及与此相关的各种生态过程的总和（马克平等，1994）。生物多样性是人类赖以生存和发展的物质基础。不断加剧的人类活动，致使生物多样性受到严重威胁，引起国际社会的广泛关注。生物多样性和生态系统服务政府间科学-政策平台（IPBES）刚刚发布的《全球生物多样性和生态系统服务评估报告》指出，生物多样性以人类历史上前所未有的速度丧失，丧失比率达到25%左右；75%的土地发生改变，65%的海洋受到不断增加的影响，85%的湿地已经丧失，3200万公顷的热带森林在2010～2015年间丧失；截至2016年，6190个家养动物品种中的559个已经丧失，至少还有1000个品种面临威胁（Dias et al., 2019）。生物多样性面临的严峻形势已经引起国际社会、各国政府和科学界的广泛关注。

## 1　生物多样性研究热点

为了采取有效的行动保护受到严重威胁的生物多样性，国内外开展了大量的研究。通过 web of science 检索可知，以"biodiversity"为主题的论文数量不断增加，近两年平均每年发表的论文数量比10年前增加了2倍，比2000年增加了11倍（图 22.1）。

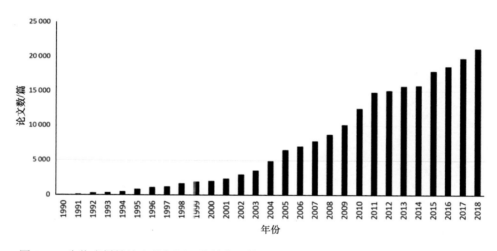

图 22.1　生物多样性论文的年际变化趋势（数据源于 web of science，2019年6月8日）

将上述文献按照近五年、近十年和全部论文被引频次排序。当然生物多样性科学研究的热点问题的遴选，主要是基于：被引频次高的前100篇论文重点探讨的科学问题，近年来 Nature、Science 等重要综合性刊物发表的生物多样性主题的论文，并参考 Sutherland（2009）牵头开展的全球生物多样性保护重要科学问题的调研结果提及的100个重要的科学问题。这些问题是以761人提出的2291个问题为起点，经过不断筛选、整合、投票等过程确定的。100个问题可以分成12个部分（括号内为问题数量）：生态系统功能与服务（8）、气候变化的影响（14）、新兴技术的影响（4）、自然保护地（4）、生态系统管理与恢复（8）、陆地生态系统（7）、海洋生态系统（8）、内陆水体生态系统（5）、物种管理（8）、组织机构及其行动的影响（6）、社会结构及其变化的影响（13）、保护策略与行动的效果（15）；以及 Jucker 等（2018）在十年后评估了这100个重要问题取得的进展，以确定目前存在的关键知识空缺。他们通过问卷调查和文献综述等方法，用相关性和努力程度对每个问题进行评估。过去十年中与全球生物多样性保护高度相关但却较少受到综述文章关注的问题主要涉及三类：淡水生态系统的保护和管理、社会结构对构建人与自然相互作用关系的影响（特别是教育、发展和经济增长的影响）以及保护干预措施的效果。综合考虑上述文献的总体趋势，总结出当前生物多样性研究的10个热点问题：①生物多样性丧失与保护，特别关注受威胁程度评估与物种红色名录和生态系统红色名录、物种灭绝速率、保护空缺分析、现状与保护进展评估指标等。②大尺度格局及其形成机制，包括物种分布模型及其应用等。③群落维持机制，特别关注群落构建和物种共存机制、群落谱系学、功能性状/属性的作用（功能生态学）等。④生物多样性的生态系统功能，无论是实验和野外观察都取得了显著的进展，近年来特别重视生物多样性与生态系统多功能性的关系。⑤生态系统服务及其价值化，代表性的项目如千年生态系统评估（MA）、生物多样性与生态系统经济学（TEEB）、生物多样性和生态系统服务政府间科学与政策平台（IPBES）等。⑥外来种入侵和生物安全，特别关注外来种入侵的生物学/生态学效应和转基因生物释放的影响评估等。⑦生物多样性与气候变化，重点关注生物多样性适应和减缓气候变化两个方面。⑧生物多样性信息学，包括生物多样性编目等，代表性项目如全球生物多样性信息网络（GBIF）、全球生物物种名录（CoL）、全球植物名录（TPL）、网络生命大百科（EOL）和生物多样性历史文献图书馆（BHL）等。⑨研究薄弱的类群或生境的研究，如海洋生物多样性、内陆水体生物多样性、土壤生物多样性、林冠生物多样性和微生物多样性等。⑩生物多样性变化与监测，包括样地样带等传统方法的监测，更注重现代先进技术，如卫星跟踪技术、激光雷达（LiDAR）和多光谱与高光谱等近地面遥感技术和高通量测序等分子生物学技术等的应用。代表性项目包括全球生物多样性监测网络（GEO BON）、全球森林生物多样性监测网络（ForestGEO）、中国生物多样性监测与研究网络（Sino BON）和中国森林生物多样性监测网络（CForBio）等。

## 2 生物多样性研究回顾

中国生物多样性研究始于20世纪80年代末期，几乎与国际同步。1990年1月成立中国科学院生物多样性工作组。1990年3月由中国科学院生物科学与技术局在北京组织召开的中国首次生物多样性研讨会。50多位专家参加会议，20余位专家报告，介绍了国际上生物多样性研究的进展，并提出中国开展生物多样性研究的建议。会后编辑印制了《中科院生物多样性研讨会会议录》。虽然该文集不是正式出版物，但对于生物多样性概念在中国的传播和生物多样性研究在中国的启动起到了重要作用。早期发表的关于中国生物多样性的论著，曾经多次引用该文集上发表的文章（马克平等，2010）。中国科学院率先设立重大项目"生物多样性保护与持续利用的生物学基础"（1991~1995年），组织各个研究所的相关专家开展生物多样性研究，不仅取得了众多研究成果，而且建立了生物多样性研究队伍。1992年3月在原工作组的基础上成立中国科学院生物多样性委员会，组织申请并实施世界银行环境技术援助贷款项目"生物多样性研究与信息管理（Biodiversity Research and Information Management，BRIM）"，并于1993年创办了《生物多样性》刊物；自1994年开始每两年召开一次全国生物多样性科学研讨会，以及其他学术会议；推动生物多样性监测和信息学在中国的发展和相关研究平台的建设；组织编写生物多样性系列丛书；推动国际合作与交流；为政府履行生物多样性公约提供科学技术支持。科技部和自然科学基金委员会等部门陆续设立生物多样性及其相关领域的研究项目，使得中国生物多样性研究在近年来得到快速发展（图22.2）。web of science的数据源虽然包括了中国科学引文数据库，但从总体上反映了中国在国外学术刊物发表论文的情况，中国知网反映的是国内学术刊物发表的生物多样性为主题的论文情况。过去的十余年间，中国学者在国外学术刊物发表论文的数量增加很快。论文涉及的主题除生物多样性外，物种多样性、自然保护区、生物群落和生态系统、种质资源和遗传多样性、生态系统服务、生物多样性保护和可持续发展等都受到较大关注（图22.3）。从被引用次数最高的25篇科学文献（表22.1）中可以看出，生物多样性概念和测度方法、生态系统服务和生态资产价值评估、景观多样性、遗传多样性及其研究方法、外来种入侵、生态系统恢复、湿地和森林生物多样性等成为大家关注的热点问题。

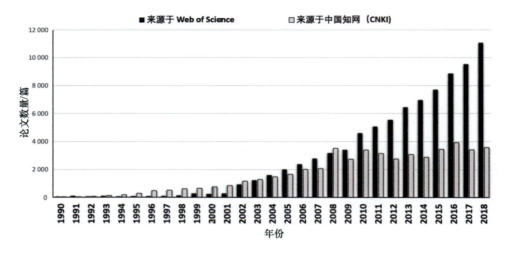

图 22.2　中国生物多样性论文年际变化趋势（数据截至 2019 年 6 月 8 日）

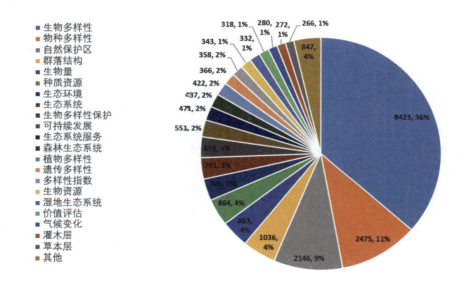

图 22.3　中国生物多样性方面学术论文关键词的频度分布（数据源：中国知网 Http://www.cnki.net，2019 年 6 月 8 日）

对从百度学术搜索到的生物多样性主题的 15 万条文献分析，发表生物多样性论文最多的刊物有《生物多样性》、《生态学报》、《草业学报》、《生态学杂志》、《应用生态学报》、《水生生物学报》、《应用与环境生物学报》和《植物生态学报》等；发表文章最多的单位有中国科学院植物研究所、中国科学院动物研究所、北京大学、复旦大学、中国科学院生态环境研究中心、中国科学院南京土壤研究所、中国科学院水生生物研究所和中国科学院沈阳应用生态研究所等。

中国是生物多样性极为丰富的少数国家之一，在北半球居首位。在过去的数十年间，相关领域的科学家积极努力，取得了明显的研究进展（马克平，2015a；Ma et al.，2017a），为中国生物多样性保护和履行联合国《生物多样性公约》提供了强有力的支持。

表 22.1　中国生物多样性研究被引频次最高的 25 篇论文*

| 序号 | 作者 | 发表年 | 题目/书名 | 刊名/出版社 | 卷期页码 | 被引量 |
|---|---|---|---|---|---|---|
| 1 | 马克平，刘玉明，刘灿然 | 1994 | 生物群落多样性的测度方法Ⅰα多样性的测度方法（上） | 生物多样性 | 2：162-168 | 2964 |
| 2 | 谢高地，鲁春霞，冷允法等 | 2003 | 青藏高原生态资产的价值评估 | 自然资源学报 | 18：189-196 | 2636 |
| 3 | 马克平，黄建辉，于顺利等 | 1995 | 北京东灵山地区植物群落多样性的研究Ⅱ丰富度、均匀度和物种多样性指数 | 生态学报 | 15：268-277 | 1716 |
| 4 | 马克平 | 1993 | 试论生物多样性的概念 | 生物多样性 | 1：20-22 | 1627 |
| 5 | 刘灿然，马克平 | 1997 | 生物群落多样性的测度方法 | 生态学报 | 17（6）：601-610 | 1614 |
| 6 | 马克平 | 1994 | 生物群落多样性的测度方法Ⅰα多样性的测度方法（上） | 生物多样性 | 2：162-168 | 1537 |
| 7 | 谢高地，甄霖，鲁春霞等 | 2008 | 一个基于专家知识的生态系统服务价值化方法 | 自然资源学报 | 23：911-919 | 1163 |
| 8 | 徐中民，张志强，程国栋等 | 2003 | 中国1999年生态足迹计算与发展能力分析 | 应用生态学报 | 14：280-285 | 1073 |
| 9 | 赵同谦，欧阳志云，郑华等 | 2004 | 中国森林生态系统服务功能及其价值评价 | 自然资源学报 | 19：480-491 | 1012 |
| 10 | 汪小全，邹喻苹，张大明等 | 1996 | RAPD应用于遗传多样性和系统学研究中的问题 | 植物学报 | 38：954-962 | 913 |
| 11 | 傅伯杰，陈利顶 | 1996 | 景观多样性的类型及其生态意义 | 地理学报 | 51：454-462 | 868 |
| 12 | 钱迎倩，马克平主编 | 1994 | 生物多样性研究的原理与方法 | 北京：科学出版社 |  | 734 |
| 13 | 马克平，刘灿然，刘玉明 | 1995 | 生物群落多样性的测度方法Ⅱβ多样性的测度方法 | 生物多样性 | 3：38-43 | 707 |
| 14 | 袁力行，傅骏骅，Warburton M 等 | 2000 | 利用RFLP、SSR、AFLP和RAPD标记分析玉米自交系遗传多样性的比较研究 | 遗传学报 | 27：725-733 | 692 |
| 15 | 刘灿然，周文能，马克平 | 1995 | 生物群落多样性的测度方法Ⅲ与物种-多度分布模型有关的统计问题 | 生物多样性 | 3（3）：157-169 | 683 |
| 16 | 万方浩，郭建英，王德辉 | 2002 | 中国外来入侵生物的危害与管理对策 | 生物多样性 | 10：119-125 | 682 |
| 17 | 钱韦，葛颂，洪德元 | 2000 | 采用RAPD和ISSR标记探讨中国疣粒野生稻的遗传多样性 | 植物学报 | 42：741-750 | 672 |
| 18 | 薛达元，包浩生，李文华 | 1999 | 长白山自然保护区森林生态系统间接经济价值评估 | 中国环境科学 | 19：247-252 | 650 |
| 19 | 贺金生，陈伟烈 | 1997 | 陆地植物群落物种多样性的梯度变化特征 | 生态学报 | 17：91-99 | 640 |
| 20 | 沈浩，刘登义 | 2001 | 遗传多样性概述 | 生物学杂志 | 18（3）：5-7 | 630 |
| 21 | 章家恩，徐琪 | 1999 | 恢复生态学研究的一些基本问题探讨 | 应用生态学报 | 10：109-113 | 629 |
| 22 | 余新晓，鲁绍伟，靳芳，陈丽华，饶良懿 | 2005 | 中国森林生态系统服务功能价值评估 | 生态学报 | 2005-08-25 | 602 |
| 23 | 马克明，傅伯杰，黎晓亚 | 2004 | 区域生态安全格局：概念与理论基础 | 生态学报 | 24：761-768 | 524 |
| 24 | 李晓文，胡远满，肖笃宁 | 1999 | 景观生态学与生物多样性保护 | 生态学报， | 19：399-407 | 493 |
| 25 | 陈灵芝主编 | 1993 | 中国的生物多样性：现状及其保护对策 | 北京：科学出版社 |  | 407 |

*以"生物多样性"为主题词在百度学术检索，以"生物多样性"和"多样性"为主题词在中国知网检索；综合上述检索结果，并按照被引量排序取舍。截止日期 2019 年 6 月 8 日

## 3　生物多样性研究进展

### 3.1　基本摸清生物多样性家底

无论是制定保护规划还是采取保护行动，首先要清楚我们有什么。中国的生物分类学者艰苦奋斗百余年，基本摸清了中国生物物种的家底。特别是近 60 多年来，"三志" 即《中国植物志》、《中国动物志》和《中国孢子植物志》的编研，极大地提高了中国生物区系的认知水平和生物分类学的发展速度。《中国动物

志》已经出版142卷,《中国孢子植物志》已经出版96卷(马克平,2015a)。植物方面进展较快,《中国植物志》自1959年出版第一卷始,历时45年,于2004年10月全部完成80卷126册;又于2013年9月完成其第二版,即英文版《中国植物志》(*Flora of China*)49卷。中国种子植物特有种14939种,占比52.1%,隶属于1584属191科(Huang et al.,2011)。每年中国大约有2000个新物种发表,其中高等植物平均每年有约180个新种发表(http://www.ipni.org/)。由于《中国植物志》中文版和英文版(*Flora of China*)均以记载中国本土的野生植物为主,外来和栽培植物种类记载很少。2018年出版的《中国栽培植物名录》一书第一次全面收录了中国栽培和外来植物。包括357科4720属27506种(不含种下等级),其中国外引进栽培13635种,中国本土栽培植物13941种(林秦文,2018)。中国农科院等编辑出版了《中国作物及其野生近缘植物》系列丛书,汇集了中国栽培植物及其野生近缘植物10446个种(含96亚种和206变种),隶属于298科,2378属(刘旭和杨庆文,2013)。中国科学院组织国内的生物分类学家于2013年开始组织编研《中国生物物种名录》,开始陆续出版,不断将最新的研究成果整合起来,为生物多样性保护提供最新的本底情况。截至2018年年底,植物卷共13册已全部出版;动物卷计划15册已出版7册;菌物卷计划6册已出版3册。《中国植被及其地理格局:百万分之一中国植被图及其说明书》2007年正式出版,记载中国11个植被型组、55个植被型、960个植被类型(群系和亚群系)。除百万分之一中国现状植被类型图外,还包括六百万分之一中国植被区划图,将中国植被分为8个植被区域。116个植被区和464个植被小区。

### 3.2 生物多样性信息平台快速发展

在科技部和中国科学院等单位的资助下,近十年来,生物多样性数据库建设发展迅速。国家标本资源共享平台(NSII, http://www.nsii.org.cn/)汇集1500万份数字化生物标本信息,1100多万张植物和动物的彩色照片,数十套数字化的生物志书和10万条相关文献的数字化资源,不仅展示物种的特征和分布,还提供相关的文献和国际上的相关信息资源链接。物种2000项目中国节点(http://www.sp2000.org.cn/)提供中国生物物种的丰富信息。按照物种2000标准数据格式,中国科学院生物多样性委员会组织分类学家对在中国分布的所有生物物种的分类学信息进行整理和核对,不断更新和免费共享中国生物物种名录信息。自2008年开始每年发布中国物种年度名录,年均增加5100余种。2019年版的名录包括106509种(其中种下等级12249个),包括苔藓植物3058种、蕨类植物2252种、种子植物31362种、兽类564种、鸟类1445种、爬行类463种、两栖类416种、鱼类4949种,以及昆虫和菌物等其他类群。国家农作物种质资源平台(http://www.cgris.net/)汇集了340种作物的47万份种质信息,2400万个数据项值。国家家养动物种质资源平台(http://www.cdad-is.org.cn/)汇集了主要家禽家畜品种资源和特色动物资源信息,图文并茂。国家林木种质资源平台(http://www.nfgrp.cn/)是包含林木、竹藤、花卉等多年生植物的种质资源标准化整理、整合与共享服务体系,汇集了7万多个栽培品种的信息。更多相关科技基础条件平台信息可以访问中国科技资源网(http://www.escience.net.cn/)。此外,还有中国植物主题数据库(http://www.plant.csdb.cn/)、中国动物主题数据库(http://www.zoology.csdb.cn/)和世界微生物数据中心(http://www.wdcm.org/)等上百个数据库在线服务平台。实为我国生物多样性资源及其地理分布不可或缺的信息源。

### 3.3 红色名录编研走在世界前列

中国物种红色名录评估物种的数量居世界首位。在环境保护部的资助下,中国科学院专家牵头,参照《世界自然保护联盟濒危物种红色名录》的等级和标准,完成了《中国生物多样性红色名录》高等植物、脊椎动物和菌物卷。高等植物卷历时4年(2008~2012年),评估了中国高等植物35784种(包括种下等级)。结果显示,有21种评定为灭绝(EX),9种野外灭绝(EW),10种地区灭绝(RE),614种极危(CR),1313种濒危(EN),1952种易危(VU),2818种近危(NT),24243种无危(LC),4804种数据缺乏(DD)。统计结果显示,有3879种为受威胁物种(即CR,EN和VU等级的物种),占评估物种的 10.84%（覃海宁等，2017）。完整的名录由环境保护部和中国科学院于 2013 年联合发布。脊椎动物卷于 2015 年完成，亦由环境保护部和中国科学院联合发布（蒋志刚等，2016）。评估结果显示，评估的 4357 种脊椎动物（海洋鱼类除外）中，属于灭绝等级的有 17 种；受威胁物种 932 种，占评估物种总数的 21.4%；特有物种 1598 种，受威胁率为 30.6%（臧春鑫等，2016）。对我国已知的 227 科 1298 属 9302 种大型真菌（大型子囊菌 870 种、大型担子菌 6268 种及地衣型真菌 2164 种）的受威胁状况进行了评估的结果表明，1 种疑似灭绝，即云南假地舌菌（*Hemiglossum yunnanense*），近 130 年未重新发现；受威胁的大型真菌 97 种，包括大型子囊菌 24 种、大型担子菌 45 种和地衣 28 种，总体受威胁率为 1.04%；受威胁的中国特有大型真菌有 57 种，占中国特有大型真菌物种总数的 4.20%；需关注和保护的大型真菌高达 6538 种，占被评估物种总数的 70.29%（刘冬梅等，2018）。在对中国高等植物和脊椎动物开展全面评估之前，1987 年出版的《中国珍稀濒危保护植物名录》、1991 年出版的《中国植物红皮书》、1998 年出版的《中国濒危动物红皮书》（包括鸟类、鱼类、两栖类和爬行类、兽类）、2004 年出版的《中国物种红色名录》都从不同角度评估了中国生物物种的受威胁状况，是重要的参考资料（马克平等，2010）。与 2004 版《中国物种红色名录》中的 4076 个植物物种和全部脊椎动物（除海洋鱼类）比较发现：在评估的高等植物中有 1740 种受威胁物种等级下降，1300 种从受威胁物种名单中剔除，321 种物种的评估等级上升，55 种从非受威胁物种上升为受威胁物种。在评估的脊椎动物中有 237 种受威胁物种等级下降，201 种从受威胁物种中剔除，384 种物种的评估等级上升，94 个物种从非受威胁上升为受威胁物种（臧春鑫等，2016）。物种红色名录和红皮书是确定保护目标的重要依据。物种红色名录可以指示生物多样性受威胁的程度，但不全面，需要有生态系统受威胁程度的评估予以补充。中国科学院生物多样性委员会分别于 2011 年和 2015 年与 IUCN 合作在北京举办过两次生态系统红色名录培训研讨会，对于 IUCN 生态系统红色名录项目在中国的推广起到了积极作用。中国生态系统红色名录项目于 2016 年 5 月由环境保护部正式启动，主要分为森林、草地（荒漠）和湿地生态系统三个部分，已经取得了一定的进展。中国西南山地生态系统红色名录（Tan et al.，2017）和中国森林生态系统红色名录均以初步完成（王璇，2019）。

## 3.4 热点地区和保护空缺评估为保护行动提供指导

基于保护物种或特有物种的分布数据，可以确定生物多样性的热点地区。中国科学院植物研究所等根据中国国家保护植物名录和特有种子植物在全国的分布数据，分别确定了 8 个和 11 个热点地区，大多分布于中国南部，特别是西南地区（Zhang et al.，2008；Huang et al.，2012）。将这些热点地区分布图与已经建立的自然保护区分布图叠加，则可确定未被保护区覆盖的热点地区，即保护空缺地区。这些保护空缺地区需要加强保护，特别需要国家级或省级自然保护区将其覆盖。根据 2013 年发布的中国植物红色名录的 3244 个受威胁物种的分布，考察其在国家级和省级自然保护区的分布情况。发现受威胁植物主要分布在中国大陆的西南地区，如云南、藏东南、川西、桂西北、粤北、海南和台湾山地。国家级和省级保护区只能保护受威胁物种分布区的 27.5%。有 827 种受威胁植物不在国家级保护区内，397 种也不在省级保护区内（Zhang et al.，2015）。根据 182 种中国本土两栖动物分布区和中国自然保护区比对发现，藏南和横断山区是未来需要加强保护的地区（Chen et al.，2017）。《中国生物多样性保护战略与行动计划（2011—2030）》采取定量与定性结合的方法，确定了 35 个中国生物多样性保护优先区域，指导我国生物多样性的保护行动。根据我国的自然条件、社会经济状况、自然资源以及主要保护对象分布特点等因素，将全国划分为 8 个自然区域。综合考虑生态系统类型的代表性、特有程度、特殊生态功能，以及物种的丰富程度、珍稀濒危程度、受威胁因素、地区代表性、经济用途、科学研究价值、分布数据的可获得性等因素，划定了 35 个生物多样性保护优先区域，包括大兴安岭区、三江平原区、祁连山区、秦岭区等 32 个内陆陆地和水体生物多样性保护优先区域，以及黄渤海、东海及台湾海峡保护区域和南海保护区域等 3 个海洋与海岸带生物多样性保护优先区域（环境保护部，2011）。

## 3.5 生物多样性监测网络初具规模

生物多样性监测既是了解生物多样性随时间变化的手段，也是评估保护效果的途径。从全球到区域和国家尺度，都在加强生物多样性监测工作，以期为生物多样性保护及其进展评估提供翔实可靠的数据。全球尺度上有代表性的项目有 GEO BON（www.earthobservations.org/geobon.shtml），它虽然没有自己建设的实体监测网络，但在监测的理论框架、核心监测指标（essential biodiversity variables，EBV）和建立实体监测网络之间的联系等方面的工作卓有成效；在区域尺度上，欧洲（http://bd.eionet.europa.eu/activities）和亚太地区（www.esabii.biodic.go.jp/ap-bon/index.html）都有相关的项目在组织推动；国家水平上，瑞士（www.biodiversitymonitoring.ch/en/home.html）和英国（jncc.defra.gov.uk/page-0）的生物多样性监测比较有代表性，特别是瑞士的国家生物多样性监测网络的设计和运行都值得认真研究和效仿。除上述综合性的监测网络外，还有一些全球、区域或者国家水平的专题性监测网络也是颇有成效的，如全球森林生物多样性监测网络（CTFS/ForestGEO，http://www.ctfs.si.edu/）、热带生态评估与监测网络（TEAM，www.teamnetwork.org/）、全球珊瑚礁监测网络（GCRMN，www.icriforum.org/gcrmn）、欧洲蚜虫监测网络（EXAMINE，http://www.rothamsted.ac.uk/examine/）和英国蝴蝶监测网络（www.ukbms.org/）等。中国森林资源清查体系包括固定样地41.5万个，不仅对森林资源的数量和质量动态变化进行监测，而且增加了关于森林健康、生态功能、生物多样性等方面的调查内容，以逐步实施生态系统服务功能的监测。北京师范大学等单位通过红外相机对东北虎等野生动物种群进行连续监测，掌握了东北虎的种群空间分布格局和动态变化规律。中国科学院牵头于2004年开始建立中国森林生物多样性监测网络，目前已经发展到18个大型森林动态样地，不仅对树木的种子雨、幼苗和成年个体进行监测，而且监测动物和微生物及其与植物的相互作用，实为生态系统水平的监测。在此基础上，将监测对象从森林扩大到其他主要的生物类群和生态系统类型，发展成中国生物多样性监测与研究网络（Sino BON）。目标是通过多种方法从整体上对中国生物多样性的变化开展长期的监测与研究。Sino BON 包括10个专项网和1个综合监测管理中心。10个监测专项网包括：①兽类多样性监测专项网，主要是通过红外触发相机途径对兽类及其群落的时间和空间动态进行监测；②鸟类多样性监测专项网，主要通过红外触发相机、卫星跟踪器、自动录音机等方法对地面活动鸟类、鸣禽和迁徙鸟类进行监测；③两栖爬行类多样性监测专项网，主要通过布设在全国60余个监测点的样方和样带来监测两栖爬行动物及其群落的时空变化；④鱼类多样性监测专项网，运用水下机器人和鱼探仪等先进设备对重要水域的指示性鱼类开展长期监测，了解其种类、数量和资源的变化；⑤昆虫多样性监测专项网，选择重要昆虫类群，如蝴蝶、传粉昆虫、地表甲虫、蚜虫等，对其种类和数量进行长期监测，分析和评价昆虫多样性变化及其关键影响因素；⑥土壤动物多样性监测专项网，选择我国典型区域的地带性植被类型，分别以大型、中型和小型土壤动物的代表性类群为对象，就物种多样性、食性与功能群及土壤动物生存环境变化等开展长期监测；⑦森林植物多样性监测专项网，在已经建立的森林生物多样性监测网络基础上，在重要森林和灌丛群落的典型地段建立更多的样地，并将其与大型森林动态样地建立联系，组成区域到全国的森林监测网络，同时加强大样地网络的功能性状等监测，并与动物和微生物多样性监测专项网合作，推动森林生物多样性变化的全面监测；⑧草原荒漠多样性监测专项网，以植被分类系统的群系（formation）为基本单元，在草原荒漠植被主要群系的典型地段建立模式植物群落监测固定样方，定期复查，统一描述规范，长期监测草原荒漠植物多样性变化；⑨林冠生物多样性监测专项网，以森林塔吊为主要平台，开展地带性森林林冠生物多样性的调查与监测，重点类群包括孢子植物、无脊椎动物和树栖微生物等；⑩土壤微生物多样性监测专项网，采用现代高通量测序技术、生物信息学技术和传统的微生物学方法，对森林、草原和荒漠等不同植被类型的土壤微生物的群落组成、多样性及土壤基因组的组成与多样性等开展长期定点监测，以揭示土壤微生物物种和基因多样性的分布规律和时空格局变化（马克平，2015b）。北京林业大学自2005年开始建立了20多个森林监测样地，形成几乎覆盖全国林区的监测网络，特别关注森林经营方式对森林结构和动态的影响，包括林木生长、死亡和更新等（Zhao et al.，2014）。南京环境科学研究所牵头建立了中国生物多样性监测网络（China BON），主要监测兽类、鸟类、两栖爬行类和蝴蝶等（Xu et al.，2017）。中国国家生态系统监测研究网络（CNERN，http://www.cnern.org/），中国科学院的中国生态系统研究网络（CERN，http://www.cern.ac.cn/），国家林业草原局的中国森林生态系统研究网络（CFERN，https://cfern.org/）等以生态系统结构功能研究为主，都有生物多样性监测方面的内容。我国的海洋生物多样性非常丰富，应该创造条件在已有工作基础上尽快建立海洋生物多样性监测专项网。

## 3.6 森林群落物种共存机制研究取得明显进展

群落构建机制或生物多样性维持机制是群落生态学、生物多样性研究的核心问题之一，也是生物多样性保护的基础。大型森林长期动态样地在研究群落构建机制上有独特优势，基于中国森林生物多样性监测网络平台，群落构建机制研究在生境过滤、密度制约、谱系和功能性状、扩散限制等作用机制方面取得了重要进展。

生境过滤指某种生境对具有适应该生境相似性状的一类物种进行选择的过程。中国森林生物多样性监测网络已有大量的研究证明生境过滤可以影响森林群落的物种组成、功能结构、系统发育结构、物种空间分布，导致较为聚集的群落结构，即群落中物种之间具有较为相似的功能性状或较近的亲缘关系。地形因素作为重要的环境变量，影响能量、土壤养分等环境资源在空间的分配，创造了生境的异质性。研究发现，在中亚热带、南亚热带、热带地区地形复杂的森林群落，物种和群落结构与地形有显著的生境关联（Lai et al.，2009；Shen et al.，2009，2013；Wang et al.，2014；Lan et al.，2011）。喀斯特地区森林地形起伏最大，地形因素能解释群落变化的47.2%，85%以上物种与一个或多个生境因子有显著关联（Guo et al.，2017a，2017b）。物种的功能性状也与地形显著相关，海拔较高、坡度较陡的生境具有较多生长缓慢、周转率较低的树种（Liu et al.，2014）；群落系统发育结构也与地形变量密切相关，在山谷和低坡生境中有系统发育聚集现象，在高坡地、山脊和高海拔山谷生境中有系统发育离散现象（Pei et al.，2011）。物种空间分布格局也与生境异质性相关（Hu et al.，2012；Ren et al.，2019）。土壤理化性质与地形相关，对群落结构有独特的影响。长白山温带森林，地形比较平缓，土壤是群落物种组成和结构的主要驱动因素（Yuan et al.，2011；Wang et al.，2012），也是群落系统发育结构的重要驱动因素（Wang et al.，2015）。在中亚热带、南亚热带、热带地区地形复杂的森林，分析时增加土壤因素能更好地解释群落的组成和结构变化（Zhang et al.，2011；Liu et al.，2012；Lin et al.，2013；Qiao et al.，2015；Yang et al.，2015）。除了地形和土壤，光照是影响群落组成和结构的重要因素。在长白山温带森林中，林下可利用光与灌木幼苗及喜光物种的幼苗存活呈正相关（Lin et al.，2014）。在古田山亚热带森林中，林窗对森林中种子多样性的形成具有中性作用（Du et al.，2012）。生境过滤对群落结构的影响因生活史阶段而异（Lai et al.，2009；Hu et al.，2012）。

密度制约是森林群落构建的重要机制。在中国的森林大样地研究中，证明了同种负密度制约对森林群落调控的重要性。在24ha古田山亚热带森林样地，利用点格局分析手段，发现密度制约对样地内80%的物种有调控作用，首次证明了其在亚热带森林的普遍性（Zhu et al.，2010）。之后在百山祖森林样地的结果有一定程度的不一致（Luo et al.，2012），但是排除了生境异质性对密度制约检验的干扰之后，进一步证明了密度制约对森林群落调控的重要性（Chen et al.，2010，2018）。此外，发现在不同生活史阶段，密度制约表现的强度有差异。与大龄级树木相比，幼苗阶段最易受到同种密度制约效应的影响（Piao et al.，2013；Zhu et al.，2015），不同年龄的幼苗受到密度制约的强度也有差异（Bai et al.，2012）。而成年树在同种密度越高的情况下，生存率反而越高（Zhu et al.，2015）。幼苗密度制约跟从种子到幼苗的变化过程呈显著正相关（Du et al.，2017）。因此，在研究密度制约对群落结构调控的作用时，应结合物种的生活史特征。不管是群落水平，还是物种水平上，西双版纳热带森林局域尺度的同种密度制约在旱季强于湿季；亦即，干旱的环境下，同种幼苗个体的相互作用要强（Lin et al., 2012）。分析气候与幼苗存活的关系发现，密度制约的强度主要受水分和温度的影响，温度的上升和降水的减少加剧了同种密度制约的强度，同种密度制约对大幼苗的影响在温暖的年份更加明显（Song et al., 2018）。此外，结合群落的谱系结构，开展了密度制约的拓展性研究。近缘种倾向于分享生境和生存资源，并且有相同的共生生物和天敌从而导致进化过程中种间相互作用增强。在多个不同纬度的森林样地验证了这一假设，发现近缘物种之间，存在负的谱系密度制约作用（Zhu et al., 2015；Wu et al., 2016；Du et al., 2017；Chen et al., 2018）。进一步，结合微卫星技术，测定了同一个种群不同个体的遗传距离。发现目标个体与遗传距离较近的同种个体为邻时生长率下降，种群通过遗传距离调节种内个体之间的负相互作用，从而促进群落种内和种间个体的共存（Shao et al., 2018）。关于同种密度制约产生的机制，野外观测研究发现成年树密度增加降低了幼苗的存活率，是由于土壤病原菌在成年树根系周围积累更多（Liang et al., 2016）。这一植物与土壤的反馈机制也在亚热带森林的控制实验中得到验证（Liu et al., 2012）。

物种功能性状和谱系亲缘关系通常被认为与植物定植、存活、生长和死亡紧密相关，不仅能够反映植被对环境变化的响应，也能够用于预测物种间相互作用关系。随着中国森林大样地监测网络DNA条码和功能性状研究计划的推进，物种功能性状和谱系亲缘关系越来越多地运用于群落生态学研究中，在森林群落物种共存以及群落构建机制研究方面取得了系列重要进展。

基于亚热带森林大样地59个树种822株个体的功能性状和环境因子的5年监测数据，通过构建包含种间竞争、环境过滤和功能分化等关键机制的结构方程模型，发现树木生长差异主要取决于个体功能性状差异，揭示出物种及个体功能性分化的耦合效应是影响群落物种共存的重要机理（Liu et al., 2013, 2016）。通过建立稀有种和优势种对比模型，整合分析全球大样地4819种207.6万株木本植物数据，发现稀有种对群落谱系和功能多样性的贡献均显著高于常见种，稀有种独特的生态位是群落物种共存的关键机理（Mi et al., 2010，Umaña et al., 2017）。欧洲科学院院士Gaston（2012）教授在Nature撰文对该研究高度评价，认为揭示稀有物种的贡献对于理解生物多样性丧失至关重要，可为濒危生物保护提供新途径。通过整合传统点格局研究方法，分别提出了谱系空间kd（r）结构指数、谱系和功能多样性-面积曲线以及谱系和功能beta多样性的概念，定量评估生境过滤、种子扩散以及随机过程对群落构建的影响，为基于群落格局阐明群落构建机制提供了丰富的方法论基础（Shen et al., 2013；Wang et al., 2013, 2015）。通过综合系统发育和功能性状维度的分析，揭示种间竞争和环境过滤在不同尺度对群落构建的作用，并证实环境过滤具有系统发育和功能性状的依赖性（Yang et al., 2014）。

自然群落中，有机体之间的功能性状差异一直被认为是生物多样性共存的重要前提。然而，全球诸多研究表明，最常用的植物形态性状与群落物种动态的关联并不紧密，在生活史周期较长的树种群落更是如此。杨洁等结合前人对功能性状与群落树种动态变化的研究以及西双版纳热带季节雨林树种功能性状与树种生长关系的综合分析，指出了当前研究中导致功能性状难以预测群落树种动态的原因，从功能性状与群落树种动态变化的关联背景、个体性状变化以及反映树种资源获取和分配策略的硬性状三个方面阐述了目前研究的局限性，并从综合性状、个体水平性状以及结合转录组和代谢组学三个方面指出未来功能性状研究的发展方向（Yang et al., 2018）。

扩散限制是影响群落构建的主要因素之一，它与生境过滤、生物之间相互作用共同决定森林群落的结构。在中国森林生物多样性监测网络中，验证这个假设的大多数研究都使用空间距离作为扩散限制的替代指标，并且发现扩散限制在影响物种、功能性状和系统发育多样性分布格局中起着重要的作用（Yang et al., 2015；Legendre et al., 2009；Liu et al., 2013）。在长白山温带森林中，随着邻域半径的增大，种子雨与邻近成年树之间的Jaccard系数显著减小，表明在该森林中存在扩散限制的作用（Li et al., 2012）。比较多个温带森林样地表明，局域尺度物种扩散限制是温带森林物种替代的主要驱动因素（Wang et al., 2018）。少数有关种子雨和种子限制的研究主要在古田山亚热带森林中进行（Du et al., 2009；Du et al., 2012）。利用模型模拟和古田山样地调查数据，验证了扩散限制和生境过滤共同决定中亚热带森林群落结构（Shen et al.，2009）。扩散限制、密度制约的自疏和生境异质性共同决定了南亚热带森林树种的分布格局（Li et al.，2009）。热带森林小树分布主要受扩散限制和大树分布的影响，而大树分布主要受生境异质性影响（Hu et al.，2012）。

中国森林生物多样性监测网络已经建立了横跨中国东部的18个大型森林动态样地，沿不同纬度梯度从热带、亚热带，到温带、寒温带（马克平，2015b）。大型森林样地目前主要做为典型森林生物多样性维持机制研究的样本，然而该网络已有的研究尚未将所有这些样地联系起来去研究在这些气候带上生物多样性和森林生态系统相关理论的分异。同时，随着长时序生物多样性数据的累积，这些样地可用于监测全球变化背景下生物多样性和生态系统功能的变化趋势，研究变化的机理，以预测将来的变化趋势以及对人类福祉的影响。同时，在这些样地进行设计良好的共同分析和实验，进一步研究气候变化、物种入侵和人类活动造成的土地利用变化等对中国森林生物多样性和生态系统服务的影响将是非常有意义的。森林样地多建立在干扰较少的典型地带性森林中，可为区域植被恢复和评估退耕还林、天然林资源保护工程等国家重大生态工程的生态效益提供参照系统。

## 3.7 生物多样性与生态系统功能的实验研究

人类活动加剧导致物种丧失。在物种绝灭之前，负面影响就已经产生，主要体现在对生态系统功能的影响。如何量化物种丧失对生态系统功能产生的影响，最有效的途径就是控制实验。最早关于生物多样性和生态系统功能的研究始于20世纪90年代初的英国生态箱（ecotron）实验（Naeem et al.，1994），之后美国和欧洲开展了一系列的草地生物多样性与生态系统功能的实验（Tilman et al.，1996；Leadley and Körner，1996）。实验结果显示生物多样性与生态系统功能密切相关，但如何解释这些结果背后的机制却出现了完全不同的观点，包括对其实验设计和分析方法都提出过质疑（Huston，1997；Schmid et al.，2002；Loreau et al.，2002），争论非常激烈，甚至有人将2002年称为多样性与生态系统功能关系争论之年（Cameron，2002）。截至2009年，国内外已有数百篇文章报道了来自不同生态系统类型的600多个实验的结果（Cardinale et al.，2011；Loreau et al.，2002），有力地推动了生态学的发展。而今生物多样性与生态系统功能研究开始向大尺度发展，并且逐渐与人类社会的发展密切联系起来，形成了新的研究重点，即生物多样性与生态系统服务的关系（biodiversity and ecosystem service，BES）（Cardinale et al.，2012）。在全球变化的背景下，生物多样性的生态系统功能和服务会如何作出响应，也是当前人们关注的热点问题。以往的生物多样性与生态系统功能实验多以草地为主，对陆地生态系统中生产力最高、组成最复杂的森林生态系统的研究却为之不多。森林生物多样性的生态系统功能实验较之草地系统有其突出的优势：①可以在个体水平上开展实验研究；②树木生长时间长，可更加充分地观察到物种间及其与环境间的相互作用随时间的变化；③森林实验更方便控制密度和均匀度。第一个森林生物多样性的生态系统功能实验样地于1999年在芬兰建立，到目前为止世界上已有12个森林实验样地（http://www.treedivnet.ugent.be/index.html）。由中国国家自然科学基金委员会和德国科学基金会联合资助的项目"中国亚热带森林生物多样性与生态系统功能实验研究（Biodiversity-Ecosystem Functioning Experiment China，简称BEF-China）"于2008～2010年在江西德兴市新岗山镇建立的大型森林控制实验样地是其中包含树种最多、涉多样性水平最高，且建于地形复杂林区的实验平台。

通过连续5年的观测发现，树种丰富度能促进森林群落地上生产力。这种促进作用会随时间的增加而加强，但不随空间尺度的变化而改变，即无论是1亩的样地，还是4亩的样地，树种丰富度对生产力都呈现同样显著的促进作用。而种植8年后，每公顷16个物种的样方地上平均碳储量约是单种样方的2倍之多。并证明了以上发现是由于物种间的互补效应逐年增强而形成的。结果给出的启示是种植多树种混交林能实现生物多样性保护和减缓气候变化双赢（Huang et al.，2018）。对地下和地上多个功能性状的研究发现，树种丰富度显著影响部分物种的比根长和树高。生物多样性净效应主要是由于树高的互补效应形成的，并与地下功能多样性呈正相关关系。资源分配和种间相互作用形成的互补效应是亚热带森林中多样性促进群落生产力的主要机制（Bu et al., 2017）。植物物种多样性、功能和遗传特征均可能改变微生物生物量或其群落结构。植物物种多样性丧失导致植物功能属性的改变在重塑地表凋落物层微生物群落的组成上起到关键作用（Zhang et al., 2018）。蚂蚁的存在往往会改变结网蜘蛛与掠食蜘蛛生物量分配并提高蜘蛛群落的丰富度，而这种互作关系在植物物种丰富度高的群落中表现得尤为明显（Schuldt et al., 2018）。植物物种多样性丧失同样会改变植物、半翅目昆虫和蚂蚁三个营养级生物的网络关系（Staab et al., 2015）。基于生态系统水平多营养级关系的梳理是厘清生物多样性与生态系统功能关系的重要环节。总而言之，生物多样性高的森林生长快、形成更多的生物量、储存更多的碳、更好地保持水土和系统功能更加稳定（Ma et al., 2017b）

中国科学院植物研究所与美国亚利桑那州立大学内蒙古草原生态系统定位研究站建立了生物多样性与生态系统功能（BEF）实验平台。研究发现，植物多样性的丧失不仅会影响生态系统的稳定性，还会影响土壤食物网及其调控的功能。相对于次要植物功能群，草地主要植物功能群丧失对土壤食物网的影响更强烈；植物功能群丧失导致土壤食物网由真菌食物网向细菌食物网转变（Chen et al., 2016）。内蒙古草原的物种多样性和初级生产力呈线性正相关关系，而不是驼峰型，降水量和土壤氮素水平是影响草原生态系统物种多样性和生产力的关键驱动因子（Bai et al., 2007）。基于连续 24 年的羊草（*Leymus chinensis*）草原和大针茅（*Stipa grandis*）草原长期定位监测数据分析，从生态系统不同组织层次，对生态系统稳定性与物种多样性和功能群组成的关系进行了深入研究，发现不同物种和功能群之间的补偿作用是生态系统稳定性维持的重要机制，生态系统稳定性从植物种、功能群到群落水平逐渐增加（Bai et al., 2004）。

高寒草地生态系统多功能性与植物物种丰富度、土壤细菌和动物多样性正相关，但与土壤古菌和菌根真菌多样性无显著关系。地上与地下生物多样性对生态系统多功能性的联合效应比两者的单独效应更强，其中，地上与地下生物多样性共同解释了 45% 的生态系统多功能性变异，而一系列生物、非生物因素的解释力达到 86%（Jing et al., 2015）。

通过由 1~5 种藻类构成的微宇宙实验发现，物种丰富度与生物量直接存在显著的正相关，而这种生物多样性的正效应主要来自选择效应而不是补偿效应。另一方面，伴随生物多样性的提高，藻类群落对于寒冷干扰的抵抗力显著下降（Zhang and Zhang, 2006）。此外，微宇宙中藻类加入的顺序对于群落生产力以及种间关系至关重要（Zhang and Zhang, 2007a），以高产藻类为初始定居者的群落有更高的抽样效应，以低产藻类为初始定居者的群落有更高的互补效应，而群落是否高产主要取决于抽样效应。具有高产－低产物种定居顺序的群落比单作群落高产，而具有相反定居顺序的群落和单种群落相比没有显著差异（Zhang and Zhang, 2007b）。

# 4 结 语

中国生物多样性非常丰富，而且是唯一一个气候带谱齐全的国家，具有得天独厚的自然优势。近年来，政府对科学研究的投入不断增加，同时建立了野外观测、控制实验和生物多样性基础信息等研究平台，加之广泛的国际交流与合作的促进，中国未来在生物多样性基础研究方面会有快速的发展。在开展前沿与热点问题研究时应特别重视关键科学问题的凝练。应鼓励亚洲生物多样性分布、热点、保护空缺和保护规划方面的研究，在做好本国工作的基础上，结合"一带一路"生态文明建设为区域自然保护作出负责任大国应有的贡献，积极参与和主导区域自然保护和环境治理。联合国生物多样性公约第 15 次缔约方大会将于 2020 年 10 月在昆明召开，这是难得的开展国际交流的机遇，应该组织好相关的交流和展示活动，加深国际社会对我国生物多样性及其研究进展的了解，以推动中国的生物多样性科学研究快速发展。

## 参 考 文 献

环境保护部. 2011.《中国生物多样性保护战略与行动计划(2011—2030年)》. 北京: 中国环境出版社.

蒋志刚, 江建平, 王跃招, 等. 2016. 中国脊椎动物红色名录. 生物多样性, 24:500-951.

林秦文. 2018. 中国栽培植物名录. 北京: 科学出版社.

刘冬梅, 蔡蕾, 王科, 等. 2018. 中国野生大型真菌受威胁程度评估、问题和对策. 生物多样性, 26: 1236-1242.

刘旭, 杨庆文(主编). 2013. 中国作物及其野生近缘植物—名录卷. 北京: 中国农业出版社.

马克平. 2015a. 中国生物多样性编目取得重要进展. 生物多样性, 23: 137-138.

马克平. 2015b. 中国生物多样性监测网络建设: 从CForBio到Sino BON. 生物多样性, 23: 1-2.

马克平, 娄治平, 苏荣辉. 2010. 中国科学院生物多样性研究回顾与展望. 中国科学院院刊, 25: 634-644.

马克平, 钱迎倩, 王晨. 1994. 生物多样性研究的现状与发展趋势. 见钱迎倩, 马克平主编. 生物多样性研究的原理与方法. 北京: 中国科学技术出版社.

覃海宁, 杨永, 董仕勇, 等. 2017. 中国高等植物受威胁物种名录. 生物多样性, 25: 696-744.

王璇. 2019. 基于IUCN标准的中国森林生态系统受威胁状况评估. 北京: 中国科学院植物研究所硕士学位论文.

臧春鑫, 蔡蕾, 李佳琦, 等. 2016.《中国生物多样性红色名录》的制定及其对生物多样性保护的意义. 生物多样性, 24: 610-614.

中国科学院中国植被图编辑委员会. 2007. 中国植被及其地理格局: 中华人民共和国植被图 (1∶1000000) 说明书. 北京: 地质出版社.

Bai X J, Queenborough S A, Wang X G, et al. 2012. Effects of local biotic neighbors and habitat heterogeneity on tree and shrub seedling survival in an old-growth temperate forest. Oecologia, 170: 755-765.

Bai Y F, Han X G, Wu J G, et al. 2004. Ecosystem stability and compensatory effects in the Inner Mongolia grassland. Nature, 431: 181-184.

Bai Y F, Wu J G, Clark C M, et al. 2010. Tradeoffs and thresholds in the effects of nitrogen addition on biodiversity and ecosystem functioning: evidence from inner Mongolia Grasslands. Global Change Biology, 16: 358-372.

Bai Y F, Wu J G, Pan Q M, et al. 2007. Positive linear relationship between productivity and diversity: evidence from the Eurasian Steppe. Journal of Applied Ecology, 44:1023-1034.

Bu W S, Schmid B, Liu X J, et al. 2017. Interspecific and intraspecific variation in specific root length drives aboveground biodiversity effects in young experimental forest stands. Journal of Plant Ecology, 10: 158-169.

Cameron. 2002. The year of the 'diversity–ecosystem function'debate. Trends in Ecology and Evolution, 17: 495-496.

Cardinale B J, Duffy J E, Gonzalez A, et al. 2012. Corrigendum: biodiversity loss and its impact on humanity. Nature, 486: 59-67.

Cardinale B J, Matulich K L, Hooper D U, et al. 2011. The functional role of producer diversity in ecosystems. American Journal of Botany, 98: 572-592.

Chen D M, Pan Q M, Bai Y F, et al. 2016. Effects of plant functional group loss on soil biota and net ecosystem exchange: a plant removal experiment in the Mongolian grassland. Journal of Ecology, 104: 734-743

Chen Y H, Zhang J, Jiang J P, et al. 2017. Assessing the effectiveness of China's protected areas to conserve current and future amphibian diversity. Diversity and Distributions, 23: 146-157.

Díaz S, Settele J, Brondízio E, et al. 2019. Summary for policymakers of the global assessment report on biodiversity and ecosystem services of the Intergovernmental Science-Policy Platform on Biodiversity and Ecosystem Services. Population and Development Review.

Du Y J, Mi X C, Liu X J, et al. 2009. Seed dispersal phenology and dispersal syndromes in a subtropical broad-leaved forest of China. Forest Ecology and Management, 258: 1147-1152.

Du Y J, Mi X C, Ma K P. 2012. Comparison of seed rain and seed limitation between community understory and gaps in a subtropical evergreen forest. Acta Oecologica-International Journal of Ecology, 44: 11-19.

Du Y J, Queenborough S A, Chen L, et al .2017. Intraspecific and phylogenetic density-dependent seedling recruitment in a subtropical evergreen forest. Oecologia, 18 (4): 193-203.

Gaston K J. 2012. The importance of being rare. Nature, 487: 46-47.

Grime J P. 2002. Declining plant diversity: empty niches or functional shifts? Journal of Vegetation Science, 13: 457-460.

Guo Y, Wang B, Li D, et al. 2017a. Effects of topography and spatial processes on structuring tree species composition in a diverse heterogeneous tropical karst seasonal rainforest. Flora, 231: 21-28.

Guo Y, Wang B, Mallik A U, et al. 2017b. Topographic species-habitat associations of tree species in a heterogeneous tropical karst seasonal rain forest, China. Journal of Plant Ecology, 10: 450-460.

Hu Y H, Sha L Q, Blanchet F G, et al. 2012. Dominant species and dispersal limitation regulate tree species distributions in a 20-ha plot in Xishuangbanna, southwest China. Oikos, 121: 952-960.

Huang J H, Chen B, Liu C R, et al. 2012. Identifying hotspots of endemic woody seed plant diversity in China. Diversity and Distributions, 18: 673-688.

Huang Y Y, Chen Y, Castro I N, et al. 2018. Impacts of species richness on productivity in a large-scale subtropical forest experiment. Science, 362: 80-83.

Huston M A. 1997. Hidden treatments in ecological experiments: reevaluating the ecosystem function of biodiversity. Oecologia, 110: 449-460.

Jing X, Sanders N J, Shi Y, et al. 2015. The links between ecosystem multifunctionality and above- and belowground biodiversity are mediated by climate. Nature Communications, 6: 8159.

Jucker T, Wintle B, Shackelford G, et al. 2018. Ten-year assessment of the 100 priority questions for global biodiversity conservation. Conservation Biology, 32: 1457-1463.

Lai J S, Mi X C, Ren H B, et al. 2009. Species-habitat associations change in a subtropical forest of China. Journal of Vegetation Science, 20: 415-423.

Lan G Y, Hu Y H, Cao M, et al. 2011. Topography related spatial distribution of dominant tree species in a tropical seasonal rain forest in China. Forest Ecology and Management, 262: 1507-1513.

Leadley P W, Körner C. 1996. Effects of elevated $CO_2$ on plant species dominance in a highly diverse calcareous grassland. In: Carbon Dioxide, Populations, and Communities (eds Körner C, Bazzaz FA), 159-175. San Diego, California, USA: Academic Press.

Legendre P, Mi X C, Ren H B, et al. 2009. Partitioning beta diversity in a subtropical broad-leaved forest of China. Ecology, 90: 663-674.

Li B H, Hao Z Q, Bin Y, et al. 2012. Seed rain dynamics reveals strong dispersal limitation, different reproductive strategies and responses to climate in a temperate forest in northeast China. Journal of Vegetation Science, 23: 271-279.

Li L, Huang Z, Ye W, et al. 2009. Spatial distributions of tree species in a subtropical forest of China. Oikos, 118: 495-502.

Liang M, Liu X, Gilbert G S, et al .2016. Adult trees cause density-dependent mortality in conspecific seedlings by regulating the frequency of pathogenic soil fungi. Ecology Letters, 19: 1448-1456.

Lin F, Comita L S, Wang X G, et al. 2014. The contribution of understory light availability and biotic neighborhood to seedling survival in secondary versus old-growth temperate forest. Plant Ecology, 215: 795-807.

Lin G, Stralberg D, Gong G, et al. 2013. Separating the effects of environment and space on tree species distribution:from population to community. PLoS ONE, 8: e56171.

Lin L X, Comita L, Zheng Z, et al . 2012. Seasonal differentiation in density-dependent seedling survival in a tropical rainforest. Journal of Ecology, 100: 905-914.

Liu J J, Yunhong T, Slik J W F. 2014. Topography related habitat associations of tree species traits, composition and diversity in a Chinese tropical forest. Forest Ecology and Management, 330: 75-81.

Liu X, Liang M, Etienne R S, et al. 2012. Experimental evidence for a phylogenetic Janzen-Connell effect in a subtropical forest. Ecology Letters, 15:111-118.

Liu X J, Swenson N G, Lin D M, et al. 2016. Linking individual-level functional traits to tree growth in a subtropical forest. Ecology, 97: 2396-2405.

Liu X J, Swenson N G, Zhang J L, et al. 2013. The environment and space, not phylogeny, determine trait dispersion in a subtropical forest. Functional Ecology, 27: 264-272.

Loreau M, Naeem S, Inchausti P. 2002. Biodiversity and Ecosystem Functioning. New York: Oxford University Press.,

Luo Z R, Mi X C, Chen X R, et al. 2012. Density dependence is not very prevalent in a heterogeneous subtropical forest. Oikos, 121, 1239-1250.

Ma K P, He J S, Bruelheide H, et al. 2017b. Biodiversity–ecosystem functioning research in Chinese subtropical forests. Journal of Plant Ecology, 10: 1-3.

Ma K P, Shen X L, Grumbine R E, et al. 2017a. China's biodiversity conservation research in progress. Biological Conservation, 210 (B): 1-2.

Mi X C, Swenson N G, Valencia R, et al. 2012. The contribution of rare species to community phylogenetic diversity across a global network of forest plots. The American Naturalist, 180: E17-E30.

Naeem S, Thompson L J, Lawler S P, et al. 1994. Declining biodiversity can alter the performance of ecosystems. Nature, 368: 734-737.

Pei N C, Lian J Y, Erickson D L, et al. 2011. Exploring tree-habitat associations in a Chinese subtropical forest plot using a molecular phylogeny generated from DNA barcode loci. PLoS ONE, 6: e21273.

Piao T F, Comita L S, Jin G Z, et al. 2013. Density dependence across multiple life stages in a temperate old-growth forest of northeast China. Oecologia, 172: 207-217.

Qiao X, Li Q, Jiang Q, et al . 2015. Beta diversity determinants in Badagongshan, a subtropical forest in central China. Scientific Reports, 5:17043.

Ren H B, Keil P, Mi X C, et al. 2019. Environment- and trait-mediated scaling of tree occupancy in forests worldwide. Global Ecology and Biogeography (in press).

Schmid B, Hector A, Huston M A, et al. 2002. The design and analysis of biodiversity experiments. In: Biodiversity and Ecosystem Functioning: Synthesis and Perspectives (eds Loreau M, Naeem S, Inchausti P), pp. 61-75. Oxford: Oxford University Press.

Schuldt A, Assmann T, Brezzi M, et al. 2018. Biodiversity across trophic levels drives multifunctionality in highly diverse forests. Nature Communications, 9: 2989.

Shao X, Brown C, Worthy S J, et al. 2018. Intra-specific relatedness, spatial clustering and reduced demographic performance in tropical rainforest trees. Ecology Letters, 21: 1174-1181.

Shen G, He F, Waagepetersen R, et al. 2013. Quantifying effects of habitat heterogeneity and other clustering processes on spatial distributions of tree species. Ecology, 94:2436-2443.

Shen G C, Wiegand T, Mi X C, et al. 2013. Quantifying spatial phylogenetic structures of fully stem-mapped plant communities. Methods in Ecology and Evolution, 4: 1132-1141.

Shen G C, Yu M J, Hu X S, et al. 2009. Species-area relationships explained by the joint effects of dispersal limitation and habitat heterogeneity. Ecology, 90: 3033-3041.

Song X, Johnson D J, Cao M, et al. 2018. The strength of density-dependent mortality is contingent on climate and seedling size. Journal of Vegetation Science, 29: 662-670.

Staab M, Bluthgen N, Klein A M. 2015. Tree diversity alters the structure of a tri-trophic network in a biodiversity experiment. Oikos, 124: 827-834.

Tan J B, Li A N, Lei G B, et al. 2017. Preliminary assessment of ecosystem risk based on IUCN criteria in a hierarchy of spatial domains: A case study in Southwestern China. Biological Conservation, 215: 152-161.

Tilman D, Wedin D, Knops J. 1996. Productivity and sustainability influenced by biodiversity in grassland ecosystems. Nature, 379: 718-720.

Wang X, Comita L S, Hao Z, et al. 2012. Local-scale drivers of tree survival in a temperate forest. PLoS ONE, 7:e29469.

Wang X, Wiegand T, Teixeira K J, et al. 2018. Ecological drivers of spatial community dissimilarity, species replacement and species nestedness across temperate forests. Global Ecology and Biogeography, 27: 581-592.

Wang X G, Swenson N G, Wiegand T, et al. 2013. Phylogenetic and functional diversity area relationships in two temperate forests. Ecography, 36: 883-893.

Wang X G, Wiegand T T, Swenson N, et al. 2015. Mechanisms underlying local functional and phylogentic beta diversity in two temperate forests. Ecology, 96: 1062-1073.

Wang Z F, Lian J Y, Huang G M, et al. 2012. Genetic groups in the common plant species Castanopsis chinensis and their associations with topographic habitats. Oikos, 121: 2044-2051.

Wang Z F, Lian J Y, Ye W H, et al. 2014. The spatial genetic pattern of Castanopsis chinensis in a large forest plot with complex topography. Forest Ecology and Management, 318: 318-325.

Wu J J, Swenson N G, Brown C, et al. 2016. How does habitat filtering affect the detection of conspecific and phylogenetic density dependence? Ecology, 97: 1182-1193.

Xu H, Cao M, Wu Y, et al. 2017. Optimized monitoring sites for detection of biodiversity trends in China. Biodiversity and Conservation, 26: 1959-1971.

Yang J, Cao M, Swenson N G. 2018. Why functional traits do not predict tree demographic rates? Trends in Ecology and Evolution, 33: 326-336.

Yang J, Swenson N G, Zhang G C, et al. 2015. Local-scale partitioning of functional and phylogenetic beta diversity in a tropical tree assemblage. Scientific Reports, 5:12731.

Yang J, Zhang G C, Ci X Q, et al. 2014. Functional and phylogenetic assembly in a Chinese tropical tree community across size classes, spatial scales and habitats. Functional Ecology, 28: 520-529.

Yuan Z Q, Gazol A, Wang X G, et al. 2011. Scale specific determinants of tree diversity in an old growth temperate forest in China. Basic and Applied Ecology, 12: 488-495.

Zhang L W, Mi X C, Shao H B, et al. 2011. Strong plant-soil associations in a heterogeneous subtropical broad-leaved forest. Plant and Soil, 347: 211-220.

Zhang N L, Li Y N, Wu T, et al. 2018. Tree species richness and fungi in freshly fallen leaf litter: Unique patterns of fungal species composition and their implications for enzymatic decomposition. Soil Biology & Biochemistry, 127:120-126.

Zhang Q G, Zhang D Y. 2006. Species richness destabilizes ecosystem functioning in experimental aquatic microcosms. Oikos, 112: 218-226.

Zhang Q G, Zhang D Y. 2007a. Colonization sequence influences selection and complementarity effects on biomass production in experimental algal microcosms. Oikos, 116: 1748-1758.

Zhang Q G, Zhang D Y. 2007b. Consequences of individual species loss in biodiversity experiments: An essentiality index. Acta Oecologica, 32: 236-242.

Zhang Y B, Ma K P. 2008. Geographic distribution patterns and status assessment of threatened plants in China. Biodiversity and Conservation. 17: 1783-1798.

Zhang Z J, He J S, Li J S, et al. 2015. Distribution and conservation of threatened plants in China. Biological Conservation, 192: 454-460.

Zhao X H, Corra R J, Zhang C Y, et al. 2014. Forest observational studies-an essential infrastructure for sustainable use of natural resources. Forest Ecosystems, 1: 8.

Zhu Y, Comita L S, Hubbell S P, et al. 2015. Conspecific and phylogenetic density-dependent survival differs across life stages in a tropical forest. Journal of Ecology, 103: 957-966.

Zhu Y, Mi X C, Ren H B, et al. 2010. Density dependence is prevalent in a heterogeneous subtropical forest. Oikos, 119: 109-119.

撰稿人：马克平，任海保，刘晓娟，白永飞，罗茂芳，米湘成，郑淑霞，张乃莉，梁宇

# 第23章 生态系统服务研究进展

## 1 引言

生态系统服务是指生态系统形成和所维持的人类赖以生存和发展的环境条件与效用（Daily，1997）。它不仅包括生态系统为人类所提供的食物、淡水及其他工农业生产的原料，还支撑与维持地球的生命支持系统，维持生命物质的生物地球化学循环与水文循环，维持生物物种的多样性，净化环境，维持大气化学的平衡与稳定。生态系统服务是人类赖以生存和发展的基础（Daily，1997）。

由于人类对生态系统服务功能及其重要性缺乏充分认识，对生态系统的长期压力和破坏，导致生态系统服务功能退化。2000年世界环境日由联合国秘书长安南正式宣布启动的千年生态系统评估（Millennium Ecosystem Assessment，MA），这是人类首次对全球生态系统的过去、现在及未来状况进行评估，并据此提出相应的管理对策（MA，2005）。此次评估报告发现，全球生态系统服务功能在评估的24项生态服务中，有15项（约占评估的60%）正在退化，生态系统服务功能的丧失和退化将对人类福祉产生重要影响，威胁人类的安全与健康，直接威胁着区域，乃至全球的生态安全；生态系统服务功能评价是MA的核心内容之一，MA的工作极大推进了生态系统服务功能研究在世界范围内的开展。美国生态学会在2004年提出的"21世纪美国生态学会行动计划"中，将生态系统服务科学作为生态学面对拥挤地球的首个生态学重点问题（Palmer et al.，2004）；2006年英国生态学会组织科学家与政府决策者一起提出了100个与政策制订相关的生态学问题（共14个主题），其中第一个主题就是生态系统服务功能研究（Sutherland et al.，2006）；2008年生态系统服务伙伴关系成立，现已成为最大的国际成员网络，专注于促进生态系统服务研究和实际应用。联合国环境规划署2009年启动生物多样性和生态系统服务科学-政策平台计划（Intergovernmental Science Policy Platform on Biodi-versity and Ecosystem Services，IPBES），2012年联合国正式批准（Brand and Vadrot，2013）；2011年5月欧盟环境委员会发布的欧盟2020年生物多样性六大战略目标的第二个是保护并恢复生态系统及其服务功能；2019年3月联合国环境规划署宣布《2021—2030联合国生态系统恢复十年》决议，其中提到从现在到2030年，恢复3.5亿公顷退化土地可以产生9万亿美元的生态系统服务；2019年5月6日，IPBES全体会议第七次会议上发布了《全球生物多样性和生态系统服务评估报告》。可见，生态系统服务研究已成为国际生态学和相关学科研究的前沿和热点。

近年来，生态系统服务内涵与分类、形成机理、不同时间与空间尺度的生态系统服务物质量和价值量评估、生态系统服务制图、生态系统服务与生物多样性、生态系统服务影响机制、生态系统服务与人类福祉、生态系统服务管理及政策应用等方面开展了大量工作并取得了前所未有的进展。开展陆地生态系统服务的研究已成为生态系统恢复、生态功能区划和建立生态补偿机制、保障国家生态安全的重大战略需求。

## 2 学科发展历程

虽然人类对生态系统服务功能的研究才刚刚起步，但是我们的祖先早已就意识到了生态系统对人类社会发展的支持作用。早在古希腊，柏拉图认识到雅典人对森林的破坏导致了水土流失和水井的干涸。在中国风水林的建立与保护也反映了人们对森林保护村庄与居住环境作用的认识。在美国 George Marsh

也许是第一个用文字记载生态系统服务功能的作用。他在 *Man and Nature* 一书中记载：由于受人类活动的巨大影响，在地中海地区"广阔的森林在山峰之间消失了，肥沃的土壤被冲洗走了，肥沃的草地因灌溉水井枯竭而荒芜，著名的河流因此而干涸。" Marsh 也意识到了自然生态系统的分解动植物尸体的服务功能，他在书中写道："动物为人类提供了一项重要的服务，即消耗腐烂的动植物尸体，如果没有它们，空气中将弥漫着对人类健康有害的气体"（Marsh，1864）。同时他还指出，水，肥沃的土壤，乃至我们所呼吸的空气都是大自然与其生物所赐予的。而农业与工业将对自然秩序与功能造成影响。

以后直到 Aldo Leopold 才开始深入地思考生态系统的服务功能，他曾指出："赶走狼群的牛仔们没有意识到自己已经取代了狼群控制牧群规模的职责，没有想到失去狼群的群山会变成什么样子。结果导致尘土满天，肥沃的土壤被流失，河流把（我们的）未来冲进大海"。Leopold 也认识到人类自己不可能替代生态系统服务功能，并指出："土地伦理将人类从自然的统治者地位还原成为自然的普通一员"（Leopold，1949）。在这个时期，Fairfield Osborn 与 William Vogt 也分别研究了生态系统对维持社会经济发展的意义。Osborn 指出：只要我们注意地球上可耕种及人类可居住的地方，就可以发现水，土壤，植物与动物是人类文明得以发展的条件，乃至人类赖以生存的基础（Osborn，1948）。Vogt 是第一个提出自然资本概念的人，他在讨论国家债务时指出：我们耗竭自然资源（尤其土壤）资本，就会降低我们偿还债务的能力（Vogt，1948）。20 世纪 40 年代以来的生态系统概念与理论的提出和发展，促进了人们对生态系统结构与功能的认识与了解，并为人们研究生态系统服务功能提供了科学基础。

自 20 世纪 70 年代以来，生态系统服务开始成为一个科学术语及生态学与生态经济学研究的分支。据文献总结，*Study of Critical Environmental Problems* 首次使用生态系统服务功能的"Service"一词，并列出了自然生态系统对人类的"环境服务"功能，包括害虫控制、昆虫传粉、渔业、土壤形成、水土保持、气候调节、洪水控制、物质循环与大气组成等方面。稍后，Holdren 与 Ehrlich 论述了生态系统在土壤肥力维持，基因库维持中的作用，并系统地讨论了生物多样性的丧失将会怎样影响生态服务功能，能否用先进的科学技术来替代自然生态系统的服务功能等问题。并认为生态系统服务功能丧失的快慢取决于生物多样性丧失的速度，企图通过其他手段替代已丧失的生态服务功能的尝试是昂贵的，而且从长远的观点来看是失败的（Holdren and Ehrlich，1974；Ehrlich and Ehrlich，1981）。随着这些文章的引用，后来出现了自然服务功能（Westman，1977）一词和生态系统服务（Ehrlich and Ehrlich，1981）。生态系统服务这一术语逐渐为人们所公认和普遍使用。

国际科学联合会环境委员会于 1991 年发起一次会议，主要讨论了怎样开展生物多样性的定量研究，促进了生物多样性与生态系统服务功能关系的研究（Schulze et al.，1993；Tilman，1997），并使这一课题逐渐成为生态学研究的新热点。美国生态学会组织了以 Gretchen Daily 负责的研究小组，对生态系统服务功能进行了系统的研究，并且形成了能反映当前这一课题研究最新进展的论文集（Daily，1997）。

1997 年，Costanza 等人（1997）的《全球生态系统服务与自然资本的价值估算》一文发表以后，学术届引起了极大的震动和争议，主要是以 Costanza 为代表的"生态经济学派"和以 Pearce 为代表的"环境经济学派"围绕该论文的一些观点、计算方法和有关内容展开了激烈的争论（Ayres，1998；Daly，1998；Pimental，1998；Serafy，1998；Herendeen，1998；Hueting et al.，1998；Rees，1998；Templet，1998；Toman，1998；Turner et al.，1998；Costanza et al.，1998；Pearce，1998），其争论的焦点主要集中在世界生态系统服务功能价值的可计算性、计量方法和计量中的技术处理问题等方面。

2000 年世界环境日由联合国秘书长安南正式宣布启动的千年生态系统评估（MA，2005），是全球人类首次联合对全球生态系统的过去、现在及未来状况进行评估，并据此提出相应的管理对策。这项计划将检验地球上的主要生命支撑系统，如农田、草地、森林、河流、湖泊和海洋，包括全球、区域和国家层面的评估，为政府和社会各界提供更好的信息，以便逐步恢复全球生态系统的生产力和服务功能。生态服务功能评价作为 MA 的核心内容之一，MA 概念框架工作组对生态系统服务的内涵、分类体系、评价基本理论和方法均进行了深入地阐述，极大推进了生态系统服务功能在世界范围内的理论、方法及其应用方面研究的开展。

2008年，由联合国环境规划署（环境署）主办的第二次国际生态系统和生物多样性经济学研究的第一份报告（TEEB，2008年）发表。TEEB的主要目的是引起人们对生物多样性的全球经济效益的关注，突出强调由生物多样性丧失和生态系统退化导致的日益增长的损失，并汇集科学、经济和政策各领域的专长，以推动实际行动的向前发展。TEEB报告被大众媒体广泛接受，为广大受众带来了生态系统服务。

2008年，受MEA和TEEB项目启发，生态系统服务伙伴关系（ESP）成立（www.es-partnership.org），现已发展成为最大的国际成员网络，专注于促进生态系统服务研究和实际应用。该网络连接了来自世界各地科学、政策和实践的3000多名生态系统服务研究的专业人员（包括50多个成员组织），他们工作在遍布各大洲的37个工作组、10个区域分会和40多个国家网络。

2012年，生物多样性和生态系统服务政府间科学政策平台（IPBES）成立（www.ipbes.net），这是一个政府间机构，目前包括126个成员国，为决策提供有关生物多样性和生态系统服务状况的信息。它由联合国的四个实体组织支持：环境署、教科文组织、粮农组织和开发计划署。

2012年，Elsevier创立了《生态系统服务》杂志。自《生态系统服务》杂志创立以来，成为最多的生态系统服务论文发表处，期刊出版物的地理范围很广，涵盖了众多生态系统，如海洋（包括海滩、珊瑚礁、海草草甸、红树林、海岸）、森林、淡水（包括河流、湖泊和流域）、湿地（包括泥炭地）、城市、农业（森林）生态系统、多生态系统、山地等。

2014年自然资本联盟成立，这是一个全球多利益相关者组织，旨在支持商业界将生态系统服务及其价值纳入其运营；接着该联盟发布了支持企业管理者制定有关环境影响决策的《自然资本议定书》。

2019年3月联合国环境规划署宣布《2021—2030联合国生态系统恢复十年》决议，旨在扩大退化和破坏生态系统的恢复，以此作为应对气候危机和加强粮食安全、保护水资源和生物多样性的有效措施。

在近20年的发展过程中，生态系统服务研究已经成为了生态学、地理学和环境科学等学科研究的热点，研究主要集中在：①生态系统服务权衡与协同关系；②生态系统服务流和生态系统服务供需；③生态系统服务评估与模型；④土地利用变化与生态系统服务；⑤生物多样性与生态系统服务关系；⑥气候变化与生态系统服务；⑦生态系统服务管理。

## 3 研究现状

近年来，生态系统服务成为生态学研究的前沿和热点，主要研究领域包括：生物多样性与生态系统服务、生态系统服务权衡与协同、生态系统服务流与供需关系、生态系统服务评估与模型、土地利用与生态系统服务、气候变化与生态系统服务、生态系统服务管理。围绕上述领域，已经取得丰富的研究成果。

### 3.1 生物多样性与生态系统服务

生物多样性是人类依赖生存的生态系统服务的基础，但全球范围人类活动的加剧引起全球环境的急剧变化，导致生物多样性正以前所未有的速度丧失（Mori et al.，2017；Soliveres et al.，2016）严重威胁着生态系统服务供给和人类福祉（Chillo et al.，2018）。生物多样性对生态系统服务影响已成为当前备受关注的核心问题之一。过去几十年，全球各界正努力地应对生物多样性丧失和生态系统服务的退化。2012年，在联合国环境署主导下生物多样性和生态系统服务政府间科学政策平台正式宣布成立，体现了千年生态系统评估之后世界各国对于生态系统服务的再次高度关注，也是继应对联合国政府间气候变化专门委员会气候变化评估之后又一个政府间全球性环境评估计划。近年来，在全球各界的共同努力下，全球各地开展了大量生物多样性与生态系统服务关系的研究工作，并取得了多项研究成果（Venail et al., 2015；Laforest L et al., 2017）。

近年来研究的新特征是从单一生物多样性组分转变为考虑多组分，并关注到其他生态系统服务，例如固碳（Shen et al., 2016）、土壤肥力（Gould et al., 2016）、土壤保持（Zhu et al., 2015）和营养物保持（Chen et al., 2017）等。在一定程度上，单个生态系统服务研究能解释生物多样性对生态系统服务影响，但生态系统同时提供了多个生态系统服务，仅关注单个服务极可能会低估维持多个服务所需的物种数量（Hector and Bagchi, 2007），同时也会低估生物多样性丧失对生态系统服务影响程度（He et al., 2009）。因此，一些学者开展了多服务研究（Byrnes et al., 2014），并将多个服务整合在一起，探索生物多样性与生态系统多功能性关系。

从已有结果来看，普遍认为高的生物多样性，不管是物种多样性（Maestre et al., 2012）、功能多样性（Qnail et al., 2015）还是微生物多样性（Wagg et al., 2014）均有利于生态系统多服务的维持。就物种多样性而言，物种丰富度对生态系统多功能性比单个服务影响更大，但其作用很大程度受物种均匀度调节（Maestre et al., 2012）。功能多样性在生态系统多功能性的提供比物种丰富度更重要（Mouillot et al., 2011），但也有研究发现两者作用强度相当（Allan et al., 2015）。多数研究认为维持更多的生态系统服务需更多的物种数量（Hecto and Bagchi, 2007；Allan et al., 2015），但这一观点的成立基于一个假设，即生态系统中各个物种对生态系统服务均具有不同程度影响（Hector and Bagchi, 2007；Allan et al., 2015），当群落中丰富的生物多样性导致了物种冗余，一定数量的物种即可维持生态系统系统多功能性（Gamfeldt and Roger, 2017），由此推断，生物多样性与生态系统多功能性的关系并不总会随生态系统服务数量的增加而发生改变。

目前生物多样性与生态系统服务研究已经取得了一定成果，但仍要加强生物多样性与生态系统服务功能的长期研究与观测，从而阐明生物多样性与生态系统服务的依存关系及内在影响机制。

### 3.2 生态系统服务权衡与协同

生态系统服务权衡产生于不同的生态系统服务存在竞争使用（如农业生产、水质净化和碳储存），特别表现在以某一方的利益为代价来使另一方受益（Rodríguez et al., 2006；李双成等，2013）。对于决策者来说，实现双赢面临最大的挑战就是生态系统服务之间的权衡关系（Howe et al., 2014）。

过去几十年，生态系统服务权衡研究得到了巨大关注。目前关于生态系统服务权衡类型有三种主流分法：第一，是根据权衡形成的尺度和是否可逆分为空间上的权衡（spatial tradeoff）、时间上的权衡（temporal tradeoff）和回复性的权衡（reversibel tradeoff）、服务之间的权衡（Among ESs tradeoff）（Rodríguez et al., 2006）；第二，根据两两生态系统服务相互作用的曲线特征划分为无相互作用服务（non-interacting services）、直接权衡（direct tradeoff）、凸型权衡（convex tradeoff）、凹型权衡（concave tradeoff）、非单调凹型权衡（non-monotonic concave tradeoff）、到"S"型权衡（backwards S tradeoff）（Lester et al., 2013）；第三，根据人类社会对生态系统服务的需求将权衡划分为供给权衡（supply-supply tradeoff）、供需权衡（supply-demand tradeoff）、需求权衡（demand-demand tradeoff）（Mouchet et al., 2014）。

最常见的权衡存在于生物质和其他生态系统服务之间，主要是生命周期维持、栖息地和基因库保护（如生物多样性），生物群调节（如碳吸收），水条件（如水质），以及水（如营养）。另外，生态系统服务权衡驱动力也有了系统的总结（Dade et al., 2018）。最常见的驱动力是土地利用/土地覆盖变化，其中包括如植被覆盖和土地利用改变，特别是转换成耕地等驱动力。

许多研究通过使用相关指标（Ying et al., 2013；Zheng et al., 2016b）、情景（Bai et al., 2012；Kang et al., 2016）或者探究生态系统服务权衡和人类福祉之间的关系（Xu et al., 2016）来定量化和可视化生态系统服务权衡（Ying et al., 2013；Kang et al., 2016），从而为政府机构提供更好的管理方法。不同生态系统服务之间权衡的动态和非线性特征是自然资源管理的一大挑战（Rodríguez et al.，2006），但是很多研究易经尝试去协调权衡从而实现双赢（Howe et al.，2014）。在现实中，大量证据表明如果不进行认真设计干预（Howe et al.，2014）以及合适的环境管理（Tallis et al.，2008），双赢情景几乎是不可能实现的（Bennett et al.，2009）。近年研究发现可以通过以下四种途径来减少生态系统服务权衡：生态系统、景观尺度、多目标最优以及政策干预及其他途径。

以生态系统服务权衡减少为目的的研究已经应用于土地利用规划（Goldstein et al.，2012）、湿地恢复（Jessop et al.，2015）、管理政策有效性评估和商业扩展计划（Kennedy et al.，2016）、环境影响评价（Mandle et al.，2016）、自然保护地管理（McNally et al.，2011）、系统保护规划（Zheng et al.，2016b）、流域管理（Zheng et al.，2016a）、农林业管理（Gavito et al.，2015）等各种生态政策、管理制度制定中，这有助于制定出更加科学的政策。但是，如何统筹社会、经济和生态效益，制定出生态有效性、经济可行性以及社会可纳性的决策仍然处于理论框架阶段，距离真正的实践仍存在一定的距离（Bennett et al.，2009；Howe et al.，2014；Cavender et al.，2015）。现在关于生态系统服务权衡的研究主要关注生物物理方面的，少部分研究结合价值量（Goldstein et al.，2012；Sil et al.，2016），另外也缺少能够真正指导陆地生态系统服务权衡决策的生态系统服务权衡类型划分。这些减少生态系统服务权衡的途径给可持续发展带来了曙光。今后的生态系统服务权衡减小研究要以自然-社会-经济复合生态学原理为基础，考虑人类的喜好以及利益相关者的利益，在明晰产生生态系统服务权衡背后机制，确定用于政策制定的生态系统服务类型，再在合适的尺度上制定合理的可持续政策（Zheng et al.，2013）。

## 3.3 生态系统服务流和供需研究

生态系统服务流是基于生态系统服务实现过程提出的。不同服务之间的相互转换以及相同服务之间在时空上的传递，造成了"潜在"和"实际"服务之间的差异（Fisher et al.，2009），而生态系统服务流就是针对生态系统服务从"供给区"到"受益区"的传递过程展开，最终明确传递的路径及实现的功能。对生态系统服务流的理解和认识不仅有助于对现有资源合理与精准的利用，更有利于管理者的决策与权衡，所以，越来越多的生态学家热衷于探讨生态系统服务向受益人流动的过程与机理。国外对生态系统服务流的研究开展相对较早，已经初步建立了从概念解析、分类评估到模型量化的研究体系。在早期的概念探讨中，Syrbe 和 Walz（2012）将"不连续的供给和受益区域之间的空间间隔"定义为服务连接区域，间接地阐释了服务流的空间特征，但并未量化。Serna 等（2014）认为生态系统服务流的研究建立了供需之间的时空关系，强调需要用地图来代表生态系统服务的生产地点和由附近或远处用户受益的地点；生态系统服务向人口或经济主体的流动取决于服务的物理性质，例如 Van Jaarsveld 等（2005）研究发现在任何地方通过固碳进行全球气候调节都有利于世界的人类，但只有位于河流或洪泛平原附近的下游人群才能受益于洪水调蓄服务；认为关注生态系统服务的受益者是避免生态系统服务价值"重复计算"的先决条件。从定量化手段来看，Villa 等（2014）开发了 ARIES 模型法研究了马达加斯加的淡水供应、水质净化服务的潜在供给流和实际使用。国内关于生态系统服务流的研究起步较晚，目前主要是概念的延展以及基于各类生态系统服务评估模型的服务流实现路径的探究，例如 Guo 等（2000）通过水文模型评估了流域内的水资源调节服务，该模型考虑了从生态系统到水力发电站的服务流过程。

目前，生态系统服务流概念及特征的探讨仍在持续（Syrbe and Walz，2012；Serna et al.，2014），而关于生态系统服务流完整路径的识别及其确切路径的表达已成为研究的热点。现有描述生态系统服务流传递过程的方法主要是用空间制图来明确空间价值转移（Bastian et al.，2012；Silvestri and Kershaw，2010），无法准确定量表达服务流完整的实现过程（Fisher et al.，2009；Palomo et al.，2013）；其次，现阶段的研究多局限在生态系统服务流"供应区"与"受益区"的空间关系上（Fisher et al.，2009；Costanza，2008），忽视了时间特征（Bastian et al.，2012）。因此，如何从时空尺度上精准量化生态系统服务流的完整实现过程，从而优化自然资源开发和利用，遏制区域生态环境恶化是未来面临的重大挑战。

### 3.4 生态系统服务评估与模型

20世纪80年代以来，为了更直观地了解生态系统服务功能的作用，人类开始试着定量评估生态系统服务功能在提供产品、水土保持、气候调节、景观美学等方面的价值。Costanza的研究表明地球生态系统每年至少提供33万亿美元的服务，是当时全球GNP的1.8倍，以此研究为标志（Costanza et al., 1997），对生态系统服务的评估研究开始在全世界范围内兴起（Gómez et al., 2010），极大增进了人们对生态系统服务的认识（欧阳志云等，1999；杨光敏等，2006；Zhang an Ln，2010；Constanza et al., 2011）。生态系统服务的定量评估主要包括物质量和价值量评价两方面，是生态系统服务研究的基础。

物质量评价主要是从物质量的角度对生态系统提供的各项服务进行定量评价，即根据不同区域、不同生态系统的结构、功能和过程，以生态系统服务机制出发，利用适宜的定量方法确定产生的服务的物质数量。物质量评价的特点是能够比较客观地反映生态系统的生态过程，进而反映生态系统的可持续性。运用物质量评价方法对生态系统服务功能进行评价，其评价结果比较直观，且仅与生态系统自身健康状况和提供服务功能的能力有关，不会受市场价格不统一和波动的影响。物质量评价特别适合于同一生态系统不同时段提供服务功能能力的比较研究，以及不同生态系统所提供的同一项服务能力的比较研究，是生态系统服务评价研究的重要手段。物质量评价采用的手段和方法主要包括定位实验研究、遥感、GIS、调查统计等，其中，定位实验研究是主要的服务功能机制研究手段和技术参数获取手段，RS和调查统计则是主要的数据来源，GIS为物质量评价提供了良好的技术平台，但是不同尺度基础数据的转换和使用方法尚有待进一步研究。物质量评价研究往往需要耗费大量的人力、物力和资金支持。物质量评价是价值量评价的基础。

价值评估是基于基础数据、生态学原理、经济学和社会学方法，从货币价值量的角度来对生态系统服务进行定量评估。对生态系统服务价值进行科学的分类是进行价值评估的基础。生态系统服务价值具有不同的分类方法，但是不同的方法都赞同生态服务的价值包括使用价值和非使用价值。很多研究以Tietenberg的分类为基础（Tietenberg et al., 2004），划分为使用价值包括直接使用价值和间接使用价值，非使用价值包括遗产价值、存在价值。选择价值（潜在使用价值）既可以是使用价值也可以是非使用价值。小部分的生态系统服务可以通过市场来进行交易，对于这类生态系统服务可以根据市场价格来计算其价值。大多数生态系统服务不能够在市场上进行交易，不能够直观的得到其价格，面对这类生态系统服务需要其他的评估方法。评估生态系统服务的方法有多种，不同的研究成果对方法的分类不同。不论从何种角度对评估方法分类，评估的方法都包括市场价值法、影子价格法、替代工程法、机会成本法、费用分析法、防护费用法、内涵价格法（HFM）、旅行费用法（TCM）、条件价值评估法（CVM）、联合分析法（CA）等（赵海兰，2015）。

现有基于服务类型与单价的众多评估工作使人们意识到了生态系统服务功能的重要性，然而这些方法本身都存在各自的缺陷，在一定程度上限制了在决策过程中的应用，近年来随着生态系统服务功能研究的深入，定量方法也出现了一系列新的关注点。

首先，更加注重与生态过程的结合，生态过程是生态系统服务功能产生的基础，生态过程的改变驱动生态系统服务功能的变化，因此将生态系统服务功能与生态过程结合能使研究更加准确。Ooba认为先前的研究对日本森林生态系统服务的评估结果偏低，引入基于过程的模型（BGC-ES）模拟与森林相关的生态学过程，能够评估疾病控制、土壤保持等易被忽视的服务，从而使得结果更加合理（Ooba et al., 2010）。与此同时，基于过程的模型需要一系列生物、非生物的参数（如：气候、地形、植被），使生态系统服务功能的研究不只是关注生产和经济方面的价值（Jorgensen et al., 2009），能更好地体现生态系统与周围环境之间的相互作用。

其次，近年来建立在相关理论基础之上，以遥感数据、社会经济数据、GIS 技术等为数据和技术支持的生态系统服务功能评估模型在评价生态系统服务功能价值及其空间分布中发挥着越来越重要的作用。生态系统服务功能评估模型是以已有的理论和研究成果为基础构建，用于评价多种生态系统服务功能。目前使用较多的模型包括 InVEST 模型（Sharp et al.，2016）、ARIES 模型（Bagstad et al.，2013）、SolVES 模型（Sherrouse et al.，2015）等。InVEST 模型用于评估多种生态系统服务功能，同时通过情景分析预测生态系统服务功能的变化；ARIES 模型则通过"源"、"汇"和"使用者" 3 个关键要素，刻画生态系统服务流的动态；SolVES 模型主要侧重对美学、娱乐、休闲等生态系统服务社会价值的评估。InVEST 模型允许输入用户研究地区的相关数据，因而适用范围广，目前在国内研究中使用最多的是 InVEST 模型，近两年国内也逐渐出现使用 SolVES 模型评估的研究案例。如余新晓等（2012）利用 InVEST 模型对北京山区森林的水源涵养功能进行评估，得出北京山区森林水源涵养总量为 16.2 万亿 $m^3$；傅斌等（2013）利用 InVEST 水源涵养模型模拟都江堰全市多年平均水源涵养量为 266mm/a，水源涵养总量达 3.21 亿 $m^3$，空间分布大致呈现由西北向东南的递减趋势。王敏等（2014）利用 InVEST 土壤保持模型模拟福建宁德地区生态系统土壤保持总量为 $9.35 \times 10^8$ t/a，且发现自然生态系统优于人工生态系统。赵琪琪等（2018）应用 SolVES 模型并生成 5 种价值指数地图和价值总和地图对关中-天水经济区进行了评估，认为该模型在大范围区域的应用取得了较好效果同时可以为政府进行生态建设和规划提供科学依据。马桥等（2018）使用 SolVES 模型对浐灞国家湿地公园进行了 4 种社会价值指数评估并探讨了这 4 种社会价值的价值指数与道路、水体、其他类型湿地的关系。王玉等（2016）以吴淞炮台湾湿地森林公园为研究案例，认为 SolVES 模型在评估中小尺度生态系统服务社会价值方面具有较好的可行性。而霍思高等（2018）则以 SolVES 模型为基础，以专家调查法补充，来评估生态系统的文化服务价值，认为 SolVES 模型与专家调查法相结合是一种更好的适用于规划应用的文化服务价值评估方法。

根据当前研究现状，在生态系统服务评估和模型方面应该加强以下几方面的工作：①生态系统服务评估应该考虑空间异质性、注重区域差异、重视社会经济等因素；②生态系统服务评估方法应该注意区分生态系统服务供给、需求和生态系统服务流；③如何开发出适应区域特色的模型，提高模型结果有效性和适应性；④模型开发注重将过程结构-功能-服务-人类福祉耦合起来，更好地服务于决策。

## 3.5 土地利用与生态系统服务

土地利用是指人类根据土地自然特征，结合人类自身发展的需要，采取各种措施对土地进行长期或周期性的经营和治理活动（王军和顿耀龙，2015）。不论是人们利用自然景观还是改变管理措施，已经改变了大部分地球陆地表面和景观格局，比如砍伐热带森林、集约化农业或者城市化发展等（DeFries et al., 2004；Foley and Snyder，2005）。土地利用方式的改变提高了部分生态系统服务产品的同时，也带来了众多环境问题，比如现代农业增产的同时带来了水质退化和盐渍化等问题；供给淡水资源的同时造成了水质退化；获取森林产品的同时，改变了土地格局，引起气候变化（Foley and Snyder，2005）。

土地利用通过改变蒸散发、径流、土壤性质以及植被分布等生态系统过程和结构，从而影响生态系统服务能力（傅伯杰等，1999；李屹峰等，2013）。研究主要有以下几方面：第一，不同土地利用变化对生态系统服务的影响；第二，土地利用在不同的时空尺度上如何影响生态系统服务，如何调控土地利用以减少生态系统服务权衡；第三，如何建立情景来用模型模拟土地利用变化对生态系统服务的影响，从而影响决策。

土地利用的类型、格局、利用强度和不同利用方式等变化将会影响生态系统的能力交换、水分循环和生物地球化学循环等生态过程，从而对生态系统服务造成影响（傅伯杰和张立伟，2014；王军和顿耀龙，2015）。如，傅伯杰等在黄土高原坡面尺度上对不同土地利用格局的对比研究发现，从坡顶到坡底，林地-草地-坡耕地的土地利用格局比林地-坡耕地-草地和草地-林地-坡耕地的格局的土壤水分和养分保持能力更强（Fu et al., 2000）；李屹峰等（2013）发现1990～2009年密云水库土地利用面积变化引起了产水量、土壤保持和水质净化量的变化；郑华等（2013）发现自然恢复的天然次生林较人工恢复方式的生态系统服务功能恢复快且高。Fan等（2016）发现作物种类和农田扩张将会改变流域在水产量、土壤保持等方面的生态系统服务。

土地利用变化对生态系统服务的影响体现在供给服务、调节服务、支持服务以及文化服务的变化上。如，莫菲等发现华北落叶松的覆盖度增加将会是高六盘山洪沟小流域削减洪峰、调节径流的作用（莫菲，2008）；胡华斌等发现在西双版纳勐仑县橡胶种植的增加，提高了橡胶的供给服务但是会使生态系统气候条件、侵蚀控制以及营养循环等生态功能退化。土地利用变化对生态系统服务的影响也体现在价值量上的变化，如刘婷婷等运用SWAT模型模拟了土地利用变化对农业和森林景观的生态系统服务价值的变化（Liu et al., 2016）；石龙宇等发现随着土地利用的改变，厦门市的生态系统服务价值总量逐年增加。

近年来，越来越多的研究关注土地利用和土地变化对生态系统服务权衡的影响（Bai et al., 2013；Kang et al., 2016）。如，白洋等发现土地利用面积的改变将会使水量、水质和作物产量之间产生权衡。土地利用和土地变化对生态系统服务权衡的影响具有时间和空间尺度特征（欧阳志云和郑华，2008）。由于生态系统变化产生的影响具有滞后性，生态系统变化和产生的主要影响在空间上可能会相隔一定的距离，因此土地利用变化对生态系统服务的影响全部显现出来往往需要一个很长的时差，某些生态系统服务的变化发生在一定距离之外。如，Catherine 等发现如果为了眼前的利益砍伐红树林将会导致将来的鱼虾产量减少，如果保护红树林不仅能提高居民收益，而且能够保护苗圃栖息地和生物多样性（McNally et al., 2011）；卢志祥等发现在长江中游谷类种植的增加将会导致下游径流量减52万 m$^3$（Lu et al., 2015）。

情景分析是模型在土地利用与土地变化对生态系统服务的研究中一个重要方面。情景是指一定数量的有结构的可能的未来，是根据当前状况和变化趋势得出的，通常并不代表真实的情况，有助于在未来变化不确定情况下最大可能地做出合理的决策（MA, 2005；张向龙等，2008）。情景不是预测，是用来探索生态系统服务变化和许多社会经济因素方面的不可预测和不可控制的特征（MA, 2005）。情景分析的方法大致有以下五种（李宏亮，2007）：①参照流域对比法，过去某一段时间的土地覆被等情况与研究区域相似，在研究的时段内没有明显土地覆盖变化的邻近流域为参照；②历史反演法，用过去的土地利用/覆被作为现在或者将来的土地利用情景；③土地利用/覆被情景预测模型法，以研究区域所受的自然、社会和经济等影响来确定土地利用变化趋势；④极端土地利用/覆被法，假定研究区只有一种土地覆被；⑤土地利用空间配置法，考虑土地利用变化的相邻关系，空间分配来确定情景。许多研究根据研究地的实际情况以及将来的可能情况进行情景分析，来明晰土地利用变化对生态系统服务的可能影响，如Fan等（2016）利用CLUE模型（land use change prediction model）来研究将来的土地利用变化对水量、水质以及土壤保持能力的影响；Goldstein等（2012）根据Kamehameha学校可能实行的土地利用措施，探究其对碳储存、水质改善以及资金获取等方面的影响，从而做出最佳抉择。

综上所述，土地利用与土地变化通过改变生态系统的结构和过程，影响生态系统服务，是生态系统服务的主要驱动力。近年来，人们通过各种方法研究土地利用与土地变化与生态系统服务的关系，定量化土地利用与变化对生态系统服务的影响，然而仍面临着以下问题：①如何定量揭示和评价土地利用变化对生态系统服务影响的生态学机制；②如何调控土地利用与土地变化来减少生态系统服务权衡，实现可持续发展。

## 3.6 气候变化与生态系统服务

气候变化和陆地生态系统之间的相互作用一直被认为是全球变化研究的主要问题之一（Wdkor and

Bender，1999）。气候是影响陆地生态系统类型和服务的主要因素，与此同时，陆地生态系统的发育和演替又通过生物地球化学循环反作用于气候，影响了气候变化对生态系统的作用效应（Wang and Eltahir，2002）。现有研究成果表明，在过去几十年持续的气温升高和不同的降水模式下，部分地表植被对新的生存环境适应能力较差，使其生产力和物候特征都发生了较大改变（Gang et al.，2013；）。一些观察结果也表明，自然植被易受到气候变化的影响，并且气候变化对植被的影响很大程度取决于气候变化的理化性质（Biermann，2007）。虽然未来温室气体的排放引起的全球气候变化仍存在不确定性，但分析其对自然植被的影响和由此带来的生态系统服务功能的变化是十分重要的。目前越来越多的科研人员意识到生态系统服务价值的量化、空间化和可持续发展的重要性（Schröter et al.，2005）。

气候变化一方面通过降水和气温直接影响陆地生态系统的支持服务功能，另一方面通过影响土地和其他资源的利用强度间接影响陆地生态系统服务的供给、调节和文化服务（Runting et al.，2017）。目前，关于气候变化对陆地生态系统影响的研究中，大多基于代表性浓度路径（RCPs）在全球（global）及区域（regional）尺度上进行生态系统建模（Anav and Mariotti，2011；Hickler et al.，2015；Yu et al.，2014），依据局地（local）尺度特征的研究相对较少。

对未来全球范围内的生态系统进行预测建模，要特别关注气候变化导致的陆地生态系统和 NPP 的动态变化，这项研究具有巨大潜力，其可深入地了解陆地生态系统是如何应对未来几十年的气候变化的。未来气候变化情景对土地利用的影响可以运用相关的模型进行探索，并确定可持续的土地利用战略，同时确保生态系统服务的持续供给。尽管已经开发出各种建模方法并应用于生态系统研究中，并制定了相关可持续管理策略（Higgins et al.，2007；Nelson et al.，2009；Tallis and Polasky，2009），但许多模型并没有考虑气候变化是如何影响植被动态变化的，而了解未来的植被动态对于制定管理政策却是至关重要的。在不同的 GCMs 和 RCPs 下，不同预测结果促进了未来对比研究的强烈机制，因此在不同的 RCPs 下研究未来气候变化对全球植被的影响是非常必要的。

国内对于气候-植被关系的研究相对起步较晚，但发展较快，特别是我国学者任继周在 1956 年基于草原分类理论提出的潜在植被分类系统-综合顺序分类系统（CSCS），该方法采用定量分类法，体现了草地类型的地带性及内部发生学关系，其理论几经演变和完善，已得到广泛应用（任继周等，1980）。综合顺序分类系统（CSCS）是基于气候、土壤和植被的关系根据特定水热环境而建立，自开发和优化以来，该系统已成功用于各种尺度的生物群系建模（Liang et al.，2012；Ren et al.，2008）。车彦军（2014）等基于 RegCM3 模型预测我国 2071—2100 年的气温和降水，模拟了我国的潜在自然植被类型，并分析了植被类型迁移的重心；张明军等人（2004）设置未来三种不同气候变化情景预测我国森林生态系统服务价值，结果表明该服务价值呈增加趋势；Wu 等人（2013）在 RCPs 下预测我国 2010~2050 年的草地生态系统生产力变化趋势，发现温度和降水是影响草地生产力的主要因素，温度升高更有利于青藏高原和西南喀斯特地区草地生产力的提高。徐雨晴等人（2018）基于 CEVS 模型研究了气候变化背景下中国草地生态系统服务价值的动态变化，结果表明其空间分布状态与降水、气温的分布一致，均呈现从西南向东北逐渐增加的趋势。Gang 等人（2017）的研究表明 4 种 RCPs 情景下温暖气候对植被生长具有强烈的积极影响，如苔原和寒冷的沙漠地区，将被迫向更高纬度/海拔移动，尤其在 RCP8.5 情景中更为明显，温带森林的大规模扩张将取代原始的苔原生态系统，与前人的研究结果基本一致（Wookey，2008；Shiyatov et al.，2005）。类似的气候变化模式在北美也得到了一定的预测（Woodward and Williams，1987）。

在国外，潜在自然植被（PNV）的概念主要是指在没有人为干预的情况下成熟植被的预期状态（Chiarucci et al.，2010）。PNV 的研究是针对气候变化对生态系统植被类型的影响，是全球变化与生态系统研究的关键，也是植被与环境关系研究的起点（Zhu et al.，2006）。PNV 已经被广泛用于评估多尺度上过去和未来气候变化对生态系统的影响（Hickler et al.，2015；Yue et al.，2011）。生物地理模型（如 Holdridge 生命区）和平衡植被模型（如 BIOME）等模型已用于模拟多空间尺度的 PNV，为理解气候变化和植被之间的相互作用提供了诸多有用信息（Holdridge，1947；Salzmann et al.，2008；Sitch et al.，2015）。动态全球植被模型（DGVM）的发展包括了植被动态和土地利用的全过程，极大地丰富了我们对气候和陆地植被之间的生物地球化学反馈的认识（Sitch et al.，2015；Salzmann et al.，2008）。目前最具代表性的是霍尔德里奇生命地带（holdridge life zone）模型，该模型根据气候变量指标（降水、温度、蒸散率）将全球的生物区系划分为 38 个生命带类型和 100 多个生命地带（Holdridge，1947）。生态系统服务功能对气候变化的响应也有较为系统的研究，Liu（2013）等人基于 Hadley Center Climate Model（HadCM3）的 A2 排放情景，发现美国西部干旱地区的气候变化使森林生物多样性、空气净化和固碳能力提高；Lam（2016）等人基于 Climate-living Marine Resources Simulation 模型的 $CO_2$ 高排放情景发现 2050 年全球渔业收入将比预期减少 35%；Kunimitsu（2015）等人利用 Recursive-dynamic Regional Computable General Equilibrium（CGE）模型研究发现气候变化增加了日本西部地区的水稻产量和农民收入，但东部和北部地区却有所减少；Sample（2016）等人开发了 High-level Screening Methodology 来评估与水有关的生态系统服务对未来气候变化的响应，发现未来气候变化降低了苏格兰地区农业灌溉和水力发电量。

已有研究大多数基于森林、草地、农田和淡水生态系统研究气候变化对生态系统服务功能的影响，但是气候变化的不确定性、周期性和突变特点决定了生态系统服务功能变化的复杂性。未来气候变化对生态系统服务的影响是难以评估的，因为其影响通常发生在长时间尺度上，具有不确定的动态变化，并且常常混淆着复杂多变的驱动因素。有关气候变化对生态系统服务影响的文献越来越多，但是定量研究方法还未有综合的体系，导致当前的研究对气候变化影响效应，评估方式以及其他驱动因素，不确定性和决策过程缺乏全面的了解。在相关文献中，已有研究评估了气候变化对全球范围内生态系统服务的影响，结果发现气候变化对多数生态系统服务类型的影响是负面的，但不同研究中所关注的生态系统服务类型，驱动因素及评估方法各不相同。气候变化对生态系统的影响具有不确定性，未来需要全球的科研人员通过跨学科的方式致力于研究动态变化过程，从而了解正在发生的和预测未来发展趋势及应对措施。

## 3.7 生态系统服务管理

生态系统服务功能管理是指以实现区域生态系统服务功能的可持续供给为目标，综合利用生态学、管理学、经济学等学科基本原理调节生态系统格局、过程和功能（郑华等，2013）。生态系统服务功能管理是一个复杂过程：决策前，需要科学度量和表征生态系统服务功能、明确生态系统服务功能对人类福祉和生计需要的贡献；决策过程中，需要综合考虑各利益相关者，权衡多种生态系统服务功能，协调好两个矛盾（强调某种服务功能与兼顾利用其他服务功能之间的矛盾；同时维持生态系统多种服务功能措施之间的矛盾）；决策后，需要综合利用生态学、经济学、管理学等学科知识，提出具体有效的管理途径和措施，增强生态系统服务功能的可持续供给能力。针对管理过程中的上述难点，近年来生态系统服务管理研究主要集中在以下 5 个领域：①生态系统服务功能度量；②生态系统服务功能与人类福祉的关系；③多种生态系统服务功能权衡；④生态系统服务功能保护规划；⑤基于生态系统服务功能的生态补偿机制。其中，准确度量生态系统服务功能、阐明生态系统服务功能与人类福祉的关系是生态系统服务功能管理的基础。多种生态系统服务功能权衡的过程也就是管理决策的过程，开展生态系统服务功能保护规划和基于生态系统服务功能的生态补偿是生态系统服务功能管理的有效途径（图 23.1）。

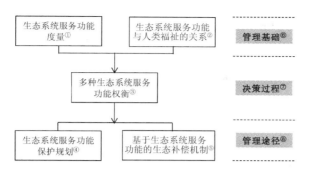

图 23.1 生态系统服务功能管理研究主要议题（郑华等，2013）

生态系统服务管理在实践中的广泛应用对于改善生态系统的管理状况、提高生态系统提供各种服务的能力、改善人类生存环境发挥了重要的作用。如郑华等发现生态系统管理并不是必须要权衡产品供给与调节服务，基于生态学原理的农林复合生态系统管理，我们可以拥有高价值、高产量的生产系统，既保障农户生计，又支撑自然生态系统的重要功能。研究提出的管理生态系统服务权衡的方法，为广大人工林地区协调生态系统产品供给与调节服务关系提供了一种新的策略（Zheng et al.，2019a）。如徐卫华等在自然保护区空间布局研究方面取得重要进展，明确了我国生物多样性与生态系统服务这两大保护目标的关键区域，首次揭示了我国自然保护区对于二者的保护状况，提出了兼顾这两大保护目标的保护区网络优化思路，此研究从国家尺度系统分析了现有的保护区体系对于生物多样性与服务功能的保护效果，研究成果可为我国自然保护区的空间优化、国家公园体系总体布局提供科学依据，也可为其他国家保护地建设提供借鉴，为联合国《生物多样性公约》2020 年目标的实现提供新的途径（Xu et al.，2017）。另外，退化生态系统的生态恢复是生态系统服务管理的重点。如我国在黄土高原研究表明生态恢复项目能够大幅度提高净初级生产、土壤保持等服务，但是也会产生权衡，如水产量和水文调节能力的降低（Li et al.，2019），在不同自然条件区域选择种植适物种等适应性管理能够有效地管理生态恢复项目（Zheng et al.，2016b；Ren et al.，2017）。

但生态系统服务管理是一个综合的过程，加强生态系统服务功能管理并实现可持续发展需要从多方面深化对生态系统服务的研究。第一，需要进一步加强生态系统服务功能供给的理论研究，加深对生态系统服务功能自身属性变化的"非线性"和"阈值"特征、不同尺度上生态系统服务功能权衡背后生态学原理的理解。第二，增加生态系统服务研究结果表达的多样性，目前大多数结果是用经济价值的形式表现出来，多元化的表达方式（Nelson et al.，2009）有利于加深公众对生态系统服务的理解，一种理想化的情况是能够开发出一个能够整合服务、社会、经济等各方面参数的综合指标。第三，生态系统服务的研究应该增加与社会学、经济学、人口统计学等领域跨学科研究，不仅需要建立一套跨学科的检验体系来对价值评估以及各种保护措施的结果进行评价，更需要重点关注生态系统服务功能的变化对人类福利的实际影响，在进一步理解服务和福利的基础上设计完善的框架来进行综合研究，增加研究结果的社会实用性，使其能直接为管理者服务。第四，进一步探索生态系统服务功能研究的结果如何运用到管理决策中，促进在管理实践中的应用，同时通过项目试点将决策内容在小范围进行验证，不断完善生态系统服务功能管理规划，在明确生态系统保护的前提下，使之具有更合理的原理、更可行的机制、更灵活的实施形式，以达到更好的可持续利用效果。

## 4 国际发展趋势及展望

### 4.1 国际发展趋势

如果将 1997 年作为国内外大规模生态系统服务研究的正式起始年，那么生态系统服务至今已经进行了 21 年的研究，成为了生态学、地理学等学科的前沿和热点问题，在生态系统服务理论和应用等方面已硕果累累，其发展也由生态系统服务定义和分类、价值评估等方面转向更加深入、综合应用方面。

首先，更加注重与生态过程的结合，生态过程是生态系统服务产生的基础，生态过程的改变驱动生态系统服务功能的变化，因此将生态系统服务与生态过程结合能使研究更加准确。Ooba认为先前的研究对日本森林生态系统服务的评估结果偏低，引入基于过程的模型（BGC-ES）模拟与森林相关的生态学过程，能够评估疾病控制、土壤保持等易被忽视的服务，从而使得结果更加合理（Ooba et al., 2010）。与此同时，基于过程的模型需要一系列生物、非生物的参数（如：气候、地形、植被），使生态系统服务的研究不只是关注生产和经济方面的价值（Nelson et al., 2009），能更好地体现生态系统与周围环境之间的相互作用。

其次，越来越多的研究侧重跨尺度传输和多尺度关联。包括多个空间尺度上生态系统服务的相互关系以及同一尺度上多个服务之间的相关作用关系，同一区域之间多个利益相关者的权衡关系协调（Zheng et al., 2013），不同区域之间多个利益相关者相互联系，生态系统服务关系的时间动态特征、生态系统服务的远程耦合研究（Liu et al., 2016）等。

更加注重区分和理清社会-生态系统下生态系统服务供给、需求以及流之间的关系。区分生态系统服务的潜在供给能力、人类社会的需求以及生态系统服务供给和需求之间的流动关系能够为可持续生态系统服务管理提供指导（Schirpke et al., 2019）。

气候变化和土地利用变化对生态系统服务的影响研究。利用土地利用和气候变化预测模型研究未来不同情景下生态系统服务的变化趋势及动态特征，能够为区域制定可持续的生态管理目标提供科学依据（Thellmann et al., 2019）。

生态系统服务研究成果的政策应用。如将生态系统服务的保护与传统生物多样性保护规划相结合，通过在生物多样性保护规划中增设生态系统服务功能保护目标，实现两者的协同保护；基于生态系统服务的管理政策设计，以经济手段为主来调节相关者利益关系，由享受生态系统服务的支付者向服务提供者补偿，从而在不损害提供者利益的同时实现生态系统服务的可持续利用（Gauvin et al., 2010；Blackman et al., 2010），从而制定生态补偿政策。

## 4.2 国内发展状况

### 4.2.1 系统研究了典型生态系统结构与过程，对生态系统服务的认识更加深入

我国幅员辽阔、生态系统类型丰富多样，国内学者通过定位观测、模型模拟等手段对森林、湿地、草原等典型生态系统结构与功能开展了大量研究，并对我国生态系统类型、分布及其特征（孙鸿烈，2005）、森林生态系统的生物量和生产力（冯宗炜等，1999）、森林生态系统结构与功能规律研究（蒋有绪，1996）、森林生态系统养分循环（陈灵芝等，1997）、森林生态系统水文生态功能规律（刘世荣等，1996）、湿地植被（中国湿地植被编辑委员会，1999）、典型草原生态系统（陈佐忠等，2000）等做了系统研究与总结，对典型生态系统结构和过程有了比较全面的认识和了解，为认识生态系统服务功能奠定了基础。

20世纪90年代以后，一些学者将生态系统服务功能的概念、内涵和价值评价方法介绍到国内，国内有关生态系统服务功能的研究随之有了较大发展。欧阳志云和王如松（1999）、谢高地（2001）等多位学者详细介绍了生态系统服务功能的定义、内涵和价值评估方法，并系统地分析了生态系统服务功能的研究进展与发展趋势，探讨了生态系统服务及其与可持续发展研究的关系。深入研究了条件价值法的理论基础和应用（张志强等，2001）、生态系统服务的物质量评价和价值量评价这两类方法的特点（赵景柱等，2000）。

近年来，国内学者对生态系统服务的研究更加全面，从生态系统服务与生物多样性的关系（Xu et al., 2017）、土地利用和气候变化对生态系统服务的影响（李屹峰等，2013；徐雨晴等，2018）、生态系统服

务的政策应用（Ouyang et al., 2016）,基于生态系统服务的政策评价（Zheng et al., 2013）以及生态系统服务关系研究（生态系统服务权衡协调、生态系统服务供需及生态系统服务流）等（Zheng et al., 2019b；Wu et al., 2019）方面进入了深入研究，成果丰硕。

**4.2.2 全面评估了生态系统服务**

在对生态系统服务及其价值评估理论进行研究的同时，众多学者从不同尺度对生态系统服务功能生态经济价值开展了评估，探讨了国家、区域、城市等生态系统服务经济价值的估算方法，对特定生态系统或者特定物种生态服务经济价值的估计，为进一步探讨生态系统服务功能形成和变化的机理提供了重要的基础资料（欧阳志云等，1999；陈仲新和张新时，2000；谢高地等，2001）。更进一步，我国将生态系统生产总值（Gross ecosystem product, GEP）核算体系逐渐纳入国家决策，GEP是指区域的生态系统为人类提供的最终产品与服务价值的总和，旨在帮助评估生态系统状况与生态效益，分析评价生态保护成效，以及区域之间的生态关联此外，以生态系统服务功能理论为基础的生态功能区划研究，受到了国家环保总局和国家发展改革委员会的高度重视并被应用于国家生态环境保护决策之中（欧阳志云和勒乐山，2018）。

全国生态系统服务得到了全面评估。欧阳志云等（Ouyang et al., 2016）依托环境保护部和中国科学院联合组织的"全国生态环境十年变化（2000—2010年）调查评估"项目，将国际生态学研究前沿与国家生态保护需求紧密联系起来，建立了区域生态系统服务的定量评价方法，以及综合生态系统服务功能量与受益人口数量的区域生态保护重要性评估方法。研究评估了2000~2010年间我国食物生产、水源涵养、土壤保持、防风固沙、洪水调蓄、固碳、生物多样性保护等7项生态服务，研究还揭示了我国食物生产、水源涵养、土壤保持、防风固沙、洪水调蓄、固碳、生物多样性保护等生态系统服务的空间格局，明确了对保障国家生态安全具有重要意义的关键区域，这些区域虽然仅占全国国土面积的37%，但提供了全国56%~83%的生态系统服务。中国系统服务评估的成果在国际知名期刊得到同行肯定，如美国杜克大学学者 Lydia Olander 评价认为中国建立的生态系统服务评估方法直接关联了利益相关者，通过管理者与科研人员的密切合作，使生态系统服务的评估结果成功应用于政策制定（Olander et al., 2017）。Johnson评价认为中国生态系统评估支撑的生态功能区划政策，明确了区域生态功能保护和产业发展空间定位，并配套实施生态转移支付政策，有效协调了发展与保护的关系（Johnson et al., 2017）。

**4.2.3 生态系统服务纳入政策服务方面取得了巨大成就**

第一，基于生态系统服务功能空间化数据结果，生态环境部和中国科学院于2008年发布了历时四年编制完成的《全国生态功能区划》。2015年，生态环境部和中国科学院决定以2014年完成的全国生态环境十年变化（2000~2010年）调查与评估为基础，对《全国生态功能区划》进行修编。从全国生态功能区划中选出62个对保障国家生态安全具有重要意义的重要生态功能区作为保障生态系统服务功能供给的重要区域。重要生态功能区包括水源涵养区、生物多样性保护区、土壤保持区、防风固沙区和洪水调蓄区等五类区域。重要生态功能区总面积为474万 $km^2$，约占全国国土面积的49.4%，提供了全国约78%的固碳服务，75%的土壤保持服务，61%的防风固沙服务，61%的水源涵养服务和68%的生物多样性保护服务。这些区域的生态系统是重要的湿地、森林、草地和物种栖息地。中央和地方各级政府利用重要生态功能区确定优先保护区域，以保护关键的生态系统服务免受城镇化、工业化和农业发展的影响。例如，国务院据此制定了全国主体功能区划-国家区域发展战略，以保障中国构建高效、协调、可持续的国土空间开发格局。在全国主体功能区划中，重要生态功能区属于限制开发区，把增强生态产品生产能力作为首要任务，以保障生态系统服务功能的可持续供给不受经济社会发展影响。

第二，利用生态系统服务指导生态红线划定。生态保护红线是指在生态空间范围内具有特殊重要生态功能、必须强制性严格保护的区域，是保障和维护国家生态安全的底线和生命线，通常包括具有重要水源涵养、生物多样性维护、水土保持、防风固沙、海岸生态稳定等功能的生态功能重要区域，以及水土流失、土地沙化、石漠化、盐渍化等生态环境敏感脆弱区域。划定生态红线、建立生态保护红线制度作为生态环境管理的重要手段，环保部、水利部、国家林业局、国家海洋局等国家部门和广东省、江苏省等地方政府均开展了大量研究和实践。同时也出现了关于各区域生态红线划分与管理、生态红线实践与思考、基于生态红线的生态安全格局构建与优化、生态红线区生态用地转变前后生态效益分析等一系列研究。中共中央办公厅、国务院办公厅于2017年2月7日印发《关于划定并严守生态保护红线的若干意见》（以下简称《意见》）。《意见》指出，2017年年底前，京津冀区域、长江经济带沿线各省（直辖市）划定生态保护红线；2018年年底前，其他省（自治区、直辖市）划定生态保护红线；2020年年底前，全面完成全国生态保护红线划定，勘界定标，基本建立生态保护红线制度，国土生态空间得到优化和有效保护，生态功能保持稳定，国家生态安全格局更加完善。到2030年，生态保护红线布局进一步优化，生态保护红线制度有效实施，生态功能显著提升，国家生态安全得到全面保障。所发展的生态系统服务定量评估方法写入《生态保护红线划定技术指南》，由环境保护部于2015年4月作为省级以下行政单元推进生态保护红线划定工作的技术指导性文件正式发布。针对生态系统管理目标转变、三江源等重点生态功能区保护、生态补偿等方面向国家提交了决策咨询报告。

第三，生态系统服务指导生态补偿。在中国大多数的重要生态功能区位于贫困率很高的偏远农村和山区。在这些区域，当地社会经济发展和人类生活十分依赖自然资源，居民就业机会十分有限，对工业和农业发展的限制严重影响当地百姓的传统生计。因此，中国政府已经推出并实施一系列生态补偿措施来促进生态保护，提升当地社区的生计水平。这些生态补偿措施包括天然林保护工程，森林生态效益补偿，重点生态功能区生态转移支付，湿地生态补偿，草原生态补偿和区域间的跨流域生态补偿（靳乐山等，2016）。下面以重点生态功能区转移支付为例详细介绍。

为了保证重点生态功能区充分发挥水源涵养、水土保持、防风固沙和生物多样性维护等功能，自2008年起，中央财政设立国家重点生态功能区转移支付，补助总额为60亿元，转移支付以县为单位，共涉及230个县。涉及到的县单元和总的补偿金额逐年增加，截至2017年，补偿总额增长10倍，达到627亿元，受益县的数量达到700个。迄今为止，中央政府在重点生态功能区转移支付的总投入超过3000亿元。国家重点生态功能区转移支付按县测算，财政部将资金下达到省，省级财政根据本地实际情况分配落实到相关重点生态功能区市县，考虑人口规模、生态系统类型、重点生态功能区的空间分布和人均收入等因素。省级政府负责实际的资金分配和监管工作，中央政府定期对国家重点生态功能区转移支付分配情况和使用效果进行评估。

重点生态功能区转移支付的资金主要从两方面促进社会经济可持续发展：①生态恢复和保护工程，②涉及民生的基本公共服务（比如教育和医疗保健等）。生态转移支付的资金分配由中央政府决定，中央政府将资金下拨到涉及重点生态功能区的相关省份，省级单位根据重点生态功能区县边界将资金分配到相关市县。地方政府利用补偿资金通过以下方式来控制生态退化：①补偿社区的工业生产和社会经济发展损失；②支持国家自然保护区和国家公园的规划；③支持生态恢复项目；④为招聘保护重点生态功能区的护林员和工资发放提供资金；⑤制定控制和减少污染的相关措施。根据各市县的实际发展情况，这些资金还可以用于提升基本公共服务，比如为学龄儿童提供公共教育和改善医疗服务等方面。

中央政府定期监督地方政府的财政责任绩效，评价考核生态系统服务、水质、基本公共服务和扶贫减贫方面的效果，并根据考评结果对转移支付资金实施相应的激励约束措施。对于因非不可抗拒因素而生态环境状况持续恶化的地区，将应享受转移支付的20%暂缓下达，待生态环境状况改善后再行下达。连续三年生态环境恶化的县区，下一年度将不再享受该项转移支付，待生态环境指标恢复到2009年前水平时重新纳入转移支付范围。

## 4.3 未来重点发展领域

纵观生态系统服务的研究，已经取得突出成就，但仍存在很多不足之处，结合国内外生态系统服务研究的发展趋势，未来需要关注的重点和研究方向概括为以下几点。

### 4.3.1 理清生态系统结构过程-功能-服务-人类福祉级联关系及其形成机制

生态系统的结构和过程决定形成的生态系统服务，生态系统服务的产生影响人类福祉，为了提高人类福祉所做出的的相关政策又会影响生态系统。因此，十分需要厘清生态系统结构过程-功能-服务-人类福祉级联关系及其形成机制（赵文武等，2018）。生态系统的复杂性和多样性是理清生态系统服务形成机制的重要原因之一。近年来，我国学者已经认识到生态系统服务级联关系对于了解生态系统服务级联关系的重要性，并提出了人地耦合下的生态系统服务级联框架。但是对于生态系统的功能如何转换成生态系统服务，如何识别决定性的生态系统结构和过程及其形成机制仍然研究不够深入（Lü et al.，2012；李双成，2014）。因此，在未来我们需要建立"生态系统结构过程-功能-服务-人类福祉"的理论范式，加强生态系统结构和过程监测和深入全面监测服务产生到利用的全过程，并在此过程中形成统一的生态系统监测方法、指标体系和评估方法与模型。

### 4.3.2 统一生态系统服务评价标准和技术方法

由于不同的研究者针对不同的研究问题提出了不同的生态系统服务分类体系、指标和方法，因此导致生态系统服务评估的结果往往难以在区域之间进行对比。我们国家已经在生态系统服务国家、区域等各种尺度进行了大量生态系统服务评估（Ouyang et al.，2016），但是这些评估结果由于统计服务项目和评估方法各异，其结果对比往往难以反映出区域差异，因此如何建立一套全国尺度统一的生态系统服务分类体系、评估指标和方法对于制定可持续的政策应用意义重大。

### 4.3.3 开展跨区域尺度的生态系统服务监测和集成

随着"3S"技术的快速发展、大数据时代的到来、生态信息学的形成（Michener and Jones，2012）以及复杂的全球贸易网络关系，生态系统服务的研究急需进行跨区域、跨尺度的监测和研究。20 世纪 80 年代开始，我们国家已经筹建了生态系统研究网络，进行了长期的生态学研究和监测，这为我们在大尺度、跨区域的生态系统服务研究奠定了基础（李文华，2009）。近年来，远程耦合研究日渐成熟和卫星遥感技术日益发达，许多学者也意识到区域间的相互作用和远程关系对生态系统服务的影响，但是这些研究还不够全面。因此，未来需要我们用全球视角来审视和评估中国的生态系统服务，开展跨区域尺度的生态系统服务监测，将研究成果集成从而提出更加可持续的生态管理政策。

### 4.3.4 生态系统服务权衡和协同关系的影响机制

生态系统服务权衡和协同关系的辨别能够为生态系统服务可持续管理提供重要依据。今年来我国对于生态系统服务关系大多集中在分析不同情景下生态系统服务关系的时间和空间变化及其影响因素（傅伯杰和于丹丹，2016）。然而，对于生态系统的结构和过程如何影响生态系统服务关系、权衡和协同出现的发生机制是什么，如何调控才能使生态系统服务权衡最小而加强化生态系统服务系统，生态系统服务权衡的时空动态特征及影响因素等问题理解不够深入和全面。因此，在生态系统服务权衡和协同关系方面需要加强机制研究（Dade et al.，2018），形成基于生态系统服务权衡的生态系统管理。

### 4.3.5 生态系统服务应用研究

生态系统服务研究的最终目的是政策应用。我国在生态系统服务的政策应用方面成果丰硕，如生态功能区划、生态红线政策等（Bai et al., 2018），但是在以下方面需要加强：①综合考虑生态系统服务供给流和需求的生态政策制定；②生态系统退化服务的评估及其与生态系统生产总值的关系；③生态系统服务政策的规划、实施及有效性评价；④生态补偿的时空动态配置；⑤基于生态系统服务的生态环境绩效考核机制建立；⑥基于生态系统服务的生态恢复政策研究。

## 参 考 文 献

车彦军, 赵军, 师银芳, 等. 2014. 基于 CSCS 和 RegCM3 模型的 21 世纪末中国潜在植被. 生态学杂志, 33(2): 447-454.

陈灵芝, 黄建辉, 严昌荣. 1997. 中国森林生态系统养分循环. 北京: 气象出版社.

陈仲新, 张新时. 2000. 中国生态系统效益的价值. 科学通报, 45(1): 17-22.

陈佐忠, 汪诗平. 2000. 中国典型草原生态系统. 北京: 科学出版社.

冯宗炜, 王效科, 吴刚, 等. 1999. 中国森林生态系统的生物量和生产力. 北京: 科学出版社.

傅斌, 徐佩, 王玉宽, 等. 2013. 都江堰市水源涵养功能空间格局. 生态学报, 33(3): 789-797.

傅伯杰, 陈利顶, 马克明. 1999. 黄土丘陵区小流域土地利用变化对生态环境的影响——以延安市羊圈沟流域为例. 地理学报, 66(3): 241-246.

傅伯杰, 于丹丹. 2016. 生态系统服务权衡与集成方法. 资源科学, 38(1): 1-9.

傅伯杰, 张立伟. 2014. 土地利用变化与生态系统服务：概念, 方法与进展. 地理科学进展, 33(4): 441-446.

霍思高, 黄璐, 严力蛟. 2018. 基于 SolVES 模型的生态系统文化服务价值评估——以浙江省武义县南部生态公园为例. 生态学报, 38(10): 3682-3691.

蒋有绪. 1996. 中国森林生态系统结构与功能规律研究. 北京: 中国林业出版社.

靳乐山. 2016. 中国生态补偿全领域探索与进展. 北京: 经济科学出版社.

李宏亮. 2007. 基于 SWAT 模型的土地利用/覆被变化对水文要素的影响研究. 石家庄: 河北师范大学硕士学位论文.

李双成. 2014. 生态系统服务地理学. 北京: 科学出版社.

李双成, 张才玉, 刘金龙, 等. 2013. 生态系统服务权衡与协同研究进展及地理学研究议题. 地理研究, 32(8): 1379-1390.

李文华, 张彪, 谢高地. 2009. 中国生态系统服务研究的回顾与展望. 自然资源学报, 24(1): 1-10.

李屹峰, 罗跃初, 刘纲, 等. 2013. 土地利用变化对生态系统服务功能的影响——以密云水库流域为例. 生态学报, 33(3): 726-736.

刘世荣, 王兵, 周光益. 1996. 中国森林生态系统水文生态功能规律. 北京: 中国林业出版社.

马桥, 刘康, 高艳, 等. 2018. 基于 SolVES 模型的西安浐灞国家湿地公园生态系统服务社会价值评估. 湿地科学, 16(01): 51-58.

莫菲. 2008. 六盘山洪沟小流域森林植被的水文影响与模拟. 北京: 中国林业科学研究院博士学位论文.

欧阳志云, 靳乐山. 2018. 面向生态补偿的生态系统生产总值和生态资产核算. 北京: 科学出版社.

欧阳志云, 王如松, 赵景柱. 1999. 生态系统服务功能及其生态经济价值评价. 应用生态学报, 10(5): 635-640.

欧阳志云, 郑华. 2008. 生态系统服务的生态学机制研究进展. 生态学报, 29(11): 6183-6188.

任继周, 胡自治, 牟新待, 等. 1980. 草原的综合顺序分类法及其草原发生学意义. 中国草原地报, 1(1): 1-24.

孙鸿烈. 2005. 中国生态系统. 北京: 科学出版社.

王军, 顿耀龙. 2015. 土地利用变化对生态系统服务的影响研究综述. 长江流域资源与环境, 24(05): 798-808.

王敏, 阮俊杰, 姚佳, 等. 2014. 基于 InVEST 模型的生态系统土壤保持功能研究——以福建宁德为例. 水土保持研究, 21(4): 184-189.

王玉, 傅碧天, 吕永鹏, 等. 2016. 基于SolVES模型的生态系统服务社会价值评估——以吴淞炮台湾湿地森林公园为例. 应用生态学报, 27(06): 1767-1774.

谢高地, 张钇锂, 鲁春霞, 等. 2001. 中国自然草地生态系统服务价值. 自然资源学报, 16(1): 47-53.

徐雨晴, 周波涛, 於琍, 等. 2018. 气候变化背景下中国未来森林生态系统服务价值的时空特征. 生态学报, 38(6): 1952-1963.

杨光梅, 李文华, 闵庆文. 2006. 生态系统服务价值评估研究进展——国外学者观点. 生态学报, 27(1): 205-212.

余新晓, 周彬, 吕锡芝, 等. 2012. 基于InVEST模型的北京山区森林水源涵养功能评估. 林业科学, 48(10): 1-5.

张明军, 周立华. 2004. 气候变化对中国森林生态系统服务价值的影响. 干旱区资源与环境, 18(2): 40-43.

张向龙, 王俊, 杨新军, 等. 2008. 情景分析及其在生态系统研究中的应用. 生态学杂志, 27(10): 1763-1770.

张志强, 徐中民, 程国栋. 2001. 生态系统服务与自然资本价值评估. 生态学报, 21(11): 1918-1926.

赵海兰. 2015. 生态系统服务分类与价值评估研究进展. 生态经济, 31(8): 27-33.

赵景柱, 肖寒, 吴刚. 2000. 生态系统服务的物质量与价值量评价方法的比较分析. 应用生态学报, 11(2): 290-292.

赵琪琪, 李晶, 刘婧雅, 等. 2018. 基于SolVES模型的关中-天水经济区生态系统文化服务评估. 生态学报, 38(10): 3673-3681.

赵文武, 刘月, 冯强, 等. 2018. 人地系统耦合框架下的生态系统服务. 地理科学进展, 37(1): 139-151.

郑华. 2004. 森林恢复方式对生态系统服务功能的影响机制研究. 北京: 中国科学院生态环境研究中心博士学位论文.

郑华, 李屹峰, 欧阳志云, 等. 2013. 生态系统服务功能管理研究进展. 生态学报, 33(3): 702-710.

中国湿地植被编辑委员会. 1999. 中国湿地植被. 北京: 科学出版社.

Allan E, Manning P, Alt F, et al. 2015. Land use intensification alters ecosystem multifunctionality via loss of biodiversity and changes to functional composition. Ecology letters, 18(8): 834-843.

Anav A, Mariotti A. 2011. Sensitivity of natural vegetation to climate change in the Euro-Mediterranean area. Climate Research, 46(3): 277-292.

Ayres R U. 1998. The price-value paradox. Ecological Economics, 25(1): 17-19.

Bagstad K J, Johnson G W, Voigt B, et al. 2013. Spatial dynamics of ecosystem service flows: a comprehensive approach to quantifying actual services. Ecosystem services, 4: 117-125.

Bai Y, Ouyang Z, Zheng H, et al. 2012. Modeling soil conservation, water conservation and their tradeoffs: A case study in Beijing. Journal of Environmental Sciences, 24(3): 419-426.

Bai Y, Wong C P, Jiang B, et al. 2018. Developing China's Ecological Redline Policy using ecosystem services assessments for land use planning. Nature communications, 9(1): 3034.

Bai Y, Zheng H, Ouyang Z, et al. 2013. Modeling hydrological ecosystem services and tradeoffs: a case study in Baiyangdian watershed, China. Environmental earth sciences, 70(2): 709-718.

Bastian O, Grunewald K, Syrbe R, et al. 2012. Space and time aspects of ecosystem services, using the example of the EU Water Framework Directive. International Journal of Biodiversity Science, Ecosystems Services & Management, 8(1-2): 5-16.

Bennett E M, Peterson G D, Gordon L J. 2009. Understanding relationships among multiple ecosystem services. Ecology letters 12(12), 1394-1404.

Biermann F. 2007. Earth system governance' as a crosscutting theme of global change research. Global Environmental Change, 17(3): 326-337.

Blackman A, Woodward R T. 2010. User financing in a national payments for environmental services program: Costa Rican hydropower. Ecological Economics, 69(8): 1626-1638.

Brand U, Vadrot A. 2013. Epistemic selectivities and the valorisation of nature: The cases of the Nagoya protocol and the intergovernmental science-policy platform for biodiversity and ecosystem services (IPBES). Law Env't & Dev. J., 9: 202.

Byrnes J E K, Gamfeldt L, Isbell F, et al. 2014. Investigating the relationship between biodiversity and ecosystem multifunctionality: challenges and solutions. Methods in Ecology and Evolution, 5(2): 111-124.

Cavender B J, Polasky S, King E, et al. 2015. A sustainability framework for assessing trade-offs in ecosystem services. Ecology and Society, 20(1): 17.

Chen H, Mommer L, Van Ruijven J, et al. 2017. Plant species richness negatively affects root decomposition in grasslands. Journal of Ecology, 105(1): 209-218.

Chiarucci M B, Araújo G, Decocq C. 2010. The concept of potential natural vegetation: an epitaph?. Journal of Vegetation Science, 21(6): 1172-1178.

Chillo V, Vázquez D P, Amoroso M M, et al. 2018. Land‐use intensity indirectly affects ecosystem services mainly through plant functional identity in a temperate forest. Functional ecology, 32(5): 1390-1399.

Costanza R. 2008. Ecosystem services: Multiple classification systems are needed. Biological Conservation, 141(2): 350-352.

Costanza R, d'Arge R, De Groot R, et al. 1998. The value of ecosystem services: putting the issues in perspective. Ecological economics, 25(1): 67-72.

Costanza R, Darge R C, De Groot R, et al. 1997. The value of the world's ecosystem services and natural capital. Nature, 387(6630): 253-260.

Costanza R, Kubiszewski I, Ervin D, et al. 2011.Valuing ecological systems and services. F1000 biology reports, 3: 14.

Dade M C, Mitchell M G E, McAlpine C A, et al. 2018. Assessing ecosystem service trade-offs and synergies: the need for a more mechanistic approach. Ambio, 1-13.

Daily G C. 1997. Nature's Services: Societal Dependence on Natural Ecosystems. Washington D C: Island Press.

Daly H E. 1998. The return of Lauderdale's paradox. Ecological Economics, 25: 21-23.

DeFries R S, Asner G P, Houghton R A. 2004. Ecosystems and land use change.Washington DC: American Geophysical Union Geophysical Monograph Series, 153.

Ehrlich P, Ehrlich A. 1981. Extinction: the causes and consequences of the disappearance of species. Random House.

Fan M, Shibata H, Wang Q. 2016. Optimal conservation planning of multiple hydrological ecosystem services under land use and climate changes in Teshio river watershed, northernmost of Japan. Ecological Indicators, 62: 1-13.

Fisher B, Turner R K, Morling P, et al. 2009. Defining and classifying ecosystem services for decision making. Ecological Economics, 68(3): 643-653.

Foley J A, Snyder P K. 2005. Global consequences of land use. Science, 309(5734): 570-574.

Fu B, Chen L, Ma K, et al. 2000. The relationships between land use and soil conditions in the hilly area of the loess plateau in northern Shaanxi, China. Catena, 39(1): 69-78.

Gamfeldt L, Roger F. 2017. Revisiting the biodiversity–ecosystem multifunctionality relationship. Nature ecology & evolution, 1(7): 0168.

Gang C, Zhang Y, Wang Z, et al. 2017. Modeling the dynamics of distribution, extent, and NPP of global terrestrial ecosystems in response to future climate change. Global and Planetary Change, 148: 153-165.

Gauvin C, Uchida E, Rozelle S, et al. 2010. Cost-effectiveness of payments for ecosystem services with dual goals of environment and poverty alleviation. Environmental management, 45(3): 488-501.

Gavito M, González E C, Astier M, et al. 2015. Ecosystem service trade-offs, perceived drivers, and sustainability in contrasting agroecosystems in central Mexico. Ecology and Society, 20(1): e38.

Goldstein J H, Caldarone G, Duarte T K, et al. 2012. Integrating ecosystem-service tradeoffs into land-use decisions.Proceedings of the National Academy of Sciences, 109(19): 7565-7570.

Gómez Baggethun E, De Groot R, Lomas P L, et al. 2010. The history of ecosystem services in economic theory and practice: from early notions to markets and payment schemes. Ecological economics, 69(6): 1209-1218.

Gould I J, Quinton J N, Weigelt A, et al. 2016. Plant diversity and root traits benefit physical properties key to soil function in grasslands. Ecology letters, 19(9): 1140-1149.

Guo Z, Xiao X, Li D. 2000. An Assessment of Ecosystem Services: Water Flow Regulation and Hydroelectric Power Production. Ecological Applications, 10(3): 925-936.

He J Z, Ge Y, Xu Z, et al. 2009. Linking soil bacterial diversity to ecosystem multifunctionality using backward-elimination boosted trees analysis. Journal of Soils and Sediments, 9(6): 547.

Hector A, Bagchi R. 2007. Biodiversity and ecosystem multifunctionality. Nature, 448(7150): 188.

Herendeen R. 1998. A Monetary-costing environmental services: nothing is lost, something is gained, Ecological Economics, 25: 29-30.

Hickler T, Vohland K, Feehan J, et al. 2015. Projecting the future distribution of European potential natural vegetation zones with a generalized, tree species-based dynamic vegetation model. Global Ecology & Biogeography, 21(1): 50-63.

Higgins S I, Kantelhardt J, Scheiter S, et al. 2007. Sustainable management of extensively managed savanna rangelands. Ecological Economics, 62(1): 102-114.

Holdren J P, Ehrlich P R. 1974. Human population and the global environment. Readings in Environmental Impact, 62(3): 274.

Holdridge L R. 1947. Determination of world plant formations from simple climatic data. Science, 105(2727): 367-368.

Howe C, Suich H, Vira B, et al. 2014. Creating win-wins from trade-offs? Ecosystem services for human well-being: A meta-analysis of ecosystem service trade-offs and synergies in the real world. Global Environmental Change, 28: 263-275.

Hueting R, Reijnders L, de Boer B, et al. 1998. The concept of environmental function and its valuation. Ecological Economics, 25(1): 31-36.

Jessop J, Spyreas G, Pociask G E, et al. 2015. Tradeoffs among ecosystem services in restored wetlands. Biological Conservation, 191: 341-348.

Johnson C N, Balmford A, Brook B W, et al. 2017. Biodiversity losses and conservation responses in the Anthropocene. Science, 356(6335): 270-275.

Jorgensen J C, Honea J M, McClure M M, et al. 2009. Linking landscape-level change to habitat quality: an evaluation of restoration actions on the freshwater habitat of spring-run Chinook salmon. Freshwater Biology, 54(7): 1560-1575.

Kang H, Seely B, Wang G, et al. 2016. Evaluating management tradeoffs between economic fiber production and other ecosystem services in a Chinese-fir dominated forest plantation in Fujian Province. Science of The Total Environment, 557: 80-90.

Kennedy C M, Miteva D A, Baumgarten L, et al. 2016. Bigger is better: Improved nature conservation and economic returns from landscape-level mitigation. Science advances, 2(7): e1501021.

Kunimitsu Y. 2015. Regional impacts of long-term climate change on rice production and agricultural income: evidence from computable general equilibrium analysis. Japan Agricultural Research Quarterly, 49(2): 173-185.

Laforest L I, Paquette A, Messier C, et al. 2017. Leaf bacterial diversity mediates plant diversity and ecosystem function relationships. Nature, 546(7656): 145.

Lam V W Y, Cheung W W L, Reygondeau G, et al. 2016. Projected change in global fisheries revenues under climate change. Scientific Reports, 6: 32607.

Leopold A. 1949. A Sand County almanac, and sketches here and there. New York: Outdoor Essays & Reflections.

Lester S E, Costello C, Halpern B S, et al. 2013. Evaluating tradeoffs among ecosystem services to inform marine spatial planning. Marine Policy, 38: 80-89.

Li T, Lü Y, Fu B, et al. 2019. Bundling ecosystem services for detecting their interactions driven by large-scale vegetation restoration: enhanced services while depressed synergies. Ecological Indicators, 99: 332-342.

Liang T G, Feng Q S, Cao J J, et al. 2012. Changes in global potential vegetation distributions from 1911 to 2000 as simulated by the Comprehensive Sequential Classification System approach. Chinese Science Bulletin, 57(11): 1298-1310.

Liu B Y, Nearing M A, Risse L M. 1994. Slope gradient effects on soil loss for steep slopes. Transactions of the ASAE, 37(6): 1835-1840.

Liu J, Yang W, Li S. 2016. Framing ecosystem services in the telecoupled Anthropocene. Frontiers in Ecology & the Environment, 14: 27-36.

Lü Y, Fu B, Feng X, et al. 2012. A Policy-Driven Large Scale Ecological Restoration: Quantifying Ecosystem Services Changes in the Loess Plateau of China. PloS ONE, 7(2): e31782.

Lu Z, Wei Y, Xiao H, et al. 2015. Trade-offs between midstream agricultural production and downstream ecological sustainability in the Heihe River basin in the past half century. Agricultural Water Management, 152: 233-242.

MA. 2005. Ecosystems and Human Well-Being. Washington DC: Island Press.

Maestre F T, Castillo M A P, Bowker M A, et al. 2012. Species richness effects on ecosystem multifunctionality depend on evenness, composition and spatial pattern. Journal of Ecology, 100(2): 317-330.

Mandle L, Douglass J, Lozano J S, et al. 2016. OPAL: An open-source software tool for integrating biodiversity and ecosystem services into impact assessment and mitigation decisions. Environmental modelling & software, 84: 121-133.

Marsh G P. 1864. Man and nature. Washington DC: University of Washington Press.

McNally C G, Uchida E, Gold A J. 2011. The effect of a protected area on the tradeoffs between short-run and long-run benefits from mangrove ecosystems. Proceedings of the National Academy of Sciences, 108(34): 13945-13950.

Michener W K, Jones M B. 2012. Ecoinformatics: supporting ecology as a data-intensive science. Trends in ecology & evolution, 27(2): 85-93.

Mori A S, Lertzman K P, Gustafsson L. 2017. Biodiversity and ecosystem services in forest ecosystems: a research agenda for applied forest ecology. Journal of Applied Ecology, 54(1): 12-27.

Mouchet M A, Lamarque P, Martín-López B, et al. 2014. An interdisciplinary methodological guide for quantifying associations between ecosystem services. Global Environmental Change, 28: 298-308.

Mouillot D, Villéger S, Scherer L M, et al. 2011. Functional structure of biological communities predicts ecosystem multifunctionality. PloS ONE, 6(3): e17476.

Nelson E, Mendoza G, Regetz J, et al. 2009. Modeling multiple ecosystem services, biodiversity conservation, commodity production, and tradeoffs at landscape scales. Frontiers in Ecology and the Environment, 7(1): 4-11.

Nicholson E, Mace G M, Armsworth P R, et al. 2009b. Priority research areas for ecosystem services in a changing world. Journal of Applied Ecology, 46(6): 1139-1144.

Olander L, Polasky S, Kagan J S, et al. 2017. So you want your research to be relevant? Building the bridge between ecosystem services research and practice. Ecosystem Services, 26: 170-182.

Ooba M, Wang Q X, Murakami S, et al. 2010. Biogeochemical model(BGC-ES)and its basin-level application for evaluating ecosystem services under forest management practices. Ecological Modelling, 221(16): 1979-1994.

Osborn F. 1948. Our plundered planet. A Journal of the History of Sciemce Society, 40(1): 76-77.

Ouyang Z, Zheng H, Xiao Y, et al. 2016. Improvements in ecosystem services from investments in natural capital. Science, 352(6292): 1455-1459.

Palmer M, Bernhardt E, Chornesky E, et al. 2004. Ecology for a Crowded Planet. Science, 304(5675): 1251-1252.

Palomo I, Martinlopez B, Potschin M, et al. 2013. National Parks, buffer zones and surrounding lands: Mapping ecosystem service flows. Ecosystem services, 104-116.

Pearce D. 1998. Auditing the earth: the value of the world's ecosystem services and natural capital. Environment: Science and

Policy for Sustainable Developmeut, 40(2): 23-28.

Pimental D. 1998. Economic benefits of natural biota. Ecological Economics, 25: 45-47.

Rees W E. 1998. How should a parasite value its host. Ecological Economics, 25: 49-52.

Ren J Z, Hu Z Z, Zhao J, et al. 2008. A grassland classification system and its application in China. The Rangeland Journal, 30(2): 199-209.

Ren Y, Lü Y, Fu B, et al. 2017. Biodiversity and ecosystem functional enhancement by forest restoration: A meta - analysis in China. Land degradation & development, 28(7): 2062-2073.

Rodríguez J, Beard Jr T D, Bennett E, et al. 2006. Trade-offs across space, time, and ecosystem services. Ecology and society, 11(1).

Runting R K, Lovelock C E, Beyer H L, et al. 2017. Costs and opportunities for preserving coastal wetlands under sea level rise. Conservation Letters, 10(1): 49-57.

Salzmann U, Haywood A M, Lunt D J, et al. 2008. A new global biome reconstruction and data-model comparison for the middle Pliocene. Global Ecology and Biogeography, 17(3): 432-447.

Sample J E, Baber I, Badger R. 2016. A spatially distributed risk screening tool to assess climate and land use change impacts on water-related ecosystem services. Environmental modelling & software, 83: 12-26.

Schirpke U, Egarter V L, Tasser E, et al. 2019. Analyzing Spatial Congruencies and Mismatches between Supply, Demand and Flow of Ecosystem Services and Sustainable Development. Sustainability, 11(8): 2227.

Schröter D, Cramer W, Leemans R, et al. 2005. Ecosystem service supply and vulnerability to global change in Europe. Science, 310(5752): 1333-1337.

Schulze E D, Harold A, Mooney, et al. 1993. Biodiversity and ecosystem function. Berlin: Springer Science & Business Media.

Serafy S E. 1998. Pricing the invaluable: the value of the world's ecosystem services and natural capital. Ecological Economics, 25: 25-27.

Serna C H M, Schulp C J E, Van Bodegom P M, et al. 2014. A quantitative framework for assessing spatial flows of ecosystem services. Ecological Indicators, 39: 24-33.

Sharp R, Tallis H T, Ricketts T, et al. 2016. InVest+ Version+ user's guide. The Natural Capital Project.

Shen Y, Yu S, Lian J, et al. 2016.Tree aboveground carbon storage correlates with environmental gradients and functional diversity in a tropical forest. Scientific reports, 6: 25304.

Sherrouse B C, Semmens D J, clemeut M. 2015. Social Values for Ecosystem Services, version 3.0 (SolVES 3.0): documentation and user manual. US Geological Survey.

Shiyatov S G, Terent'Ev M M, Fomin V V. 2005. Spatiotemporal dynamics of forest-tundra communities in the Polar Urals. Russian Journal of Ecology, 36(2): 69-75.

Sil Â, Rodrigues A P, Carvalho S C, et al. 2016. Trade-offs and Synergies Between Provisioning and Regulating Ecosystem Services in a Mountain Area in Portugal Affected by Landscape Change. Mountain Research and Development, 36: 452-464.

Silvestri S, Kershaw F. 2010. Framing the flow: innovative approaches to understand, protect and value ecosystem services across linked habitats. United Nations Environment Programme (UNEP).

Sitch S, Huntingford C, Gedney N, et al. 2015. Evaluation of the terrestrial carbon cycle, future plant geography and climate-carbon cycle feedbacks using five Dynamic Global Vegetation Models (DGVMs). Global Change Biology, 14(9): 2015-2039.

Soliveres S, Van Der Plas F, Manning P, et al. 2016. Biodiversity at multiple trophic levels is needed for ecosystem multifunctionality. Nature, 536(7617): 456.

Sutherland W J, Armstrong B, Armsworth P R, et al. 2006. The identification of 100 ecological questions of high policy relevance in the UK. Journal of applied ecology, 43(4): 617-627.

Syrbe R, Walz U. 2012. Spatial indicators for the assessment of ecosystem services: Providing, benefiting and connecting areas and landscape metrics. Ecological Indicators, 21: 80-88.

Tallis H, Kareiva P, Marvier M, et al. 2008. An ecosystem services framework to support both practical conservation and economic development. Proceedings of the National Academy of Sciences, 105(28): 9457-9464.

Tallis H, Polasky S. 2009. Mapping and valuing ecosystem services as an approach for conservation and natural-resource management. Annals of the New York Academy of Sciences, 1162(1): 265-283.

Templet P H. 1998. The neglected benefits of protecting ecological services: a commentary provided to the ecological economics forum, Ecological Economics, 25: 53-55.

Thellmann K, Golbon R, Cotter M, et al. 2019. Assessing Hydrological Ecosystem Services in a Rubber-Dominated Watershed under Scenarios of Land Use and Climate Change. Forests, 10(2): 176.

Tietenberg T H, Lewis L. 2004. Environmental economics and policy. Boston: Pearson Addison Wesley.

Tilman D. 1997. Biodiversity and ecosystem functioning. Pages 93-112 in Daily G (ed). Nature's Services: Societal Dependence on Natural Ecosystems. Washington D C: Island Press.

Toman M. 1998. Why not to calculate the value of the world's ecosystem services and natural capital. Ecological Economics, 25: 57-60.

Turner R K, Adger W N, Brouwer R. 1998. Ecosystem services value, research needs, and policy relevance: a commentary. Ecological Economics, 25(1): 61-65.

Van Jaarsveld A S, Biggs R, Scholes R J, et al. 2005. Measuring conditions and trends in ecosystem services at multiple scales: The Southern African Millennium Ecosystem Assessment (SAfMA) experience. Philosophical Transactions of the Royal Society B, 360(1454): 425-441.

Venail P, Gross K, Oakley T H, et al. 2015. Species richness, but not phylogenetic diversity, influences community biomass production and temporal stability in a re-examination of 16 grassland biodiversity studies. Functional Ecology, 29(5): 615-626.

Villa F, Bagstad K J, Voigt B, et al. 2014. A Methodology for Adaptable and Robust Ecosystem Services Assessment. PLoS ONE, 9(3): e91001.

Vogt W. 1948. Road to survival. Soil Science, 67(1): 1-75.

Wagg C, Bender S F, Widmer F, et al. 2014. Soil biodiversity and soil community composition determine ecosystem multifunctionality. Proceedings of the National Academy of Sciences, 111(14): 5266-5270.

Walker B H, Steffen W L. 1999. The Terrestrial Biosphere and Global Change: Implications for Natural and Managed Ecosystems: A Synthesis of GCTE and Related Research. Quarterly Review of Biology, 400(6744): 522-523.

Wang G, Elfatih A. 2002. Impact of $CO_2$ concentration changes on the biosphere-atmosphere system of West Africa. Global Change Biology, 8(12): 1169-1182.

Westman W E. 1977. How much are nature's services worth?. Science, 197(4307): 960-964.

Woodward F I, Williams B G. 1987. Climate and plant distribution at global and local scales. Vegetatio, 69(1-3): 189-197.

Wookey P A. 2008. Experimental approaches to predicting the future of tundra plant communities. Plant Ecology & Diversity, 1(2): 299-307.

Wu F, Deng X, Yin F, et al. 2013. Projected Changes of Grassland Productivity along the Representative Concentration Pathways during 2010–2050 in China. Advances in Meteorology, 1-9.

Wu X, Liu S, Zhao S, et al. 2019. Quantification and driving force analysis of ecosystem services supply, demand and balance in China. Science of The Total Environment, 652: 1375-1386.

Xu W, Xiao Y, Zhang J, et al. 2017. Strengthening protected areas for biodiversity and ecosystem services in China. Proceedings of the National Academy of Sciences, 114(7): 1601-1606.

Xu Y, Tang H, Wang B, et al. 2016. Effects of land-use intensity on ecosystem services and human well-being: a case study in Huailai County, China. Environmental Earth Sciences, 75(5): 416.

Ying P, Wu J, Xu Z. 2013. Analysis of the tradeoffs between provisioning and regulating services from the perspective of varied share of net primary production in an alpine grassland ecosystem. Ecological Complexity, 17: 79-86.

Yu M, Wang G, Parr D, et al. 2014. Future changes of the terrestrial ecosystem based on a dynamic vegetation model driven with RCP8.5 climate projections from 19 GCMs. Climatic Change, 127(2): 257-271.

Yue T X, Fan Z M, Chen C F, et al. 2011. Surface modelling of global terrestrial ecosystems under three climate change scenarios. Ecological Modelling, 222(14): 2342-2361.

Zhang X Y, Lu X G. 2010. Multiple criteria evaluation of ecosystem services for the Ruoergai Plateau Marshes in southwest China. Ecological Economics, 69(7): 1463-1470.

Zheng Z M, Fu B J, Feng X M. 2016b. GIS-based analysis for hotspot identification of tradeoff between ecosystem services: A case study in Yanhe Basin, China. Chinese Geographical Science, 26: 466-477.

Zheng H, Li Y, Robinson B E, et al. 2016a. Using ecosystem service trade-offs to inform water conservation policies and management practices. Frontiers in Ecology and the Environment, 14(10): 527-532.

Zheng H, Robinson B E, Liang Y C, et al. 2013. Benefits, costs, and livelihood implications of a regional payment for ecosystem service program. Proceedings of the National Academy of Sciences, 110(41): 16681-16686.

Zheng H, Wang L, Peng W, et al. 2019a. Realizing the values of natural capital for inclusive, sustainable development: Informing China's new ecological development strategy. Proceedings of the National Academy of Sciences, 116(17): 8623-8628.

Zheng H, Wang L, Wu T. 2019b. Coordinating ecosystem service trade-offs to achieve win–win outcomes: A review of the approaches. Journal of Environmental Sciences, 103-112.

Zhu H, Fu B, Wang S, et al. 2015. Reducing soil erosion by improving community functional diversity in semi-arid grasslands. Journal of Applied Ecology, 52(4): 1063-1072.

Zhu W Q, Pan Y Z, Liu X, et al. 2006. Spatio-temporal distribution of net primary productivity along the Northeast China Transect and its response to climatic change. Journal of Forestry Research, 17(2): 93-98.

撰稿人：郑　华，王丽娟，欧阳志云

# 第 24 章　可持续生态学研究进展[*]

20 世纪 60 年代以来，人类社会经济的快速发展造成了全球性生态环境问题日益突出。1962 年《寂静的春天》的问世，引发了社会各界关于人类发展与自然生态相协调的热烈讨论。1980 年，世界自然保护联盟（IUCN）、联合国环境规划署（UNEP）和世界自然基金会（WWF）在 World Conservation Strategy 一书中，从生态学的角度将可持续发展定义为"强调人类利用生物圈的管理，使生物圈既能满足当代人的最大持续利益，又能保持其满足后代人的需求与欲望的潜力"（IUCN，1980；吕永龙，1993）。1987 年，《我们共同的未来》将可持续发展定义为"在满足当代人需要的同时，不损害人类后代满足其自身需要的能力"。1992 年，联合国环境与发展会议在巴西里约热内卢举行，会议通过了《关于环境与发展的里约热内卢宣言》和《21 世纪议程》，使可持续发展的理念得到了普遍接受。2000 年，联合国《千年宣言》中提出了共同实施包括消除极端贫困与饥饿、普及小学教育、促进性别平等和增强妇女权能等八项千年发展目标（Millennium Development Goals，MDGs）。2015 年，在千年发展目标时限到来之际，联合国举行的"2015 后发展议程"中通过了 2016~2030 年全球可持续发展目标（Sustainable Development Goals，SDGs），包括经济、社会和环境三个关键维度共 17 个目标和 169 个分目标，这意味着可持续发展将成为指导未来全球经济社会发展的核心理念，继续引导全球解决社会经济与环境领域的突出问题。我国于 1994 年发布了《中国 21 世纪议程——中国 21 世纪人口、环境与发展白皮书》，在全球率先制定国家层面的《21 世纪议程》，并将《中国 21 世纪议程》纳入国民经济计划予以实施。1996 年，我国政府将可持续发展上升为国家战略并全面推进实施。2003 年，提出了以人为本、全面协调可持续的科学发展观。此后，又先后提出了资源节约型和环境友好型社会、创新型国家、绿色发展、生态文明等理念，并不断开展制度建设和示范区创建实践（李文华，2013）。2011 年，国务院学位委员会将生态学升级为一级学科，新的生态学一级学科下设 7 个二级学科方向，即动物生态学、植物生态学、微生物生态学、生态系统生态学、景观生态学、修复生态学和可持续生态学，可持续生态学被正式列为一门新兴的生态学学科。

从方兴未艾的生态安全格局、生态补偿、生态承载力、生态产业、生态城市规划等研究领域（Zhang an Fath，2019；Peng et al.，2019；Wu et al.，2018；Shang et al.，2018；Huang et al.，2019；Song et al.，2018；Martín et al.，2018），到近年来兴起的生态文明建设、联合国 2030 年可持续发展议程、全球气候变化等研究议题（Jiang et al.，2019；Xu et al.，2019；Salvia et al.，2019；Searchinger et al.，2018），可持续生态学在不断变化与拓展研究方向，但其研究重点始终聚焦在人类社会经济与自然生态系统的协调可持续发展。可持续生态学是一门应用性很强的学科，科学研究的过程也是应用实践的过程。为此，本文从宏观尺度生态系统、生态城市和生态产业三个维度展开，系统评述可持续生态学热点方向的研究进展，并提出可持续生态学未来需重点研究的方向，以期推动可持续生态学的理论创新和应用实践。

## 1　可持续生态学的基础理论与方法研究

工业革命以来，生物多样性丧失、环境污染、气候变化等在全球范围发生或具有全球性影响的问题不断加剧。20 世纪 70 年代联合国科教文组织（UNESCO）开展的人与生物圈计划（MAB）把人类纳入到生态系统和生物圈中，并使之成为具有重要影响的组成部分，这是生态学发展历程中一次观念上的重

---

[*] 本章已发表于《生态学报》，2019，39（10）：3401-3415。

大革新，是生态学研究投身于解决社会经济发展问题的一次重大进步（Krause et al.，1995）。可持续生态学正是在这样的大背景下应运而生的，它是研究可持续发展中社会、经济、环境三个维度之间相互关系的一门学科，它用生态学原理和方法解决自然与社会经济协调发展问题，或者说它是生态学不断将人类及其社会经济活动纳入研究范畴而形成的自然科学与社会科学的交叉学科。

在理论研究方面，马世骏和王如松等（1984）学者在总结了以整体、协调、循环、再生为核心的生态控制论原理基础上，创造性地提出了基于"时""空""量""构""序"的生态关联以及生态整合的"社会-经济-自然"复合生态系统理论。它突破了单纯的自然生态系统理念，将社会与经济要素纳入复合生态系统中，探讨社会、经济、自然之间的相互关系，进而提出社会进步、经济增长与自然演化相协调的调控对策。随后，吕永龙、牛文元、叶文虎等学者对于可持续发展进行了深度的理论思考。吕永龙（1993，1996；吕永龙等；2018）认为"可持续发展"的最终目标是调节好生命系统及其支持环境之间的相互关系，使有限的环境在现在和未来都能支撑起生命系统的良好的运行。"可持续发展"必须遵循发展的公平性、区域分异规律、物质循环利用原则，资源再生与共生原则。分析与研究"可持续发展"，须用系统的观点，定性与定量相结合的方法，把经济、社会、文化和生态因子结合起来综合分析。牛文元（2012）认为可持续发展理论的"外部响应"，是处理好"人与自然"之间的关系，这是可持续能力的"硬支撑"；可持续发展战略的"内部响应"，是处理好"人与人"之间的关系，这是可持续能力的"软支撑"。叶文虎和张辉（2012）则认为可持续发展思想和模式的提出，是人类对进入工业文明时期以来所走过的发展道路进行反思的结果。这些反思为可持续发展理念在国内的生根发芽提供了有益的理论基础（吕永龙等，2018）。近年来，国际上有关可持续性科学的研究有如下几个关键视角。一种视角是有关可持续性科学（sustainability science）的内涵和主要影响因素，促进了可持续性科学的诞生（Kates et al.，2001，2011；Clark et al.，2003，2007）；一种视角是可持续发展经济学（economics of sustainable development），通过将经济学方法引入可持续发展领域，促成自然资本融入社会经济核算体系（Daly，1997），成为生态系统服务价值核算的重要方法论基础（Costanza，1997）；还有一种视角是将人类为主的社会经济系统和自然生态系统耦合，构建"人类-自然"耦合系统（CHANS）（Liu et al.，2007），这种思路与"社会-经济-自然复合生态系统"理论有异曲同工之处。

生态经济学和社会生态学为可持续生态学提供了重要的分析工具和方法。生态经济学由美国经济学家 Kenneth Boulding 于 1968 年首次正式提出，主要研究生态破坏的经济成本、生态系统服务的经济效益、生态系统恢复的成本效益分析等（李文华，2013）。1972 年，英国生态学家 Edward Goldsmith 出版了生态经济学著作《生存的蓝图》（Edward，1972）。马中等（2013）认为，从研究历程上看，经济学家 Kenneth Boulding、Herman E Daly 和生态学家 H. T. Odum 等学者是当代生态经济学思想的奠基者和先行者，他们的观点形成于 20 世纪六七十年代，主要分析当时西方发达国家生态退化引起的经济价值变化，以及如何采取成本有效的措施恢复生态系统功能（李文华，2013）。20 世纪 80 年代，国际生态经济学会成立，此时生态经济学的基础理论开始建立。Costanza 等创办了《生态经济学》国际期刊，深入研究生态与经济社会的相互关系、经济发展对自然生态系统的影响及其价值损益、生态系统退化对社会群体尤其是土著民生活的影响、生态系统服务功能及其价值核算、生态系统管理及其政策工具等（Costanza and Robert，1997；Costanza，1980；Martínez，1987）。中国学者也同步开展了生态经济学研究。1984 年中国生态经济学会成立，许涤新在 1987 年主编出版了中国第一本《生态经济学》专著，试图在当时的计划经济为主的背景下探讨生态经济学的基本理论与方法（许涤新，1987）。其后，刘思华、徐中民、欧阳志云等学者在生态经济学领域进行了较多探索，主要利用成本效益、价值核算的理论和方法分析中国的环境与发展问题（徐中民，2013；刘思华，1997，2008），特别是利用价值损益方法对中国的生态系统服务功能进行了核算（Ouyang et al.，2016）。经济增长的生态效应、生态退化或恢复的经济学价值、物质-能量-信息流动的经济分析、基于生态系统的管理政策等依然是当前生态经济学的研究重点。对于在国际上已经兴起的社会生态学研究，国内的相关研究较少，主要涉及社会价值问题，即自然生态系统退化可能引发的社会生活方式的变化、社会价值损益、社会范式的变革等内容，体现环境变化的社会效应及环境与社会发展的协调关系。

可持续生态学涉及七大核心科学问题，主要包括：①如何将自然与社会经济之间的动态关系整合到"地球系统-人类发展-可持续性"的耦合模式和概念框架中？②环境与发展的长期变化趋势是如何改变自然与经济社会之间的相互关系，进而影响可持续发展的机制？③哪些因素决定着"社会-经济-自然"复合生态系统的脆弱性和弹性？④如何科学界定能够预警"社会-经济-自然"系统退化的极限条件和阈值？⑤什么激励体系能够最有效地改善社会能力以引导自然和社会经济相互作用关系朝着更可持续的方向发展？⑥如何整合并拓展现有的关于环境和社会经济的监测系统，以更有效地指导可持续性研究？⑦如何将相对独立的各种研究规划、监测、评估和决策支持活动等整合为适应性管理和社会学习系统？（Kates et al.，2001；Clark and Dickson，2003；Clark，2007；Kates，2011）越来越多的学者试图对这些主要问题进行深入研究和详细阐述，包括对七个核心科学问题的改进和补充。

定量评价方法在可持续生态学研究中占有重要地位。1992年巴西里约热内卢举办的联合国环境与发展会议提出了要构建可持续发展评估方法。Ness等（2007）依据"时间特征"、"研究焦点"和"整合程度"将可持续发展评估方法大致分为3类：①指标和指数；②基于产品的评估方法；③基于动态模型的综合评估方法，模拟系统过程和功能，有助于理解、预测和调控人与环境耦合系统的行为。可持续发展指标和指数评价方法主要包括单指标与多指标两类评价方法。单指标法侧重于可持续发展评价的某一方面，如联合国开发计划署在1990年《人类发展报告》中提出的人类发展指数偏重于社会经济发展方面，而环境可持续发展指数则侧重于环境类指标。多指标评价方法通过构建指标体系的方式评价区域发展的可持续性，通常能更全面反映区域的综合性和协调性，但是在研究与实践中，多目标评价法存在指标庞杂且不均衡，指标权重确定具有较大主观性、指标难以量化导致操作性差等缺陷。中国科学院可持续发展战略研究组牛文元等学者构建了适应中国国情的可持续发展评价指标体系，从生存、发展、环境、社会和智力等五个支持系统选择了200多个基础指标构建评价指标体系，并陆续发布了《中国可持续发展战略报告》年度序列报告，对全国和各省的可持续发展能力进行了综合评估（牛文元等，2015）。

目前常用的定量评价方法有（李文华，2013；邬建国等，2014）：

（1）单指标法

经济类指标：人类发展指数，绿色GNP等；

环境类指标：环境可持续发展指数（ESI），环境绩效指数（EPI）等；

生态类指标：生态足迹（Wackernagel and Rees，1996，1997）等；

能源类指标：能量分析、能值分析（Odum，1996）、exergy分析（Jorgensen，2006）等；

物质流指标：物流分析（MA）等；

（2）多指标评价方法

框架类指标体系：压力-状态-响应（PSR）框架，基于主题的框架（theme-based framework）、基于资本的框架（capital-based framework）、综合核算框架（integrated accounting framework）以及包容性财富框架（inclusive wealth framework）、反映-行动-循环（reflection-action-cycle）框架等；

生命周期评价：生命周期成本评估、生命周期环境影响分析等；

"社会-经济-环境"复合目标体系：联合国千年发展目标指标体系（Millennium Development Goals，MDGs），联合国2030年可持续发展目标指标体系（Sustainable Development Goals，SDGs）等。

国内典型的评价指标体系包括：王如松（2005）从发展状态、发展动态和发展实力三个方面对扬州城市生态系统进行的评价；《2012年中国可持续发展战略报告》从生存支持系统、发展支持系统、环境支持系统、社会支持系统和智力支持系统5个方面选择234个指标构建了指标体系，对全国1995~2009年可持续发展能力进行评估（中国科学院可持续发展战略研究组，2012）。

基于动态模型的可持续发展综合评估方法涉及研究系统的过程和动态机制，对"环境-经济-社会"耦合系统有更深的认识，并且对将来可能发生的情况进行分析、模拟和预测，是近些年逐渐兴起的研究方法（邬建国等，2014）。例如，在捷克等国家的一些城市社区的可持续发展规划研究中运用的 SUNtool 模型（Robinson，2007）。Threshold 21 模型是突出政策分析的国家尺度可持续发展的系统动力学模型，该模型涉及整个国家可持续发展的经济、社会和环境等多方面，已应用于 20 多个国家（Barney，2002）。SCENE 模型是具有 4 个等级层次的可持续发展概念模型框架，可用于指导建立可持续性指标体系和发展"环境-经济-社会"耦合动态模型（Grosskurth and Rotmans，2005）。但这些评价方法各有优缺点，适用于不同的社会经济或自然生态系统，尚无一种普适性的评价方法或模型，仍需进一步完善。

## 2 宏观尺度生态系统的可持续发展

宏观尺度生态系统的可持续发展，包括全球尺度、国家尺度和区域尺度生态系统的可持续发展。全球尺度可持续发展研究的一个热点是全球气候变化的生态效应，重点关注气候变化引起的自然生态系统变化、生态系统韧性、生态系统适应与管理及其对人类社会可持续发展的影响，相应地，能源可持续利用和碳排放也成为了热点研究方向。近年来，全球范围可持续发展研究和实践的一个热点是如何推进落实《联合国 2030 年可持续发展议程》，该议程通过设定 17 项目标指导全球各个国家在 2016~2030 年进行可持续发展实践活动。生态文明建设是近年来我国推进可持续发展战略的重要组成部分，通过一系列制度建设、科学研究和社会实践，将生态文明建设融入经济建设、政治建设、文化建设、社会建设的各方面和全过程，以全面实现经济社会与环境的可持续发展。区域生态安全格局的构建、优化和评估，对于完善国家和地区的主体功能区划、生态功能区划等空间利用规划，将可持续发展战略落实到时空尺度上至关重要，而跨域生态补偿则是协调处理地区间生态与生产生活矛盾、构建与维持区域生态安全格局的重要手段。

### 2.1 全国尺度的生态文明建设

生态文明建设是党的十八大以来我国可持续发展领域的热点话题。党的十八大做出了"五位一体"总体布局，要求将生态文明建设融入经济建设、政治建设、文化建设、社会建设的各方面和全过程。十八届三中全会通过的《中共中央关于全面深化改革若干重大问题的决定》明确指出，建设生态文明，必须建立系统完整的生态文明制度体系。十八届五中全会首次将生态文明建设纳入五年发展规划。2015 年，中共中央和国务院联合发布了《关于加快推进生态文明建设的意见》和《生态文明体制改革总体方案》。《生态文明体制改革总体方案》明确提出，到 2020 年，构建起由自然资源资产产权制度、国土空间开发保护制度、空间规划体系、资源总量管理和全面节约制度、资源有偿使用和生态补偿制度、环境治理体系、环境治理和生态保护市场体系、生态文明绩效评价考核和责任追究制度等八项制度构成的产权清晰、多元参与、激励约束并重、系统完整的生态文明制度体系。在《关于加快推进生态文明建设的意见》和《生态文明体制改革总体方案》的起草过程中，傅伯杰、方精云、吕永龙等多位生态学家参与了资深专家咨询和文本审议。

近年来，围绕《生态文明体制改革总体方案》提出的生态文明制度"四梁八柱"，国家陆续出台了《开展领导干部自然资源资产离任审计试点方案》《党政领导干部生态环境损害责任追究办法（试行）》《编制自然资源资产负债表试点方案》《生态环境损害赔偿制度改革试点方案》《自然资源统一确权登记办法（试行）》《关于划定并严守生态保护红线的若干意见》《关于全面推行河长制的意见》《关于加快建立流域上下游横向生态保护补偿机制的指导意见》《关于构建绿色金融体系的指导意见》《重点生态功能区产业准入负面清单编制实施办法》等生态文明建设相关文件。有关自然资产核算、生态环境损害鉴定方法、自然资源资产负债表编制方法、生态保护红线划定方法与技术指南、自然资源确权与审计方法、生态补偿机制等的研究成果不断涌现，为国家和区域生态文明建设提供了重要的科技支撑。

## 2.2 实施联合国2030年可持续发展议程

2015年，联合国倡导的"千年发展目标"的15年时间期限已到。"千年发展目标"为全球尤其是欠发达国家的可持续发展发挥了重要推动作用，尤其是在减贫、教育、医疗、改善饮用水源等方面。但是，"千年发展目标"主要针对解决欠发达国家的贫困、粮食安全、水、健康等基本需求问题，而对发达国家存在的问题却没有关注。此外，贫困、医疗、青少年尤其是女性教育、饮用水、能源、卫生、生态保护等领域问题依然严峻。2015年9月，联合国大会通过了2016～2030年全球可持续发展目标（SDGs），设立了17个大目标和169项分目标，来指导各个地区包括发达国家和发展中国家在未来15年（2016～2030年）的可持续发展。

在联合国正式发布"2016～2030年全球可持续发展目标"之前，联合国委托国际科联（ICSU）邀请40位国际科学家对17个SDGs进行科学评估，时任国际科联科学计划与评估委员会（CSPR）委员的吕永龙教授参与了这次科学评估，据此国际科联发表了《可持续发展目标评估-科学视角》的报告（ICSU，2015）。近年来，国际上不同国家和组织也对联合国提出的17项目标开展了现状评估工作。例如，联合国可持续发展解决方案网络（SDSN）与德国贝塔斯曼基金会（Bertelsmann Foundation）自2016年起，连续发布了三版的《全球可持续发展目标指数与指示板报告，Global SDG Index and Dashboards Report》，推出在国家层面对于SDGs的测量标准——可持续发展目标指数（SDG Index）和通过颜色编码体现17项SDGs整体实施情况的可持续发展目标指示板（SDG Dashboards），评估对象涵盖联合国的绝大部分国家（Sachs et al.，2017）。经济合作与发展组织（OECD）在《衡量与SDG指标的差距—评估OECD国家所处的水平》中提出了OECD国家实现2030联合国可持续发展议程的主要行动计划纲要：包含在OECD的发展战略和政策工具中应用SDG，利用OECD的数据帮助追踪可持续发展目标的实施情况，升级OECD对国家层面的综合规划和政策制定的支持，并为各国政府提供分享可持续发展目标管理经验的平台，反思SDG的实施对OECD国家外部关系的影响等四项行动计划（OECD，2017）。

2016年9月，我国发布《中国落实2030年可持续发展议程国别方案》，对联合国的后发展议程落实工作进行了全面部署。为推动落实联合国2030年可持续发展议程，充分发挥科技创新对可持续发展的支撑引领作用，国务院于2016年12月3日颁布了《中国落实2030年可持续发展议程创新示范区建设方案》，正式启动国家可持续发展议程创新示范区建设，以打造一批可复制、可推广的可持续发展现实范例。吕永龙等从基本原则、推进方法和政策保障三个方面，阐述有关推进实施可持续发展创新示范区的基本思路，即以"问题导向、创新引领，明确目标、精准定位，政府主导、多元参与，绿色发展、和谐共生，开放共享、发展共赢"为基本原则，按照"统筹规划，分区推进，各有侧重，相互关联"的基本程序，实行地区差异化的可持续发展推进战略（吕永龙等，2018）。

## 2.3 区域生态安全格局构建

国际应用系统分析研究所（IIASA）在1989年首次提出了生态安全的概念，生态安全是指人类在生活、健康、安乐、生活保障来源、基本权利、社会秩序、必要资源和适应环境变化的能力等方面不受到威胁的状态（Wang et al.，2003）。生态安全评估是生态安全各项研究的基础，联合国经济合作开发署等国际组织分别制定了一些比较常用的生态安全评价模型，例如：压力—状态—响应（PSR）；驱动力—压力—状态—影响—响应（DPSIR）；驱动力—状态—响应（DSR）等（吴平平，2018）。俞孔坚在最小耗费距离模型基础上进行修正并将之运用于生态安全格局优化，之后该模型逐渐被应用到生态用地保护及景观安全格局优化，相比传统的模型其优点是能更好地表达景观格局和生态过程的相互关系（俞孔坚，1998）。生态系统健康诊断和生态安全监测预警等是生态安全的重要研究方向。例如，傅伯杰等从区域生态环境预警的角度，提出了生态安全预警原理（傅伯杰，1993）。肖笃宁等提出生态成熟度和生态价位的概念，通过生物量的大小划分生态成熟度，并对应相应的生态价位等级，以此来评估生态系统的健康状况（肖笃宁等，2002）。

生态安全格局研究经历了从早期的定性规划、定量格局分析，到近年逐步发展起来的空间数据演算、静态格局优化、动态格局模拟以及状态趋势分析等，相关研究方法主要包括生态适宜性/敏感性分析、景观格局指数、情景分析、综合指标体系等（彭建等，2017）。俞孔坚等学者提出了可持续发展的生态安全格局和"反规划"理论与方法，生态安全格局思想在城市规划方面得到体现，"反规划"理论也广泛应用于城市与区域规划中，对国务院颁布实施的《全国主体功能区规划》产生了积极影响（俞孔坚和李迪华，2002）。生态安全格局研究已为国土空间规划提供了重要的决策支持，例如，近年来的国家主体功能区划、生态保护红线划定、生态功能区划等均包含利用土地生态功能评估结果来指导土地空间管制和区域可持续发展。

## 2.4 区域生态风险与生态补偿机制

对于生态风险的理解分为两种，一种从环境风险的角度，将环境风险分为健康风险和生态风险两类，侧重从污染物的生态效应角度理解生态风险；另一种认为生态风险是景观破碎化、水土流失等关于景观格局和生态过程的风险。这两种主要的生态风险评估分别开展，并且形成了比较成熟的评估体系。景观生态风险研究通过耦合景观格局与生态过程，将景观作为风险综合体，通过评价景观格局指数等开展研究（彭建等，2015）。污染物的生态风险具有多风险因子、多风险受体、多评价终点等特点，评价污染物对生物生理、种群、群落和生态系统等不同尺度受体的生态影响（陈春丽等，2010）。随着城市化和工业化进程的不断加速，国土空间的景观格局不断发生变化，污染物向不同环境介质中的排放量也不断增加，生态风险逐渐成为学界的研究热点。近年来，区域生态风险评估相关研究丰富，涉及不同环境介质、不同类型污染物、不同区域等研究客体（Peng et al.，2018；Shi et al.，2016；吕永龙等，2018）。

当存在区域环境损害的生态风险时，尤其是一方对另一方施加的风险或跨域产生的生态风险，如何对潜在的受害方进行生态补偿是研究热点之一。生态补偿是以保护和可持续利用生态系统服务为目的，以经济手段为主，调节利益相关者关系的制度安排。在中国，生态补偿的理论和实践经历了自发摸索、理论研究和理论与实践相结合三个阶段，建立生态补偿机制基本成为社会各界的共识，学术界在生态补偿理论和方法方面也开展了诸多研究工作，为生态补偿机制建立和政策设计提供了一定的理论依据和实践经验（李文华，2013）。

国际上与生态补偿含义接近的概念包含生态/环境服务付费（payment for ecological/environmental services，PES）、生态/环境服务市场（market for ecological/environmental services）和生态/环境服务补偿（compensation for ecological/environmental services）等。生态补偿在全球范围内有诸多实践。例如，2003年墨西哥实施了水文环境服务付费项目（payment for hydrological environmental services，PSAH），通过收取水资源使用税，为具有重要水文价值的森林生态系统保护付费（Muñoz-Piña et al.，2008）。流域生态补偿领域是我国生态补偿实践中开展较多，成果也较为显著的（毛显强等，2018；王金南等，2006）。例如，从2003年开始，福建省政府主导在九龙江流域、闽江流域和晋江流域开展了下游受益方对上游保护方的经济补偿试点工作。发源于江西省赣州市的东江是珠三角和香港地区重要的饮用水源，然而东江源地区是我国重要的稀土矿产区，长年开发稀土导致自然植被破坏、水土流失和环境污染严重。2003年江西省开始对东江源自然保护区开展生态补偿，2014年制定了《江西东江源生态保护补偿规划（2013—2020年）》，设定了一系列关于经济发展、生态保护、环境治理和能力建设的约束目标，设计了生态环境功能分区，提出了基于重点生态功能区的生态补偿方案，如果东江源区生态环境质量评估结果合格，由中央和广东对东江源进行补偿；如果评估结果低于上一年，则不进行补偿。2017年初，江西-广东东江流域跨地区横向生态保护补偿试点正式启动。

### 2.5 全球气候变化的生态适应

20世纪70年代以来，随着全球增暖问题日益突出，气候变化研究得到迅速发展，成为当前国内外学术界乃至社会各界关注的热点。气候变化方面的研究大致可以归为三类：第一方面，全球气候变化特征、机理、现状、趋势；第二方面，气候变化对各种类型生态系统和人类社会经济发展的影响；第三方面，如何应对气候变化，如约束碳排放的各种公约，替代能源、低碳经济、循环经济等可持续生产与消费模式。

自1990年联合国政府间气候变化专门委员会（Intergovernmental Panel on Climate Change，IPCC）发布《IPCC First Assessment Report 1990（FAR）》以来，IPCC已经发布了五次全球气候变化评估报告。近年来，观测证据表明全球气候变暖是毋庸置疑的事实。2012年之前的3个连续10年的全球地表平均气温，都比1850年以来任何一个10年更高，且可能是过去1400年以来最热的30年。1971年以来，全球几乎所有冰川、格陵兰冰盖和南极冰盖的冰量都在损失。20世纪80年代初以来，大多数地区的多年冻土温度升高（秦大河，2014）。IPCC第五次评估报告还预估了气候变化对水资源、生态系统、粮食生产和粮食安全、海岸系统和低洼地区、人体健康、经济部门、城市和农村的影响与风险（IPCC，2014）。近年来，我国陆续发布了三次气候变化国家评估报告，评估了气候变化对我国生态系统的影响。《第三次气候变化国家报告》显示，20世纪70年代至21世纪初，中国冰川面积退缩约10.1%，冻土面积减少约18.6%。评估报告包含了我国气候变化研究的最新成果，以及应对气候变化典型案例、中国二氧化碳利用技术评估报告等（《第三次气候变化国家评估报告》编写委员会，2015）。

学术界关于气候变化以及碳循环方面的研究非常丰富，有力地促进了政府及社会各界对气候变化的认识。为了应对气候变化，积极落实巴黎气候变化协定，我国采取了一系列措施。我国政府部门编制并实施了《中国应对气候变化国家方案》、《"十二五"控制温室气体排放工作方案》、《国家适应气候变化战略》和《国家应对气候变化规划（2014-2020）》等，提出了加快推进产业结构和能源结构调整，大力开展节能减碳和生态建设，积极推动低碳试点示范等措施。吴绍洪等（2017）编制了未来中国气候变化综合风险区划，在国土空间上划分不同风险区域，识别风险大小，有利于政府与社会各界制定应对气候变化的措施。方精云等在美国科学院院刊（PNAS）上发表系列文章，研究指出中国陆地生态系统在过去几十年一直扮演着重要的碳汇角色。例如，2001~2010年期间整个陆地生态系统年均固碳约2亿吨碳单位，相当于抵消了同期中国化石燃料碳排放量的14.1%；我国的重大生态工程（如天然林保护工程、退耕还林工程、退耕还草工程等）和秸秆还田等农田管理措施的实施，对中国陆地生态系统碳吸收作出了重要贡献，分别贡献了全国总碳汇的36.8%和9.9%。研究证实了加快植被恢复、实施生态工程可以有效增加碳汇应对气候变化（Lu et al.，2018；Fang et al.，2018）。

## 3 生态城市与可持续发展

20世纪70年代，联合国教科文组织发起的"人与生物圈（MAB）"计划中提出的"生态城市"，一般是指社会-经济-自然协调发展，物质、能量、信息高效利用，基础设施完善，布局合理，生态良性循环的人类聚居地（Krause et al.，1995）。生态城市是人们对按生态学规律（包括自然生态、经济生态和人类生态）规划、建设和管理的一个行政单元（例如省、市、县）的简称，其三个支撑点是生态安全、循环经济、和谐社会（王如松，2007）。城市生态系统的特征是以人为核心，对外部具有强烈依赖性，城市系统需求的大部分能量和物质都需要从其他生态系统输入，产生的大量废物也必须输送到其他生态系统中。城市生态系统的物质流特征以及城市与周边地区的关系说明了城市属于低生态服务价值、高生态足迹地区，高密度的人类活动下如何协调人类与自然生态系统的关系成为城市可持续发展研究的重点。城市尺度的可持续发展首先面临着如何量化评估城市的生态承载力，以约束人类社会经济活动的容量。在认识了城市的生态承载力后，如何规划设计城市人居环境是另一个重要的研究领域。为了促进城市与区域的可持续发展，我国陆续推进了生态省、生态市、生态县等创建活动，以及可持续发展实验区和可持续发展议程创新示范区的建设。

## 3.1 城市生态系统承载力评估

20世纪末，生态系统服务价值评估相关研究开始兴起，人类渐渐开始全面量化评估生态系统对社会经济的价值（Daly，1997；Costanza，1997）。2001~2005年，联合国组织开展了全球的千年生态系统评估（Millennium Ecosystem Assessment）（MA，2005），目的是评估生态系统为满足人类福祉而改变的后果，同时还为加强生态系统保护和可持续利用以及生态系统对人类福祉的贡献所需采取的行动建立科学基础。千年生态系统评估涉及所有生态系统，并将生态系统服务归纳为四大类：①提供基本生活资料的服务，如粮食、木柴等；②调节服务，如气候、水质调节等；③文化服务，如提供娱乐和精神方面的享受等；④支持服务，如土壤形成、光合作用等。近年来，关于城市生态系统评估的研究日益增加，探究城市化过程与生态环境的关系，评估城市生态系统健康状态是认识城市生态系统结构与特征的重要方式。城市生态系统评估主要包括城市生态系统服务、城市生态承载力、城市生态系统健康、城市与生态环境耦合关系等的评估。例如，方创琳等认为城市化过程与生态环境之间存在着复杂的交互胁迫关系。根据耗散结构理论和生态需要定律，城市化与生态环境之间存在着一种开放的、非平衡的、非线性相互作用和具有自组织能力的交互胁迫关系，两者结合形成城市化与生态环境交互耦合系统（方创琳等，2008）。杨志峰等利用能值分析等方法，选取城市生态系统评价指标体系，结合模糊数学等知识形成评价方法，识别城市生态系统面临的主要健康问题并提出管理建议（Su et al.，2010）。

城市生态承载力主要考虑两个方面的因素，一方面是自然界的供给，即自然生态系统提供的资源与服务；另一方面是人类社会经济发展需求。通过建立包含资源、环境、经济社会等方面的指标体系，来评估城市的生态承载力状态。早期的生态承载力概念，主要从种群生态学的角度，认为在食物、栖息地、竞争等因素共同作用下，生态系统中任何种群的数量均存在一个阈值（Smaal et al.，1998）。近年来，一种普遍认可的生态承载力的定义是：在生态系统结构和功能不受破坏的前提下，生态系统对外界干扰特别是人类活动的承受能力（沈渭寿，2010）。城市生态承载力受社会系统建设能力、经济系统发展能力、人工智能管理能力及文化因素的影响（张林波，2009）。城市生态承载力的评估方法主要有净初级生产力（Net Primary Productivity，NPP）评估法、生态足迹法、供需平衡法、综合指标评价法和系统模型法等，但是现阶段生态承载力的研究尚存在一些不足，例如缺乏科学完整的研究体系、承载力阈值的生态学指示意义不明确、动态演化与预测研究不够深入、空间尺度与格局分异研究涉足较少等（向芸芸和蒙吉军，2012）。

## 3.2 生态城市设计与规划

早在20世纪初，国外便涌现了一批将生态学理念融入城市规划的学者。P. Geddes在《演化中的城市》（*Cities in Evolution*）一书中将生态学原理应用于城市的环境、市政和卫生等综合规划研究中，强调城市规划过程需充分认识自然环境条件，制定与自然和谐的规划方案（Geddes，1915）。Sarrinen的"有机疏散理论"和芝加哥人类生态学派关于城市景观、功能、绿地系统方面的生态规划理论都为后来城市生态规划的发展奠定了基础（刘洁和吴仁海，2003）。进入20世纪60年代之后，随着景观生态学和地理学等领域研究人员的介入，城市生态规划得到了进一步发展。1969 年，I. L. McHarg 在 Design With Nature 中提出了城市与区域土地利用生态规划方法的基本思路，并通过案例研究对生态规划的工作流程及应用方法作了较全面的探讨（McHarg，1969）。I. L. McHarg 的生态规划框架深刻地影响了后来的城市生态规划研究与实践。近年来，随着地理信息系统、遥感等技术的广泛应用，城市生态规划向着空间量化、综合分析方向发展。

国内关于生态城市规划的研究起源于 20 世纪 80 年代中后期。自马世骏、王如松于 1984 年提出的社会-经济-自然复合生态系统理论后，1988 年王如松出版了《高效和谐——城市生态系统调控方法》，这是国内第一本关于城市生态学的专著，为城市生态设计与规划提供了重要理论和方法基础。1988 年至 1995 年间，由联合国教科文组织（UNESCO）人与生物圈（MAB）计划支持、中科院生态环境研究中心开展的"天津城市发展的生态对策研究"和"天津城市土地利用的生态规划"，开启了中国城市可持续发展和城市生态规划的理论、方法和应用实践研究（Krause，1995）。王如松（2007）认为生态城市规划包括生态概念规划、生态工程规划和生态管理规划，生态城市规划不同于城市生态环境规划，而是一种综合性的可持续发展规划，规划内容包含了生态环境、生态产业和生态文化三者相互关系的战略发展规划。生态城市规划的实践和理论基础主要包括：构建科学的评价指标体系和目标、城市与区域规划结合、产业规划与生态功能区划匹配、分层次规划与复合生态规划结合、与社会经济规划结合考虑以及管理机制研究等内容（刘洁和吴仁海，2003）。我国城市生态规划起步虽较晚，但是与城市生态系统评估联系紧密，在政府部门的各项城市发展规划中也得到较好的应用，部分成果为国务院颁布实施的《全国主体功能区规划》、《生态功能区划》和《生态保护红线划定》等专项规划提供了重要的科技支撑作用。

## 3.3 生态文明和可持续发展示范区建设

生态城市创建是我国为推进城市可持续发展而开展的重要实践。从 2006 年开始，截至 2016 年 6 月底，生态环境部已分 8 批命名了 144 个国家级生态县市区，其中地级市有 9 个，县级行政区有 135 个。为贯彻落实党中央、国务院关于加快推进生态文明建设的决策部署，指导和推动各地以市、县为重点全面推进生态文明建设，生态环境部将原有的国家级生态市县创建工作改为国家级生态文明建设示范区创新工作。生态环境部于 2016 年 1 月 22 日印发《国家生态文明建设示范区管理规程（试行）》《国家生态文明建设示范县、市指标（试行）》，对国家生态文明建设示范县、市的申报与管理在制度上予以明确。对于创建工作在全国生态文明建设中发挥示范引领作用、达到相应建设标准并通过考核验收的市、县、乡镇，生态环境部按程序授予相应的国家生态文明建设示范区称号。2017 年 9 月 7 日，生态环境部公布了第一批国家生态文明建设示范市县初步名单：北京市延庆区、山西省右玉县、辽宁省盘锦市大洼区等 48 个县市入选。国家生态文明建设示范县、市是国家生态县、市的"升级版"，是推进区域生态文明建设的有效载体。遵循创新、协调、绿色、开放、共享等五项发展理念，围绕优化国土空间开发格局、全面促进资源节约、加大自然生态系统和环境保护力度、加强生态文明制度建设等重点任务，以促进形成绿色发展方式和绿色生活方式、改善生态环境质量为导向，从生态空间、生态经济、生态环境、生态生活、生态制度、生态文化六个方面设置指标体系作为示范区创建工作评价内容。

由科技部主导的可持续发展实验区、可持续发展议程创新示范区的创建工作也是我国可持续发展的重要实践内容。国家可持续发展实验区诞生于 1986 年，是我国针对改革开放后经济快速发展但社会建设相对滞后、生态环境恶化等问题发起的一项地方试点工作，旨在依靠制度创新和科技推广应用，促进经济发展与社会进步、环境保护相协调。1997 年，在 1986 年启动实施的"社会发展综合实验区"基础上创建"可持续发展实验区"。截至 2016 年年底，已建立国家可持续发展实验区 189 个，遍布除港澳台外的 31 个省（区、市），实验主题覆盖经济转型、社会治理、环境保护等可持续发展各领域（孙新章，2018）。30 年来，国家可持续发展实验区的建设取得了显著的成就，包括促进了可持续发展理念在国内的普及、探索出了一批具有示范推广意义的地域可持续发展模式以及发挥了向世界展示中国可持续发展成就的窗口作用等三个方面。实验区科技创新能力显著提升，城乡协调发展状况明显好于全国平均水平，探索形成了城市生活垃圾处理的"广汉模式"，资源开发与保护并重的吉林"白山模式"，以"猪-沼-果"生态农业为特色的"恭城模式"等。近年来，为推动落实《联合国 2030 年可持续发展议程》，充分发挥科技创新对可持续发展的支撑引领作用，国务院于 2016 年 12 月 3 日颁布了《中国落实 2030 年可持续发展议程创新示范区建设方案》，正式启动国家可持续发展议程创新示范区建设，以打造一批可复制、可推广的可持续发展现实范例。截至 2017 年年底，国务院已批准创建"以特大城市综合社会治理为主题"的深圳市、"以资源型城市转型为主题"的太原市、"以景观资源的可持续利用为主题"的桂林市等 3 个可持续发展议程创新示范区。

## 4 生态产业与可持续发展

生态产业是一类按循环经济规律组织起来的基于生态系统承载能力，具有完整的生命周期、高效的代谢过程及和谐的生态功能的网络型、进化型、复合型产业，是实现社会经济可持续发展的重要途径（王如松，2003）。其中，循环经济与清洁生产是生态产业研究和实践的重要理论基础和方法体系。在应用实践环节，生态产业涵盖了生态工业、生态农业、生态旅游业等各种产业，研究热点集中于以生态产业园为重点的生态工业和生态农业。

### 4.1 生态工业

生态工业的基础是循环经济，它是按生态学原理和系统工程方法运行的具有整体、协调、循环、再生功能的复合生态经济，与传统经济"资源-产品-废弃物"的单向线性流程不同，循环经济要求把经济活动组成为一个"资源-产品-再生资源"的反馈式循环流程，其特征是减少原料（reduce）、再利用（reuse）、回收（recycle）为代表的"3R"原则。诸大建和钱斌华（2006）针对我国循环经济的发展理想模式提出了"C 模式"，即适合我国国情的循环经济发展模式（China 模式），该模式又称 1.5～2.0 倍数发展战略，通过给予我国 GDP 增长一个 20 年左右的缓冲阶段，并希望经过 20 年的经济增长方式调整，最终达到一种相对的减物质化阶段。循环经济涉及四个方面的创新：①改进生产工艺，提高生态效率；②设计更合理的产品，最大限度满足市场要求，达到生态效用（eco-effectiveness）的创新；③企业经营目标从产品导向变成服务导向，实现生态服务的创新；④企业生态文化的创新（王如松，2007）。

清洁生产是生态工业的另一个关键概念。1996 年，联合国环境规划署（UNEP）完善了清洁生产的定义：清洁生产是一种新的创造性思想，该思想将整体预防的环境战略持续地应用于生产过程、产品和服务中，以增加生态效率和减少人类和环境的风险。核心内容包括：①生产过程要求节约原材料和能源，淘汰有毒原材料，减小所有废物的数量和毒性；②对于产品，要求减少从原材料提炼到产品最终处置的全生命周期的不利影响；③对于服务，要求将环境因素纳入设计和所提供的服务中（李文华，2013）。

国内外对于生态工业的研究重点包含两个方面：一方面是产业代谢与物质流分析。其重点是构建物质平衡表、测算物质流动、转化路线和动力学机制。如国际应用系统分析研究所（IIASA）对莱茵河流域重金属物质代谢的研究（Stigliani，1994），国内对砷、汞、铅、氯、氮等元素以及一些持久性有机污染物（POPs）开展的相关研究（陈跃和邓南圣，2003；陈定江等，2004；Xie et al.，2013）。另一方面是生态工业园区建设。生态工业研究主要集中在钢铁业、电子业、生物质转化产业等，生态工业园区研究多见于法国、荷兰、日本等国家，研究内容涉及产业园设计、评估、案例研究等（朱蓓和肖军，2015）。

生态工业园的概念最早于 1992 年由美国 Indigo 发展研究所提出，该研究所将生态工业园

（eco-industrial parks）定义为：一个由制造业和服务业组成的企业生态群落，通过调节与优化管理能源、水、原材料等环境与资源基本要素，实现生态环境与经济的双重优化和协调发展，最终使该企业群落获得比每个公司优化个体表现实现的个体效益之和还要大得多的群体效益（"1+1＞2"效应）（李文华，2013）。截至2017年1月，中国已批准建设和正式命名的国家级生态工业示范园区有93个，这些生态工业园以生命周期评价为基础理论方法，以园区设计、系统优化、制度建设、生态效率评估等为其主要建设内容，以期实现经济效益、社会效益和生态效益的最优化组合。

### 4.2 生态农业

生态农业的概念是由美国土壤学家 Albrecht W. 提出的，他认为农业生产应当多施用有机肥，少施用化肥，理想的替代农业，应该是生态上能自我维持，经济上高效的农业（Albrecht，1975）。1981年，英国农学家 Kiley-Worthington M. 将生态农业定义为"生态上能自我维持，低输入，经济上有生命力，在环境、伦理和审美方面可接受的小型农业"（Kiley，1981）。生态农业与生态工业相似，同样遵循循环经济等原则，力图构建资源循环利用、环境影响最小化的农业生产模式。但是，农业属于开放式生产方式，资源利用和回收效率、环境排放等因素较生态工业而言相对不可控，难以精准量化物质流。此外，农业生产依赖于自然条件，同一生产模式在不同地区也表现出不同的资源利用效率和环境影响，具有强烈的地域特色，需要因地制宜构建生态农业。在国内，为应对日益加剧的农业生产与资源环境之间的矛盾，提倡生态农业有很强的现实意义。早在20世纪80年代，马世骏提出促进农业可持续发展需要重点考虑四个方面：时、空、量、序，需要重点把握三种关系：生物与环境之间的相互关系、种间关系问题和与开放系统相关联的投入产出问题（马世骏，1987）。

生态农业在中国的生根发芽，离不开国家相继出台的一系列旨在促进生态农业发展的政策措施（巩前文和严耕，2015）。1993年，农业部等7个部委组成了"全国生态农业县建设领导小组"，启动第一批51个生态农业县建设工作（石山，2001）。2000年，国家启动了第二批50个全国生态农业县建设工作。2002年，农业部向全国征集到了370种生态农业模式或技术体系，并遴选出具有代表性的10个生态模式类型，包括北方"四位一体"模式、南方"猪-沼-果（稻、菜、鱼）"模式、平原农林牧复合模式等（李文华，2003）。截至目前，在不同程度上开展生态农业建设的县超过300个，其中，国家级生态农业试点示范县102个，省级试点示范县200多个（巩前文和严耕，2015）。生态农业示范县的建设有效地抑制了日益严峻的耕地质量下降、水体富营养化的趋势，有力地促进了农业和农村的可持续发展。

## 5 可持续生态学研究展望

可持续生态学是自然科学与社会科学的交叉学科，针对人类社会经济发展与自然生态系统之间的矛盾，研究如何促进两者的协调可持续发展问题，因此，其主要研究方向也将随着经济社会的发展而不断与时俱进。以下几个方面将是未来研究的重点内容：

（1）生态文明建设相关的生态学理论和方法。生态文明建设已经写入我国宪法，是我国未来可持续发展领域的主导理念，在学术界必将持续保持研究热度。近年来，我国生态文明的相关制度建设成果显著，也开展了生态文明建设示范区的创建工作，提出了生态文明建设考核目标体系，并且开展了省域尺度的评估。但是，生态文明属于新理念，生态文明建设涉及的学科领域和时空范围较广，需要集成多学科的理论和方法。即使对于已经出台的八项制度，仍有许多值得深入研究的内容。如，如何界定自然资源资产产权？利益相关者如何获得和维持其资源产权权益？如何实现自然资源产权的转让？自然资源产权交易成本如何核算？国土空间开发的强度如何确定？多大强度是合适的？如何维持空间开发与保护的均衡？如何将生态因素有效纳入国土空间规划？如何建立资源总量的精准核算方法？资源利用效率及其提升途径是什么？资源有偿使用对人类福祉改善的影响如何？生态退化与损害如何界定与核算？生态补偿的对象、范围和价值如何科学确定？这些问题既需要基于试点的经验逐步解决，也需要依赖于理论、方法和技术的创新和突破。

（2）落实联合国可持续发展目标的生态学研究。《联合国 2030 可持续发展议程》提出的 17 项可持续发展目标（SDGs）涉及社会-经济-生态环境的方方面面，不少学者已经指出该目标体系的不同目标之间存在或积极或消极的相互关系，如何落实也面临诸多挑战。吕永龙等学者提出推进落实 SDGs 的 5 项优先工作：①设计权重值，完善可定量、可考核、可验证的指标体系；②建立监测机制，确定监测的阈值并确保获取相应数据；③评估实施进展，核查可持续发展目标是否纳入各个层面的规划和战略中并得到落实；④加强观测设施建设，扩展适应可持续发展目标的综合信息观测和处理能力；⑤加强数据的标准化和验证，建立数据采集和监测的标准、方法、范式和共享机制，发展空间观测与地面勘察相互核实的方法等（Lu et al.，2015）。在中国推进实施 SDGs 方面，可持续生态学研究应重点关注"制定科学的衡量目标的指标体系""如何将 SDGs 纳入国民经济与社会发展规划""保障实施 SDGs 的融资能力""可持续发展指标的综合观测和获取能力""加强监测数据规范与评估能力""建立衡量社会进步的科学指标和方法""权衡不同目标间的冲突问题""如何将视角从陆地转向海洋和海岸带资源的可持续利用"等（吕永龙等，2018）。

（3）多尺度生态风险与安全格局构建研究。在未来一段时期内，有关人类活动与全球环境变化胁迫下的生态风险的研究重点将主要集中于以下几个方面：多尺度生态风险监测与数据采集加工、指标体系的统一与整合、评价方法论、空间分布特征与表达、预警与快速应急响应。生态风险评价方法逐步从考虑单一风险源、单一受体、单一生境、小尺度向多风险源、多介质、生态系统水平及区域尺度发展。通过研究生态系统功能服务与经济社会发展的耦合关系，建立针对风险源和风险受体的风险管理信息库，形成基于风险信息库的生态风险评价与管理动态反馈过程，逐步建立多目标风险源的生态风险管理方法，加强生态风险预警和防范，形成跨域协调联动应对生态风险的管理体制和机制（吕永龙等，2018）。分析高强度人类活动对周边区域的生态风险，辨识区域生态系统功能受损、生态退化的高风险区位，分析区域生态对各类土地利用的适宜性及承载能力，提出区域空间扩展、覆被变化、产业调整、绿色基础设施建设的布局方案，科学划定生态保护红线、自然保护区体系、生物多样性保护优先区、国家公园等建设用地、农业用地和生态用地，着力构建宏观尺度的生态安全格局。

（4）城市化与乡村振兴的可持续发展研究。城市可持续发展研究已经开始从注重城市经济发展转向注重生态环境或社会生态的视角，中国的城市化以及城市可持续发展问题已经成为国际合作研究的重点方向之一。研究重点包括：城市可持续发展的影响因素及其相互作用关系、城市可持续发展的模式、城市可持续发展规划、城市可持续发展评价、城市生态基础设施建设。城市的可持续发展问题不仅是城市自身的问题，也是城市与周边区域的协调发展问题，城市化与区域生态的耦合关系仍是重点方向（吕永龙等，2019）。如何将乡村振兴与城市化结合起来，实现城市与乡村地区一体化的可持续发展也将是未来一段时间的研究热点。乡村振兴，需要利用城市的辐射作用，实现基础设施的全面更新和优化布局，形成农业原材料生产、农产品加工和基础工业的产业链，实现由农村向城市的产业集聚效应。乡村地区具有良好的生态环境，要探索将绿水青山转化为金山银山的途径，探索产业发展突破的重要途径则是逐步实现生态产业化。

（5）"未来地球"国际科学计划中有关可持续发展的生态学研究。为应对全球环境变化对可持续发展的挑战，国际科学理事会（ICSU）、国际社会科学理事会（ISSC）等国际组织联合发起了为期 10 年的"未来地球"科学计划。《未来地球计划 2025 年愿景》指出："使人类生活在可持续发展、平等的世界是未来地球计划的愿景"。《战略研究议程 2014》将"未来地球"计划的动态地球、全球可持续发展和向可持续发展转型三大研究主题细化为 9 个研究方向。动态地球优先研究方向包括：观测并解析变化；理解全球变化的过程、相互作用、风险和阈值；探索并预测未来变化。全球可持续发展优先研究方向：满足基本需求，消除不平等；治理可持续性发展；管理增长、协同和平衡。向可持续发展转型优先研究方向：理解和评估转型；确定和推广可持续发展行为；转型发展路径。基于九个研究方向，确定了全球变化与可持续发展的62个具体研究问题，供不同领域、学科和地区的研究机构和组织设立优先发展和资助领域时参考（国际科学理事会未来计划临时秘书处，2015）。为应对这一形势，应在新技术新手段的支持下，建立从观测到模拟和仿真的综合集成方法体系，布设密集的"天-地-空"一体化立体网络化生态观测系统，发展生态环境大数据科学平台，建设生态环境数值模拟装置，形成资源环境全要素的实时监测、精准模拟和动态分析能力，揭示社会-经济-自然复合生态系统整体运行和子系统之间的相互作用规律，预测多尺度生态系统的未来变化态势，提出适应全球环境变化的应对策略。

# 参 考 文 献

陈春丽, 吕永龙, 王铁宇, 等. 2010. 区域生态风险评价的关键问题与展望. 生态学报, 30(3): 808-816.

陈定江, 李有润, 沈静珠, 等. 2004. 工业生态学的系统分析方法与实践. 化学工程, 32(4): 53-57.

陈跃, 邓南圣. 2003. 面向二十一世纪的环境管理工具——物质与能量流动分析. 重庆环境科学, 25(3): 1-5.

《第三次气候变化国家评估报告》编写委员会. 2015. 第三次气候变化国家评估报告. 北京: 科学出版社.

方创琳, 鲍超, 乔标. 2008. 城市化过程与生态环境效应. 北京: 科学出版社.

傅伯杰. 1993. 区域生态环境预警的理论及其应用. 应用生态学报, 4(4): 436-439.

巩前文, 严耕. 2015. 中国生态农业发展的进展、问题与展望. 现代经济探讨, (9): 63-67.

国际科学理事会未来计划临时秘书处. 2015. 未来地球计划战略研究议程2014. 王传艺, 林征译. 北京: 气象出版社.

李文华. 2003. 生态农业——中国可持续农业的理论与实践. 北京: 化学工业出版社.

李文华. 2013. 中国当代生态学研究. 北京: 科学出版社.

刘洁, 吴仁海. 2003. 城市生态规划的回顾与展望. 生态学杂志, 22(5): 118-122.

刘思华. 1997. 可持续发展经济学. 武汉: 湖北人民出版社.

刘思华. 2008. 关于发展可持续性经济科学的若干理论思考. 经济纵横, (7): 27-33.

吕永龙. 1993. 国外持续发展研究概况. 生态经济(中文版), (1): 14-18.

吕永龙. 1996. 持续发展的理论思考. 科学与社会, (1): 28-32.

吕永龙, 曹祥会, 王尘辰. 2019. 实现可持续发展的城市系统转型. 生态学报, 39(4): 1125-1134.

吕永龙, 王尘辰, 曹祥会. 2018. 城市化的生态风险及其管理. 生态学报, 38(2): 359-370.

吕永龙, 王一超, 苑晶晶, 等. 2018. 关于中国推进实施可持续发展目标的若干思考. 中国人口·资源与环境, 28(1): 1-9.

马世骏. 1987. 加强生态建设, 促进我国农业持续发展. 农业现代化研究, 8(3): 2-5.

马世骏, 王如松. 1984. 社会-经济-自然复合生态系统. 生态学报, 4(1): 3-11.

毛显强, 钟瑜, 张胜. 2002. 生态补偿的理论探讨. 中国人口·资源与环境, 12(4): 38-41.

牛文元. 2012. 中国可持续发展的理论与实践. 中国科学院院刊, 27(3): 280-290.

牛文元, 马宁, 刘怡君. 2015. 可持续发展从行动走向科学——《2015世界可持续发展年度报告》. 中国科学院院刊, 30(5): 573-585.

彭建, 党威雄, 刘焱序, 等. 2015. 景观生态风险评价研究进展与展望. 地理学报, 70(4): 664-677.

彭建, 赵会娟, 刘焱序, 等. 2017. 区域生态安全格局构建研究进展与展望. 地理研究, 36(3): 407-419.

秦大河. 2014. 气候变化科学与人类可持续发展. 地理科学进展, 33(7): 874-883.

沈渭寿. 2010. 区域生态承载力与生态安全研究. 北京: 中国环境科学出版社.

石山. 2001. 发展中的中国生态农业. 北京: 中国农业科技出版社.

孙新章. 2018. 国家可持续发展实验区建设的回顾与展望. 中国人口·资源与环境, 28(1): 10-15.

王金南, 万军, 张惠远. 2006. 关于我国生态补偿机制与政策的几点认识. 环境保护, (10a): 24-28.

王如松. 2003. 循环经济建设的产业生态学方法. 生态毒理学报, 1(S1): 48-52.

王如松. 2007. 生态安全·生态经济·生态城市. 学术月刊, 39(7): 5-11.

王如松. 2005. 扬州生态市建设规划方法研究. 北京: 中国科学技术出版社.

邬建国, 郭晓川, 杨劼, 等. 2014. 什么是可持续性科学? 应用生态学报, 25(1): 1-11.

吴平平. 2018. 我国生态安全评价研究进展. 环境与发展, (3): 190-193.

吴绍洪, 潘韬, 刘燕华, 等. 2017. 中国综合气候变化风险区划. 地理学报, 72(1): 3-17.

向芸芸, 蒙吉军. 2012. 生态承载力研究和应用进展. 生态学杂志, 31(11): 2958-2965.

肖笃宁, 陈文波, 郭福良. 2002. 论生态安全的基本概念和研究内容. 应用生态学报, 13(3): 354-358.

徐中民. 2013. 生态经济学集成框架的理论与实践(Ⅱ): 理论框架与集成实践. 冰川冻土, 35(5): 1344-1353.

许涤新. 1987. 生态经济学. 杭州: 浙江人民出版社.

叶文虎, 张辉. 2012. 可持续发展与环境影响评价. 环境保护, (22): 34-36.

俞孔坚. 1998. 景观生态战略点识别方法与理论地理学的表面模型. 地理学报, 53(S1): 11-20.

俞孔坚, 李迪华. 2002. 论反规划与城市生态基础设施建设. 中国科协 2002 年学术年会.

张林波. 2009. 城市生态承载力理论与方法研究——以深圳市为例. 北京: 中国环境科学出版社.

中国科学院可持续发展战略研究组. 2012. 中国可持续发展战略报告. 北京: 科学出版社.

朱蓓, 肖军. 2015. 国内外产业生态学研究进展述评. 安全与环境工程, 22(6): 7-10.

诸大建, 钱斌华. 2006. 循环经济的 C 模式及保障体系研究. 铜业工程, (1): 6-10.

Albrecht W. 1975. Foundation concepts// The albrecht papers: Vol. 1. Acres USA.

Barney G O. 2002. The Global 2000 Report to the President and the Threshold 21 Model: Influences of Dana Meadows and system dynamics. System Dynamics Review, 18: 123-136.

Clark W C. 2007. Sustainability science: a room of its own. Proceedings of the National Academy of Sciences of the United States of America, 104(6): 1737.

Clark W C. 2003. Sustainability science: the emerging research paradigm. Proceedings of the National Academy of Science, 100(14): 8059-8061.

Costanza R. 1980. Embodied energy and economic valuation. Science, 210(4475): 1219-1224.

Costanza R. 1997. The value of the world's ecosystem services and natural capital. Nature, 387(1997): 253-260.

Daly H E. 1997. Beyond growth: the economics of sustainable development. Missouri: Beacon Press.

Edward Goldsmith. 1972. Blueprint for Survival. Boston: Houghton Mifflin Harcourt Publishing Company.

Fang J, Yu G, Liu L, et al. 2018. Climate change, human impacts, and carbon sequestration in China. Proceedings of the National Academy of Sciences, 115(16): 4015-4020.

Geddes P. 1915. Cities in evolution: An Introduction to the town planning movement and the study of civics. London: Williams & Norgate.

Grosskurth J, Rotmans J. 2005. The scene model: Getting a grip on sustainable development in policy making. Environment, Development and Sustainability, 7: 135-151.

Huang B, Yong G, Zhao J, et al. 2019. Review of the development of China's Eco-industrial Park standard system. Resources, Conservation and Recycling, 140: 137-144.

International Council for Science (ICSU), International Social Science Council (ISSC). 2015. Review of the sustainable development goals: The science perspective. Paris: International Council for Science.

IPCC. 2014. Climate Change 2014: Synthesis Report. Pachauri R K, Meyer L A. Contribution of Working Groups I, II and III to the Fifth Assessment Report of the Intergovernmental Panel on Climate Change. Switzerland: IPCC, Geneva.

IUCN. 1980. World conservation Strategy: Living Resource Conservation for Sustainable Development. Gland, Switzerland, International Union for the Conservation of Nature and Resources, in cooperation with United Nations Environmental Programme and the World Wildlife Fund.

Jiang B, Bai Y, Wong C P, et al. 2019. China's ecological civilization program–Implementing ecological redline policy. Land Use Policy, 81: 111-114.

Jorgensen S E. 2006. Eco-Exergy as Sustainability. England: WIT Press.

Kates R W. 2011. What kind of a science is sustainability science? Proceedings of the National Academy of Sciences of the United States of America, 108(49): 19449-19450.

Kates R W, Clark W C, Corell R, et al. 2001. Environment and development, sustainability science. Science, 292(5517): 641-642.

Kiley W M. 1981. Ecological agriculture. What it is and how it works Agriculture & Environment, 6(4): 349-381.

Krause J, Wang R, Lu Y, et al. 1995. Towards a Sustainable City, UNESCO/MAB.

Liu J, Dietz T, Carpenter S R, et al. 2007. Complexity of Coupled Human and Natural Systems. Science, 317(5844): 1513.

Lu F, Hu H, Sun W, et al. 2018. Effects of national ecological restoration projects on carbon sequestration in China from 2001 to 2010. Proceedings of the National Academy of Sciences of the United States of America, 115(16): 4039-4044.

Lu Y, Nakicenovic N, Visbeck M, et al. 2015. Five priorities for the UN Sustainable Development Goals. Nature, 520(7548): 432-433.

Martín G A M, Aguayo G F, Marcos B M. 2018. Smart eco-industrial parks: A circular economy implementation based on industrial metabolism. Resources, Conservation and Recycling, 135: 58-69.

Martínez A J, 1987. Ecological economics: energy. Environment and Society. Oxford: Basil Blackwell, 286.

McHarg I L. 1969. Design with Nature, Garden City. New York: Doubleday.

Millennium Ecosystem Assessment (MA). 2005. Ecosystems and Human Well-Being. Washington, DC: World Resources Institute.

Muñoz-Piña C, Guevara A, Torres J M, et al. 2008. Paying for the hydrological services of Mexico's forests: Analysis, negotiations and results. Ecological Economics, 65(4): 725-736.

Ness B, Urbel P E, Anderberg S, et al. 2007. Categorising tools for sustainability assessment. Ecological Economics, 60: 498-508.

Odum H T, 1996. Environmental Accounting. Emergy and Environmental Decision Making. NY: John Wiley & Sons Press.

OECD. 2017. Measuring distance to the SDG targets—an assessment of where OECD countries stand. Paris: OECD.

Ouyang Z, Zheng H, Xiao Y, et al. 2016. Improvements in ecosystem services from investments in natural capital. Science, 352(6292): 1455.

Peng B, Li Y, Elahi E, et al. 2019. Dynamic evolution of ecological carrying capacity based on the ecological footprint theory: A case study of Jiangsu province. Ecological Indicators, 99: 19-26.

Peng J, Pan Y, Liu Y, et al. 2018. Linking ecological degradation risk to identify ecological security patterns in a rapidly urbanizing landscape. Habitat International, 71: 110-124.

Robinson D, Campbell N, Gaiser W, et al. 2007. Suntool—A new modelling paradigm for simulating and optimizing urban sustainability. Solar Energy, 81: 1196-1211.

Sachs J, Schmidt T, Kroll G, et al. 2017. SDG Index and Dashboards Report. Bertelsmann Stiftung and Sustainable Development Solutions Network (SDSN), New York.

Salvia A L, Leal F W, Brandli L L, et al. 2019. Assessing research trends related to sustainable development Goals: Local and global issues. Journal of Cleaner Production, 208: 841-849.

Searchinger T D, Wirsenius S, Beringer T, et al. 2018. Assessing the efficiency of changes in land use for mitigating climate change. Nature, 564(7735): 249-253.

Shang W, Gong Y, Wang Z, et al. 2018. Eco-compensation in China: Theory, practices and suggestions for the future. Journal of

Environmental Management, 210: 162-170.

Shi Y, Wang R, Lu Y, et al. 2016. Regional multi-compartment ecological risk assessment: Establishing cadmium pollution risk in the northern Bohai Rim, China. Environment International, 94: 283-291.

Smaal A C, Prins T C, Dankers N, et al. 1998. Minimum requirements for modeling bivalve carrying capacity. Aquatic Ecology, 31: 423-428.

Song X, Geng Y, Dong H, et al. 2018. Social network analysis on industrial symbiosis: A case of Gujiao eco-industrial park. Journal of Cleaner Production, 193: 414-423.

Stigliani W M, Anderberg S, Jaffe P R. 1994. 陈定茂, 译. 莱茵河流域中积累的化学品的工业代谢与长期风险. 产业与环境, 16(3): 30-35.

Su M, Fath B D, Yang Z. 2010. Urban ecosystem health assessment: A review. Science of the Total Environment, 408(12): 2425-2434.

Wackernagel M, Rees W. 1996. Our Ecological Footprint – Reducing Human Impact on the Earth. Gabrila: New Society Publishers.

Wackernagel M, Rees W. 1997. Perceptual and structural barriers to investing in natural capital: Economics from an ecological footprint perspective. Ecological Economics, 20(1): 3-24.

Wang G, Cheng G, Qian J. 2003. Several problems in ecological security assessment research. Chinese Journal of Applied Ecology, 14(9): 1551-1555.

Wu Z, Guo X, Lv C, et al. 2018. Study on the quantification method of water pollution ecological compensation standard based on emergy theory. Ecological Indicators, 92: 189-194.

Xie S, Wang T, Liu S, et al. 2013. Industrial source identification and emission estimation of perfluorooctane sulfonate in China. Environment International, 52: 1-8.

Xu X, Yang G, Tan Y. 2019. Identifying ecological red lines in China's Yangtze River Economic Belt: A regional approach. Ecological Indicators, 96: 635-646.

Zhang Y, Fath B D. 2019. Urban metabolism: Measuring sustainable cities through ecological modelling. Ecological Modelling, 392: 6-7.

撰稿人：吕永龙，王一超，苑晶晶，贺桂珍

# 第25章 恢复生态学研究进展

## 1 引言

恢复生态学是研究生态系统退化的原因、恢复与重建的技术与方法、过程与机理的一门科学，是生态学的分支学科（彭少麟，2007）。由于人类的过度干扰，地球上的生态系统均有不同程度的退化甚至极度退化，恢复生态学是具有重大社会需求的前沿学科，"变化世界的生态恢复就是恢复世界的未来"。

恢复生态学研究已经有悠久的历史，但作为相对独立的分支学科才40多年，许多学科理论与方法尚在不断发展与完善。我国对生态恢复的研究始于20世纪50年代对退化生态系统恢复的实践工作。迄今在理论上和实践上都取得了重大的成果，提出了适合中国国情的恢复生态学研究理论和方法体系，形成了以生态演替理论和生物多样性恢复为核心，注重生态过程的恢复生态学研究特色。但总体上理论落后于实践，很多生态恢复计划缺乏理论支撑；研究的深度不够，尤其一些特殊退化生态系统的恢复基础太弱，许多研究都是描述性分析，且未能将恢复结果与社会经济层面联系起来；没有专门的学术机构，影响学术交流和研究力量的组织与整合。

当前生态学的热点几乎均与恢复生态学相关。例如，全球变化对生态系统结构与功能的影响，可以通过退化生态系统的恢复来加以研究；生物多样性的恢复与入侵地生态恢复等方面的研究，可为生物多样性的保护提供新的理论与方法；而生态系统的管理，则直接与生态恢复目标规划与评价相关。未来应该通过加强多学科交叉和国际合作与交流，以提高恢复生态学的整体水平。

恢复生态学的基础性研究，是建立不同生态系统类型的生态恢复参照系，以反映生态系统恢复过程的结构动态及对功能的影响变化，这样才能指导恢复生态实践。在生态恢复的实践上，不仅需要关注恢复工程的有效性，更要关注生态恢复的可持续性，提高生态系统恢复力/弹性，是生态恢复可持续性的基础。通过生态恢复的社会、政治、经济与生态的耦合，有望为解决国内外社会、政治与经济的热点问题提供理论依据，为绿色发展、可持续发展、美丽中国建设及生态文明建设提供科技支撑。

## 2 中国生态恢复实践与恢复生态学发展历程

由于全球人口的快速增长及其相应的农业、工业和生活活动，全球已有12%的陆地覆盖被改变，40%的被修饰过，100%的受到影响。在全球变化背景下，许多生态系统原有的组成、结构及功能退化，有的甚至已失去了生产力，人类面临着生态恢复并实现可持续发展的重任。生态恢复（ecological restoration）是帮助退化、受损或毁坏的生态系统恢复的过程，它是一种旨在启动及加快对生态系统健康、完整性及可持续性进行恢复的主动行为。在生态恢复实践过程中，恢复生态学（restoration ecology）于1985年应运而生（Aber and Jordan，1985）。

早期恢复生态学强调从人类利用生态系统为中心、受损的生态系统要恢复到理想的状态为主，而现在已转为强调以生态系统为中心且不以恢复到原始的、理想状态为目的（Jordan，1994；Egan，1996）。恢复生态学从诞生至今也就40余年，与中国生态学学会诞生基本同期。应该说，中国的生态恢复实践早于欧美等发达国家，但在恢复生态学诞生和发展的前10年过程中落后了，在最近30年余年的发展过程中，中国恢复生态学形成了以中国特有生态系统和社会经济背景下恢复为主的特点。

# 第 25 章 恢复生态学研究进展

我国历史上的农林业活动和园林建设中有许多恢复生态学思想或方法，特别是早期农林业活动中的作物轮作、施肥、休耕、造林、草原管理等方法可以用于生态恢复。中国恢复生态学的发展主要与新中国成立后人口快速增长、大跃进毁林等政策、长江洪涝灾害等自然胁迫、生态文明建设等社会、经济和生态活动紧密相关。

我国对生态恢复的研究始于对退化生态系统恢复的实践工作。最初主要是以治理土地退化尤其是土壤退化为主，如水土流失、风蚀沙化、草地退化及盐渍化对农林牧业的危害，岩化、裸土化、砾化、土地污染及土地肥力贫瘠化的整治等。特别要指出的是 1958 年，我国启动了"植被改造自然"活动，在这个活动过程中，在全国不同生态区产生了一些环境治理/生态恢复活动。目前已知最早记载恢复生态学研究的是中国科学院华南植物研究所余作岳等人 1959 年在广东的热带沿海侵蚀台地上开展的退化生态系统的植被恢复技术与机理研究，经过近 40 年的定位及多学科研究，余作岳和彭少麟（1997）提出了"在一定的人工启动下，热带极度退化的森林可恢复；退化生态系统的恢复可分三步走；恢复过程中植物多样性导致动物和微生物多样性，植物多样性是生态系统稳定性的基础"等观点，他们还先后创建了我国恢复生态学研究的两个基地——小良热带森林生态系统定位研究站和鹤山丘陵综合试验站。

自 1958 年已先后有多个单位开展了退化生态系统恢复研究，其中包括：中国科学院兰州沙漠所于 1959 年开展的沙漠治理与植被固沙研究；中国科学院西北水土保持研究所开展的黄土高原水土流失区的治理与综合利用示范研究，后来中国科学院生态环境研究中心也进行了深入研究；中国科学院水生生物研究所的湖泊生态系统恢复研究；中国科学院西北高原生物研究所开展了高原退化草甸的恢复与重建研究；中国科学院成都生物研究所开展的岷江上游植被恢复研究；中国科学院南京土壤所开展的红壤和盐碱地恢复与综合利用试验；中国科学院新疆生物与地理研究所开展的干旱、荒漠和绿洲生态综合治理；中国科学院地理研究所、北京农业大学、南京地理研究所等开展的黄淮海盐碱地综合治理，中国科学院自然资源综合考察委员会等开展的红黄壤地区综合治理。南京大学仲崇信自 1963 年起就从英国、丹麦引进大米草在沿海滩涂种植以控制海岸侵蚀（虽然这个种现在有些地方造成了入侵）。1983 年中国科学院内蒙古草原站开展了不同恢复措施下退化羊草草原的恢复及演替研究。1990 年后东北林业大学开展了黑龙江省森林生态系统恢复与重建研究，中国林业科学研究院开展了海南岛热带林地的植被恢复与可持续发展研究，中国林科院热带林业研究所、广西科学院、华南植物园和中山大学开展的红树林恢复重建试验（虽然目前对引种外来种无瓣海桑用于海岸恢复可能有生态风险还有争论），中国科学院地地球化学研究所和亚热带农业生态研究所开展的喀斯特石漠化生态系统综合利用与扶贫研究。另有中国环境科学研究院、中山大学、中国矿业大学等单位开展的大量废弃矿地和垃圾场的恢复对策研究（中国科协学会部，1990；中国生态学会，1991；任海等，2008，2019）。

自新中国成立以来，我国在生态恢复和国土整治实践上已做了大量的工作，但存在不少问题。一是理论落后于实践，很多生态恢复计划缺乏理论支撑，相应的生态工程未能达到目的或造成极大的浪费，必须加强基础理论和应用基础理论研究。二是各类退化生态系统恢复的理论与技术方法交流还不够，虽然中国生态学学会刚成立了生态恢复专门委员会，但还需要进一步组织与协调我国恢复生态学学术交流，推动本学科的发展，特别是未来国家的重大研究计划（包括国家攻关、863、973、国家自然科学基金等）向恢复生态学倾斜可以促进学科发展。三是研究的深度不够，定量研究不足，许多研究都是描述性分析，使得生态恢复往往成了"政治家"的口号，缺乏相关量化指标，缺乏可操作性；缺乏恢复后的评估，大部分实践工作注重表面的恢复，对于生态系统恢复后的反馈及生态效果的评估有所忽视。四是很多生态恢复研究并没有将恢复结果与社会经济层面联系起来，生态恢复工作仍然局限于单纯的生态重建，并未与当地的整体建设规划协调一致，同时也缺乏当地居民的参与，严重制约了恢复项目的长期效益。

20 世纪 80 年代以来，特别是近些年来生态退化和环境污染等问题日趋恶化，成为困扰我国社会经济可持续发展的重要因素。在此背景下，国家有关部委及地方政府分别从不同角度进行了有关生态恢复的研究和实践，开展了生态环境综合整治与恢复技术研究、主要类型生态系统结构、功能及提高生产力途径研究、亚热带退化生态系统的恢复研究、北方草地主要类型优化生态模式研究、和内蒙古典型草原草地退化原因与过程及防治途径及优化模式等课题，对生态恢复理论和实践的研究都有所加强（赵桂久等，1993，1995；章家恩和徐琪，1998，1999；任海等，2004，2014，2019；蒋高明，2007）。

我国自1978年以后还实施了"三北"防护林建设、黄土高原退耕还林、长江中上游地区（包括岷江上游）防护林建设工程，水土流失治理工程，农牧交错区、风蚀水蚀交错区、干旱荒漠区、丘陵山地与干热河谷和湿地等生态脆弱地区退化生态环境恢复与重建工程、沿海防护林建设工程等等，这些工程在削减贫困、控制土壤侵蚀、防治荒漠化、抑制沙尘暴、减轻洪涝灾害、保护和恢复森林草地和野生生物、提高农林业生产力等取得了较好的成效，促进了中国完成联合国可持续发展2030目标（Bryan et al.，2018）。这些生态建设实践与研究，结合已获成功的一些生态恢复技术和案例，为生态恢复和环境治理积累了宝贵的经验，提出了一些具有指导意义和应用价值的基础理论，进行了一些典型区域生态恢复试验，取得了显著的生态效益、社会效益和经济效益（贺金生等，1998；刘世梁等，2006；刘庆，1999 刘庆等 2004；吴彦等，2004）。

20世纪90年代中期，先后出版了《热带亚热带退化生态系统的植被恢复生态学研究》、《生态环境综合整治与恢复技术》和《中国退化生态系统研究》等专著，21世纪以来，出版了《恢复生态学导论》（第一至三版）、《热带亚热带恢复生态学研究与实践》、《环境污染与生态恢复》、《湿地生态工程》、《湿地资源利用与保护的优化模式》、《生态修复工程技术》、《热带亚热带恢复生态学研究与实践》、《生态恢复的原理与实践》、《恢复生态学》（3个版本）、《恢复生态学通论》、《恢复生态学概论》、《当代中国生态学研究——生态系统恢复卷》和《恢复生态学原理与应用》等，近些恢复生态学专著提出了适合中国国情的恢复生态学研究理论和方法体系。以"生态恢复"和"恢复生态学"在中国知网（1979～2018.7）进行检索就分别有12552条和632条中文文献。以"Ecological restoration"和"China"在Elsevier、Springer和John Wiley三大国际学术数据库检索发现有近8000条英文文献（有部分是非中国人发表）。检索中国学者发表的中英文的恢复生态学论文发现，大多数研究对象是森林、草地及淡水生态系统，湿地或海洋生境较少。这些论文中，考虑生物组成和群落结构较多而分析生态系统功能少；关注的生物以维管束植物为多，近年有一些关于微生物的，但比较少关注低等植物、无脊椎动物和脊椎动物；关于生态系统功能恢复的主要集中于养分循环、生物量和生产力，较注意水分关系和营养相互作用，对地上-地下、植物-动物-微生物-生境有关系研究极少。此外，目前缺少关于生态恢复的社会经济和文化方面的工作（任海等，2019）。

虽然对国际恢复生态学理论发展方面的贡献不够大，但就研究范围和广度而言，我国生态恢复研究是其他国家难以比拟的，而且在喀斯特、青藏高原、黄土高原、长江流域、常绿阔叶林区域等中国特有生态系统恢复领域已达到国际同类研究水平，在国际学术界产生了一定的影响（陈灵芝和陈伟烈，1995；余作岳和彭少麟，1997；赵晓英等，2001；任海和彭少麟，2001；孙书存和包维楷，2004；Ren et al.，2007；彭少麟，2007；任海等，2008，2019；李文华，2013；李洪远和莫训强，2016）。

# 3 恢复生态学研究现状

## 3.1 恢复生态学的理论

恢复生态学主要借用了生态学的理论与方法，在发展过程中也形成了设计和自我设计、恢复的阈值理论等（任海和彭少麟，2001；任海等，2019）。近几年，国际恢复生态学会出版了多本恢复生态学专著，对恢复生态学中的生态学理论、假说和范式进行了总结（表25.1）。

## 第 25 章 恢复生态学研究进展

**表 25.1 应用于恢复生态学的生态学理论、假说和范式（引自 Palmer et al., 2016）**

| 相关生态学理论 | 主要内容 | 生态恢复中的应用 |
| --- | --- | --- |
| 恢复生态学和生态恢复 | 历史和当代变异范围、科学恢复的途径、适应性恢复、积极或消极的恢复、基于过程的恢复、生态系统结构与功能、参考生态系统 | 将相关信息用于生态恢复设计、寻找生态系统恢复的关键及限制因子、确定恢复目标、确定评估指标、对恢复工程进行改造或修饰 |
| 生态动态 | 生态系统轨迹、稳定性、收敛性、可逆和不可逆阈值模型、滞后模型、演替模型、快或慢过程、替代稳定状态、生物反馈、干扰、恢复力 | 分析退化生态系统形成的原因、确认自行演替群落不必开展恢复干预、人工促进恢复、引入演替后期的种类及元素、理解恢复目标及不同阶段特征、排除干扰、构建恢复力、缩短恢复时间、原生演替用于指导环境改良、次生演替用于指志生物操控和通过管理控制变化 |
| 生物多样性和生态系统功能 | 遗传/分类/谱系与功能多样性、共性与稀有性、灭绝的债务、生物多样性与生态系统功能、互补性、投资组合效应 | 确定恢复目标、选用乡土多样性的生物、同类功能群植物种植在一起、增加多样性抵御入侵、在建群种的基础上引入稀有种类、强调恢复部分生态系统功能（如水文过程、物质生产）、引出物种时强调生物多样性、生物多样性可能导致恢复的生态系统稳定 |
| 景观生态学与空间过程 | 景观组分、配置与镶嵌、基底、功能单元、地点与景观恢复、溢出效应、连接过程、互补、补充 | 从景观层次考虑生境破碎化和整体土地利用方式、在关键和敏感的地点恢复关键的种类、通过建立联系促进物种扩散、恢复时要考虑高的异质性、排除景观中恢复的生态系统邻近的污染及干扰、轮作管理 |
| 种群遗传学 | 遗传变异、有效种群大小、奠基者效应、遗传漂变、景观遗传、环境包裹、物种分布范围模型、环境生态位、回归、增强回归、异地回归 | 增加恢复种群的遗传多样性、种群恢复材料来源的地点多样化、要回归达到最小种群存活所要求的数量、合理安排生态系统中物种及其位置 |
| 对物种持久性的生理生态学控制 | 环境胁迫忍耐、营养循环、光合与呼吸速率、生物量分配、光饱和和光抑制、水分利用效率、气孔导度、叶温、植物水分或获性、植物养分要求 | 确定环境的限制因子及植物的忍耐性、估计营养循环速率、帮助筛选适生植物、构建抵制入侵的群落、确定成功恢复的标准 |
| 种群动态和复合种群 | 复合种群动态、种群统计矩阵、灭绝概率、自我维持种群、随机变异、空间积分投影模型、贝利叶网络、弹性分析、最小变异复合种群、资源库动态 | 确定物种的空间配置、引导恢复设计、增加预期种和减少不喜欢的种、建立恢复的种群扩散和定居的模型、理解环境因子时空变异性驱动因子对生物的影响、帮助减少灭绝风险、帮助评价恢复效果、建立生态廊道增加恢复样地间的联系 |
| 入侵种动态和群落可入侵性 | 替代稳定状态、集合理论、优先效应、多样性/可入侵性、竞争、入侵性/抵制或恢复力、波动资源假说、生态位优先权、遗产效应、功能性/性状多样性 | 恢复的种群对入侵种有抵制力或恢复力、评估样地的条件及演替机理 |
| 群落组合 | 护理、护理植物、抑制、物种库、过滤理论、优先效应、生物/非生物过滤、生物多样性与生态系统功能、物种/功能多样性、互补性、群落组合、奠基者效应 | 确定恢复的轨迹、利用正作用促进恢复、恢复干预的可能性、添加种子促进恢复、回归时注意种间关系、利用抑制作用控制不想要的竞争种、根据实际情况考虑播种与种植、拨除不想要的种并保护目标种 |
| 异质性 | 小地形变异、非平衡性、斑块镶嵌、分形、共存、区域多样性、景观范畴、物种分布、干扰调解、生境选择、生态系统功能、群落组合 | 恢复目标与过程的设定、植物定居限制因子解除、根据空间异质性种植不同的植物功能群、改良小生境、考虑小范围内的"适地适树"、通过机械开林窗 |
| 食物网和营养结构 | 营养协同、食物网连接、食物网组合、相互作用网、多样性/稳定性、能量网、自上而下/自下而上、捕食者介导和显性竞争、生物操控、灭绝风险 | 确定生态系统能量流动特征、建立生态系统中植物-动物-微生物间的关系并保持其稳定性、病虫害的生物防治、恢复地上-地下过程的连接、恢复动态过程的监测 |
| 养分动态 | 化学计量学、$C:N:P$ 比、$P$ 吸收、解吸、氨化作用、硝化作用、反硝化作用、$N$ 利用理论、植物输入输出理论、波动资源假说、资源比率假说、养分螺旋、养分过剩/亏缺、土壤 $C$ 饱和理论、$C$ 沉降 | 确定恢复生态系统的养分是否够用、改良生境中的养分、维持恢复系统的养分平衡、确定生态恢复的产出目标 |
| C、能量和生态系统过程 | $C$ 动态、生态系统 $C$ 沉降、净生态系统 $C$ 平衡、净初级生产力、干扰后恢复、湿地/草地/森林生态系统过程、$C$ 循环的火效应 | 提供恢复系统的生态系统服务功能、提供生态系统管理思路、减缓全球气候变化的影响 |

续表

| 相关生态学理论 | 主要内容 | 生态恢复中的应用 |
|---|---|---|
| 集水区过程 | 拦截和渗透、土壤水力传导、水分贮存、侵蚀、产水量、水文体系、网络配置、表面和地下集水区 | 设计时考虑空间和时间问题、综合考虑集水区内各因子间的联系、系统考虑土壤和水文过程 |
| 进化生态学 | 当代进化、适合度优化、强选择、抗抗性多效、生活史进化、数量性状进化、适应性表型可塑性、交互移植、种群遗传交散、景观遗传、迁移负荷、恢复基因组 | 考虑生态系统恢复的长期变化、注重遗传多样性的应用、注意恢复过程中物种的协同进化 |
| 宏观生态学和岛屿生物地理学说 | 跨空间过程、物种分布模型、宏观进化适应、基本和现实生态位、生物气候包裹模型、种-面积关系、复合种群模型、生境连接度、扩散概率、中性理论 | 注意恢复系统的边界、组分间的关系、注意恢复系统的数量和质量、考虑系统组分间的各种流、操控恢复样地的大小以增加样地的异质性 |
| 气候变异与变化 | 气候变异、古气候、物种对变化环境的适应、气候体系、物种分布区转移、群落再组合、物候、树木死亡、巨大干扰、参考条件、生态系统再组织、帮助的迁移 | 考虑气候变化对生态恢复系统的影响、利用气候变化促进正向恢复、思考未来气候变化下的生物适应性及分布变化 |

## 3.2 恢复生态学当前研究热点

根据对近几年的国际恢复生态学会议、发表的论文及国际恢复生态学系列专著分析，当前恢复生态学的研究热点主要有如下内容。

### 3.2.1 生物多样性与入侵地生态恢复

生物多样性的增加对于生态系统的功能完善和动态发展有着不可替代的作用，生物多样性的恢复是进行退化生态恢复的重要方面。多样性的变化，无论是物种多样性、基因多样性以及功能多样性，无论是本地种还是外来种，它们都会影响生态系统的功能。外来植物入侵被认为是仅次于生境破坏导致全球生物多样性下降的第二大因素，严重威胁着生态系统健康（D'Antonio et al., 2004；Vilà et al., 2011），已造成重大经济损失（Pimentel et al., 2000）。入侵植物的防控非常困难，目前的理化清除无法控制其反复爆发，还会促进入侵的扩散，造成二次污染，对本地生物资源引发更加严重的生态破坏与环境污染（D'Antonio, 2002）。生态恢复需要考虑物种多样性的关系和群落恢复网络的稳定性，以及冗余物种在群落中的功能。当前的研究热点主要集中在：①物种冗余及其对生态系统的影响，以及它与生态恢复的联系（Middleton and Grace, 2010）；②不同物种在生态系统中扮演什么角色，关键物种对生态系统的影响（Lawler et al., 2001）；③入侵植物的生物防治与生态控制，如入侵种天敌的释放与防治过程中的生态效应，群落对入侵生物产生抵抗力的机制，以及如何通过功能群配置和生境调控来防控外来入侵植物等（De Clercq et al., 2011；Pyšek et al., 2012）。

### 3.2.2 全球气候变化与生态恢复的相互作用

气候变化对生态恢复的影响是当前的研究热点，主要集中于气候变化对群落的影响，包括在气候变化背景下群落整体抵抗力和恢复力的变化，群落内种间关系的变化以及群落对气候变化的动态响应（Both et al., 2006）。而生态恢复对全球变化的反馈则是新的课题。目前关于气候变化对于物种组成、群落结构及生态系统功能的影响仍没有定论，这无疑是实施生态恢复工作中的另一个不确定因素（Howell et al., 2011）。越来越多的研究表明全球变化将会对物种之间的关系产生巨大的影响（Lu et al., 2013），未来应将恢复研究放在全球变化的大背景下，长远的考虑恢复的方法与效果。

### 3.2.3 生态系统结构恢复与生态系统服务功能恢复

生态系统的恢复是一个长期缓慢的过程，生态恢复的重点并不是单纯地重建一个群落或生态系统的结构而是力求以最小的人工干扰，使生态系统恢复可持续发展状态（Howell et al.，2011）。因此群落构建规则以及群落结构的动态发展理论对于恢复生态学的发展十分重要，核心理论是生态演替理论。它是生态系统按照一定的规律，以生物群落演替为基础，由一种类型的生态系统被另一种生态类型所替代的这个过程（彭少麟，2007）。大多数自然群落都有其固有的可变性，生态恢复需要把重点放在恢复群落功能，而不是特定物种的恢复（Palmer et al.，1997；Barbier et al.，2011）。已通过实验发现微生物驱动恢复演替进展的证据（Liao et al.，2018）。当前的研究热点主要集中在群落的形成，以及群落未来动态的预测等（Perrow and Davy，2002；Temperton et al.，2004）。

总体来说，无论是对全球和区域范围，还是对单个生态系统，前人对生态系统的服务功能的研究大都是对于独立的自然生态系统服务价值而言的，而对于退化生态系统恢复经济价值方面的研究很少（Hein et al.，2006；Pearce，1993；陈仲新和张新时，2000；戴星翼等，2005）。当前这方面的研究大多集中在生态服务功能和经济价值的静态评估（Gutrich and Hitzhusen，2004；Tong et al.，2007），而对于退化生态系统恢复过程中的经济价值动态变化的研究则比较缺乏。

### 3.2.4 生态系统恢复力/弹性

生态系统本身的概念也越来越包含人类活动引起的气候变化，土地利用改变，入侵种引入和生物多样性减少，以及其他长时间尺度的影响（Weinstein and Day，2014）。生态系统将面临越来越复杂的干扰，面对这些干扰，如何利用群落的恢复力来恢复受损的生态系统，以及如何在生态系统的恢复工程中最大限度地利用群落自身的弹性或恢复力一直是生态恢复理论需要解决的重要问题（Stone，2009）。当前的研究热点主要集中在生态系统的弹性来源，恢复力特性的限制与响应时间的变化机制，以及这些特性在不同的生态系统中的变化（Walker et al.，2002）。此外，生态系统恢复力的阈值以及超越阈值后生态系统的风险等都是重要研究内容（Suding et al.，2004）。

### 3.2.5 生态恢复目标规划与评价

恢复的目标必须明确可达到，很多生态恢复项目失败就是因为目标不清晰（Hobbs and Harris，2010；Hobbs，2010）。由于关键种的丧失和重新引入都会引起生态系统的显著变化（Mills et al.，1993；Clewell and Rieger，1997；Gibbs et al.，2008），例如，黄石公园生态系统中的狼的死亡导致了植物群系和动物群系的大范围改变（Ripple and Beschta，2003）。当前研究热点主要有关键种的确定与选择，恢复过程中物种间的相互作用。除了在目标地规划时选择一些关键物种，必须考虑物种间、物种与环境间相互作用关系（Kearns et al.，1998；Gibbs et al.，2008；Dixon，2009）。在组合理想的恢复后物种组成时，需要考虑并调整物种间依赖关系、关联和竞争作用，有的物种具有狭窄的生境限制、特定的食物来源，有的植物依赖于单一的传粉者，这些关系都是对既定生态恢复确定其最终物种组成时需要考虑的额外因素（Kearns et al.，1998）。

生态恢复的快速发展迫使我们思考怎样的恢复才是成功的恢复，在采取恢复措施前首先要对现有的生态系统进行评价，然后对恢复后的系统进行评价，来了解恢复的成效。生态恢复成功的评价方法目前有直接比较法，性状分析法，轨道分析法。主要通过测量植被结构、生态过程和多样性指标进行评价，然而这些指标的变化未必能够明确指示包含在恢复过程中的内在关系。缺乏生态恢复评价的规范化程序和评价标准已经限制了恢复生态学和恢复实践的发展（Palmer et al.，2004，2005a，2005b）。制定并接受一套能够定义和评价恢复工程生态成功的标准，对于恢复生态学家和生态恢复工程实施者而言是迫切和必需的（Alexander and Allan，2007），这将大大促进恢复工程的评估和恢复结果的报道。生态系统的健康性与完整性是评价恢复生态系统的重要指标（Müller，2003），当前的研究热点主要集中在对生态系统健康性和完整性的定义，分析和测量方法的改进，以及生态恢复评价体系的建立。

### 3.2.6 恢复生态学的方法学创新

宏观方法与微观技术在生态恢复中的应用。传统的手段往往很难用于监测生态系统功能的变化，尤其是在较大的空间尺度上。近年来，遥感和计算机软硬件不断完善和发展，利用遥感数据进行生态学研究已成为现在人们普遍使用的一种方法。可以对植被信息（RVI、PVI、SBI 等）、生物量和生产力等进行有效的提取，可以检测植被的生长动态，森林覆盖和土地覆盖的变化，可以在景观尺度上监测植物入侵状况（Asner and Vitousek，2005），估算森林碳汇（Asner et al.，2011）。另外，就恢复生态领域而言，在生态系统退化和退化生态系统恢复的过程中，种群退化与濒危的机理、种群生活力与繁殖力、生态环境因子胁迫导致的种群退化响应等方面都需要分子生物学的手段。例如，在生物多样性保护方面，可以应用各种分子标记（王伯荪等，2002；赵平，2003）（RFLP、VNTP、RAPD、DNA 测序）分析种群地理格局。

时空尺度的扩展研究。大尺度的生态恢复工程所提供的生态系统服务要比小尺度的好（Aronson et al.，2010）。随着生态恢复科技技术的发展，生态恢复的规模逐步扩大，大尺度的生态恢复研究得以实现（Opperman et al.，2009）。很多国家在生态恢复工程项目上面投入了大量的经费，如佛罗里达沼泽恢复工程花费超过 80 亿美元（Young，2000）。波多黎各岛（Aide et al.，2000），哥斯达黎加（Arroyomora et al.，2005），坦桑尼亚，巴西（Lamb et al.，2005）也都开展了相应的大范围的生态恢复。另外，生态恢复是长期的工程，历史累积的数据集有助于我们修正已有恢复理论，加深对生态系统、不同种群生活历史的生物规律的理解。多数生态恢复的项目都大于 3 年，很多集中在 3~30 年（Pywell et al.，2003）。例如通过对鼎湖山 30 年的群落调查及遥感数据的整合分析，提出了模型化量化测度退化生态系统组成结构变化的方法和植被恢复过程中多尺度耦合的新方法（Peng et al.，2010，2012）等。

实验恢复生态学方法的多样化与创新。根据恢复条件的不同，生态恢复的方法和技术也不同，既包括使用传统重型机械如吊车，推土机，挖掘机等，又涉及高科技如计算机控制，计算机绘图，计算机建模，"3S" 技术等（Weinstein et al.，2014）。同时在创新生态恢复新方法的探索上，过去 30 年发展很快，如轻型便携式气体交换系统和新型压缩技术数据记录仪，让实验测量更加快捷、可追溯；通过追踪稳定的、长期的、综合生态生理学相关的同位素，可以提供监测植物生长、预测恢复效果更简单便捷的方法。

早期的生态恢复研究主要开展少量变量因子的简单实验，缺乏多变量、复杂数量分析方法的实验（Bullock et al.，2011）；对生态恢复的认识又仅仅停留在定性阶段，近期由于生态经济学理论的引入，以及综合大量数据的统计分析方法（如 Meta 分析），已有较好的突破。彭少麟等将 Meta 分析方法引入我国生态学研究，对以往的研究进行定量统计分析（Zheng and Peng，2001），目前 Meta 分析已成为定量研究生态学争论及深入了解生态学的重要工具。

除此之外，将种群理论、干扰理论、尺度理论、植物多样性、生态系统服务理论等整合运用于生态恢复的实践中已变得越来越重要。生态系统由于其复杂性，贯穿于多个学科，与生态系统有关的理论来源甚广，难以统一。整合众多理论，提出新的理论，将是生态恢复理论研究的热点之一，必将推动生态恢复与实践的进展。

## 4 恢复生态学国际发展趋势

### 4.1 建立生态恢复的标准

生态恢复（ecological restoration）是帮助退化、受损或毁坏的生态系统恢复的过程。它是一种旨在启动及加快对生态系统健康、完整性及可持续性进行恢复的主动行为。国际恢复生态学会认为生态恢复是一种保护生物多样性和改进人类福祉的方式，并于 2016 年发布了生态恢复实践的国际标准：①生态恢复实践要以适当的地方乡土参考生态系统为基础的，并考虑环境变化；②在形成长期的目标和短期目标之前要确定目标生态系统所要求的关键特征；③实现恢复最可靠的方法是帮助自然恢复过程，修补自然恢复潜力受损的程度；④恢复要寻求全面恢复的"最高和最好努力"进展；⑤成功的恢复要利用所有相关的知识；⑥与所有利益相关者尽早地、真诚地、积极地合作可以获得长期恢复的成功（McDonald et al., 2016）。大多数的生态恢复可分为如下 3 类：①完全恢复，这类恢复力争包括历史自然群落的所有特征；②生态系统服务恢复，指基于过程的生态系统结构和功能恢复，常常包括一批乡土种的简单组合，也可能会出现新奇群落；③根据经验的恢复，是指为使人们满意而重造出来的恢复。这 3 类恢复中第 1 类最复杂且最难，一般是在极度退化的地点开展，而后两类相对简单而且易于成功。这 3 类恢复随时间的发展，也可能会发生相互转换（Howell et al., 2011）。

生态恢复中有基于原理的恢复还是基于标准的恢复之争。现在认为，基于原理的恢复比基于标准的恢复更好，因为基于原理的恢复与生态系统恢复的发展阶段和有效恢复功能是一致的，当然，两者也可协同发挥作用。这是因为一个灵活开放的恢复实践方法需要解决投资、气候变化、人类需求、科学不确定性和当地适当的创新实践的快速的尺度推绎。国际生态恢复学会提出的"伦理规范（code of ethics）"与"生态保护区恢复（ecological restoration in protected areas）"等以原理为先的方法为生态恢复提供了灵活的和适应性的解决办法。基于（绩效）标准优先的实践方法可能会限制创新且不易达到生态修复效果，如果有明确的原理和科学证据，绩效标准可以为生态恢复提供有价值的参考。原理和标准可以有效地一起运作，但需要仔细协调，一般原理应该先于标准（Higgs et al., 2018）。

### 4.2 明确生态恢复的方向

生态恢复是一项不确定性的、长期的、需要土地和资源投入的任务，因为它有目标导向（也有称价值导向，包括个人价值、生态价值、文化价值和社会经济价值）和生态过程导向之分，因此，在对某个生态系统进行恢复前必须深思熟虑，综合考虑不同利益相关者的意见比单独确定更好（Clewell and Aronson, 2013）。

Clewell 和 Aronson（2013）指出，恢复的生态系统有直接获得的特征和间接获得的特征。直接获得的特征包括：种类组成（乡土种、代表性的功能群、参考生态系统中的共同适应的种类集合；可能包括冗余种和外来种）、群落结构（种群中有足够多度和适当的分布，而且种间关系易于群落构建）、非生物环境（非生物环境可容纳生物的可持续发展）、景观背景（生态系统可整合到一个更大的景观基底中，生态系统间有生物和非生物交流，从其他生态系统中对恢复的生态系统的健康和完整性的威胁减轻）。间接获得的特征有：随生态系统发展有正常的生态系统功能，生物多样性回复到未受干扰前的历史连续性轨迹上，具有促进生态位分化和生境多样性的复杂结构的生态复杂性，有生态系统反馈的自组织过程，受到一定胁迫能够恢复的回复力，生物多样性会随外环境变化和内部流变化而波动或变化的自我可持续性，能够提供 $O_2$、吸收 $CO_2$、减缓温度、提供生境等生物圈支撑功能。

### 4.3 鼓励生态恢复的理论创新

2018 年 5 月，*Restoration Ecology* 杂志为了庆祝创刊 25 周年，选取了该刊发表的 25 篇最有影响力（高引用率）的论文做了一个虚拟专期，从这份论文清单可见，过去 25 年恢复生态学的理论突破还不多，主要是利用生态学中的演替、生物多样性、景观等方面的理论；从生态恢复角度则关注了恢复的目标、成功标准和社会经济因素的影响；生态恢复较受关注的对象是热带森林、河流、湿地；生态恢复也关注当前热门的气候变化和外来种入侵问题。此外，该刊物自创刊以来引用率最高的 3 篇论文有 2 篇是关于如何评价成功恢复的，1篇关于恢复的理论。产生这种结果的主要原因是，恢复生态学是一门新兴的学科，但由于其研究对象有样地特点、状态特点、具体恢复目标等社会价值和期待方面的要求，因而在概念和理论合成方面的工作及进展不多。

从宏观上看，恢复生态学发展主要有两个障碍：一是目前恢复生态学还是一个验证性的科学，主要处理少变量因子和这些因子的部分层次的简单实验，缺乏复杂的、多变量、复杂数量分析方法的实验；另一个是短视性的学术研究导致的少量的合成和弱的概念理论，这需要更好地认识和明确生态学原理（任海等，2014）。

## 4.4 开展生态恢复的综合性研究

虽然 Bradshaw（1983）提出退化生态系统恢复过程中功能恢复与结构恢复成线性关系，但这并没有考虑到退化程度和恢复的努力。生态学还没有到达是可以对特定地点特点方法下有特定产出的预测阶段。生态系统恢复与自然演替是一个动态的过程，有时很难区分两者。恢复生态学要强调自然恢复与社会、人文、政策决策的耦合，好的生态哲学观将有助于科学工作者、政府和民众的充分合作。恢复生态学研究无论是在地域上还是理论上都要跨越边界。恢复生态学研究以生态系统尺度为基点，在景观尺度上表达（Whisenant，1999）。退化生态系统恢复与重建技术尚不成熟，目前恢复生态学中所用的方法均来自相关学科，尚需形成独具特色的方法体系。

生态恢复已从目标导向转而过程导向。目标导向主要是强调一个生态系统接近干扰前状态的回归，它提出了参考生态系统问题，强调生态参数的比较，确定了促进演替中的问题。而过程导向是修复人类对乡土生态系统多样性和动态的损害的过程，它涵盖了生态损害的社会要素，强调社区的作用，认识到恢复在干扰和社会状况中的限制作用。出现了适应恢复的趋势（Shackelford et al.，2013）。

生态恢复已从单一态、静态、平衡态、基于结构的方法和集中于某一类型生态系统研究等特征转向多态、动态、非平衡态、基于过程的方法和多维向恢复评价标准等方向发展。恢复成功的标准也要多维向，因为恢复的结果可能是多平衡点。

从微观上看，当前的生态恢复过程分强调养分及物种的还原，而忽视水文学过程以及养分循环及能量获得过程；过分注重具体的生境而忽略景观；将恢复作为工作的结束而不是作为自发修复的开始。未来应该考虑以生态过程调控为主，诱导生态系统的正反馈的自发恢复，考虑生境景观间的相互作用（任海等，2014）。

适应性网络模型（adaptive network models）近来受到重视，它可解决生态恢复的理论与实践（环境管理与政策选择）结合问题，可以更好地理解和预测在生态恢复中，生态和进化过程如何形成生物多样性和生态系统功能。即在这个适应网络中，相互作用结构的宏观动力学与种群水平过程的微观动力学之间的反馈形成相互作用、丰度和性状，从而影响恢复力和功能多样性是恢复生学最新的发展方向（Raimundo et al.，2018）。

生态恢复是启动正反馈，停止负反馈，并维持自我更新能力，因此，整合系统阈值和反馈的替代生态系统状态模型在恢复生态学中的应用是未来的发展方向。生态恢复强调空间异质性和景观尺度的恢复（Palmer et al.，2016）。恢复生态学家应停止期待发现能预测恢复产出的简单规律或牛顿定律，相反，应该知道因为恢复地点本身及恢复目标导致的挑战的多样性进行适应性恢复与管理。只要可能，恢复项目就应将试验整合进规划与设计中，可能适应性恢复不能确保期待的产出，但它将为同类生态系统的恢复提供可更正的测定方法或导致更好的恢复实践。

未来完整的生态恢复工作要根据恢复目标，系统考虑植物、动物、微生物和土壤的完整性（过去的生态恢复同时关注三类生物的很少），建立各类生物间的相互作用关系（如传粉、种子扩散），把地上和地下过程联系起来，把退化生态系统恢复与自然资本、生态系统服务功能、人类需要求联系起来，兼顾以生态为中心和以人为中心的生态恢复，同时考虑全球变化和社会经济文化对恢复不确定性的影响（Kardol and Wardle，2010；Perring et al.，2016；McAlpine et al.，2016）。

## 5 中国恢复生态学发展的挑战及展望

### 5.1 挑战

在过去五十年的时间里，人类改变生态系统的速度和广度超过了历史上任何时期，生态系统服务的退化、生境破碎化、环境污染气候变化将更加显著的恶化，我们的生存环境将面临前所未有的挑战。这些挑战包括：恢复工程的有效性、生态系统破坏前后往往引起部分目标生物发生适应性进化、全球变化的考虑、生态系统的复杂化、生态恢复参照系的动态变化、可持续发展指标体系的建立、生态恢复与各方利益的均衡等。面对这些挑战，我国恢复生态学可以在如下方面进行发展。

#### 5.1.1 指导当前生态恢复实践的理论研究进展

当前生态恢复实践的关键理论问题有望取得进展。①未来全球变化不断加剧，会不断影响生态系统的结构与功能，如何在生态恢复中将全球变化的这些影响考虑进去，是恢复生态学要面对解决的重要问题。②支撑变化环境条件下多样性、功能性和适应性的评估标准，是规划目标的关键元素，为了发掘目标群落的这些特定信息，未来需要生物学、生态学和植物学资料，并建立相关的网页数据和植物标本库。③继续加强入侵生物的生物防治，加强生态控制方面的理论研究与恢复实践，重点研究如何通过本地植物功能群配置和生境调控来防控外来入侵植物等。④物种长期在退化系统中已产生一定的适应性进化，生态恢复中如何考虑其进化上的改变，进而制定长远的恢复计划。⑤恢复生态学与社会和人文科学的交叉研究是未来恢复生态学学科发展的重要方向。

#### 5.1.2 生态恢复的社会、政治、文化与生态的耦合

恢复生态学还与当前比较热门的政治问题，如碳排放与交易、生物多样性丧失、生态系统服务功能支付等紧密相连（Pywell et al.，2003；Peng et al.，2009）。未来的生态恢复工作不仅需要提高管理生态系统的能力，更需要以整体性的思维解决社会问题与环境问题，加强科研领域与其他领域的交流合作，建设高参与度，高效沟通，高环保意识的社区（Shackelford et al.，2013），集合全社会的力量实施并维护恢复项目，同时建立生态监测网络、数据共享平台（董正举等，2014）以及相应的监测评价体系为深入研究和长期管理奠定基础。

#### 5.1.3 生态恢复作为可持续发展与生态文明建设的基础支撑

退化生态系统恢复与重建模式的试验示范研究还停留在一些小范围和局部区域范围内，或单一的群落或植被类型，缺乏从流域整体或系统水平的区域尺度的综合研究与示范，也缺乏对已有模式随着时间推移和经济发展的需求而变化的优化调控模式。而当前我们遇到的生态、环境问题及挑战都同时具有全球性（planetary）、区域性（regional）、局部性（local）的特征。为了实现可持续性发展，推进生态文明建设，必须将恢复生态学和生态恢复与长期的区域性以及地球全域性生态管理保护措施联系在一起。

建立专门的学术机构与管理机构，加快推进恢复生态学的学科发展与生态恢复实践的科学实施。对于退化生态系统，不应只是单纯地进行植被恢复，还要进行后期评价和管理，并运用弹性思维去管理资源，提高生态系统的弹性或恢复力。在生态恢复的基础上，针对不同生态系统通过科学方法对生态系统结构和功能进行优化，使生态系统得以可持续发展，切实推进生态文明建设。

## 5.2 中国生态恢复科学家尤其应该关注的重要科学问题

### 5.2.1 恢复生态学的理论体系研究

恢复生态学的基础理论来自生态科学的各分支学科（彭少麟和陆宏芳，2003），但是我国目前还缺乏一套完整的恢复生态学的理论体系（任宪友，2006；李文华，2013；李洪远和莫训强，2016）。我国在生态恢复和国土整治实践上已有极大量的工作，但是理论落后于实践，必须加强基础理论和应用基础理论研究，拓展和完善理论框架（彭少麟，2008；李文华，2013；任海等，2019）。此外，在物种对退化生态系统的响应，退化生态系统恢复和重建等基础理论性问题还缺少理论上的深入研究，导致在进行生态系统的恢复时，还带有一定的盲目性和不确定性（包维楷等，2001；任海等，2019）。因此，尽快建立起一套完整的恢复理论和技术体系，是生态系统恢复成功的关键，也是促进自然、经济、社会可持续发展的关键。

### 5.2.2 中国特殊退化生态系统的恢复

许多生态系统极端退化的类型与地区，例如中国东北-西北农牧交错带（程序，1999）、林草交错带生态系统、岩溶地区石质山地生态系统（李文华，2000；李阳兵等，2002）、青藏高原地区沼泽干旱草甸生态系统（周华坤等，2006）、由城市化引起的"新兴生态系统"（胡廷兰等，2005）、西南最严重的生态地质环境问题喀斯特石漠化（王世杰，2003；Tong et al., 2018）、高原退化生态系统（黄志霖等，2002；周华坤等，2008）、退化河流与湖泊生态系统、南海热带珊瑚岛（简曙光和任海，2017）、重金属污染及废弃矿地（周启星等，2004；张鸿龄等，2012）、石油泄漏地、红树林（Chen，2013），外来种入侵地（Guo et al., 2018；Huang et al., 2018）、垃圾填埋场等的生态系统恢复的问题更加复杂，针对这些极端地区的生态恢复问题，生态学家做了很多的探索和努力（Ren et al., 2007），但如何正确而有效的治理仍是未来我们应该思考的问题。

### 5.2.3 恢复生态学的学科交叉及对其他学科的重大推动作用

恢复生态学是生态学的分支学科，同时它还是应用生态学、可持续性科学、生态系统科学、人类生态学等科学前沿的分支。恢复生态学涉及许多学科，与许多学科存在交叉，如它与农学、林学、地球科学、经济学、社会学、环境学、管理学等存在交叉。具体地讲，在理论支撑方面，恢复生态学的许多理论、方法来源于生物学、地学、经济学、社会学、数学等自然学科，以及工程学、林学、农学、环境学等应用性科学。生态恢复的过程和机理研究必须从不同的空间组织层次上来进行（Arroyo et al., 2005）。

同时，恢复生态学的研究也对其他生态学分支学科有促进作用（周婷等，2013）：如保护生物学，景观生态学，景观建筑学，生态工程学和生态经济学。恢复生态学所启发的保护生物学，首先要摒弃局限于个别物种的保护，重视系统性；其次在景观基质内将人类活动区域整合到保护区中，在人类的利用中与保护达到共存。对景观生态学发展来说，无论我们执行生态恢复的范围大小和实施尺度，恢复项目都要在景观尺度上进行，借鉴景观生态学中的斑块-廊道-基质理论形成恢复模式，单独的生态系统是斑块，斑块置于景观基质中，廊道连接成为整体；将各个不同生态系统之间通过景观的格局与过程联系起来，通过时空尺度的动态耦合实现生态恢复后系统的结构和功能。

恢复生态学最终目的是为了可持续性发展，将理论转变为实践。用可持续性景观建筑学进行生态恢复，从社会需要的角度配置景观格局；将美学的设计融入于退化地的恢复，创造一个完善功能的系统提供最优化生态服务，服务于社会发展。具体实施生态工程时的指导原则，一方面是基于历史状况和未来需要加强对监测工程的重视；另一方面是更多偏重于提前预防的措施。恢复生态学家需要和景观建筑师以及生态工程师协同配合,使得恢复的成果满足人类的需求(Huang et al.,2019)。这需要各方面知识的融合,早期阶段是生物学家和生态学家参与项目设计过程,提供理论依据,形成方案,后期在建筑师,工程师和项目赞助方或者使用者的协助下得以在实践中完成。在生态恢复的各个阶段,都体现了人作为系统主体的作用,按照人类的目的进行设计和规划,将人类作为生态系统的组成成分,整合对生态系统功能和生态工程的研究,使得生态恢复的成果成为可持续性发展的基础。这多方面的具体实施都是在生态经济学对于经济利益和生态效益的协调下得以实现的。另外大量的生态学科为恢复生态学奠定了基础,如个体生态学,群落生态学,生态系统生态学,全球变化生态学,土壤生态学,水文学等。而恢复生态学也从不同方面促进了这些学科理论和实践的发展。

恢复生态学的研究涉及多个生态学分支学科、多个理论为指导,需要在实践过程中不断总结实践经验,将研究理论与实践相结合,实现生态系统的可持续发展,有效解决当今生态系统的退化问题,以促进社会经济发展,是一项艰巨的任务。反过来恢复生态学也可以帮助各领域解决各个层面上的生态与环境问题。恢复生态学在国际性、全球性等各个层面上通过与决策者、立法委员、工业界等部门的各类人员沟通,可以帮助解决生态或环境问题,并共同参与最终的决策。

### 5.2.4 加强国际恢复生态学研究合作与交流

在经济全球化的年代,我们也应该将科学全球化,加强与国外学者信息交流的范围和力度(赵晓英和孙成权,1998)。与西方老牌的发达国家相比,由于我国恢复生态学研究时间相对短、起点低,在一些方面(尤其理论研究方面)水平有一定的差距,改变与缩小这种差距的方法之一就是积极开展国际合作。另外,在汲取国外先进经验的同时,把我国的恢复生态学研究成就向国外介绍。多参加学术会议,建立我国生态通讯与交流的网络,同时加强与国际同行的学术交流(师尚礼,2004)。

回顾反思恢复生态学的过去并确定未来的方向,需要学术探讨与交流。在近 10 届国际生态恢复学会大会中,中国参会人数与美国、加拿大等国比较人数相差甚远。事实上,我国生态学家在生态恢复方面做了大量工作并取得了多方面进展,我国同行应更为积极地参加国际交流(彭少麟等,2013)。

当前,我国的恢复生态学还与入侵生物学、全球变化生态学、生态系统管理、生态系统健康、土壤生态学、生态系统服务和可持续发展等紧密相关,并且开始大量采用新技术(如大数据、信息技术)和其他学科的新理论,以解决生态恢复利益相关者及科技工作者面临的时间、预算和专业知识约束。我国的恢复生态学未来还要以恢复生态学的理论与实践为主,借鉴及参考这些学科或领域的新思想与方法,综合考虑各类生态系统的保护、恢复与重建,为中国的绿色发展、美丽乡村、生态文明及可持续发展提供科技支撑。

## 参 考 文 献

包维楷, 刘照光, 刘庆. 2001. 生态恢复重建研究与发展现状及存在的主要问题. 世界科技研究与发展, 23: 44-47.
陈灵芝, 陈伟烈. 1995. 中国退化生态系统研究. 北京: 中国科技出版社.
陈仲新, 张新时. 2000. 中国生态系统效益的价值. 科学通报, 45(1): 17-22.
程序. 1999. 农牧交错带研究中的现代生态学前沿问题. 资源科学, 21: 1-8.
戴星翼, 俞厚未, 董梅. 2005. 生态服务的价值实现. 北京: 科学出版社.
董正举, 黄俊雄, 汪元元, 等. 2014. 永定河生态修复工程建设管理实践与思考. 水利经济, 32: 6.
贺金生, 陈伟烈, 江明喜, 等. 1998. 长江山峡地区退化生态系统植物群落物种多样性特征. 生态学报, 18(4): 399-407.
胡廷兰, 杨志峰, 何孟常, 等. 2005. 一种城市生态系统健康评价方法及其应用. 环境科学学报, 25: 269-274.
黄志霖, 傅伯杰, 陈利顶. 2002. 恢复生态学与黄土高原生态系统的恢复与重建问题. 水土保持学报, 16: 122-125.
简曙光, 任海. 2017. 热带珊瑚岛礁植被恢复工具种图谱. 北京: 中国林业出版社.

蒋高明. 2007. 以自然之力恢复自然. 北京: 中国水利水电出版社.
李洪远, 莫训强. 2016. 生态恢复的原理与实践. 北京: 化学工业出版社.
李文华. 2000. 我国西南地区生态环境建设的几个问题. 林业科学, 36: 1011.
李文华. 2013. 中国当代生态学研究·生态系统恢复卷. 北京: 科学出版社.
李阳兵, 侯建筠, 谢德体. 2002. 中国西南岩溶生态研究进展. 地理科学, 22: 365-370.
刘庆. 1999. 青藏高原东部(川西)生态环境脆弱带恢复与重建研究进展. 资源科学, 21(5): 81-86.
刘庆, 吴彦, 何海. 2004. 川西亚高山人工针叶林生态恢复过程的种群结构. 山地学报, 22(5): 591-597.
刘世梁, 傅伯杰, 刘国华, 等. 2006. 岷江上游退耕还林与生态恢复的问题和对策. 长江流域与环境, 15(4): 506-510.
彭少麟. 1997. 恢复生态学与热带雨林的恢复. 世界科技研究与发展, 19(3): 58-61.
彭少麟. 2000. 南亚热带演替群落的边缘效应及其对森林片断化恢复的意义. 生态学报, 2-9.
彭少麟. 2003. 热带亚热带恢复生态学理论与实践. 北京: 科学出版社.
彭少麟. 2007. 恢复生态学. 北京: 气象出版社.
彭少麟. 2008. 恢复生态学: 现状与趋势. 39-48. 见: 孙儒泳. 生态学进展. 北京: 高等教育出版社.
彭少麟, 陈宝明, 周婷. 2013. 回顾过去, 引领未来——2013年第五届国际生态恢复学会大会(SER 2013)简介. 生态学报, 33: 6744-6745.
彭少麟, 陆宏芳. 2003. 恢复生态学焦点问题. 生态学报, 23: 1249-1257.
任海, 刘庆, 李凌浩, 等. 2008. 恢复生态学导论(第二版). 北京: 科学出版社.
任海, 刘庆, 李凌浩, 等. 2019. 恢复生态学导论(第三版). 北京: 科学出版社.
任海, 彭少麟. 2001. 恢复生态学导论. 北京: 科学出版社.
任海, 彭少麟, 陆宏芳. 2004. 退化生态系统恢复与恢复生态学. 生态学报, 24(8): 760-768.
任海, 王俊, 陆宏芳. 2014. 恢复生态学的理论与研究进展. 生态学报, 34(15): 4117-4124.
任宪友. 2006. 生态恢复研究进展与展望. 世界科技研究与发展, 27: 79-83.
师尚礼. 2004. 生态恢复理论与技术研究现状及浅评. 草业科学, 21: 1-5.
孙书存, 包维楷. 2004. 恢复生态学. 北京: 化学工业出版社.
王伯荪, 王峥峰, 张军丽, 等. 2002. 热带与亚热带森林分子生态学研究. 生态学杂志, 21: 30-39.
王世杰. 2003. 喀斯特石漠化——中国西南最严重的生态地质环境问题. 矿物岩石地球化学通报, 22: 120-126.
吴彦, 刘庆, 何海, 等. 2004. 亚高山针叶林人工恢复过程中物种多样性变化. 应用生态学报, 15(8): 1301-1306.
余作岳, 彭少麟. 1997. 热带亚热带退化生态系统植被恢复生态学研究. 广州: 广东科技出版社.
余作岳, 彭少麟. 1996. 热带亚热带退化生态系统植被恢复生态学研究. 广州: 广东科技出版社.
张鸿龄, 孙丽娜, 孙铁珩. 2012. 矿山废弃地生态恢复过程中基质改良与植被重建研究. 生态学杂志, 31: 460-467.
章家恩, 徐琪. 1998. 生态退化研究的基本内容与框架. 水土保持通报, 17(3): 46-53.
章家恩, 徐琪. 1999. 恢复生态学研究的一些基本问题探讨. 应用生态学报, 10(1): 109-112.
赵桂久, 刘燕华, 赵名茶等. 1993. 生态环境综合整治和恢复技术研究(第一集). 北京: 北京科学技术出版社.
赵桂久, 刘燕华, 赵名茶等. 1995. 生态环境综合整治和恢复技术研究(第二集). 北京: 北京科学技术出版社.
赵平. 2003. 退化生态系统植被恢复的生理生态学研究进展. 应用生态学报, 14: 2031-2036.
赵晓英, 陈怀顺, 孙成权. 2001. 恢复生态学-生态恢复的原理与方法. 北京: 中国环境科学出版社.
赵晓英, 孙成权. 1998. 恢复生态学及其发展. 地球科学进展, 13(5): 474-480.
中国科协学会部. 1990. 中国土地退化防止研究. 北京: 中国科学技术出版社.
中国生态学会. 1991. 生态学研究进展. 北京: 中国科学技术出版社.
周华坤, 赵新全, 赵亮, 等. 2008. 青藏高原高寒草甸生态系统的恢复能力. 生态学杂志, 27: 697-704.
周华坤, 周立, 赵新全, 等. 2006. 青藏高原高寒草甸生态系统稳定性研究. 科学通报, 1: 63-69.

周启星, 宋玉芳, 孙铁珩. 2004. 污染土壤修复原理与方法. 北京: 科学出版社.

周婷, 彭少麟, 邬建国. 2013. 可持续性恢复生态学的概念框架及在华南地区的应用. 李文华. 中国当代生态学研究·生态系统恢复卷. 北京: 科学出版社: 146-156.

Aber J D, Jordan W R. 1985. Restoration ecology: An environmental middle ground. Bioscience, 35: 399.

Aide T M, Zimmerman J K, Pascarella J B, et al. 2000. Forest regeneration in a chronosequence of tropical abandoned pastures: Implications for restoration ecology. Restoration Ecology, 8: 328-338.

Alexander G G, Allan J D. 2007. Ecological success in stream restoration: case studies from the Midwestern United States. Environmental Management, 40: 245-255.

Aronson J, Blignaut J N, Milton S J, et al. 2010. Are socioeconomic benefits of restoration adequately quantified? A meta-analysis of recent papers (2000–2008) in restoration ecology and 12 other scientific journals. Restoration Ecology, 18: 143-154.

Arroyomora J P, Sanchezazofeifa G A, Rivard B, et al. 2005. Dynamics in landscape structure and composition for the Chorotega region, Costa Rica from 1960 to 2000. Agriculture Ecosystems & Environment, 106: 27-39.

Asner G P, Hughes R F, Mascaro J, et al. 2011. High-resolution carbon mapping on the million-hectare Island of Hawaii. Frontiers in Ecology and the Environment, 9: 434-439.

Asner G P, Vitousek P M. 2005. Remote analysis of biological invasion and biogeochemical change. Proceedings of the National Academy of Sciences of the United States of America, 102: 4383-4386.

Barbier E B, Hacker S D, Kennedy C, et al. 2011. The value of estuarine and coastal ecosystem services. Ecological Monographs, 81: 169-193.

Both C, Bouwhuis S, Lessells C M, et al. 2006. Climate change and population declines in a long-distance migratory bird. Nature, 441: 81-83.

Bradshaw A D. 1983. The reconstruction of ecosystems. Economics of Nature & the Environment, 20: 188-193.

Bryan B A, Gao L, Ye Y, et al. 2018. China's response to a national land-system sustainability emergency. Nature, 559: 193-204.

Bullock J M, Aronson J, Newton A C, et al. 2011. Restoration of ecosystem services and biodiversity: conflicts and opportunities. Trends in Ecology & Evolution, 26: 541-549.

Chen L Y, Peng S L, Li J, et al. 2013. Competitive control of an exotic mangrove: restoration of native mangrove forests by altering light availability. Restoration Ecology, 21(2): 215-223.

Clewell A F, Aronson J. 2013. Ecological Restoration: principles, values, and structure of an emerging profession. Washington DC: Island Press.

Clewell A, Rieger J P. 1997. What practitioners need from restoration ecologists. Restoration Ecology, 5: 350-354.

D'Antonio C M, Jackson N E, Horvitz C C, et al. 2004. Invasive plants in wildland ecosystems: merging the study of invasion processes with management needs. Frontiers in Ecology and the Environment, 2: 513-521.

D'Antonio C M. 2002. Impacts and extent of biotic invasions in terrestrial ecosystems. Trends in Ecology & Evolution, 17: 202-204.

De Clercq P, Mason P G, Babendreier D. 2011. Benefits and risks of exotic biological control agents. Biocontrol, 56: 681-698.

Dixon K W. 2009. Pollination and restoration. Science, 325: 571-573.

Egan T B. 1996. An approach to site restoration and maintenance for saltcedar control. Pages 46-49 in J. D. Tomaso and C. E. Bell, editors. Proceedings of the saltcedar management workshop. University of California Cooperative Extension Service, Holtville, CA.

Gibbs J P, Marquez C, Sterling E J. 2008. The role of endangered species reintroduction in ecosystem restoration: Tortoise-Cactus interactions on Española Island, Galápagos. Restoration Ecology, 16: 88-93.

Guo Q, Brockway D G, Larson D L, et al. 2018. Improving ecological restoration to curb biotic invasion—a practical guide.

Invasive Plant Science and Management, 11: 163-174.

Gutrich J J, Hitzhusen F J. 2004. Assessing the substitutability of mitigation wetlands for natural sites: estimating restoration lag costs of wetland mitigation. Ecological Economics, 48: 409-424.

Hein L, Koppen K V, Groot R S D, et al. 2006. Spatial scales, stakeholders and the valuation of ecosystem services. Ecological Economics, 57: 209-228.

Higgs E, Harris J, Murphy S, et al. 2018. On principles and standards in ecological restoration. Restoration Ecology, 26: 399-403.

Hobbs R J. 2010. Setting effective and realistic restoration goals: key directions for research. Restoration Ecology, 15: 354-357.

Hobbs R J, Harris J A. 2010. Restoration ecology: repairing the earth's ecosystems in the New Millennium. Restoration Ecology, 9: 239-246.

Howell E A, Harrington J A, Glass S B. 2011. Introduction to restoration ecology. Washington DC: Island Press.

Huang F F, Lankau R, Peng S L. 2018. Coexistence via coevolution driven by reduced allelochemical effects and increased tolerance to competition between invasive and native plants. New Phytologist, 218(1): 357-369.

Huang L, Xiang W L, Wu J G. 2019. Integrating GeoDesign with Landscape Sustainability Science. Sustainability, 11: 833.

Jordan W R. 1994. Sunflower forest: ecological restoration as the basis for a new environmental paradigm. Berkeley: University of California Press.

Kardol P, Wardle D A. 2010. How understanding aboveground-belowground linkages can assist restoration ecology. Trends in Ecology & Evolution, 25: 670-679.

Kearns C A, Inouye D W, Waser N M. 1998. Endangered mutualisms: The conservation of plant-pollinator interactions. Annual Review of Ecology & Systematics, 29: 83-112.

Lamb D, Erskine P D, Parrotta J A. 2005. Restoration of degraded tropical forest landscapes. Science, 310: 1628-1632.

Lawler S, Armesto J, Kareiva P. 2001. How relevant to conservation are studies linking biodiversity and ecosystem functioning. Biodiversity and Ecosystem Functioning: Empirical and Theoretical Analyses, 294-313.

Liao H X, Huang F F, Li D J, et al. 2018. Soil microbes regulate forest succession in a subtropical ecosystem in China: evidence from a mesocosm experiment. Plant and Soil, 430(1-2): 277-289.

Lu X, Siemann E, Shao X, et al. 2013. Climate warming affects biological invasions by shifting interactions of plants and herbivores. Global Change Biology, 19: 2339-2347.

Mcalpine C, Catterall C P, Nally R M, et al. 2016. Integrating plant-and animal-based perspectives for more effective restoration of biodiversity. Frontiers in Ecology & the Environment, 14: 37-45.

McDonald T, Gann G D, Jonson J, et al. 2016. International standards for the practice of ecological restoration including principles and key concepts. Washington, DC: Society for Ecological Restoration.

Middleton B, Grace J. 2010. Biodiversity and ecosystem functioning: Synthesis and perspectives. Restoration Ecology, 12: 611-612.

Mills L S, Soulé M E, Doak D F. 1993. The keystone-species concept in ecology and conservation: Management and policy must explicitly consider the complexity of interactions in natural systems. Bioscience, 43: 219-224.

Müller A. 2003. A flower in full blossom: Ecological economics at the crossroads between normal and post-normal science. Ecological Economics, 45: 19-27.

Opperman J J, Galloway G E, Fargione J, et al. 2009. Sustainable floodplains through large-scale reconnection to rivers. Science, 326: 1487-1488.

Palmer M, Bernhardt E, Chornesky E, et al. 2004. Ecology for a crowded planet. Science, 304: 1251-1252.

Palmer M A, Ambrose R F, Poff L R. 1997. Ecological theory and community restoration ecology. Restoration Ecology, 5: 291-300.

Palmer M A, Bernhardt E S, Allan J D, et al. 2005a. Standards for ecologically successful river restoration. Journal of Applied Ecology, 42: 208-217.

Palmer M A, Bernhardt E S, Chornesky E A, et al. 2005b. Ecological science and sustainability for the 21st century. Frontiers in Ecology & the Environment, 3: 4-11.

Palmer M A, Zedler J B, Falk D A. 2016. Foundations of Restoration Ecology(2nd edition). Washington DC: Island Press.

Pearce D W.1993. Blueprint 3: Measuring sustainable development. London: Earthscan.

Peng S L, Hou Y P, Chen B M. 2010. Establishment of Markov successional model and its application for forest restoration reference in Southern China. Ecological Modelling, 221(9): 1317-1324.

Peng S L, Hou Y P, Chen B M. 2009. Vegetation restoration and its effects on carbon balance in Guangdong Province, China. Restoration Ecology, 17(4): 487-494.

Peng S L, Zhou T, Liang L Y, et al. 2012. Landscape pattern dynamics and mechanisms during vegetation restoration: A multiscale, hierarchical patch dynamics approach. Restoration Ecology, 20: 95-102.

Perring M P, Standish R J, Price J N, et al. 2016. Advances in restoration ecology: rising to the challenges of the coming decades. Ecosphere, 6: 1-25.

Perrow M R, Davy A J. 2002. Handbook of ecological restoration: Restoration in practice. Cambridge: Cambridge University Press.

Pimentel D, Lach L, Zuniga R, et al. 2000. Environmental and economic costs of nonindigenous species in the United States. Bioscience, 50: 53-65.

Pyšek P, Jarošík V, Hulme P E, et al. 2012. A global assessment of invasive plant impacts on resident species, communities and ecosystems: the interaction of impact measures, invading species' traits and environment. Global Change Biology, 18: 1725-1737.

Pywell R F, Bullock J M, Roy D B, et al. 2003. Plant traits as predictors of performance in ecological restoration. Journal of Applied Ecology, 40: 65-77.

Raimundo R L G, Guimarães P R, Evans D M. 2018. Adaptive networks for restoration ecology. Trends in Ecology & Evolution, 33: 664-675.

Ren H, Shen W, Lu H, et al. 2007. Degraded ecosystems in China: Status, causes, and restoration efforts. Landscape and Ecological Engineering, 3: 1-13.

Ripple W J, Beschta R L. 2003. Wolf reintroduction, predation risk, and cottonwood recovery in Yellowstone National Park. Forest Ecology & Management, 184: 299-313.

Rusch G M, Pausas J G, Lepš J. 2010. Plant Functional types in relation to disturbance and land use: Introduction. Journal of Vegetation Science, 14: 307-310.

Shackelford N, Hobbs R J, Burgar J M, et al. 2013. Primed for change: Developing ecological restoration for the 21st century. Restoration Ecology, 21: 297-304.

Stone R. 2009. Nursing China's ailing forests back to health. Science, 325: 556-558.

Suding K N, Gross K L, Houseman G R. 2004. Alternative states and positive feedbacks in restoration ecology. Trends in Ecology & Evolution, 19: 46-53.

Sun X, Gao L, Ren H, et al. 2018. China's progress towards sustainable land development and ecological civilization. Landscape Ecology, 33: 1647-1653.

Temperton V M, Hobbs R J, Nuttle T, et al. 2004. Assembly rules and restoration ecology: bridging the gap between theory and practice. Washinyton DC: Island Press.

Tong C, Feagin R A, Lu J, et al. 2007. Ecosystem service values and restoration in the urban Sanyang wetland of Wenzhou, China.

Ecological Engineering, 29: 249-258.

Tong X W. 2018. Increased vegetation growth and carbon stock in China karst via ecological engineering. Nature Sustainability, 1: 44-50.

Vilà M, Espinar J L, Hejda M, et al. 2011. Ecological impacts of invasive alien plants: a meta-analysis of their effects on species, communities and ecosystems. Ecology Letters, 14: 702-708.

Walker B, Carpenter S R, Anderies J M, et al. 2002. Resilience management in social-ecological systems: A working hypothesis for a participatory approach. Conservation Ecology, 6: 14.

Weinstein M P, Day J W. 2014. Restoration ecology in a sustainable world. Ecological Engineering, 65: 1-8.

Weinstein M P, Litvin S Y, Krebs J M. 2014. Restoration ecology: Ecological fidelity, restoration metrics, and a systems perspective. Ecological Engineering, 65: 71-87.

Whisenant S G. 1999. Repairing damaged wildlands: a process-oriented, landscape-scale approach. Cambridge: Cambridge University Press.

Young T P. 2000. Restoration ecology and conservation biology. Biological Conservation, 92: 73-83.

Zheng F Y, Peng S L. 2001. Meta-analysis of the response of plant ecophysiological variables to doubled atmospheric $CO_2$ concentrations. Acta Botanica Sinica, 43: 1101-1109.

撰稿人：彭少麟，任　海

# 第26章 防护林生态与管理研究进展

## 1 引 言

保护生态环境，实现经济、社会可持续发展，已成为全球范围内紧迫又艰巨的任务，直接关系到人类的命运；尤其是随着气候变化、环境污染和土地荒漠化等一系列环境问题的日趋严重，无不使全球范围内所有的视点聚焦于森林资源这一人类生存保护屏障体系方面。然而，由于森林资源的有限性及森林存在条件的特殊性，在很多需要保护的生态脆弱区恰恰没有森林。因此，营建防护林几乎成为世界各国面对自然灾害和生态问题而采取的重要对策，是构筑脆弱生态区人类生存生态屏障的主要措施。随着社会经济的不断发展，全球生态环境保护意识日益增强，对森林内涵的认识不断加深，更凸显了防护林的战略地位和重要性（姜凤岐等，2003）。

防护林是以发挥防护效应为基本经营目的森林的总称（姜凤岐等，2003），既包括人工林，也包括天然林（Zagas et al., 2011; Zhu, 2008）。从生态学角度出发，防护林可以理解为利用森林具有影响环境的生态功能，保护生态脆弱地区的土地资源、农牧业生产、建筑设施、人居环境，使之免遭或减轻自然灾害，或避免不利环境因素危害和威胁的森林（Brandle and Hintz, 1988；姜凤岐等，2003；姜凤岐，2012；朱教君，2013）。实际上，陆地上所有的森林生态系统均具有一定的防护功能。因此，广义上，所有以发挥防护功能为主的森林——生态公益林（non-commercial forests），均可归为防护林。

依据防护对象，防护林可分为若干个具体的防护林种，如农田防护林、防风固沙林、水土保持林、水源涵养林、牧场防护林、海岸防护林等（姜凤岐等，2003）；也有将防护林做更细划分的案例，如日本将防护林划分为17类（朱教君等，2002）。防护林（树木）在参与生物地球化学循环的过程中，通过与土壤、大气、水源在多界面、多层次上进行物质与能量交换，改变和影响区域气候、土壤、水资源分布，调节气候、涵养水源、保持水土、防风固沙、抵御自然灾害，在维持自然生态环境中具有不可替代的作用，是区域生态环境的屏障（姜凤岐等，2003）。

防护林生态学的基本内涵（概念）与范畴实际上为森林生态学所包含。由于防护林是以发挥防护效益为基本经营目的的森林，在森林生态学基础上，防护林生态学重点关注了森林的防护作用，即高效、稳定、可持续利用森林影响环境功能的特性（姜凤岐等，2003；姜凤岐，2012）。同样，防护林生态与经营或管理（ecology and silviculture of protective forests）也来自森林生态与管理（forest ecology and management），重点研究防护林功能高效、稳定、可持续利用与管理的科学，即利用林学、生物学、生态学与社会学的基本原理对防护林实施经营/管理与保护。由于防护林的特殊性，很多国家或地区均以防御自然灾害、维护基础设施、促进区域经济发展、改善环境和维持生态平衡等为主要目的进行防护林建设，即，林业生态工程（曹新孙和陶玉英，1981；Zhu et al., 2004; Robert, 2009; Yan et al., 2011）。因此，防护林生态与管理具体关注的重点是依托防护林工程，即基于生态学原理研究防护林构建理论与技术、防护林经营理论与技术和防护林生态环境效应评价等（朱教君，2013）。

## 2 学科40年发展历程

防护林生态与管理是伴随着防护林工程建设而发展，其发展历史基本上是沿着国内外重大防护林工程的发展轨迹而展开（朱教君等，2016）。

纵观防护林工程建设发展历史，以国家形式运作的重大防护工程主要包括：1935~1942年美国大平原各州林业工程（罗斯福工程）、1949~1965年前苏联斯大林改造大自然计划、1950~1978年中国东北西部内蒙古东部防护林建设为代表的防护林工程、1954~1983年日本治山治水防护林工程、1970~1986年北非五国"绿色坝"跨国防护林工程、1978~2050年中国"三北"防护林体系建设工程等。这些防护林工程的实施，极大地促进了防护林生态与管理研究的发展。

由于中国生态脆弱区分布面积较大，因而，中国成为营建防护林历史较悠久的国家。中国早在100多年前就开始了防护林营造（曹新孙，1983），而开展大规模的防护林建设则是从新中国成立开始。自20世纪50年代初，我国防护林建设一直没有间断过，先后启动了东北西部、内蒙古东部、河北、陕西等地的防护林建设，之后逐渐扩大至西北、豫东陉护林（17县）、陕北防护林（6县）、永定河下游防护林网（4县）、冀西防护林网（8县），以及新疆河西走廊垦区的绿洲防护林营造（高志义，1997）。20世纪60、70年代后，以农田防护林为主的建设由北部、西部风沙低产区，扩展到华北、中原高产区及江南水网区；与此同时，黄河中、上游各省区水土保持林、水源涵养林，以及中国北方防沙治沙林、黄土高原水土保持林综合防护林建设一直持续发展。该时期防护林建设对防护林生态与管理基础和技术应用均作出了重大贡献，主要包括：

（1）基于生态学原理的防护林规划、设计——主要借鉴了前苏联时期防护林规划设计，从灾害种类（风、沙、水等）存在与发生规律、危害程度及防护林所处立地、对应树种适应性，到提出因害设防、因地制宜的防护林工程建设原则等开展研究（曹新孙，1983；高志义，1997；姜凤岐，2012）。

（2）基于生态学原理的防护林经营与管理——主要借鉴了森林培育学或森林经营学的营林理论与抚育技术等成果和经验，尤其在1990年前，防护林经营多依据用材林的经营理论与技术、方法；随着天然林保护工程的实施和三北防护林体系工程建设的推进，结合中国防护林建设历史，开展了防护林经营的理论与技术相关研究（姜凤岐等，2003；姜凤岐，2012）。

（3）防护林生态环境效应——特别是对农田防护林（林带）改善农田小气候、提高产量以及生态效益，防风固沙林防沙固沙，水土保持林保持水土的机理等进行了系统研究（曹新孙，1983；向开馥，1991；朱金兆等，2010），为防护林规划设计、结构调控等防护林构建与经营提供了支撑（高志义，1997）。

中国东北西部、华北北部和西北大部分地区（简称三北）植被稀少，气候恶劣，风沙危害和水土流失十分严重，木料、燃料、肥料、饲料非常缺乏，农牧业产量低而不稳，人民生活长期处于较低水平（朱教君等，2003；姜凤岐等，2009）。为从根本上改变三北地区的生态环境和区域生产、生活条件，1978年11月国务院正式批准了为期73年（1978~2050年）的三北防护林体系建设工程（以下简称：三北防护林工程）。三北防护林工程分3个阶段、8期工程，计划造林0.377亿$hm^2$，成为人类历史上规模最大、持续建设时间最长、环境梯度最大的林业生态建设工程。三北防护林工程主要防护林类型：农田防护林、水土保持林、水源涵养林、防风固沙林等（姜凤岐等，2003）。

三北防护林工程现已实施40年，对防护林生态与管理的深刻影响主要涉及如下几方面：

（1）充实了基于生态学原理的防护林构建基础理论与技术研究内容。由于三北地区具有普遍干旱的特点，属于困难造林区，三北防护林工程建设提出了高效、持续、可操作的径流林业配套技术措施（高志义，1997）。

（2）提出生态经济型防护林体系建设理念，基于此进行防护林系统生态效益评价。对三北地区主要防护林类型的综合防护林生态效益进行了科学监测，明确了主要类型防护林的生态效益。

（3）认识到防护林生态与管理理论与技术研究不足，开展了相关研究并取得一定成果。以农田防护林、水土保持林和防风固沙林为对象，提出了防护林防护成熟与阶段定向经营理论，并给出各个经营阶段促进或维持防护成熟状态的结构优化等经营技术；防护林衰退与更新改造原理及相应的经营技术（姜凤岐等，2003；朱教君等，2004，2016；Zhu，2008；朱教君，2013）。

（4）促进我国其他重大生态工程与区域生态建设。在三北工程带动下，之后又相继启动了沿海、珠江流域、长江中上游、辽河流域、黄河中游等 17 项防护林工程，天然林保护工程、退耕还林还草工程、环北京地区防沙治沙工程等；另外，促进了包括生态立县、立市、立省等区域生态建设。这些工程的启动进一步推动了防护林生态与管理的发展，例如，在太行山绿化工程建设种提出了营造隔坡行带混交模式及其配套技术；在长江中上游防护林体系建设中提出了基于小流域-县-全流域三个不同层次的防护林建设布局及分类依据系统，划分了二、三级林种 51 个并提出其相应的配套技术（中国水土保持学会，2018）。

随着防护林工程建设不断深入以及中国生态文明国家战略的实施，与防护林相关的生态工程相继启动，因此，防护林生态与管理研究也随之谱写了跨时代的篇章。结合目前有关防护林学研究进展，形成防护林生态与管理的发展框架，也是基于生态学原理的防护林可持续经营理论与技术框架（图26.1）。

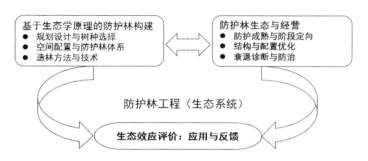

图 26.1　基于生态学原理的防护林可持续经营框架示意图
Ecology & Silviculture of Protective Forests

近 40 年来，在世界范围内举办的有关防护林的学术会议也推动了防护林生态与管理的发展，如，1980 年在北京召开了"三北防护林体系建设学术讨论会"，1986 年在美国内布拉斯加州举行了"第一届国际防护林学术讨论会"，1989 年在哈尔滨召开了"第二届国际防护林学术讨论会"，1990 年在四川乐山市召开了"长江中上游防护林体系建设工程学术讨论会"，1991 年在加拿大安大略市举办了"第三届国际防护林和农林系统学术讨论会"，1991 年在广东省湛江市举行了"全国沿海防护林学术研讨会"，1994 年在丹麦维堡召开了"第四届国际防护林和农林系统学术讨论会"，1996 年在黑龙江省齐齐哈尔召开了"辽吉黑三省三北防护林体系建设学术研讨会"，2006 年在江苏连云港市召开了"全国沿海防护林体系建设学术研讨会"，2008 年在沈阳召开了"三北防护林体系建设研究学术研讨会"，2012 年在沈阳召开了"曹新孙先生诞辰 100 周年纪念暨防护林研究学术研讨会"，2016 年在沈阳召开的"防护林学研讨会"，2018 年在沈阳举办了"2018 国际防护林学研讨会暨三北防护林体系建设工程 40 周年发展论坛"，2018 年在北京举办了以"三北工程 40 年与绿色发展同行"为主题的第四届世界人工林大会三北防护林平行会议。

# 3　研究现状

## 3.1　研究进展

### 3.1.1　防护林生态与管理

防护林是以发挥生态效应为基本经营目的的森林，对于维护生态平衡，减少自然灾害、保障和促进农牧业生产具有重要意义。防护林的生态学意义主要体现在：①防风固沙林通过降低风速、防止或减缓风蚀、固定沙地,保护耕地、牧场等免受风沙侵袭,从而起到控制土地荒漠化;②农田防护林改变风的运行轨迹,进而改变近地层气温和土温的变化幅度,对水资源状况如蒸发、湿度、水平降水等具有重要影响,为农作物生长提供了较好的温度、湿度、风速等气候条件(曹新孙,1983;姜凤岐等,2003;Deng et al.,2011;Miah et al.,2013),从而改善农牧业区域生态环境,减少沙尘暴、干热风、风沙、霜冻等自然灾害对农牧业的危害;③水土保持林/水源涵养林通过减小降水对土壤的直接冲击,减弱地表径流对土壤侵蚀的动能;由于防护林改变了降水的分配形式,其林冠层、林下灌草层、枯枝落叶层、林地土壤层等通过拦截、吸收、蓄积降水,起到涵养水源的作用;同时,对河川径流的调节作用在于削减洪峰流量、推迟洪峰到来时间、增加枯水期流量、减小洪枯比;从而起到调控水旱灾害,保护和合理利用水土资源(朱教君等,2016)。沿海防护林通过降低风速、减弱飞盐危害等,以抵御和减轻大风、海雾、风暴潮等海洋性灾害,改善生态环境,维护国土安全。

防护林生态效应维持及高效发挥依赖于防护林合理经营/管理。然而,由于早期防护林经营理论与技术主要借鉴了用材林经营的理论与技术,因此,不能满足新时代防护林经营的需求。20世纪80年代末、90年代初,随着苏联解体,中国、美国成为世界防护林大国,而中国则是建立基于生态学原理的防护林经营理论与技术体系最主要的国家。《防护林经营学》(姜凤岐等,2003)的出版发行标志着防护林生态与经营理论与技术体系框架的形成(Zhu,2008;朱教君,2013)。防护林生态与经营主要包括:防护成熟与阶段定向经营、结构配置优化与结构调控、衰退机制与更新改造等。

1)防护成熟与阶段定向经营

朱教君(2013)在《防护林学研究现状与展望》中对"防护成熟与阶段定向经营"理论与技术进行了较完整的总结,即,防护成熟是指防护林在生长发育过程中达到全面有效的防护状态,成熟持续的时间为防护成熟期,其两个端点分别定义为初始防护成熟龄和终止防护成熟龄(Zhu et al.,2002;姜凤岐等,2003)。经营防护林的目标就是尽量维持防护林的防护成熟状态,当防护林在非防护成熟状态时,所有的经营措施均应使防护林向着防护成熟状态发展。以此为依据,可将防护林的生长发育过程分为3个阶段:一为成熟前期,即从幼林到防护成熟到来之前;二为防护成熟期,即防护成熟状态持续的时期;三为更新期,即林木接近自然成熟开始更新直到更新结束的时期。对应于这三个阶段的培育措施:成熟前期以除草、松土、灌溉、施肥、间作、定株、修枝为基本内容的幼林抚育技术,以及其他有利于林分生长、发育或尽快进入防护成熟状态的技术措施;防护成熟期以间伐为主要内容的抚育间伐技术、修枝技术以及其他有利于组成、结构处于最佳防护状态的技术措施;更新期以择伐和渐伐为主要方式的主伐技术及与之相应的天然更新、人工促进天然更新和人工更新等更新技术,或其他有利于林木更新并尽量维持防护效益不间断的主伐更新方式(姜凤岐等,2003)。上述经营理论与技术措施主要是针对人工防护林,天然起源防护林的防护成熟与经营阶段及其对应经营技术则与人工防护林有所不同,但相关原理与人工防护林相似(朱教君,2013)。

2)结构配置优化与结构调控

防护林结构是发挥防护林效益的决定性要素,既是防护林规划设计的关键参数,同时也是防护林经营过程指示防护状态的依据(朱教君,2013)。为实现防护、经济和社会效益最大化并永续利用,防护林体系必须具有在空间上布局的合理性及树种、林分的多样性和稳定性等特征(姜凤岐等,2003)。

结构优化是选择最佳结构并加以保持的过程,因此,防护林结构研究一直是该领域的热点与难点。由于防护林的种类不同,各防护林种的结构表达也不同,如农田防护林及其他以防御风害为主的带状防护林通常用疏透度(optical porosity)表征其结构,其确定方法则多用数字图像处理法(Kenney,1987;姜凤岐等,2003);而防风固沙林和水土保持林等多以片状形态出现,其结构的表达同天然林一样,主要以林分的成层性、郁闭度等指标表达(Zhu et al.,2003)。无论是带状林的疏透度,还是片状林的成层性/郁闭度均为林分水平的结构特征,主要通过防护效益对比优选出结构模式和参数,以达到结构优化的目的。关于农田防护林结构与防风效益的研究文献最为丰富，多数认为最佳结构是疏透型，如杨树疏透度为 0.25 左右（姜凤岐等，2003；朱教君，2013）。Wu 等（2018）利用 meta-analysis 方法综述了全球尺度带状防护林效应与疏透度的关系表明，林带外部因子（带宽、行数、树高和林分类型）能够解释 36.1% 林带疏透度变化，1 行林带最佳疏透度 20%~40%之间。

防护林生态系统的生态效益不仅仅由林分尺度的结构决定，同时也受到防护林体系（景观尺度）配置（空间布局形式）的影响（朱教君等，2003；朱教君，2013）。对于带状防护林或防护林体系，其配置布局形式主要包括：林带方向、树木配置、带间距离和林网空间布局及其连续性等指标；对于非带状防护林（片状），其空间配置则尽可能以增加系统物种、林种多样性、提高系统稳定性，达到多层次、多空间利用的合理生态位结构，使各组分在时空位置各得其所（姜凤岐等，2003；朱教君，2013）。朱乐奎等（2016）以新疆南疆枣树防护林为例，引用水文学中防护保证率的概念和方法，以枣树受风害危害的概率特征为基础，兼顾防护林防风效益和经济效益最大为目标，建模分析和野外试验相结合，研究了农田防护林林带间距调控方法；结果表明枣树防护林的防护保证率在 95%，林带间距为 132 m 时，单位经济价值达到最优，高出常规防护林间距经济产量 6.2%。张雷等（2015）采用计算流体力学软件 FLUENT 对上海浦东新区的水杉林网周围的气流场分布进行了数值模拟，研究了沿海防护林网的防风效能。结果表明，水杉林网对气流有着明显的削弱作用，风速在林带前 5 H 左右处逐渐下降，在林带后出现回流现象，随后林带对气流的作用逐渐减弱，风速逐渐恢复。各林带的有效防护距离在 10 H 左右，因此，林网中林带间距设置在 15 H 左右比较合适。防护林结构调控在林分尺度上，就是要保证每个林分的结构处于最佳防护状态，对于偏离最佳结构状态的林分进行人为调控，如对带状防护林可进行树木分级、抚育间伐、修枝、增加边行灌木等（朱教君等，1993）；对于固沙林主要依据水量平衡原理采取密度调控技术，以保障防护林树种正常生长发育所需的水分营养面积（朱教君，2013；Zheng et al.，2012；Song et al.，2018），维持固沙林生态系统的稳定性；对于水土保持林或水源涵养林，则重点调控林分郁闭度，使林冠既能有效地降低降水的冲击，又可使林下植被层得到良好发育。

3）衰退机制与更新改造

实现防护林功能高效必须以健康稳定为前提，然而，由于种种原因，防护林在生长发育过程中会出现生理机能下降，生长发育滞缓或死亡，生产力、地力下降，林分结构不合理等，导致防护效能下降等衰退现象（姜凤岐等，2006；宋立宁等，2009）。关于防护林衰退的原因，宋立宁等（2009）总结认为：树种选择不当，没有充分考虑树种与当地气候相适应的规律，所选防护林造林树种不能适应当地的气候条件造成林木生长不良或死亡；防护林结构不合理导致树体生长不良，尤其是树种结构单一，生物多样性降低，病虫害大面积爆发等导致防护林衰退发生；缺乏应有的经营管理，造林后不及时抚育，或抚育过于粗放，造林密度不合理，树木生长受到影响且易导致病虫害，极易形成衰退林分；频繁的人为与自然干扰，尤其是不合理的人为干扰导致防护林生态系统结构遭到破坏，引起功能降低甚至丧失，成为引起防护林衰退的主要人为干扰因素；另外，全球变化对防护林树木带来的高温、水分胁迫，导致树木代谢和调节过程失调，抑制植物生长，促进衰老、枯萎和落叶等（姜凤岐等，2006；Zhu et al.，2008；Song et al.，2016，2017）。

对衰退防护林的早期诊断是防治衰退的重要措施，通过生态、生物因子衰退早期诊断法，即以单因素实验，判别分析主要土层厚度、有机质含量、氮含量、含水率、微生物总量等生态要素，建立判别函数；同时，对防护林系统各个水平［群落水平（密度、结构、叶面积指数）、个体水平（树木生长过程）、器官水平（叶面积、叶绿素、叶养分、水分等）］进行监测，以此对防护林衰退的可能性进行预测（姜凤岐等，2003）。

应对防护林衰退、维持防护林稳定状态的主要措施是依据恢复生态学原理对现有防护林进行更新改造。根据防护林衰退的原因，首先应最大限度地遵从适地适树原则，以采用乡土树种为主替代衰退树种；

在单一树种防护林中则需考虑增加适宜树种数量，如中国东北单一杨树带状防护林，用榆树、樟子松、油松等树种更替杨树林带增加树种多样性；对于片带状防护林的衰退，应重点考虑近自然更新技术。例如，姜凤岐等（2006）针对防护林衰退问题，以章古台樟子松固沙林为案例，应用生态演替、干扰、种群密度等关键性恢复生态学理论和原则，对防护林在决策层面的设计要素的科学性及其与衰退的关系进行了分析和评价，认为大面积造林与地带性顶极种的不吻合（即偏离生态学原则），使防护林建设的目标、步骤、树种的组成和密度等出现了偏颇，成为防护林衰退最深层次的原因，疏于管理和粗放经营以及频频发生的自然和人为干扰也是致衰的重要因素；据此提出深化对受损生态系统的认识、强化物质和能量的投入、建立干扰的防控体系等对策。欧阳君祥（2015）针对蒙古赤峰市防护林退化形势严峻，明确了森林立地质量差、干旱与风沙、有害生物灾害、防护林生理老化等自然因素，以及造林树种选择欠慎重、经营密度调控不力等经营技术因素是防护林退化的主要原因；依照尊重自然、抗旱节水，突出重点、分类施策，因地制宜、适地适树的退化防护林改造更新基本原则，研究提出了树种结构调整、林分密度调整、地下水位恢复与灌溉、测土配方与施肥、有害生物防治与地力维持、林地环境监测等退化防护林改造更新技术。黄国宁等（2016）以海南省岛东林场木麻黄退化防护林补植乡土树种和珍贵树种为研究对象，提出了近自然化改造经营模式。

### 3.1.2 防护林生态效应

防护林的生态效应是指防护林生态系统本身具有的生态功能被社会利用产生的效果总和，主要包括涵养水源、水土保持、防风固沙林、调节小气候、固碳释氧等（朱教君等，2016）。防护林生态效应评价是检验防护林营建合理与否和未来防护林科学规划设计的关键，是联系防护林构建与防护林经营管理的纽带。关于防护林生态效应评价是防护林生态与管理研究最多的内容（姜凤岐等，2003），尤其是农田防护林防护效应评价的研究最多（曹新孙，1983）。

在中小尺度上，主要集中在农田防护林（即林带或模拟林带）的防风效应研究（Bitog et al.，2012；Wu et al.，2018）；除此之外，林带的热力学效应、水文学效应（曹新孙，1983；Hou et al.，2003）和土壤学效应（Korolev et al.，2012）等方面均开展了研究。在不同林带或模拟林带结构（宽度、高度、树种组成和疏透度）对蒸腾/蒸发（Campi et al.，2012）、积雪分布（Kort et al.，2012）、温度（Onyewotu et al.，2004）等影响进行研究，进而研究了林带对农作物产量的影响（Zheng et al.，2016）。水土保持林生态系统生态效应研究主要集中在林冠截留、枯落物层、植被根系层水土保持效应（李育鸿等，2017；吴林川等，2017）以及水土保持林改良土壤结构、固二保肥（Sun et al.，2014；郭晓朦，2016；杨贤均等，2016；李海强等，2017）等方面。防风固沙林生态系统生态效应研究主要集中在树种、林分和空间结构对控制风蚀、改善小气候、土壤改良等方面影响（王彦武等，2018；Li et al.，2017）。沿海防护林生态系统生态效应主要集中在消浪促淤、减灾增产、防风固沙、保护基础设施等方面（魏龙等，2016）。

在大尺度上，主要是针对防护林工程的生态环境效应进行综合评价（朱教君等，2016；Lu et al.，2018）。在长江上游防护林体系建设生态环境和效应评价方面，提出了利用水源涵养指数和 $\alpha$-P 关系法评价森林水文效益的新方法，对川江流域森林水文效应作出定量评价并编制了森林水源涵养分布图（中国水土保持学会，2018）。王冰（2018）针对辽宁省沿海防护林的基本概况，确定 7 个价值评价指标，并从保护基础设施、保育土壤、涵养水源、固碳释氧四个方面对辽宁沿海防护林体系的生态效益进行评估。至二期工程结束，辽宁省沿海防护林体系年生态效益价值为 441.4 亿元。朱教君等（2016）对 1978~2008 年三北防护林工程的农作物增产效应、水土保持效应、沙漠化防治效应和碳储量动态进行评估，明确了三北工程建设成效、存在的问题与成因分析，提出了三北工程的未来发展方向；在此基础上，2017~2018 年，对三北防护林工程建设 40 年（1978~2018 年）进行综合评价，主要结果如下。

森林资源恢复成效：40 年累计完成造林面积 4614 万 $hm^2$，占同期规划造林任务 118%。累计造林保存面积 3014 万 hm², 占造林完成面积的 65%。建设任务逐渐多元化, 2010 年后退化林修复和灌木林平茬等纳入工程管理。40 年三北工程区森林面积（森林面积：1978 年森林面积定义为乔木林地面积郁闭度≥0.3、灌木林地面积覆盖度≥40%、农田林网以及村旁、路旁、水旁、宅旁林木的覆盖面积，1994 年以后：郁闭度 0.2 以上的乔木林地面积和国家特别规定的灌木林地面积、农田林网以及村旁、路旁、水旁、宅旁林木的覆盖面积）净增加 2156 万 hm²，森林覆盖率净提高 5.29 个百分点，森林蓄积量净增加 12.6 亿 m³；至 2017 年，三北工程区森林面积达 5915 万 hm²，森林覆盖率达 13.7%，活立木总蓄积量 33 亿 m³，其中，森林蓄积量约 30 亿 m³。

明显改善了区域生态环境：沙化防治——有效阻止土地沙化进程，2000 年后呈现出"整体遏制、重点治理区明显好转"态势；防风固沙林面积增加显著，40 年增加约 154%，对沙化土地减少的贡献率约为 15%；重点区域，如科尔沁沙地、毛乌素沙地、呼伦贝尔沙地、河套平原工程区等沙化土地治理成效显著。水土保持——水土流失治理成效显著，水土流失面积减少、侵蚀强度减弱；工程区水土流失面积减少了约 67%，按水土流失土壤侵蚀级别，剧烈减少 87.9%，极强度减少 93.7%，强度减少 95.8%；三北工程区水土保持林面积 40 年增加约 69%，防护林对水土流失减少的贡献率达 61%；其中，黄土高原丘陵沟壑区水土保持林面积增加约 97%，对水土流失减少贡献率高达 67%。农田防护——农田防护林有效改善了农业生产环境，对高、中、低不同生产潜力区，农田防护林对粮食的增产率分别为：4.7%、4.3%和 9.5%，低产区增产率更为明显。

对区域生态安全产生一定影响：对沙尘环境的影响：1978~2015 年三北工程区内大风天气多发和频发地区气象台站数量下降了约 48%；沙尘暴日数超过 10 天地区的气象台站数量下降了 75%。2005~2015 年，三北地区各气象站点 $PM_{10}$ 浓度平均下降 7.5%；尤其是京津冀地区，年均沙尘暴日数由 1978 年的 5.1 天下降到 2015 年不足 1 天；但是，三北工程对沙尘暴日数减少的贡献率约为 1%~2%。对江河径流和泥沙的影响：三北工程建设增加森林植被覆盖，通过冠层、枯落物和根系等减弱降雨侵蚀、固定土壤，从而减少入河输沙量、降低河流泥沙含量和涵养水源。如，黄河流域，40 年土壤侵蚀面积减少近 90%，各水文站年输沙量减幅 78%~89%，径流含沙量减幅达 60%~68%，输沙模数减幅 42%~69%；三北工程对江河径流泥沙减少的贡献率约为 67%。

森林生态系统服务功能提高，固碳效益显著：三北工程建设增加森林资源总量，森林生态系统服务功能不断增强；生态系统累计固碳达 23.1 亿 t，相当于 1980~2015 年全国工业 $CO_2$ 排放总量的 5.23%。

促进区域经济社会综合发展：依靠特色林果业、森林旅游等实现了稳定脱贫；吸纳农村劳力 3.13 亿人，约 1500 万人实现了稳定脱贫，三北工程贡献率达 27%。改善了少数民族居住区生态环境、促进了区域经济社会发展，推动民族团结和边疆稳固。三北地区生态文化不断繁荣，人民生态意识普遍提高，形成全民参与生态建设的良好局面。铸造了以"艰苦奋斗、顽强拼搏"为核心的"三北精神"，成为推进生态文明建设的强大精神动力。

为国内外其他生态工程建设提供了范式：三北工程是迄今世界最大林业生态工程，已成为中国政府高度重视生态建设、维护全球生态安全、应对全球气候变化的标志性工程；示范带动了国内外众多生态工程相继实施，是"一带一路"沿线地区生态治理和应对气候变化的典范；展示我国生态建设成就，成为促进国际交流与合作的重要标志和桥梁，为全球生态安全建设贡献中国智慧和三北方案。

在取得成就的同时，仍然存在以下主要问题：

成林率相对较低，衰退风险大：三北地区多为干旱、半干旱区，水分是防护林建设的关键，造林保存率低和衰退风险大主要来自水量失衡；造林后经营粗放或无管理，易导致病虫害发生及衰退；

灌木规模和林果产业水平有待提高：乔木树种尤其杨树生长快、乔木造林补助高；林果品种杂、产量质量低、初级产品多、深加工落后，品牌市场化程度低及营销网络等服务体系不健全；

防护林对较重度沙漠化防治作用有限：沙漠化多发生于干旱、半干旱沙区，由于水分限制及树种选择不当导致防护林衰退或死亡，重度沙漠化区尤为严重；另外，人工造林减少沙漠化量远不能抵消滥垦、滥伐/滥樵、滥牧等人为干扰造成沙漠化的增加；

农田防护林更新改造困难、建设缓慢：三北工程初期农田防护林建设是政府主导，现今实施土地承包责任制，新建农田防护林占用耕地问题十分敏感，且缺乏更新专项资金，涉地农民更新、改造或重建农田防护林积极性不高；而农田林网树种单一、更新严重滞后导致防护效应程度低下；

可持续发展压力大：生态脆弱区如保护不当，极易形成新的沙化与水土流失；三北地区水资源总量不足，仅占全国水资源总量 14%，随着三北工程建设生态环境好转，相应人口与农牧业量激增，势必造成水资源过度开发而引发用水矛盾；工程建设已进入"啃硬骨头"阶段，造林立地条件越来越差、难度加大、费用增高；

科技含量低、工程管理水平亟待提高：三北工程仅有造林投资，没有按规划投资科研项目和后期经营管理费用；虽然已研发适合防护林构建与经营的理论与技术，但多数停留在试验示范，成果转化率低；尚没有建立完整的监测与评价体系，对新技术、新手段的运用滞后；工程区内多个生态建设工程交叉重叠，存在多头管理等问题。

针对上述问题，未来发展与对策建议如下：继续加大推进三北工程建设力度、遵从自然规律，重新区划三北工程区、推动三北工程建设任务的多元化、改变现有土地制度，实施山水林田路渠系统规划、建立国家生态建设公共财政保障体系、加强科研与培训，精准提高工程质量与管理水平、以三北工程为依托，建设"生态三北"区。

### 3.2 学术建制、人才培养、基础研究平台

针对国家在防护林相关工程建设过程中的科技需求，科研单位定期组织召开防护林生态与管理学术研讨会，总结归纳前期研究成果，探讨未来发展趋势及布局，为国家防护林建设提供科技支撑。在学科建设方面，防护林学已成为我国学科分类中二级学科，列入中国科学院特色研究所特色学科。2011 年，国家自然科学基金委资助了首个以防护林学为主要研究方向的杰出青年基金；近年来，以防护林为研究对象的新一代科研工作者已经逐渐成长，在防护林生态与管理研究、效应评价、应用推广等相关领域取得显著成果，其中有 2 人获得国家自然科学基金优秀青年基金资助。2018 年，一批长期从事防护林生态与管理研究或者长期在三北防护林建设第一线的单位和工作人员被授为三北工程建设 40 年先进集体、先进个人、绿色长城奖章等荣誉。

在基础平台建设方面，中国科学院临泽站、奈曼站、沙坡头站、阜康站、策勒站等一批中国生态系统研究网络（CERN）野外观测研究站；中国科学院大青沟站、乌兰敖都站等所级野外观测研究站；以及国家林业局相继建立的三北防护林体系试验研究中心、三北工程科技推广中心、陕西横山百万亩防护林基地建设、甘肃静宁百万亩特色林果业基地等科技示范单位，均为防护林生态与管理研究提供了良好的研究平台。

## 4 国际背景

21 世纪以来，面对全球气候变化、生态环境恶化、能源资源安全、粮食安全和重大自然灾害等一系列全球性问题的严峻挑战，促进绿色经济发展、实现绿色转型已成为国际社会的共同使命。基于森林在防御自然灾害、维护生态平衡方面具有无可替代的作用，营建防护林便成为世界各国防御自然灾害、维护基础设施、促进区域经济发展、改善区域环境和维持生态平衡等最重要的林业生态工程。依托防护林工程的防护林生态与管理研究也得到了长足发展，尤其是自 1997 年世界林业大会以来，林业的可持续发展和森林的可持续经营成为各国林业发展的最基本的课题。森林生态系统管理和森林生态系统健康是在

这个大背景之下提出的基本对策，从而转变传统的森林经理追求森林产品的永续利用的目标。森林生态系统管理以保持森林生态系统的健康和活力为目标是建立在对森林生态系统整体上的经营和管理，是对传统的森林经理的继承和发展，使森林生态系统既能够为人类提供源源不断的产品和服务，并且同时保持森林的健康。开展森林生态系统管理和森林生态系统健康研究较早的是美国和加拿大等一些森林资源较为发达的国家。20世纪90年代，为更好地管理和经营国有林，美国林业界提出了新森林管理模式，即森林生态系统管理；以福兰克林的"新林业"思想为标志，将传统国有林管理变为多目标经营，而西北部森林计划即为多目标经营新林业发展模式的具体表现（林群等，2008）。该计划鼓励在不同时空变域下开展交叉学科研究，开展连续的适应性环境评估与管理和重视多组织部门协调和公众参与，满足公众和社会需要；并强调森林可持续发展，关注森林产出和维持森林系统健康。同时，美国在1993年的森林健康计划提出了12项森林健康目标，涵盖森林火险控制、森林病虫害防治、环境分析、农业使用管理、森林资源管理、森林恢复、国际合作及公众参与等（吴秀丽等，2011）。为了改变皆伐林业政策模式带来的弊端，加拿大于20世纪90年代实施模式森林计划，该计划以森林资源经营、可持续森林经理和森林多资源价值为理论，以森林可持续经营为基本目标，以公众广泛参与为基础的区域林业经营与管理模式；同时，以森林生态系统管理为指导思想，尽可能维持原有森林生态系统格局，利用基于生态学等原则的新兴技术开展森林生态系统的经营管理（林群等，2008；石小亮等，2017）。1992年加拿大开始制订《国家林业战略——可持续的森林：加拿大的承诺》，以突出生物多样性保护、维持生态系统稳定健康、满足社会对森林产品和服务的需求（吴秀丽等，2011）。上述两国森林管理模式都充分体现了生态系统管理和生态系统健康的思想和理念，并重视生态学原理在实践中的应用。

在防护林构建方面，适地适树原则是世界各国多年树种选择研究得出的结论；国外注重于不同土地利用类型（包括作物种植类型）的土壤侵蚀量和适宜树、草种和乔灌草的配置模式；而国内不仅注重乔灌草配置模式，还注重林分结构和结构模式的空间配置。在防护林管理方面，国外一般是按不同类型，采取不同的经营方式，定向培育，分类经营；而国内一般是依据经营目标、林分起源、树种组成、林分生长与结构、立地条件等进行合理经营。在防护林生态效应评价方面，国内外研究主要集中在中小尺度范围之内，大尺度生态效应评估并不多见；此外，全球气候变化对防护林工程影响机制尚不清楚。

据第八次全国森林资源清查结果，我国防护林面积达到9967万$hm^2$，占全国森林面积（20769万$hm^2$）的48%；因此，防护林已经成为我国林业的主体。党的十八大将生态文明建设纳入"五位一体"总布局，对建设生态文明作出了全面部署，其核心和要义是维护自然生平衡、实现人与自然和谐。习近平总书记在全国生态环境保护大会上指出：新时代推进生态文明建设，必须坚持"人与自然和谐共生""绿水青山就是金山银山""良好生态环境是最普惠的民生福祉""山水林田湖草是生命共同体"等基本原则。林业作为生态建设的主体，在保护和修复自然生态系统、构建生态安全格局、促进绿色发展、建设美丽中国和应对全球气候变化等一系列重大历史使命中，具有不可替代的独特作用。因此，在新的历史条件下，防护林将承担建设生态文明和美丽中国的重要使命。

通过上述分析论述，结合当前国内外防护林生态与管理发展现状，当前防护林生态与管理发展尚存在以下待解决的问题。

（1）尽管防护林生态与管理在构建、经营和生态效应评价方面取得巨大进步，但是以往防护林生态与管理研究主要集中于林分/林带水平，现已无法解决更小和更大尺度防护林构建、经营和生态效应评价问题。因此，防护林生态与管理研究正在从单一尺度为主转向跨尺度综合研究为主，从生态系统角度审视防护林构建、经营和生态效应；将创建个体-林带/林分-区域跨尺度防护林生态系统功能形成与维持机制研究和功能监测和评估新方法，建立基于跨尺度研究的不同功能防护林生态系统构建与经营新理论与技术体系框架。

（2）有关防护林生态与经营理论与技术仍不能满足防护林管理的需求，尤其是防护林的严重衰退现象，有关防护林衰退机制、生态修复与风险规避等研究仍十分薄弱。因此，防护林生态与经营正在从以正常、健康防护林为主要对象转变为以衰退防护林为主，以先进的手段（稳定同位素技术、热扩散技术、遥感技术等），从生态系统角度重点研究防护林衰退形成的机制及相应的生态修复途径，为完善现有防护林生态与经营理论与技术提供支撑（姜凤岐等，2012）。

（3）随着遥感技术在防护林生态与管理领域的应用，为从宏观尺度开展防护林生态系统研究提供途径。因此，防护林生态与管理研究从以往以地面观测为主拓展到地面监测与遥感相结合，发挥多学科交叉，多技术集成的优势；对防护林工程的总体现状、生态适宜性（土地适合防护林树种、树种的能力、水分承载力，顶级植被分布），以及工程实施成效（防护林碳汇储量、沙化防止与水土保持效果、生态服务功能评估和工程建设存在的问题）进行评估；在全球气候变化背景下，全面考虑防护林区域气候格局、人口压力、经济社会发展条件的基础上，提出防护林建设方向、合理布局与可持续经营对策建议。

（4）随着城市生态环境问题日益突出，城市防护林建设日益兴起，但是有关城市防护林生态与经营理论与技术薄弱，不能满足城市化进程的需要。因此，城市防护林生态与经营理论与技术必将进一步丰富防护林生态与经营理论与技术。

## 5　发展趋势及展望

目前防护林生态与管理主要以水源涵养林、农田防护林、水土保持林、防风固沙林等狭义防护林为对象，因此，随着林业地位从生产木材为主转变为利用其多功能为主，生态公益林或以发挥防护效能为主的森林应成为未来该领域的主要研究对象。

我国是世界上生态脆弱区分布面积最大、脆弱生态类型最多国家。在防护林建设过程中，由于受当时科学技术水平和社会经济条件限制，缺少因地制宜的规划，导致防护林出现衰退等问题（朱教君等，2016）。因此，在新时代背景下，应根据我国生态脆弱区水、土、气、生等基础资料，进行更为科学合理的设计。针对当地自然条件，以水土资源承载力为核心，构建适合我国生态脆弱区"山水林田湖草"综合区划体系。

尽管已经形成了防护林生态建设与管理的发展框架，但是随着防护林建设规模的不断扩大与成果积累，需开展基于生态系统多样性与稳定性原理和景观生态学原理的防护林体系建设研究，即从生态学观点出发开展防护林多样性与稳定性研究，并与防护林规划设计等构建内容相结合，这是防护林生态建设与管理今后的主要研究内容。另外，在防护林建设实践中，现有防护林衰退现象严重，防护林衰退形成、重建与恢复机制进行系统研究也是未来防护林生态建设与管理的研究重要内容（朱教君，2013）。

虽然有关防护林的研究做了大量的工作，但是随着气候变化和防护林建设规模的扩大，防护林领域尚有诸多需要解决的问题。

（1）尽管防护林建设过程中已经筛选出一批适生树种，但这些树种选择涉及的面仍然较窄，还不能满足防护林建设的需求（成向荣等，2009），尤其是我国"一带一路"建设和乡村振兴战略的实施。因此，今后需进一步筛选和引进抗逆性强、经济效益好、景观价值高的树种。

（2）在全球气候变暖的背景下，极端气候事件频发，由于对气候变化及灾害发生规律、机制认识不充分、缺乏有效的预估，也导致了一些植物生长受到抑制，甚至出现落叶及顶梢枯死等现象而导致衰亡（刘世荣等，2015；吴秀臣等，2016）。因此，有必要开展防护林生态系统植被适应极端气候的机制研究，为构建适应性强的防护林生态系统奠定基础。

（3）虽然防护林树种配置和林分结构优化的研究已经取得一些初步成果，但是由于生态脆弱区范围广，气候多样，立地条件复杂，现有的防护林配置模式和优化体系仅在特定地区适用。因此，仍需进一步深入探索不同区域高效防护林生态系统空间配置模式和林分结构优化方法和技术（成向荣等，2009；

朱教君，2013）。

（4）尽管有关防护林功能形成机制进行了大量的研究，但是有关防护林生态系统功能形成机制还不是很了解，从而影响了防护林生态系统服务功能的发挥。因此，需要进一步开展防护林生态系统功能形成及稳定维持机制研究（朱教君等，2016）。

（5）由于对防护林生态系统服务功能及其价值不是清楚，很难为防护林生态系统管理（例如，生态补偿）提供科学依据（欧阳志云和郑华，2009），因此，有必要开展防护林生态系统服务功能及其价值研究。

（6）目前防护林（人工林）生态系统存在林下物种多样性减少、生物栖息地丧失、生境斑块减小和破碎化加剧，由其提供的生态系统服务功能减少（Foroughbakheh et al.，2001）；以往研究多关注防护林本身，忽视生态系统、景观生态安全方面的考虑，且对于防护林树种、生态系统和景观生态安全间的关系也不是很清楚，难以有效维持防护林生态系统的稳定性。因此，有必要开展防护林树种-生态系统-景观生态安全多尺度耦合机制研究（He et al.，2018）。

目前，防护林建设已经到了从规模建设转向内涵建设的新阶段，防护林生态效应研究应紧紧围绕高效、稳定、可持续的建设目标，应采用多源数据、从不同尺度上开展生态效应评价研究，尤其是利用现代遥感技术与生态学相结合的理念，对防护林生态系统多功能效应进行综合评估，为防护林科学管理提供支撑。

# 参 考 文 献

曹新孙. 农田防护林学. 1983. 北京：中国林业出版社.
曹新孙, 陶玉英. 1981. 农田防护林国外研究概况(一). 中国科学院林业土壤研究所集刊, 5: 177-190.
成向荣, 虞木奎, 张建锋, 等. 2009. 沿海防护林工程营建技术研究综述. 世界林业研究, 22(1): 63-67.
高志义. 1997. 我国防护林建设与防护林学的发展. 北京林业大学学报, 19(suppl.): 67-73.
郭晓朦, 黄茹, 何丙辉, 等. 2016. 不同水土保持林草措施对三峡库区土壤理化性质的影响. 草业科学, 33(4): 555-563.
黄国宁, 薛杨, 李金凤, 等. 2016. 海南省岛东林场木麻黄退化人工林补植模式研究. 热带林业, 44(4): 35-38.
姜凤岐. 2012. 林业生态工程构建与管理. 沈阳：辽宁省科学技术出版社.
姜凤岐, 于占源, 曾德慧, 等. 2009. 三北防护林呼唤生态文明. 生态学杂志, 28(9): 1673-1678.
姜凤岐, 曾德慧, 于占源. 2006. 从恢复生态学视角透析防护林衰退及其防治对策——以章古台地区樟子松林为例. 应用生态学报, 17(12): 2229-2235.
姜凤岐, 朱教君, 曾德慧, 等. 2003. 防护林经营学. 北京：中国林业出版社.
李海强, 郭成久, 蔡楚雄, 等. 2017. 水土保持措施对坡耕地土壤养分时空变异影响. 土壤通报, 48(3): 707-714.
李育鸿, 景凌云, 孙栋元. 2017. 刘家峡库区水土保持林林冠截留特征研究. 中国水土保持, (4): 39-41.
林群, 张守攻, 江泽平. 2008. 国外森林生态系统管理模式的经验与启示. 世界林业研究, 21(5): 1-6.
刘世荣, 代力民, 温远光, 等. 2015. 面向生态系统服务的森林生态系统经营：现状、挑战与展望. 生态学报, 35(1): 0001-0009.
欧阳君祥. 2015. 内蒙古赤峰市退化防护林改造更新研究. 中南林业科技大学学报, 35(9): 1-8.
欧阳志云, 郑华. 2009. 生态系统服务的生态学机制研究进展. 生态学报, 29(11): 6183-6188.
石小亮, 陈珂, 曹先磊, 等. 2017. 森林生态系统管理研究综述. 生态经济, 33(3): 195-201.
宋立宁, 朱教君, 闫巧玲. 2009. 防护林衰退研究进展. 生态学杂志, 28(9): 1684-1690.
王彦武, 罗玲, 张峰, 等. 2018. 民勤县绿洲边缘固沙林防风蚀效应研究. 西北林学院学报, 4: 64-70.
魏龙, 张方秋, 高常军, 等. 2016. 广东沿海典型木麻黄防护带风场的时空特征. 林业与环境科学, 32(4): 1-6.
吴林川, 孙婴婴, 郭航. 2017. 不同造林技术对水土保持林 3 种林型土壤蓄水效益的影响——以鲁中砂石山区为例. 东北林业大学学报, 45(5): 75-79.

吴秀臣, 裴婷婷, 李小雁, 等. 2016. 树木生长对气候变化的响应研究进展. 北京师范大学学报(自然科学版), 52(1): 109-115.

吴秀丽, 吴涛, 刘羿. 2011. 国内外森林健康经营综述. 世界林业研究, 24(4): 7-12.

向开馥. 1991. 防护林学. 哈尔滨: 东北林业大学出版社.

杨贤均, 邓云叶, 段林东. 2016. 三种不同林分的保护水土功能分析. 水土保持研究, 23(2): 177-182.

张雷, 董毅, 虞木奎, 等. 2015. 沿海防护林网防风效应数值模拟研究. 中国农业通报, 31(28): 34-39.

中国水土保持学会. 2018. 水土保持与荒漠化防治学科发展报告. 北京: 中国科学技术出版社.

朱教君. 2013. 防护林学研究现状与展望. 植物生态学报, 37(9): 872-888.

朱教君, 姜凤岐, 范志平, 等. 2003. 林带空间配置与布局优化研究. 应用生态学报, 14(8): 1205-1212.

朱教君, 姜凤岐, 范志平. 2004. 黄土高原刺槐水土保持林防护成熟与更新研究. 生态学杂志, 23(5): 1-6.

朱教君, 姜凤岐, 松崎健, 等. 2002. 日本的防护林. 生态学杂志, 21(4): 76-80.

朱教君, 姜凤岐, 周新华, 等. 1993. 林带树木分化与分级的研究. 沈阳农业大学学报, 24(4): 292-298.

朱教君, 郑晓, 闫巧玲. 2016. 三北防护林工程生态环境效应遥感监测与评估研究. 北京: 科学出版社.

朱金兆, 贺康宁, 魏天兴. 2010. 农田防护林学. 北京: 中国林业出版社.

朱乐奎, 刘彤, 郑波, 等. 2016. 基于防护保证率的农田防护林林带间距调控. 农业工程学, 32(4): 185-190.

Bitog J P, Lee I B, Hwang H S, et al. 2012. Numerical simulation study of a tree windbreak. Biosystems Engineering, 111(1): 40-48.

Brandle J R, Hintz D L. 1988. Windbreaks for the future. Agriculture Ecosystems and Environment, 22-23: 593-596.

Campi P, Palumbo A D, Mastrorilli M. 2012. Evapotranspiration estimation of crops protected by windbreak in a Mediterranean region. Agricultural Water Management, 104: 153-162.

Deng R X, Li Y, Zhang S W, et al. 2011. Assessment of the effects of the shelterbelt on the soil temperature at regional scale based on MODIS data. Journal of Forestry Research, 22(1): 65-70.

Foroughbakheh F, Hauad L A, Cespedes A E, et al. 2001. Evaluation of 15 indigenous and introduced species for reforestation and agroforestry in northeastern Mexico. Agroforest System, 5(1): 213-221.

He N P, Liu C C, Piao S L, et al. 2018. Ecosystem traits linking functional traits to macroecology. Trends in Ecology and Evolution, 34(3): 200-210.

Hou Q J, Brandle J R, Hubbard K, et al. 2003. Alteration of soil water content con-sequent to root-pruning at a windbreak/crop interface in Nebraska, USA. Agroforestry Systems, 57(2): 137-147.

Kenney W A. 1987. A method for estimating windbreak porosity using digitized photographic silhouettes. Agricultural and Forest Meteorology, 39: 91-94.

Korolev V A, Gromovik A I, Ionko O A. 2012. Changes in the physical properties of soils in the kamennaya steppe under the impact of shelterbelts. Eurasian Soil Science, 45(3): 257-265.

Kort J, Bank G, Pomeroy J, et al. 2012. Effects of shelterbelts on snow distribution and sublimation. Agroforestry Systems, 86(3): 335-344.

Li Y F, Li Z W, Wang Z Y, et al. 2017. Impacts of artificially planted vegetation on the ecological restoration of movable sand dunes in the Mugetan Desert, northeastern Qinghai-Tibet Plateau. International Journal of Sediment Research, 32(2): 277-287.

Lu F, Hu H F, Sun W J, et al. 2018. Effects of national ecological restoration projects on carbon sequestration in China from 2001 to 2010. Proceedings of the National Academy of Sciences of the United States of America, 115(16): 4039-4044.

Miah M D, Siddik M A, Shin M Y. 2013. Socio-economic and environmental impacts of Casuarina shelterbelt in the Chittagong coast of Bangladesh. Forest Science and Technology, 9(3): 156-163.

Onyewotu L O Z, Stigter C J, Oladipo E O, et al. 2004. Air movement and its consequences around a multiple shelterbelt system under advective conditions in semi-arid Northern Nigeria. Theoretical and Applied Climatology, 79(3-4): 255-262.

Robert G. 2009.Trees as technology: planting shelterbelts on the Great Plains. History and Technology, 25(4): 325-341.

Song L N, Li M C, Zhu J J, et al. 2017. Comparisons of radial growth and tree-ring cellulose $\delta^{13}C$ for *Pinus sylvestris* var. *mongolica* in natural and plantation forests on sandy lands. Journal of Forest Research, 22(3): 160-168.

Song L N, Zhu J J, Li M C, et al. 2016. Water use patterns of *Pinus sylvestris* var. mongolica trees of different ages in a semiarid sandy lands of Northeast China. Environmental and Experimental Botany, 129: 94-107.

Song L N, Zhu J J, Li M C, et al. 2018. Canopy transpiration of *Pinus sylvestris* var. *mongolica* in a sparse wood grassland in a semiarid sandy region of Northeast China. Agriculture and Forest Meteorology, 250-251: 192-201.

Sun W Y, Shao Q Q, Liu J Y, et al . 2014. Assessing the effects of land use and topography on soil erosion on the Loess Plateau in China. Catena, 121: 151-163.

Wu T G, Zhang L P, Wang J Y, et al. 2018. Relationships between shelter effects and optical porosity: A meta-analysis for tree windbreaks. Agricultural and Forest Meteorology, 259: 75-81.

Yan Q L, Zhu J J, Hu Z B, et al. 2011.Environmental impacts of the shelter forests in Horqin sandy land, Northeast China. Journal of Environmental Quality, 40(3): 815-824.

Zagas T D, Raptis D I, Zagas D T. 2011. Identifying and map-ping the protective forests of southeast Mt. Olympus as a tool for sustainable ecological and silvicultural planning, in a multi-purpose forest management framework. Ecological Engineering, 37(2): 286-293.

Zheng X, Zhu J J, Xing Z F. 2016. Assessment of the effects of shelterbelts on the crop yield at regional scale, Northeast China. Agricultural System, 143: 49-60.

Zheng X, Zhu J J, Yan Q L, et al. 2012. Effects of land use changes on groundwater table and the decline of *Pinus sylvestris* var. *mongolica* plantations in the Horqin Sandy Land, Northeast China. Agricultural Water Management, 109: 94-106.

Zhu J J. 2008. Wind shelterbelts. In: Jørgensen SE, Fath BD eds. Ecosystems. Vol. 5 of Encyclopedia of Ecology. Oxford: Elsevier.

Zhu J J, Jiang F Q, Matsuzaki T. 2002. Spacing interval between principal tree windbreaks—based on the relationship between windbreak structure and wind reduction. Journal of Forestry Research, 13(2): 83-90.

Zhu J J, Li F Q, Xu M L, et al. 2008.The role of ectomycorrhizal fungi in alleviating pine decline in semiarid sandy soil of northern China: an experimental approach. Annals of Forest Science, 65(3): 304-312.

Zhu J J, Matsuzaki T, Gonda Y. 2003. Optical stratification porosity as a measure of vertical canopy structure in a Japanese coastal forest. Forest Ecology and Management, 173(1-3): 89-104.

Zhu J J, Matsuzaki T, Jiang F Q. 2004. Wind on Tree Wind-breaks. Beijing: China Forestry Publishing House.

撰稿人：朱教君

# 第 27 章　生物入侵研究进展

## 1　引　言

外来生物入侵是世界各国及社会面临的共同挑战和共同关注的热点问题，正严重威胁各国的生态安全、经济安全、农产品贸易安全和人畜健康。我国是世界上外来生物入侵危害最为严重的国家之一。我国的外来生物入侵研究起步于 20 世纪 80 年代末，进入 21 世纪，以 2002 年启动的国家 973 项目为标志，进入全面蓬勃发展阶段。经过 30 余年的建设与发展，外来入侵生物的研究在入侵成灾机制、防控技术的研发与应用，以及科普宣传和管理机制方面均取得显著的成绩，并业已在我国形成了一门新兴的独立学科——入侵生物学（invasion biology）；组建形成了一支涵盖多学科、多层面、稳定发展的从事入侵生物学的研究团队，学科发展势头强劲，学科队伍和高水平人才储备逐渐壮大；基础科学理论取得系列创新，出版了从入侵机理到防控实践的《入侵生物学》等系列中、英文专著和教材；防控技术创新研发得到显著提升，技术示范和推广应用成效显著，技术培训和科普宣传得到了加强。近 10 年，获得国家科技进步奖二等奖 90 余项等国家级和省部级系列成果和奖励，推动了行业进步。

国际上，融合新兴科学技术的入侵生物防控技术创新和集成创新发展迅速。美欧等发达国家高度重视生物入侵防控，竞相抢占科技制高点。现代科技已广泛融入防控技术和产品的创新研发。智能化、快速化和实时化的预警与监测技术方兴未艾；环境友好型防除、生物防治和生态调控等技术飞速发展，替代控制与生态修复、区域治理技术应用广泛；已集成区域防控新模式并进行应用，逐渐形成智能联动防控技术体系，成为入侵生物控制的主要策略。

与国际同领域研究比较，我国在该领域的差距逐渐缩小、体系逐渐完善。入侵生物的检测、监测等生物识别体系逐渐完善，部分入侵生物实现了远程实时化的监测；典型重大入侵生物防控技术日趋完善，初步形成治理技术体系。此外，我国发起成立了国际生物入侵大会国际专家委员会，并连续主办第一、第二和第三届国际入侵生物学大会，取得了生物入侵领域的国家话语权，国际影响力得到显著提升。

我国入侵生物防控虽然成就斐然，整体上同步于国际发达国家的水平。但是，随着国际贸易发展、大型国际活动举办，以及近年来网购热、宠物热、不规范放生活动等新情况的出现，特别是全球气候变化对物种分布扩散的影响等新形势，一方面，外来物种入侵途径更加多样化、复杂化，监管和防控工作难度进一步加剧，暴发性、毁灭性、流行性的入侵生物危害形势严峻，如草地贪夜蛾等新发/突发重大入侵生物快速扩散危害，已造成巨大经济损失；此外，以往我国入侵生物防控的研究侧重于"应急性"、"单项技术"和"传统技术"；与发达国家比，亟待融合现代科技进行创新，创建适合不同地理区域、特定入侵生物的综合管理技术体系，提升生物入侵防控快速反应的国家能力。另一方面，我国外来入侵生物本底数据信息与数据库仍处在"跟跑"阶段，需要融合互联网、生物数学、数据标准化与综合处理、信息挖掘和数据整合分析与可视化展示等高新技术，全面提升入侵生物数据库与信息系统的服务功能与可视化展示程度，同时，急需加强潜在入侵生物信息的研判，创新潜在入侵生物防控技术，应对日益复杂的国内外形势，推动我国入侵生物学科的快速发展。

## 2 入侵生物学学科 40 年发展历程

### 2.1 国际生物入侵研究的发展历程

英国生态学家查尔斯·艾尔顿 1958 年撰写的《动植物的入侵生态学》，被世界公认为生物入侵在科学研究方面的开端。之后，生物入侵研究经历了萌芽期（20 世纪 80 年代之前）、成长期（20 世纪 80 年代）和快速发展期（20 世纪 90 年代末至今）（万方浩等，2011）。在这个过程中，越来越多的概念、假说、方法和技术被提出和整合到生物入侵研究之中，由此催生了一门生态学领域的新兴学科——入侵生物学（万方浩等，2011）。

20 世纪 90 年代以来，生物入侵专著数量急剧增加，几乎每年都有专著出版，专著的内容也逐渐由以现象或案例描述为主转变为对生物入侵的理论和实践问题的介绍。涉及的科学问题被进一步细化，从最初关注的"什么样的物种易成为入侵物种"和"什么样的生态系统易被入侵"扩展到"入侵物种种群的形成和扩张机制""入侵物种的生态效应评价""入侵物种的有效控制对策"等特定主题。20 世纪 90 年代中期以后，随着人们对生物入侵理解的深入，生物入侵被剖析为几个有序的生态学过程，包括传入、定殖、潜伏、扩散和暴发。Williamson（1996）在其专著 *Biological Invasions* 中回顾和总结了过去数十年生物入侵研究的进展，并对入侵生物学的理论框架进行了有益探讨。例如，明确了生物入侵的各个阶段，提出外来物种成功入侵的"十数定律"（即能够成功进入每一入侵阶段的外来种比例约为 1/10）。Shigesada 和 Kawasaki（1997）出版的 *Biological Invasions: Theory and Practice* 专著中利用种群生态学和统计学理论模型分析了入侵物种种群的时空扩散方式，提出了入侵物种扩散过程中的三个时期（时滞期、扩散期和饱和期）和三种扩张模式（短距离扩散、短距离-长距离共同扩散、长距离扩散）。这两部专著的出版进一步为入侵生物学学科体系的构建奠定了坚实的基础。之后出版的专著几乎都根据生物入侵过程及其不同阶段所衍生出的科学问题来组织内容，如 *Invasion Ecology*（Lockwood et al.，2007）章节结构为入侵物种的扩散途径、物种对新传入环境的适应机制（如繁殖体压力）、环境（如干扰）和生物（如生物互作）因素对外来物种成功建立种群的影响机制、入侵物种地理扩散机制、外来物种扩散的生态学过程、外来物种造成的生态学危害、入侵物种的进化适应机制、入侵物种潜在扩散趋势的模拟和评估、入侵物种的综合管理。

### 2.2 我国生物入侵研究的发展历程及未来需求

入侵生物学在我国的发展起步较晚。在 20 世纪 90 年代或之前，我国生物入侵的研究只是把入侵生物作为一种有害生物的对象，开展了一些零星的防控研究，研究思路上停留在类似于本地有害生物控制的研究思路。进入 21 世纪，生物入侵得到了国家和政府以及科学家的广泛关注和重视，其中以 2002 年立项启动的国家 973 项目"农林危险生物入侵机理与控制基础研究"为重要的里程碑式的转接点，标志着我国生物入侵研究进入了全面蓬勃快速发展时期。

2006 年，科技部通过"十一五"国家科技支撑计划，在创建农林外来入侵物种的防控技术体系及发展有效的预防预警、检测监测、应急处理和区域减灾等应用技术研究方面给予了重点支持；2007 年，科技部专门立项开展我国东南沿海地区的"中国外来入侵物种及其安全性考察（2006FY111000）"；2009 年，科技部继续启动了生物入侵第二期 973 项目"重要外来物种入侵的生态影响机制与监控基础"；在国家"十二五"和"十三五"期间，相继也启动了公益性（行业）专项，对 20 余种重大入侵生物的防控技术研发及其推广应用进行了大力支持。

进入"十三五"，生物入侵被列为国家生物的重要组成部分和威胁因子。已先后成功立项国家重点研发计划生物安全关键技术重大专项项目 7 项："主要入侵生物的生物学特性研究（2016 年）""主要入侵生物防制技术与产品（2016年）""主要入侵生物的动态分布与资源库建设（2016年）""主要入侵生物生态危害评估与防制修复技术示范研究（2016年）""入侵植物与脆弱生态系统相互作用的机制后果及调控（2017年）""重大/新发农业入侵生物风险评估及防控关键技术研究（2017年）""森林生态系统重要生物危害因子综合防控关键技术研究（2018年）"。同时，进入21世纪以来，国家自然科学基金委以及农林环保等行业部门也加大了对生物入侵方面的项目的支持力度，项目数量和经费得到了显著提升。通过这些重大或重点项目的支持，为入侵生物学学科形成和发展以及重大创新性成果的取得和孵化奠定了基础。当前，我国入侵生物学学科已经超越过去"跟跑"的角色，逐渐转变为"并跑"，并正在实现向"领跑"跨越。

中国科学家经过近30年的努力，生物入侵的研究从基础科学理论取得系列创新，防控技术创新研发得到显著提升，技术示范和推广应用成效显著，技术培训和科普宣传得到了加强，主动应对的国家能力得到显著提升。根据国际生物入侵研究的方向，基于业已取得的成就，结合中国生物入侵防控的实际和发展需求，在万方浩研究员的领衔和组织下，出版了从基础理论到防控技术与管理以及科普的生物入侵系列中英文专著和教材10余部：Biological invasion and its management in China（2017）、Research on Biological Invasions in China（2009）、《入侵生物学》（教材）（2014）、《生物入侵：中国外来入侵植物图鉴》（2012）、《入侵生物学》（2011）、《生物入侵：预警篇》（2010）、《生物入侵：检测监测篇》（2011）、《中国生物入侵研究》（2009）、《生物入侵：生物防治篇》（2008）、《生物入侵：管理篇》（2008）、《重要农林外来入侵物种的生物学与控制》（2005）和《中国主要农林入侵物种与控制》（2004）等。这不仅是对已开展研究的综述或总结，同时，还进行了深入分析，针对不同物种、不同地区、不同人群了解入侵生物、开展入侵生物的防控、制定入侵生物的管理措施等提供了知识的切入点。通过系列专著，首次提出并构建了我国入侵生物学学科体系：中国生物入侵研究以外来物种入侵的实时预警监测和有效控制为总体目标，在国内外现有科学研究的基础上，着重于重大外来物种的入侵机制与生态过程、对生态系统的影响及监控基础研究，从个体/种群、种间关系、群落/生态系统三个层次深入研究入侵物种预防与控制所必须解决的3个关键科学问题，即：种群形成与扩张机理、生态适应性与进化机制、生态系统抵御与适应机制，进而发展入侵物种监控的新技术与新方法（图27.1）。提出了入侵生物学研究模式（图27.2）：围绕外来物种的种群形成与扩张机理、生态适应性与进化机制、生态系统抵御与适应机制3个科学问题，系统地开展外来物种入侵的机制与生态过程、对生态系统的影响等机制研究，发展入侵物种预警和控制的理论、方法和技术。科学研究要突出外来物种入侵机制与防控基础研究的有机联系，生物入侵机制的研究应针对生物入侵各环节中的不同关键问题开展，对于潜在入侵物种，要着重于发展风险评估与快速检测技术；对于已入侵物种，要着重从入侵种本身的角度了解其遗传分化特性、生态适应性、种群扩张的行为与机制、与本地种的关系、对资源的利用能力等；对于生态系统，要着重研究生物入侵所产生的影响、生态系统结构与功能的变化以及抵御特性。

生物入侵研究的框架和概念的提出标志着我国入侵生物学作为一种新兴的和独立的学科的形成与发展。国内许多院校成立了入侵生物学相关的生物安全专业的本科专业点、硕士点和博士点。2004年，福建农林大学植保学院首次申报生物安全专业并获得教育部批准，率先在全国建立首个生物安全专业；2005年，湖南农业大学设立了生物安全科技学院，以及生物安全与检疫本科专业（万方浩等，2011）。延续不断的大批本科、硕士、博士的入侵生物学专业毕业生，为学科的快速持续发展提供了后备人才保障。而生物入侵系列丛书的出版，明确了生物入侵的特点，阐明了入侵生物鉴定、防控、管理等具体内容；已成为大专院校和基层科技工作者、教育培训的教材，成为了生物入侵知识普及与教育的载体。

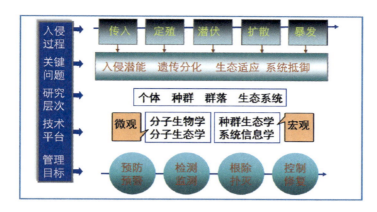

图 27.1　入侵生物学学科体系框架（引自万方浩等，2011）

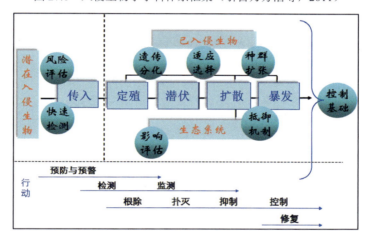

图 27.2　中国生物入侵研究的基本模式（引自万方浩等，2011）

## 3　我国的研究现状与成就

### 3.1　基础研究或基础理论研究-入侵扩张机制

我国已经在一些重大入侵生物的基础研究或基础理论方面取得了系列具有国际影响力的原创性成果。在入侵生物的入侵成灾特性方面，明确了烟粉虱、红火蚁、斑潜蝇、苹果蠹蛾、大豆疫霉、紫茎泽兰、豚草等重要入侵生物的入侵扩散路径与危害特性；阐析了烟粉虱等一批重要入侵生物的生态适应性与遗传分化/快速进化的分子基础和遗传基础；明确了苹果蠹蛾等入侵生物的基于全基因组的成灾机制；确证了入侵病原菌（如大豆疫病）的适应性进化机制及相关功能基因调控机理以及与寄主植物互作的免疫调节机制；提出了入侵物种的"前适应性"与"后适应性"的"权衡"假说。在入侵生物的种群扩张和与入侵生态系统互作方面，提出和解析了入侵昆虫（如烟粉虱）竞争替代本地物种的"非对称型交配互作"理论及竞争替代的"内禀生殖行为调节"机制；解析了入侵昆虫（如烟粉虱）通过共生生物增强入侵能力的互作机制，提出了"协同入侵假说"和"返入侵假说"；阐明了入侵植物（如紫茎泽兰）通过化感作用及改变土壤微生物的偏利效应和营养循环机制，提出了土壤微生物的"正反馈偏利作用假说"，丰富了"新武器"入侵假说；明确了入侵生物（如烟粉虱、斑潜蝇、紫茎泽兰等）对本地近缘种或生态位等同种的竞争演替效应及竞争排斥机制，丰富了种间竞争的"资源分割利用"理论及"生态系统反馈调节"理论。尤其是集中于揭示了一些重大入侵生物的入侵机制和致害机理，并在 *Science*、*Plant*

Cell、Ecology Letters、PNAS、Nature Communications、Annual Review of Entomology、Annual Review of Ecology 等国际顶尖期刊进行了发表；同时，基础理论及其新发现，为创新防控技术提供了新思路。

### 3.1.1 入侵生物的生态适应性及种群竞争性扩张的生态机制

我国科学家对入侵物种生态适应性及种群竞争性扩张的研究在以下几个方面取得重要性成果，揭示了入侵害虫烟粉虱传播植物病毒的一个重要通道及其机制，探讨了入侵物种生态适应的表型可塑性调控机制，揭示大豆疫霉菌适应性进化机制及其治病分子机理，阐明了寄主和天敌与入侵种相互关系与快速适应性进化特性、天敌选择入侵植物的嗅觉机制以及外来植物入侵中对亲属邻体的相互作用出现从竞争到互助的进化机制，发现了病原扩散信号促进媒介昆虫发育、共生细菌调控入侵共生体的资源分配模式、免疫容忍是病原与传播媒介协同关系形成的关键。具体如下：

1）入侵害虫烟粉虱的适应性及成灾机制

入侵物种生态适应的表型可塑性调控机制取得新进展：以入侵害虫烟粉虱 *Bemisia tabaci* 为研究对象，明确了烟粉虱温度耐受性在不同自然气候条件下，烟粉虱温度耐受性的高遗传力以及高度变异基因组驱使不同地理种群出现温度耐受性的表型遗传分化现象（Ma et al., 2014）。此外，通过 RNAi 方法验证了感受器离子通道基因（BtTRP）是烟粉虱感知高温的关键因子，在高温耐受性中起关键作用（Lü et al., 2014）。同时从表观遗传角度研究表明，甲基化变化与烟粉虱温度耐受性密切相关，功能鉴定表明，烟粉虱甲基化转移酶基因 BtDnmt1/BtDnmt3 对烟粉虱耐受性起重要作用（Dai et al., 2017, 2018）。研究结果有助于全面系统地理解烟粉虱适应不同恶劣，为利用生态调控防治烟粉虱提供理论依据。

揭示入侵媒介昆虫传播植物病毒的重要通道：Wei 等（2017）以入侵害虫烟粉虱为对象，研究发现双生病毒即番茄黄化曲叶病毒（TYLCV）可以高效侵染高龄烟粉虱的生殖系统并由其通过产卵将该病毒传播到其后代（图 27.3），这些后代在病毒的非寄主植物上发育到成虫后，可以迁移到新的寄主植物上传播病毒，使后者感染病毒发病。进一步发现，TYLCV 病毒粒子可以与烟粉虱的卵黄原蛋白互作，在后者的配合下侵染烟粉虱的卵母细胞，从而进入卵中。TYLCV 这一传播通道，显著增强了其传播和扩散的效率，可能是 TYLCV 近 30 年来在全球快速入侵并造成严重危害的重要机制之一，这将促使目前全球各国改进有关烟粉虱和双生病毒的检疫方法。这一发现对有效防控 TYLCV 等病毒的发生蔓延提供了新的重要基础信息，提示以往广泛推行的在作物地周围铲除病毒寄主植物、阻断其传播的方法在很多生境中是无效或低效的，可能需要对防控策略和方法做重大改进。该研究首次发现植物病毒是否经卵传播与介体昆虫的发育阶段有着密切关系，为研究其他病毒经卵传播的特性提供了新的视角。

2）入侵病害-大豆疫霉病菌的适应性进化及致病机理

研究大豆疫霉（*Phytophthora sojae*）对了解重要外来入侵卵菌的适应性进化及危害规律具有借鉴意义。其中，南京农业大学的王源超科研团队初步明确了大豆疫霉菌与我国大豆适应性互作的分子机制。该团队选择入侵大豆疫霉群体为研究对象，鉴定大豆的抗病基因（*Rps1k*）至少能识别大豆疫霉的两个无毒基因（*Avr1b* 和 *Avr1k*）（Song et al., 2015），并且这两个基因都对病原菌的致病性具有重要作用，进化上很难同时丢失，因此从理论上揭示了大豆 *Rps1k* 基因有效和广谱的分子机制，生产上为监测大豆 *Rps1k* 基因的适用性提供了分子靶标。针对这些克隆的无毒基因，考察了在我国大豆疫霉菌株中的分布与组成，对我国大豆的抗疫霉病育种具有指导意义。这些研究为了解外来入侵大豆疫霉的适应性进化和暴发成灾的分子机制奠定了理论基础，在病害控制上为监控病原菌的变异并培育和合理配局抗病品种提供了技术支撑。此外，解析了大豆疫霉菌毒性蛋白大规模的功能（Wang et al., 2011），发现疫霉菌致病因子能够相互协作抑制植物免疫反应，破解了大豆对病原菌先天免疫之谜（Ma et al., 2015）；揭示疫霉菌致病因子调控植物免疫的

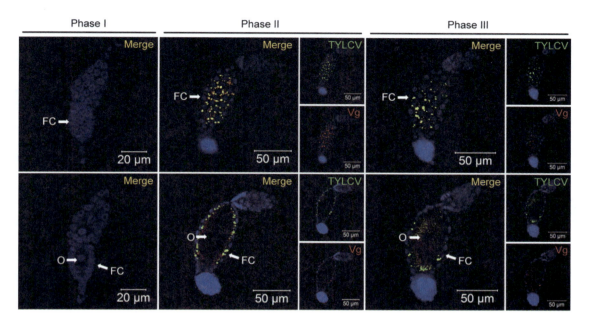

图 27.3  番茄黄化曲叶病毒（TYLCV）在烟粉虱卵黄原蛋白（Vg）的协助下进入烟粉虱卵母细胞的过程
FC：卵母细胞外围的滤泡细胞；O：卵母细胞

新机制（Kong et al., 2015）；发现具有结合寄主 DNA 活性的效应因子，拓展了科学家对病原菌与植物协同进化的认识（Song et al., 2015）；提出了病原菌通过干扰内质网压力监控系统来调控寄主抗病过程的新机制（Jing et al., 2016）；获得多个不同疫霉菌突变体，对关键分泌蛋白 PsXEG1 在大豆植株的致病机理进行了详细地阐述（Ma et al., 2017）；发现大豆疫霉菌细胞质效应因子 PsAvh23 通过调节寄主组蛋白乙酰化作用，从而调整寄主防卫相关基因正常表达而促进病原菌侵染（Kong et al., 2017）；对植物在胞内和胞外对大豆疫霉菌等病菌免疫的分子机制进行了系统的研究，为改良作物的广谱抗病性提供了系列具有自主知识产权的重要基因资源（Wang et al., 2018）；揭示了植物利用膜上免疫受体 RXEG1 识别并抵抗疫霉菌致病因子 XEG1 攻击的分子机制（Wang et al., 2018）。揭示了大豆疫霉菌致病因子 PsAvh240 以二聚体的形式定位在植物细胞膜上发挥毒性功能的分子机制发现了植物天冬氨酸蛋白酶参与质外体免疫来抵御疫霉菌侵染，并且揭示了疫霉菌破坏植物质外体免疫的新策略，即疫霉菌可以向"敌后"——植物细胞内分泌效应子来抑制植物天冬氨酸蛋白酶的外泌，拓宽了对植物与病原菌互作的认识（Guo et al., 2019）。此外，中国科学院微生物研究所郭惠珊团队发现 VdSCP7 是 *Verticillium dahliae* 分泌的新效应蛋白，敲除该基因能增强病原菌的致病性（Zhang et al., 2017）。这些研究为该菌侵染致害的机制奠定了遗传学与分子生物学基础，加深了我们对大豆疫霉病原菌成功侵染寄主大豆并致害的认识水平，为了解外来入侵大豆疫霉的适应性进化和爆发成灾的分子机制奠定了理论基础，总体达到国际领先水平，显著提升了我国在本领域的学术地位和影响力。

3）红火蚁及其天敌的快速适应性进化机制

阐明了寄主、天敌与入侵种相互关系与快速适应性进化特性。研究发现，入侵种在入侵地往往能够开辟新的寄主植物进行危害，其化学通讯基础就是能够快速识别和适应寄主植物释放的化学信息，而入侵种自身的独特化学物质结构又能够逃离天敌昆虫的捕食，之后随着入侵昆虫的种群增大而引发本地天敌的识别和捕食，但已经无法阻挡其暴发成灾的趋势。例如，社会性入侵生物红火蚁（*Solenopsis invicta*）的天敌蚤蝇，有很高的寄主专一性，可利用生物碱的物种特异性区分入侵火蚁和本土火蚁，进而完成专一定位（图 27.4），进一步研究入侵种的基因组在原产地和入侵地的变化，发现感受化学信息的化感蛋白被大量扩增，揭示了入侵种不断扩张其寄主种类的进化机制。

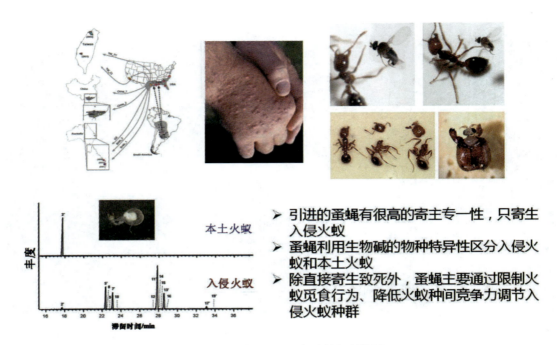

图 27.4　天敌昆虫对入侵种的控制作用

4）入侵植物——喜旱莲子草的互助进化机制

发现了外来植物入侵中对亲属邻体的相互作用出现从竞争到互助的进化机制。竞争力的增强进化是解释外来植物成功入侵的核心假说之一（EICA）。然而，对该假说的验证很少从种内竞争的角度进行，也很少考虑目标植物与邻体植物基因型的亲缘关系对竞争力进化的可能影响。揭示外来植物入侵中可能伴随亲属选择效应，为外来植物入侵机制研究提供了新的视角，为 EICA 假说的验证提供了新的思路（Zhang et al., 2019）。发现了入侵植物显著降低对专食性天敌的抗性，同时提高对广食性天敌的抗性；入侵植物也增加了对广食性天敌的耐受性，而对专食性天敌的耐受性没有改变，从而明确了外来植物入侵中防御对策进化的一般式样，从而揭示了广食性天敌和专食性天敌在入侵植物防御进化中存在相反选择作用的一般规律，对增进草食作用在外来植物成功侵中的作用的理解，对未来该领域研究重点的确立至关重要。此外，对 61 篇已发表的、涉及 32 种重要外来入侵植物对草食作用抗性进化的研究案例进行了整合分析研究，发现入侵植物显著降低了对专食性天敌的抗性，同时显著提高了对广食性天敌的抗性；入侵植物也增加了对广食性天敌的耐性，而对专食性天敌的耐性没有改变。首次发现采用非原产地的天敌作为草食作用处理时，更偏向得出入侵植物会增加其抗性的结论。这是目前对入侵植物防御进化最全面的研究，得到了广食性天敌和专食性天敌在入侵植物抗性进化中存在相反选择作用的一般结论（图 27.5）。

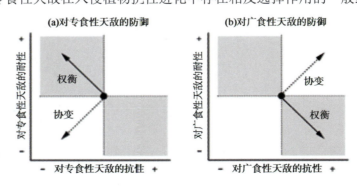

图 27.5　转换防御假说

通过 miRNA-mRNA 共表达关系分析，挖掘鉴定了喜旱莲子草（*Alternanthera philoxeroides*）在水淹处理过程中存在显著相互作用、并与水淹条件下喜旱莲子草茎节显著可塑性伸长生长相关联的 miRNA 及其靶基因，并运用 qRT-PCR 和 5'RLM-RACE 方法进行了验证分析，为揭示喜旱莲子草表型可塑性变异发生的分子基础和生态-发育（Eco-Devo）过程的表观遗传调控机制提供了依据（Li et al.，2017）。

5）红脂大小蠹的虫菌共生入侵机制

从生态和进化两个方面解析了虫菌共生入侵机制。提出了虫菌共生入侵学说的理论框架，建立了虫菌共生入侵学说（Lu et al.，2016）。虫菌共生入侵学说为入侵种的风险评估和预测预报、入侵种的检验检疫和传播途径以及入侵种的综合防治提供新的思路，为后续研发关键控制技术奠定了坚实的理论基础（图 27.6）。

共生细菌调控入侵共生体的资源分配模式。发现了伴生细菌挥发物调控小蠹-伴生真菌体系中碳水化合物分配的两种模式，进一步通过代谢组学分析发现细菌产氨调控红脂大小蠹-伴生真菌碳水化合物分配，在此基础上提出虫菌共生入侵学说（Zhou et al.，2017）（图 27.7）。

发现了病原扩散信号促进媒介昆虫发育。媒介与线虫发育速度的高度一致是实现传播的基础，但人们对其化学通讯调控机制了解甚少。发现了媒介昆虫变态发育调控信号、发育停滞和植物寄生线虫转型扩散的诱导信号，提出并阐明了"种间化学信息适应"导致多物种危害叠加、种群级联暴发的害虫成灾机制（图 27.8），为后续化学通讯在生物种间协同进化关系的发育一致性研究奠定基础。

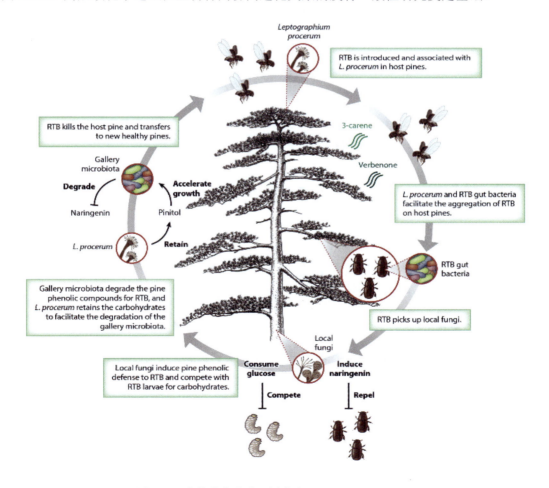

图 27.6　虫菌共生学说（图片来源：Lu et al.，2016）

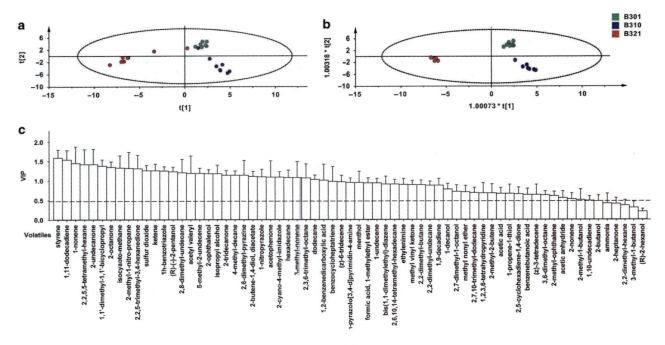

图 27.7　共生细菌调控入侵生物体的资源分配模式（Zhon et al., 2017）

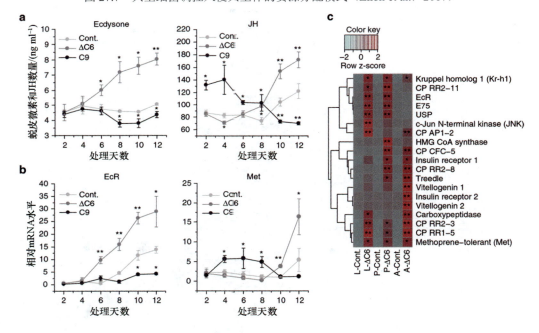

图 27.8　病原扩散信号促进媒介昆虫发育

6）松材线虫与媒介天牛的免疫共生机制

免疫容忍是病原与传播媒介协同关系形成的关键。发现寄主天牛（松墨天牛）对具有重大危害的植物寄生线虫（松材线虫 *Bursaphelenchus xylophilus*）以及昆虫寄生线虫（*Howardula phyllotretae*）的独特的免疫互作机制。松墨天牛能在气管中携带大量的毁灭性的松材线虫，这种免疫容忍能被昆虫寄生线虫打破和中和。松材线虫及寄生线虫都能促进松墨天牛（*Monochamus alternatus*）表皮层产生活性氧（ROS），只有松材线虫的携带，而非寄生线虫的侵染能诱导抗氧化基因的高表达，从而中和活性氧，使其在天牛气管中的水平达到平衡（图 27.9）。

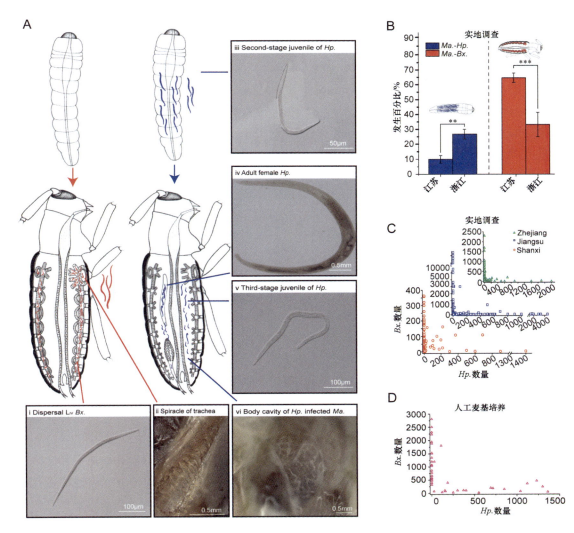

图27.9 媒介天牛与松材线虫间免疫共生

7）入侵植物紫茎泽兰的竞争性扩张机制

揭示化感和微生物反馈在入侵植物竞争性扩张中的作用机制。入侵植物紫茎泽兰（*Ageratina adenophora*）具有快速的传播速度，据研究表明其以 20 km/a 速度向东和北传播（Wan et al., 2010）。紫茎泽兰入侵后，人们对土壤性质的变化进行了大量研究，并揭示了这些变化对植物多样性的影响。例如，紫茎泽兰的入侵增加了土壤肥力（土壤有机碳、硝氮、氨氮、速效磷和速效钾含量）和土壤酶活性（尿素酶、磷酸酶和转化酶）。实际上，紫茎泽兰通过改变土壤环境的方式抑制本地植物的生长（Li et al., 2011）。基于磷脂脂肪酸分析、系统发育测序分析和传统培养方法，均证实丛枝菌根真菌、真菌/细菌比率和氮循环相关的微生物（固氮菌、氨氧化菌和反硝化菌）受到紫茎泽兰入侵的影响（Niu et al., 2007；Xu et al., 2012）。特别是与未被入侵的土壤相比，紫茎泽兰高度入侵土壤的硝氮和氨氮含量明显更高，固氮细菌的相对丰度和多样性也更高（Niu et al., 2007；Xu et al., 2012）。同时，土壤微生物介导的固氮速率、硝化潜力、氨化速率等功能过程，在紫茎泽兰的根际和非根际土壤中均显著高于对照组。利用功能基因微阵列技术，发现紫茎泽兰入侵土壤中的氮循环相关功能基因的相对丰度较高，与氨含量和固氮速率显著相关。此外，在紫茎泽兰入侵土壤中，不稳定碳分解基因的相对丰度较高，这意味着碳的潜在可用性更高。另外，被紫茎泽兰入侵的土壤可能已经具有促进入侵植物生长的有益微生物群落，使得外来物种更容易入侵。因此，入侵植物紫茎泽兰通过改变土壤微生物群落组成，建立了一个自我增强的土壤环境。

### 3.1.2 全球气候变化与生物入侵的关系

气候变暖对入侵物种扩散的影响。人们普遍认为气候变化，尤其气候变暖，可能促进现有入侵物种向更高纬度或海拔扩散。然而确定现有物种分布的关键因子是否是气候、物种的气候生态位在入侵过程中是否会发生漂移或扩张等均有待探讨。中国科学院动物研究所李义明教授课题组以入侵两栖类动物为系统，开展了相关研究。发现：①全球128种入侵两栖动物原产地和入侵地炎热季节最高温度差异较小，且不受入侵时间、生物学性状和扩散方向等影响，表明这些物种高温生态幅具有保守性（Liu et al., 2017b）；②入侵动物克氏原螯虾（*Procambarus clarkii*）在全球范围内的分布受到低温季节最低温、人类足迹和干旱季节降水量等调控。未来气候条件下，北半球和南半球该物种均可能向高纬度地区扩散，且在欧洲大陆扩散潜力最大（Liu et al., 2011）；③在现有和未来气候条件下，全球范围内两栖类动物入侵风险区与生物多样性热点区域存在较高重合度（Li et al., 2016）。此外，研究发现气候变暖是目前日益增多的外来昆虫入侵事件的一个重要诱因（Huang et al., 2011），我国学者还探讨了气候变化对入侵昆虫扶桑绵粉蚧（Wei et al., 2017）、红火蚁（Huan et al., 2018）等分布的影响。这些研究为人类在气候变化条件下防控外来物种入侵提供了参考。

气候变化对生物入侵进程和防控的影响。研究发现，生物因子，如昆虫和土壤生物等，在外来生物入侵过程中发挥重要作用。然而气候变化将如何影响生物因子的调控作用等尚不清楚。华中农业大学卢新民教授团队等以喜旱莲子草（*Alternanthera philoxeroides*）为对象，并以本土同属植物莲子草（*A. sessilis*）为参照开展了系统研究，发现：①本土土壤生物（包括线虫和微生物）和地表食叶昆虫均能够抑制本土植物莲子草适合度，而对喜旱莲子草无显著作用，表明两者促进喜旱莲子草入侵（Lu et al., 2015a）；②随纬度升高（温度降低），本土土壤生物和地表食叶昆虫丰富度和多样性、两者对本土植物的危害和抑制作用均逐渐降低，而对喜旱莲子草适合度无显著影响，说明两者对喜旱莲子草入侵的促进作用随纬度升高而逐渐降低（Lu et al., 2015b, 2018）；③北纬32°以南区域，随纬度升高喜旱莲子草物候优势逐渐提高（Lu et al., 2016）。上述研究表明：伴随纬度升高，生物因子在喜旱莲子草入侵中的作用逐渐降低、而植物功能性状的重要性逐渐提高。因而，气候变暖下该草入侵不同区域的关键驱动因子可能发生变化。同时，我国学者研究发现：①气候变暖促进喜旱莲子草和生物防治天敌昆虫向高纬度扩散，且两者空间分布差异逐渐缩小（Lu et al., 2013）；②气候变暖提高昆虫在目前分布北界地区越冬能力、昆虫控制喜旱莲子草的能力，促进入侵群落中本土植物恢复（Lu et al., 2013, 2016）；③气候变暖同时提高生物防治昆虫与本土植物莲子草发生时间和空间分布的耦合性、提高春季昆虫危害本土植物的风险和对本土植物单一种群的抑制作用（Lu et al., 2015b）。因此，气候变暖可能一方面提高传统生物防治效率，但另一方面可能提高引入生物防治天敌危害本土植物的风险。

入侵物种对气候变化的适应能力：气候变化背景下，物种快速响应或适应环境的变化将直接影响个体生长发育和种群增长。围绕这一科学问题，厦门大学张宜辉副教授以互花米草（*Spartina alterniflora*）为对象开展了纬度梯度调查和同质园实验，发现：自然条件下伴随纬度升高，互花米草植物株高呈钟形分布，而单株穗数和种子量呈线性上升趋势；而在同质园实验中仅植物种子量纬度格局依然保持，表明互花米草多个性状具较高表型可塑性，而植物种子发生量可能对环境产生了适应（Liu et al., 2016）。进一步研究发现：来自纬度梯度植物种子种植于低、中和高纬度时，单株种子量纬度特征在中和高纬度依然保存，但高纬度地域较中纬度地域斜率较高（Liu et al., 2017a）。这些结果表明：伴随气候变暖，互花米草可能能够扩散响应和适应环境的变化。中国科学院生态研究中心战爱斌团队以入侵动物海鞘（*Ciona savignyi*）为系统，利用基因组分析和表观遗传学手段探讨了对环境变化的快速适应分子机制，发现：

①通过甲基化修饰，入侵海鞘能够快速适应环境的改变，表现出较高的表型可塑性（Huang et al.，2017）；②最近扩散到红海区域的种群较其他地域种群，在基因组水平发生改变（Chen et al.，2018），表明该物种能够在基因组水平快速发生变化、适应不利非生物环境。

### 3.1.3 水生入侵生物扩散危害现状

水生入侵生物种类和入侵特性：中国是世界上遭受水生生物入侵威胁最严重的国家之一，近年来，水生入侵生物的研究得到了加强。目前为止，中国水生生态系统有明确记载的入侵物种共 564 个，其中 438 个为淡水入侵物种、126 种为海洋入侵物种，但实际入侵物种的数量要远多于已知的记录数量。在中国，水生入侵生物引入与传播主要途径包括：水产养殖物种引进、水族观赏交易物种引进、航运压载水和船体污损以及用于生态系统的恢复和湿地保护过程中的物种引进。一般情况下，淡水和海洋生态系统入侵物种的引进和传播的载体截然不同。对淡水生态系统而言，水族馆和观赏性行业引进的非本地物种的比例最大（306 种，69.9%），其次是水产养殖业（116 种，26.5%）。而对于海洋生态系统，水产养殖业共引入了 66 个物种，占所有引进的海洋非本地物种的 52.4%。

水生入侵生物快速局域适应的过程及机理：从 20 世纪初开始，频繁的航运、水产养殖等原因导致水生入侵生物在世界范围内肆虐。这些入侵生物引发灾害的频率、程度和受灾面积在短时间内剧增，如我国频繁爆发的赤潮和绿潮使潮间带和河流湖泊等的生态系统崩溃，完全丧失服务功能；入侵海鞘在全球沿岸主要养殖区内大规模爆发，使水产养殖业减产甚至绝产；水母的入侵使多个国家超过 20 座核电站关闭，包括位于瑞士的全球最大的核电机组。这些入侵生物在快速蔓延及群体规模性爆发的过程中具有一个共性，即这些生物在极短的时间内完成了不同环境、不同栖息地的转换，如水生入侵生物玻璃海鞘（*Ciona intestinalis*）可以迅速适应盐度范围为 12‰～40‰、温度范围为 10～35°C 的海水环境并爆发成灾。在入侵生物玻璃海鞘复合种的研究中发现，两个入侵种（*C. intestinalis* sp A 和 spB）的入侵群体在极小的空间尺度上（<10km）存在非常复杂的群体遗传结构和极强的群体遗传分化，来源于不同环境（如水温、盐度和溶氧）的群体，群体间的遗传分化愈加明显；这种复杂的遗传结构也同样存在于多种入侵生物中，甚至具有较强扩散能力的生物中（如沼蛤 *L. fortunei*），扩散引发的基因流没有消除群体间的遗传分化。所有这些结果均暗示了快速微进化是水生入侵生物快速适应当地环境的重要机制之一，同时也暗示了快速微进化的过程及机理非常复杂。

## 3.2 防控技术的应用基础研究和应用研究

我国在入侵生物防控的技术基础和技术研发与应用方面成效显著。针对重要的入侵生物，构建了集"防御系统、狙击系统、控制系统和管理系统"为一体的重大入侵生物全程防控技术体系，重点创新研发了入侵生物系列风险预警、快速检测、早期监测、环境友好型的系列防控技术和产品，创新和集成了主要入侵生物及其重点发生区域的区域性减灾防控技术体系。防控技术的推广应用，取得了显著的生态效益、经济效益和社会效益。2006 年以来，从入侵生物的共性防控技术到重点对象的发生成灾规律与区域性全程防控技术体系方面，已获国家科技进步奖二等奖 8 项："重大外来侵入性害虫——美国白蛾生物防治技术研究（2006）""重大外来入侵害虫——烟粉虱的研究与综合防治（2008）""松材线虫分子检测鉴定及媒介昆虫防治关键技术（2008）""桔小实蝇持续控制基础研究及关键技术集成创新与推广（2009）""主要农业入侵生物的预警与监控技术（2013 年）""重要植物病原物分子检测技术、种类鉴定及其在口岸检疫中应用（2014）""中国松材线虫病流行动态与防控新技术（2017）""我国检疫性有害生物国境防御技术体系与标准（2017）"；省部级成果奖 30 余项，如："利用寄生蜂防治重大入侵害虫椰心叶甲的研究与应用"获得海南省科技进步奖特等奖和中国植保学会科学奖一等奖，"B 型烟粉虱入侵扩张的行为和种间互作机制"获教育部自然科学奖一等奖，"中国亚热带三种恶性入侵杂草的生物学与综合治理"获得中国植物保护学会科学奖一等奖,"重大入侵害虫红火蚁的防控研究"相关成果分别获广东省科学技术奖一等奖、福建省科学技术奖一等奖和中国植物保护学会科学技术奖一等奖。这些研究成果也为行业部门关于外来入侵生物防控与管理决策提供了支撑,有效提升了行业影响力和推动了行业竞争力,保障了农林业安全生产和生态安全,极大地满足了生物入侵防控的国家重大需求。

### 3.2.1 入侵生物的预警与检测监测

外来入侵物种数据库是开展外来入侵物种早期预警、灾害应急控制、阻断与扑灭、生态环境修复与生物多样性保护利用、可持续治理的综合防御与控制体系的科学基础数据,同时也是政府和管理部门制定各种政策与法规、规划科技发展计划与纲要的必要前提、培训和普及外来物种知识的重要平台(徐汝梅,2003;王雅男等,2009)。自 2001 年我国第一个专业生物入侵网站"中国生物入侵网"建立以来,研究人员累计开发了包括以域名正式对外公开的网站、以科技论文发表并未对外公开的以及获得计算机软件著作权登记的信息系统等 3 大类 35 个外来入侵物种数据信息系统(冼晓青等,2013)。目前,国内可以公开访问的在线外来入侵物种信息系统主要有两个:一是以已入侵的外来物种为主要对象的"中国外来入侵物种数据库"(www.chinaias.cn);二是以潜在入侵的外来物种为主要对象的"中国国家有害生物检疫信息系统"(www.pestchina.com)。

"中国外来入侵物种数据库系统"以各类外来入侵物种名单为基础,结合我国多项外来入侵物种综合科学考察项目数据,在专家明确外来入侵物种甄别原则的基础上建立的在线数据系统。该系统由中国农业科学院植物保护研究所联合全国 10 余家科研单位和高校共同开发建设,2010 年起正式对外开放。目前,收录 640 多种我国农林水生态系统的外来入侵物种综合信息。它由中国外来入侵物种数据库系统、中国外来入侵物种地理分布信息系统、外来入侵物种野外数据采集系统、外来入侵物种安全性评价系统、中国主要外来入侵昆虫 DNA 条形码识别系统和中国重大外来入侵昆虫远程监控系统等子系统组成。"中国国家有害生物检疫信息系统"由原国家质检总局动植物检疫监管司、进出口食品安全局与标准法规研究中心共同发建设,2011 年正式投入使用。该系统包括有害生物基本信息系统、风险评估应用系统、风险管理应用系统和口岸应用系统等主要模块,共收集 4 万多条全球有害生物信息数据,3 套有害生物风险评估程序、100 多个中国已开展完成的风险分析报告和风险分析考察报告、55 个国家的植物检疫法规、近百个国家的进境植物检疫要求以及出口违规通报信息。此系统主要为风险分析工作者提供工作平台和信息支持,和为检验检疫管理者进行决策提供技术支持。

此外,为了实现外来入侵物种的分级控制与管理,外来入侵物种管理部门先后制定了各类外来入侵物种管理名单,包括原环境保护部和中国科学院于 2003 年、2010 年、2014 年和 2016 年分四批发布的 71 种我国外来入侵物种名单;原国家质量监督检验检疫总局发布的《中华人民共和国进境植物检疫性有害生物名录》;原农业部发布的《全国农业植物检疫性有害生物名单》和各省(直辖市、自治区)农业植物检疫性有害生物补充名单以及《国家重点管理外来入侵物种名录(第一批)》;原国家林业局发布的《全国林业检疫性有害生物名单》和《全国林业危险性有害生物名单》。

经过 20 余年的发展,我国外来入侵物种风险分析研究经历了从定性分析和半定量分析到定量评估的转变过程,建立起有害生物风险分析定量评估集成技术体系(图 27.10)(李志红和秦誉嘉,2018)。该技术体系包括针对多种有害生物的定殖可能性评估、针对某种有害生物的入侵可能性评估、针对某种有害生物的潜在地理分布预测、针对某种有害生物的潜在损失以及针对有害生物的入侵风险综合评估等 5 个模块,分别由有害生物地理分布数据库、有害生物检疫截获数据库、有害生物生物学和危害数据库、有害生物寄主数据库、地图数据库、交通运输数据库以及气象数据库等基础数据库为各评估模块提供数据支撑。

# 第 27 章 生物入侵研究进展

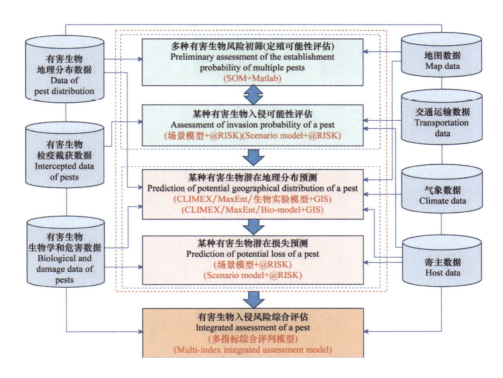

图 27.10 有害生物风险分析定量评估集成技术体系（引自李志红和秦誉嘉，2018）

## 3.2.2 入侵生物——红火蚁的应急防控及扩散阻截

红火蚁由于习性凶猛、繁殖力大、食性杂、竞争力强，在新入侵地易形成较高密度的种群等原因，所以在入侵到新的地区后，种群短时间内易暴发，对农林业生产、人体健康、公共安全和生态环境等均可能造成严重危害。我国于 2004 年发现后，基于其入侵扩散与灾变规律，创建了系列高效检疫、监测、防治关键技术体系，并广泛应用，取得了良好效果。主要有：①准确鉴定了入侵中国大陆的红火蚁，建立了蚂蚁类群鉴定分子方法，明确了红火蚁的社会型、遗传关系和入侵、传播过程。明确了红火蚁等 58 种蚂蚁多酶切位点扩增条带、多基因序列差异，建立快速鉴别、遗传检测分子方法；明确了国内外 45 个种群 COI 基因片段序列多样性、单倍型、亲缘关系以及在中国的扩散传播过程。②明确了中国南方红火蚁空间格局、地理分布和传播路线。入侵早期呈 2 大块、2 小块和 2 个跳跃点分布特征，10 年后呈 4 个普遍区、多个新发点；各个入侵区域扩散方式存在差异，渐进式占 90%以上，跳跃式 10%以下。③阐明了华南地区红火蚁局域扩散规律，构建了入侵时间、局域扩张预测新方法，探明了入侵历史和长距离扩散速度。基于 20 年数据建立了入侵区数量和入侵时间长度关系模型，明确了初期扩张速度 4~5 个县区/年，快速期为 20~40 个/年，早期至当前传播速度 48~80km/年。④深入阐明了红火蚁入侵对本地物种的影响，以及主要生态系统结构、功能的干扰规律和机制。揭示了红火蚁通过干扰、资源掠夺竞争方式而取代其他蚂蚁成为主要或者单一优势种，入侵地蚂蚁群落结构变单一化，种类减少了 23%~84%。同时明确了红火蚁入侵区本地蚂蚁对红火蚁入侵的行为适应及机制。红火蚁入侵多种生态系统对本地物种关系、群落结构、控害功能、传粉功能、土壤环境等造成负面效应。红火蚁入侵降低或者改变了绿豆、油菜上访花昆虫种类和行为，并显著降低了作物结实率，造成减产。红火蚁入侵明显干扰了本地害虫和天敌之间关系，蚜虫、蚧虫等种群显著增大，瓢虫、蜘蛛、寄生蜂等天敌数量和控害功能受到抑制。研究揭示了红火蚁与扶桑绵粉蚧协同入侵及其机制。⑤设计了红火蚁研究饲养新装置。研发了近红外反射蚁巢检测系统、疫情信息管理系统，实现疫情实时管理。在 230 多个县区设立监测点 2488 个，监测面积 920.3

万亩。⑥评估了虫生真菌对红火蚁的毒力，同时明确了紫外线强度、土壤含沙量、土壤湿度、农药以及红火蚁分泌物下，虫生真菌对红火蚁的致病力。同时揭示了红火蚁对虫生真菌的识别机制和社会免疫机制。⑦筛选出对红火蚁具良好传导毒力的药剂，研制出多个高效的饵剂和粉剂，并广泛应用于防治。提出了药剂防治效果综合指标体系，评价了多种药剂防治效果，获得全面、准确结果。通过传导毒力研究，获得了多种对红火蚁具良好毒杀作用活性成分。以对红火蚁引诱力、搬运力、喜食性、毒力为指标，研制出了低毒高效毒饵、防水型毒饵，形成配套使用技术，单次防效88%以上，复合防效95%以上。创制出新型速效强防水专用灭治药剂——"火蚁净"粉剂，在作用方式、剂型、施用方法上获得多个创新，并形成配套使用技术，解决了雨季、低温季节红火蚁防效低或者无法防治的瓶颈问题，单次防效92%以上，复合防效96%以上。⑧提出和完善了科学防控策略和全面防治与重点防治相结合的新"两步法"准则，并创建了适合我国南方8类生态区不同季节的应急防控技术体系，防效达96%~100%。在广东等9省/市区广泛应用，建立示范区1532个，面积为2002.7万亩，平均防效91.6%；构建了疫情根除管理与技术体系，连续、全面实施2~3年，可达到根除独立疫点/疫区疫情目标，已在福建、湖南等地根除多个红火蚁疫情点。

### 3.2.3 入侵生物的生物防治与区域治理

1）豚草与空心莲子草生物防治

创新了生物防治作用物安全性评价方法，筛选出优质专一的天敌昆虫：首次提出生防天敌风险过滤方法和评估模式（Wan et al., 1997）；建立了生防天敌风险定量评价、风险-收益比较分析与风险控制决策技术；规范了生防天敌的筛选标准与程序，修正了生防天敌寄主专一性评价方法（万方浩等，2008）。自1986年开始，中国农业学院植物保护研究所从国外引进了8种天敌昆虫中，经评价筛选出2种控制豚草和1种控制空心莲子草的专性天敌昆虫，明确了专一性与安全性（万方浩等，2008；周忠实等，2009，2011；Zhou et al., 2011），豚草卷蛾对供试的15科37种植物、广聚萤叶甲对供试的14科53种植物、莲草直胸跳甲对供试的21科39种植物均具有高度安全性（周忠实等，2009）。经释放后多年的野外跟踪监测，进一步证实了3种天敌的高度寄主专一性。明确了天敌昆虫高繁殖力、强控害力的生防效能，发明了天敌规模化繁育技术：通过系统研究，明确了豚草、空心莲子草天敌昆虫繁殖力高、气候适应性强和控害能力高的优质特征（周忠实等，2009；傅建炜，2011；Guo et al., 2011）。广聚萤叶甲以成虫和幼虫聚集蚕食叶片，产卵量最高可达2720粒/雌（Zhou et al., 2010a, 2010b），适宜条件下种群一代增长达800多倍。豚草卷蛾幼虫蛀食茎秆形成虫瘿，产卵量可达400粒/雌（丁建清和万方浩，1993；万方浩等，2008），适宜条件下种群一代增长60~80倍。莲草直胸跳甲以成虫和幼虫聚集取食茎叶，产卵量可达2030粒/雌（傅建炜，2011；周忠实等，2011a），适宜条件下种群一代增长350多倍。建立了天敌昆虫"冬季保种-室内扩繁-大棚增殖"三步简易规模化生产技术，实现每生产单元（240m²）年繁育广聚萤叶甲290万头、豚草卷蛾190万头、莲草直胸跳甲240万头的生产规模（周忠实等，2009）。创建天敌昆虫"时空生态位互补"联合增效防控新技术：创建了豚草卷蛾与广聚萤叶甲"空间生态位互补"联合增效技术（图27.11），豚草卷蛾蛀茎截流营养，使豚草种子量降低20%~30%，广聚萤叶甲聚集蚕食叶片，使豚草叶部光合面积降低85%~98%，在两种天敌双重控制下，豚草植株呈"火烧状"死亡（周忠实等，2009；周忠实等，2011a）（图27.12）。创建了早春助增与夏季助迁天敌"时间生态位互补"增效技术，在5月底前，多点助增释放天敌，在华南、华中、华北，每亩分别释放豚草广聚萤叶甲和豚草卷蛾各80、120和200头；在华南、华中、西南，每亩分别助增释放莲草直胸跳甲200、300、250头。在7月中下旬，人工助迁天敌，生防面积扩大40~60倍。生物防治区，天敌对豚草和空心莲子草的控制效果达95%（周忠实等，2011）。

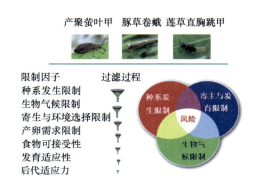

图 27.11　引进外来生防作用物风险与安全性评价模式

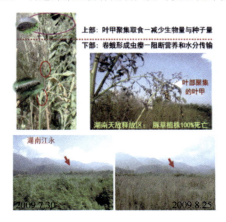

图 27.12　豚草天敌昆虫生态位互补的生防组合技术（左图）及控制效果（右图）

2）椰心叶甲的防控技术

针对椰心叶甲入侵成灾机制、监测技术、天敌繁育技术等问题，先后从飞行能力、生殖潜能、寄主、本地天敌、气候因子等方面系统阐明椰心叶甲入侵成灾机理；提出了种群数量预测模型、防治指标，发明了虫情高位监测仪；发明了椰心叶甲幼虫半人工饲料和心叶、老叶叠层混合饲养技术；制定了标准化天敌扩繁工艺流程和贮运技术行业标准。相比之下，国际上尚未有相关报到。另外，针对椰心叶甲天敌繁育成本、寄生蜂释放技术、化学防治等技术问题，先后研发了生产姬小蜂 60 元/万头，啮小蜂 120 元/万头的生产线；发明了天敌专用释放器释放僵虫（蛹）和 2 种寄生蜂混合释放技术；发明了专用杀虫剂椰甲清淋溶性粉剂和精准靶向施药技术，防效 90%，持效期 3 个月，年用药 3～4 次，成本低和用药量降低 50%。国际上，泰国和越南等国家的国际同行科学家分别研发了生产姬小蜂 120 元/万头，啮小蜂 240 元/万头的技术；同时推广了利用单一寄生蜂释放；直接释放寄生蜂成虫的天敌释放方法；使用了高压喷雾技术，年用药 12 次以上，用药量大、成本高、防效低。相比之下，我国科学家研发的成果填补了椰心叶甲防控基础与防治技术研究的多项空白。椰心叶甲绿色防控技术体系的构建及其在生产上大规模应用，成效显著。其理论创新与技术丰富了入侵生物学、生物防治学的内容，为国内外研究和防控其他入侵害虫提供了科学范例和成功经验。

3）烟粉虱的生物防治技术

针对外来入侵物种 B/Q 型烟粉虱暴发危害，在我国缺乏有效天敌控制的实际问题，引进并筛选了烟粉虱的优势寄生蜂（海氏桨角蚜小蜂 *Eretmocerus hayati* 和浅黄恩蚜小蜂 *Encarsia Sophia*），通过对优势天敌的基本生物生态学特性、田间释放策略、规模化生产技术以及提高天敌防效的辅助技术研究，基本构建起以生物防治为主的烟粉虱稳态控制体系。通过对海氏桨角蚜小蜂和浅黄恩蚜小蜂的基本生物生态学研究，明确了两种寄生蜂的作用范围和控制力大小；明确了两种寄生蜂的生活史/生命表指标高于目前报道的烟粉虱寄生蜂种，且能够在不同温度条件、烟粉虱寄主植物、烟粉虱 B/Q 生物型及烟粉虱不同龄期若虫上完成生长发育（Yang and Wan, 2011; Zhang et al., 2015; Xu et al., 2018）。明确了两种寄生蜂的寄主处理策略，在变化的寄主密度下，其寄主龄期选择偏好并非一成不变，并且需要在产卵寄生和寄主取食间做出权衡（Yang et al., 2012）。通过对寄生蜂雌成蜂的卵巢解剖，明确两种寄生蜂均为卵育型寄生蜂，其卵巢发育模式是决定其寄主处理策略的主要因素（冀禄禄等，2011；徐海云等，2015）。通过对海氏桨角蚜小蜂和浅黄恩蚜小蜂间的干涉竞争互作机制的研究，提出两种寄生蜂的组合释放策略：分别在有限寄主资源条件下和丰富寄主资源条件下研究了烟粉虱的上述两种优势寄生蜂的种间和种内竞争作用，明确两种寄生蜂之间存在复寄生、寄生已寄生寄主和取食已寄生寄主的干涉竞争机制（Xu et al., 2013）；并且两种寄生蜂间竞争干涉作用的优势和强度受到寄主密度的影响（Xu et al., 2016）；通过田间笼罩实验明确即便存在干涉竞争，两种寄生蜂一定比例的组合释放在寄主资源利用、寄生蜂种群动态的稳定性等方面比单种蜂释放更具优势，对烟粉虱的生物防治效果更持续、高效（Xu et al., 2015）；建立了浅黄恩蚜小蜂多生境间迁移寄生蜂-寄主稳态的数学模型，发现相对于初级寄生蜂，自复寄生蜂与寄主间的稳态更不容易受到寄主种群增长的扰动，尤其是当寄生蜂可以在具有不均衡性的生境间迁移时，而这恰恰适合于我国小农经营、生境异质性强的生态环境（Huang et al., 2016）。初步形成了海氏桨角蚜小蜂和浅黄恩蚜小蜂的规模化生产技术：筛选了繁育寄生蜂的优势寄主植物和条件，提出寄生蜂的规模化饲养方法（授权专利：201410214070.7）、低温贮藏方法，有效提高了寄生蜂的生产效率、延长了货架期；并通过在饲养过程中补充非寄主食物源，显著提高了寄生蜂的繁殖力（Zhang et al., 2014）。发展了提高天敌防治效应的辅助技术，初步构建烟粉虱的生物生态防控体系：筛选出对烟粉虱具有趋避作用的植物（Yang et al., 2010），配合诱集、屏障作物，明确了田间作物布局将提高寄生蜂对烟粉虱的防控效果（Zhang et al., 2019）。

4）大豆疫霉的综合防治

我国基于大豆疫霉菌的发生流行规律，研发了"基于无毒基因监测的大豆疫霉根腐病精准防控技术"。该技术体系针对大豆疫霉菌防控过程中大豆品种抗病性容易丧失的难题，以揭示病原菌无毒基因的变异规律为突破口，研发了无毒基因的高效鉴定与监测技术，鉴定了 $Avr3b$ 等 8 个大豆疫霉无毒基因，阐明了无毒基因通过序列突变和基因沉默等方式变异，导致抗性丧失；首次提出在我国大豆生产中使用与低变异水平无毒基因对应的抗病基因 $Rps1a$、$Rps1c$ 或 $Rps1k$ 等可有效防病，为病害防控奠定了理论基础。创建了"识别关键无毒基因"的抗病品种快速精准鉴定技术，准确性达 85%以上，鉴定时间从 2 个月缩短到 1 周；系统评价了我国 6275 份大豆的抗病基因组成，指导不同大豆主产区分别遴选并布局了含有 $Rps1a$、$Rps1c$ 和 $Rps1k$ 等抗病基因的主栽品种。创建了大豆疫霉及其他主要根部病原菌的检测及拌种防控技术，形成了病原监测、抗病品种和种子处理等三项关键技术，参与构建了我国东北、黄淮海和南方等主产区的防控技术模式，经大面积推广应用，防控效果达 85%以上，大豆增产超过 20%，农药减量 60%以上，实现了我国对大豆疫霉根腐病从不了解、难防控到高效可持续防控的转变。

## 3.3 生物入侵管理制度的日趋完善

1951 年中央贸易部公布《输出输入植物病虫害管理办法》，1953 年外贸部制定颁布了《输出输入植物检疫操作规程》和《国内尚未分布或分布未广的重要植物病虫杂草名录》。1954 年外贸部修订公布《输出输入植物检疫暂行办法》及《输出输入植物应施检疫种类与检疫对象名单》。1966 年农业部公布了《进口植物检疫对象名单》。1982 年，国务院发布了《中华人民共和国进出口动植物检疫条例》，1983 年农业部制定并颁布了相应的《中华人民共和国进出口动植物检疫条例实施细则》。农业部于 1980 年、1986 年、1992 年 3 次修订了《进口植物检疫对象名单》。1991 年 10 月全国人大通过了《中华人民共和国进出境动植物检疫法》，自 1992 年 4 月 1 日起施行。该法共 8 章 34 条，内容包括：实施检疫的范围，口岸检疫机构，进口检疫，出口检疫，旅客携带物检疫，国际邮包检疫，过境检疫及违反检疫条文的惩处等方面的具体规定。1995 年 12 月国务院颁布相应的《中华人民共和国进出境动植物检疫法实施条例》，内容较《检疫法》更具体并增加了检疫审批和检疫监督 2 章，使中国植物检疫工作全面步入法制化轨道。农业部先后于 1992 年和 1999 年颁布和修订颁布了《中华人民共和国进境植物检疫禁止进境物名录》，使检疫的保护范围进一步趋于全面。进入 21 世纪，针对入侵生物管理存在的空白和薄弱环节，进一步推动了入侵生物的管理和立法。2003 年 4 月 19 日，温家宝总理批准了中编办提出的关于加强外来物种入侵管理的职能分工意见："由农业部作为外来物种管理的牵头部门，会同环保、质检、林业及其他相关部门研究外来物种管理的政策框架、风险评估策略和治理方案，并对外来物种入侵造成的不良后果承担总牵头责任"。2003 年 8 月农业农村部科教司加挂"外来物种管理办公室"的牌子，同期成立"农业部外来入侵生物预防与控制研究中心"。2004 年，由农业部牵头，环保、质检、林业、海洋、科技、商务、海关等部门参加，成立外来入侵物种防治协作组。2009 年成立"外来入侵突发事件预警与风险评估咨询委员会"。在农业农村部的牵头组织下，建立了《农业重大有害生物及外来生物入侵突发事件应急预案》《外来入侵生物防治条例》《全国外来入侵生物防治规划》，积极开展《外来物种管理条例》立法研究，发布《国家重点管理外来入侵物种名录》，加强部门防治协作，初步构建了较为完备的外来入侵物种防控管理体系。

### 3.4 生物入侵的国际影响力得到显著提升

生物入侵研究对象具有跨国甚至涉及多边关系的"特殊性"，开展多层次和多边的国际交流和合作显得尤为必要。我国作为成员国积极参与了《实施卫生与植物卫生措施协议（SPS 协议）》《生物多样性公约（CBD）》等国际上多个相关国际公约的制定。近年来，我国发起和组织召开了一系列与生物入侵相关的国际会议，包括外来生物入侵预防与管理地区发展战略国际科学家峰会（2004 年 11 月，北京）、亚太经合组织（APEC）外来入侵生物防治国际研讨会（2005 年 9 月，北京）、第一届国际生物入侵大会（2009 年 10 月，福州）、第二届国际生物入侵大会（2013 年 11 月，青岛）、第五届国际烟粉虱大会（2009 年 10 月、广州）、第三届国际生物入侵大会（2017 年 11 月，杭州）等。其中，在首届国际生物入侵大会上，来自世界 44 个国家和地区、国际组织的 500 多位代表参加会议，通过了旨在"加强国际合作，在全球变化下应对生物入侵"的《生物入侵福州宣言》，成立了国际生物入侵委员会，国际会议秘书处设在中国农业科学院。构筑了一些国际合作平台。同时，建立了系列国际合作平台，如：入侵昆虫的遗传控制（中-德）、入侵昆虫的生物防治（中-美）、中欧外来入侵生物监测和控制（中-欧盟）、农业部-CABI 生物安全联合实验室（2008 年 9 月）、中国农科院-美国北卡州立大学外来有害生物防控中心（2014 年）以及中-澳外来有害生物根除与管理中心（2015）等。

## 4 入侵生物学学科发展趋势及展望

### 4.1 我国入侵生物的发生及防控需求

生物入侵是当前国际社会共同面临的严峻挑战。经济全球化、区域经济一体化、国际贸易、国际旅游、国际大型活动以及现代"电商"的飞速发展，为外来有害生物的跨境传播与扩散提供了极为便利的条件。生物入侵导致生物、环境、资源、经济、社会、文化、国防等一系列多方位的非传统安全威胁与灾难，呈现出多发性、突发性与难以预测性。对经济发展、社会稳定与生态文明建设构成持续威胁，经济损失巨大、生态灾难难以逆转。

我国生物入侵的危害现状和发展态势呈现以下几个主要特点：①外来入侵生物种类多、蔓延快、危害重。目前，我国农林外来入侵生物已达 630 余种，其中重大入侵生物 120 余种，每年造成直接经济损失逾 2000 亿元。②入侵生物频频犯关，新发疫情突发和频发，形势日趋严峻。随着我国经济全球化的快速发展，农产品贸易量增加、人员流动加剧以及"一带一路"倡议的推进下的经济区域化、交通设施网络贯通等，外来入侵生物跨区域传播和扩散风险增强。近 10 年传入的入侵生物近 60 种，每年新发疫情 5~6 种，是 20 世纪 90 年代的 10 倍，口岸截获的外来有害生物种类和频次分别增加 9.8 倍和 51.5 倍。如农业新发重大入侵生物"番茄潜麦蛾事件"（2017 年）和"草地贪夜蛾事件"（2018 年），正严重威胁我国的农产品出口贸易安全和粮食安全。因此，加强重大外来入侵生物的预警监测及防控就成为我国当前的重大国家需求。

生物入侵防控经过 15 年左右的顶层设计和系统布局研究，尽管从基础理论到防控技术的研发及其应用均取得长足发展，但是仍然存在：潜在外来入侵生物的风险预判性不强，已入侵生物的发生分布家底不清；一些重大入侵生物的传入扩散风险和扩散途径不明，发生成灾机制不清，预警检测监测技术的早期快速化、远程化、智能化、可视化、实时化等亟待加强；区域性防控技术亟待从应急、单项、传统的碎片化技术向"跨区域化"和"全程化"的联防联控方向发展；防控技术和产品的环境友好性和可持续性亟待提升。因此，亟待深化和加强新时期下生物入侵防卫与监管的国家科技创新能力建设。我国生物入侵科技创新与管控机制与当前及其未来入侵生物防控需求的差距明显。主要体现在以下几方面：

（1）早期预警与监管的主动应对能力不足。面对生物入侵新发疫情和潜在威胁日益严峻的态势，我国现有的偏传统的预警技术和方法以及监管机制已无法有效应对。新时期下，潜在入侵生物的来源信息不明、扩散路径与动态不清，缺乏有效的风险预警信息支撑；现有预警技术缺乏实时性、动态可视性与智能化，不能满足早期预警的需求。同时，当前我国外来入侵生物监管仍主要由农业、林业、环保、质检/海关等部门独立开展工作，职能边界不清晰，部门间合作少，缺乏统一、协调、高效的管理与运行体制，在一定程度上存在监管盲点和模糊地带；生物入侵防控规划缺乏持续性、前瞻性和战略性，立法管理上存在一定空白；无法满足外来入侵生物主动防御与全程监督管理的国家重大需求。因此，亟需建立完善国家外来入侵生物监管体系，有效提升入侵监管工作效率，扩大监管工作覆盖范围。

（2）风险威胁评估决策机制不完备，风险防卫缺乏前瞻性。重大跨境迁移有害生物的早期预警和监测必须基于入侵生物的风险评估研判和决策。但当前在决策机制上，我国缺乏入侵生物风险评估的国家级权威性评估机构或委员会。在评估技术方面，由于方法缺乏创新和潜在入侵生物的信息缺乏，原有风险威胁评估机制不能前瞻性满足"一带一路"沿线及新时期下入侵生物"防火墙"建设的需求。亟需建立基于大数据分析，构建基于传入媒介、种群定殖、繁殖增长为一体的有害生物迁移/播散全过程风险评估技术体系和定量评价方法模型，建立在线评估系统和 APP 智能用户终端，以为跨境迁移有害生物的源头预防与实时动态系统监测提供指导。

（3）检测监测溯源技术落后和储备不足，缺乏实时化和智能化。"一带一路"区域经济一体化以及农产品贸易和人员流动的剧增，入侵生物传入扩散途径多，呈现"遍地开花"态势，亟待发展和储备各种高通量、实时、灵敏、智能的入侵生物快速检测监测和溯源技术。一方面，现有检测监测手段落后、自动化水平低、低通量、检测时间过长或检测敏感性不够、监测成本高、监测周期长，监测"盲点"多等明显缺陷；缺乏重大入侵生物快速分子群体检测、无人智能监测及追踪溯源的新技术与新方法，无法实现对入侵生物的远程实时监测及其识别与诊断。另一方面，重大入侵生物受材料/样品来源获得的制约，无法开展前瞻性和储备性的检测和监测技术，导致早期风险预警能力严重不足。因此，为了实时掌握入侵生物的发生和发展信息，争取防控主动权，亟需能对特定入侵生物图像和分子识别进行分析与深度自我学习的智能处置流程、末端设备与野外移动监控实施，建立追踪溯源技术体系。

（4）主动预防应急处置有短板，难以早期根除和扩散阻截。由于缺乏重大潜在入侵生物的预警研判，从而针对潜在和新发入侵生物，缺乏前瞻性和储备性的有效主动预防和应急处置技术，包括预警技术、早期监测与快速检测技术、口岸检疫处理技术、早期根除与阻截技术及其产品/装备以及应急物资的超前筹备，无法建立有效的应急预案和快速响应机制，主动应对能力存在短板。从而难于突发的新疫情，实施有效的早期根除和扩散狙击。

## 4.2 我国生物入侵研究的未来展望

面对生物入侵对我国的严重危害和潜在威胁，加强生物入侵基础研究已成为当前保障我国经济持续发展与生态文明建设管理和实践的迫切需求：①加强外来物种入侵成灾机制研究，提升预警与控制技术水平，了解生态系统对外来物种入侵的抵御能力与功能缺失，提出更有效的预警与控制技术，全面提升监控水平。②发展和创新外来入侵物种预警和控制技术，提升外来入侵物种防控效应，借助现代分子生物学和现代信息学等技术的发展，完善外来入侵防控技术，保障农业生产的持续稳定健康发展。

入侵生物学致力于明确外来生物的入侵机制以及发展入侵生物的防控技术与管理体系。入侵生物学的发展趋势以及建议的研究方向，包括以下几个方面：

（1）建立国家级的潜在和新发入侵生物风险预警平台，提升早期防卫的国家能力。着眼全球尤其是我国的周边国家、"一带一路"沿线国家和农产品贸易外来频繁的国家，构建跨境入侵生物数据库与信息共享的大数据库预警平台；前瞻性开展重大潜在入侵生物对我国的传入-扩散-危害的预警监测及全程风险评估，并权威性和动态性地及时增补《中华人民共和国进境植物检疫性有害生物名录》；同时发展大数据库分析与处理技术、可视化实时时空发布技术、时空动态多维显示技术，研制稳定、自动识别、收集、收集、转换和共享的软件系统与分析方法，提升入侵生物传入和扩散危害的预警预判和信息分布的决策支撑能力。

（2）前瞻性研发重大潜在和新发入侵生物的实时化、远程化和智能化监测技术和应急处置技术，提升风险防范和应对的国家能力。前瞻性开展重大潜在和新发入侵生物的远程探测和点面侦检的实时化和智能化监测技术，如：基于 4G 网络和图像识别等的快速识别技术，DNA 指纹图谱及生物传感器的快速分子诊断技术，高空雷达捕获技术和红外光谱探测技术等，以提升重大入侵生物的预警监测能力；并同时在我国"六廊六路多国多港"境内沿线，建立入侵生物的国家级全息化地面监测网络，开展重大潜在/新发入侵生物的基础性和长期性调查，实现入侵生物的早期发现、实时预警和智能发布。同时，基于入侵生物的风险评估和预警监测信息的预判和研判，前瞻性和战略性地建立和发展潜在/新发入侵生物的应急处置技术（包括物理机械防除法、辐照法、化学灭除法、环境友好型应急控制技术和扩散阻截法等技术及其产品，以及基于单项技术和多项技术集成的专门应急处理装备）及物资储备。此外，通过建立潜在/新发重大入侵生物的区域性国际合作与防控平台，前瞻性开展境外预警和区域性联防联控，防止或降低入侵生物的传入扩散频率。

（3）健全外来入侵生物防控的法律法规和行业部门内外协同/协调机制，完善政策导向，提升监管能力。完善外来物种入侵管理的法律法规体系，特别是完善外来物种引入的风险评估、准入制度、检验检疫制度、名录发布制度等，填补入侵生物监管存在的法律空白，重点是制定颁布《外来物种管理条例》；完善以政府为主导，以科技为支撑，以专业人才队伍为骨架，全民主动参与的入侵生物防控框架的政策导向。建立国家级的入侵生物防控委员会和风险评估决策中心；完善农、林、质检、环保等行业部门间开展外来入侵防控共同规划和行动的协同/协调以及会商机制，促进合作分工和共同应对；建立多部门参加的外来物种管理协调机制和应急快速反应机制，统一协调外来入侵生物的管理，解决部门间存在的职能交叉、重叠和空缺，实现新发入侵生物监管的全覆盖。

## 4.3 国际生物入侵研究发展趋势

当前，生物入侵在世界上的传播扩散与危害远远未达到"饱和"，仍呈现直线型快速增长趋势。尤其是发展中国家，随着经济全球化和区域一体化的快速发展，入侵生物传入与扩散风险更大。因此，世界各国，无论是发达国家还是发展中国家，生物入侵防控在借鉴世界现有的防控技术的基础上，融合当前各学科的科技前沿，进行引领性、前沿性、突破性、颠覆性的科技创新仍是世界各国抢占科技制高点和满足各自国家的国家需求的主动追求。生物入侵防控的最终目标或国际共识是"防止入侵、阻止扩散、抑制危害"，基于现有的防控科技以及当面科技前沿及其发展趋势，外来入侵生物防控的科技创新一方面注重入侵生物本身的入侵扩散与危害成灾机制的基础理论研究，以期创新防控新技术；另一方面，注重借鉴和融合当代科技前沿，创新预警与监控技术，提升主动应对能力。生物入侵防控未来十五年发展趋势主要体现在以下几个方面。

（1）入侵生物自灭/自抑技术：基于现在分子生物学和遗传学等新兴技术，如全基因组测序、基因功能解析、遗传分化与快速进化、表观遗传等，明确入侵生物的生长发育规律与致害成灾机制及其生态适应性进化的分子基础和遗传基础，在此基础上，发展基于分子/基因操控的"入侵生物自灭/自抑技术"（如基因编辑、遗传不育、共生阻断、转基因诱集植物、植物抗性等）。

（2）入侵生物传入风险大数据早期预警技术：主要针对潜在的入侵生物，基于其全球化传入与扩散的发生分布与危害现状和态势，构建完备的生物的种类、分布、危害、扩散媒介、发生规律、形态学、遗传学、环境适应性、生命组学特征与标识物、各种防控技术等关键信息的大数据信息库平台；发展与建立信息的有效自动获取/收集与整合、海量数据分布形式存储虚拟、负载均衡技术、数据大规模迁移、数据副本管理、数据访问接口和安全认证、大数据挖掘处理技术，以及入侵生物发生扩散的实时动态展示预警技术。同时，创新入侵生物的传入扩散机理模型，发展入侵生物全程风险评估体系，预判入侵生物潜在入侵和危害风险及其风险等级；前瞻性储备建立监测技术，并在其传入前沿地带开展基础性和长期性监测。

（3）入侵生物智能化与快速化的早期精准检测与监测技术：注重基于入侵生物的图像数字识别、危害特征诊断、信息素识别检测、声音识别、光谱识别、病菌孢子自动捕捉、环境 eDNA 痕量检测、高通量分子检测，以及结合无人机、卫星遥感、雷达、高空捕捉等的远程监测系统和自动化智能采集技术与产品的研制；注重融合基于入侵生物数据库系统、扩散风险评估系统、"3S"信息技术、WEB-GIS 技术、移动互联网+技术等，建立智能手持式、平板式等手持智能终端的移动数据采集监测和动态多维展示系统；注重集成建立入侵生物的远程探测、点检测和化学诱捕等多监测新技术为一体的监测产品/装备，全自动完成样本采集、危害源识别，智能分析与预警、远程数据传输；注重入侵生物实时在线监测和远程监测技术，建立入侵生物发生和发展实时信息的人工智能决策支持体系。

（4）入侵生物的生态系统修复重建和系统抵御技术：针对已入侵的重大入侵生物，更加注重入侵生物与已入侵生物的互作，包括入侵生物生态适应性、多因子互作、非预期效应、间接效应，进一步明确入侵生物的竞争性演替规律、对生态系统的生物多样性的影响、生态系统的抵御与阻抗能力、气候变化和人为干扰等生态影响因子的影响等，从而创建基于生物防治、生态调控的修复重建技术。

## 参 考 文 献

丁建清, 万方浩. 1993. 豚草卷蛾的生物学特性及控制效果. 见: 万方浩, 关广清, 王韧. 豚草及豚草综合治理. 北京: 中国科学技术出版社.

方浩, 彭德良, 王瑞, 等. 2010. 生物入侵: 预警篇. 北京: 科学出版社.

傅建炜. 2011. 空心莲子草的区域减灾与可持续治理技术研究. 北京: 中国农业科学院博士后出站报告.

郭建英, 万方浩. 2004. 中国主要农林入侵物种与控制. 北京: 中国农业出版社.

万方浩, 冯洁, 徐进. 2011. 生物入侵: 检测监测篇. 北京: 科学出版社.

万方浩, 郭建英, 张峰. 2009. 中国生物入侵研究. 北京: 科学出版社.

万方浩, 侯有明, 蒋明星. 2014. 入侵生物学(教材). 北京: 科学出版社.

万方浩, 李保平, 郭建英. 2015. 生物入侵: 生物防治篇. 北京: 科学出版社.

万方浩, 刘全儒, 谢明. 2012. 生物入侵: 中国外来入侵植物图鉴. 北京: 科学出版社.

万方浩, 彭德良, 王瑞. 2010. 生物入侵: 预警篇. 北京: 科学出版社.

万方浩, 谢丙炎, 褚栋. 2008. 生物入侵: 管理篇. 北京: 科学出版社.

万方浩, 谢丙炎, 杨国庆. 2011. 入侵生物学. 北京: 科学出版社.

万方浩, 郑小波, 郭建英. 2005. 重要农林外来入侵物种的生物学与控制. 北京: 科学出版社.

冼晓青, 陈宏, 赵健, 等. 2013. 中国外来入侵物种数据库简介, 39(5): 103-109.

徐汝梅. 2003. 生物入侵-数据集成、数量分析与预警. 北京: 科学出版社.

中国科学技术协会. 2018. 植物保护学学科发展报告(2016—2017). 中国煤炭学会. 中国科协学科发展研究系列报告. 北京: 科学出版社.

周忠实. 2009. 豚草生物防治体系的构建与应用. 北京: 中国农业科学院博士后出站报告.

周忠实, 万方浩, 郭建英. 2009. 普通豚草的生物防治. 见: 万方浩, 郭建英, 张峰. 中国生物入侵研究. 北京: 科学出版社.

Chen Y Y, Shenkar N, Ni P, et al. 2018. Rapid microevolution during recent range expansion to harsh environments. BMC Evolutionary Biology, 18(1): 187.

Dai T M, Lü Z C, Liu W X, et al. 2017. The hololgy gene *BtDnmt1* is essential for temperature tolerance in invasive Bemisia tabaci Mediterranean Cryptic Species. Scientific Report, 7: 3040-3051.

Dai T M, Lü Z C, Wang Y S, et al. 2018. Molecular characterizations of DNA methyltransferase 3 and its roles in temperature tolerance in the whitefly, Bemisia tabaci Mediterranean. Insect Molecular Biology, 27(1): 123-132.

Guo B, Wang H, Yang B, et al. 2019. Phytophthora sojae Effector *PsAvh240* Inhibits Host Aspartic Protease Secretion to Promote Infection. Molecular plant, 12(4): 552-564.

Huang D C, Haack R A, Zhang R Z. 2011. Does global warming increase establishment rates of invasive alien species? A centurial time series analysis. PloS ONE, 6(9): e24733.

Huang X N, Li S G, Ni P, et al. 2017. Rapid response to changing environments during biological invasions: DNA methylation perspectives. Molecular Ecology, 26: 6621-6633.

Huang Y X, Yang N W, Qin Y, et al. 2016. Enhanced stability in host–parasitoid interactions with autoparasitism and parasitoid migration. Journal of Theoretical Biology, 393: 43-50.

Huan J W, Hui W, Zexing T, et al. 2018. Potential range expansion of the red imported fire ant (Solenopsis invicta) in China under climate change. Journal of Geographical Sciences, 28: 1965-1974.

Jing M, Guo B, Li H Y, et al. 2016. A Phytophthora sojae effector suppresses endoplasmic reticulum stress-mediated immunity by stabilizing plant Binding immunoglobulin Proteins. Nature Communications, 7: 11685.

Kong G, Zhao Y, Jing M, et al. 2015. The Activation of Phytophthora Effector *Avr3b* by Plant Cyclophilin is Required for the Nudix Hydrolase Activity of *Avr3b*. PLoS Pathogens, 11(8): e1005139.

Kong L, Qiu X, Kang J, et al. 2017. A Phytophthora effector manipulates host histone acetylation and reprograms defense gene expression to promote infection. Current Biology, 23: 981-991.

Li G, Deng Y, Geng Y, et al. 2017. Differentially Expressed microRNAs and Target Genes Associated with Plastic Internode Elongation in Alternanthera philoxeroides in Contrasting Hydrological Habitats. Frontiers in Plant Science, 8: 2078.

Li N, Li S, Ge J, et al. 2017. Manipulating two olfactory cues causes a biological control beetle to shift to non-target plant species. Journal of Ecology, 105(6): 1534-1546.

Li X, Liu X, Kraus F, et al. 2016. Risk of biological invasions is concentrated in biodiversity hotspots. Frontiers in Ecology and the Environment, 14: 411-417.

Liu W, Maung D K, Strong D R, et al. 2016. Geographical variation in vegetative growth and sexual reproduction of the invasive

Spartina alterniflora in China. Journal of Ecology, 104: 173-181.

Liu W, Strong D R, Pennings S C, et al. 2017a. Provenance-by-environment interaction of reproductive traits in the invasion of Spartina alterniflora in China. Ecology, 98: 1591-1599.

Liu X, Guo Z, Ke Z, et al. 2011. Increasing potential risk of a global aquatic invader in europe in contrast to other continents under future climate change. PLoS ONE, 6: e18429.

Liu X, Petitpierre B, Broennimann O, et al. 2017b. Realized climatic niches are conserved along maximum temperatures among herpetofaunal invaders. Journal of Biogeography, 4: 111-121.

Lu M, Hulcr J, Sun J. 2016. The role of symbiotic microbes in insect invasions. Annual Review of Ecology Evolution and Systematics, 47(1): 487-505.

Lu X M, Siemann E, He M Y, et al. 2015b. Climate warming increases biological control agent impact on a non-target species. Ecology Letters, 18: 48-56.

Lu X M, Siemann E, He M Y, et al. 2016. Warming benefits a native species competing with an invasive congener in the presence of a biocontrol beetle. New Phytologist, 211: 1371-1381.

Lu X, He M, Ding J, et al. 2018. Latitudinal variation in soil biota: testing the biotic interaction hypothesis with an invasive plant and a native congener. The ISME Journal, 12: 2811-2822.

Lu X, Siemann E, Shao X, et al. 2013. Climate warming affects biological invasions by shifting interactions of plants and herbivores. Global Change Biology, 19: 2339-2347.

Lu X, Siemann E, Wei H, et al. 2015a. Effects of warming and nitrogen on above- and below-ground herbivory of an exotic invasive plant and its native congener. Biological Invasions, 17: 2881-2892.

Lü Z C, Li Q, Liu W X, et al. 2014. Transient receptor potential is essential for high temperature tolerance in invasive *Bemisia tabaci* Middle East Asia Minor 1 cryptic species. PLoS ONE, 9(9): e108428.

Ma F Z, Lü Z C, Wang R, et al. 2014. Heritability and Evolutionary Potential in Thermal Tolerance Traits in the Invasive Mediterranean Cryptic Species of Bemisia tabaci (Hemiptera: Aleyrodidae). PLoS ONE, 9(7): e103279.

Ma Z, Song T, Zhu L, et al. 2015. A Phytophthora sojae Glycoside Hydrolase 12 Protein Is a Major Virulence Factor during Soybean Infection and Is Recognized as a PAMP. Plant Cell, 27(7): 2057-2072.

Ma Z, Zhu L, Song T, et al. 2017. A paralogous decoy protects Phytophthora sojae apoplastic effector PsXEG1 from a host inhibitor. Science, 355: 710-714.

Niu H, Liu W, Wan F, et al. 2007. An invasive aster (*Ageratina adenophora*) invades and dominates forest understories in China: altered soil microbial communities facilitate the invader and inhibit natives. Plant and Soil, 294: 73-85.

Song T, Ma Z, Shen D, et al. 2015. An Oomycete CRN Effector Reprograms Expression of Plant HSP Genes by Targeting their Promoters. PloS Pathogens, 11(12): e1005348.

Wan F, Liu W, Guo J, et al. 2010. Invasive mechanism and control strategy of *Ageratina adenophora* (Sprengel). Science China Life Sciences, 53: 1291-1298.

Wan F H, Guo J Y, Zhang F. 2009. Research on Biological Invasions in China. Beijing: Science Press.

Wan F H, Harris P. 1997. Use of risk analysis for screening weed biocontrol agents: *Altica carduorum* Guer. (Chrysomelidae: Coleoptera) from China as a biocontrol agent of Cirsium arvense (L.) Scop. in North America. Biocontrol Science and Technology, 7: 299-308.

Wan F H, Jiang M X, Zhan A B. 2017. Biological invasion and its management in China, Volume I. Springer Nature, Netherland.

Wan F H, Yang N W (Co-first author). 2016. Invasion and management of agricultural alien insects in China. Annual Review of Entomology, 61: 77-98.

Wang Q, Han C, Ferreira A O, et al. 2011. Transcriptional programming and functional interactions within the phytophthora sojae

RXLR effector repertoire. The Plant Cell, 23: 2064-2086.

Wang Y, Wang Y C. 2018. Phytophthora sojae effectors orchestrate warfare with host immunity. Current Opinion in Microbiology, 46: 7-13.

Wang Y, Xu Y, Sun Y, et al. 2018. Leucine-rich repeat receptor-like gene screen reveals that Nicotiana RXEG1 regulates glycosidehydrolase 12 MAMP detection. Nature Communications, 9: 594.

Wei J, Zhang H, Zhao W, et al. 2017. Niche shifts and the potential distribution of *Phenacoccus solenopsis* (Hemiptera: Pseudococcidae) under climate change. PLoS ONE, 12: e0180913.

Xu C, Yang M, Chen Y, et al. 2012. Changes in non-symbiotic nitrogen-fixing bacteria inhabiting rhizosphere soils of an invasive plant Ageratina adenophora. Applied Soil Ecology, 54: 32-38.

Xu H Y, Yang N W (Co-first author), Chi H, et al. 2018. Comparison of demographic fitness and biocontrol effectiveness of two parasitoids, *Encarsia sophia* and *Eretmocerus hayati* (Hymenoptera: Aphelinidae), against *Bemisia tabaci* (Hemiptera: Aleyrodidae). Pest Management Science, 74(9): 2116-2124.

Xu H Y, Yang N W, Duan M, et al. 2016. Functional response, host stage preference and interference of two whitefly parasitoids. Insect Science, 23: 134-144.

Xu H Y, Yang N W, Wan F H. 2013. Competitive interactions between parasitoids provide new insight into host suppression. PLoS ONE, 8(11): e82003.

Xu H Y, Yang N W, Wan F H. 2015. Field cage evaluation of interspecific interaction of two aphelinid parasitoids and biological control effect on Bemisia tabaci (Hemiptera: Aleyrodidae) Middle East-Asia Minor 1. Entomological Science, 18: 237-244.

Yang N W, Li A L, Wan F H, et al. 2010. Effects of plant essential oils on immature and adult sweetpotato whitefly, *Bemisia tabaci* biotype B. Crop Protection, 29: 1200-1207.

Yang N W, Wan F H. 2011. Host suitability of different instars of *Bemisia tabaci* biotype B for the parasitoid *Eretmocerus hayati*. Biological Control, 59: 313-317.

Yang N W, Zang L S, Wang S, et al. 2014. Biological pest management by predators and parasitoids in the greenhouse vegetables in China. Biological Control, 68: 92-102.

Zhan A, Briski E, Bock D G, et al. 2015.Ascidians as models for studying invasion success. Marine Biology, 162(12): 2449-2470.

Zhan A, Macisaac H J, Cristescu M E. 2010. Invasion genetics of the Cionaintestinalis species complex: from regional endemism to global homogeneity. Molecular Ecology, 19(21): 4678-4694.

Zhang L, Ni H, Du X, et al. 2017. The Verticillium-specific protein VdSCP7 localizes to the plant nucleus and modulates immunity to fungal infections. New Phytologist, 215(1): 368-381.

Zhang X M, Yang N W, Wan F H, et al. 2014. Density and seasonal dynamics of *Bemisia tabaci* (Gennadius) Mediterranean on seven common plant species in a cotton growing area in Northern China. Journal of Integrative Agriculture, 13(10): 2211-2220.

Zhang Y B, Yang N W, Sun L Y, et al. 2015. Host instar suitability in two invasive whiteflies for the naturally occurring parasitoid *Eretmocerus hayati* in China. Journal of Pest Science, 88: 225-234.

Zhang Z, Zhou F, Pan X, et al. 2019. Evolution of increased intraspecific competitive ability following introduction: The importance of relatedness among genotypes. Journal of Ecology, 107: 387-395.

Zhou F Y, Xu L T, Wang S S, et al. 2017. Bacterial volatile ammonia regulates the consumption sequence of d-pinitol and d-glucose in a fungus associated with an invasive bark beetle. Isme Journal, 11: 2809-2820.

Zhou Z S, Guo J Y, Chen H S, et al. 2010a. Effects of temperature on survival, development, longevity and fecundity of *Ophraella communa* (Coleoptera: Chrysomelidae), a biological control agent against invasive ragweed, *Ambrosia artemisiifolia* L.(Asterales: Asteraceae). Environmental Entomology, 39: 1021-1027.

Zhou Z S, Guo J Y, Chen H S, et al. 2010b. Effects of humidity on the development and fecundity of *Ophraella communa* (Coleoptera: Chrysomelidae). BioControl, 50: 313-319.

Zhou Z S, Guo J Y, Zheng X W, et al. 2011. Reevaluation of biosecurity of Ophraella communa against sunflower(Helianthus annuus). Biocontrol Science and Technology, 21(10): 1147-1160.

Zou J, Rogers W E, DeWalt S J, et al. 2006.The effect of Chinese tallow tree (*Sapium sebiferum*) ecotype on soil-plant system carbon and nitrogen processes. Oecologia, 150: 272-281.

撰稿人：刘万学，吕志创，杨念婉，郭建洋，张桂芬，赵莉蔺，卢新明，万方浩

# 第28章 产业生态学研究进展

## 1 引 言

产业生态学,又称工业生态学,是研究产业与产业以及产业与环境之间相互作用的学科,是生态学的分支学科之一。产业生态学的研究对象是产业主导的人工复合生态系统,旨在从系统视角研究产业生态系统与自然生态系统之间物质能量代谢的过程和格局,探讨产业系统演进过程中技术、经济、社会与生态要素的互馈关系及机制,探索产业系统生态化转型和可持续发展的路径及方案(石磊,2008)。

改革开放以来,我国历经 40 年的经济增长奇迹,一举从一个贫穷落后的农业国家跃迁为工业主导的世界工厂,但这种压缩式的工业化过程也带来了严峻的资源环境挑战,突出表现为我国环境污染具有复合型和结构性的特征。为应对这些挑战,我国几乎也同步开启了产业生态化艰苦而又卓越的实践,从 20 世纪 80 年代初的末端治理到 90 年代中期的清洁生产、从新世纪初的生态工业示范园区和循环经济到现在的绿色发展和生态文明,产业生态化逐渐从早期局部领域"摸着石头过河"的感性阶段过渡到如今"顶层设计、科学支撑"的理性阶段。这个进程如果没有相应的学科指引和支持,是一件难以想象的事情。事实上,产业生态学就是这样的一门学科,它根植于我国工业生态化的改革实践,成长于我国融入全球产业网络的开放过程,也使我国逐渐成为这一领域的参与者和贡献者。

一门学科的价值体现在能否对时代的重大问题做出自己的回应。作为产业生态化的支撑学科,我国产业生态学的发展是否真正回应、支持甚至引领了我国产业生态化的伟大实践?这一问题在改革开放 40 年之际,需要做出认真的思考和系统地回答。本章首先介绍了产业生态学的国际背景,然后回顾了国内学科 40 年的发展历程,在系统评述研究现状的基础上,对学科发展趋势作出展望。

## 2 国际背景

国际产业生态学会(International Society for Industrial Ecology)将产业生态学的学科发端归属于1989年发表在《科学美国人》上的文章"制造业的策略"(Frosch and Gallopoulos,1989)。该文指出:"在传统的工业体系中,每一道制造工序都独立于其他工序,消耗原料,产出将销售的产品和将堆积起来的废料;我们完全可以运用一种更为一体化的生产方式来代替这种过于简单化的传统生产方式,那就是工业生态系统……"。追根溯源,产业生态系统的思想早在 20 世纪六七十年代就已经在比利时、日本、法国和苏联等的产业发展报告中出现,但该文之所以成为学科里程碑式的标志在于它引发了世界范围内产业生态学的大讨论。

概括而言,产业生态学的学科渊源有两大脉络。一是发端于工业代谢以及后来内涵进一步扩展的社会经济代谢。所谓工业代谢,是指运用物质和能量守恒原理对工业系统物质/能量的流动和存储进行输入、输出和路径分析,旨在揭示工业活动所涉及的物质/能量流动的规模与结构,为我们提供关于工业系统运行过程和机制的整体图景和理解。工业革命后,工业体系迅速崛起,由此引发的资源环境问题日渐突出。为探究资源环境问题的成因,需要揭示社会经济系统中工业活动所引致的物质流动与储存的规模和状态,描绘物质流动的途径、归宿及其复杂机制。在探究环境污染成因的过程中,人们逐渐认识到物质和能量守恒定律有助于定量化揭示工业环境污染的历史与变化过程。例如,通过进行氮元素的代谢分析可以考察水体富营养化问题的根源,通过镉元素的代谢分析可以追踪莱茵河流域镉污染的来源及路径等(Stigliani and Anderberg,1994)。在20世纪70年代,R.艾瑞斯(Robert Ayres,法国,1932~)和P.巴切尼(Peter Baccini,瑞士,1939~)等各自独立地发展出工业代谢的概念,并开发相应的方法工具来追踪社会经济系统中特定元素或物质的流动(Ayres and Ayres,2002)。在经历一段时间的研究积累后,国际产业生态学会第一任主席、耶鲁大学教授T.E. Graedel在2000年前后提出了STAF(stock and flow)框架将元素流分析逐渐标准化,形成了针对单一物质的物质流分析方法体系(Gordon et al., 2006)。二是人们也注意到城市、区域、流域甚至国家物质代谢的重要性,针对区域经济系统也形成了类似的物质代谢方法。这两大类方法最终拓展成为社会经济代谢的全谱系(Allesch and Brunner, 2015; Chen and Graedel, 2012; EUROSTAT, 2001; Huang et al., 2012; Muller et al., 2014)。

第二个脉络是对产业共生现象的观察以及对工业生态系统与自然生态系统的类比。工业的发展使工业体系成为相对独立的生产系统,与自然生态系统的矛盾逐渐突显,从生态学的观点审视工业系统的发展成为必然。日本在20世纪60年代末成立了工业机构咨询委员会,认为理想的工业是在"生态环境"中发展经济活动。比利时在80年代初期出版了《比利时生态系统:工业生态学研究》,指出生态学的观念与方法可以运用到现代工业社会的运行机制中,并清楚地表述了关于工业生态学的基本原则。1989年,丹麦卡伦堡产业共生体系被发掘出来,随后引发了持续的探讨和关注(Ehrenfeld and Gertler, 1997; Chertow, 2007)。生态学中有关个体、种群、群落和生态系统等不同尺度上的概念类比,为产业生态学的诞生和发展提供了借鉴和方向指引(Jelinski et al., 1992; Graedel, 1996)。

1989年《科学美国人》奠基之作发表后,产业生态学由学科发展的自发阶段转入自觉阶段。1991年,美国工程院召开产业生态学专题研讨会,并于1992年在《美国国家科学院院刊》上组织了一期专刊讨论产业生态学的概念、工具与发展方向;其后,美国可持续发展委员会开始了生态工业园区的建设试点。1995年,Graedel和Allenby出版了第一本教科书(Graedel and Allenby, 2004)。1997年,《产业生态学杂志》作为产业生态学领域的专业杂志创刊。1998年,产业生态学领域召开了第一次高登研究会议,此后每两年举办一次。2000年,国际产业生态学学会(ISIE)成立,这是产业生态学发展的里程碑事件。2001年,第一届产业生态学国际大会在荷兰召开,其后每两年举办一次。2007年前后,产业生态学在学科内部开始出现社群化的现象,至今成立了产业共生与生态工业发展、社会经济代谢、可持续城市系统、环境投入产出分析和生命周期可持续评价共5个分会。这些分会都会不定期举办研讨会等活动。同时,区域性会议或国家性组织也开始出现。2008年,以日本、韩国和中国学者为核心的群体召开了第一届产业生态学亚太地区会议,此后每两年召开一次。2017年,《产业生态学杂志》成立亚洲办公室和欧洲办公室,其中亚洲办公室设立在清华大学。2019年,第十届产业生态学国际大会在清华大学召开。

从国际背景看,产业生态学的诞生具有必然性,是带着"枷锁"的工业"原罪"而来的必然结果。工业革命开启了人类社会的潘多拉魔盒,工业作为一种新的社会发展秩序,全面、深刻和彻底地改变了人类社会及其所依存的生态环境。然而,这一秩序是一种毁誉参半的秩序,既带来了巨量的物质财富,也留下了斑驳的生态环境烙印。为了解决这些资源环境问题,我们需要从整合视角对工业与环境的关系进行重新观察、界定并力图改善,慢慢建构出一座包含林林总总环境术语的"森林",由此一门关于工业发展与生态环境关系的整合性学科就呼之欲出(石磊和陈伟强,2016)。

## 3 学科40年发展历程

与西方类似,我国产业生态学的学科发展也是与现代工业体系的建设及资源环境问题解决方案的探索密切相关,先后经历了学科探索阶段(1978~2000年)、快速发展阶段(2001~2017年)和系统推进阶段(2018年至今)。

新中国成立后，国家迅速启动了现代工业体系的建设，星星点点的环境问题并未引起决策层面的关注。1972年，我国派代表参加了在瑞典举行的人类环境大会，开始意识到社会主义建设也会产生环境问题。1978年，我国制定了环境保护基本法。其后，陆续确立了老三项和新五项环境保护制度，开始制度化推动环境保护阶段。其后，在对工业环境问题进行治理的思考过程中，我国生态学学科的奠基人马世骏先生在1983年前后明确提出了经济生态学的概念，他认为经济生态学是经济学和生态学相互渗透所形成的边缘学科，既需要用经济学的观点和方法论研究生态学问题，也需要研究经济高速发展过程中所出现的生态学问题，同时还需要把经济学原则和生态学原则结合起来，构成经济生态学原则，作为工农业建设等应遵循的原则（马世骏，1981）。其后，马先生及其弟子王如松先生等在经济生态学的基础上明确提出了产业生态学的定义，这一概念与此前他们所提出的人工复合生态系统、生态工程等一同构成了产业生态学的哲学思考及理论框架体系（马世骏和王如松，1984）。这一体系带有明显的中国传统哲学色彩，致力于从"天人合一"的中国哲学传统去阐释产业生态学的内涵，并从中梳理出桑基鱼塘农业生态体系、无废工艺工业生态体系和城市生态体系等（马世骏，1983）。

与此同时，在环境、冶金、化学和材料等诸多工程学科领域，产业生态学的理念也悄然生根发芽。1992年里约联合国环境与发展大会之后，清华大学的钱易院士就开始推进可持续发展的相关研究（钱易，2002）。1997年，中国环境与发展国际合作委员会成立了以钱易院士领衔的清洁生产工作组以及其后的循环经济课题组，先后邀请段宁院士等中外专家对清洁生产、生态工业和循环经济展开了系统探讨和政策研究。东北大学陆钟武院士在冶金工程研究中认识到需要站在工业系统高度上寻求冶金与环境的平衡之道，从而明确提出了工业生态学的学科发展思路（陆钟武，2010）。清华大学金涌院士、中国科学院过程工程研究所张懿院士以及北京工业大学左铁镛院士等也分别从化工、冶金和材料等学科的角度倡导和引领了产业生态学的发展，为我国产业生态学学科作出了重要贡献（金涌等，2003）。

我国产业生态学的发展也有着前苏联的烙印。我国早期的工业化实践基本是在学习借鉴前苏联的发展模式。清华大学的席德立教授从前苏联留学经历中得到启发，于1990年出版了《无废工艺——工业发展的新模式》（席德立，1990），首次提到"工业生态学"，并系统阐述了产业生态学的内涵，根据工业本身的功能从工业生产和环境关系的角度考察了自产业革命以来工业发展的三种模式，指出采用无废工艺乃是工业发展的最新模式是谋求合理利用自然资源和有效保护环境的根本措施。特别地，该书中提到的无废工业园区实际上就是当前的生态工业园区。

改革开放不仅开启了我国高速工业化的征程，也开启了我国产业生态学对于西方学科的吸收和借鉴。1993年，耶鲁大学Graedel教授等发表在IEEE *Technology and Society* 上的文章被翻译成中文，系统介绍了产业生态学的定义及发展历程（Graedel et al.，1993）。1996年，《产业与环境》中文版有多篇文章介绍了产业生态学在西方的发展，包括"产业生态学：私有部门的新机会"（Karamanos，1996）和"创造工业生态系统：一种可行的管理战略？"（Ayres，1997）。1997年，《产业生态学杂志》创刊，其后不久就推出了中文摘要。1998年，杨建新和王如松发表《产业生态学的回顾与展望》，系统介绍了产业生态学的早期历程及其西方进展（杨建新和王如松，1998）。1999年，Suren Erkman的科普著作《工业生态学：怎样实施超工业化社会的可持续发展》中文版出版（Erkman，1999）。综上所述，我国产业生态学的学科起源带有显著的多源性，既有着强烈的中国传统哲学的色彩，有着扎根于各行各业工程学科的独立思考，有着前苏联传统的烙印，也有着西风东渐的影响。

进入新世纪后，随着我国生态工业园区示范试点的开启，产业生态学学科进入快速发展阶段。首先，在学科教育方面，2002年清华大学和东北大学等高校首次在本科或研究生层面开设了产业生态学的专门课程（Shi，2017）。2004年，为帮助更多高校开设相关课程，耶鲁大学在Luce基金支持下与清华大学联合在国内举办了产业生态学教育研讨班，共有来自20余所高校的40多名学员参加。同年，施涵博士将《产业生态学》教材翻译出版，为我国产业生态学的传播起到了积极的作用。据不完全统计，迄今为止，开设产业生态学及相关课程的高校已经超过 30 余所。

在研究机构建设方面，2001 年清华大学化学工程系在国内率先成立了生态工业研究中心。2002 年，由东北大学、中国环科院和清华大学共同成立了国家环境保护生态工业重点实验室。其后，大连理工大学、北京工业大学、北京科技大学、中国科学院生态环境研究中心、中国科学院过程工程研究所、中国科学院城市环境研究所和中国科学院沈阳应用生态研究所等也陆续成立了相关的研究机构或研究组。

在学科建设方面，2012 年，东北大学在陆钟武院士的倡导下依托"动力工程及工程热物理"、"冶金工程"和"管理科学与工程"三个一级学科自主设置了工业生态学的交叉学科博士点和硕士点。2012 年前后，教育部批准设立了资源循环科学与工程专业，至今已经有 20 余所高校开设了该专业。

在学科组织机构方面，2006 年，中国生态经济学会工业生态经济与技术专业委员会成立，并于当年在清华大学召开了产业生态学会议，其后该会议变成年会每年召开。2014 年，中国环境科学学会生态产业分会获批成立。2015 年，在第八届产业生态学国际大会召开之际，参会的近 80 名海内外华人在历经两年的酝酿之后成立了华人产业生态学会（Chinese Society for Industrial Ecology，CSIE）。

2018 年，中国生态学会产业生态专业委员会正式获批成立。由此，产业生态学在国内全面进入系统推动发展阶段。

## 4 研 究 现 状

产业生态学学科尚处在动态发展过程中，学科边界的界定仍然没有达成共识，其研究领域也非常多元化。当前，产业生态学的主要领域可概括为如下 5 个方面：社会经济代谢，城市代谢及其生态化，生命周期可持续性评价，生态工业发展和可持续消费。

### 4.1 社会经济代谢

工业革命以来，元素在地球表面上的迁移逐渐由自然过程驱动转为人为过程驱动。正是由于这个原因，有科学家提出可以将当今的时代称为"人类世（Anthropocene）"，即这是一个由人类主导地球表面各种活动的时代。在这一背景下，我们需要探究如下问题：①如何刻画和模拟人为过程驱动下物质和能量在地球表面的迁移和转换；②如何理解人类活动对物质和能量在地球表面进行迁移和转换的驱动机制；③如何认识物质和能量在地球表面的迁移和转换对人类的生产和生活所起到的支撑作用；④如何认识人类活动通过影响物质和能量在地球表面的迁移和转换造成资源耗竭、环境污染以及生态破坏等问题的机制和程度。

这些问题正是产业生态学领域中的"社会经济代谢（Social-Economic Metabolism，SEM）"学科分支致力于要回答的。国际产业生态学会还专门成立了社会经济代谢分会，以突出这一领域的重要性。所谓社会经济代谢，是根据物质守恒原理对特定社会经济系统的物质存储和流动进行定量化解析，旨在刻画产业系统与生态环境系统之间的物质和能量交换、存储及其流动关系，揭示不同时空尺度上社会经济发展的物质流动图景、过程与机制。

社会经济代谢研究的本质就是在不同尺度上对物质和能量的迁移和转换及其原因和后果所进行的分析。因此，如图 28.1 所示，在不同的学科中实际上存在着不同的"代谢"研究，尽管这些研究不一定都以"代谢"的名称出现。例如，在化学工程学中对工厂物料和能量平衡的分析；在地学中对元素、水以及能量在全球尺度之生物地球化学循环的研究。在当今的工业化和城市化时代，人类活动所造成的物质和能量在地球表面的迁移和转换正是通过许多相互关联的社会经济系统的构建和运行来驱动和完成的。因此，要回答本小节前述的各个问题，就需要针对家庭、工业园区、城市、国家乃至全球等不同层次的社会经济系统开展由人为过程所驱动的物质和能量的代谢研究。

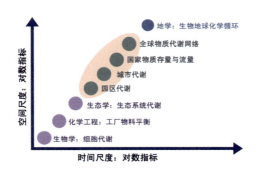

图 28.1　以物质和能量之迁移和转换为内容的"代谢"研究在不同学科中的体现

社会经济代谢包括两大类研究内容：第一类是综合物质流分析，研究特定社会经济系统——企业、家庭、城市、区域、部门或国家等——在一定时间范围内所有物质进出和累积的总量及其结构；第二类是物质流分析，研究某一种或一组特定的物质——元素（如铜、铁、铝等金属元素或者氮、碳、磷、硫等非金属元素）或者物质（如聚氯乙烯、氟利昂等）——在特定社会经济系统内流动的源、路径和汇。社会经济代谢可以提供关于社会经济系统运行机制的整体物质流动图景，有助于资源政策、环境政策和产业政策的制定和优化。

目前，国家尺度上的 EW-MFA 方法已经出台了用于国际间比较的欧盟导则（EUROSTAT，2001）；SFA 方法也开展了大量研究并建立了一些规范性的研究框架（Graedel et al.，2002；Hansen and Lassen，2003；Michaelis and Jackson，2000；Spatari et al.，2002；Voet，2002）。陈伟强在 2012 年开展的一项关于元素人为循环研究的调查（Chen and Graedel，2012）中发现：截至当时已经发表的大约 350 篇关于元素人为循环研究的文献提供了针对 59 个元素的超过 1000 个核算案例。此后，关于元素和材料的人为循环研究得到了越来越多的关注，并涌现出了许多研究成果，比如关于氮（Cui et al.，2013）、磷（Liu et al.，2016；Yuan et al.，2014）、铅（梁静和毛建素，2014）、砷（Chen et al.，2016；Shi et al.，2016）、铟（Licht et al.，2015；White and Hemond，2012）、稀土（Du and Graedel，2011a，2011b；Guyonnet et al.，2015；Swain et al.，2015）等元素的研究以及若干综述性论文（Chen and Graedel，2015；Huang et al.，2012；Muller et al.，2014；张玲等，2009）。

然而，我们需要认识到目前针对元素和物质的社会经济代谢研究还存在着一系列有待解决的问题，包括：①缺乏一套规范且普适的系统框架与数据结构；②缺乏可以比较与融合多源数据并进行误差分析的方法；③缺乏一个公开的专门数据库及其软件平台；④缺乏一个基于研究结果开展社会经济分析的方法体系。物质的社会经济代谢研究涉及大量的数据，如何利用这些数据发展适当的指标并与各种社会经济统计指标相结合以探讨不同的政策启示，仍然需要更为系统和全面的探讨。

## 4.2　城市代谢及其生态化

城市是人类生活和生产的主体空间，是最为重要的社会经济系统之一。早在 1965 年，Wolman（1965）就提出了城市代谢的概念，即城市系统输入物质、能量、食物等然后输出产品和废物的过程。其后这一研究领域得到了长足的发展。城市代谢研究建材、金属、塑料、石油、煤炭等现代社会所需的几乎所有各种物质和能源形态的流动与储存过程及规律；揭示城市物质代谢失衡可能引发的城市水污染、大气灰霾污染等资源耗竭、环境污染和生态破坏问题；辨识各种人为过程及促成这些过程的政治、经济和社会等驱动因素及机制。

早期的城市代谢研究主要关注水、食物、建材、能源以及三废等要素，研究者多将城市比作一个生物个体，基于质量守恒定律对开采-生产-消费-废弃这一线性输入输出过程进行量化跟踪，以此来探究城市代谢对外环境的影响，进而探寻城市可持续发展路径。如对布鲁塞尔（Duvigneaud and Denaeyer，1977）、香港（Boyden and Celecia，1981）、东京（Hanya and Ambe，1977）、悉尼（Newman，1999）、维也纳（Hendriks et al.，2000）、多伦多（Sahely et al.，2003）等城市代谢案例研究。这类研究忽略不同性质物质的自身属性差异以及系统内各组成单元间物质流动，将城市生态系统看作"黑箱"处理。

传统的城市能量代谢研究将能量狭义地理解为能源，忽视了蕴含在物质和服务中其他形式的能量以及能量品质问题，无法描绘城市能量代谢的全貌。到20世纪80年代，热力学方法的兴起与发展为城市代谢中追踪多种物质能量流动提供了条件。Odum提出的能值方法为实现各种资源的归一化核算提供了一种新的思路和工具，这使得我们能够更全面地研究社会经济系统与外部环境之间的关系。研究者据此先后对迈阿密（Zucchetto，1975）、巴黎（Starhi，1976）、台北（Huang，1998；Huang et al.，1995）、北京（Zhang et al.，2009）以及包头（Liu et al.，2009）等开展了城市代谢的案例研究，并探讨城市内部生态与经济子系统间的作用关系。

随着城市代谢研究的进一步发展，多尺度代谢理论的融合，新的研究方法和探究手段大大拓展了城市代谢的研究思路和视角。该阶段研究将城市黑箱"打开"，探视其内部的代谢机制与流动过程（Zhang et al.，2015），并分析了城市系统中复杂的网络关系和物质流动（Chen and Chen，2014；张妍等，2017）。作为传统社会网络分析方法的补充，通过挖掘和整合城市尺度的多源数据（如统计数据、遥感数据、空间地理信息、调查数据等），可以更准确的揭示城市间的相互关系，在未来趋势预测方面取长补短，提供更加准确可靠的决策支撑（Han et al.，2018）。

除了静态核算以某一特定时间点的指标值为代谢效率外，国内外学者还构建了考虑时间变化的动态模型，其中包括动态物质流分析模型（Müller，2006；Tanikawa and Hashimoto，2009；Hu et al.，2010），例如对多伦多（Kennedy，2012）大都市子过程的动态评估和模拟模型，以及城市水的动态代谢模型。现阶段的城市代谢研究从传统的只关注代谢通量和结构的变化转向与空间分析相结合，把"自下而上"方法与"自上而下"研究方法结合起来，促进政策情景下的模型模拟与优化研究。这类将多种分析方法的融合研究可以为城市可持续发展和综合管理提供更多科学建议。

通过梳理城市代谢研究的发展沿革，可以发现未来有关城市代谢研究应包含以下特点：①城市代谢的驱动力研究，由于城市代谢机制的复杂性，目前关于城市代谢研究的相关概念层次不一，研究对象也各有侧重，单一的研究理论和方法已经难以解决复杂的城市系统问题，亟需多学科和方法的交叉融合来解析城市系统各组成部分之间的关系，摸清其运行机制。②城市代谢与城市弹性/健康等指标的响应，尽管国外对城市物质能量代谢的研究相对较多，但仍未形成比较公认的城市弹性、城市健康等指标系统性表征方法，也没有形成全面完整具备可推广意义的指标体系与综合评价模型。通过测度城市弹性、健康等指标，有利于把握城市代谢异常的症结。③城市代谢与区域生态系统的空间耦合研究，城市生产与消费产生的资源环境影响会扩展到城市以外的其他地区，造成严重和复杂的资源胁迫与污染问题。因此要加强城市代谢与区域生态系统的关联和空间耦合，满足解决区域、国家以及全球等更大范围系统问题的要求。④城市代谢视角下的资源环境管理，从城市代谢的视角量化城市资源的直接消耗和间接消耗以及城市生态系统中人类社会经济系统对自然环境的影响，提出节约资源、降低环境负荷、提高环境-经济-社会协调发展的可持续管理对策。

### 4.3 生命周期评价与环境足迹

生命周期评价（Life cycle assessment，LCA）是从原材料准备、产品生产、产品消费和废物管理整个产品生命周期尺度上对产品、工艺过程、生产系统、消费系统和贸易体系等不同层次产业活动开展环境影响的评价、管理及其优化。生命周期的思想由来已久，在20世纪60年代末期开始应用于可口可乐包装的评价。其后，环境毒理与化学协会（SETAC）在1990年正式定义了生命周期评价（图28.2）。LCA可以量化地描述一种产品/技术或者对比不同产品/技术的资源环境影响，同时可以涵盖多个生命周期阶段、涵盖多种资源环境类型，从而避免了资源环境问题的转移。鉴于该方法的重要性，国际标准化组织（International Organization for Standards，ISO）颁布了 ISO 14040 系列标准（ISO 2006）。其后，生命周期评价得到了广泛的应用（Klöpffer，2014）。

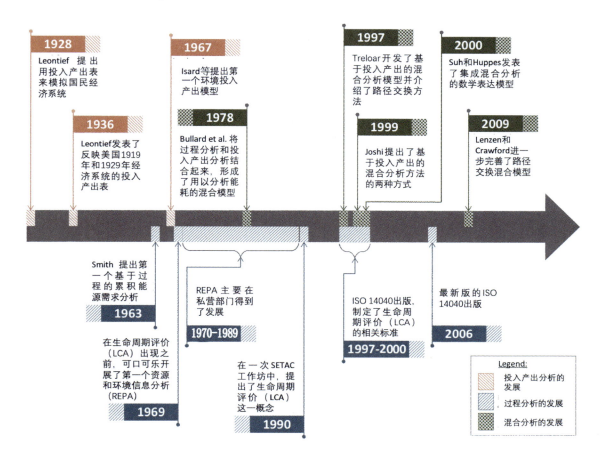

图 28.2　过程生命周期评价、投入产出生命周期评价和混合生命周期评价发展中的里程碑

生命周期评价方法包含 4 个主要步骤：系统边界与研究目的界定，清单分析，环境影响评价，结果解释与改善。其中，收集和整理产品系统各个生命周期阶段的输入和输出的过程称为生命周期清单分析。根据系统边界和应用对象的不同，生命周期清单分析可采用三大类方法来进行。

第一类被称为过程生命周期评价（process-based LCA，PLCA），这种自下而上的分析方法会将待分析的产品系统分解成一系列代表产品生命周期的各个过程，然后收集和使用各个过程特定的输入输出数据来进行计算和分析，以便达到尽可能高的准确度。但与此同时，由于成本和时间的限制，这种方法无法收集到与此产品系统相关的所有供应链生产过程的全部输入输出数据，这就不可避免地导致了不同程度的截断误差（Lenzen，2000；Suh，2004；Crawford，2008），由此产生的结果往往会低估该产品系统实际的生命周期影响。

第二类是投入产出生命周期评价（input-output LCA，I-O LCA）：这种自上而下的方法源于宏观经济学，它将经济系统各部门之间的投入产出表引入到生命周期评价领域，使得系统边界涵盖了整个国民经济系统，因而保证了研究对象系统的完整性，但由于其所采用的数据往往停留在部门层面，其结果的针对性和精确性都会不如 PLCA（Treloar，1997；Lenzen，2000）。

最后一类被称为混合生命周期评价（Hybrid LCA，HLCA）：这类方法是为了弥补 PLCA 和 I-O LCA

各自的缺陷而将这两者结合起来的产物，其发展和改进一直是过去二三十年 LCA 方法学研究的重点（Suh and Huppes，2005；Lenzen and Crawford，2009），但因 PLCA 和 I-O LCA 结合方式的多样性和复杂性，HLCA 的应用至今还未被标准化和统一化，甚至许多 HLCA 的研究并没有严格定义其所采用的 HLCA 方法（Wiedmann et al.，2011）。

生命周期评价的一大应用是环境足迹的测算。环境足迹作为测度人类环境压力与影响的重要工具之一，在产业生态学和可持续发展领域受到了广泛关注与热烈讨论。它能够定量评估人类资源消费和废弃物排放等活动的环境影响，同时耦合以生产为基础和以消费为基础的评价视角，从而实现对人类活动现状全面而客观的评价（方恺等，2015）。近年来，随着理论和实践不断发展，各种新兴足迹类型相继提出，包括生态足迹、碳足迹、水足迹、能源足迹、土地足迹、氮足迹、磷足迹、物质足迹、生物多样性足迹、化学足迹和废物足迹等（Fang et al.，2014）。这些足迹的核算方法和计量模型稍有不同，但大多是基于生命周期评价。近年来，越来越多的足迹研究采用投入产出等方法，以实现对宏观尺度区域的有效核算。由不同环境足迹指标整合而成的足迹家族，可以提供关于人类主要环境影响的真实图景，有助于科学化的环境决策与风险评估，具有广泛的公共政策参考价值。

### 4.4 产业共生与生态工业发展

生态环境因素正在以前所未有的速度、广度和深度来影响着工业发展的规模、面貌与内涵，由此催生了许多新的事物和现象。在全球尺度上，全球生产网络和全球贸易网络业已形成（Henderson et al.，2002），由之伴生的全球碳转移网络（Liang et al.，2015）、虚拟水贸易网络（Liu and Savenije，2008）等成为新的研究对象，其中也包含生物多样性加速消失（Lenzen et al.，2012）的探讨。在国家尺度上，基于国家竞争优势的多重因素也塑造了复杂的产品空间（product space）（Hidalgo et al.，2007）以及生产空间（production space）（Guo and He，2015），并且预计生态环境因素的考量会进一步深化这种经济复杂性。

工业生态化在区域尺度上催生了生态工业体系的形成，在城市和园区尺度上催生了城市矿山和生态工业园区的发展（石磊等，2012），例如全球有近 2 万家园区在开展生态工业园区实践（Chertow and Park，2016）。工业与环境的互动模式与机制更趋复杂化，产业演替的规模和环境规制的影响大大超出了以往微观分析的范畴，这催生了产业生态学领域中生态工业发展方向的发展。生态工业发展旨在研究产业系统生态化的过程、模式及其机制，寻求产业生态化转型和可持续发展的路径及方案，包括清洁生产、生态设计、产业共生和生态工业园区等。

产业生态化重组是研究在资源环境压力下产业生态系统在宏观、中观和微观上的生态化重组和演替过程。在宏观层次上，研究发展区域、国家乃至全球经济的循环经济、低碳经济和绿色经济的手段，包括产品与经济活动的非物质化、能源脱碳化和原材料生态化等；在中观层次上，研究重构产业体系的途径，如产业共生、生态工业园区建设和封闭物质循环系统；在微观层次上，研究提升物质、能源和生态效率的方法，如产品生态设计、工艺过程清洁生产和分子制造等。

产业共生和生态工业园区是研究不同产业或企业间通过物质或能量交换而达到双赢效果的过程、模式及其机制。产业共生最为普遍的实践形式是生态工业园区，研究生态工业园区的建设模式、绩效评价、形成过程与驱动机制等。

在贸易方面，产业生态化主要研究国际贸易体系中环境污染转移的格局、过程及其机制；测算产品或服务贸易中隐含的碳足迹、水足迹和环境足迹；研究贸易生态化的驱动机制及其管治体系等。

产业生态系统复杂性方面，研究产业生态系统的多样性、复杂性和可持续性（Shi and Shi，2014；Yang and Shi，2015）；揭示产业发展与生态要素之间所存在的路径依赖与锁定现象及其机制；研究产业生态系统的结构复杂性、功能复杂性及其互动关系；研究基于复杂系统理论的产业生态管理及政策等。

## 4.5 可持续消费

可持续消费是产业生态学重要而薄弱的研究领域，是一个以满足"人类合理的需求和欲望"的视角，审视和重构人类社会经济活动及其与自然环境之间耦合关系的系统解决方案。可持续消费的研究涉及三个层面（Di Donato et al.，2015；Hertwich，2005a；Ivanova et al.，2015）：

微观层面：经济学视角，将消费看作是"人类通过消费品满足自生欲望的一种经济行为"。这个层面上开展可持续消费研究，关注的是人类购买和使用消费品所产生的直接资源环境影响。所使用的评价方法是家庭代谢分析（Noorman and Uiterkamp，2014）。

中观视角：生命周期视角，将消费看作是"从原料提取、预处理、制造、销售、购买、使用、最终处置"的产品生命周期的一个环节。这个层面开展的研究，关注人类购买和使用消费品的全生命周期过程的资源及环境影响。所使用的是生命周期评价方法（Hertwich，2005b）。

宏观视角：复合生态系统视角。将人看作是产业复合生态系统的主导者，人在对环境和包括人类在内的生物群落的演变中发挥着有机性、主动性、组织性和文化关联性。这个层面开展的研究，是探讨以人为主体的复合生态系统与环境间的相互关系，探讨其可持续的生活方式、生产过程和生态对策。目前尚处于理念探讨阶段，没有形成系统的方法和工具。

自从可持续消费概念提出以来，其研究工作就始终围绕着两条路线进行。一条是以国际组织、政府机构等为代表的部门通过制定战略、规划、项目等方式贯彻实践可持续消费理念，同时在实践经验中不断完善可持续消费的理论；另一条是与科研机构和大专院校相联系的理论方法的研究工作。目的是回答以下几个问题：过去几十年消费模式的变化趋势是什么？这种消费模式变化所带来的环境后果是什么？什么因素加速了消费活动的环境影响？如何找到一种既能够提高生活质量，又具有环境友好的消费模式？可持续消费的研究主要是围绕着这些问题开展的。

产业生态学为可持续消费研究提供了重要的方法工具。代谢分析方法将消费视作一个重要经济部门，为量化不同尺度消费引起的资源耗竭和环境污染问题提供了研究框架。生命周期分析方法及其自身数据库的完善和方法尺度的拓展，创新性的为可持续消费研究提供了全生命周期的系统视角，为量化消费的资源环境"间接"影响及其在全球尺度上的空间分布和转移提供了重要的方法基础。各类"基于消费"（consumption-based）的足迹分析方法涌现，既丰富了可持续消费的评价维度，也成为推进可持续消费研究结果"标准化"的重要支撑，并为2030联合国可持续发展议程所采用（Davis and Caldeira，2010）。未来，可持续消费研究可以以产品系统为核心，以消费功能为切入点，通过对自然生态要素、社会生态要素和经济生态要素之间耦合关系的调节，实现产业生态系统物质代谢过程、能量转换过程和信息反馈过程的畅达和优化。

## 4.6 我国产业生态学研究概况

在中国知网全文数据库以"产业生态学"或"工业生态学"为关键词检索，检索结果呈现先升后降的变化趋势。文献内容分析发现，2006年之前，产业生态学文献主要侧重于理念传播和概念探讨，之后便进入到细分领域的发展阶段，产业生态学领域发表的文章以"产业生态学"或"工业生态学"为关键词的就越来越少。在学科分布方面，中国知网给定的八大学科类别中，经济与管理科学近乎一枝独秀，占据68.8%的份额；工程技术居次席，占23.6%；其余所有只占7.6%的份额。在细分领域中，宏观经济管理与可持续发展、环境科学与资源利用、工业经济位居前三，合计占59.3%。

## 5 发展趋势及展望

### 5.1 研究本体上要关注根本性和战略性的核心问题

随着产业生态化状况、内涵和机制的不断深化和复杂化，产业生态学需要：①进一步观察、总结和提炼过去的发展及生态化实践，遵从问题导向，关注产业发展与生态环境的复杂交互作用关系，尤其关注大尺度长时段人类产业系统与地球生态系统共同演化的过程与阶段性特点；②密切关注关系我国根本性和战略性的核心问题，包括国家资源战略问题、环境安全问题、产业竞争力问题等，需要对这些核心问题给予回答，来指导和引领我国的产业生态化发展；③系统总结世界范围内的产业生态化实践与发展模式，关注新技术变化对产业生态系统演化路径的影响以及市场机制对于产业生态化的作用，服务于产业的可持续发展和生态文明建设。

### 5.2 研究方法上要开发更多的系统性方法

在代谢解析导向下，产业生态学逐步建立起社会经济系统物质代谢的方法谱系，并成为该领域的主流方法，包括针对产品尺度环境影响分析的生命周期分析方法，针对特定社会经济系统（如一个企业、家庭、部门、城市、区域或国家）的物料流分析方法，针对某一种或一组特定物质的物质流分析方法，针对产业关联系统的环境投入产出分析方法等。这些方法的共同特点是基于物质、能量守恒原理，在适当聚合繁复多样的产业细节的基础上，解构特定社会经济系统的物质、能量流动的结构、格局与过程，揭示产业发展与资源投入和环境产出的耦合关系。这类方法的优点在于以还原领域的方法和工具刻画出物质流动的整体图景，达到"一体化"的观察目的。同时，这些代谢方法能够给出研究结果的应用建议，并可应用于产品设计、过程改进和产业系统优化等现实领域。然而，这类方法难以回答复杂模式有哪些、驱动因素是什么、生态化机制如何等问题。

事实上，产业生态学强调应该把先前有关工业发展和生态约束的理论整合起来，在对工业发展进程中的诸多重要现象进行系统观察的基础上提供一种连贯一致的解释，以系统论的观念考察产业系统变迁中产业与环境之间的关系，强调系统论和系统方法。在生态演化思想的影响下，产业生态学在学科发展初期涌现了大量的隐喻研究，借鉴生态学有关物种演化、种群互动和系统演替等思想成果发展出过程解析、指标设计和绩效评价等方法，相关理论和方法论还在持续发展完善中。

### 5.3 学科建构上要加速理论体系搭建和与其他新兴学科的融合

遵从逻辑导向和演化学术传统，建构产业生态学的理论体系、方法体系、数据体系和话语体系，加速建设产业生态学的教育和学科发展体系。加速融合新兴的系统科学、数据科学和智能科学来建构、完善理论基础和学科架构。尤其是随着第四类研究范式的兴起，大数据、人工智能、区块链等理论和技术等在产业生态学中的融合与应用值得关注。

### 5.4 加强中国使命感，接受生态文明转型的历史挑战

我国中国产业生态学群体需要接受生态文明转型这一历史使命的挑战，为中国乃至世界产业生态学发展以及产业生态化作出贡献。加速建设产业生态学的教育和学科发展体系，教育和吸引更多的年轻人进入和从事这一领域。

尽快成立国家级产业生态研究基地、实验室和工程中心，直接支撑我国各类产业生态化、循环经济、绿色发展和生态文明建设，促进企业、园区、城市和区域经济的生态化转型升级。建立产业生态学研究、交流、合作、协同发展的国际平台和网络，重点布局"一带一路"，塑造产业生态化方面的创新驱动与高

端引领示范样板。

# 参 考 文 献

方恺. 2015. 足迹家族: 概念、类型、理论框架与整合模式. 生态学报, 35(6): 1647-1659.

金涌, 李有润, 冯久田. 2003. 生态工业: 原理与应用. 北京: 清华大学出版社.

Karamanos P. 1996. 工业生态学: 私有部门的新机会. 产业与环境, (4): 38-39.

梁静, 毛建素. 2014. 铅元素人为循环环境释放物形态分析. 环境科学, 35: 1191-1197.

陆钟武. 2010. 工业生态学基础. 北京: 科学出版社.

马世骏. 1981. 现代化经济建设与生态科学——试论当代生态学工作者的任务. 生态学报, 1(2): 176-178.

马世骏. 1983. 经济生态学原则在工农业建设中的应用. 农业经济问题, (1): 3-5.

马世骏, 王如松. 1984. 社会-经济-自然复合生态系统. 生态学报, 4(1): 1-9.

钱易. 2002. 清洁生产与可持续发展. 节能与环保, 7: 10-13.

石磊. 2008. 工业生态学的内涵与发展. 生态学报, 28(7): 3356-3364.

石磊, 陈伟强. 2016. 中国产业生态学发展的回顾与展望. 生态学报, 36(22): 7158-7167.

石磊, 刘果果, 郭思平. 2012. 中国产业共生发展模式的国际比较及对策. 生态学报, 3950-3957.

席德立. 1990. 无废工艺: 工业发展新模式. 北京: 清华大学出版社.

杨建新, 王如松. 1998. 产业生态学的回顾与展望. 应用生态学报, 9(5): 555-561.

张玲, 袁增伟, 毕军. 2009. 物质流分析方法及其研究进展. 生态学报, 29: 6189-6198.

张妍, 郑宏媚, 陆韩静. 2017. 城市生态网络分析研究进展. 生态学报, 37(12): 4258-4267.

Ayres R U. 1997. 创造工业生态系统: 一种可行的管理战略?. 产业与环境(中文版), 4: 002.

Erkman S. 1999. 工业生态学: 怎样实施超工业化社会的可持续发展. 北京: 经济日报出版社.

Allesch A, Brunner P H. 2015. Material Flow Analysis as a Decision Support Tool for Waste Management: A Literature Review. Journal of Industrial Ecology, 19: 753-764.

Ayres R U, Ayres L W. 2002. Material flow analysis. In: Ayres RU, Ayres L W. Industrial Ecology: Towards Closing the Materials Cycle. Cheltenham: Edward Elgar Publishing Limited, 79-90.

Boyden S, Celecia J. 1981. The Ecology of Megalopolis. In The UNESCO Courier, 24-26.

Chen B, Chen S. 2014. Eco-indicators for urban metabolism. Ecological Indicators, 47: 5-6.

Chen W Q, Graedel T E. 2012. Anthropogenic Cycles of the Elements: A Critical Review. Environmental Science & Technology, 46: 8574-8586.

Chen W Q, Graedel T E. 2015. Improved Alternatives for Estimating In-Use Material Stocks. Environmental Science & Technology, 49: 3048-3055.

Chen W Q, Shi Y L, Wu S L, et al. 2016. Anthropogenic Arsenic Cycles: A Research Framework and Features. Journal of Cleaner Production, 139: 328-336.

Chertow M R. 2007. "Uncovering" industrial symbiosis. Journal of Industrial Ecology, 11(1): 11-30.

Chertow M, Park J. 2016. "Scholarship and Practice in Industrial Symbiosis: 1989—2014", in Taking Stock of Industrial. Ecology(Springer), 87-116.

Crawford R H. 2008. Validation of a Hybrid Life-Cycle Inventory Analysis Method. Journal of Environmental Management, 88(3): 496-506.

Cui S H, Shi Y L, Groffman P M, et al. 2013. Centennial-scale analysis of the creation and fate of reactive nitrogen in China (1910-2010). Proceedings of the National Academy of Sciences of the United States of America, 110: 2052-2057.

Davis S J, Caldeira K. 2010. Consumption-based accounting of $CO_2$ emissions. Proceedings of the National Academy of Sciences,

107(12): 5687-5692.

Di Donato M, Lomas P L, Carpintero Ó. 2015. Metabolism and Environmental Impacts of Household Consumption: A Review on the Assessment, Methodology, and Drivers. Journal of Industrial Ecology, 19(5): 904-916.

Du X Y, Graedel T E. 2011a. Global In-Use Stocks of the Rare Earth Elements: A First Estimate. Environmental Science & Technology, 45: 4096-4101.

Du X Y, Graedel T E. 2011b. Uncovering the Global Life Cycles of the Rare Earth Elements. Scientific Reports, 1: 1-4.

Duvigneaud P, Denaeyer De S S. 1977. L'ecosysteme urbain bruxellois. The Brussels urban ecosystem. In Productivitéen Belgique; Duvigneaud P, Kestemont P. Brussels, Paris: Edition Duculot.

Ehrenfeld J, Gertler N. 1997. Industrial ecology in practice: the evolution of interdependence at Kalundborg. Journal of industrial Ecology, 1(1): 67-79.

EUROSTAT. 2001.Economy-wide material flow accounts and derived indicators: A methodological guide. Office for Official Publications of the European Communities, Luxembourg.

Fang K, Heijungs R, de Snoo G R. 2014. Theoretical exploration for the combination of the ecological, energy, carbon, and water footprints: Overview of a footprint family. Ecological Indicators, 36: 508-518.

Frosch R A, Gallopoulos N E. 1989. Strategies for manufacturing. Scientific American, 261(3): 144-152.

Gordon R B, Bertram M, Graedel T E. 2006. Metal stocks and sustainability. Proceedings of the National Academy of Sciences of the United States of America, 103(5): 1209-1214.

Graedel T E, Allenby B R, Linhart P B. 1993. Implementing industrial ecology. IEEE Technology and Society Magazine, 12(1): 18-26.

Guyonnet D, Planchon M, Rollat A, et al. 2015. Material flow analysis applied to rare earth elements in Europe. Journal of Cleaner Production, 107: 215-228.

Han J, Chen W Q, Zhang L X, et al. 2018. Uncovering the spatiotemporal dynamics of urban infrastructure development: A high spatial resolution materials stock and flow analysis. Environmental Science & Technology, 52(21): 12122-12132.

Hansen E, Lassen C. 2003. Experience with the use of substance flow analysis in Denmark. Journal of Industrial Ecology, 6: 201-220.

Hanya T, Ambe Y. 1977. A study on the metabolism of cities. Secretariat, HESC Organizing Committee, Science Council of Japan. In Science for Better Environment Proceedings of the International Congress on the Human Environment (HESC) Kyoto (1975). Tokyo: HESC, 228-233.

Henderson J, Dicken P, Hess M, et al. 2002. Global Production Networks and the Analysis of Economic Development. Review of International Political Economy, 9: 436-464.

Hendriks C, Obernosterer R, Muller D, et al. 2000. Material flow analysis: A tool to support environmental policy decision making: Case studies on the city of Vienna and Swiss lowlands. Local Environment, 5(3): 311-328.

Hertwich E G. 2005a. Consumption and industrial ecology. Journal of Industrial Ecology, 9(1-2): 1-6.

Hertwich E G. 2005b. Life cycle approaches to sustainable consumption: a critical review. Environmental science & technology, 39(13): 4673-4684.

Hidalgo C A, Klinger B, Barabasi A L, et al. 2007. The Product Space Conditions the Development of Nations. Science, 317: 482-487.

Hu M, Ester V D V, Huppes G. 2010. Dynamic Material Flow Analysis for Strategic Construction and Demolition Waste Management in Beijing. Journal of Industrial Ecology, 14(3): 440-456.

Huang C L, Vause J, Ma H W, et al. 2012. Using material/substance flow analysis to support sustainable development assessment: A literature review and outlook. Resources Conservation and Recycling, 68: 104-116.

Huang S L. 1998. Urban ecosystem, energetic hierarchies, and ecological economics of Taipei metropolis. Journal of Environmental Management, 52(1): 39-51.

Huang S L, Wu S C, Chen W B. 1995. Ecosystem, environmental quality and ecotechnology in the Taipei metropolitan region, 4: 233-248.

ISO. 2006. ISO 14040: 2006 In Environmental Management - Life Cycle Assessment - Principles and Framework. Switzerland: International Organization for Standardization.

Ivanova D, Stadler K, Steenolsen K, et al. 2015. Environmental Impact Assessment of Household Consumption. Journal of Industrial Ecology, 20(3): 526-536.

Jelinski L W, Graedel T E, Laudise R A, et al. 1992. Industrial ecology: concepts and approaches. Proceedings of the National Academy of Sciences, 89(3): 793-797.

Kennedy C. 2012. A mathematical description of urban metabolism. Weinstein, M P, Turner E. In Sustainability Science: the Emerging Paradigm and the Urban Environment. New York: Springer, 275-291.

Klöpffer W. 2014. Introducing Life Cycle Assessment and its Presentation in "LCA Compendium". In Background and Future Prospects in Life Cycle Assessment, edited by W. Klöpffer. Dordrecht, NL: Springer Netherlands.

Lenzen M. 2000. Errors in Conventional and Input-Output-based Life-Cycle Inventories. Journal of Industrial Ecology, 4(4): 127-148.

Lenzen M, Moran D, Kanemoto K, et al. 2012. International Trade Drives Biodiversity Threats in Developing Nations. Nature, 486: 109-112.

Lenzen M R H. 2009. Crawford. The Path Exchange Method for Hybrid LCA. Environmental Science & Technology, 43(21): 8251-8256.

Li Y, Shi L. 2015. The Resilience of Interdependent Industrial Symbiosis Networks: A Case of Yixing Economic and Technological Development Zone. Journal of Industrial Ecology, 19(2): 264-273.

Liang S, Feng Y, Xu M. 2015. Structure of the Global Virtual Carbon Network Revealing Important Sectors and Communities for Emission Reduction. Journal of Industrial Ecology, 19: 307-320.

Licht C, Peiro L T, Villalba G. 2015. Global Substance Flow Analysis of Gallium, Germanium, and Indium: Quantification of Extraction, Uses, and Dissipative Losses within their Anthropogenic Cycles. Journal of Industrial Ecology, 19: 890-903.

Liu G Y, Yang Z F, Chen B, et al. 2009. Emergy—based urban ecosystem health assessment: A case study of Baotou, China. Communications in Nonlinear Science and Numerical Simulation, 14(3): 972-981.

Liu J, Savenije H H G. 2008. Time to Break the Silence Around Virtual-Water Imports. Nature, 453: 587.

Liu X, Sheng H, Jiang S Y, et al. 2016. Intensification of phosphorus cycling in China since the 1600s. Proceedings of the National Academy of Sciences of the United States of America, 113: 2609-2614.

Michaelis P, Jackson T. 2000. Material and energy flow through the UK iron and steel sector. Part 1: 1954-1994. Resources, Conservation and Recycling, 29: 131-156.

Müller D B. 2006. Stock dynamics for forecasting material flows—Case study for housing in The Netherlands. Ecological Economics, 59(1): 142-156.

Muller E, Hilty L M, Widmer R, et al. 2014. Modeling Metal Stocks and Flows: A Review of Dynamic Material Flow Analysis Methods. Environmental Science & Technology, 48: 2102-2113.

Newman P W G. 1999. Sustainability and cities: Extending the metabolism model. Landscape and Urban Planning, 44(4): 219-226.

Noorman K J, Uiterkamp T S. 2014. Green households: domestic consumers, the environment and sustainability. London: Routledge.

Sahely H R, Dudding S, Kennedy C A. 2003. Estimating the urban metabolism of Canadian cities: Greater Toronto area case study. Canadian Journal of Civil Engineering, 30(2): 468-453.

Shi H, Shi L. 2014. Identifying Emerging Motif in Growing Networks. PLoS ONE, 9(6): e99634.

Shi L. 2017. Industrial Ecology Education at Tsinghua University. Journal of Industrial Ecology, 21(2): 423-429.

Shi Y L, Chen W Q, Zhu Y G. 2016. Anthropogenic Cycles of Arsenic in Mainland China: 1990-2010. Environmental Science and Technology, 51: 1670-1678.

Spatari S, Bertram M, Fuse K, et al. 2002. The contemporary European copper cycle: 1 year stocks and flows. Ecological Economics, 42: 27-42.

Stanhi U G. 1976. An urban agro-ecosystem: The example of nineteenth—century Paris. Agro—Ecosystems, 3: 69-284.

Stigliani W M, Anderberg S. 1994. Industrial metabolism at the regional level: the Rhine Basin. Ayres R U, Simonis U K. Industrial Metabolism. Tokyo: United Nations University Press.

Suh S. 2004. Functions, Commodities and Environmental Impacts in an Ecological-Economic Model. Ecological Economics, 48(4): 451-467.

Suh S, Huppes G. 2005. Methods for life cycle inventory of a product. Journal of Cleaner Production, 13: 687-697.

Swain B, Kang L, Mishra C, et al. 2015. Materials flow analysis of neodymium, status of rare earth metal in the Republic of Korea. Waste Manage, 45: 351-360.

Tanikawa H, Hashimoto S. 2009. Urban stock over time: Spatial material stock analysis using 4d-GIS. Building Research and Information, 37: 483-502.

Treloar G J. 1997. Extracting Embodied Energy Paths from Input-Output Tables: Towards an Input-Output-Based Hybrid Energy Analysis Method. Economic Systems Research, 9(4): 375-391.

Voet E V D. 2002. Substance flow analysis methodology. Ayres R U, Ayres L W. A Handbook of Industrial Ecology. Edward Elgar, Cheltenham, UK · Northampton MA, USA

White S J O, Hemond H F. 2012. The Anthrobiogeochemical Cycle of Indium: A Review of the Natural and Anthropogenic Cycling of Indium in the Environment. Critical Reviews in Environmental Scionce and Technology, 42: 155-186.

Wiedmann T O, Suh S, Feng K, et al. 2011. Application of Hybrid Life Cycle Approaches to Emerging Energy Technologies - The Case of Wind Power in the UK. Environmental Science & Technology, 45(13): 5900-5907.

Wolman A. 1965. The metabolism of cities. Scientific American, 213(3): 178-193.

Yuan Z W, Wu H J, He X F, et al. 2014. A bottom-up model for quantifying anthropogenic phosphorus cycles in watersheds. Journal of Cleaner Production, 84: 502-508.

Zhang L X, Chen B, Yang Z F, et al. 2009. Comparison of typical mega cities in China using emergy synthesis. Communications in Nonlinear Science and Numerical Simulation, 14(5): 2827-2836.

Zhang Y, Yang Z, Yu X. 2015. Urban Metabolism: A Review of Current Knowledge and Directions for Future Study. Environmental Science & Technology, 49(19): 11247-11263.

Zucchetto J. 1975. Energy—economic theory and mathematical models for combining the systems of mail and nature, case study: The urban region of Miami, Florida. Ecological Modelling, 1(4): 241-268.

撰稿人：石 磊，刘晶茹，陈伟强，张力小，童 昕，王鹤鸣，方 恺

# 第29章 生态工程研究进展

## 1 引　言

当今，为应对全球气候变化、自然资源匮乏、人口不断增长以及生态环境恶化等世界性的难题，生态工程的理论、原理、技术、措施在环保、林业、农业、水利等多行业得到广泛应用。生态工程在 50 多年的不断发展中，其理论体系、研究对象、原理技术、工程措施等逐步完善确定。生态工程是应用生态系统中物种共生与物质再生原理、结构与功能协调的原则，结合系统分析的最优化方法设计的分层多级利用物质的生产工艺系统。生态工程的目标就是在促进自然界良性循环的前提下，充分发挥资源的生产潜力，防治环境污染，达到经济效益与生态效益同步发展。它可以是纵向的层次结构，也可以发展为几个纵向工艺链索横向联系而成的网状工程系统。马世骏等归纳出"整体、协调、再生、循环"的生态工程原理，并明确其研究对象为社会-经济-自然复合生态系统。根据近年来的实践和研究的进展，生态工程定义修订为："为了人类社会和自然双双受益，着眼于生态系统，特别是社会-经济-自然复合生态系统的可持续发展能力的整合工程技术。促进人与自然调谐，经济与环境协调发展，从追求一维的经济增长或自然保护，走向富裕、健康、文明三维一体的复合生态繁荣和可持续发展"。生态工程起源于生态恢复，如林业生态恢复、草地生态恢复、湿地生态恢复等，也是生态工程最初的应用实践。

我国是利用生态技术最早的国家。传统的"轮套种制度""垄稻沟鱼""桑基鱼塘"就是非常成熟的生态工程模式。生态工程的重要概念、理论、方法已经并正在为系统论、控制论、信息论、协调论、耗散结构论、突变论及混沌现象、自组织论等所渗透；正从过去传统的自然科学分析为主，变为以整体观、系统观为指导进行的综合研究。有关我国生态工程的论文在国内外已发表了千余篇，其中国际上发表百余篇，并已出版了多本涉及农业生态、林业生态、湿地生态的中文生态工程著作。本章将从生态工程的发展历程、研究现状及未来发展前景进行论述，并对生态工程发展分支进行系统总结，增补近年来生态工程研究进展，补充新技术、新方法在生态工程中的应用，为生态工程学的未来发展提供理论基础。

## 2 学科 40 年发展历程

### 2.1 总体发展

1962 年美国生态学家 H. T. Odum 首次尝试确定生态工程（ecological engineering）的概念，即"为了控制生态系统，人类应用来自自然的能源作为辅助能对环境的控制""对自然的管理就是生态工程"（钦佩与张晟途，1997）。1987 年中国生态学家马世骏主编的《中国的农业生态工程》一书在我国出版，他将生态工程定义为："生态工程是利用生态系统中物种共生与物质循环再生原理及结构与功能协调原则，结合结构最优化方法设计的分层多级利用物质的生产工艺系统（马兆莉，2004）。生态工程的目标就是在促进自然界良性循环的前提下，充分发挥物质的生产潜力，防止环境污染，达到经济效益与生态效益同步发展"。并结合中国大量朴素的生态工程实践，总结出"整体、协调、再生、循环"的中国特色生态工程原理（钦佩与张晟途，1997；颜京松与王如松，2001）。

中国生态工程自形成以来，历史虽较短，但其研究、实践与推广的进展却极其迅速。以 70 年代末期马世骏完善生态工程概念为标志，1984年和1988年马世骏及时组织了两次有关学术会议，分别在北京香山召开的"全国农业生态工程学术讨论会"和在北京大兴县召开的"国际生态工程学术讨论会"。此外，1988年颜京松等在南京举办了全国的生态工程研讨班，由马世骏、仲崇信、颜京松等教授讲授生态工程原理、方法及案例，全国有24个省市的60多人参加了学习。1989年，在美国国家自然科学基金委员会及中国科学院资助下进行了中美合作研究"生态工程原理"的课题。同年，马世骏与美国W. J. Mitsch和丹麦S. E. Jorgensen等学者合著出版了世界第一本生态工程专著 *Ecological Engineering*。使生态工程正式成为一门新兴学科问世，由此也把我国生态工程研究与实践推向了一个新的阶段（汪敏等，2004）。

1995年，国家教委在《高校教学大纲》中明确规定将"生态工程学"列入生态专业本科生专业课程。1996年国际生态工程会议于10月在北京举行。这次会议是由国际生态工程学会、国际科联环境问题科学委员会中国委员会、中国科学院生态环境研究中心、瑞士Schattweid应用生态中心和中国科学院南京地理与湖泊研究所联合主办，并得到瑞士发展与合作机构、中国国家自然科学基金委员会、中国农业部、国际生态模型学会、瑞典科学院、中国生态学会、国际人类学会人类生态专业委员会、中国可持续发展研究会、中国农业环境保护学会、中国生态经济学会等单位的共同支持。中国科学院院士刘建康及著名生态学家、生态工程专家颜京松、刘静宜、李文华、王如松等参加并主持了大会。会议明确了生态工程的定义与基本特征，论证了生态工程对于可持续发展的重要作用；交流了在生态工程领域研究的最新成果与建设的经验。王如松教授1997年7月25日在《中国科学报》海外版发表的《生态工程与可持续发展》一文中指出："生态工程是一门着眼于生态系统的持续发展能力的整合工程技术。它根据生态控制论原理去系统设计、规划和调控人工生态系统的结构要素、工艺流程、信息反馈关系及控制机构，在系统范围内获取高的经济和生态效益。不同于传统末端治理的环境工程技术和单一部门内污染物最小化的清洁生产技术，生态工程强调资源的综合利用、技术的系统组合、科学的边缘交叉和产业的横向结合，是中国传统文化与西方现代技术有机结合的产物"。1998年，钦佩、安树青、颜京松等主编《生态工程学》正式出版，包括有关生态工程学的理论和应用，并着重论述了生态工程技术特点及其有关应用，并于2002年、2008年连续出版了二、三版（钦佩等，1998）。而后，云正明、刘金铜于气象出版社出版了《生态工程》一书（云正明、刘金铜，2001）。这些书籍的出版不仅系统总结了我国生态工程的研究进展，也为我国生态工程的发展培养了大批的后备人才。2000年元月，中国生态学会生态工程专业委员会成立大会在厦门市集美大学举行；参加会议的有中国生态学会、相关科研院所等32家单位。中国生态学会秘书长王如松教授、SCOPE中国委员会秘书长吕永龙教授、福建省生态学会理事长卢昌义教授为会议致辞，热烈祝贺中国生态学会生态工程技术委员会的成立，颜京松教授当选第一届专业委员会主任委员。

## 2.2 分支发展

生态工程理论与实践随着研究的不断深入与实践的推广应用，学科逐步发展，形成了农业生态工程、林业生态工程、草地生态工程及湿地生态工程为主的生态工程体系。在我国生态工程研究中，开展得最为普遍的是农业生态工程。传统农业积累了丰富经验，通过轮种、套种、种群搭配以及多层分级利用等手段，将生态学的循环理念应用在农业生产是中国人民自发的生态工程应用，也是中国现代生态工程得以发展的理论基础和重要参考。马世骏将农业生态工程定义为"运用生态系统中各生物种充分利用空间和资源的生物群落共生原理、多种成分相互协调和促进的功能原理，以及物质和能量多层次多途径利用和转化的原理，从而建立能合理利用自然资源、保持生态稳定和持续高效功能的农业生态系统"。我国进行了大量关于农业生态工程的研究和探索，在理论和实践两方面都得到了长足发展，大力推行了生态农业、持续农业、节水农业等农业可持续发展模式，并取得了很大成效。张壬午等（2000）出版了《农业生态工程技术》，从农业生态工程原理与设计方法、畜禽养殖高效型农业生态工程技术、能源高效利用型农业生态工程技术、废弃物资源化农业生态工程技术、污水利用与净化型农业生态工程技术、庭院经济型农业生态工程技术、农牧渔种养加复合型农业生态工程技术等方面系统论述了农业生态工程在不同方面的应用。杨京平等（2001）出版了《农业生态工程与技术》，介绍了有关农业生态系统、生态工程、农业生态工程的理论、概念、发展历史、作用及与农业可持续发展的关系；重点介绍了有关农林牧渔复合系统工程与技术、无污染食品生态工程与技术、城郊农业生态工程与技术、生态工程的规划与设计、生态建筑与庭院生态工程技术，并列举了大量生动、新鲜的技术运用典范。2004年，李维炯等出版了《农业生态工程基础》在系统介绍生态工程基本原理的基础上，对我国传统农业的技术精髓和所取得的成功经验进行了较为规范、系统、完整的总结和概括，如农渔等综合生态工程，有机肥还田，物质多层分级利用，地力再生维持各方面。特别是随着研究不断深入，针对不同地区、不同土壤等状况（李维炯等，2004）。李建龙（2002）出版了《干旱农业生态工程学》，李志杰和孙文彦（2015）出版了《盐碱地农业生态工程》，严斧（2016）编写的《中国山区农村生态工程建设》等著作，总结了我国农业生态工程发展经验，为以后农业生态工程的高精专发展奠定了基础。

林业生态工程特别是从1978年随着三北防护林体系建设工程启动，我国先后确立了以遏制水土流失、改善生态环境、扩大森林资源为主要目标的17个林业重点工程，后经整合形成了当前的六大林业生态工程，即天然林资源保护工程，退耕还林工程，三北与长江流域等重点防护林建设工程，环北京地区防沙治沙工程，全国野生动植物保护及自然保护区建设工程和重点地区速生丰产用材林为主的林业产业基地建设工程（刘纪远等，2006）。林业生态工程规划总面积为$705.6 \times 10^4 hm^2$，占国土总面积的73.5%，规划造林面积$1.2 \times 10^8 hm^2$，覆盖了我国主要的水土流失、风沙危害和台风盐碱等生态环境最为脆弱的地区，构成了我国林业生态建设的基本框架。遵循森林生态学、植物学、造林学、生态工程学等学科的基本理论和技术，多学科、多功能的综合应用，最终实现林业生态系统良性循环及生物多样性保护，增强生态系统的稳定性（邵全琴等，2017）。随着研究与实践的不断深入，以林业生态工程为主题，在中国知网可查到1200余篇学术论文；从1998年起《林业生态工程学》已由王百田等连续更新出版了三个版本。科学理论实践涵盖了林业生态工程基础理论与概况、林业生态工程营造技术、构建技术工程效益评价与规划设计技术等篇章。系统总结分析了森林生态工程的原理技术及不同类型森林生态工程恢复方法及效益评价（王百田，2010）。

水土流失和土地沙化是我国西北地区最突出的生态环境问题。以沙尘暴为主的自然灾害更是频繁发生，生态危机日趋严重。党中央、国务院以退耕还林还草的生态治理和生态建设作为西部大开发头十年的重点，其根本目的就是防止水土流失和土地沙化、荒漠化，确保我国的生态安全（刘国彬等，2017）。2000年经国务院批准，退耕还林还草试点工程开始在长江上游、黄河上中游13个省、自治区、直辖市展开。2008年，国务院批复了《岩溶地区石漠化综合治理规划大纲（2006—2015）》，在西南8个省（区、直辖市）的100个石漠化严重县启动石漠化综合治理工程试点，探索石漠化综合治理的模式与途径。2014年已扩大至316个县，占到全国455个石漠化县的69.5%。截至2015年底，石漠化治理重点工程县投入中央预算内专项资金119亿元，石漠化土地退化趋势得到有效遏制，石漠化土地面积已实现由持续增加向"净减少"的重大转变（刘泽英，2012；国家发展改革委员会，2016）。国家草地生态工程实验室于1989年6月经国家计划委员会批准，在东北师范大学草地研究所的基础上建立，是我国唯一开展草地科学研究和教学的国家专业实验室。祝廷成教授为国家草地生态工程实验室第一届学术委员会主任。2017年，草地农业生态系统国家重点实验室依托兰州大学，正式通过科技部验收和评估，成为我国草业领域唯一的国家重点实验室。国家杰出青年科学基金获得者贺金生教授任实验室主任、中国工程院南志标院士任实验室学术委员会主任。均为草地生态工程建设提供了充足的理论基础与技术支撑。

湿地生态工程是利用湿地的水文和化学物质储存器的特点，所设计的控制过剩营养物质、沉积物和污染物，并且改善水质的生态工程；或利用上述特点综合整治低洼湿地，使其结构和功能得到改善和恢复，使其成为良性生产-生态系统的生态工程（安树青，2003；闫芊等，2005）。根据湿地生态工程定义，通常将其分为人工湿地工程和湿地恢复工程两大类。根据目的不同，湿地生态工程又包括了自然湿地恢复工程、湿地生物资源保护工程、湿地景观生态工程、城镇生活污水处理湿地生态工程、养殖废水处理工程、农业面源污染控制湿地工程等多种类型（岳俊生，2017）。湿地生态工程广泛应用于海岸带、农田、河流、森林、湖泊等多种生态系统。目前，湿地恢复为主的湿地生态工程主要著作有：安树青等（2003）出版的《湿地生态工程：湿地资源利用与保护的优化模式》。其主要介绍了湿地生态经济价值、分类效益和功能；从生态旅游、种植养殖、污染净化和复合利用等方面推介湿地资源的典型利用模式；探讨湿地资源的保护、价值评估、社区参与和共同管理以及恢复与重建等内容。刘兴土（2017）年出版了《中国主要湿地区湿地保护与生态工程建设》总结了我国湿地主要分布、面临的问题及实施湿地生态工程建设的成功经验与模式。关于人工湿地方面的著作主要有王世和（2007）出版的《人工湿地污水处理理论与技术》；崔理华、卢少勇（2009）出版的《污水处理的人工湿地构建技术》及吴振斌（2008）编撰的《复合垂直流人工湿地》。同时，2009年，住房和城乡建设部制定了《人工湿地污水处理技术导则》。

## 3 研究现状

### 3.1 生态产业概述

生态工程是生态产业的重要理论基础。生态产业是传统产业的继承和发展。生态产业是依据产业生态学原理、循环经济理论及五律协同原理组织起来的基于生态系统承载能力，并具有较高的自然、社会、经济、技术和环境等五律协同的产业（陈效兰，2008）。生态产业将多个生产体系或生产环境进行耦合，使资源多级利用，将对环境的影响降到最低。同时生态产业也是按生态经济原理和知识经济规律，以生态学理论为指导，基于生态系统承载能力，在社会生产活动中应用生态工程的方法，突出了整体预防、生态效率、环境战略、全生命周期等重要概念，模拟自然生态系统，建立的一种高效的产业体系（鲁伟，2014）。生态产业可维持经济、社会、资源和环境保护协调发展，在经济发展的同时，有能够保护好人类赖以生存的自然资源。生态产业具体包括：在宏观层次上可以制定生态产业发展战略以及相应的法律、法规和政策，确立国家发展目标和企业行为规范；在中观层次上可以建设生态产业园区，打造企业或产业集群化、融合化和生态化的平台；在微观层次上可以开展生态技术创新和推广应用的管理，使每项任务都细化为具体的行动（李周，2009）。在2018年5月召开的全国生态环境保护会议上，习近平总书记指出，要加快建立健全"以产业生态化和生态产业化为主体的生态经济体系"，这一论断对促进生态保护和经济社会协调发展具有重大指导意义（陈洪波，2018）。根据"产业发展层次顺序及其与自然界的关系不同"的标准，生态产业主要划分为生态农业、生态工业及生态服务业（鲁伟，2014）。生态产业具有横向耦合、纵向闭合、区域关联、功能导向、低物质化和全球化的关键特征（陈效兰，2008；王如松，2001）。目前，我国经济迅速发展，经济增长速度令世界瞩目，但同时也面临着环境恶化与生态环境破坏的严峻挑战，经济增长和环境污染、资源破坏的矛盾日益突出，要从根本上解决此矛盾，需实施可持续发展的经济发展模式，改变经济发展模式，从以往的"黄色道路"和"黑色道路"转向可持续发展的"绿色道路"（李树，2001）。生态产业要求能源和原材料综合利用，物质闭路循环，倡导以服务功能为导向，以最小的环境代价换来最大的功能服务（彭宗波等，2005）。生态产业发展以循环经济为指导，是建设资源节约和环境友好型社会的重要内容（陈海嵩，2009），有利于坚持我国节约资源和保护环境的基本国策，加强生态文明制度建设（张文斌和颜毓洁，2013）。生态产业将作为生态文明建设的重要组成部分，在不久的将来会迎来一种全新的发展态势。为此，科技部通过"典型脆弱生态修复与保护研究"专项立项了重点研发计划项目"河套平原盐碱地生态治理关键技术研究与集成示范（2016YFC0501300）"和"喀斯特高原石漠化综合治理生态产业技术与示范研究（2016YFC0502600）"，为我国典型生态脆弱地区可持续发展提供科技支撑（杨劲松等，2016；熊康宁等，2016）。

## 3.2 生态产业应用

生态产业的技术载体是面向环境的技术，或称环境无害化技术和环境友好技术，主要包括预防污染的少废或无废的工艺技术和产品技术，也包括治理污染的末端技术（黄敬华，2006）。生态产业在我国林业（张志东和赵志芳，2016；李万秋等，2017），农业（秦庆武，2016；张宜清等，2018），工业（史宝娟和郑祖婷，2017；王淑芬等，2018）和海洋业（邵文慧，2016）等诸多行业都在逐步开展。中国的生态农业实践已经走过了30年的历程（马世骏，1983，1987；张壬午等，2000）。目前我国农业领域所面临诸多综合性问题。如农产品价格、农产品质量安全、农田基本建设（土地整理、水利、道路、机械等）、农业污染与环境恶化、技术灾害与气象灾害等等，这些问题都不是某一个领域的专家利用其本领域的"一技之长"就能够解决的（曹志平，2013）。在这一系列问题的背景下，我国生态农业未来发展将逐渐趋向于生态型高技术农业，精准农业和信息农业等方面。在此背景下，代表农业新型生产方式的绿色循环经济、废物循环利用、低毒高效农化领域有望获得政策着重鼓励。目前，生态农业已逐步在我国黄土高原（张宜清等，2018）、黄河三角洲（秦庆武，2016）、甘青川藏区（何思好，2016）等多地进行开展，并逐渐形成了生态农业产业链，生态文化产业园等多种发展模式。

生态工业是依据生态经济学原理，以节约资源、清洁生产和废弃物多层次循环利用等为特征，以现代科学技术为依托，运用生态规律、经济规律和系统工程的方法经营和管理的一种综合工业发展模式（严安，2009），在产业结构调整（李芬等，2018），区域发展规划（史宝娟和郑祖婷，2017）等方面都具有重要作用。我国实现工业化进程是在二元经济结构特征十分明显，人均资源并不丰富的条件下推进的。在党的政策指导下，中国特色新型工业化道路是一条经济效益与生态效益、社会效益兼顾，企业具有广阔生存空间的工业化道路。随着生态产业研究的不断深入，在原有生态农业和生态工业研究的基础上，生态服务业在近年来受到越来越多的重视。生态服务业在我国经济发展过程中正发挥着越来越重要的作用，因此，应当拓展服务业发展空间，加快传统服务业的改造、提升，有重点地推进生态服务业的发展（魏玲丽，2015）。中国已经加快了从传统工业向生态文明发展的步伐，尽管未来将面对诸多困难同时要求更多的国际合作，但不可否认生态产业的可持续发展不是简单的一种口号或前景，已经成为我国发展道路上的必不可少的一部分，具有很广的发展潜力（Pan，2012）。

## 3.3 重大生态工程评价

近几十年来，由于人类活动和气候变化的共同影响，我国生态系统持续退化，严重影响经济社会的可持续发展（欧阳志云等，2015）。为了保护和修复生态系统，我国先后投巨资启动了三北防护林体系建设、退耕还林（草）（李勇，2016）、石漠化综合治理等重大生态工程（国家发展改革委员会，2016）。如何全面及时地掌握重大生态工程实施的生态成效及存在问题，以便滚动调整生态工程实施方案、保障工程实施效果，并使后续生态工程部署具有科学性和空间针对性，是国家的重大迫切需求（邵全琴等，2017）。中国科学院地理科学与资源研究所近年先后开展了三江源生态保护与建设一期工程评估、重大生态工程区生态环境十年变化调查与评估等，研发了地面-遥感一体化监测、模型模拟和综合评估技术体系，编制了《三江源生态保护和建设生态效果评估技术规范》（DB63/T1342—2015）地方标准（邵全琴等，2016）。中国林业科学研究院曾开展三北防护林建设、退耕还林等重大林业生态工程监测与评价，研发了天然林保护及退耕还林工程监测信息系统平台，编制了相关行业标准，发布了系列"退耕还林工程生态效益监测国家报告"（国家林业局，2016）。中国科学院成都山地灾害与环境研究所进行了"西藏生态安全屏障保护与建设工程建设成效评估"，编制了《西藏生态安全屏障生态监测技术规范》（DB54/T0117—2017）地方标准。北京林业大学编制了《退耕还林工程建设效益监测评价》（GB/T23233—2009）国家标准。中国科学院水利部水土保持研究所开展了黄土高原生态工程的生态成效评价（刘国彬等，

2017）。2011 年起，国家林业局组织开展了第二次石漠化监测工作，掌握了 2005～2011 年我国石漠化动态变化情况（刘泽英，2012）。已有研究表明，生态工程建设有效地改善了工程区的生态状况，并取得了明显的社会经济效益。但传统的评价方法如专家打分、模糊赋值、层次分析和主成分分析等，在描述工程区的长时间序列动态变化，以及评价大尺度空间范围内多个保护区的成效差异等方面，难以满足生态工程成效的监测与评估需求（邵全琴等，2013）。为此，国家重点研发计划"典型脆弱生态恢复与保护研究"设立了"国家重大生态工程生态效益监测与评估"项目。通过项目实施，构建重大生态工程生态效益监测评价指标体系，研发各类重大生态工程生态效益监测评估技术体系及系统，定量评价重大生态工程的生态效益，提出生态效益提升的技术途径，为国家重大生态工程的布局和管理提供科学依据。

目前国内外学者对生态工程的效益评价主要针对湿地系统（王凤珍等，2011；徐婷等，2015）、林业工程（果超等，2015）、流域水环境治理（郑国权等，2016）等对象展开，形成了比较成熟的评价指标体系和评价方法。赖敏等（2013）对生态工程实施前后三江源自然保护区的生态系统服务价值进行了评估和分析，结果表明工程实施期间保护区生态系统服务价值呈现明显的增长趋势。祁威等（2016）为了有效评估生态工程建设对青藏高原典型国家级自然保护区的影响，基于表征生态系统功能状况的植被净初级生产力变化系列数据，采用样区对比法系统分析了羌塘和三江源两个国家级自然保护区建立及 2004/2005 年实施的新生态工程的效果。研究表明：1982～2009 年间，草地净初级生产力呈波动上升的趋势，2004 年后退牧还草工程的实施效果良好，在所有高寒草地类型中，新生态工程对高寒草甸类型样区的保护效果最为显著。邵全琴等（2016）基于生态系统结构—服务动态过程趋势分析，针对生态保护与建设工程预期目标，构建了由生态系统结构、质量、服务及其变化因素构成的生态成效评估指标体系，研究发展野外观测、遥感监测和生态过程定量模拟一体化的监测评估技术体系，评估了三江源生态保护和建设一期工程的生态成效。结果表明：工程实施 8 年以来，三江源区宏观生态状况趋好但尚未达到 20 世纪 70 年代比较好的生态状况，草地持续退化趋势得到初步遏制但难以达到预期"草地植被盖度提高平均 20%～40%"的目标，水体与湿地生态系统整体有所恢复，生态系统水源涵养和流域水供给能力提高，区域水源涵养量达到了增加 $13.20\times10^8m^2$ 目标；重点工程区内生态恢复程度好于非工程区，除了气候影响以外，工程的实施对促进植被恢复具有明显而积极的作用。张良侠等（2014）基于 GLO-PEM 模型和载畜压力指数，对比分析了三江源地区实施生态工程前后草地产草量和载畜压力的变化。结果表明，工程实施后的 2005～2012 年 8 年的草地平均产草量为 $694kg/hm^2$，比工程实施前平均产草量（$533kg/hm^2$）提高了 30.13%，减畜措施实施后的 2003～2012 年 10 年的平均载畜压力指数为 1.46，比 1988～2220 年 15 年平均载畜压力指数（2.49）下降了 36.1%。草地产草量的提高和载畜压力的减轻，主要归因于生态保护和建设工程的实施以及气候变化。毛绍娟等（2015）调查并分析日喀则地区退耕还草（林）工程实施后生态功能效应发现，退耕还草显著提高了植被总盖度和平均高度。退耕还草使植被群落趋于稳定。随退耕还草时间延长，植被和土壤碳密度总体呈上升趋势，但由于退耕还草时间较短，底层土壤容重及最大持水能力变化不大。徐新良等（2017）通过对比分析遥感影像，利用人工解译的手段获取了工程实施后三江源地区退化草地变化态势数据集，并在此基础上分析了退化草地的恢复态势，以及草地退化现状的空间格局特征。结果表明：2004～2012 年三江源生态工程实施以后，该地区草地退化呈现不同程度的减缓态势，而且局部地区草地状况明显好转；三江源地区各县草地退化趋势基本得到控制，退化草地变化以轻微好转和明显好转为主，退化发生和退化加剧现象仅发生在极少数县；2012 年三江源退化草地面积比 2004 年降低了 5.78%，其中中度退化草地的面积减少最显著，下降了 5.35%。黄河源和长江源草地退化的形势依然比较严峻，玛多县、曲麻莱县、称多县北部和治多县东南部草地退化最明显。三江源生态工程自实施以来，草地恢复态势及现状分析对归纳总结三江源生态保护与建设一期工程的成功经验和基本教训，以及合理指导二期工程的实施具有重要的科学意义。

在黄土高原，刘国彬等（2017）全面评价该地区生态工程的生态成效，以野外站不同尺度监测及生态系统关键过程长期研究为基础，利用多种模型和统计分析方法，在地块-小流域-行政区和典型生态工程-典型样区-侵蚀和地貌区等不同尺度上，对土地利用和植被覆盖变化、土壤侵蚀动态变化、河流径流和输沙量动态变化以及社会经济结构动态变化进行了综合分析与评估。结果表明，黄土高原地区水土流失范围明显缩小、水土流失程度显著减轻，区域生态状况向良性发展、社会经济发展迅速。但局部地段（如陡坡耕地）水土流失仍然严重、生态环境仍然比较脆弱，治理形势依然严峻。据此，从该地区生态建设的内容、学科建设重点、监督和政策机制、产业结构调整等方面提出了该地区生态工程后期建设的方向和对策。

## 3.4 乡村生态工程

1982年，随着化肥、农药过量使用造成的生态问题，水资源过度开采利用、水土流失及土壤沙化等问题的日益严重，中国农业生态环境保护协会召开学术研讨会，并向主管部门提出发展生态农业的建议。同时部分生态农业研究者及有关部门开始进行生态农业试验及实践工作，如1982年北京市环保局和沼气办公室选定北京大兴县留民营村开展生态农业试点，由此也成为全国第一个生态农业系统工程建设试点村，1986年被联合国环境规划署认定为中国生态农业第一村；1983年"生态农业"术语的提出者和实践倡导者西南农学院叶谦吉教授在重庆市选定58个农户开展生态农业户建设实验，同时重庆市科委选定114个村进行"大足县南北山生态农业实验区"建设试点；1987年江苏率先在大丰县开展生态县建设，此后部分地区陆续开展了"生态农业户"等试点工作，如山西闻喜县、辽宁大洼县、湖南南县等（孙建鸿，2014）。经过系列试点工作，中国建成了多类型的生态农业工程，探索出多种有效的生态农业模式，同时有7个村被联合国环境规划署授予"全球500佳"称号（李瑞农，1993）。2000年农业部、国家计划委员会、科学技术委员会等七个部委（局）召开第二次全国生态农业县建设工作会议，全面总结了首批生态农业试点县建设工作，同时又部署了第二批50个生态农业试点县建设工作，并提出要在全国大力推广和发展生态农业的任务（孙建鸿，2014；李文华等，2010）。

生态循环农业这一名词最早是出现在上海市崇明前卫村。生态循环农业是以生态学原理及其规律为指导，以低消耗、低排放、高效率为基本特征，按照循环模式进行生产的农业（杨群义，2018a）。2016年中央一号文件中首次提出要"积极推广高效生态循环农业模式"，高效生态循环农业作为先进的农业发展模式，被认为是现代农业和农村经济发展到一个新的阶段的重要趋势与方向（韦凤琴，2018）。同年，农业部印发了《农业综合开发区域生态循环农业项目指引（2017—2020年）》，提出2017～2020年建设区域生态循环农业项目300个左右，积极推动资源节约型、环境友好型和生态保育型农业发展，提升农产品质量安全水平、标准化生产水平和农业可持续发展水平。以提高区域范围内农业资源利用效率和实现农业废弃物"零排放"和"全消纳"为目标，建立起养分综合管理计划、生态循环农业建设指标体系等管理制度，按照完整的生态循环农业链条进行项目设计，项目建设原则上须包括畜禽养殖废弃物资源化利用、农副资源综合开发、标准化清洁化生产等三部分内容，同时兼顾资源利用的多样化和废弃物处理的不同方式，努力实现"零"增长；畜禽粪便、秸秆、农产品加工剩余物等循环利用率达到90%以上，大田作物使用畜禽粪便和秸秆等有机肥氮替代化肥氮达到30%以上；农产品实现增值10%以上，农民增收10%以上。朱琳敏等（2016）指出生态循环农业是为了实现生态、经济和社会效益高效统一的一种农业发展模式，主要是以保护环境为宗旨，从生态工程学和可持续发展的思想出发，利用清洁生产和废弃物资利用等方式从事农业生产。在农业供给侧结构性改革的大环境下，生态循环农业的发展有助于农业发展以及资源环境之间的相互协调，在一定程度上还能够保障农产品的质量（丁钊，2017）。在循环农业的实践探索中，我国已经成功发展出诸如"猪-沼气-作物"种养型生态循环农业（陈直等，2016；于安芬等，2016），"水稻-水产"共生型生态循环农业（曹永峰，2016；闫红果，2016），合作农场型生态循环农业（王晓莉和胡勇，2014）等多种模式，这对农民增收以及改变农村环境起到了重大作用（孟祥林，2015）。杨群义（2018b）总结了盐城市各地的实践探索，总结四种在盐城比较普遍而有效的生态循环农业产业模式。即，种养业内部有机组合的生态循环农业模式，种养结合的生态循环农业模式，清洁能源与种养业复合的生态循环农业模式，一二三产业深度融合的生态循环农业模式。张俊峰等（2017）采用文献综述与案例分析的方法详细地分析了北京山区生态屏障功能，概述总结了6种适合的循环农业产业发展模式。得出北京山区循环农业发展模式包括能源引导模式、产业融合经营模式、环保型种养殖模式、多层面循环经营模式、综合型废弃物再生利用模式、休闲观光园模式等。

截至2017年年底共建设283个国家现代农业示范区，农业示范区对发展现代生态农业具有重要的作用，不但创新了农业生产方式，还提供了大量生态安全产品。2014年浙江省获批现代生态循环农业试点省建设，拉开生态农业试点省建设的序幕。据农业部数据，截至2015年年底中国已建设国家级生态农业示范县100多个，省级生态农业示范县500多个，生态农业示范点2000多处，循环农业示范市10个（于法稳，2015；殷俊红，2015）。

关于"三品一标"农产品方面，2001年为应对我国农产品质量安全危机，农业部牵头提出了"无公害食品行动计划"，宣告"三品"即无公害农产品、绿色食品和有机食品正式登上了历史舞台。2007年年底《农产品地理标志管理办法》以第11号部长令的形式发布，"三品"正式升级为"三品一标"（无公害农产品、绿色食品、有机农产品和农产品地理标志）。"三品一标"经过十多年的发展，在提升农产品质量安全水平、引领农业标准化生产、打响农业品牌知名度（吴愉萍等，2018）。"三品一标"就是在分散中把相对集中的规模经营主体聚拢到了一起，给定统一的标准，纳入共同的监管。从这个意义上讲，只要中国的分散经营不改变，"三品一标"在中国农业的发展中必然起着引领、示范和带动作用（马爱国，2015）。无公害农产品、绿色食品和有机食品可以满足不同层次消费群体的需求，而地理标志农产品则是地域特色的独一无二的产品（张华荣，2017）。针对"三品一标"，国内学者进行了大量的研究。韦岚岚（2019）总结了广西有机农业发展的现状，指出了存在产品结构、地域、品质和产量发展不平衡等问题。姜举娟（2019）分析了黑龙江省有机认证产品。其中以水稻、大豆和玉米为主，占有机植物生产总量的77%。截至2017年，据黑龙江省认证监管部门统计数据显示，黑龙江省有机水稻认证面积约为16.73万$hm^2$，产量达到近17万t。有机小麦种植面积为1.8万$hm^2$，产量为7.6万t；有机玉米种植面积约为8.67万$hm^2$，产量为65万t；有机大豆种植面积为1.6万$hm^2$，产量43万t。同时，有机食用菌生产也在逐年增加，有机认证食用菌产量达到1.6万t。

有机农业的发展要根据区域资源优势、农业产业优势和市场定位，积极组织并支持农业企业、农民专业合作社和家庭农场等新型农业经营主体；以及现代特色农业核心示范区内生产经营主体、"三园两场"主体、农作物标准园经营主体等发展有机农产品生产，促进有机农业发展；同时推进示范基地建设，通过资金支持、政策引导、企业主导、整体宣传、构建产销平台等措施，打造一批规模大、品质优、品牌响的有机农业示范基地，充分发挥带动作用，使示范基地成为农业供给侧结构性改革的典型代表和形象窗口（王运浩，2017）。同时要严格质量监管，加大获证产品抽查和督导巡查力度，健全淘汰退出机制，严肃查处不合格产品，严查冒用和超范围使用标志等行为。最终建立和完善有机农产品质量追溯制度，促使产品实现来源可溯、流向可追、质量可控、责任可究（郑力文等，2017）。

截至2015年年底，全国绿色食品企业达到9579家，认证产品总数超过23386个。据调查，在国内大中城市中，绿色食品的品牌认知度超过80%，在认证产品中公信度排名第一位，且其品牌影响进一步从国内扩展到国外（王宝义，2018）。全国共有3.5万个有效认证的无公害农产品产地，7.8万个无公害农产品，产品总量达到2.3亿t；产地约占耕地面积的13.7%，产量约占同类农产品产量的12%（刘新录，2016）。截至2017年9月，中国有机产品总产值达到1364亿元，有机标签备案17.4亿枚，共56家认证机构开展有机产品认证工作，11051家企业获得17104张有机产品认证证书，获得认证的有机植物生产面积达到 194.5 万 hm$^2$，家畜和水产品总产量达到 135.2 万 t，有机农业种植面积占全国耕地面积 1.1%左右（王建和孙琪，2018）。但现阶段"三品一标"发展也存在如概念过多，容易混淆；标准执行不到位；申报要求过于复杂；技术推广缺位，核心坍塌；宣传薄弱，市场端断裂等生产、发展过程中的问题。

关于农业文化遗产方面。中国是农业古国，在上万年的农耕历史中创造了丰富的农耕文化，蕴含了丰富的生物、技术、文化"基因"，对于乡村振兴具有重要的现实意义，是中华优秀文化的重要组成部分（闵庆文，2018）。世界粮农组织将农业文化遗产定义为：农村与其所处环境长期协同进化和动态适应下所形成的独特的土地利用系统和农业景观，这种系统与景观具有丰富的生物多样性，而且可以满足当地社会经济与文化发展的需要，有利于促进区域可持续发展（闵庆文，2009）。在联合国粮农组织全球重要农业文化遗产计划的影响下，中国农业农村部于 2012 年启动了中国重要农业文化遗产发掘与保护工作，并陆续发布 4 批 91 个项目（闵庆文，2019）。截至 2015 年，农业农村部（原农业部）公布了 3 批共 62 项中国重要农业文化遗产。随着三批中国重要农业文化遗产的颁布，国内学者对农业文化遗产的概念与特点（闵庆文和孙业红，2009）、价值（李明和王思明，2015）、保护模式（闵庆文等，2011）等进行了探索研究，并取得了一定成果。农业文化遗产研究核心议题包含两个方面。一是对农业文化遗产适地智慧的基础性研究，主要是通过古籍整理、史实考证与田野调查，分析各类文化遗产适应土地、物候的源流谱系、复合功能、绩效评价和内生机制。诸如苏中兴化筑圩防洪以卫田庐的垛田肌理，川西都江堰"竹笼杩槎"的围堰岁修制度等（李明和王思明，2015；李畅，2017）。二是对农业文化遗产动态存续的应用研究，主要通过多因子价值评价，探索当代农业文化遗产保护与开发的指导理念和基本原则、开发策略和实施途径以及利益相关者的权责、管理制度的利弊等内容。例如技术型（浙江青田稻鱼共生系统）、景观型（云南红河稻作梯田系统）和遗址型（江西万年稻作文化系统）的旅游资源利用评价等（孙业红等，2013）。在空间分布上，中国重要农业文化遗产空间分布类型为集聚型，局部地区呈组团分布；在三大阶梯和三大经济地带的分布集中程度较高；省域空间分布不平衡。不同类型农业文化遗产的分布受其个性特征的影响，各有其特点和合理性（牟娅和于婧，2018）。从中国重要农业文化遗产在不同尺度空间分布的特征差异来看，影响中国重要农业文化遗产空间分布特征的贡献因子主要有地形地貌、经济发展水平和地方政策执行力三大因素。中国重要农业文化遗产中，传统农业系统分布范围较广，比重较大，共有 53 项，约占中国重要农业文化遗产的 85%。与传统农业系统相比，中国重要农业文化遗产中的传统农业景观分布稀疏，数量较少，共 9 项，约占遗产总数的 15%。但在今后的研究中，应该把以文化为主导的文化分区、以降水为主导的四大地理分区等空间尺度考虑在内，以更加全面地揭示中国重要农业文化遗产的空间分布规律。闵庆文等（2018）系统的总结了重要农业文化遗产的概念、特征与价值，保护的政策与机制，动态保护机制及发展途径。得出农业文化遗产的保护与发展主要有两种途径，即在其多功能价值认识基础上的多功能农业发展，包括高品质特色农产品生产、生态旅游业发展、文化产业发展等，以及以生态与文化补偿为核心的政策激励机制。为进行动态性和适应性管理与保护，建立"五位一体"的多方参与机制和法律保障管理办法（闵庆文和张碧天，2018）。因此，农业文化遗产要与三产相融合。中国早在 20 世纪 90 年代就提出了以市场需求为导向，以经济效益最大化为目的，以农业为基础产业向工业、商业、科研、服务业延伸的综合产业体系"农业产业化"（牛若峰，1998），在东部部分地区取得了很好的效果。然而，这一理论具有地域局限性，许多地区的农村要素与资源并未得到有效开发。2015 年中央一号文件提出"推进农村一二三产融合发展"，2016 年国务院办公厅发布《关于推进农村一二三产业融合发展的指导意见》，把农村一二三产业融合发展提升到了国家政策层面。推动农村"三产"融合发展系列中央文件的相继出台，引起了不同学科研究者从不同角度展开研究（赵海，2015；姜长云，2015；苏毅清，2016）。张永勋等（2019）基于对农业文化遗产特点、资源特征以及农业文化遗产保护要求等方面的分析，阐释了农业文化遗产地"三产"融合发展的概念和内涵，并构建了由产业融合度与劳动力融合度组成的农业文化遗产地"三产"融合度评价方法体系及具体核算方法，为推动"三产"融合发展，有效促进农民在本地就业，保护农业文化遗产有着重要意义。

习近平总书记多次强调"宁可要绿水青山，不要金山银山"，发展生态循环农业要着力围绕"资源利用高效、产品安全优质、农业废弃物充分利用、农业综合效益明显提高"的目标要求，以"一控两减三基本"为抓手，推进农业资源利用节约化、生产过程清洁化、产业链条生态化、废弃物利用资源化，加快形成"项目内部小循环、产业链接中循环、片区经济大循环"的三级生态农业循环体系，积极构建"功能布局合理、资源利用节约、农耕文化传承、农村环境良好"的农业生态文明建设新格局，实现经济效益、社会效益和生态效益协调统一（李军，2017）。

我国美丽乡村生态建设是美丽中国的建设基础，是提升"三农"建设，推进现代化农业持续发展的新工程、新载体（王卫星，2014；杜小姣等，2018）。改善乡村生态环境、建设乡村生态文明是实施农村土地综合整治的重要目标。目前农村土地综合整治已经上升为国家层面战略部署，成为推动农业现代化建设的重要平台，在实践中需要从建设乡村生态文明角度，重视和加强农村土地综合整治中的生态工程建设（张俊凤和刘友兆，2013）。张勇等（2013）基于土壤学、地学、生物多样性保护、景观生态学和农业生态工程等基础理论，对农用地和农村居民点整治中的生态工程进行归纳。其中农用地整治生态工程主要有表土剥离再利用与客土改良，乡村生物多样性保护，农田生态林工程，坡改梯工程和土壤固碳工程。而农村居民点整治工程主要有农户庭院生态工程和生态乡村聚落工程。2016年全国休闲农业和乡村生态旅游总人数近21亿人次，营业收入5700亿元，约占国内旅游总收入3.9万亿元的14.6%，比2015年增加了1300亿元，增收29.5%，带动672万户农民受益。出现了一批生态环境优、产业模式多样、发展势头好、带动能力强的示范典型，展示了我国美丽乡村建设蓬勃发展的光明前景（王卫星，2014）。杜小姣等（2018）从激发乡村创新创业活力，促进城乡等值化发展，推进乡村生态发展模式，调整农村产业结构，推进城乡、农业、生态国土空间新格局，加快"三农"发展转型，建设宜居宜业宜游的美丽乡村等方面进行了深入探索。结合工程实践和具体问题，指出了今后美丽乡村生态工程技术的研发方向，包括加强美丽乡村生态建设条件和标准研究、美丽乡村建设成果组装技术应用途径研究、乡村旅游产业园区土壤及水体污染防治技术研究、不同生物气候带美丽乡村生态产业模式研究等。目前，关于"美丽乡村建设"的研究开发文献较少，主要包含村庄整治与规划，乡村发展模式研究，乡村现状描述及评价，城乡一体化研究及农民参与主体间关系。很少涉及建设过程中的具体问题研究，因此，目前我国还缺乏反映美丽乡村生态建设工程技术与实践的研究。

在农业生态工程方面，近年来的研究主要针对农业面源污染合理解决方面开展。农村面源污染的主要来源包括农村污水、农业种植、畜禽养殖和水产养殖等；农村面源污染控制生态工程技术可划分为源头控制技术，过程消减技术和终端处理技术（Gao，2015）。目前，在国内治理面源污染主要方法有生态绿化过滤带工程，生态沟渠工程，人工湿地工程和沼气工程（周科，2018）；同时也开展了农业景观综合示范工程，即利用生态工程原理，针对农业面源污染设计池塘-生态沟渠-乡村-农田生态工程模式（Gao，2015）。在农业生态控害技术方面，利用现有耕作习惯来提高生物防控或对害虫的直接控制，或利用诱集植物直接诱杀，以及改变大面积单一耕作模式，减少害虫的迁入量以及种群发生数量等方面发展迅速（刘桂良等，2014；Zhu et al.，2014；朱平阳等，2015）。朱平阳等（2017）应用生态工程控制害虫技术取得较大进展。对稻田水生昆虫成虫的种群动态进行了连续3年的系统调查，以探明生态工程防控技术对水生昆虫的影响。发现实施生态工程防控技术稻田中的水生捕食性昆虫豆娘的数量显著高于农民自防田，其他水生捕食性昆虫和中性昆虫等数量也有类似的结果；同时，靠近田埂的稻田区域豆娘和水生中性昆虫的种群数量也显著高于稻田中间区域。说明通过实施生态工程控害技术可以有效提高稻田水生捕食性昆虫及中性昆虫种群数量，这对提高水稻生长后期的天敌控害作用有重要的意义。孔绅绅等（2016）在生态工程技术控害稻田中两栖动物多样性调查中发现生态工程技术控害稻田中的两栖动物的生物多样性要高于农户自防稻田，其种类及密度均大于农户自防稻田。两栖动物作为农田生态系统中的有机组成部分，这些两栖动物种类在取食农业害虫，维持农业系统的生态平衡方面起着重要的作用。

## 3.5 河湖滨岸带生态工程

常规的河道整治工程，主要注重岸坡的防洪、抗侵蚀的功能，采用抛石，砌石护坡等防护措施，伴随着混凝土、土工膜等硬质材料的应用，混凝土护岸、浆砌石护岸多采用硬质材料完全包裹岸坡，虽然满足了工程安全上的要求，也损害了河流生态系统的健康。生态护岸工程是人追求自然与发展协调的新型工程产物，回归自然、亲水空间的塑造、景观与文化的融合成为近年来生态护岸的研究方向与热点（肖泳，2014；梁开明等，2014）。国内学者认为，生态护岸工程是将现代水利学融合生物科学、环境学、生态学、景观学为一体的综合水利工程。湖滨缓冲带是指湖泊水体由湖岸向陆域扩展的地带，通过对径流中不同形态的氮磷等面源污染物进行拦截，控制污染物向水体迁移，将近岸区域的人类活动与水体进行隔离，是湖泊生态系统的重要组成部分，具有较高的生态、社会和经济美学价值（叶春，2012）。

张文艺（2012）充分结合了乡镇污水处理与河道修复技术，利用永安河前桥的有利条件实现了集生物栅栏、表面人工湿地、接触氧化池、生态护岸于一体的治理模式，在排出物中的 $NH_3$-N、TP 等污染物的含量都达到了相应的标准，而且相比于传统的治理方法来说，这种方法的运行费用更少。同年，戚蓝（2012）从当地实际气候情况出发，较为深入的研究了漳河下游水源短缺、环境恶化等问题，并提出了具有较高可行性的治理办法：以绿代水、湿润河道，并用 HEC-RAS 模型验证这一治理办法的可行性。邵宗博（2013）在深入研究华北干旱河道的基础上提出了生物体系修复方案，其具体实施过程如下：第一步是充分结合当地水文条件，并进行适当的植物修复工作。与此同时，当植物系统的多样性得以成功建立以后，就需要引进多种动物，提高当地动物的多态性，进而达到保证整个河道生态系统健康稳定的目的，并成功的运用到了滹沱河子龙大桥西段湿地的修建过程中，而且进一步总结了河道修复过程中构建生态体系的重要性以及各个需要格外注意的地方。袁淑方等（2013）采用生态工程措施于南苕溪入青山湖水库河口处对河道进行恢复．综合考虑山溪性河流水文水动力特征，通过构建、稳定和保护河口与滨岸带生态系统实现河道恢复目标。采用合金钢网石兜抛石技术、深潭-浅滩/塘-洼地组合净化技术、分流沙嘴技术、T-型乱石抛筑透水坝技术、河岸侵蚀面防侵蚀的浅滩沙洲场技术、植被缓冲带技术、水生植物恢复技术等关键技术．对河口生态工程区进行连续 9 个月的监测结果显示，工程区上段浅滩及分流沙嘴区能有效复氧，提升 pH 并降低电导率，同时对总磷、活性磷和悬浮颗粒物有较好地去除效果；中段深潭区通过强化的微生物活性能有效去除铵态氮与亚硝态氮；下游 T 型坝能较好地拦截并沉积河口冲刷物质，但需对其定期清理以防引发二次污染．河口生态工程运行初期较好地改善了河道结构并提升了河流自净能力，对河流生态恢复最具指示作用的水质指标溶解氧饱和度、铵态氮去除率在工程实施后较工程实施前平均分别提高了 14.5%、14.7%。付文凤等（2017）对江苏省竺山湾地区宜兴市周铁镇湖滨缓冲带生态工程的综合效益进行评价，定量分析生态工程建设的价值，从生态、社会、经济 3 层面构建包括水质净化、涵养水源、保护生物多样性、大气调节、提供就业、科研教育、社会稳定、旅游休闲、提供水产品等内容的综合效益评价指标体系，运用成果参照法、影子工程法、旅行费用法、条件价值法、替代法、直接市场法等对各项指标价值进行评价。得出周铁镇湖滨缓冲带生态工程综合效益价值约为 176.66 万元/a，表现为：生态效益＞社会效益＞经济效益，有效改善了湖泊水环境，生态效益最为显著，符合生态工程建设的生态效益优先原则，为太湖及其他流域湖滨缓冲带生态工程建设效益评价提供借鉴和参考。

## 3.6 海岸带生态工程

我国既是陆地大国，也是海洋大国，拥有超过 $1.8 \times 10^4$ km 的大陆海岸线，6500 多个岛屿。依据《联合国海洋法公约》和我国的主张，管辖有超过 $3 \times 10^6$ km$^2$ 的辽阔海域。在全球变化导致的海平面上升和灾害性气候等压力下，在海洋开发利用过程中只重视对资源的索取，而忽略对海洋生态及环境的保护的情况下，导致我国海洋生态环境问题日益突出（海洋经济可持续发展战略研究课题组，2012）。海岸带风暴潮、海岸侵蚀、地面沉降等灾害发生频率和强度正在增加；入海污染物增加，氮磷富营养化、赤潮灾害等环境问题多发，导致我国海洋生态安全面临严峻的挑战（于宜法和王殿昌，2008）。目前，我国已初步形成海洋保护区网络体系。截至 2011 年年底，已建成典型海岸带管理系统、珍稀濒危海洋生物、海洋自然历史遗迹及自然景观等各类海洋保护区 221 个；此外，已建立海洋国家级水产种质资源保护区 35 个。同时，2011 年国家海洋局开始建设国家海洋公园，批准了 7 处国家级海洋公园（国家海洋局，2003～2012；海洋环境与生态课题组，2016）。但随着经济的发展和环境保护要求的提高，对海岸防护体系的需求也日益提高。传统海岸防护工程维护成本高，更新困难，而且可能造成地面沉降、水质恶化、生态退化、渔业资源衰退等后果（Lai et al.，2015；Dafforn et al.，2015）。相对于传统海岸防护工程，生态防护工程可持续性更强，更经济合算。修复和重建沙滩、红树林、沼泽、珊瑚礁、鱼礁等生态系统，可以增强对风暴产生的波浪、大潮及洪涝灾害的抵御能力，通过自然的泥沙捕获蓄积过程减缓海平面上升的影响，有效应对全球变化引发的灾害风险，形成更可持续的海岸防护体系（Temmerman et al.，2013）。此外，通过恢复海岸带生态系统，还可以产生改善水质、重建鱼类栖息地、提高生物多样性等生态效益。

目前，我国海岸线上已经建设了大量海堤、丁坝、顺坝等工程设施来保护城市、工矿企业、油田、耕地和盐场等（左其华和窦希平，2014）。但仅仅是近年来才开始基于生态工程的理念，根据海岸防护的需求，设计不同类型的生态海岸防护体系。基于生态工程的海岸防护体系的建设必须要根据不同海岸类型、所在区域的生境条件和植被特点，以及水动力和冲淤状况进行有效设计（Temmerman et al.，2013）。我国已经有一些探索和实践，譬如沿海防护林体系建设、生态海堤建设、红树林生态恢复、人工湿地建设等，取得了较好的生态和社会效益（张华等，2015）。我国南方已经将红树林作为沿海防护林体系的一部分，并在海堤临海侧种植红树林起到护坡保滩效果，恢复了部分区域的海洋生态功能；通过采取海洋伏季休渔、增殖放流、水产健康养殖，水产种质资源保护区、人工鱼礁和海洋牧场建设等措施，减缓了海洋渔业资源衰退的趋势。也开展了人工抛沙养滩工程，据调查已经有几十处受侵蚀岸段进行了养滩工程，对珊瑚礁的生态修复研究正在得到广泛重视，开发了珊瑚移植、人工鱼礁、底质固定、幼体附着等修复技术（张华等，2015）。然而我国的海岸防护体系仍然以刚性工程建设主导，硬质海堤长度仍然不断增加，海岸线仍不断受到破坏。部分区域的生态工程建设并没有改变我国海岸带生态恶化的整体趋势。

## 3.7 林业生态工程

我国政府自 20 世纪 90 年代以来启动了几项大型或超大型生态保护工程，以遏止水土流失加剧的趋势（邵全琴，2017）。以此为背景，工程建设管理体系的探讨一直伴随着林业生态工程的全过程：从林业生态工程的设计方案，到实施启动，再到检查验收以及后续工程的开展，工程建设成本绩效的评价以及优化设计，工程建设激励机制与机制设计，工程建设实践创新的与制度探讨等问题，一直受到学界的关注（姚顺波和聂强，2016）。

白降丽（2014）按照科学性与系统性、唯一性、实用性、兼容性、完整性和可扩展性的原则，根据林业生态工程的系统构造和建造目的，将林业生态工程分为生态保护型林业生态工程、生态防护型林业生态工程、生态经济型林业生态工程和环境改良型林业生态工程等四大类，细分为天然林资源保护工程等 24 小类。林业生态工程信息分为基础信息、设计信息和验收管理信息三大类，并对林业生态工程进行编码，编码结构由大类、小类、工程码和扩展码共 4 级 8 位码组成。通过对林业生态工程信息分类与编码，使其统一采集并有序存入计算机，降低了数据的冗余度，大大提高了信息的存储、管理、更新和使用效率，从而满足林业信息化建设中各种应用需求，为各级林业管理部门提供信息查询、分析评价、辅助决策等综合服务，推动实现林业信息的共享与综合利用。

张朝辉（2017）通过对新疆的考察，从营林结构、管护抚育与工程效益三个维度设计干旱区农田林网生态工程稳定性测度指标体系，应用 ANP 方法确定指标权重，构建农田林网生态工程运行稳定性与结构稳定性评价模型，测度并评价新疆农田林网生态工程稳定性。结果表明：从运行稳定性来看，农田林网生态工程基本处于脆弱状态，工程运行的整体稳定性弱化；从结构稳定性来看农田林网生态工程接近于结构稳定性状态，但凸显为低效稳定水平；应强化农田林网生态工程的营林结构科学性、管护抚育有序性、工程效益的稳定性，以实现农田林网生态工程的多维稳定与效能增益。姚炳全（2016）综合运用地理信息系统（GIS）、遥感（RS）、数量统计学、灰色关联模型等技术和方法，对内蒙古地区林业工程建设面积、森林覆盖率、植被盖度、土地荒漠化、土壤侵蚀等重要指标进行了连续跟踪性调查，重点在森林资源及植被建设状况、典型生态环境问题、林业生态建设工程与重要生态过程变化关联效应、林业工程建设对生态状况改善程度等方面开展了深入研究。结果表明随着林业生态工程实施，内蒙古土地荒漠化、土壤侵蚀程度和强度均有发生明显降低，而全区的森林覆被率逐渐升高；土地生态状况的改善与各项林业生态工程的综合作用关系密切，林业生态工程建设规模与森林覆盖率呈正相关关系，而与土地荒漠化和土壤侵蚀面积成负相关关系。其中退耕还林（草）工程对土地荒漠化面积降低的影响最大。林业生态工程全面实施来，内蒙古西部地区生态改善程度最大，其次为东部地区。林业生态建设工程的积极效应在全区多个生态功能区得到了充分显现，区域整体生态状况向着良好稳定方向发展。淡亚男（2017）通过熵值法对构建经济社会效益评价指标体系的各指标进行权重的确定，采用无量纲化的功效系数法对多伦县经济社会效益影响的重要程度进行分析，运用描述性统计分析方法和综合分析方法对林业生态工程经济效益和社会效益评价，得出多伦县 2011~2015 年的林业生态工程是一项"生态惠民工程"；通过林业生态工程的建设，经济社会效益各指标均有了显著提高，农民收入不断增加，生态环境的改善，林业建设对经济社会发展贡献率日益凸显。郑吉（2015）回顾了森林碳储量及碳汇能力计算的主要方法，包括基于样地和资源清查数据的清查法、遥感估算法、模型模拟法及这些方法的结合。根据六大生态工程采取的不同措施及相似性将其分为三大类。在此基础上，对退耕还林工程建议了基于样地尺度扩展至区域尺度的异速生长方程法和 CASA-CENTURY 模型法。对天然林保护工程建议了 IPCC 法/换算因子连续函数法结合清查数据和遥感数据（China Cover）的整合分析法以及遥感降尺度法，对天保工程中商品林生产区建议了 CBM-CFS3 模型法。对退牧还草工程建议了 CASA-CENTURY 模型相结合的方法。同时以江西省退耕还林工程为例，采用异速生长方程法、两种蓄积-生物量法以及 CBM-CFS3 模型模拟 4 种方法计算了工程区退耕地造林部分的植被碳储量，并用 CBM-CFS3 模型计算了土壤碳储量。对同一工程使用两种以上的方法进行比较验证是很有必要的。江西省退耕还林工程中退耕地造林和荒山荒地造林年均碳汇量为 0.42 Tg/a，占江西省 2009 年化石燃料碳排放量的 0.92%，随着林龄的增长和营林措施的改善，将具备较大的碳汇潜力。

我国林业生态工程项目一直以来都是由政府财政投资建设的，这种传统的投资管理模式也不能适应林业生态建设的需要，政府投资建设的林业生态项目往往存在资源配置不合理，工程建设投资单一，投资不足，工程建设及管护效率低下、自然风险巨大的诸多弊端（姚顺波和聂强，2016）。邵磊（2013）从政策驱动和经济驱动入手得出林业生态工程建设的成功因素是多方面的，不是单靠林业系统可以解决的；宏观的经济环境对林业生态产品的相对价格有着显著的影响；国家层面上的林业生态工程委托代理关系复杂以及信息不对称的现象严重；现有技术层面难以有效的评价和监督林业生态工程。因此有必要探讨市场化的林业生态建设之路，改变自上而下的林业生态建设模式，由公共部门与私人企业（农户）在生态服务市场进行交易，实现公共财政资源使用效率的优化以及工程建设绩效的提高。刘绍娟（2015）阐述了 PPP 模式在林业生态工程建设中的重要性，分析了林业生态工程建设中开展社会资本合作的有利条件，建议 PPP 模式参与到林业生态工程建设项目。

### 3.8 湿地生态工程

湿地生态工程，是生态工程系统与湿地生态学相互交叉、相互融合的复合产物，是湿地保护与恢复，乃至生态系统恢复的重要内容。湿地生态工程的系统结构通常分为 3 个类型，时空结构（包括平面结构、垂直结构和时间结构）、营养结构（即食物链结构）和层次结构（岳俊生，2017）。

目前，在湿地工程恢复方面国内学者开展了大量的科学研究。Xie 等（2013）系统总结了退化湿地恢复的理论和方法。赵德华等（2018）构建了华东地区典型冷、暖季型湿地植物供碳的一般性季节动态模式，为发挥湿地植物稳定高效供碳功能、缓解尾水湿地碳缺乏问题提供了解决思路。董张玉等（2017）针对安庆市沿江沼泽湿地退化严重的现状，在分析区域功能特征的基础上，构建沼泽湿地空间恢复模型，并实现区域内沼泽湿地空间恢复，继而得到沼泽湿地优先、次优先恢复以及不可恢复级别。最后从整体景观效果和沼泽湿地功能两个恢复角度评价沼泽湿地恢复效果。徐霞等（2012）对退渔还湖生态修复工程跟踪调查与监测，对工程前后大莲湖水环境理化指标进行分析比较，评估工程修复之后大莲湖水环境的改善效果。张轩波等（2018）通过对射阳盐场水库进行生态恢复，包括引水补湿、地形改造、植被、鱼类及底栖类恢复及水文调控等工程措施，恢复水库鸟类栖息地的生态功能，为滨海湿地生态恢复提供参考。裴俊等（2018）运用 Invest 模型和市场价值法对 1989～2015 年间黄河三角洲湿地主导生态系统服务（碳储量、栖息地质量和物质生产）的时空变化进行定量评估，探讨了淡水恢复工程对湿地生态系统服务的影响。研究发现，黄河三角洲的淡水恢复湿地各年代间土地利用类型有简单化趋势，呈现不同地类规模化并存的趋势，在恢复工程影响下芦苇面积明显增加。黄河三角洲湿地恢复区的碳密度低值区逐渐减少，恢复区总碳储量先减少后增加；大部分区域栖息地质量较好，但优质栖息地的占比略微下降；平均物质生产服务价值逐年增加。生态系统碳储量趋于稳定；栖息地质量提升区域逐步扩大。淡水恢复工程实施后，芦苇面积增加，维护了水鸟等动植物的生境，基本实现了生态补水的目的。李蓓等（2017）分析了生态输水以来东居延海湿地恢复进程。生态输水后湿地面积迅速扩大，2015 年湿地面积达 54 km²，较 2002 年扩大了近 1 倍；湿地面积年内变化呈明显季节性特征，7～8 月湿地面积最小而挺水植物面积最大。曲艺等（2018）在分析三江平原湿地景观格局变化的基础上，结合三江平原历史生物多样性保护价值（即湿地恢复价值）以及各县市内湿地景观结构（现有湿地分布比例）对湿地恢复进行了优先性分析，确定了不同县市内不同空间位置上湿地恢复优先等级。在三江平原的 19 个受湿地影响的市县中，有 2 个一级恢复区，6 个二级恢复区，9 个三级恢复区和 2 个四级恢复区。康晓光等（2017）并从区域发展的视角提出了乡村湿地生态保护与恢复模式的五大途径，以解决乡村湿地在生产、生活、生态空间所面临的困境。

随着国家湿地公园的建立，大量的湿地公园生态恢复工程及景观设计广泛开展（朱颖等，2017；孔维健等，2018；张巍，2018）。从不同湿地类型，湿地分布，湿地动植物资源，水资源等多方面进行生态工程设计，实施及效果评估（李奥，2017；朱江，2018）。姬茜茹（2018）基于景观生态学对湿地公园进行植物景观规划，根据功能分区，针对不同分区的斑块特性，在保护原有植物群落的基础上，选择适宜的植物配置方式与品种，营造丰富的植物群落，增强斑块的稳定性。肖可（2017）基于城市河流型湿地公园的生态特征分析以及相关理论的内容研究，提出了弥勒甸溪河湿地公园生态修复的总体思路并提出城市河流型湿地公园生态修复针对性策略。王涛等（2018）在分析杭州湾国家湿地公园现状及存在问题的基础上，针对围垦区湿地生态系统的水生态系统恢复、原生湿地植被恢复和湿地生物栖息地（生境）恢复等提出了具体的修复和重建措施，促进湿地结构与功能的重建，恢复健康高效的湿地生态系统及人与自然和谐的湿地生态景观。

近几年关于人工湿地方面的研究举不胜举。从人工湿地构建（段田莉等，2017；李本行等，2017；杨迪等，2018）、基质（孔令华等，2017；裴亮等，2018）、湿地植物（胡世琴，2017；蒋旭瑶等，2017）、微生物（裘湛，2018；吕纯剑等，2018）等各方面均有研究。在人工湿地应用方面从农田生态系统（李本行等，2017；裴亮等，2018；杨登等，2018）、河流生态系统（沈莹等，2018）、污水处理厂尾水净化（孔令华等，2017）等多方面以及影响人工湿地效率的因素分析（崔玉波等，2017；徐德福等，2018）。尚杰（2018）研究发现适量浓度 Ni 能为厌氧微生物提供微量元素，进而提高厌氧消化系统稳定性及提供充足的挥发性脂肪酸。李晶等（2018）论述了湿地植物对不同类型的污染物包括过量氮磷、重金属以及有机污染物的去除机制。虽然去除机制不尽相同，但主要通过植物的主动吸收和被动吸收等直接作用将各类污染物运输至植物体内，并通过迁移转化等过程最终被植物所固定。植物的生物量尤其是根系生物量、植物种类和其凋落物均对植物的吸收作用有显著影响。此外植物还通过根际环境影响微生物的数量和活性间接去除污染物，微生物可通过自身的代谢包括分解、转化和螯合作用实现污染物的去除。微生物的活性受水力停留时间、土壤基质类型、植物根际氧浓度、根系分泌物、pH 等诸多环境因子的影响。褚润（2018）研究发现在各种盐含量下，都是种植芦苇的人工湿地系统对污水中化学需氧量、总氮和总磷的去除率相对最大，种植香蒲、鸢尾的人工湿地的去除率依次减小。黄杉（2018）研究发现人工湿地的脱氮机制主要包括基质吸附、植物吸收和微生物硝化反硝化等。但进入人工湿地的污水往往碳氮比较低，限制了脱氮效率，往往需要添加外源碳来提高人工湿地的脱氮效果；结合微藻可同化吸收利用氮磷，并在死亡分解过程中会释放有机物的规律。认为可构建藻类-人工湿地耦合系统，利用藻类作为人工湿地反硝化过程的外加碳源，以提高人工湿地脱氮效率。同年，徐德福（2018）研究发现通过向人工湿地中加入小麦秸秆生物炭、芦苇生物炭及木屑生物炭能显著增加。汪晓燕等（2013）研究了不同基质床组合和不同滞留时间下对模拟生活污水的净化效果，不同基质床组合和滞留时间的净污效果存在显著性差异。

## 4 国 际 背 景

生态工程包含了生态学原理和管理理念，为了改变不可持续的现状，运用多种方法保护、恢复、扩大、构建和替换自然过程，可以融合从荒地到城市及每种生态系统演变的各个阶段（Williams and Jackson，2007）。生态工程寻求人与自然和谐共存（American Ecological Engineering Society，2010）。近几十年，在国际和国家发展计划中绿色基础建筑（Green Infrastructure，GI）的概念在环境计划和环境管理中越来越重要（Grenelle Environment，2010；DCLG，2012；EPA，2014）。作为国家尺度生态网络的持续发展，1995 年 54 个欧洲国家支持建立泛欧洲生态网络，以作为泛欧洲生物和景观多样性战略的一部分（Jongman et al.，2011）。目前，在欧洲和美国，环境政策不仅基于绿色基础建筑和生态网络生物多样性概念而且强调其他生态系统服务功能。在欧洲，为了广泛的生态服务，无论在自然和半自然环境里，绿色基础设施是战略网络规划的重要组成部分。包含了绿色空间（或"蓝色"空间，如果水生生态系统存在）和其他物理陆地地区特征（包括沿海、城市和农村）和海洋区域（EC，2012；Davies and Lafortezza，2017）。在美国，绿色基础设施特别是在城市地区包括雨水管理，可以提供多途径的、充分的、经济的、可持续的生态功能（EPA，2014；Copeland，2016）。很多研究充分展示了生态工程原理在绿色基础设施建设中的优势（Brüll et al.，2011）和景观生态学理论指导生态技术和方法的正确实施（Vymazal，2011）。然而，生态工程与绿色基础设施建设并没有有机结合。因此，我国生态工程学的发展要紧密结合其他生态学分支，综合考虑工程学原理，运用生态学的原理合理指导大到国家，小到村镇的工程建设当中。

近年来，随着可持续生态学的发展，*Ecological Engineering* 杂志主编 Mitsch 教授（2012）对比了生态恢复与生态工程的研究领域并界定了生态工程的范围，而后发表了 *When will ecologists learn engineering and engineers learn ecology* 的文章，讨论了生态恢复与生态工程的区别，提出恢复是生态工程的核心和灵魂，并通过对6个大规模湿地恢复工程的分析研究得出生态恢复工程目前正在被缺少工程设计或缺少生态恢复理论知识的参与者执行，导致生态工程目标很少成功（Mitsch，2014）。Barot（2017）根据生态服务评价指标，提出生态服务价值评价要有生态工程成本与人为生态系统付出相结合。同时，生物地形学研究生物群在景观形成和衰变中的作用，生态工程学研究生物群引起的环境变化和生态工程、有机体以及生态过程导致的生态后果（Clive，2012）。可见，生态工程与其他学科关系复杂，多学科交融势在必行。

## 5 发展趋势及展望

生态工程原理和实践的发展取得了显著的进展。随着环境问题的重视，国家政策和经济可持续发展的要求，许多信号表明生态工程在下个几十年会得到长足发展。目前，我国林业已经进入发展的新阶段，林业生态工程基本覆盖了我国的主要环境恶化区域，对水土流失区进行了改造，对风沙侵蚀区进行了环境优化，对台风侵蚀和沿海盐碱危害区进行了生态建设，构成了新时期林业工作的新基础，组建了林业生态和环境工程的基本骨骼、框架与平台（邵全琴，2017）。但我国林业生态工程过程中仍欠缺经济合理性，林业生态工程水平偏低，管理方法单一等问题（姚顺波和聂强，2016）。同时，国内生态工程生态效益评估与国际领先水平还存在较大的差距，主要表现在工程措施的有效性评价、工程的区域适宜性评价和具体工程措施的贡献评价等方面尚存不足（邵全琴，2017）。

生态工程的海岸防护技术和策略正越来越多地受到关注，特别是将其作为对气候变化和海平面上升的一种适应性措施的研究在欧美等发达国家已经广泛开展，并且在多个典型区域已经大规模应用（Temmerman et al.，2013；Duarte et al.，2013；Cheong et al.，2013；Arkema et al.，2013；Natalie et al.，2018）。同时，生态工程在城市和工业海岸线被认为是恢复滨海生境的重要手段和进程（Firth et al.，2013，2014）。人工结构建筑能够满足社会需求，而生态工程能够提供更好的物种生境。为了重建栖息地，特别是生态工程，构建小型到大型的、低廉至昂贵的海岸线都是可选的。为了完成生态工程目标，需要有大量的监测数据，明确的工程目标和正确的工程设计来保障工程的顺利完成（Dafforn et al.，2015）。然而对相关文献进行分析的结果表明，我国目前缺乏对海岸防护的生态工程措施的研究，更缺乏实际的工程案例。而我国的海岸防护体系仍然以刚性工程建设主导，硬质海堤长度仍然不断增加，海岸线仍不断受到破坏。部分区域的生态工程建设并没有改变我国海岸带生态恶化的整体趋势（张华等，2015）。目前海岸工程技术人员缺少生态方面的背景知识，生态研究人员普遍缺乏海岸防护工程技术开发和应用经验，制约了交叉学科研究和综合技术研究的开展。

关于我国农业生态工程的研究还存在理论滞后，无法满足实践发展需要等问题。一是我国幅员辽阔，农业生态工程模式在全国范围内种类繁多，形式多样，而且不断推陈出新，需加大传统农业与生态的有机结合；二是由于涉及的因素较多，和不同地域的自然环境、社会环境联系紧密，使得目前的生态工程研究难以形成定量的执行方案，无法给出规范化的设计方案和执行参数，限制了相关理论的推广和应用；三是我国目前农业生态工程研究涉及的都是大农业部分，如何更广泛的与非农生产的第二、第三产业结合，全面推动农村产业发展与结构优化，推动农业生态工程向农村生态工程发展都尚需进一步研究（曹馨文，2013）。目前我国农业生态工程的发展趋势主要是扩大并加深建设的范围和研究的深度，向着规范化和区域化的方向发展；紧密地与具体地域的实际开发、环境建设与经济发展相结合，充分结合当地的环境特点和产业优势。因此，我国的农业生态工程研究涉及的将不只是农业本身，还包括农村生态系统中方方面面的组成要素，研究内容更加综合化，并与管理系统密切结合，力争形成一个多层次、多要素、有机结合的研究体系（张勇等，2013）；发挥我国生态工程的研究和应用类型和模式多样化，环境、经济和社会效益显著的优势，加强生态工程的数学模型建设，使之标准化和定量化；研究设施农业发展途径，挖掘不同生物气候带美丽乡村生态产业模式，构建城乡、农业、生态一体化国土空间新格局，加快"三农"发展转型，建设宜居宜业宜游的美丽乡村（杜小姣等，2018）。

在环保和湿地生态工程方面，我国传统的环保生态工程主要有无（或少）废工艺系统，分层多级利用废物生态工程，复合生态系统内的废物循环和再生系统，污水自净与利用生态工程，城乡结合的生态工程等等。近年来，随着人工湿地的发展，环保和湿地生态工程有机结合，使人工湿地在水处理领域得到广泛应用，通过表面流人工湿地、潜流人工湿地、垂直流人工湿地等多种形式对生活污水（刘文杰等，2016）、有机废水（肖敏如等，2015）、氨氮废水（李鹏宇等，2013）、重金属废水（李冰等，2016；关正义，2017）等多方面进行了系统的研究与应用。但在应用过程中也出现了包括易受气温影响、基质易堵塞和占地面积大等很多问题（刘文杰等，2016）。而且目前主要的人工湿地工艺相对简单、维护管理方式尚未统一，针对特定污染物的工程范式尚未形成，这些问题对人工湿地在环保领域的应用发展造成了一定的影响。随着人工湿地去除污染物机理的探明、湿地植物的强化培育和基质的优化配制、生态工程范式及评价标准建立等，会极大地提高人工湿地的净化性能和应用范围，使人工湿地在解决水资源危机和水污染问题上发挥巨大的作用。

因此，尽管国内外发表的很多论文不论是农业、林业、湿地、环境等都涉及生态工程的原理与设计。但目前学科发展的局限性还是一些传统学科对生态工程缺乏接受及与国家制定的社会纪律法规有关。生态工程需要非线性工程思维，自我设计原理应用还较少，解决大尺度生态问题迫切需要，在目前的工程范式汇总，自我设计理论是否被接受还不是很明确。因为工程严格的认证要求及在工程中缺乏生态训练，仅有工程师控制的生态工程项目将被转换到传统的工程实践中，最终将导致生态工程失败，需要生态学家多多参与。生态工程和可持续发展将在传统生态和工程中创造新生命。工程师和科学家在设计功能型生态系统时都需要考虑到自我设计和时间进程。在未来，随着能源和其他条件的限制，生态工程学作为交叉学科将迎来崭新的时代。

## 参 考 文 献

安树青. 2003. 湿地生态工程. 北京：化学工业出版社.
白降丽. 2014. 林业生态工程信息分类与编码体系研究. 浙江农林大学学报, 31(4): 619-624.
曹馨文. 2013. 农业生态工程的原理及其特征分析——以绥滨镇农业生态工程为例. 哈尔滨：哈尔滨工业大学硕士学位论文.
曹永峰. 2016. 湖州现代生态循环农业发展现状及对策研究. 湖州师范学院学报, 07: 10-14.
曹志平. 2013. 生态农业未来的发展方向. 中国生态农业学报, 29-38.
陈桂华, 朱平阳, 郑许松, 等. 2016. 应用生态工程控制水稻害虫技术在金华的实践. 中国植保导刊, 36(1): 31-36.
陈海嵩. 2009. 循环经济立法对"两型社会"建设的影响——以《循环经济促进法》为例. 武汉科技大学学报(社会科学版), 72-77.
陈洪波. 2018. "产业生态化和生态产业化"的逻辑内涵与实现途径. 生态经济, 34(10): 209-220.
陈效兰. 2008. 生态产业发展探析. 宏观经济管理, (6): 60-62.
陈直, 王志勇, 张晓伟, 等. 2016. "养猪-沼气-种菜"生态循环农业模式. 农业工程技术, 11: 38-39.
褚润, 陈年来, 王巧芳. 2018. 西北干旱、半干旱地区高盐人工湿地适宜植物筛选. 湿地科学, 16(2): 204-212.
崔理华, 卢少勇. 2009. 污水处理的人工湿地构建技术. 北京：化学工业出版社.
崔玉波, 张万筠, 孙红杰, 等. 2017. 不同有机质含量进泥的污泥干化芦苇床运行效能. 环境工程学报, 11(1): 509-514.
淡亚男. 2017. 多伦县林业生态建设的经济社会效益研究. 呼和浩特：内蒙古农业大学硕士学位论文.
丁钊. 2017. 农业供给侧结构性改革背景下生态循环农业发展思考. 南方农业, 11(05): 58-60.

董张玉, 杨学志, 王宗明, 等. 2017. 安徽省安庆市汜江沼泽湿地恢复空间分析. 水土保持通报, 37(6): 178-188.

杜小姣, 苏进展, 周林涛, 等. 2018. 我国美丽乡村生态工程建设创新发展及研发方向. 江西农业学报, 30(2): 145–150.

段田莉, 成功, 郑媛媛, 等. 2017. 高效垂直流人工湿地+多级生态塘深度处理污水厂尾水. 环境工程学报, 11(11): 5828-5835.

关正义. 2017. 人工湿地基质配制对废水中重金属 Fb 的钝化吸附效果研究. 兰州交通大学学位论文国家发展改革委, 国家林业局, 农业部等.岩溶地区石漠化综合治理工程"十三五"建设规划(2016-03-21). http://www.ndrc.gov.cn/gzdt/201604/t20160422_798771.html.

国家海洋局. 2013. 中国海洋环境质量公报. 2003—2012.

国家林业局. 2016. 退耕还林工程生态效益监测国家报告 2015. 北京: 中国林业出版社.

果超, 孙保平, 方思超. 2015. 儋州市退耕还林工程生态效益评价. 水土保持通报, 35(4): 308-313.

海洋环境与生态课题组. 2016. 海洋环境与生态工程发展战略研究. 中国工程科学, 18(2): 41-48.

海洋经济可持续发展战略研究课题组. 2012. 我国海洋经济可持续发展战略蓝皮书. 北京: 海洋出版社.

何思好. 2016. 甘青川藏区生态产业发展及实现路径. 农村经济, 10: 63-66.

何思源, 李禾尧, 闵庆文. 2019. 基于价值认同的保护地管理途径研究——以兴化垛田全球重要农业文化遗产为例. 遗产与保护研究, 1: 23-28.

胡世琴. 2017. 人工湿地不同植被净化污水效果及其氮磷累积研究. 水土保持研究, 24(1): 200-206.

黄敬华. 2006. 我国循环经济发展模式研究. 长春: 东北师范大学硕士学位论文.

黄杉, 怀静, 吴娟, 等. 2018. 碳源补充促进人工湿地脱氮研究进展. 水处理技术, 44(1): 13-16.

姬茜茹. 2018. 基于景观生态学的湿地公园的保护与景观规划研究. 福州: 福建农林大学硕士学位论文.

姜长云. 2015. 推进农村一二三产业融合发展新题应有新解法. 中国发展观察, (2): 18-22.

姜举娟, 刘永红, 唐秀华, 等. 2019. 黑龙江省有机农业发展现状及存在问题. 科技经济导刊, 27(08): 106.

蒋旭瑶, 田云飞, 黄德英, 等. 2017. 4 种湿地植物对复合垂直流人工湿地 $N_2O$ 排放的影响. 中南大学学报(自然科学版), 48(11): 2860-2865.

康晓光, 霍惠明, 戴惠忠, 等. 2017. 乡村湿地生态保护与恢复模式研究: 以常熟市为例. 湿地科学与管理, 13(3): 4-9.

孔令华, 施春红, 马方曙, 等. 2017. 不同填料潮汐流人工湿地处理 SBR 尾水的对比. 环境工程学报, 11(1): 379-385.

孔绅绅, 郑善坚, 朱平阳, 等. 2016. 生态工程技术控害稻田中两栖动物多样性调查. 中国植保导刊, 10: 10-14.

孔维健, 冯洪新, 姚树东, 等. 2018. 城市湿地生态保护与恢复: 以山东金乡金水湖国家湿地公园为例. 湿地科学与管理, 14(3): 27-29.

赖敏, 吴绍洪, 戴尔阜. 2013. 生态建设背景下三江源自然保护区生态系统服务价值变化. 山地学报, 31(1): 8-17.

李奥. 2017. 松花江哈尔滨市区段湿地景观设计研究. 哈尔滨: 东北林业大学硕士学位论文.

李蓓, 张一驰, 于静洁, 等. 2017. 东居延海湿地恢复进程研究. 地理研究, 36(7): 1223-1232.

李本行, 李增辉, 曲丹, 等. 2017. "生态沟渠+人工湿地"系统处理农田退水中噻虫嗪. 环境工程学报, 11(12): 6532-6539.

李冰, 舒艳, 李科林. 2016. 人工湿地宽叶香蒲对重金属的累积与机理. 环境工程学报, 10(4): 2099-2108.

李畅. 2017. 后农耕时代农业文化遗产的认知与保护. 风景园林理论, 62-69.

李芬, 赖玉珮, 夏昕鸣, 等. 2018. 城市低碳生态产业结构优化研究-以荆门市为例. 生态宜居城市规划建设. 城市发展与规划, 1-6.

李建龙. 2002. 干旱农业生态工程学. 北京: 化学工业出版社.

李晶, 崔丽娟, 张曼胤, 等. 2018. 植物对不同类型湿地污染物的去除机制. 水生态学杂志, 39(3): 1-7.

李军. 2017. 发挥海南得天独厚的生态优势创建全国生态循环农业示范省. 中国生态文明, 1: 10-13.

李明, 王思明. 2015. 多维度视角下的农业文化遗产价值构成研究. 中国农史, 2: 123-129.

李明, 王思明. 2015. 农业文化遗产学. 南京: 南京大学出版社.

李鹏宇, 王振, 袁林江. 2013. 不同类型潜流湿地处理养猪废水的对比. 环境工程学报, 7(4): 1341-1345.

李瑞农. 1993. 我国50个生态农业试点县建设开始启动. 中国环境报, 1: 12-11.

李树. 2001. 论我国经济的绿色化发展. 求实, (8): 43-46.

李万秋, 董杰, 吕韦韦. 2017. 林业生态产此链经济结构及其运作机理分析. 理论探讨, 3: 76-81.

李维炯, 李季, 许艇. 2004. 农业生态工程基础. 北京: 中国环境出版社.

李文华, 刘某承, 闵庆文. 2010. 中国生态农业的发展与展望. 资源科学, 6: 1015-1021.

李勇. 2016. 我国重大生态工程综合绩效评价指标体系探索——以天然林资源保护工程为例. 农业科技与信息, (1): 49-51.

李志杰, 孙文彦. 2015. 盐碱地农业生态工程. 北京: 科学出版社.

李周. 2009. 生态产业发展的理论透视与鄱阳湖生态经济区建设的基本思路. 鄱阳湖学刊, (1): 18-24.

梁开明, 章家恩, 赵本良. 2014. 河流生态护岸研究进展综述. 热带地理, (1): 116-122.

刘桂良, 张晓萌, 赵丽稳, 等. 2014. 应用生态工程控制水稻害虫技术及效益分析. 浙江农业科学, (12): 1809-1811.

刘国彬, 上官周平, 姚文艺, 等. 2017. 黄土高原生态工程的生态成效. 中国科学院院刊, 32(1): 11-19.

刘纪远, 岳天祥, 鞠洪波. 2006. 中国西部生态系统综合评估. 北京: 气象出版社.

刘绍娟. 2015. PPP模式在林业生态工程建设项目中的应用探讨. 林业建设, 6: 54-58.

刘文杰, 许兴原, 何欢. 2016. 4种湿地植物对人工湿地净化生活污水的影响比较. 环境工程学报, 10(11): 6313-6319.

刘新录. 2016. "十三五"我国无公害农产品及农产品地理标志发展目标及路径分析. 农产品质量与安全, 2: 7-10.

刘兴土. 2017. 中国主要湿地区湿地保护与生态工程建设. 北京: 科学出版社.

刘泽英. 2012. 第二次全国石漠化监测结果显示我国土地石漠化整体扩展趋势得到初步遏制. 中国林业, 12: 1.

鲁伟. 2014. 生态产业: 理论、实践及展望. 经济问题, (11): 16-19.

吕纯剑, 高红杰, 宋永会, 等. 2018. 潮汐流–潜流组合人工湿地微生物群落多样性研究. 环境科学学报, 38(6): 2140-2149.

马爱国. 2015. 新时期我国"三品一标"的发展形势和任务. 农产品质量与安全, 2: 3-5.

马世骏. 1983. 生态工程——生态系统原理的应用. 生态学杂志, 4: 20-22.

马世骏. 1987. 中国的农业生态工程. 北京: 科学出版社.

马兆莉. 2004. 国内外生态工程发展比较. 沈阳农业大学学报(社会科学版), 6(4): 459-461.

毛绍娟, 李红琴, 张镱锂, 等. 2015. 日喀则河谷退耕还草(林)工程实施后生态功能效应的初步分析. 草地学报, 23(6): 1278-1286.

孟祥林. 2015. 循环农业的国内外发展模式与我国的发展选择. 河北科技大学学报(社会科学版), 15(4): 22-28, 35.

闵庆文. 2019. 中国重要农业文化遗产申报中的问题与建议. 遗产与保护研究, 1: 8-11.

闵庆文, 曹幸穗. 2018. 农业文化遗产对乡村振兴的意义. 中国投资, 17: 47-53.

闵庆文, 孙业红. 2009. 农业文化遗产的概念、特点与保护要求. 资源科学, 31(6): 914-918.

闵庆文, 张碧天. 2018. 中国的重要农业文化遗产保护与发展研究进展. 农学学报, 8(1): 221-228.

闵庆文, 张丹, 何露. 2011. 中国农业文化遗产研究与保护实践的主要进展. 资源科学, 33(6): 1018-1024.

牟娅, 于婧. 2018. 中国重要农业文化遗产空间分布特征研究. 湖北农业科学, 57(19): 103-107.

牛若峰. 1998. 农业产业一体化经营的理论与实践. 北京: 农业科技出版社.

欧阳志云, 崔书红, 郑华. 2015. 我国生态安全面临的挑战与对策. 科学与社会, 5(1): 20-30.

裴俊, 杨薇, 王文燕. 2018. 淡水恢复工程对黄河三角洲湿地生态系统服务的影响. 北京师范大学学报(自然科学版), 54(1): 104-112.

裴亮, 孙莉英, 梁晶, 等. 2018. 不同填料对阶梯式人工湿地降解农业废水的影响. 水资源与水工程学报, 29(1): 232-241.

彭宗波, 陶忠良, 蒋菊生. 2005. 生态产业的发展历程及未来趋势. 华南热带农业大学学报, 11(1): 45-50.

戚蓝, 彭晶, 林超. 2012. 漳河下游河道生态修复模式研究. 水利水电技术, (9): 20-22.
祁威, 摆万奇, 张镱锂, 等. 2016. 生态工程实施对羌塘和三江源国家级自然保护区植被净初级生产力的影响. 生物多样性, 24(2): 127-135.
钦佩, 安树青, 颜京松. 1998. 生态工程学. 南京: 南京大学出版社.
钦佩, 张晟途. 1997. 生态工程及其研究进展. 科技进展, 20(1): 24-28.
秦庆武. 2016. 黄河三角洲高效生态产业选择与土地利用. 科学技术与产业, 2: 29-38.
裘湛. 2018. 人工湿地植物根际效应对根部微生物影响的研究进展. 净水技术, 37(7): 26-30.
曲艺, 罗春雨, 张弘强, 等. 2018. 基于历史生物多样性与湿地景观结构的三江平原湿地恢复优先性研究. 生态学报, 38(16): 5709-5716.
尚杰. 2018. 重金属 Ni 胁迫对人工湿地废弃物厌氧处置的影响. 水处理技术, 44(5): 61-65.
邵磊. 2013. 林业生态工程建设的驱动力研究-以安徽省天堂寨退耕还林工程为例. 合肥: 安徽农业大学硕士学位论文.
邵全琴, 刘纪远, 黄麟, 等. 2013. 2005~2009 年三江源自然保护区生态保护和建设工程生态成效综合评估. 地理研究, 32: 1645-1656.
邵全琴, 樊江文, 刘纪远. 2016. 三江源生态保护和建设一期工程生态成效评估. 地理学报, 71(1): 3-20.
邵全琴, 樊江文, 刘纪远. 2017. 重大生态工程生态效益监测与评估研究. 地球科学进展, 32(11): 1174-1182.
邵全琴, 樊江文, 刘纪远, 等. 2017. 基于目标的三江源生态保护和建设一期工程生态成效评估及政策建议. 中国科学院院刊, 32(1): 35-44.
邵文慧. 2016. 海洋生态产业链构建研究. 中国渔业经济, 34(5): 10-17.
邵宗博. 2013. 华北干旱河道生物体系生态修复策略研究及实践——以石家庄滹沱河子龙大桥西段为例. 中国园林, 9: 120-124.
沈莹, 于聪, 晓昌, 等. 2018. 不同尺度潜流人工湿地对污染河水的净化机制. 环境工程学报, 12(6): 1667-1675.
史宝娟, 郑祖婷. 2017. 京津冀生态产业链共生耦合机制构建研究. 产业经济研究, 11: 3-13.
苏毅清, 游玉婷, 王志刚. 2016. 农村一二三产业融合发展：理论探讨、现状分析与对策建议. 中国软科学, (8): 17-28.
孙建鸿. 2014. 我国生态农业发展思想及实践研究. 农业部管理干部学院学报, 4: 36-40.
孙业红, 闵庆文, 刘某承. 2013. 农业文化遗产地旅游资源利用的多类型比较：以技术型、景观型和遗址型遗产为例. 资源科学, 7: 1526-1534.
汪敏, 颜京松, 吴琼, 等. 2004. 生态工程研究进展. 中国人口-资源与环境, 14(5): 120-124.
汪晓燕, 任丽君, 潘玮, 等. 2013. 不同类型组合与滞留时间下串联型基质床净污效果. 环境工程学报, 7(10): 3901-3907.
王百田. 2010. 林业生态工程学. 北京: 中国林业出版社.
王宝义. 2018. 中国农业生态化发展的评价分析与对策选择. 济南: 山东农业大学硕士学位论文.
王芳. 2012. 对实施陆海统筹的认识和思考. 中国发展, 3: 36-39.
王凤珍, 周志翔, 郑忠明. 2011. 城郊过渡带湖泊湿地生态服务功能价值评估: 以武汉市严东湖为例. 生态学报, 31(7): 1946-1954.
王建, 孙琪. 2018. 有机食品概念滥用认证标签随意贴, 亟待加快诚信体系建设(2017-09-29).http://www.jjckb.cn/2017-09/29/c_136647322.htm.
王如松. 2001. 产业生态学与生态产业研究进展. 城市环境与城市生态, 63: 107-114.
王世和. 2007. 人工湿地污水处理理论与技术. 北京: 科学出版社.
王淑芬, 赵海霞, 董雅文. 2018. 基于生态-产业协调发展的县域南京市六合区尺度空间分区. 生态科学, 37(1): 128-135.
王涛, 陈国富, 王亚卿, 等. 2018. 浙江杭州湾国家湿地公园湿地生态恢复初探. 中南林业调查规划, 37(2): 24-26.
王卫星. 2014. 美丽乡村建设：现状与对策. 华中师范大学学报(人文社会科学版), 1: 1-6.

王晓莉, 胡勇. 2014. 合作农场: 城乡一体化与土地经营主体创新——基于江苏省太仓市东林合作农场的案例分析. 经济问题探索, 8: 123-128.

王运浩. 2017. 我国绿色食品及有机农产品权威性和影响力提升策略. 农产品质量与安全, 2: 15-18.

韦凤琴. 2018. 高效生态循环农业发展案例研究. 农场经济管理, 6: 52-55.

韦岚岚. 2019. 广西有机农业发展存在的问题及对策. 现代农业科技, 2: 207-209.

魏玲丽. 2015. 生态农业与农业生态旅游产业链建设研究. 农村经济, 10: 84-88.

吴愉萍, 陈国华, 连瑛, 等. 2018. 我国"三品一标"认证存在的问题与改革对策. 浙江农业科学, 59(9): 1577-1580.

吴振斌. 2008. 复合垂直流人工湿地. 北京: 科学出版社.

肖可. 2017. 城市河流型湿地公园生态修复探讨-以弥勒市甸溪河湿地公园生态修复为例. 重庆: 西南大学硕士学位论文.

肖敏如, 刘磊, 赵新华. 2015. 人工湿地处理污水中药物与个人护理品的研究进展. 工业水处理, 35(3): 1-5.

肖泳. 2014. 基于生态工程技术的护岸工程实践研究. 重庆: 重庆大学硕士学位论文.

熊康宁, 朱大运, 彭韬, 等. 2016. 喀斯特高原石漠化综合治理生态产业技术与示范研究. 生态学报, 36(22): 7109-7113.

徐德福, 李振威, 李映雪, 等. 2018. 不同粒径生物炭和泥鳅对人工湿地植物根系形态及基质硝化与反硝化能力的影响. 环境工程学报, 12(7): 1917-1925.

徐德福, 潘潘澄, 李映雪, 等. 2018. 生物炭对人工湿地植物根系形态特征及净化能力的影响. 环境科学, 39(7): 3187-3193.

徐婷, 徐跃, 江波. 2015. 贵州草海湿地生态系统服务价值评估. 生态学报, 35(13): 4295-4303.

徐霞, 王庆, 刘华, 等. 2012. 上海大莲湖退渔还湖工程水环境改善效果. 生态学杂志, 31(12): 3167-3173.

徐新良, 王靓, 李静. 2017. 三江源生态工程实施以来草地恢复态势及现状分析. 地球信息科学学报, 19(1): 50-58.

闫红果. 2016. 深化农业改革视域下生态循环农业模式探究——以湖州"水稻-水产"种养结合模式为例. 湖州职业技术学院学报, 2: 91-94.

闫芊, 何文珊, 陆健健. 2005. 湿地生态工程范例分析及一般模式. 湿地科学, 3(3): 222-226.

严安. 2009. 生态工业是中国特色新型工业化的必由之路. 桂海论丛, 67-70.

严斧. 2016. 中国山区农村生态工程建设. 北京: 中国农业科学技术出版社.

颜京松, 王如松. 2001. 近十年生态工程在中国的发展. 农村生态环境, 17(1): 1-8.

杨迪, 臧淑英, 杨旭, 等. 2018. 垂直流人工湿地-超滤膜复合工艺处理含油污水的效果. 湿地科学, 16(1): 93-96.

杨登, 尹晓辉, 邹慧玲, 等. 2018. 生物塘-人工湿地工艺去除农田灌溉水中镉污染的效果. 环境工程技术学报, 8(2): 155-160.

杨劲松, 姚荣江, 王相平, 等. 2016. 河套平原盐碱地生态治理和生态产业发展模式. 生态学报, 36(22): 7059-7063.

杨京平. 2001. 农业生态工程与技术. 北京: 化学工业出版社.

杨群义. 2018a. 发展生态循环农业引领农业绿色转型. 经济研究, 5: 27-30.

杨群义. 2018b. 发展生态循环农业的思考. 当代农村财经, 5: 51-54.

姚炳全. 2016. 内蒙古生态工程建设对生态环境改善的分析与评价. 北京: 北京林业大学硕士学位论文.

姚顺波, 聂强. 2016. 林业生态工程绩效评价与管理创新研究述评. 林业经济, 12: 9-15.

叶春, 李春华, 陈小刚. 2012. 太湖湖滨带类型划分及生态修复模式研究. 湖泊科学, 24(6): 822-828.

殷俊红. 2015. 农业部: 我国已建成生态农业示范点超 2000 个[EB/OL]. (2015-01-06)[2018-01-18].http//www.ce.cn/cysc/newmain/yc/jsxw/201501/06/t20150106_4277919.shtml.

于安芬, 李瑞琴, 赵有彪, 等. 2016. 河西走廊凉州区生态循环农业发展战略研究. 中国水土保持, 6: 14-16.

于法稳. 2015. 中国生态产业发展政策回顾及展望. 社会科学家, 10: 7-13.

于宜法, 王殿昌. 2008. 中国海洋事业发展政策研究. 青岛: 中国海洋大学出版社.

袁淑方, 王为东, 董慧峪, 等. 2013. 太湖流域源头南苕溪河口生态工程恢复及其初期水质净化效应. 环境科学学报, 33(5): 1475-1483.

岳俊生. 2017. 基于能值理论的湿地生态工程评估研究——以长江中上游为例. 重庆: 重庆大学博士学位论文.

云正明, 刘金铜. 2001. 生态工程. 北京: 气象出版社.

张华, 韩广轩, 王德, 等. 2015. 基于生态工程的海岸带全球变化适应性防护策略. 地球科学进展, 30(9): 996-1005.

张华荣. 2017. 提升我国无公害农产品及地理标志农产品品牌影响力的任务和方向. 农产品质量与安全, 2: 11-14.

张俊峰, 杨红, 李虎, 等. 2017. 北京山区循环农业发展模式与展望. 中国农业资源与区划, 38(11): 109-116.

张俊凤, 刘友兆. 2013. 农村土地整治对"新三农"问题的效应研究——以江苏省为例. 农业现代化研究, 34(2): 144-148.

张良侠, 樊江文, 邵全琴, 等. 2014. 生态工程前后三江源草地产草量与载畜压力的变化分析. 草业学报, 23(5): 116-123.

张壬午, 卢兵友, 孙振钧. 2000. 农业生态工程技术. 郑州: 河南科学技术出版社.

张巍. 2018. 湿地公园生态恢复方法探讨——以湖北浮桥河国家级湿地公园为例. 林业资源管理, 3: 35-39.

张文斌, 颜毓洁. 2013. 从"美丽中国"的视角论生态文明建设的意义与策略——从党的十八大报告谈起. 生态经济, 184-188.

张文艺, 刘明元, 罗鑫. 2012. 苏南水网地区表面流人工湿地示范工程. 中国农村水利水电, 2: 78-80.

张轩波, 杨棠武, 杨烨, 等. 2018. 江苏盐城射阳盐场1号水库生态修复工程. 湿地科学与管理, 14(1): 4-10.

张宜清, 李宗礼, 沈福新, 等. 2018. 黄土高原缺水地区适水型生态产业发展研究——以甘肃省会宁县为例. 水利技术监督, 6: 110-114.

张永勋, 闵庆文, 徐明, 等. 2019. 农业文化遗产地"三产"融合度评价——以云南红河哈尼稻作梯田系统为例. 自然资源学报, 34(1): 116-127.

张勇, 汪应宏, 陈发奎. 2013. 农村土地综合整治中的基础理论和生态工程. 农业现代化研究, 34(6): 703-707.

张志东, 赵志芳. 2016. 宁夏林业生态产业发展现状及对策. 现代农业科技, 19: 164.

张朝辉. 2017. 干旱区农田林网生态工程的稳定性评价研究——基于新疆Y县的考察. 干旱区资源与环境, 31(3): 107-112.

赵德华, 吕丽萍, 刘哲, 等. 2018. 湿地植物供碳功能与优化. 生态学报, 38(16): 5961-5969.

赵海. 2015. 论农村一二三三产融合发展. 农村经营管理, 7: 26-29.

郑国权, 杨宪杰, 温美丽. 2016. 广东省小流域综合治理效益的定量评价: 以瑶安小流域为例. 水土保持通报, 36(4): 237-243.

郑吉. 2015. 重大生态工程固碳计量方法研究及在江西省退耕还林工程的应用. 南昌: 江西农业大学硕士学位论文.

郑力文, 徐义军, 凌有求. 2017. 有机农业生产对生态环境的影响概述. 现代农业科技, 23: 149-151.

周科. 2018. 农村面源污染生态景观工程技术研究. 中国农村水利水电, 5: 58-62.

周林涛, 苏进展, 杜小姣, 等. 2018. 美丽乡村建设生态工程的关键技术探讨. 北方园艺, 13: 185-188.

朱江. 2018. 北方河流湿地生态修复工程: 以晋城丹河湿地公园为例. 湿地科学与管理, 14(3): 4-9.

朱琳敏, 王德平, 邓楠楠. 2016. 生态循环农业研究综述. 现代农业科技, (16): 224-227.

朱平阳, 郑许松, 姚晓明, 等. 2015. 提高稻飞虱卵期天敌的控害能力的稻田生态工程技术. 中国植保导刊, 35(7): 27-32.

朱平阳, 郑许松, 张发成, 等. 2017. 中国水稻科学, 31(2): 207-215.

朱颖, 林静雅, 赵越. 2017. 太湖国家湿地公园生态恢复成效评估研究. 浙江农业学报, 29(12): 2109-2119.

住房和城乡建设部. 2009. 人工湿地污水处理技术导则. 北京: 中国建筑工业出版社.

左其华, 窦希平. 2014. 中国海岸工程进展. 北京: 海洋出版社.

American Ecological Engineering Society. 2010. Mission, American Ecological Engineering Society. Web Site: http://www.ecoeng.org/, June 5.

Arkema K K, Guannel G, Verutes G. 2013. Coastal habitats shield people and property from sea-level rise and storms. Nature Climate Change, 3: 913-918.

Barot L Yé, Abbadie L, louin M, et al. 2017. Ecosystem services must tackle anthropized ecosystems and ecological engineering.

Ecological Engineering, 99: 486-495.

Brüll A, van Bohemen H, Costanza R, et al. 2011. Evaluation of ecological engineering of armoured shorelines to improve their value as habitat. Journal of Experimental Marine Bilology and Ecdogy, 400: 302-311.

Cheong S M, Silliman B, Wong P P. 2013. Coastal adaptationwith ecological engineering. Nature Climate Change, 3: 787-791.

Clive G J. 2012. Ecosystem engineers and geomorphological signatures in landscapes. Geomorphology, 157-158 : 75-87.

Copeland C. 2016. Green Infrastructure and Issues in Managing Urban Stormwater. United States Congressional Research Service Report, 7-5700.

Dafforn K A, Glasby T M, Airoldi L. 2015. Marine urbanization: An ecological framework for designing multifunctional artificial structures, Frontiers in Ecology and the environment, 13: 82-90.

Davies C, Lafortezza R. 2017. Urban green infrastructure in Europe: is greenspace planning and policy compliant. Land Use Policy, 69: 93-101.

DCLG. 2012. National Planning Policy Framework. Department for Communities and Local Government, London. Available at: https: //www.gov.uk/government/.

Duarte C M, Losada I J, Hendriks I E. 2013. The role of coastal plant communities for climate change mitigation and adaptation. Nature Climate Change, 3: 961-968.

EC. 2013. Green Infrastructure (GI)— Enhancing Europe's Natural Capital. Brussels: COM, European Commission, 249.

EPA. 2014.What is Green Infrastructure United States Environmental Protection Agency, Washington, DC Available at: https: //www.epa.gov/green-infrastructure 2014 accessed 02.03.

Firth L B, Mieszkowska N, Thompson R C, et al. 2013. Climate change and adaptational impacts in coastal systems: the case of sea defences. Environmental Science: Processes & Impacts, 15: 1665-1670.

Firth L B, Thompson R C, Bohn K, et al. 2014. Between a rock and a hard place: environmental and engineering considerations when designing coastal defence structures. Coastal. Engineering., 87: 122-135.

Gao J, Wang R, Huang J L. 2015. Ecological engineering for traditional Chinese agriculture—A case study of Beitang. Ecological Engineering, 76 : 7-13.

Grenelle Environment. 2010. The Green and Blue Infrastructure in Mainland France. Ministère de l'écologie, de l'énergie, du Développement durable et de la Mer, Paris, France. Available at: http://www.developpement-durable.gouv.fr/IMG/pdf/

Heeb J, Jenssen P, Kalin M, et al. 2011. Benefits of ecological engineering practices. Procedia Environmental Science, 9: 16-20.

Jongman R H G, Bouwma I R, Griffoen A J, et al. 2011. The pan rbaniza ecological network: "PEEN". Landscape Ecology, 26: 311-326.

Lai S, Loke L H L, Hilton M J. 2015. The effects of rbanization on coastal habitats and the potential for ecological engineering: A Singapore case study. Ocean & Coastal Management, 103: 78-85.

Mitsch W J. 2012. What is ecological engineering? Ecological Engineering, 45: 5-12.

Mitsch W J. 2014. When will ecologists learn engineering and engineers learn ecology? Ecological Engineering, 65: 9-14.

Natalie S H, Michelle A L, Simone L, et al. 2018. Ecosystem engineering through aardvark(Orycteropus afer)burrowing: Mechanisms and effects. Ecological Engineering, 118: 66-72.

Pan J. 2012. From industrial toward ecological in China. Science, 336: 902-904.

Temmerman S, Meire P, Bouma T J. 2013. Ecosystem-based coastal defence in the face of global change. Nature, 504: 79-83.

Ülo Mander, Ain K, Evelyn U, et al. 2018. Green and brown infrastructures support a landscape-level implementation of ecological engineering. Ecological Engineering, 120 : 23-35.

Vymazal J. 2011. Enhancing ecosystem services on the landscape with created, constructed and restored wetlands. Ecological

Engineering, 37(1): 1-5.

Williams J W, Jackson S T. 2007. Novel climates, no-analog communities, and ecological surprises. Frontiers in Ecology and the Environment, 5: 475-482.

Xie D, Zhou H, Ji H, et al. 2013. Ecological Restoration of Degraded Wetlands in China. Journal of Resources and Ecology, 4(1): 63-69.

Zhu P Y, Lu Z X, Heong K L, et al. 2014. Selection of nectar plants for use in ecological engineering to promote biological control of rice pests by the predatory bug, Cyrtorhinus lividipennis, (Heteroptera: Miridae). PLoS ONE, 9(9): e108669.

撰稿人：安树青，张文广

# 第 30 章 旅游生态学研究进展

## 1 前　　言

　　旅游已经成为全球经济发展和社会生活的重要组成，不仅日益成为人们的另外一种生活方式，更成为一些旅游热点区域的重要经济增长引擎。据世界旅游城市联合会发布的《世界旅游经济趋势报告(2018)》，2017 年全球旅游总人次达 119 亿，是全球人口总规模的 1.6 倍，全球旅游总收入超过 5 万亿美元，相当于全球 GDP 的 6.7%。旅游开发和游览活动在给旅游目的地带来社会文化交融和经济繁荣的同时，也引起了自然生态环境的变化，在一些地区甚至造成了环境污染和生态破坏。为减缓旅游带来的生态环境负面影响，旅游生态学研究应运而生。旅游生态学是指以旅游生态系统为研究对象，主要研究旅游活动与生态环境之间的相互作用关系，根据作用机理减少旅游活动的负面环境影响，指导旅游生态管理的一种应用学科，其根本目的在于促进旅游业的可持续发展。

　　旅游生态学最早起源于 1759 年斯提林福里特（Stillingfleet）关于英格兰被践踏游径上的植物生存状况差异性的研究，以及 1922 年迈内克（Meinecke's）对加利福尼亚州红杉林国家公园游憩影响的研究(Hammitt and Cole，1998)。随后美国与欧洲许多公园都开始了类似研究，重点探讨旅游活动对植被和土壤等因子的影响，以及旅游环境影响的测度与研究的方法。基于巴菲尔德（Bayfield）在英国多年研究工作，利德勒（Liddle）赞扬他是研究旅游生态学的第一人。1969 年美国国会通过环境政策法案（NEPA），规定凡由公共机关所办的事业，均应进行环境影响评估，之后，有关旅游活动对环境影响的研究报道明显增多。到了 20 世纪 80 年代，伴随着旅游业的突飞猛进，相应的研究工作得到快速发展，一些国际组织如世界旅游组织、联合国环境规划署、欧盟等，开始关注旅游与生态环境问题，而且注意与可持续发展战略的联系。一些国际期刊，如 *International Environment Research*、*Annals of Tourism Research*、*Land Use Policy* 等杂志都发表了专辑，并出版了《荒野地游憩：生态学与管理（*Wildland Recreation: Ecology and Management*）》和《游憩生态学：户外游憩生态影响与生态旅游（*Recreation Ecology: the Ecological Impact of Outdoor Recreation and Ecotourism*）》等著作（Hammitt and Cole，1987；Liddle，1997），较为详尽地综述了北美、欧洲及大洋洲各国有关旅游生态学方面的理论与实践。20 世纪 90 年代后，随着旅游活动在全世界范围内扩展，旅游活动对生态环境的影响日益严重，旅游生态学研究的内容广度和深度相应地增加，而且与其他相关学科的交融也有了较大的进展。

　　在中国，经过 40 年的发展，旅游产业已成为我国的战略性支柱产业，对国民经济发展和人民生活的影响显著，旅游发展带来的生态冲击不容忽视。在旅游产业蓬勃发展的大背景下，旅游业的可持续发展和发展方式的生态化变得十分迫切。旅游生态学已经成为支撑旅游可持续发展的重要研究领域。

## 2 我国旅游生态学发展历程

　　我国的旅游生态学研究起步于 20 世纪 80 年代，改革开放以后，中国旅游发展起步，旅游开发和游览活动引起的生态问题开始引起学者们关注。研究主要集中在旅游引起的生态破坏和环境污染问题的总结，并提出相应的对策措施。1986 年，王献溥（1986）在论述保护区所受威胁时提到，管理水平跟不上旅游发展速度的困境已经给自然保护区带来威胁，并指出吉林长白山、广东鼎湖山、四川卧龙三个自然保护区均存在以上问题。王芬梅和许东楚（1987）分析了旅游饭店给桂林市带来的大气、水和固体垃圾污染，并提出要加强对旅游饭店的规划和管理。还有一些学者定性的描述了旅游发展给目的地自然生态环境带来的消极影响，并针对性地提出相应对策（赵正阶，1986；侯敬东和汪熙，1988；康乐，1991；李世东，1993；沈兵，1996）。在探索上述环境问题解决方案的过程中，生态旅游作为实现旅游可持续发展的重要方式，被学者们引入自然保护地的旅游发展中，以期破除保护和利用的困境（刘红等，1995；周世强等，1995）。除少数研究通过具体数量指标来评价旅游的环境影响外（冯学钢和包浩生，1999；吴楚材等，1994），这一阶段旅游生态学研究成果的主要采用定性描述和对策分析等方法。可见，与北美和欧洲相似，实践中涌现的旅游环境影响问题是中国旅游生态学研究迅速扩张的主要原因（Leung，2012）。正是在这一阶段，学者刘鸿雁将旅游生态学概念引入中国，并对旅游生态学的研究内容进行了分析（刘鸿雁，1994）。

进入 21 世纪之后，旅游生态影响研究的内容和范围更加广泛，涌现出一大批研究成果。例如，程占红、石强、陈飙、晋秀龙、巩劼、王立龙、陆林等学者陆续对旅游活动对土壤、植被、大气、水等自然因子的影响做了细致的研究。这一阶段也是旅游生态学研究方法从定性向定量转变和国外相关理论（王显明等，2009）逐渐引入的时期。有关自然保护地旅游环境容量（于德珍，2005；戴彬，2006；李睿和戎良，2007）、旅游环境承载力（文传浩等，2002；汪君等，2007）和旅游生态足迹（戴科伟等，2007；胡世辉和章力建，2010）的研究成果迅速增多在某种程度上反映了这个阶段研究定量化发展特征。在丰硕的研究成果基础上，2004 年由严斧主编的《旅游生态学》出版，2005 年章家恩也主编出版了《旅游生态学》。2011 年吴承照和张娜翻译出版了早期国际旅游生态学研究成果的集成，由 Hammitt 和 Cole 完成的《游憩生态学（原书第 2 版）》。2017 年，丛林和刘艺军出版了《自然保护区旅游生态学研究：以大青沟国家级自然保护区为例》。同年，由晋秀龙、陆林等著的《旅游生态学理论与实践》出版，该书构建了旅游生态学的基本理论框架。2018 年，杨明玉（Mingyu Y，2018）出版了英文书籍《滇西北保护地旅游环境影响（Environmental Impact of Tourism in Protected Area: Insights from Northwest Yunnan）》，识别、评价和预测发生在滇西北重要保护地内与旅游活动相关的环境不良影响。而且大量的生态旅游研究也有不少内容涉及旅游生态学的领域，加上近年来不少高校和科研机构的生态学、地理学、旅游学等专业培养旅游生态专业的研究生，反映出中国旅游生态学研究的蓬勃发展态势（晋秀龙和陆林，2017）。

与国际研究相比，我国旅游生态学研究大多是借鉴国外的研究经验和方法，偏重既成事实的案例研究，缺乏对旅游生态影响进行实验模拟和对生态影响结果进行修复性研究，而且基础理论与方法创新方面还有待进一步改善，对旅游活动的实践和旅游产业可持续发展的指导作用还需要加强，以期为政府部门和经营管理者提供切实可行的解决办法和途径。

## 3 国内旅游生态学研究的主要内容

我国旅游生态学的研究内容主要包括旅游生态学的基础理论研究、旅游与生态环境的互动关系研究、旅游生态系统的管理研究和可持续旅游形式研究四个部分，其中旅游对生态环境的影响研究、旅游生态系统的管理研究主要是以自然保护区、森林公园等自然保护地作为研究区域开展，保护地是旅游生态学实践研究中最重要的尺度。

### 3.1 旅游生态学基本理论研究

旅游生态学作为一门新兴学科，尚未形成统一的定义，但对学科归属、研究对象、研究目的有较为一致的结论。刘鸿雁（1994）提出旅游生态学是应用生态学的一个分支，并得到学者们的认可。旅游生态学研究的对象为旅游生态系统，是通过旅游活动联系起来的目的地自然-社会-经济复合系统，具有要素的复杂性和关系的互动性（吕君和刘丽梅，2007；晋秀龙和陆林，2009）。通过研究旅游生态系统内部旅游活动与生态环境之间的相互关系，解决旅游发展与环境之间的矛盾关系（毛振宾等，2002；那守海和张杰，2004），为可持续旅游发展提供理论和实践支撑，是旅游生态学研究的根本目标（程道品和王忠诚，2003；晋秀龙和陆林，2009）。

旅游生态学的研究内容主要包括旅游活动对生态环境的影响研究、旅游生态系统的管理研究、自然旅游资源评价、旅游活动对人的影响研究、旅游者与当地社区的相互关系、旅游地生态管理与可持续发展等（见表30.1）。其中，旅游活动（包括旅游开发、建设和游览活动）对生态环境的影响研究和应用生态学原理对旅游生态系统的管理研究是旅游生态学研究的主体内容，并受到学者们的广泛认可，这也与西方旅游生态学研究的主要内容大体一致（Hammit and Cole，1998；Monz et al.，2010；Marion et al.，2016）。

表30.1 旅游生态学研究内容

| 旅游生态学研究内容 | 文献来源 |
| --- | --- |
| 旅游活动的生态环境影响 | 刘鸿雁，1994；吴必虎，1996；毛振宾等，2002；程道品和王忠诚，2003；牛莉芹和程占红，2008；晋秀龙和陆林，2009 |
| 旅游生态系统管理 | 刘鸿雁，1994；吴必虎，1996；毛振宾等，2002；程道品和王忠诚，2003；那守海和张杰，2004；晋秀龙和陆林，2009 |
| 旅游资源评价 | 刘鸿雁，1994；牛莉芹和程占红，2008 |
| 旅游活动对人的影响研究 | 毛振宾等，2002；程道品和王忠诚，2003；晋秀龙和陆林，2009 |
| 旅游者与当地社区的相互关系 | 晋秀龙和陆林，2009 |
| 旅游地生态管理与可持续发展 | 章家恩，2005 |

## 3.2 旅游与生态环境的互动关系研究

旅游与生态环境之间的相互关系研究以旅游活动对生态环境的影响研究为主，部分学者探讨了生态环境对旅游活动或旅游者的影响。

### 3.2.1 水

旅游活动对水环境和水资源的影响主要包括因旅游而造成的水环境污染和破坏以及水资源短缺等问题。李营刚等（2010）和任娟等（2017）对重庆金佛山水房泉水质的分析结果都表明旅游活动是造成该地岩溶地下水水质恶化的重要因素。黄程等（2010）对上海共青森林公园水环境的试验分析表明，公园水质受到了旅游活动的较强影响，并且餐饮、住宿类旅游活动与行为对公园水质的影响，比其他休闲娱乐类的旅游活动与行为更为显著。张金流和王海静（2011）的研究发现旅游活动增加了黄龙景区溪流水中磷酸盐、溶解有机碳浓度，阻滞了钙华沉积。郑囡等（2011）对杭州西溪国家湿地公园水质监测分析后认为，通过合理有效的管理和控制，游船行驶和游客徒步旅行这两种干扰并没有给湿地公园的水体带来有害的影响。刘世栋和高峻（2013）对杭州湾北岸滨海人工浴场水环境的影响研究发现，合理的人工浴场建设和环境管理工作可以有效保护滨海人工浴场以及周边区域水环境；不同旅游活动对水环境的影响程度不一，水上自行车、皮划艇等水上娱乐项目，海滨游泳活动、水上舞台活动和观海踏潮对水环境的负面影响依次降低。由于缺乏不同时空的对比研究，旅游对水环境的影响机理尚不清晰。

### 3.2.2 大气

旅游对大气环境的污染与破坏，既包括直接的、即时的、小尺度的，也就是对旅游景区和旅游目的地的空气环境的污染与破坏；也包括间接的、滞后的、大中尺度的，即对区域气候环境及至全球气候环境的污染与破坏。张宁宁等（2011）通过对云南省丽江市1989～2006年间的大气降水样品分析发现，在旅游规模扩大的背景下，区域内大气环境的碱性物质（$Na^+$、$Ca^{2+}$、$Mg^{2+}$等）不断增加。石强等（2002a；

2002b）的研究发现，20世纪末期张家界国家森林公园内的大气质量受到旅游活动的严重影响。21世纪，旅游仍是张家界国家森林公园内气溶胶污染的重要原因之一（乔雪等，2014）。由于大气的流动性特征，旅游活动对大气环境的影响测定比较困难，故有不少研究以洞穴环境为主要研究对象，但也在其他地理尺度做了有益尝试。多处岩溶洞穴的测度结果表明（李悦丰等，2004；徐尚全等，2012；周长春等，2009；张美良等，2017；张结等，2018），旅游活动增大了洞穴内的$CO_2$浓度，水的酸度增加，以致洞穴景观受到破坏。

入境旅游作为中国旅游产业的重要板块，极易受到空气污染等日益恶化的自然环境的冲击。近年来部分学者已经开展有关空气污染对中国入境旅游发展的影响，研究区域以雾霾天气相对较多的京津冀地区为主，也包括大陆的31个省区。阎友兵和张静（2016）运用相关分析法研究发现，2013年和2014年间，北京入境客流量与空气质量达标天数比例正相关。高广阔和马利霞（2016）基于2005～2014年京津冀地区的面板数据，采用混合模型研究发现，雾霾污染对入境客流量存在显著负面影响。程德年等（2015）的研究发现以雾霾为代表的大气污染及与之相关的行动限制、安全威胁、健康威胁、游憩限制等系列风险因素，构成入境游客对华环境风险负面感知的主要方面。在以上研究的基础上，刘嘉毅等（2018）基于2001～2015年中国大陆31个省区（自治区、直辖市）的面板数据，采用sys-GMM与GIS自然断裂法等研究方法，就空气污染对入境旅游发展的影响进行实证检验。研究结果表明：空气污染对中国入境旅游发展有显著负向影响，随时间推进，空气污染对入境旅游发展的边际负向影响呈现阶梯式递增态势，且空气污染对任一省区入境旅游发展有显著负向影响，污染程度越高的区域，空气污染对入境旅游发展的负向影响效应也越强。

### 3.2.3 土壤

土壤是对干扰反应最敏感的环境因子之一，是生态系统的重要组成部分，土壤状态对旅游地生态系统的健康与稳定具有重要作用（李鹏等，2012）。旅游活动对自然保护地的土壤环境影响显著：第一，旅游活动影响土壤的物理性质，例如，土壤空隙度减少（李灵等，2009；秦远好等，2006）、容重增加（李灵等，2009；管东生等，1999）、水分含量减少（刘嘉丽等，2009；孔祥丽等，2008）、土壤层厚度减少（晋秀龙和陆林，2009；陈飙和杨桂华，2004）等；第二，旅游活动对土壤化学性质的影响，例如，土壤肥力下降（晋秀龙和陆林，2009；李灵等，2009）、重金属污染增加（马建华和朱玉涛，2008），但对土壤有机物（秦远好等，2006；管东生等，1999）和土壤pH（冯学钢和包浩生，1999；蒋高明和黄银晓，1990）的影响结论并不一致；第三，旅游活动影响土壤微生物的平衡发展，例如，张家界国家森林公园受旅游活动干扰严重的区域土壤微生物总量下降，在0~5cm土层的土壤酶活性显著降低（杨海君等，2007）；旅游干扰显著减弱庐山风景区土壤微生物群落多样性和功能性（刘光荣，2015）；旅游踩踏导致张家界国家森林公园5~15 cm土层中土壤微生物活性受到了严重影响（谭周进等，2007）。

### 3.2.4 植被

植被是自然生态系统的重要组成部分，也是构成旅游景观的关键性要素。研究表明，旅游基础设施建设、游客游览、旅游环境污染和因旅游带来的生物入侵等旅游干扰活动会造成区域植被生物多样性降低、群落结构改变、树木的折损、草本盖度降低、植物生长缓慢甚至消失等一系列问题（见表30.2）。植被所受负面影响的程度与旅游地生态系统特点、旅游干扰强度等有很大关系。吴甘霖等（2006）对黄山松群落的研究表明，低干扰下物种多样性适中，均匀度最低，随干扰强度的加强，多样性有极明显的提高，此时物种数量最多，分布均匀，多样性和均匀度均最高，人为干扰进一步加强，则多样性最低。游径等游客集中区域是旅游干扰对植被影响研究的热点区域，丰富度指数、物种多样性指数和均匀度指数等是旅游影响的主要测度指标（张桂萍等，2008；李文杰和乌铁红，2012；汪洪旭，2015；牛莉芹和程占红，2012）。例如，李陇堂等（2015）对宁夏沙坡头和黄沙古渡景区游步道沿线生态环境对踩踏干扰的响应研究发现，自然状态下，踩踏干扰主要集中在道路边缘 4m 范围内，在道路边缘 1m 范围内各调查样区受冲击均达到非常严重的程度。史坤博等（2015）对通过回归分析发现，旅游活动对桑科草原游客游憩区、人行步道两侧和商店周围的植物生长指标影响范围分别为大、较大和较小；旅游活动对植被的高度和物种数量的影响较大，而对植被的完整度和盖度的影响较小。植被影响研究所涉及的生态系统类型包括森林（朱珠等，2006；石强等，2004）、草原或草甸（李文杰和乌铁红，2012；赵建昌，2015；武俊智等，2007）、山地（唐高溶等，2016；朱芳等，2015）、沙漠（李陇堂等，2015）和湿地（刘世栋和高峻，2012），研究范围较广。

表 30.2 旅游活动对植被的影响

| 影响指标 | 代表文献 |
| --- | --- |
| 生物多样性改变 | 马骏，2016；李陇堂等，2015；史坤博等，2015；张桂萍等，2008；文雅香等，2009；郑伟等，2008 |
| 群落结构改变 | 巩劼等，2009；吴甘霖等，2006；张桂萍等，2008；管东生等，1999；武俊智等，2007；冯飞等，2014 |
| 生长速度下降 | 朱珠等，2006；石强等，2004；苏金豹等，2010 |
| 高度和盖度降低 | 贾铁飞等，2013；李陇堂等，2015；史坤博等，2015；秦远好等，2008；晋秀龙等，2011 |
| 生物入侵 | 刘世栋和高峻，2012；李永亮等，2010 |

### 3.2.5 动物

国外野生动物旅游研究已经十分的系统和深入，旅游对野生动物的影响研究作为其中的一部分也已经有丰富的成果（丛丽等，2012）。相比之下，国内旅游对动物的影响研究成果比较零散，主要有旅游活动对土壤动物的影响研究和旅游公路对野生动物的影响研究。叶岳和姜玉霞（2017）在黑石顶自然保护区、九龙湖自然保护区和北岭山森林公园开展的研究表明旅游干扰改变了土壤动物的物种组成，捕食者的大量增多间接影响凋落物分解和养分循环等生态系统过程。王立龙和陆林（2013）在太平湖国家湿地公园的研究发现，大型土壤动物数量在一定范围内随旅游强度增加而减少，但随着旅游强度的增加，边缘效应在远离游径的方向出现。王云等（2013）采用样线法、红外相机监测法等对毗邻长白山国家级自然保护区的环长白山旅游公路进行了动物致死、公路对动物的影响域、动物穿越公路、动物通道利用率等研究，针对公路造成动物死亡问题提出了具体的保护对策。李佳等（2015）的研究表明，神农架旅游公路对 4 种有蹄类动物的昼夜活动分布影响不同，对斑羚和毛冠鹿的昼夜活动分布影响较大，而对梅花鹿和野猪的昼夜活动分布无明显影响。此外，还有针对旅游活动对非人灵长类动物（范鹏来和向左甫，2013）、岩羊（蒋天一等，2013）、圈养梅花鹿（朱彦等，2013）、大熊猫等的影响研究。

## 3.3 旅游生态系统的管理研究

旅游生态系统管理是旅游目的地生态环境管理的重要组成部分（晋秀龙，2017），主要包括旅游目的地生态监测、生态评价、生态规划和游客与社区管理，监测和评价为规划和管理提供科学支撑。其中，生态评价中的资源环境评价和游客管理是我国旅游生态系统管理中成果较为丰硕的领域。

资源环境评价包括资源调查（于延龙等，2016；吴丽华和廖为明，2010；胡延辉等，2011）、资源环境评估和环境容量测算三个部分。对资源环境的评估包括资源综合评价（吴继林，2008；胡延辉等，2011）、某种类型或视角的资源评价（于延龙等，2016；吴丽华和廖为明，2010；曹辉等，2007；王金照，2007）、游憩价值评价（彭文静等，2014；雷莹等，2015）、适宜度评价（钟林生等，2002）和生态安全评价（汤鹏和王浩，2016；米锋等，2010）等。

比较而言，我国游客管理与国外还有很大差距。理论上，国外已经形成可接受的改变极限（limits of acceptable change，LAC）、游客影响管理（visitor impact management，VIM）和游客活动管理程序（visitor activity management process，VAMP）等系统的管理框架，而我国则以理论引入为主（刘少艾和卢长宝，2016）。在实践方面，当前国内旅游环境管理实践中主要采取的措施有旅游开发过程中的旅游规划设计（李敏，2002）、功能分区设置（吴后建等，2016；李道进等，2014）、游前的预约制和游客最大承载量限制，游中的环境教育（李云珠和黄秀娟，2013；陈静杰等，2017）和环境解说（李振鹏等，2013）以及基于现代科技的游客实时监测和分流（冯刚等，2010）等，但限制游客量仍旧是环境管理的主要思想，缺乏对旅游者的引导、教育和积极性的激发。整体上，单从管理者的角度出发，忽视游客的需求特征和自主能动性是当前自然保护地游客管理的明显不足（刘少艾和卢长宝，2016）。

### 3.4 可持续旅游形式研究

为实现旅游生态学研究的目的——旅游业可持续发展，负责任旅游、低碳旅游、生态旅游、绿色旅游等多种可持续旅游形式成为旅游生态学研究成果的重要应用领域和旅游发展生态化的实现途径，其中低碳旅游和生态旅游是学者们探讨的焦点。

生态旅游概念最早由国际自然保护联盟（IUCN）特别顾问 Ceballos Lascurain 于 1983 年正式提出。作为对传统大众旅游导致生态环境损害现象的回应和反思，生态旅游迅速得到了各国政府、学界和社会人士的倡导。20 世纪 90 年代引入中国以来，担当着生态文明思想的传播者、可持续发展理念的引领者、旅游产品开发的创新者、旅游社区利益的维护者、旅游环境保护的示范者等多重角色（钟林生和陈田，2013），因其具有保护性特点（杨桂华等，2017），生态旅游研究一直伴随着旅游生态学研究的产生和发展，是中国旅游生态学研究的重要内容。20 多年来，学术界对生态旅游的关注重点从生态旅游概念界定、生态旅游资源开发等逐渐转向生态旅游影响、生态旅游规划、生态旅游者、社区参与、环境教育等方面（蒋明康和吴小敏，2000；王金叶等，2010；马建章和程鲲，2008；黄元豪等，2018；贺昭和等，2007；钟林生等，2016），取得了大量成果，为生态旅游理论建设和旅游业可持续发展实践作出重要贡献。由于东西方历史和文化背景的差异，中国自然保护地允许大量的游客涌入，而非将生态旅游看作小规模旅游活动；与西方的荒野美学观不同，中国将文化看作生态旅游资源的一部分，对生态旅游资源开发的人为干扰容忍度更高（Buckley et al.，2008）。对生态旅游概念理解的文化差异，是生态旅游成为打着"生态旗号"的大众旅游，对部分区域造成环境影响的重要原因之一。

低碳旅游（LT，low-carbon tourism）概念出现在生态旅游之后，是更强调节能减排、加强低碳技术创新与清洁能源应用的一种可持续旅游发展形式（唐承财等，2011）。建设以低碳旅游景区为重要组成部分的低碳旅游目的地是低碳旅游发展的重要方向（马勇等，2011）。研究主要围绕低碳旅游景区评估体系构建和旅游者参与低碳旅游的影响因素（杨莉菲和温亚利，2014）两个方面展开。尽管已经探索建立了多个低碳旅游景区评估体系（朱国兴等，2013；李晓琴和银元，2012；赵金凌和高峻，2011），但对具体景区的实证研究较少，也未形成一套公认的评估标准，评估结果不具有可比性。对旅游者的研究发现，低碳旅游环境和旅游者低碳消费习惯对低碳旅游参与意愿有显著正向影响，且后者对促进低碳旅游发展的作用更加明显（张琰飞等，2013）；游客对低碳出行和低碳住宿的认知度较高，对游览和娱乐的碳排放认知不足（程占红等，2018）。可见，加强游客的环境教育和行为引导对提高旅游业的低碳化水平十分重要。

## 4 旅游生态学研究的国际态势

### 4.1 研究范围更加广阔

旅游生态学研究总是伴随着区域旅游生态问题的出现而出现，和国家或地方的旅游业发展密切相关。因此，早期的旅游生态学研究最早出现在旅游业兴盛的欧美发达地区，随后扩展至澳大利亚和新西兰。标志着旅游生态学作为一门新兴边缘学科出现的两本著作 *Wildland Recreation：Ecology and Management* 和 *Recreation Ecology：the Ecological Impact of Outdoor Recreation and Ecotourism* 即分别出版于美国和英国。进入 21 世纪，尽管多数研究还是集中在北美和欧洲，但澳大利亚、新西兰和东亚地区在近些年增长很快，旅游生态学研究已经拓展至全球（Buckley，2005；Monz et al.，2010）。根据 Leung（2012）的研究，在 20 世纪的最后 20 年间，由于旅游需求的迅速增长，自然保护地的旅游生态学研究在东亚地区（包括日本、韩国、朝鲜、中国）蓬勃发展起来，至 21 世纪，研究成果已经十分多样化，并更加成熟。但综观全球，旅游生态学发展的地理不平衡性仍然存在：从宏观视角看，新兴旅游目的地（如泰国、马来西亚等东南亚国家）和旅游业发展势头强劲的中国等发展中国家是当前旅游生态环境问题较为集中的区域，与欧美和澳大利亚等地相比，相关研究还比较薄弱。从微观地理空间来看，早期的旅游生态学研究多关注自然保护地或荒野游憩地，后逐渐拓展至城市近郊的公园、大众旅游目的地等自然要素和人工要素并存的地方，随着乡村旅游的兴起，乡村地区也将成为旅游生态学的研究场域。

### 4.2 研究方法更加多样化和智能化

旅游生态学研究最初借鉴发展较为成熟的生态学方法来测度和描述旅游活动对生态环境的影响，随着研究的深入，地理学、管理学（Canteiro et al.，2018）等其他学科的研究方法逐渐引入，当前的研究则呈现不同学科方法的综合运用特点。早期的研究主要通过野外调查对游客影响的结果进行描述、对比和原因分析。例如，游客践踏对植物形态和生理特性所产生的影响研究，对物种数量、植被类型和不同环境条件下植被对践踏破坏的抵抗力和恢复能力的定性研究等（Bayfield，1971；Hammitt and Cole，1998；Cole，1995）。随着科学技术的发展，应用实验设备对土壤、大气、水等的理化性质进行测度和统计分析的研究增加（Saenz-de-Miera and Rossello，2013），并逐渐探索发展了实验研究法（Schierding et al.，2011）。为研究旅游影响的空间结构特征和不同尺度的影响机理，景观生态学和地理学的空间分析方法逐渐引入。随着 3S 技术的蓬勃发展，旅游生态学研究的空间分析和表达能力增强，研究区域的空间表达已经成为文献内容的重要组成部分（Hernandez et al.，2017；Grooms and Urbanek，2018；Canteiro et al.，2018）。在环境监测、实验研究和空间分析的基础上，旅游生态影响的环境评价研究蓬勃发展，旅游生态足迹（Rendeiro Martín-Cejas and Pablo Ramírez Sánchez，2010）、旅游碳足迹（Sharp et al.，2016；Sun，2014）、旅游环境承载力（Cupul-Magaña and Rodríguez-Troncoso，2017）研究成果丰硕。手机定位 APP、手持 GPS、物联网、照片识别等新科技的发展使不同空间和时间旅游环境影响对比研究、对象的精准研究（如某种植物、动物或某一片区）以及游客的生态管理研究等成为可能。

### 4.3 研究内容更关注旅游影响的机理

旅游活动对生态环境的影响研究已经不限于对影响结果的描述，更关注不同类型的旅游活动和不同程度的旅游干扰对生态环境的影响规律。进而通过这些规律寻求决定旅游影响程度和范围的因子，从而根据影响机理实施旅游生态系统管理。例如，多位学者对比分析了徒步、骑行和骑马给植被、小径、土壤生物多样性等造成的影响（Olive and Marion，2009）。研究表明骑马比徒步给土壤、植被等造成的影响要突出的多，主要原因是旅游者骑马造成的压力远大于步行。践踏与植被、土壤之间的非线性关系已经在多个研究中得到证实（Monz et al.，2010；Newsome and Johnson，2013；Barros and Pickering，2015）：在旅游影响达到阈值之前，植物和土壤的改变会随着践踏的增加迅速攀升，随着大部分植被消失和土壤压实，旅游影响随着践踏的增多变化速度缓慢。因此，在阈值以上的旅游控制效果是微弱的，在阈值以下的旅游利用管制效果是明显的。了解旅游影响的机理，管理者就可以据此调整旅游地允许的旅游活动类型（如，尽量以徒步代替骑马）、划定合理的旅游活动区域、提供新的基础设施（小径、露营地等）或者引入及更新环境教育项目（Pickring et al.，2010）。Monz等（2010）认为探究影响旅游环境影响程度和范围的因素是旅游生态学研究中最重要的部分，旅游利用量、旅游利用和旅游行为类型、利用时机以及环境条件和类型是最重要的旅游影响决定因子。因为管理者可以通过管理这些因子调控旅游影响，因此旅游影响机理的研究具有最重要的意义（Hammitt and Cole，1998）。

## 5 国内旅游生态学研究展望

### 5.1 旅游影响的演化规律研究

旅游影响的演化规律研究可为旅游地游客管理和环境保护提供科学依据。长期的环境监测和跟踪调研是研究旅游影响演化规律的前提和基础。而加强基于长期监测的旅游影响跟踪性研究不仅是中国、也是全球旅游生态学研究需要加强的领域。基于时间序列的旅游影响研究可以清晰地判断旅游给自然保护地带来影响的程度、影响的持续性和旅游地生态系统演变规律，预测发展趋势，并在一定程度上弥补基础数据不足的缺陷。持续跟踪的对象不仅应包括旅游目的地，以判断旅游活动对生态环境影响规律，还应包括旅游者，以研究旅游活动对旅游者身体、心理变化的长期影响，研究长期影响带来的人格特质的变化。

### 5.2 本土性旅游生态管理研究

以可接受的变化（LAC）、游憩机会谱（ROS）为代表的旅游环境管理理论虽然在西方体制下取得了较好的效果，但仍旧存在不同区域的适宜性问题。在借鉴西方理论的同时，加强基于中国社会文化环境和自然地理环境实际的环境管理研究十分必要。从社会文化角度讲，自然保护地内部或周边社区居民是这片土地最早的主人，他们对区域自然生态环境条件及其演化规律更为了解，地方依恋程度更高。挖掘地方生态智慧、发动当地社区居民的积极性，探索构建基于社区的环境管理模式，在促进地方文化传承、社区发展和生态保护方面具有重要意义。从自然地理条件来看，应根据不同自然保护地的生态特点采取相应的旅游环境管理措施。以游客管理为例，旅游者数量、旅游活动类型、游客空间和时间分布与不同的环境类型（草地、沙漠、水域等）之间会有不同的环境影响关系，游客人数只是旅游环境影响的因素之一（Monz et al.，2013）。因此，还应根据不同旅游地的生态特点探索除限制游客数量以外的游客管理措施。

### 5.3 旅游活动对野生动物影响的研究

野生动物是重要的旅游吸引物，旅游活动对野生动物的影响研究较为薄弱。在西方，虽然相关研究取得了一定的成果，但与对植物、土壤的旅游影响研究相比，旅游对野生动物的影响研究仍旧缺乏系统性（Monz et al.，2010）。与西方相比，我国虽然野生动物旅游活动开展较早，分布广泛，但相关研究一直没有受到学者的重视，尤其是定量化分析旅游活动对野生动物影响的研究较少（丛丽等，2012）。应加强不同旅游活动类型对野生动物的生境、繁殖、迁徙等的影响程度差别和野生动物（尤其是濒危物种）对旅游干扰的行为反应和生理指标的变化等相关研究，为野生动物旅游及全球野生动物保护型自然保护地的有效管理提供借鉴。

## 5.4 自然保护地环境教育研究

环境教育是自然保护地旅游的重要功能之一，对提升旅游活动的生态化水平、增强旅游生态意识具有显著作用。为提升自然保护地环境教育项目的科学性，助推实践发展，应积极开展环境教育基础理论研究、环境教育规划、环境教育组织、环境教育形式和内容的系统性研究。同时，应结合研学旅行、自然学校已经开展的环境教育项目，加强自然保护地环境教育基地建设的组织方式、开展形式和课程内容的案例研究。

## 5.5 旅游社会-生态系统恢复力研究

旅游对目的地的影响来自社区、旅游者、管理者和生态环境的交互作用过程，社会-生态途径能够将生态、经济和社会问题结合起来综合地研究这一过程（Holling and Gunderson, 2002）。社会-生态系统的复杂性、不确定性和动态性特征为恢复力思想打下了基础，恢复力思想为人类不断适应复杂自然系统的现象提供了一种理解方式。国外学者普遍认为，恢复力思想和方法适用于旅游地社会-生态系统研究（王群等，2014），而国内研究才刚刚起步。多数旅游景区作为相对独立、社会-生态关系结构复杂的系统，是旅游社会-生态系统恢复力研究的极佳场地，可借助恢复力思想和研究方法探索旅游地社会-生态系统的阈值与驱动因素，从复杂系统的角度理解和探讨旅游生态系统。

## 5.6 热点旅游活动的环境影响研究

热点旅游活动是旅游地环境影响的主要来源，但在政策的鼓励和人们的追捧下其负面影响也是最容易被忽略的。在国家政策的推动下，房车游和露营旅游将是未来旅游的趋势。研究应关注旅居全挂车营地和露营地建设活动以及露营和游览活动给区域生态环境带来的影响，并探索自然保护地内部房车旅游和露营旅游的合理规模和可持续利用方式。随着体验性旅游需求的增长，选择徒步探险、攀岩、垂钓等参与性旅游活动的游客将不断增多，以上旅游活动对土壤、植被、地貌、水生生物等产生影响的规律也应引起研究的重视，践踏、攀爬、投饵等人为干扰的程度与旅游地环境变化之间的关系也需要厘清。

## 参 考 文 献

曹辉, 张晓萍, 陈平留. 2007. 福州国家森林公园旅游气候资源评价研究. 林业经济问题, (01): 34-37.

陈飙, 杨桂华. 2004. 旅游者践踏对生态旅游景区土壤影响定量研究——以香格里拉碧塔海生态旅游景区为例. 地理科学, (3): 371-375.

陈静杰, 王莉莉, 郑逸凡, 等. 2017. 国家公园理念下自然保护区环境教育模式创新研究——以福建省龙栖山国家自然保护区为例. 福建论坛(人文社会科学版), (12): 196-201.

程道品, 王忠诚. 2003. 浅析生态旅游学与旅游生态学. 社会科学家, (5): 89-92.

程德年, 周永博, 魏向东, 等. 2015. 基于负面IPA的入境游客对华环境风险感知研究. 旅游学刊, 30(1): 54-62.

程占红, 程锦红, 张奥佳. 2018. 五台山景区游客低碳旅游认知及影响因素研究. 旅游学刊, 33(3): 50-60.

丛丽, 吴必虎, 李炯华. 2012. 国外野生动物旅游研究综述旅游学刊, 27(5): 57-65.

戴彬. 2006. 张家界森林公园生态旅游环境容量分析. 生态经济, (10): 108-110.

戴科伟, 钱谊, 张益民, 等. 2007. 基于生态足迹的自然保护区可持续发展研究——以鹞落坪国家级自然保护区为例. 南京师大学报(自然科学版), (2): 115-121.

范鹏来, 向左甫. 2013. 旅游干扰对非人灵长类动物的影响. 动物学研究, 34(1): 55-58.

冯飞, 毕润成, 张钦弟. 2014. 旅游干扰对云丘山不同植被景观区物种多样性的影响. 生态科学, 33(1): 134-140.

冯刚, 任佩瑜, 戈鹏, 等. 2010. 基于管理熵与RFID的九寨沟游客高峰期"时空分流"导航管理模式研究. 旅游科学, 4(2):

7-17.

冯学钢, 包浩生. 1999. 旅游活动对风景区地被植物——土壤环境影响的初步研究. 自然资源学报, (1): 76-79.

高广阔, 马利霞. 2016. 雾霾污染对入境客流量影响的统计研究. 旅游研究, 8(4): 77-82.

巩劼, 陆林, 晋秀龙, 等. 2009. 黄山风景区旅游干扰对植物群落草本层的影响. 地理科学, 29(4): 607-612.

管东生, 林卫强, 陈玉娟. 1999. 旅游干扰对白云山土壤和植被的影响. 环境科学, (6): 6-9.

哈米特, 科尔. 2011. 游憩生态学(原书第2版). 吴承照, 张娜译. 北京: 科学出版社.

贺昭和, 秦卫华, 王智, 等. 2007. 我国自然保护区生态旅游发展的存在问题及对策. 生态环境, (1): 253-256.

侯敬东, 汪熙. 1988. 长白山自然保护区不宜开展旅游业. 环境保护, (9): 9-10.

胡世辉, 章力建. 2010. 基于生态足迹的西藏自然保护区生态承载力分析——以工布自然保护区为例. 资源科学, 32(1): 171-176.

胡延辉, 王伟峰, 张邦文, 等. 2011. 江西岩泉国家森林公园景观旅游资源调查与评价. 安徽农业科学, 39(27): 16926-16928.

黄程, 贾铁飞, 陈扬. 2010. 旅游活动对城市森林公园水环境的影响——以上海市共青森林公园为例. 西北林学院学报, 25(2): 192-197.

黄元豪, 赖启福, 林菲菲, 等. 2018. 基于E-RMP视角的生态旅游规划提升研究——以福建3个县的生态旅游规划为例. 林业经济问题, 38(3): 39-45.

贾铁飞, 梅劲援, 黄昊. 2013. 大型节事旅游活动对植被环境影响研究——以上海桃花节、森林狂欢节为例. 旅游科学, 27(6): 64-72.

蒋高明, 黄银晓. 1990. 旅游和城市化对避暑山庄土壤、植物的影响. 环境科学, (1): 35-39.

蒋明康, 吴小敏. 2000. 自然保护区生态旅游开发与管理对策研究. 农村生态环境, (3): 1-4.

蒋天一, 王小明, 丁由中, 等. 2013. 人类游憩行为对岩羊(Pseudois nayaur)反应行为的影响. 科学通报, 58(16): 1546-1556.

晋秀龙. 2017. 旅游生态学理论与实践. 北京: 科学出版社.

晋秀龙, 陆林. 2008. 旅游生态学研究方法评述. 生态学报, (5): 2343-2356.

晋秀龙, 陆林. 2009. 旅游生态学研究体系. 生态学报, 29(2): 898-909.

晋秀龙, 陆林, 郝朝运, 等. 2011. 旅游活动对九华山风景区游道附近植物群落的影响. 林业科学, 47(2): 1-8.

康乐. 1991. 庐山自然保护区的现状与保护对策. 青年生态学者论丛(一), 9.

孔祥丽, 李丽娜, 龚国勇, 等. 2008. 旅游干扰对明月山国家森林公园土壤的影响. 农业现代化研究, (3): 350-353.

雷莹, 杨红, 尹新哲. 2015. 基于ZTCM模型的森林公园游憩价值分析——以重庆黄水国家森林公园为例. 管理世界, (11): 180-181.

李道进, 逄勇, 钱者东, 等. 2014. 基于景观生态学源—汇理论的自然保护区功能分区研究. 长江流域资源与环境, 23(S1): 53-59.

李佳, 丛静, 刘晓, 等. 2015. 基于红外相机技术调查神农架旅游公路对兽类活动的影响. 生态学杂志, 34(8): 2195-2200.

李灵, 张玉, 江慧华, 等. 2009. 旅游干扰对武夷山风景区土壤质量的影响. 水土保持研究, 16(6): 56-62.

李陇堂, 薛晨浩, 魏红磊. 2015. 基于模拟实验沙漠景区沙丘植被对游客踩踏干扰的响应研究. 干旱区资源与环境, 29(9): 113-118.

李敏. 2002. 自然保护区生态旅游景观规划研究——以目平湖湿地自然保护区为例. 旅游学刊, (5): 62-65.

李鹏, 濮励杰, 章锦河. 2012. 旅游活动对土壤环境影响的国内研究进展. 地理科学进展, 31(8): 1097-1105.

李睿, 戎良. 2007. 杭州西溪国家湿地公园生态旅游环境容量. 应用生态学报, (10): 2301-2307.

李世东. 1993. 中国森林公园资源保护和旅游开发. 资源开发与保护, (3): 189-193.

李文杰, 乌铁红. 2012. 旅游干扰对草原旅游点植被的影响——以内蒙古希拉穆仁草原金马鞍旅游点为例. 资源科学, 34(10): 1980-1987.

李晓琴, 银元. 2012. 低碳旅游景区概念模型及评价指标体系构建. 旅游学刊, 27(3): 84-89.

李营刚, 蒋勇军, 张典. 2010. 旅游活动对岩溶地下水水质动态变化的影响——以重庆金佛山水房泉为例. 环境污染与防治, 32(12): 14-17.

李永亮, 岳明, 杨永林, 等. 2010. 旅游干扰对喀纳斯自然保护区植物群落的影响. 西北植物学报, 30(4): 786-794.

李悦丰, 严斧, 晏海清. 2004. 黄龙洞旅游开发对洞内生态环境和人的影响的研究. 生态经济, (12): 102-104.

李云珠, 黄秀娟. 2013. 森林公园环境教育机制分析及策略研究. 林业经济问题, 33(4): 373-378.

李振鹏, 王民, 何亚琼. 2013. 我国风景名胜区解说系统构建研究. 地域研究与开发, 32(1): 86-91.

刘光荣. 2015. 旅游干扰对庐山风景区微生物多样性的影响. 山东农业大学学报(自然科学版), 46(2): 274-279.

刘红, 袁兴中, 李瑞波. 1995. 山东省自然保护区生态旅游开发地域研究与开发. 地域研究与开发, (4): 67-70.

刘鸿雁. 1994. 旅游生态学——生态学应用的一个新领域. 生态学杂志, (5): 35-38.

刘嘉丽, 张石棋, 宋红芳, 等. 2009. 自然保护区旅游活动对土壤性质影响的研究——以缙云山为例. 西南师范大学学报(自然科学版), 34(6): 55-60.

刘嘉毅, 陈玉萍, 夏鑫. 2018. 中国空气污染对入境旅游发展的影响. 资源科学, 40(7): 1473-1482.

刘少艾, 卢长宝. 2016. 价值共创: 景区游客管理理念转向及创新路径. 人文地理, 31(4): 135-142.

刘世栋, 高峻. 2012. 旅游开发对上海滨海湿地植被的影响. 生态学报, 32(10): 2992-3000.

刘世栋, 高峻. 2013. 旅游活动对滨海浴场水环境影响研究. 中国环境监测, 29(2): 1-4.

吕君, 刘丽梅. 2007. 旅游生态学的产生及其研究对象结构分析. 内蒙古师范大学学报(哲学社会科学版), (3): 140-144.

马建华, 朱玉涛. 2008. 嵩山景区旅游活动对土壤组成性质和重金属污染的影响. 生态学报, (3): 955-965.

马建章, 程鲲. 2008. 自然保护区生态旅游对野生动物的影响. 生态学报, (6): 2818-2827.

马骏. 2016. 基于生态环境阈限与旅游承载力背景下生物多样性保护策略研究——以世界自然遗产武陵源核心景区为例. 经济地理, 36(4): 195-202.

马勇, 颜琪, 陈小连. 2011. 低碳旅游目的地综合评价指标体系构建研究. 经济地理, 31(4): 686-689.

毛振宾, 曹志平, 赵彩霞. 2002. 生态旅游与旅游生态学的研究进展. 环境保护, (2): 27-30.

米锋, 黄莉莉, 孙丰军. 2010. 北京鹫峰国家森林公园生态安全评价. 林业科学, 46(11): 52-58.

那守海, 张杰. 2004. 旅游生态学的理论与实践. 东北林业大学学报, (3): 89-90.

牛莉芹, 程占红. 2008. 旅游生态学内容体系的构建. 安徽农业科学, (1): 260-261.

牛莉芹, 程占红. 2012. 五台山森林群落中物种多样性对旅游干扰的生态响应. 水土保持研究, 19(4): 106-111.

彭文静, 姚顺波, 冯颖. 2014. 基于TCIA与CVM的游憩资源价值评估——以太白山国家森林公园为例. 经济地理, 34(9): 186-192.

乔雪, 肖维阳, 唐亚, 等. 2014. 旅游和区域大气污染对四川九寨沟气溶胶的贡献. 中国环境科学, 34(1): 14-21.

秦远好, 谢德体, 王壮. 2008. 旅游活动对自然保护区游憩地带植物的影响. 西南大学学报(自然科学版), (10): 105-112.

秦远好, 谢德体, 魏朝富, 等. 2006. 土壤生态环境对游憩活动冲击的响应研究. 水土保持学报, (3): 61-65.

任娟, 杨平恒, 王建力, 等. 2018. 旅游活动影响下的岩溶地下水理化特征演化及其概念模型——以世界自然遗产地金佛山水房泉为例. 长江流域资源与环境, 27(1): 97-106.

沈兵. 1996. 旅游开发对苍洱自然保护区的影响及对策研究. 云南环境科学, (2): 24-28.

石强, 贺庆棠, 吴章文. 2002a. 张家界国家森林公园大气污染物浓度变化及其评价. 北京林业大学学报, (4): 20-24.

石强, 吴章文, 贺庆棠. 2002b. 旅游开发利用对张家界国家森林公园大气质量影响的综合评价. 北京林业大学学报, (4): 25-28.

石强, 钟林生, 汪晓菲. 2004. 旅游活动对张家界国家森林公园植物的影响. 植物生态学报, (1): 107-113.

史坤博, 王文瑞, 杨永春, 等. 2015. 旅游活动对甘南草原植被的影响——以桑科草原旅游点为例. 干旱区研究, 32(6): 1220-1228.

苏金豹, 王丽梅, 马建章. 2010. 兴凯湖旅游区植被影响评价与旅游环境管理. 生态学报, 30(10): 2715-2721.

谭周进, 肖启明, 祖智波. 2007. 旅游踩踏对张家界国家森林公园土壤微生物区系及活性的影响. 土壤学报, (1): 184-187.

汤鹏, 王浩. 2016. 基于"P-S-R"模型的紫金山国家森林公园生态安全评价. 江苏农业科学, 44(8): 477-480.

唐承财, 钟林生, 成升魁. 2011. 我国低碳旅游的内涵及可持续发展策略研究. 经济地理, 31(5): 862-867.

唐高溶, 郑伟, 王祥, 等. 2016. 旅游对喀纳斯景区植被和土壤碳、氮、磷化学计量特征的影响. 草业科学, 33(8): 1476-1485.

汪洪旭. 2015. 农业旅游开发对内蒙呼伦贝尔草原生态环境的影响. 水土保持研究, 22(2): 290-294.

汪君, 蒋志荣, 车克钧. 2007. 冶力关国家森林公园旅游环境承载力分析. 干旱区资源与环境, (1): 125-128.

王芬梅, 许东楚. 1987. 从一家饭店看旅游业对环境的影响——桂林市旅游业发展中值得注意的问题. 环境保护, (1): 29-31.

王金叶, 阳漓琳, 郑文俊, 等. 2010. 自然保护区生态旅游环境影响评价——以猫儿山国家级自然保护区为例. 中南林业科技大学学报(社会科学版), 4(1): 105-108.

王金照. 2007. 朱雀森林公园美学价值的评价. 林业经济问题, (1): 45-48.

王立龙, 陆林. 2013. 旅游干扰对太平湖国家湿地公园土壤酶活性及大型土壤动物分布的影响. 湿地科学, 11(2): 212-218.

王群, 陆林, 杨兴柱. 2014. 国外旅游地社会-生态系统恢复力研究进展与启示. 自然资源学报, 29(5): 894-908.

王显明, 秦华, 李田, 等. 2009. AHP法评价景观资源因子——以重庆市酉水河石堤风景名胜区为例. 西南师范大学学报(自然科学版), 34(5): 166-170.

王献溥. 1986. 关于受威胁的保护区及其解除对策. 广西植物, (Z1): 141-145.

王云, 朴正吉, 关磊, 等. 2013. 环长白山旅游公路对野生动物的影响. 生态学杂志, 32(2): 425-435.

文传浩, 杨桂华, 王焕校. 2002. 自然保护区生态旅游环境承载力综合评价指标体系初步研究. 农业环境保护, (4): 365-368.

文雅香, 钟全林, 夏金林, 等. 2009. 旅游对武夷山景区灌木林物种多样性及其根系生物量的影响. 地理科学进展, 28(1): 147-152.

吴必虎. 1996. 旅游生态学与旅游目的地的可持续发展. 生态学杂志, (2): 38-44, 55.

吴楚材, 黄艺, 刘云国, 等. 1994. 张家界国家森林公园环境质量评价. 中国园林, (3): 34-40.

吴甘霖, 黄敏毅, 段仁燕, 等. 2006. 不同强度旅游干扰对黄山松群落物种多样性的影响. 生态学报, (12): 3924-3930.

吴后建, 但新球, 刘世好, 等. 2016. 湖南省国家湿地公园分类分区管理探讨. 中南林业科技大学学报, 36(11): 144-150.

吴继林. 2008. 福建永安九龙竹海森林公园风景资源评价. 林业资源管理, (6): 92-96.

吴丽华, 廖为明. 2010. 森林公园声景观资源调查分析——以江西三爪仑国家森林公园为例. 安徽农业科学, 38(06): 3241-3242.

武俊智, 上官铁梁, 张婕, 等. 2007. 旅游干扰对马仑亚高山草甸植物物种多样性的影响. 山地学报, (05): 534-540.

徐尚全, 殷建军, 杨平恒, 等. 2012. 旅游活动对洞穴环境的影响及洞穴的自净能力研究——以重庆雪玉洞为例. 热带地理, 32(3): 286-292.

阎友兵, 张静. 2016. 雾霾天气对北京市入境旅游的影响研究. 旅游研究, 8(4): 83-87.

杨桂华, 钟林生, 明庆忠. 2017. 生态旅游(第三版). 北京: 高等教育出版社.

杨海君, 杨成建, 肖启明. 2007. 旅游活动对张家界国家森林公园土壤酶活性与微生物分布的影响. 生态学杂志, (5): 617-621.

杨莉菲, 温亚利. 2014. 森林景区低碳旅游参与意愿及影响因素. 西北农林科技大学学报(社会科学版), 14(02): 154-160.

叶岳, 姜玉霞. 2017. 旅游干扰对土壤动物群落结构与功能类群的影响——以黑石顶、九龙湖、北岭山为例. 肇庆学院学报, 38(5): 52-57.

于德珍. 2005. 论生态旅游的环境容量——以张家界为例. 绿色中国, (12): 56-57.

于延龙, 武法东, 王彦洁, 等. 2016. 利于可持续发展的中国敦煌地质公园地质遗迹分级与保护. 中国人口·资源与环境, 26(S2): 300-303.

张桂萍, 张峰, 茹文明. 2008. 旅游干扰对历山亚高山草甸植物多样性的影响. 生态学报, (1): 407-415.

张结, 周忠发, 汪炎林, 等. 2018. 短时间高强度旅游活动下洞穴 $CO_2$ 的变化特征及对滴水水文地球化学的响应. 地理学报,

73(9): 1687-1701.

张金流, 王海静. 2011. 旅游活动对四川黄龙景区水化学及钙华沉积速率的影响. 地球学报, 32(6): 717-724.

张美良, 朱晓燕, 吴夏, 等. 2017. 旅游活动对巴马水晶宫洞穴环境及碳酸钙沉积物景观的影响. 中国岩溶, 36(1): 119-130.

张宁宁, 何元庆, 王春凤, 等. 2011. 发展旅游产业对大气降水化学特征的影响: 以云南丽江为例. 环境科学, 32(2): 330-337.

张琰飞, 朱海英, 刘芳. 2013. 旅游环境、消费习惯与低碳旅游参与意愿的关系——以武陵源自然遗产地为例. 旅游学刊, 28(6): 56-64.

章家恩. 2005. 旅游生态学. 北京: 化学工业出版社.

赵建昌. 2015. 旅游干扰对贺兰山典型草原生物多样性及土壤性质的影响. 水土保持通报, 35(3): 293-298.

赵金凌, 高峻. 2011. 基于ANP法的低碳旅游景区评估模型. 资源科学, 33(5): 897-904.

赵正阶. 1986. 长白山的旅游问题. 野生动物, (1): 29-30.

郑囡, 刘红玉, 李玉凤, 等. 2011. 人为干扰对城市湿地公园水环境质量的影响——以杭州市西溪国家湿地公园为例. 水土保持通报, 31(6): 223-228.

郑伟, 朱进忠, 潘存德. 2008. 旅游干扰对喀纳斯景区草地植物多样性的影响. 草地学报, (6): 624-629.

钟林生, 马向远, 曾瑜晢. 2016. 中国生态旅游研究进展与展望. 地理科学进展, 35(6): 679-690.

钟林生, 陈田. 2013. 生态旅游发展与管理. 北京: 中国社会出版社.

钟林生, 肖笃宁, 赵士洞. 2002. 乌苏里江国家森林公园生态旅游适宜度评价. 自然资源学报, (1): 71-77.

周世强, 张科文, 周守德. 1995. 生态旅游对生物圈保护区的影响分析. 生态经济, (4): 33-35.

周长春, 王晓青, 孙小银, 等. 2009. 旅游洞穴环境变化监测分析及其影响因素研究——以山东沂源九天洞为例. 旅游学刊, 24(2): 81-86.

朱芳, 白卓灵, 陈耿, 等. 2015. 旅游活动对武当山风景区生态环境的影响. 林业资源管理, (3): 89-95.

朱国兴, 王金莲, 洪海平, 等. 2013. 山岳型景区低碳旅游评价指标体系的构建——以黄山风景区为例. 地理研究, 32(12): 2357-2365.

朱彦, 李云辉, 蔡明, 等. 2013. 游客密度对圈养梅花鹿行为影响. 野生动物, 34(5): 256-259.

朱珠, 包维楷, 庞学勇, 等. 2006. 旅游干扰对九寨沟冷杉林下植物种类组成及多样性的影响. 生物多样性, (4): 284-291.

Barros A, Pickering C M. 2015. Impacts of experimental trampling by hikers and pack animals on a high-altitude alpine sedge meadow in the Andes. Plant Ecology & Diversity, 8(2): 265-276.

Bayfield N G. 1971. Some effects of walking an skiing on vegetation at Cairgorm. In E.Duffey and S.A. Watt, eds. The Scientific management of animal and plant communities for conversation. Oxford: Blackwell scientific publications.

Buckley R. 2005. Recreation Ecology Research Effort: An International Comparison, Tourism Recreation Research, 30: 99-101.

Buckley R, Cater, C, Linsheng Z, et al. 2008. SHENGTAI LUYOU: Cross-Cultural Comparison in Ecotourism. Annals of Tourism Research, 35(4): 945-968.

Canteiro M, Córdova T F, Brazeiro A. 2018. Tourism impact assessment: A tool to evaluate the environmental impacts of touristic activities in Natural Protected Areas. Tourism Management Perspectives, 28: 220-227.

Cole D N. 1995. Experimental Trampling of Vegetation, II.Predictors of Resistance and resilience.Journal of applied ecology32: 215-224.

Cupul-Magaña and Rodríguez-Troncoso. 2017. Tourist carrying capacity at Islas Marietas National Park: An essential tool to protect the coral community. Applied Geography, 88: 15-23.

Grooms B P, Urbanek R E. 2018. Exploring the effects of non-consumptive recreation, trail use, and environmental factors on state park avian biodiversity. Journal of Environmental Management, 227: 55-61.

Hammitt W E, Cole D N. 1998. Wildland Recreation: Ecology and Management, second edition. New York: John Wiley & Sons, Inc.

Hernández C A I, Hernández C L, Espino E P. 2017. Vegetation changes as an indicator of impact from tourist development in an arid transgressive coastal dune field. Land Use Policy, 64: 479-491.

Holling C S, Gunderson L H. 2002. Resilience and adaptive cycles//Gunderson L H, Holling C S.Panarchy: Understanding Transformations in Human and Natural Systems. London: Island Press, 25-62.

Leung Y F. 2012. Recreation ecology research in East Asia's protected areas: Redefining impacts? Journal for Nature Conservation, 20(6): 349-356.

Marion J L, Leung Y F, Eagleston H, et al. 2016. A Review and Synthesis of Recreation Ecology Research Findings on Visitor Impacts to Wilderness and Protected Natural Areas. Journal of Forestry 114: 352-362.

Mingyu Y. 2018. Environmental Impact of Tourism in Protected Area: Insights from Northwest Yunnan. Beijing: Science Press.

Monz C A, Cole D N, Leung Y F, et al. 2010. Sustaining Visitor Use in Protected Areas: Future Opportunities in Recreation Ecology Research Based on the USA Experience. Environmental Management, 45(3): 551-562.

Monz C A, Pickering C M, Hadwen, et al. 2013. "Recent advances in recreation ecology and the implications of different relationships between recreation use and ecological impacts." Frontiers in ecology and the environment, 11(8): 441-446.

Newsome D, Johnson C P. 2013. Potential Geotourism and the Prospect of Raising Awareness About Geoheritage and Environment on Mauritius. Geoheritage, 5(1): 1-9.

Olive N D, Marion J L. 2009. The influence of use-related, environmental, and managerial factors on soil loss from recreational trails. Journal of Environmental Management, 90(3): 1483-1493.

Pickering C M, Hill W, Newsome D, et al. 2010. "Comparing hiking, mountain biking and horse riding impacts on vegetation and soils in Australia and the United States of America." Journal of Environmental Management, 91(3): 551-562.

Rendeiro Martín-Cejas, Pablo Ramírez Sánchez. 2010. Ecological footprint analysis of road transport related to tourism activity: The case for Lanzarote Island. Tourism Management, 31(1): 98-103.

Saenz-de-Miera O, Rossello J. 2013. Tropospheric ozone, air pollution and tourism: a case study of Mallorca. Journal of Sustainable Tourism, 21(8): 1232-1243.

Schierding M, Vahder S, Dau L, et al. 2011. Impacts on biodiversity at Baltic Sea beaches. Biodiversity and Conservation, 20(9): 1973-1985.

Sharp H, Grundius J, Heinonen J. 2016. Carbon Footprint of Inbound Tourism to Iceland: A Consumption-Based Life-Cycle Assessment including Direct and Indirect Emissions. Sustainability, 8(11): 1311-1323.

Siwek J P, Biernacki W. 2016. Effect of tourism-generated wastewater on biogenic ions concentrations in stream water in Tatra National Park (Poland). eco.mont (Journal on Protected Mountain Areas Research), 8(2): 43-52.

Sun Y Y. 2014. A framework to account for the tourism carbon footprint at island destinations. Tourism Management, 45: 16-27.

撰稿人：钟林生，张香菊

# 第31章 民族生态学研究进展

## 1 引　言

民族生态学（ethnoecology）产生于20世纪50年代，直到80年代才得到重视和发展。在其发展历史上，有一个从合到分，又从分到合的过程。19世纪下半叶，自然科学和社会科学分开，民族风土志从地理学分了出来，这种分离是当时学科细化的结果，但是也造成了学科割裂的恶果。例如，在自然地理学甚至在经济地理学中放弃了对人的研究；在民族风土志中也放弃了对自然环境的研究。从20世纪中叶才开始恢复这几门科学之间的联系。这种恢复是从经济地理中分出人口地理，在人口地理与民族志学的边缘形成了民族地理学。民族地理学主要研究民族的迁移，但是也具有民族生态学的意义。

苏联学者认为，民族生态学是民族风土志与人类生态学两个学科领域的边缘形成起来的一门学科（科兹洛夫，1984）。苏联科学院院士布朗利于1981年发表的《人类生态学的民族方面》，在民族生态学的发展有重要的地位（科兹洛夫，1984）。苏联科学院历史研究所撰写的《社会与自然》（1981年），该书强调指出，对历代民族文化传统作为包含生态上有意义的经验的方法来进行分析是有益的。民族生态学的任务是研究民族群体和民族一般在他们居住的自然环境及社会-文化环境中保障生活的传统体系的特点，以及研究已经形成的生态之间的相互联系对人的健康的影响；研究各民族利用自然环境的特点及其对这一自然环境的影响；研究合理地利用自然的传统，以及民族生态系统形成和发挥作用的规律性。苏联科学院民族志学研究所主任科兹洛夫在《苏联民族风土志》杂志1983年第一期发表的《民族生态学的基本问题》（科兹洛夫，1984），将民族生态学作为一门新兴学科进行论述。

如果说生态学是研究生物与其环境相互关系的学科，那么民族生态学就是研究某人类群体（民族）与其自然环境（包括野生和驯养生物）和社会经济环境之间相互关系的学科。社会生态系统作为民族生态学的研究对象，是将人类的活动纳入到一个生态系统内进行整体考虑的系统。民族生态学是民族科学与生态学交叉的一门前沿学科，采用了民族学和生态学的基本原理，探讨各民族适应自然、合理利用自然资源、有效维护生态平衡的方法和经验，研究社会生态系统的发展变化规律，探索社会生态系统与民族经济协调发展的途径（赵军等，1994）。

有研究者将民族生态学的研究内容（赵军等，1994）概括为五点：①民族群体中人的生理和心理对生存环境的适应；②生存环境对民族文明的影响；③不同民族利用自然资源的方式和特点；④民族生态系统及其发挥作用的规律；⑤民族生态系统与民族聚居协调发展的规律。总结民族生态学的特点包括：民族性、环境性、系统性、综合性。

今天"民族生态学"（乔治·梅塔耶和贝尔纳尔·胡塞尔，1998）被认为是融汇了四门先驱学科即民族生物学、农业生态学、生态民族志意义上的民族科学以及研究自然资源传统管理体系的环境地理学等的总学科（Toledo，1992）。其中，民族植物学是发生最早，也是最成熟的传统知识研究学科。由民族植物学、民族动物学和民族昆虫学等构成民族生物学。再由民族生物学和农业生态学、生态民族志意义上的民族科学以及研究自然资源传统管理体系的环境地理学等构成民族生态学（Toledo，1992）。

同时，民族生态学也广泛地采用了各种新兴理论、方法、技术、工具、材料和思想，例如：弹韧性理论、社会生态系统可持续性分析框架、物质流分析、系统思维、设计思想等等。民族生态学关注气候变化引起的气候贫困，气候智能型农业，生态文明建设，生物多样性保护，和社会生态系统可持续性。

## 2　学科 40 年发展历程

过去的 40 年是民族生态学逐步成长的阶段。回顾民族生态学的形成和发展历史，可以大略分为三个阶段：

第一个时期是民族生态学的孕育阶段。在 20 世纪 50 年代以前，虽然没有民族生态学这个概念与术语，但是民族生态学的基本思想已经在生态学、自然地理学、人类学等学科里孕育孵化。

第二个时期是民族生态学的婴儿阶段。1954 年，美国人类学家 Conklin 在《游耕农业的民族生态学研究途径》一文中首次提出"民族生态学"一词，认为民族生态学是人类认识自然界的信仰、知识和实践。这篇文章可以视为民族生态学的诞生宣言。随后不同的学者使用这一术语各抒己见，造成了某种不清晰状态，但是这也是一个学科早期发展的必然阶段。

第三个时期是民族生态学的童年阶段。自 1999 年 Fikret Berkes 出版了 *Sacred Ecology: Traditional Ecological Knowledge and Resource Management* 的第一版（Berkes, 1999），可以视为民族生态学形成了自身的研究对象、分析体系和关注视角。伴随着 2017 年 *Sacred Ecology*（Berkes, 2017）第四版的出版发行，显示出传统生态知识作为民族生态学主要研究内容的学术路径逐步成熟。

在民族生态学诞生之前，其先驱学科生态学和民族学都诞生在 19 世纪中叶。1866 年，德国生物学家 E. Haeckel 提出生态学概念。英国生态学会（Ecological Society of England，ESE）成立于 1913 年，学术期刊为 *Journal of Ecology*。美国生态学会（Ecological Society of America，ESA）成立于 1915 年，学术期刊为 *Ecology*。基本上在同一时期，陆续成立了法国"巴黎民族学学会"（1839），美国"美国民族学学会"（1842），英国"民族学学会"（1843），德国"人类学、民族学和原始社会协会"（1869）等。这些民族学学术组织的出现说明民族学已经自成体系，并且有美国 L.H. Morgen（1818—1881）、英国 Tylor（1832—1917）、德国 Bastian（1826—1905）等一系列著名的学者。

民族学与生态学在同一时期出现并非偶然，实际上既有历史的必然性，又有深刻的思想根源。从历史上看，这一时期是西方资本主义急剧扩张，全球四处建立殖民地的拓展时期，因此遭遇了不同的人群与自然环境，也就需要对于这样的差异进行理解和认知，方便进行殖民统治和资源利用。这样的外部因素对于学术研究提出了具体的现实挑战，可以认为民族学与生态学都是在这样的历史时代背景下出现的。

民族学与生态学都受到达尔文《物种起源》一书的进化论思想影响。早期的民族学以进化论作为指导思想，将人类社会视为进化论的高级阶段也是具体体现，也将不同民族的社会和文化视为进化的不同阶段。这样的理论视角造成了灾难性后果，并为殖民主义和帝国主义煽风点火，因此在后期的民族学中，进化论的视角已经备受批判。而早期的生态学强调优胜劣汰的自然选择，肯定弱肉强食的丛林法则，具有较强的机械化视角。但是后期的生态学，尤其是生态系统生态学的诞生，控制论、整体论和系统论对于生态学产生了巨大的影响，生态学家们意识到生态系统的多样性、复杂性和不确定性，因此对于进化论形成了强有力的反思。

虽然民族学与生态学有这样源远流长的亲缘关系，但是差不多在它们诞生 100 年之后，于 20 世纪中叶，才正式提出"民族生态学"这样的术语，在 20 世纪 80 年代才逐步具有学科的雏形。这个时期，已经是进化论在民族学里被批判，在生态学里被更新的时候。因此，"民族生态学"从诞生伊始，就具有反殖民主义、反帝国主义的时代背景，在民族科学体系里，成为理解非西方世界的生态观的主要工具。在生态学中，成为向非西方科学体系里的传统生态智慧学习的主要途径，特别是在机械的林业资源管理失效的处境下，诚实地面对传统社会在生态系统可持续性方面的自然资源管理智慧，开始反思自身对于自然资源予取予夺的破坏性开发利用。

最早是由人类学家对传统生态知识进行系统性的研究，例如 Conklin 所做的开创性工作（Conklin，1954）。他在研究菲律宾的 Hanunoo 人时，发现当地人掌握了数量巨大的有关当地动植物及其生活史知识，并能够以当地的分类体系识别 1600 个左右的植物物种。在此基础上，他提出了民族生态学的概念。民族生态学被部分学者认为是一种研究方法，关注于一群人或一个文化所持有的生态关系的概念。而国际民族生物学学会（International Society of Ethnobiology，ISE）对民族生态学的定义是："对于过去和现在，人与其环境之间复杂关系的研究。"

从 Conklin 使用民族生态学的研究内容可见，不同族群在自然资源的认知与分类体系有巨大的差异性，这样的不同并非科学上的真与假，更多的是不同视角下的实用性差异。例如，中国的传统医药即有蔚为大观的中医药，也有自成体系的藏医药、蒙古医药、维吾尔医药、傣医药、朝鲜医药等，还有各具特色的哈尼族医药、景颇族医药、苗族医药等实践性医药知识。这些医药都是在具体的处境下，经过社区内反复实践总结出来的，具有一定疗效的医药认知与实践，是不能以目前的科学不能认知为原因而否定的医药思想。

简单来说，在 20 世纪 50 年代，美国人类学家 Conklin 首先提出民族生态学概念，开创了用自然科学的研究方法来研究民族文化的先河。UNESCO（1971）启动实施人与生物圈计划（MAB）。20 世纪 70 年代末，美国人类学家 C.S. Fowler（1977），总结了民族生态学的发展历程，认为民族生态学主要采用民族科学方法，将地方社区对于环境理解所产生的本土术语跟科学体系内的系统描述定义和概念建立起有机的联系。在同一时期，美国民族植物学家 Ford（1978）将民族植物学定义为研究人与植物之间相互作用的学科。20 世纪 80 年代，苏联民族学家 В.И. Козлов（1983）论述了民族生态学学科等；法国民族学家 Esculet（1989）采用民族生态学表示不同社会群体与环境互动关系。

在 1992 年，联合国的地球峰会上，与会各国在巴西缔结了《生物多样性公约》，这成为民族生态学发展的一个外部里程碑事件。在《生物多样性公约》里，正式承认了传统知识，包括传统生态知识，以及土著与地方社区（ILCs）对于生物多样性的认识、保护与可持续利用的积极贡献，这就将民族生态学的研究上升到一个国际公约的履约层面。

随后，世界多国立法保护生物多样性，建立保护区，其中都对地方社区以自身的传统知识参与到生物多样性保护给予了积极的肯定，或者在立法层面留出了发展的空间。这一现象为民族生态学的发展提供了空间，也提出了挑战。民族生态学需要通过自身的研究，参与到生物多样性的保护之中，并且验证其概念、理论与方法。

虽然到 2017 年，作为民族生态学通用的国际教材 *Sacred Ecology* 已经出版到了第四版，但是民族生态学仍然处于其早期发展阶段，缺乏强有力的研究工具，定性研究多于定量研究，研究人员自行其是，缺乏严格的理论系统和专有的研究方法。这一现象说明民族生态学的研究仍然需要大量的人力物力投入，并且在实践之中检验自身的科学性、实用性、系统性。

## 3 研究现状

为了解决民族生态学在概念、理论、方法、技术、视角和实践方面的发展困境，世界各地的民族生态学学者都开展了探索性的研究。自 2010 年开始，越来越多的学者进入了民族生态学领域，促进了民族生态学成为国际上生态学发展的前沿方向之一（Cox，2000；Martin et al.，2010；Berkes，2012）。有学者指出，"现代生态学正从传统生物生态学向可持续发展生态学，从经验生态学向管理决策生态学，从自然生态学向社会生态学，从恢复生态学向工程生态学扩展、升华和转型"（Wang，2013）。已有不少的生态学研究从重视抽象普适的概念与理论模型，转向深入个案的具体分析和实践应用（Berkes et al., 2000；Gómez-Baggethune et al., 2010），特别是在生物多样性保护的领域（Gadgil et al., 1993；Berkes, 2004；Berkes et al., 2006），民族生态学得到广泛的探讨。越来越多的生态学家开始探索民族生态学的内涵和外延（Martin et al., 2010）。民族生态学的相关会议与论文也有逐步增多的趋势（Brook and McLachlan, 2008）。与此同时，民族生态学也在多个学术组织得到了重视，很多高等教育和研究机构开设了相关专业和课程，并招收了一定数量的研究人员（Yin, 2012）。

## 3.1 传统生态知识研究

在过去的 20 年里（1999～2019 年），传统生态知识（traditional ecological knowledge，TEK）是民族生态学的主要研究内容之一。其中以 Berkes（1999，2008，2012，2017）的 *Sacred Ecology* 一书为代表，陆续发行了 1999 年第一版，2008 年第二版，2012 年第三版，2017 年第四版，该书已经成为美国和加拿大等国高等教育机构普遍采用的民族生态学教学参考书。在该书里，传统生态知识的定义是："传统生态知识是一个知识、实践和信仰的集合体，这个集合体在适应进程中不断演化，并通过文化传递在代际之间进行传承，是关乎生命（包括人类）彼此之间及与其环境之间的关系。"

对于传统生态知识的兴趣持续增长，一个重要的原因是人们认识到，这些传统知识可以有助于保护生物多样性（Gadgil et al., 1993），珍稀物种，保护区，生态流程，并在有助于资源的可持续利用（Berkes, 1999）。保护生物学家、生态人类学家、民族生物学家、其他学者和医药行业出于科学、社会或经济的考量，增加了对于传统知识的兴趣。

我国的传统生态知识研究方兴未艾，已有多名生态学学者在此领域进行了开拓性工作。在传统生态知识的 8 个应用型研究领域（Berkes, 2012）：生物学与生态学洞见（Liu et al., 1992；Khasbagan et al., 2005；Dao et al., 2003；Huang and Long, 2006）、资源管理（He et al., 2003；Pei, 1986；Long, 2009）、保护区（Liu et al., 2011；Ai and Zhou, 2003；Xu, 2003）、生物多样性保护（Luo et al., 2001；Xu and Liu, 1995；Zou et al., 2005）、环境监测（Gao, 2013）、族际发展（Liu et al., 2001；Wu and Zhou, 1997）、灾难管理（Fu, 2010）和环境伦理（Zhou et al., 2002）等方面，我国的生态学学者都已经开展了各类相关研究。我国的人类学学者很早就进行了民族生态学的探索性研究，例如尹绍亭（Yin, 1988a, 1988b）对于云南少数民族基诺族的刀耕火种进行了深入分析，得出的结论显示刀耕火种并非是一种愚昧落后的破坏性原始耕作方式，而是一种有效的资源管理手段。

虽然国内学者已有丰硕的民族生态学研究成果，但这些研究显示出零散孤立的局面，尚需一个实用的对传统生态知识的分类与分析框架。国外学者对传统生态知识提出了多个分析框架，从而逐步累积并引导民族生态学的理论发展。成功等（2014）在综述了国内外相关的研究成果上（Berkes, 2012；Brook and McLachlan, 2008），结合已有的传统知识研究基础（Cheng et al., 2012；Cheng et al., 2013；Zhang et al., 2009；Xue et al., 2012），对于传统生态知识的各个层面进行了深入探讨，建立了一个三维的传统生态知识的民族生态学分析框架，进而为我国民族生态学的相关研究提供理论与实践上的参考。

### 3.1.1 传统生态知识已有的分析框架

1) 三角形框架

根据 Berkes 的传统生态知识定义（Berkes, 2012），即可显示出一种对于传统生态知识的简单分类框架：知识-实践-信仰框架。图 31.1 显示了这三者之间的关系。

图 31.1 传统生态知识的知识-实践-信仰三角形框架

Lewis（1993）曾于 1993 年将传统生态知识划分为分类体系水平上的地方性知识（local knowledge at the level of taxonomic systems），以及对于过程或功能关系的理解性知识（understanding of processes or functional relationship）这两个层面，这可以简单对应于图 31.1 中的知识-实践格局。随后在 1994 年，Kalland（1994）就已确定了三个层面：首先是经验性或实用性的知识（empirical or practical knowledge）；其次是"范例性知识"（paradigmatic knowledge），即对经验观察的解释，并将其置诸某个背景内；第三个层次是"体系化知识"（institutional knowledge），即社会的制度化、规则化和规范化的知识。这种传统生态知识的划分初步显示出对于传统生态知识的社会文化层面的关注。其后，Orlove 和 Brush 在 1996 年（Orlove and Brush，1996），做出了三个层次的一种区分：土著环境知识（indigenous environmental knowledge）；基于这类知识的管理实践；动植物的仪式用途及其宗教信仰。同一时期的 Stevenson（1996）对于传统生态知识的区分是：特定环境知识；生态系统关联的知识；管理人类与环境关系的伦理典范。后两种划分，都在传统生态知识中注重了精神层面的内容。

2）四椭圆框架

传统生态知识从内容上被分为三个层面，但在其内在关系上，又可以被分为四个相互关联的层次：本土经验知识-资源管理知识-社会制度知识-世界观知识（Berkes，2012）。图 31.2 显示了这四者之间的关系。

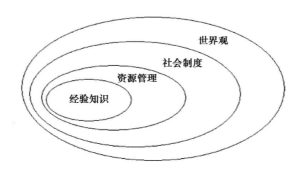

图 31.2 传统生态知识的经验知识-资源管理-社会制度-世界观的四椭圆框架（翻译自 Berkes，2012）

对于动物、植物、微生物（特别是真菌类）、土壤、景观，民族基于其生产生活实践，形成了丰富的经验性知识，包括物种的识别、鉴定、分类、生活史、分布区、行为模式等（Berlin，1973；Balick，1996），还包括对于地理区域的生态知识（Halme and Bodmer，2007）。这里需要区分的是作为民族生态学研究对象的传统生态知识与民族植物学、民族动物学、民族真菌学、民族药物学等学科范畴内的相关传统知识的差异。各民族由于多样的地理环境和文化背景，对于其自然与环境的生态学认识也显示出多样性，从而产生了独具特色的经验性传统生态知识。这类传统生态知识是各民族对于本土的生物与其环境的相互关系的认识。

基于经验性知识，民族对于其环境内的各种自然资源形成了一个资源管理体系，并以传统生态知识的形式表现这种管理体系。这个系统包括基于本土经验性知识的各种实践、工具和技术手段。例如，在云南少数民族中长期存在的刀耕火种农作方式内（Yin，1988a，1988b），即包括对于物候的识别，也包括所用的淬火锻造的手工刀具，还包括土地木耕与轮作的农业技术手段。

为使资源管理系统有效运作，需要一套行之有效的社会制度体系，而传统生态知识不可避免也包括这一约束人际关系的规范、规则和法律制度。在需要进行合作的农业和牧业生产领域和社区生活领域，采取有效的社会制度，是保证民族群体生产和生活有序进行的基础，这种社会制度一般来说并非采取成文法的形态，而是以习惯法等不成文的规范和规则形式，并经常以传统生态知识作为载体（Olsson and Folke, 2001; Olsson et al., 2004）。在必须要有社会组织进行协调配合时，则需要制定制度规则（Armitate, 2003; Gray et al., 2008），以维持组织的有效运作。

世界观塑造了传统生态知识持有者的环境观念，并且赋予了他们观察环境的解释框架。从这点来说，世界观类似于 Kalland（1994）的"范例知识"，是给予其他部分以意义的基础。世界观的层面包括宗教、伦理和更加普遍的信仰体系（Berkes, 2012）。

上述四个分析层面的关系既可被认为是逐层包含的同心椭圆结构，即资源管理体系包含经验知识，社会制度包含资源管理体系，而它们都内置于其民族的世界观之内；也可以认为是经验知识产生了资源管理体系的基础，而资源管理体系塑造了社会制度，世界观不过是对于社会制度的适应而已。实际上，对这些层面并没有形成一致的看法（Usher, 2000）。而且，在层面之间的界限也不是十分清晰，特别是在资源管理知识与社会制度知识之间，经常在内容和对象上是重叠的。

3）五边形框架

在 2007 年，Houde（2007）为了达到在一个共同管理的合作体系内使用传统生态知识的目标，阐述了传统生态知识的六个方面。他在所发表的报告中，对于传统生态知识的不同层面，采用一个五边形图示，从而表达了传统生态知识六个方面的内容，而此分析框架的核心是其宇宙观。图 31.3 显示了这个分析框架（Houde，2007）。

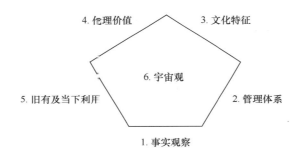

图 31.3　传统生态知识的事实观察-管理体系-旧有及当下利用-伦理价值-文化特征-宇宙观的五边形框架（翻译自 Houde，2007）

在 Houde（2007）的传统生态知识分析框架中，第一方面是对于事实的观察、分类和系统动态性理解的传统生态知识，即事实观察。第二方面是管理体系。第三方面是对于环境利用的旧有及当下的事实知识。第四方面是伦理与价值体系。第五方面是作为文化特征载体的传统生态知识。第六方面是宇宙观。这个对于传统生态知识的分析框架注意到了宇宙观对于其他知识的组织性作用，故此以宇宙观作为其核心部分。

## 3.1.2　传统生态知识的立体框架

上述传统生态知识分析框架的发展是对于传统生态知识研究逐步细化和深化的结果。成功等（2014）意识到上述分析框架的研究对象都是传统生态知识本身，倾向于认知人类学的视角。而民族生态学关注的是带有过程性质的民族与其环境的互动关系。故此，在民族生态学的视角下，传统生态知识应该是一个动态的过程性认识和认识的结果。

成功等（2014）以一个三维立体的图例（图 31.4）来表示传统生态知识的民族生态学分析框架。在这个框架内，民族（Ethnic group）作为生物界的一部分，是民族生态学研究的客观对象，同时，作为认识的主体，又是传统生态知识的创造者和使用者，因此图示为既是认识主体的民族（图 31.4 中黄色部分），又是认识对象的生物群体（图 31.4 中灰色投影）。民族对于包括人类与生物（图 31.4 中绿色部分）在内的客观自然（图 31.4 中红色部分）的主观理解，构成了民族的生态学认知。而民族对于自然的主动改造，构成了民族的资源管理。民族对于其个体和集体行为的制度化过程，构成了民族的人际规范。而上述内容，都是经由具有民族文化和地方特色的哲学与伦理（图 31.4 中蓝色部分）进行组织和解释的，所以将民族的哲学与伦理作为整体背景，以显示不同的民族之间的传统生态知识是不可简单通约的。不过，各民族的传统生态知识的民族生态学研究都可以采用这个分析框架（图 31.4），从而为民族生态学的理论探索与实践应用提供了参考模型。

图 31.4　传统生态知识的人-自然-哲学的三维立体框架

## 3.2　弹韧性理论

目前在国际可持续性研究中，最重要的理论之一是弹韧性理论（resilience theory，又译：弹性、弹韧性）。弹性思维（resilience thinking）认为我们所处的世界有以下几个特征：①我们存在于一个社会生态系统之中；②社会生态系统是一个具有适应能力的复杂系统；③弹性是系统可持续性的关键。而弹性思维的核心是：系统无时无刻不在发生着变化；它们可能会以多种态势存在，不同态势下，其功能、结构和反馈不尽相同；它们通过适应性循环而随着时间发生变化。弹韧性理论可以用一个球-盆体模型来表示其系统行为特征（图 31.5），高弹韧性意味着系统在受到较大干扰或者自身较大变动时，仍然可以维持原有的状态。

Holling（2003）认为弹韧性是系统经受干扰并可维持其功能和控制的能力，即系统可以承受并可维持其功能的干扰大小或"生态系统吸收变化并能继续维持的能力量度"。Carpenter 等（2001）认为弹韧性是社会生态系统进入到另一个由其他过程集合控制的稳态之前系统可以承受干扰的大小，是系统能够承受且可以保持系统的结构、功能、特性以及对结构、功能的反馈在本质上不发生改变的干扰强度。适应性循环是理解系统变化的基本图景，系统可以经历快速发展的 r 时期，达到积累性的 K 阶段，之后突发性地进入到释放的 Ω 阶段，然后进入更新性的 α 重组阶段（图 31.6）。

著名国际性学术组织"弹韧性联盟（Resilience Alliance）"编写的《社会生态系统中的弹韧性评估科学家工作手册（Assessing Resilience in Social-Ecological Systems: A Workbook for Scientists）》以及《提升恢复力——灾害风险管理与气候变化适应指南（Toward Resilience: A Guide to Disaster Risk Reduction and Climate Change Adaptation）》[特恩布尔（英）等著，2015]是科学家及社区发展工作者运用弹韧性理论的主要的工作手册。

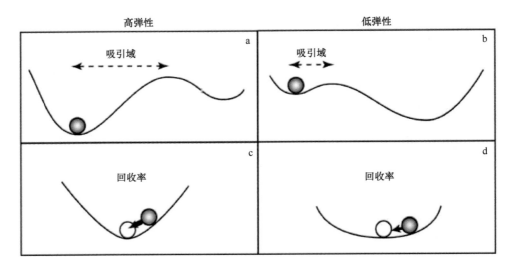

图 31.5　弹韧性理论的球-盆体模型（图片来源：Egbert et al.，2007）

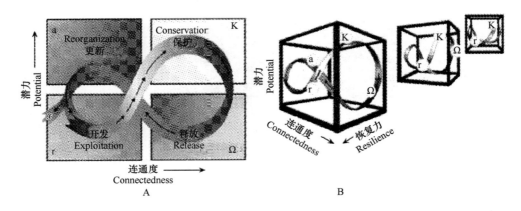

图 31.6　适应性循环（A）和增加了弹韧性的三维视图（B）（图片来源：Gunderson L H and Holling C S, 2002）

## 3.3　社会生态系统可持续性分析框架

民族生态学将社会生态系统作为其主要研究对象，关注社会生态系统的可持续性和弹韧性两个指标。

奥斯特姆（Ostrom，2009）在2009年的一篇发表在 Science 的文章中，（她同年获得诺贝尔经济学奖）建立了"社会生态系统可持续性分析框架"（a framework for analyzing sustainability of social-ecological Systems）。

奥斯特姆（Ostrom，2009）指出，公共资源的破坏和浪费是世界性的问题，例如渔业、林业和水资源都受到了很大的威胁，从而引发了举世瞩目的气候变化问题。而对这个破坏和浪费过程的理解逐步导致人类意识到自然资源是有限的。可是不同的学科采用了不同的概念和理论，来描述和解释复杂的社会生态系统（social-ecological systems，SESs）。但是如果没有一个整体的分析框架来整合在不同学科内的这些发现，这些分散的认识就无法得到有效累积，难以从整体上认知整个社会生态系统。

奥斯特姆（Ostrom，2009）提供了一个分析社会生态系统可持续的框架。图31.7就是这个框架的整体图景，显示了社会生态系统的4个一级水平的核心亚系统之间的关系，它们彼此相互作用，同时联系着社会、经济和政治状态，并且和生态系统密切相关。

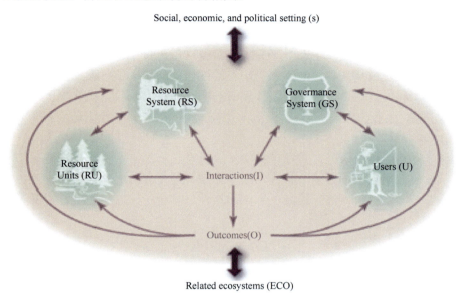

图31.7　分析社会生态系统的框架中各个核心亚系统（图片来源：Ostrom，2009）

这些核心亚系统是：①资源体系（例如，一个环境保护区，拥有一个确定的边界，包含森林区域，生物和水系统）；②资源单位（例如，保护区里的树木、灌木、花草，生物类型，水的流量）；③管理体系（例如，管理保护区的政府或其他组织机构，与保护区的使用有关的规章制度等）；④使用者（例如，为了休闲、娱乐、商业的目的，以多样的方式利用公园的个体）。每个核心亚系统都由多重的2级水平变量构成（例如，一个资源体系的规模，一个资源单位的数量，管理水平，使用者对于资源体系的知识等）。而每个2级水平的变量都可能是3级水平的变量构成，依此类推。

这个社会生态系统分析框架非常有助于识别相关变量，从而研究确定的社会生态系统。同时，这个分析框架也有助于组织不同学科背景的学者，就一个复杂问题从各自的学科角度给出分析和阐释，从而有效地进行跨学科的交流合作。

### 3.4　学术建制

中国的民族生态学领域主要的学术组织是中国生态学学会民族生态专业委员会。

民族生态专业委员会于2012年在北京启动筹备工作，在中国生态学学会的领导下，2013年10月于江西省南昌市召开民族生态专业委员会第一届第一次会议，并正式成立，标志着我国民族生态学发展到了一个新阶段。民族生态专业委员会是我国从事民族生态学研究的科技教育工作者的学术组织，挂靠于中央民族大学生命与环境科学学院，自成立以来，促进了民族生态学在我国的快速发展与国外的学术交流。民族生态专业委员会倡导"献身、创新、求实、协作"的精神，繁荣民族生态科学事业、推进生态建设、提高全民生态意识，为实施国家可持续发展和科教兴国两大战略目标，建设社会主义物质文明、精神文明和生态文明作出积极贡献。

民族生态专业委员会于2015年在北京中央民族大学组织召开了第一届全国民族生态学大会，大会的主题是"民族生态学发展与创新"，来自全国各地的专家、学者、管理人员及地方社区代表共计200多人出席了会议。于2017年在贵州凯里学院组织召开了第二届全国民族生态学大会，大会的主题是"民族生态学与生态文明",来自 20 多个民族的 240 余位代表出席了此次会议。于 2019 年在青海师范大学组织召开了第三届全国民族生态学大会,大会的主题是"民族生态学与民族地区乡村振兴",来自 20 多个省市自治区的 250 多名代表参加了此次大会。自民族生态专业委员会成立以来,每年积极组织参加中国生态学学会年会并承办分会场,支持生态学学会的工作,并且与其他专业委员会形成良性的学术交流与互动。积极参加生态学学会的秘书长会议,主动开展跨学科学术合作。

民族生态专业委员会主办的民族生态学研究方法培训班每年暑期在中央民族大学生命与环境科学学院举办,参加培训班的人员包括从事民族生态学研究的国内外科研人员、教师、该专业硕士与博士研究生,以及多个专业的本科生。培训班后开展野外调研与实践活动,赴我国民族地区进行了民族生态学调查,结合当地具体情况,服务民族地区的社会-经济-生态的可持续发展,摸索适应我国具体国情的民族生态学理论和方法。

通过出版书籍,发表综述性研究,并在各种学术会议及刊物上进行报道,民族生态专委会初步实现了阐释民族生态学的概念与理论、方法与特性,与其他学科的差异等学术任务。民族生态专委会通过举办各种讲座活动,召开学术会议,进行民族生态学的培训,宣传了民族生态学,提升了社会各界对于民族生态学的认知度。

### 3.5 人才培养

由于民族生态学是一门高度交叉的前沿学科,需要从事民族生态学研究的人员具备基本的生物学、生态学、民族学、人类学和社会学基础,因此,民族生态学人才培养以研究生阶段为主。目前国内具有民族生态学博士招生资格的,只有中央民族大学和云南大学两家。具有硕士招生资格的,包括中央民族大学、云南大学、内蒙古师范大学、青海师范大学和贵州民族大学等多家单位。

#### 3.5.1 中央民族大学生命与环境科学学院

中央民族大学民族生态学博士学位授权点于 2008 年批准,于 2009 年开始招生。2010 年录用第一位民族生态学博士后人员,并于 2012 年出站。中央民族大学民族生态学专业是北京市重点学科,是中央民族大学"211 工程"和"985 工程"重点建设的学科领域。主要特色为针对我国少数民族地区生态和环境等问题,开展少数民族地区生物多样性及相关传统知识保护、少数民族地区生物资源利用、少数民族地区植物生态学、少数民族地区环境与可持续发展等方面的科学研究,为民族地区生态环境保护与管理以及经济与社会的可持续发展提供科学依据和技术支持。

#### 3.5.2 云南大学民族学与社会学学院

云南大学招收民族生态学硕士研究生,其研究领域包括:01 生态环境人类学;02 民族地区现代化与可持续发展研究;03 中国少数民族文化生态研究;04 灾害人类学。在云南大学,民族生态学属于国家级重点学科,具有博士学位授权。设有生态人类学、民族地区可持续发展研究、中国少数民族文化生态研究、民族生态史等研究方向。为国家"211 工程"重点建设学科,承担了大批国家级、省部级和国际合作社科研究课题。

#### 3.5.3 内蒙古师范大学生命科学与技术学院

在内蒙古师范大学生命科学与技术学院,民族生态学硕士的研究方向是传统生态知识与生态文化。由哈斯巴根教授领衔的民族生态学研究团队,长期从事民族生态学和民族植物学研究,培养了大批具有蒙古语、汉语、英语等多语言研究能力的青年学子。

### 3.5.4 青海师范大学生命与地理科学学院

在生态学专业下,有民族生态学硕士研究方向,指导教师是拉本。截至 2019 年 3 月,已经有 3 名民族生态学方向研究生。青海师范大学在民族生态学发展和人才培养上有较大贡献,第三届全国民族生态学大会就是由中国生态学学会民族生态专业委员会和青海师范大学共同主办的。

### 3.5.5 贵州民族大学化学与生态环境工程学院

贵州民族大学民族生态学硕士点的培养目标是:培养具备良好的政治思想素质和职业道德素养,系统掌握现代民族生态学基本理论及相关领域的知识和技能,具有开阔的国际视野、较强的专业能力、能够创造性地从事民族环境生态保护工作的高层次民族生态学专门人才。该硕士点着重从 4 个方向开展民族生态学研究,包括西南喀斯特地区生态系统工程、西南民族地区特色生物资源保护与开发利用、西南民族地区生态保护规划与管理、西南民族地区生态文化与生态文明建设。相关专业课程有:民族生态学理论与方法、生态系统生态学、民族区域特色资源保护与利用、西南民族地区生态保护规划与管理、西南民族地区生态文化、生态人类学、生态文明与可持续发展、中国民族文化、民族生态学专题等。

## 3.6 基础研究平台

国内民族生态学最主要的基础研究平台是中央民族大学中国民族地区环境资源保护研究所,该所隶属于中央民族大学生命与环境科学学院。中国民族地区环境资源保护研究所建立于 20 世纪 90 年代后期,截至 2019 年 3 月,聘有合同制全职研究人员 4 人,编制内骨干研究人员 5 人,学院内兼职教师 20 余人,校外兼职 5 人。该研究所的宗旨是:针对少数民族地区的生态环境问题,特别是各少数民族在其起源、发展和生产生活过程中,由于其特殊的政治、经济、社会、文化和习俗的差异,而产生的特别的生态环境问题和社会发展问题,研究通过政策的、制度的、技术的以及传统的方法来解决这些问题,以切实保护民族地区的生态环境和生物多样性,促进当地社区可持续地利用自然资源,公平公正地分享由于利用当地遗传资源及相关传统知识所产生的惠益,协调民族地区环境保护与社会经济的可持续发展,并为政府决策提供技术支持。研究所创办的《生物多样性与传统知识简报》作为双月刊内部资料,已连续出版 10 年共 60 多期,免费发行到 1000 多学者和管理官员,建立了本领域的全国网络;该研究所的研究成果《生物多样性与传统知识丛书》已正式出版专著 20 多部。

2018 年成立了中国民族地区环境资源保护研究所勐腊基地,是民族生态学基础研究平台的进一步发展,将来会有更多的人员参与到民族生态学的田野工作之中。

# 4 国 际 背 景

## 4.1 民族生态学国际指向

### 4.1.1 公地悲剧与可持续发展

虽然早在 1954 年就提出了"民族生态学"这一学术概念,但是引起国际学术届对于民族生态学重视的,是在 1968 年被深刻意识到的"公地悲剧"。"公地悲剧"这个名词最初出现于威廉·佛司特·洛伊(William Forster Lloyd)在 1833 年讨论人口的著作中所使用的比喻。但让这个比喻成为路人皆知的,是在 1968 年,著名学术刊物 Scienc 上发表的加勒特·哈丁(Garret Hardin,1968)所撰写的同名文章《公地的悲剧(*The Tragedy of the Commons*)》。哈丁认为:"在一个信奉公地自由的社会里,每一个追逐个人利益最大化的行为最终会使全体走向毁灭。公地自由会毁掉一切。"其实质如同亚里士多德所言:"那由最大人数所共享的事物，却只得到最少的照顾。"其本质是一种社会陷阱（social trap），是一种涉及个人利益与公共利益（common good）对资源分配有所冲突时，个人利益的扩大化最终导致公共利益和个人利益的双受损。

这就要求引入社会选择理论来尝试进行"悲剧的超越"。社会选择理论是现代经济学的重要成果之一，其主要内容是分析个人偏好和集体选择之间的关系，研究各种社会决策是否尊重个人偏好，以及如何对于不同的社会状态进行公正的排序或以其他方式加以评价的方法。该理论对于提高社会决策效率和增进社会福利水平具有重要价值。

### 4.1.2 社会生态系统可持续性

长期以来，被广为接受的理论（包括公地悲剧和反公地悲剧）认为公共资源的使用者总是无法自我组织起来维护他们的资源的可持续利用。故此，相关政府必须提出解决方案，自上而下地强制执行资源保护。或者通过强制的私有化方案，将原本属于公共的自然资源，以私有化方式归给个人所有，以此来确保资源不被滥用。吊诡的是，为了保护生态环境的政府行为，事后可能被证明是加速了资源的瓦解，而那些认为总是破坏公共资源的使用者，却实打实地投入时间和精力来达到可持续发展。这是因为所有的人类可以开发利用的资源都是基于一个复杂的社会生态系统之中。这个社会生态系统是多个亚系统构成的，亚系统内部由各个变量构成，这些变量又显示出多层性。这种关系类似于个体由器官构成，器官由组织构成，组织由细胞构成，细胞又是由蛋白质构成。在一个复杂的社会生态系统中，亚系统包括资源体系（比如沿海渔业）；资源单位（龙虾）；使用者（渔民）；政府体系（对沿海渔业的管理规章）。这些亚体系似乎相对独立，但是实际上是综合性互动着，并在社会生态系统的水平上产生效果，并且对于各层组织结构造成反馈。

毫无疑问，需要大量的科学知识和技术方法，来维护、促进和发展社会生态系统。但是生态学和社会科学从现实中却是独立发展起来的，故此整合这些认识和理论并不轻松容易。让事情更糟糕的是，由于技术专家往往仅从自身学科的角度看待问题，并且也通常只了解事情的一个方面，因此大多数学者倾向于发展出简单化的大一统理论模型，还试图理解资源问题的各个方面，并给出一个通用的解决方案。

民族生态学由于整合了民族学、人类学、生态学、社会学等多个学科，并且立足于社会生态系统的可持续性，所以是以社会生态系统作为研究对象，其可持续性和弹韧性作为研究内容。

目前，国际上民族生态学学者普遍开展社会生态系统可持续性的研究，并且积极以案例研究为基础，逐步积累数据和信息，力图早日在理论和方法上产生更有效的研究途径。

## 4.2 民族生态学在中国

在民族生态学领域，我国与国际水平尚有较大差距。一方面我国民族生态学研究起步较晚，另外一方面我国缺乏民族学和生态学交叉人才。

我国民族生态学研究始于20世纪80年代，大致分为两个阶段：①20世纪80年代，为民族生态学初期研究阶段，以民族学相关研究为主；②20世纪90年代至今，为民族生态学理论探讨与应用研究阶段，以民族学、民族植物学和生态学的相关研究为主。

（1）民族生态学理论探讨涉及民族生态学的概念、研究对象、研究内容、学科特点、研究方法等。民族学领域：赵军等（1994）、牛锋（1999）、何星亮（2004）、付广华（2011）、尹绍亭（2012）等；生态学领域：冯金朝（2004）等。

（2）民族文化与自然环境的关系，涉及青藏高原藏族、云南各少数民族等文化与自然环境的关系，探讨民族文化对自然环境的适应等。民族学领域：南文渊（2000）、郭家骥（2001，2006）、宋蜀华（2002）、杨忠实和文佳浩（2005）等；生态学领域：杨红等（2009）。

（3）民族传统文化的生态内涵，涉及云南各少数民族、黔东南侗族、蒙古族等自然崇拜、宗教神话、生产耕作方式等文化与生态保护等。民族学领域：张桥贵（2000）、郭家骥（2001）、白兴发（2003）、龙运荣和李技文（2010）、刘钟龄（2010）；生态学领域：陈山等（1996）、闵庆文和张丹（2008）、马帅等（2013）。

（4）民族传统文化与生物多样性保护，涉及云南傣族、贵州侗族、内蒙古蒙古族等传统文化与植物多样性、生物多样性保护等。民族学领域：范祖锜（2004）；民族植物学和生态学领域：刘宏茂等（1992）、龙春林等（1994，1999）、杨昌岩等（1995）、刘冬梅等（2002）、许建初（2003）、满良等（2008）、雷启义和周江菊（2009）、薛达元和郭泺（2009）、裴盛基（2008，2011）。

（5）少数民族传统生产方式与生态保护，涉及少数民族许多传统的生产方式，包括以农业生产为主，以畜牧生产为主，或以渔猎生产为主等。民族学领域：尹绍亭（1988）、格·孟和（1996）、柏贵喜（1997）、白兴发（2003）、何星亮（2004）、杨士杰（2006）、顾永忠（2009）、赵文娟等（2010）；生态学领域：冯金朝等（2008）。

（6）民族传统知识与生物资源利用，涉及大多数少数民族的传统知识与植物资源利用：包括食用植物、药用植物、观赏植物与其他经济植物。民族学领域：张璐（2009）、特古斯巴雅尔（2011）；民族植物学和生态学领域：裴盛基（1982）、龙春林等（1999）、王慷林等（2000）、陈山（2002）、黄澜和王辉丰（2003）；北方地区：苏亚拉图和哈斯巴根（2004）、哈斯巴根等（2005）、雷茜（2009）、薛达元（2009）、特古斯巴雅尔（2011）、钱丹珠和朵莉娅（2012）。

（7）少数民族地区自然资源管理，涉及森林资源管理、草地资源管理等。生态学领域：龙春林等（1993，2009）、刘凤艳（2004）、李天星（2009）、克那木格等（2013）；民族学领域：罗康隆（2001）、王紫萱（2005）。

（8）民族生态系统与可持续发展研究，涉及少数民族人口、资源与可持续发展等。社会科学领域：童玉芬（2009）、李禄胜（2009）、樊新民（2012）；自然科学领域：角媛梅（1999）、杨国安和王永兴（2001）、许建初（2003）、朱青晓和王忠丽（2005）。

虽然已经有了一定的民族生态学研究，但是在国际学术届，中国仍然没有发出代表性的声音，也缺乏重要案例。这说明我国的民族生态学研究距离国际水平还有较大的距离，需要我国的民族生态学学者不懈努力，深入社会生态系统内部，找准问题，做好长期的跟踪调查，以翔实、系统、完整、全面的研究，在国际民族生态学研究中，贡献中国学者的力量。

# 5 发展趋势及展望

## 5.1 学科发展目标

### 5.1.1 在生态文明建设中发展民族生态学

生态文明建设是我国当下与未来的重点工程。党的十九大报告号召全民把生态文明建设融入经济建设、政治建设、文化建设和社会建设的各方面及全过程。生态科学的方法论也正从物态到生态、从技术到智慧、从还原论/整体论到二者融合的系统论（王如松，2013）。而民族生态学可谓适逢其时，可以对于我国的社会-经济-自然-政治-文化的可持续发展贡献力量。我国学者可以借助我国是多民族国家的优势，在民族生态学领域进行理论探索和实践应用。虽然目前从事民族生态学的中国学者数量仍然有限，对于中国区域内的传统生态知识的研究还需要开展大量工作，但是我国的民族生态学正在蓬勃发展，并且积极借鉴国际民族生态学的概念和理论，结合我国的特殊国情，以发展我国的民族生态学学科。可以相信，我国的民族生态学在生态文明建设的背景下将得到更多的发展与应用。

### 5.1.2 民族生态学在社会生态系统可持续发展中的应用

全球的生态保护已经到了刻不容缓的地步，然而生态保护在世界各地的民族地区又是引发矛盾冲突的主题之一。这个基本的矛盾在我国民族地区体现为少数民族人民群众日益增加的发展需求和生态环境的脆弱敏感之间的冲突。

换言之，民族地区如何在生态保护的前提下，走可持续发展的道路，是一个实实在在的具体的挑战。这需要当地社区、科研人员、政府机构以及商业公司一起参与，发挥创造性精神，互相合作，因地制宜，因势利导地开创出具有中国特色的民族地区可持续发展之路。

在民族地区的生态保护和可持续发展中，如果忽视了少数民族传统文化的贡献和意义，不仅可能事倍功半，不能够达到预期生态保护和可持续发展目标；还可能事与愿违，破坏了当地的生态平衡，以及社会和谐。一个非常真实，近在眼前的例子就是把游牧民族的游牧文化被视为传统而落后的，于是通过很多项目，将这些群众定居下来。一方面，这些牧业群众为了发展经济，扩大了羊群规模，超过了草场的承载能力；另一方面，由于在一个地区长期牧放，缺乏轮放传统文化，放弃了游牧习惯，对于当地的生态产生了巨大的压力，破坏了环境，陷入一个恶性循环，从而导致草场严重退化，水土流失，继而造成了沙漠化趋势。

## 5.2 学科发展趋势

### 5.2.1 自然科学与社会科学交叉

民族生态学自始至终需要多学科的交叉，尤其是需要自然科学和社会科学的深度交叉，这既是民族生态学的起点，也是近一步发展的必然要求。

在自然科学中，需要生态学、生物学、环境科学、地理科学、农学、林学等学科的基本概念和主要研究方法，也需要具备这些学科基本训练的学者，积极关注深入的社会生态系统可持续性和弹韧性问题。

### 5.2.2 研究方向展望

民族生态学可以在多个方向上发展，其中包括自然资源管理、社会生态系统可持续性研究、应对气候变化的传统生态知识等。本节简要地以气候智能型农业为代表，介绍一下民族生态学的一个潜在的研究方向。

气候智能型农业（Climate-smart agriculture，CSA）是一种气候变化新形势下应对粮食安全问题的农业转型和重新定位。

气候变化正在干扰农业增长。根据气候变化政府间委员会（IPCC）的报告，气候变化在世界上很多地方影响着作物产量，而且大多数是负面影响。那些发展中国家对于气候变化的负面影响非常脆弱。干旱、暴雨、洪水、最高温和最低温的变化，这些气候变化和极端气候事件的频率和幅度上不断增加，造成了对于气候敏感的发展中国家的成长瓶颈。气候变化导致的全球玉米产量下降 3.8%，小麦产量下降 5.5%。更触目惊心的是，很多研究人员认为当温度超过阈值的时候，粮食产量会出现断崖式下降。

有研究显示，在全球农业产量到 2050 年需要增加 60% 才能满足增加的人口需求，由于可耕地的潜力限制，这些粮食产量的增加主要依靠不断上升的生产力。而且其前提是目前的气候可以保持在某种稳定的范畴之内，不会造成致命的负面影响。

比较而言，气候智能型农业方式可以产生粮食安全上更高的弹性和更低的风险。而常规的商业途径导致更高的粮食风险，对于粮食和农业系统有更低的弹性。

气候智能型农业的整体目标在于在地方到全球层面采用可持续性的农业系统来为所有时候所有人民

提供粮食和营养保障。为达到这个目标需要有三个任务：

（1）持续增加农业产量，支持收入、粮食安全和发展的公平增加；

（2）从农场到国家水平建立对于气候变化的弹韧性；

（3）在农业中发展创新技术来减少碳排放，从而使农业成为缓解气候变化的重要手段。

气候智能型农业需要从地方到全球尺度考虑上述三个问题。每个目标的相对重要性因地而异、因势利导、因时而变。在发展中国家识别出经济发展与社会急需的平衡点是特别重要的。在这些国家里，粮食安全和经济增长是优先性的，那些贫困的农民最直接受到气候变化影响，而他们对于气候变化的贡献最少。

需要特别注意的是，增加农业生产力和小农户的收入对于减少贫困，保障粮食安全，是至关重要的。不能为了减缓气候变化，就以小农户的农业生产作为牺牲品，因为他们对于气候变化的贡献往往也是很小的。而不断上升的气候变动性，加剧了农业生产的风险，挑战了农民的应对能力。因此，气候变化减少粮食产量和农民收入的同时，增加了风险和破坏了市场的稳定性。在这样的处境下，贫穷的生产者、无地和边缘化的族群是特别脆弱的。

因此，需要改变的是对于农业增长和发展的投资及计划。否则，现有的农业系统无法支撑未来的人口，并且继续成为气候变化的主要贡献者。

气候智能型农业力图避免这种"双输"的结果，可以将气候变化整合到可持续农业策略的计划和执行之中。气候智能型农业在粮食安全、适应、减缓气候变化等方面具有协同效果，并且有利于重新制定相关政策。缺乏这样的努力，可以预期农业和粮食系统缺乏弹性，粮食安全极具风险。气候智能型农业呼吁一系列的行动，从农场到全球的决策层。提升农业系统和生计的弹韧性，减少粮食不安全的风险。

开展气候智能型农业的社区，就是气候智能型社区的代表。但是气候智能型社区包括采用游猎、游牧、游耕等粮食生产方式的社区，也包括采用精耕细作和农牧结合的其他粮食生产方式的社区。气候智能型社区是对于气候变化有着自身理解和洞察力的社区，这些社区同时发展出应对潜在气候变化的适应力，甚至可以在区域的层面上，缓解气候变化。

对于这样的气候智能型社区，单纯的社会学研究或人类学调查都难以胜任，农学的科研人员或者生态学的科学工作者也有一叶障目的感受。故此，需要进行跨学科、长时段、重田野的民族生态学研究。

## 参 考 文 献

白兴发. 2003. 少数民族传统文化中的生态意识. 青海民族学院学报(社会科学版), 29(3): 48-52.

柏贵喜. 1997. 南方山地民族传统文化与生态环境保护. 中南民族学院学报(哲学社会科学版), (2): 50-54.

陈山. 2002. 蒙古族传统植物学知识及其研究价值. 中国医学生物技术应用杂志, (3): 22-25.

陈山, 包颖, 满良. 1996. 蒙古文化与自然保护. 内蒙古环境保护, 8(2): 16-19.

成功, 张家楠, 薛达元. 2014. 传统生态知识的民族生态学分析框架. 生态学报, 34(16): 4785-4793.

范祖锜. 2004. "三江并流"地区少数民族传统文化和生物多样性的保护. 云南民族大学学报(哲学社会科学版), 21(2): 42-47.

冯金朝, 石莎, 何松杰. 2008. 云南哈尼梯田生态系统研究. 中央民族大学学报(自然科学版), 17(SI): 146-152.

冯金朝, 周宜君, 刘裕明. 2004. 民族院校理科学科建设的新趋势——关于民族生态学. 中央民族大学学报(自然科学版), 13(3): 268-271.

付广华. 2011. 民族生态学在中国的发展——"民族生态学理论与方法研究"之三. 广西民族研究, (4): 61-66.

樊新民. 2012. 广西人口增长与生态资源承载力研究. 中国青年政治学院学报, (2): 90-95.

格·孟和. 1996. 论蒙古族草原生态文化观. 内蒙古社会科学, (3): 41-45.

顾永忠. 2009. 从江县稻鱼鸭共生系统保护与传统农业发展对策. 耕作与栽培, (5): 1-4.

郭家骥. 2001. 云南少数民族的生态文化与可持续发展. 云南社会科学, (4): 51-56.
郭家骥. 2006. 云南少数民族对生态环境的文化适应类型. 云南大学学报(哲学社会科学版), 23(2): 48-53.
何星亮. 2004. 中国少数民族传统文化与生态保护. 云南民族大学学报(哲学社会科学版), 21(1): 48-56.
哈斯巴根, 苏亚拉图, 满良, 等. 2005. 额济纳蒙古族传统野生食用植物及其开发利用和民族生态学意义. 内蒙古师范大学学报(自然科学汉文版), 34(4): 471-474.
黄澜, 王辉丰. 2003. 关于民族植物学研究的思考. 热带林业, 31(4): 8-9.
乔治·梅塔耶, 贝尔纳尔·胡塞尔. 1998年1月号. 本文原载于法国《启明情报季刊》(Clarté). 李国强译. 中国.《世界民族》2002年第3期, 61-71.
角媛梅. 1999. 哈尼梯田文化生态系统研究. 人文地理, 14(S.I.): 56-59.
科兹洛夫. 1984. 民族生态学的基本问题. 国外社会科学, (9): 56-59.
克那木格, 汪玺, 张德罡, 等. 2013. 蒙古族草原游牧文化(Ⅱ)——蒙古族草原畜牧业资源. 草原与草坪, 33(3): 86-90.
雷启义, 周江菊. 2009. 民族传统文化多样性与生物多样性保护的研究进展. 安徽农业科学, 37(10): 4838-4840.
雷茜. 2009. 西北民族地区有毒植物资源与民族生态学的关系研究. 安徽农业科学, 37(28): 13979-13980.
李禄胜. 2009. 宁夏人口与生态环境面临的问题及对策. 西北人口, 30(5): 114-119.
李天星. 2009. 云南山地民族刀耕火种生态学定位与山地森林资源可持续利用. 安徽农业科学, 37(31): 15624-15629.
刘冬梅, 刘宏茂, 赵惠勋. 2002. 西双版纳傣族森林文化与植物多样性保护. 东北林业大学学报, 30(5): 83-85.
刘凤艳. 2004. 少数民族传统文化习俗与森林资源的管理. 林业与社会, 2(1): 33-36.
刘宏茂, 许再富, 陶国达. 1992. 西双版纳傣族"龙山"的生态学意义. 生态学杂志, 11(2): 41-43.
刘钟龄. 2010. 蒙古族草原文化传统的生态学内涵. 草业科学, 27(1): 1-3.
龙春林. 2009. 民族地区自然资源的传统管理. 北京: 中国环境科学出版社.
龙春林, 阿部卓, 王红等. 1999. 基诺族传统文化中的生物多样性管理与利用. 云南植物研究, 21(2): 237-248.
龙春林, 李恒, 周翔兰, 等. 1999. 高黎贡山地区民族植物学的初步研究Ⅱ独龙族. 云南植物研究, Suppl. XI: 137-144.
龙春林, 裴盛基. 1993. 基诺族的林地管理与生物多样性. 云南生物多样性学术讨论会论文集. 昆明: 云南科技出版社.
龙春林, 王洁如. 1994. 民族植物学社会及文化价值初探. 植物资源与环境, 3(2): 45-50.
龙运荣, 李技文. 2010. 近二十年来我国民族文化生态研究综述. 贵州民族学院学报(哲学社会科学版), (1): 1-6.
罗康隆. 2001. 侗族传统人工营林业的社会组织运行分析. 贵州民族研究, 21(2): 100-106.
满良, 张新时, 苏日古嘎. 2008. 鄂尔多斯蒙古族敖包文化和植物崇拜文化对保育生物多样性的贡献. 云南植物研究, 30(3): 360-370.
闵庆文, 张丹. 2008. 侗族禁忌文化的生态学解读. 地理研究, 27(6): 1437-1443.
马帅, 冯金朝, 冯亚磊. 2013. 蒙古"约孙"中动物保护的生态学意义. 中央民族大学学报(自然科学版), 22(2): 84-87.
南文渊. 2000. 藏族农耕文化及其对自然环境的适应 青海民族学院学报(社会科学版), 26(2): 20-25.
牛锋. 1999. 试论民族生态学与可持续发展问题. 兰州大学学报(社会科学版), 27(2): 54-58.
裴盛基. 1982. 西双版纳民族植物学的初步研究. 见: 裴盛基. 热带植物研究论文集. 昆明: 云南人民出版社.
裴盛基. 2008. 民族文化与生物多样性保护. 北京: 中国林业出版社.
裴盛基. 2011. 民族文化与生物多样性保护. 中国科学院院刊, 26(2): 190-196.
彭少麟. 2011. 发展的生态观: 弹性思维. 生态学报, 31(19): 5433-5436.
钱丹珠, 朵莉娅. 2012. 哲里木蒙古族传统野生食疗植物及其开发利用和民族生态学意义. 中国民族民间医药, (10): 2-4.
宋蜀华. 2002. 论中国的民族文化、生态环境与可持续发展的关系. 贵州民族研究, 22(4): 15-20.
苏亚拉图, 哈斯巴根. 2004. 额济纳荒漠地区苦豆子的饲用价值及民族生态学意义. 中国野生植物资源, 23(6): 5-6.
特恩布尔, 斯特雷特, 希尔博. 2015. 提升恢复力: 灾害风险管理与气候变化适应指南. 李迎春等译. 北京: 地质出版社.
特古斯巴雅尔. 2011. "班布"在蒙古高原自然环境和牧业经济形态下的生态学意义. 原生态民族文化学刊, 3(4): 3-7.

童玉芬. 2009. 中国西北地区人口承载力及承载压力分析. 人口与经济, (6): 1-6.

王如松. 2013. 生态整合与文明发展. 生态学报, 33(1): 1-11.

王慷林, 陈三阳, 裴盛基, 等. 2000. 竹类与民族植物学: 传统知识系统的应用研究. 竹子研究汇刊, 19(2): 1-8.

王紫萱. 2005. 蒙古族草原游牧文化中的生态观念及其启示. 阴山学刊, 18(4): 41-44.

许建初. 2003. 民族生态学在云南山区资源管理和可持续发展中的应用. 云南植物研究, (XIV): 23-32.

薛达元. 2009. 民族地区传统文化与生物多样性保护. 北京: 中国环境科学出版社.

薛达元, 郭泺. 2009. 论传统知识的概念与保护. 生物多样性, 17(2): 135-142.

杨昌岩, 裴朝锡, 龙春林. 1995. 侗族传统文化与生物多样性关系初识. 生物多样性, 3(1): 44-45.

杨国安, 王永兴. 2001. 绿洲生态系统可持续管理. 干旱区资源与环境, 15(1): 51-55.

杨红, 杨京彪, 孟秀祥, 等. 2009. 泸沽湖摩梭人传统文化与生态环境的适应. 中央民族大学学报(自然科学版), 18(3): 18-23.

杨士杰. 2006. 论云南少数民族的生产方式与生态保护. 云南民族大学学报(哲学社会科学版), 23(5): 119-121.

杨忠实, 文传浩. 2005. 民族文化与生态环境的互动关系. 思想战线, 31(5): 83-87.

尹绍亭. 1988. 基诺族刀耕火种的民族生态学研究. 农业考古, (1): 218-334.

尹绍亭. 2012. 中国大陆的民族生态研究(1950～2010年). 思想战线, 38(2): 55-59.

张璐, 苏志尧, 倪根金. 2005. 民族植物学的应用研究溯源. 北京林业大学学报(社会科学版), 4(3): 35-39.

张桥贵. 2000. 少数民族自然崇拜与生态保护. 生态经济, (7): 44-45.

赵军, 温军, 夏泉. 1994. 关于民族生态学若干问题的探讨, 西北民族学院学报(哲学社会科学版), (4): 32-37.

赵文娟, 范光桥, 崔明昆. 2010. 刀耕火种的变迁及其民族生态学意义. 原生态民族文化学刊, 2(3): 33-39.

朱青晓, 王忠丽. 2005. 民族生态系统的可持续发展模式——以哈尼梯田为例. 资源开发与市场, 21(3): 206-209.

Ai H S, Zhou H. 2003. Deity mountain forest and its function in natural reservation in Gaoligong Mountain of Yunnan Province. Chinese Journal of Ecology, 22(2): 92-96.

Armitate D R. 2003. Traditional agroecological knowledge, adaptive management and the socio-politics of conservation in Central Sulawesi, Indonesia. Environmental Conservation, 30: 79-90.

Balick M J. 1996. Transforming ethnobotany for the new millennium. Ann Mo Bot Gard, 83: 58-66.

Berkes F. 1999. Sacred Ecology: Traditional Ecological Knowledge and Resource Management 1st Edition. Routledge, 1-232.

Berkes F. 2004. Rethinking community-based conservation. Conservation Biology, 18: 621-630.

Berkes F. 2008. Sacred Ecology(2rd). New York: Routledge, 3-18.

Berkes F. 2012. Sacred Ecology(3rd). New York: Routledge, 3-19.

Berkes F. 2017. Sacred Ecology(4rd). New York: Routledge, 5-23.

Berkes F, Colding J, Folke C. 2000. Rediscovery of traditional knowledge as adaptive management. Ecological Applications, 5: 1251-1262.

Berkes F, Turner N. 2006. Knowledge, learning and the evolution of conservation practice for social-ecological systems resilience. Human Ecology, 34: 479-494.

Berlin B. 1973. Folk systematics in relation to biological classification and nomenclature. Annual Review Ecology & Systematics, 4: 259-271.

Brook R K, McLachlan S M. 2008. Trends and prospects for local knowledge in ecological and conservation research and monitoring. Biodiversity Conservation, 17: 3501-3512.

Carpenter S, Walker B, Anderies J M, et al. 2001. From Metaphor to Measurement: Resilience of What to What?. Ecosystems, 4(8): 765-781.

Cheng G, Gong J D, Xue D Y, et al. 2013. Status of Jingpo People's Traditional Medicine Healers in Longchuan, Yunnan. Journal of Yunan Agricultural University (Natural Science), 28(2): 151-157.

Cheng G, Wang C, Xue D Y. 2012. The attitude on the traditional knowledge in international governmental organizations and strategies of China. Biodiversity Science, 20(4): 505-511.

Cox P A. 2000. Will tribal knowledge survive the Millennium? Science, 287: 44-45.

Dao Z L, Long C L, Liu Y T. 2003. On traditional uses of plants by the Nu people community of the Gaoligong Mountains, Yunnan Province. Biodiversity Science, 11: 231-239.

Ford R I. 1978.The nature and status of ethnobotany. Ann. Arbor. Michigan: Museum of Anthnopology. University of Michigan.

Fowler. 1977. Ethnoecology In: Ecological Anthropology. ed. D.L. Hardesty. New York: John Wiley and Sons.

Fu G H. 2010. Climatic Hazards and Indigenous Response: The Traditional Ecological Knowledge of Longji Zhuang People. Study of Ethnics in Cuangxi, (2): 84-92.

Gadgil M, Berkes F, Folke C. 1993. Indigenous knowledge for biodiversity conservation. Ambio, 22: 151-156.

Gao H, Ouyang Z Y, Zheng H, et al. 2013. Perception and attitudes of local people concerning ecosystem services of culturally protected forests. Acta Ecologica Sinica, 33(3): 756-763.

Gray C L, Bilsborrow R E, Bremner J L, et al. 2008. Indigenous land use in the Ecuadorian Amazon: a cross-cultural and multilevel analysis. Human Ecology, 36: 97-109.

Gómez-Baggethun E, Mingorría s, Reyes-garćia v, et al. 2010. Traditional Ecological Knowledge Trends in the Transition to a Market Economy: Empirical Study in the Donana Natural Areas. Conservation Biology, 24(3): 721-729.

Halme K J, Bodmer R E. 2007. Correspondence between scientific and traditional ecological knowledge: rain forest classification by the non-indigenous ribereños in Peruvian Amazonia. Biodivers Conserv, 16: 1785-1801

He P K, Li R, Cao J Q. 2003.Yunnan LanCang Aini people (Hani) use of local forest experience of knowledge management. Journal of forestry and society, (4): 24-26.

Holling C S. 2003. Resilience and Stability of Ecological Systems. Annual Review of Ecology & Systematics, 4(4): 1-23.

Houde N. 2007. The six faces of traditional ecological knowledge: challenges and opportunities for Canadian co-management arrangements. Ecology and Society, 12(2): 34.

Huang J, Long C L. 2006. Traditional cultivation of Coptis teeta and its values in biodiversity conservation. Biodiversity Science, 14: 79-86.

Kalland A.1994. Indigenous knowledge- local knowledge: prospects and limitations. //Arctic Environment: A Report on the Seminar on integration of Indigenous Peoples' knowledge. Copenhagen: Ministry of the Environment/The Home Rule of Greenland, 1994: 150-167.

Khasbagan, Soyolt, Manliang, et al. 2005. Traditional Usage of Wild Plants for Food by the Ejina Mongolians and Its Exploitation and Ethnoecological Significance. Journal of Inner Mongolia Normal University (Natural Science Edition), 34(4): 471-474, 488.

Lewis H T. 1993. Traditional ecological knowledge: some definitions. //Williams N M, Baines G. Traditional Ecological Knowledge: Wisdom for Sustainable Development. Canberra: Centre for Resource and Environmental Studies, Australian National University, 8-12.

Liu H, Xu Z F, Tao G D. 1992. Ecological Significance of Xishuangbanna Dai Nationality's Holy Hill. Chinese Journal of Ecology, 11(2): 41-43.

Liu H M, Xu Z F, Duan Q W, et al. 2001. An approach to conserve plant diversity through Dai nationality religious beliefs in Xishuangbanna. Guihaia, 21(2): 173-176.

Liu S, Min Q W, Xu Y T, et al. 2011. Role of Traditional Knowledge in Forest Resources Conservation in Ethnic Areas: A Case Study on Xiaohuang Village in Congjiang County, Guizhou Province. Resources Science, 33(6): 1046-1052.

Long C L(eds). 2009. Traditional management of natural resources in ethnic societies. Beijing: China Environmental Science Press.

Luo P, Pei S J, Xu J C. 2001. Sacred site and its implications in environmental and biodiversity conservation in Yunnan, China. Journal of Mountain Science, 19(4): 327-333.

Martin J F, Roy E D, Diemont S A W, et al. 2010. Traditional Ecological Knowledge (TEK): Ideas, inspiration, and designs for ecological engineering. Ecological Engineering, 36: 839-849.

Olsson P, Folke C. 2001. Local ecological knowledge and institutional dynamics for ecosystem management: a study of Lake Racken Watershed, Sweden. Ecosystems, 4: 85-104.

Olsson P, Folke C, Berkes F. 2004. Adaptive co-management for building resilience in social-ecological systems. Environmental Management, 34: 75-90.

Orlove B S, Brush S B. 1996. Anthropology and the conservation of biodiversity. Annual Reviews of Anthropology, 25: 329-352.

Ostrom E. 2009. A General Framework for Analyzing Sustainability of Social-Ecological Systems. Science, 325: 419-422.

Pei S J. 1986. Study on swidden cultivation in tropic area of south in Yunnan from the perspective of ethnoecology. Tropic Botany Research, 29-30: 1-7.

Stevenson M G. 1996. Indigenous Knowledge in environmental assessment. Arctic, 49: 278-291.

Toledo V M. 1992. What is Ethnoecology? origins, scope and implications of a rising discipline. Ethnoecology, 1(1): 5-21

Usher P J. 2000. Traditional ecological knowledge in environmental assessment and management. Arctic, 53: 183-193.

Walker B, Salt D. 2006. Resilience thinking: sustaining ecosystems and people in a changing world. Northeastern Naturalist, 32: 674-682.

Wang R S. 2013. Integrating ecological civilization into social-economic development. Acta Ecologica Sinica, 33(1): 1-11.

Wu Z L, Zhou H. 1997. Traditional value and practical significance of ecology in Longshan Forest. Thinking, 3: 68-72.

Xie J. 2011. Ecological mechanisms underlying the sustainability of the agricultural heritage rice–fish coculture system. Proceedings of the National Academy of Sciences, 108(50): 1381-1387.

Xu J C. 2003. Role of indigenous people in biodiversity conservation and utilization in Jinping divide Nature Reserve: an ethnoecological perspective. Chinese Journal of Ecology, 22(2): 86-91.

Xu Z F, Liu H M. 1995. Palm Leaves Buddhism Sutra Culture of Xishuangbanna Dai and plant diversity conservation. Biodiversity Science, 3(3): 174-179.

Xue D Y, Wu J Y, Zhao F W. 2012. Actions, progress and prospects in implementation of the Convention on Biological Diversity during the past 20 years in China. Biodiversity Science, 20(5): 623-632.

Yin S T. 1988a. Ethnoecology research on swidden cultivation of Jinuo people. Agriculture Archaeology, (1): 318-334.

Yin S T. 1988b. Ethnoecology research on swidden cultivation of Jinuo people (continue). Agriculture Archaeology, (2): 390-408.

Yin S T. 2012. Research on ethnic ecology in main land China (1950-2010). Thinking, 38(2): 55-59.

Zhang L R, Cheng W J, Xue D Y. 2009. Progress and trends for implementation of the Convention on Biological Diversity. Acta Ecologica Sinica, 29(10): 5636-5643.

Zhou H, Zhao D G, Lv H H. 2002. Significance of ecological Ethics of cultural tradition in Deity Mountain Forests. Chinese Journal of Ecology, 21(4): 60-64.

Zhu Y Y. 2000. Genetic diversity and disease control in rice. Nature, 406(6797): 718-722.

Zou L, Xie Z Q, Ou X K. 2005. Significance of Tibetan sacred hills in nature conservation of Shangri-La Gorge, Yunnan. Biodiversity Science, 13(1): 51-57.

撰稿人：成　功

# 第32章 生态文化研究进展

## 1 引　言

20世纪中叶，伴随着工业发展对环境影响所造成的生态危机成为威胁人类生存的全球性问题，人类开始重新审视人与自然之间的关系以及人在自然界中的地位。1972年6月，联合国在斯德哥尔摩召开了有史以来第一次"人类与环境会议"，讨论并通过了《人类环境宣言》，揭开了全人类保护环境的序幕，推动了生态文明的发展，也掀起了人类研究与倡导生态文化的浪潮。

由于有了文化，人类创造了文明，著名英国历史学家阿诺德·汤因比把世界历史视为一个文化系列，将一个"文化"的整个发展过程称为"文明"。因而生态文明所展现的正是生态文化的发展。关于生态文化，多名学者给出了定义。王如松和周鸿（2004）认为生态文化是物质文明与精神文明在自然与社会生态关系上的具体表现，是人与环境和谐共处、持续生存、稳定发展的文化。姬振海（2007）认为生态文化是以人与自然的和谐为核心和信念的文化取代那种以人类为中心、以人的需求为中心、以自然界和自然环境为征服对象的文化，是一种基于生态意识和生态思维为主体构成的文化体系。它不仅包括生态意识和生态思维，还包括生态伦理、生态道德、生态价值等，它是解决人类与自然关系问题的思想观点和心理的总和。余谋昌（2010）则将生态文化总结为两个层面：狭义上可以理解为以生态价值观为指导的社会意识形态、人类精神和社会制度，如政治生态学、生态哲学、生态伦理学、生态经济学、生态法学、生态文艺学、生态美学等社会意识形态，以及人民民主的社会制度；广义上可以理解为人类新的生存方式，即人与自然和谐发展的生存方式。

生态文化是一种动态文化，在不同的社会发展阶段有不同的表现形式。虽然现阶段生态文化概念的提出时间并不长，但这并不意味着生态文化的思想在历史上从未产生过，只不过是它在当时的重要价值没有得到凸显。纵观我国灿烂的五千年文明史，生态文化的雏形早已产生，而追溯其发生和发展的历史，必定有助于新时代生态文化的建设。

中国古代生态文化思想的相关研究很多，其中比较有代表性的是周鸿（1996）总结了孔子、老子、庄子等我国古代伟大哲学家们的自然观以及众多历史朝代保护自然的法令规定，展现了古人对人与自然关系的探索；姬振海（2007）将我国历史上的生态文化思想分为了人类与自然为一体的宇宙观，尊重生命万物的伦理观以及人与自然和谐相处的世界观三个主要方面，条理清晰，较为全面总结了中国古代生态文化思想的重要哲学"天人合一"、"天道生生"以及"和合"等内容。而综合现代学者们对古书典籍中诸子百家"天人关系"的生态文化寻根研究，我们不难发现我国古代典型的生态文化哲学包括儒家"仁爱"、道家"道法自然"以及程朱理学崇尚"天理"等重要思想。

传统发展观在很大程度上忽视了人与自然和谐共处的生态理念，破坏了生态系统与社会发展的有机性与整体性，导致生态环境破坏日益严重，给人们幸福生活带来巨大影响。党的十七大首次提出建设生态文明，党的十八大更是将生态文明建设纳入战略布局，形成了经济、政治、文化、社会、生态文明五位一体的发展格局。2018年3月11日十三届全国人大一次会议通过的《中华人民共和国宪法修正案》明确写入了"生态文明"。

显然，生态文化的内涵主要是从物质、精神与制度等多个层面出发，渗透到多个学科以及多个领域，阐述人与自然和谐共生的思维与生活方式。加强对生态文化的研究必将有助于现阶段生态文明的建设以及可持续发展战略的贯彻执行，构建美丽和谐的新家园。随着生态文明战略的提出并不断深化，生态文化研究与实践正呈现出越来越强大的生命力与影响力。

## 2 国际生态文化研究起源与我国发展历程

### 2.1 国际生态文化研究起源

#### 2.1.1 生态学思想在矛盾中走向多元化

国际上对于人类与自然环境互动关系的探索一直没有停过，生态文化也不是一开始就存在的概念，而是随着人们不断地探索逐渐形成的。人与环境的关系问题从来都备受哲学家们的关注，而对于生态价值的讨论，往往是围绕人类中心主义展开的。人类中心主义的发端可以追溯到古希腊时期，如智者派代表人物普罗泰戈拉主张"人是万物的尺度"（周光迅等，2018）。人类中心主义文化在很长一段时间内与自然主义中心的原始文化被称为是人类文化的两种类型。18世纪，一个新的词汇所衍生出的学科历史就此开始，它就是"生态学"。但"生态学"这个词直到1866年才出现。作为美国最有影响的环境史学家之一，唐纳德·沃斯特在《自然的经济体系：生态思想的发展史》（1999）一书中提到，生态思想出现的过程中，最初的权威重心是在这个穿越大西洋的传统中的英国一边。就英美国家而言，生态学思想自18世纪以来，就一直贯穿着两种对立的自然观：一种是阿卡狄亚式的，另一种是帝国式的。这两种对立的自然观与人类文化的两种类型都在一定程度上反映出了早期人与自然所存在的矛盾。两次工业革命的出现，使20世纪的资本主义国家遭受了巨大的生态环境破坏，学者、作家等开始纷纷发出声音，众多宝贵思想诞生。1959年，英国学者C.P.斯诺在剑桥大学发表了著名的题为"两种文化与科学革命"的演讲，引发当时学术界的关注。两种文化所代表的科技与人文的矛盾为当代倡导两种文化的融合提供了借鉴，推动两种文化的融合不仅是历史的发展，更成为现下进行生态文明建设、和谐社会建设的重要努力方向。

20世纪60~70年代，美国出现了环境保护运动，不仅环境史是此次运动的产物，学术也由此从单一走向多元化。期间，蕾切尔·卡森在1962年发表了影响至今的著作《寂静的春天》，引发无数人对于人类试图控制自然这种带有毁灭性倾向的反思，它和《增长的极限》共同成为现代生态文化运动的重要基石。1970年第一个"地球日"的庆祝活动，"生态学时代"这个词汇诞生。生态环境遭受巨大破坏之后，哲学家们也开始对人类中心主义这种思想进行反思。20世纪后半叶，"深层生态学""环境伦理学"等各种绿色思潮不断涌现，多样的绿色思潮被划分为"深绿""浅绿""红绿"三种。马克思和恩格斯在揭示资本主义剥削本质的同时，也提出了非常深刻的生态哲学思想（周光迅和赵雅思，2018）。

#### 2.1.2 新世纪国际矛盾再推生态文化发展

1972年6月，联合国在斯德哥尔摩召开了有史以来第一次"人类与环境会议"，讨论并通过了《人类环境宣言》，揭开了全人类保护环境的序幕，意味着环保由群众性活动上升到政府行为。1983年11月，联合国成立了世界环境与发展委员会，1987年该委员会在其长篇报告《我们的共同未来》中正式提出了可持续发展概念。1992年联合国环境与发展大会通过《21世纪议程》，高度凝练了当代人对可持续发展理论的认知。之后，1997年的《京都议定书》、2009年的《哥本哈根协定》、2016年的《巴黎协定》都越来越多地将解决生态环境问题的迫切性传达给了世界的每一个人，也得到了全世界的认可。诞生于近代的"生态文化"一词是新时代生态思想的代表，它的提出来源于罗马俱乐部创始人佩切伊。任永堂（1995）将其称作是前所未有的人与自然协调发展的文化类型。一时间，世界各国都举起了绿色旗帜。以北欧为代表的部分国家如瑞典、丹麦等在实施绿色能源计划方面走在世界前列。日本推进以向低碳经济转型为核心的绿色发展战略总体规划，力图把日本打造成全球第一个绿色低碳社会。韩国制定和实施低碳绿色增进的经济振兴国家战略，使韩国跻身全球"绿色大国"之一（解保军，2015）。由此可以看出越来越多的主要发达国家都开始打造属于本国的绿色发展模式，寻求自己的绿色发展之道。对于绿色发展的重视正式上升为国家的一种政府行为。保护生态环境已经不仅是一种社会思潮，更是一种不容忽视的政治力量和行为规范。以生态文化为核心的人与自然协调发展为指导的绿色经济发展、低碳发展，"已经成为21世纪人类文明进步和经济社会发展的主旋律即绿色发展主旋律，标志着当今人类发展已经开启了迈向绿色经济发展新时代的新航程。"对工业文明的反思和批判孕育了生态文化的诞生（解保军，2015）。

但是，正如一些学者所指出的，西方发达资本主义国家实施的绿色经济发展战略和自然生态环境治理与修复的思路与方案，主要是在工业文明框架内进行（张孝德，2010），没有根本改变原来所谓的黑色经济社会体系。

## 2.2 我国生态文化研究发展历程

随着生态危机在全球的频繁爆发日益加剧，创建一个生态文明社会已经成为人类生存的必需（祝玲玲和艾志强，2017）。中国生态文化源远流长、博大精深，是一个涉及自然科学与社会人文科学等多学科交叉的新兴学科领域。中国的生态文化研究在五千年悠久的生态思想积淀中逐步兴起（李晶晶和李新慧，2018），从20世纪70年代末以来，中国环境哲学在外生内发的特性中体现出蓬勃发展的态势（周国文，2018）。同时，组织成立了中国生态文明研究与促进会等机构，为研讨生态文明建设重大问题、分享工作经验、凝聚共识搭建了重要平台（缪宏，2013）。

### 2.2.1 社团组织与研究机构建设

随着生态文化研究与实践不断发展，一些颇具影响的机构相继成立，其中较有影响的是中国环境文化促进会、中国生态文化协会和中国生态文明研究与促进会。

中国环境文化促进会于1992年经原国家环境保护总局批准，正式在国家民政部登记注册，是中国环境文化领域唯一的国家一级社团。该会是具有社会法人资格的跨地区、跨部门的全国性专业性社会文化团体。2003年7月，原国家环境保护总局党组决定将中国环境文化促进会升格为总局直属单位，并赋予其新的职责。该会由社会各界的专家学者、文学家、艺术家、新闻工作者、企业家及社会知名人士等自愿加盟组成。促进会本着宣传环境保护，倡导"绿色文明"，促进环境文化交流，提高公众环境意识的宗旨，广泛联系科技界、文艺界、新闻界、教育界、企业界及社会知名人士，开展各种社会活动。

中国生态文化协会经民政部批准于2008年10月8日在北京成立，由从事生态环境建设、经营、管理、研究的企事业单位、科研院所、大专院校、新闻、出版单位，以及一切关心和有志于推动中国生态文化事业发展的社会各界人士，自愿组成的非营利性的全国性社会团体，业务主管部门为原国家林业局。协会的宗旨是"弘扬生态文化，倡导绿色生活，共建生态文明"。其业务范围包括：普及生态文化知识，宣传生态文明理念；传播绿色生产、生活方式，引导绿色消费；组织开展生态文化领域的理论研究，推动成果应用与示范；定期评选"全国生态文化村""中国生态文化示范基地"；定期举办"中国生态文化高峰论坛"；丰富生态文化产品，繁荣生态文化产业；开展生态文化领域的国际合作与交流；开展各种生态文化交流活动，组织生态文化业务培训，出版生态文化宣传刊物。

2010年秋，中共中央原政治局委员、九届全国人大常委会副委员长姜春云，全国人大环资委原主任委员、中华环境保护基金会理事长曲格平，十一届全国人大农业与农村委员会副主任委员、国土资源部原部长孙文盛，原国家环境保护总局党组副书记、副局长祝光耀，农业部原副部长、党组副书记万宝瑞等5位老同志发起筹建中国生态文明研究与促进会。随后，经国务院领导同志批示同意，民政部批复同意筹建研促会（严祖慧，2016）。

2011年11月11日，研促会成立大会在人民大会堂隆重举行。时任中共中央政治局常委、国家副主席、中央军委副主席习近平作出重要批示:"加强生态文明建设、走绿色发展道路,是实现科学发展的必然要求和重大举措。中国生态文明研究与促进会的成立,对推动我国生态文明建设具有重要意义。希望你们深入贯彻落实科学发展观,深入研究和把握生态文明建设的客观规律,积极为党和政府推动生态文明建设建言献策,在推动科学发展、促进社会和谐中发挥应有作用。"

研促会聚集力量创新研究模式,开展了一些费力大、时间长、作用广的基础性课题,完成了不少国家公益性科研项目。如"基于分区管理的生态文明建设指标体系和绩效评估方法"、地方创新性项目"生态资源价值"和"自然资源资产负债表与生态文明建设目标评价考核"系列研究等课题。研促会针对各地特点与需求,围绕重点热点问题,分别组织了县域生态文明建设与绿色发展、长江流域生态文明、湾区城市生态文明、生态红线与生态红利、"一带一路"与生态文明等专题研讨交流活动(尹楠,2013)。

此外,有关学会、协会、研究会还成立了以生态文化为重点的分会、专业委员会,一些省份相继成立了生态文化研究与促进会性质的社会团体。一些高校和科研单位相继成立了与生态文化、环境文化或生态文明相关的研究机构。

### 2.2.2 生态文化科学研究

国内对生态文化的研究起步较晚,最早的"生态文化"概念是由余谋昌先生在1986年从意大利的《新生态学》杂志中引进的(李晶晶和李新慧,2018),即一种广义的生态价值观念。他认为"生态文化"是"人类新的生存方式,即人与自然和谐发展的生存方式。"(余谋昌,2010)。而狭义的生态文化则是指一种文化现象(陈寿朋和杨立新,2005),是一种生态意识和生态思维。如黄承梁认为,生态文化是用生态学处理人与自然的关系,旨在实现人与自然友好相处、和谐共生的文化(黄承梁,2010)。陈幼君认为生态文化是一种文化现象,即以生态价值观为指导的社会意识形式(陈幼君,2010)。有的学者则未作广义、狭义之分。如雷毅认为,生态文化是以整体论思想为基础,以生态价值观为取向,以谋求人与自然协同发展为宗旨的文化(雷毅,2007)。余达忠认为,生态文化是以生态价值观为理念的人类的一种全新的生存发展方式,这是生态文化最根本的特征,是生态文化作为一种文化形态与此前所有文化形态的本质区别(余达忠,2010)。

许多学者从生态文明与中国特色社会主义的角度出发进行研究。生态文化是与生态文明新时代相适应的、以"尊重自然、顺应自然、保护自然的生态文明理念"为核心内容的价值观体系,是具有中国特色的生态文化(赖章盛和黄彩霞,2018),且中国特色社会主义文化本身具有深刻的生态文化价值意蕴(胡小玉,2016)。对于生态文化而言,传统中国的生态和谐思想蕴含着现代生态文化的萌芽,能够提供给我们丰富的传统文化资源,有助于我们敬畏自然、保护生态(徐瑾,2018)。在环境问题和生态问题日益凸显的现阶段,弘扬"天人合一"的传统生态文化不仅是文化创新的基础,更是建设生态文明、构建美丽中国的关键(李志明,2018;韩菲,2018)。

民族生态文化也是近年来学者们研究的重点方向。民族生态文化是中国各少数民族在与自然生态环境相处的漫漫历程中,以特有的生态观、文化观和宇宙观为指导,以调适生态与文化之间的关系、寻求人与自然和谐共存为落脚点和归宿而形成的生态物质文化、生态制度文化、生态观念文化的总和(廖国强,2011),其蕴含着建设生态文明社会所需要的文化资源和生态智慧,对于保护生物多样性、维持地区生态平衡、维护生态安全,实现人与自然和谐发展,具有重要的价值和意义(舒心心,2019),与习近平生态文明思想在实现人与自然的和谐共生、顺应自然规律、向自然适度索取与对自然环境的保护等方面高度契合(李燕萍,2018)。对民族生态文化特征的提炼关乎民族生态文化学科的构建,而且对开展民族生态文化研究、普查、数据库建设亦有助益(刘荣昆,2018)。对民族生态文化的研究,探索了一种更为包容多维的可持续发展思路和以本土社区知识文化为本位的民族地区资源开发及环境保护设想(孟和乌力吉,2018)。

中国的生态文化建设相对于西方发达国家而言起步较晚，而相应的生态文化评价体系建设也亟待加强（李洪良等，2018）。依据系统分析理论和可持续发展理论，一些学者构建了生态文化评价指标体系概念框架模型（王蓉，2011；郭茹和廖婷，2018），并进行实践应用。

### 2.2.3 《关于加快推进生态文明建设的意见》与《中国生态文化发展纲要（2016—2020年）》

2014年11月，国家发改委经过近两年时间准备，将代拟的《关于加快推进生态文明建设的意见》上报国务院。

2015年3月24日，中共中央政治局召开会议，审议通过《关于加快推进生态文明建设的意见》。

2015年5月5日，新华社受权播发了中共中央、国务院《关于加快推进生态文明建设的意见》，这是继党的十八大和十八届三中、四中全会对生态文明建设作出顶层设计后，中央对生态文明建设的一次全面部署。

该意见全文共9个部分35条，包括：总体要求；强化主体功能定位，优化国土空间开发格局；推动技术创新和结构调整，提高发展质量和效益；全面促进资源节约循环高效使用，推动利用方式根本转变；加大自然生态系统和环境保护力度，切实改善生态环境质量；健全生态文明制度体系；加强生态文明建设统计监测和执法监督；加快形成推进生态文明建设的良好社会风尚；切实加强组织领导。

在"基本原则"中强调，坚持把培育生态文化作为重要支撑。将生态文明纳入社会主义核心价值体系，加强生态文化的宣传教育，倡导勤俭节约、绿色低碳、文明健康的生活方式和消费模式，提高全社会生态文明意识。

原国家林业局根据《中共中央、国务院关于加快推进生态文明建设的意见》（中发〔2015〕12号）、《中共中央、国务院关于印发〈生态文明体制改革总体方案〉的通知》（中发〔2015〕25号）和《中共中央关于制定国民经济和社会发展第十三个五年规划的建议》，于2016年4月发布《中国生态文化发展纲要（2016—2020年）》。

该纲要包括5章内容，即生态文明时代的主流文化，"十三五"生态文化发展总体思路，生态文化发展的重点任务，推进生态文化发展的重大行动，生态文化发展的政策措施。在该纲要中，明确了生态文化是生态文明主流价值观的核心理念和生态文明建设的重要支撑。生态文化是具有人性与自然交融，最本质、最灵动、最具亲和力的文化形态。是以"天人合一，道法自然"的生态智慧，"厚德载物，生生不息"的道德意识，"仁爱万物，协和万邦"的道德情怀，"天地与我同一，万物与我一体"的道德伦理，揭示了人与自然关系的本质，开拓了人文美与自然美相融合、人文关怀与生态关怀相统一的人类审美视野；以"平衡相安、包容共生，平等相宜、价值共享，相互依存、永续相生"的道德准则，树立了人类的行为规范，奠定了生态文明主流价值观的核心理念。

## 3 我国生态文化研究的主要成果

### 3.1 民族生态文化研究

我国是多民族国家，而我国的少数民族地区，由于环境相对受到外界的影响和冲击较小，自然环境条件独特，积累并保留了很多具有地方特点的生态文化形式。例如，生活在湘黔桂边界地区的侗族，对自然有一种异乎寻常的敬畏，对环境的保护无微不至（张泽忠等，2011）。而这些地方山清水秀，也使他们在心灵深处更珍惜美好的生态环境（魏建中等，2014）。除了侗族，在西南地区这一少数民族人口最多的地区，同样有着独特的区域生态文化形式。凉山彝族的神山、鬼山森林和村寨水源林、风水林等在涵养水源、保持水土方面发挥着重要作用，而轮歇农业和农林复合等生产方式则促进了农业生态系统的平衡发展（杨红，2005）。大量的民族生态学研究表明，传统生态知识在环境保护，甚至国家创新体系中具有十分重要的作用（武夷山，2003）。从关于几个代表性少数民族生态文化研究成果可窥一斑。

### 3.1.1 藏族生态文化研究

藏族生态文化研究中宗教文化的研究是不得不提的一个方面。对于藏族宗教文化的研究，学者大多集中在对其宗教文化内涵的解读以及对当地生态环境和生物多样性等的影响。例如，白龙江流域的藏族信仰苯教和佛教，苯教生态文化所崇拜的自然神灵有山神和水神，要求藏族人民不能触犯神灵，否则会遭受神灵处罚，因此人们在山上或树林不能乱砍滥伐，还要怀以崇敬之心祭祀神灵（傅千吉，2004）。这一点在青藏高原、云南等藏族中同样有所体现，并形成了一套传统的资源管理制度（桑才让，2003；郭家骥，2003）。藏族史诗巨著《格萨尔》中的唱词展示了古代藏民族丰富多彩的山林生态文化（王景迁等，2012；陈光军，2015）。自 20 世纪 80 年代以来，这套机制与国家政策、法律相结合，形成了新的现代化资源管理机制（郭家骥，2003）。受佛教思想的影响，藏族群众在日常生活中把整个自然系统中的生命体都作为自己的伙伴，没有歧视，没有偏见（桑才让，2003）。贾秀兰（2008）认为，佛教的"慈悲喜舍"四无量心，就是佛教中最早涉及的环保意识，佛教的"庄严国土，利乐有情"的宗旨，正是最早的环保理念。佛教的戒杀戒盗、放生、护生，就是尊重生命、关怀生命，就是为了保护与恢复自然生态系统的完整。同时，也有学者就藏族宗教文化的起源，苯教、佛教间的冲突与融合，藏族服饰与宗教文化的联系等方面进行了研究，其中不乏适应自然环境的色彩（魏新春，2001；周俊华和肖毅，2004；王兴宇等，2009）。

藏族生态文化研究的另外一个重要方面是藏族游牧文化的研究，而且也是学者们潜心研究的重点（关春玲和刘鸿彬，2015）。藏族人民在长期的生活中所创造的丰富多彩的游牧文化，体现了藏族人民与自然万物和谐相处的思想观念（苏永杰，2011）。节俭节约的消费方式使自然资源得以保存和更新（汪玺等，2011a，2011b）。除了游牧文化相关的生态文明思想外，南文渊（1999）对牧民饲养家畜的类型、家畜种类的选择、游牧方式、家畜与家畜管理等几个方面进行了阐述。汪玺等（2011a，2011b）认为藏区牧民畜牧活动的特点按自然变化而行的行为"逐水草而居"，循自然规律所动，是一种较典型的既饲养家畜又保护草原的方式。如何处理与谋利经济之间的关系同样重要，藏族传统文化中有不少有利环境保护的因素，在当今经济社会快速发展的时候，充分发掘传统生态文化的内涵，缓解人口对生态环境的压力，是改善青藏高原生态环境的根本途径（王奎正，1997）。正确处理藏族社会经济的发展与自然环境和传统文化的保护之间的关系，是最终实现社会、经济与环境的可持续发展的必然之路（苏永杰，2011）。

另外，藏族生态文化在音乐、藏族舞蹈、民间习俗、服饰等方面的体现也是学者们研究所关注的话题（尼玛才让，2007；李玉琴，2009；尕藏吉，2011）。

### 3.1.2 蒙古族生态文化研究

早期蒙古族生态文化的研究主要集中在其形成、发展及文化特点等方面。格·孟和（1996）认为，蒙古族的草原生态文化观来源于游牧和狩猎的生产生活实践并指导着这个伟大的实践，主要体现在三个方面：一是人与自然和谐共处的思想；二是遵循自然法则，保护牧场；三是充分发挥人的主观能动性。这是对蒙古族生态文化进行系统研究的较早文献，充分反映了蒙古族生态文化凝聚着蒙古族人民的最高智慧，塑造了蒙古族人独特的性格和民族精神，在一定程度上推动了蒙古族生态文化的研究，并对指导草原生态系统保护等方面发挥了重要作用（吴团英，2013）。

对蒙古族生态文化物质层面的解读，包括蒙古高原特定的自然环境（地形分布、气候状况、植被分布等），以历史为脉络的物质化创造性活动以及蒙古族一整套与环境相适应的生产生活方式和技能等（葛根高娃和薄音湖，2002）。精神层面的研究则包括保护牧场和水源等相关传统习俗与原始宗教——萨满教对蒙古人生活的影响（宝力高，2006；于飞和孟慧君，2006；孟庆国和格·孟和，2006）。这些研究综合表明蒙古族的生态文化孕育在草原生态环境当中，以游牧文化为核心和灵魂，对大自然的高度敬畏渗透在衣、食、住、行等生产生活的各个方面，与传统思想"天人合一"不谋而合。

蒙古族生态文化的发扬与传承在经济发展、道德建设、教育发展等众多方面都具有重要价值（呼斯灵，2016；常红梅，2016；孟和乌力吉，2018）。赵图雅和赵雅思（2018）、梁琳（2018）从蒙古族生态文化理念的科学内涵出发，提出蒙古族传统生态文化理念的传承教育路径应包括家庭教育、学校教育和社会教育。其中高校教育是重中之重，李淑红（2015）认为，加强高校蒙古族生态文化教育，有利于提高大学生环境保护意识，完善大学生的生命价值观，形成大学生的和谐思维模式。

### 3.1.3 苗族生态文化研究

苗族是山地民族，他们在漫长的山地生活过程中创造并积淀了丰富的生态文化。其中相当精彩也是受广大学者偏爱的是其宗教文化，由万物有灵、图腾崇拜演化而来的敬畏自然、和谐共处思想（邢启顺，2007；王孔敬，2010）。杨光磊（2009）将勤劳勇敢，富有强大生命力的民族——苗族别具一格的生态文化本质特性总结为民族性、群体性、艺术性、祭祀性和世界性五个方面，这一概括高度浓缩了苗族人世世代代的生活精神与智慧，展现了苗族生态文化形式多样、内涵丰富的特点。类似地，周颖虹（2006）将苗族传统生态文化的基本特征总结为自发性与朴素性、普遍性与权威性、宗教性与实用性。

关于苗族生态文化的主要内容，是早些年原生态民族文化研究的一个热点问题，较为主流的研究将苗族生态文化的内容分为了观念层面、制度层面和物质层面三个主要层面（周颖虹等，2006；康忠慧，2006），观念上不断思考，认知自然；制度上乡规民约，捍卫自然；物质上精耕细作，融入自然。在此系统分类的基础上，又有众多学者针对个别层面进行了细致的研究，包括具有生态文化内涵的建筑设施、民间艺术、农耕现状等（杨素刚，2009；蔡熙，2013；何圣伦和金科，2015）。

关于苗族生态文化的保护与发展，王孔敬（2010）认为苗族传统生态文化面临的诸多危机，包括社会土壤改变（生产方式转换），文化后继乏人以及传统生态文化被认为是迷信。鉴于苗族生态文化的保护与传承受到的阻碍，我国学者们在政策支持的背景下进行了众多小规模区域的生态文化保护探索，傅于川和欧阳德君（2009）曾以黔东南苗族侗族自治州为例，提出了加快发展民族地区生态文化产业的重大意义、基本思路和基本策略，立足独特的民族原生态文化，推动生态文化产业的发展，必将有助于苗族生态文化的保护与发展。王仕冰（2010）对恩施土家族苗族自治州的研究也同样阐述了生态文化旅游对民族生态文化的保护与经济发展具有重要意义。此外也有很多学者则希望从法制、宣传教育、建立生态文化基地等方面来增强传统民族生态文化的保护传承，进而提供发展空间（王云，2005；杨光磊，2009；王孔敬，2010）。

### 3.1.4 哈尼族生态文化研究

哈尼族生态文化也非常丰富，在这一思想指导下的最佳实践可能就是哈尼梯田。毛佑全（1991）较早研究了哈尼族的农耕渊源，以及梯田的由来和耕作程序等问题。随后，角媛梅（1999）对哈尼梯田文化生态系统进行了整体性研究；陈燕（2007）对哈尼族梯田文化的内涵、成因与特点进行了研究；黄绍文等（2011）则从哈尼族梯田灌溉系统中的生态文化入手，对哈尼族梯田进行了较为系统的分析；杨勇（2013）对哈尼族梯田生态文化特点及其现实意义进行了更为深入的阐述。

大量的对哈尼梯田文化的研究不断涌现与其自身的丰富性是分不开的。角媛梅等（2002）认为哈尼梯田文化景观是哈尼文化的集中反映和核心；刘庆文等（2013）认为哈尼族梯田文化不仅是人与自然和谐共融、可持续发展的思想，还体现了生物多样性、水资源等多方面的生态智慧，包含了一系列与梯田相关的民俗文化，如独具特色的民居建筑、礼仪庆典、穿戴服饰和歌舞文化等；哈尼梯田文化呈现出历史性、延续性、科学性、生态性的统一，展示出了人与自然和谐发展的独特创造力。

在对哈尼梯田文化内涵进行研究的同时，学者们对哈尼梯田文化的保护发展研究也没停过。角媛梅等

（2002）学者都对当代如何保护这种独特的梯田文化进行了研究。对于现今已经是世界文化遗产和全球重要农业文化遗产的哈尼梯田，如何发挥其在生态文明建设中的作用，也是当下的热点话题。王堞凡（2016）认为，哈尼族梯田农业与当地生态文化景观是一体化的，单独进行梯田保护并不符合哈尼族人民生态发展的实际需要，应该与哈尼族山区生态资源用养、民族文化成长方式等多种发展情景相互融通，实施对哈尼族梯田农业生态文化景观的整体性保护。未来哈尼族梯田农业生态发展必须依靠科技进步、民族经济结构的优化升级，以获得市场化保护，融入新时代发展的趋势中。杨京彪等（2018）研究了哈尼族社区的水资源管理制度建设，认为完美地解决了水资源时空分布不均这一难题，以迁徙文化、宗教文化、习惯法以及传统知识为支柱构建的生态文化体系则是水资源管理制度建设和有效实施的生态文化内涵。这种水资源管理的制度建设与生态文化理念对于应对气候变化、促进农业可持续发展以及完善我国的水资源管理制度理论体系具有重要的借鉴价值。

## 3.2 区域生态文化研究

### 3.2.1 区域生态文化研究特点

我国是一个发展中大国，不同区域之间的发展基础和发展需求差别很大，无论是自然生态系统的本底条件或开发历史，还是人地关系系统优化的关键瓶颈和解决路径，都存在很大不同（孔翔，2016）。

区域是具有主观意义的空间，地方则是承载主观性的区域（Wright，1947）。哈尼族梯田文化的发展就与适宜耕作的气候条件及山高陡坡的地形条件有关；妈祖文化的兴起就与附近台风频发和湄洲湾独特的海岸条件有关（高红，1997），而沿海黎族的储物特点也适应了海边自然环境的挑战（陈伟民，1999）。地方文化蕴含着丰富的地方知识，是新时期生态文明建设中的一笔宝贵财富。其应用过程不必借助任何外力就能持续地发挥作用（尹绍亭，2000）。孔翔（2016）认为尽管这是一笔财富，我们既不能盲目推崇也不能随便应用，而要在尊重的基础上不断总结，审慎推广。除了文化遗产的申报、文化古城的保护、生态博物馆、民族传统文化保护区和民族文化生态村等都地方文化在当代保护和呈现的重要形式，另外一种地方文化的代名词就是古村落文化。古村落除了我们看到的建筑本身，同样蕴含着丰富的历史遗留下来的文化、古老文明。如我国的三大地域文化之一的徽州文化，是我国第一个开展跨省文化生态保护的保护区。

### 3.2.2 一个典型案例：黄土高原生态文化研究

窑洞是黄土高原上最具特色的建筑。关于窑洞的历史起源，最早可以追溯到龙山文化时期（刘小军等，2007），但窑洞民居的大量出现是在明朝中期黄土高原区森林受到毁灭性破坏之后，由于木材奇缺、气候及生态环境恶化，百姓居住黄土窑洞是最适合的（廖红建等，2000），白凯等（2006）也详细阐述了四代窑洞的历史发展。关于这种特色建筑所体现的生态理念和与自然环境之间的关系研究同样引起了学者的关注，认为其充分利用了黄土地区丰厚的黄土资源，就地取材，因地制宜，使当地的黄土物尽其用，这就弥补了这些地区燃料与木材的短缺状况。另外，这些窑洞结合当地的地形地貌，因山就势，充分利用山地、坡地和荒塬，在人多地少的情况下，具有一定节约用地的意义，同时，也不破坏任何的土地资源和生态环境。乔一真等（2013）认为黄土高原干燥少雨的气候条件和黄土具有的黏性和硬度，使得土窑洞依山而筑。李建军等（2014）提到其将人-建筑-自然有机结合在一起，白凯等（2006）从天人合一的生态观、人文理念的升华、浓郁淳朴的乡土气息介绍了窑洞的生态文化所在。所以窑洞成为了人与自然生态环境相结合的典型。它的生态理念与独特优势相结合，体现在选址，造价低廉，冬暖夏凉，节约能源等多个方面（廖红建，2000；方李莉，2003；李建军，2014）。

黄土高原地区有着独特的与其自然环境相适应的民间艺术。张柱华（2012）分析了陕甘黄土高原地区，地处黄河中上游，为黄土高原腹地，地理上处于温带半干旱气候与温带半湿润气候的过渡带，宜耕宜牧宜林，大体经历了以牧为主、农牧并重和以农为主的漫长演变过程，最终形成了以农为主的经济生活方式，积淀了深厚的传统农耕文明。所以，在20世纪50年代以前，以农耕文明为典型的陕北陇东地区民间手工艺没有发生太大变化，这与农民是从事手工艺的主体、家庭式生产、环境单一有关。与之相匹配的形成了祭祀、纪念、祈福、迎送等风俗。民间手工艺就是这些习俗和信仰的物化形式，具有鲜明地域文化特色的刺绣、剪纸、皮影等，这在窑洞建筑中也有所体现，最具影响力的便是剪纸，另外还有炕围子图（刘小军，2007）。20世纪80年代初改革开放以来，手工艺也逐步走向了现代化市场。地处我国黄土高原的陕北地区，其地域有着一定的密闭性特点，那里苍凉荒漠却又生机勃勃，正是这样一个相对密闭的环境中才形成了其独特的艺术风格和唱法，而没有被外界的文化影响，使陕北民歌保留了其"原生态"的民歌唱法（杨敏和陈薇，2015）。

## 3.3 不同类型生态系统的生态文化研究

### 3.3.1 森林生态文化研究

张义（2009）总结了自1989年叶文铠提出森林文化概念，到接下来20年里郑小贤（1999）、但新球（2002）、蔡登谷（2002）、徐高福（2006）、张国庆（2006）、张福寿（2007）、黎德化（2009）等众多学者对森林文化的定义和认识，发现其共识体现在首先森林文化以森林为背景或载体；其次，森林文化体现了森林的人化。杨青芝（2009）将森林文化的基本特征总结为生态性、民族性、地域性和人文性。关于森林生态文化内涵与特点的深入研究目前还在持续着，并延伸到森林美学、森林文学等多个领域（郑小贤，2001）。

近年来，我国六大林业工程取得举世瞩目成绩的同时，关于推进森林生态文化体系建设的研究也未曾止步。张蕾（2007）认为，推进森林生态文化体系建设的主要内容包括构建人与自然和谐的价值观，建设森林生态文化发展的物质载体，营造良好的社会氛围，提供森林文化产品等。很多学者从森林生态文化体系结构、少数民族森林资源管理以及森林经济和体制管理等方面展开大量研究研究，为森林生态文化体系的建设提供强有力的理论支撑（陈建成等，2008；但新球和李晓明，2008）。此外我国各地区蓬勃发展的森林公园建设，也为森林生态文化体系构建作出了重要贡献。徐高福等（2007）总结了近十几年的对国家森林公园生态文化表现形式、传播过程以及建设规划，为我国森林生态文化体系建设提供了新的思路和新的形式，也使其发展历程上升到崭新的高度。

### 3.3.2 草原生态文化研究

草原文化与游牧文化一直以来都是草原生态文化研究的重点对象，从早期研究到现在，关于二者的内涵及区别一直是众多学者讨论的热点。草原生态文化可以理解为世代生息在草原上的先民、部落、民族共同创造的一种与草原自然生态环境相适应的生态型文化（王荣海，2008；原丽红，2010；姜明和侯丽清，2007）。而关于游牧文化，我国对草原游牧文化的人类学研究尚未深入，近20年来，不少学者都对其进行过研究与论述（乌云巴图，1999；包玉山，2007；汪绘纹等，2014）。吴团英（2006）将游牧文化概括为从事游牧生产、逐水草而居的游牧部落、游牧民族以及游牧族群共同创造的文化，点明其显著特征在于游牧民族的信仰、观念、风俗习惯以及其社会结构、政治制度和价值体系等都是游牧生产生活的写照。因此游牧文化是基于生产方式形成的，与草原文化在文化起源、领域、类型等方面均有区别，包括形成期的非同步性，文化覆盖区域的非重叠性等。但时至现在，我们对游牧文化的相关研究仍主要集中在游牧文化的保护与延续上，而忽视了对其本身的进一步认识；相比之下草原文化的研究相对深入，但其学科归属问题、文化属性问题、文化区域分布以及文化组成仍然没有准确的界定（吴团英，2013），因此相关的研究还需继续展开。

伴随着科学发展观的提出以及国家对生态文明建设的越发重视，草原可持续发展问题逐渐成为草原生态文化的热点问题。现阶段我国草原荒漠化问题严重，李金花等（2002）、高英志等（2004）从土壤性质和植物多样性等研究中强调了大规模草地的无序开垦以及过度放牧使得牧民草场的迅速减少、草场植物多样性降低、草场退化等问题极其显著。敖其仁和达林太（2005）从宏观角度强调，生产方式的转变进而形成的不恰当生产行为加剧草原荒漠化进程。原丽红（2010）认为由于国家工业文明发展导致的急功近利的工业行为带来的影响迫害，并且相比农耕活动的副作用而言显得破坏力更加巨大、更为迅速。

应对如此严重草原环境迫害，很多学者支持发展生态文化促进草原可持续发展，杨志勇和盖志毅的研究从经济学、社会学、文化学等理论出发，详细解读了草原生态文化建设对草原生态系统可持续发展的积极意义（杨志勇和盖志毅，2008）。张黎和张茂林（2010）为草原可持续发展提出的建议中也特意强调了延续草原生态文化，提高牧民生态保护意识是保护草原必经之路；塔娜等（2015）的研究则更是进一步剖析了人文生态与自然生态存在紧密的内在联系，人文生态的失衡会导致自然生态失衡，提倡大力推进生态文化的发展和普及。

### 3.3.3 湿地生态文化研究

关于湿地生态文化本身的理论研究，现在仍然比较缺乏。相对全面、系统地阐述湿地生态文化内涵与发展的是但新球和但维宇（2013）主编的《湿地生态文化》。书中尝试提出湿地文化的概念，即在人与湿地相互交流过程中，生产生活中形成的稻作文化、渔业文化、水运文化、水利文化、宗教文化以及海洋文化等人与湿地相互关系的总和。在此基础上对湿地生态文化进行了以湿地类型、湿地结构以及文化的其他类型进行分类，并从物质、精神、制度三个层面对湿地的人文、水文化、动物文化、植物文化以及历史文化进行了较为详细的论述。

虽然湿地生态文化的内涵研究相对匮乏，但伴随着国家生态文明建设的深入，湿地的保护与发展引起了一些学者的兴趣。何丽芳（2012）、冯玉璞（2011）分别从整体以及区域层次解读了现今热门产业——湿地旅游，其研究结论在一定程度达成共识，即突出特色、强化管理，合理开发湿地旅游产业，具有重要的生态文化教育和传承价值。现阶段湿地生态文化的保护与发展将是持续的研究热点，而因此带动的生态旅游产业也将继续保持发展势头。学者们的研究将互相补充与支持，继续深化各个区域湿地生态文化的探索，因地制宜，为各地湿地生态文化保护与发展提供理论依据和政策建议。

### 3.3.4 农业生态文化研究

我国具有悠久灿烂的农耕文化历史，加上不同地区自然与人文的巨大差异，创造了种类繁多、特色明显、经济与生态价值高度统一的重要农业文化遗产。这些都是我国劳动人民凭借着独特而多样的自然条件和他们的勤劳与智慧，创造出的农业文化典范，蕴含着天人合一的哲学思想，具有极高的历史文化价值与丰富的生态文明内涵（李文华等，2012）。李文华（2003）曾全面总结了中国传统农业的生态文化思想，并分析了对于现代生态农业发展的启示。具有悠久历史、在国际上产生了很大影响、对农业可持续发展具有重要意义的稻鱼共生、桑基鱼塘、梯田种植、坎儿井、淤地坝、农林复合等系统，均属于农业文化遗产的范畴（闵庆文，2006；李文华，2016）。农业文化遗产体现了自然遗产、文化遗产、文化景观遗产和非物质文化遗产的多重特征，具有活态性、动态性、适应性、复合性、战略性、多功能性、可持续性、濒危性等多重特征（Min et al.，2016）。

尽管对于农业历史、农业考古等研究已有很长时间的历史，但系统性开展农业文化遗产的价值发掘与保护实践探索则始自 2002 年联合国粮农组织发起的全球重要农业文化遗产（GIAHS）倡议（闵庆文等，2018）。中国是最早响应并积极参与这一倡议国家之一，在农业部和中国科学院地理科学与资源研究所的共同努力下，浙江青田稻鱼共生系统于 2005 年成功申报为国内第一个、世界第一批 GIAHS 保护试点，也开启了中国的系统性农业文化遗产发掘、保护、利用与传承的崭新阶段。在各方的共同努力下，中国的农业文化遗产及其保护与利用研究已走在世界前列，并在保护农村生态环境、促进农村经济发展、传承优秀农耕文化方面发挥了重要作用。10 多年来，许多科研人员围绕农业文化遗产的概念与内涵、功能与价值、保护制度与管理体制建设、保护与发展途径等方面开展了一系列研究，取得了显著进展，有效支撑了国内农业文化遗产发掘与保护工作，也引领了国际农业文化遗产及其保护与利用研究（李文华等，2016；闵庆文等，2018）。

### 3.3.5　城市生态文化研究

城市是社会发展到一定阶段的产物，城市生态研究是生态学研究的前沿领域之一，城市生态文化则为其重要内容，王如松院士是我国最早系统开展城市生态学与城市生态文化研究的学者。

我国自古流传下来的风水文化是中华传统文化的瑰宝，以北京为代表的六大古都及我国很多名城都有相应的风水记载，并且时至今日仍是很多地区城市规划的重要参考（周鸿，1996），足见风水文化可谓是城市生态文化的最早形态。时至今日，城市有了与古代不同的面貌，当今学者对城市生态文化的理解也有了更多的发展。杨志锋等人的研究尝试给出了现今城市生态文化的内涵，即在城市发展过程中逐步形成人与自然和谐发展的价值观念、精神面貌、生产方式、行为规范等，构成城市生产生活的向导，对城市所有成员产生凝聚、激励、约束等能动作用，为城市建设提供动力（宋小芬，2004；苏美蓉等，2007）；夏晶等（2006）从四个层面对城市生态文化进行了补充说明，即物质文化、体制文化、行为文化、心智文化。明确了城市生态文化的内涵以后，与城市生态文化建设相关内容的研究逐渐展开，包括单霁翔（2007）对城市文化遗产保护与文化城市建设的研究；张蔷（2013）对中国城市文化创业产业现状、布局及发展对策的研究；张昶和王成（2014）对城市生态文化建设规划的步骤及内容的研究等。

随着国家生态文明建设的推进，城市作为人口的密集聚居区，极大地推动了传统城市向生态城市的转变。我国幅员辽阔，大小城市众多，广大学者在对不同区域的各个生态城市建设的实践中获得了宝贵的成果与经验。关于生态城市建设的具体实践，于希贤对 21 世纪昆明生态文化的构想为生态城市建设提供了基本思路（于希贤，2000），城市生态文化建设的目标应包含体制文化建设、认知文化建设、心态文化建设和物质文化建设（孙江，2003）。宋小芬（2004）以北京申奥成功及大连通过生态城市建设获得较高国际知名度的实例研究肯定了生态城市建设对城市影响力的积极作用，并展现了这一阶段城市生态文化建设的可喜成果。

## 4　未来发展展望

### 4.1　生态文化将在新时代生态文明建设、乡村振兴战略中扮演重要角色

习近平新时代中国特色生态文明思想，既是对马克思主义生态哲学思想的继承和发展，更是针对我国国情的智慧创造，对于中国特色生态文明发展道路具有深远的指导意义。我国 56 个民族都蕴含着丰富而独特的生态文化，宗教信仰、生活习俗、乡规民约、农业文明等多个方面是少数民族生态文化灿烂宝库的重要组成部分。而少数民族生态文化也是我国生态文化必不可少的一部分，对于未来生态文明建设、环境保护具有重要借鉴意义。我们在认识少数民族独特生态意蕴的同时，需要针对性地用辩证唯物主义的思想，以科学的态度，正确认识这种传统生态文化，不能一概而论，一棒子打死，而要结合新时代的中国发展情况，为少数民族提供积极的、科学的指导，同在少数民族地区开展的重大发展战略、项目工程，利用好、发挥好、保护好少数民族地区的生态文化。推动少数民族地区特色小城镇建设，与生态文化利用相关的现代生态农业建设，不断优化和调整产业结构，促进产业融合发展，使这种流传至今的传

统生态文化在新时代下激发出新的风采，更好推动我国的可持续发展，共同推进我国民族生态文化再次焕发出蓬勃的生命力。

### 4.2 我国生态文化将在国际交流间不断丰富，不断走向世界

虽然与国际研究相比，我国生态文化发掘与保护起步较晚，但也呈现出了具有中国特色的发展和研究方向。但必须认识到，我国疆域辽阔，拥有丰富的生物多样性和多样的自然生态环境；我国少数民族众多，多个民族聚居创造了适应当地环境的特色民族文化，文化融合的同时又保持着鲜明的个性特征；我国有越来越多的专家学者开展生态文化、生态文明的研究工作，这不仅为传统生态文化的内涵和经验解读奠定了基础，也为其在新时代的发展应用奠定了坚实的基础，全民的生态文明意识不断提高。因此，我国生态文化未来的发展还有很大空间及广阔前景。不同国家之间在生态文化上的交流包括科技人才的交流都将不断深入，我国的生态文化也将会更加丰富，将为其他国家发展提供中国方案。

### 4.3 不同类型、不同区域生态文化发掘与保护将得到快速发展

我国森林文化、草原文化、湿地文化、农耕文化及城市文化构成了我国生态文化独特的类型结构，这对于合理利用自然资源、推进可持续发展具有重要的启发意义，同时在这个过程中有利于根据我国各地区不同类型生态文化的分布情况进行有效的分区、分类管理，从而使不同区域不同种类的生态资源得以有效配置，达到生态资源利用效率最高，同时保证其可持续利用。这对于各地区相配套建设的资源管理制度来说，可以借鉴相关内容要求，推动资源管理制度更加合理化。想要解决目前我国面临的环境困境和生态危机，必须要有针对性地进行分析，然后采取相对应的措施。全国每个地区所存在的与生态环境相适应的生态文化就为问题的解决提供了参考方案。同时也为不同地区之间的发展经验提供了交流学习的机会，这就需要进行一批地区生态文化的发掘和保护工作，以示范带发展，以点带面，以实践促推广，对于生态问题突出的地区才能更好地迈好转型修复的每一步。这对各区域寻求新的发展点，呈现新的发展活力，促进区域平衡发展具有极大的推动作用。

### 4.4 多学科交叉将是生态文化未来深化研究的重要趋势

随着人们对生态问题理解的逐步加深，生态文化也从最初的生态学等基础学科探索，学者作家的争论，哲学家的反思论述，到国际性的普遍关注，逐渐走上世界舞台，世界各国在新时期积极探索绿色发展，生态文化这种前所未有的强调人与自然和谐共处的文化慢慢丰富。我国在这一领域的研究也取得了显著的成绩，对于学术团体来说，中国生态学学会、中国可持续发展研究会、中国生态经济学会、中国环境科学学会等及其所属的专业委员会，对于生态文化的研究和探索进行了大量的组织、管理与协调工作。但是，人类对生态文化的认识仍然处于初步阶段，对于这样一笔宝贵的财富，它拥有着独特的学术价值，还有许多值得深入挖掘并不断传承的生态文化形式，还有许多要去分析和了解的生态意蕴。我国与国外相比在理论方面的研究仍然存在差距，特别是在这种理论与实践密切结合的新领域。应当进一步加强多学科交叉研究，进一步加快生态学及相关领域的人才培养，进一步重视学术交流平台的建设，这样才能使生态文化在新时期生态保护和社会经济可持续发展发挥重要作用，使生态文化的历史延续，使其在未来发展进程中继续得到深化和丰富。

### 参 考 文 献

敖仁其, 达林太. 2005. 草原牧区可持续发展问题研究. 内蒙古财经学院学报, (2): 26-29.
白凯, 吴成基, 苏慧敏, 等. 2006. 陕北黄土高原窑洞文化与旅游开发探讨. 地域研究与开发, 25(6): 76-79.
包玉山. 2007. 游牧文化与农耕文化：碰撞·结果·反思——文化生存与文化平等的意义. 社会科学战线, (4): 241-246.

宝力高. 2006. 论蒙古族传统生态文化. 内蒙古师范大学学报(哲学社会科学版), (1): 26-30.

蔡熙. 2013. 论贵州苗族诗意栖居的生态文化内涵. 鄱阳湖刊, (5): 111-118.

常红梅. 2016. 蒙古族传统生态文化的保护与传承的意义与价值探析. 内蒙古师范大学学报(哲学社会科学版), 45(1): 19-22.

陈光军. 2015. 藏族传统环境思想及生态文化保护研究. 决策咨询, (3): 33-36.

陈建成, 程宝栋, 印中华. 2008. 生态文明与中国林业可持续发展研究. 中国人口·资源与环境, (4): 139-142.

陈寿朋, 杨立新. 2005. 论生态文化及其价值观基础. 道德与文明, (2): 76-79.

陈伟明. 1999. 古代华南少数民族的居住民俗文化. 中南民族大学学报: 人文社会科学版, (1): 52-56.

陈燕. 2007. 哈尼族梯田文化的内涵、成因与特点. 贵州民族研究, 27(4): 105-109.

陈幼君. 2007. 生态文化的内涵与构建. 求索, (9): 88-89.

但新球, 但维宇. 2014. 湿地生态文化. 北京: 中国林业出版社.

但新球, 李晓明. 2008. 生态文化体系架构的初步设想. 中南林业调查规划, (3): 50-53.

方李莉. 2003. 陕北人的窑洞生活: 历史、传承与变迁. 广西民族大学学报(哲学社会科学版), 25(2): 26-30.

冯玉璞. 2011. 国家湿地公园生态文化景观营造研究——以银川阅海国家湿地公园建设为例. 现代农业科技, (24): 266-267.

傅千吉. 2004. 白龙江流域藏族传统生态文化特点研究. 西北民族大学学报(哲学社会科学版), (3): 134-139.

傅于川, 欧阳德君. 2009. 民族地区生态文化产业发展初探——以黔东南苗族侗族自治州为例. 贵州民族研究, 29(1): 114-119.

尕藏吉. 2011. 论藏族舞蹈的社会特性与功能. 西藏研究, 8(2): 62-71.

高红. 1997. 妈祖文化与地理环境. 人文地理, (3): 38-41.

高英志, 韩兴国, 汪诗平. 2004. 放牧对草原土壤的影响. 生态学报, (4): 790-797.

格·孟和. 1996. 论蒙古族草原生态文化观. 内蒙古社会科学(文史哲版), (3): 41-45.

葛根高娃, 薄音湖. 2002. 蒙古族生态文化的物质层面解读. 内蒙古社会科学(汉文版), (1): 49-54.

关春玲, 刘鸿彬. 2015. 藏族传统生态文化研究综述. 黑河学院学报, (1): 112-115.

郭家骥. 2003. 生态环境与云南藏族的文化适应. 民族研究, (1): 48-57.

郭茹, 廖婷. 2018. 生态文化村评价指标体系构建及应用. 环境与生态, (4): 66-72.

韩菲. 2018. 社会主义核心价值观与传统生态文化创新. 内蒙古电大学刊, (5): 47-50.

何丽芳. 2012. 略论湿地旅游的生态文化教育价值. 国土与自然资源研究, (5): 77-78.

何圣伦, 金科. 2015. 苗族刺绣中龙纹图案的生态文化意义解读. 装饰, (7): 92-95.

呼斯灵. 2016. 试论生态文化在少数民族经济发展中的重要性——以蒙古族生态文化为例. 内蒙古煤炭经济, (13): 57-59.

胡小玉. 2016. 中国特色社会主义文化发展必然指向生态文化价值精神. 文化学刊, (5): 145-148.

黄承梁. 2010. 生态文明简明知识读本. 北京: 中国环境科学出版社.

黄绍文, 关磊. 2011. 哈尼族梯田灌溉系统中的生态文化. 红河学院学报, (6): 6-9.

姬振海. 2007. 生态文明论. 北京: 人民出版社.

贾秀兰. 2008. 藏族生态伦理道德思想研究. 西南民族大学学报(人文社科版), 29(4): 17-21.

贾治邦. 2008. 充分发挥中国生态文化协会的功能和作用为建设繁荣的生态文化体系作贡献. 生态文化, (5): 4-5.

姜明, 侯丽清. 2007. 草原生态文化与内蒙古生态功能区建设. 阴山学刊, (4): 31-34.

角媛梅. 1999. 哈尼梯田文化生态系统研究. 人文地理, (s1): 56-59.

角媛梅, 程国栋, 肖笃宁. 2002. 哈尼梯田文化景观及其保护研究. 地理研究, 21(6): 733-741.

角媛梅, 肖笃宁, 程国栋. 2002. 亚热带山地民族文化与自然环境和谐发展实证研究——以云南省元阳县哈尼族梯田文化景观为例. 山地学报, 20(3): 266-271.

康忠慧. 2006. 苗族传统生态文化述论. 湖北民族学院学报(哲学社会科学版), (1): 9-12.

孔翔. 2016. 地方认同、文化传承与区域生态文明建设. 北京: 科学出版社.

赖章盛, 黄彩霞. 2018. 文化自信与中国特色生态文化的构建. 江西理工大学学报, 39(4): 1-6.
雷毅. 2007. 生态文化的深层建构. 深圳大学学报(人文社会科学版), 24(3): 123-126.
李洪良, 姚建慧, 宋冀, 等. 2018. 解读日本生态文化评价体系以及对中国的启示. 佳木斯职业学院学报. (6): 64-65.
李建军, 武琳, 支瑞峰. 2014. 黄土高原地区窑洞建筑中的生态理念. 城市地理, (22): 65-75.
李金花, 李镇清, 任继周. 2002. 放牧对草原植物的影响. 草业学报, (1): 4-11.
李晶晶, 李新慧. 2018. 国内关于生态文化建设研究综述. 佳木斯职业学院学报, (4): 446-447.
李淑红. 2015. 浅谈蒙古族生态文化在高校素质教育中的意义. 内蒙古师范大学学报(教育科学版), 28(3): 89-90.
李文华. 2003. 生态农业——中国可持续农业的理论与实践. 北京: 化学工业出版社.
李文华. 2016. 中国重要农业文化遗产保护与发展战略研究. 北京: 科学出版社.
李文华, 刘某承, 闵庆文. 2012. 农业文化遗产保护: 生态农业发展的新契机, 中国生态农业学报, 20(6): 663-667.
李燕萍. 2018. 云南少数民族传统生态文化建设价值探析. 西南林业大学学报(社会科学), 2(6): 62-65.
李玉琴. 2009. 藏族服饰的美学分析. 西藏大学学报(社会科学版), 24(2): 46-53.
李志明. 2018. "天人合一"生态文化理念对构建美丽中国的启示——以传统基层社会中的环保实践为例. 林业经济, (7): 15-20.
梁琳. 2018. 论蒙古族生态价值观在教育中的传承. 河套学院论坛, 15(2): 39-41.
廖国强. 2011. 文化·生态文化·民族生态文化. 云南民族大学学报(哲学社会科学版), 28(4): 43-49.
廖红建, 赵树德, 高小育, 等. 2000. 西部黄土高原窑洞民居发展中的环境工程问题. 西安交通大学学报(社会科学版), (3): 7-10.
刘荣昆. 2018. 民族生态文化特征辨析. 广西社会科学, (3): 178-184.
刘小军, 王铁行, 于瑞艳. 2007. 黄土地区窑洞的历史、现状及对未来发展的建议. 工业建筑, 37(s1): 113-116.
毛佑全. 1991. 哈尼族梯田文化论. 农业考古, (3): 291-299.
孟和乌力吉. 2018. 山地生态文化传承状况与应用价值——以内蒙古巴林蒙古族为例. 原生态民族文化学刊, 10(2): 16-26.
孟庆国, 格·孟和. 2006. 和谐是游牧生态文化的核心内容. 广播电视大学学报(哲学社会科学版), (2): 40-43.
缪宏. 2013. 解读十八届三中全会决定生态文明制度建设十大亮点——中国生态文明研究与促进会常务理事黎祖交教授专访. 绿色中国, (23): 12-23.
闵庆文. 2006. 全球重要农业文化遗产——一种新的世界遗产类型. 资源科学, 28(4): 206-208.
闵庆文, 袁正, 何露. 2013. 哈尼梯田: 农业、生态、文化复合系统. 中国文化遗产, (3): 12-18.
闵庆文, 张碧天. 2018. 中国的重要农业文化遗产保护与发展研究进展. 农学学报, 8(1): 221-228.
南文渊. 1999. 藏族牧民游牧生活考察. 青海民族研究, (1): 46-54.
尼玛才让. 2007. 藏族民间音乐文化特征简论. 青海师范大学学报, (4): 55-58.
欧阳志云, 王如松, 郑华, 等. 2002. 海南生态文化建设探讨. 中国人口·资源与环境, (4): 72-74.
乔一真, 张爱国. 2013. 黄土高原窑洞选址的环境学分析. 科学之友, (1): 120-121.
任永堂. 1995. 生态文化: 现代文化的最佳模式. 求是学刊, (2): 8-10.
桑才让. 2003. 藏族传统的生态观与藏区生态保护和建设. 中央民族大学学报: 哲学社会科学版, (2): 14-17.
舒心心. 2019. 蒙古族传统文化的生态智慧及其当代价值. 中南民族大学学报(人文社会科学版). 39(3): 29-33.
宋小芬, 阮和兴. 2004. 生态文化与城市竞争力——论21世纪城市竞争的时代内涵. 生态经济, (12): 83-86.
苏美蓉, 杨志峰, 张妍. 2007. 城市生态文化建设浅析. 环境科学与技术, (9): 53-54.
苏永杰. 2011. 试论藏族传统文化与青藏高原游牧经济的相互影响. 西南民族大学学报(人文社科版), 32(6): 162-165.
孙江, 韩也良, 王如松. 2003. 扬州生态文化建设的战略构想. 科技与经济, (4): 42-45.
塔娜, 图雅, 明月. 2015. 试论草原文化传承与草原畜牧业可持续发展. 畜牧与饲料科学, 36(12): 53-57.
唐纳德·沃斯特. 1999. 自然的经济体系: 生态思想史. 北京: 商务印书馆.

汪绘纹, 克那木格, 张德罡, 等. 2014. 蒙古族草原游牧文化(Ⅴ)——蒙古族的生态文化. 草原与草坪, 34(1): 90-96.

汪玺, 师尚礼, 张德罡. 2011a. 藏族的草原游牧文化(Ⅱ)——藏区的草原和生产文化. 草原与草坪, 31(3): 1-4.

汪玺, 师尚礼, 张德罡. 2011b. 藏族的草原游牧文化(Ⅳ)——藏族的生态文明、文化教育和历史上的法律. 草原与草坪, 31(5): 73-84.

王堞凡. 2016. 哈尼族的梯田农业生态特征及其保护思考. 贵州民族研究, (3): 108-111.

王海荣. 2008. 草原文化对中华文明的贡献. 实践(思想理论版), (1): 52.

王景迁, 于静. 2012.《格萨尔》史诗中的生态文化及其现代转换. 管子学刊, (2): 112-118.

王孔敬. 2010. 西南地区苗族传统生态文化的内容特点及其保护传承研究. 前沿, (21): 150-154.

王奎正. 1997. 藏族传统文化与青藏高原环境保护. 中南民族学院学报: 哲学社会科学版, (2): 55-59.

王蓉. 2011. 生态文明评价指标体系构建及应用研究. 西安: 长安大学硕士学位论文.

王如松, 周鸿. 2004. 人与生态学. 昆明: 云南人民出版社.

王仕冰. 2010. 欠发达民族地区生态文化旅游可持续发展竞争优势的构建——以恩施土家族苗族自治州为例. 湖北民族学院学报(哲学社会科学版), 28(1): 40-43.

王兴宇, 孙月秋, 李晖. 2009. 香格里拉县藏族宗教文化历史构成. 思想战线, (S1): 33-35.

王云. 2005. 从格头苗族生态文化看雷公山自然保护区的维护及发展. 贵州民族研究, (4): 51-55.

魏建中, 姜又春. 2014. 侗族民间信仰的生态伦理学解读. 民族论坛, (1): 32-36.

魏新春. 2001. 藏族服饰文化的宗教意蕴. 西南民族大学学报(人文社科版), 22(1): 48-51.

乌云巴图. 1999. 蒙古族游牧文化的生态特征. 内蒙古社会科学(汉文版), (6): 38-43.

吴团英. 2006. 草原文化与游牧文化. 内蒙古社会科学(汉文版), (5): 1-6.

吴团英. 2013. 关于草原文化研究几个问题的思考. 内蒙古社会科学(汉文版), 34(1): 1-5.

武夷山. 2003. 重视传统知识在国家创新体系中的地位. 科学学与科学技术管理, 24(1): 8-9.

夏晶, 尹大强, 陆根法, 等. 2006. 生态文化——生态城市建设的软件. 环境保护科学, (2): 43-45.

解保军. 2015. 生态资本主义批判. 北京: 中国环境出版社.

邢启顺. 2007. 贵州苗族生态文化简析. 黔南民族师范学院学报, (2): 24-28.

徐高福, 潘兰贵, 李丽红, 等. 2007. 论森林公园生态文化建设——以千岛湖国家森林公园为例. 中国林业经济, (5): 5-8.

徐瑾. 2018. 生态文化刍议. 中原文化研究, (1): 81-85.

严祖慧. 2016. 为明天播种生态文明——中国生态文明研究与促进会五年发展综述. 中国生态文明, (6): 40-43.

杨光磊. 2009. 苗族原生态文化的特征功能及其保护与发展. 原生态民族文化学刊, 1(2): 99-103.

杨红. 2005. 凉山彝族生态文化的继承与凉山彝区生态文明建设. 西南民族大学学报(人文社会科学版), 26(2): 22-25.

杨京彪, 夏建新, 冯金朝, 等. 基于民族生态学视角的哈尼梯田农业生态系统水资源管理. 生态学报, 38(9): 3291-3299.

杨敏, 陈薇. 2015. 陕北"原生态"民歌唱法的传承保护研究. 音乐时空, (15): 23-24.

杨青芝. 2009. 森林文化的基本特征. 中国林业, (9): 44-45.

杨素刚. 2009. 试论广西少民族地区的生态环境与生态文化保护——以百色的壮族、苗族、彝族为例说明. 传承, (4): 166-168.

杨勇. 2013. 哈尼族梯田生态文化特点及其现实意义. 牡丹江大学学报, (10): 142-144.

杨志勇, 盖志毅. 2008. 论草原文化建设对草原生态系统可持续发展的作用. 中国草地学报, (4): 113-117.

尹楠. 2013. 美丽杭州·生态桐庐——记中国生态文明研究与促进会(杭州)年会暨中国生态文明论坛. 中国绿色画报, (12): 18-21.

尹绍亭. 2000. 人与森林——生态人类学视野中的刀耕火种. 昆明: 云南教育出版社.

于飞, 孟慧君. 2006. 北方草原游牧文明研究进展评述. 北方经济, (2): 70-71.

于希贤. 2000. 廿一世纪昆明的生态文化建设与旅游城市形象塑造——论昆明国际旅游城市的继承与创新. 云南环境科学, (S1): 7-12.

余达忠. 2010. 生态文化的形成、价值观及其体系架构. 三明学院学报, 27(1): 19-24.

余谋昌. 2010. 生态文明论. 北京: 中央编译出版社.

原丽红. 2010. 草原生态文化与生态文明建设. 内蒙古师范大学学报(哲学社会科学版), 39(2): 83-87.

张昶, 王成. 2014. 我国城市生态文化建设总体规划的内容与方法. 北京林业大学学报(社会科学版), 13(1): 45-50.

张慧平, 马超德, 郑小贤. 2006. 浅谈少数民族生态文化与森林资源管理. 北京林业大学学报(社会科学版), (1): 6-9.

张蕾. 2007. 关于积极推进森林生态文化体系建设的几点思考. 北京林业大学学报(社会科学版), (2): 1-4.

张黎, 张茂林. 2010. 阿拉善蒙古族传统生态文化与近年草原政策比较. 草业科学, 27(3): 62-66.

张蔷. 2013. 中国城市文化创意产业现状、布局及发展对策. 地理科学进展, 32(8): 1227-1236.

张孝德. 2010. 生态文明模式：中国的使命与抉择. 人民论坛旬刊, (1): 24-27.

张义. 2009. 近年来国内森林文化研究进展. 中国农学通报, 25(21): 122-126.

张泽忠, 吴鹏毅, 米舜. 2011. 侗族古俗文化的生态存在论研究. 贵州: 广西师范大学出版社.

张柱华. 2012. 陕甘黄土高原地区民间手工艺生存现状的考察与分析. 民俗研究, (3): 142-148.

赵图雅, 赵雅思. 2018. 蒙古族传统生态文化理念的教育传承简析. 内蒙古师范大学学报(哲学社会科学版), 47(1): 38-41.

郑小贤. 2001. 森林文化、森林美学与森林经营管理. 北京林业大学学报, (2): 93-95.

周光迅, 李家祥. 2018. 习近平生态文明思想的价值引领与当代意义. 自然辩证法研究, 9(34): 122-127.

周国文. 2018. 从生态文化的视域回顾环境哲学的历史脉络. 自然辩证法通讯, 40(9): 27-34.

周鸿. 1996. 文明的生态学透视——绿色文化. 合肥: 安徽科学技术出版社.

周俊华, 肖毅. 2004. 藏族与纳西族宗教文化比较. 云南师范大学学报(哲学社会科学版), 36(3): 22-26.

周颖虹. 2006. 苗族传统生态文化初探. 贵州文史丛刊, (3): 49-52.

祝玲玲, 艾志强. 2017. 科学技术阻碍抑或促进生态文明建设——兼论生态马克思主义对科学技术与生态文明关系的认识. 辽宁工业大学学报(社会科学版), 19(2): 56-62.

Min Q, Zhang Y, Jiao W, et al. 2016. Responding to common questions on the conservation of agricultural heritage systems in China. Journal of Geographical Sciences, (7): 969-982.

Wright J K. 1947. Terrage incognitae : The place of the Imagination in Geography. Annals of the Association of American, 37(1): 1-15.

撰稿人：闵庆文，崔文超，李志东

# 第33章 分子生态与生态基因组学研究进展

## 1 引 言

对生态学的理解需要建立在考察一些复杂问题的基础上，这些问题要能够驱动从分子到生态系统的每一个生物学水平的研究。在分子水平上，受控的实验室研究和测序研究显示基因组是一个由相互作用的元件组成的动态系统。虽然我们知道，环境有强大的能力来塑造基因组（Clausen et al., 1940），但是对于复杂表型如何从特定的基因型产生以及环境因子在其中有多重要仍然缺乏理解（Berven, 1982a）。

生物学家认为，由DNA序列差异比如突变导致的可遗传表型变异（heritable variation）使得生物种群在极端环境条件下兼具稳定性和适应性。自然选择通过作用不同的基因型变异最终改变群体的遗传组成（genetic composition）。尽管有许多令人信服的证据显示遗传多态性（genetic polymorphisms）的重要性，但越来越多的证据亦表明，即使是在没有遗传变异的情况下，表观遗传机制比如组蛋白修饰和DNA甲基化也能够影响重要性状。

为此，我们需要在微观层面深入理解生态学效应的产生机制和发展趋势，这是分子生态学和生态基因组学要解决的问题。我们将在本章节回顾相关证据，并讨论这些发现在促进人们理解生命体对环境适应方面的重要意义。

分子生态学（molecular ecology）是进化生物学的一个重要领域，作为一门学科一般认为正式建立于1992年，*Molecular Ecology*杂志的创刊是学科建立的重要标志（Burke et al., 1992）。分子生态学是应用进化生物学理论解决宏观生物学问题的科学，即通过多种分子标记，研究分子生物学与种群生物学界面的相关科学问题。客观地说，分子生态学没有公认的学科创始人和标识性的学术论著，其发展主要通过跟踪精确的分子标记技术和分子检测技术来准确地鉴别生物大分子结构与功能的差异，借此来揭示生物与环境相互作用的分子机制，这是分子生物学最显著的学科特征。分子生态学研究始终依赖和跟踪分子标记技术和分子检测技术（Burke et al., 1992）。应用分子种群遗传学、分子系统遗传学等解决传统的分类、进化和生态学问题（如物种鉴定、多样性保护和评价、物种-面积关系和行为生态学的诸多问题）。

生态基因组学的出现，极大地改变了生态学研究的范式和内涵。对于分子生态学不能解决的问题，基因组学相关的理论和技术为生态学的研究提供了巨大的创新潜力。什么是生态基因组学（ecological genomics）呢？与其他生物学名词类似，生态基因组学也有许多不同的定义。较早和较相关的定义是Feder和Mitchell-Olds（2003）提出的进化和生态功能基因组学（evolutionary and ecological functional genomics）的概念，其基本含义是在自然环境和种群中聚焦影响生态成功和进化适合度的基因。我们2004年独立提出生态基因组学的定义是：用基因组学的原理和方法研究生态学问题（Kang et al., 2004）。2006年，国际上生态基因组学的第一本书籍出版，编著者认为生态基因组学是一个分支学科，尽管瞄准生物有机体与生物的和非生物的环境间关系，但强调密切联系的基因组的结构和功能（Straalen and Rolofs, 2012）。一个类似的概念是强调自然种群的适应性研究，生态基因组学研究揭示生物有机体对环境的适应性响应的遗传机制，特别是通过基因组的结构和功能方面理解其机制（Eads et al., 2008）。堪萨斯州立大学（Kansas State University）有专门的研究团队，在他们的网站上把生态基因组学定义为：在生态和进化时间的尺度上研究一个或多个基因组群如何与环境相互作用。有些微生物学家认为，生态基因组学实际在性质上是跨学科的，它使生态学家能够通过基因组学来阐明生物多样性的机制（Landry and Aubin, 2013）。最近，一个较新的定义被提出，生态基因组学试图阐明基因组对环境变化的反应，以及反过来基因组的变异如何塑造有机体对环境的响应（Abbot，2017）。有关生态基因组学的系统介绍以及国内外研究的进展，也曾经由陈兵和康乐（2016）做过介绍。

## 2 学科40年发展历程

近20多年来，分子生态学的研究也涉及分子生态学研究物种及种群中遗传变异、遗传谱系结构、关联特征、分布格局、形成机制和时空变化规律，探讨生物多样性演化（包括从种群、群落到生态系统等各个层次）、生物地理演化、物种分化、生态适应、行为等的生态学和进化生物学机制。同时，对解决诸如转基因、克隆技术应用中的生态安全、环境与人类健康等重要问题产生深刻的影响。我国分子生态学研究总体上比较集中于谱系生物地理学和第四纪生物学的研究。对生物的适应性的遗传学和表观遗传机制，影响物种遗传多样性和群落多样性的基化因子也有涉及。但是，理论探讨极少，对科学假说的论证及机制研究只是零星地出现（张德兴，2016）。从2004年之后，分子生态杂志 *Molecular Ecology* 也陆续开始发表环境变化对生物体基因表达的影响，以及生物体对环境变化所做出的基因表达相应。在这种情境下，分子生态学与生态基因组学的差别已经不大了。

生态基因组学一词最早出现在20世纪90年代，主要是微生物学家使用。Avise（1994）的专著 *Molecular Markers，Natural History and Evolution* 可以被认为是具有里程碑式的意义，在第一个微生物基因组被测序的仅仅两年后，他就提出了分子生物学应该与生态学、进化和保护生物学结合的论点。一个巨大的推动力来自于2000年，恰好人类基因组草图计划刚刚完成。这使得Streelman 和 Kocher（2000）能够及时总结在进化和生态学上重要的遗传因子的基因组和转录组研究。随着新一代的测序技术迅速发展起来，许多有关生态基因组学的文章发表在各类杂志，涉及生态基因组学的许多方面。最重要的文章是特别强调将生态基因组学与进化和功能方面的整合（Feder and Mitchell，2003；Rokas and Abbot，2009）。随后，有许多的研究是涉及生态基因组和数量遗传学界面的研究（Stinchcombe and Hoekstra，2007），以及一些基因组学应用到生态学中的研究（Ungerer et al.，2007）。这期间许多的综述文章都是介绍研究技术和分析方法如何应用到生态和进化研究中（Hudson，2008；Ekblom and Galindo，2011；Pavey et al.，2012）。这些文章的一个共性就是将现代生态的原理与基因组学整合起来。在这样的形势下，从2003年起堪萨斯州立大学每年举办生态基因组学年会。

第一本关于生态基因组学的书籍是由Nico van Straalen 和 Dick Roelofs（2006）编写的，其中很大部分是基因组学的内容，也提出了在群落结构和功能，生活史类型，逆境反应等方面的应用。该书在2012年出版了第二版，比较完整地阐述了生态基因组学的原理和相关文献（Van Straalen and Roelofs，2012）。Landry 和 Aubin（2013）编著了生态基因组学的多作者的论文集，主要收集了关于生活史进化、适应性和物种形成的基因组学的文章。也有许多书籍介绍生态基因组学在特定生物群中的应用，以及强调在生态基因组学领域相关的理论和计算。

我国生态基因组学的研究起步21世纪初，其特点是首先以研究具体的生态学问题开始的。康乐研究团队以密度依赖性飞蝗的型多态性为研究模型，发现了一系列编码和非编码基因对飞蝗型变的遗传和表观遗传调控机制，为国际生态基因组学的发展作出了重要的贡献。从2004年开始，他们通过大规模基因表达序列标签（EST）测序首先发现群居型和散居型基因表达谱的差异和机理（Kang et al.，2004）。随后使用全基因组表达谱和生物信息学分析陆续发现，嗅觉相关基因和多巴胺的生物合成和释放的基因调控飞蝗型变（Guo et al.，2011；Ma et al.，2011）。代谢组学研究揭示肉碱在调节飞蝗行为型变中的重要作用（Wu et al.，2012）。除了编码基因外，飞蝗两型还表现在small RNA表达谱上的差异（Wei et al.，2009）。揭示 *miR-133* 同时调控多巴胺通路上的两个关键基因 *henna* 和 *pale*，导致飞蝗型变（Yang et al.，2016）。

发现 *Dop1* 通过抑制 RNA 结合蛋白 La 蛋白与 *miR-9a* 前体的结合，导致 *miR-9a* 成熟过程受到抑制从而降低 *miR-9a* 的表达量，随之解除了对 ac2 的抑制作用，最终诱导了飞蝗的嗅觉吸引行为（Guo et al., 2018）。他们发现飞蝗卵的大小和基因表达模式兼具母性和父性跨代遗传效应（Chen et al., 2015）。揭示 *miR-276* 通过识别 *brm* 基因茎环结构参与群居型卵发育的整齐度（He et al., 2016）。在进化基因组学方面，他们解析世界上最大的动物基因组飞蝗全基因组图谱，揭示基因组庞大、长距离迁飞、取食禾本科植物等生物学特性的基因组基础（Wang et al., 2014）。基于全线粒体基因组测序，阐明了飞蝗的起源、扩散的途径，厘清了世界飞蝗的亚种地位（Ma et al., 2012）。发现飞蝗西藏高原种群通过增强细胞色素 c 氧化酶活性（Zhang et al., 2013）和增加三羧酸循环的关键酶 PDHE1 水平（Zhao et al., 2013a），来增加低氧下有氧呼吸的能力和低氧胁迫抗性。随后基因种群基因组学研究发现胰岛素通路活性改变促进西藏飞蝗低氧下的能量代谢稳态（Ding et al., 2018）。发现转座子 *Lm1* 在飞蝗自然种群中的分布频率是造成飞蝗南北种群胚胎发育和温度响应变异的原因（Chen et al., 2017）。这些研究为生态基因组学的发展和飞蝗生态适应性以及治理方法提供了重要的基因组信息。

## 3 研究现状和重要发现

### 3.1 表型可塑性的生态基因组学

#### 3.1.1 体色可塑性

动物的体色绚丽多彩，许多动物通过身体颜色的变化来适应不断变化的环境和躲避天敌的捕食。飞蝗（*Locusta migratoria*）是世界性的重大农业害虫，具有种群密度依赖的群居型-散居型转变特征。在散居和群居个体之间表现出体色多型性，散居型飞蝗呈现均匀的绿色，群居型飞蝗呈现黑色背板和棕色腹面。散居蝗虫的绿色是由于黄色和蓝色素的组合形成，有助于在绿色植物背景中隐藏，使其免受捕食者的侵害。群居型蝗虫背部黑色的成因长期得不到解释，许多科学家认为就是黑色素的沉积。但是，他们发现的黑色素并不能响应种群密度的变化，这说明他们所发现的黑色素与密度制约的体色变化无关。

最近研究发现了蝗虫体色随密度变化的分子机制，提出并验证了蝗虫体色变化是在散居虫的绿色背景中加入了额外的红色素后形成的假说（Yang et al., 2018）。他们发现群居和散居型蝗虫中有一种叫 β 胡萝卜素结合蛋白（βCBP）起着关键色彩转变的作用。群居型蝗虫和散居型蝗虫 βCBP 表达差异巨大，而且随着种群密度的增加呈正相关变化。随着群居型蝗虫龄期增长，发现其逐渐加深的黑色与 βCBP 表达水平直接相关，而散居型蝗虫则保持不变。βCBP 在体内能特异性绑定 β-胡萝卜素（β-carotene）。群居型蝗虫的 β-胡萝卜素含量高出散居型近三分之一的量，表明 βCBP 和 β-胡萝卜素与群居型黑色体色直接相关。当将散居蝗虫饲喂 β 胡萝卜素后进行群居饲养，体内 βCBP 水平显著增加，几乎一半虫子体色由绿色转变成黑色背板/棕色腹面，而其余虫子转变为类似于群居的体色。RNA 干扰群居型 βCBP 基因则产生体色由黑色转变成绿色。体外和群居虫体内 βCBP 的免疫共沉淀实验证明了 βCBP 与 β-carotene 形成的复合体是红色的。同时，通过免疫电镜实验发现 βCBP 定位于黑色素颗粒，证明 βCBP 在体内确实通过绑定红色的 β-胡萝卜素来调控黑色体色的形成。βCBP 与 β 胡萝卜素的结合与分离受到种群密度的调控，高密度时相互结合呈现红色导致黑色体色的形成，低密度时相互分离，不显红色从而体现本地的绿色。

蝗虫从绿色变成黑色是种群密度依赖的适应性反应。群居黑色背板/棕色腹面呈现警戒色，既可以使同种相互识别形成庞大的种群，又可以对天敌发出警戒信号抵御捕食。这两种体色可以在野外根据密度变化实现互变。这种灵活的体色变化对蝗虫的生存具有重要意义。绿色个体主要依靠植物来隐藏自己，黑色/棕色的群居型个体主要依靠群体防御机制来达到保护自己的目的。这项研究揭示了动物通过巧妙地利用物理的三原色配色来形成群居体色的一种适应性进化机制。这种体色适应的进化机制可能在其他昆虫和动物中也存在。

### 3.1.2 行为可塑性

飞蝗在种群密度改变时，可在群居型及散居型间相互转变。飞蝗大规模群聚的最关键步骤是从散居型的互相排斥向群居型的彼此吸引的转变。因此，飞蝗也是研究聚群行为可塑性的理想模型。

为解析飞蝗聚群行为转变的代谢机制，应用 HPLC/MS（包括 RPLC 和 HILIC）和 GC/MS，对两型飞蝗血淋巴中数百种内源性小分子代谢物（及其分子碎片）进行了系统的定性和定量研究。在初步分析群散两型之间差异代谢物的种类和数量的同时，还结合多变量统计方法，如 PCA、OPLS-DA 分析和网络分析等方法，对这些代谢物进行分型、聚类、诊断性化合物的判定和网络构建等进一步的解读（Wu et al.，2012）。结果表明，肉碱和乙酰肉碱、甘油脂类和甘油磷脂类、氨基酸类、糖类及其衍生物、黄酮苷类等近百种代谢物在两型飞蝗中呈现出显著的差异。这些差异代谢物都有可能成为飞蝗型特征性的分子标记。经过群居型散居化处理和散居型群居化处理实验验证，从这些差异代谢物中筛选出在三个实验组（极端群散组、群居化组和散居化组）都有突出规律和统计显著性的代谢物作为综合判断飞蝗型变的生物标志物（biomarkers）。再经 pathway 分析和生物学验证试验，确认脂类代谢途径和乙酰肉碱在型的行为改变和系统生理改变中可能的作用，提示代谢物影响型变的作用方式和飞蝗整个型变生理过程的可能机制。随后，利用 RNA 干扰和激动剂注射的方法，证明了乙酰肉碱在型变过程中的作用（Wu et al.，2012）。

### 3.13 发育可塑性

动物的发育一致性对交配成功率、群体迁徙、哺育等生命活动都非常重要。与散居型飞蝗相比，群居型飞蝗具有更整齐的聚集迁飞行为及相对一致的性成熟速率。典型群居型和散居型的卵的发育比较研究发现，群居（G）蝗卵发育比散居（S）蝗卵发育更为整齐。而且，群居型卵孵化比散居型更集中。为了揭示调节发育一致性的分子机制，进一步研究了典型散居型和群居型的卵巢和卵中 miRNA 的表达差异（He et al.，2016）。通过高通量测序和特定的 miRNA 的 qPCR 表达分析群散飞蝗卵巢的 miRNA 表达。发现有很多 miRNA 在群散两型上差异表达；在卵巢和卵中表达差异最大的是 *miR-276*。将群居型卵巢 *miR-276* 进行抑制后，导致后代卵的异时性孵化，而在散居型卵巢将 *miR-276* 过表达后可导致卵的同步孵化。体外荧光素酶实验和体内 RNA 免疫共沉淀实验证明，*miR-276* 与一个辅转录激活子基因 brahma（*brm*）直接互做。出乎意料的是，在 S2 细胞和飞蝗卵巢内，*miR-276* 能激活 *brm* 的翻译。更进一步实验证明，将 *brm* 干扰不仅能导致群居型卵发育的异时性，并且能将散居型中由 *miR-276* 过表达导致的卵孵化一致性表型进行回复。从机制上来说，*miR-276* 是通过识别 *miR-276* 与 *brm* 结合位点附近的二级结构即被称作茎环结构实现了对 *brm* 上调表达。很可能 *miR-276* 能够招募解旋酶来打开 *brm* RNA 茎环结构。茎环结构解开后能够增加 *brm* RNA 从细胞核到细胞质的转运，并且可能提高 *brm* RNA 翻译延伸过程，从而导致 BRM 上调（He et al.，2016）。

该研究展示了飞蝗后代的卵响应母代所经历的种群密度而发生的孵化时间分布变化。高种群密度刺激以及包括群聚信息素在内的群聚刺激很可能诱导神经系统到生殖系统的信号传导。群聚刺激可能增加母代卵巢 *miR-276* 表达而上调 *brm*，进而促进后代胚胎发育一致性。这项研究说明，与大部分 microRNA 负向调控目标基因的表达不同，*miR-276* 是可以通过一些生物过程上调基因的表达，这极大地丰富了 microRNA 调控机制的认识。

## 3.2 行为反应的生态基因组学

### 3.2.1 嗅觉行为

嗅觉在介导昆虫的行为反应中发挥重要作用。研究发现两种无脊椎动物中特异的神经递质，章鱼胺（Octopamine）和酪胺（tyramine）在飞蝗两型吸引/排斥行为的中枢调控中起重要作用。在群居型蝗蝻脑中，章鱼胺的含量显著上调，干扰章鱼胺受体α（OARα）阻断章鱼胺信号通路会导致吸引到排斥的行为转变。相对的，散居型蝗蝻脑中酪胺的含量显著高于群居型，干扰酪胺受体（TAR）阻断酪胺信号通路使得排斥反应转为吸引行为。此外，在散居型蝗蝻群居化过程中，脑中章鱼胺浓度和章鱼胺受体表达水平上调，与其在此过程中展现出的排斥到吸引行为的转变密切相关。功能研究发现，激活 OARα 能够诱导吸引行为，而干扰 OARα 会抑制排斥向吸引转变。因此，较活跃的 OARα 信号通路能够导致吸引行为而较活跃的 TAR 信号通路导致排斥行为。当两条通路达到平衡，蝗虫将不表现出嗅觉行为选择。该研究提出新的嗅觉决策机制的"跷跷板"模型，在这个模型中，章鱼胺-章鱼胺受体α和酪胺-酪胺受体通路相互拮抗来调节蝗虫行为可塑性中的嗅觉决策。这个模型使我们对于嗅觉决策中枢调控的分子和生理机制有了新的认识（Ma et al., 2015；Guo, 2013）。他们研究发现，飞蝗中的两个多巴胺受体（Dop1，Dop2），通过嗅觉反应分别起到吸引和排斥作用（Guo et al., 2015）。证明五羟色胺在嗅觉感受上是调节排斥的功能，这一发现与其在沙漠蝗的作用正好相反（Guo et al., 2013）。因此嗅觉反应所涉及的通路是非常复杂的。

### 3.2.2 运动行为

飞蝗型变和聚群过程中发生明显的运动能力的改变。我国科学家报道了一类重要的神经调质分子——神经肽，对飞蝗型变中行为可塑性的调控作用，揭示了两个同源的神经肽F，NPF1a 及 NPF2，通过抑制另一类气体神经递质分子——一氧化氮信号通路（NO signaling），进而调控飞蝗型变过程中的运动可塑性。NPF1a 及 NPF2 以时间及剂量依赖的方式负向调节飞蝗的运动活性。其下游的信号分子一氧化氮合成酶（NOS）在飞蝗脑部集中表达于负责整合感觉与运动的前脑桥区。NOS 的表达水平及 NO 的含量均与飞蝗的行为型变过程紧密相关。进一步研究发现 NPF1a 及 NPF2 分别通过各自的受体抑制 NOS 的磷酸化水平及转录水平，从而抑制飞蝗脑部的 NO 含量，最终实现对飞蝗型变中运动可塑性的双重调控。

该项研究首次揭示了神经肽/一氧化氮信号通路以一种类似"双刹车"的模式来调控飞蝗聚群过程中运动能力的可塑性变化。由于运动能力的改变对于蝗虫聚群和大规模迁徙具有关键作用，这种"双刹车"模式为聚群发生提供了精密的控制机制来适应环境的变化。这项研究成果不仅深化对飞蝗聚群的理解，而且为研究不同神经调质的互作机理提供了新的思路。

### 3.2.3 天敌防御

人们发现群居动物个体从形态、颜色和行为等方面的表现更加容易暴露自己，如具有更鲜亮的色彩等。这种现象被称为"警告"信号（Aposematism），如颜色、气味、味道和声音等信号往往与它们含有的有毒物质关联，诱发捕食者学习回避特定信号的行为，甚至有些捕食者进化出天生就回避某些警告信号的行为。

最近通过生物化学、分子生物学和行为生态学的研究方法对群居飞蝗防御天敌的机制进行了深入研究，发现群居型飞蝗大量释放挥发物性化合物苯乙腈（Phenylacetonitrile），而散居型几乎不合成苯乙腈，它是两型飞蝗差别最大的信息化合物。该化合物对种群密度变化响应十分灵敏，群居散居化处理后释放量大幅下降，而散居群居化处理后会急剧产生苯乙腈。苯乙腈在沙漠蝗（Schistocerca gregaria）中被认为是种内交流的聚集素（aggregation pheromone）或性信息素（sex pheromone），但长期以来存在很大的争议。中国科学家通过行为测定并没有发现飞蝗对不同浓度苯乙腈表现出趋化性，否认了苯乙腈在飞蝗中是聚集信息素的可能性。因为苯乙腈是苯丙氨酸代谢途径的一个中间化合物，最终生物合成剧毒化合氢氰酸（hydrogen cyanide）。因此，他们提出科学假说：苯乙腈可能是一种嗅觉警戒化合物，可进一步合成氢氰酸达到防御天敌的目的。为了验证这个科学假说，首先对苯乙腈在飞蝗体内的生物合成途径进行了研究。他们在群居飞蝗体内发现了苯乙腈的前体化合物苯乙醛肟（Z-Phenylacetaldoxime）。但苯乙腈合成的分子机制在动物界还没有报道。他们发现细胞色素 P450 家族（CYPs）的一个基因 *CYPLM16181* 参与苯乙腈的合成，干扰 *CYPLM16181* 群居飞蝗的苯乙腈和苯乙醛肟释放量明显受到抑制。因此，他们首次在动物中发现了苯乙腈合成的关键酶，并将其命名为 CYP305M2。他们进一步通过药物动力学研究了同位素标记的苯丙氨酸和苯乙醛肟在 GFP、RNAi 和散居飞蝗体内的代谢过程，确认 CYP305M2 是催化苯丙氨酸代谢途径第一步的限速酶，而散居型不能产生苯乙腈是这个关键酶失活造成的。

在此基础上，利用警告研究的模式食虫鸟——大山雀开展了飞蝗与天敌互作的研究。在双选择实验中，大山雀显著攻击和取食散居型飞蝗，而不喜欢群居个体或者说群居飞蝗不好吃。为了明确是否苯乙腈是大山雀不喜欢群居飞蝗主要原因，他们通过在散居飞蝗添加苯乙腈，群居飞蝗干扰苯乙腈合成酶和群居 RNAi 飞蝗涂抹苯乙腈等一系列实验证明了群居飞蝗不好吃的确是其含有苯乙腈引起的。为了进一步明确苯乙腈对鸟的趋避作用是由于苯乙腈可以转化为氢氰酸造成的，他们测定了群居和散居飞蝗挥发物中的氢氰酸的含量。结果显示健康的飞蝗并不释放氢氰酸，但受到鸟攻击后的群居型飞蝗释放大量氢氰酸。当给散居飞蝗补充苯乙腈后，受扰动的散居型飞蝗也可以产生氢氰酸（Wei et al., 2019）。

这项研究在国际上首次报道了动物巧妙的化学防御策略，即它同时利用一种化合物警告天敌，又能将其进一步转化为剧毒物质，进而达到有效抵抗天敌捕食的作用。这种机制代表了飞蝗在自然界中应对多种天敌和捕食者的普遍防御策略，这可能是飞蝗成灾的一个重要原因。苯乙腈关键合成酶也将成为良好的遗传防治该害虫的靶点，同时也为降低飞蝗食品有毒物质含量提供了解决途径。

## 3.3 环境适应的生态基因组学

### 3.3.1 本地适应（Local adaptation）

空间环境的多样性是普遍存在的，而且大范围物种的群体能够适应局部的非生物或是生物条件。通常情况下，本地适应性的严格标准是指一个群体必须在原生区有很高的适合度，而且这种适应性必须比其他迁入这个环境的群体适合度更高（Clausen et al., 1940）。沿着环境梯度或者跨越不同的栖息地类型表现的表型或遗传学的差异都可以是本地适应性的指标（Berven, 1982b）。例如，在生物气候学中沿着纬度梯度的遗传学变异在动植物中普遍存在（Via, 1991；Griswold, 2006）。本地适应性的生态特异化能够最终导致物种的形成（Leimu and Fischer, 2008；Hereford, 2009；Griswold, 2006），而且本地适应性也是一种重要的对外界环境变化的响应。在气候改变的过程中，保持本地适应性能够使得群体持续存在（Hereford, 2009；Yeaman and Otto, 2011），当然，表型可塑性（Ågren and Schemske, 2012；Morrissey and Hadfield, 2012）和迁徙（Blanquart et al., 2013）获得了更多的关注。此外，本地适应性的培育已经变成了一个重要的目标，这是为了应对气候改变对动植物繁殖的影响（Blanquart et al., 2013；Lande and Arnold, 1983）。

尽管有证据显示本地适应性广泛存在于动植物中（Shaw et al., 2008；Tanksley, 1993；Heidel et al., 2006），但是本地适应性的遗传学本质总体上还不清楚。然而，几个表现简单遗传模式的适应性现象的遗传学本质已经被阐述。例如，在白桦尺蛾中典型的颜色多态性对应的基因或者基因组区域已经被绘制遗传图谱（Heidel et al., 2006；Hall, 2010）。再比如，三刺鱼（three-spined stickleback）群体适应淡水环境后控制盾板（armour plate）数量减少（Leinonen et al., 2013; Lowry and Willis, 2010），老鼠为了响应环境背景色的改变产生毛色变异（Slate et al., 1999; Slate, 2013），拟南芥（*Arabidopsis thaliana*）对盐度的响应（Blanquart et al., 2013），以及植物 *Arabidopsis lyrata* 为抵抗被取食产生的毛状体（trichome）变异（Ovaskainen et al., 2011），这些适应性变异的基因组区域都成功绘制出来了。

在大多数情况下，赋予本地适应性的性状是多基因数量性状，而识别控制这些性状的基因位点是一项很有挑战的任务，特别是在有限的基因组资源情况下（Ovaskainen et al., 2011）。使用全基因组数据进行研究可能需要该物种的基因组被很好地注释。与相对稀少的遗传标记相比，基因组数据有更多优势。大量的遗传标记可以使我们对物种之间亲缘关系的估算更加精确。种群的空间动态变化是一个很重要的指标，许多与选择有关的实验都是以该指标为基础的，现在我们在检测种群空间变化的同时还能结合基因组信息获得更深入的研究（Jones et al., 2012）。即使受技术条件的限制，一些局限性的实验手段（比如 RAD-seq）只能获取不完备的基因组信息，但仍然能够对研究提供巨大帮助。也有研究从基因组层面设计了与选择有关的实验，该研究将编码区 SNPs 中的同义突变位点和非同义突变位点进行了详细的比较（Hancock et al., 2011）。目前，利用模式生物（比如拟南芥和棘鱼）的比较完备的基因组信息，我们得以从基因组层面一窥本地适应的特征和机制（Fournier et al., 2011）。如果将这些研究扩展到其他生物，或许可以发现更多的调控因素和机制。

最后，在基因组层面研究本地适应还可以加深我们关于生物适应气候变化的理解。动植物种群中存在众多的表型变化，这些变化应该归因于本地适应还是表型可塑性，这是目前学术界面临的一个重大问题（Gienapp et al., 2008）。这两种情况的鉴别和研究极为重要。将长期的野外实验与基因组分析相结合，就能洞悉实验过程中遗传信息的变化情况，甚至能估算出选择的强度（Turchin et al., 2012）。如果这个过程不涉及本地适应，那么就该考虑表型可塑性（比如表观差异）了（Nicotra et al., 2010）。在基因组层次上，随着我们对适合度以及性状变异的理解逐渐加深，我们将接近我们的最终目标：对生物应对长期气候变化的整个过程加以预测（Alberto et al., 2013）。

### 3.3.2 极端环境适应

人类和动物的迁移和扩散过程中，在适应极端或恶劣环境时会在生理和遗传水平做出相应的改变。青藏高原，平均海拔超过 4000m，因其高寒和缺氧等特点被称为"世界第三极"。但是人类、许多野生动物以及家禽家畜等都能够长期居住并很好地适应了这里的环境。在世代居住的过程中人类和动物都进化出了相同或者特异的方式去适应低氧环境。揭示人类及动物对高原缺氧环境适应机制的研究在过去一个世纪中一直备受关注。

过去科研人员已对包括哺乳动物、鸟类、两栖动物和爬行动物等脊椎动物的低氧适应机制做了大量研究。脊椎动物呼吸系统主要功能是使体内循环系统和外界进行相应的气体交换。在陆生脊椎动物中，氧气均通过肺部毛细血管吸收进入体内并与血红蛋白结合运往全身各处参与细胞的有氧呼吸作用。因此陆生脊椎动物对低氧环境的适应能力与其体内血红蛋白关系密切。

研究人员已经对包括人类在内哺乳动物的低氧适应能力在生理和遗传水平上做了大量研究和报道。人类在大约 6 万年前走出非洲，并逐渐适应了地球上的各种极端环境，其中就包括了对高海拔的适应。目前全球有三个高原存在古老的人类文明，分别是：青藏高原，埃塞俄比亚高原和安第斯高原。虽然这里长期的定居者已经适应了各自生存的高原环境，但其适应特征和机制却不相同。研究人员通过测量以上三个地区原著居民的血红蛋白含量发现，在相同海拔高度下，安第斯高原人的血红蛋白含量是最高的，要比西藏人高出近 21%（Beall, 2006）。此外这三个高原人种的血氧饱和度也存在差异，研究人员在海拔 3900m 分别检测了西藏人和安第斯人的血氧饱和度，发现安第斯人的血氧饱和度比西藏人高出近 2.6%，而且其血氧饱和度与在平原地区相近。同时在海拔 3630m 的高度检测了埃塞俄比亚人的血氧饱和度，发现在此海拔埃塞俄比亚的血氧饱和度就到达了很高的值（Beall et al.，1999）。也有研究发现，西藏人在静息状态下的肺部通气量是安第斯山人的大约 1.5 倍（Beall et al.，1997）。由此可见在生理水平不同地区高原人种的适应机制也不尽相同。随着技术的进步和高通量测序的普及，通过基因组大数据对不同高原人种的遗传适应机制研究也有了新的进展。研究者通过对西藏人的外显子组进行重测序发现，一个重要基因 *EPAS1* 在西藏人和汉族人中存在较高频率的遗传差异（Yi et al.，2010）。随后进一步研究发现，*EGLN1* 在西藏人低氧适应过程中对血红蛋白浓度调节至关重要，该基因存在两个位点的氨基酸变异。该变异使得 *EGLN1* 所编码的蛋白 PHD 的酶活性对氧气的感受能力减弱，从而达到抑制血红蛋白生成，防止血红蛋白浓度过高的效果（Lorenzo et al.，2014）。在遗传机制方面，埃塞俄比亚人和安第斯人也有相应的进展。在埃塞俄比亚人的基因组研究中发现，一系列基因如 *LIPE*、*CNFN*、*CXCL17* 和 *PAFAH1B3* 等基因存在变异，其中 *LIPE* 在此前研究中发现与妊娠高血压有关，*CNFN* 参与造血过程，*CXCL17* 参与血管的生成过程而 *PAFAH1B3* 则被发现与冠状动脉疾病有关（Udpa et al.，2014）。在安第斯人中也发现了 *EGNL1* 基因的变异，该基因变异同样在西藏人中也有发现（Bigham et al.，2013）。综上所述，已有的关于人类低氧适应的研究工作大部分集中在氧气的运输，近些年科研工作者研究了另一高原人种夏尔巴人，发现夏尔巴人在高海拔地区肌肉能保持较高的代谢活性，同时发现与平原地区人相比，夏尔巴人的肌肉在高海拔地区拥有更强的抵御氧化损伤危害的能力。该研究认为夏尔巴人中基因 *PPARA* 的高度分化是导致该适应特征的原因（Horscroft et al.，2017）。

有关高原地区哺乳动物适应能力的也有很多研究和报道。与人类相似，许多高原动物如牦牛以及落基山脉的鹿鼠等都表现出较高的血红蛋白含量（Storz et al.，2007）。藏羊以及藏山羊等表现出较高的血氧饱和度以及较高的血红蛋白含量，同时也有研究发现藏羊具有强大的心肌和较少的肺血管平滑肌。在遗传水平，关于高原哺乳动物的研究也从未间断过。科研人员通过比较牦牛与黄牛的基因组发现牦牛中有关能量代谢、感知以及应对氧化压力等方面的基因存在扩张。同时发现在牦牛中受到自然选择的基因主要富集在低氧以及营养代谢等方面（Qiu et al.，2012）。随后科研人员又通过对藏羚羊基因组的解析揭示了藏羚羊的高原适应机制。在藏羚羊研究中，科研人员同样发现了在能量代谢，氧气输送等方面的基因扩张，同时发现在抵御紫外线和 ATP 酶合成等方面的基因表现出受到了较强的自然选择作用（Ge et al.，2013）。在重测序研究方面，科研人员比对了西藏灰狼和平原灰狼种群的遗传差异，在西藏灰狼研究中科研人员同样发现了 *EPAS1* 基因的变异，该基因的变异在西藏人和安第斯山人中都有报道。此外，在西藏灰狼中还发现了如 *ANGPT1* 等与低氧响应密切相关的基因存在变异（Zhang et al.，2014）。随后在通过对藏獒的研究，科研人员也发现了 *EPAS1* 基因存在氨基酸变异（Gou et al.，2014）。在人类的近亲金丝猴的研究中发现，栖息于海拔较高地区的金丝猴中有一系列正选择基因参与了抵御紫外线损伤的 DNA 修复过程（*CDT1*）以及促进血管生成（*RNASE4*）过程等。这些变异有助于栖息在高海拔的金丝猴种群更好地适应环境（Yu et al.，2016）。在对低氧和寒冷适应方面，科研人员在高原鼢鼠的研究中发现了 *P53* 基因的变异，该变异增加了细胞对低氧和寒冷环境的耐受能力（Zhao et al.，2013b）。哺乳动物高原低氧适应相关研究显示在血红蛋白的生成遗传和调控机制与人类相似，同时也受到了较为广泛的关注，但哺乳动物在代谢适应方面是否与高原人类相同，相关研究还有待进一步深入。

在鸟类高原适应研究中，科研人员也从中受到很大的启发。其中，斑头雁由于其特定的迁徙路线成为科研人员低氧适应研究关注的一个热点。斑头雁在迁徙途中需要翻越喜马拉雅山脉，一部分斑头雁会在位于印度南部的平原地区越冬，而也有部分会在位于西藏东部海拔 3200~4400m 的区域越冬（Hawkes et al.，2013）。经过对斑头雁的研究发现其有较大的肺部而且有很高密度的肺部毛细血管。除此之外，研究人员还发现斑头雁线粒体氧化呼吸链的细胞色素 c 氧化酶（COX）在遗传和功能上存在很大分化，该分化有助于提高斑头雁线粒体有氧呼吸的效率（Scott et al.，2011）。在随后对西藏地区大山雀研究发现该地区大山雀腿部较长，体型较大，整体羽毛颜色较浅。基因组研究发现大山雀存在能量代谢相关基因的扩张，从而推断高原地区的大山雀可能有更强的能量代谢能力。与此同时科研人员也发现西藏地区大山雀存在一系列与低氧适应相关的正选择基因，如 *SRF*，*TXNRD2* 和 *WNT7B* 等分别参与了心脏和肺部的血管生成；*MTOR* 和 *PSMD2* 等参与了低氧诱导的蛋白合成过程。除了低氧适应相关基因外，在西藏地区大山雀中还发现了与骨骼发育相关的基因呈现出较快的进化速率，以及一些免疫相关基因缺失等特点（Qu et al.，2013）。在另一种分布于安第斯山脉同时会在高原和平原间迁徙的鸟类黄嘴针尾鸭的基因组研究中发现，血红蛋白亚基 B1 在高原种群中存在氨基酸的变异这些变异可能与高原环境适应过程中的自然选择有关（McCracken et al.，2009）。这项研究将人们的目光引向血红蛋白，但并未揭示氨基酸位点的变异是否影响到了蛋白的功能。随后研究人员通过比较青藏高原雀形目鸟类的血红蛋白结构，通过功能研究发现，血红蛋白的氨基酸变异增强了其与氧气的结合能力，进而提高了机体氧气的运输效率（Zhu et al.，2018）。除此之外，在一项对栖息于安第斯山脉高原和平原斑点短颈鸭种群的基因组比较研究中发现，受到自然选择的基因涉及胰岛素信号通路、骨骼的生长发育、氧化磷酸化、低氧诱导的 DNA 损伤修复以及低氧诱导因子（*HIF*）的反馈调节等信号通路和生物学过程。由以上研究我们可以看出关于鸟类高原和低氧适应遗传机制的研究涵盖了氧气的运输、能量代谢调节以及线粒体功能等方面。在氧气运输方面血红蛋白结构受到了广泛的关注和深入的研究，在能量代谢机制方面还有待研究。

在脊椎动物低氧适应研究方面除了人类、哺乳动物及鸟类外，两栖爬行动物及鱼类低氧适应的遗传和生理机制研究也在进行。两栖爬行动物及鱼类属于变温动物，其生理过程受外界影响较恒温动物大，其在低氧适应过程与恒温动物也有一定差异，但也有许多可借鉴之处。由于这些较低级的脊椎动物存在形态特征和栖息环境存在较大的多样性，其适应低氧环境的能力也不尽相同。例如锦龟和鲫鱼被认为是极少数可以忍耐极端低氧的脊椎动物。两栖爬行动物及鱼类对低氧耐受需要具备三种能力：降低自身整体代谢水平的能力、忍受代谢副产物长期积累的能力以及对细胞损伤修复的能力（Bickler and Buck，2007）。此外，有研究表明，低温环境有助于变温脊椎动物提高低氧的耐受能力。低温降低了变温脊椎动物的代谢需求，这样使得其在低温低氧环境中可以存活。欧洲鲫鱼和金鱼可以在无氧环境中依然保持活动能力，这得益于它们肌肉和肝脏中储存了大量的糖原，此外它们可以很快将积累的乳酸转换成二氧化碳和乙醇，然后从鳃部排出体外，从而避免机体内有害物质的大量积累（Shoubridge and Hochachka，1980）。蛙类在常温条件下，可以在缺氧环境中存活数小时，而在低温缺氧环境中则可存活数天之久（Donohoe et al.，2000）。甲鱼可以在缺氧水中存活近 3 周时间而鳄龟可以在缺氧的水中存活近 100 天（Reese et al.，2002），研究指出龟类的心脏、肝脏和脑都能适应低氧环境。当环境温度降到 5℃ 以下时，束带蛇可以在完全无氧的环境中存活数天之久。这类动物体内存在很强的耐寒以及抵御氧化损伤的能力（Hermes and Zenteno，2002）。在遗传进化研究方面，关于两栖爬行动物高原低氧适应的相关研究也取得了相应的进展。在一项研究中，科研人员通过比较喜马拉雅地区两种栖息在不同海拔高度的砂蜥基因组发现，在高海拔分布的砂蜥中存在与低氧响应相关的正选择基因，如：*ADAM17*、*MD*、和 *HSP90B1* 等；与损伤修复相关的基因，如 *POLK* 等；同时也发现一系列参与基因表达调控，代谢调节等方面的基因被自然选择（Yang et al.，2014）。在高山倭蛙的研究中，科研人员比较了西藏东部和西部高山倭蛙的基因组，并且鉴定了一系列参与血液循环，低氧响应以及紫外损伤修复等过程相关的正选择基因。其中，*DNAJC8*、*TNNC1*、*ADORA1* 和 *LAMB3* 的基因表达量在高海拔和低海拔种群间存在显著差异（Wang et al.，2018）。在高原蛇类研究中，科研人员在基因组水平比较了高原地区特有的温泉蛇和两种低海拔的近源种的遗传差异。该研究在温泉蛇中发现的正选择基因中包括 *EPAS1*，该基因在之前报道显示与人类及哺乳动物低氧适应密切相关的。科研人员随后对温泉蛇中该基因的变异进行了功能验证，显示高原地区温泉蛇 *EPAS1* 基因所编码的蛋白 HIF-2a 与低海拔近源种相比在转录活性上表现出了明显的降低。这个发现与人类和哺乳动物中 *EPAS1* 变异所产生的结果类似。此外这项研究中还发现参与 DNA 损伤修复的基因 *FEN1* 在遗传上存在显著分化（Li et al.，2018）。

在遗传进化领域，昆虫低氧适应研究也取得了一系列进展。为了研究昆虫对低氧环境适应的遗传和分子机制，科研人员在人工低氧条件下培养出了低氧耐受果蝇品系。通过对该品系果蝇与常氧条件下饲养的果蝇进行转录组测序和比较，发现耐低氧果蝇的整体代谢水平与正常果蝇相比受到了明显的抑制。对此深入研究发现，在低氧耐受果蝇中一个关键的代谢调节转录因子hairy的转录调控区存在明显的变异，该变异使得其在耐低氧果蝇体内的表达量显著升高，从而抑制了能量代谢相关基因的表达。若在低氧耐受果蝇中将该基因敲除，则这些果蝇在低氧环境中的存活率显著降低（Zhou et al., 2008）。由此可见，低氧环境中代谢抑制对昆虫的存活也很重要。在对该品系果蝇的另一项研究中发现 Notch 通路相关基因受低氧选择。同时抑制低氧耐受果蝇的 Notch 信号通路显著地降低了果蝇低氧下的存活率（Zhou et al., 2011）。对于自然种群适应方面，科研人员比较了栖息于青藏高原的门源草原毛虫和其低海拔近亲草原毛虫的转录组，在受到自然选择的基因中科研人员发现了参与线粒体功能，氧化还原以及应对氧化压力等与低氧适应过程相关的基因。此外也发现了与耐寒，DNA 损伤修复以及外骨骼与表皮发育相关的基因（Zhang et al., 2017）。在另一项研究中科研人员比较了非洲东部栖息于不同海拔的同种蜜蜂的基因组。两个不同的蜜蜂种群在外形和行为上都有明显的差异。结果显示两个蜜蜂种群的遗传背景差异很小。然而两个种群在第 7 号染色体上存在一个显著的分化，位于该分化位点的基因编码蛋白为多巴胺受体。这些蛋白的功能与蜜蜂的学习和采集行为密切相关，科研人员认为，对于社会性昆虫，行为的改变也有助于提高其对高原环境的适应。

最近以飞蝗为模型，通过基因组重测序、转录组测定以及功能研究等手段，揭示了西藏飞蝗高原低氧适应的遗传和分子机制。该工作首先通过比较了西藏和平原地区飞蝗的基因组以及经低氧处理后飞蝗的转录组，发现不同种群间的变异基因和响应低氧的差异表达基因均主要集中在能量代谢过程。在低氧环境中平原飞蝗的能量代谢过程受到明显的抑制，而该抑制作用并未在西藏飞蝗中发现。由此我们推测，代谢调控在飞蝗适应低氧环境过程中起着关键作用。随后，对代谢相关正选择基因的进一步研究显示，基因 *PTPN1* 在西藏飞蝗中受到很强的自然选择作用。功能研究表明，*PTPN1* 所编码的蛋白 PTP1B 可以通过调控胰岛素信号通路来调节飞蝗能量代谢过程以应对低氧环境。除此之外，在本研究中还鉴定到与飞蝗高原适应相关的其他基因，他们主要参与气管系统和肌肉系统的发育、抵抗氧化损伤、调控细胞增殖分化等过程（Ding et al., 2018）。

### 3.3.3 热激蛋白的进化

热激蛋白（Heat shock protein, HSP）属于一大类在应激和非应激的细胞中，对蛋白质的成功折叠、组装、胞内定位和运输、分泌、调节和降解都起重要作用的分子伴侣中的一部分。热激蛋白影响着细胞功能的方方面面，包括信号转导、细胞凋亡、抗原呈递和细胞信号发放。正因如此，热激蛋白在生物对环境的适应过程中发挥重要作用，备受科学家关注。

热激蛋白基因拷贝数的改变是影响热激蛋白表达和适应环境胁迫的重要方式。方法上，全基因组序列和种系基因组学分析能揭示很多与热休克蛋白基因有关的变化。热休克蛋白基因拷贝数增加的典型例子是牡蛎（Zhang et al., 2012）。牡蛎的基因组中包含了 88 个热激蛋白 70（*HSP70*）基因，然而人类大约有 17 个，海胆中有 39 个。细胞受到热胁迫及其他胁迫时，这些 *HSP70* 基因具有重要的保护作用。系统进化分析发现 71 个牡蛎 *HSP70* 基因的聚类，表明这些基因的扩张对牡蛎来说是特有的。

由于热休克蛋白是高度多效性的并且参与了除胁迫耐受以外的不同的生物学过程（Sorensen et al., 2017；Wallin et al., 2002），HSP 表达的变异可能会产生生态相关性与其表达量之间的间接联系。一些研究表明，HSP 的表达与物种或种群的分布、丰度和气候变量有很强的相关性（Hofmann, 2005；Mizrahi et al., 2016）。例如，两种潜叶蝇昆虫诱导 HSP 表达的起始温度与物种分布范围的北界等温线温度一致（Huang and Kang, 2007）。该物种的分布可能只是热胁迫耐受或热可塑性变化的一种表现，而这种变化可以通过

*HSP* 表达得以体现（Hu et al., 2014; Kang et al., 2009）。*HSP* 对生长和发育的影响也介导了这种联系。例如，当昆虫进入滞育期时，它们的 20 - 羟基蜕皮酮（20 - hydroxyecdysone）的水平发生了变化。而这种激素反过来又诱导 *HSP70* 和 *HSP90* 的表达（Arbeitman and Hogness, 2000; Denlinger, 2002）。由于滞育现象的出现可能与气候相关，并且 *HSP* 的表达与气候也存在相关性，但两者没有任何直接的因果关系。其他的例子包括自然产生的影响生殖力、发育速度和取食行为的 *HSP* 突变体（Chen and Wagner, 2012; Lerman and Feder, 2005）。这种影响甚至可能通过与第二个物种的相互作用而发生。一些蚜虫的微生物共生体，布赫纳氏菌属（*Buchnera*）的小 *HSP*（*ibpA*）的等位基因的变异会影响蚜虫寄主的繁殖率（Dunbar et al., 2007）。因此，描述 *HSP* 表达变化的因果关系是具有有难度的；在 *HSP* 表达的变异被认为具有直接进化适应意义前，我们应该考虑二者之间是否存在其他的联系。

科学家基于飞蝗模型系统研究了热激蛋白的表达进化及其适应性功能意义。在食物短缺或其他不利条件下，飞蝗会形成迁徙群（Pener and Simpson, 2009; Stige et al., 2007）。近期的研究揭示了这种行为和热激蛋白表达之间存在密切的联系。种群聚集会导致 6 个 *HSP*、*HSP90*、*HSP70*、*HSP40*、*HSP20.5*、*HSP20.6* 和 *HSP20.7* 的表达上调（Wang et al., 2007）。此外，一些 HSPs 在群居蝗虫中是上调的（Chen et al., 2015）。*HSPs* 的上调可能参与此相关的多种现象，如刺激密集人群产生对感染的预防性免疫（Wallin et al., 2002; Wang et al., 2013）。在自然种群中，来自 18 纬度的蝗虫比来自 41 纬度的蝗虫更耐热，但耐寒性较差。因此，低纬和高纬蝗虫在诱导表达 *HSP70* 和 *HSP90* 上存在差异。但本底水平的表达是接近的。热休克使得高纬度蝗虫的 HSP90 表达量升高，而在低纬度蝗虫中则未出现此类现象，在冷休克反应中恰巧相反（Wang and Kang, 2005）。因此，*HSP* 表达的可塑性可能已经进化到可以适应不同纬度的生态相关的温度条件的状态。显然，这种变异正经历着自然选择。在蝗虫种群中，最近发现了 *HSP90* 编码区的一条链中带有插入突变，形成了含不同比例 *HSP90* 杂合突变体的自然种群（Chen et al., 2017）。突变体的蝗虫胚胎可以根据亲本的光周期更快地发育，但发育速率的种群内变异较小。在突变体占优势的热带地区，自然产生的 *HSP90* 突变体可以促进蝗虫的多化性和发育的同步性。该研究为 *HSP* 在局部环境适应性的表达和在环境变化的过程中发挥有益作用提供了强有力的证据。

## 4 国际背景

生物如何适应环境改变是目前科学家努力解决的问题。基因组学技术的快速发展，为人们全面深入理解其背后的分子机制提供新的契机。但是，对不同的生物种类和群体，基于不同的生活环境，揭示其环境适应的基因组学机制需要采用相应适宜的方法。基因组测序是全面理解生物生态适应的基础手段。例如，为理解太平洋牡蛎（*Crassostrea gigas*）的生态适应机制，对其基因组进行的测序、组装和分析（Zhang et al., 2012）提供了传统分子手段无法提供的丰富的信息。与 7 种其他物种的基因组序列比较，牡蛎拥有 8654 个特有的基因。这些牡蛎特有的基因在蛋白结合、凋亡、细胞因子以及炎症响应功能方面高度富集，意味着这些基因可能是寄主在受到生物胁迫和非生物胁迫时的防卫基因。

表现可塑性在模式种和非模式种都有许多经典的范例。如通过对角甲虫（horned beetle）系列研究，发育可塑性调节着多种形态、生理、行为表型，因此在这些生物的进化和行为生态学中扮演着中心角色。角甲虫生物学，包括发育可塑性，由于实验技术越来越成熟，给了我们越来越多的机会来探究可塑性和在一段系统发育距离上可塑性的进化。例如，我们可以探讨特定的基因或通路在不同营养环境中的表达是否是有偏向性的或者特异性，是否受制于松弛选择（relaxed selection），这些模式在可塑响应上是否具有种间、类型间的一致性，可塑性响应的发育-遗传基础是否使得表型分化在其他发育环境中产生新的分化。行为的可塑性可能是发育过程中所处的环境和成体的个体差异两方面原因造成，这为生物体成功的生活在不同的生物和非生物环境中扮演着重要角色。

因为本地适应性与气候改变、农作物和畜牧业生产以及遗传资源保护有密切联系，所以提高我们对本地适应性的遗传学本质的理解变得越来越重要。通过空间上多样化的选择产生的表型格局早已被观察到；遗传作图和田间试验给我们提供了对适应性特征的遗传结构最基本的认识。现阶段的基因组学方法可以进行全基因组的分析，最近的理论进展能够帮助我们设计研究策略，这种策略结合基因组学和田间试验来验证本地适应性的遗传学本质。这些技术上的进步同样可以用来研究非模式物种，这些非模式物种的适应格局可能不同于传统的模式物种（Savolainen et al.，2013）。

全球气温的升高（以及其他人为的变化）将会对生物体产生显著的影响（IPCC，2014）。全球变化已经影响到许多物种的数量和分布（Kelly et al.，2016）。与此同时，人为地向自然环境中添加化学物质和重金属的行为仍存在（Kumar et al.，2016）。我们以热激蛋白为例，来展示该领域的国际研究前沿。正如许多研究所证明的那样，全球变化体现在了许多生物的热激蛋白（Heat shock proteins，HSP）表达的改变上。重要的是，这种压力或极端环境的出现除了会产生压力诱导的热激蛋白表达上调，有时会导致热激蛋白基因或它们的同源基因的持久表达。例如，南极蠓（Antarctic midge，*Belgica antarctica*）的幼虫在最佳温度（4℃）和次最佳温度下，组成性地表达 HSP90、HSP70 和一个小的 HSP。无论是冷热胁迫刺激，还是胁迫刺激后在 4℃ 的恢复过程，都没有改变热激蛋白的表达（Rinehart et al.，2006）。一种南极鼻甲鱼（Antarctic notothenioid fish，*Trematomus bernacchii*）组成性的表达 HSP70 和 Hsc71，但不管在整个鱼体还是分离的细胞中都没有表现出典型的热休克反应（Hofmann，2005）。这些可能为抵御普遍低温的南极栖息地提供了保护。在微气候梯度的一端也有类似的现象。例如，洛蒂亚属动物（Limpets of the genus Lottia）栖息在波浪裸露的岩石海岸上，而这样的岩石海岸能呈现出温度和干旱胁迫的频率和程度的梯度。在新采集的野外动物和适应环境温度的标本中，高潮间带物种的 HSP70 的组成水平高于低潮间带和中潮间带物种（Dong et al.，2008）。HSP70 的本底水平维持在高位可能是为高温和干旱胁迫的随时发生做准备。

目前科学家可以从已有的较完善的生态和环境学背景知识中获取模式物种研究信息，同时利用大量遗传学和基因组学工具来推导非模式类群，从而将表型和基因型的变异同环境变化的模式相联系。建立这种联系可以极大地帮助我们从统计学和进化过程方面理解自然种群的进化动态以及适应过程。未来从适应反应到自然选择，从种群和群体测序到复杂的微生物群体可以进行有效的测序，从模式种到非模式物种，都将获得对物种组成和基因组成的有用信息。

## 5　发展趋势及展望

生态基因组学的总体目标是将基因型和表现型联系起来，找到最终适应环境的机制。生态学和基因组学的融合代表的不仅仅是一个新的基因组工具的合并。新兴技术提供了绝好的基因组学下的物种观点，以及其他许多需要检验的新的问题，而现有的问题可以以一种前所未有的方式解决（Barrett and Hoekstra，2011）。比如生态学效应的表观遗传（epigenetics）和表观基因组学（epigenomics）正在迅速兴起。表观遗传是不涉及 DNA 序列变化、围绕着 DNA 调节基因组活性的可稳定遗传的分子因素或过程。这些分子过程包括 DNA 甲基化、组蛋白修饰、染色质结构和非编码 RNA（ncRNA）。在表观遗传信息的跨代传递（transgenerational inheritance）过程中，最具代表性的表观因素是 DNA 的甲基化。如基因印记介导父本或母本中等位基因特殊 DNA 甲基化模式的传递。大量研究表明环境诱导的表观跨代遗传涉及了生殖细胞中 DNA 甲基化的改变。近期有研究显示 ncRNA（Gapp et al.，2014）和组蛋白修饰（Kelly，2014）也在表观遗传信息跨代遗传中发挥作用。虽然 DNA 甲基化在胎儿生殖系统发育和早期胚胎发育发挥着关键作用，但所有的这些表观遗传过程都有可能调节发育过程并发挥独特的功能。

预计未来生态基因组学家将至少在以下方面挑战自己：①证明适应性的进化遗传变异的重要性

（Colosimo et al.，2005）；了解适应的机制是进化生物学的核心问题，因为它使得我们可以发现自然条件下适应反应相关的基因，而且能够确定适应性反应下遗传变异的起源（也就是环境改变下的长期遗传变异或新生突变）。②揭示即使很小基因序列的改变（包括调控区）可能会导致显著的适应性进化（Hoekstra，2006）；生物可以通过多种途径来适应环境胁迫。一些是通过行为改变、生理和生化的驯化（acclimatization）等来适应，但这种适应是不能遗传的。也可以通过遗传变异来适应。生物体内有广泛存在的隐藏遗传变异（cryptic genetic variation，或 standing genetic variation），为自然选择提供原始的遗传材料，为物种的快速适应奠定基础。通过生态基因组学的方法，可以高效的筛选和环境胁迫适应相关的位点和基因。③测定、选择和确认候选基因。④阐明自然种群中微进化改变的遗传学基础（Gratten et al.，2008，2012）。⑤确定适应性进化和生态物种形成的基因组结构（Rogers and Bernatchez，2007）。⑥确立适应性进化中可塑性的重要性（McCairns and Bernatchez，2010）。⑦评估和权衡生活史在全基因组基因表达格局中的作用，同时权衡适应性差异（Colbourne et al.，2011）。我们需要进行整体分析，旨在充分整合多维高通量组学的测量（即生态系统生物学），整合包括在实验室和外界条件下进行的动态的、连续的实验，获得更大量的数据，来可重复的分析和预测。随着人类活动对环境的影响越来越深刻，以及全球变化的趋势越发明显，拓展和深入这些领域的研究也迫在眉睫。

## 参 考 文 献

陈兵，康乐. 2016. 第三章，生态基因组学与分子适应. 于振良等. 生态学的现状与发展趋势. 北京：科学出版社.

张德兴. 2016. 第四章，分子生态学. 于振良等. 生态学的现状与发展趋势. 北京：科学出版社.

Abbot P. 2017. Ecological genomics ecology. Oxford: Bibliographies.

Ågren J, Schemske D W. 2012. Reciprocal transplants demonstrate strong adaptive differentiation of the model organism Arabidopsis thaliana in its native range. New Phytologist, 194: 1112-1122.

Alberto F J. 2013. Potential for evolutionary responses to climate change – evidence from tree populations. Global. Change Biology, 19: 1645-1661.

Arbeitman M N, Hogness D S. 2000. Molecular chaperones acti-vate the Drosophila ecdysone receptor, an RXR heterodimer. Cell, 101: 67-77.

Avise J C. 1994. Molecular Markers, Natural History and Evolution. Bostom: Springer.

Barrett R D H, Hoekstra H E. 2011. Molecular spandrels: tests of adaptation at the genetic level. Nature Reviews Genetics, 12: 767-780.

Beall C M. 2006. Andean, Tibetan, and Ethiopian patterns of adaptation to high-altitude hypoxia. Integrative and Comparative Biology, 46(1): 18-24.

Beall C M, Almasy L A, Blangero J, et al. 1999. Percent of oxygen saturation of arterial hemoglobin among Bolivian Aymara at 3,900-4000 m. American Journal of Physical Anthropology, 108(1): 41-51.

Beall C M, Strohl K P, Blangero J, et al. 1997. Ventilation and hypoxic ventilatory response of Tibetan and Aymara high altitude natives. American Journal of Physical Anthropology 104(4): 427-447.

Berven K A. 1982a. The genetic basis of altitudinal variation in the wood frog – Rana sylvatica. I. An experimental analysis of life history traits. Evolution, 36: 962-983.

Berven K A. 1982b. The genetic basis of altitudinal variation in the wood frog Rana sylvatica. II. An experimental analysis of larval development. Oecologia, 52: 360-369.

Bickler P E, Buck L T. 2007. Hypoxia tolerance in reptiles, amphibians, and fishes: life with variable oxygen availability. Annual Review of Physiology, 69: 145-170.

Bigham A W, Wilson M J, Julian C G, et al. 2013. Andean and Tibetan patterns of adaptation to high altitude. American Journal of

Human Biology, 25(2): 190-197.

Blanquart F, Kaltz O, Nuismer S L, et al. 2013. A practical guide to measuring local adaptation. Ecology Letters, 16: 1195-1205.

Burke T, Seidler R, Smith H. 1992. Editorial. Molecular Ecology, 1: 1.

Chen B, Li S, Ren Q, et al. 2015. Paternal epigenetic effects of population density on locust phase-related char-acteristics associated with heat-shock protein expression. Molecular Ecology, 24: 851-862.

Chen B, Wagner A. 2012. HSP90 is important for fecundity, longevity, and buffering of cryptic deleterious variation in wild fly populations. BMC Evolutionary Biology, 12: 25.

Chen B, Zhang B, Xu L L, et al. 2017. Transposable Element-Mediated Balancing Selection at HSP90 Underlies Embryo Developmental Variation. Molecular Biology and Evolution, 34(5): 1127-1139.

Chen Q Q, He J, Ma C, et al. 2015. Syntaxin 1A modulates the sexual maturity rate and progeny egg size related to phase changes in locusts. Insect Biochemistry and Molecular Biology, 56: 1-8.

Clausen J, Keck D D, Hiesey W M. 1940. Experimental studies on the nature of species. I. Effect of varied environments on Western North American plants. Carnegie Institution of Washington Publications, 520: 1-452.

Colbourne J K, Pfrender M E, Gilbert D, et al. 2011. The ecoresponsive genome of Daphnia pulex. Science, 331: 555-561.

Colosimo P F, Hosemann K E, Balabhadra S, et al. 2005. Widespread parallel evolution in sticklebacks by repeated fixation of ectodysplasin alleles. Science, 307: 1928-1933.

Denlinger D L. 2002. Regulation of diapause. Annual Review of Ento-mology, 47: 93-122.

Ding D, Liu G J, Hou L, et al. 2018. Genetic variation in PTPN1 contributes to metabolic adaptation to high-altitude hypoxia in Tibetan migratory locusts. Nature Communications, 9(1): 4991.

Dong Y, Miller L P, Sanders J G, Somero G N. 2008. Heat-shock protein 70 (HSP70)expression in four limpets of the genus Lottia: Interspecific variation in constitutive and inducible synthesis correlates with in situ exposure to heat stress. Biological Bulletin, 215: 173-181.

Donohoe P H, West T G, Boutilier R G. 2000. Factors affecting membrane permeability and ionic homeostasis in the cold-submerged frog. Journal of Experimental Biology, 203(2): 405-414.

Dunbar H E, Wilson A C C, Ferguson N R, et al. 2007. Aphid thermal tolerance Is governed by a point mutation in bacterial symbionts. PLoS Biology, 5: e96.

Eads B D, Andrews J, Colbourne J K. 2008. Ecological genomics in Daphnia: stress responses and environmental sex determination. Heredity, 100: 184-190.

Ekblom R, Galindo J. 2011. Next generation sequencing in non-model organisms. Heredity, 107: 1-15.

Feder M E, Mitchell O T. 2003. Evolutionary and ecological functional genomics. Nature Reviews Genetics, 4: 651-657.

Fournier L A. 2011. A map of local adaptation in Arabidopsis thaliana. Science, 333: 86-89.

Gapp K, Jawaid A, Sarkies P, et al. 2014. Implication of sperm RNAs in transgenerational inheritance of the effects of early trauma in mice. Nature Neuroscience, 17: 667-669.

Ge R L, Cai Q L, Shen Y Y, et al. 2013. Draft genome sequence of the Tibetan antelope. Nature Communications, 4: 1-7.

Gienapp P, Teplitsky C, Alho J S, et al. 2008. Climate change and evolution: disentangling environmental and genetic responses. Molecular Ecology, 17: 167-178.

Gou X, Wang Z, Li N, et al. 2014. Whole-genome sequencing of six dog breeds from continuous altitudes reveals adaptation to high-altitude hypoxia. Genome Research, 24: 1308-1315.

Gratten J, Pilkington J G, Brown E A, et al. 2012. Selection and microevolution of coat pattern are cryptic in a wild population of sheep. Molecular Ecology, 21(12): 2977-2990.

Gratten J, Wilson A J, McRae A F, et al. 2008. A localized negative genetic correlation constrains microevolution of coat color in wild sheep. Science, 319(5861): 318-320.

Griswold C K. 2006. Gene flow's effect on the genetic architecture of a local adaptation and its consequences for QTL analyses. Heredity, 96: 445-453.

Guo X J, Ma Z Y, Kang L. 2013. Serotonin enhances solitariness in phase transition of the migratory locust. Frontiers in Behavioral Neuroscience, 7: 129.

Guo X J, Ma Z Y, Kang L. 2015. Two dopamine receptors play different role in phase change of the migratory locust. Frontiers in Behavioral Neuroscience, 9: 80.

Guo X J, Ma Z Y, Yang P C, et al. 2018. Dop1 enhances conspecific olfactory attraction by inhibiting miR-9a maturation in locusts. Nature Communication, 9(1): 1193.

Guo W, Wang X H, Ma Z Y, et al. 2011. CSP and takeout genes modulate the switch between attraction and repulsion during behavioral phase change in the migratory locust. PLoS Genetics, 7: e1001291.

Hall M C, Lowry D B, Willis J H. 2010. Is local adaptation in Mimulus guttatus caused by trade-offs at individual loci? Molecular Ecology, 19: 2739-2753.

Hancock A M. 2011. Adaptation to climate across the *Arabidopsis thaliana* genome. Science, 334: 83-86.

Hawkes L A, Balachandran S, Batbayar N, et al. 2013. The paradox of extreme high-altitude migration in bar-headed geese *Anser indicus*. Proceedings of the Royal Society B, 280(1750): 2012-2024.

He J, Chen Q, Wei Y Y, et al. 2016. MicroRNA-276 promotes egg-hatching synchrony by up-regulating *brm* in locusts. Proceedings of the National Academy of Sciences of the United States of America, 113: 584-589.

Heidel A J, Clauss M J, Kroymann J, et al. 2006. Natural variation in MAM within and between populations of *Arabidopsis lyrata* determines glucosinolate phenotype. Genetics, 173: 1629-1636.

Hereford J. 2009. A quantitative survey of local adaptation and fitness trade-offs. The American. Naturalist, 173: 579-588.

Hermes L M, Zenteno S T. 2002. Animal response to drastic changes in oxygen availability and physiological oxidative stress. Comparative Biochemistry and Physiology-Part C: Toxicology, 133(4): 537-556.

Hoekstra H. 2006. Genetics, development and evolution of adaptive pigmentation in vertebrates. Heredity, 97: 222-234.

Hofmann G E. 2005. Patterns of HSP gene expression in ectothermic marine organisms on small to large biogeographic scales. Integrative and Comparative Biology, 45: 247-255.

Horscroft J A, Kotwica A O, Laner V, et al. 2017. Metabolic basis to Sherpa altitude adaptation. Proceedings of the National Academy of Sciences, 114(24): 6382-6387.

Hu J T, Chen B, Li Z H. 2014. Thermal plasticity is related to the hardening response of heat shock protein expression in two Bactro-cera fruit flies. Journal of Insect Physiology, 67: 105-113.

Huang L H, Kang L. 2007. Cloning and interspecific altered expression of heat shock protein genes in two leafminer species in response to thermal stress. Insect Molecular Biology, 16: 491-500.

Hudson M E. 2008. Sequencing breakthroughs for genomic ecology and evolutionary biology. Molecular Ecology Resources, 8: 3-17.

Jones F C. 2012. The genomic basis of adaptive evolution in threespine sticklebacks. Nature, 484: 55-61.

Kang L, Chen B, Wei J N, et al. 2009. Roles of thermal adaptation and chemical ecology in *Liriomyza* distribution and control. Annual Review of Entomology, 54: 127-145.

Kang L, Chen X Y, Zhou Y, et al. 2004. The analysis of large-scale gene expression correlated to the phase changes of the migratory locust. Proceedings of the National Academy of Sciences of the United States of America, 101: 17611-17615.

Kelly M W, DeBiasse M B, Villela V A, et al. 2016. Adaptation to climate change: Trade‐offs among responses to multiple stressors in an intertidal crustacean. Evolutionary Applications, 9: 1147-1155.

Kelly W G. 2014. Transgenerational epigenetics in the germline cycle of *Caenorhabditis elegans*. Epigenetics Chromatin, 7: 1.

Kumar N, Sharma R, Tripathi G, et al. 2016. Cellular metabolic, stress, and histological response on expo-sure to acute toxicity of endosulfan in Tilapia (Oreochromis mossambi-cus). Environmental toxicology, 31: 106-115.

Lande R, Arnold S J. 1983. The measurement of selection on correlated characters. Evolution, 37: 1210-1226.

Landry C R, Aubin H N. 2013. Ecological genomics: Ecology and the evolution of genes and genomes. New York: Springer.

Leimu R, Fischer M. 2008. A meta-analysis of local adaptation in plants. PLoS ONE, 3: e4010.

Leinonen P L, Remington D L, Leppälä J, et al. 2013. Genetic basis of local adaptation and flowering time variation in Arabidopsis lyrata. Molecular Ecology, 22: 709-722.

Lerman D N, Feder M E. 2005. Naturally occurring transposable elements disrupt HSP70 promoter function in *Drosophila melanogaster*. Molecular Biology and Evolution, 22: 776-783.

Li J T, Gao Y D, Xie L, et al. 2018. Comparative genomic investigation of high-elevation adaptation in ectothermic snakes. Proceedings of the National Academy of Sciences, 115(33): 8406-8411.

Lorenzo F R, Huff C, Myllymaki M, et al. 2014. A genetic mechanism for Tibetan high-altitude adaptation. Nature Genetics, 46(9): 951-956.

Lowry D B, Willis J H. 2010. A widespread chromosomal inversion polymorphism contributes to a major lifehistory transition, local adaptation, and reproductive isolation. PLoS Biology, 8: e1000500.

Ma C, Yang P C, Jiang F, et al. 2012. Mitochondrial genomes reveal the global phylogeography and dispersal routes of the migratory locust. Molecular Ecology, 21: 4344-4358.

Ma Z Y, Guo X J, Guo W, et al. 2011. Modulation of behavioral phase changes of the migratory locust by the catecholamine metabolic pathway. Proceedings of the National Academy of Sciences of the United States of America, 108: 3882-3887.

Ma Z Y, Guo X J, Lei H, et al. 2015. Octopamine and tyramine respectively mediate attractive and repulsive behavior during locust phase changes. Scientific Reports, 5: 8036.

McCairns R J S, Bernatchez L. 2010. Adaptive divergence between freshwater and marine sticklebacks: insights into the role of phenotypic plasticity from an integrated analysis of candidate gene expression. Evolution, 64: 1029-1047.

Mccracken K G, Bulgarella M, Johnson K P, et al. 2009. Gene flow in the face of countervailing selection: adaptation to high-altitude hypoxia in the betaA hemoglobin subunit of yellow-billed pintails in the Andes. Molecular Biology and Evolution, 26(4): 815-827.

Mizrahi T, Goldenberg S, Heller J, et al. 2016. Geographic variation in thermal tolerance and strategies of heat shock protein expression in the land snail *Theba pisana* in relation to genetic structure. Cell Stress and Chaperones, 21: 219-238.

Morrissey M B, Hadfield J D. 2012. Directional selection in temporally replicated studies is remarkably consistent. Evolution, 66: 435-442.

Nicotra A B. 2010. Plant phenotypic plasticity in a changing climate. Trends Plant Science, 15: 684-692.

Ovaskainen O, Karhunen M, Zheng C Z, et al. 2011. New method to uncover signatures of divergent and stabilizing selection in quantitative traits. Genetics, 189: 621-632.

Pavey S, Bernatchez L, Aubin H N, et al. 2012. What is needed for next-generation ecological and evolutionary genomics? Trends in Ecology & Evolution, 27: 673-678.

Pener M P, Simpson S J. 2009. Locust phase polyphenism: An update. Advances in Insect Physiology, 36: 1-272.

Qiu Q, Zhang G, Ma T, et al. 2012. The yak genome and adaptation to life at high altitude. Nature Genetics, 44(8): 946-949.

Qu Y, Zhao H, Han N, et al. 2013. Ground tit genome reveals avian adaptation to living at high altitudes in the Tibetan plateau. Nature Communications, 4: 2071.

Reese S A, Jackson D C, Ultsch G R. 2002. The physiology of overwintering in a turtle that occupies multiple habitats, the common snapping turtle (*Chelydra serpentina*). Physiol Biochem Zool, 75(5): 432-438.

Rinehart J P, Hayward S A, Elnitsky M A, et al. 2006. Continuous up‐regulation of heat shock proteins in larvae, but not adults, of a polar insect. Proceedings of the National Academy of Sciences of the United States of America, 103: 14223-14227.

Rogers S M, Bernatchez L. 2007. The genetic architecture of ecological speciation and the association with signatures of selection in natural lake whitefish (*Coregonus* spp. *Salmonidae*) species pairs. Molecular Biology and Evolution, 24: 1423-1438.

Rokas A, Abbot P. 2009. Harnessing genomics for evolutionary insights. Trends in Ecology and Evolution, 24: 192-200.

Scott G R, Schulte P M, Egginton S, et al. 2011. Molecular evolution of cytochrome C oxidase underlies high-altitude adaptation in the bar-headed goose. Molecular Biology and Evolution, 28(5577): 351-363.

Shaw R G, Geyer C J, Wagenius S, et al. 2008. Unifying life history analyses for inference of fitness and population growth. American Naturalist, 172: E35-E47.

Shoubridge E A, Hochachka P W. 1980. Ethanol: novel end product of vertebrate anaerobic metabolism. Science, 209(4453): 308-309.

Slate J. 2013. From beavis to beak color: a simulation study to examine how much QTL mapping can reveal about the genetic architecture of quantitative traits. Evolution, 67: 1251-1262.

Slate J, Pemberton J M, Visscher P M. 1999. Power to detect QTL in a free-living polygynous population. Heredity, 83: 327-336.

Sorensen J G, Schou M F, Loeschcke V. 2017. Evolutionary adapta-tion to environmental stressors: A common response at the proteomic level. Evolution, 71: 1627-1642.

Stige L C, Chan K S, Zhang Z, et al. 2007. Thousand‐year‐long Chinese time series reveals climatic forcing of decadal locust dynamics. Proceedings of the National Academy of Sciences of the United States of America, 104: 16188-16193.

Stinchcombe J R, Hoekstra H E. 2007. Combining population genomics and quantitative genetics: finding the genes underlying ecologically important traits. Heredity, 100: 158-170.

Storz J F, Sabatino S J, Hoffmann F G, et al. 2007. The molecular basis of high-altitude adaptation in deer mice. PLoS Genetics, 3(3): e45.

Streelman J T, Kocher T D. 2000. From phenotype to genotype. Evolution and Development, 2: 166-173.

Tanksley S D. 1993. Mapping polygenes. Annal Review Genetics, 27: 205-233.

Turchin M C. et al. 2012. Evidence of widespread selection on standing variation in Europe at height-associated SNPs. Nature Genetics, 44: 1015-1019.

Udpa N, Ronen R, Zhou D, et al. 2014. Whole genome sequencing of Ethiopian highlanders reveals conserved hypoxia tolerance genes. Genome Biology, 15(2): R36.

Ungerer M C, Johnson L C, Herman M A. 2007. Ecological genomics: Understanding gene and genome function in the natural environment. Heredity, 100: 178-183.

Van Straalen N, Roelofs D. 2012. Introduction to Ecological Genomics. New York: Oxford Univercity Press.

Via S. 1991. The genetic structure of host plant adaptation in a spatial patchwork – demographic variability among reciprocally transplanted pea aphid clones. Evolution, 45: 827-852.

Wallin R P, Lundqvist A, More S H, et al. 2002. Heat-shock proteins as activators of the innate immune system. Trends in Immunology, 23: 130-135.

Wang G D, Zhang B L, Zhou W W, et al. 2018. Selection and environmental adaptation along a path to speciation in the Tibetan frog *Nanorana parkeri*. Proceedings of the National Academy of Sciences, 115(22): 5056-5065.

Wang H S, Wang X H, Zhou C S, et al. 2007. cDNA cloning of heat shock proteins and their expression in the two phases of the migratory locust. Insect Molecular Biology, 16: 207-219.

Wang X H, Fang X, Yang P, et al. 2014. The locust genome provides insight into swarm formation and long-distance flight. Nature Communications, 5: 2957.

Wang X H, Kang L. 2005. Differences in egg thermotolerance between tropical and temperate populations of the migratory locust Locusta migratoria (*Orthoptera: Acridiidae*). Journal of Insect Physiol-ogy, 51: 1277-1285.

Wang Y, Yang P, Cui F, et al. 2013. Altered immunity in crowded locust reduced fungal (*Metarhizium anisopliae*) pathogenesis. PLoS Pathogens, 9: e1003102.

Wei J N, Shao W B, Cao M M, et al. 2019. Phenylacetonitrile in locusts facilitates an antipredator defense by acting as an olfactory aposematic signal and cyanide precursor. Science Advances, DOI 10.1126/sciadv.aav5495.

Wei Y Y, Chen S, Yang P C, et al. 2009. Characterization and transcriptomes of small RNAs in two phases of locust. Genome Biology, 10: R61.

Wu R, Wu Z M, Wang X H, et al. 2012. Metabolomic analysis reveals that carnitines are key regulatory metabolites in phase transition of the locusts. Proceedings of the National Academy of Sciences of the United States of America, 109: 3259-3263.

Yang M, Wang Y, Jiang F, et al. 2016. miR-71 and miR-263 jointly regulate target genes chitin synthase and chitinase to control locust molting. PLoS Genetics, 12(8): e1006257.

Yang M L, Wang Y L, Liu Q, et al. 2018. A β-carotene-binding protein carrying a red pigment regulates body-color transition between green and black in locusts. eLife, 7: e41362.

Yang W, Qi Y, Fu J. 2014. Exploring the genetic basis of adaptation to high elevations in reptiles: a comparative transcriptome analysis of two toad-headed agamas (genus *Phrynocephalus*). Plos One, 9(11): e112218.

Yeaman S, Otto S P. 2011. Establishment and maintenance of adaptive genetic divergence under migration, selection, and drift. Evolution, 65: 2123-2129.

Yi X, Liang Y, Huerta S E, et al. 2010. Sequencing of 50 human exomes reveals adaptation to high altitude. Science, 329(5987): 75-78.

Yu L, Wang G D, Ruan J, et al. 2016. Genomic analysis of snub-nosed monkeys (*Rhinopithecus*) identifies genes and processes related to high-altitude adaptation. Nature Genetics, 48(8): 947-952.

Zhang G, Fang X, Guo X, et al. 2012. The oyster genome reveals stress adaptation and complexity of shell formation. Nature, 490: 49-54.

Zhang Q L, Zhang L, Yang X Z, et al. 2017. Comparative transcriptomic analysis of Tibetan Gynaephora to explore the genetic basis of insect adaptation to divergent altitude environments. Scientific Reports, 7(1): 16972.

Zhang Z Y, Chen B, Zhao D J, et al. 2013. Functional modulation of mitochondrial cytochrome c oxidase underlies adaptation to high-altitude hypoxia in Tibetan migratory locust. Proceedings of the Royal Society B: Biological Sciences, 280: 20122758.

Zhang W, Fan Z, Han E, et al. 2014. Hypoxia adaptations in the grey wolf (*Canis lupus chanco*) from Qinghai-Tibet Plateau. PLoS Genet, 10(7): e1004466.

Zhao D, Zhang Z, Cease A, et al. 2013a. Efficient utilization of aerobic metabolism helps Tibetan locusts conquer hypoxia. BMC Genomics, 14(1): 631.

Zhao Y, Ren J L, Wang M Y, et al. 2013b. Codon 104 variation of p53 gene provides adaptive apoptotic responses to extreme environments in mammals of the Tibet plateau. Proceedings of the National Academy of Sciences, 110(51): 20639-20644.

Zhou D, Xue J, Lai J C, et al. 2008. Mechanisms underlying hypoxia tolerance in *Drosophila melanogaster*: hairy as a metabolic switch. PLoS Genetics, 4(10): e1000221.

Zhou D, Udpa N, Gersten M, et al. 2011. Experimental selection of hypoxia-tolerant *Drosophila melanogaster*. Proceedings of the National Academy of Sciences, 108(6): 2349-2354.

Zhu X J, Guan Y Y, Signore A V, et al. 2018. Divergent and parallel routes of biochemical adaptation in high-altitude passerine birds from the Qinghai-Tibet Plateau. Proceedings of the National Academy of Sciences, 115(8): 1865-1870.

撰稿人：陈　兵，康　乐

# 第34章 化学生态学研究进展

## 1 引　言

化学生态学诞生于20世纪50年代，属于生态学和化学的交叉学科，该学科研究生物间的化学联系及其机制，是当前生态学领域最活跃的分支学科之一。化学生态学的研究，涉及进化论、生态学、行为学、毒理学、分析化学、电生理学、细胞生物学、生物物理学、神经生物学、生物化学、分子生物学等学科和专业的原理和技术手段，是学科交叉优势互补的典型范例（闫凤鸣，2003）。

由于化学生态学涉及各个生物类群，特别是植物与植物、植物与动物、动物与动物相互之间的化学关系，使人们重新认识生物相互关系的内在机制，尤其是生态学中种群、群落结构和生态位理论。生态学家常常对生物的分布进行统计分析，对生物的食性进行描述，对生物的行为进行观察，但往往不清楚这些生态现象背后的根本原因。化学生态学的研究发现，化学关系是生物间联系的重要方式，信息化学物质将各种营养层次的生物和没有营养关系的生物都联系了起来，形成一个巨大的化学信息网。可以说，生物间的关系，其实就是化学关系。从这个观点出发，化学生态学与宏观生态学和微观生态学都有密切关系，化学生态学的理论和实践充实了生态学乃至整个生命科学的内容。

## 2 学科40年发展历程

我国的化学生态学研究始于20世纪60年代。1989年12月30日，中国生态学会在京理事扩大会议讨论并同意成立中国生态学会化学生态学专业委员会，聘时任中国科学院原上海昆虫研究所所长陈元光研究员为主任委员，北京大学生命科学学院孟宪佐教授、中国科学院原上海昆虫研究所杜家纬研究员为副主任委员，专业委员会挂靠中国科学院原上海昆虫研究所。随后于1990年12月20日在中国科学院动物研究所召开了专业委员会的第一次会议，会议讨论了化学生态学专业委员会的宗旨、研究内容及其相关活动。1991年10月15日，专业委员会在上海召开了第一次学术讨论会，来自全国14个省（区）、市的52位代表参加了此次会议，共有32位专家学者做了学术报告，报告内容聚焦植物他感作用的研究、昆虫信息素的释放、鉴定和生态作用、农田病虫害防治的化学生态学研究等；在此之后，全国化学生态学学术研讨会定期召开。截至目前，全国化学生态学学术研讨会已举办十二届，最近一届的全国化学生态学学术研讨会于2018年6月22日至25日在福州召开，由中国生态学学会化学生态专业委员会和中国昆虫学会化学生态学专业委员会共同主办，会议的主题是"化学生态与生态文明"，来自全国各地以及日本、挪威、瑞士、德国、美国等国家的315位专家学者和青年才俊参加了此次会议。全国化学生态学学术研讨会已成为我国化学生态学研究人员学术交流的盛会。

化学生态学研究领域的重要性也得到了政府部门的重视，国家自然科学基金委员会明确支持化学生态学研究。大专院校和科研部门纷纷开展化学生态学课题研究，以培养这方面的人才。我国与国外化学生态学的合作研究也越来越紧密，我国化学生态学研究中的部分领域（如昆虫性信息素、植物与昆虫的关系、植物化感作用的研究），与国外相比毫不逊色。在理论方面，中国科学院动物研究所钦俊德院士于1987年出版的《昆虫与植物的关系——论昆虫和植物的相互作用及其演化》、杜家纬研究员于1988年出版的《昆虫信息素及其应用》，以及北京大学李绍文教授于2001年出版的《生态生物化学》，从不同的角度总结化学生态学部分方向的研究成果和基础理论。2003年，河南农业大学闫凤鸣教授编写了我国第一部兼具理论与方法学内容的《化学生态学》，并于2011年再版，该书被许多高等院校和科研单位的科研人员、教师、研究生和本科生所使用。中国农业大学孔垂华教授和浙江大学娄永根教授共同主编的《化学生态学前沿》也于2010年由高等教育出版社自然科学学术著作分社出版，该书通过具体的研究实例和对自然现象的剖析，综述了化学生态学在生态系统中的功能意义及其应用潜力，并提出各自研究领域的科学问题和发展方向。

在人才培养及科学研究方面，1980年到1985年间，我国政府遴选了一批优秀的研究人员赴欧洲、北美和日本等国家和地区学习最新的研究技术，促进了我国昆虫科学研究水平提升，并由此诞生了我国的第一批化学生态学家。在这一批专家中，杜家纬研究员组织了首届亚太地区的化学生态学大会，其在多年的研究过程中鉴定了多个昆虫信息素并开发了多种害虫检测和防治新技术（Cui and Zhu, 2016），因此在2015年获得大会的终身成就奖。杜家纬研究员在昆虫性信息素多元组分化学结构的翻译和复制中发展了单个雌蛾性信息素的超微量分析方法和技术，剖析了三化螟、二化螟等十多种农害虫性信息素多元组分化学结构。近十年，他致力于昆虫性信息素"仿生"诱蕊和利用信息素防治害虫的新技术研究，并在昆虫信息素和昆虫病毒及化学育剂联合使用新技术的理论可行性上取得突破性进展，提出亚致病个体锁反应的防治机理；通过对棉铃虫雄蛾的行为研究，从分子生物学水平阐述了雄蛾味刷的两个行为生物学功能，从中发现了新型的强烈雄蛾定向抑制剂和雌蛾求偶干扰剂。

中国科学院院士林国强教授致力于昆虫信息素的结构鉴定（亚毫微克级水平）、合成及应用，带领团队鉴定了棉红铃虫性信息素中两组分的比例，首次发现了雌棉红铃虫在交配后释放一种抑制剂来阻止与雄虫再次交配的有趣现象；鉴定了枣粘虫性信息素的结构，从化学信息方面为枣粘虫种属的归类提供了证据；首次鉴定了桑毛虫性信息素的结构为异戊酸酯；与北京大学生物系研究人员共同对我国六种透翅蛾的信息素在触毛感受器的水平上进行研究。此外，该团队还与加拿大科学家合作，对难度相当大的，有光学活性的桑树害虫桑尺蠖和林业害虫大袋蛾的信息素结构进行了鉴定；确定了舞毒蛾，松干蚧和库蚊对其性信息素或产卵引诱信息素的手性识别现象。林国强院士的杰出研究成果获得了2014年陈嘉庚科学奖。

中国科学院动物研究所钦俊德院士1950年获阿姆斯特丹大学理科博士学位后响应周恩来总理号召，于1951年归国参加社会主义新中国的建设。钦俊德院士创立了我国第一个昆虫生理研究室，其多年的研究揭示了昆虫与植物的生理关系，阐明了昆虫选择植物的理论；研究马铃薯甲虫、飞蝗、棉铃虫、粘虫、蚜虫等多种害虫的食性和营养及植物成分对它们生长和生殖的影响；以昆虫天敌为对象，研究七星瓢虫的营养和人工饲料，以添加保幼激素类似物，解决了适宜的人工饲料配制难题；研究明确了东亚飞蝗卵期对环境适应的特点及浸水与耐干能力，为测报蝗害发生提供了科学依据；研究成功适用于大量饲养蚤幼虫的饲料及快速侦检不同来源蚊虫的方法。40多年来，钦俊德院士在除灭农作物害虫方面的研究工作一直处于国际领先地位，成果累累，得到国内外科学界的赞扬，曾先后四次获国家和科学院重大科技成果奖。

中国农科院植保所郭予元院士的科研成果"新乡示范区控制棉铃虫猖獗危害配套关键技术"在1992年棉铃虫特大爆发期作用显著，不但使重灾区新乡县示范区内3000多ha棉田免受棉铃虫猖獗的危害，皮棉平均亩产70kg以上，成为全国在棉铃虫爆发年份成功控制其危害的防治典型，而且直接推广应用到冀、鲁、豫、陕等棉花主产区后，在47万ha棉田中成效显著。郭予元院士团队还与农业部农作物病虫害测报处共同制定了《全国棉铃虫预测预报及综合防治技术规范》，使棉铃虫预测预报及综合防治从此有章可循，改变了过去只靠打药的传统防治思路，使棉铃虫防治由单一的药防变成了综合治理。

此外，从20世纪80年代到21世纪初，张忠宁、赵成华、孟宪佐、吴德明及众多研究人员一起为我国昆虫信息素的前沿研究做了巨大贡献，其中在1980年到1998年之间就从大田作物、蔬菜以及森林的近50种经济害虫中鉴定到了多种信息素的化学结构。

近年来，一些中青年研究学者也在化学生态学领域取得了重要的成果。中国科学院动物研究所王琛柱研究员首次在室内建立种间杂交体系，阐明了棉铃虫与烟青虫的生殖隔离机制。孙江华研究员以化学生态和分子生物学技术为手段研究"寄主植物-害虫-伴生真菌-细菌"多物种间互作和入侵害虫的入侵机理，揭示多物种间化学通讯及其分子调控机理。中国科学院植物生理生态研究所黄勇平研究员鉴定了危害我国主要观赏树种之一金钱松的害虫——金钱松小卷蛾的性信息素。中国农业科学院植物保护研究所王桂荣研究员在害虫嗅觉编码的神经和分子机理研究方面取得重要进展，系统地研究了传播疾病的蚊子和农业害虫棉铃虫嗅觉识别的分子机制，阐明了外界化学信号转化为电信号的分子基础，证明"嗅觉受体决定神经功能"的原理适用于鳞翅目、双翅目、半翅目和膜翅目等不同种昆虫，为建立以气味受体基因为靶标高通量筛选活性气味分子奠定了理论基础，为发展害虫行为调控剂提供了全新的思路。

浙江大学娄永根教授研究组聚焦害虫诱导的植物防御反应以及害虫应对植物防御反应的化学与分子机理，发掘重要的功能基因与生态功能分子，并开发基于行为调控及抗虫作物的害虫防治新技术。刘树生教授研究组发现寡食性昆虫对源于非寄主植物的驱避素的经历，可诱导其对这类异源化合物产生习惯性反应或嗜好性；提出近缘植物对专性植食者的组成抗性和诱导抗性之间可存在平衡调节关系；阐明了昆虫在变温下发育速率变化的内在规律。

植物化学生态学研究中，植物化感作用研究是主要方向之一，我国自 20 世纪 90 年代以后逐渐开展研究，包括台湾省原中央研究院的周昌弘院士，华南农业大学骆世明教授、福建农林大学林文雄教授、中国农业大学孔垂华教授均是国内较早开展植物化感作用研究的学者。近年来，一些中青年学者也在该领域取得不俗的成绩，包括福建农林大学的曾任森教授、张重义教授，东北农业大学的吴凤芝教授、浙江大学的喻景权教授、中国医学科学研究院的高微微研究员、西北农林科技大学的程智慧教授、云南农业大学的郭怡卿研究员等，化感作用研究内容包括水稻、小麦等粮食作物化感作用、经济作物烟草及蔬菜的连作障碍、药用植物连作障碍等多个方面，分离鉴定了水稻、小麦等作物的主要化感物质，揭示了化感物质抑制杂草的化学生态学机制；分离鉴定了药用植物太子参、地黄等连作自毒物质，并研究了其与土传病原菌的相互作用并最终引起化感自毒的根际生物过程，研究结果发表了一系列论文，并出版了《植物化感（相生相克）作用及其应用》《水稻化感作用》等专著。

## 3 研 究 现 状

目前，我国化学生态学领域的研究学者逾 200 位，是国际上最大的研究团体之一，我国化学生态学的研究工作主要集中在化学信息及其感受机理、昆虫信息素、昆虫与植物的关系，寄主-寄生物-天敌三级营养关系，植物化感作用，植物诱导抗性，海洋微生物化学生态学等内容，取得了令人可喜的成果。

### 3.1 化学信息及其感受机理研究

化学通讯是生物与生物间的"交流"方式之一，此过程离不开对化学信息的接受、传递、加工和行为输出。王桂荣研究组对农业害虫棉铃虫触角的转录组进行了分析，鉴定了 47 个嗅觉受体，其种包括 6 个推测的信息受体、12 个离子通道受体、26 个嗅觉结合蛋白。王琛柱研究组在研究棉铃虫和烟青虫的气味结合蛋白（OBP）过程中发现，这个家族中的一员 OBP10 在触角中不表达，而在雄虫精液中表达，并通过交配传递给雌性，最终出现于卵壳表面。通过对棉铃虫幼虫的主要嗅觉感受器官——触角和下颚的转录组进行测序，共鉴定得到 17 个嗅觉受体基因，获得了其中 11 个嗅觉受体的完整的开放阅读框。通过对这 11 个嗅觉受体进行功能分析，得到其中 7 个嗅觉受体的化合物调谐谱。根据幼虫嗅觉受体的调谐谱和植物气味化合物在不同浓度下对棉铃虫幼虫的吸引作用，通过一系列行为学检测发现，四元组分混合物 MJAP 对棉铃虫幼虫的吸引力最强，其吸引力甚至高于寄主植物青椒的汁液。进一步的行为学实验证实，顺式茉莉酮和 1-戊醇是 MJAP 中的关键组分。通过荧光原位杂交实验明确，调谐顺式茉莉酮和 1-戊醇的气味受体 Or41 和 Or52 在幼虫触角的同一个神经元中表达。该研究首次根据气味受体基因的表达位置和其最有效配体设计混合物，最终找到了能够强烈吸引棉铃虫幼虫的混合物，为寻找治理棉铃虫新方法提供了新的思路（Di et al.，2017）。中国农业大学张龙教授研究组首先鉴定了东亚飞蝗（*Locusta migratoria manilensis*）不同嗅觉结合蛋白和化学感受蛋白在胚胎发育中的时空表达，发现 OBPs 和 CSPs 表达时间不同，而 OBPs 则在不同类型的感受器中表达。中国农业科学院植物保护研究所对麦长管蚜（*Sitobion avenae*）气味结合蛋白（OBPs）及气味受体（OR）基因进行克隆，获得 7 种 *OBP* 基因，1 个 *Orco* 基因。

西南大学农业部蚕业实验室夏庆友教授研究组鉴定了 4 条新的味觉受体蛋白序列（BmGr66-BmGr69），利用细胞免疫荧光和 β-半乳糖苷酶融合表达实验技术，发现该受体和一个推测的苦味味觉受体 BmGr53 的跨膜拓扑结构与传统 GR 受体跨膜结构域插入方向相反，即这些味觉受体胞内为 C 末端、胞外为 N 末端，这是我国学者首次对昆虫味觉受体的结构进行阐述的报道。

中国科学院上海生命科学研究院神经科学研究所王佐仁研究员课题组在国际神经学顶级期刊 *Neuron* 上，首次揭示了果蝇兴奋性嗅觉中间神经元（excitatory local interneurons，eLNs）的电生理特性以及它们与其他神经元的突触连接和作用机制，其对于深入理解嗅觉编码的神经环路机制具有重要的基础理论意义（Huang et al.，2010）。

### 3.2　昆虫信息素研究

昆虫信息素技术是当前一项重要的生物防治技术，许多发达国家都非常重视这一技术。信息素在害虫防治，测报和检疫工作中的应用是解决由化学农药引起的一系列问题的重要途径，也是全球害虫综合治理的发展趋势。

我国于 20 世纪 40 年代开始相关研究工作，研究了雌蛾信息素腺体的形态和构造，70 年代开始了全面的研究工作，并在 1979 在马尾松松毛虫上鉴定到首个昆虫信息素，该信息素包含三种主要的化合物，即（Z，E）-5，7-dodecadienol，（Z，E）-5，7-dodecadienyl acetate，and（Z，E）-5，7-dodecadienyl propionate，该项工作由当时北京动物研究所的陈德明教授带领多位研究人员共同取得的结果。中国林业科学院张真研究员课题组研制出松阿扁叶蜂（*Acantholyda posticaadis*）、双条杉天牛（*Semanotus bifasciatus*）、云南木蠹象（*Pissodes yunnanensis*）和华山松木蠹象（*P. punctayus*）的植物性引诱剂；并在云南切梢小蠹（*Tomica yunnanensis*）、横坑切梢小蠹（*T. minor*）和短毛切梢小蠹（*T. brevipilosus*）的聚集信息素的研究方面也取得进展，研制了聚集信息素与寄主挥发物结合的诱导芯。安世恒等在家蚕信息素合成相关基因（*desat1*，*FAR*，*PBARN*，*FATP*，*ACBP*，*OrailA*）的研究中发现，对于性信息素相关基因的表达，保幼激素并不是一个关键的抑制因子，进一步研究发现交配可以显著抑制这些基因的表达。这一结果为阐明性信息素的合成机制提供了一定的参考。

近缘种棉铃虫和烟青虫是我国重要的农业害虫，前者取食 30 余科 200 多种植物，后者只取食茄科的少数几种植物。两种昆虫均以顺 11-十六碳烯醛（Z11-16：Ald）和顺 9-十六碳烯醛（Z9-16：Ald）构成二元性信息素，但比例正好相反，分别为 97：3 和 7：93。王琛柱研究组发现，催化 11 位脱饱和作用的脱饱和酶基因 LPAQ 在棉铃虫腺体中的表达量是烟青虫中的 70 倍，而另一个催化 9 位脱饱和作用的脱饱和酶基因 NPVE 则刚好相反，在烟青虫腺体中的表达量是棉铃虫腺体中的 60 倍。两种昆虫性信息素比例的差异正是由 LPAQ 和 NPVE 的表达分歧所决定。两种蛾的雄性则通过信息素受体识别比例相反的性信息素，其中调谐 Z11-16：Ald 的信息素受体基因分别为 *HassOr13* 和 *HarmOr13*，*HassOr14b* 则是调谐烟青虫最主要的性信息素组分 Z9-16：Ald 的信息素受体基因，且这两种近缘种昆虫信息素受体功能的特化可来自于少数几个氨基酸位点的替换（Yang et al.，2017）。

王桂荣研究组利用反向化学生态学的方法揭示熊猫与蛾子可能共享结构类似的性信息素成分，从熊猫基因组中鉴定了用于感受性信息素的嗅觉基因，通过基因合成、体外表达和纯化获得了蛋白晶体，结合 X-ray 获得了该蛋白的晶体结构。通过筛选该蛋白的配体获得了潜在的熊猫的性信息素，其结构与蛾类性信息素成分结构类似。该研究证明了反向化学生态学研究策略不但适用于昆虫学的研究，也适用于其他脊椎动物尤其是组织不易获得的动物的研究（Zhu et al.，2017）。

张健旭研究员课题组致力于哺乳动物信息素的功能和化学组成关系的研究，成功鉴定了大鼠的性信息素、小家鼠中两个半挥发性的双相性信息素成分以及金仓鼠胁腺的成分及其推定的性信息素（Teng et al.，2017；Guo et al.，2018），发展了我国在脊椎动物信号物质化学鉴定领域的研究。

孙江华研究组发现线虫蛔甙（Ascarosides）信息化合物在媒介昆虫变态发育和松材线虫病扩散过程中起关键作用。Ascarosides 不仅可以由松材线虫产生，其媒介昆虫-松墨天牛也可以产生（Zhao et al.，2016）。

## 3.3 植物与昆虫的关系

植物与昆虫的关系的研究是化学生态研究的热点之一。据统计，昆虫取食植物年生物量的 10%。昆虫在取食植物的过程中，昆虫与植物取食被取食之间相互关系，包含昆虫的解毒，植物的防御反应等过程，其中涉及生理生化与分子生物学机制。

浙江大学农学院/水稻生物学国家重点实验室舒庆尧教授、娄永根教授、叶恭银教授，联合嘉兴市农科院、无锡哈勃生物种业技术研究院有限公司、英国纽卡斯尔大学（New Castle University，UK）等单位，发现了水稻与害虫对植株体内 5-羟色胺生物合成的调控体现了水稻对害虫的抗性或感性。当抗性水稻品种受到害虫（褐飞虱、二化螟等）为害时，水稻中合成 5-羟色胺的基因 *CYP71A1* 转录不被诱导，从而导致水稻中水杨酸含量升高和 5-羟色胺含量降低；而在感虫品种受到害虫为害时，害虫可促进 *CYP71A1* 的转录，从而引起水杨酸含量下降和 5-羟色胺含量上升。水稻中高含量的 5-羟色胺有利于褐飞虱和螟虫等害虫的生长发育。因此，褐飞虱和水稻之间的"军备竞赛"在一定程度上体现在了对水稻体内 5-羟色胺生物合成的调控上。由于植物中均存在 5-羟色胺和水杨酸合成代谢通路，5-羟色胺合成酶基因在不同作物中相对保守，该结果对水稻及其他作物的抗虫育种都具有重要指导意义（Lu et al.，2018）。

中国科学院动物研究所康乐院士研究组 2009 年在国际最权威的昆虫学综述性杂志 *Annual Review of Entomology* 发表了斑潜蝇化学生态学方面的研究综述，并在昆虫和寄主化学生态的研究方面，发现了茉莉酸介导的植物直接和间接防御存在的生态适应的平衡现象；与具备完善的茉莉酸系统野生型番茄相比，茉莉酸缺失体番茄直接和间接防御斑潜蝇幼虫能力被抑制，但它对成蝇的吸引性降低，而过量表达体对斑潜蝇抗性最强。进一步研究表明，过量表达茉莉酸合成基因番茄间接防御的效果与野生型相比明显减弱，主要是因为其上的斑潜蝇个体小而引起寄生的"窗口"效应造成的。此外，该研究组还通过研究南美斑潜蝇为害拟南芥及其与健康植物交流后的基因组表达信息发现，乙烯（ET）途径在植物-植物交流中起了关键性的作用，而茉莉酸起到了辅助的作用。

浙江大学刘树生教授研究组与周雪平教授研究组共同研究发现，烟粉虱本身取食植物可诱导植物萜类化合物合成相关基因的上调表达，增加萜类化合物的释放，从而提高植物对烟粉虱的抗性。然而，病毒与其卫星 DNA 共同侵染则抑制了植物茉莉酸防御信号途径和萜类化合物合成相关基因的表达，降低了植物中茉莉酸的滴度以及萜类化合物的释放，植物中茉莉酸滴度的下降、萜类化合物挥发量的降低提高了烟粉虱的存活力和生殖力。通过基因过表达和沉默试验证明，由病毒卫星编码的致病蛋白 C1 启动了病毒对茉莉酸代谢相关抗性的压抑，病毒侵染抑制了萜类化合物的合成，进而促成了这种通过寄主植物介导的烟粉虱-双生病毒之间的互惠关系，该研究首次从生理和分子水平揭示媒介昆虫与病毒之间通过植物介导形成互惠关系的重要机制。

娄永根研究组对水稻诱导抗虫的机制进行了持续研究，首次揭示茉莉酸信号转导途径在水稻防御不同习害习性害虫种发挥着不同作用，鉴定了植物诱导防御反应种两类早期调控因子，OsERF3 和两种磷脂酶 D（α4 和 α5），并鉴定了能诱导水稻产生抗虫性的化学激发子。该研究组最新的研究成果还发现，褐飞虱通过唾液分泌物质含有的内切-β-1,4-葡聚糖酶可以可见降解植物细胞壁上的纤维素，从而有利于其对水稻的取食，与此同时，该酶还能规避由于茉莉酸和茉莉酸异亮氨酸共轭物对水稻抗性的诱导响应，该结果揭示了刺吸式昆虫如何化解植物中细胞壁的障碍，该结果在一定程度上解释了 1960 年绿色革命以来褐飞虱在水稻栽培上一直猖獗的原因，主要与绿色革命以后被广泛种植的半矮秆水稻的 GA 合成途径受破坏，其植株中木质素和纤维素的含量也较低有关。

茉莉酸是一种能够提高植物抗虫害的植物激素，然而由于茉莉酸诱导提高的植物抗虫害能力会随着这叶龄的提高而不断减弱，陈晓亚院士的研究结果发现抗逆次生物质的累积能够补偿这种由于叶龄增加导致的茉莉酸的诱导抗病能力减弱的缺陷，从而是保持植物的抗虫能力（Mao et al.，2017）。

通过植物介导的 RNAi 对取食害虫中重要基因的沉默作用是当前作物病害防控的新策略。棉毒素对包括昆虫在内的大多数生物有毒，植食性昆虫如棉铃虫等具有非常发达的解毒酶系，其中 P450 单加氧酶是重要成员。陈晓亚院士研究组发展了一种植物介导的 RNAi 抗虫技术，可以有效、特异地抑制昆虫基因的表达，从而抑制害虫的生长。从棉铃虫的 cDNA 文库中分离到一个受棉酚诱导的棉铃虫 P450 单加氧酶 CYP6AE14，发现该 P450 与棉铃虫对棉酚的耐受性密切相关。在植物中表达 CYP6AE14 的双链 RNA 饲喂昆虫，可以抑制该基因的表达。这一技术的一个显著优点是通过昆虫取食植物将双链 RNA 传递到昆虫体内，能够特异地抑制昆虫防御基因的表达，比目前常用的双链 RNA 注射简便得多，使 RNA 干扰抗虫植物在农业生产中的应用成为可能，为开发更有效的转基因抗虫植物开辟了新方向。相关论文于 2007 年在著名杂志 *Nature Biotechnology* 作为封面论文发表，该杂志还发表长篇评论，认为这项技术为开发新一代安全有效的转基因抗虫植物（如抗虫棉）奠定了基础。*Nature* 杂志将其列为亮点论文之一，称之为"RNA 干扰杀虫剂"。

德国马克斯·普朗克研究所以张江博士为首的科研团队利用在叶绿体中转入双链 RNA 的策略，生产出一种抗虫的转基因马铃薯。这种转基因马铃薯即以甲虫生长必需的 β-肌动蛋白基因作为目标基因，将特异的针对目标基因的双链 RNA 转入马铃薯的叶绿体，这种"转叶绿体"的马铃薯有明显的抗虫效果，用这种绿叶喂食甲虫的幼虫，2d 内幼虫停止取食，4d 后所有全部死亡。这种"转叶绿体"的方法为生产转基因抗虫作物的提供了一种新策略。此后，张江博士全职进入湖北大学工作，并在 2016 年入选中组部"青年千人计划"。

植物寄主介导的 RNAi 技术，对于植物鞘翅目和鳞翅目害虫的防治也具有巨大的潜力。中国科学院遗传与发育生物学研究所朱祯研究员课题组通过大量 RNAi 靶标的筛选，最终确定控制昆虫保幼激素代谢的关键基因为最佳靶标，并与张天真教授研究组合作培育了可表达阻断棉铃虫激素合成 dsRNA 的转基因棉花，该转基因棉表现出很强的抗虫性，尤其对于 Bt 耐受性棉铃虫系有很好防治效果。转基因棉花成功表达了高量 dsRNA，受试昆虫体内靶基因表达明显下调，保幼激素本身合成被显著抑制。聚合上述 RNAi 和 Bt 的转基因棉花抗虫效果进一步增强。此外，RNAi 抗虫棉可明显延缓棉铃虫抗性的产生。以昆虫保幼激素 RNAi 抗虫棉及 RNAi + Bt 的聚合棉可以克服棉铃虫对单一策略转基因棉易产生耐受性的难题，同时为下一代抗虫作物的研发奠定了基础（Ni et al.，2017）。

华中农业大学张献龙教授研究组和雷朝亮教授研究组的最新成果显示，通过转基因棉花表达害虫靶标基因 *dsRNAs* 实现了对中黑盲蝽有效防控。他们从大量的室内显微注射实验最终选择了影响中黑盲蝽卵巢发育的 *AsFAR* 基因作为最佳靶标，利用农杆菌介导的遗传转化得到了高量表达靶标基因 *dsRNA* 的转基因棉花。连续两年的室外抗虫鉴定表明，该转基因棉花对中黑盲蝽表现出较强的抵抗能力，降低了对棉花危害程度。该研究创造的转基因棉花不但为中黑盲蝽的防治提供的新的策略，且还能与 BT 棉杂交，为害虫多抗棉花的研究奠定基础（Luo et al., 2017）。

中国科学院武汉植物园丁建清研究员课题组以大戟科植物乌桕（*Triadica sebifera*）和同时具有地上（成虫）和地下（幼虫）两个生活史阶段的红胸律点跳甲（*Bikasha collaris*）为对象，揭示了同种地上地下昆虫的种内互作关系和调节昆虫互作的化学机制。最近，该研究组在此基础上，通过田间监测、室内控制实验和化学物质分析，进一步研究群落内多种类型地上地下昆虫的互作关系及其内在的化学调节机制。研究发现种内促进和种间抑制是决定群落地上地下组成和多样性的关键。化学分析进一步表明植物地上和地下组织中的单宁含量与昆虫发育存在显著的负相关，可能参与调节了不同类型地上地下昆虫的互作关系。

武汉大学何光存教授研究组通过转录组和蛋白质组分析鉴定出一种褐飞虱分泌的粘蛋白样蛋白质（NlMLP）。NlMLP 在唾液腺中高表达，并在取食期间分泌到水稻中。抑制稻飞虱 NlMLP 的表达则会干扰唾液鞘的形成，显著影响褐飞虱存活率，表明 NlMLP 蛋白在褐飞虱取食以及存活方面起着重要的作用。此外 NlMLP 还可诱导植物细胞死亡、防御相关基因的表达以及胼胝质沉积，该研究揭示了褐飞虱分泌的粘蛋白样蛋白质为其取食及诱导水稻免疫反应所必需（Shangguan et al., 2018）。

### 3.4 植物诱导抗性

植物的抗性能力除了组成抗性系统之外，许多植物还具有诱导性抗性系统，而人们对于植物诱导抗性的关注也是近四十年的时间，诱导抗性具有开关效应，茉莉酸对于植物的生命活动起重要的调控作用，不仅调控植物对病虫和非生物逆境的防御反应，还调控植物育性和衰老等多种生长发育过程。植物如何感知茉莉酸是半个多世纪以来一直悬而未决的重大科学问题。清华大学谢道昕教授前期发现了一种被命名为"COI1"的蛋白是茉莉酸的受体，这对茉莉酸信号转导的研究具有深远影响。

对于茉莉酸信号传导过程，谢道昕研究组阐明了一系列关键转录因子所组合产出的各种蛋白复合体在茉莉酸途径中的重要作用，从而揭示了茉莉酸调控植物抗病抗虫反应、雄性不育、叶片衰老、花色素苷积累和表皮毛形成的分子机制。中国科学院遗传与发育生物学研究所李传友研究员课题组发现，茉莉酸途径的核心转录因子 MYC2 通过与转录中介体亚基 MED25 的互作实现与 RNA 聚合酶的"沟通交流"，从而特异性地调控茉莉酸响应基因的表达，并揭示了转录因子利用"降解促进激活"调控防御反应这一在生物界保守的新机制（Liu et al., 2019）。

茉莉酸在激活防御反应的同时也调控诸多生长发育过程，然而，植物抗性和生长发育之间常存在负相关。谢道昕课题组发现了茉莉酸介导植物防御反应的重要调控因子 JAV1，遗传操作 JAV1 可以显著提高植物抗虫抗病性、但不影响植物生长发育，揭示了一种新的植物体平衡生长发育与防御反应过程的分子机制。李传友研究组对番茄基因 *Spr8* 进行遗传操作也可以打破植物抗性和生长发育之间的负相关，揭示了植物—病原菌互作的新机理。这些研究成果在植物保护方面具有重要应用前景，为开辟病虫害治理提供了新的策略。此外，谢道昕研究组与清华大学医学院娄智勇教授、饶子和院士等合作在植物科学领域率先阐明了茉莉酸和独脚金内酯这两类重要植物激素的受体感知机制，系统地阐述了茉莉酸调控植物生长发育和防御反应的信号传导机制，在生命科学领域首次揭示了新型的"配体—受体"不可逆识别规律（Yao et al., 2016）。

在营养调控植物抗性方面，曾任森教授研究组发现硅可以提高水稻对稻纵卷叶螟的抗性，施用硅后水稻对害虫取食的防御反应迅速提高，硅对植物防御起到激发效应（priming effect）。而当植物中的茉莉酸防御信号途径的茉莉酸合成关键酶基因（*OsAOS*）和信号受体基因（*OsCOI1*）被 RNA 干扰后，硅对水稻防御的激发效应消失。添加茉莉酸甲酯到野生型水稻植株后，可以显著诱导水稻中硅转运基因的表达，增加硅在水稻叶片中的累积。*OsAOS* 和 *OsCOI1* 基因被沉默后，硅在转基因水稻叶片中的累积大幅度减少。因此推测水稻在受到虫害袭击时，硅可以使水稻迅速激活与抗逆性相关的茉莉酸途径，茉莉酸信号反过来促进硅的吸收，硅与茉莉酸信号途径相互作用影响着水稻对害虫的抗性（Ye et al., 2013）。该研究揭示了硅元素尽管在植物生长发育中不是必需元素，但它是植物抵御逆境、调节植物与其他生物之间相互关系所必需的化学元素。进一步研究发现，在低氮浓度下，施硅可以促进氮的吸收和代谢，在氮肥过多时，施硅可以抑制氮的吸收和代谢，减少过多氮引起的为害。在低硅浓度下，施氮可以促进硅的吸收和转运，而在高硅浓度下，高氮抑制硅的吸收和转运，氮与硅存在拮抗作用。利用硅肥可以调控水稻生长与防御的权衡关系（Wu et al., 2017）。

该研究组还发现，受到稻纵卷叶螟为害或者用茉莉酸防御信号化合物处理后的头季水稻会产生记忆，从而诱导其再生季水稻抗虫性显著提高，且这种抗性记忆与水稻植株体内茉莉酸信号途径有关，而茉莉酸信号合成和受体的突变体则不会产生抗性记忆传递给再生稻。推断这是水稻再生季抗虫性高于头季稻原因之一，此发现为提高水稻再生季的抗逆性奠定了理论基础（Ye et al., 2017）。

### 3.5 三级营养关系

植物-害虫-天敌之间的三级营养互作关系是当今进化生态学和化学生态学领域的前沿课题，也是寻找害虫可持续控制途径的重要基础。自 2006 年以来，我国昆虫学家在 973 项目《重大农业害虫猖獗危害的机制及可持续控制》的支持下，围绕害虫、植物、天敌协同进化机理的关键科学问题，以棉花-害虫-天敌、水稻-害虫-天敌和蔬菜-害虫-天敌系统为研究对象开展研究，从作物、害虫和天敌的相互关系角度，研究了害虫与寄主作物的协同进化机制，阐明了天敌对害虫的适应及其持续性控害作用，揭示了作物-害虫-天敌食物网间的信息与营养联系，提出了充分利用作物抗性与天敌调控害虫的可持续控制对策；在 *Science*、*New Phytologist*、*Plant Journal*、*Plant, Cell and Environment* 等刊物发表论文 200 余篇，极大地提高了我国在作物-害虫-天敌三者之间关系的研究水平。

中国农业科学院植物保护研究所吴孔明院士领衔的棉花害虫科研团队针对害虫与棉花互作机制、天敌与昆虫协同进化机制和棉田食物网的三级营养结构、功能及调控机制等科学问题，研究了"棉花-害虫-天敌"的化学信息通讯机制、棉田三营养级之间的食物营养关系和信息通讯机理等，发展基于生态设计防控害虫的新理论、新策略，有利于提升害虫防控理论水平和支撑服务产业能力（Zhang et al., 2018；Wan et al., 2017）。

中国工程院院士，中国农业科学院茶叶研究所陈宗懋研究员开创了茶树害虫化学生态学研究领域，进行了茶树-害虫-天敌三层营养关系的化学通讯联系研究，包括茶树-假眼小绿叶蝉-白斑猎蛛、茶树-茶尺蠖-单白绵绒茧蜂、茶树-害螨-捕食螨间的化学通联系，取得突破性研究成果，为进一步提高害虫综合治理提供理论基础（陈宗懋，2013）。

### 3.6 植物化感作用

化感作用是植物化学生态学研究的主要方向。在小麦化感作用研究方面，孔垂华教授研究组通过地下信号实验检测研究小麦和其他 100 种植物之间的邻近识别和化感应答（neighbor detection and allelopathic responses），发现小麦可以识别同种和异种特异性邻居植物，并通过增加化感物质的产生来应对。此外，研究表明黑麦草内酯（loliolide）和茉莉酸存在于来自不同物种的根系分泌物中，并且能够引发小麦中的化感物质丁布（DIMBOA）生成。因此，该研究表明根分泌的 loliolide 和茉莉酸参与植物邻近检测识别和化感应答，该两种物质可能是植物在地下中植物-植物相互作用的广泛介质（Kong et al., 2018）。

水稻化感作用研究方面，林文雄教授研究组发现化感水稻 PI312777 的抑草作用能够被诱导提高，如外源信号小分子水杨酸、茉莉酸诱导下的 PI312777 的抑草能力显著提高，且 PI312777 的 *PAL* 基因也增强表达。进一步研究还发现，稗草胁迫、适度氮素缺乏均能够促进 PI312777 提高抑草能力，其 *PAL* 基因表达也增强，酚酸类化感物质的合成与分泌增加。当利用 RNAi 干扰抑制 PI312777 的 *PAL* 基因表达后，水稻的酚酸类化感物质含量降低,化感抑草能力下降,同时水稻根际土壤中的微生物多样性也降低(Fang et al., 2013),且以粘细菌变化最为明显,进一步研究了粘细菌与水稻化感作用的关系,及其对稗草 miRNAs 表达的影响,发现化感水稻 PI312777 根系分泌的酚酸类物质能够促进其根际粘细菌的生长与增殖,粘细菌与酚酸类物质相互作用影响了靶标稗草中与生长素合成、DNA 修复相关的 miRNA 的表达,使得稗草的生长素合成受阻,DNA 损伤增加,最终抑制稗草生长,该结果较为系统地揭示了水稻化感作用形成的根际生物学过程及其抑制稗草生长的分子机制(Fang et al., 2015)。

浙江大学樊龙江教授研究组联合中国水稻研究所和湖南省农科院等科研人员,通过稻田稗草基因组测序和水稻化感互作实验,揭示了稗草通过基因簇合成防御性次生代谢化合物,用于与水稻竞争和抵御稻田病菌的遗传机制,并为水稻 C4 育种提供了一个重要基因遗传资源。稗草进化出可以合成异羟肟酸类次生代谢产物 DIMBOA 的三个基因簇,在与水稻混种时,该基因簇会快速启动,大量合成丁布,显著抑制水稻生长。此外,稗草中还进化出合成次生代谢产物稻壳酮(momilactone)的基因簇,稻瘟菌诱导其大量表达,并快速合成稻壳酮,在稻田环境下其用于抵御真菌等病菌(Guo et al., 2017)。最近,该研究组对近年来杂草基因组以及作物与杂草互作与进化分子机制研究进展进行了综述,并提出了该领域重要科学问题和今后研究方向,认为可以培育对 DIMBOA 不敏感(钝感)水稻——抑草稻或化感稻;此外,杂草稻种子深藏稻田中,它能随着水稻播种而破土而出,发芽成苗快速,并最终能超过水稻。杂草稻种子强发芽势特征是目前直播水稻品种所缺乏的,杂草稻群体基因组的分析为找到相应功能基因提供了可能(Guo et al., 2018)。

在药用植物连作障碍方向,林文雄研究组以太子参连作障碍为对象,系统研究了太子参连作介导根际土壤环境灾变的机制,发现连作导致太子参根际微生物群落结构失衡,土壤伯克氏菌、芽孢杆菌、假单胞菌、木霉菌等有益菌含量下降,而导致尖孢镰刀菌、踝节霉菌、Kosakonia sacchari 等主要病原菌含量急剧上升。研究还发现太子参根系分泌物中的混合酚酸类物质对伯克氏菌、假单胞菌等有益菌生长具有明显的抑制作用,而对连作障碍密切相关的尖孢镰刀菌、K. sacchari 和踝节霉菌等病原菌却有显著的促进作用;混合有机酸对 K. sacchari 和踝节霉菌等病原菌的生长也具有明显的促进作用,能促进 K. sacchari 生物被膜产生、提高踝节霉菌生物毒素的合成。进一步分析还发现 K. sacchari 病原菌在利用根系分泌物香兰素时,能够重新合成产生 3,4-二羟基苯甲酸,该代谢产物会抑制有益菌如短小芽孢杆菌的生长并降低其生防能力,即降低其抗击病原菌能力,加剧连作土壤微生态结构的恶化(Wu et al., 2017)。可见,太子参根系分泌物对土壤病原菌和有益菌有选择性促进或抑制的不同生态效应,同时连作下土壤微生物间还存在复杂的互作关系,并且能够对太子参根系分泌物进行再转化、加工等过程,共同营造一个有利于病原菌生长的土壤环境。

在蔬菜连作方面,浙江大学喻景权教授研究组利用培养液活性炭吸附法,率先证实了黄瓜和西瓜等蔬菜根系分泌物引起的自毒作用,并从黄瓜等植物根系分泌物中鉴定出肉桂酸等酚酸类自毒物质,这些自毒物质显著降低了黄瓜根系 TTC 还原力、质膜和液泡膜 $Mg^{2+}$-ATPase、$H^+$-ATPase 和 PPase 活性,引起膜脂过氧化从而影响水分和离子吸收,继而导致光合作用等下降的作用模式。此外,研究还发现自毒物质助长了根部的病害,从而提出了连作障碍是多因子综合作用的结果。不同种间通过 ROS 和 [Cyt] $Ca^{2+}$ 等信号而识别自毒物质,并揭示了黄瓜和黑籽南瓜根系对黄瓜自毒物质在钙信号和活性氧信号的产生机制与应对机制上的差异,为建立科学合理的耕作制度奠定了基础(Yu and Matsui, 1997)。

## 3.7 海洋化学生态学

海洋占据了地球表面积的 71%,同时也是大量微生物、植物和动物物种的栖息地,它们与海洋环境一起构成了地球上最大的生态系统。2009 年 12 月 17 日,以中国工程院院士张偲研究员为首席科学家的我国第一个海洋微生物 973 项目——"海洋微生物次生代谢的生理生态效应及其生物合成机制"正式启动。该项目聚焦"海洋微生物的特有次生代谢过程及其生物学意义"这一关键科学问题，选择我国特有海洋环境和特色海洋生态系统的微生物类群，关注物种多样性和遗传多样性，发现具有生理与生态学效应的新颖次生代谢产物，研究海洋微生物的关键次生代谢过程和主要功能基因，揭示生物合成途径和调控机制，发展基因重组技术、代谢工程技术，丰富生物合成基础理论，开发组合生物合成新技术，从而为创新药物和特色环保制品的开发奠定基础。近年来，张偲与他的团队分离鉴定了 1100 多个海洋生物化合物，发现了 139 个新化合物，筛选出 93 个具有抗老年痴呆、抗肿瘤、抗菌或抗动脉粥样硬化的生物活性化合物，完成了国家药准号新药"海珠口服液"、两个保健品、多个功能食品、系列化妆品和新生物农药的研制，创造了良好的经济和社会效益。

深海环境营养匮乏，生活在深海的微生物为了争夺生存空间，会产生抗生素抑制周边微生物的生长。中国科学院南海海洋研究所鞠建华研究员利用这一化学生态学原理从深海微生物中筛选抗菌活性物质，发现一株来自深海 3560m 的放线菌发酵提取物，对抗耻垢分枝杆菌具有较强的选择性抑制活性，并对肿瘤细胞增殖具有一定的抑制活性（Ma et al.，2017a）。漆淑华研究员从 6 株海洋真菌和 1 株海洋放线菌活性菌株的发酵液中分离鉴定了 100 多个化合物，发现 30 多个新化合物，筛选到 20 多个具有抗病毒、抗污损、抗菌、抗细菌生物膜形成的活性化合物；探究了 1 个先导化合物抗病毒的分子机制、3 个活性化合物抗解淀粉芽孢杆菌生物膜形成的作用机制；对一批抗污损活性物质进行了野外海上挂板实验，发现多个具有显著海上抗污损能力的天然防污剂（Ma et al.，2017b；Huang et al.，2017；Xu et al.，2017；Wang et al.，2017；Nong et al.，2015）。

最近，中科院分子植物科学卓越创新中心/植物生理生态研究所王勇研究员课题组从我国日照采集到黄海海泥样品中，分离获得了一组富含氨基糖苷类化合物的菌株。针对其中的 HO1518 菌株，结合氨基糖苷类化合物的质谱裂解规律，对其进行追踪，最终发现并获得一系列结构新颖酰基取代的氨基寡糖类化合物（Liu et al.，2018）。

## 3.8 本学科在学术建制、人才培养、基础研究平台等方面的进展

近年来，通过 973 国家自然科学基金、国家公益性行业（农业）科研专项等对生态学学科的大力支持，化学生态学学科凝聚和培养了一批优秀人才，形成了一批研究创新团队。其中，浙江大学娄永根教授"稻飞虱灾变机理及可持续治理的基础研究"入选重大基础研究（973）创新团队，中国农业科学院植物保护研究所吴孔明院士"棉花-害虫-天敌的互作机制研究"团队入选 2013 年国家自然科学基金委创新研究群体。中国农业科学院植保所王桂荣研究员 2014 年入选科技部中青年创新人才计划，2016 年入选万人计划领军人才，有效推动了我国昆虫化学生态学和功能基因组学学科繁荣发展，引领我国科学事业在国际化发展中从"仰视"到"平视"演进。

中科院动物研究所孙江华研究员作为负责人主持了国家基金委重点项目"松材线虫自然扩散与媒介松墨天牛和寄主松树间的化学通讯机制"，其所在的农业虫害鼠害综合治理研究国家重点实验室与德国马普化学生态学研究所展开深度合作。中国农业科学院植保所王桂荣研究员的"昆虫化学生态学"项目获得 2017 年度国家杰出青年科学基金资助；中国科学院武汉植物园黄伟副研究员的"生物入侵与生态安全"获得 2018 年度国家优秀青年科学基金资助；此外，孙江华研究员在 2005 年也获得国家杰出青年科学基金资助，王琛柱研究员的"农业昆虫与害虫防治"2009 年国家杰出青年科学基金获得者，中国科学院植物生理生态研究所黄勇平研究员的"蛾类昆虫感受性信息素的分子机理研究"在 2008 年获国家杰出青年科学基金资助。浙江大学梁岩研究员的"植物与微生物互作的识别机制"获得 2016 年度国家优秀青年科学基金资助。

## 4 国际背景

化学生态学学科的研究方向中，昆虫化学生态学，植物与昆虫相互作用是该学科的两个重要研究领域，并且每年都涌现出杰出的研究人员和研究成果。在昆虫化学生态学机制研究中，昆虫化学感受特性及分子机理研究，国外主要集中在果蝇和蚊类等模式昆虫上，而国内在主要昆虫类群上都有所体现；同时国内研究存在以下相同问题：多数化学感受蛋白的功能尚无鉴定；嗅觉化学感受研究多，味觉研究相对较少；分子生物学等研究较多，形态学和解剖学等研究相对较少；昆虫化学感受较少提出具有重大创新性的理论及发现；多数研究尚为基础研究，距离实践应用，防治害虫和利用益虫上还有一段距离（闫凤鸣等，2013）。

我国研制成功的重要害虫信息素已有近百种，为科研人员研究和应用昆虫信息素防治害虫提供了可靠的保障。国际上在昆虫信息素的分离和鉴定，与国际上差距不大，但在合成和利用方面，已形成了非常完整的体系，而我国存在重研究、轻应用的倾向，没有形成产学研相结合的良好机制和氛围，信息素产品研发和田间应用明显不足。

我国目前对于植物信息化合物作用机理、行为影响方面的研究，可以说与国际上差距不大，但总的来说系统性不够，许多研究停留在表面上，有些只是粗提取物的生测，很难在机理和应用上提高水平。在植物信息化合物对昆虫生理和行为研究方面，我国大部分实验室利用的都是触角电位技术和嗅觉仪，只有个别实验室有风洞，这限制了对于信息化合物功能的准确认识，也不能为化合物的田间应用探索准确的剂量和浓度。与昆虫性信息素一样，我国对于植物化合物的很多研究，只是以研究为主，田间应用方面还有很大差距（闫凤鸣等，2013）。

我国大量研究围绕有害生物为害后植物信息化合物的生物合成途径的关键酶和相关基因的变化，在其调控机理方面与国外的研究还存在较大差距，但我国结合农业害虫综合治理技术，在植物挥发物对昆虫行为调控的研发与应用方面，开展了相关研究工作。目前生态调控及行为调控应用研究与国际水平相当。但在基础研究的系统性及自主致使产权的产品开放方面落后于发达国家。

目前，在海洋药物的开发研究领域走在前列的是美国、日本等科技发达的国家。仅以科研经费的投入便可看出美国等发达国家对海洋药物研究的重视：美国国家研究委员会和国立癌症研究所每年用于海洋药物开发研究的经费各为5000千多万美元；近年来，美国健康研究院（NIH）的海洋药物资金增长幅度已达11%以上，与合成药、植物药基本持平。日本海洋生物技术研究院及日本海洋科学和技术中心每年用于海洋药物开发研究的经费约为1亿多美元；欧共体海洋科学和技术计划每年用于海洋药物开发研究的经费约为1亿多美元。

## 5 发展趋势及展望

昆虫化学生态学今后以我国重要经济昆虫家蚕和重要农业害虫棉铃虫等为研究对象，系统开展嗅觉和味觉基因挖掘和功能鉴定工作，并深入揭示嗅觉和味觉识别的机制，为深入开发重要资源昆虫和控制重要农业害虫的猖獗为害提供理论基础。鼓励更多课题组开展昆虫信息素合成途径的研究，并把研究结果应用到害虫防治中，比如将信息素合成酶基因转到作物中。同时，加强信息素与不育剂、细菌、病毒等生物制剂配合使用研究，扩大信息素的应用范围和治虫效果，利用多种信息素强化多种天敌调控虫害种群的力度（Peri et al., 2018）。在研究和应用机制上，加强国内同行间的合作与交流，加强生物学家和化学家的合作，形成"发现现象-提取鉴定化学物质-生物测定-有效化合物的合成-行为测定-田间应用"的良性循环（闫凤鸣等，2013）。

在植物化学生态学方面，我国的植物化感作用研究在国际同类研究中处于领先地位，承办了第六届国际化感作用大会，曾任森教授任国际化感学会主席，2009 年在广州成立了亚洲化感作用学会并举办了第一届国际学术会议，2015 年又承办了亚洲化感学会的第三届国际会议，林文教授任亚洲化感学会主席，目前我国在化感作用的根际生物学过程研究系统全面，明确根际特定土壤微生物在化感作用、连作障碍产生过程中的重要作用，揭示了化感物质和特定微生物相互作用在化感作用形成过程中的重要作用。进一步应该重点关注微生物对化感物质的响应行为，由此可能引起的群体感应（quorum sensing）及其相关机制是值得深入探讨的问题（Chagas et al.，2018；Ahmad and Husain，2017；Bashir et al.，2016），在此基础上，分离有益菌，验证生物菌肥用于田间实践是使化感作用的理论研究走向田间实践的重要一环。针对作物化感作用的特性，发掘调控化感作用的关键基因，用于强化感作物品种的分子遗传育种也是今后该方向的研究重点。

海洋化学生态学方向，我国有悠久的海洋药物的研究历史，有 1.8 万 km 长的海岸线，有 500 万 km$^2$ 的海域面积。开发和利用海洋资源、进行海洋药物的研究具有得天独厚的条件。在我国，对海洋药物的研究尚是一个方兴未艾的领域，这使得这类研究在我国的药学研究和生物技术研究领域占有越来越显著的地位。海洋药物研究的重点领域是：海洋抗癌药物研究、海洋心脑血管药物研究、海洋抗菌抗病毒药物研究以及海洋消化系统药物研究等。另外，海洋功能食品的研究开发也将为我们带来更多保留天然特点和营养成分的"21 世纪食品"。总之，海洋药物的研究将成为药物研究领域一个新的亮点，为我们带来可观的社会效益和经济效益（Puglisi and Becerro，2018；Shakeel et al.，2018）。

中共中央发布的"十三五"规划纲要，明确提出了创新、协调、绿色、开放、共享五大发展理念，生态文明建设首入五年规划。"化学生态与生态文明"作为 2018 年全国第十二届化学生态学学术研讨会会议主题，也是当前化学生态学研究领域的最新主题，针对目前资源约束趋紧、环境污染严重、生态系统退化的严峻形势，如何研究和利用植物-昆虫-天敌、植物与植物的化学通讯行为与机制，开发绿色安全作物防控病虫草害技术应用于农业生产，利用海洋丰富的微生物资源开发合成新药物，我国化学生态研究学者迎来的新机遇和挑战。

综观世界化学生态领域的发展，可以发现化学生态是化学和生命科学的一座桥梁，它将生物有机体与微观化学分子有机地结合起来，探索着自然生态系统和生命活动的内在规律。因此，在今后的化学生态研究中将会大量出现化学生态学与分子生物学紧密结合的研究热点，例如气味生物工程就可能是一个化学生态和分子生物学交叉的新兴领域，会格外引人注目。我国化学生态学家们也将会通过植物与昆虫的相互关系研究中，利用植物气味调控昆虫多种行为的自然规律，去开创一个完全崭新的气味生物工程学（杜家纬，2014）。

## 参 考 文 献

陈宗懋. 2013. 茶树害虫化学生态学. 上海：上海科学技术出版社.

杜家纬. 1988. 昆虫信息素及其应用. 北京：中国林业出版社.

杜家纬. 2014. 我国化学生态学研究的回顾和展望. 生态学与全面·协调·可持续发展——中国生态学会第七届全国会员代表大会论文摘要荟萃.

孔垂华, 胡飞. 2001. 植物化感(相生相克)作用及其应用. 北京：中国农业出版社.

孔垂华, 娄永根. 2010. 化学生态学前沿. 北京：高等教育出版社.

林文雄. 2005. 水稻化感作用. 厦门：厦门大学出版社.

闫凤鸣. 2003. 化学生态学. 北京：科学出版社.

闫凤鸣, 陈巨莲, 汤清波. 2013. 昆虫化学生态学研究进展及未来展望. 植物保护, 39(5): 9-15.

Ahmad I, Husain F M. 2017. Biofilms in plant and soil health. New York: John Wiley & Sons, Ltd.

Bashir O, Khan K, Hakeem K R, et al. 2016. Soil microbe diversity and root exudates as important aspects of rhizosphere ecosystem. In: Hakeem K, Akhtar M(eds). Plant, Soil and Microbes. Berlin: Springer, Cham.

Chagas F O, de Cassia Pessotti R, Caraballo-Rodríguez A M, et al. 2018. Chemical signaling involved in plant–microbe interactions. Chemical Society Reviews, 47(5): 1652-1704.

Chang H, Liu Y, Ai D, et al. 2017. A pheromone antagonist regulates optimal mating time in the moth *Helicoverpa armigera*. Current Biology, 27(11): 1610-1615.

Cheng C, Wickham J D, Chen L, et al. 2018. Bacterial microbiota protect an invasive bark beetle from a pine defensive compound. Microbiome, 6(1): 132.

Cui G Z, Zhu J J. 2016. Pheromone-based pest management in China: Past, present, and future prospects. Journal of Chemical Ecology, 42(7): 557-570.

Di C, Ning C, Huang L Q, et al. 2017. Design of larval chemical attractants based on odorant response spectra of odorant receptors in the cotton bollworm. Insect Biochemistry and Molecular Biology, 84: 48-62.

Fang C X, Li Y Z, Li C X, et al. 2015. Identification and comparative analysis of microRNAs in barnyardgrass (*Echinochloa crus-galli*) in response to rice allelopathy. Plant, Cell & Environment, 38(7): 1368-1381.

Fang C X, Zhuang Y E, Xu T C, et al. 2013. Changes in rice allelopathy and rhizosphere microflora by inhibiting rice phenylalanine ammonia-lyase gene expression. Journal of Chemical Ecology, 39(2): 204-212.

Guo L, Qiu J, Li L F, et al. 2018. Genomic clues for crop–weed interactions and evolution. Trends in Plant Science, 23(12): 1102-1115.

Guo L, Qiu J, Ye C, et al. 2017. *Echinochloa crus-galli* genome analysis provides insight into its adaptation and invasiveness as a weed. Nature Communications, 8(1): 1031.

Huang J, Zhang W, Qiao W, et al. 2010. Functional connectivity and selective odor responses of excitatory local interneurons in *Drosophila antennal* lobe. Neuron, 67(6): 1021-1033.

Huang Z, Nong X, Ren Z, et al. 2017. Anti-HSV-1, antioxidant and antifouling phenolic compounds from the deep-sea-derived fungus *Aspergillus versicolor* SCSIO 41502. Bioorganic & Medicinal Chemistry Letters, 27(4): 787-791.

Ji R, Ye W, Chen H. 2017. A salivary endo-β-1, 4-glucanase acts as an effector that enables *Nilaparvata lugens* to feed on rice. Plant Physiology, 173(3): 1920-1932.

Kong C H, Zhang S Z, Li Y H, et al. 2018. Plant neighbor detection and allelochemical response are driven by root-secreted signaling chemicals. Nature Communications, 9(1): 3867.

Li F Q, Li W, Lin Y J, et al. 2018. Expression of lima bean terpene synthases in rice enhances recruitment of a beneficial enemy of a major rice pest. Plant, Cell & Environment, 41(1): 111-120.

Liu H L, Xie D A, Cheng W B, et al. 2018. Acylated Aminooligosaccharides with inhibitory effects against α-amylase from *Streptomyces* sp. HO1518. Marine Drugs, 16(11): 403.

Liu Y, Du M, Deng L, et al. 2019. MYC2 regulates the termination of jasmonate signaling via an autoregulatory negative feedback loop. The Plant Cell, DOI: https://doi.org/10.1105/tpc.18.00405.

Lu H P, Luo T, Fu H W, et al. 2018. Resistance of rice to insect pests mediated by suppression of serotonin biosynthesis. Nature Plants, 4(6): 338-344.

Luo J, Liang S, Li J, et al. 2017. A transgenic strategy for controlling plant bugs (*Adelphocoris suturalis*) through expression of double-stranded RNA homologous to fatty acyl–coenzyme A reductase in cotton. New Phytologist, 215(3): 1173-1185.

Ma J, Huang H, Xie Y, et al. 2017a. Biosynthesis of ilamycins featuring unusual building blocks and engineered production of enhanced anti-tuberculosis agents. Nature Communications, 8(1): 391.

Ma X, Nong X H, Ren Z, et al. 2017b. Antiviral peptides from marine gorgonian-derived fungus *Aspergillus* sp. SCSIO 41501.

Tetrahedron Letters, 58(12): 1151-1155.

Ma Y B, Cai W J, Wang J W, et al. 2007. Silencing a cotton bollworm P450 monooxygenase gene by plant-mediated RNAi impairs larval tolerance of gossypol. Nature Biotechnology, 25(11): 1307.

Mao Y B, Liu Y Q, Chen D Y, et al. 2017. Jasmonate response decay and defense metabolite accumulation contributes to age-regulated dynamics of plant insect resistance. Nature Communications, 8: 13925.

Ni M, Ma W, Wang X, et al. 2017. Next–generation transgenic cotton: pyramiding RNAi and Bt counters insect resistance. Plant Biotechnology Journal, 15(9): 1204-1213.

Nong X H, Zhang X Y, Xu X Y, et al. 2015. Nahuoic acids B–E, polyhydroxy polyketides from the marine-derived *Streptomyces* sp. SCSGAA 0027. Journal of Natural Products, 79(1): 141-148.

Pelosi P, Iovinella, Zhu J, et al. 2018. Beyond chemoreception: different tasks of soluble olfactory proteins in insects. Biological Reviews, 93: 184-200 .

Peri E, Moujahed R, Wajnberg E, et al. 2018. Applied chemical ecology to enhance insect parasitoid efficacy in the biological control of crop pests. In: Tabata J(ed)Chemical ecology of insects. Boca Raton: CRC Press.

Puglisi M P, Becerro M A. 2018. Chemical ecology: The ecological impacts of marine natural products. Boca Raton: CRC Press.

Shakeel E, Arora D, Jamal Q M S, et al. 2018. Marine Drugs: A hidden Wealth and a New Epoch for Cancer Management. Current Drug Metabolism, 19(6): 523-543.

Shangguan X, Zhang J, Liu B, et al. 2018. A mucin-like protein of planthopper is required for feeding and induces immunity response in plants. Plant Physiology, 176(1): 552-565.

Teng H, Zhang Y H, Shi C M, et al. 2017. Population genomics reveals speciation and introgression between brown Norway rats and their sibling species. Molecular Biology and Evolution, 34(9): 2214-2228.

Wan P, Xu D, Cong S, et al. 2017. Hybridizing transgenic Bt cotton with non-Bt cotton counters resistance in pink bollworm. Proceedings of the National Academy of Sciences USA, 114(21): 5413-5418.

Wang G. 2017. Molecular basis of alarm pheromone detection in aphids. Current Biology, 27(1): 55-61.

Wang J, Peiffer M, Hoover K, et al. 2017. *Helicoverpa zea* gut–associated bacteria indirectly induce defenses in tomato by triggering a salivary elicitor(s). New Phytologist, 214(3): 1294-1306.

Wang J, Yao Q F, Amin M, et al. 2017. Penicillenols from a deep-sea fungus *Aspergillus restrictus* inhibit *Candida albicans* biofilm formation and hyphal growth. The Journal of Antibiotics, 70(6): 763-770.

Wu H, Xu J, Wang J, et al. 2017. Insights into the mechanism of proliferation on the special microbes mediated by phenolic acids in the *Radix pseudostellariae* rhizosphere under continuous monoculture regimes. Frontiers in Plant Science, 8: 659.

Xu X, Zhang X, Nong X, et al. 2017. Brevianamides and mycophenolic acid derivatives from the deep-sea-derived fungus *Penicillium brevicompactum* DFFSCS025. Marine drugs, 15(2): 43.

Yang K, Huang L Q, Ning C, et al. 2017. Two single-point mutations shift the ligand selectivity of a pheromone receptor between two closely related moth species. eLife, 6: e29100.

Yao R, Ming Z, Yan L, et al. 2016. DWARF14 is a non-canonical hormone receptor for strigolactone. Nature, 536(7617): 469-473.

Ye M, Song Y Y, Baerson S R, et al. 2017. Ratoon rice generated from primed parent plants exhibit enhanced herbivore resistance. Plant, Cell & Environment, 40(5): 779-787.

Ye M, Song Y, Long J, et al. 2013. Priming of jasmonate-mediated antiherbivore defense responses in rice by silicon. Proceedings of the National Academy of Sciences USA, 110(38): E3631-E3639.

Yu J Q, Shou S Y, Qian Y R, et al. 2000. Autotoxic potential of cucurbit crops. Plant and Soil, 223(1-2): 149-153.

Zhang J, Khan S A, Hasse C, et al. 2015. Full crop protection from an insect pest by expression of long double-stranded RNAs in plastids. Science, 347(6225): 991-994.

Zhang W, Lu Y, van der Werf W, et al. 2018. Multidecadal, county-level analysis of the effects of land use, Bt cotton, and weather on cotton pests in China. Proceedings of the National Academy of Sciences USA, 115(33): E7700-E7709.

Zhao L, Zhang X, Wei Y, et al. 2016. Ascarosides coorcinate the dispersal of a plant-parasitic nematode with the metamorphosis of its vector beetle. Nature Communications, 7: 12341.

Zhou F, Xu L, Wang S, et al. 2017. Bacterial volatile ammonia regulates the consumption sequence of D-pinitol and D-glucose in a fungus associated with an invasive bark beetle. The ISME Journal, 11(12): 2809.

Zhu J, Arena S, Spinelli S, et al. 2017. Reverse Chemical ecology: Olfactory proteins from the giant panda and their interactions with putative pheromones and bamboo volatiles. Proceedings of the National Academy of Sciences USA, 114(46): E9802-E9810.

撰稿人：林文雄

# 第 35 章　稳定同位素生态学研究进展

## 1　引　言

稳定同位素是指不具备放射性、质子数相同而中子数不同的元素形式，如 $^{12}C$ 和 $^{13}C$ 是碳的稳定同位素，$^{16}O$、$^{17}O$ 和 $^{18}O$ 是氧的稳定同位素。生态学研究中的稳定同位素技术就是利用同一元素不同核素之间在理化性质上的微小差异研究生物对环境的适应机制、量化生态系统的碳水交换、追踪养分的生物地球循环过程，以及构建复杂的食物网等（Fry，2006；林光辉，2013）。利用稳定同位素作为示踪剂（tracer）研究生态系统中生物要素的循环及其与环境的关系，利用稳定同位素技术的时空整合能力（integrator）研究不同时间和空间尺度生态过程与机制，以及利用稳定同位素技术的指示功能（indicator）揭示生态系统结构和功能的变化格律与归因，已成为当前研究生态系统结构、功能和服务动态变化的重要手段之一，使现代生态学家能够解决用其他方法难以解决的生态学问题（Ehleringer et al., 1993；Yakir and Sternberg, 2000；Dawson et al., 2002；Dawson and Siegwolf, 2007；Fry, 2006；West et al., 2011；林光辉，2013；Hobson and Wassenaar, 2018）。

近年来，由于生态学研究问题更趋于复杂化和全球化，多学科的交叉综合研究已成为该学科发展新的生长点。由于其强大的示踪、整合和指示能力，稳定同位素技术已对现代生态学的研究产生积极的影响。如图 35.1 所示，稳定同位素信息让我们能够洞悉不同空间尺度上（从细胞到植物群落、生态系统、生物圈）和时间尺度上（从数秒到天、年、百万年）的生态学过程及其对全球变化的响应（Farquhar et al., 1989, 1993；Farquhar and Lloyd, 1993；Ciais et al., 1995；Lin et al., 1999；Battle et al., 2000；Roden et al., 2000；Bowling et al., 2001；Yepez et al., 2003；Lu and Conrad, 2005；Good et al., 2015；Fang et al., 2015；Ren et al., 2017；Ren et al., 2018）。稳定同位素技术在解决上述生态学问题所提供的信息，有效加深了我们对自然环境下生物及其生态系统对全球变化的响应与反馈作用等方面的认知，拓展了生态学研究及其成果应用的发展空间。2006 年，美国学者 Brian Fry 专著 *Stable Isotope Ecology* 正式出版，标志着稳定同位素生态学作为生态学的一门新分支学科正式诞生（Fry，2006），属于同位素化学技术进步与生态学深入研究交叉融合催生的一门新兴学科（林光辉，2010）。因此，不同于生态学其他传统分支学科，稳定同位素生态学的研究对象不只局限于某一个时空尺度，涉及从微观的分子和生理过程，到宏观的种群竞争、群落演替和生态系统功能，乃至到区域和全球的养分循环过程及其对全球变化的响应等（图 35.1）。在研究方法上，稳定同位素生态学整合了传统生态学、生物地球化学和同位素地球化学等学科的基本研究方法和技术，即基于稳定同位素组成的分析与解析，形成了一套较为完整和系统的研究方法，包括野外调查和实地采样、野外连续观测、同位素组成分析、生理和生态学过程同位素分馏机理研究，以及元素迁移、富集和循环过程的受控实验及数值模拟等（林光辉，2013）。20 世纪 80 年代以来，国内外出版了一系列稳定同位素生态学专著（Ehleringer et al., 1993；Fry, 2006；Dawson and Siegwolf, 2007；West et al., 2011；Hobson and Wassenaar, 2018；林光辉，2013；曹亚澄，2018），已成为重要的教材或参考书。1998 年启动的国际稳定同位素生态学大会（IsoEco Conference）每两年举办一次，从 2008 年开始至今国内也已举办了五届全国稳定同位素生态学学术研讨会，吸引了众多同行参会交流。

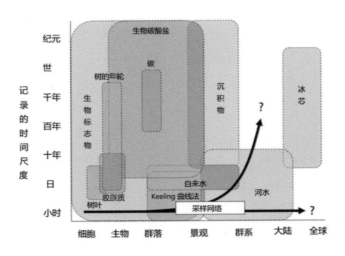

图 35.1　自然界不同材料稳定同位素组成可示踪、整合或指示的生态学时空尺度

## 2　中国稳定同位素生态学研究进展

早在 20 世纪 80 年代，中国科学院华南植物研究所的林植芳就与美国犹他大学 James Ehleringer 教授在 *Oecologia* 发表了在中国大陆开展的第一篇稳定同位素生态学研究的论文（Ehleringer et al., 1986），之后不少学者发表了稳定同位素技术在生态学研究中应用的综述论文（如林植芳, 1990；罗耀华和林光辉, 1992；林光辉和柯渊, 1995）。然而，由于资金和设备所限，稳定同位素技术在我国生态学研究中的应用到 21 世纪初才开始兴起（林光辉, 2010）。近 20 年来，通过国际交流合作以及我国科学家的不懈努力，该技术已逐渐成为我国生态学、环境科学等领域研究常用的一种技术（易现峰, 2007；林光辉, 2013；曹亚澄, 2018；林光辉等, 2018）。特别是近十年，我国众多生态学、环境科学及食品科学相关研究单位投入巨资购买先进的同位素比率质谱仪、激光光谱同位素仪及其配套设备，各类基金项目也加大资助应用稳定同位素技术研究全球性和我国特有的生态学问题，造就了我国学者在以下几个生态学重要研究领域取得了一些重要进展，很大程度上提高了我国生态学研究的深度、广度和学术影响力。研究队伍的不断壮大及涉及学科领域的逐步扩大，也促使中国生态学学会稳定同位素生态专业委员会于 2015 年正式成立。专委会近 3 年陆续组织了多次学术年会，包括 2016 年在深圳、2017 年在南京和 2018 年在沈阳举办的年会（暨第三、四、五届全国稳定同位素生态学学术研讨会），每次参会交流人数均达到超过 300 人的规模，吸引了其他相关学科的学者参会交流，有力推动了稳定同位素生态学研究成果在相关学科和行业实践的应用（图 35.2）。

### 2.1　生态学和地球化学过程同位素分馏机制研究

由于同位素分馏，不同生物组织或分子之间的稳定同位素比率明显不同。生物组织或分子之间的同位素分馏系数及其导致的稳定同位素组成存在差异，可用来指示、整合或指示一些重要生理生态过程以及更大时空尺度的生态与地球化学过程的重要信息。近十年，有关生态学和地球化学过程的同位素分馏机制研究，国内学者也取得了一些重要的进展。例如，针对著名的"Bigeleisen-Mayer 公式"或 Urey 理论，Liu 等（2010）重新推导了几十个高级交正公式，可用于稳定同位素平衡分馏系数的计算，为地学领域广泛提高稳定同位素分馏理论计算精度提供了一个目前最为精确的方法。来自于陆生高等植物叶蜡的正构烷烃氢同位素组成（$\delta Dwax$）能够很好地记录生物合成时所利用水的氢同位素组成信息，从而可以用于重建古代山脉的高度。为了完善这一方法，Luo 等（2011）对中国天山、神农架、武夷山不同地区表土里保存的叶蜡正构烷烃的同位素组成开展了调查研究，发现随着海拔升高 δDwax 逐渐变负，说明 δDwax 敏感且系统地响应了高度的变化，因此可以用这种线性递减率来估算古代山脉高度的变化或古植物所能利用水的来源。

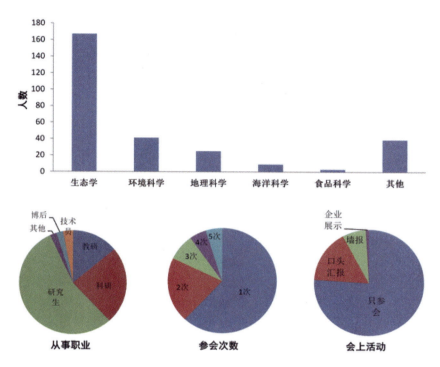

图 35.2　中国生态学学会稳定同位素生态专业委员会 2018 年沈阳学术年会
参会人员统计分析（根据收回的 278 份问卷调查表）

叶片水同位素富集效应（DL）直接影响了大气水汽与 $CO_2$ 的氧同位素比值（$d^{18}O$），为评估生态系统碳水循环提供了新的方法。DL 也决定了植物纤维素、叶蜡烷烃等有机代谢物的 $d^{18}O$，因而在古气候、古生态重建等研究中发挥重要作用（Cernusak et al., 2016）。Song 等（2015a, 2015b）围绕 Péclet 效应和非稳态（Non-Steady State, NSS）过程对 DL 的生理生态调控机制展开了系统研究，实现了对蒸腾水汽（dT）瞬时值的准确测量（Song et al., 2015a）及 NSS 方程的实验验证（Song et al., 2015b）。最近，Liang 等（2018）采集了中国东南沿海普遍分布的 33 种植物（包括真红树植物、半红树植物及临近的陆生淡水植物）的样品，测定了叶片水的 $δ^{18}O$ 和相关的叶片形态与生理生态参数，证实了植物叶片性状对红树林叶片水 $Δ_L$ 值的决定性作用。基于这些新认识建立的红树林叶水同位素模拟参数化方案，对于了解红树林的特殊生理生态特征，以及利用滨海湿地高等植物树轮的同位素组成定量重建古气候和古生态，都具有重要的科学价值（Liang et al., 2018）。

土壤呼吸释放的 $CO_2$ 碳同位素比值信号，是追踪碳循环过程的重要指标。在以往大多数相关研究中，通常是通过对土壤呼吸同位素信号的拆分来推算不同呼吸源在总呼吸中的贡献比例（如 Lin et al., 1999）。如果 $CO_2$ 在扩散过程中发生了同位素分馏，释放出来的碳同位素比值不再等于代谢产生的碳同位素比值，传统拆分方法就将不再适用。最近，Zhou 等（2018）从土壤里 $CO_2$ 扩散过程的分馏效应入手，利用扩散方程对非稳态条件下土壤呼吸的碳同位素分馏效应进行了较为充分的理论解析，充分解释了全球不同地区、不同立地条件下观测到的土壤呼吸碳同位素比值变异特征。该研究揭示了自然非稳态条件下土壤呼吸过程中碳同位素扩散分馏的基本特征和规律，并用可解的二维偏微分方程表征了土壤呼吸与 $CO_2$ 在土壤扩散过程的碳同位素分馏效应，对基于碳同位素信号解析陆地生态系统碳循环研究提供了重要理论和计算方法支持（Zhou et al.，2018）。

另外，生态系统尺度上的反硝化速率一直难以量化。近年来，硝酸盐的氮同位素比值经常被用于量化生态系统尺度上的反硝化速率研究，但利用 $^{15}N$ 同位素自然丰度量化需要考虑反硝化过程中的同位素分馏效应系数（ε）。Wang 等（2018）测定了中国从南到北四个森林土壤原生微生物群落反硝化过程中的同位素分馏效应以及氮氧同位素分馏效应的比值（$\Delta\delta^{18}O$：$\Delta\delta^{15}N$），结果表明森林土壤反硝化过程中氮同位素分馏效应（$^{15}ε$）为31‰～65‰，远高于以往反硝化细菌纯培养和其他环境条件下的研究结果（5‰～30‰）；氧同位素分馏效应（$^{18}ε$）为11‰～39‰，与以往研究结果相当。森林土壤反硝化过程中$\Delta\delta^{18}O$：$\Delta\delta^{15}N$ 比值为0.28～0.60，明显低于以往研究所报道的范围（0.5～1）。他们还应用本研究结果获得的反硝化分馏效应系数重新估算了陆地生态系统反硝化速率，发现过去的研究明显高估了陆地生态系统反硝化作用对总氮损失的贡献（Wang et al.，2018）。

## 2.2 稳定同位素探测技术与分子生态学研究

稳定同位素探测技术（stable isotope probing，SIP）是稳定同位素标记技术与分子生物学技术相结合而发展起来的一种新技术。应用该技术对环境中各种微生物群落组成进行遗传分类学鉴定的同时可以确定其在生态环境过程中的功能（Radajewski et al.，2000；Lu and Conrad，2005；Ren et al.，2018；Liu et al.，2019）。例如，Lu 和 Conrad（2005）采用 SIP 揭示了水稻根际碳循环的关键微生物种群和功能，在水稻根系发现了一组新古菌的产甲烷功能。Ren 等（2018）利用这个技术阐明了我国南方稻鱼共生系统生物遗传多样性的保育机制。他们发现，稻鱼共生系统中的鲤鱼维持着较高的遗传多样性，而稳定碳氮同位素比值分析发现不同表型的鲤鱼对稻田资源的利用格局明显不同，表明鲤鱼表型间的食性差异有利于种群适合度的提高，进而有利于稻鱼共生系统中鲤鱼群体遗传多样性的维持（Ren et al.，2018）。

另外，Liu 等（2019）也通过水稻多个生育期的连续脉冲标记（$^{13}CO_2$）并结合磷脂脂肪酸的稳定同位素探针技术（$^{13}$C-PLFA-SIP），探讨了水稻不同生育期叶片光合碳通过根际沉积作用在微生物群落中的分配特征，阐明了水稻不同发育阶段水稻根际沉积碳的周转机制，发现根际沉积过程可为土壤微生物提供易于利用的碳源和能源，从而在生态系统的土壤碳调节和养分循环中起重要作用，并对农田生态系统碳的固定作用（碳汇）产生正面影响。

## 2.3 植物碳代谢、土壤碳转化及生态系统碳循环研究

陆地高等植物在光合作用过程中优先吸收 $^{12}CO_2$ 而不是 $^{13}CO_2$，其中 C3 光合途径的植物对 $^{13}C$ 的分馏系数为14‰～27‰，明显大于 C4 光合途径植物（3‰～6‰）（Farquhar et al.，1989）。基于这种自然界存在的差异，近几年国内众多学者利用碳同位素比值测定研究了植物碳代谢、土壤碳周转和生态系统碳循环过程，已取得了一些重要进展。例如，Gong 等（2017，2018）利用稳定同位素技术研究植物关键碳循环过程（光合、呼吸等）对环境变化的响应机制，揭示出植物光合关键参数（叶肉导度、日间呼吸速率）对植物个体以及群落碳收支的影响以及全球变化背景下植物资源利用效率（水分、养分及碳素利用效率）的权衡机制。

碳同位素也可以指示土壤中碳的来源及周转途径。Wang 等（2017）利用中国北方草地 2200 km 样带，分析了 27 个土壤剖面碳同位素和碳含量的变化特征，发现所有土壤剖面碳随着土壤深度增加碳同位素比值逐渐升高而碳含量却逐渐降低，两种呈现显著的负相关关系，并证明了这种负相关性能够很好地指示出土壤碳的周转速率（Wang et al.，2017）。近几年，土壤微生物固碳功能的重要性逐渐得到重视，但土壤固碳微生物群落特征、固碳潜力及其环境因子驱动机制还有待研究。Zhao 等（2018）以青藏高原这一典型冷漠生态系统为例，采用微生物分子生物学和 $^{13}CO_2$ 稳定同位素标记技术，深入研究了草地土壤固碳

微生物群落特征及其固碳潜力，量化了青藏高原草地土壤微生物的固碳潜力，从土壤碳循环过程和功能微生物类群角度证实了青藏高原草地冷漠生态系统对气候变化极为敏感。

占全球海洋面积仅 8% 的边缘海，其年埋藏有机碳却占全球的 80%。要客观地评估边缘海在整个海洋碳收支中的作用，亟需详细解析沉积有机碳的来源和组成。Liao 等（2018a，2018b）以台湾海峡及北部湾为研究对象，研究了沉积有机质总有机碳及其稳定碳同位素、总氮和特征分子标志化合物（甘油二烷基甘油四醚）的空间分布，其结果表明台湾海峡的海洋有机碳主要埋藏在上升流区域，陆地植被和土壤来源的有机碳主要埋藏在河口区（Liao et al.，2018a）；而北部湾地区有机碳主要通过河流输送到北部湾，但陆源有机碳主要分布在海岸及其邻近区域（Liao et al.，2018b）。因此，在人类活动增加的背景下，需要采用多指标、方法对河口地区沉积有机碳进行详细的源解析，才可以客观地评估边缘海在整个海洋碳收支中的作用。

## 2.4 植物氮素利用与生态系统氮循环过程研究

氮稳定同位素技术在研究氮素利用与生态系统氮循环已有很长的历史，但该技术在我国的发展主要发生在近十年。对土壤有效态无机氮（即 $NH_4^+$-N 和 $NO_3^-$-N）同位素分析方法的简化和推广，促进了植物和土壤 $^{15}N$ 自然丰度法和标记法在研究植物氮利用、土壤氮转化和流失以及水体氮素来源与去向等方面研究中的应用（Zhang et al.，2010a；Wang, et al.，2014a；Fang et al.，2015；Wang et al.，2018b；Zhang et al.，2019）。

植物叶片的氮同位素比值（$\delta^{15}N$）受氮循环的多个过程及相互作用的影响，能够综合反映生态系统氮循环的特征（如氮循环的开放程度、氮素的可利用有效性等），不同森林生态系统之间植物叶 $\delta^{15}N$ 值的差异也可以用来比较生态系统氮循环的不同状态。为了研究我国南方森林叶片 $\delta^{15}N$ 较低是否是普遍的现象，Wang 等（2018）对海南尖峰岭自然保护区 4 个典型热带森林进行了研究，发现无论是原始林还是次生林植物叶 $\delta^{15}N$ 值都明显偏负，且显著低于世界其他区域热带森林，说明我国南方森林可能都是氮限制的生态系统，氮沉降增加可能会促进植物生长而增加对大气 $CO_2$ 的吸存。此外，该研究还比较了不同植物种间以及原始林和次生林间的 $\delta^{15}N$ 差异，探索了为什么所研究的森林植物叶片 $\delta^{15}N$ 偏低的原因（Wang et al.，2018）。Zhang 等（2019）还分析了青藏高原东部不同林龄云杉种植林叶片和土壤各种形式氮的 $\delta^{15}N$，发现在林龄 20~30 年的种植林内植物优先利用硝态氮，而林龄大于 30 年的云杉种植林内植物则更偏向利用氨态氮。另外，土壤有机氮也是植物的氮重要来源，表明森林植物氮利用具有一定可塑性，可以适应不同的氮源变化。

在农田生态系统，目前的研究主要是通过 $^{15}N$ 脉冲标记来模拟氮肥施用，从而追踪土壤中肥料氮的流向和命运（Zhang et al.，2010；Wang et al.，2014a；Nie et al.，2015；Quan et al.，2018）等。例如，Quan 等（2018）研究了外源肥料氮在高肥力农田土壤中的转化特征及其转化为挥发性的潜力，发现大部分可提取有机氮（EON）均来自土壤原有氮库，在添加 $\delta^{15}N$ 肥料后的 1~120d 内外源添加硫铵和黑麦草氮仅贡献 3%~4% 和 8%~13%。由此可见，旱地农田土壤 EON 是一个很稳定的氮库，受到外源添加氮的影响较小。然而，利用氮同位素示踪法计算出来的作物氮肥利用率只能反映施用肥料当时的氮利用效率，无法解析残留肥料氮对土壤氮消耗的补偿效应。由于生态系统结构单一，加上人为活动影响大，农田生态系统田间原位 $^{15}N$ 标记效果普遍存在于误差大的难题，需要进一步优化相关标记方法和计算方法。

硝酸盐氮氧双同位素自然丰度法在量化生态系统尺度氮收支有显著的优势。这个方法利用氮氧同位素在森林生态系统氮循环过程中的示踪作用来评估和量化氮过程。Fang 等（2015）利用硝酸盐氮氧双同位素方法，成功测算出我国南方 3 片热带森林和日本中部 3 片温带森林生态系统总硝化作用速率远高于生态系统总反硝化作用速率。他们的研究充分说明，利用硝酸盐双同位素法可定量评估不同气候条件下森林生态系统的土壤硝化和反硝化作用之间的平衡，可为计算森林生态系统氮收支平衡提供一种新的思路和方法。

在水体无机氮来源及其转化过程研究方面，稳定同位素技术也展示出明显的优势。肖化云和刘丛强（2004）、张翠云等（2004）、Zhang 等（2014）等对不同水体中氮稳定同位素组成也进行了广泛的调查研究，揭示了被污染的地下水、河水或湖水氮素过量输入的主要来源。范丽俊等（2016）也综合分析了中国不同地区水体无机氮同位素比值的差异及其相关研究进展，指出我国水体中各种形态氮同位素的研究过于局限于单个地点或分散区域，缺乏在全球尺度上对水体氮同位素变化的系统开展对比研究等问题。

## 2.5 植物水分来源与利用效率及生态系统水通量拆分研究

利用植物茎木质部水分的氢氧同位素组成量化植物吸收水的来源，一直是我国水分生理生态学研究的热点，涉及森林、荒漠、草地、喀什特等各种植被类型的植物（朱雅娟等，2010；聂云鹏等，2011；周雅丹等，2011；Deng et al.，2005；Sun et al.，2008；Zhang et al.，2010b；Xu et al.，2011；Chen et al.，2017）。这类研究显著提高了我们对各类植物如何适应水环境变化的理解。在方法学上，随着统计学思想的深度整合，基于同位素信号差异的水分来源贡献计算已从早期简单的二元或三元模型计算（如 IsoSourcing）演进到贝叶斯混合模型（如 MixSIAR）等复杂方法，但国内这类研究多数还是局限于前者，因而很难给出估算的不确定性。另外，对一些植物吸收水分和转运过程是否存在同位素分馏（Lin and Sternberg，1993；Ellsworth and Williams，2007）我国学者没有给予足够的重视。不过，Zhao 等（2016）发现了干旱地区胡杨树茎干木质部和侧枝、根系中水之间的氢同位素比值相差巨大，因而推论木质部内部水分输送过程也存在显著的氢同位素分馏，需要在利用稳定同位素量化干旱地区植物水分来源等研究中加以考虑。当然，这种现象是否在别的植物物种存在以及相关机理值得进一步的深入研究。

由于植物碳同位素整合了生产季或整年的光合作用与蒸腾之间的协调结果（Farquhar et al.，1989），叶片和树轮有机质碳同位素的测定常被用于指示植物对水分的利用效率（WUE）及对干旱、盐碱等胁迫的响应。叶片中的碳同位素比值可模拟单日水分利用有关的碳水代谢，再通过尺度扩展整合到整株植物的 WUE，以指示出土壤-植物-大气连续体（SPAC）的水碳耦合（徐晓悟等，2017）。例如，Hu 等（2010）将叶片尺度 WUE 扩展到单株尺度，通过树干液流计算碳同化速率，利用生态系统过程模型进而得到生态系统总初级生产力（GPP）。Wang 等（2014b）结合叶面积指数和树干液流，将平均冠层气孔导度模型和光合模型联立，从叶片尺度外推 WUE，建立了冠层尺度的水碳耦合模型。最近，Sun 等（2018）还通过分析过去 30 多年三北防护林主要树种杨树树轮纤维素的 $\delta^{13}C$ 值，并计算出水分利用效率，发现凋亡和正常的杨树之间存在显著差异的 $\delta^{13}C$ 值和 WUE 及其长期变化趋势，由此推测三北防护林出现大量凋亡老头树的原因主要在于因土地利用改变等人为活动导致的地下水过度利用。

生态系统的水通量或蒸发散（ET）包括冠层截留水、土壤和开放水面的蒸发（E）和植物蒸腾（T）等。确定蒸腾 T 在蒸散 ET 中的占比（T/ET）虽然重要但具有很大的挑战性。稳定同位素能为生态系统水循环过程提供独特的示踪信息，也是 ET 组分拆分研究的有力工具。目前用稳定同位素方法拆分 ET 组分是稳定同位素生态学领域的热点和难点，其中蒸散发（$\delta_{ET}$）及相关成分通量值（即 $\delta_E$、$\delta_T$）的准确定量是蒸散发拆分应用的关键（Xiao et al.，2018）。近年来，借助基于激光测量技术的 $\delta_{ET}$、$\delta_E$ 及 $\delta_T$ 在线测量新方法（Lee et al.，2005；Wen et al.，2012a），我国学者分别在城市、农田、草原、绿洲等生态系统开展了长时间序列的水汽同位素观测、模拟和 ET 的同位素拆分研究（Wen et al.，2008，2010，2012b；Xiao et al.，2012；Huang and Wen，2014）。Xiao 等（2018）就生态系统尺度 ET 拆分的稳定同位素方法进行了系统的综述，对已有观测结果的分析表明不同生态系统 T/ET 值变化很大，但总体来看农作物生长季的 T/ET 变化幅度大于自然生态系统，而草地 T/ET 的平均值低于林地。他们还指出，在蒸发同位素组分的估算中，土壤分馏系数的参数化方法和土壤蒸发前稳定同位素组分的确定是关键问题，而蒸腾的同位素组分拆分则需要充分考虑稳态/非稳态假设、充分混合/Péclet 效应和空气湍流在冠层动力学分馏效应中的作用（Xiao et al., 2018）。

由于水资源枯竭，塔里木河下游生态已处于严重退化之中。大批胡杨树死亡，沙漠化加剧。为了减缓生态退化，国家从 2000 年起，花费巨资实施跨流域调水工程。然而，这项史无前例的生态工程给塔里木河下游的地下水带来了什么样的变化？Huang 和 Pang（2010）自 2005 年起对塔里木河流域水循环与生态开展了系统的同位素水文学研究，基于对下游 9 个地下水监测剖面的 40 个观测井开展的现场观测，对大气水、地表水、地下水及 6 个土壤剖面系统研究了水化学性质、氢氧稳定同位素和氚放射性同位素含量的特征及其变化规律，系统评估了调水工程对于缓解当地生态退化的效果，为该跨流域调水工程设计的优化提供了科学依据。

在更大区域水循环的研究方面，清华大学地球科学系统系的 Wright 教授研究组利用卫星水汽的同位素观测数据，结合大气循环模型，首次证明了热带雨林叶片蒸腾在触发南美洲亚马孙河流域的干湿季转换中发挥着核心作用，而非仅仅是响应降雨的季节性周期变化（Wright et al., 2017）。卫星观测的热带雨林上空水汽同位素成分是揭示这一全新结论的关键，这些同位素比值如同"指纹"一样将热带雨林的蒸腾作用与海洋的蒸发作用的贡献区分开。该项研究获得的新发现为亚马逊南部雨林地区可持续发展方面的决策提供了很有价值的科学证据，也为气候科学家改进该地区的气候模式提供了机理认识。

## 2.6 动物食物来源与食物网结构及动物迁徙研究

稳定同位素作为一种天然示踪物，沿着生营养级以一种可以预测的方式传递和富集，已被广泛应用于研究目标动物的食物来源与生态系统食物网结构。Feng 等（2014，2015，2017a）根据互花米草（C4 植物）入侵红树林生态系统后会引入显著不同的碳同位素信号，利用 $\delta^{13}C$ 测定结果定量溯源了互花米草入侵后利用本土红树植物替代互花米草修复过程中大型底栖动物和鱼类等游泳动物的食物源。发现互花米草入侵红树林后鱼类、底栖蟹类和螺类的食物源几乎完全转变为以互花米草为主，但利用本地红树植物修复被互花米草侵害的滩涂多数底栖动物需要十几年才能完全恢复原来的多元食物结构，说明外来种入侵后生态效应具有时间滞后现象。杨月琴等（2009）、王玄等（2015）、Gao 等（2006）、Wang 等（2010）、Sun 等（2012）也分别研究了鸟类、海洋养殖生物、啮齿动物等生物的食物来源及其对环境变化的响应。遗憾的是，尽管稳定同位素技术已成为研究鸟类迁徙和栖息地保护的新兴技术，已展现出传统研究方法不可比拟的优越性（Marra et al., 1998; Wassenaar and Hobson, 2001; Hobson, 2005; Hobson and Wassenaar, 2018），但目前利用该方法研究我国境内鸟类迁徙生态学的案例还十分匮缺，需要在今后的研究中加强（丛日杰等，2015）。

蔡德陵等（2001）、王玉玉等（2009）、欧志吉等（2013）、王玄等（2015）等先后利用稳定同位素技术确定了近海海洋、湖泊、滨海等生态系统复杂的生物网关系。Xu 等（2007a，2007b，2008）还通过稳定同位素技术研究我国水生态系统的相关问题，如湖泊食物网营养生态位空间的大小、均匀性（生态位互补）、歧性（生态位冗余）、食物链长度、生态位空间质心等食物网特征，及其与物种多样性的关系。特别是以杂食性生物为研究对象，研究了共存物种种群与个体营养生态位、与种群密度、生活史特征、个体行为、资源可利用性与丰富度的关系，探讨物种共存下营养生态位对环境变化的响应（如富营养化、气候变化、有毒有害物质累积等）。

相比于传统营养级分析方法只能得到整数，稳定同位素技术应用于动物营养级界定的最大优点就是可以获得生物营养级的范围值，因而能更准确地反映出复杂群落食物网关系的时空格局。例如，杨国欢等（2013）利用稳定同位素技术构建了海湾食物网结构，量化了主要生物的营养级，并用胃含物方法对比了这些生物通过同位素计算得到的营养级，发现采用两种方法分析的结果基本一致。以上这些研究案例充分说明了利用稳定同位素技术界定食物来源和营养级的优越性。

## 2.7 全球变化的生态学效应研究

C3 植物叶片的碳同位素比值（$\delta^{13}C$）综合反映了生长季期间植物与环境的水分关系，可用来指示水分有效性和植物对水的利用效率对温度和大气压变化的响应。Ale 等（2018）在喜马拉雅中部开展了沿海拔梯度的样带调查，测定了三种广布植物叶片 $\delta^{13}C$ 和氮含量，同时计算了各海拔样点的气候湿润指数，发现高山广布物种叶片的 $\delta^{13}C$ 值能有效指示出水分有效性随海拔的变化，有助于检测高寒干旱山区的植物水分胁迫程度，也为评估气候变化对高山植物的影响提供了新的途径。

在干旱半干旱地区，降水增加很可能会提高植物生产力和生态系统碳吸存，因而减缓未来气候变化。有关降雨对生产力的影响证据主要来自多地区或者相同地区多年份的自然降雨梯度实验或者降水变化短期的控制实验，因而降雨增加是否持久提高草地生态系统植物生产力仍然不清楚。Ren 等（2017）通过在中科院多伦恢复生态学实验站内蒙古典型草原进行十年的水分和氮素添加控制实验，系统分析了植物、土壤及土壤浸提液铵态氮、硝态氮的氮同位素组成，发现实验后期降雨增加导致的氮损失增多，其中反硝化作用很可能是氮损失的主要途径，从而加剧了氮供给对植物生长的限制。这些长期野外控制实验结合稳定同位素分析，可以从机理的角度阐明草地生态系统对长期降雨增加的响应格局，即长期降雨增加会导致半干旱地区从水氮共同限制转变为氮单独限制，说明未来气候变化很可能诱导生态系统资源限制类型发生明显改变（Ren et al.，2017）。

Liu 等（2017）也对中国北方干旱、半干旱区草地土壤无机氮的含量及其同位素特征进行了大尺度分析。他们通过比较土壤有机质、铵态氮和硝态氮之间在 $\delta^{15}N$ 值等方面的差异，发现在降水量小于 100 mm 的区域，生态系统表现为铵态氮的净损失，在降水量大于 100 mm 的区域生态系统表现为铵态氮的净获得，而在整个区域内生态系统表现为硝态氮的净损失。结合硝态氮浓度变化、硝酸盐氧同位素特征、植被分布格局和微生物功能基因丰度数据，他们推测年均降水量 100 mm 可能是生态系统氮循环的一个分界线，即当降水量小于 100 mm 时生态系统氮循环主要是非生物因素控制，而当降水量大于 100 mm 时生态系统氮循环主要受生物因素调控（Liu et al.，2017）。

为了揭示土地利用变化对土壤碳、氮循环的影响，Cheng 等（2013）运用土壤分馏和碳氮稳定同位素方法（$\delta^{13}C$、$\delta^{15}N$）研究湖北丹江口库区森林、灌丛和农田生态系统等不同土地利用类型对土壤有机碳氮循环的影响机制，发现近 20 年森林和灌丛的植被恢复显著增加了土壤有机碳的含量，其中林地土壤有机碳增加最多。碳氮稳定同位素组成结果分析进一步表明农田土壤有机碳的分解速率最高，说明由于大量植物凋落物碳输入和土壤碳分解速率降低，森林和灌丛植被恢复增加了土壤有机碳。因此，土壤利用变化导致的植被改变影响土壤碳的质量和数量，并对生态系统的功能以及生态恢复产生重要影响（Cheng et al.，2013）。

生物入侵是全球变化的重要组成部分，而滨海湿地则是世界范围内受生物入侵影响最严重的生境之一。例如，互花米草自 1979 年被引入我国后，因其特殊的生物学特性和强的适应能力，在我国主要滨海地区迅速扩散，成功入侵了我国大部分沿海滩涂生态系统。Cheng 等（2006）比较了上海崇明东滩互花米草与本地植物群落后发现，互花米草土壤碳库显著高于后者，且稳定同位素结果显示互花米草贡献了高达 10.6% 有机碳。另外，互花米草来源的碳有更高的比例被整合入土壤中。Zhang 等（2010c）跟踪入侵时间不同的互花米草土壤碳库动态过程，利用稳定同位素技术计算发现随着入侵进行，互花米草来源的碳在土壤有机碳库中的比例上升，且主要集中在大粒径土壤颗粒中。Feng 等（2017b）和 Gao 等（2019）也发现互花米草入侵显著改变了红树林沉积物中有机碳的来源，成为了红树林表层沉积物有机碳的重要来源之一。以上这些利用稳定碳同位素的研究结果表明：互花米草入侵我国滨海湿地后，因其高初级生产力和丰富的地下生物量分配以及低的凋落物分解速率，导致土壤碳库显著高于土著植物群落，其蓝碳碳汇的潜力值得估算和合理利用（Cheng et al.，2006；Feng et al.，2017b；Gao et al.，2019）。

我国学者还利用稳定同位素技术研究了不同地区水体、大气和土壤的污染物来源与去向，重建了古时期的气候变化或生态现象，开展了农林产品（如谷物、蜂蜜、酒精类饮料等）的产地溯源及掺假甄别等技术研发。

## 3 稳定同位素生态学研究发展趋势和未来研究方向

面对土地利用与土地覆盖的改变、气候变化、地下水源枯竭、有机和无机污染物排放、生物多样性降低以及入侵物种的扩散等一系列问题，我们需要尽快提出有效的措施减缓这些全球性环境变化可能给自然生态系统和人类社会带来的潜在破坏。生态学研究者们所面临的挑战就是要理解这一系列变化的相互关系及其反馈机制，评估全球变化带来的可能后果，并预测这些大尺度变化对地球生态系统结构和功能的影响。人类的生存状态、健康和经济体系均依赖于解决这些关键环境问题的能力。随着生态环境科学领域研究的不断深入，生态学研究者亟需定量地研究以下重大科学问题：

- ◆ 外来物种入侵如何影响到生态系统生产力和经济价值？
- ◆ 每个需要保护的物种在自然生态系统中到底有什么功能？
- ◆ 地上生态系统和人类对它们的利用如何影响到地下水的质量和数量？
- ◆ 影响人类和其他生物健康病原媒介的地理起源和迁移格局？
- ◆ 气候变化对自然和人工生态系统生产力的影响程度？
- ◆ 进入人类食品和水源供给的污染物来源以及受污染的程度？

定位和连续观测生态环境中稳定同位素的自然丰度，对解决以上这些大尺度生态问题和监测人类活动的早期影响极为重要。上面提到氢、碳、氮、氧和硫等元素的同位素组成能够整合和记录生态物质的来源和过程信息，且对自然和人为扰动干扰极为敏感，应该成为生态系统长期定位观测和研究的重要内容。稳定同位素组成的监测能够捕获其他传统环境测定方法所不能实现的不同层面和不同维度上生态系统结构和功能的变化（图35.3）。因而，稳定同位素组成监测，应与其他方法（如基因芯片测序、室内外

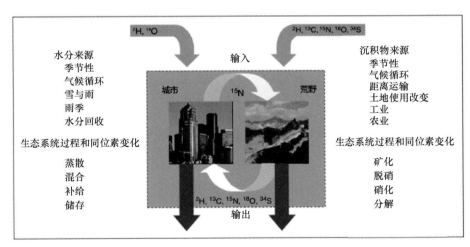

图35.3 大尺度生态环境变化稳定同位素监测框架示意图［根据 Williams et al.，2007 修改：生态环境的稳定同位素长期监测理论框架是基于三类预警系统，即生态系统输入、生态系统输出和指示生物的同位素监测。大气降雨的同位素组成和干湿氮沉降同位素的组成是检测生态系统湿度和氮来源变化的有效手段；生态系统输入物同位素组成在生态系统物理和生物过程中发生变化；不同形式的生态系统输出物记录整合了这些变化过程信息。这些变化也在该生态系统中活动摄食的指示生物（土壤微生物、田鼠和鸟类等）组织的同位素组成中体现。指示生物的同位素组成是生理代谢、食物组分、营养匮缺和活动格局等的综合结果，因而此类动物同位素组成可提供额外的有关生态系统功能和大尺度生态系统变化的关键信息］

控制实验、定量和功能遥感观测、生态系统模型和全球系统模式等）相结合，对以下当代全球生态环境亟需研究的领域开展更深入的研究。

### 3.1 研究入侵物种足迹和生物多样性变化

生态学家已充分意识到生物多样性和生态系统功能之间的关联以及入侵物种对这种关联的影响和破坏。稳定同位素比值分析有助于揭示生态系统生物多样性的重要性和维持机制及单个本地和非本地物种在生态系统及其变化中的功能。外来种入侵本地植物群落通常会导致植物生长所需氮变化，主要通过改变掉落物质量、氮固定速率以及氮循环和流失速率等途径，从而降低了生态系统稳定性。这些过程均可以采用稳定同位素自然丰度或标记方法加以研究。

### 3.2 追踪养分的生物地球化学循环过程

稳定同位素技术的应用对生态学最大的贡献之一在于对陆地，大气和水生系统地球化学循环的相关研究。稳定同位素分析对生态系统碳、氮循环研究至关重要，并且在微量元素循环研究中起主导作用。人类社会面临的挑战之一是如何降低环境中逐渐增高的污染物浓度，而同位素分析在确定污染源的贡献以及理解污染物转移和转化过程可以发挥重要作用。

### 3.3 量化水文生态中水源的变化

淡水是维持人类生存和健康最重要的资源。理解干旱胁迫、人类水资源过度利用及淡水资源枯竭的生态效应是当今生态水文学家面临的重要挑战之一。稳定同位素测量检测具有传统储量和流通分析不具备的优势，是检测水文生态过程和相互作用重要变化的新技术。例如，氢、氧同位素是水文生态系统中水源补给和水循环过程的重要示踪剂，因而在约束区域和全球陆面模式参数上起着重要作用。稳定同位素观测能够整合不同尺度上水源蒸发损失和水源混合信息，因此能给土地管理者和决策者在维持自然生态系统和人类需要的水源分配决策中提供关键科学信息。

### 3.4 评估全球和区域气候变化的长期效应

许多植物和动物组织能够记录气候变化所引起的生理响应。植物树轮就是最好的例子，此外动物毛发、牙釉质、爪、指甲和犄角也同样记录着此类信息。除了树轮宽度的年际变化之外，每个树轮纤维素的$\delta^{13}C$值记录了树木对气候变化的生理响应程度。利用树轮纤维素$\delta^{13}C$值推导出的胞间与大气二氧化碳浓度比值（$C_i/C_a$）年际波动与降雨年际波动高度匹配。动物毛组织的同位素组成也保留了长达几万到几百万年的环境和植被变迁等的信息。因此，可利用这类信息量化和比较不同植被对气候变化生理响应等方面的差异。

### 3.5 量化土地利用和覆盖变化对生态过程的影响

土地利用和土地覆盖变化与其他全球变化因子相互作用，并对陆地，水生和大气过程和它们的服务功能产生巨大影响。在城市化、农业耕作、矿业生产、水资源开采等加剧的影响下，维持自然和人工生态系统服务功能需要认真合理的管理策略。稳定同位素比值测量在量化区域尺度土地利用变化的生态影响研究中非常有用。例如，城市废水和农业畜禽粪便来源的硝态氮是下流流域溪流中硝态氮重要来源。然而，单独利用$\delta^{15}N$值不足以区分陆地污染源、土壤反硝化和大气氮沉降对流域溪流中氮源的相对贡献，但结合$\delta^{15}N$和$\delta^{18}O$双同位素法就可以容易区分不同源的相对贡献比例。另外，溪流中$\delta^{15}N$值可以指示出土地利用以及土地利用对氮循环的影响，因而可作为生态环境突变的预警信号。

## 3.6 评价全球变化影响下的城市生态系统功能和服务

城市生态学是生态学中较新的领域，主要致力于人类土地利用的生态影响研究。城市生态中生物多样性、生物入侵生态、水文生态及当地和区域气候过程已受到广泛关注。在发展中国家，城市区域的不断扩张给洁净水和空气质量的可持续管理提出了新的挑战。稳定同位素已被广泛用于追踪城市大气污染源的研究。汽油尾气、天然气燃烧以及植物和土壤呼吸等不同来源的 $CO_2$ 具有不同的同位素信号，结合 $\delta^{13}C$ 和 $\delta^{18}O$ 值的观测可以确定城市大气 $CO_2$ 的来源及其季节变化，量化不同来源对大气污染的相对贡献。

## 3.7 确定传染病的地理起源及传播媒介的移动

稳定同位素分析可用于传染病传播及其相关生态的研究。环境中同位素信号的系统性地理差异，是追踪动物疾病传播媒介的移动和界定疾病繁殖体起源的基础。毛发、骨骼和羽毛等动物组织同位素组成记录了它们食物和饮水来源的信息，可揭示出动物在生境景观中的移动格局。这类信息可用于模拟种群生态和病原传播媒介的迁移行为，进一步促进对传染性流行病流行机理的理解。迁徙中的鸟类在其迁徙过程中会接触到各种疾病和寄生虫，因而明确鸟类迁徙的地理格局对于理解鸟类疾病的感染、传播途径和确定病源细菌孢子的起源至关重要。稳定同位素在这些领域具有极大的应用潜力，尤其是在一些大的发展中国家如中国，印度和巴西等。这些例子充分说明了稳定同位素分析可为民生紧密相关的生态环境问题研究提供独特的关键信息。目前，环境中大多数化合物和物质的同位素比值测定虽相对容易且成本不高，但多数情况下稳定同位素比值的观测仅限在一个地方或者少数几个位置，且连续观测的时间先对较短。另外，政府或者其他私人来源的项目资金赞助一般都是短期行为，不能够支持长期的稳定同位素观测。然而，稳定同位素长期监测可为理解生态过程和生态系统及其服务功能变化的早期预警提供重要信息，因而亟需政府提供连续的资金支持。

# 4 中国稳定同位素生态学未来研究的策略建议

根据以上国内稳定同位素生态学进展和趋势分析，对我国稳定同位素生态学的未来研究和发展策略提出以下几点建议：

（1）重视生态环境的关键过程同位素分馏机理研究：虽然，我国学者最近几年开始重视生态学、地球化学一些关键过程的同位素分馏机制的研究，但目前多数研究依据的理论主要还是欧美国家 20 世纪 80~90 年代期间创建的知识体系，很多已被证明是错误或者不够全面，如植物水分吸收和转运过程、暗呼吸、次生代谢过程和土壤氮不同转化过程，以及营养级之间是否存在可量化的同位素分馏效应等。亟需我国稳定同位素生态学者提高原始创新意识，静下心来系统深入地开展机理性、前沿性研究，针对生态环境一些重要过程的同位素分馏效应提出新的理论或新的见解，实现从跟踪到引领科学研究的跨越。

（2）加强生态学共性理论和中国特色生态环境问题的研究：目前，大多研究局限于某个地点（区）的特殊生态环境问题，很少涉及生态学的一些共性问题，如生物多样性的维持机制、动植物对全球变化的普适性响应机理、生态系统稳定性与功能-服务的耦合、碳氮水循环的耦合机制等，也比较少特别关注中国特有的生态环境问题如水源枯竭、土壤污染、城镇化生态效应、转基因作物种植的生态危害、生态与食品安全问题等。建议我国稳定同位素生态学研究者既要关注学科前沿科学问题，也要利用稳定同位素技术的三大特殊功能重点研究与我国民生息息相关的一些生态问题，真正发挥"顶天"又"立地"的作用。

（3）开发具有自主产权的新仪器、新设备、和新方法：与其他领域的研究一样，我国稳定同位素生态学研究目前使用的同位素比率质谱仪、激光光谱同位素仪及其配件、测试标准物质甚至主要的耗材和化学试剂，几乎全部从国外进口，不但耗费了纳税人大量资金，还可能受到国外高端技术进口的"卡脖子"限制。据了解，国内一些企业已积极研发新一代同位素测试仪器，不少企业也已经开发出可替代国外先进的配件、标准物质和耗材试剂，但目前的市场占有率和客户体验水准还有待提高。期望这些产品的质量能进一步提升，尽快接近甚至超越欧美国家同类产品的水平，加快推进稳定同位素测试仪器、配件、耗材和标准物质的国产化进程。

（4）培养和稳定同位素检测的专业技术人才队伍：尽管过去几十年的科技进步已让同位素测试变得更加快速、自动化，但要精准测定天然物质的碳、氮、氢、氧、硫传统同位素并非易事，更不用说重金属等非传统同位素、复合气体多种同位素及聚群同位素（clumped isotopes）的测试，需要一批经过精心培养的专业技术人员提供技术支撑。然而，我国现有的薪酬制度考核体系均不利于培养和稳定具有熟练技能的同位素检测专业技术人才。据了解，许多实验室没有专业技术人员固定负责同位素测试设备的操作和维护，造成大量昂贵仪器闲置或无法提供精准的测试结果，严重阻碍了稳定同位素生态学科学研究。国家和地方有关部门最近出台的科技发展相关政策有望改善目前的困境。

（5）构建稳定同位素大数据共享和整合分析平台：随着同位素景观图谱（Isoscapes）概念和新方法的普及（林光辉等，2018），以及大数据挖掘与分析技术的成熟，全国和全球尺度的稳定同位素数据，特别是长时间大空间尺度生态环境食品紧密相关的稳定同位素数据，将发挥巨大的潜能。例如，全球监测的各种水、气、土、生物的同位素数据已被用于构建全球或区域降水同位素图谱、大陆尺度地下水、土壤和植物有机物中的稳定同位素比率图谱，有效提升了生态学、食品学和法医学等领域的研究策略与水平，特别是涉及全球碳氮水循环、气候变化等及其效应、全民健康状况、地球生命起源与进化、重建我们过去的运动和饮食及人类文明的兴衰等与人类生存密切相关的民生重大问题。然而，跨时空尺度及跨学科领域的稳定同位素数据整合分析往往受限于多源数据集的构建和共享机制。与此同时，目前存在的大部分同位素数据并没有或可能永远不会在同行评审的期刊上发表。因此，倡议我国尽快构建类似基因数据库（GeneBank）的同位素数据库（IsoBank）并建设相关的数据分析和共享平台，为生态学研究提供一条跨学科、跨行业的新途径，增强我们在全球变化的预测与应对、人类疾病的诊断和治疗及地球未来健康等方面开展大数据、跨学科的系统研究。

## 参 考 文 献

蔡德陵，王荣，毕洪生. 2001. 渤海生态系统的营养关系：碳同位素研究的初步结果. 生态学报, 21(8): 1354-1359.

曹亚澄. 2018. 稳定同位素示踪技术与质谱分析：在土壤、生态、环境研究中的应用. 北京：科学出版社.

丛日杰，吴星兵，李枫等. 2015. 稳定同位素分析在鸟类生态学中的应用. 生态学报, 35(15): 4945-4957.

范丽俊，赵峰华，程晨. 2016. 水体中氮稳定同位素的研究进展. 应用生态学报, 28: 2399-2404.

林光辉. 2010. 稳定同位素生态学：先进技术推动的生态学新分支. 植物生态学报, 34: 119-122.

林光辉. 2013. 稳定同位素生态学. 北京：高等教育出版社.

林光辉，等译. 2018. 同位素景观图谱：通过同位素制图认知地球物质移动、格局及其过程. 北京：科学出版社.

林光辉，柯渊. 1995. 稳定同位素在全球变化研究中的应用. 见李博. 现代生态学讲座. 北京：科学出版社.

林植芳. 1990. 稳定性碳同位素在植物生理生态研究中的应用. 植物生理学通讯, (3): 1-6.

罗耀华，林光辉. 1992. 稳定同位素技术及其在生态学研究中的应用. 见刘建国. 生态学研究进展. 合肥：中国科技大学出版社.

聂云鹏，陈洪松，王克林. 2011. 石灰岩地区连片出露石丛生境植物水分来源的季节性差异. 植物生态学报, 35: 1029-1037.

欧志吉，姜启吴，左平. 2013. 江苏盐城滨海湿地食物网的初步研究. 海洋学报, 35: 149-157.

王玄，江红星，张亚楠. 2015. 稳定同位素分析在鸟类食性及营养级结构中的应用. 生态学报, 35(16): 5556-5569.

王玉玉，于秀波，张亮，等. 2009. 应用碳、氮稳定同立素研究鄱阳湖枯水末期水生食物网结构. 生态学报, 29: 1181-1188.

肖化云, 刘丛强. 2004. 氮同位素示踪贵州红枫湖河流季节性氮污染. 地球与环境, 32: 71-75.

徐晓梧, 余新晓, 贾国栋, 等. 2017. 基于稳定同位素的SPAC水碳拆分及耦合研究进展. 应用生态学报, 28: 2369-2378.

杨国欢, 侯秀琼, 孙省利, 等. 2013. 流沙湾食物网结构的初探——基于稳定同位素方法的分析结果. 水生生物学报, 37: 150-156.

杨月琴, 易现峰, 李宁. 2009. 利用稳定同位素技术分析青海湖优势水鸟的营养级结构. 动物学研究, 30: 418-422.

易现峰. 2007. 稳定同位素生态学. 北京: 中国农业出版社.

张翠云, 张胜, 李政红, 等. 2004. 利用氮同位素技术识别石家庄市地下水硝酸盐污染源. 地球科学进展, 19: 183-191.

周雅聃, 陈世苹, 宋维民, 等. 2011. 不同降水条件下两种荒漠植物的水分利用策略. 植物生态学报, 35: 789-800.

朱雅娟, 贾志清, 卢琦, 等. 2010. 乌兰布和沙漠5种灌木的水分利用策略. 林业科学, 46: 15-21.

Ale R, Zhang L, Li X, et al. 2018. Leaf $\delta^{13}C$ as an indicator of water availability along elevation gradients in the dry Himalayas. Ecological Indicators, 94: 266-273.

Battle M, Bender M L, Tans P P, et al., 2000. Global carbon sinks and their variability inferred from atmospheric $O_2$ and $\delta^{13}C$. Science, 287: 2467-2470.

Bowling D R, Tans P P, Monson R K. 2001. Partitioning net ecosystem carbon exchange with isotopic fluxes of $CO_2$. Global Change Biology, 7: 127-145.

Cernusak L A, Barbour M M, Arndt S K, et al. 2016. Stable isotopes in leaf water of terrestrial plants. Plant, Cell and Environment, 39: 1087-1102.

Chen J, Xu Q, Gao D Q. 2017. Differential water use strategies among selected rare and endangered species in west Ordos desert of China. Journal of Plant Ecology, 10: 660-669.

Cheng X, Luo Y, Chen J, et al. 2006. Short-term $C_4$ plant Spartina alterniflora invasions change the soil carbon in $C_3$ plant-dominated tidal wetlands on a growing estuarine island. Soil Biology and Biochemistry, 38: 3380-3386.

Cheng X L, Yang Y H, Li M, et al. 2013. The impact of agricultural land use changes on soil organic carbon dynamics in the Danjiangkou Reservoir area of Chin. Plant and Soil, 366: 415-424.

Ciais P, Tans P P, Trolier M, et al. 1995. A large northern hemisphere terrestrial $CO_2$ sink indicated by the $^{13}C/^{12}C$ ratio of atmospheric $CO_2$. Science, 269: 1098-1102.

Dawson T D, Stefania M, Agneta H, et al. 2002. Stable isotopes in plant ecology. Annual Review of Ecology and Systematics, 33: 507-559.

Dawson T E, Siegwolf R T. 2007. Stable Isotopes as Indicators of Ecological Change. Som Francisco: Elsevier and Academic Press.

Deng Y, Kuo Y M, Jiang Z, et al. 2015. Using stable isotopes to quantify water uptake by Cyclobalanopsis glauca in typical clusters of karst peaks in China. Environmental Earth Sciences, 74: 1039-1046.

Ehleringer J R, Hall A E, Farquhar G D, et al. 1993. Stable Isotopes and Plant Carbon-Water Relations. Som Diego: Academic Press.

Ehleringer J R, Lin Z F, Field C B, et al. 1986. Leaf carbon isotope ratios of plants from a subtropical monsoon forest. Oecologia, 72: 109-114.

Ellsworth P Z, Williams D G. 2007. Hydrogen isotope fractionation during water uptake by woody xerophytes. Plant and Soil, 291: 93-107.

Fang Y, Koba K, Makabe A, et al. 2015. Microbial denitrification dominates nitrate losses from forest ecosystems. PNAS, 112: 1470-1474.

Farquhar G D, Ehleringer J R, Hubick K T. 1989. Carbon isotope discrimination and photosynthesis. Annual Review of Plant Physiology and Plant Molecular Biology, 40: 503-513.

Farquhar G D, Lloyd J. 1993. Carbon and oxygen isotope effects in the exchange of carbon dioxide between terrestrial plants and the atmosphere. Pp. 47-70. Ehelringer J R, Hall A E, Farquhar G D. Stable Isotopes and Plant Carbon–Water Relations. San Diego: Academic Press.

Farquhar G D, Lloyd J, Taylor J A, et al. 1993. Vegetation effects on the isotope composition of oxygen in atmospheric $CO_2$. Nature, 363: 439-443.

Feng J X, Guo J M, Huang Q, et al. 2014. Changes in the community structure and diet of benthic macrofauna in invasive *Spartina alterniflora* wetlands following restoration with native mangroves. Wetlands, 34: 673-68.

Feng J X, Huang Q, Qi F, et al. 2015. Utilization of exotic *Spartina alterniflora* by fish community in mangrove ecosystem of Zhangjiang Estuary: evidence from stable isotope analysis. Biological Invasions, 17: 2113-2121.

Feng J X, Huang Q, Chen H, et al. 2017a. Restoration of native mangrove wetlands can reverse diet shifts of benthic macrofauna caused by invasive cordgrass. Journal of Applied Ecology, 55: 905-916.

Feng J X, Zhou J, Wang LM, et al. 2017b. Effects of short-term invasion of *Spartina alterniflora* and the subsequent restoration of native mangroves on the soil organic carbon, nitrogen and phosphorus stock. Chemosphere, 184: 774-783.

Fry B. 2006. Stable Isotope Ecology. New York: Springer.

Gao Q F, Shin P K S, Lin G H, et al. 2006. Stable isotope and fatty acid evidence for uptake of organic waste by green-lipped mussels *Pernaviridis* in a polyculture fish farm system. Marine Ecology Progress Series, 317: 273-283.

Gao Y, Zhou J, Wang L M, et al. 2019. Distribution patterns and controlling factors for the soil organic carbon in four mangrove forests of China. Global Ecology and Conservation, 17(2019): e00575.

Good S P, Noone D, Bowen B. 2015. Hydrologic connectivity constrains partitioning of global terrestrial water fluxes. Science, 49: 175-177.

Hobson K A. 2005. Using stable isotopes to trace long distance dispersal in birds and other taxa. Diversity and Distributions, 11: 157-164.

Hobson K A, Wassenaar L I. 2018. Tracking Animal Migration with Stable Isotopes. San Diego: Academic Press.

Hu J, Moore D J P, Riveros D A, et al. 2010. Modeling whole-tree carbon assimilation rate using observed transpiration rates and needle sugar carbon isotope ratios. New Phytologist, 185: 1000-1015.

Huang L J, Wen X F. 2014. Temporal variations of atmospheric water vapor $\delta D$ and $\delta^{18}O$ above an arid artificial oasis cropland in the Heihe River Basin. Journal of Geophysical Research–Atmospheres, 119: 11456-11476.

Huang T M, Pang Z H. 2010. Changes in groundwater induced by water diversion in the Lower Tarim River, Xinjiang Uygur, NW China: Evidence from environmental isotopes and water chemistry. Journal of Hydrology, 387: 188-201.

Lee X, Sargent S, Smith R, et al. 2005. In situ measurement of the water vapour $^{18}O/^{16}O$ isotope ratio for atmospheric and ecological applications. Journal of Atmospheric and Oceanic Technology, 22: 555-565.

Liang J, Wright J S, Cui X W, et al. 2018. Leaf anatomical traits determine the $^{18}O$ enrichment of leaf water in coastal halophytes. Plant, Cell and Environment, 41: 2744-2757.

Liao W, Hu J, Zhou H, et al. 2018b. Sources and distribution of sedimentary organic matter in the Beibu Gulf, China: Application of multiple proxies. Marine Chemistry, 206: 74-83.

Liao W S, Hu J F, Peng P A. 2018a. Burial of organic carbon in the Taiwan Strait. Journal of Geographical Research-Oceans, 123: 6639-6652.

Lin G H, Ehleringer, J R, Rygiewicz P J, et al. 1999. Elevated $CO_2$ and temperature impacts on different components of soil $CO_2$ efflux in Douglas-fir terracosms. Global Change Biology, 5: 157-168.

Lin G H, Sternberg L S. 1993. Hydrogen isotopic fractionation during water uptake in coastal wetland plants. Ehleringer I R, Hall A, Farquhar G D. Stable Isotopes and Plant Carbon-Water Relations. San Diego: Academic Press.

Liu D, Zhu W, Wang X, et al. 2017. Abiotic versus biotic controls on soil nitrogen cycling in drylands along a 3200 km transect, Biogeosciences, 14: 989-1001.

Liu Q, Tossell J A, Liu Y. 2010. On the proper use of the Bigeleisen–Mayer equation and corrections to it in the calculation of isotopic fractionation equilibrium constants. Geochimica et Cosmochimica Acta, 74: 6965-6983.

Liu Y L, Ge T D, Ye J, et al. 2019. Initial utilization of rhizodeposits with rice growth in paddy soils: Rhizosphere and N fertilization effects. Geoderma, 338: 30-39.

Lu Y, Conrad R. 2005. In situ stable isotope probing of methanogenic archaea in the rice rhizosphere. Science, 309: 1088-1090.

Luo P, Peng P A, Gleixner G, et al. 2011. Empirical relationship between leaf wax n-alkane $\delta D$ and altitude in the Wuyi, Shennongjia and Tianshan Mountains, China: Implications for paleoaltimetry. Earth and Planetary Science Letters, 301: 285-296.

Marra M P, Hobson K T, Holmes R T. 1998. Linking winter and summer events in a migratory bird by using stable-carbon isotopes. Science, 282: 1884-1886.

Nie S A, Li H, Yang X, et al. 2015. Nitrogen loss by anaerobic oxidation of ammonium in rice rhizosphere. The ISME Journal, 9: 2059-2067.

Quan Z, Huang B, Lu C Y, et al. 2018. Formation of extractable organic nitrogen in an agricultural soil: A 15N labeling study. Soil Biology and Biochemistry, 118: 161-165.

Radajewski S, Ineson P, Parekh N R, et al. 2000. Stable-isotope probing as a tool in microbial ecology. Nature, 403: 646-649.

Ren H Y, Xu Z W, Isbell F, et al. 2017. Exacerbated nitrogen limitation ends transient stimulation of grassland productivity by increased precipitation. Ecological Monographs, 87: 457-469.

Ren W H, Hu L L, Guo L, et al. 2018. Preservation of the genetic diversity of a local common carp in the agricultural heritage rice–fish system. PNAS, 115 : E546-E554.

Roden J S, Lin G H, Ehleringe J R. 2000. A mechanistic model for interpretation of hydrogen and oxygen isotope ratios in treering cellulose. Geochimica et Cosmochimica Acta, 64: 21-35.

Song X, Loucos K E, Simonin K A, et al. 2015a. Measurements of transpiration isotopologues and leaf water to assess enrichment models in cotton. New Phytologist, 206: 637-646.

Song X, Simonin K A, Loucos K E, et al. 2015b. Modeling non-steady state isotope enrichment of leaf water in a gas-exchange cuvette environment. Plant Cell and Environment, 38: 2618-2628.

Sun S H, Huang J H, Han X G, et al. 2008. Comparisons in water relations of plants between newly formed riparian and non-riparian habitats along the bank of Three Gorges Reservoir, China. Trees - Structure and Function, 22: 717-728.

Sun S J, He C X, Qiu L F, et al. 2018. Stable isotope analysis reveals prolonged drought stress in poplar plantation mortality of the Three-North Shelter Forest in Northern China. Agricultural and Forest Meteorology, 252: 39-48.

Sun Z L, Gao Q F, Dong S L, et al. 2012. Estimates of carbon turnover rates in the sea cucumber *Apostichopus japonicus* (Selenka) using stable isotope analysis: the role of metabolism and growth. Marine Ecology Progress Series, 457: 101-112.

Wang J Z, Huang J H, Wu J, et al. 2010. Ecological consequences of the Three Gorges Dam: insularization affects foraging behavior and dynamics of rodent populations. Frontiers in Ecology and the Environment, 8: 13-19.

Wang A, Fang Y T, Chen D X, et al. 2014a. Variations in $^{15}N$ natural abundance of plant and soil system in four remote tropical rainforests, southern China. Oecologia, 174: 567-580.

Wang C, Wei H, Liu D, et al. 2017. Depth profiles of soil carbon isotopes along a semi-arid grassland transect in northern China. Plant and Soil, 417: 43-52.

Wang H, Zhao P, Zou L L, et al. 2014b. $CO_2$ uptake of a mature *Acacia* mangium plantation estimated from sap flow measurements and stable carbon isotope discrimination. Biogsciences, 11: 1393-1411.

Wang A, Fang Y T, Chen D X, et al. 2018. High nitrogen isotope fractionation of nitrate during denitrification in four forest soils and its implications for denitrification rate estimates. Science of the Total Environment, 633: 1078-1088.

Wassenaar L I, Hobson K A. 2001. A stable isotope approach to delineate geographical catchment areas of avian migration monitoring stations in North America. Environmental Science and Technology, 35: 1845-1850.

Wen X F, Lee X, Sun X M, et al. 2012a. Inter-comparison of four commercial analyzers for water vapor isotope measurement. Journal of Atmospheric and Oceanic Technology, 29: 235-247.

Wen X F, Lee X, Sun X M, et al. 2012b. Dew water isotopic ratios and their relationships to ecosystem water pools and fluxes in a cropland and a grassland in China. Oecologia, 168: 549-561.

Wen X F, Sun X M, Zhang S C, et al. 2008. Continuous measurement of water vapor D/H and $^{18}O/^{16}O$ isotope ratios in the atmosphere. Journal of Hydrology, 349: 489-500.

Wen X F, Zhang S C, Sun X M, et al. 2010. Water vapor and precipitation isotope ratios in Beijing, China. Journal of Geophysical Research Atmospheres, 115: D01103.

West J, Bowen G J, Dawson T E, et al. 2011. Isoscapes: Understanding Movement, Pattern, and Process on Earth through Isotope Mapping. New York: Springer.

Williams D G, Evans R D, West J B, et al. 2007. Applications of stable isotope measurements for early-warning detection of ecological change. Pp. 399-405. Dawson T E, Siegwolf R T. Stable Isotopes as Indicators of Ecological Change. San Diego: Academic-Elsevier.

Wright J S, Fu R, Worden J R, et al. 2017. Rainforest-initiated wet season onset over the southern Amazon. PNAS, 114: 8481-8486.

Xiao W, Lee X, Wen X, et al. 2012. Modeling biophysical controls on canopy foliage water 18O enrichment in wheat and corn. Global Change Biology, 18: 1769-1780.

Xiao W, Wei Z W, Wen X F. 2018. Evapotranspiration partitioning at the ecosystem scale using the stable isotope method—A review. Agricultural and Forest Meteorology, 263: 346-361.

Xu J, Xie P, Qin, J. 2008. Diel isotopic fluctuation in surface seston and its physiological and ecological implications. Annales de Limnologie-International Journal of Limnology, 44: 197-201.

Xu J, Zhang M, Xie P, et al. 2007a. Size-related shifts in reliance on benthic and pelagic food webs by lake anchovy. Ecosciences, 14: 170-177.

Xu J, Zhang M, Xie P. 2007b. Stable carbon isotope variations in surface bloom scum and subsurface seston among shallow eutrophic lakes. Harmful Algae, 6: 679-685.

Xu Q, Li H B, Chen J Q, et al. 2011. Water use patterns of three species in subalpine forest, Southwest China: the deuterium isotope approach. Ecohydrology, 4: 236-244.

Yakir D, Sternberg L S. 2000. The use of stable isotopes to study ecosystem gas exchange. Oecologia, 123(3): 297-311.

Yepez E A, Williams D G, Scott R, et al. 2003. Partitioning overstory and understory evapotranspiration in a semiarid savanna ecosystem from the isotopic composition of water vapor. Agricultural and Forestry Meteorology, 119: 53-68.

Zhang L, Wu Z, Jiang Y, et al. 2010a. Fate of applied urea 15N in a soil-maize system as affected by urease inhibitor and nitrification inhibitor. Plant, Soil and Environment, 56: 8-15.

Zhang W G, Cheng B, Hu Z B, et al. 2010b. Using stable isotopes to determine the water sources in alpine ecosystems on the east Qinghai-Tibet plateau, China. Hydrological Processes, 24: 3270-3280.

Zhang Y, Ding W, Luo J, et al. 2010c. Changes in soil organic carbon dynamics in an Eastern Chinese coastal wetland following invasion by a $C_4$ plant *Spartina alterniflora*. Soil Biology and Biochemistry, 42: 1712-1720.

Zhang Y, Li F, Zhang Q, et al. 2014. Tracing nitrate pollution sources and transformation in surface and ground- waters using environmental isotopes. Science of the Total Environment, 490: 213-222.

Zhang Z L, Phillips R P, Zhao W Q, et al. 2019. Mycelia-derived C contributes more to nitrogen cycling than root-derived C in ectomycorrhizal alpine forests. Functional Ecology, on-line. https: //doi.org/10.1111/1365-2435.13236.

Zhao K, Kong W, Wang F, et al. 2018. Desert and steppe soils exhibit lower autotrophic microbial abundance but higher atmospheric $CO_2$ fixation capacity than meadow soils. Soil Biology and Biochemistry, 127: 230-238.

Zhao L J, Wang L X, Cernusak L A, et al. 2016. Significant difference in hydrogen isotope composition between xylem and tissue water in Populus euphratica. Plant, Cell and Environment, 39: 1848-1857.

Zhou J, Yang Z, Wu G, et al. 2018. The relationship between soil $CO_2$, efflux and its carbon isotopic composition under non-steady-state conditions. Agricultural and Forest Meteorology, 256-257: 492-500.

撰稿人：林光辉

# 第36章 生态遥感研究进展

## 1 引 言

生态遥感是以生态系统为对象的交叉学科。随着遥感与生态学、气象学、水文学、地理学等理论和实践的结合，生态遥感的研究领域越来越广。

当前对地观测系统进入一个多层、立体、多角度、全方位和全天候对地观测的新时代，形成了大、中、小卫星与飞机、无人机相协同，光学、微波、激光遥感相补充的立体观测体系，为生态遥感提供了快速、及时的多种空间分辨率、时间分辨率和光谱分辨率的对地监测数据。

生态遥感的内容主要分成两类，一是反映生态系统的类型，如大到森林、草地，小到苔原、绿地；二是生态系统的参数遥感，如生物量、叶面积指数等反映生态系统健康的遥感指标。基于这两类，可以纳入生态遥感范畴的内容很多，几乎无所不包，从陆地的土地覆被变化、城市扩展动态监测、土壤侵蚀与水环境污染负荷估算、栖息地与防护林评估、生态建设工程成效监测，到海岸带变迁和红树林变化监测、海面悬浮泥沙、叶绿素含量、黄色物质、海上溢油、赤潮、热污染以及珊瑚等监测，再到城市热岛效应分析等。

生态遥感已经为生态系统研究和管理提供了时间尺度上连续、空间尺度一致的生态参数与指标，以及相应的监测与评估方法。但遥感的作用不应限于此，生态系统的多样性、异质性和尺度特征为遥感提供了更大的发挥空间。精细刻画生态系统结构、功能和过程，揭示生态系统功能和服务间的互馈关系，以及如何优化生态系统服务，需要创新性的遥感指标和方法。

2014年中国生态学学会正式成立了生态遥感专业委员会，目的是将生态与遥感领域的科学家召集在一起，促进生态和遥感的有机结合，开拓并引领生态遥感的研究方向和研究热点。专委会将生态遥感定义为以生态系统为应用对象的生态与遥感的交叉学科，一方面为生态学提供具有生态学意义的生态参数，即综合利用多平台、多传感器、多时相卫星遥感数据源和地面观测数据，通过遥感反演、数据同化和尺度转换获得时间尺度上连续、空间尺度一致的生态参数；另一方面以这些生态参数为基础，以生态学的理论为指导，与生态模型相结合，发展许多新的生态系统监测、评估与管理方法，促使了生态遥感学科的形成。

## 2 生态遥感40年发展历程

生态遥感的元年难以认定。但早在遥感卫星发射以前，就已经有采用航空遥感开展生态监测的先例，如美国用航空遥感开展国家公园的植被类型遥感制图。遥感卫星发射后，生态遥感的标致性事件有三：

一是国际地圈-生物圈计划（IGBP）开创全球土地覆被遥感监测。土地覆被是随遥感科学的发展而出现的概念，主要取决于自然因素以及人类活动对土地的利用和整治产生的影响，随着全球气候变化、碳排放等环境问题研究的深入，全球土地覆被信息产品应运而生。联合国开发计划署（UNDP）的IGBP建立了全球7个产品的数据集，其中，由美国地质调查局（USGS）地球资源观测系统数据中心（EROS Data Center）与内布拉斯加—林肯大学（UNL）、欧盟联合研究中心（JRC）成立了IGBP土地覆被工作组（LCWG），基于1km AVHRR数据构建了包括17个类型的IGBP DISCover全球土地覆被数据集（Loveland et al.，2000）。随后，MODIS 土地覆被产品也采用了同样的分类系统（Friedl and McIver，2002）。美国马里兰大学的全球土地覆被产品（UMD），其分类系统也是在 IGBP 的基础上综合成的 14 类（Hansen et al.，2000）。IGBP DISCover 是首个全球性的土地覆被数据集，它的出现为全球尺度的生态系统评估、全球变化等多个研究领域提供了统一且规范的基础数据。

二是全球气候观测系统（GCOS）提出的基本气候变量（ECV）首次系统疏理了基于遥感的生态参数指标体系。基本变量是描述系统变化所需的最小变量集。从满足联和国气候变化框架公约（UNFCCC，简称"公约"）、政府间气候变化专门委员会（IPCC）的需求以及全球系统观测的可行性等角度出发，GCOS 在大气、陆地、海洋 3 个领域分别选定了一些重要气候变量，共同构成 ECV（GCOS，2003），随后在 2004、2006 和 2010 年分别评估并补充基于遥感的 ECV 变量子集。ECV 中的大部分变量对生态系统监测与评估具有重要意义，支持了大量的大尺度生态系统相关研究，为后续全球性的生态参数遥感监测指标体系构建提供了示范。随后 ECV 还先后拓展了关于生物多样性（Pereira et al.，2013）、水（Constable et al.，2016）以及社会生态系统和可持续发展目标（Reyers et al.，2017）的基本变量。目前 GEO 的 GEOGLAM 旗舰计划和干旱区国际科学计划正在制定面向农业和干旱区的基本变量。

三是联合国千年生态系统评估（MA）开创基于多源遥感数据融合的大尺度生态系统监测与评估之先河。MA 是联合国秘书长科菲·安南于 2000 年呼吁，2001 年正式启动的。该项目的目标是评估生态系统变化对人类福祉的影响，为提高生态系统对人类福祉的贡献而需采取的行动奠定科学基础。全世界 1360 多名专家参与了"千年评估"的工作。评估结果包括 5 个技术报告和 6 个综合报告，对全世界生态系统及其提供的服务功能（例如洁净水、食物、林产品、洪水控制和自然资源）的状况与趋势进行了全面的科学评估，并提出了恢复、保护或改善生态系统可持续利用状况的各种对策。MA 综合运用遥感获取的土地覆被和生态参数，构建了生态系统的评估指标体系，对不同生态系统的服务功能进行了详细评估，为后续国家尺度和全球尺度的生态遥感应用奠定了技术基础。

我国生态遥感起步比国外要晚，开始于 90 年代前后，标致性的事件也有三：

一是在 1987 年全面展开的三北防护林遥感综合调查工程项目。为了评估三北防护林体系建设现状、国家经济扶持政策与技术措施的效益并进一步完善防护林体系，国家把"三北防护林遥感综合调查"列为"七五"计划的科技攻关课题，对三北范围进行综合性遥感分析和地面调查，并在此基础上建立三北防护林地区资源与环境信息系统，对该地区宜林、宜灌、宜草类型区界线划分、不同类型区成林效果、动态变化和生态效益等提供综合性、连续性数据信息（张德宏，1990）。该项目以 Landsat MSS、TM 和 SPOT 数据为主要信息源，结合地面调查与航片，利用目视解译方法完成了土地利用、森林分布、草地类型数据集，该项目是我国将遥感技术应用于大区域生态监测的一次典型示范。

二是在 2000 年先后我国启动两个重大项目。国家高技术研究发展计划（863 计划）信息获取与处理技术主题专家组结合当时西部大开发的监测需求，组织实施了"西部金睛行动"，以期快速查明西部生态环境的本底现状及影响生态环境变迁的主要原因，建立我国西部生态环境遥感监测网络系统和生态环境动态数据库。该项目分为西部、区域、省市区、典型地区四个层次，制定统一标准、实施方案和质量检查方法，提出了 12 项分类技术指南，完成了 1990 年和 2000 年的生态环境本底遥感调查，构建了 13 个数据层的生态环境本底数据库，并在资环、环境、灾害以及西部与境外有争议的水资源利用等问题领域，进行典型的应用示范研究，动态监测西部大开发的生态环境效应、评价与分析西部的开发潜力与制约因素（吴炳方等，2004）。"西部金睛行动"是我国首次将遥感应用到大范围的生态系统监测上，形成了本底数据库，并为国家决策服务。此外，我国政府积极支持千年生态系统评估计划，并于 2001 年 6 月启动了中国西部生态系统综合评估（MAWEC）项目。该项目是 MA 亚全球生态系统评估项目的案例之一。项目参照国际千年生态系统评估（MA）框架，采用系统模拟和地球信息科学方法体系，利用遥感和统计数据对中国西部生态系统及其服务功能的现状、演变规律和未来情景进行了全面的评估（刘纪远等，

2006）。在该项目中，利用遥感开展的土地覆被监测、归一化差值植被指数（NDVI）和净初级生产力（NPP）等生态参数监测成为生态系统评估的重要指标和基础数据。该项目的实施是我国首次将遥感广泛应用到大区域的生态系统评估中，并参与到全球性的生态系统评估工作中，极大地推动了我国生态遥感技术的发展。

三是我国开展的一系列重大工程遥感监测与评估。2002年国务院三峡办启动三峡库区生态环境遥感监测项目，在移民区、库区和长江上游三个尺度展开生态环境本底、水土流失、植被生态参数等多个专题的监测，对长江三峡工程建设前后的资源、生态和环境进行长期遥感动态监测与影响评估（吴炳方等，2011）。由国家林业局组织的"国家林业生态工程重点区遥感监测评价项目"以林业六大重点工程中的天然林资源保护工程、退耕还林工程为监测对象，以遥感技术为核心，综合运用"3S"技术，采用多级遥感监测方法，实现对工程建设情况及成效的连续动态监测与评价（鞠洪波，2003）。2004年长江委长江勘测规划设计研究院启动了"南水北调中线工程生态环境遥感监测"863课题，选择典型区对地表水水质、水库岸坡稳定性（滑坡及塌岸）、水土流失、水面、盐碱化和植被等6个环境因子进行了监测与评价（潘世兵和李纪人，2008）。2008年中国科学院启动知识创新工程重大项目"重大工程生态环境效应监测、评估与预警"，该项目以三峡工程、三北防护林工程和海河流域治理工程为对象，以遥感、地面观测与生态学相结合的方法，对影响重大工程生态环境效应的诸多要素进行定量化监测和综合评估，建立重大工程生态环境效应监测与评估技术体系，为国家宏观决策提供准确可靠的科学依据与信息基础，实现重大工程综合效益的最大化，并为其他重大工程的监测提供借鉴（朱教君等，2016；吴炳方和闫娜娜，2019）。

生态遥感已为不同生态系统的研究提供了大量的基础数据，同时对生态学科的发展和方法论起到推动作用，但在应用方法与学术思路方面未能摆脱原有的学科思维，仍然处于被动应用于生态领域的阶段，主要表现在：

（1）遥感仅作为基础数据的提供者，只是一个数据源，同地形图或降水资料一样，根据生态学科研究的要求进行改造和简化或汇总，没有体现遥感信息真正的应用价值。

（2）未能充分发挥遥感以像元为空间尺度、从时间过程和空间异质性揭示生态过程和生态灾害复杂性的特点，扼制了遥感多光谱、多时相、多角度、多源的信息优势。

（3）在对生态过程及其变化开展监测研究时，仅集中于初级生态要素或单一要素的监测，很少提出新的监测指标。

（4）未能将遥感技术与生态学背景有机集成起来，对生态过程深层次的过程与隐性表现更未能进行深入分析，未形成系统性、科学性的方法论与综合性、集成性、客观性的评估结果。

## 3 研究现状

近5年，我国的生态遥感取得了一系列重要进展，获得了一批新成果，发展了一批新方法，重点是在生态领域得到了更为广泛的应用。

### 3.1 土地覆被

土地覆被（也常见"土地覆盖"）是一种地理特征，是陆地表面可被观察到的自然营造物和人工建筑物的综合体，是自然过程和人类活动共同作用的结果，既具有特定的时间和空间属性，也具有自然与社会属性，是开展大尺度生态学研究的重要基础数据之一。

国际上的土地覆被遥感监测以IGBP和全球环境变化人文领域计划（IHDP）联合提出的土地利用/土地覆被变化（LUCC）为代表，是一个跨学科领域的研究课题。NASA主导的土地覆被/土地利用变化项目（LCLUC）则是LUCC的直接响应。从大的方面而言，LUCC研究在于更好地理解与不断地认识不同时间与空间尺度上土地利用与土地覆被的相互作用及其变化，包括土地利用与土地覆被变化的过程、机理及其对人类社会经济与环境所产生的一系列影响，为全球、国家或区域的可持续发展战略提供决策依据。在过去的 20 多年里，不同学科的研究者对于 LUCC 给予了很多关注，围绕 LUCC 何地发生变化、何时发生变化、如何发生变化和为何发生变化等问题开展了大量的研究。

欧洲也一直在关注土地覆被监测，早在 1985 年，欧洲委员会就决定制订环境信息协作计划（Coordination of Information on the Environment，CORINE），建立一种稳定且一致的欧洲土地覆被数据库（CORINE）。CORINE 土地覆被分类系统包括人造区域、农业区、森林和半自然区、湿地和水体 5 个一级类型，15 个二级类型和 44 个三级类型（Lavalle et al., 2002）。至今，Corine 土地覆被产品已经发布 5 期，覆盖欧洲国家，其中 2018 年数据基于哥白尼计划的哨兵 2 号数据制作，空间分辨率达到 10 米，其生产方法主要为对高空间分辨率遥感影像进行目视解释，在部分国家采用了半自动的分类方法，制图精度优于 85%。

近年来，我国生态遥感领域也先后推出了多个重要的土地覆被数据集。国家地理信息中心陈军研究员团队与国内多家单位合作，基于像素-对象-知识（POK）相结合方法（Chen, 2015），于 2014 年发布了全球 10 类 30m 土地覆被数据产品（GlobeLand30），总精度 80%。GlobeLand30 分类利用的影像为 30m 多光谱影像，包括美国陆地资源卫星（Landsat）TM5、ETM+多光谱影像和中国环境减灾卫星（HJ-1）多光谱影像。

清华大学宫鹏教授团队联合多家单位，采用最大似然法、决策树法、随机森林法、支持向量机法，基于样本训练全自动处理，于 2013 年完成了全球 30m 分辨率土地覆被图（FROM-GLC）（Gong et al., 2013）。其分类系统包括 10 个一级类，以及 28 个二级类，平均精度为 64.9%。该团队还分别在 2017 和 2018 年发布了 2015 年全球 30m 分辨率土地覆被数据集和 2017 年全球 10m 分辨率土地覆被数据（Gong et al., 2019）。

中科院地理科学与资源研究所刘纪远研究员团队自 90 年代以来，以人工目视解译的方法为主，建成了国家尺度土地利用变化数据库，每隔 5 年采用同类卫星遥感信息源和相同的数据分析方法，完成全国范围的土地利用数据更新（刘纪远等，2014），截至目前，已经完成 20 世纪 80 年代末、1995 年、2000 年、2005 年、2010 年和 2015 年共 6 期 30m 空间分辨率全国土地利用数据库。该数据集包括耕地、林地、草地、水域、城乡建设用地、未利用地等 6 个一级类型及 25 个二级类型，一级类型综合评价精度达到 94.3% 以上，二级类型分类综合精度达 91.2% 以上。

中科院遥感地球所吴炳方研究员团队主导完成了 1990、2000、2010 和 2015 年四期 30m 空间分辨率中国土地覆被数据集（ChinaCover）。该数据集的分类系统包括 6 个一级类（林地、草地、耕地、湿地、人工表面和其他）和 40 个二级类，其中一级类与联合国政府间气候变化专门委员会（IPCC）的土地覆被分类系统一致，二级类参考联合国世界粮食与农业组织（FAO）的土地覆被分类系统（LCCS）。数据集采用基于面向对象和层次分类的方法，兼顾全国分类的一致性和区域分类的特色，2010 年土地覆被数据的精度一级类为 94%，二级类为 86%（吴炳方，2017），同时出版了首部中英双语土地覆被地图集《中华人民共和国土地覆被地图集》（吴炳方等，2017）。

## 3.2 生态参数

陆地表面的形态特性和动态变化特征可以通过以反映地表覆盖物空间维、光谱维及时间维为核心的遥感信息来识别。20 世纪 80 年代以来，以 NOAA/AVHRR、EOS/MODIS、SPOT VGT、FY 系列卫星数据为代表的低分辨率遥感数据广泛应用于全球及大区域范围的生态参数监测（Weiss et al., 2007；Borak et al., 2000）。目前广泛应用于生态参数监测的数据主要是光学遥感数据，而合成孔径雷达微波遥感数据和激光雷达测高数据主要用于水体、垂直结构和土壤厚度等信息提取。

MODIS数据产品包括陆地标准数据产品、大气标准数据产品和海洋标准数据产品等三种主要标准数据产品类型，总计分解为44种标准数据产品类型。但MODIS数据产品完全依赖于MODIS单一传感器获得的遥感观测数据，生成的数据产品虽已得到广泛应用，但无论采用的方法如何优越，生成的数据产品均无法规避MODIS观测数据质量、传感器衰退等因素的影响。

欧空局哥白尼计划陆地监测项目利用30颗卫星包括RADARSAT2、ENVISAT ASAR等SAR数据以及SPOT VGT、Proba-V、ENVISAT MERIS等数据和6颗哨兵（Sentinel）系列卫星数据，提供陆表植被监测、能量平衡和水分监测的多种数据产品。截至2017年共提供12种数据产品，其中，NDVI及其衍生出的VCI产品的生成属于遥感指数方法；DMP、VPI和地表温度则利用FAPAR、NDVI或热红外波段亮度温度建立的经验/半经验统计模型生成；LAI、FAPAR、fCover、反射率和土壤水分等产品的生成则采用神经网络模型对反演模型进行优化；Albedo产品通过对各波段反照率经验组合计算获得；火烧迹地和水体产品采用目标识别方法获得。现阶段，哥白尼计划提供的数据产品仍主要依赖SPOT VGT及其后续星Proba-V等遥感传感器，遥感观测数据的质量直接影响数据产品的质量好坏，仅LST产品综合利用了多颗静止气象卫星数据。

北京师范大学发布的全球陆表特征参数（GLASS）（梁顺林等，2014），基于AVHRR、MODIS和多种地球同步卫星观测数据生成1982～2014年长时间序列的8种数据产品。GLASS的LAI、fCover产品基于神经网络模型对现有数据进行融合和时空序列数据插补而成；FAPAR则基于GLASS LAI产品采用孔隙率模型反演生成；Albedo、长波净辐射、净辐射产品采用经验统计法获得；GPP产品则采用经验/半经验的光能利用率模型实现产品生产；发射率产品在裸土区采用经验统计法，在植被区则采用查找表优化4SAIL辐射传输模型实现参数提取；下行短波辐射、光合有效辐射则采用查找表法实现辐射量的反演（Atzberger，2004）。

中科院遥感地球所吴炳方研究员团队发布的全国2000至2015年的陆地生态系统生态参数数据集，基于多源遥感数据，结合大量的地面样点和ChinaCover数据，通过算法研究与改进，实现了全国尺度8个生态参数的长时间序列遥感监测，并开展了基于地面调查和激光雷达遥感的精度验证，包括基于像元二分模型的植被覆盖度、基于TSF滤波的叶面积指数、基于CASA模型的净初级生产力、基于MODIS等FPAR产品神经网络反演方法的光合有效辐射吸收比率、基于S-G滤波Logistic分段拟合方法的生长期、基于"劈窗"算法的地表温度、基于RossThick核与LiSparseR核拟合地表的二向性反射特征的地表粗糙度、基于ETWatch模型的蒸散等。此外，通过在全国选择典型研究区开展机载航飞综合实验，获取大样区尺度甚高分辨率光学、激光雷达和高光谱数据，提出了基于冠层结构参数、郁闭度、树高的森林地上生物量遥感估算方法，形成典型样区尺度高精度森林地上生物量遥感监测数据集，并结合局地尺度地上生物量数据与冠层高度、林龄、时间序列特征等参数，分区分类型构建区域尺度外推模型，获得了全国尺度2000、2005、2010和2015年四期250m空间分辨率森林地上生物量数据集，并利用全国5058个样点开展精度验证（段祝庚等，2015；Fu et al., 2017）。同时，从森林结构特征差异和光谱变异理论角度出发，将森林结构与生化特征相结合，诠释了森林物种多样性、叶片生化多样性和光谱多样性三者间的关联性，探讨了不同生化组分识别物种的饱和度，在单木尺度上综合最优生化组分和冠层结构参数，发展了基于聚类方法的森林乔木物种多样性遥感估算模型，并将叶片尺度耦合物种-生化-光谱的多样性特征研究应用到冠层尺度，实现了无需物种识别直接获取高精度多样性空间分布，为森林生物多样性开展区域尺度监测提供了新的解决思路，推动了生物多样性遥感监测的技术发展（Zhao et al, 2016, 2018；董文雪等，2018）。

### 3.3 生态评估

生态评估是利用长时间序列的生态参数所反映的生态系统质量信息，对生态系统服务功能、生态安全、生态资产等生态系统属性进行评估。

国际上，利用生态遥感开展生态评估是生态系统管理的常规工作，在千年评估（MA）之后，UNEP 于 2008 年提出了生物多样性和生态系统服务政府间科学-政策平台（Intergovernmental Science–Policy Platform on Biodiversity and Ecosystem Services，IPBES）的概念，并于 2012 年 4 月正式成立，该机构的宗旨是应对生物多样性丧失和生态系统服务功能退化问题，通过建立科学与政策之间的联系，缩小科学界与政治界对此问题的鸿沟，进一步加强生物多样性的保护与可持续利用，确保长期人类福祉和可持续发展，已成为开展全球尺度生态系统评估的一个重要组织。IPBES 在开展生物多样性、土地退化、可持续发展、生态资产等评估时，所采用的模型均包括大量的生态遥感数据产品的输入，实现模型从点到面的空间扩展，如 CENTURY、InVEST 等。

2008 年，科技部 973 项目"中国主要类型生态系统服务功能与生态安全"中已借助遥感的手段开展生态评估，主要通过 Landsat 数据获取生态类型分布特征，再结合 MODIS 和 AVHRR 反演长时序的生态参数，构建生态评估指标体系，奠定了我国利用遥感开展生态评估的理论与技术基础。2010 年和 2011 年，中国科学院和环境保护部先后启动了中国科学院战略性先导专项碳专项课题"陆地生态系统固碳参量遥感监测及估算技术研究"和环保部/中科院"生态十年"项目专题"全国生态环境十年变化土地覆被与地表参遥感提取"研究。这两个项目面向生态系统管理和全球变化研究对土地覆被量与质的需求，通过遥感方法的不断探索和技术创新，创建了土地覆被与生态参数一体化遥感监测方法，将以像元分类为主的人机交互模式推进到以对象与地类识别为主的工程化模式，建立了空间一致、时间可比的中国土地覆被和生态参数数据集（ChinaCover），揭示了我国经济发展最快 20 年的生态系统格局及变化。两个项目首次将土地覆被和生态参数进行了有机融合，形成了新一代土地覆被监测方法体系与数据集，极大地推动了我国生态系统评估的技术发展。

2016 年，国家重点研发计划的"典型脆弱生态修复与保护研究"专项已把生态遥感作为关键技术服务于生态评估，有超过 5 个项目都单独设立了关于遥感的课题或子课题。其中，"基于多源数据融合的生态系统评估技术及其应用研究"项目基于土地覆被、生态参数、地上生物量和生物多样性遥感监测，发展耦合生态系统服务功能评估的遥感驱动的生态系统过程模型，建立基于"参照系-现状-变化量"的生态系统质量评估模型和应用系统；"生态资产、生态补偿及生态文明科技贡献核算理论、技术体系与应用示范"项目综合生态系统类型、生态系统质量、生物量、覆盖度等建立生态资产遥感监测技术体系；"西南生态安全格局形成机制及演变机理"、"典型高寒生态系统演变规律及机制"和"黄土高原区域生态系统演变规律和维持机制研究"项目则分别将生态遥感应用到西南地区的生态安全评估、青藏高原草地生态系统退化与沙化评估和黄土高原地区生态系统空间格局与演变等研究中。

2017 年，环境保护部联合中国科学院在"生态十年"项目的基础上，继续开展 2010 至 2015 年全国生态状况变化调查与评估工作。该项目创新性地提出了基于深度学习和 Google Earth Engine 云平台的分专题、分层次、适用于高分辨率遥感数据的土地覆被分类方法，构建了生态参数遥感监测云计算系统，包括野外调查数据采集平台（GVG）、土地覆被数据在线管理、验证与分析平台（ChinaCover Online）和生态参数遥感监测云平台（EcoWatch）。2018 年 5 月，《全国生态状况变化（2010-2015 年）遥感调查评估报告》正式发布。

## 3.4 学科建设

2012 年 11 月，党的十八大从新的历史起点出发，做出"大力推进生态文明建设"的战略决策，从 10 个方面绘出生态文明建设的宏伟蓝图。作为重要的技术保障，中国已经逐步建立了气象、资源、环境和海洋等地球观测卫星应用体系，随着高分辨率对地观测系统和国家空间基础设施的建设到位，全方位观测能力日益提高。

生态遥感已经是我国政府开展国家和全球尺度生态环境监测的重要技术手段。为满足全球生态环境变化监测和积极应对全球变化的需要，科学技术部按照"部门协同、内外结合、成果集成、数据共享、国际合作"的基本思路，于 2012 年启动了"全球生态环境遥感监测年度报告"工作。2013 年 5 月，科学技术部向国内外正式公开发布了《全球生态环境遥感监测 2012 年度报告》。自此，全球生态环境遥感监测报告每年发布一次，已形成一个品牌。年报主要围绕全球生态环境典型要素、全球性生态环境热点问题和全球热点区域这 3 大类主题逐年发布，为中国深入参与全球科技创新治理提供了有效的信息保障，为各国政府、研究机构和国际组织的环境问题研究和制定环境政策提供了依据，同时加深了社会公众对全球生态环境状况的理解，推动了中国 GEO 工作的深入开展。该工作可以有效发挥科技超前引领作用，带动各个行业部门形成全球综合对地观测能力和实际应用能力，是我国生态遥感领域为解决全球生态环境研究所做的实质贡献。

生态遥感专委会成立以来，专委会委员已经历经两届，所有委员人选均为全国遥感或生态领域的权威研究人员，其中中青年委员人数超过总人数的 1/3，为我国生态遥感的发展作出了突出贡献。专委会自 2013 年开始每年都在生态学大会以及国内国际的相关学术会议上组织"生态遥感"分会场会议，场场爆满，受众总数超过 5000 人，为壮大生态遥感的人才队伍起到了积极的推动作用。

## 4 国际背景

当前生态遥感的主要驱动力来自全球变化和可持续发展这两个领域。无论是全球变化，还是 SDGs，基础是生态系统管理，生态遥感在其中也发挥这越来越重要的作用。

从 1992 年联合国环境与发展大会通过《联合国气候变化框架公约》开始，历经 1997 年的《京都议定书》和 2009 年的《哥本哈根协议》，最终达成了 2015 年的《巴黎协定》，《巴黎协定》主要目标是将本世纪全球平均气温上升幅度控制在 2℃ 以内，并将全球气温上升控制在前工业化时期水平之上 1.5℃ 以内。

2015 年，联合国正式通过联合国可持续发展目标（Sustainable Development Goals），以在千年发展目标到期之后继续指导 2015~2030 年的全球发展工作，旨在从 2015 年到 2030 年间以综合方式彻底解决社会、经济和环境三个维度的发展问题，转向可持续发展道路，包括 17 个可持续发展目标。

面对上述两大需求，国际上也发射了一系列新的卫星资源，如美国的 ICESat2、Aerosol-Cloud-Ecosystems（ACE）、Geostationary Carbon Cycle Observatory（EVM-2）（GeoCARB）等。此外，自 2018 年起，计划陆续发射的许多新的地球观测仪器（Stavros et al.，2017）将为生态遥感提供全新的数据源，包括美国航天局的全球生态系统动力学调查卫星（Global Ecosystem Dynamics Investigation，GEDI），GEDI 带有激光雷达可测量冠层结构参数（如高度、生物量）；空间站生态系统星载热辐射计（Ecosystem Spaceborne Thermal Radiometer Experiment on Space Station，ECOSTRESS），提供热红外数据产品（即表面温度，ET）；碳卫星 3（Orbiting Carbon Observatory，OCO-3），可开展荧光（SIF）测量；日本 JAXA 的高光谱成像仪（Hyperspectral Imager Suite（HISUI）），在 VNIR/SWIR 波段提供表面反射率数据（10nm 光谱分辨率）；其他的还包括全球变化观测计划气候星 SHIKISAI；水资源星 SHIZUKU；降雨监测雷达（GPM/DPR）；地球云、气溶胶和辐射探测星（EarthCARE）和欧洲航天局（ESA）的"生物量"森林-碳-监测卫星和植被荧光制图卫星。

这些星座计划最显著的特征是面向全球变化和可持续发展这两个主要议程，这也是今后生态遥感的主流发展方向。

## 5 发展趋势及展望

40 年来，生态遥感大量的研究解决了特定时间、特定区域的生态学问题，推动了利用遥感数据生成能够应用于生态学的数据产品方法的进步，形成的产品及信息服务能力也不断提升，但均在一定程度上受时间、区域、使用者经验的影响，导致在解决相同问题时，存在结果不一、结论矛盾的现象。

生态遥感在未来发展趋势中，最为重要的是与前沿计算技术充分结合，发展生态遥感大数据和生态遥感云服务。大数据时代，遥感传感器的发展使得遥感观测数据的时空分辨率逐步提高，产生的遥感观测数据的数据量呈几何级数增长，对海量遥感观测数据的快速自动化处理依赖于计算机技术的创新。遥感大数据是针对传统遥感数据处理和信息提取方式的一种变革，它以多源遥感数据为主，综合其他多源辅助数据，运用大数据思维与手段，聚焦于更高价值的信息和知识规律的发现。相对遥感数字信号处理时代的统计模型和定量遥感时代的物理模型，遥感大数据时代的信息提取和知识发现是以数据模型为驱动，其本质是以大样本为基础，通过机器学习等智能方法自动学习地物对象的遥感化本征参数特征，进而实现对信息的智能化提取和知识挖掘（张兵，2018）。智能信息提取是遥感大数据方法的明显特征和必然要求，近年来，深度学习方法逐渐被引入到图像分割、目标识别和分类中，利用机器学习的过程对图像所包含的具有生态学深层特征信息进行挖掘，开展高精度的植被、水体、裸地等不同生态类型的分类以及重大生态工程、生态措施等目标识别。ImageNet 大规模视觉识别挑战赛举办以来，图像识别的错误率从 2012 年的 29.6%降到了 2015 年的 3.6%，充分显示了深度学习在目标识别中的作用。

遥感大数据时代的到来，其门槛自然水涨船高，然后遥感大数据云服务的出现，让遥感开始真正"飞入寻常百姓家"，任何人都可以通过几行简易的命令查看、处理、分析遥感数据。Google 针对地球观测大数据，开发了全球尺度 PB 级数据处理能力的 Google Earth Engine 云平台，极大提升了地球观测大数据的处理与信息挖掘能力。Google Earth Engine 内置全球经预处理的长时间序列的 Landsat、MODIS、Sentinel 等系列数据，能够快速实现长时间序列大范围农作物种植区的提取与分析、全球尺度森林动态变化监测等，为遥感与先进计算机技术结合提供应用典范。与 GEE 类似的遥感大数据管理与云服务平台还包括 DataCube、AWS 等。

将非遥感的生态学大数据与遥感大数据深入融合，充分挖掘待分析目标的深层隐含特征，将为基于遥感的目标分类识别、参数反演方法提供新的解决途径。未来结合深度学习、大数据处理等技术，有望解决传统处理方法无法有效解决的复杂难题，依托集群、云技术的数据密集型计算方法，突破高分辨率遥感数据分析处理的时间瓶颈，实现高分辨率时空连续的遥感数据产品的快速生成与动态追加更新。

从 2016 年开始，国家重点研发计划"全球变化及应对"专项中有多个项目开展生态遥感大数据产品的生产；数字"一带一路"、数字地球大数据工程、国际干旱区科学计划等一系列我国主导的重大科学项目中，都广泛引入生态遥感大数据技术开展洲际或全球尺度的生态环境监测，并向全球推广中国生态遥感的经验。

在大数据和云服务的基础上，未来还需要对数据分析处理策略进行仔细的分析和梳理、科学论证和验证，去伪存真，明确哪些方法是结构化的，哪些方法能够改造成结构化方法，哪些方法只是权宜之计，哪些方法能获得定量数据，哪些方法只能获得定性的数据，哪些方法实质上是在"伪造数据"，以及这些方法的精度水平及改进空间，从而指明现有方法如何向结构化方法转变，逐步构建以结构化为特征的、科学的从遥感观测数据生成具有生态学意义数据产品的生态遥感方法论。

（1）发展新型遥感指数产品。遥感指数作为一种凸显不同生态系统异质性的参数产品，其构建方法符合结构化方法的特征，但现有的遥感指数的生态与物理意义欠缺，在应用时往往存在适应性限制。需结合遥感信息自身的优势，从生态问题出发，发展出一些易于处理且能够反映生态学意义的特征指标，充分挖掘遥感观测数据隐含的深层指示性特征，构建具有指示性意义的新型遥感指数数据产品。例如对全球陆表生态系统碳排放、植被健康、植被生态服务功能等具有重要影响的植被高度，能够利用新型星载激光雷达（ICESat2）实现快速提取，识别方法相对简单；用于粮食安全早期预警的作物生长早期的耕地种植比例指数，较传统的作物类型的识别精度大幅度提高，如2015年9月之后南非出现严重旱情，耕地种植比例较2014年同期偏低达34%，全球农情遥感速报系统（CropWatch）基于该信息对南非玉米生产形势做出了早期预警。

（2）以生态需求为导向。现有的数据产品多以卫星为导向，每种卫星观测数据都有一套各自的数据产品，各成体系。同时不同卫星获得数据产品受限于遥感传感器的不一致性，相互间的时空连续性和一致性较差，为数据产品的广泛应用造成障碍。遥感数据产品生成方法应该以形成生态需求为目标，如全球陆表特征参数（GLASS）、CYCLOPES 项目、多传感器联合反演降水数据产品、基于遥感的区域蒸散量监测方法（ETWatch）及其产出的多尺度-多源数据协同的陆表蒸散发数据产品，充分利用所有可用的遥感观测数据，发挥不同遥感观测数据的优势，已经成为反演高精度、高分辨率遥感数据产品的主流途径。未来应利用多源协同遥感观测与分析处理方法，充分结合多种遥感观测数据的优势，形成合力，提高数据产品的精度。生态需求为导向的遥感处理方法需进一步拓展至卫星传感器设计、卫星发射计划等方面，围绕现有数据产品分析处理过程中的缺陷和需求，有针对性的发展新型传感器和卫星计划，以实现数据产品质量的提高。

（3）建立生态遥感方法标准体系。标准是产品是否达标、是否合规的标志，其能减少人为主观因素影响，避免相同的数据获得的产品质量因方法、因地域、因人而异。生态领域成体系的国家标准，例如土地利用现状分类国家标准明确规定了土地利用的类型、含义，为土地调查观测提供标准章程。与遥感高度相关的测绘学科，早在1984年便由国家测绘地理信息局设立了测绘标准化研究所，专门从事测绘标准化研究，先后制定了大地、航测、制图等多个领域的系列国家标准以及测绘地理信息行业标准。遥感领域也有少量的国家标准与行业标准，如卫星遥感影像植被指数产品规范，但针对用遥感来解决生态学问题的标准相对缺失，需大力推进遥感从观测数据到生态参数产品，再到生态学分析处理方法的标准规范制定。为建立生态遥感标准体系，需要对现有的遥感数据产品生成方法进行全面收集整理，分析不同类型的数据产品所用的方法特点，对口生态学需求，全面对比不同数据处理方法对结果的影响，综合分析归纳，并将从遥感数据到生态遥感产品与应用的全过程进行步骤细分，逐渐形成各个步骤的标准输入、输出流程，制定出输入输出的标准规范，形成生态遥感的全流程标准体系。

## 参 考 文 献

董文雪, 曾源, 赵玉金, 等. 2018. 机载激光雷达及高光谱的森林乔木物种多样性遥感监测. 遥感学报, 22(5): 833-847.

段祝庚, 曾源, 赵旦, 等. 2015. 机载激光雷达森林冠层高度模型凹坑去除方法. 农业工程学报, 30(21): 209-217.

鞠洪波. 2003. 国家重大林业生态工程监测与评价技术研究. 西北林学院学报, 18(1): 56-58.

梁顺林, 张晓通, 肖志强. 2014. 全球陆表特征参量(GLASS)产品：算法、验证与分析. 北京: 高等教育出版社.

刘纪远, 李秀彬, 岳天祥. 2006. 中国西部生态系统综合评估. 北京: 科学出版社.

刘纪远, 匡文慧, 张增祥, 等. 2014. 20 世纪 80 年代末以来中国土地利用变化的基本特征与空间格局. 地理学报, 69(1): 3-14.

潘世兵, 李纪人. 2008. 遥感技术在水利领域的应用. 中国水利, 21: 63-65.

吴炳方. 2017. 中国土地覆被. 北京: 科学出版社.

吴炳方, 陈永柏, 臧小平, 等. 2011. 三峡工程建设期生态环境演变驱动力机制浅析. 长江流域资源与环境, 20(3): 262-268.

吴炳方, 钱金凯, 曾源, 等. 2017. 中华人民共和国土地覆被地图集. 北京: 中国地图出版社.

吴炳方, 孙卫东, 黄签, 等. 2004. 中国西部典型区生态环境本底遥感调查. 水土保持学报, 18(5): 46-50.

吴炳方, 闫娜娜. 2019. 海河流域治理工程生态效应遥感监测与评估. 北京: 科学出版社.

张兵. 2018. 遥感大数据时代与智能信息提取. 武汉大学学报(信息科学版), 43(12): 1861-1871.

张德宏. 1990. 卫星遥感影像在我国林业中的应用. 世界导弹与航天, 8: 7-9.

朱教君, 郑晓, 闫巧玲, 等. 2016. 三北防护林工程生态环境效应遥感监测与评估研究: 三北防护林体系工程建设 30 年 (1978-2008). 北京: 科学出版社.

Atzberger C. 2004. Object-based retrieval of biophysical canopy variables using artificial neural nets and radiative transfer models. Remote Sensing of Environment, 93(1/2): 53-67.

Borak J S, Lambin E F, Strahler A H. 2000. The use of temporal metrics for land cover change detection at coarse spatial scales. International Journal of Remote Sensing, 21: 1415-1432.

Chen J. 2015. Global land cover mapping at 30 m resolution: A POK-based operational approach. ISPRS Journal of Photogrammetry and Remote Sensing, 103: 7-27.

Constable A J, Costa D P, Schofield O, et al. 2016. Developing priority variables ("ecosystem Essential Ocean Variables"—eEOVs) for observing dynamics and change in Southern Ocean ecosystems. Journal of Marine Systems, 161: 26-41.

Friedl M A, Mclver D K, Hodges J C F, et al. 2002. Global land cover mapping from MODIS: algorithms and early results. Remote Sensing of Environment, 83(1): 287-302.

Fu L, Zhao D, Wu B F, et al. 2017. Variations in forest aboveground biomass in Miyun Reservoir of Beijing over the past two decades. Journal of Soils and Sediments, 17(8): 2080-2090.

GCOS. 2003. The Second Report on the adequacy of the global observing systems for climate in support of the UNFCCC. GCOS, 82, 74.

Gong P, Liu H, Zhang M N, et al. 2019. Stable classification with limited sample: transferring a 30-m resolution sample set collected in 2015 to mapping 10-m resolution global land cover in 2017. Science Bulletin, 64(6): 370-373.

Gong P, Wang J, Yu L, et al. 2013. Finer resolution observation and monitoring of global land cover: first mapping results with Landsat TM and ETM+ data. International Journal of Remote Sensing, 34(7): 2607-2654.

Hansen M C, Defries R S, Townshend J R G, et al. 2000. Global land cover classification at 1 km spatial resolution using a classification tree approach. International Journal of Remote Sensing, 21(6-7): 1331-1364.

Lavalle C, Mccormick N, Kasanko M, et al. 2002. Monitoring, planning and forecasting dynamics in European Areas: The territorial approach as key to implement European policies. CORP, 17(1): 367-373.

Loveland T R, Reed B C, Brown J F, et al. 2000. Development of a global land cover characteristics database and IGBP DISCover from 1 km AVHRR data. International Journal of Remote Sensing, 21(6-7): 1303-1330.

Pereira H M, Ferrier S, Walters M, et al. 2013. Essential biodiversity variables. Science, 339(6117): 277-278.

Reyers B, Stafford S M, Erb K H, et al. 2017. Essential variables help to focus sustainable development goals monitoring. Current Opinion in Environmental Sustainability, 26: 97-105.

Stavros E N, Schimel D, Pavlick R, et al. 2017. ISS observations offer insights into plant function. Nature Ecology & Evolution, 1(7): 194.

Weiss M, Baret F, Garrigues S, et al. 2007. LAI and Fapar Cyclopes Global Products derived from vegetation(Part 2): Validation and comparison with MODIS Collection 4 Products. Remote Sensing of Environment, 110(3): 317-331.

Zhao Y J, Zeng Y, Zhao D, et al. 2016. The Optimal Leaf Biochemical Selection for Mapping Species Diversity Based on Imaging Spectroscopy. Remote Sensing, 8: 216.

Zhao Y J, Zeng Y, Zheng Z J, et al. 2018. Forest species diversity mapping using airborne LiDAR and hyperspectral data in a subtropical forest in China. Remote Sensing of Environment, 213: 104-114.

撰稿人：吴炳方，曾 源，赵 旦

# 第37章 长期生态研究进展

## 1 引　言

　　生态学（Ecology）是研究有机体与环境之间相互关系及其作用机理的科学。由于生态学研究对象具有很大的空间尺度变异性（基因、细胞、器官、个体、种群、群落、生态系统、区域、宏系统），且研究对象的性状或功能在不同时间尺度上（秒、分、小时、天、月、年、千年、地质年代）差异显著；因此，生态学研究只能采用不同的技术手段来揭示这些复杂的对象及其功能。其中，生态学发展前期，多数观测与实验研究均在较短时间内完成；但随着研究工作的深入，科研人员发现许多生态过程或生态系统组分间的相互作用关系需要长时间尺度才能被观测或捕捉到，推动了长期生态研究的发展。

　　20世纪70年代末，伴随着世界人口急剧增长和工农业快速发展，世界各地生态状况、自然资源供给、环境质量等不断恶化，同时越来越多的观测资料也显示全球气温升高、海平面上升、降水量及降水格局改变、臭氧空洞等生态环境问题。这些生态问题的起因是什么？它们的影响危害有哪些？如何缓解和应对这些生态问题？要准确回答上述问题，就必须对生态系统开展长期的观测和模拟实验。

　　长期生态研究（long term ecological research）是对长期处于动态的、周期性的复杂生态过程进行长期的监测与研究，探讨各种生态因子的相互作用及生态过程，揭示生态系统和环境的长期变化，从而为生态系统评价及管理提供科学依据（孙鸿烈，2009）。为了推动长期生态研究的发展，很多国家先后建立了相对固定的生态站（或基地）；随着野外台站或网络的发展，长期生态研究常被狭义地用于特指基于野外台站或联网式开展的长期连续观测或长期控制实验。观测和研究时间的长短依据研究对象的特征来确定，可分为数年、数十年甚至数百年或更长时间。长期生态研究经过几十年快速发展，已在单站点开展了深入、系统性的观测，同时基于区域或全球生态发展需求，在不同国家、不同区域和全球建立了生态系统长期监测网络，从区域或全球尺度对生物、资源、环境状况等要素开展系统性的监测，为区域生态环境保护、自然资源可持续利用、社会经济可持续发展以及应对全球变化策略等多方面作出了重要贡献。

## 2 学科40年发展历程

### 2.1 我国长期生态研究的发展历程

　　长期生态研究对野外长期定位站或实验基地具有很强的依赖性，因此，我国长期生态研究的发展历程与野外定位研究站发展基本同步。20世纪50年代，在苏联科学家建议下，中国科学院在云南西双版纳和广东肇庆分别建立了我国第一个生物地理群落实验站和第一个自然保护区（鼎湖山自然保护区）。同期（1955年），为了满足修建包兰铁路的国家重大战略需求，中国科学院抽调竺可桢、刘慎谔和李鸣冈等科研人员建立了中国第一个野外长期综合观测研究站（沙坡头沙漠研究实验站），正式拉开了我国长期定位生态研究的序幕。1959年，冯宗炜等在湖南会同森林生态站深入研究了杉木纯林连栽生态退化机理，并提出"杉木火力楠8：2混交林模式"成功地解决了杉木纯林连栽导致生态退化的问题。1979年，国家正式批准建立了"内蒙古草原生态系统长期定位研究站""长白山森林生态系统长期定位研究站"等一批野外台站；自此，我国长期生态研究迎来了快速发展的春天。20世纪70~80年代，我国野外生态台站数量迅速增长，据不完全统计，仅中国科学院就建立了61个野外定位研究站；同期，中国林业科学院、中国农业科学院、部分高校也大规模开展野外生态观测站的建设工作。

1988年，在孙鸿烈、陈宜瑜、沈善敏、赵士洞和赵剑平等老一辈科学家的支持和推动下，中国科学院牵头筹建了中国生态系统研究网络（Chinese Ecosystem Research Network，CERN），并建立我国第一个生态站-专业分中心-综合中心结构的生态系统联网观测网络；随后开展了观测指标体系、观测与分析方法的标准化、技术质量控制和仪器配置等研究工作。例如，根据CERN发展需求，先后组织出版了《农业生态系统指标体系观测与分析方法》（1991）、《森林生态系统指标体系观测与分析方法》（1991）和《草地生态系统指标体系观测与分析方法》（1991）。自成立之初，CERN克服了单个生态站监测和研究的局限，并具有如下特征：①注重整体性和总体目标（监测、研究和示范），强调直接服务并解决我国重要的资源、生态和环境问题；②采用相对统一的观测仪器、观测方法和指标体系进行长期定位监测与研究；③强调监测数据的质量控制与管理，并建立数据共享与集成分析途径；④强调多学科交叉，按照统一的目标和方法组织多个野外台站开展联网试验研究（孙鸿烈，2009）。同期，借鉴CERN相关监测体系，袁国映等1993年建立了我国荒漠生态系统监测指标体系（袁国映等，1993）。1992年国家林业部建立了由11个野外生态站所组成的中国森林生态系统研究网络（Chinese Forest Ecosystem Research Network，CFERN），以合理的布局为基础从个体、种群、群落和生态系统四个层次对森林生态系统结构和功能开展定性和定量研究。

2005年，科技部批准建设国家生态系统观测研究网络（Chinese National Ecosystem Observation and Research Network，CNERN）；它以CERN为主体并吸纳了国内各部门的优秀野外观测研究站。CNERN的建立，标志着生态系统多尺度联网观测国家体系的初步建立；极大地推动了生态系统多尺度联网观测的发展，具体表现如下：①野外研究基地资源的整合与规范；②观测设备资源的整合与规范；③观测和试验数据资源的整合与规范。CNERN的建立和稳定运行，为中国长期生态研究奠定了坚实的基础。2017年，在党的十九大报告中，明确提出将野外台站与国家实验室并列，充分体现了国家对长期生态研究的重视，也意味着长期生态研究未来具有更大的发展空间。

## 2.2 中国长期生态研究的主要手段和发展过程

长期生态研究可采用的技术手段很多，目前，广泛采用的技术手段可概括为三类：长期地面观测、长期通量观测、长期野外控制实验（图37.1）。三种技术手段相互补充、相互完善，共同向联网方向发展。长期生态研究通过多点观测数据探讨自然规律或因果关系，并从点到区域再到全球尺度揭示生态过程与

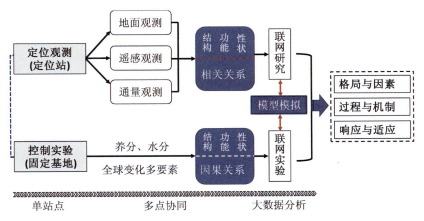

图37.1 长期生态研究的主要手段及其发展模式

调控机制。当前的长期生态研究越来越重视探讨生态系统结构和功能对全球变化的响应与适应策略，为制定区域的生态可持续发展和自然-社会-经济协调发展提供理论支撑。随着遥感观测技术的高速发展，遥感影像资料正成为解译宏观生态过程和长期动态的重要数据源，为长期生态研究构建空-天-地三位一体观测技术辅以长期野外控制实验的观测技术体系。

### 2.2.1 地面观测

地面观测可分为地面普查和长期定位观测两类。地面普查是通过对生态系统生物、土壤、水分和大气等基本要素开展的广泛性调查，以获取区域尺度的生态系统类型及其主要特征数据为主要目的。20世纪50~80年代，我国开展了一系列地面普查，如陕、甘、宁、内蒙古草地资源综合考察、新疆和西藏的综合考察等。然而，受人力和物力限制，难以逐年开展生态系统地面普查。例如，新中国成立以来我国部分区域的生态系统地面普查工作仅开展了1~2次；我国森林资源和草地资源定期普查周期为5~10年/次，并且主要关注生物要素指标，对配套的土壤、水分和气象等要素监测较少。然而，近年来，各项大型普查任务越来越趋向依托野外生态站来开展；例如，中国科学院战略先导专项"生态系统固碳现状、速率、机制和潜力"项目，该项目在统一制定调查规范和技术手册的基础上，以台站为核心组织任务并开展具体调查工作。随着我国野外台站体系的建设和发展，台站的空间布局日趋科学、系统，依托台站的网络监测模式将成为国家未来大型普查或科考项目的优选模式。此外，随着该类普查次数和年限的增加，所形成大量的、优质的、大尺度的长期观测数据，将有力推动长期生态研究的发展。2018年，我国科研人员利用"生态系统固碳现状、速率、机制和潜力"项目的野外调查数据，在美国科学院院刊 *PNAS* 上发表专辑，连载9篇论文极大地提升了我国在该领域的国际影响力（Lu et al., 2018; Tang et al., 2018）。

基于野外长期定位实验站开展的地面观测，不仅可以进行日动态和月动态观测，也可连续多年对多个环境要素进行重复观测，可根据获取的长期观测数据从不同时间尺度揭示生态系统变化过程、主控因素及其机理。20世纪80年代之前，长期生态研究仍主要针对生产力、物候、土壤元素含量、温度和降水等少量指标开展。然而，随着我国野外台站体系的快速建立，逐步发展到覆盖"水、土、气、生"四大要素的系统化指标体系，其研究手段和方法也更加多样和先进。近年来，随着各种新型观测技术的发展，如红外线自动相机、数据自动采集系统等，长期生态研究的参数和指标也越来越丰富多样、越来越密集，有助于研究人员更全面系统地揭示生态系统生物和非生物要素的动态过程、影响因素和控制机制。目前基于野外长期定位研究站的长期生态研究，已经成为该领域的最重要技术手段，并被大家广泛接受。当前，基于野外定位站的长期生物监测数据，我国科研人员在 *Nature*、*Science*、*Ecology Letters*、*Nature Communication* 等国际著名期刊发表了一系列高水平科研论文。

以 CERN 和 CNERN 建设为标志，中国生态系统长期观测进入联网观测时代。目前，部分台站已经积累了30~40年生态系统生物和非生物的多要素连续观测数据，为相关的长期生态研究提供了重要的数据支撑。此外，长期监测数据已逐步成为我国执行重大项目和国家重大工程的重要基础，如国家环境保护部和中国科学院联合主持的"全国生态环境十年变化（2000~2010年）遥感调查与评估项目"、中国科学院战略先导专项"应对气候变化的碳收支认证及相关问题"，都将其作为发展自主模型和模型验证的重要基础数据源。随时联网式长期观测数据的进一步积累，学者们将从不同时空尺度、不同研究角度向大家展现过去几十年生态环境要素、生态系统结构和功能的变化规律，进而为制定生态系统的适应性管理决策提供坚实基础。

### 2.2.2 通量观测

以 $CO_2$、$H_2O$ 和 $CH_4$ 等温室气体的涡度相关观测技术为标志的通量观测技术，为人们获取生态系统尺度碳-氮-水通量及各种环境要素的长期连续、高频同步、跨站点网络化协同观测提供了技术条件，是长期生态研究的新方向。在中国科学院"中国陆地和近海生态系统碳收支研究"项目资助下，我国开始筹建 ChinaFLUX；2002 年建成了 6 个观测研究塔/站，开启了中国陆地生态系统的碳水通量多站点长期联合观测。随后，在国家重点基础研究发展计划（973）项目、国家自然科学基金委重大研究项目、国家重点基础研究发展计划项目、国家自然科学基金委重大国际合作研究项目等联合资助下，中国通量观测台站数量迅速增长，空间代表性不断增强，观测内容和综合观测功能不断扩展和提升。同期，中国林业、农业、气象职能部门以及高等院校和科研院所的生态系统通量观测也蓬勃发展，针对不同生态系统类型，在中国不同区域相继建成多个通量观测站。2014 年，ChinaFLUX 积极联合国内相关行业部门及高等院校，共同组建了中国通量观测研究联盟；该联盟拥有 71 个通量观测塔/站，覆盖了我国陆地主要生态系统类型，初步形成了国家层次的陆地生态系统通量观测网络体系。通过对这些塔/站数据的分析，研究人员揭示了中国陆地生态系统的碳水能量交换和能量平衡特征，其研究成果陆续在 *PNAS* 和 *National Science Review* 等期刊上发表，得到国内外学者们的认可和肯定（Yu et al.，2013）。目前，ChinaFLUX 已逐渐向国际化转型，促使了亚洲通量网络（AsiaFLUX）重组，并发展成为亚洲通量观测网络和全球通量观测研究网络（FLUXNET）的重要组成部分。

在观测指标体系上，通量观测逐步向碳氮水协同观测发展；除了 $CO_2$、$H_2O$、能量、风速等传统观测指标外，还拓展了 $CH_4$、$N_2O$ 和氮沉降等指标，有力推动了生态系统碳-氮-水通量耦合循环过程及其内在生物学调控机制的深入研究。此外，在 ChinaFLUX 涡度相关碳水通量观测技术方面，温学发等攻克了部分关键技术难题，实现了生态系统 $^{13}C$ 和 $^2H$ 稳定性碳水同位素的在线同步观测，并在不同森林生态系统和农田生态系统中推广与应用（Wen et al.，2010）。

### 2.2.3 野外控制实验

野外控制实验是指在人为控制条件下研究单一或多个因素，如温度、光照、生物多样性等对生态系统结构、功能和过程的影响，是长期生态研究的重要途径。随着生态研究深入，人们发现长期观测实验虽然能够揭示环境因子与生态要素及其变化的相关关系，但难以验证具体的环境因子变化与生态因子的因果关系。野外控制实验通过控制某些要素，快速探讨控制要素与实验结果的因果关系，有效弥补长期观测无法回答因果关系的缺陷。

我国野外控制实验（农田施肥除外）起步于 20 世纪 90 年代初期，随后进入高速发展状态。比较有代表性的事件：内蒙古草原生态系统定位研究所于 1999 年建立了氮沉降模拟实验平台，2005 年又建立了生物多样性、火烧、放牧等大型实验平台，2005 年前后，建立了农田 N、P、K 联网控制实验。然而，由于自然界中环境的变化一般都是多个因子共同变化，单因子控制实验很难回答多因子及其交互效应如何影响生态系统过程的问题；因此，多因子野外控制实验应运而生。比较有代表性的是 2005 年多伦恢复生态学试验示范研究站建立的氮、水、增温多因子交互实验。2010 年前后，科学家为了克服单点控制实验缺陷，逐步发展联网控制实验。联网控制实验采用统一的实验处理、实验方法和测定指标，是揭示区域性和全球性问题的有效手段。例如，马克平研究团队 2008 年在我国森林生态系统建立了生物多样性联网实验。2014 年韩兴国研究团队在内蒙古草原建立了极端干旱联网实验，该实验是与美国合作的联网实验，包括美国和中国各 6 个实验样地；2014 年牛书丽和何念鹏牵头，在中国东部样带地带性森林设置了 4 个站点联网的氮-磷-酸沉降模拟实验平台。2017 年，庾强研究团队与国内多家单位合作，在我国北方草地建立了全球变化多因子联网实验，该实验网络结合了国际研究网络 Nutrient Network 和

Drought Net 的实验处理；形成了可整合二者优点的新控制实验设计方法，按新设计目前已在国内建立了 11 个实验样地（图 37.2）。

图 37.2　极端干旱控制实验

a：锡林郭勒羊草样地；b：锡林郭勒大针茅样地；c：希拉穆仁草原样地；d：呼伦贝尔草原草地；照片由庾强博士提供

## 3　研 究 现 状

### 3.1　长期生态研究的青年人才队伍正在稳步壮大

长期生态研究是近年来生态学研究的热点领域。依托野外长期定位研究站，科研人员围绕中国各类型生态系统结构、过程和功能开展了大量卓有成效的研究工作，成果丰硕，人才辈出。据不完全统计，近 5 年长期生态学专业委员会委员中就产生了 5 位杰青（牛书丽、颜晓元、张扬建、闫俊华、杨元合）、多位优青或青年千人或青年拔尖人才（吕晓涛、陈隽、周旭辉、刘玲莉、朱彪、张西美等），还有一大批青年才俊获得各个部门的各种人才称号，青年人才队伍正在茁壮成长，稳步扩大。

### 3.2　揭示了中国典型生态系统生产力长期动态及形成机制

生态系统生产力动态及形成机制，是长期生态学研究的核心内容之一；由于它直接关系着人类的生存环境与福祉，近年来备受政府和公众的关注。科研人员根据中国科学院内蒙古草原生态系统定位研究站羊草样地和大针茅样地 1980～2004 年的生物量和气候的长期监测数据，从不同组织形式（物种-功能群-群落）探讨了生态系统净初级生产力形成过程和机制，提出补偿效应是内蒙古草地净初级生产力相对稳定的重要维持机制（Bai et al.，2004）。具体而言，①内蒙古典型草原地上净初级生产力的波动与 1～7 月份降水密切相关；②物种多样性可促使草原净初级生产力相对稳定；③不同物种和不同功能群植物间的补偿效应，是草原生产力得以维持稳定的重要机制；其核心结论可为该地区草原生态系统适应性管理和退化草地恢复与重建提供技术支撑。然而，科学人员陆续发现：虽然草原生产力整体相对稳定，但受围封对大型动物取食的去除效应的影响，草原群落结构或物种组成发生了重要转变（He et al.，2011）；随后通过模拟高强度干扰和凋落物去除处理实验，发现又能较好地恢复原来羊草草地的优势群落结构，即适宜的干扰是维持群落结构和功能的重要途径（Yu et al.，2015）。通过 17 年的草地模拟放牧实验（刈割），研究人员发现植物群落结构发生了显著的变化，但该草地植物群落可通过内部的物种结构调整来实现净初级生产力的相对稳定。与天然草地不同，刈割处理后草地群落地上净初级生产力与年降水量不存在显著的相关关系，刈割是净初级生产力波动的主要趋动因素。

化学计量内稳性（当环境或者食物中的养分组成发生变化时，生物体维持相应的元素相对不变的能力）是生物在长期进化过程中对环境适应的结果，是生理和生化调节的反映。研究人员通过沙培实验、野外氮磷添加实验、27 年长期监测实验和一个 1200km 的样带调查，首次系统地研究了维管植物内稳性特点和影响因素。结果表明：从时间和空间尺度上，内稳性高的物种具有较高的优势度和稳定性，内稳性高的生态系统具有较高的生产力和稳定性。化学计量内稳性是生态系统结构、功能和稳定性维持的重要机理；因此，在生态系统的相关研究中，应该充分考虑化学计量内稳性的作用（Yu et al.，2010）。在自然保护区管理过程中，除了重视生物多样性的保护，更要重点保护那些内稳性高的"关键种"，因为这些物种对实现生态系统的功能、保持生态系统稳定有更加重要的作用。

近期，贺金生团队等通过长期控制实验，研究了青藏高原草地地上和地下生物多样性与生态系统多功能性的关系，发现地下生物多样性和地上生物多样性对生态系统功能都具有重要影响，未来的气候变化将直接影响到生态系统多功能性（Ma et al.，2017）。此外，他们基于长期监测和野外控制实验，发现青藏高原的温暖化会降低高寒草地的生产力稳定性（Liu et al.，2018a），而气候变化会引起物种组成改变，从而引起植物根系垂直分布特征发生变化，而该过程对草地生产力维持至关重要。李新荣等利用 OTC 进行长达 10 年的模拟研究，以入渗、凝结水和蒸发量变化作为生物土壤结皮水文功能的代用参数，厘清生物土壤结皮对气候变化的水文学响应及对荒漠系统水量平衡的影响（Li et al.，2018a）。

## 3.3 探讨了长期模拟氮沉降对生态系统结构和功能的影响

随着工业化进程和农业发展，人为排放到大气的活性氮越来越多，其中绝大多数又以大气氮沉降的形式返回到陆地生态系统。目前，中国已成为全球三大氮沉降区域之一，严格来说是世界上大气氮沉降最严重的区域（Liu et al.，2013；Jia et al.，2014；Zhang et al.，2015）。因此，如何准确评估大气氮沉降对中国生态系统结构和功能的影响，是近年来的研究热点。在过去模拟氮沉降实验中，绝大多数研究采用 2~5 次生长季氮添加（类似于农田施肥），少量采用每个月或更多频次的氮输入。由于氮沉降过程本身是缓慢和连续的，因此理论上每月或更高频度的模拟氮沉降效果更接近真实的氮沉降效应（Zhang et al.，2018b）。

韩兴国研究团队 2008 年在内蒙古典型羊草草地开展了不同氮添加强度（0，1，2，3，5，10，15，20 和 50 g N$m^{-2}$ a）和不同频率（2 次/a 添加和 1 次/月添加）的模拟实验（图 37.3）。多年实验结果表明：以群落物种丰富度、物种组成和生产力为主的群落结构指标的改变均与氮添加强度密切相关，但与添加频度无关。同时，5 年实验结果表明：氮添加频度对群落结构影响的直接效应并不明显；虽然多次氮添加对净地上生产力无明显影响，但它却能维持更高的物种多样性。因此，要科学评估氮添加频度的影响效应，仍需要更长时间的实验数据。通过进一步分析发现：当氮添加总量一致时，高频度氮添加较低频率氮添加更有利用于多个新物种的进入，从而对群落结构动态产生明显影响。此外，模拟氮沉降将显著降低生态系统稳定性，主要是降低物种间的不同步性（asynchrony）和种群稳定性。虽然，物种多样性对生产力具有一定调节作用，但其效应与氮添加或环境要素改变而言相对较小；因此，我们必须重视未来全球变化可能对生态系统结构和功能的影响（Zhang et al.，2017）。通过将模拟氮沉降与放牧（刈割）相结合，研究人员发现适度刈割能一定程度缓冲氮添加对植物多样性的负效应，并提高年净初级生产力；然而，它会以牺牲生态系统稳定性为代价，即可能威胁未来干旱/半干旱地区的粮食供应安全（Zhang et al.，2016）。此外，基于该长期氮添加平台，研究人员发现模拟氮沉降将可能减弱植物与微生物的相互关系，尤其是与氮素周转相关的环节；同时由于可获得氮素的增加，植物对氮磷养分的重吸收策略等也可能发生变化（Lu et al.，2013）。最近的研究还发现氮沉降强度和频度对土壤化学性质具有重要影响，其强度与是否刈割也密切相关（Hao et al.，2018）。由于土壤是生态系统生存之根本，土壤化学性质变化可能产生的潜在影响，仍需要更长时间尺度的控制实验才能揭晓。此外，1980~2015年全国氮沉降观测的集成分析表明：中国氮沉降长期处于全球最高水平，但出现了三个明显的转换：①氮沉降总量已趋于平稳，湿沉降下降而干沉降上升；②硝态氮沉降作用已接近甚至超过氨态氮；③干沉降已经接近甚至超过湿沉降（Yu et al., 2019）；相关结果推翻了"中国氮沉降将持续增长的传统预期"，将对长期控制实验和模型模拟的结果合理性提出严峻的挑战，需要在未来研究中高度重视。

图37.3 内蒙古锡林郭勒草原的模拟氮沉降实验（图片由张云海博士提供）

通过在亚热带常绿阔叶林中开展氮磷添加和模拟酸沉降长期实验，研究人员系统论证了外源驱动力（全球气候变化及所导致的土壤水分效应、大气氮沉降上升、酸沉降加剧）对南亚热带森林土壤有机碳保存的机制。发现全球气候变化及其所导致的土壤水分下降、区域性氮沉降和酸沉降升高都直接降低了成熟常绿阔叶林生态系统凋落物、土壤有机质的分解速率，实现了对土壤有机质的保存。同时，氮沉降升高还通过改变成熟森林土壤氮磷化学计量并影响微生物群系等一系列间接效应，实现对土壤有机质的保存（Mo et al., 2008；Liu et al., 2012；Huang et al., 2013）。牛书丽等利用长白山、鸡公山、鼎湖山三个站点氮和磷联网控制实验，揭示了养分供应对小树苗生长的影响，发现P的限制性在寒温带、暖温带和亚热带森林差异显著（Li et al., 2018b）。

## 3.4 基于森林大样地长期观测数据，探讨生物多样性与生态系统功能的关系

2004年，马克平团队依托建设的中国森林生物多样性监测网络，拉开了中国生物多样性与生态系统结构和功能联网研究的序幕。截至2018年，中国森林生物多样性监测网络已建成17个大型监测样地，基本覆盖了中国主要气候带的地带性森林类型，包括针阔混交林、落叶阔叶林、常绿阔叶林以及热带雨林等，成为我国生物多样性长期监测与研究的主要基地，也是全球森林生物多样性监测网络的重要组成部分，为揭示森林生物多样性形成和维持机制提供了理想的实验平台。

基于中国森林生物多样性监测网络系统性的调查数据，科研人员揭示了生态位过程和中性过程在不同地带性森林群落构建中的重要作用。前人研究结果表明：温带森林显著种间关系的物种所占的比例高于热带森林显著种间关系的物种所占的比例，这似乎与种间关系的作用随着物种数的增加而增强的传统观点矛盾。鉴于此，王绪高团队提出了随机稀释假说，即由于各物种间的关系不一致，随着物种数的增加，目标种与领域其他物种的关系随之稀释，导致中性种所占的比例随着物种数的增加而增加。它利用长白山样地数据（5个>20hm$^2$森林样地数据）验证了该假说，也验证了中性理论关于物种之间没有显著种间关系的假设在热带雨林的合理性，但该理论不适应于温带森林（Wang et al., 2016）。通过分析不同纬度典型森林植物群落，发现密度制约现象普遍存在。在古田山亚热带常绿阔叶林样地，排除了与密度制约现象易混淆的生境异质性作用后，发现在亚热带常绿阔叶林内83%的物种都表现出密度制约

现象（Zhu et al.，2010）。此外，研究人员在长白山温带样地、古田山样地、八大公山样地、西双版纳样地、鼎湖山样地，均发现密度制约是决定幼苗更新的重要生态学过程（Chen et al.，2010；Zhu et al.，2015，2018）。

研究人员利用从亚热带森林获取的植物季节动态监测数据，并监测获得能代表植物新陈代谢的关键生理和形态性状，证明了在个体水平上植物功能性状能够显著且直接地影响植物生长，并且这种影响是基于多种功能性状共同作用的结果，来自植物个体周围环境和邻体竞争的间接作用也同时增强了功能性状对植物生长的影响（Liu et al.，2016）。此外，马克平团队与瑞士和德国科学家合作，于 2009 年至 2010 年在江西省新岗山共建了约为 50 hm$^2$ 的亚热带森林生物多样性与生态系统功能实验（BEF-China），通过连续 5 年的观测发现生物多样性能促进地上初级生产力，而且生物多样性的作用随着时间的延长而显著增强。研究也发现，种植 8 年后，16 个物种/ha 的混交林地上生物量平均存储约 32 t C/ hm$^2$，而纯林的碳储量仅约为 12 t C/ hm$^2$，不及混交林一半。随着时间的变化，物种间互补效应显著增强，且互补效应与功能多样性的正相关关系也越来越显著，从而使具有不同功能策略的物种配对更高产。进一步研究发现，随着灌木多样性的增加，灌木与乔木间的竞争减弱。这表明森林中乔木与灌木之间也存在积极的互补效应。不同生物多样性的森林在保护环境缓减气候变化中所起的作用具有明显差异，种植多物种混交林能实现生物多样性保护和减缓气候变化双赢（Huang et al.，2018）。

### 3.5 基于长期观测数据，阐明了亚热带成熟森林的固碳过程与机制

经典生态学理论认为成熟森林经光合作用固定的碳与呼吸作用消耗的碳相当，在地上部分净生产力趋近于零的情况下，土壤有机碳的累积也趋于稳定，整个系统积累的碳趋于平衡，与非成熟森林相比，成熟森林的碳汇功能较弱，甚至接近于零。然而，周国逸研究团队在对鼎湖山生态站长期监测资料分析的基础上发现成熟森林在地上部分净生产力几乎为零的情况下，土壤持续积累有机碳，表现出强大的碳汇功能（Zhou et al.，2006）。在此基础上，研究人员采用生态系统长期监测和控制实验相结合的方式，从内源与外源驱动力两个方面阐明了成熟森林土壤固碳的机理，首次发现随着森林生态系统成熟度的增加，森林残体分解后进入到土壤有机碳库的比例是逐渐增加的，即土壤有机碳源是增加的；同时，外源驱动力又促进土壤有机碳的保存，从而全面地阐明了成熟森林土壤固碳的机理。相关研究从机理上证明了经典的生态系统碳平衡理论存在严重的缺陷，对推动发展生态系统生态学非平衡理论具有重大意义。随后，科研人员利用云南哀牢山亚热带森林生态系统的长期监测数据，也发现该地区的老龄林具有很大固碳潜力（Tan et al.，2011）。

通过森林残体长期分解实验和稳定同位素监测技术，进一步阐明土壤有机碳积累速率随森林生态系统成熟度增加而加速的内源驱动机制，并证明这个现象是生态系统演替的普遍规律，说明经典生态学的碳平衡理论并不适用于土壤碳平衡过程。随着森林生态系统的演替，发现森林残体分解后的三类产物（$CO_2$、可溶性有机碳、细小碎片残留物）中归还到土壤的可溶性有机碳和细小碎片残留物的比例逐步增大，成熟森林土壤较非成熟森林土壤拥有更为丰富的碳源（Zhou et al.，2008）。

### 3.6 基于长期联网通量观测数据，发现亚热带森林是可比拟北美森林的重要碳汇

长期以来，中高纬度陆地生态系统被认为是北半球的主要碳汇区，尤其是欧洲和北美的温带和北方森林生态系统，而对低纬度亚热带森林生态系统关注甚少。于贵瑞研究团队通过深入分析北半球通量观测网络的多源数据（共 106 个森林监测站点的碳交换通量数据），发现在 20°N～40°N、100°E～145°E 东亚季风区域的森林生态系统具有最高的生态系统净生产力（NEP）；20°N～30°N 和 30°N～40°N 的中低纬度地区森林 NEP，分别达到 341 g C m$^{-2}$·a$^{-1}$ 和 368 g C m$^{-2}$·a$^{-1}$，显著高于亚洲 0°～20°N 低纬度地区（63 g C m$^{-2}$·a$^{-1}$）和 50°N～70°N 高纬度地区的森林 NEP（127 g C m$^{-2}$·a$^{-1}$）。与同纬度其他区域森林生态系统相比，东亚季

风区森林 NEP 显著高于欧洲和非洲区域森林 NEP，而与北美洲东南部亚热带森林生态系统的 NEP 相当。此外，东亚季风区森林 NEP 与 40°N～60°N 西欧集约管理的森林生态系统的 NEP 相当（392 g C m$^{-2}$·a$^{-1}$），而显著高于 40°N～60°N 亚洲（157 g C m$^{-2}$·a$^{-1}$）和北美洲森林生态系统 NEP（180 g C m$^{-2}$·a$^{-1}$）。

东亚季风区森林生态系统较高的 NEP 与该区域森林的林龄结构密切相关。森林 NEP 呈现出随着林龄增长而显著下降的趋势，林龄大约为 50 年幼龄林具有最大 NEP。年幼森林的净生产力（NPP）通常高于异氧呼吸（Rh），NEP 较高，而随着林龄增长，NPP 下降但 Rh 由于凋落物和土壤有机质的积累增加而升高（Yu et al.，2013）。此外，东亚季风区森林的林龄显著低于亚洲其他纬度区的森林生态系统。自 20 世纪 60～70 年代以来，东亚季风区开展了大规模的植树造林和退耕还林措施。尤其是在中国，2004～2008 年间亚热带人工林面积达 3822 万 hm$^2$，次生天然森林面积净增 203 万 hm$^2$。这些人工森林和次生天然森林大多处于快速生长的中幼龄林期，具有较强的碳吸收功能。相对高的氮沉降是促使东亚季风区森林生态系统具有较高 NEP 的另一重要驱动因素；氮沉降增加将提高森林生态系统的碳汇能力。亚洲是继北美和欧洲后第三大日益增加的氮沉降区域，其中人口密集、工业快速发展的东亚季风区是亚洲的高氮沉降集中区。在 2000～2009 年间，东亚季风区平均湿氮沉降为 22.64 kg N hm$^2$·a$^{-1}$，显著高于亚洲 0°～20°N 热带和 40°N～60°N 温带区域的氮沉降量。这种中强度的氮沉降为具有强烈的淋溶效应而使得土壤有机质和氮素养分相对亏缺的亚热带森林生态系统输入大量的氮素养分，从而显著促进亚热带植被的生长，而氮沉降在长期尺度上对土壤呼吸无影响，甚至显著抑制土壤呼吸。

基于森林生态系统演替理论，即随着森林植被的生长，其生物量将逐渐增加，并最终达到饱和状态；因此，理论上可以采用 Logistic 生长方程来刻画植被固碳量的增长。利用多源调查数据和森林林龄数据，科研人员发现随着森林进一步发育和演替，中国亚热带森林会具有较大的碳汇功能（Liu et al.，2014）；类似地，何念鹏等（He et al.，2017）利用中国科学院战略先导专项"生态系统固碳现状、速率、机制和潜力"项目 6000 多个样地林龄和碳储量数据，辅助公开发表的演替序列数据为模型验证数据，自主研发了基于 Logistic 生长曲线的生态系统碳固持模型（Forest carbon sequestration models，FCS）。按不同森林类型统计，2010～2050 年的中国森林植被固碳增量约 14.95 Pg C，其中贡献最大的森林类型是落叶阔叶林和常绿针叶林，大约占 37.19% 和 34.24%；在 2025 年前，森林植被固碳量增长较快，约占总量的 59%（He N P et al.，2017）。不同森林类型植被固碳量存在较大差异，常绿针叶林和落叶阔叶林植被固碳量始终最大，2010～2025 年的植被固碳量每 5 年均能达到 1 Pg C，之后逐渐下降至 0.6 Pg C。2010 年到 2050 年的植被碳储量的年变化速率约为 0.34 Pg C/a，其中贡献最大的森林类型是落叶阔叶林，大约占 37.8%，最小的为落叶针叶林（2.7%）。

## 4　国际背景

发达国家十分受重视长期生态研究，早期开展野外长期定位试验研究主要集中在农学和林学等领域。最经典的案例应属 1843 年建立的英国洛桑实验站（Rothamsted Experimental Station）开展的土壤养分添加和作物生长定量关系的观测实验，它开启了现代长期生态研究的序幕。随后，科研人员依托野外生态站开展了大量的长期生态观测与研究，并取得了丰硕成果。1970 年联合国教育、科学和文化组织决定启动人与生物圈计划（Man and Biosphere Programme，MAB），利用生态学方法研究人与环境间的关系，通过长期联网监测探讨人类对生物圈的影响，并通过多学科、综合性的研究为生态系统或自然资源的保护及其合理利用提供科学依据。我国于 1972 年加入 MAB，有力推动了我国长期生态学研究的发展，尤其在不同区域生产力空间格局和形成机制上取得了较好的进展，缩短了与国际间同类研究的差距。

进入 20 世纪 70～80 年代，长期生态研究从单个野外台站向网络化观测方向发展，逐步形成了国家、区域、洲际和全球尺度的联网式观测研究网络，其中著名的长期定位研究网络有：国际长期生态系统研究网络（International Long-Term Ecological Research，ILTER）、美国长期生态研究网络（Long-term Ecological Research，LTER）、英国环境变化研究监测网络（Environmental Change Network，ECN）、加拿大生态监测与分析网络（Ecological Monitoring and Assessment network，EMAN）、德国陆地生态系统研究网络（Terrestrial Ecosystem Research Network，TERN）。在 LTER 的基础上，美国于 2000 年开始筹建国家生态系统观测网络（National Ecological Observatory Network，NEON），其设计理念是根据各个野外台站所处的生态系统类型，选用最先进的观测设备，从分子到生态系统各个层次对生态现象开展综合性的观测，同时通过数据共享，深入揭示生态环境变化的成因、趋势并提出应对措施。2006 年，一个旨在对全球大气、陆地、海洋、气候、自然灾害、淡水和生态系统等进行综合观测的体系，即全球地球观测系统（Global Earth Observation Systems，GEOS）也逐步建成。世界各地科学家基于这些观测网络的长期数据，深入开展了全球和不同区域的生态要素及其过程的长期变化规律与影响机制研究。中国紧紧跟随并参与了近 40 年的网络化研究潮流，于 1988 年成立了中国生态系统研究网络（CERN）、2005 年成立了国家生态系统观测研究网络（CNEOR），较好地从点-区域-全国揭示了生态系统要素、结构和功能的变化规律。此外，与国际相关联网式研究网络不同，CERN 和 CNEOR 具有其自身的优点：①注重整体性和总体目标，监测、研究和示范三位一体，强调直接服务并解决我国重要的资源、生态和环境问题；②采用统一的观测仪器、观测方法和指标体系进行长期定位监测与研究；③强调数据质量控制与管理、并建立了数据共享与集成分析途径；④强调包括社会科学在内的多学科综合研究，并按照统一的目标和方法组织联网试验（孙鸿烈，2009）。

最近二十几年来，关于全球变化与陆地生态系统的研究已经从最初人类关注大气微量气体和全球变暖之间的关系，发展到更多地关注生态系统及植被-大气界面 $CO_2$ 交换过程和反馈机制，其中全球碳收支的精确评价及其控制机理也日益成为人们高度重视的研究领域。为此，国际上先后启动了一批大型国际研究计划，对不同地区和不同生态系统类型的碳水循环和碳水通量开展了大量的实验观测。早在 20 世纪 90 年代初，北美、欧洲和日本就已开始进行多站点联合的长期通量观测；1995 年成立了"国际通量观测研究网络（FLUXNET）"，极大地推动了通量观测站的建立和区域性通量观测网络的迅速发展。随后，欧洲通量网（CarboEurope）、美洲通量网（AmeriFLUX）和亚洲通量网（AsiaFLUX）相继成立。迄今为止，全球共有 500 多个通量观测点在 FLUXNET 注册，其所提供的共享数据，已经成为科研人员探讨不同空间尺度生态系统热量、碳和水循环与平衡研究的重要基础数据，并为生态模型发展或改良提供坚实的数据支撑。同国际关于生态系统碳水收支的长期观测相比，中国起步稍晚一些，在早期少量通量观测塔的基础上，于 2002 年成立了 ChinaFLUX。2014 年 ChinaFLUX 积极联合国内行业部门及高等院校，共同组建了中国通量观测研究联盟（ChinaFLUX）。目前，中国通量观测联盟已经拥有 71 个观测塔/台，其中森林站 22 个、草地（含荒漠）站 17 个、农田站 17 个、湿地站 13 个、城市站 1 个和湖泊观测网 1 个；中国通量相关网络已经成为 AsiaFLUX 和 FLUXNET 的重要组成部分（Yu et al.，2016）。

自 20 世纪 90 年代以来，在长期观测基础上，国际社会广泛开展了大型控制实验。野外控制实验的典范是美国明尼苏达大学 Cedar Creek 实验站，他们拥有多个大型长期控制实验，如 1964 年建立的干扰实验、1982 年建立的氮沉降实验、1998 年建立的多因子（生物多样性+氮沉降+$CO_2$）实验等。Tilman 和 Reich 等著名生态学家的许多高水平科研成果都基于这些实验，最难能可贵的是这些实验一直维持到现在，并且培养了大批年轻的著名生态学家（Reich et al.，2006；Tilman et al.，2006）。我国在大型控制实验方面紧跟生态学前沿，发展迅猛，目前已开展大量氮沉降、增温、降水变化等实验，并且发表了很多高水平论文。同时，我国在控制实验方面也展现出自己的特色，如实验样地更大更系统，具有多个实验处理、梯度设置和重复等。

目前，野外控制实验已发展到跨区域甚至全球尺度的联网阶段。这些联网式研究主要是针对当前最受关注的全球变化因子（全球升温、降水量及其格局改变、酸化、氮沉降等）对生态系统过程和功能的影响来开展。最具代表性的研究网络分别是 Nutrient Network 和 Drought Net，这两个网络在全球的实验站点均超过了 100 个，并在顶级期刊发表了大量研究论文，引领了长期生态学的发展方向（Harpole et al., 2016；Hoover et al., 2016；Ploughe et al., 2019）。然而，这两个网络具有明显的缺陷：①站点代表性不强。如我国北方所属的欧亚草原是世界上最大的草原，青藏高原草原是世界上海拔最高的草原，具有很强的区域代表性，但当前我国未有站点加入这两个网络。②养分和水分具有很强的交互效应，而这两个网络是完全独立的。因此，我国研究人员在 2017 年整合了这两个网络的实验处理，建立了全球变化联网实验（包括 11 个站点），这是对 Nutrient Network 和 Drought Net 的巨大补充，同时也引领了国际养分和水分交互作用联网实验的研究（Luo et al., 2018）。联网实验能够有效地回答区域性和全球性的生态学问题，同时作为一个系统的研究平台能够充分促进学科内和学科间的学术交流。目前，全球联网实验相对较少，发展空间还很大，我国应该在联网实验研究方面发挥自身优势，走在世界的前沿。

## 5　发展趋势及展望

中国长期生态已经经历近半个世纪的发展，并逐步迈入高速、全面、系统的发展阶段。其中，针对生态系统结构和功能的长期观测，已经完成了单站点观测向联网式系统化观测的转变；CERN、CFERN 和 CNERN 已经运行多年，不仅揭示了不同区域典型生态系统生态过程及其机制，还为中国区域不同类型典型生态系统水、土、气、生四大观测要素积累了 20～60 年的长期观测数据。类似地，ChinaFLUX 及其后续发展的中国通量观测联盟，已分别积累了 2～15 年的连续观测数据（如辐射、风速、降水、$CO_2$、$H_2O$ 浓度等），近期指标又向 $N_2O$、$CH_4$、碳氢稳定同位素拓展。此外，1990 年后在森林、草地、湿地、荒漠等典型生态系统开展了一系列长期控制实验，并完成了按特定科学目的联网式构架的模式转变，部分长期控制实验也已经积累了 5～30 年的监测数据。上述各类数据，为中国长期生态学的发展奠定了坚实的基础，但在未来发展过程中应重点关注如下几个发展方向。

### 5.1　结合多种观测途径的长期数据，联网式揭示生态系统各组分间的相互作用关系

生态学是研究生物间或生物与环境间相互关系的科学。在积累了大量观测与实验数据后，科研人员应将多途径获取的数据有机结合，深入揭示生态系统各组分间的相互关系及其作用机制。突破早期将"生态系统观测数据""生态系统通量观测数据""生态系统控制实验数据"三者相互割裂的模式，充分发挥不同观测数据在揭示不同现象与因素间关系的优势，并利用各种类型生态系统控制实验数据在探讨因果关系方面的优势，深入阐释生态系统各组分间的相互关系、动态过程和作用机制。此外，应充分利用长期观测数据，探究先前往往被人们忽略的现象与过程，例如干旱交替过程的脉冲效应、冻融交替过程中生物地球化学循环、极端干旱或热浪对生态系统结构和功能的影响等；或利用联网式研究途径，探讨不同生态系统类型或区域的普适性规律或变化趋势。

### 5.2　利用积累的长期联网观测数据，验证和发展具有自主产权的生态模型

众所周知，生态模型或生态系统过程模型不仅可用于指导人们更好地开展各种生态学研究，也是揭示和预测生态系统对未来气候变化响应、解决区域性生态环境问题的重要技术手段。然而，目前国内真正能在大尺度上运行并具有自主产权的生态模型还非常少，如周广胜团队开发的草地碳循环模型（DCTEM 模型）、黄耀团队开发的农田有机质周转（Agro-C 模型）、郑循华团队开发的区域氮循环模型（IAP-N）、何念鹏团队开发的森林碳固持模型（FCS 模型）等，但大型的综合性生态过程模型十分缺乏。当前，许多研究直接使用国外模型，仅有少量研究利用中国区域长期观测数据对模型进行验证。然而，中国目前已积累了数十年典型生态系统水、土、气、生联网观测数据、通量观测数据、联网控制实验数

据，通过规范化整理，获得相关参数的变异规律或区域化参数体系，可以从不同时空尺度的生态系统过程、响应和机制等方面为生态过程模型提供有力的支撑。在呼唤原始性创新的今天，迫切需要发展基于中国区域大量长期观测数据的生态过程模型。

### 5.3 发展适合生态系统联网观测的新概念体系和新技术，拓展长期生态研究的深度和广度

近年来，各种高新技术和信息通讯技术迅速发展，为长期生态学研究提供了更加系统和具有时空动态的数据，科研人员应充分利用这些新技术，拓展长期生态观测相关研究的深度和广度。其中，高精度的近地面遥感或无人机近地面观测技术是最突出的代表，可帮我们实现生态系统-流域-区域的长期周期性的观测；此外，随着一系列高精度、高频度监测设备的开发，如碳、氮、水、$N_2O$、$CH_4$ 等稳定性同位素测定技术，都为我们深入探讨生态系统结构和功能提供了技术支撑。同时，应关注一些新的概念体系及其相关的生态要素或观测指标，从而更好地促进国内长期生态学研究，丰富完善长期观测指标。例如，最近何念鹏团队在生态学权威刊物 *Trends in Ecology and Evolution* 上发表了生态系统性状（ecosystem trait）的原创性概念和内涵，提出基于单位土地面积标准化的植物、动物、微生物、土壤等空间尺度匹配的群落性状，并给出了应用案例和前景展望（He et al., 2019）。生态系统性状不仅为传统性状研究与宏观生态学研究构架了桥梁，还为生态系统尺度或区域尺度更好地研究植物-动物-微生物-土壤-气候间的关系提供了新途径。未来应更加注重发展适合生态系统联网观测的新概念体系和新技术，以推动规范化、联网式长期生态研究的深度和广度。

### 5.4 开展跨类型、跨区域的联网研究或综合性集成研究

近年来，生态学研究有向两极发展的趋势，一方面向微观发展（分子生态学、基因组生态学），另一方面向宏观发展（区域生态学、宏观生态学）。然而，目前人类所面临的生态环境问题以及如何应对全球变化问题等，几乎都需要从流域、区域、甚至洲陆尺度来解决。因此，中国长期生态学研究应加强跨生态系统类型、跨区域、洲际的综合性集成研究，在取得重大理论成果的同时更好地服务于社会需求。中国区域大量长期观测数据和控制实验数据，包括森林资源调查数据、生态系统固碳调查数据、周期性科学考察数据等，为开展此类研究奠定坚实的基础。在具体操作过程中，除了考虑传统的碳和生产力等要素外，还应适当结合新概念、新方法所产生的指标。此外，在综合集成研究中，需要与遥感观测、通量观测和模型模拟紧密结合，加强传统地面观测与宏观生态学的联系。宏系统生态学（macrosystems ecology）是跨类型、跨区域研究的集成性体现，也是近年来生态学向宏观领域拓展的重要事件（LaDeau et al., 2017；Heffernan et al., 2014；Soranno and Schimel, 2014）。为了促进该研究领域的发展，美国国家科学基金专门设置基金对其进行论证，并于2014年在美国生态学会会刊 *Frontiers in Ecology and the Environment* 以专辑形式发表了10篇相关论文，对此展开了详细讨论（Rose et al., 2017）。在开展点-区域-洲际数据整合的同时，应注意开展多学科的综合研究，尤其是与人文科学和社会科学的交叉，突出生态系统服务功能与人类福祉，更好地服务于社会可持续发展。

## 参 考 文 献

孙鸿烈. 2009. 生态系统综合研究. 北京：科学出版社.

袁国映, 潘伟斌, 李红旭. 1993. 荒漠生态系统监测研究指标体系. 干旱环境监测, 7(1): 33-63.

Bai Y F, Han X G, Wu J G, et al. 2004. Ecosystem stability and compensatory effects in the Inner Mongolia grassland. Nature, 431: 181-184.

Chen L, Mi X C, Liza C, et al. 2010. Community-level consequences of density dependence and habitat association in a subtropical broad-leaved forest. Ecology Letters, 13: 695-704.

Hao T X, Song L, Goulding K, et al. 2018. Cumulative and partially recoverable impacts of nitrogen addition on a temperate steppe. Ecological Applications, 28: 237-248.

Harpole W S, Sullivan L L, Lind E M, et al. 2016. Addition of multiple limiting resources reduces grassland diversity. Nature, 537(7618): 93-96.

He N P, Han X G, Yu G R, et al. 2011. Divergent changes in plant community composition under 3-decade grazing exclusion in continental steppe. PloS ONE, 6: e26506.

He N P, Liu C C, Piao S L, et al. 2019. Ecosystem Traits—Linking Functional Traits to Macroecology. Trends in Ecology and Evolution, 34: 200-210.

He N P, Wen D, Zhu J X, et al. 2017. Vegetation carbon sequestration in Chinese forests from 2010 to 2050. Global Change Biology, 23: 1575-1584.

Heffernan J B, Soranno P A, Angilletta M J, et al. 2014. Macrosystems ecology: understanding ecological patterns and processes at continental scales. Frontiers in Ecology and the Environment, 12: 5-14.

Hoover D L, Knapp A K, Smith M D. 2016. Resistance and resilience of a grassland ecosystem to climate extremes. Ecology, 95: 2646-2656.

Huang W J, Liu J X, Wang Y P, et al. 2013. Increasing phosphorus limitation along three successional forests in southern China. Plant and Soil, 364: 181-191.

Huang Y Y, Chen Y X, CastroIzaguirre N, et al. 2018. Impacts of species richness on productivity in a large scale subtropical forest experiment. Science, 362: 80-83.

Jia Y L, Yu G R, He N P, et al. 2014. Spatial and decadal variations in inorganic nitrogen wet deposition in China induced by human activity. Scientific Reports, 4: 3763.

LaDeau S L, Han B A, Marshall E J, et al. 2017. The next decade of big data in ecosystem science. Ecosystems, 20: 274-283.

Li X R, Jia R L, Zhang Z S, et al. 2018a. Hydrological response of biological soil crusts to global warming: A ten-year simulative study. Global Change Biology, 24: 4960-4971.

Li Y, Tian D S, Yang H, et al. 2018b. Size-dependent nutrient limitation of tree growth from subtropical to cold temperate forests. Functional Ecology, 32: 95-105.

Liu H Y, Mi Z R, Lin L, et al. 2018a. Shifting plant species composition in response to climate change stabilizes grassland primary production. Proceedings of the National Academy of Sciences of the United States of America, 115: 4051-4056.

Liu L, Gundersen P, Zhang T, et al. 2012. Effects of phosphorus addition on soil microbial biomass and community composition in three forest types in tropical China. Soil Biology and Biochemistry, 44: 31-38.

Liu X J, Nathan S, Lin D M, et al. 2016. Linking individual-level functional traits to tree growth in a subtropical forest. Ecology, 97: 2396-2405.

Liu X J, Zhang Y, Han W X, et al. 2013. Enhanced nitrogen deposition over China. Nature, 459-462.

Liu Y C, Yu G R, Wang Q F, et al. 2014. How temperature, precipitation and stand age control the biomass carbon density of global mature forests. Global Ecology and Biogeography, 23: 323-333.

Lu F, Hu H F, Sun W J, et al. 2018. Effect of national ecological restoration project on carbon sequestration in China from 2001 to 2010. Proceedings of the National Academy of Sciences of the United States of America, 115: 4039-4044.

Lu X T, Reed S, Yu Q, et al. 2013. Convergent responses of nitrogen and phosphorus resorption to nitrogen inputs in a semiarid grassland. Global Change Biology, 19: 2775-2784.

Luo W T, Zuo X A, Ma W, et al. 2018. Differential responses of canopy nutrients to experimental drought along a natural aridity gradient. Ecology, 99: 2230-2239.

Ma Z Y, Liu H Y, Mi Z R, et al. 2017. Climate warming reduces the temporal stability of plant community biomass production.

Nature Communications, 8: 15378.

Mo J, Zhang W, Zhu W X, et al. 2008. Nitrogen addition reduces soil respiration in a mature tropical forest in southern China. Global Change Biology, 14: 403-412.

Ploughe L W, Jacobs E M, Frank G S, et al. 2019. Community response to extreme drought (CRED): a framework for drought-induced shifts in plant-plant interactions. New Phytologist, 222: 52-69.

Reich P B, Hobbie S E, Lee T, et al. 2006. Nitrogen limitation constrains sustainability of ecosystem response to $CO_2$. Nature, 440(7086): 922-925.

Rose K C, Graves R A, Hansen W D, et al. 2017. Historical foundations and future directions in macrosystems ecology. Ecology Letters, 20: 147-157.

Soranno P A, Schimel D S. 2014. Macrosystems ecology: big data, big ecology. Frontiers in Ecology and the Environment, 12: 3-3.

Tan Z H, Zhang Y P, Schaefer D A, et al. 2011. An old-growth Asian subtropical evergreen forest as a large carbon sink, Atmosphere Environment, 45: 1548-1554.

Tang X L, Zhao X, Bai Y F, et al. 2018. Carbon pools in China's terrestrial ecosystems: New estimates based on an intensive field survey. Proceedings of the National Academy of Sciences of the United States of America, 115: 4021-4026.

Tilman D, Reich P B, Knops J M H. 2006. Biodiversity and ecosystem stability in a decade-long grassland experiment. Nature, 441(7093): 629-632.

Wang X, Wiegand T, Kraft N J B, et al. 2016. Stochastic dilution effects weaken deterministic effects of niche-based processes in species rich forests. Ecology, 97: 347-360.

Wei C Z, Yu Q, Bai E, et al. 2013. Nitrogen deposition weakens plant-microbe interactions in grassland ecosystems. Global Change Biology, 19: 3688-3697.

Wen X F, Zhang S C, Sun X M, et al. 2010. Water vapor and precipitation isotope ratios in Beijing, China. Journal of Geophysical Research-Atmospheres, 115: D01103.

Yu G R, Chen Z, Piao S L, et al. 2013. High carbon dioxide uptake by subtropical forest ecosystems in the east Asian monsoon region. Proceedings of the National Academy of Science, 111: 4910-4915.

Yu G R, Jia Y L, He N P, et al. 2019. Stabilisation of atmospheric nitrogen deposition in China over the past decade. Nature Geoscience, 11: 10.1038/s41561-019-0352-4.

Yu G R, Ren W, Chen Z, et al. 2016. Construction and progress of Chinese terrestrial ecosystem carbon, nitrogen and water fluxes coordinated observation. Journal of Geographical Sciences, 26: 803-826.

Yu Q, Chen Q S, Elser J J, et al. 2010. Linking stoichiometric homoeostasis with ecosystem structure, functioning and stability. Ecology letters, 11: 1390-1399.

Yu Q, Wu H H, Wang Z W, et al. 2015. Long-term prevention of disturbance induces the collapse of a dominant species without altering ecosystem function. Scientific Reports, 5: 14320.

Zhang Y H, Loreau M, He N P, et al. 2017. Mowing exacerbates the loss of ecosystem stability under nitrogen enrichment in a temperate grassland. Functional Ecology, 31: 1637-1646.

Zhang Y H, Loreau M, Lu X T, et al. 2016. Nitrogen enrichment weakens ecosystem stability through decreased species asynchrony and population stability in a temperate grassland. Global Change Biology, 22: 1445-1455.

Zhang Y H, Stevens C J, Lu X T, et al. 2015. Fewer new species colonize at low frequency N addition in a temperate grassland. Functional Ecology, 30: 1247-1256.

Zhang Y H, Wang J, Stevens C J, et al. 2018b. Effects of the frequency and the rate of N enrichment on community structure in a temperate grassland. Journal of Plant Ecology, 1: 685-695.

Zhou G Y, Guan L L, Wei X H, et al. 2008. Factors influencing leaf litter decomposition: an intersite decomposition experiment across China. Plant and Soil, 311: 61-72.

Zhou G Y, Liu S G, Li Z A, et al. 2006. Old-growth forests can accumulate carbon in soils. Science, 314: 1417.

Zhu Y, Liza S, Comita S, et al. 2015. Conspecific and phylogenetic density-dependent survival differs across life stages in a tropical forest. Journal of Ecology, 103: 957-966.

Zhu Y, Mi X C, Ren H B, et al. 2010. Density dependence is prevalent in a heterogeneous subtropical forest. Oikos, 119: 109-119.

Zhu Y, Queenborough S A, Condit R, et al. 2018. Density‐dependent survival varies with species life-history strategy in a tropical forest. Ecology Letters, 21: 506-515.

撰稿人：何念鹏，庾　强，于秀波

# 第38章 黄土高原生态学研究进展

## 1 引 言

　　黄土高原地区处于我国中北部，是中华文明最为重要的发祥地，面积约64万km²。由于长期人类活动的干扰加之生态系统本身的脆弱性，该区成为我国典型的生态脆弱区和敏感区。该区处于干旱、半干旱区，生态系统的生产能力、稳定性都较低，区域生态系统对地方经济社会发展的可持续支撑能力不足。因此，新中国成立以来，从中央到地方，各级政府都非常重视该地区的保护、治理和发展问题，从农业开发与水土保持、到以小流域为基本单元的综合治理，再到退耕还林还草、天然林保护等一系列生态保护、修复与治理工程的持续实施，区域生态状况发生了显著变化。

　　黄土高原的生态学研究紧密围绕科学问题和社会实践需求，在不同阶段所表现出的主题和特点也有所差异。20世纪80年代，黄土高原生态学研究的焦点在于水土保持与生态农业、土地生态分类与设计、农业生态经济结构、林草植被建设与区域生态平衡等问题。20世纪90年代，在上述研究主题的基础上，水土流失综合治理、生态农业经济模式等的定位观测与实验进一步加强，土壤水分在生态系统演替中的作用，刺槐、油松、灌木等人工植被恢复物种的生态适宜性等得到重视，开始关注全球变化和历史与地质历史时期区域生态环境变化、能源开发与生态环境保护等问题，生态学研究中的模型应用有所增加。21世纪以来，在国际学术热点和退耕还林（草）实施的影响，生态系统服务的过程机制、定量评估及水土保持治理及退耕的生态效应等成为黄土高原的生态学研究的新增长点。当前，黄土高原地区人口已超过1亿，在生态状况显著改善和经济社会转型发展的新形势下，如何协调和优化区域人与自然耦合系统的结构、格局和功能，成为新的研究热点。本章基于黄土高原社会-经济-自然复合生态系统的特点，从水、土、植被等生态要素、生态系统服务和区域宏观生态学研究等方面加以总结分析，为黄土高原区域生态学研究的进一步发展提供必要参考和借鉴。

## 2 黄土高原40年生态学研究主要进展

　　20世纪80年代以来的40年间，黄土高原的生态学研究内容非常丰富，涉及从物种到景观的不同组织水平，跨越田块到区域的不同空间尺度，难以尽述。按照生态环境变化的主要驱动因子、生态要素与过程、生态综合研究的逻辑脉络对相关进展简要总结如下。

### 2.1 区域气候及土地利用变化

#### 2.1.1 阐明了区域气候变化的基本特征和时空分异

　　黄土高原地处半湿润向半干旱和干旱气候变化的过渡带，既是气候变化的敏感区，又是环境脆弱区。气候变化对于黄土高原的土壤侵蚀、水资源、农业生产和生态系统有显著的影响（Sun et al., 2015）。相关研究表明近50年来，虽然黄土高原年均温显著增加，但潜在蒸散发没有增加，与此同时，区域年降水呈不显著的下降趋势并伴随着明显的年际波动（Wang et al., 2012）。黄土高原绝大部分地区，平均气温、最高气温、最低气温均呈现显著增加趋势，其中，平均气温和最低气温的变暖程度从东南到西北逐渐增加，而最高气温最大的变暖程度出现在东南部；年降水量、降水频率和降水强度从东南到西北逐渐减少，大部分地区，尤其是东南部地区，年降水减少；在降水减少的地区中，有 38%的地区降水频率和强度同时下降，而 37%的地区降水频率的下降伴随着降水强度的增加（Sun et al.，2015）。区域气候变化是生态系统变化的重要自然驱动力，在区域生态评价与规划、生态恢复和治理项目的实施中必须加以考虑，以提高相应政策、决策和生态实践的适应能力。

**2.1.2 揭示了多尺度土地利用变化及驱动机制**

小流域是水文过程等地表过程系统的基本单元，也是区域水土流失综合治理实践的基本单元。包括淤地坝建设、坡耕地改梯田、退耕还林还草和产业结构调整等内容的小流域综合治理是黄土高原生态建设的有效形式（傅伯杰等，2014）。通过对该区域典型小流域淳化县泥河沟、安塞县纸坊沟和长武县王东沟的土地利用格局及其动态变化进行分析发现，三个流域在 1986~2015 的近 30 年间，林地、草地和建设用地总体呈增加趋势；流域内景观整体破碎度减小，景观优势度和优势斑块的连通性呈持续增加趋势；自然因素引起的景观格局变化幅度相对较小，社会经济因素在各流域土地利用格局变化过程中起到关键性作用，主要包括人口增长和结构变动、市场经济、科技、政策等。上述变化特征和驱动机制在黄土高原具有普遍性。

黄土高原区域在 1990~2015 年期间受自然和人为因素的影响，土地利用/覆被变化的特点为：以 2000 年为转折点，土地利用类型分阶段变化，草地和湿地先减后增，耕地则先增后减；林地和建设用地持续增加，主要来源于耕地和草地；整体土地利用结构未发生明显变化，草地、耕地和林地仍为主要的土地覆盖类型，面积占比合计达 88%；土地利用变化受气候变化和人类活动共同影响，且这两类因素的贡献率存在区域性差异，中部地区主要受人类活动影响；黄土高原土地利用变化对减少地表径流、控制土壤侵蚀、减少土壤水分及增加碳库存等将产生长期的影响。19 世纪 80 年代以来，黄土高原地区各尺度上，土地利用都发生了显著变化，在变化特征和驱动机制上具有相似性和关联性，是推动区域生态环境变化的重要直接动力。

## 2.2 土壤水分与养分研究

**2.2.1 在基础理论方面，建立了土壤水运动的广义相似理论，提出了土壤水运动参数的积分法和相似法；建立了土壤-植物-大气连通体（SPAC）水动力学过程的瞬态流模型**

研究土壤水分运动的目标是预测其动态分布，模型是进行预测的有效工具，其中模型应用的关键是参数，快速而准确获取土壤水分运动参数是长期困扰本领域的难题。土壤水文学家通常用传统的 Boltzmann 变换求解特定条件下的土壤水分运动-Richards 方程，但 Boltzmann 变换通常只获得土壤水分扩散系数 $D(\theta)$ 用积分和微分形式表达的解。该解只能用数值方法和相应实验获得 $D(\theta)$，而不能获得土壤含水量 $q$ 和 $D(\theta)$ 的显式解析解。用广义相似变换求解了非饱和土壤水分运动方程，获得了土壤水分水平再分布过程中 $D$ 及 $q$ 的解析解（Shao and Horton，2000）。Richards 方程的解析解是该领域在理论上的突破，其解可用来预报土壤水分运动的有关过程和分析其机理，并在此新的理论引导下建立了土壤水分扩散系数 $D$ 的广义相似论法（Shao and Horton，1996）。该方法在理论上拓展了 Boltzmann 变换理论，极大简化了现有方法的程序。

目前，土壤和有关环境学界应用最广泛的土壤导水特性模型是 van Genuchten 模型，利用实验方法获取模型中两个重要参数 $n$ 和 $\alpha$ 通常需要 2~6 个月时间。通过求解水平入渗条件下的 Richards 方程，获得了土壤水分水平入渗的显式解析解和 van Genuchten 模型中参数 $n$ 与 $\alpha$ 的解析表达式。通过简单的水分入渗实验能获得参数 $n$ 和 $\alpha$，并可同时获得土壤水分特征曲线和非饱和导水率。这是一种确定土壤导水参数的新方法——积分方法，实验验证该方法具有较高的测定准确性和简捷性，解决了通常拟合 van Genuchten

模型获得参数的唯一性、准确性和实用性问题。

在理论分析基础上，提出了用于定量描述土壤-植物系统中水流运动的瞬态流模型，并分析了土壤-植物系统中各部分水流阻力和水容的大小及重要性，发现了反映瞬态流模型的特征参数时间"常数"的变性问题；揭示和分析了植物蒸腾、土壤有效水势和叶水势之间相互关系的滞后效应（黄明斌和邵明安，1995）；通过比较土壤-植物系统中瞬态水流和稳态水流，论述了在上述两种水流状态下水流阻力的差异，从而进一步阐明了水容在水流中的作用和意义。建立的根系吸水机理模型，把根系吸水速率和毛根数量相联系，修正了以往学术界最具代表性的 Molz 根系吸水模型中吸水速率与根密度成正比的假定，并且考虑了土-根界面阻力，使模型进一步完善，是具有深刻物理意义的根系吸水模型。

**2.2.2 面向实践需求，探明了土壤水分时空分异特征及其驱动机制，建立了小流域土壤水分植被承载力模型**

在样地尺度，植被类型改变了土壤水垂直和水平分布特征及水量平衡，高耗水植被强化了土壤水在垂直方向上的循环，并导致土壤水分空间均质化。坡面尺度土壤水分随土层深度的增加，在时间上的变异性降低，而在空间上的变异性增强；坡位、土壤质地和植被盖度是影响坡面土壤水分布的主要因子。区域尺度土壤水分时空变异性的强弱也具有相似的深度依赖性，降水和土壤质地是影响区域土壤水分布的主控因子（Jia et al.，2015），不同尺度土壤水分的空间分布模式随时间变化均具有极强的位置相似性，即土壤水分具有明显的时间稳定性特征，且随土层深度的增加，土壤水分时间稳定性增强（Jia et al.，2015）。区域尺度土壤有效水分布具有明显的地带性规律，由西北向东南方向递增，与降水梯度一致；黄土区（37 万 km$^2$）5 m 剖面土壤总储水量达 3000 亿 m$^3$，而可被植物根系吸收利用的有效水资源储量约为 1300 亿 m$^3$。在土壤有效水主控过程方面，发现不同降水带（<450 mm，450～550 mm 和>550 mm）土壤有效水的变异强度及主控过程不同，因此，在黄土区进行植被恢复时，应根据不同降水带土壤供水能力的变异特征采取分区治理的对策。

土壤水分植被承载力最初在 2003 年被定义为土壤水分紧缺地区补充给土壤的部分雨水所能承载植物的最大负荷（郭忠升和邵明安，2003）。随着研究深入，土壤水分植被承载力的概念更加强调环境条件、可持续发展和承载力的量化方式，将其定义为：在一定的气候、土壤、管理方式下，土壤水分能维持植被健康生长和正常演替，所能承载特定植物群落的最大植物量。土壤水分植被承载力模拟随着概念的发展而逐步完善，最初的土壤水分植被承载力模拟强调承载力的稳定性，是一种静态模型，根据根层土壤水分补给量与土壤水分消耗量平衡方程计算得出（郭忠升和邵明安，2004）。而完善后的土壤水分植被承载力更加强调承载力的动态性，应用生物地球化学模型模拟水分对植被的胁迫及植被生长对于水分的适应。基于该思路，Liu 和 Shao（2015）进一步模拟了多种植被类型不同年龄的耗水动态过程，从而得到特定植被类型和年龄的土壤水分植被承载力。并将点尺度的研究思路拓展到流域尺度，模拟了流域范围不同土壤条件、不同植被类型以及不同位置的土壤水分植被承载力，为管理者提供了可视化的植被配置解决方案。

**2.2.3 在前沿探索方面，初步研究了表层地球系统关键带土壤水分及水力性质垂直分异特征，建立了全剖面（50～200 m）黄土水力参数的传递函数模型**

通过对黄土高原由南向北方向上不同气候带 5 个样点（杨凌、长武、富县、安塞和神木）的土芯钻探，获取了从地表至基岩间的土芯样品，测定了垂直方向上水分分布和物理性质（颗粒组成、容重、饱和导水率）。对土壤剖面水分的变异性进行了分析，根据变异性对土壤剖面进行了划分。杨凌剖面土壤水分一直表现为波动型变化；长武剖面土壤水分在 0～8.5 m 深度呈"反 S 形"变化，8.5～97.5 m 呈波动型变化，最后又缓慢降低（>97.5 m）；富县剖面土壤水分在 0～25.5 m 深度表现为随深度增加，25.5 m

以下呈波动型变化；安塞剖面土壤水分变化与富县相似，只是变化出现的拐点在 39.5 m 深度；神木剖面土壤水分整体表现为随深度的增加而波动增大。5 个样点的土壤水分均表现为中等变异。样点土壤剖面平均含水量由南向北逐渐降低，具有明显的纬度地带性。采用 logistic 方程分析了降水量与土壤剖面平均含水量的关系（表达式为 $y = y_{min}+Wr/[1+\exp((P-x)/d)]$）。拟合结果表明，二者之间存在显著的相关性。拟合得到 3 个重要参数，分别为 $y_{min}$=15.2、$Wr$=6.8 和 $P$=544.6，参数 $y_{min}$ 是土壤含水量的最低值，$Wr$ 为土壤含水量的最大变化范围，参数 $P$ 非常接近 5 个样点降水量的平均值 547 mm。

通过对长武样点深剖面土壤水力参数的变异分析得出，饱和导水率沿剖面呈现波动变化，变化范围为 $1.0×10^{-6}$～0.04 cm/ min，属于强变异；水分特征曲线 van Genuchten 模型参数 $n$ 和 $θ_s$ 沿剖面变化较小，均属于弱变异。土壤物理性质（容重、砂粒和黏粒）解释了水力学性质的大部分变异，而有机碳对其变异没有影响。此外，土壤容重沿剖面呈现增加趋势，变化范围为 1.40～1.92 g/ cm 属于弱变异，深度和黏粒含量是影响容重变异的重要因素。利用线性回归和人工神经网络建立了全剖面水力学性质的传递函数模型。容重和砂粒是预测饱和导水率、$α$ 和 $θ_s$ 的重要参数，而容重、黏粒和有机碳是预测 $n$ 的重要参数。此外，通过建立容重传递函数得出，深度和黏粒含量是预测容重的重要输入变量（Qiao et al., 2018）。

### 2.2.4 从团聚体和碳氮来源方面阐明了土壤碳氮响应土地利用变化的机理

在黄土高原相对干冷地区，草地转变为农用地和灌木林地后，土壤有机碳浓度和储量均降低了一半以上。土地利用的变化引起团聚体有机碳浓度的显著降低，而且其降低量在 0～10 cm 土层出现大团聚体内。草地转变为农用地后其大团聚体土壤有机碳浓度的降低量要大于草地转变为灌木林地，而微团聚体和粉黏粒土壤有机碳浓度则表现为相似的变化趋势。当草地转变为农用地后，土壤有机碳的损失主要体现在大团聚体上，而草地转变为灌木林地后，土壤有机碳的损失则以微团聚体最多。

在黄土高原相对湿热地区，林地开垦后土壤和团聚体有机碳浓度及储量显著降低，均在开垦前 4 年降低最快，在开垦 50 年后趋于稳定。林地开垦显著降低了土壤大团聚体的含量，增加了土壤微团聚体和粉黏粒的含量，且最大的影响发生在林地开垦后的前 4 年。在开垦 50～100 年后，不同粒级土壤团聚体的分布相对稳定。大团聚体有机碳浓度的降低速率要大于微团聚体和砂粒-黏粒结合态有机碳浓度。尽管开垦降低了大团聚体有机碳储量，增加微团聚体有机碳储量，但大团聚体有机碳储量的降低远大于微团聚体有机碳储量的增加，林地开垦后土壤有机碳的损失是由大团聚体有机碳损失造成的。林地开垦显著增加了土壤 $δ^{13}C$ 和 $δ^{15}N$ 的值，增加幅度与开垦年限有关。林地开垦增加了土壤中农地来源的有机碳和全氮的比例，降低了林地来源的有机碳和全氮的比例，而且林地原有的有机碳和全氮的损失以及农地新输入的有机碳和全氮的富集在 0～10 cm 土层高于 10～20 cm 土层（Wei et al., 2014）。

在不同时间和空间尺度上，弃耕地造林显著增加了 0～10 cm 和 10～20 cm 土壤中大团聚体数量，减少了微团聚体和<0.053 mm 土壤颗粒数量，但是造林对团聚体数量的影响与土层无关。土壤中大团聚体和微团聚体变化主要发生在造林 24 年，而<0.053 mm 颗粒的变化主要发生在造林后 7 年。弃耕地造林增加了团聚体有机碳含量，其增幅与土层深度有关，而且增加主要发生在造林 100 年后。大团聚体和微团聚体有机碳的增加在 0～10 cm 土层高于 10～20 cm 土层，但是<0.053 mm 颗粒有机碳的增加在 10～20 cm 土层高于 0～10 cm 土层。此外，0～10 cm 和 10～20 cm 土层大团聚体有机碳含量的增加小于微团聚体有机碳的增加。在退耕 50 年后，不同类型造林树种对土壤和团聚体有机碳的影响呈现出相似的趋势。弃耕地造林对土壤团聚体有机碳储量的影响因团聚体级别和土层深度的不同而异，大团聚体有机碳储量随造林年限的延长而增加，但是<0.053 mm 颗粒有机碳储量则随造林年限的延长而减小。造林后大团聚体有机碳储量平均增加了 645%和 371%，主要发生在造林 24 年后。微团聚体有机碳储量在造林 0～35 年之间有所减小，在造林 48～200 年之间有所增加，增加主要发生在造林 100 年时。弃耕地造林后 0～10 cm 土壤中有机碳的积累主要发生在大团聚体和微团聚体有机碳积累上，10～20 cm 土壤有机碳积累主要发生在

大团聚体有机碳积累上。在 0~10 cm 土层，大团聚体和微团聚体有机碳的积累量占到土壤总有机碳积累量的 86% 和 13%，在 10~20 cm 土层，大团聚体有机碳积累量占到土壤总有机碳积累量的 100%，而且土壤总有机碳的积累量与大团聚体和微团聚体有机碳积累量极显著正相关。

## 2.3 植被生态研究

### 2.3.1 明确了植被格局变化特征

随着遥感技术的发展，借助遥感数据进行植被覆盖研究得到了广泛关注。在中小区域尺度，高分遥感影像能够反映地物的细部特征，达到精确提取植被信息的目的。而在较大尺度，中低空间分辨率遥感影像能够更高效地刻画区域植被特征。归一化植被指数（normalized difference vegetation index，NDVI）是区域植被变化研究最常用的指标，能够反映植被覆盖信息。近 30 年来，众多学者应用 NDVI 指数对黄土高原植被的时空变化特征进行了深入研究。Li 等（2017）分析了黄土高原 1982~2015 年的 NDVI 变化特征，将地形因子引入植被空间格局的解释中，结果表明 2000~2015 年植被恢复率要高于 1982~1999 年。2000 年以后，黄土高原植被覆盖度总体呈现东南高西北低的特征，森林生态系统平均覆盖度最高，灌木和草地生态系统次之。暖温带森林区植被组成以落叶阔叶林为主，覆盖度常年较高；西北部温带草原区植被覆盖度相对较低（肖强等，2016）。也有学者认为植被覆盖度（fractional vegetation cover，FVC）指标能够考虑裸露地表的干扰，较 NDVI 在评价大尺度植被变化趋势方面效果更好（Lü et al.，2015）。

除了现代植被研究，植被的古生态研究也是重要议题。黄土高原地质历史时期的原生植被类型的时空演化规律一直是研究中争论较多的问题。在过去的几十年间，利用黄土沉积中的孢粉、植物硅酸体、稳定碳同位素、有机分子化合物等研究晚中新世以来的古植被及相应的气候变化。有学者通过采集黄土高原不同地区黄土剖面的孢粉样品，揭示了黄土高原西部 4 万多年以来植被与环境的变化趋势（唐领余等，2007）。

### 2.3.2 阐明了植被变化的生态环境效应

植被变化会对所处环境产生影响，许多学者应用定位观测试验或统计模型进行了研究和论证。植被根系分布影响土壤有机质和理化性质，植被的演替过程改变着土壤特性。同时，植被对土壤水分和径流的影响会作用于水量平衡。但植被变化也可能对环境产生负面影响，如人工林草地因其不合理的种植密度、发达的根系系统、不适宜树种的选择等造成的土壤旱化现象极为普遍（郭忠升和邵明安，2003；Wang et al.，2015）。

传统野外实验方法仅仅适于田间尺度和样点水平研究，无法对更大尺度的植被变化进行效应评估。Zhang 等（2016）建立了景观指数和植被变化在 Budyko 方程中的关系，量化了植被变化对区域水文的影响。黄土高原森林覆盖度的增加会普遍降低河川径流量，然而位于汾河流域的石质山区森林覆盖率的增加有增加年径流量的作用，这是由地面物质组成的差异引起的，黄土层透水能力极强，为土壤蒸发和森林蒸腾提供有利条件，从而使径流减少；但石质山区土层较薄，极易产生壤中径流。说明植被变化与下垫面条件的耦合作用使得水文效应具有空间差异性。

### 2.3.3 辨析了植被变化的影响因素

黄土高原作为一个具有独特生态属性、边界比较清楚的区域，研究其植被变化应充分考虑其独特的下垫面性质和所处的生态气候带。黄土高原厚层黄土拥有巨大的蓄水库容，相对于该区 400~600mm 的年降水量，全部拦蓄储存只需上部数米土层（李玉山，2001）。许多人工植被根深可达 10m 以下的土层，远远超过降水对土壤水分的补给深度，而植被地下部分与土壤环境的相互作用关系是维持半干旱地区植被生长的重要机制。

降水的年内分布，尤其是 6～8 月的降水量是限制植被覆盖度和高度的主要原因（张岩等，2002）。气候带的变化会导致植被带的相应变迁，例如，延安至秦岭之间的暖温带森林带已经观测到一定的水分生态风险，尤其在延安部分地区人工林和天然桦林下都已出现土壤干层。

人类活动也是影响黄土高原植被变化的重要因素。长期以来，黄土高原地区进行了大量水土保持工作，如修建梯田、淤地坝等，在 20 世纪 80 年代进行了广泛的小流域治理，1999 年开始，施行了退耕还林工程，这些都直接影响到该区的植被覆盖。相关研究表明 1982～2015 年的植被覆盖增长显著，但在 2000 年后受到人类活动影响更多（Li et al., 2017）；工业发展也会影响植被变化，天然林保护工程和退耕还林（草）工程是植被增加的显著驱动因素（Li et al., 2016），贡献率达到 55%。

## 2.4 群落及生物多样性研究

### 2.4.1 阐明了黄土高原植物群落的构建与机制及其与环境因子的关系

1）揭示了典型群落组成、结构及生物量特征

研究物种多集中于典型植被恢复物种（刺槐、油松、山杏等），及地带性森林群落（辽东栎林等）；对群落垂直结构的研究多关注人工林林下植物群落的动态变化；在分析物种多样性变化的基础上，还阐释了植被功能性状和功能多样性的变化；同时关注人工抚育间伐和引种等营林措施的改良效果。

刺槐作为黄土高原地区植被恢复重建的先锋树种，在不同水热梯度下都有分布，形成了具有不同物种结构与系统功能的人工植被系统。但其作为引入物种，在某些地区或立地环境下，出现了植被稀疏、物种单一、生态功能低下等现象，难以发挥预期的生态系统功能。以乡土植物群落为参照，Wang 等（2019）分析了刺槐人工林对林下植物群落结构与功能的影响，并揭示了低效林分结构的形成机制。人工抚育间伐和林下引种作为森林抚育管理和植物多样性保护的常用措施，显著改变了人工林植被结构，随着间伐强度降低，林分郁闭度显著增加，胸径和基径显著降低；引种侧柏、低中高密度臭柏会导致刺槐林胸径、基径显著降低，此外引种不同密度臭柏还导致刺槐林树高显著降低。

从植物生长发育及更新角度出发，探讨了人工抚育等营林措施对油松人工林林下植被的短期影响。从林下植被功能性状和功能多样性变化角度出发，阐释了黄土高原油松人工森林生态系统林下植被对抚育的反应，抚育可有效改善林下光照和温度、湿度及土壤等条件，使林下草本层物种多样性和生物量显著增加，抚育后林下植被生物量在物种中的分配比例发生明显变化，灌木层和草本层一些喜光或喜温暖湿润环境的物种对生物量的贡献率增加；抚育对林下草本层叶片功能性状影响极显著，林下光照是影响其功能多样性的主要环境因子，土壤条件是影响灌木层功能多样性的主要环境因子。

通过对延安市吴起县 20 世纪 70～80 年代营造的山杏人工纯林和山杏沙棘混交林的老龄林林下草本层植被进行调查发现，阴向缓坡、阴向陡坡和阳向缓坡山杏纯林的林下草本层植物群落由旱生型向中生型转变，盖度和生物量增大，多样性略有降低，呈正向演替，且山杏-沙棘混交林的林下草本层上述指标均优于纯林，故在该区域建议配置山杏这类低耗水生长慢的树种，与沙棘等乡土灌木树种混交的模式更优；而在向阳缓坡山杏林下群落整体向旱生型转变，多样性、盖度、生物量均随林龄增加显著降低，呈逆行演替，在这些区域以营造生长速度适中的灌木林或自然恢复为宜。

在大尺度上对辽东栎群落种类组成、区系地理成分及起源和演化、群落结构与外貌特征、群落类型划分及其生物多样性、群落主要种群的生态位关系及其种间联结性等进行了系统的研究，发现辽东栎林群落区系具有明显的温带性质，同时又与热带、亚热带植物区系具有紧密联系；群落区系地理成分复杂，具有明显过渡性；群落组成种的生活型以高位芽占优势，不同区域之间群落组成种的生活型区别明显；地区间的辽东栎林群落内植物种的生态类型组成有明显差异，建群种或共建种对有限资源的强烈竞争是

该区域群落演替的主要驱动力。

2）阐明了群落结构与环境因子及管理的关系

近年来我国学者对群落结构与土壤养分耦合关系进行了广泛研究（Xu et al.，2014）。对间伐和引种植被-土壤相互关系研究表明，不同间伐强度下，胸径、基径、树高与总有机碳含量及易氧化有机碳含量均呈正相关，不同引种方式下胸径、基径、树高与土壤酶活性均呈正相关。通过探索晋西黄土区不同林地植物多样性特征及其与环境因子的相关性发现不同林地林下植物多样性差异显著，天然次生林灌木物种数量、物种丰富度指数和多样性指数明显高于人工林，而草本物种数量及物种丰富度指数、均匀度指数及多样性指数均小于人工林，郁闭度是影响林下植物多样性的主要环境因子，可通过适当开窗疏林来提高林下植物多样性。对陕北黄土丘陵区不同植被类型物种多样性与土壤有机质、全氮的关系分析发现 30 年刺槐具有较好的碳氮累积效果，群落物种多样性与土壤有机质、全氮显著相关，这两种因素是影响植物群落组成和多样性的关键生态因子。通过对该区域不同立地条件刺槐群落、沙棘柠条达乌里胡枝子灌木群落及草本群落结构和土壤含水量、养分、酶的综合分析发现，在刺槐群落中，土壤含水量、养分及酶活性与均匀度指数、多样性指数、生态优势度指数均随刺槐林龄的增长而增大；在灌木群落中，丰富度指数大的群落其土壤含水量较低，丰富度指数小的群落其土壤含水量较高，同时丰富度指数、多样性指数与土壤养分、酶活性表现出一致的变化规律；在草本群落中，芦苇群落土壤含水量、养分含量、酶活性相对较高，同时群落丰富度指数、多样性指数及均匀度指数也较高。通过对陕西省吴起县合沟流域植物群落结构特征与陡坎、缓台、浅沟、塌陷、切沟等微地形土壤养分的耦合关系进行探究发现，各类微地形植物群落的物种组成、植被盖度、生物量、平均高度等结构特征指标多优于原状坡，其中出现灌木和乔木幼苗的切沟和塌陷的植被状况最优；切沟和塌陷的各项土壤养分质量分数明显高于其他各类微地形，且各项土壤养分指标含量在土壤剖面上呈明显的表聚效应。

**2.4.2　初步探讨了景观变化的生物多样性效应**

景观破碎化造成的生境丧失和生境退化是生物多样性丧失的主要原因之一（傅伯杰与陈利顶，1996）。黄土高原受城市化进程和大规模生态恢复工程的影响，人类活动强烈，区域景观发生巨大变化。目前研究热点多集中于探究不同时空尺度景观格局演变，然而在大尺度上对于景观变化及其所带来的生物多样性变化和二者关系的研究则鲜有报道。已有的研究大致分为两个方面：一方面是探讨区域景观格局演变及生态系统服务变化，并将生物多样性作为一项生态服务功能进行评估；另一方面，已有学者对该区域景观变化与生物多样性耦合分析做了初步尝试。刘广全等（2018）对黄土高原农牧交错带湿地生态系统重构前后水鸟多样性变化的系统调查发现，该区域湿地生态系统在近 40 年中先后经历了适度利用、过度开发和强化保护阶段，保护区建设、旅游开发控制和生态系统修复等措施实施后，该区域湖泊个数和湖泊面积显著增加，区域生态环境改善，荒漠和黄土区鸟类相互扩散，种类和数量逐年增多，2010 年前记载鸟类共 232 种，2017 年增至 280 种，2017 年调查发现水鸟新记录 18 种；种群数量以旅鸟和夏候鸟为主，分别占 58%和 34%。总体上，区域景观变化对生物多样性影响的研究还需进一步深化。

## 2.5　水文生态研究

**2.5.1　阐明了流域径流输沙和水沙关系变化特征**

1957～2012 年期间，黄土高原有 44 个子流域的年径流量呈显著下降趋势（−0.1～−2.6 mm/a），绝大部分子流域的年输沙量显著降低（−2.86～−636 t km$^{-2}$ a$^{-1}$），黄土高原北部径流输沙下降最显著，渭河下游变化不显著，径流输沙下降表现出阶段性特征（1957～1979 年、1980～1999 年和 2000～2012 年），且 2000～2012 年下降最剧烈（Zhao et al.，2017）。黄土高原大部分流域的年径流系数、含沙量和产沙系数在过去

60年也均表现出显著下降趋势（Gao et al.，2017）。

上述研究主要集中在分析径流和输沙量在年尺度上的变化特征，径流输沙变化在不同时间尺度上的变异特征逐渐引起重视。Gao 等（2017）研究表明，1961~2011 年期间河龙区间近一半多流域径流量的年际变异系数出现增加趋势，而几乎所有流域输沙量、产沙系数和含沙量的年际变异系数增加。以上结果说明，径流输沙的总量在显著降低，但其年际间的变异性在逐渐增强。另外，黄土高原的径流输沙主要集中在汛期，而且极端暴雨事件发挥着重要作用，7~8 月径流输沙对年值的贡献可分别达 50%和 80%，最大单日径流和输沙量约占年值的 10%和 30%，最大 5 日径流天数可输送全年输沙量的 50%~99%。这说明，黄土高原水沙变化研究需要关注径流输沙的尺度关联特征和极端事件的作用。

### 2.5.2　发展了流域水沙变化归因方法，揭示了主要影响因素

流域水沙变化的影响因素主要归为两大类：人类活动和气候变化。人类活动的影响主要体现在通过工程措施和生产生活取水等直接作用和改变流域下垫面条件进而间接影响流域产流产沙等两个方面。

对于径流变化，以往研究普遍认为在 2000 年之前，水土保持措施引起的流域地表覆盖变化对径流减少的贡献略大于气候变化的影响，而人类活动是 2000 年之后径流显著降低的主要原因，且人类活动和气候变化的贡献率存在较大的空间异质性，北部流域人类活动贡献率大于南部。Gao 等（2016）基于弹性系数方法分析了黄土高原 14 个主要流域径流变化的原因，认为地表覆盖变化是黄土高原径流减少的主要原因，降雨对径流减少的作用大于潜在蒸散发，在具体流域，土地覆被和气候变化所起的作用不尽相同，地表覆盖在 10 个流域起主导作用，气候变化在 3 个流域为主要因素，在 1 个流域两者影响基本相同。Wu 等（2017）采用 8 种不同形式的 Budyko 模型，开展了黄土高原 17 个主要流域 1961~2013 年期间汛期和非汛期径流变化的归因分析，结果发现汛期和非汛期径流变化对降雨的敏感性要高于潜在蒸散发，8 种 Budyko 模型计算的汛期径流变化贡献率比较一致，但非汛期径流的归因分析结果存在较大变异，人类活动是汛期径流减少的主要原因（贡献率约为 73%），但气候变化对非汛期径流减少的作用要大于人类活动。Wu 等（2017）系统分析了经验统计、弹性系数和水文模型等方法在径流变化归因方面的优缺点，并以黄土高原的延河流域为案例，比较了三种方法得到的贡献分割结果，发现气候变化的贡献率为 46.1%~60.8%（平均值为 54.1%），人类活动的贡献率为 39.1%~53.9%（平均值为 45.9%），弹性系数和水文模型计算的结果比较一致，而经验统计方法存在较大的不确定性。

对于输沙变化，普遍认为人类活动的贡献率要明显大于气候变化。Gao 等（2017）基于降雨-输沙统计模型分析了黄土高原 15 个主要流域 1961~2011 年期间输沙减少原因，结果表明，地表覆被对输沙减少的贡献率大于 70%，降雨的贡献率小于 30%，特别是 2000 年以来，在植被恢复和水土保持工程措施综合作用下，地表覆盖贡献率接近 90%，土地覆被变化对水沙锐减的驱动在时间上存在"加剧性特征"。Gao 等（2017）定量分析了地表覆盖变化对水沙影响的时空格局特征，发现土地覆被变化对水沙锐减的驱动在空间上存在明显的南北分异特征，年代平均径流系数、产沙系数和含沙量均与流域地表覆盖变化的面积比例存在显著的线性关系，土地覆被对水沙减少的贡献率随生态恢复措施的面积渐进增加，但减水减沙贡献在一定面积比例时（约 50%）会存在阈值。因此，黄土高原的生态恢复在关注面积的同时，也要考虑生态恢复的空间布局和优化配置。Wang 等（2015）发展了基于泥沙等式的归因诊断分析方法，率定了各因素对黄土高原过去 60 年输沙减少的贡献量，发现 58%的输沙量减少源于产流能力降低，其次是产沙能力（30%）和降水（12%）的贡献，坝库、梯田等工程措施是 20 世纪 70 年代至 90 年代黄土高原产沙减少的主要原因，占 54%，2000 年以来，随着退耕还林还草工程的实施，植被措施成为土壤保持的主要贡献者，占 57%。

## 2.6 生态系统服务研究

### 2.6.1 阐明了植被恢复的生态系统服务效应

近年来不同时期区域生态系统服务定量研究快速发展，揭示了以植被恢复和水土保持措施为主的生态恢复工程对生态系统服务影响。对于黄土高原地区，碳储量的增加作为植被恢复的重要生态系统服务效益得到高度关注。研究表明，首期退耕还林工程实施期间（2000~2008 年），黄土高原地区植被净初级生产力（NPP）稳定增加，碳固定服务提升明显，使得该区域由碳源转为碳汇，生态系统净固碳能力从 2000 年的 –0.011Pg 上升到 2008 年的 0.108Pg；而土壤固碳的增加稍显滞后，将随植被恢复的深入成效逐渐凸现。植被恢复还促进了生态系统侵蚀控制能力的显著提升：黄土高原平均土壤侵蚀率从 2000 年 3362 t km$^{-2}$·a$^{-1}$ 减少到 2008 年 2405 t km$^{-2}$·a$^{-1}$；与 2000 年相比，34% 地区土壤侵蚀减少，48% 地区土壤侵蚀量保持不变，仅有 18% 地区呈略微增加（Fu et al., 2011）。另外，越来越多的研究表明，但大面植被恢复也使区域蒸散率增高，产水量和径流量减少。

探明生态系统服务之间的协同/权衡关系对于生态恢复目标设计和成果维持具有重要价值。因此，在定量评估生态系统服务的基础上，生态系统服务之间得相互作用关系成为管理攸关的研究主题。近年来的研究发现生态系统服务相互关系具有尺度依赖性。在延河流域开展的研究表明，土壤保持与水源涵养有协同关系，而两者与产水服务存在权衡关系。在黄土高原区域尺度上，尽管调节服务（土壤保持与碳固定）内部产生的协同作用得到进一步印证，但调节与供给服务之间的并不总是呈现权衡作用：一方面，碳固定与水量供给之间的权衡作用表明造林工程加剧了调节与供给服务之间的相互作用，且乔木对保护土壤和碳固定有较强影响，而灌木对短期演替中的水分产生较强抑制作用（Jia et al., 2014）；另一方面，粮食供给与碳固定之间发现了协同作用，表明由于土地整理政策的实施及农业技术的提升，粮食产量有显著的提升，而退耕还林（草）项目对农业生产的负面影响已降至最低（Bryan et al., 2018）。

上述研究通常采用相关分析来识别服务之间的权衡或协同作用，但传统的 Spearman 相关分析无法获取生态系统服务之间相互作用的阈值。采用约束线方法能够克服这些缺点，从而更加准确地描述生态系统服务之间的关系不仅是权衡或协同作用，还表现出约束效应。上述研究丰富了对生态系统服务之间关系的理解，对于土地利用规划和景观服务的优化具有重要意义。

### 2.6.2 揭示了生态系统服务变化的驱动机制

生态系统服务的时空变化是人类活动与自然因素耦合作用的结果。研究证实，生态恢复项目是黄土高原生态系统服务变化的主导因素。天然林保护和退耕还林（草）带来促进植被恢复，生态系统碳固定量显著提高。

植被恢复显著降低了生态系统的沉积物输出，最直接的生态效益即区域水土保持服务能力增强，黄河泥沙量的显著下降。观测数据表明，黄河潼关站输沙量由 20 世纪 70 年代每年近 16 亿吨，骤减至 3 亿吨左右，坡面和沟道的生物和工程等多种措施共同作用将黄河输沙量控制到了新中国成立以来的最低水平。另一方面，在 1961 年至 2009 年期间，生态恢复措施极大地改变了黄土高原的地表条件，改变了该地区的水文分区，是区域径流量减少的主要原因，贡献率达 68%，而气候变化影响较小（占 32%），不同区域两类因素的影响强度不同，具有空间差异性：黄土高原北部地区生态恢复的影响更高（占 78%），区域南部流域则对气候变化的影响更为敏感。

过去几十年间（1959 年起），暖干化是黄土高原气候变化的主要趋势。但 2000 年以来，区域降水量呈增加趋势。相对潮湿的气候有助于植被覆盖的增加，从而有助于植被固碳，并在土壤保持中发挥了积极作用。在 2000~2012 年间，黄土高原土壤保持功能整体上略有增强。尽管多数研究气候变化在黄土高原生态系统服务的变化中并非主导因素，但降雨可能是影响生态系统服务之间相互作用的关键因素。在干旱半干旱地区，碳固定与水文调节约束线呈负凸曲线，碳固定的变化受到降雨的影响，说明一旦降雨超过生态系统的容量，区域水文调节服务将呈下降趋势；而土壤保持与碳固定、土壤保持与水文调节的约束效应均呈现驼峰形状，充足的降水有助于碳固定服务的提升，但会增加土壤侵蚀，表明一旦降雨超过阈值，生态系统土壤保持功能将下降。因此，黄土高原生态系统服务变化研究需要将气候变化考虑在内，在生态恢复的背景下促进多种生态系统服务的协同作用。

### 2.6.3 深化和拓展了生态系统服务综合评价和模拟模型的研究

许多学者以黄土高原为研究区域开展了大量的研究，通过发展区域关键生态系统服务的定量评估方法，评估了黄土高原区域产水、水源涵养、土壤保持、碳固定、物质供给等多项服务的时空变化和影响因素；量化分析了黄土高原多尺度不同生态系统服务间的权衡与协同关系（Fu et al.，2011；Lü et al.，2012；Jia et al.，2014）。

近年来，我国学者在黄土高原生态系统服务的评估中对国际模型的引入和推广方面做出了许多有益的尝试。例如，引入欧洲 Yasso07 生物物理模型，开展景观和流域尺度碳固定服务的定量评价和动态模拟研究，并与遥感技术相结合，揭示了生态恢复驱动下的土壤碳固定服务的时间动态、空间格局和影响因素（Lü et al.，2015）。综合模型方面，生态系统服务综合评估及权衡模型（Integrated Valuation of Ecosystem Services and Tradeoffs，InVEST）在国内研究中应用最为广泛。该模型在黄土高原地区的应用更加侧重对多种生态系统服务权衡/协同关系的定量辨识，为化解区域景观和土地利用规划中潜在的生态系统服务矛盾提供相对优化的解决方案。此外，黄土高原生态系统服务的评估中更加注重模型参数的本地化以及模型不确定因素的分析与解决。Li 等（2010）针对 SWAT 模型，根据参数定位和自动校准的组合确定了最佳参数集。Jia 等（2014）的研究，对在黄土高原地区产水、土壤保持和植被生产力评估时采用的蒸散发方程、RUSLE、CASA 等模型均做出不确定性分析及归因，并参照研究区实验观测数据进行调整，以降低研究结果的不确定性。

在生态系统格局-过程-服务概念框架下，近年来的研究通过分析黄土高原景观演变中生态系统服务变化的驱动机制，进一步提出了综合评价和区域集成的方法，以期为区域生态建设提供科学依据。Hu 等（2014）在对 InVEST 建模框架进行拓展的基础上，开发了针对黄土高原生态恢复和管理背景下区域产水、侵蚀控制、碳固定以及粮食供给的生态系统服务空间决策支持工具（Spatial Assessment and Optimization Tool for Regional Ecosystem Services，简称 SAORES）。模型基于生态系统服务和社会经济等多目标权衡的显著特点，能够为退耕还林工程背景下其他地区的关键生态系统服务最大化及土地利用格局优化提供借鉴。目前，该模型在黄土高原延河流域进行了初步运用，得到了良好的效果。

## 2.7 区域生态修复、治理及其可持续性

### 2.7.1 生态修复与综合治理

早期黄土高原区域生态综合研究主要关注综合治理与生态平衡。历史时期黄土高原生态平衡失调过程的研究表明，无计划、无远见的人为破坏是其主要因素。相关研究从黄土高原的生态问题和生态条件出发，探讨了土地合理利用、水资源合理利用、农林牧合理生态结构、黄土高原综合治理分区等问题（傅伯杰，1983；朱显谟，1984；山仑，1991）。朱显谟先生根据黄土高原土壤侵蚀规律与水土保持、国土整治等科学研究成果和结合群众的实践经验，于 20 世纪 80 年代初提出了"全部降水就地入渗拦蓄，米粮下川上塬、林果下沟上岔、草灌上坡下坬"的"黄土高原国土整治 28 字方略"（朱显谟，1984）。方略以黄土的形成的理论为基础，反映了用科技促进区域生态经济建设的思想，是黄土高原协调生态、生产

与生计的重要科学依据。20世纪80年代以后,国家在黄土高原地区开展了一系列生态工程,黄土高原的生态环境得到显著改善,黄土高原区域生态综合研究主要关注生态系统的变化及驱动机制、退耕还林还草等生态工程的生态效应以及工程实施中存在的问题与解决方案等。

### 2.7.2 区域生态恢复可持续性

针对黄土高原地区退耕还林还草工程的可持续性的问题,相关研究通过耦合地面观测,遥感和生态系统模型等多种研究手段,量化分析了黄土高原地区植被恢复的固碳、径流、蒸散发等生态效应,构建了自然—社会—经济水资源可持续利用耦合框架,建立了区域碳水耦合分析方法,提出黄土高原植被恢复应综合考虑区域的产水、耗水和用水的综合需求。研究揭示了黄土高原水资源植被承载力的阈值,并指出目前黄土高原植被恢复已接近这一阈值,在未来气候变化条件下,该承载力阈值在 $383 \sim 528 \mathrm{gC\ m^{-2} \cdot a^{-1}}$ 间浮动(Feng et al.,2016)。该成果在区域生态系统碳水耦合分析方法上取得突破,对于指导黄土高原退耕还林还草工程的可持续管理具有重要意义。

# 3 研究展望

## 3.1 生态水文和水文生态的研究仍然是基础性科学问题

水循环过程对于黄土高原地区的生态系统演替、稳定性和可持续性至关重要。以往对不同生态系统下的土壤水、河川径流等开展了大量研究。但是,从大气降水到河川径流的整个区域水循环过程及相关的生态过程耦合动态与效应等方面,还缺乏整体性、系统性的研究。所以,未来的研究中,可以抓住黄土高原土壤水分这个核心环节,在地球表层系统五水转化机理、脆弱生态区水土过程对气候变化和人类活动的响应、土壤水分养分循环与生态系统功能调控等方面开展重点研究,可以包括以下几个方面:①表层地球系统关键带降水-土壤水-地下水循环过程与机制。阐明地球关键带植被根系与土壤水的耦合作用机制,明确深厚包气带(根系层以下)土壤结构特征、导水性以及非饱和水分运动过程,探明气候变化和人类活动影响下降水-土壤水-地下水的循环途径、通量及控制过程,分析包气带厚度、孔隙结构、气候变化、土地利用变化等对地下水补给的影响。②土壤水文过程对养分循环的驱动作用和耦合机制。以典型陆地生态系统为对象,系统分析植物根系层土壤水文学过程,研究主要养分循环途径和通量,揭示土壤水文过程驱动下的地上生态过程、地下根系过程变化及其联动效应,建立土壤水文过程与养分循环的耦合关系,阐明其对气候变化和人类活动的响应特征与适应机理。③多尺度土壤水分有效性及对环境变化的响应机制。集成定位观测、控制实验和遥感技术,研究样地、坡面、小流域、区域尺度深剖面土壤水分运动过程及其有效性,分析典型生态系统土壤干燥化的发生机制与时空动态特征,结合气象、植被、土壤和地形等观测与因子分析方法,探明典型生态系统土壤水分对环境变化的响应过程,揭示其驱动机制与演变趋势。④基于土壤水分植被承载力模型的退化土地调控与功能提升。耦合水文过程模型和植被动力学过程模型,构建不同气候类型区,特别是旱区土壤水分植被承载力模型,并对不同程度退化土地及生态系统恢复主要过程进行模拟,确立不同气候变化情景下退化土地生态过程时空格局,分析和比较退化土地适应性调控策略。⑤土壤养分分布格局预测的升尺度方法和过程的模型模拟。通过加强这类方法的研究,将建立起不同尺度有机碳分布与循环之间的空间和时间上的联系,从而支撑地球系统模型的应用实现对该区不同情景下土壤生物地球化学过程响应特征的预测。⑥河川径流形成与生态效应机理以及水资源可持续利用途径。通过该主题的研究探索生态用水和社会用水的协调优化的原理与方法。

## 3.2 生态系统结构、过程、功能与服务的级联关系和优化调控

以往的研究中，从物种、群落、生态系统、景观等层次都有一定的研究进展和成果，近年来在生态系统服务方面也有了大量的研究。但是，如何把生态系统的结构、过程、功能与服务很好地关联起来，从科学机理到实践应用，形成系统化的研究体系，仍然是国内外生态学领域和黄土高原区域生态学研究都共同面临的挑战。这一主题下，需在经典生态学主题"生物多样性与生态系统功能"的基础上进行拓展，研究遗传多样性、物种多样性、功能多样性、生态结构多样性与水土生态过程和生态功能以及服务的耦合关系和时空变异规律，土地利用和生态恢复的影响及适应性调控管理对策。

## 3.3 区域复合生态系统动力学研究

从区域综合的角度，除了进一步深化水、土、气、生等生态要素层面的综合研究以外，特别要加强社会-经济-自然复合生态系统理论与方法的研究，重视区域复合生态系统各要素变化及相互作用关系和调控方法，为区域可持续发展、复合生态系统可持续管理和生态文明建设提供指导。1984 年，马世骏先生和王如松先生在《生态学报》第四卷第一期发表了关于社会-经济-自然复合生态系统的理论，从系统特征、主要指标、研究程序和具体案例几方面做了系统阐述，首开复合生态研究的先河。国际生态学界 21 世纪初才开始真正重视这一主题。黄土高原地区在复合生态系统研究方面也有了一定基础，主要体现在农业生态经济结构、小流域综合治理结构等方面。未来面向国家乡村振兴、美丽中国、生态文明建设等国家需求，在社会转型发展和自然环境变化的新形势下，复合生态系统这一前沿领域的研究仍有广阔的发展空间。研究的重点议题包括：城乡发展互动与生态环境变化、生态保护与恢复成效和乡村可持续生计、能源资源开发与生态重建、人与自然系统动态及远程耦合等。

总之，黄土高原的生态学研究应该更加密切地关注国内外区域生态学发展中的新趋势和前沿、热点领域，更加重要的是与国家生态文明建设和地方生态保护、修复和发展需求紧密结合，把不同主题、不同尺度的生态学研究与 2030 年联合国可持续发展目标体系相联系，从而架构链接区域生态学研究和国内外社会需求的桥梁，为国内外干旱半干旱生态敏感、脆弱区社会-经济-自然复合生态系统的可持续发展和生态文明建设提供理论支撑和实践参考。

## 参 考 文 献

傅伯杰. 1983. 黄土高原生态平衡的探讨. 生态科学, (1): 44-48.

傅伯杰, 陈利顶. 1996. 景观多样性的类型及其生态意义. 地理学报, (5): 454-462.

傅伯杰, 赵文武, 张秋菊. 2014. 黄土高原景观格局变化与土壤侵蚀. 北京: 科学出版社.

郭忠升, 邵明安. 2003. 半干旱区人工林草地土壤旱化与土壤水分植被承载力. 生态学报, 23(8): 1640-1647.

郭忠升, 邵明安. 2004. 土壤水分植被承载力数学模型的初步研究. 水利学报, 35(10): 95-99.

黄明斌, 邵明安. 1995. 冬小麦叶水势与蒸腾速率之关系的滞后效应. 科学通报, 40(12): 1137-1139.

李玉山. 2001. 黄土高原森林植被对陆地水循环影响的研究. 自然资源学报, 16(5): 427-432.

刘广全, 白应飞, 张亭, 等. 2018. 黄土高原农牧交错带湿地重构对鸟类多样性的影响. 水利学报, 49(9): 1097-1108.

马世骏, 王如松. 1984. 社会-经济-自然复合生态系统. 生态学报, 4(1): 1-9.

山仑. 1991. 防止水土流失和充分利用降水是黄土高原水土保持综合治理的基础. 水土保持通报, (3): 38-39.

唐领余, 李春海, 安成邦, 等. 2007. 黄土高原西部 4 万多年以来植被与环境变化的孢粉记录. 古生物学报, 46(1): 45-61.

肖强, 陶建平, 肖洋. 2016. 黄土高原近 10 年植被覆盖的动态变化及驱动力. 生态学报, 36(23): 7594-7602.

张岩, 张清春, 刘宝元. 2002. 降水变化对陕北黄土高原植被覆盖度和高度的影响. 地球科学进展, 17(2): 268-272.

朱显谟. 1984. 黄土高原土地的整治问题. 水土保持通报, (4): 1-7.

Bryan B A, Gao L, Ye Y Q, et al. 2018. China's response to a national land-system sustainability emergency. Nature, 559: 193-204.

Feng X M, Fu B J, Piao S L, et al. 2016. Revegetation in China's Loess Plateau is approaching sustainable water resource limits. Nature Climate Change, 6(11): 1019-1022.

Fu B J, Liu Y, Lü Y H, et al. 2011. Assessing the soil erosion control service of ecosystems change in the Loess Plateau of China. Ecological Complexity, 8(4): 284-293.

Gao G Y, Fu B J, Wang S, et al. 2016. Determining the hydrological responses to climate variability and land use/cover change in the Loess Plateau with the Budyko framework. Science of the Total Environment, 557-558: 331-342.

Gao G Y, Zhang J J, Liu Y, et al. 2017. Spatio-temporal patterns of the effects of precipitation variability and land use/cover changes on long-term changes in sediment yield in the Loess Plateau, China. Hydrology and Earth System Sciences, 21: 4363-4378.

Hu H T, Fu B J, Lü Y H, et al. 2014. SAORES: a spatially explicit assessment and optimization tool for regional ecosystem services. Landscape Ecology, 30: 547-560.

Jia X Q, Fu B J, Feng X M, et al. 2014. The tradeoff and synergy between ecosystem services in the Grain-for-Green areas in Northern Shaanxi, China. Ecological Indicators, 43: 103-113.

Jia X X, Shao M A, Zhang C C, et al. 2015. Regional temporal persistence of dried soil layer along south–north transect of the Loess Plateau, China. Journal of Hydrology, 528: 152-160.

Li C B, Qi J G, Feng Z D, et al. 2010. Parameters optimization based on the combination of localization and auto-calibration of SWAT model in a small watershed in Chinese Loess Plateau. Frontiers of Earth Science in China, 4(3): 296-310.

Li J J, Peng S Z, Li Z. 2017. Detecting and attributing vegetation changes on China's Loess Plateau. Agricultural and Forest Meteorology, 247: 260-270.

Li S, Liang W, Fu B J, et al. 2016. Vegetation changes in recent large-scale ecological restoration projects and subsequent impact on water resources in China's Loess Plateau. Science of the Total Environment, 569-570: 1032-1039.

Liu B X, Shao M A. 2015. Modeling soil–water dynamics and soil–water carrying capacity for vegetation on the Loess Plateau, China. Agricultural Water Management, 159(1): 176-184.

Lü N, Akujarvi A, Wu X, et al. 2015. Changes in soil carbon stock predicted by a process-based soil carbon model (Yasso07) in the Yanhe watershed of the Loess Plateau. Landscape Ecology, 30(3): 399-413.

Lü Y H, Fu B J, Feng X M, et al. 2012. A policy-driven large scale ecological restoration: quantifying ecosystem services changes in the Loess Plateau of China. PLoS ONE, 7: e31782.

Qiao J B, Zhu Y J, Jia X X, et al. 2018. Development of pedotransfer functions for predicting the bulk density in the critical zone on the Loess Plateau, China. Journal of Soils and Sediments, 19: 366-372.

Shao M A, Horton R. 1996. Soil water diffusivity determination by general similarity theory. Soil Science, 161(11): 727-734.

Shao M A, Horton R. 2000. Exact solution for horizontal water redistribution by general similarity. Soil Science Society of America Journal, 64(2): 561-564.

Sun Q H, Miao C Y, Duan Q Y, et al. 2015. Temperature and precipitation changes over the Loess Plateau between 1961 and 2011, based on high-density gauge observations. Global and Planetary Change, 132(1): 1-10.

Wang J, Zhao W W, Zhang X X, et al. 2019. Effects of reforestation on plant species diversity on the Loess Plateau of China: A case study in Danangou catchment. Science of the Total Environment, 651: 979-989.

Wang Q X, Fan X H, Qin Z D, et al. 2012. Change trends of temperature and precipitation in the Loess Plateau Region of China, 1961-2010. Global and Planetary Change, 92-93: 138-147.

Wang S, Fu B J, Piao S L, et al. 2015. Reduced sediment transport in the Yellow River due to anthropogenic changes. Nature Geoscience, 9(1): 38-41.

Wei X R, Huang L Q, Xiang Y F, et al. 2014. The dynamics of soil OC and N after conversion of forest to cropland. Agricultural and Forest Meteorology, 194(3): 188-196.

Wu J W, Miao C Y, Zhang X M, et al. 2017. Detecting the quantitative hydrological response to changes in cliamte and human activities. Science of the Total Environment, 586: 328-337.

Xu M, Zhang J, Liu G B, et al. 2014. Soil properties in natural grassland, Caragana korshinskii planted shrubland, and Robinia pseudoacacia planted forest in gullies on the hilly Loess Plateau, China. Catena, 119: 116-124.

Zhang S L, Yang H B, Yang D W, et al. 2016. Quantifying the effect of vegetation change on the regional water balance within the Budyko framework. Geophysical Research Letters, 43(3): 1140-1148.

Zhao G J, Mu X M, Jiao J Y, et al. 2017. Evidence and causes of spatiotemporal changes in runoff and sediment yield on the Chinese Loess Plateau. Land Degradation & Development, 28: 579-590.

撰稿人：傅伯杰，吕一河，邵明安，贾小旭，魏孝荣，王　帅

# 第39章 喀斯特生态研究进展

## 1 引　言

全球喀斯特地区面积 2200 万 $km^2$，居住着约 10 亿人口，其中裸露型喀斯特面积 510 万 $km^2$，主要包括东亚喀斯特区、欧洲地中海周边喀斯特区和美国东部喀斯特区（袁道先，2001；Sweeting，2012）。我国喀斯特分布主要包括南方的热带亚热带湿润地区、北方的干旱半干旱温带喀斯特以及高原喀斯特地区。与国外相比，我国西南喀斯特地区具有碳酸盐岩古老坚硬、新生代以来的大幅度抬升、未受末次冰川的刨蚀、季风气候的水热配套、人类活动强度高等特点（袁道先等，2016），在高强度农业垦殖活动下脆弱生态系统极易退化，导致石漠化发生，是我国主要的生态脆弱区和最大面积的连片贫困区。

喀斯特生态系统是受岩溶环境制约的生态系统，以石生、旱生及喜钙性和地下空间为特征，是一种由地质条件（碳酸盐岩的岩溶水文系统和富钙、镁的地球化学环境）所决定的脆弱环境，具有地上地下二元水文地质结构（袁道先，2001，2008）。人为干扰是喀斯特生态系统退化甚至发生石漠化的主要因素，不同喀斯特类型区生态系统格局-过程-服务对人类活动的响应及其相互作用存在很大差异（van Beynen，2011）。面向国家喀斯特石漠化治理与脱贫攻坚重大需求，围绕喀斯特生态修复与石漠化治理，针对喀斯特地上-地下双层水文地质结构及水土运移过程的特殊性，我国相关学者开展了系统的喀斯特生态学研究，在喀斯特生态脆弱性、退化机制、关键生源要素循环、岩溶风化成土过程、水土流失/漏失机制、地表-地下水土过程、喀斯特生境植被适应机制、水土资源高效利用、扶贫开发、喀斯特景观保护等研究领域取得重要进展，研发了喀斯特适应性生态修复与石漠化治理技术与模式，提出了喀斯特景观资源可持续利用对策，为我国西南生态安全屏障建设与喀斯特区域可持续发展提供了重要科技支撑。

## 2 国内外喀斯特生态研究概况

喀斯特分布面积 5 万 $km^2$ 或占国土总面积 20% 以上的国家有 88 个，岩溶过程的活跃性及与地表生态系统的相互融合，使得喀斯特动力系统成为地球表层系统的重要组成部分。国外喀斯特地区人口和贫困压力相对舒缓，生态环境以保护为主，研究主要侧重喀斯特水文地质、地下水资源与利用、洞穴及古气候记录、地质灾害防治等研究。国际上喀斯特研究以欧洲发达国家占主导地位，如，以斯洛文尼亚、意大利、西班牙、瑞士和奥地利为代表的发达国家侧重地理地质综合研究，在地貌演化、洞穴、水文水资源等领域总体水平较高。东南亚和中亚等发展中国家、社会经济发展水平低，人地矛盾尖锐，研究以开发利用和生态修复为主。如，泰国在洞穴开发、岩溶塌陷等方面工作较多，土耳其、伊朗在干旱区喀斯特地貌研究上具有一定的研究特色。

我国西南喀斯特地区总人口 2.22 亿人（少数民族 4537 万人），社会经济发展水平低，人地矛盾尖锐，研究更多关注喀斯特生态系统脆弱性评价、人类干扰胁迫下喀斯特生态系统退化机理、水土资源利用、适应性生态保护与修复等研究（Jiang et al.，2014）。针对西南喀斯特地区植被退化、水土流失、石漠化等生态问题，开展了一系列水土流失、石漠化治理、水资源利用、植被恢复与重建等方面研究，有效支撑了我国西南喀斯特地区的可持续发展。同时，形成了具有我国特色的喀斯特生态研究成果，提出了地表地下二元水文地质结构、表层岩溶带对生态、水文系统控制作用、石漠化现象、水土地下漏失等理念，石漠化治理措施和成效在国际上得到高度关注和认可。尤其是提出的喀斯特生态保护与修复、石漠化综合治理、喀斯特与应对全球气候变化等新方向，引领了国际喀斯特生态学科发展。2018年我国西南喀斯特区域生态恢复评估方面取得重要进展，研究成果以研究论文的形式发表在 Nature 子刊 *Nature Sustainability*，且被选为创刊号封面文章，并被 *Nature* 刊发专文详细述评、高度肯定，我国喀斯特生态学研究水平从跟跑、并行，正在向优势领域领跑转变（Tong et al.，2018；Macias，2018）。

整体而言，国际上喀斯特相关研究各自侧重的领域和优势不同，针对某一领域的某一问题专项研究多，统一的对比监测研究体系尚未形成，尤其没有从地球表层系统科学层面进行整体系统分析，难以深入认识表层地球系统（地球关键带）的形成-演化以及控制人类生存环境的过程和生态服务功能变化规律。目前喀斯特关键带生态系统科学研究亟需由要素过程研究向系统化的"表层地球系统科学"研究过渡，通过综合、集成的研究方法，地表全要素监测、多源数据融合、过程模拟及结果分析融为一体的研究途径，重点研究系统要素（水、土、气、生和人等）不同时空尺度的耦合与转换、地表圈层与其他圈层的相互作用关系、系统视角下面向复杂问题的关键过程选择及人地系统的耦合机制，实现自然和人文与社会科学的交叉与融合，为喀斯特地区可持续发展提供科学支撑。

## 3 喀斯特区特殊性及其生态脆弱性

我国喀斯特地区以云贵高原为中心，北起秦岭山脉南麓，南至广西盆地，西至横断山脉，东抵罗霄山脉西侧，跨中国大地貌单元的三级阶梯，涉及贵州、云南、广西、湖南、湖北、重庆、四川、广东8省（区、市）的465个县，面积约54万 $km^2$。碳酸盐岩是喀斯特发育的物质基础，根据其矿物、化学成分含量的差异可分为石灰岩、白云岩两种基本类型。从全球角度来看，我国喀斯特发育最为典型、地貌类型齐全，主要包括：喀斯特峰丛洼地、断陷盆地、喀斯特高原、喀斯特槽谷、喀斯特峡谷、峰林平原、溶丘洼地、中高山等，具有鲜明的特点（袁道先，2008；袁道先等，2016）。

（1）碳酸盐岩古老、坚硬、质纯。我国西南地区出露的碳酸盐岩地层主要为三叠系至前寒武系，使岩溶形态挺拔、陡峭。这是我国喀斯特区石漠化易发生的地质岩性的结构特征，有别于中美洲第三纪松软、高孔隙度碳酸盐岩形成的喀斯特。

（2）季风气候水热配套。我国喀斯特发育主要受到太平洋季风气候的影响，水热配套，有利于碳酸盐岩的溶蚀和沉积，有利于岩溶的发育及地表、地下双层结构的形成。

（3）新生代大幅度抬升。碳酸盐岩的可溶性与新构造运动的不断抬升，使喀斯特发育的形态充分和完整，不存在长期的夷平和堆积作用，有别于冈瓦纳大陆长期侵蚀、搬运、夷平、堆积过程的喀斯特。

（4）未受末次冰期大陆冰盖刨蚀，使喀斯特形态尤其是地表形态得以完整保存，中国成为一个天然的喀斯特博物馆。有别于冰川喀斯特区的冰川刨蚀形成的石漠化，如英国中部 Yorkshire 石灰岩存在冰川刨蚀后形成的冰溜面石漠化。

（5）人类活动强度高、开发与保护的矛盾突出。我国西南喀斯特地区多属老、少、边、穷聚居区，人口密度高，远超岩溶地区合理的生态环境承载力，人地关系高度紧张。耕地资源十分稀缺，且有限耕地大多属旱涝频发、收成难保的贫瘠山地。

由于碳酸盐岩的可溶性，形成地表地下双层水文地质结构，水资源难利用。碳酸盐岩成土物质先天不足，造成土壤资源短缺，土层浅薄，土被不连续，土壤富钙而偏碱性，土壤肥沃但总量少，限制喀斯特山地植被生产力（张信宝和王克林，2009）。喀斯特地带性植被为常绿阔叶林和季节性雨林，但在土层较薄的石灰岩和白云岩基质上发育的主要是常绿落叶阔叶混交林和含有较多落叶成分的季节性雨林，受人为干扰的影响，大部分地区目前为次生的矮林和灌草丛，正向演替慢，恢复难度大，具有显著的生态脆弱性（曹建华等，2004；郭柯等，2011）。

（1）双层岩溶水文地质结构，使水资源难利用。碳酸盐岩可溶性形成地表地下双层结构，降水通过竖井、落水洞、漏斗迅速汇入地下，地下水系十分发育。在枯水季节，由于地表水系不发育，地下水深埋，导致地表土壤干旱，甚至人畜饮水困难。而在雨季，持续的降雨，口径有限的落水洞很容易被洪水携带的泥沙、枯枝落叶等堵塞，引起岩溶内涝。

（2）碳酸盐岩成土物质先天不足，造成土壤资源短缺。碳酸盐岩中的成土物质先天不足，其酸不溶物通常很低，相比非喀斯特地区，喀斯特地区的成土速率慢 10～40 倍，富钙、偏碱性，有效营养元素供给不足且不平衡，质地偏黏重，有效水分含量偏低。由于碳酸盐岩成土速率缓慢、土层薄、土层与下伏的刚性岩石直接接触，土壤易侵蚀。从土壤结构看，碳酸盐岩母岩与土壤之间缺失 C 层，土壤与岩石之间呈明显的刚性接触，两者之间的亲和力和黏着力差，易产生水土流失和块体滑移。

（3）植物生境严酷，正向演替慢，恢复难度大。喀斯特地区岩石裸露率高，土被不连续，土层薄，土壤富钙、偏碱性，植被生境严酷，石面、石缝、石沟、石洞、石槽、土面等交错分布。土被不连续，表征植被的生态空间相对离散，土层薄，表征植被根系的生态空间狭小，植被根系需在碳酸盐岩的各种裂隙中寻求生产空间。植被一旦遭到人为破坏，极易导致水土流失，恢复缓慢。

（4）石漠化发生演化受碳酸盐岩岩性的影响。喀斯特山区水土流失最直接的结果就是产生石漠化，石漠化的严重程度与碳酸盐岩层组类型之间存在着内在的制约关系。属于珠江流域的黔南地区，以纯碳酸盐岩为主，而属于长江流域的喀斯特石山区则出现程度不同的碳酸盐岩与非碳酸盐岩互层、不同碳酸盐岩类型互层的现象，珠江流域与长江流域范围的石漠化程度存在着显著的差异。

（5）喀斯特生态环境对人类活动敏感，引发环境恶化、人口贫困。喀斯特地区人口占全国人口的六分之一，2014 年人口密度为 217 人/$km^2$，相当于全国人口密度的 1.56 倍，远超喀斯特地区合理的生态环境承载力，人地关系高度紧张。同时，有集中连片特殊困难县和国家扶贫开发工作重点县共 217 个，石漠化区域贫困人口约 3000 万人，占到全国贫困人口的 40%左右，区域贫困面大，贫困程度深。

## 4 喀斯特生态研究特点

我国喀斯特地区，尤其是西南喀斯特地区的脆弱性和自然环境与人类经济活动的不协调，严重制约着社会的发展，成为我国主要的生态脆弱区。我国喀斯特发育受到地质、气候、水文的影响，地表喀斯特形态从北到南、从东到西呈现有规律的分布，喀斯特景观与形成环境之间有较好的对应关系。根据碳酸盐岩出露状况可分为裸露型喀斯特、覆盖型喀斯特和埋藏型喀斯特；根据气候地貌特征，可将中国喀斯特类型划分为：热带及亚热带喀斯特、高山和高原喀斯特、半干旱区喀斯特及其他类型喀斯特（袁道先和曹建华，2008）。

国外喀斯特地区人口和贫困压力相对舒缓，生态环境以保护为主。我国西南喀斯特地区社会经济发展水平低，以高强度农业活动为主，人地矛盾尖锐，石漠化严重，同时也是连片贫困区和少数民族聚居区，开发与生态保护的矛盾更为突出，在喀斯特基础研究和生态保护与建设方面具有世界代表性和范例性（van Beynen，2011；刘丛强等，2009；王克林等，2016）。目前国内喀斯特研究从原来的侧重地貌过程和水文过程的传统岩溶过程研究转变到喀斯特生态系统脆弱性和人类活动影响、生态系统退化机理、生态重建及生态系统服务变化等方面，在喀斯特景观格局变化与生态环境效应研究方面呈现出新的特点：

（1）喀斯特生态研究日益突出喀斯特区域特性，重视喀斯特生态脆弱性及高度的空间异质性和地域差异性，并结合喀斯特生态系统退化的人为干扰成因及实施的一些重大生态工程，更多关注人类活动影响下的喀斯特生态系统演变，特别是长期生态恢复与重建后引起的喀斯特生态系统变化，如石漠化演变、植被演替规律与恢复特征等。

（2）喀斯特关键生态过程研究重点关注水土流失过程，揭示了喀斯特坡地存在地表流失-地下漏失特殊的水土二元流失现象，发现喀斯特坡地土壤侵蚀以小于 50t/（km²·a）为主，人为干扰会增加地表侵蚀产沙量，日益重视人类活动干扰对喀斯特关键生态过程的影响及水土二元流失过程的定量监测研究。

（3）系统研究了人类活动对喀斯特土壤养分、水分、石漠化过程、水土流失、地表径流等的影响，发现人为干扰下喀斯特坡地土壤养分和水分空间格局存在特殊的"空间倒置"现象，基岩出露的"漏斗效应"导致土壤水分和养分在不同生境的巨大差异，生态修复促进石漠化面积实现由持续增加向"净减少"的转变，但喀斯特生态格局与过程相互作用的机理与理论研究有待深入。

（4）较为系统地开展了生态工程背景下喀斯特地区的生态服务功能变化研究，明确了喀斯特地区作为西南生态安全屏障区的功能定位，揭示了生态治理措施提高了喀斯特生态系统服务价值，提升了水土保持及固碳功能，但喀斯特生态系统服务评估指标与技术的喀斯特区域针对性不足，更缺乏不同喀斯特生态系统服务之间的权衡与集成研究。

## 5　中国喀斯特生态研究主要进展

我国喀斯特地区社会经济发展水平低，人地矛盾尖锐，人地关系为核心的喀斯特生态系统演变受到广泛关注。针对石漠化治理与生态修复，我国西南喀斯特区实施了全球喀斯特区最大的生态保护与建设工程，在生态学领域颇有建树，开展了喀斯特生态系统脆弱性评价、人类干扰胁迫下生态系统退化机理与修复、水土资源高效利用等研究，阐明了喀斯特生态系统退化机制及关键生态过程机理，研发了一系列水-土-植被-生态衍生产业方面的生态保护与修复技术模式，科技支撑了喀斯特地区可持续发展。

### 5.1　喀斯特生态系统退化机制及人为干扰成因

喀斯特生态系统受岩溶地质背景制约，高强度人为干扰是我国喀斯特生态系统退化的主要原因。研究发现人为干扰是喀斯特土壤养分和水分存在特殊的"空间倒置"现象的主要原因，未受人类扰动影响的原生林生态系统的土壤养分和水分则表现出与非喀斯特地区相似的"洼积效应"。人为干扰导致的植被破坏影响了喀斯特土壤-植被系统的物质、能量平衡，诱发了土壤-植被系统的逆向演变，导致水土流失加剧，灌丛被人为开垦为耕地后，喀斯特石灰土表层有机碳更易流失，也加剧了地表侵蚀产沙量及土壤的垂直漏失（蒋忠诚等，2014）。同时，人为干扰造成了喀斯特植被群落结构和凋落物归还质量的变化，有机质净矿化速率升高，生态系统养分循环加速，增加了土壤养分的流失风险（Liu et al.，2015）。对微生物而言，人为干扰造成了土壤微生物利用底物和微生境的改变，使生态系统土壤微生物熵和脲酶活性增强，土壤中变形菌急剧减少；同时造成了氨氧化菌和纤维素分解菌丰度增加，固氮菌丰度减少，不利于土壤碳氮固持（Chen et al.，2013）。水文效应方面，人为干扰通过土地利用方式改变了下垫面水文特性，进而影响到降水的产汇流过程，提高了同等降水强度下的产流量，增加土壤流失的风险，地上-地下水文地质结构又会进一步放大人为扰动的水文效应（张军以等，2014）。

### 5.2　喀斯特生态系统关键生源要素循环过程

国际上喀斯特流域生物地球化学研究多集中在流域水体生物地球化学循环与碳平衡，洞穴石笋和堆积物碳、氮、硫生物地球化学特征与古环境记录，水体氮素和有机污染物来源和迁移途径等方面（刘丛强等，2009）。我国近年来利用元素、同位素（如 $\delta^{13}C$、$\delta^{15}N$、$\delta^{34}S$、$^{87}Sr/^{86}Sr$）示踪和化学计量学理论和方法对喀斯特生态系统中不同界面和流域中物质的生物地球化学循环及其生态环境效应进行了系统研究（刘丛强等，2009）。通过对土壤、地表水、地下水、水库或湖泊水体化学组成和其中碳、氮和硝酸盐的氧同位素组成变化研究，探讨了人类活动作用下的地表水-地下水系统碳、氮循环过程特征与水质管理和水资源利用，河流/水库碳氮循环与流域水环境变化及人类活动影响下的流域风化过程和碳氮养分循环特征。

在当前生物地球化学研究从单个圈层向关键带多圈层相互关系、单个元素/化合物向多个元素/化合物耦合、从二维向多维尺度视角发展的趋势下，喀斯特流域的功能演变更加凸显了内部生物地球化学过程机制的剧烈变化和规律（Wray and Sauro，2017）。地球系统模式的发展要求更清楚的关键生源要素（如碳、氮、磷）生物地球化学行为信息或参数化（刘丛强等，2009）。对喀斯特系统而言，目前关键界面和关键元素的生物地球化学过程机制在国际上知识体系都是缺乏和薄弱的。这不仅制约更全面的全球生物地球化学模式，更阻碍了生物地球化学和生物地球物理参数证据在地球系统模型中的融合，因为这些对这些模式的理解和模型耦合研究是更好地评价区域生态环境质量和功能如何随全球变化和人为活动而演变的基础。同时，由于喀斯特生态系统变化大、结构复杂、功能多样、时间和空间异质性高，在流域或区域尺度，从结构-过程-功能-服务的视角研究生源要素生物地球化学的生态环境效应为预测未来环境变化或人类活动对生态系统服务功能影响，制定喀斯特生态系统适应性调控对策提供了新思路。

## 5.3 岩溶风化成土及土壤养分过程

喀斯特区地表缺水少土是其生态环境脆弱的主要原因之一，喀斯特地区碳酸盐岩的风化作用与成土过程成为科学家们长期以来热心关注的科学问题（王世杰等，1999；连宾，2010，2011；de la Rosa and Smith，2014）。相关学者对碳酸盐岩风化成土速率和石灰土的矿物学及地球化学特征也进行了较为深入的研究（Danin et al.，1982）。20世纪90年代以来，风沙沉积过程对红色石灰土的形成及其与气候变化的关系研究受到广泛关注（Prospero，1999；Bautista et al.，2011）。目前，喀斯特土壤碳氮循环对全球变化的响应（氮沉降、气候变化）及植被-土壤反馈关系的模拟预测成为国外研究的方向趋势，而我国喀斯特土壤养分过程研究起步较晚，受社会经济条件和政策因素影响，土地利用变化对喀斯特土壤侵蚀和土壤性质变化研究一直以来都是喀斯特土壤养分过程研究的关注重点。

研究发现干扰区生态系统和原生林生态系统土壤养分具有不同的空间分异规律，干扰区土壤水分和养分存在特殊"空间倒置"现象，而原生林则表现出与其他地区相似的"洼积效应"（张伟等，2013；刘涛泽等，2009）；通过干扰历史-植被-凋落物-土壤等生态组分的耦合分析，发现人为干扰是造成土壤养分空间格局变化的主要原因。人为干扰造成了植被群落结构和凋落物归还质量的变化，使下坡位土壤微生物熵和脲酶活性增强，有机质净矿化速率升高，生态系统养分循环加速，增加了土壤养分的流失风险（Liu et al.，2015）；同时，由于喀斯特中上坡基岩广泛出露，地表侵蚀过程不发育（张信宝等，2011；Feng et al.，2016），加上出露基岩的"漏斗效应"导致水分和养分在封闭或半封闭的小生境土壤积累，形成了干扰坡地中上坡位较高的土壤水分和养分含量；而下坡位土壤分布比较连续，基岩出露率较低，土壤侵蚀强度较大（张笑楠等，2009），土壤养分循环发生改变，养分流失，形成了干扰区特殊的养分空间分异格局。

## 5.4 喀斯特作用的碳汇效应

全球气候变化背景下，我国南方喀斯特地区是当前国内外碳循环研究的热点区域之一，原因有：①碳酸盐岩碳库大，喀斯特作用具有碳汇效应；②喀斯特地表具二维三元结构，生态系统复杂，碳循环路径多、过程复杂，碳汇效应的估算具有很大的不确定性；③喀斯特生态系统脆弱性强，受人类活动、气候变化影响强烈而退化严重，但自然水热条件较好，土壤修复、植被恢复潜力大，碳汇潜力大（王世杰等，2017）。

全球碳循环研究主要集中在海洋碳汇、陆地土壤和植被碳汇，对岩石风化碳汇仅考虑地质时间尺度的硅酸盐风化作用，而认为碳酸盐的化学风化作用是可逆的，参与风化作用的大气二氧化碳随着碳酸盐的沉淀而释放重新进入大气，因而在长时间尺度上对碳汇无贡献。然而，相关研究表明进入水循环中的

$HCO_3^-$能被水生植物作为碳源进行光合作用而被捕获，继而随着植物残体进入沉积物后长时间固定不动、不再循环，形成生物碳泵效应，硅酸岩流域所产生的风化碳汇大部分来源于岩石中碳酸盐矿物的快速风化（刘再华等，2007，2011；Liu et al.，2010，2011）。全球碳酸盐岩集中分布面积可达陆地面积的12%，产生的喀斯特作用碳汇效应与植被和土壤碳汇量相当，每年可产生约 $6×10^8$ t 的二氧化碳碳汇（Liu et al.，2010，2011；黄芬等，2014）。大量野外监测与控制性的研究表明，喀斯特作用碳汇效应是动态变化的，气候变化，如降雨增大、大气二氧化碳浓度升高、气温增大等是关键驱动因子之一，珠江流域丰水年和枯水年岩溶作用产生的碳汇通量分别为 4439357 tC/a 和 1448077tC/a，丰水年岩溶作用产生的碳汇通量是枯水年的 3 倍，可见降雨对于喀斯特作用碳汇的重要影响（黄芬等，2014；王世杰等，2017）。根据IPCC 全球变暖的预估值，预测到 2100 年全球气温升高将会导致喀斯特作用碳汇增加21%。从另一个角度看，喀斯特作用将在很大程度上对全球变化有着很好的缓冲作用，减缓温室气体对全球气候的影响程度。

人类活动导致土地利用变化是土壤、植被碳汇的重要驱动力，生态系统的破坏将减少土壤、植被碳汇通量。已有研究一致表明，随着利用生态恢复、植被生物量增加的土地利用的正向变化，土壤二氧化碳分压增大，进而喀斯特作用会导致流域水体（河流、湖泊）$HCO_3^-$浓度的增加。同时，标准试片埋藏溶蚀试验估算值也显示岩石的溶蚀量增加，如广西弄拉、重庆金佛山的林地估算的岩石溶蚀量远大于灌丛地，林地/灌丛地岩石溶蚀量比值达 9~40（章程，2011）。然而，喀斯特水-碳通量模拟试验结果显示，随着土地利用的正向变化，喀斯特作用的碳汇量呈现减少趋势。因此，土地利用变化所产生的喀斯特作用碳汇效应仍需深入研究，喀斯特石漠化地区土地利用的正向变化将增加植被、土壤碳汇的量，大规模生态保护与修复的固碳效应显著促进了喀斯特区域碳汇功能的提升（Tong et al.，2018；Brandt et al.，2018）。

## 5.5 喀斯特地表-地下水文过程

喀斯特地区具有二元三维空间结构，存在地表-地下水文路径联通的多界面网络通道，其水文过程独特、复杂且时空异质性高，岩-土-水-气-生各界面具有独特的、相互紧密联系的界面过程及其响应与反馈机制。我国在水源补给特征、产汇流特性、植物水分关系、水文过程模拟等方面开展了大量研究，但已有研究大多孤立于表层岩溶泉或小流域/流域地表径流，缺乏从关键带的角度来综合体现流域的水文调蓄功能，不同地貌部位、不同尺度土壤-植被-表层岩溶带对地表-地下水文过程的作用与贡献也还不明确，还难以全面认识表层岩溶带水文调蓄功能及其结构空间变化对入渗产流与植物水分适应机制的影响。而且，流域尺度水文过程与植被的关系研究也多集中于单向作用，对水文过程与植被之间的互馈机制研究不足，难以明确植被对喀斯特地球关键带水文过程的调控机理以及水文过程改变对植被的反馈效应，严重影响了喀斯特地区植被恢复重建成效和生态系统可持续管理。今后应在解析喀斯特系统水文结构的基础上，通过尺度转换方法和空间信息技术等，探讨多尺度格局与生态过程的相互关系，阐明不同尺度喀斯特系统水循环特征。

## 5.6 喀斯特地上-地下二元水土流失/漏失过程与形成机制

喀斯特土壤-表层岩溶带耦合发育、共同演化，土岩相互交错形成复杂网络结构，表现出地表、地下双层耦合景观结构，研究发现了喀斯特景观存在地表流失、地下漏失的二元水土流失特征，为水利部将喀斯特地区土壤容许流失量由 500 t/（km²·a）调整为 50 t/（km²·a）提供了重要参考依据（张信宝等，2010；陈洪松等，2012）。近期国内学者通常将植被-土壤-表层岩溶带作为一个整体开展相关生态水文、土壤流失/漏失研究，取得了以下 3 个方面的重要进展：①土壤水分入渗：喀斯特土壤饱和导水率普遍>30mm/h，超渗地表径流发生概率低，高砾石浅薄土层、地表覆盖、岩-土界面、根系等促进了喀斯特土壤优先流的发育，增加了降雨水分入渗；而下伏基岩风化程度、形态产状、裂隙发育、土壤质地、地表覆被等因素共同决定了优先流的发生发展（Li et al.，2011；Fu et al.，2016）。②坡面产流特征：喀斯特坡地水文过程以地下水文过程为主（岩土界面壤中流、表层岩溶带侧渗、表层岩溶带蓄水、深层入渗）（>70%），提出的近地表三维多界面产流概念模型指出，不同产流模式的相对重要性受控于植被-土壤-表层岩溶带耦合结构（Fu et al.，2016）。③水土流失/漏失途径：研究发现地表土壤侵蚀、落水洞或竖井等垂直管道上覆土被的塌陷、泥沙直接进入开放裂隙、落水洞等地下通道、土壤沿未开放的具有突变界面的张性节理裂隙流失以及地下水侵蚀裂隙填充土壤导致坡地土壤整体蠕移-坍塌等是喀斯特土壤地表流失、地下漏失的主要途径，并表现出极强的时空异质性、非线性和尺度依赖性（Feng et al.，2016；Wei et al.，2016）。

## 5.7 喀斯特生境植被适生机制

喀斯特生态恢复与重建的核心是植被恢复，受人为干扰的影响，目前大部分喀斯特地区为次生的矮林和灌草丛，喀斯特植被格局形成与维持机制一直是国内学者研究的热点（郭柯等，2011；宋同清，2015）。研究发现喀斯特森林树种的聚集分布于生境存在密切关联，多数树种表现出生境偏好性，扩散限制也助推了聚集格局的形成，生态位和中性过程在喀斯特森林树种空间分布于物种共存方面均具有重要贡献（张忠华等，2015）。喀斯特植物对岩溶异质性生境具有较好的适应性（郭柯等，2011），不同物种具有不同的水分利用策略，常绿小乔木利用表层岩溶水比例最高，显示其较深的根系，而落叶乔木表现为较浅的根系和旱季表土水利用比例较高（容丽等，2012）；对不同喀斯特地质背景而言，在连片出露白云岩生境的典型落叶乔木旱季主要利用表层岩溶水，雨季则以近期雨水为主；而在连片出露石灰岩生境，典型落叶乔木旱季主要利用近期和前期雨水，雨季以近期雨水为主要水分来源（Nie et al.，2011）。对喀斯特植被的生理生态适应性而言，喀斯特生境常绿、落叶木本植物和木质藤本植物共存对于维持生态系统水分平衡有重要意义，常绿植物枝条木质部耐气穴化能力强，叶片耐失水性能强，而落叶植物则采取避旱策略，通过落叶减少旱季蒸腾和水分消耗（曹坤芳等，2014）。

## 5.8 喀斯特生态修复

喀斯特地区以石漠化为特征的土地退化严重，我国长期关注西南喀斯特地区的生态保护与修复问题，在石漠化治理与生态修复方面取得阶段性突破。"九五"期间主要针对石漠化发生的水文地质条件不清等问题，开展了石漠化综合考察、水文地质条件调查与评价、全球岩溶作用以及物种引入等研究，突破了喀斯特生态系统的脆弱性特征辨识等技术。"十五"期间主要针对喀斯特峰丛洼地和高原不同退化程度石漠化治理及加快小流域石漠化治理的需求，划分了石漠化类型和等级，研发了喀斯特适生植物筛选、速生植物栽培、山地生态农业、特色农林植物推广等技术，提出了生态恢复、基本农田建设、岩溶水开发利用、农村能源及生态移民等工程措施为主的生态恢复技术，解决物种的适生性、工程性缺水以及传统农业结构转变等问题。"十一五"期间主要针对喀斯特峰丛洼地、高原和槽谷类型石漠化治理缺乏系统性，开始了县域石漠化综合治理试点工程，研发了生物与工程措施配套的植被恢复、坡耕地治理、土壤漏失通道封堵等治理技术与模式，解决了石漠化地区植被构建和人工诱导等植被恢复和水土流失等问题。"十二五"期间主要针对石漠化实现持续增加到"净减少"的拐点、全面推进石漠化综合治理的需求，研发了表层岩溶水调蓄、土壤流失/漏失阻控、表层水资源有效开发、耐旱植被群落优化配置等适应性生态修复技术体系，提出了石漠化治理典型模式并推广示范，初步解决了恢复植被的稳定性问题。"十三五"期间主要针对石漠化治理技术与模式缺乏可持续性、治理综合效益较低、生态服务功能亟待提升等问题，分别在喀斯特峰丛洼地、高原、槽谷和断陷盆地等类型区正在开展喀斯特石漠化治理技术与模式的集成、生态衍生产业培育、生态服务功能提升、规模化示范等研究，以形成石漠化治理与生态产业协同的系统性解决方案。

突破喀斯特区保土集水与植被恢复等石漠化治理技术体系，形成了喀斯特生态治理的全球典范。欧美喀斯特区没有人为干扰导致的大规模生态环境退化，发展中国家存在但政府关注有限，我国政府高度重视喀斯特生态修复与石漠化治理。

在科技部、国家自然科学基金委以及中国科学院、水利部、国土资源部和地方政府的科研项目支持下，开展了一系列水土流失、石漠化治理、水资源利用、植被恢复与重建等方面的科技攻关项目，研究成果和治理成效显著，有效支撑了我国西南喀斯特地区的可持续发展。围绕喀斯特退化生态系统修复与石漠化治理，系统开展了喀斯特石漠化退化过程与机理研究。针对喀斯特地上-地下双层水文地质结构及水土运移过程的特殊性，在喀斯特生态系统退化机理、水土流失/漏失机制、生物地球化学循环、喀斯特生境植被适应机制等理论研究基础上，创新石漠化治理技术体系，突破了喀斯特地下水探测与开发、表层岩溶水生态调蓄与调配利用、道路集雨综合利用、土壤流失/漏失阻控、土壤改良与肥力提升、喀斯特适生植被物种筛选与培育、耐旱植被群落优化配置、植被复合经营、生态衍生产业培育等石漠化治理技术体系，提出了喀斯特山区替代型草食畜牧业发展、石漠化垂直分带治理、喀斯特复合型立体生态农业发展等石漠化治理模式，开展了治理技术与模式的集成和规模化示范，编制修订了喀斯特区水土流失防治标准，初步形成了石漠化治理与生态产业协同的系统性解决方案，有效遏制了喀斯特石漠化持续扩展趋势。大规模生态保护与建设背景下，我国西南喀斯特区石漠化面积已呈现"面积持续减少、危害不断减轻、生态稳步好转"的态势。

### 5.9 喀斯特生态治理助力区域脱贫攻坚

将生态治理与扶贫开发有机结合，因地制宜发展多种喀斯特特色生态衍生产业模式，助力喀斯特地区脱贫攻坚。①肯福模式：针对石漠化严重地区人口密度远超其生态承载能力的问题，采取生态移民的科技扶贫模式，集成生态移民-异地扶贫植被复合经营及特色生态衍生产业培育等技术。迁出区在人口密度降低的前提下，实施种养结合的替代型草食畜牧业培育；迁入区利用水土资源配套优势，开展土壤改良与肥力提升，发展特色经济林果等生态高值农业。示范区植被覆盖度达到70%以上，土壤侵蚀速率下降30%；人均纯收入由2008年的2918元增加到2017年的9664元。该模式创建了生态移民-特色产业培育的科技扶贫长效机制，实现了扶贫开发的可持续性，受到联合国教科文组织（UNESCO）专家高度认可。②花江模式：在重度石漠化的干热河谷地区，针对严重干旱胁迫条件下脆弱生态系统恢复维持与适应性调控，重点突破耐旱乡土物种选育种植、镶嵌群落配置与固碳保育、水质生物净化、农村能源结构优化等关键共性技术，解决了增汇物种培植、植物抗旱保墒、特色林果和中药材标准化种植、水资源高效利用等生态问题，形成了以特色经果-立体农业、水利水保优化配套与极度干旱应急调控、社区种养与再生能源清洁循环利用为核心的技术模式。1996~2018年，示范区植被覆盖度从2.5%提高到49.25%，农民人均纯收入从610元提高到6893元。该模式已在贵州、云南、广西、重庆33个县区推广应用，可在喀斯特高原、峡谷和峰丛洼地推广。③果化模式：在中度石漠化亚热带地区，针对喀斯特峰丛山区石漠化问题，结合山区立体特点和水热条件，采用水资源开发和综合利用、植被恢复、农业结构转变水土保持等一体化复合生态模式。其关键技术包含人工诱导植被修复技术、霸王花嫁接火龙果产业化技术、表层岩溶水生态调蓄技术、水土漏失生物与工程措施联合防治技术等。通过近20年治理，植物覆盖率由不足10%提高到70%，森林覆盖率由不足1%提高到50%以上，土壤侵蚀模数下降了80%，水资源利用率提高了3倍。示范区人均年收入由不足600元提高到1.8万元。并已在广西百色市、南宁市等周围10多个县得到了推广应用，带动了20多万人脱贫。今后可在桂、滇、黔10多万平方公里的喀斯特峰丛山区推广。④毕节模式：在轻度石漠化高原地区，针对水土流失与林草植被生产力维系调控，重点突破了抗冻群落配置、草地生产力维持及草畜平衡调控、坡地植物篱保水固土、社区种养与再生能源清洁循环利用等技术，解决了抗冻耐旱乡土物种和牧草选育种植、镶嵌群落配置与固碳保育、林草及粮草空间优化配置、草种营养优化配置、水利水保优化配套与极度干旱应急调控、能源结构多能互补等生态问题，形成了以物种多样性生态修复诱导、草食畜牧配置、水土综合整治与合理调配、社区种养与能源结构优化为核心的技术模式。2005~2018年，示范区植被覆盖度从34.70%提高到51.34%，农民人均纯收入从3091元提高到8090元。该模式已在贵州、云南、广西、重庆25个县区推广应用，可在喀斯特高原、峡谷和槽谷地区推广。

## 5.10 喀斯特景观保护与生态系统服务

喀斯特景观资源保护取得显著成效，多处入选世界自然遗产地。由于丰富的生物多样性、奇异的地貌景观和洞穴等资源，喀斯特景观具有较高的美学、科学及保护价值，联合国教科文组织公布的世界自然遗产地名录中，有50个左右主要分布于喀斯特地区。由于易受人类活动影响的脆弱性，我国喀斯特景观保护一直是国内喀斯特研究的重点，特别是国家和世界地质公园、石漠化公园规划与建设成为近年来我国喀斯特景观保护的热点。目前我国以喀斯特景观为主或为辅的国家地质公园有32家，占国家地质公园的23.2%，入选世界地质公园11处。同时，鉴于我国南方喀斯特地区反映了中国南方地质地貌发展史和其特殊的自然地理情况，独特的地貌类型、生态系统、生物多样性、自然美景和演化进程，展示了喀斯特特征和地貌景观的最好范例，一定程度上满足世界遗产要求的美学、地质地貌、生态过程及生物多样性等标准，我国南方喀斯特一期（包括云南石林、贵州荔波、重庆武隆喀斯特）和二期（包括广西环江喀斯特、贵州施秉喀斯特、重庆金佛山喀斯特、广西桂林喀斯特）分别于2007年和2014年列入世界自然遗产地，显著提升了我国西南喀斯特景观的全球价值和重要性。

当前喀斯特生态系统服务研究主要侧重于生态保护与建设背景下喀斯特生态系统服务的变化评估，目的在于阐明在外界自然因素（气候变化、地质背景制约等）和人为因素（人为逆向干扰、生态工程等）作用下喀斯特生态系统服务时空变化及不同生态系统服务间的权衡或协同关系，并对其影响因素进行分析，开展保护与规划设计。生态工程的实施加快了喀斯特地区植被的恢复速率，植被恢复突变时间与工程实施的时间密切相关（李昊等，2011；Tong et al.，2016）；生态治理措施提高了喀斯特生态系统服务价值（罗光杰等，2014；高渐飞和熊康宁，2015），提升了喀斯特水土保持功能（Huang et al.，2016）及固碳功能（Zheng et al.，2012；Zhang et al.，2015；李衍青等，2016；刘淑娟等，2016；Tong et al.，2018；Brandt et al.，2018），显著改善了农民生计的多样性（Zhang et al.，2016），并初步厘清了气候因子和人类活动对喀斯特植被恢复的影响及相对贡献，揭示了不同喀斯特地貌类型区生态工程成效的区域差异（Tong et al.，2017）。喀斯特地区关键生态系统服务之间的动态关系研究发现，随着耕地减少及草地和林地的增加，流域泥沙沉积量与水资源量协同变化，而生态系统净生产力与水资源量和泥沙沉积量为此消彼长的权衡关系（Tian et al.，2016），提出喀斯特地区生态保护与建设工程的实施不能单方面追求林地或草地等面积的增加，要权衡不同生态系统服务之间的关系，提升单位面积生态系统服务功能（傅伯杰，2013；傅伯杰和于丹丹，2016；王克林等，2016）。

喀斯特景观保护与生态修复使"美丽中国"变得更绿，喀斯特地区脱贫攻坚取得显著成效。大规模生态保护与建设背景下，石漠化面积由2005年的12.96万$km^2$"持续净减少"到2016年的10万$km^2$。喀斯特地区2001~2015年植被生物量的增加速度是治理前（1982~2000年）的2倍，治理区域比非治理区域的植被覆盖度高7%，仅滇桂黔三省植被生物固碳量就达到4.7亿t，比治理前增加了9%。国际科学界高度肯定中国喀斯特生态治理成效，2018年1月9日，《自然》子刊发表上述喀斯特石漠化治理评估结果，1月25日，《自然》针对该论文发表长篇评述，指出"卫星影像显示中国正在变得更绿"，进一步肯定我国通过石漠化治理加快西南喀斯特地区植被恢复的积极成效。同时，喀斯特石漠化区贫困人口削减与脱贫攻坚成效明显，全国14个集中连片特困地区中，滇桂黔石漠化区贫困县减少量最多，达80个；滇桂黔农村贫困人口从2010年的2898万减少到2017年的858万。

## 6 喀斯特生态研究存在问题

大规模生态保护与建设背景下，西南喀斯特区石漠化面积已呈现"持续净减少"的趋势，但受喀斯特地质背景的制约（地上-地下水土二元结构、成土慢且土层浅薄不连续、水文过程迅速等）及生态治理长期性和复杂性的影响等挑战。喀斯特石漠化治理与生态恢复重建过程中又产生了生态治理难度逐步增大、工程建设的技术支撑力度不够、治理成效巩固困难、缺乏可持续性等问题：

（1）对喀斯特地下生态过程关注不够。岩溶作用形成特殊的喀斯特地上、地下水文地质结构，现有研究重点关注与喀斯特表层地球系统，而对喀斯特地下生态过程关注不足，特别是喀斯特洞穴生态系统的旅游开发与保护、洞穴微生物对喀斯特外源物质与能量输入过程的影响、地下水污染等。

（2）初步阐明了喀斯特生态系统的退化机制，但生态修复的过程机理不清。喀斯特生态系统受岩溶地质背景制约，高强度人为干扰是导致喀斯特生态系统退化的主要原因。大规模生态保护与建设促进了喀斯特生态环境的改善，但生态修复对喀斯特生态系统格局-过程-功能的影响机理不清。

（3）石漠化治理取得初步成效，但生态系统服务提升滞后。西南喀斯特地区 2001~2015 年的地上植被生物量的增加速率是生态工程实施前（1982~2000 年）的 2 倍，工程区比非工程区的植被覆盖度高 7%，石漠化面积呈持续"净减少"态势。但相对于植被覆盖的快速提升，土壤固持、水源涵养等生态服务恢复滞后，亟待转变治理重点。

（4）当前的治理工程分区较多考虑地质地貌背景，忽略了人类活动强度的空间差异，一些地区坡地大规模开发容易加剧区域性水土资源失衡的风险。由于城镇化、劳务输出等影响，人类活动压力有所缓解，但云南断陷盆地等区域仍然人地矛盾尖锐。对人类活动强度变化对生态恢复的影响关注还不够，人为耕作扰动土壤是导致石漠化的主要诱因，部分地区为了快出政绩，不顾生态适应性建设大规模连片经济林果，对土壤扰动和地表灌草被破坏较大，存在流域性水土资源失衡、出现新的石漠化的风险。经济林生长也受喀斯特区土层浅薄、土壤总量有限、矿质养分不足的制约难以持续。

（5）部分恢复技术和模式缺乏喀斯特区域针对性与可持续性。喀斯特区具有地上地下二元水文地质结构，土壤受到扰动后地下漏失加剧，而现有治理工程大多照搬黄土高原和南方土山区等高梯土、砌墙保土、植物篱笆等措施，没有充分考虑水土运移的特殊性，部分生态工程事倍功半。

（6）生态恢复成效忽略了社会人文的作用机制。喀斯特地区趋于暖干化的不利气候条件下，大规模生态保护与建设工程的实施促进了喀斯特地区生态环境的改善。但城镇化、劳务输出、生态移民、精准扶贫等社会化共同治理模式一定程度上也缓解了喀斯特地区的高强度人口压力，其对喀斯特区域生态恢复的作用机制研究不足。

## 7 未来研究展望

党的十八大首次把生态文明建设提到中国特色社会主义建设"五位一体"总体布局的战略高度，党的十九大提出"树立和践行绿水青山就是金山银山的理念，形成人与自然和谐发展的新格局，满足人民日益增长的优美生态环境的需求"，将"绿水青山就是金山银山"写入党章；第十三届全国人民代表大会将建设"美丽中国"和生态文明写入宪法，生态文明建设被提高到空前的历史高度和战略地位。生态环境建设是建设生态文明、实现"美丽中国"目标的核心，未来我国生态学研究将呈现面向学科前沿和服务社会发展并重趋势，将山水林田湖草作为生命共同体研究生态环境保护与建设的系统方案，以增强可持续性为目标，强调自然过程与人文过程的有机结合，融合大数据、空天地一体化等新技术，实现生态环境多要素、多尺度、多过程的监测、模拟与预警，提升生态系统质量和稳定性，提出实现"美丽中国"的系统性技术方案,成为新时期国家生态文明建设战略迫切的科技需求。

作为我国主要的生态脆弱区、长江和珠江上游生态安全屏障区以及全国最大面积的连片贫困区,喀斯特地区贫困程度深,社会经济问题突出,是我国扶贫开发的重点和难点区域。依然严重的石漠化,不仅是喀斯特区域生态恶化、经济落后、社会贫困的根源,还影响到民族的团结、群众的生存、社会的稳定。因此,进一步加强喀斯特生态学研究,是实现全面小康社会的战略之举,对打赢精准脱贫攻坚战、建设"美丽中国"、增进民生福祉具有重要意义。

"山清水秀生态美"是喀斯特地区的美丽名片。在喀斯特初步实现"变绿"基础上,如何通过生态治理将喀斯特地区的生态资源优势转化为发展优势,提高生态恢复质量、巩固扶贫成果、增强生态恢复与扶贫开发的可持续性?成为当前喀斯特生态研究面临的现实需求。在植被覆盖快速增加和喀斯特生态系统服务功能恢复与提升的基础上,如何实现石漠化治理的提质与增效,实现喀斯特绿水青山转变为金山银山的转换?成为当前喀斯特生态保护与建设亟需解决的技术问题。迫切需要以提升喀斯特生态系统质量和稳定性为目标,深入研究自然和人为因素对喀斯特生态环境变化的影响机制,剖析喀斯特区人地系统耦合机理,提出喀斯特区域可持续发展途径与对策。

在生态研究目标方面,将在喀斯特初步实现"变绿"基础上,重视生态服务功能的全面提升,探索如何将喀斯特生态资源优势转化为发展优势,突出生态治理的提质、增效,实现喀斯特绿水青山向金山银山的转化。生态过程机理方面,将在喀斯特生态系统退化机理研究基础上,重点关注生态恢复的过程机理,揭示生态修复对生态系统格局、水土流失/漏失与土壤养分水分过程及植被结构与功能的影响机理,同时加强喀斯特地上-地下生态过程的相互作用及其反馈调节机制研究,从喀斯特关键带的视角,综合研究地上-地下生态过程及岩石-土壤-生物-水-大气的相互作用机理。生态治理技术与模式方面,将重视单一技术或模式的集成,开展水-土-植被修复技术及产业培育技术的集成与提升,实现生态-经济效益的协同提高;同时将重视喀斯特特色生态资源优势的发掘,培育特色生态衍生产业,实现生态治理的社会经济效益综合提升。在生态恢复成效的作用机制方面,将关注城镇化、劳务输出、生态移民、精准扶贫等社会化共同治理模式对促进喀斯特区域生态环境改善的作用,厘清自然与社会人文对喀斯特生态系统演变的相对贡献。在此基础上,开展规模化区域推广应用,提出喀斯特区域可持续发展的适应性调控途径与生态空间管控方案,科技支撑新时期国家生态文明建设战略需求。亟需重点开展以下领域与方向研究:

(1)喀斯特地球关键带研究。喀斯特系统对气候环境变化的敏感性,地球化学背景特殊,使得喀斯特关键带成为揭示地球关键带结构、功能、服务等内在机制典型类型。喀斯特关键带与可持续发展研究的重点方向将关注:喀斯特关键带结构的调查与刻画,喀斯特关键带元素迁移的来源、去向和相互作用,喀斯特关键带元素迁移对地表陆生、水生生态系统的影响等。

(2)喀斯特生态修复的格局-过程-功能响应机理。研究在高强度人为干扰向大规模生态建设转变背景下,生态修复对喀斯特生态系统格局、水土流失/漏失、土壤养分水分及植被结构与功能的影响机理,厘清自然因素与生态治理对喀斯特生态系统演变的相对影响。

(3)喀斯特地上-地下生态过程的相互作用及人地系统耦合机理研究。由传统"二维"景观研究向"三维"角度转变,将人类干扰作用下的植被-土壤-表层岩溶带作为一个整体,综合研究地上-地下生态过程、岩石-土壤-生物-水-大气-人的相互作用机制,系统集成生态、人文和社会经济模型,揭示喀斯特区人地系统耦合机理。

(4)植物对喀斯特生境的适应机制。目前喀斯特植物对水分亏缺胁迫的研究主要集中在分子到群落水平,未来研究应进一步结合植物生活型和群落演替的生态种组及极端气候事件的影响及其相应。同时应加强植物对喀斯特生境的适应机制、生态高值功能型树种筛选、适应性技术集成等研究,为开发喀斯特植物资源和筛选适生植物提供科技支撑。

(5)喀斯特多功能景观与生态系统服务变化综合评估。研究喀斯特景观的多功能性,识别喀斯特生态-生产-生活空间，构建具有喀斯特区域针对性的生态系统服务评估指标体系，发展生态系统服务之间的权衡或协同关系的量化方法，揭示喀斯特生态系统服务在自然因素和人为因素作用下的彼此消长和协变关系，支撑国家石漠化综合治理后续工程规划。

（6）喀斯特生态治理的可持续性。大规模生态保护与建设背景下，喀斯特生态修复面临治理成效巩固困难、缺乏可持续性等问题。为更好落实党的十九大提出的"美丽中国"战略以及回答如何将喀斯特绿水青山转化为金山银山，未来喀斯特生态修复应在植被覆盖显著增加、石漠化"持续净减少"基础上，向以生态系统服务功能提升、培育生态衍生产业为主的战略转变，促进石漠化治理的提质增效，提升石漠化治理成效的可持续性，为"美丽中国"战略实施及全球喀斯特分布国家生态治理提供"中国方案"。

（7）喀斯特生态研究国际科技合作。2016 年 12 月国务院印发《中国落实 2030 年可持续发展议程创新示范区建设方案》，2018 年 2 月国务院正式批复太原、桂林、深圳三个城市为首批国家可持续发展议程创新示范区，国际社会对此予以密切关注并积极参与相关国际合作。桂林市专门围绕喀斯特景观资源可持续利用，重点针对石漠化地区生态修复和环境保护等问题实施相关行动。依托桂林国家可持续发展议程创新示范区建设，发挥我国在喀斯特生态领域的研究优势，深化面向东盟、对接"一带一路"、辐射全球的国际科技合作，牵头组织喀斯特领域国际科学计划和科技合作。

## 参 考 文 献

曹建华, 袁道先, 章程, 等. 2004. 受岩溶地质背景制约的中国西南岩溶生态系统. 地球与环境, 32(1): 1-8.
曹坤芳, 付培立, 陈亚军, 等. 2014. 热带岩溶植物生理生态适应性对于南方石漠化土地生态重建的启示. 中国科学: 生命科学, 44(3): 238-247.
陈洪松, 杨静, 傅伟, 等. 2012. 桂西北喀斯特峰丛不同土地利用方式坡面产流产沙特征. 农业工程学报, 28(16): 121-126.
傅伯杰. 2013. 生态系统服务与生态系统管理. http://sci-ech.people.com.cn/n/2013/0525/c1007-21613244.html.
傅伯杰, 于丹丹. 2016. 生态系统服务权衡与集成方法. 资源科学, 38(1): 1-9.
高渐飞, 熊康宁. 2015. 喀斯特生态系统服务价值评价-以贵州花江示范区为例. 热带地理, 35(1): 111-119.
雷俐, 魏兴琥, 徐喜珍, 等. 2013. 粤北岩溶山地土壤垂直渗漏与粒度变化特征. 地理研究, 32(12): 2204-2214.
郭柯, 刘长成, 董鸣. 2011. 我国西南喀斯特植物生态适应性与石漠化治理. 植物生态学报, 35(10): 991-999.
胡阳, 邓艳, 蒋忠诚, 等. 2016. 岩溶坡地不同植被类型土壤水分入渗特征及其影响因素. 生态学杂志, 35(3): 597-604.
黄芬, 张春来, 杨慧, 等. 2014. 中国岩溶碳汇过程与效应研究成果及展望. 中国地质调查, 1(3): 57-66.
霍斯佳, 孙克勤. 2011. 中国南方喀斯特地质遗产的可持续发展研究. 中国人口·资源与环境, 21(12): 216-220.
蒋忠诚, 罗为群, 邓艳, 等. 2014. 岩溶峰丛洼地水土漏失及防治研究. 地球学报, 35(5): 535-542.
李昊, 蔡运龙, 陈睿山, 等. 2011. 基于植被遥感的西南喀斯特退耕还林工程效果评价-以贵州省毕节地区为例. 生态学报, 31(12): 3255-3264.
李衍青, 蒋忠诚, 罗为群, 等. 2016. 植被恢复对岩溶石漠化区土壤有机碳及轻组有机碳的影响. 水土保持通报, 36(4): 158-163.
连宾. 2010. 碳酸盐岩风化成土过程中的微生物作用. 矿物岩石地球化学通报, 29(1): 52-56.
连宾, 袁道先, 刘再华. 2011. 岩溶生态系统中微生物对岩溶作用影响的认识. 科学通报, 56(26): 2158-2161.
刘丛强. 2009. 生物地球化学过程与地表物质循环: 西南喀斯特土壤-植被系统生源要素循环. 北京: 科学出版社.
刘淑娟, 张伟, 王克林, 等. 2016. 桂西北典型喀斯特峰丛洼地退耕还林还草的固碳效益评价. 生态学报, 36(17): 5528-5536.
刘涛泽, 刘丛强, 张伟, 等. 2009. 喀斯特地区坡地土壤可溶性有机碳的分布特征. 中国环境科学, 3: 248-253.
刘再华, Dreybrodt W, 刘洹. 2011. 大气 $CO_2$ 汇: 硅酸盐风化还是碳酸盐风化的贡献. 第四纪研究, 31: 426-430.
刘再华, Dreybrodt W, 王海静. 2007. 一种由全球水循环产生的可能重要的 $CO_2$ 汇. 科学通报, 52: 2418-2422.
罗光杰, 王世杰, 李阳兵, 等. 2014. 岩溶地区坡耕地时空动态变化及其生态服务功能评估. 农业工程学报, 30(11): 233-243.

容丽, 王世杰, 俞国松, 等. 2012. 荔波喀斯特森林4种木本植物水分来源的稳定同位素分析. 林业科学, 48(7): 14-22.

宋同清. 2015. 西南喀斯特植物与环境. 北京: 科学出版社.

王恒松, 熊康宁, 张芳美, 等. 2014. 广西环江锥状峰丛喀斯特景观演化机制. 热带地理, 34(5): 672-680.

王克林, 岳跃民, 马祖陆, 等. 2016. 喀斯特峰丛洼地石漠化治理与生态服务提升技术研究. 生态学报, 36(22): 7098-7102.

王世杰, 季宏兵, 欧阳自远, 等. 1999. 碳酸盐岩风化成土作用的初步研究. 中国科学(D辑), 29(5): 441-449.

王世杰, 刘再华, 倪健, 等. 2017. 中国南方喀斯特地区碳循环研究进展. 地球与环境, 45(1): 2-9.

熊康宁, 李晋, 龙明忠. 2012. 典型喀斯特石漠化治理区水土流失特征与关键问题. 地理学报, 67(7): 878-888.

熊康宁, 肖时珍, 刘子琦, 等. 2008. "中国南方喀斯特"的世界自然遗产价值对比分析. 中国工程科学, 10(4): 16-28.

袁道先. 2001. 全球岩溶生态系统对比: 科学目标和执行计划. 地球科学进展, 16(4): 461-466.

袁道先. 2008. 岩溶石漠化问题的全球视野和我国的治理对策与经验. 草业科学, 25(9): 19-25.

袁道先. 2009. 新形势下我国岩溶研究面临的机遇和挑战. 中国岩溶, 28(4): 329-331.

袁道先, 曹建华. 2008. 岩溶动力学的理论与实践. 北京: 科学出版社.

袁道先, 蒋勇军, 沈立成, 等. 2016. 现代岩溶学. 北京: 科学出版社.

章程. 2011. 不同土地利用下的岩溶作用强度及其碳汇效应. 科学通报, 56(26): 2174-2180.

张军以, 王腊春, 苏维词, 等. 2014. 岩溶地区人类活动的水文效应研究现状及展望. 地理科学进展, 33(8): 1125-1135.

张伟, 刘淑娟, 叶莹莹, 等. 2013. 典型喀斯特林地土壤养分空间变异的影响因素. 农业工程学报, 29(1): 93-101.

张笑楠, 王克林, 张明阳, 等. 2009. 人类活动影响下喀斯特区域景观格局梯度分析. 长江流域资源与环境, 18(12): 1187-1192.

张信宝, 白晓永, 刘秀明, 等. 2011. 洼地沉积的$^{137}$Cs法断代测定森林砍伐后的喀斯特小流域土壤流失量. 中国科学: 地球科学, 41(2): 265-271.

张信宝, 王克林. 2009. 西南碳酸盐岩石质山地土壤-植被系统中矿质养分不足问题的思考. 地球与环境, 37: 337-341.

张信宝, 王世杰, 曹建华, 等. 2010. 西南喀斯特山地水土流失特点及有关石漠化的几个科学问题. 中国岩溶, 29(3): 274-279.

张信宝, 王世杰, 贺秀斌, 等. 2007. 碳酸盐岩风化壳中的土壤蠕滑与岩溶坡地的土壤地下漏失. 地球与环境, 35(3): 202-206.

张治伟, 朱章雄, 王燕, 等. 2010. 岩溶坡地不同利用类型土壤入渗性能及其影响因素. 农业工程学报, 26(6): 71-76.

张忠华, 胡刚, 倪健. 2015. 茂兰喀斯特常绿落叶阔叶混交林树种的空间分布格局及其分形特征. 生态学报, 35(24): 8221-8230.

赵中秋, 后立胜, 蔡运龙. 2006. 西南喀斯特地区土壤退化过程与机理探讨. 地学前缘, 13(3): 185-189.

郑惠茹, 罗红霞, 邹扬庆, 等. 2016. 基于地学信息图谱的重庆岩溶石漠化植被恢复演替研究. 生态学报, 36(19): 6285-6307.

Bautista F, Palacio A G, Quintana P, et al. 2011. Spatial distribution and development of soils in tropical karst areas from the Peninsula of Yucatan, Mexico. Geomorphology, 135(3-4): 308-321.

Brandt M, Yue Y M, Wigneron J P, et al. 2018. Satellite-observed major greening and biomass increase in South China karst during recent decade. Earth's Future, 6: 1017-1028.

Chen H S, Zhang W, Wang K L, et al. 2010. Soil moisture dynamics under different land uses on karst hillslope in northwest Guangxi, China. Environmental Earth Science, 61(6): 1105-1111.

Chen X B, Su Y R, He X Y, et al. 2013. Comparative analysis of basidiomycetous laccase genes in forest soils reveals differences at the cDNA and DNA levels. Plant Soil, 366: 321-331.

Danin A, Gerson R, Marton K, et al. 1982. Patterns of limestone and dolomite weathering by lichens and blue-green algae and their palaeoclimatic significance. Palaeogeography, Palaeoclimatology, Palaeoecology, 37(2-4): 221-233.

de la Rosa J P M, Smith P A W. 2014. The effects of lichen cover upon the rate of solutional weathering of limestone.

Geomorphology, 220(1): 81-92.

Feng T, Chen H S, Polyakov V O, et al. 2016. Soil erosion rates in two karst peak-cluster depression basins of northwest Guangxi, China: comparison of RUSLE model with radiocesium record. Geomorphology, 253: 217-224.

Fu Z Y, Chen H S, Xu Q X, et al. 2016. Role of epikarst in near-surface hydrological processes in a soil mantled subtropical dolomite karst slope: implications of field rainfall simulation experiments. Hydrological processes, 30(5): 795-811.

Goldscherider N. 2012. A holistic approach to groundwater protection and ecosystem services in karst terrains. AQUA mundi, 3(2): 117-124.

Gutierrez F, Parise, De Waele J, et al. 2014. A review on natural and human-induced geohazards and impacts in karst. Earth-Science Reviews, 138: 61-88.

Hamilton S E. 2007. Karst and world heritage status. Acta Carsologica, 36: 291-302.

Huang W, Chak H H, Peng Y Y, et al. 2016. Qualitative risk assessment of soil erosion for karst landforms in Chahe Town, Southwest China: A hazard index approach. Catena, 144: 184-193.

Jiang Z C, Lian Y Q, Qin X Q. 2014. Rocky desertification in Southwest China: Impacts, causes, and restoration. Earth-Science Reviews, 132: 1-12.

Li X Y, Contreras S, Solé-Benet A, et al. 2011. Controls of infiltration-runoff processes in Mediterranean karst rangelands in SE Spain. Catena, 86: 98-109.

Liu S J, Zhang W, Wang K L, et al. 2015. Factors controlling accumulation of soil organic carbon along vegetation succession in a typical karst region in Southwest China. Science of the Total Environment, 521: 52-58.

Liu Z H, Dreybrodt W, Liu H. 2011. Atmospheric $CO_2$ sink: Silicate weathering or carbonate weathering. Applied Geochemistry, 26: 292-294.

Liu Z H, Dreybrodt W, Wang H J. 2010. A new direction in effective accounting for the atmospheric $CO_2$ budget: Considering the combined action of carbonate dissolution, the global water cycle and photosysnthetic uptake of DIC by aquatic organisms. Earth-Science Reviews, 99: 162-172.

Macias F M. 2018. Satellite images show China going green. Nature, 553: 411-413.

Nie Y P, Chen H S, Wang K L, et al. 2011. Seasonal water use patterns of woody species growing on the continuous dolostone outcrops and nearby thin soils in subtropical China. Plant and Soil, 341(1/2): 399-412.

Prospero J M. 1999. Long-range transport of mineral dust in the global atmosphere: impact of African dust on the environment of the southeastern United States. Proceedings of the National Academy of Sciences of the United States of America, 96: 3396-3403.

Qi X K, Wang K L, Zhang C H. 2013. Effectiveness of ecological restoration projects in a karst region of southwest China assessed using vegetation succession mapping. Ecological Engineering, 54: 245-253.

Sweeting M M. 2012. Karst in China: Its Geomorphology and Environment. Berlin Heidelberg: Springer.

Tang Y Q, Sun K, Zhang X H, et al. 2016. Microstructure changes of red clay during its loss and leakage in the karst rocky desertification area. Environmental Earth Science, 75: 537.

Tian Y C, Wang S J, Bai X Y, et al. 2016. Trade-offs among ecosystem services in a typical karst watershed, SW China. Science of the Total Environment, 566-567: 1297-1308.

Tong X W, Brandt M, Yue Y M, et al. 2018. Increased vegetation growth and carbon stock in China karst via ecological engineering. Nature Sustainability, 1: 44-50.

Tong X W, Wang K L, Brandt M, et al. 2016. Assessing Future Vegetation Trends and Restoration Prospects in the Karst Regions of Southwest China. Remote Sensing, 8(5): 357.

Tong X W, Wang K L, Yue Y M, et al. 2017. Quantifying the effectiveness of ecological restoration projects on long-term vegetation dynamics in the karst regions of Southwest China. International Journal of Applied Earth Observation and Geoinformation, 54: 105-113.

van Beynen P E. 2011. Karst Management. Berlin Heidelberg: Springer.

Wei X P, Yan Y E, Xie D T, et al. 2016. The soil leakage ratio in the Mudu watershed, China. Environmental Earth Science, 75: 721.

Wray R A L, Sauro F. 2017. An updated global review of solutional weathering processes and forms in quartz sandstones and quartzites. Earth Science Review, 171: 520-557.

Xie X J, Du P J, Xia J S, et al. 2015. Spectral indices for estimating exposed carbonate rock fraction in karst areas of Southwest China. IEEE Geoscience and Remote Sensing Letters, 12(9): 1988-1992.

Xie X J, Tian S F, Du P J, et al. 2016. Quantitative estimation of carbonate rock fraction in karst regions using field spectra in 2.0-2.5um. Remote Sensing, 8: 68.

Yan X, Cai Y L. 2015. Multi-scale anthropogenic driving forces of karst rocky desertification in Southwest China. Land degradation & Development, 26(2): 193-200.

You H Y. 2017. Orienting rocky desertification towards sustainable land use: An advanced remote sensing tool to guide the conservation policy. Land Use Policy, 61: 171-184.

Yue Y M, Wang K L, Liu B, et al. 2013. Development of new remote sensing methods for mapping green vegetation and exposed bedrock fractions within heterogeneous landscapes. International Journal of Remote Sensing, 34(14): 5135-5136.

Yue Y M, Zhang B, Wang K L, et al. 2010. Spectral indices for estimating ecological indicators of karst rocky desertification. International Journal of Remote Sensing, 31(8): 2115-2122.

Zhang J, Dai M H, Wang L C, et al. 2016. Household livelihood change under the rocky desertification control project in karst areas, Southwest China. Land Use Policy, 56: 8-15.

Zhang M Y, Wang K L, Liu H Y, et al. 2015. How ecological restoration alters ecosystem services: an analysis of vegetation carbon sequestration in the karst area of northwest Guangxi, China. Environmental Earth Sciences, 74(6): 5307-5317.

Zhang X, Shang K, Cen Y, et al. 2014. Estimating ecological indicators of karst rocky desertification by linear spectral unmixing method. International Journal of Applied Earth Observation and Geoinformation, 31: 86-94.

Zheng H, Su Y R, He X Y, et al. 2012. Modified method for estimating the organic carbon density of discontinuous soils in peak-karst regions in southwest China. Environmental Earth Sciences, 67(6): 1743-1755.

撰稿人：王克林，岳跃民

# 第 40 章 西北干旱区生态系统研究进展

## 1 引　言

我国干旱半干旱区约占国土面积的 53%（全球为 41%），属于典型的温带草原和温带荒漠。其中干旱区总面积约 262 万 $km^2$，约占国土面积的 27%，近 4 亿人生活、居住于该区域（国家林业局，2011）。该区域位于中亚、西伯利亚、青藏高原、蒙古高原和黄土高原的交汇处，受到东亚季风、西风环流和季风环流的共同影响，使得生态系统对全球气候变化响应过程独特而复杂。该区域除了常年遭遇干旱胁迫以外，还遭遇温度（如夏季高温和冬季低温）和盐碱环境胁迫的交替侵袭。同时也因其幅员辽阔，地形地貌复杂多样，致使植被类型和适应性机理复杂多样，并孕育了丰富的生物多样性。但总体上因该区域降水稀少，物种较单一且植被覆盖度低，是全球生态环境最脆弱和对气候变化最敏感的地区之一。

中国西北干旱区分布着大量第三纪，甚至是白垩纪的残遗植物种类。它们形成了本地特有属和特有种，比如四合木属（*Tetraena*）、绵刺属（*Potaninia*）、革苞菊属（*Tugarinowia*）、百花蒿属（*Stilpnolepis*）和连蕊芥属（*Synstemon*）（李毅等，2008）。除此之外，西北干旱区还蕴藏着非常丰富的矿产资源、风力资源和太阳能资源。因此，西北干旱区生态系统在我国社会经济发展、生物多样性保护与特色生物资源挖掘利用以及国家资源安全保障等方面具有十分重要的战略地位。

在全球气候变化背景下，近几十年来，中国西北干旱区温度和降雨发生了显著的变化（Chen et al., 2014；Wang et al., 2013）。剧烈的气候变化或频繁的人类活动极易破坏西北干旱区生态系统的平衡性和稳定性，甚至发生重大生态灾难。例如，近 50 年来，塔里木河流域荒漠河岸林面积下降 75%；准噶尔盆地梭梭林面积减少 60% 以上；因对土地和水资源的过度利用，民勤县沙漠和荒漠化土地面积的比例高达 95%（包锐和罗斌，2008）。这些生态环境问题之严峻，引起了全国乃至全世界的关注。自改革开放以来，我国已投入了大量人力和物力开展了防风治沙、固沙（如植树造林和人工草方格）等一系列重大工程和相关科学研究，并取得了举世瞩目的成就。但由于受全球气候和人类活动日益加剧的影响，该区域的生态环境现状仍处于"局部改善，总体恶化"之中。该现状仍然严重制约着该区域乃至全国社会经济可持续发展和生态文建设等战略目标的实现。因此，继续深入地认识西北干旱区生态系统现状，阐明植被多样性分布规律、生态水文、群落动态与演化、物种适应机制等生态过程，进而揭示西北干旱区生态系统的时空演变机制，探讨全球气候变化条件下生态系统的功能服务及其安全与稳定性等仍是学者们所面临的一系列重大科学问题。对这些科学问题的研究和解决，无疑将为我国生态文明建设、社会经济可持续发展以及国家"一带一路"倡议的顺利实施提供有力保障。

## 2　西北干旱区生态系统的研究历程概况

早在 1985 年侯学煜就对西北干旱区的历史形成过程，植被组成等进行了详细的介绍。次年，北京大学陈昌笃（1987）在此基础上，依据中国西北干旱荒漠区的年均降水梯度，把中国西北干旱荒漠生态系统划分为半干旱荒漠、典型荒漠和极旱荒漠三大类型。同年，张新时（1987）根据荒漠生态系统中植被适应气候的特征，并结合优势植物生活型，把中国荒漠植被分为无叶小乔木荒漠、灌木荒漠、小半灌木荒漠和短生植物荒漠类型。邱国玉（1991）则进一步明确了荒漠生态学的主要研究范畴和关注对象。进入20世纪90年代后，西北干旱区生态系统的结构和功能及其与环境因子之间的关系逐渐成为学者们的关注焦点。比如，周广胜和张新时（1996）模拟了不同气候变化条件下的中国植被净第一性生产力的空间分布情况；王孝安（1998）应用数量分类和排序方法研究了安西砾石戈壁荒漠植被，发现该区域的植被群落类型与土壤总含盐量、氯化物含量、硫酸盐含量及年降水量有密切的关系；王根绪等人（1999）分析了西北干旱区土壤的分布规律，发现西北干旱区土壤分布具有明显的空间垂直地带性及横向分布规律，土壤的形成类型与分布受区域气候条件、植被发育程度和地貌与水文条件的共同调控。

进入21世纪以来，随着全球气候变化和人类活动对陆地生态系统的影响日益加剧，西北干旱生态系统的安全与稳定便成为政府和学术界所关注的焦点。为此，国家实施了一系列重大工程和重大研究项目，比如三北防护林第二阶段的实施，退耕还林还草等政策的颁布和以"黑河计划"为基础的一系列重大研究项目和国家重大研发计划（如"亚欧内陆荒漠生态系统对全球变化的响应特征与区域生态安全"）。这些重大工程和重大研究项目主要聚焦于全球变化对西北干旱区生态系统结构和功能的影响，以及如何维护干旱区生态系统安全，进而保障人类可持续性发展。总体而言，这些研究使我们对荒漠生态系统安全与稳定性有了一个初步的认识。

## 3 西北干旱区生态系统恢复

### 3.1 西北干旱区气候变化

自从20世纪60年代以来，我国西北干旱区气候呈现出变暖变湿的趋势。其中，西北干旱区年平均温度以0.34℃/10a的速率增加，显著高于我国平均温度增加速率（0.12℃/10a）（Wang et al., 2013）。西北干旱区的增温现象主要体现在年平均日最低气温的升高以及冬季和秋季平均温度的增加。以20世纪80年代末期为分界点，我国西北干旱区年平均温度表现为先下降后上升的趋势（Wang et al., 2018）。就降水而言，我国西北干旱区的年平均降水量以5.4mm/10a的速率增加，其中夏季的降水增加最多，秋冬季节的降水增加较少（Wang et al., 2017）。不同年代之间降水量的变化也存在差异，90年代之前，年降水量变化比较平稳，进入90年代后，年降水量有明显增加。

### 3.2 西北干旱区土地退化与荒漠化防治

自20世纪以来，为了改善我国荒漠化和沙化现状，国家先后实施了三北防护林体系建设、京津风沙源治理、退牧还草、水土保持等多项生态防治工程（Fang et al., 2018；Lu et al., 2018）。此外，地方政府、科研工作者也先后探索出草方格、石方格、塑料方格等多种人工防治措施（Qiu et al., 2004）。在这些措施和政策的支持下，荒漠化和沙化状况整体表现为趋好的态势，呈现出"双缩减"趋势，但荒漠化和沙化状况依然严重，防治形势依然严峻（国家林业局，2011）。数据显示，目前我国荒漠化土地面积为261.16万$km^2$，占国土总面积的27.2%，沙化土地面积172.12万$km^2$，占国土总面积的17.9%（国家林业局，2011）。我国西北干旱区土地退化扩张主要是由于在气候变化等自然因素的基础上，长期不合理的人类活动所造成的，例如水资源开发不当、乱砍滥伐、土地利用粗放、草地经营管理不善等。

总之，虽然我国在荒漠化防治方面取得了举世瞩目的成就，但是日益加剧的人类活动和气候变化已经造成了西北干旱区的土地退化、碳氮水循环严重失衡、生态系统结构和功能改变，这将进一步导致该区域生物多样性和生产力的急剧下降，从而威胁到生态系统安全与稳定（秦大河，2005，2014；Fang et al., 2018）。

# 4 中国西北干旱区生态系统的研究进展

## 4.1 西北干旱区生态系统群落结构组成和动态变化

当前，学者们从多尺度和多维度对西北干旱区生态系统的安全与稳定性进行了探究。比如，在全球气候变化和人类活动加剧的背景下，从基于地下、地上生物群落结构的时空演变规律来研究生态系统的结构动态变化机制，从基于水文、碳等营养元素的循环规律来探究生态系统服务与功能等；最终为维系西北干旱荒漠生态系统的安全与稳定性提供理论支撑（图40.1）。

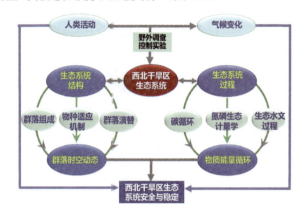

图40.1 中国干旱区生态系统研究框架图

### 4.1.1 西北干旱区生态系统的生物群落组成

西北干旱区地形复杂，气候多变，高原、深谷、高山、盆地、平原交错，孕育了丰富多样的植被类型，其中以灌丛、草原、荒漠、草甸植被类型为主。全区维管植物约4200多种，占全国维管植物的15.5%，其中被子植物3800多种、裸子植物100多种、蕨类植物300多种（吴征镒，1980）。此外，荒漠生态系统的很多植物都是第三纪，甚至是白垩纪古地中海干热植物的后裔。古地中海植物后裔在西北干旱区植物群落中占绝对优势。比如，蒺藜科的木霸王（*Zygophyllum xanthoxylum*）、泡泡刺（*Nitraria sphaerocarpa*）、唐古特白刺（*N. tangutorum*）、四合木（*Tetraena mongolica*）、膜果麻黄（*Ephedra przewalskii*）、珍珠猪毛菜（*Salsola passerine*）、石裸果木（*Gymnocarpos przewalskii*）、沙冬青（*Ammopiptanthus mongolicus*）等（李毅等，2008）。

同样，西北干旱区动物种类也较独特而丰富。全区包括古北界华北区的黄土高原亚区、东洋界的蒙新区、东部草原区、西部荒漠区、华中区等多种动物区系组分。全区兽类120多种、鸟类400多种、爬行类40多种，分别占全国总种数的24%、33.7%和10.6%（牛丽丽等，2007）。此外，本区还有大量的天敌昆虫和资源昆虫。

### 4.1.2 西北干旱区生态系统种群和群落动态

种群和群落的动态变化是生态系统结构动态变化的核心。我国西北干旱区生态系统植被群落动态演化的模式可以根据演替开始时的群落特征分为自然植被的恢复演替和人工植被的恢复演替。在西北干旱区生态系统中，自然植被恢复演替的优势建群种一般由最初的一年生草本植物逐渐转变为一年生和多年生共存的过渡状态，最后形成灌木占优势的生态系统群落（Zhang et al.，2005）。但人工植被的恢复演替大多表现为由初期的灌木、半灌木逐渐演变为以一年生草本植物占优势的草本-半灌木结构（Zhang et al.，

2014）。在西北干旱区生态系统中无论哪一种演替过程，大多都是通过以空间置换时间的生态序列调查方法以及种内种间的相互作用来研究演替过程中群落结构的动态变化（Zhang et al.，2010）。这主要是由于干旱区生态系统的植物生长较慢，演替时间较长，观测数据较少等原因造成的。虽然解释生态系统中群落演替的理论多达十几种（如促进作用理论、忍耐作用学说、初始植物区系学说、资源比率理论、适应对策演替理论和等级演替理论等），但总体来看西北干旱区生态群落演替过程中生物群落对于养分和水的充分利用是演替的关键（Zhou et al.，2014）。例如，有研究发现干旱区荒漠植物种群中植物邻体间根系竞争强度以及根茎比随干旱胁迫的加剧而增加，并提出了荒漠植物"地下竞争"假说；相反，植被盖度以及年净生产力均随干旱胁迫的加剧而下降（Deng et al.，2006），而且在不同环境条件下植物种群物质能量利用速率与种群密度间存在权衡关系（Deng et al.，2008）。也有研究发现在温度或干旱胁迫条件下，植物邻体间也存在正相互作用，即保育作用（Deng et al.，2006；Michalet and Pugnaire，2016）。上述研究为进一步洞察荒漠植物种群和群落格局形成与动态演变机制提供了重要的实验与理论支撑。因此，基于种内、种间的相互作用既是洞察种群和群落格局形成与动态演变机制的必要条件，也是最佳的研究方式。

干旱区存在一种重要的地表覆盖类型，即生物土壤结皮。土壤结皮是由土壤微生物、苔藓、地衣等隐花植物及其菌丝、分泌物等与土壤砂砾黏结形成的复合物，是荒漠生态系统的重要组成部分（Eldridge and Greene，1994）。它通常是干旱荒漠生态系统植物群落构建和演替的先驱者和指示者。土壤结皮的形成演替过程遵从"无机结皮、藻结皮、藻-地衣混生结皮、地衣结皮、地衣-藓混生结皮和藓类结皮"的演变规律（韩炳宏等，2017；李新荣等，2018）。在荒漠土壤环境中，伴随着降水的发生，陆地表面大气颗粒物的不断沉积是土壤结皮拓殖和发展的重要物质基础，并随着时间推移，最终在沙质土壤表面形成相对稳定的结构，这一结构通常被称之为"无机结皮"（陈祝春和李定淑，1992）。在无机结皮的基础上，大气颗粒物继续沉积，结皮厚度逐渐增加，伴随土壤微生物的生长和繁殖，同时在雨水冲击的作用下，产生了褶皱不平的微地表，进而演变成藻结皮（Zhang，2005）。随着藻类结皮的形成，土壤肥力和水分的固持能力不断改善，一些具有固氮能力的地衣植物也开始繁殖生长，为更高等的苔藓植物的定居生长创造了良好的物质条件；除此之外，在某些特定的适宜环境条件下，可以跳过地衣结皮阶段，直接由藻类结皮演替到苔藓结皮（Eldridge，1996）。

### 4.1.3 西北干旱区生态系统植物的适应机制

在我国西北干旱荒漠区，干旱胁迫是影响植物生长发育的主要因子。植物在漫长的进化演变过程中，逐步发展形成了适应干旱逆境环境的各种有效策略。

1）植物对干旱胁迫的形态适应

植物通过叶器官来适应干旱环境的策略主要包括减少蒸腾失水、提高水分利用效率、增强水分贮藏能力等。其中，角质层被认为是陆地植物在干旱条件下生存的最重要的保护结构（Xue et al.，2017）。同时，输导组织确保了对水和营养物质的高效运输和保持（Guha et al.，2010）。因此，干旱区植物物种叶片大都表现为叶片表面绒毛多，角质化程度高或蜡质层厚，叶脉密集等特征。同样，植物根系在水分胁迫的环境中也起着至关重要的作用。有些植物在干旱胁迫早期有较强的根系生长能力，能够吸收土壤深层的地下水分（Hu and Xiong，2014）。研究表明，植物根系的长度、生物量、体积和密度与抗旱性密切相关（Johnson et al.，2000；Price et al.，2002）。同时，根的深度、体积和分布也受土壤水分深度和范围的影响。因此，根据土壤水分情况，植物可以调节自身根系结构，从而动态适应土壤水分变化（Smith and DeSmet，2012）。

2）植物对干旱胁迫的生理适应

在干旱环境中，植物往往通过关闭气孔、降低气孔导度和蒸腾速率来限制水分的过分散失。此外，渗透调节是植物耐旱的另一重要策略。植物通过积累多种有机和无机物质，以降低细胞的渗透势，从而提高在水分胁迫下的保水能力。目前已知参与渗透调节的物质包括多种有机化合物，如甘露醇、脯氨酸、甘氨酸、甜菜碱、海藻糖、果糖、肌醇，和无机离子（Crowe et al., 1984；Wang et al., 2004），这有助于在低水势下维持细胞结构和光合作用、在缺水严重时延缓叶片衰老和死亡以及改善根系生长等（Turner et al., 2001）。另外，植物在干旱胁迫条件下的光合生产力也可作为评价植物耐旱强弱的指标之一（徐兴友等，2008）。除此之外，还可以根据植物光合途径来评判植物的抗旱能力。一般来讲，利用 C4 和景天酸代谢（CAM）光合途径的植物能更好地适应干旱胁迫（Ashraf and Harris, 2013）。

3）植物对干旱胁迫的分子适应机制

植物对干旱胁迫的响应是一个复杂的过程，涉及许多基因和信号途径。干旱胁迫诱导基因表达一些重要的功能蛋白和调节蛋白以保护细胞免受伤害。比如，跨膜运输蛋白（水通道蛋白、ATP 酶等）、抗氧化作用相关的酶（SOD、CAT 等）、水分协调蛋白、调控因子等（沈元月等，2002）。同时，也有学者从基因组学角度解析基因功能，以探索具有抗旱功能的基因，从而应用到植物的抗逆性遗传改良中。Ma 等（2013）人报道了胡杨的基因组序列，发现了一些可能参与耐盐胁迫的基因家族在胡杨谱系中含有更多的基因拷贝，并进一步从胡杨基因组中鉴定了 107 个 *PeWRKY* 基因。此外，他们还发现 *WRKY* 基因家族中一些同源基因的发育可能在获得高耐盐性方面发挥了重要作用（Ma et al., 2015）。檀叶青等（2014）也证明胡杨中 *PeAPY1* 和 *PeAPY2* 的过表达减少了叶片表皮的气孔密度，降低了叶片的失水速率，提高了植株的保水能力。早在 20 世纪 80 年代初，Levitt（1980）将植物适应干旱的机制归纳为 3 类，即避旱（drought escape）、御旱（drought avoidance）和耐旱（drought tolerance）。上述均为植物御旱或耐旱机制，而对于避旱机制，短命植物尤为典型，即在干旱来临之前，植物就已完成生活史，通过逃避干旱从而获得了生存机会（昌西，2008）。

## 4.2 西北干旱区生态系统的功能与物质能量流动

西北干旱区土壤贫瘠，气候干燥。维持干旱区的营养元素平衡、水循环平衡是西北干旱区生态系统的重要过程，也是实现生态系统服务功能的重要基础。

### 4.2.1 西北干旱区生态系统碳循环

植被光合作用是大气中的二氧化碳进入陆地生态系统的主要驱动者。中国西北干旱区生态系统的植被平均碳密度显著低于我国植被平均碳密度。有研究表明，西北干旱区草地生态系统的植被碳储量约为 1 Pg（Tang et al., 2018；方精云等，2010），而荒漠生态系统的植被碳储量约为 0.417 Pg（胡会峰等，2006）。土壤有机碳储量是该区域生态系统碳储量的主要组成部分，其占比超过 80%。有学者估算了草地和荒漠生态系统土壤 0-1m 的有机碳储量，其分别为 26.5 Pg 和 7.84 Pg，平均碳密度则分别为 8.51 kg C/m$^2$ 和 2.32 kg C/m$^2$（Feng et al., 2002；Tang et al., 2018；方精云等，2010）。不过，目前学者们对该区域植被和土壤碳密度的估算结果存在很大差异。例如，不同研究对草地生态系统植被碳密度的估算结果相差了近 5 倍（215.8~1148.2 g C/m$^2$）（Fang et al., 2007；Jian, 2001；Ni, 2002；Piao et al., 2007；朴世龙等，2004），而土壤 0-1m 深度的有机碳密度也相差了近 2 倍（8.5~16.6 kg C/m$^2$）（Fang et al., 1996；Li et al., 2004；Xie et al., 2007；Yang et al., 2010）。有学者认为导致这些差异的原因主要可归结为：①使用的数据来源不同；②估算时使用的计算方法不同；③部分研究缺乏植物地下生物量、土壤砾石含量和容重等数据（方精云等，2010）。我们认为由于我国荒漠生态系统的分布区域十分广阔，不同区域之间植被、微气候等异质性较高，而大尺度、系统性观测资料十分缺乏。这些因素导致相关研究的全面性和系统性不足，进而也导致目前学术界对荒漠生态系统碳的储量和分布规律尚无统一定论。

有关中国西北干旱区生态系统究竟是碳源还是碳汇的角色，也是生态学家们研究的热点问题之一。从 20 世纪八九十年代开始，生态学家对西北干旱区植被碳动态开展了一系列监测，先后在内蒙古、新疆和青藏高原等主要草地和荒漠地区建立了多个生态系统定位研究站（Kang et al.，2007）。比如，中国科学院奈曼沙漠研究站、中国科学院阜康荒漠生态系统研究站、中国科学院海北高寒草甸生态系统定位研究站等。多个研究团队也对我国西北干旱区生态系统进行了大面积的调查（Li et al.，2015；Piao et al.，2009；Yang et al.，2010）。研究结果表明，西北干旱区一些代表性的草地生态系统的植物地上生物量在过去的几十年里没有发生显著的改变，但是存在一个较大的波动（Ma et al.，2010）；而基于大尺度的野外调查数据和遥感技术的研究表明，在过去的 20 年中，中国草地地上生物量有一个显著的增加趋势（Piao et al.，2007）。同样，对于西北干旱区土壤有机碳储量动态的研究结果也存在很大差异。比如，基于第二次土壤普查数据（Xie et al.，2007）、生物统计模型（Piao et al.，2009）以及野外调查数据（Yang et al.，2010）计算出的中国北方草地土壤有机碳库分别是碳源、碳汇和碳稳定。这种估算结果差异较大的原因主要是由于估算时使用的研究方法不同导致的（方精云等，2010）。对于大尺度的荒漠生态系统的碳储量动态的研究相对较少。Fang 等（2019）根据生态系统过程模型模拟出中国西北干旱区生态系统在过去的 30 年中是一个微弱的碳汇，但该结论仍然缺乏实测数据的验证。

气候变化是导致中国西北干旱区生态系统碳储量变化的主要原因。基于空间定位观测研究结果表明，降水是西北干旱区草地地上生物量变化的主要驱动因子（Bai et al.，2004，2008；Yang et al.，2008）。降水的年际变化、季节性变异以及降水频率的差异都会对草地地上生物量产生重要影响（Fang et al.，2005；Bai et al.，2008）。而基于大尺度的野外调查并结合遥感技术分析也发现气候对草地地上生物量有显著影响（Piao et al.，2006，2007），但在不同草地类型之间，生物量与气候间的关系存在一定差异，比如干旱荒漠草原和典型草原植被生物量明显随降水的波动而变化，而对于偏湿润的草地生态系统，其生物量变化则与降水的关系较弱（Li et al.，2004；马文红等，2010）。相反，土壤有机碳库的动态变化则主要受温度的调控，但是不同研究区域之间温度对于土壤有机碳库的影响还受到地理环境和气候变量等综合因子的调控。比如增温虽然提高了高寒草地的土壤呼吸，但同时也显著加快了植物生长，最终导致土壤碳的增加（Ding et al.，2017）；而在温带草原生态系统中，增温虽然增加了土壤呼吸，同时也会减少温带草地的总初级生产力，不过水分的增加则有助于缓解增温的负效应（Niu et al.，2008）；然而，也有研究发现，只有当土壤水分大于 3% 时，荒漠生态系统土壤呼吸速率才与温度成正相关关系（Gao et al.，2012；Su et al.，2013）。

除了自然因素，放牧和土地利用等人类活动也严重影响了西北干旱区生态系统碳储量的动态变化。大量研究表明放牧活动能大幅减少地上植被生物量，改变植物群落组成，导致土地退化、沙化，从而改变生态系统的生产力和碳储量（Li et al.，2000；Zhao et al.，2005）。也有研究发现当草地开垦为农田时，将会造成生态系统 2.3%～2.8% 有机碳的丢失，而当由农田转变成撂荒地或者草地生态系统由放牧状态转变到禁牧状态时，则能分别增加 62% 和 34% 的土壤有机碳含量（Wang et al.，2011）。

### 4.2.2　西北干旱区生态系统氮、磷化学计量

近年来，生态化学计量学相关研究已取得蓬勃发展，已成为生态学中新兴的前沿研究领域。它通过研究生态过程中化学元素的比例关系，可跨越并整合生物个体、种群、群落、生态系统、景观和区域各个层次，为研究生命体和环境中营养元素的生态学过程以及生物地球化学循环提供了新思路（贺金生和韩兴国，2010；王绍强和于贵瑞，2008）。目前，学术界的研究主要集中于生态系统中氮（N）、磷（P）等化学计量学的区域分布特征及其驱动因素（贺金生和韩兴国，2010）。Han 等（2005）通过分析大量植物叶片 N、P 等元素的化学计量特征，发现中国植物叶片平均 N 含量为 18.6 g/kg，与全球植物叶片 N 含量接近；P 含量为 1.21 g/kg，低于全球植物叶片的平均 P 含量。然而，中国植物叶片的 N∶P 比为 14.4，

高于全球植物叶片的 N∶P 比。而中国西北干旱区草原生态系统中植物叶片 P 含量和 N∶P 比均高于全国植物叶片的平均 P 含量和 N∶P 比（He et al.，2008）；荒漠生态系统植物叶片的 N、P 含量高于全国植物叶片平均 N、P 含量，但是 N∶P 比却低于全国植物叶片的平均水平（李玉霖等，2010）。不同生活型的植物 N、P 含量也存在差异，具体表现为木本>灌木>草本，豆科植物大于非豆科植物（Han et al.，2005；He et al.，2008）。此外，植物叶片的 N、P 含量通常随着生长期或土壤恢复时间的增加而下降（银晓瑞等，2010）；同时，植物的 N、P 含量既受环境条件的影响也受自身生长发育的调控（邓建明等，2014）。已有大量研究表明植物的 N、P 生态化学计量特征的差异主要由于植物自身拥有不同内稳态性（即内稳态系数）或采用不同养分利用策略所造成的（Han et al.，2005；He et al.，2008；Yu et al.，2010；任书杰和于贵瑞，2011）。一方面，不同植物拥有不同的内稳态系数；而另一方面，同一植物对于不同元素的内稳态系数也不相同。Yu 等（2011）研究发现内蒙古境内不同微管植物的内稳态系数在 1.93～14.5 之间，且随着植物的生长，内稳态系数也在增加。他们还发现微管植物 N∶P 比的内稳态系数大于 N 和 P 的内稳态系数（Yu et al.，2011）。Zhou 等（2013）发现典型荒漠生态系统中的短命植物为了在短时间内完成生活史而提高自己的生长速率，因此具有更高的 N、P 含量。同样，寒冷地区的植物为了降低低温对于植物代谢造成的影响，以增加植物叶片中 N、P 含量来增加酶的数量和活性，进而维持植物体自身的正常代谢活动（Chapin and Oechel，1983；Woods et al.，2003）。

除植物自身调控和地理环境因素之外，气候因子和人类活动也与植物的 N、P 化学计量特征密切相关（刘超等，2012）。比如，研究表明草原生态系统中植物叶片 N∶P 比与降水存在显著正相关（He et al.，2008），而荒漠生态系统中植物叶片 N∶P 比则与降水呈负相关关系，但与温度呈正相关关系（李玉霖等，2010）。此外，N 添加或 N 沉降将导致植物叶片的 N 含量和 N∶P 比显著上升（Han et al.，2014；Zhang et al.，2004）。然而，学者们对中国西北干旱区土壤 N、P 的化学计量特征及其驱动因素等方面的研究还比较欠缺，目前仅有的研究表明该区域生态系统土壤 N 含量和 N∶P 比均低于全国土壤的平均水平，但是 P 含量却显著高于全国的平均水平（Tian et al.，2010）。

### 4.2.3 西北干旱区水循环

目前，我国西北干旱区可转化的淡水资源总量为 1511.88 亿 $m^3$，其中西北内陆区为 1136.17 亿 $m^3$；黄河流域为 375.71 亿 $m^3$（冯起等，1997）。然而，由于西北干旱区大部分地区降水量在 400mm 以下，蒸发量却超过 1000mm，这导致水资源的地域分布极其不均匀，季节性变异较大，且加之人类的不合理开发与利用，致使西北干旱区平均每公里水资源仅为 7.34 万 $m^3$，相当于全国平均水平的四分之一（冯起等，1997）。因此，西北干旱区自然生态环境和社会经济发展一直面临严重的干旱胁迫和水资源危机的挑战。

在长期的干旱胁迫条件下，不同生活型以及不同光合途径的植物往往拥有不同的水分利用策略（Nobel，1991；Zhou et al.，2013）。乔木主要利用地下水，而草本和灌木植物通常分别利用春夏季降水补充的土壤表层水分和下层水分（王平元等，2010）。CAM 植物由于白天关闭气孔还原 $CO_2$，而在晚上开放气孔吸收 $CO_2$，因此，具有最高的水分利用效率；而 C4 植物具有不同于 C3 植物的叶片解剖结构和高 Rubisco 羧化酶活性，其水分利用效率高于 C3 植物（Farquhar et al.，1982；Nobel，1991）。另外，短命植物往往利用早春雨水或雪水并在夏季干旱到来之前完成生活史，其生长速率高于一年生草本植物（Liu et al.，2012）。植物所采用的水分利用策略是其长期适应干旱区逆境胁迫而进化的结果。

植被在适应干旱环境的同时，也在改变生态系统的水文过程。植被对生态水文过程的影响主要是通过影响降水、径流和蒸腾作用等，进而调控对水资源的分配与利用过程（Chen et al.，2007）。西北干旱区植被除了能够降低叶面蒸腾、减少土壤蒸发、增加土壤湿度、减少土壤养分丢失等生态水文效应之外，其木本植物如荒漠灌木还能够依靠其发达的根系和强大的吸水能力，影响土壤水分的空间分布（赵文智和程国栋，2001）。一方面，干旱荒漠灌木植物具有很强的"水力提升"和"逆水力提升"的能力，能够把深层水提升到表层，或者把表层水运输到土壤深层，从而供植物根系吸收，提高水分利用效率（Richards and Caldwell，1987）。另一方面，植被可通过改变对水分吸收的空间格局来调节根区土壤水分的异质性，比如根系在土壤湿度较高的环境中吸收较多的水分，用以补偿土壤湿度较低环境中根系吸收水分的不足（Schulze et al.，1998）。该生态水文过程可能是干旱区植物维持生长，乃至维系生态系统稳定的关键。

此外，土壤结皮同样对干旱区生态水文过程具有重要的调节作用。一方面，土壤结皮能够显著改变地表土壤粗糙度、孔隙度、保水性以及土壤团聚体结构等物理性质，进而影响外部降水（雨、雪、霜、露水等）的下渗和地表水分的径流以及地下水分蒸发与蒸腾。另一方面，土壤结皮能够增加对凝结水的捕获，为结皮中的隐花植物和其他微小的生物体提供珍贵的水资源（Liu et al.，2006）。因此，干旱区的土壤结皮能够通过影响生态水文过程，进而影响植被的结构和分布格局。然而，学者们对土壤结皮中生态水文过程的作用机制仍然存在很大的争议（Belnap et al.，2001）。

为了解决我国西北干旱区的水资源危机，维护生态系统水安全，我国许多学者从不同的方向和层面对植被生态需水的机理机制开展了广泛研究（Wang et al.，2002；程国栋和赵传燕，2008；赵文智和程国栋，2001）。程国栋、夏军和赵文智先后提出了生态需水的概念、内涵和评价方法及生态需水原则。但是由于研究对象和研究侧重点的不同，生态需水的概念至今尚未有明确统一的定义。赵文智和程国栋（2001）认为生态需水是指维护绿洲景观的稳定和发展所需地表水和地下水资源总量，可以分为临界需水量、最适需水量和饱和需水量三个层次。目前，生态需水量的主要研究理论包括生态适宜性理论、系统阈值理论、水文循环水量平衡理论（郑红星等，2004）以及农业气象学理论（冯秀藻和陶炳炎，1991）。而对生态需水量测定的常用方法包括面积定额法、潜水蒸发法、植被蒸散发法、水量平衡法、植被生物量法等。总之，由于生态水文过程的复杂性，目前对西北干旱区生态水文过程的理论和机理研究仍还十分薄弱，尚不足以定量回答维持干旱区生态系统稳定的水分来源、需求及其循环与分配过程等一系列重大科学问题。

## 5 西北干旱区生态系统研究发展趋势

西北干旱区生态系统占到中国国土面积的 53%，其独特的气候条件使得该区域生态系统不但有大量珍稀、濒危、特有物种及其珍贵的基因资源（倪健等，1998），而且还具有巨大的碳吸收潜力（Trumper et al.，2008）以及不可替代的社会服务功能（Reynolds et al.，2007）。但是自从工业革命以来，全球气候变化和人类活动日益加剧（Wang et al.，2013；Chen et al.，2014），我国西北干旱区生态系统的结构与功能也因此受到了严重的影响。据统计气候变化和人类活动每年给全球社会经济发展造成的损失高达千亿美元。由此可见，基于气候变化和人类活动的背景下，深入探究西北干旱区生态系统结构与功能，进而揭示维系生态系统生物多样性和稳定性机制已迫在眉睫。

### 5.1 生态系统结构与功能服务间的相互作用机理

生态系统结构与功能服务是维持生态系统稳定性和社会经济可持续发展的重要保障。深入研究西北干旱区生态系统结构与功能间相互作用机制及其动态变化规律是揭示维系生态系统稳定性机理机制的根本途径，且主要可以从以下几个方面开展研究。

#### 5.1.1 干旱区生态系统功能的决定因素

鉴于水作为干旱区一切生命活动的主要限制资源，不难想象降水量和降水频率将显著影响干旱区生态系统的生态过程。目前，气候因子作为干旱区生态系统结构和功能的重要决定因素已被广泛接受

（Collins et al.，2014）。然而，最近的研究表明生物属性，如物种丰富度、多样性和多度等，驱动了干旱区生态系统诸如地上净初级生产力和养分循环等关键功能（Maestre et al.，2012a；Gaitán et al.，2014；Jing et al.，2015；Delgado et al.，2016a），并且调节了非生物因子对生态系统功能的影响（Maestre et al.，2013；Valencia et al.，2015；Delgado et al.，2016b）。

1）非生物因子

大量研究表明，诸如单次降水事件的数量和频率以及温度等非生物因子驱动了干旱区生态系统的多个生态过程，包括生物活性（Collins et al.，2014）、地上净初级生产力（Sala et al.，1988）、养分循环（Austin et al.，2004）、营养级间的能量转移与流动（Meserve et al.，2015）以及物种间的相互作用和共存（McCluney et al.，2012）。此外，地形和土壤质地等在很大程度上调节了气候对干旱区生态系统功能的影响（Maestre et al.，2016）。正是由于干旱区独特的气候等非生物特征，使得驱动干旱区生态系统功能的过程与众不同。例如，在大多数生态系统类型中，凋落物分解受到气候、凋落物质量和土壤生物群落的综合控制（Parton et al.，2007），而在干旱区该过程主要由光降解作用驱动（Austin and Vivanco，2006）。

2）生物因子

从植物的覆盖度、多样性和空间格局到放牧牲畜，乃至土壤微生物群落，这些生物因子同样影响了干旱区生态系统功能。不同空间尺度的野外研究发现，维管植物的覆盖度与多项关键生态系统功能和服务（如地上净初级生产力和土壤肥力）间均存在正相关关系（Delgado et al.，2013；Gaitán et al.，2014）。此外，土壤结皮是干旱区除高等植物外的另一类初级生产者群落，并对土壤抗风蚀水蚀、养分循环、水文过程、植被演替等方面具有重要影响（Belnap，2006；Maestre et al.，2011；Pointing and Belnap，2012）。有研究发现，生物结皮的覆盖度能够促进干旱区生态系统多功能性（Bowker et al.，2013；Delgado et al.，2016b）。植物和生物结皮的覆盖度对干旱区生态系统功能和多功能性的正效应可能归因于它们富集并循环诸如水和营养元素等限制性资源的能力（Maestre et al.，2016）。

局域、区域以及全球尺度的实验和观测研究已经表明植物物种丰富度与干旱区关键生态系统功能（如地上净初级生产力）、多功能性以及净初级生产力的时间稳定性之间存在正相关关系（Flombaum and Sala，2008；Maestre et al.，2012a；Gaitán et al.，2014；Jing et al.，2015；García et al.，2018）。相似的结果同样发现于对生物结皮（Maestre et al.，2012b；Bowker et al.，2013）和土壤微生物群落（Jing et al.，2015；Delgado et al.，2016a，2017a，2017b）的研究。由于非生物和生物因子间往往存在复杂的相互作用，因此，不同生物群落物种丰富度对干旱区生态系统功能、多功能性和稳定性的影响并不独立于气候（Jing et al.，2015；García et al.，2018）或土地利用（Allan et al.，2015）等因素。此外，干旱区植物物种丰富度与植物间正相互作用密切相关（Soliveres and Maestre，2014），因此，种间相互作用同样会影响干旱区生态系统功能（Maestre et al.，2010）。

干旱区长期处于水分匮缺状态，因此，干旱区植被覆盖度较低且呈不连续的斑块状分布。已有研究表明，植物种间正相互作用和生境类型共同驱动了干旱区的植被空间格局，而不同类型的斑块分布格局决定了干旱区生态系统多功能性的双峰分布（Berdugo et al.，2017，2019）。类似于植物，土壤结皮斑块的空间分布特征也会影响干旱区生态系统功能。例如，与许多非常小的土壤结皮斑块相比，中等大小斑块数量的增加促进了与碳循环相关的多个功能的水平（Bowker et al.，2013）。

### 5.1.2 干旱区生态系统结构和功能对全球变化的响应

1）气候变化

目前普遍认为，未来干旱区的气候特征将表现为高温（某些区域高达 40℃以上）、极端气候事件发生的频率增高以及干旱程度增加（Dai and Zhao，2017；Huang et al.，2017）。这些改变将会影响降雨事件的大小、频率和强度，进而影响干旱区生态系统的结构和功能（Prăvălie，2016）。然而，物种多样性是维系生态系统结构和功能的必然前提,是自然生态系统和人类社会发展和维持的基本保障,不仅为人类社会提供直接的物质资源,还为人类提供生态、科学、美学等间接价值(马克平,2017)。近几十年来,虽然我国学者对干旱区多样性的形成机制和分布格局进行了很多的研究(张强等,2008;马克平,2017;Chen et al.,2018),但是在大的尺度上对于西北干旱区的生物多样性的形成和维持机制还不清楚。因此,在全球气候变化和人类活动干扰的条件下,依靠长期的联网观测技术来探索干旱区植物多样性的维持机制以及对生态系统功能的影响研究将会成为未来研究的重点。

气候变化对干旱区生物群落有诸多影响,例如植物不同生活型优势度的改变(Soliveres et al.,2014)、植物物种间相互作用的转变,这将进一步影响植物多样性和空间分布格局(Kéfi et al.,2007;Soliveres and Maestre,2014)以及降低植物覆盖度(Delgado et al.,2013)。由于一系列的功能(如养分循环、碳固持、凋落物分解等)均依赖于这些关键生物属性,因此,气候变化会削弱干旱区生态系统功能。有研究已经表明,温度是全球干旱区生态系统多功能性的主要驱动因素(Maestre et al.,2012a)。此外,干旱程度的增加降低了全球干旱区表层土壤有机碳和总氮含量,但同时增加了磷元素含量,这表明气候变化导致了土壤养分元素化学计量的失衡(Delgado et al.,2013)。

除地上植物群落外,地下土壤微生物群落在维持陆地生态系统功能和过程中同样扮演着重要角色(He et al.,2009)。近年来,干旱区土壤微生物受到越来越多的关注。研究表明,干旱区土壤微生物群落组成显著不同于其他陆地生态系统。例如,在相对湿润的生态系统,土壤细菌和真菌的优势类群为酸杆菌门、变形菌门和担子菌门(Tedersoo et al.,2014;Bahram et al.,2018),而在干旱区土壤中,其分别为放线菌门和子囊菌门(Maestre et al.,2015)。此外,气候变化同样会影响干旱区地下土壤微生物群落。全球尺度的调查结果显示,土壤细菌和真菌多样性与丰度随干旱程度增加呈线性下降趋势,该响应主要由干旱对土壤有机碳含量的负效应所驱动(Maestre et al.,2015)。干旱同样增加了绿弯菌门和α变形菌纲的相对丰度,但同时降低了酸杆菌门和疣微菌门的相对丰度。目前大多数关于土壤微生物群落多样性及其变化的研究都以描述为主,尚未在土壤微生物多样性与生态系统过程和功能之间建立有机联系,也未能充分吸收已有的宏观生态学基础理论进而发展微观生态学理论框架体系(贺纪正等,2013)。西北干旱区生态系统在独特的气候条件下形成的微生物群落更是有别于湿润区生态系统,对于干旱区生态系统土壤微生物多样性与生态系统结构与功能的研究更是少之又少。因此未来的研究应该综合考虑植被-微生物-土壤之间的耦合系统,来探讨土壤微生物多样性与西北干旱区生态系统结构和功能的关系,确保西北干旱区生态系统的稳定性。

气候变化同样会导致土壤结皮群落的改变。研究表明,随着干旱程度增加,蓝细菌类土壤结皮中的优势物种 *Microcoleus vaginatus* 逐渐被 *M. steenstrupii* 所替代(García et al.,2013)。模拟降水和增温实验则发现,气候变化显著降低了苔藓、地衣和蓝细菌类土壤结皮的盖度、多样性以及光合作用效率(Maphangwa et al.,2012;Maestre et al.,2013;Ferrenberg et al.,2015)。土壤结皮多样性、丰度、组成的变化进而会对多个生态系统功能和过程产生级联效应(李新荣等,2018)。例如,增温处理显著增加了生物结皮下的土壤 $CO_2$ 通量(Maestre et al.,2013)、促进了 $CO_2$ 释放(Darrouzet et al.,2015)、增强了土壤呼吸(Escolar et al.,2015),并降低了土壤碳的固定(Ladrón de Guevara et al.,2014)。因此,这些结果说明温度升高可能会削弱土壤结皮作为碳汇的能力。尽管一些学者已经对我国宁夏沙坡头地区和新疆古尔班通古特沙漠地区生物土壤结皮的种类和形成过程做了大量研究,但迄今为止,在大尺度上研究生物土壤结皮的分布格局以及在碳氮水循环中的功能的报道还未曾见到。因此,未来的研究应该基于多样地、大尺度、长时间的观测数据,重点关注全球气候变化背景下生物土壤结皮的形成机制与分布格局,土壤生物结皮修复技术的研发和应用以及生物土壤结皮在生态系统过程中的关键功能和作用。

2)氮沉降

当前,每年的氮沉降大约为 120Tg,其中,由人类活动导致的氮输入为陆地和水体生态系统固氮总量的两倍（Schlesinger，2009）。在干旱区，氮是除水之外限制植物生产力和有机质分解的主要因素，因此，氮沉降对干旱区生态系统的影响尤为重要。这些影响包括植物多样性下降、植物群落组成改变、土壤酸化、土壤重金属污染加剧等（Ochoa et al.，2011）。氮沉降同样影响了许多关键生态系统功能和过程。例如，氮沉降显著增加了全球干旱区土壤有机碳和速效氮含量，以及土壤真菌和细菌生物量的比率，表明干旱区土壤碳储量和微生物生物量受到氮素可利用性的限制（Delgado et al.，2016c；Maestre et al.，2016）。然而，与此相反，氮沉降降低了全球干旱区土壤磷素的可利用性，并且随着氮富集程度的增加土壤磷酸酶活性增强，表明植物和土壤微生物对磷的需求增加（Maestre et al.，2016）。总之，这些结果显示氮沉降会导致干旱区生态系统从氮限制转变为磷限制，该转变将对干旱区植物多样性、地上净初级生产力和养分循环等关键生态系统功能和过程产生负面影响（Bobbink et al.，2010；Ochoa et al.，2011）。

3）过度放牧

放牧是干旱区最普遍的土地利用方式之一，维系着全球数以万计人口的生计。然而，随着人类对肉制品和其他动物产品需求的不断增加，许多干旱区已经出现过度放牧现象。研究表明，放牧强度的增加同样对干旱区生态系统的结构和功能有重要影响。放牧显著降低了土壤有机碳含量和土壤稳定性，并抑制了土壤养分循环和水分入渗过程（Maestre et al.，2016）。这主要是由于放牧减少了凋落物覆盖度，从而抑制了凋落物分解，进而降低了土壤有机质的输入，并且通过对表层土壤的扰动降低土壤涵养和储存降水的能力（Fleischner，1994；Daryanto et al.，2013）。此外，放牧活动极大地降低了植物覆盖度和生物量、动物物种丰富度和多度等，并且其对生态系统结构和功能的负效应在干旱程度更高的环境中更加明显（Eldridge et al.，2016）。然而，最近的一项研究显示，放牧牲畜的多样化能够通过增加干旱区多个营养水平的生物多样性进而显著促进生态系统多功能性（Wang et al.，2019）。因此，放牧对干旱区生态系统结构和功能的影响可能随放牧强度和食草动物组成（Eldridge et al.，2016；Wang et al.，2019）、植物和食草动物的共同进化史（Milchunas and Lauenroth，1993）以及调查的生态系统属性的不同而变化。例如，放牧对植物或土壤性质的影响通常强于动物（Eldridge et al.，2016）、并且对干旱区生态系统恢复力的影响强于抵抗力（Ruppert et al.，2015）。

4）环境因子对群落演替过程的影响机制

植物群落在演替过程中，植物群落的物种组成和种间关系都会随着演替阶段的不同而发生变化。资源环境的变化也会极大的影响植物不同演替阶段的生态策略。我们对这些过程的认识和理解还处在初步认识阶段。此外，由于干旱区生态系统植被群落的演替一般需要几十年到上百年不等，这严重限制了我们对于群落演替过程和群落演替机制的理解。数学模型动态模拟法因其能够综合考虑各种生态因子的影响，定量化描述生态过程，阐明生态机制和规律，重构演替序列，预测演替趋势，已经成为未来研究植被群落演替的重要手段。在未来的研究中应该结合观测数据，应用数学模型的方法来重点关注植被群落在演替过程中的植被格局的动态变化过程以及由气候变化或者人类活动引起的各种干扰因子在植被群落演替过程中所扮演的角色。

## 5.2 西北干旱区生态系统营养元素和水循环对全球气候变化的响应和反馈机制

### 5.2.1 生态系统碳循环过程的机制

西北干旱区生态系统具有十分巨大的碳吸收潜力。尤其是荒漠生态系统，是我国碳循环的重要组成部分（Trumper et al.，2008）。虽然有一些学者已在小尺度上对荒漠生态系统的碳分配格局进行了报道，但是相对草原和森林生态系统来说，荒漠生态系统碳循环的长期观测数据还十分匮乏（Li et al.，2015），这造成了我们对干旱区土壤碳库动态（尤其是无机碳库动态）及其驱动机制所知甚少。此外，学术界对荒漠生态系统土壤究竟是碳"源"还是碳"汇"一直存在争议（Schlesinger et al., 2009）。因此，在未来的研究中应该基于大尺度系统性的野外调查对荒漠生态系统开展系统性的研究，加强对荒漠生态系统野外台站的建设。在此基础上重点关注荒漠生态系统"碳源汇"的角色变化，开发适合荒漠生态系统的碳循环过程模型，探索荒漠生态系统的科学管理技术，探究荒漠生态系统碳循环对于气候变化和人类活动的反馈作用。

### 5.2.2 基于多层次的生态系统生态化学计量学变化规律及其调控机制

目前对于中国西北干旱区生态系统的生态化学计量学的研究主要集中在植被和土壤C、N、P等元素的化学计量学格局及其驱动因素方面。很少将大气-土壤-植物-凋落物-微生物作为一个完整的系统来探讨营养元素在生态系统动态平衡过程及能量驱动中的作用。因此，未来的研究应该重点关注以下几个方面：①在全球气候变化的条件下开展多因素的交互控制试验，以阐明荒漠生态系统营养元素的化学计量学特征及其对气候变化的响应机制；②大气-土壤-植物-凋落物-微生物不同层次间的耦合机制及其循环规律。

### 5.2.3 生态水文过程的数值模拟，建立中国西北干旱区生态系统水安全预警体系

水是西北干旱区生态系统最直接也是最重要的影响因素，水量平衡与水循环始终是干旱区物种生存、群落构建等所面临的核心科学问题，并决定着生态系统的功能服务和稳定性（李新荣等，2009）。针对西北干旱区生态系统土壤-植被系统水循环过程及其植被调控机理的研究不但是干旱区生态水文学研究的核心内容，而且对我国西部生态环境建设也具有重要的实践指导意义。然而，目前的研究仅仅局限于个体或者群落的水平上，未来的研究应该加强针对整个流域或者生态系统生态水文过程的观测研究，在此基础上进而通过构建相应的理论模型来量化荒漠生态系统健康指标，最终建立该区域的生态系统水安全评估和预警体系。

## 参 考 文 献

白永飞, 黄建辉, 郑淑霞, 等. 2014. 草地和荒漠生态系统服务功能的形成与调控机制. 植物生态学报, 38(2): 93-102.
包锐, 罗斌. 2008. 拯救河西走廊. 中国经济周刊, 24: 16-23.
昌西. 2008. 植物对干旱逆境的生理适应机制研究进展. 安徽农业科学, 36(18): 7549-7551.
陈昌笃. 1987. 中国荒漠的主要类型与经济开发. 植物生态学报, 11(2): 81-91.
陈祝春, 李定淑. 1992. 科尔沁沙地奈曼旗固沙造林沙丘土壤微生物区系的变化. 中国沙漠, 12(3): 16-21.
程国栋, 赵传燕. 2008. 干旱区内陆河流域生态水文综合集成研究. 地球科学进展, 23(10): 1005-1012.
邓建明, 姚步青, 周华坤, 等. 2014. 水氮添加条件下高寒草甸主要植物种氮素吸收分配的同位素示踪研究. 植物生态学报, 38(2): 116-124.
方精云, 杨元合, 马文红, 等. 2010. 中国草地生态系统碳库及其变化. 中国科学, 40(7): 566-576.
冯起, 曲耀光, 程国栋. 1997. 西北干旱地区水资源现状、问题及对策. 地球科学进展, 12(1): 67-74.
冯秀藻, 陶炳炎. 1991. 农业气象学原理. 北京: 气象出版社.
国家林业局. 2011. 中国荒漠化和沙化状况公报. www.forestry.gov.cn.2011-12-26.
韩炳宏, 牛得草, 贺磊, 等. 2017. 生物土壤结皮发育及其影响因素研究进展. 草业科学, 34(9): 1793-1801.
贺纪正, 李晶, 郑袁明. 2013. 土壤生态系统微生物多样性-稳定性关系的思考. 生物多样性, 21(4): 411-420.
贺金生, 韩兴国. 2010. 生态化学计量学: 探索从个体到生态系统的统一化理论. 植物生态学报, 34(1): 2-6.
胡会峰, 王志恒, 刘国华, 等. 2006. 中国主要灌丛植被碳储量. 植物生态学报, 30(4): 539-544.
李新荣, 谭会娟, 回嵘, 等. 2018. 中国荒漠与沙地生物土壤结皮研究. 科学通报, 63(23): 2320-2334.
李新荣, 张志山, 王新平, 等. 2009. 干旱区土壤植被系统恢复的生态水文学研究进展. 中国沙漠, 29(5): 845-852.

李毅, 屈建军, 董治宝, 等. 2008. 中国荒漠区的生物多样性. 水土保持研究, 15(4): 79-81.

李玉霖, 毛伟, 赵学勇, 等. 2010. 北方典型荒漠及荒漠化地区植物叶片氮磷化学计量特征研究. 环境科学, 31(8): 1716-1725.

刘超, 王洋, 王楠, 等. 2012. 陆地生态系统植被氮磷化学计量研究进展. 植物生态学报, 36(11): 1205-1216.

马克平. 2017. 生物多样性科学的若干前沿问题. 生物多样性, 25(4): 343-344.

马文红, 方精云, 杨元合, 等. 2010. 中国北方草地生物量动态及其与气候因子的关系. 中国科学, 40(7): 632-641.

倪健, 陈仲新, 董鸣, 等. 1998. 中国生物多样性的生态地理区划. 植物学报, 40(4): 370-382.

牛丽丽, 张学培, 曹奇光. 2007. 我国西北干旱区生物多样性研究. 水土保持研究, 14(1): 223-225.

朴世龙, 方精云, 贺金生, 等. 2004. 中国草地植被生物量及其空间分布格局. 植物生态学报, 28(4): 491-498.

秦大河. 2014. 气候变化科学与人类可持续发展. 地理科学进展, 33(7): 874-883.

秦大河, 丁一汇, 苏纪兰, 等. 2005. 中国气候与环境演变评估(I): 中国气候与环境变化及未来趋势. 气候变化研究进展, 1(1): 4-9.

邱国玉. 1991. 荒漠生态学特殊吗? 干旱区资源与环境, 5(3): 108-114.

任书杰, 于贵瑞. 2011. 中国区域 478 种 C3 植物叶片碳稳定性同位素组成与水分利用效率. 植物生态学报, 35(2): 119-124.

沈元月, 黄丛林, 张秀海, 等. 2002. 植物抗旱的分子机制研究. 中国生态农业学报, 10(1): 34-38.

檀叶青, 邓澍荣, 孙苑玲, 等. 2014. 胡杨 PeAPY1 和 PePY2 在提高植物抗旱耐盐性上的功能解析. 基因组学与应用生物学, 33(4): 860-868.

王根绪, 程国栋. 1999. 西北干旱区土壤资源特征与可持续发展. 地球科学进展, 14(5): 492-497.

王平元, 刘文杰, 李鹏菊, 等. 2010. 植物水分利用策略研究进展. 广西植物, 30(1): 82-88.

王绍强, 于贵瑞. 2008. 生态系统碳氮磷元素的生态化学计量学特征. 生态学报, 28(8): 3937-3947.

王孝安. 1998. 安西荒漠植物群落和优势种的分布与环境的关系. 植物学报: 英文版, 40(11): 1047-1052.

吴征镒. 1980. 中国植被. 北京: 科学出版社.

夏军, 郑冬燕, 刘青娥. 2002. 西北地区生态环境需水估算的几个问题研讨. 水文, 22(5): 12-17.

徐兴友, 王子华, 龙茹, 等. 2008. 干旱对 6 种野生花卉光合色素含量与气体交换的影响. 经济林研究, 26(4): 1-6.

银晓瑞, 梁存柱, 王立新, 等. 2010. 内蒙古典型草原不同恢复演替阶段植物养分化学计量学. 植物生态学报, 34(1): 39-47.

张强, 马仁义, 姬明飞, 等. 2008. 代谢速率调控物种丰富度格局的研究进展. 生物多样性, 16(5): 437-445.

张新时. 1987. 中国的几种植被类型(V)温带荒漠与荒漠生态系统(续). 生物学通报, 8: 8-11.

赵文智, 程国栋. 2001. 干旱区生态水文过程研究若干问题评述. 科学通报, 46(22): 1851-1857.

郑红星, 刘昌明, 丰华丽. 2004. 生态需水的理论内涵探讨. 水科学进展, 15(5): 626-633.

周广胜, 张新时. 1996. 全球气候变化的中国自然植被的净第一性生产力研究. 植物生态学报, 20(1): 11-19.

Allan E, Manning P, Alt F, et al. 2015. Land use intensification alters ecosystem multifunctionality via loss of biodiversity and changes to functional composition. Ecology Letters, 18(8): 834-843.

Ashraf M, Harris P J C. 2013. Photosynthesis under stressful environments: An overview. Photosynthetica, 51(2): 163-190.

Austin A T, Vivanco L. 2006. Plant litter decomposition in a semi-arid ecosystem controlled by photo degradation. Nature, 442: 555-558.

Austin A T, Yahdjian L, Stark J M, et al. 2004. Water pulses and biogeochemical cycles in arid and semiarid ecosystems. Oecologia, 141(2): 221-235.

Bahram M, Hildebrand F, Forslund S K, et al. 2018. Structure and function of the global topsoil microbiome. Nature, 560: 233-237.

Bai Y F, Han X G, Wu J G, et al. 2004. Ecosystem stability and compensatory effects in the Inner Mongolia grassland. Nature, 431: 181-184.

Bai Y F, Wu J G, Xing Q, et al. 2008. Primary production and rain use efficiency across a precipitation gradient on the Mongolia plateau. Ecology, 89(8): 2140-2153.

Belnap J. 2006. The potential roles of biological soil crusts in dryland hydrologic cycles. Hydrological Processes, 20(15): 3159-3178.

Belnap J, Prasse R, Harper K. 2001. Influence of biological soil crusts on soil environments and vascular plants, Biological soil crusts: structure, function, and management. Berlin: Springer.

Berdugo M, Kéfi S, Soliveres S, et al. 2017. Plant spatial patterns identify alternative ecosystem multifunctionality states in global drylands. Nature Ecology & Evolution, 1: 1-7.

Berdugo M, Soliveres S, Kéfi S, et al. 2019. The interplay between facilitation and habitat type drives spatial vegetation patterns in global drylands. Ecography, 42(4): 755-767.

Bobbink R, Hicks K, Galloway J, et al. 2010. Global assessment of nitrogen deposition effects on terrestrial plant diversity: a synthesis. Ecological Applications, 20: 30-59.

Bowker M A, Maestre F T, Mau R L. 2013. Diversity and patch-size distributions of biological soil crusts regulate dryland ecosystem multifunctionality. Ecosystems, 16(6): 923-933.

Chapin F S, Oechel W C. 1983. Photosynthesis, respiration, and phosphate absorption by *Carex aquatilis* ecotypes along latitudinal and local environmental gradients. Ecology, 64(4): 743-751.

Chen L D, Huang Z L, Gong J, et al. 2007. The effect of land cover/vegetation on soil water dynamic in the hilly area of the loess plateau, China. Catena, 70(2): 200-208.

Chen S P, Wang W T, Xu W T, et al. 2018. Plant diversity enhance productivity and soil carbon storage. Proceedings of the National Academy of Sciences, 115(6): 4027-4032.

Chen Y N, Deng H J, Li B F, et al. 2014. Abrupt change of temperature and precipitation extremes in the arid region of northwest China. Quaternary International, 336(26): 35-43.

Collins S L, Belnap J, Grimm N B, et al. 2014. A multiscale, hierarchical model of pulse dynamics in arid-land ecosystems. Annual Review of Ecology Evolution, and Systematics, 45: 397-419.

Crowe J H, Crowe L M, Chapman D. 1984. Preservation of membranes in anhydrobiotic organisms: the role of trehalose. Science, 223(4637): 701-703.

Dai A G, Zhao T B. 2017. Uncertainties in historical changes and future projections of drought. Part I: estimates of historical drought changes. Climatic Change, 144(3): 519-533.

Darrouzet N A, Reed S C, Grote E E, et al. 2015. Observations of net soil exchange of $CO_2$ in a dryland show experimental warming increases carbon losses in biocrust soils. Biogeochemistry, 126(3): 363-378.

Daryanto S, Eldridge D J, Throop H L. 2013. Managing semi-arid woodlands for carbon storage: grazing and shrub effects on above-and belowground carbon. Agriculture, Ecosystems & Environment, 169(1): 1-11.

Delgado B M, Eldridge D J, Ochoa V, et al. 2017a. Soil microbial communities drive the resistance of ecosystem multifunctionality to global change in drylands across the globe. Ecology Letters, 20(10): 1295-1305.

Delgado B M, Maestre F T, Eldridge D J, et al. 2016b. Biocrust-forming mosses mitigate the negative impacts of increasing aridity on ecosystem multifunctionality in drylands. New Phytologist, 209(4): 1540-1552.

Delgado B M, Maestre F T, Gallardo A, et al. 2013. Decoupling of soil nutrient cycles as a function of aridity in global drylands. Nature, 502: 672-676.

Delgado B M, Maestre F T, Gallardo A, et al. 2016c. Human impacts and aridity differentially alter soil N availability in drylands worldwide. Global Ecology and Biogeography, 25(1): 36-45.

Delgado B M, Maestre F T, Reich P B, et al. 2016a. Microbial diversity drives multifunctionality in terrestrial ecosystems. Nature Communications, 7: 10541-10548.

Delgado B M, Trivedi P, Trivedi C, et al. 2017b. Microbial richness and composition independently drive soil multifunctionality. Functional Ecology, 31(12): 2330-2343.

Deng J M, Li T, Wang G X, et al. 2008. Trade-offs between the metabolic rate and population density of plants. PLoS ONE, 3: e1799.

Deng J M, Wang G X, Morris E C, et al. 2006. Plant mass-density relationship along a moisture gradient in northwest China. Journal of Ecology, 94(5): 953-958.

Ding J Z, Chen L Y, Ji C G, et al. 2017. Decadal soil carbon accumulation across Tibetan permafrost regions. Nature Geoscience, 10: 420-425.

Eldridge D J. 1996. Distribution and floristics of terricolous lichens in soil crusts in arid and semi-arid New South Wales, Australia. Australian Journal of Botany, 44(5): 581-599.

Eldridge D J, Greene R S B. 1994. Microbiotic soil crusts-a review of their roles in soil and ecological processes in the rangelands of Australia. Soil Research, 32(3): 389-415.

Eldridge D J, Poore A G B, Ruiz C M, et al. 2016. Ecosystem structure, function, and composition in rangelands are negatively affected by livestock grazing. Ecological Applications, 26(4): 1273-1283.

Escolar C, Maestre F T, Rey A. 2015. Biocrusts modulate warming and rainfall exclusion effects on soil respiration in a semi-arid grassland. Soil Biology and Biochemistry, 80: 9-17.

Fang J Y, Guo Z D, Piao S L, et al. 2007. Terrestrial vegetation carbon sinks in China, 1981–2000. Science in China, 50(9): 1341-1350.

Fang J Y, Liu G H, Xu S L. 1996. Soil carbon pool in China and its global significance. Journal of Environmental Sciences, 8(2): 249-254.

Fang J Y, Piao S L, Zhou L M, et al. 2005. Precipitation patterns alter growth of temperate vegetation. Geophysical Research Letters, 32(21): 1-10.

Fang J Y, Yu G R, Liu L L, et al. 2018. Climate change, human impacts, and carbon sequestration in China. Proceedings of the National Academy of Sciences, 115(16): 4015-4020.

Fang X, Guo X L, Zhang C, et al. 2019. Contributions of climate change to the terrestrial carbon stock of the arid region of China: A multi-dataset analysis. Science of the Total Environment, 668: 631-644.

Farquhar G D, O'Leary M H, Berry J A. 1982. On the relationship between carbon isotope discrimination and the intercellular carbon dioxide concentration in leaves. Functional Plant Biology, 9(2): 121-137.

Feng Q, Endo K N, Chen G D. 2002. Soil carbon in desertified land in relation to site characteristics. Geoderma, 106(1-2): 21-43.

Ferrenberg S, Reed S C, Belnap J. 2015. Climate change and physical disturbance cause similar community shifts in biological soil crusts. Proceedings of the National Academy of Sciences, 112(39): 12116-12121.

Fleischner T L. 1994. Ecological costs of livestock grazing in western North America. Conservation Biology, 8(3): 629-644.

Flombaum P, Sala O E. 2008. Higher effect of plant species diversity on productivity in natural than artificial ecosystems. Proceedings of the National Academy of Sciences, 105(16): 6087-6090.

Gaitán J J, Oliva G E, Bran D E, et al. 2014. Vegetation structure is as important as climate to explain ecosystem functioning across Patagonian rangelands. Journal of Ecology, 102: 1419-1428.

Gao Y H, Li X R, Liu L C, et al. 2012. Seasonal variation of carbon exchange from a revegetation area in a Chinese desert. Agricultural and Forest Meteorology, 156(15): 134-142.

García P F, Loza V, Marusenko Y, et al. 2013. Temperature drives the continental-scale distribution of key microbes in topsoil communities. Science, 340(6140): 1574-1577.

García P P, Gross N, Gaitán J J, et al. 2018. Climate mediates the biodiversity-ecosystem stability relationship globally.

Proceedings of the National Academy of Sciences, 115(33): 8400-8405.

Guha A, Sengupta D, Rasineni G K, et al. 2010. An integrated diagnostic approach to understand drought tolerance in mulberry(*Morus indica* L). Flora-Morphology, Distribution, Functional Ecology of Plants, 205(2): 144-151.

Han W X, Fang J Y, Guo D L, et al. 2005. Leaf nitrogen and phosphorus stoichiometry across 753 terrestrial plant species in China. New Phytologist, 168(2): 377-385.

Han X, Sistla S A, Zhang Y H, et al. 2014. Hierarchical responses of plant stoichiometry to nitrogen deposition and mowing in a temperate steppe. Plant and Soil, 382(1-2): 175-187.

He J S, Wang L, Flynn D F, et al. 2008. Leaf nitrogen: phosphorus stoichiometry across Chinese grassland biomes. Oecologia, 155(2): 301-310.

He J Z, Ge Y, Xu Z H, et al. 2009. Linking soil bacterial diversity to ecosystem multifunctionality using backward-elimination boosted trees analysis. Journal of Soils and Sediments, 9: 547-554.

Hu H H, Xiong L Z. 2014. Genetic engineering and breeding of drought-resistant crops. Annual Review of Plant Biology, 65: 715-741.

Huang J P, Li Y, Fu C, et al. 2017. Dryland climate change: Recent progress and challenges. Reviews of Geophysics, 55(3): 719-778.

Jian N. 2001. Carbon storage in terrestrial ecosystems of China: estimates at different spatial resolutions and their responses to climate change. Climatic Change, 49(3): 339-358.

Jing X, Sanders N J, Shi Y, et al. 2015. The links between ecosystem multifunctionality and above-and belowground biodiversity are mediated by climate. Nature Communications, 6: 8159.

Johnson W C, Jackson L E, Ochoa O, et al. 2000. Lettuce, a shallow-rooted crop, and Lactuca serriola, its wild progenitor, differ at QTL determining root architecture and deep soil water exploitation. Theoretical and Applied Genetics, 101(7): 1066-1073.

Kang L, Han X G, Zhang Z B, et al. 2007. Grassland ecosystems in China: review of current knowledge and research advancement. Philosophical Transactions of the Royal Society B: Biological Sciences, 362(1482): 997-1008.

Kefi S M, Rietkerk M, Alados C L, et al. 2007. Spatial vegetation patterns and imminent desertification in Mediterranean arid ecosystems. Nature, 449: 213-217.

Ladrón de Guevara M, Lázaro R, Quero J L, et al. 2014. Simulated climate change reduced the capacity of lichen-dominated biocrusts to act as carbon sinks in two semi-arid Mediterranean ecosystems. Biodiversity and Conservation, 23(7): 1787-1807.

Levitt J. 1980. Responses of Plants to Environmental Stress, Volume 1: Chilling, Freezing, and High Temperature Stresses. Pittsburgh: Academic Press.

Li C F, Zhang C, Luo G P, et al. 2015. Carbon stock and its responses to climate change in Central Asia. Global Change Biology, 21(5): 1951-1967.

Li K, Wang S Q, Cao M K. 2004. Vegetation and soil carbon storage in China. Science in China Series D Earth Sciences, 47(1): 49-57.

Li S G, Harazono Y, Oikawa T, et al. 2000. Grassland desertification by grazing and the resulting micrometeorological changes in Inner Mongolia. Agricultural and Forest Meteorology, 102(2-3): 125-137.

Liu L C, Li S Z, Duan Z H, et al. 2006. Effects of microbiotic crusts on dew deposition in the restored vegetation area at Shapotou, northwest China. Journal of Hydrology, 328(1-2): 331-337.

Liu R, Pan L P, Jenerette G D, et al. 2012. High efficiency in water use and carbon gain in a wet year for a desert halophyte community. Agricultural and Forest Meteorology, 162: 127-135.

Lu F, Hu H F, Sun W J, et al. 2018. Effects of national ecological restoration projects on carbon sequestration in China from 2001 to 2010. Proceedings of the National Academy of Sciences, 115(16): 4039-4044.

Ma J C, Lu J, Xu J M, et al. 2015. Genome-wide Identification of WRKY Genes in the Desert Poplar Populus euphratica and Adaptive Evolution of the Genes in Response to Salt Stress. Evolutionary Bioinformatics, 11(1): 47-55.

Ma T, Wang J Y, Zhou G K, et al. 2013. Genomic insights into salt adaptation in a desert poplar. Nature Communications, 4: 2797-2804.

Ma W H, Liu Z L, Wang Z H, et al. 2010. Climate change alters interannual variation of grassland aboveground productivity: evidence from a 22-year measurement series in the Inner Mongolian grassland. Journal of Plant Research, 123(4): 509-517.

Mackenzie A, Ball A S, Virdee S R, et al. 2001. Instant notes in Ecology. Oxford: BIOS Scientific Publichers Ltd.

Maestre F T, Bowker M A, Cantón Y, et al. 2011, Ecology and functional roles of biological soil crusts in semi-arid ecosystems of Spain. Journal of Arid Environments, 75(12): 1282-1291.

Maestre F T, Bowker M A, Escolar C, et al. 2010. Do biotic interactions modulate ecosystem functioning along stress gradients? Insights from semi-arid plant and biological soil crust communities. Philosophical Transactions of the Royal Society B-Biological Sciences, 365(1549): 2057-2070.

Maestre F T, Castillo M A P, Bowker M A, et al. 2012b. Species richness effects on ecosystem multifunctionality depend on evenness, composition and spatial pattern. Journal of Ecology, 100: 317-330.

Maestre F T, Delgado B M, Jeffries T C, et al. 2015. Increasing aridity reduces soil microbial diversity and abundance in global drylands. Proceedings of the National Academy of Sciences, 112(51): 15684-15689.

Maestre F T, Eldridge D J, Soliveres S, et al. 2016. Structure and functioning of dryland ecosystems in a changing world. Annual Review of Ecology, Evolution and Systematics, 47: 215-237.

Maestre F T, Escolar C, Ladrón de Guevara M, et al. 2013. Changes in biocrust cover drive carbon cycle responses to climate change in drylands. Global Change Biology, 19(12): 3335-3847.

Maestre F T, Quero J L, Gotelli N J, et al. 2012a. Plant species richness and ecosystem multifunctionality in global drylands. Science, 335(6065): 214-218.

Maphangwa K W, Musil C F, Raitt L, et al. 2012. Experimental climate warming decreases photosynthetic efficiency of lichens in an arid South African ecosystem. Oecologia, 169(1): 257-268.

McCluney K E, Belnap J, Collins S L, et al. 2012. Shifting species interactions in terrestrial dryland ecosystems under altered water availability and climate change. Biological Reviews, 87(3): 563-582.

Meserve P L, Kelt D A, Gutiérrez J L, et al. 2015. Biotic interactions and community dynamics in the semiarid thorn scrub of Bosque Fray Jorge National Park, north-central Chile: a paradigm revisited. Journal of Arid Environments, 126: 81-88.

Michalet R, Pugnaire F I. 2016. Facilitation in communities: underlying mechanisms, community and ecosystem implications. Functional Ecology, 30: 3-9.

Milchunas D G, Lauenroth W K. 1993. Quantitative effects of grazing on vegetation and soils over a global range of environments. Ecological Monographs, 63(4): 327-366.

Ni J. 2002. Carbon storage in grasslands of China. Journal of Arid Environments, 50(2): 205-218.

Niu S L, Wu M Y, Han Y, et al. 2008. Water-mediated responses of ecosystem carbon fluxes to climatic change in a temperate steppe. New Phytologist, 177(1): 209-219.

Nobel P S. 1991. Achievable productivities of certain CAM plants: basis for high values compared with C3 and C4 plants. New Phytologist, 119: 183-205.

Ochoa H R, Allen E B, Branquinho C, et al. 2011. Nitrogen deposition effects on Mediterranean type ecosystems: an ecological assessment. Environmental Pollution, 159(10): 2265-2279.

Parton W, Silver W L, Burke I C, et al. 2007. Global-scale similarities in nitrogen release patterns during long-term decomposition. Science, 315(5810): 361-364.

Piao S L, Fang J Y, Ciais P, et al. 2009. The carbon balance of terrestrial ecosystems in China. Nature, 458: 1009-1013.

Piao S L, Fang J Y, Zhou L, et al. 2007. Changes in biomass carbon stocks in China's grasslands between 1982 and 1999. Global Biogeochemical Cycles, 21: 1-10.

Piao S L, Mohammat A, Fang J Y, et al. 2006. NDVI-based increase in growth of temperate grasslands and its responses to climate changes in China. Global Environmental Change, 16(4): 340-348.

Pointing S B, Belnap J. 2012. Microbial colonization and controls in dryland systems. Nature Reviews Microbiology, 10: 551-562.

Prăvălie R. 2016. Drylands extent and environmental issues. A global approach. Earth-Science Reviews, 161: 259-278.

Price A H, Steele K A, Gorham J B, et al. 2002. Upland rice grown in soil-filled chambers and exposed to contrasting water-deficit regimes I. Root distribution, water use and plant water status. Field Crops Research, 76(1): 11-24.

Qiu G Y, Lee I B, Shimizu H, et al. 2004. Principles of sand dune fixation with straw checkerboard technology and its effects on the environment. Journal of Arid Environments, 56(3): 449-464.

Reynolds J F, Smith D M, Lambin E F, et al. 2007. Global desertification: building a science for dryland development. Science, 316(5826): 847-851.

Richards J H, Caldwell M M. 1987. Hydraulic lift: substantial nocturnal water transport between soil layers by Artemisia tridentata roots. Oecologia, 73(4): 486-489.

Ruppert J C, Harmoney K, Henkin Z, et al. 2015. Quantifying drylands' drought resistance and recovery: the importance of drought intensity, dominant life history and grazing regime. Global Change Biology, 21(3): 1258-1270.

Sala O E, Parton W J, Joyce L A, et al. 1988. Primary production of the central grassland region of the United States. Ecology, 69(1): 40-45.

Schlesinger W H. 2009. On the fate of anthropogenic nitrogen. Proceedings of the National Academy of Sciences, 106: 203-208.

Schlesinger W H, Belnap J, Marion G. 2009. On carbon sequestration in desert ecosystems. Global Change Biology, 15(6): 1488-1490.

Schulze E D, Caldwell M M, Canadell J, et al. 1998. Downward flux of water through roots (ie inverse hydraulic lift) in dry Kalahari sands. Oecologia, 115(4): 460-462.

Smith S, De Smet I. 2012. Root system architecture: insights from Arabidopsis and cereal crops. Philosophical Transactions of the Royal Society B-Biological Sciences, 367(1595): 1441-1452.

Soliveres S, Maestre F T. 2014. Plant-plant interactions, environmental gradients and plant diversity: a global synthesis of community-level studies. Perspectives in Plant Ecology, Evolution and Systematics, 16(4): 154-163.

Soliveres S, Maestre F T, Eldridge D J, et al. 2014. Plant diversity and ecosystem multifunctionality peak at intermediate levels of woody cover in global drylands. Global Ecology and Biogeography, 23(12): 1408-1416.

Su Y G, Wu Z B, Zhou Y B, et al. 2013. Carbon flux in deserts depends on soil cover type: A case study in the Gurbantunggute desert, North China. Soil Biology and Biochemistry, 58: 332-340.

Tang X L, Zhao X, Bai Y F, et al. 2018. Carbon pools in China's terrestrial ecosystems: New estimates based on an intensive field survey. Proceedings of the National Academy of Sciences, 115(16): 4021-4026.

Tedersoo L, Bahram M, Polme S, et al. 2014. Global diversity and geography of soil fungi. Science, 346(6213): 12566881-12566890.

Tian H Q, Chen G S, Zhang C, et al. 2010. Pattern and variation of C∶N∶P ratios in China's soils: a synthesis of observational data. Biogeochemistry, 98(1-3): 139-151.

Trumper K, Ravilious C, Dickson B. 2008. Carbon in drylands: desertification, climate change and carbon finance. In: A UNEP-UNDP-UNCCD Technical Note for Disscussions at CRICT, Instanbul, Turkey.

Turner N C, Wright G C, Siddique K H H. 2001. Adaptation of grain legumes (pulses) to water-limited environments, in: Sparks,

Advances in Agronomy, 71(1): 193-231.

Valencia E, Maestre F T, Le Bagousse P Y, et al. 2015. Functional diversity enhances the resistance of ecosystem multifunctionality to aridity in Mediterranean drylands. New Phytologist, 206: 660-671.

Wang F, Liang R J, Yang X L, et al. 2002. A study of ecological water requirements in northwest China I : theoretical analysis. Journal of Natural Resources, 17(1): 1-8.

Wang H, Zhou S L, Li X B, et al. 2016. The influence of climate change and human activities on ecosystem service value. Ecological Engineering, 87: 224-239.

Wang H J, Chen Y N, Xun S, et al. 2013. Changes in daily climate extremes in the arid area of northwestern China. Theoretical and Applied Climatology, 112(1-2): 15-28.

Wang L, Delgado B M, Wang D, et al. 2019. Diversifying livestock promotes multidiversity and multifunctionality in managed grasslands. Proceedings of the National Academy of Sciences, 16(13): 6187-6192.

Wang S M, Wan C G, Wang Y R, et al. 2004. The characteristics of $Na^+$, $K^+$ and free proline distribution in several drought-resistant plants of the Alxa Desert, China. Journal of Arid Environments, 56(3): 525-539.

Wang S P, Wilkes A, Zhang Z C, et al. 2011. Management and land use change effects on soil carbon in northern China's grasslands: a synthesis. Agriculture, Ecosystems & Environment, 142(3-4): 329-340.

Wang Y J, Sun Y, Hu T, et al. 2018. Attribution of temperature changes in Western China. International Journal of Climatology, 38(2): 742-750.

Wang Y J, Zhou B T, Qin D H, et al. 2017. Changes in mean and extreme temperature and precipitation over the arid region of northwestern China: observation and projection. Advances in Atmospheric Sciences, 34(3): 289-305.

Woods H A, Makino W, Cotner J B, et al. 2003. Temperature and the chemical composition of poikilothermic organisms. Functional Ecology, 17(2): 237-245.

Xie Z B, Zhu J G, Liu G, et al. 2007. Soil organic carbon stocks in China and changes from 1980s to 2000s. Global Change Biology, 13(9): 1989-2007.

Xue D W, Zhang X Q, Lu X L, et al. 2017. Molecular and evolutionary mechanisms of cuticular wax for plant drought tolerance. Frontiers in Plant Science, 8: 1-12.

Yang Y H, Fang J Y, Ma W H, et al. 2008. Relationship between variability in aboveground net primary production and precipitation in global grasslands. Geophysical Research Letters, 35(23): 1-4.

Yang Y H, Fang J Y, Ma W H, et al. 2010. Soil carbon stock and its changes in northern China's grasslands from 1980s to 2000s. Global Change Biology, 16(11): 3036-3047.

Yu Q, Chen Q S, Elser J J, et al. 2010. Linking stoichiometric homoeostasis with ecosystem structure, functioning and stability. Ecology Letters, 13(11): 1390-1399.

Yu Q, Elser J J, He N P, et al. 2011. Stoichiometric homeostasis of vascular plants in the Inner Mongolia grassland. Oecologia, 166(1): 1-10.

Zhang H, Wang Q, Zhou L. 2014. Study on the artificial revegetation succession law of the deserted quarry of the north of China. In: Legislation, Technology and Practice of Mine Land Reclamation, Taylor & Francis Group, London.

Zhang J, Zhao H, Zhang T, et al. 2005. Community succession along a chronosequence of vegetation restoration on sand dunes in Horqin Sandy Land. Journal of Arid Environments, 62(4): 555-566.

Zhang K R, Dang H S, Tan S D, et al. 2010. Vegetation community and soil characteristics of abandoned agricultural land and pine plantation in the Qinling Mountains, China. Forest Ecology and Management, 259(10): 2036-2047.

Zhang L X, Bai Y F, Han X G. 2004. Differential responses of N: P stoichiometry of Leymus chinensis and Carex korshinskyi to N additions in a steppe ecosystem in Nei Mongol. Acta Botanica Sinica, 46(3): 259-270.

Zhang Y M. 2005. The microstructure and formation of biological soil crusts in their early developmental stage. Chinese Science Bulletin, 50(2): 117-121.

Zhao H L, Zhao X Y, Zhou R L, et al. 2005. Desertification processes due to heavy grazing in sandy rangeland, Inner Mongolia. Journal of Arid Environments, 62(2): 309-319.

Zhou J Z, Deng Y, Zhang P, et al. 2014. Stochasticity, succession, and environmental perturbations in a fluidic ecosystem. Proceedings of the National Academy of Sciences, 111(9): E836-E845.

Zhou X B, Zhang Y M, Niklas K J. 2013. Sensitivity of growth and biomass allocation patterns to increasing nitrogen: a comparison between ephemerals and annuals in the Gurbantunggut Desert, north-western China. Annals of botany, 113(3): 501-511.

撰稿人：安黎哲，邓建明，胡维刚，董龙伟

# 第 41 章 青藏高原生态学研究进展

## 1 引 言

作为地球上一个独一无二的自然地理单元，地球"第三极"青藏高原在晚新生代以来的强烈隆升，形成独特的自然环境和丰富的自然资源，平均海拔超过 4000m。青藏高原独特的自然环境不仅深刻影响着本区域及对其毗邻地区的生物以及生物与环境相互作用而形成的生态系统，而用深刻影响着周边地区气候，一直为科学界所瞩目，成为自然、环境、资源和生态等科学研究的热点和关键区域。

青藏高原具有高、寒、旱的生物环境特征，是亚洲季风区气候变化的敏感区，高寒生态学过程对气候变化和人类活动非常敏感，为全球变化研究提供了天然的实验室（李文华，2017）。青藏高原独特的环境因子及其动态过程，在生物的发生发展及其适应特征方面形成了特有的规律，从而为人类揭示生物和生态系统与环境相互作用的提供一组新的方程（李文华和周兴民，1998）。高原的自然环境和生态系统在全球占有特殊地位，它现今异常活跃的构造运动，强烈地影响着其周边地区人类赖以生存发展的自然环境、资源和能源的配置以及各种地质灾害的发生，认识其分布规律和资源配置模式，为实现高寒地区山水林田湖草的生命共同体提供新的模式与范式。

近半个世纪以来，随着人口增长和人们对美好生活的向往，历来保存完好的生态环境不断受到人类活动的影响和干扰，出现了生态系统退化、物种消失、固液态水失衡和自然环境恶化，保护生命支持系统与可持续利用，已成为青藏高原生态系统迫切解决问题。因此，青藏高原生态学研究不仅对揭示本区域生态学过程、生物多样性形成及其生态系统结构、功能和演化的规律，同时对人类合理保护与可持续利用提供科学数据和支撑。

## 2 青藏高原生态学 40 年发展历程

青藏高原生态学研究针对生物多样性形成、生态功能维持机制、生态系统对全球变化响应和可持续管理等科学问题经历了从朴素认识到机理研究的理论升华，从生物地理格局的科学考察到生态学机理定位研究的范式转变，从个体、群落到生态系统及多学科综合研究的尺度延伸，以及从理论研究到支撑资源有效利用与可持续发展的历史轨迹。其研究的历史发展可分为五个阶段：原始知识积累阶段（19 世纪 50 年代之前）、物种采集鉴定和地理探险阶段（19 世纪 50 年代~20 世纪 50 年代）、单学科考察和群落调查阶段（20 世纪 50 年代~70 年代）、综合调查与生态研究阶段（20 世纪 70 年代~21 世纪初）以及长期监测和全球变化研究阶段（21 世纪初至今）（李文华和周兴民，1998；Li，2017）。近年来，对退化生态系统的恢复和可持续发展的研究越来越受到重视。本节将青藏高原生态学发展历程分为青藏高原生态学萌芽、建立与成长期（20 世纪 70 年代之前）和现代青藏高原生态学时期（40 年以来）两部分介绍，重点介绍近 40 年现代青藏高原生态学的发展。

### 2.1 青藏高原生态学萌芽、建立时期（20 世纪 70 年代之前）

#### 2.1.1 青藏高原生态学建立前期：原始知识积累与农业发展

我国对青藏高原动植物种类及其利用的研究有悠久的历史。考古研究表明：旧石器人群在距今 15000

年之前到青藏高原季节性游猎；新石器人群距今 5200 年后大规模定居到青藏高原海拔 2500 m 以下的河谷地带；距今 3600 年后人类永久定居至海拔 3000 m 以上地区（陈发虎等，2016）。生活在青藏高原的人民在医药、农林、畜牧等方面积累了丰富的传统知识和生态智慧。在 19 世纪以前，已有大量的动植物物种记录，用于农业、医药和资源（Li，2017）。

尽管历史上在农业生产和药用植物等方面积累了不少经验，但对青藏高原的科学研究较为短暂。19 世纪以前，一些藏族医生和僧侣已对青藏高原的植物进行了采集、记载和描述，甚至绘制了彩色附图，至今仍可鉴定出属种。17 世纪初期就有外国人潜入青藏高原进行生物采集和情报收集活动。19 世纪以后，更多的外国人士进入这一地区，进行了广泛的采集和调查，把许多植物种引种到西方，并发表了有关植物区系、自然地理等方面的资料。

### 2.1.2 青藏高原生态学萌芽期：物种采集鉴定与地理探险考察

从 19 世纪下半叶到 20 世纪初，许多欧美探险者对青藏高原进行了大量的动植物采集和鉴定以及地理实地考察（李文华和周兴民，1998；Li，2017）。横断山是东喜马拉雅山脉的主要分支，因其特有的珍稀高山动植物资源丰富而成为研究的重点。包括 Roy Chapman Andrews，George Forrest 和 Francis Kingdon War 在内的探险家们对这一地区进行了广泛的调查和标本收集，其中许多标本后来被引进欧洲。最初的结果发表在游记和植物区系报告中，如英属印度植物志（*Flora of British India*）、西藏植物志（*Flora Tangutica*）、西藏和亚洲高地植物志（*Flora of Tibet and High Asia*）。

同一时期，我国学者对青藏高原的植被进行了初步调查（李文华和周兴民，1998；Li，2017）。西藏僧侣仁增加措（1832～1834 年）和丹增平措（1840 年）在山南一带采集植物标本，对 774 种植物进行了记载和描述。20 世纪初，我国生物学家进入横断山及其邻近地区进行生物标本采集和植被地理调查，作出了开创性的研究贡献（李文华和周兴民，1998；Li，2017）。其中著名的代表有陈嵘、方文培、郑万钧、郝景盛、俞德浚、吴中伦等。20 世纪中叶，胡先骕、王启无、刘慎谔、吴征镒等在四川、云南等地进行了地植物学和生物地理学调查。他们的先驱性工作为之后深入的区系和植被调查奠定了基础并积累了宝贵的资料。

### 2.1.3 青藏高原生态学建立期：单学科考察和群落调查阶段

新中国成立后，在青藏高原进行了大规模系统的多学科科学考察和研究（李文华和周兴民，1998；Li，2017）。如 20 世纪 50 年代，中央文化教育委员会、西南军政委员会农林部、国家森林部先后组织了多次专项和单学科的科学考察。林业部森林综合调查大队、林业部森林经理大队、四川省林业勘察大队、中苏西南森林综合考察队等，对西藏、四川、青海和云南等地的农业资源、草地植被、森林类型和更新、植物病虫害、土壤以及森林等资源的合理开发利用等进行了调查研究，提出了重要的学术见解和实际建议。

同一时期中国科学院组织的珠穆朗玛峰登山科学考察队、青甘综合考察队、西部地区南水北调综合考察队、西藏综合考察队、河西荒地考察队、西藏科学考察队、祁连山考察队、青海海南荒地考察队、青海玉树草场考察队等对珠穆朗玛峰周边、横断山地区、青海、甘肃、西藏等地的生物资源、森林、草地、土壤、地植物学进行了考察研究，为农业、畜牧业生产提供了重要的基础（李文华和周兴民，1998；Li，2017）。同时，还出版了《西藏中部的植被》等多部专著和图集，为进一步开展生态研究提供了有价值的参考。

值得注意的是 1960～1963 年四川省即在米亚罗林区进行了亚高山暗针叶林自然条件、树种生态学特性及更新演替等多方面的定位研究，为这一阶段的深入研究奠定了良好的基础（李文华和周兴民，1998）。

## 2.2 现代青藏高原生态学时期（20世纪70年代至今）

### 2.2.1 现代青藏高原生态学发展期：综合调查与生态研究

为了研究青藏高原的形成和演化，合理利用和管理自然资源，从1973年开始，进行了20多年的综合考察。这些活动可以根据研究领域和内容分为三个阶段（李文华和周兴民，1998；Li，2017）。

1973~1980年期间，对西藏地区进行了高原隆起对自然环境和人类活动的影响的全面、系统和多学科的综合考察（李文华和周兴民，1998）。50多个学科的400名科学家和技术人员参加了这项工作，出版了37部专著和画册。其贡献包括：为西藏地区提供了系统的动植物种类资料，对高原生物区系的组成和演化有了较为深刻的认识；对西藏地区的自然和人工群落的类型、分布规律、生产力和资源的合理开发利用等方面开展了系统研究；为生态系统中环境因素及其与生物因素相互作用的研究打下了坚实的基础；充分体现了综合研究的优越性。

1981~1990年期间，对横断山地区动植物区系组成、起源与演化、自然垂直带的结构及其分异规律、自然保护与自然保护区以及农业资源的评价与合理开发利用等进行了综合调查和研究。300余名科研人员参加，发表了10部专著，填补了高原生态研究的空白。1982~1984年，组织了中国科学院自然资源综合考察委员会组织了南迦巴瓦峰登山科学考察队，考察了喜马拉雅山脉东段的最高峰和世界上最深的峡谷地区的山地生物垂直带谱、森林和野生动植物资源。1987年，对喀喇昆仑-昆仑山地区进行了综合考察，首次揭示了高寒草原和高寒荒漠植被及其包含的生物类型、生物区系及其地理分布格局。1989年，中国科学院青藏高原综合科学考察队，对"一江两河"地区的自然条件、自然资源和社会状况进行了多学科综合考察，提出了建设商品粮、畜产、轻纺和科技示范推广基地的战略目标，以及改变大农业结构、加快畜牧业建设和综合防护林体系、防治荒漠化发展和农畜产品增值等一系列建议和设想。

同时，在印度、尼泊尔和巴基斯坦的邻近地区，一些国外的研究人员，特别是印度和巴基斯坦的学者，开展了大量的青藏高原研究。这些研究主要集中在动植物种群和群落生态学、农林牧业的合理开发利用等方面。德国、日本、法国和美国的学者也到这一地区进行考察，把植物地理学和生态学的研究推进到了更高的水平，对青藏高原的研究具有重要的价值。1979年以后，青藏高原科学研究的国际合作也在我国迅速发展。1980年4月，在北京举行了青藏高原国际学术研讨会，17个国家的300多名科学家参会。国际山地学会、美国、瑞士等国的学者对横断山地区、喜马拉雅地区进行了考察和研究。1983年，在联合国教科文组织的支持下，加德满都成立了国际山地综合发展中心，旨在改善兴都库什-喜马拉雅国家的生计和可持续发展，为青藏高原生态研究是供了一个重要的国际合作平台。

1990~2000年期间，青藏高原的研究是在大规模科学考察所取得重要成果的基础上，围绕国际科学竞争的前沿领域和高原环境与发展的实际需要进行。这一阶段的研究的主题从动植物区系和植物群落的调查转变为生态系统和可持续发展的研究，是青藏高原研究的一次历史性飞跃，是产期科学积累和社会发展需要的结果（李文华和周兴民，1998）。这也标志着青藏高原生态学走向了成熟期。

### 2.2.2 青藏高原生态学学科成熟期：长期生态系统监测与全球变化研究

在这一阶段，中国科学院建立了多个生态研究站，对典型的高山生态系统进行长期的生态监测和研究。1976年成立的中国科学院海北高寒草甸生态系统定位研究站，1988年成立的中国科学院贡嘎山森林生态系统定位研究站，1993年成立的中国科学院拉萨农业生态系统定位研究站，促进了对青藏高原不同生态系统的系统研究。进入21世纪以来，青藏高原生态监测研究站得到了迅速发展。2013年，中国高寒区地表过程与环境观测研究网络（简称"高寒网"）组建了17个高原生态研究站，旨在对高原环境变化进行长期监测，研究高原生态系统结构和服务功能，促进高原生态安全屏障建设和社会经济可持续发展。

在制定高寒生态系统长期监测和研究规划的同时，实施了一系列国家级研究项目，解决了高寒地区的重点生态问题。"青藏高原形成演化、环境变迁和生态系统的研究"揭示了高原生态系统的结构、功能和演化分异。该项目表明，青藏高原不仅是全球生物多样性中心，也是生物进化中心。

青藏高原作为气候变化最敏感的地区之一，生态系统的响应与适应成为一个重要的科学问题。开展了"青藏高原的形成和演化及其对环境和资源的影响"、"青藏高原环境变化对全球变化的响应及其适应对策"和"青藏高原气候系统变化及其对东亚区域的影响与机制"等重大项目。2012 年，中国科学院战略性科技先导专项（B 类）"青藏高原多圈层相互作用及其资源环境效应"集中在关键生态过程对全球变化的敏感性及其对高原环境的影响。国家级科研项目的实施和高寒生态系统研究的快速发展，造就了一大批关于高寒地区的高质量科学论文和专著。这些成果提高了我们对青藏高原的认识，促进了青藏高原生态学研究在全球的影响。

**2.2.3 青藏高原生态学学科繁荣期：国家公园建设和第二次青藏高原综合科学考察和研究**

当前阶段，青藏高原以国家公园为主题的自然保护地体系建设、第二次青藏高原综合科学考察和研究，将青藏高原生态学研究引入了全新的繁荣期。目前，青藏高原生态学研究更加聚焦于量化辨识气候变暖和人类活动对生态系统的贡献，以及高原生态系统对气候变化的反馈作用。注重加强生态系统生态学、自然地理学、环境科学、遥感等多学科、多技术、模型融合的交叉与集成综合研究，服务于对气候变化的适应及生态-社会系统的可持续发展。

2016 年开始，国家重点研发计划"典型脆弱生态修复与保护研究"青藏专项在藏北、川西北、三江源和祁连山地区开展，主要研究全球变化及人类活动对青藏高原典型生态系统结构和功能影响与响应机理、主要江河源区草地沙化变化规律、生态系统退化的驱动机制及自然和人为的相对贡献率；区域草地畜牧业生产结构及方式优化的适应性管理原理及途径，构建青藏高原普适性生产和生态功能提升的综合管理模式并进行跟踪评价，提出相关解决途径。旨在揭示退化生态系统恢复、功能提升及其与生产力提高的协同机制和土-草-畜多要素相互关系及作用机理等科学问题；解决高寒退化生态系统人工促进恢复与近自然恢复技术联合应用，高寒草地草畜营养平衡及时空耦合利用技术，生态牧业优化及生态衍生产品培育技术，恢复技术和生态产业功能提升的信息化表达等重大关键技术问题。

# 3 40 年来青藏高原生态学研究热点词汇分析

## 3.1 论文数量、出版机构和期刊的概述

在 web of science 平台检索 SCIE 和 CSCD 文献数据库，检索到关于青藏高原生态学的 SCIE 收录论文 1933 篇，时间跨度为 1979～2018 年。检索到 CSCD 收录期刊论文 1285 篇，时间跨度从为 1989～2018 年。利用 Thomson Data Analyzer（TDA）、excel 等分析工具进行了文献数据挖掘和分析。在过去的 40 年中，生态学期刊的论文量持续增长（图 41.1a）。自 2001 年开始，科研产出的论文数量始终保持着高速稳定的增长（图 41.1a）。在青藏高原生态学研究较多的国家有中国、印度、美国、德国等，关注的研究机构主要有中国科学院、兰州大学、北京大学等。在国外，*Ecology and evolution*、*Biological conservation*、*Biochemical systematics and ecology*、*Global change biology* 和 *Tropical ecology* 等期刊中刊出的研究论文数量高于其他期刊；在国内，《生态学报》出版的论文数量远远多于其他国内期刊。

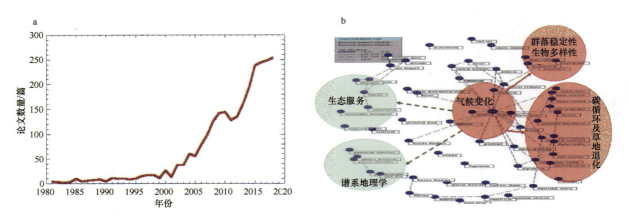

图 41.1　近 40 年青藏高原生态学研究相关论文年度分布情况和研究热点
a：相关论文年度分布；b：研究热点关联网络

### 3.2　青藏高原生态学研究生态研究的知识结构

通过关键词共现网络，以相对简洁的形式描述了青藏高原生态学研究论文中关键词之间的复杂关系（图41.1b）。一般来说，青藏高原生态学的知识结构在过去40年中比较集中，主要的研究热点涉及生态安全，以高寒草甸为对象，探究在气候变化和人为干扰（放牧）背景下的生物多样性、群落结构、物种丰富度的变化和碳循环、延伸到谱系地理学和生态服务（图41.1b）。此知识结构与美国一样，集中在一个主要主题经典理论生态学研究（Huang et al.，2018），而区别于我国生态学研究。我国生态学研究有两个主要主题，一种是以生物多样性和群落结构为核心的保护生物学；另一种是以农业生产为核心的应用生态学（Huang et al.，2018）。

### 3.3　青藏高原生态学研究不同时期热点关键词

在过去40年的青藏高原生态学研究关注点上表现出明显的特征（表41.1）。这里主要用关键词度来衡量一个关键词的流行程度。青藏高原生物研究中最受欢迎的关键词是"气候变化"，出现324次，40年来共出现1494个独特关键词。关键词"高寒草甸"位居第二，其次是"物种丰富度"、"生物多样性"、"生物量"和"遥感"等（表41.1）。由于1988年前关于青藏高原生态学研究出版的论文数量比较少（图41.1a），分析不同时期最流行的关键词时，不考虑1988年以前的研究论文，在此将后30年分为三个时期，在最初的十年里，"保护"和"生物量"是最流行的关键词（表41.2）；在第二个十年，最关注的关键词是"气候变化"、"保护"和"生物多样性"（表41.2）；在近十年来，"气候变化"仍然居首位，"高寒草甸"越来越受到关注，并跃居榜单前二位。总的看来，近40年青藏高原生态学研究关注点从"生态保护"转向"生态安全"，这可能与国家的战略需求有关。

表 41.1　近 40 年青藏高原生态学研究的前 20 个热点关键词

| 序号 | 关键词 | 数量 | 共显记录数量 | 序号 | 关键词 | 数量 | 共显记录数量 |
| --- | --- | --- | --- | --- | --- | --- | --- |
| 1 | 气候变化 | 324 | 270 | 11 | 高寒草地 | 45 | 45 |
| 2 | 高寒草甸 | 140 | 120 | 12 | 遗传多样性 | 44 | 33 |
| 3 | 物种丰富度 | 90 | 106 | 13 | 草地 | 41 | 49 |
| 4 | 生物多样性 | 87 | 84 | 14 | 放牧 | 41 | 59 |
| 5 | 生物量 | 83 | 93 | 15 | 谱系地理学 | 40 | 21 |
| 6 | 保护 | 73 | 67 | 16 | 海拔 | 37 | 26 |
| 7 | 遥感 | 58 | 37 | 17 | 系统发育 | 27 | 17 |
| 8 | 碳循环 | 55 | 44 | 18 | 生物地理学 | 24 | 16 |
| 9 | 群落结构 | 54 | 71 | 19 | 分布 | 24 | 17 |
| 10 | 土壤有机碳 | 46 | 53 | 20 | 生态系统服务 | 22 | 22 |

表 41.2　近 40 年青藏高原生态学研究不同时期的前 10 个热点关键词

| 1989~1998 年 | | 1999~2008 年 | | 2009~2018 年 | |
| --- | --- | --- | --- | --- | --- |
| 关键词 | 频度 | 关键词 | 频度 | 关键词 | 频度 |
| 保护 | 8 | 气候变化 | 50 | 气候变化 | 271 |
| 生物量 | 8 | 保护 | 25 | 高寒草甸 | 122 |
| 生物多样性 | 3 | 生物多样性 | 25 | 物种丰富度 | 69 |
| 物种丰富度 | 3 | 物种丰富度 | 18 | 生物多样性 | 59 |
| 气候变化 | 3 | 高寒草甸 | 18 | 生物量 | 58 |
| 分布 | 2 | 生物量 | 17 | 群落结构 | 49 |
| 种群结构 | 2 | 遥感 | 15 | 碳循环 | 47 |
| 系统发育 | 2 | 放牧 | 10 | 遥感 | 43 |
| 放牧 | 2 | 草地 | 9 | 保护 | 40 |
| 群落结构 | 2 | 土壤有机碳 | 8 | 遗传多样性 | 39 |

## 4　近年来青藏高原生态学研究现状及进展

### 4.1　青藏高原生物多样性形成和维持机制

#### 4.1.1　青藏高原环境变化与植物区系多样性形成

青藏高原及其周边地区分布着大量的特有种，是古代物种保存和分化的中心，也是生物多样性热点地区之一（Myers et al.，2000；Liu et al.，2012）。青藏高原推迟了有花植物的分化，同时具有比中国东部更年轻的草本植物系统发育，认为中国西部是草本被子植物的摇篮（Lu et al.，2018）。高原隆升及冰期气候波动造就了两个物种种间分化和种内居群，每一个物种的进化史都有其独特性，甚至在一些亲缘关系很近的物种之间也会有差异（Gulzar et al.，2018）。分布于青藏高原地区的植物，在冰期得以存活于避难所中，在间冰期发生扩张及分化。一些物种可能在冰期撤退到未有冰盖覆盖的青藏高原边缘地区，并在间冰期扩张到高原台面上（Zhang et al.，2005；Chen et al.，2008；Sheng et al.，2008）；一些耐寒物种在冰期可以存活于高原台面上的多个避难所中（Wang et al.，2009；Jia et al.，2012；Gulzar et al.，2018）；一些物种［如：肉果草（*Lancea tibetica*）］整个分布范围内并没有检测到大规模居群扩张，地理隔离和气候因子变化导致了这些物种内遗传多样性分化（Xia et al.，2018）。

#### 4.1.2　青藏高原环境变化与动物区系多样性形成

青藏高原隆升促使了物种进化和扩散，然而，目前发现的高原物种分化仍处于属级水平（蒋志刚，2018）。新近纪青藏高原哺乳动物适应辐射与第四纪的冰期动物群以及青藏高原和北极的现代耐寒动物演化的关系（Wang et al.，2015），认为高原隆升、气候波动和冰期、间冰期循环都对该区域物种产生了影响，其中冰期、间冰期循环产生的影响最大。关于青藏高原的动物从何而来，目前有"演化说"和"填充说"（冯祚建等，1986）。持"演化说"的学者认为青藏高原的动物起源于高原，在高原演化至今；而持"填充说"的学者认为当青藏高原隆升后，青藏高原四周的动物扩散到高原，填充了这块原本是空白的生境。从青藏高原有蹄类的演化（Lei et al.，2003；Chen et al.，2012，2015；Wang et al.，2015）、青藏高原沙蜥属进化（Jin and Liu，2008）和裂腹鱼裸鲤属生态物种形成（Tong et al.，2015；Tong and Zhao，2016）来看，现有生物学证据支持"演化说"，而通过构建的系统树显示牦牛与野牛属（Bison）的证明牛属的祖先可能随着青藏高原的隆升而扩散，也可能野牦牛的祖先在青藏高原隆升的某一阶段扩散到现在的青藏高原地区（蒋志刚等，2018）。高山倭蛙（*Nanorana parkeri*）是青藏高原特有的两栖动物，认为距离冰期避难所的距离远近决定着和调节着种群遗传多样性（Hu et al.，2019）。青藏高原物种形成和演化，是在青藏高原不断的地质活动和气候变化等自然选择的结果，不同的物种在地质活动和气候变化过程中形成各自的生存、演化的策略，造就了目前丰富的生物多样性。

### 4.1.3 青藏高原草地生物多样性维持机制

在当代物种共存理论框架下，物种间的差异被划分为两类综合性的抽象差异——生态位差异和平均适合度差异，前者促进物种共存，对应稳定化机制；后者导致竞争排除，对应均等化机制（储诚进，2017）。对于稳定的物种共存而言，生态位差异越大越好，而平均适合度差异则越小越好（储诚进，2017）。物种通过调控对生境资源的利用策略，来维持自身的生命力。在青藏高原生物物种通过生态学形状〔如：植物（赵娜等，2016）；鸟类；青海沙蜥（Jin and Liu，2008）〕与植物生长的不同性（Ives and Carpenter，2007；Loreau and de Mazancourt，2008；Ma et al.，2017）来占据自身生态位，增加在群落中的生态位分化度，适应不断变化的生境，维持生态功能。Meta 分析证实青藏高原高寒草地生产力并不像以前认为的对气候变化极其敏感，高寒草地植物物种多样性在气候变化下生产力维持过程中起着关键作用（Liu et al.，2018）。青藏高原草地生物多样性维持是在生态学形状、资源利用策略和植物生长不同性的三维生态位上调整相关特性来实现。

### 4.1.4 青藏高原草甸物种多样性与生产力关系

青藏高原自然放牧高寒草甸生态系统中物种丰富度与地上生物量呈现"S"形曲线关系（刘哲等，2015），当物种丰富度低于 12 种时，地上生物量随物种丰富度的升高增长缓慢；当物种丰富度在 12 种到 19 种之间时，地上生物量随物种丰富度的升高快速增加；当物种丰富度大于 26 种时，群落的地上生物量（生产力）逐渐趋于稳定。大量研究已证明，放牧强度和频率直接影响草地植物群落结构和植物多样性（赵新全，2011；Cao et al.，2015；Jiang et al.，2016），进而影响家畜生产力、草地恢复力和稳定性。当放牧强度处于中等水平（轻度或中度）时，物种丰富度大于 26 个种，此时地上生物量（生产力）最大，生态系统处于稳定状态；但当放牧强度处于重度或过度水平时，物种丰富度小于 12 个种，生态系统大部分物种丧失，地上生物量降低，开始出现退化趋势。为了保护高寒草甸群落结构稳定，物种丰富度应大于 26 个种（刘哲等，2015），并且进行适度利用。

## 4.2 青藏高原生态系统对全球变化的响应及反馈

### 4.2.1 青藏高原温度变化特征

青藏高原区域变暖速率高于世界上其他高山，年平均变暖速率约为 0.16℃/10a，冬季平均变暖速率约为 0.32℃/10a，超过了同期北半球和同一纬度带的变暖速率（Liu and Chen，2000）。同时，Liu 和 Chen（2000）指出随着海拔的升高，地表温度有明显的上升趋势。人们似乎一致认为，高海拔地区的变暖速度比低海拔地区快（Langen and Alexeev，2007；Screen and Simmonds，2010；Rangwala and Miller，2012）。然而，Du 等（2019）发现在青藏高原在同一纬度、同一区域内海拔越高不一定变暖速率就越大，反之越慢。尤其在中纬度地区（30°N～35°N），气候变暖速率显著降低。高纬度变暖速率（37.626°N，0.31℃/10a）高于低纬度变暖速率（30.53°N，0.23℃/10a）（Du et al.，2019）。由此，高海拔变暖速率高不是一个普遍的变暖模式，至少在青藏高原区域中。

### 4.2.2 全球变化与陆地生态系统研究中的长期控制实验

近年来，国内外研究者采取了不同的技术和手段，试图探讨气候变化对草地生态系统的可能影响。但总的来说，全球变暖与陆地生态系统研究中的野外增温实验方法大体可以分为两大类：主动增温和被

### 4.4.2 青藏高原生态系统服务功能主要作用

青藏高原被誉为亚洲水塔,是世界多条大江大河的发源地。青藏高原生态系统的碳固定、土壤保持、水源涵养、栖息地保护等生态系统服务功能对中国和亚洲人类生活具有重要的影响。作为评估生态系统服务功能的关键指标,青藏高原植被变化一直备受关注(于伯华等,2009)。我们应从分析青藏高原生态系统服务功能特征及其生物组分协调机制出发,认识青藏高原生态系统维持与适应性管理对策。

(1)调节大气成分的功能:青藏高原不同草地类型通过单位面积的生物量及年净生物生产量对二氧化碳的固定、释放有不同作用。方精云等对我国陆地生态系统不同生态系统类型生物量及生产力的估算结果,其中青藏高原森林生态系统面积占 217823.55km$^2$,净初级生产力总量为 126.603t/(hm$^2$·a),年生物总量为 2.39×10$^8$t/a,固定的 $CO_2$ 总量为 3.895×10$^8$t/a,折合纯碳量为 1.061×10$^8$t/a。青藏高原草地生态系统面积占 1287230 km$^2$,年生物总量为 6.881×10$^8$t/a,固定的 $CO_2$ 总量为 11.034×10$^8$t/a,折合纯碳量为 3.014×10$^8$t/a。青藏高原不同生态系统年 $CO_2$ 固定量总计 15.391×10$^8$t/a,青藏高原不同生态系统年释放 $O_2$ 量总计 11.180×10$^8$t/a。青藏高原空气稀薄,氧含量只有平原地区 50%~70%(鲁春霞等,2004)。

(2)涵养水源的功能:青藏高原不同生态系统年涵养水源量为 2621.399×10$^8$m$^3$,经济价值为 1750.308×10$^8$RMB。草地的蒸发散量占降水量的比值低于林地和灌丛(周晓峰等,2001)。

(3)森林净化功能:植物不仅可以吸收大气中的有害气体还带有滞尘功能,粉尘也是大气污染的主要物质,所以,对青藏高原生态系统来说,森林生态系统为环境的改善作出了巨大的贡献。经计算青藏高原森林生态系统吸收 $SO_2$ 总量为 0.0406×10$^8$t,这样就可以使得国家降低削减 $SO_2$ 的成本为 600$/t。

(4)青藏高原生物多样性经济价值的综合评估:综合青藏高原生态系统的功能,可估算出部分生态服务价值,调节大气服务间接使用价值分为两类:固碳价值 1071.058×10$^8$RMB(采用造林成本法),释氧价值 8944.00×10$^8$RMB(影子价格法)。涵养水样间接使用价值 1744.00×10$^8$RMB,森林净化间接使用价值 255.488×10$^8$RMB(鲁春霞等,2004)。

由此来说,生态系统服务功能总结来说就是"三生"服务功能,而青藏高原生态系统服务功能体现在 3 个方面,即生态功能,生产功能,生活功能,其中生态是基础,这是生态系统所固有的;生产是手段,可以影响到生态系统服务功能发生改变的触发点;生活是目的,主要取决于生态功能和生产功能的平衡关系和管理状况。在青藏高原生态系统中,生态属性主要表现在气候调节,水源涵养,生物多样性保育等(Costanza et al.,1998;龙瑞军,2007),高原特殊的地理和气候环境条件,孕育了很多独特的动植物和微生物资源,物种多样性丰富,使得生态系统功能更好地发挥作用。青藏高原生态系统的生产功能在过去的几十年里一直支撑着人类生活,经济和区域发展的重要基石,而社会属性是生活功能的具体反映,也是对生态功能和生产功能的有效评估。主要体现在不仅为人类提供了物质基础、经济来源;还可以为人类提供相应的知识,经验技术。

### 4.4.3 青藏高原生态系统服务功能维持机制

青藏高原生态系统对人类经济社会可持续发展有着一定的制约性,所以为了使青藏高原生态系统服务功能继续稳定的维持下去就应该更准确的对其进行准确定位,发挥其最大效应,进而谋求高原发展策略。

(1)生物多样性:青藏高原由多种生态系统组成,包括草地,湿地,荒漠及森林四种类型。从物种多样性来看,青藏高原维管束植物 12000 种以上,占全国维管束植物总种数 40%;鱼类 152 种;陆栖脊椎动物 1047 种。虽青藏高原物种多样性丰富,但在已列出的中国濒危及受威胁的 1009 种高等植物中,青藏高原有 170 种以上,在已列出的中国濒危及受威胁的 301 种陆栖脊椎动物中,青藏高原已知有 95 种(杨博辉等,2005)。不断积累的证据表明,生物多样性丧失会降低生态系统的功能和服务(Ma et al.,2001;

Hooper and Ewel, 2005; Balvanera et al., 2006)。

（2）土壤和水：青藏高原的生态环境十分脆弱，一旦其生态环境遭到破坏，极难恢复。青藏高原的生态环境面临严重的问题：多年冻土消融加剧，高寒草甸与草原植被退化，水土流失加剧，土壤沙漠化发展迅速（王根绪等，2001）。通过分析青藏高原河流泥沙资料，对土壤侵蚀强度的区域及水土流失的年内变化进行了研究。研究表明，不同区域间区内输沙模数差异性较大，输沙模数的大小主要决定于降雨条件和地表覆盖（其中包括地表物质组成和植被覆盖）。青藏高原地区水土流失在一年中较为集中，7、8月份输沙量占全年的65%左右，6~9月份输沙量占全年的90%左右（罗利芳等，2004）。而青藏高原生态功能保护区水源涵养功能在不同时段的变化也有很大差异。通过模拟分析1981~2100年SRES A2情景下的水源涵养功能动态变化得出，长江源区西北部水源涵养功能明显减弱，在SRES A2情景下相对基准时段基本上下降了10%~20%，长江源区大部分地区水源涵养功能下降10%。黄河源区在SRES A2情景下，水源涵养功能相对增强。若尔盖区水源涵养功能的变化基本不存在空间差异。雅江源区水源涵养功能多为减弱。未来气候变化对各青藏高原生态功能保护区水源涵养功能的影响存在较为明显的空间差异，这对生态功能区的保护提供一定的科学参考（尹云鹤等，2013）。

（3）生态文明建设：强化人们对高原生态系统服务价值的认同和取向，让全社会都提高维护自然生态系统的自觉性。长期以来，我国对生态系统服务功能价值缺乏研究，导致公众对此不够重视。近年来，随着生态系统价值评估不断地扩大化，为资源可持续利用提供了相应的科学依据，有助于人们对生态系统服务价值的深入了解，并使得民众承担起相应的责任，从而奠定了高原生态保护的社会基础。青藏高原三江源试验区生态服务功能价值为3530.16亿元，2012年三江源地区生态总之为240.29亿元，生态价值为生产总值的14.7倍。详细分析得出，草地为4209.03元/ha，生态服务功能每年价值1179.37亿元；林地为11097.42元/ha，生态服务功能每年价值为林地247.65亿元；湿地（沼泽、河流和湖泊）为50 005.9元/ha，生态服务功能每年价值为湿地2 079.65亿元；农田为4341.2元/ha，其他地类为371.4元/ha，生态服务功能每年价值为23.48亿元（张贺全，2014）。

## 4.5 青藏高原放牧生态系统可持续管理

### 4.5.1 青藏高原放牧生态系统可持续管理原理

（1）放牧管理是放牧生态系统可持续管理的核心：青藏高原草地放牧活动发生在全新世的早期（Guo等，2006），高寒草地是长期放牧下形成的偏途顶级群落，放牧管理是放牧生态可持续管理的核心。大量研究表明合理放牧有助于维持较高的草地初级生产及物种丰富度（赵新全，2011；Zou et al.，2014；董全民等，2014），可减轻气候变暖引起的负面效应（赵亮等，2014）。对于高寒草甸来说，物种丰富度大于26时，具有较高的生产力和稳定的群落结构（刘哲等，2015）。

（2）放牧生态系统利用和恢复治理原理：对于未退化天然草地要进行适度放牧，遵循"取半留半"的放牧原理，一般采取分区轮牧管理措施，草地利用率在45%~50%左右，放牧强度在0.68~2.52羊单位/$hm^2$（赵新全，2011），保持物种多样性，维持碳汇功能。对于轻、中度退化草地遵循"保原增多"的草地治理原理，一般采取围封和补播措施，即保持原有物种，增加牧用型物种，提高其物种多样性，增强生态系统的光利用效率（赵亮等，2014）。对于黑土滩退化草地属于极度退化草地，不仅经济利用价值和生态服务功能很差，而且丧失了自我修复和更新的能力。一般采取建植人工草地措施。根据草地和土壤退化程度以及当地气候和地形等条件，遵循"分类治理"原理（赵亮等，2014）。建植人工草地更应该注意其多样性，增强草地稳定性，增加生产功能同时也增强了生态功能（Zhao et al.，2015）。

（3）区域可持续管理原理：在青藏高原季节性草-畜供需失衡是制约高寒草地放牧生态系统可持续发展的瓶颈（赵新全，2011；Zhao et al.，2018）。基于高寒纯牧业区、农牧复合区和河谷纯农业区的分异特征和时空相悖性，制定天然高寒草甸合理放牧利用和农牧复合区放牧家畜季节性营养平衡对策，利用高寒牧区"三区功能耦合理论"，通过资源的时空互补，解决季节性草-畜供需失衡问题（Zhao et al., 2018）。

### 4.5.2 青藏高原放牧生态系统可持续管理技术和发展模式

（1）天然草场季节放牧优化配置技术：基于高寒地区天然草地中度放牧利用原则，结合放牧家畜数量、天然草场面积和健康状况，5月～6月实施天然草地返青期休牧技术，休牧期内对放牧家畜进行圈养舍饲；暖季7月～10月将放牧家畜转至夏秋草场进行合理放牧，冷季11月至翌年4月于冬春草场进行放牧补饲。

（2）退化草地恢复技术：针对不同等级的退化高寒草地，研发出综合配套技术（赵新全，2011）。轻度退化高寒草地采用减轻放牧压力为主的近自然恢复技术；中度和重度退化高寒草地采用免耕补播和有害生物防控为主的半自然恢复技术；极度退化高寒草地采用植被重建为主的人工恢复技术（表41.4）。建植人工植被依据立地条件、水热条件、牧草生长过程和特征，提出分段式人工草地持续利用规范，即：建植后第1年禁牧；第2年生长期（5～10月）禁牧，枯草期进行放牧，牧草利用率为70%～90%；第3年以后，牧草返青期（5～6月）禁牧，生长期放牧，牧草利用率为40%～50%，枯草期放牧，牧草利用率为70%～90%。

表41.4 不同等级退化高寒草地恢复技术措施

| 退化高寒草地等级 | 恢复技术 | 措施 |
| --- | --- | --- |
| 轻度退化高寒草地 | 近自然恢复技术 | 合理轮牧 |
| | | 有害生物防治+禁牧 |
| 中、重度退化高寒草地 | 半自然恢复技术 | 有害生物防治+施肥+禁牧 |
| | | 毒草防除+施肥+禁牧 |
| | | 有害生物防治+免耕补播+施肥+禁牧 |
| 极度退化高寒草地（黑土滩） | 人工恢复技术 | 鼠害防治+刈牧型人工草地 |
| | | 鼠害防治+放牧型人工草地 |
| | | 鼠害防治+生态型人工草地 |

（3）生产模式：草地资源经营置换模式，在海拔4000m以下，降水400mm以上的严重退化草地或者退耕还林（草）地，以退化生态系统恢复为主要目的建植多年生人工植被，至少可提供给家畜的可食牧草量相当于天然草地的20倍，特点是：减轻天然草地放牧压力，增加生产效率。此模式也被俗称为"以地养地模式"；羔羊快速营养均衡养殖模式，包括324快速出栏模式和624快速出栏模式。324快速出栏模式是在冬羔产区，当年羔羊在越冬前经过3个月的舍饲营养均衡养殖，可达到传统自然放牧情况下2岁羊（24个月）体重，达到出栏标准。624快速出栏模式是在冬羔产区，当年羔羊在出生后经过6个月的舍饲营养均衡养殖，可达到传统自然放牧情况下2岁羊（24个月）体重，达到出栏标准。该模式基于草地资源经营置换模式建立的充足的饲草资源，在农牧交错区与河谷农业区广泛应用，充分发挥了时空互补、资源互作、资本激活等效应，通过放牧+舍饲或纯舍饲进行营养均衡养殖，加快出栏，减轻冬春草场放牧压力，达到了减压增效的目的，经济收益和生态效益共赢。

### 4.5.3 青藏高原放牧生态系统可持续管理实现途径

三区耦合模式是实现青藏高原放牧生态系统可持续管理的有效途径。以区域草产业为纽带，依据生态学的理论，运用"三区功能耦合理论"，充分考虑区域各个生产单元的功能、结构特点和自然条件，激活典型草地牧业区、农牧交错区和河谷农业区的物质、能量和信息流动，合理配置，科学规划，恢复草地牧业区生态功能、发展农牧交错区舍饲畜牧业、调整河谷农业区的产业结构（赵新全，2011），形成区域内草地资源的合理利用和饲草资源合理配置的草产业（Zhao et al.，2018），发展"治理-种草-养畜-销售"为核心的生态衍生产业。纯牧业区重点实施牦牛和藏羊放牧繁育，农牧交错区建设优良饲草基地、河谷农业区高效利用农副产品资源（赵新全，2011）。以农牧交错区饲草料生产基地为依托实现经营方式由粗放经营向集约经营转变、饲养方式由自然放牧向舍饲半舍饲转变的生态畜牧业。推广天然草地"用半留半"模式、草地资源经营置换模式和"家畜两段饲养模式"3个生态畜牧业生产模式。

## 5　青藏高原生态研究发展趋势

### 5.1　青藏高原生态学研究特点与存在的问题

#### 5.1.1　青藏高原生态学研究特点

（1）研究主题在时间、空间和理论3个尺度特征比较明显。过去40多年，青藏高原生态学研究主题，从经典（如：物种分布、生态系统功能和结构、食物网、生活史）到现代（如：气候变化、人类活动的影响），从微观尺度（如：细胞生物学、微生物生态学）到宏观尺度（如：生物地理学、长期变化趋势），从理论层面（如：承载能力，竞争）到实际应用（如：管理和政策）。虽然青藏高原生态学建设历史较短，初期这些研究主题的发展还是落后于美国生态学会的研究，但学习速度较快，近年来与发展趋势保持同步。来自不同国家的生态学家在不同的时间和地点开始了青藏高原生态学的研究，但他们的共同目标是用他们的知识回答青藏高原生态学关键问题。

（2）经典研究主题关注随着时间推移关注力下降而微观和宏观主题有所上升。经典主题的在文献中相对频率降低，而宏观、微观和应用主题则随着时间的推移而增加。微观主题（如：遗传学、细胞生物学、微生物生态学）、宏观主题（如：物种分布、气候变化、生态系统演替及进化）和应用研究（如：管理和政策、人为影响）正变得越来越普遍。相反，许多经典生态学主题（如承载力、竞争、发展、干扰、食物网、生命史、季节趋势、生存）和植物相关主题（如森林、草食、植物生理学、植物繁殖、植物结构和生产力）集中在前20年。在近20中，区域、个体或种群（如：生活史、生存能力、竞争）等主题关注力有所下降。

（3）通过经典研究主题向边缘发展和扩散。经典主题（诸如：食物网、发展生态学和群落过程）仍处于研究主题核心，在遥感、信息技术、测序等新技术的支撑下，向边缘的现代主题发展（图41.1b），如：遗传学、微生物生态学和生物地球化学，这些主题曾经被认为是独立的学科，已经进入了青藏高原生态学研究范畴，表明生态学现在包含了各种亚领域。过去10年中，生态模式和过程的研究在综述和主要文章关注频度高度优先，而地层学和季节性趋势有所下降，特别近年来，生物地球化学、气体通量等研究主题越来越普遍。

（4）建模已成为现代生态学中的高频主题。建模是一种应用于几乎所有子学科的工具，其频率最高，已处于研究主题空间的中心，主要用于复杂数据集的统计、分析、预测和预报等。另外，与建模有关主题尺度值得注意，其同样现代生态学关注核心，它在2014年被生态学家评为最重要的概念（Reiners et al.，2017）。在任何生态研究的设计中，时间和空间尺度都是固有的考虑因素，对明确生态模式和过程发生的尺度的考虑和描述变得越来越重要（Chave，2013）。

#### 5.1.2　青藏高原生态学研究存在的问题

现代青藏高原生态学研究经历了近半个世纪的发展，取得了丰硕的成果，同时也存在着许多的问题。主要分为以下几个方面：

（1）缺乏长时间研究积累：由于现代青藏高原生态学研究主要发端于 20 世纪 70 年代的综合考察，侧重于研究青藏高原的形成和演化，合理利用和管理自然资源。然而缺乏的整个青藏高原面上的生物多样性形成和维持、生态系统结构和功能演变的长时间序列数据积累。自 21 世纪初，青藏高原生态学研究建立了多处长期的全球变化监测和控制实验，为青藏高原生态学研究带来了新的生机。然而由于研究方向变化、人员和机构更替、维持成本较高和研究经费不足等多方面的原因，一些具有很高价值的长期控制实验无法持续。

（2）缺乏大尺度研究网络：由于青藏高原高、寒、旱的环境特征，形成了高的空间异质性。为了得出青藏高原普适性的生态学规律，就需要针对不同的生态系统类型和环境特征分别进行个性化研究，并组成大尺度研究网络。然而，当前，分散的个性化研究较多，仍未形成大尺度研究网络。

（3）缺乏生态-社会系统的综合性研究：我国对青藏高原动植物种类及其利用的研究有悠久的历史。考古研究表明，距今 15000 年之前，人类就开始了对青藏高原动植物和草地资源的利用（陈发虎等，2016）。生活在青藏高原的人民与这里的环境形成了密不可分的生态-社会关系。近半个世纪以来，人类发展与生态保护已成为青藏高原生态系统迫切解决问题。而当前青藏高原生态学研究着重于揭示了本区域生态学过程、生物多样性形成及维持、生态系统结构、功能和演化的规律，缺乏对自然-生态-社会-经济系统的综合性研究。

## 5.2 青藏高原生态学研究发展趋势

### 5.2.1 量化辨识气候变暖和人类活动对生态过程的作用及其应对

在过去几十年，虽然气候变化与人类活动对青藏高原生态过程影响的已进行了大量研究和预判，但在全球变化背景下此问题仍然是科学界非常关注的问题。已有研究表明，未来 5 年的变暖趋势，由于人为活动引起的变暖和自然变化，2018~2022 年将是异常温暖的时期，极端温度出现的可能性增加（Sevellec and Drijfhout，2018），致命的热浪可能会超过农民能承受的水平（Kang and Eltahir，2018），洪水会变得更加频繁（Zhang et al.，2018）。随着气温升高 1.5℃，洪水造成的人类损失可能会增加 70%~83%，直接经济损失将增加 160%~240%。随着气温升高 2℃，死亡人数将比 1.5℃时增加 50%，直接经济损失增加 1 倍（Dottori et al.，2018）。这些问题直接威胁着国家生态安全和阻碍着人民生活水平的提高。因此，量化辨识气候变暖和人类活动对生态过程的作用及其应对仍然是青藏高原生态学研究所关注的问题，主要进行物种及其数量、植被分布格局和变化，物种衰退及恢复的遗传学机制，物种生态适应策略及物种间级联关系，陆气相互作用及其水资源效应，冻土变化及其对植被的影响和生态系统功能对全球变化的响应和反馈等科学问题。另外，针对保护生命支持系统和可持续利用等区域发展问题，主要进行植物物种及药材资源保护及利用技术、草地资源合理利用技术、草食野生动物与家畜平衡途径及范式和绿色发展路径及可持续管理模式与示范等技术与模式的研发与创建。

### 5.2.2 基于大数据分析和新技术运用的多学科交叉融合生态学研究

全球生态研究正在偏向依赖大型、复杂数据集和专业技术的领域方向（Huang et al.，2018；McCallen et al.，2019），对大数据、大数据分析工具和先进的监测工具非常依赖。近十年生态学前沿研究集中在大数据的挖掘和新方法及新技术应用，技术进步（如：遗传学研究的全基因组测序、用于监测地球生态系统的航空和卫星传感器）和统计改进（如：贝叶斯建模、机器学习）为生态学家提供了快速生成大量新数据种类的工具，并以超出几十年前计算和统计能力的方式来分析数据。丰富的复杂大数据和先进的分析能力的实用性已经将生态学转向了数据驱动的多学科融合的科学，生态学发展进入新时代。在可视化、描述和数据分析中，不是仅仅描述自然界中的变化过程和模式，并且已经成为理解基础生态学过程和机制的重要基石（Grimm et al.，2017）。因此，这些新技术、数据源和分析技术为生态学家进一步提高他们的科学水平提供了途径，基于大数据分析和新技术运用的多学科交叉融合生态学研究是今后发展的必然趋势，主要进行星-空-地一体化监测及数据融合技术研发、生态评估与风险预警模型构建、生态环境监测技术保障体系建立和生态承载力和质量变化数据共享及展示平台建设，开展数字青藏高原计划和基因组计划。

### 5.2.3 "教育-研究-资助"三位一体的人才培养和技术革新计划

归根结底，科学的主要目的之一是提供必要的信息来解决我们的星球和人类面临的挑战。因此，随着新的挑战出现，推动多学科融合研究可以为解决这些问题提供信息。尽管解决社会挑战不仅仅局限于科学，但利益相关者应促进生态研究的持续增长，以帮助确定解决这些挑战的新方法（Mc Callen et al.，2019）。尤其是，教育机构需要通过提供更明确的培训来增强学生的知识基础：①进化、遗传学及其相关工具；②分析大量而复杂数据的定量技能；③跨学科的问题解决技能，包括人的维度。与此同时，研究人员必须：①综合在这些经典研究中获得的知识，同时增加前沿的原始研究；②采用新兴技术和分析工具促进新问题、新知识的发现；③进一步将人类维度纳入生态调查。资助机构应该考虑我们的生态系统的复杂性和多维性，加大跨学科计划支持，推动生态研究。最后，整合"教育-研究-资助"三个实体的成果，依托对自然资源的知情管理形成"教育-研究-资助"三位一体的人才培养和技术革新计划，实现生态学研究的发展。

## 参 考 文 献

安娜, 高乃云, 刘长娥. 2008. 中国湿地的退化原因、评价及保护. 生态学杂志, (05): 821-828.
曹成有, 邵建飞, 蒋德明, 等. 2011. 围栏封育对重度退化草地土壤养分和生物活性的影响. 东北大学学报(自然科学版), 32(3): 427-430.
曹旭娟, 干珠扎布, 胡国铮, 等. 2019. 基于NDVI3g数据反演的青藏高原草地退化特征. 中国农业气象, 40(2): 86-95.
陈发虎, 刘峰文, 张东菊, 等. 2016. 史前时代人类向青藏高原扩散的过程与动力. 自然杂志, 38(4): 235-240.
陈文业, 戚登臣, 李广宇, 等. 2009. 施肥对甘南高寒草甸退化草地植物群落多样性和生产力的影响. 中国农业大学学报, 14(6): 31-36.
陈文业, 郑华平, 戚登臣, 等. 2008. 黄河首曲沙化草地恢复重建模式研究. 草业科学, (6): 14-18.
储诚进, 王酉石, 刘宇, 等. 2017. 物种共存理论研究进展. 生物多样性, 25(4): 345-354.
董全民, 赵新全, 李世雄, 等. 2014. 草地放牧系统中土壤-植被系统各因子对放牧响应的研究进展. 生态学杂志, (8): 2255-2265.
冯祚建, 蔡桂全, 郑昌琳. 1986. 西藏哺乳类. 北京: 科学出版社.
高清竹, 李玉娥, 林而达, 等. 2005. 藏北地区草地退化的时空分布特征. 地理学报, (6): 87-95.
何红艳. 2008. 青藏高原森林生产力格局及对气候变化响应的模拟. 北京: 中国林业科学研究院博士学位论文.
何念鹏, 韩兴国, 于贵瑞. 2011. 长期封育对不同类型草地碳贮量及其固持速率的影响. 生态学报, 31(15): 4270-4276.
贺有龙, 周华坤, 赵新全, 等. 2008. 青藏高原高寒草地的退化及其恢复. 草业与畜牧, (11): 1-9.
姜秀庭. 2008. 青海省贵南县以草定畜、草畜平衡试点及做法. 青海草业, (2): 54-56.
蒋志刚. 2018. 探索青藏高原生物多样性分布格局与保育途径. 生物多样性, 26(2): 107-110.
蒋志刚, 李立立, 胡一鸣, 等. 2018. 青藏高原有蹄类动物多样性和特有性: 演化与保护. 生物多样性, 26(2): 158-170.
洪军, 负旭疆, 林峻, 等. 2014. 我国天然草原鼠害分析及其防控. 中国草地学报, 36(3): 1-4.
李高锐. 2012. 青藏高原林业资源的可持续发展探讨. 北京农业, (6): 181.
李建新. 2017. 切实解决藏区农牧民大量砍伐森林的问题. 中国经贸导刊, (7): 63-64.

李林栖, 马玉寿, 李世雄, 等. 2017. 返青期休牧对祁连山区中度退化草原化草甸草地的影响. 草业科学, 34(10): 2016-2023.
李清源. 2006. 青藏高原生态系统服务功能及其保护策略. 生态经济, (7): 92-95.
李文华. 2017. 青藏高原生态学研究的回顾与展望. Journal of Resources and Ecology, (1): 1-4.
李文华, 周兴民. 1998. 青藏高原生态系统及优化利用模式. 广州: 广东科技出版社.
林光辉. 1995. 全球变化研究进展与新方向. 见: 李博主编. 现代生态学讲座. 北京: 科学出版社.
刘娟, 刘倩, 柳旭, 等. 2017. 划区轮牧与草地可持续性利用的研究进展. 草地学报, 25(1): 17-25.
刘哲, 李奇, 陈懂懂, 等. 2015. 青藏高原高寒草甸物种多样性的海拔梯度分布格局及对地上生物量的影响. 生物多样性, 23(4): 451-462.
龙瑞军. 2007. 青藏高原草地生态系统之服务功能. 科技导报, (9): 26-28.
鲁春霞, 谢高地, 肖玉, 等. 2004. 青藏高原生态系统服务功能的价值评估. 生态学报, (12): 2749-2755.
罗利芳, 张科利, 孔亚平, 等. 2004. 青藏高原地区水土流失时空分异特征. 水土保持学报, (1): 58-62.
彭涛. 2008. 我国高原湿地研究进展. 陕西教育(高教版), (3): 106-107.
彭艳, 赵津仪, 莽杨丹, 等. 2018. 退化高寒草地生态恢复的研究进展. 高原农业, 2(3): 313-320.
尚占环, 董全民, 施建军, 等. 2018. 青藏高原"黑土滩"退化草地及其生态恢复近10年研究进展——兼论三江源生态恢复问题. 草地学报, 26(01): 1-21.
王根绪, 李琪, 程国栋, 等. 2001. 40a来江河源区的气候变化特征及其生态环境效应. 冰川冻土, (4): 346-352.
王根绪, 李元寿, 王一博, 等. 2007. 近40年来青藏高原典型高寒湿地系统的动态变化. 地理学报, (5): 481-491.
王建文. 2006. 中国北方地区森林、草原变迁和生态灾害的历史研究. 北京: 北京林业大学博士学位论文.
王谋, 李勇, 黄润秋, 等. 2005. 气候变暖对青藏高原腹地高寒植被的影响. 生态学报, (6): 1275-1281.
王雪璐. 2016. 青藏高原三江源高寒草地生态系统土壤侵蚀研究. 兰州: 兰州大学博士学位论文.
孙建胜. 2019. 试论湿地系统的生态功能与湿地的生态恢复. 农业与技术, 39(9): 53-54.
涂雄兵, 杜桂林, 李春杰, 等. 2015. 草地有害生物生物防治研究进展. 中国生物防治学报, 31(5): 780-788.
武高林, 杜国祯. 2007. 青藏高原退化高寒草地生态系统恢复和可持续发展探讨. 自然杂志, (03): 159-164.
肖桐, 邵全琴, 孙文义, 等. 2013. 三江源高寒草甸典型坡面草地退化特征综合分析. 草地学报, 21(3): 452-459.
谢高地, 鲁春霞, 冷允法, 等. 2003. 青藏高原生态资产的价值评估. 自然资源学报, (2): 189-196.
邢宇, 姜琦刚, 李文庆, 等. 2009. 青藏高原湿地景观空间格局的变化. 生态环境学报, 18(3): 1010-1015.
杨博辉, 郎侠, 孙晓萍. 2005. 青藏高原生物多样性. 家畜生态学报, (6): 1-5.
尹云鹤, 吴绍洪, 李华友, 等. 2013. SRES情景下青藏高原生态功能保护区水源涵养功能的变化研究. 资源科学, 35(10): 2003-2010.
于伯华, 吕昌河, 吕婷婷, 等. 2009. 青藏高原植被覆盖变化的地域分异特征. 地理科学进展, 28(3): 391-397.
张贺全. 2014. 青海三江源国家生态保护综合试验区生态系统服务功能价值的确定. 东北农业大学学报(社会科学版), 12(5): 8-18.
张佳宁, 张靖庚. 2017. 青藏高原高寒草甸资源可持续利用的放牧对策及建议. 中国草食动物科学, 37(6): 63-67.
张劲峰. 2012. 滇西北亚高山退化森林生态系统特征及恢复对策研究. 昆明: 云南大学博士学位论文.
张宪洲, 杨永平, 朴世龙, 等. 2015. 青藏高原生态变化. 科学通报, 60(32): 3048-3056.
张永超, 牛得草, 韩潼, 等. 2012. 补播对高寒草甸生产力和植物多样性的影响. 草业学报, 21(2): 305-309.
赵亮, 李奇, 陈懂懂, 等. 2014. 三江源区高寒草地碳流失原因、增汇原理及管理实践. 第四纪研究, (4): 795-802.
赵娜, 赵新全, 赵亮, 等. 2016. 植物功能性状对放牧干扰的响应. 生态学杂志, (7): 1916-1926.
赵新全. 2011. 三江源区退化草地生态系统恢复与可持续管理. 北京: 科学出版社.
赵志龙, 张镱锂, 刘林山, 等. 2014. 青藏高原湿地研究进展. 地理科学进展, 33(9): 1218-1230.
郑华平, 陈子萱, 牛俊义, 等. 2009. 补播禾草对玛曲高寒沙化地植物多样性和生产力的影响. 草业学报, 18(3): 28-33.

周晓峰, 赵惠勋, 孙慧珍. 2001. 正确评价森林水文效应. 自然资源学报, (5): 420-426.

Aerts R, Cornelissen J H C, Dorrepaal E. 2006. Plant performance in a warmer world: General responses of plants from cold, northern biomes and the importance of winter and spring events. Plant Ecology, 182(1-2): 65-77.

Alhamad M N, Alrababah M A. 2008. Defoliation and competition effects in a productivity gradient for a semiarid Mediterranean annual grassland community. Basic and Applied Ecology, 9(3): 224-232.

Arft A M, Walker M D, Gurevitch J, et al. 1999. Responses of tundra plants to experimental warming: Meta-analysis of the international tundra experiment. Ecological Monographs, 69(4): 491-511.

Aronson E L, McNulty S G. 2009. Appropriate experimental ecosystem warming methods by ecosystem, objective, and practicality. Agricultural and Forest Meteorology, 149(11): 1791-1799.

Asseng S, Ritchie J T, Smucker A J M, et al. 1998. Root growth and water uptake during water deficit and recovering in wheat. Plant and Soil, 201(2): 265-273.

Balvanera P, Pfisterer A B, Buchmann N, et al. 2006. Quantifying the evidence for biodiversity effects on ecosystem functioning and services. Ecology Letters, 9(10): 1146-1156.

Beier C, Emmett B, Gundersen P, et al. 2004. Novel approaches to study climate change effects on terrestrial ecosystems in the field: Drought and passive nighttime warming. Ecosystems, 7(6): 583-597.

Biondini M E, Patton B D, Nyren P E. 1998. Grazing intensity and ecosystem processes in a northern mixed-grass prairie, USA. Ecological Applications, 8(2): 469-479.

Bridgham S D, Johnston C A, Pastor J, et al. 1995. potential feedbacks of northern wetlands on climate-change - an outline of an approach to predict climate-change impact. Bioscience, 45(4): 262-274.

Cao H, Zhao X, Wang S, et al. 2015. Grazing intensifies degradation of a Tibetan Plateau alpine meadow through plant-pest interaction. Ecology and Evolution, 5(12): 2478-2486.

Chapin F S, Giblin A E, Nadelhoffer K I, et al. 1995. Responses of arctic tundra to experimental and changes in climate. Ecology, 76(3): 694-711.

Chave J. 2013. The problem of pattern and scale in ecology: what have we learned in 20years? Ecology Letters, 16: 4-16.

Chen J, Jiang Z, Li C, et al. 2015. Identification of ungulates used in a traditional Chinese medicine with DNA barcoding technology. Ecology and Evolution, 5(9): 1818-1825.

Chen J, Li C, Yang J, et al. 2012. Isolation and Characterization of Cross-Amplification Microsatellite Panels for Species of Procapra (Bovidae; Antilopinae). International Journal of Molecular Sciences, 13(7): 8805-8818.

Chen S, Wu G, Zhang D, et al. 2008. Potential refugium on the Qinghai-Tibet Plateau revealed by the chloroplast DNA phylogeography of the alpine species Metagentiana striata (Gentianaceae). Botanical Journal of the Linnean Society, 157(1): 125-140.

Cleland E E, Chiariello N R, Loarie S R, et al. 2006. Diverse responses of phenology to global changes in a grassland ecosystem. PNAS, 103(37): 13740-13744.

Costanza R, d'Arge R, Groot R D, et al. 1998. The value of the world's ecosystem services and natural capital. Ecological Economics, 25(1): 3-15.

Cox P M, Betts R A, Jones C D, et al. 2000. Acceleration of global warming due to carbon-cycle feedbacks in a coupled climate model (vol 408, pg 184, 2000). Nature, 408(6813): 750-756.

Derner J D, Schuman G E. 2007. Carbon sequestration and rangelands: A synthesis of land management and precipitation effects. Journal of Soil and Water Conservation, 62(2): 77-85.

Dormann C F, Woodin S J. 2002. Climate change in the Arctic: using plant functional types in a meta-analysis of field experiments. Functional Ecology, 16(1): 4-17.

动增温（Aronson and McNulty，2009）（表 41.3）。

表 41.3　目前广泛用于各种生态系统类型的温度控制装置比较

| 增温装置 | 优点 | 缺点 | 应用文献 |
| --- | --- | --- | --- |
| 温室/开顶箱 | 简单易行，不需电力经济 | 不能模拟全球变暖条件下增温的日变化，影响小气候（光照、风速、湿度和降雨）和动物活动 | Chapin FS，1995；Marion et al.，1997；Norby et al.，1997；Shaver et al.，1998；Klein et al.，2005 |
| 土壤加热管道和电缆 | 能精确地控制土壤温度 | 不能模拟全球变暖增温的季节和日变化，空间加热不均匀，干扰土壤，影响土壤动物和微生物的活动，不能加热空气和植物地上部分 | Peterjohn et al.，1994；Ineson et al.，1998 |
| 红外线反射器 | 能模拟全球变暖的增温机制和日变化对土壤及植被无物理干扰 | 只能夜间增温，影响夜间小气候和动物活动以及清晨露水的输入 | Beier et al.，2004 |
| 红外线辐射器 | 能模拟全球变暖的增温机制和日变化对土壤及植被无物理干扰，不改变小气候状况 | 耗费电力较多，在没有电力的地方和森林生态系统使用受到限制 | Bridgham et al.，1995；Harte and Shaw 1995；Wan et al.，2002 |
| 不同海拔梯度双向移栽 | 可以设置不同的增温梯度，能同时在不同的植被类型开展，且由于对样地的干扰较少，而且最主要的是"双向"移栽能模拟降温的效应，因为在实际气候变化过程中，冷与热是交替进行的，以前主要关注"增温"的影响，而很少关注"降温"的作用，因此，通过"双向"移栽试验就可以判断这两种过程的效应及其影响程度，从而为有关模型模拟提供校正参数 | 由于进行的是梯度的移栽试验，在不同的梯度上存在不同的环境因子，这些环境因子不可控，因此环境变异较大，对数据的解释较为复杂 | Hart，2006；Duan et al.，2013；Wang et al.，2014 |

### 4.2.3　青藏高原生态系统对全球变化的响应及反馈

（1）全球变化对生态系统生产力的影响：植被净初级生产力（NPP）是决定一个地方生态系统结构与性质的物质基础，重要的植物群落数量特征，直接反映生态系统生产者的物质生产量（Piao et al.，2004）。在全球变化中，气候变化与放牧分别是影响草原生态系统净初级生产力最为关键的自然和人为因子（Hillier and Sutton，1994；Schuman et al.，1999；Wilsey et al.，2002；Klumpp et al.，2007）。然而，目前关于增温和放牧对生产力的影响的研究结果差异较大，其中增温在北极和高山地区对地上净初级生产力（ANPP）的影响可能增加或者降低或者无影响（Arft et al.，1999；Rustad et al.，2001；Wan et al.，2005；Wang et al.，2012；Liu et al.，2018），而放牧对生产力的影响同样可能增加（Alhamad and Alrababah，2008）、降低（Derner and Schuman，2007）或者无显著影响（Biondini et al.，1998）。其主要原因是因为增温方式不同，增温或者放牧前草地本身的状况不同，还有增温或者放牧的强度不同所致。汪诗平等利用 FATE 实验研究证明单独增温增加了 ANPP，而放牧削弱了 ANPP 对增温的反应（Wang et al.，2012）。而 Klein 等（2004）用 OTCs（open-top chambers）野外增温实验研究证明增温会导致大量的物种快速流失，而模拟放牧抑制了物种的流失（Klein et al.，2004），得出是增温而不是放牧降低了青藏高原高寒草甸牧场的质量的结论（Klein et al.，2007）。

（2）全球变化对植物物种组成的影响：尽管许多研究表明，增温直接促进了冻原植物生长和物种组成的变化、延长了植物生长季（Arft et al.，1999；Aerts et al.，2006）以及间接增加了土壤 N 有效性（Dormann and Woodin，2002；LeBauer and Treseder，2008），但到目前为止，增温对土壤 N 的有效性和植物生产力的影响仍然没有一致的结论，因地点和生态系统的不同而异（Arft et al.，1999；Rustad et al.，2001；Wu et al.，2011）。汪诗平等通过 FATE 实验增温和山体垂直带双向移栽实验研究证明，短期的模拟增温，并没有引起高寒草甸物种数的急剧丧失（Wang et al., 2012），这与采用 OTC 增温装置研究结果完全不同（Klein et al., 2004）。正如前面所述，FATE 实验增温采用了自由空气增温方式，可以控制增温幅度，而山体垂直带的增温幅度也是渐进的过程，均能较好的模拟自然气候的变化；而 OTC 增温，改变了局部微环境，尤其是极大的日温差，对高寒植物造成了温度胁迫。在群落发展过程中，不同的物种和功能群之间存在补偿和补充作用，同时物种对气候的变化往往有一定的耐性和适应性，从而能保持群落的稳定性。虽然增温后高寒草甸禾草、杂类草和莎草的组成发生了明显的变化，但由于不同功能型之间的互补效应，并没有导致物种数的急剧丧失，从而维持了物种多样性（Briones et al., 2009；Zhang et al., 2010），这是高寒草甸生态系统本身所具有的适应性。

（3）全球变化对植物物候的影响：全球变化对植物的影响可分为直接和间接两种作用（Rustad et al., 2001）。首先，增温将直接改变高寒植物的光合能力和生长速率（Klanderud and Totland, 2005），从而改变植物的物候，并延长植物的生长期（Walther et al., 2005）。间接的影响主要包括改变土壤含水量和对营养物质的利用，因此高寒地区植物的生长（Arft et al., 1999；Lavorel and Garnier, 2002），生物量的生产及分配（Asseng et al., 1998），群落演替方向及速度（Harte and Shaw, 1995）都将随之发生相应的改变。已有的研究表明温度升高能促进植物的营养生长（Lavorel and Garnier, 2002），温度升高使植物的高度盖度增加（Duan et al., 2013），不同开花功能群的覆盖度变化对群落的物候期有显著影响（Meng et al., 2016；Meng et al., 2017）。特别是不同的物种和官能团对温度变化有不同的反应，这可能导致补偿效应，影响群落的物候（Cleland et al., 2006；Wang et al., 2014）。

（4）全球变化对土壤氮素矿化速率的影响：大部分的研究结论表明，对于不同的植物区系，增温对矿化速率的影响是不同的，或者增加了氮的矿化速率（Melillo et al., 2002），或者降低了氮的矿化速率（Wan et al., 2005），或者没有影响（Hovenden et al., 2008；Wang et al., 2012）。温度的增加和水分胁迫的发生可以导致土壤可利用性氮素的增加，有机氮等有机营养元素的矿化速率加快能引起植物有效营养的吸收，解除植物氮素限制，增加 NPP（Cox et al., 2000）。然而，增温对土壤氮的可利用性和植物生产力的影响仍然没有一致的结论，因研究地点和生态系统的不同而异（Wu et al., 2011；Wang et al., 2012）。特别是在高寒生态系统，植物利用小分子有机氮的能力更强，且随着不同季节土壤氮可利用性的变化而改变有机氮的利用能力以及与微生物竞争能力（Ma et al., 2015；Jiang et al., 2016）。

（5）全球变化与微生物多样性和功能基因：研究表明，增温不仅改变了土壤微生物组成和多样性，还改变了其功能基因（Yang et al., 2014；Rui et al., 2015；Li et al., 2016；Xue et al., 2016）。然而，将微生物功能基因与碳循环（如 $CO_2$ 和 $CH_4$ 等）关键过程联系起来的研究才刚刚起步，特别是由于气候变化诱导的土壤冻融交替格局的变化对冻原/高寒生态系统碳循环关键过程的影响及其机制的研究更少（Xue et al., 2016）。在土壤冻结期，永久冻土层微生物和活动层微生物差异较大，而解冻后其差异程度大大降低；特别是冻土融化后微生物群落组成、生理特征和功能都发生显著变化，碳循环过程基因增加（Mackelprang et al., 2011）。

## 4.3 青藏高原受损生态系统形成原因及恢复机理

### 4.3.1 草地生态系统退化及其恢复

（1）草地生态系统现状：青藏高原高寒草地是世界上海拔最高、面积最大、类型最为独特的草地生态系统，自古以来就是我国重要的牧区之一（武高林和杜国祯，2007；贺有龙等，2008）。在过去的几十年里，严重的草地退化正在危及着高原的生态环境（赵新全，2011）。到 20 世纪末，青藏高原的草地退化已成为一个特别的生态环境危机。20 世纪 90 年代，青藏高原退化草地的总面积已达 $4.25 \times 10^7$ ha，占可利用草地的 32.69%（贺有龙等，2008）。曹旭娟等基于 NDVI3g 数据（数据集时间跨度 1981～2013 年）反演的结果显示，青藏高原草地退化面积占草地总面积的比例为 41%，整体退化程度较轻，但局部有恶化趋势。与历史水平相比，退化面积无变化，但中轻度退化面积缩小而中度以上退化面积增加（曹旭娟等，2019）。

（2）草地生态系统退化的原因：草地退化是气候变化与人类活动综合作用的结果（高清竹等，2005）：①温室效应带来的全球性气候变暖使得青藏高原气温上升，草地出现严重的沙化和退化（王谋等，2005），尤其在干旱的年份叠加人类放牧活动更加剧了草地的退化（张宪洲等，2015），鼠害的猖獗以及土壤侵蚀和草皮层冻融过程均为退化草地的形成创造了外部条件（武高林和杜国祯，2007；贺有龙等，2008；肖桐等，2013；王雪璐，2016）。②家畜超载放牧是人类活动因素中的主要原因（武高林和杜国祯，2007；贺有龙等，2008；彭艳等，2018），此外草地管理制度的不健全，放牧制度和畜群结构的不合理，由于人口增加而对草地的过度开垦，对药用植物资源的过度挖掘，加之旅游业的发展等人为因素，均是草地退化的驱动力（武高林和杜国祯，2007；贺有龙等，2008；彭艳等，2018）。

（3）草地生态系统恢复途径：基于生态学的恢复原理，恢复高寒草地的一些实践和综合策略已经得到发展（赵新全，2011）：①对轻、中度退化草地，通过适当补播，围栏封育以及合理施肥等措施，提高草地植物多样性、物种丰富度及草地生产力，降低了毒杂草比例，恢复了土壤肥力，维护草地生态系统平衡（陈文业等，2009；郑华平等，2009；曹成有等，2011；何念鹏等，2011；赵新全，2011；张永超等，2012）。②针对重度退化草地如"黑土滩"，通过人工、半人工的草地建植措施，同时控制鼠害，从而解决草畜矛盾，缓解天然草地的压力（赵新全，2011；王雪璐，2016；尚占环等，2018）。③通过以草定畜、禁牧、休牧以及轮牧等措施，对草场资源进行合理利用及保护，以减轻天然草场的放牧压力（陈文业等，2008；姜秀庭，2008；李林栖等，2017；刘娟等，2017；张佳宁和张靖庚，2017）。④鼠害防治：采取生态防治与生物灭鼠的综合措施，促进高寒草地生态环境良性循环，从而促进高寒草地畜牧业的持续发展（赵新全，2011；洪军等，2014；涂雄兵等，2015）。

### 4.3.2 湿地生态系统退化及其恢复

（1）湿地生态系统现状：青藏高原拥有世界上独一无二的大面积高寒湿地群，主要分布在青海湖及其北部祁连山前、柴达木盆地北部、三江源区、若尔盖地区以及羌塘高原南部和东部地区（张宪洲等，2015）。通过遥感技术研究发现，1990~2006年间，青藏高原湿地总体以-0.13%/a的速率退化，但不同湿地类型的变化趋势存在显著差异（邢宇等，2009；Zhang et al.，2011a；Vu Hien et al.，2012；Song et al.，2013）。青藏高原湿地景观多样性在1990~2006年间以-0.17%/a的速率减少，反映出青藏高原湿地景观总体退化态势（Zhang et al.，2011b；赵志龙等，2014），且退化或消失的区域逐渐呈现广布的态势，从高原边缘地区到高原腹地均有分布（赵志龙等，2014；张宪洲等，2015）。

（2）湿地生态系统退化原因：在青藏高原湿地研究中，国内外学者分析导致湿地变化的驱动力，包括自然驱动力和人为驱动力两方面：①自然驱动力，包括气候变暖导致的气温升高、地表蒸发量增大、地表水减少、冰雪融化速度加快，以及新构造运动的上升或快速下降、鼠害等，并认为自然因素对青藏高原湿地影响显著（王根绪等，2007；安娜等，2008；邢宇等，2009；Yao et al.，2011；赵志龙等，2014）。②人为驱动力，包括牲畜数量增加、农牧业发展、资源开采、水利工程建设、道路建设、旅游等人类活动加剧，并由此引起一系列点面源的污染。认为人类活动对一些典型区的湿地退化起主导作用（安娜等，2008；彭涛，2008；Zhang et al.，2012；赵志龙等，2014）。

（3）湿地生态系统恢复原则及对策：湿地作为社会经济与生态可持续发展的资源与环境基础，采取有效措施扭转其退化趋势意义重大，是当前实现我国生态经济可持续发展的首要任务。湿地恢复主要是采用生态技术及工程，对退化及消失的湿地进行修复和重建，以使湿地生态系统能正常发挥其自身的功能。湿地生态恢复过程中，首先要注重生境恢复，包括对湿地基底以及水状况的恢复；其次加强其系统结构及功能的恢复，这是实现湿地生态系统价值的关键部分（孙建胜，2019）。此外还应该完善有关湿地保护的法律法规，建立全国湿地保护统一领导机构，加强湿地自然保护区的建设与管理，加强退化湿地生态恢复与重建技术研究，强化公众湿地保护与合理利用的意识（安娜等，2008）。

### 4.3.3 森林生态系统退化及其恢复

（1）森林生态系统现状：基于2005年7月的遥感数据（NOAA/AVHRR）解译，青藏高原森林覆盖率约为11.3%（何红艳，2008），高原东部与南部是森林集中分布区（张宪洲等，2015）。过去60年（1950～2010年）来，青藏高原森林历经了大规模采伐（1950～1985年）、采伐与造林恢复并存（1986～1998年），到近10年（1998～2010年）来以保育和恢复为主的转变过程，森林资源在面积、蓄积、类型及空间分布格局等方面发生了显著变化（张宪洲等，2015）。

（2）森林生态系统退化原因：青藏高原的森林覆盖率本就偏低，由于遭到砍伐（主要被农牧民用于建房修房、煮饭取暖等），导致林地变荒山和焦化岩石。森林的减少加剧了水土流失和气候变化，荒漠和沙化逐年增多，木材燃烧产生的炭黑又加速了冰雪融化（李建新，2017），这些又反过来对森林植被的生长产生了负面影响。虽然自然因素改变对森林分布有一些影响，但是，人类的长期持续破坏对森林的大量减少应负主要责任（王建文，2006）。

（3）森林生态系统恢复原理及途径：针对退化森林生态系统的恢复与重建，应结合生态学的基本原理，以生物多样性恢复为主要方向，注重生态系统的完整性，兼顾林地生产力和社会经济发展的恢复目标，在技术层面上以"近自然林"理论为指导（张劲峰，2012）。目前采取的主要途径有：封山育林——促进天然林更新，人工促进天然林更新以及两者兼顾的综合途径（李高锐，2012；张劲峰，2012）。同时应通过立法、出台政策、提供新技术、新材料、财政补贴以及将援藏资金向生态保护倾斜等多种方式，引导藏区百姓转变生活方式，选择替代能源（风能、太阳能等），减少木材刚需，以保青藏高原的青山绿水常在（李建新，2017）。

## 4.4 青藏高原生态系统功能维持机制

### 4.4.1 青藏高原生态系统服务功能特征

生态系统功能定义及作用：生态系统功能为人类提供多样的产品和服务，其中不仅提供食物、药品、建筑材料及遗传资源等产品外，更重要的还能调节气候，维持大气组成的稳定，土壤的形成与物质循环等作用，这些作用共同构建了支持地球生命的系统。青藏高原生态系统拥有其独特的服务功能特征：①不可替代性，青藏高原平均海拔较高，基本超过4000m，即形成了独特的自然地理单元也发育了特有的生态系统类型，其中包括森林生态系统、灌丛草甸生态系统、草原生态系统、荒漠生态系统、高山垫状植被生态系统，沼泽湿地生态系统等（谢高地等，2003），它们的生态系统功能主要包括水分涵养、保护生物多样性、水土保持、防风固沙、调节气候等青藏高原具有世界上海拔最高的陆地自然生态系统，蕴藏着能为人所利用的巨大价值，在整个人类经济社会发展中起着至关重要无可替代的作用；②物种多价值性，青藏高原在地质变迁的过程中物种逐渐分化并向高原迁入新的种属，特殊的地理、气候和生境条件孕育了多种多样的生物物种，构成了复杂而多样的生物系统，据悉，高原拥有高等植物13000余种，陆栖脊椎动物1100多种（李清源，2006）；③不可逆转性，青藏高原是在长期的地质运动和气候演变中形成的，结构及功能简单，抗干扰能力和自由平衡能力极差，表现了明显的不稳定性，全球变化和人类活动的干扰会使得青藏高原生态系统功能出现紊乱，从而形成不可逆转的趋势；④效应扩散性，青藏高原是地球上位势最高的巨大生态系统整体，它作为亚洲主要河流的发源地，从空间尺度分析，其生态效应必然经过大气环境和江河水气循环沿着悬殊的地势从西向东扩散到其他区域；从时间尺度来看，扩散功能效应对人类社会价值不仅限于眼前，更突出表现在长远的利益之上。

Dottori F, Szewczyk W, Ciscar J C, et al. 2018. Increased human and economic losses from river flooding with anthropogenic warming. Nature Climate Change, 8(11): 1021-1027.

Du M, Liu Y, Li, et al. 2019. Are high altitudinal regions warming faster than lower elerations on the Tibetan Plateau? International Journal of Global Warming, 18: 363-384.

Duan J, Wang S, Zhang Z, et al. 2013. Non-additive effect of species diversity and temperature sensitivity of mixed litter decomposition in the alpine meadow on Tibetan Plateau. Soil Biology & Biochemistry, 57: 841-847.

Grimm V, Ayllon D, Railsback S F. 2017. Next-Generation Individual-Based Models Integrate Biodiversity and Ecosystems: Yes We Can, and Yes We Must. Ecosystems, 20(2): 229-236.

Gulzar K, Zhang F, Gao Q, et al. 2018. Spiroides shrubs on Qinghai-Tibetan Plateau: Multilocus phylogeography and palaeodistributional reconstruction of Spiraea alpina and S. Mongolica (Rosaceae). Molecular Phylogenetics and Evolution, 123: 137-148.

Guo S, Savolainen P, Su J, et al. 2006. Origin of mitochondrial DNA diversity of domestic yaks. Bmc Evolutionary Biology, 6(1): 73.

Hart S C. 2006. Potential impacts of climate change on nitrogen transformations and greenhouse gas fluxes in forests: a soil transfer study. Global Change Biology, 12(6): 1032-1046.

Harte J, Shaw R. 1995. shifting dominance within a montane vegetation community - results of a climate-warming experiment. Science, 267(5199): 876-880.

Hillier S H, Sutton F J P G. 1994. A New Technique for the Experimental Manipulation of Temperature in Plant Communities. Functional Ecology, 86: 755-762.

Hooper D U, Ewel J J. 2005. The effects of biodiversity on ecosystem functioning: a consensus of current knowledge. Ecological Monographs, 75(1): 3-35.

Hovenden M J, Newton P C D, Carran R A, et al. 2008. Warming prevents the elevated $CO_2$-induced reduction in available soil nitrogen in a temperate, perennial grassland. Global Change Biology, 14(5): 1018-1024.

Hu J, Huang Y, Jiang J, et al. 2019. Genetic diversity in frogs linked to past and future climate changes on the roof of the world. Journal of Animal Ecology, 88(6): 953-963.

Huang T Y, Zhao B, Dai S Q, et al. 2018. Different nation, different ecology: Comparison of ecological research features in China and the US during the recent three decades. Global Ecology and Conservation, 16.

Iglesias B M J, Ostle N J, Mc Namara N R, et al. 2009. Functional shifts of grassland soil communities in response to soil warming. Soil Biology & Biochemistry, 41(2): 315-322.

Ineson P, Taylor K, Harrison A F, et al. 1998. Effects of climate change on nitrogen dynamics in upland soils. 1. A transplant approach. Global Change Biology, 4(2): 143-152.

Ives A R, Carpenter S R. 2007. Stability and diversity of ecosystems. Science, 317(5834): 58-62.

Jia D R, Abbott R J, Liu T L, et al. 2012. Out of the Qinghai-Tibet Plateau: evidence for the origin and dispersal of Eurasian temperate plants from a phylogeographic study of Hippophae rhamnoides (Elaeagnaceae). New Phytologist, 194(4): 1123-1133.

Jiang L, Wang S, Pang Z, et al. 2016. Grazing modifies inorganic and organic nitrogen uptake by coexisting plant species in alpine grassland. Biology and Fertility of Soils, 52(2): 211-221.

Jin Y T, Liu N F. 2008. Ecological genetics of Phrynocephalus vlangalii on the north Tibetan (Qinghai) plateau: Correlation between environmental factors and population genetic variability. Biochemical Genetics, 46(9-10): 598-604.

Kang S, Eltahir E A B. 2018. North China Plain threatened by deadly heatwaves due to climate change and irrigation. Nature Communications, 9(1): 2894.

Klanderud K, Totland O. 2005. Simulated climate change altered dominance hierarchies and diversity of an alpine biodiversity hotspot. Ecology, 86(8): 2047-2054.

Klein J A, Harte J, Zhao X Q. 2004. Experimental warming causes large and rapid species loss, dampened by simulated grazing, on the Tibetan Plateau. Ecology Letters, 7(12): 1170-1179.

Klein J A, Harte J, Zhao X Q. 2005. Dynamic and complex microclimate responses to warming and grazing manipulations. Global Change Biology, 11(9): 1440-1451.

Klein J A, Harte J, Zhao X Q. 2007. Experimental warming, not grazing, decreases rangeland quality on the Tibetan Plateau Ecological Applications, 17(2): 541-557.

Klumpp K, Soussana J F, Falcimagne R. 2007. Effects of past and current disturbance on carbon cycling in grassland mesocosms. Agriculture Ecosystems & Environment, 121(1-2): 59-73.

Langen P L, Alexeev V A. 2007. Polar amplification as a preferred response in an idealized aquaplanet GCM. Climate Dynamics, 29(2-3): 305-317.

Lavorel S, Garnier E. 2002. Predicting changes in community composition and ecosystem functioning from plant traits: revisiting the Holy Grail. Functional Ecology, 16(5): 545-556.

LeBauer D S, Treseder K K. 2008. Nitrogen limitation of net primary productivity in terrestrial ecosystems is globally distributed. Ecology, 89(2): 371-379.

Lei R H, Jiang Z G, Hu Z, et al. 2003. Phylogenetic relationships of Chinese antelopes (subfamily Antilopinae) based on mitochondrial ribosomal RNA gene sequences. Journal of Zoology, 261: 227-237.

Li J, Wang L, Zhan Q, et al. 2016. Transcriptome characterization and functional marker development in sorghum sudanense. PLoS ONE, 11(5).

Li W. 2017. An Overview of Ecological Research Conducted on the Qinghai-Tibetan Plateau. Journal of Resources and Ecology, 8(01): 1-4.

Liu H, Mi Z, Lin L. 2018. Shifting plant species composition in response to climate change stabilizes grassland primary production. PNAS, 115(16): 4051-4056.

Liu J Q, Sun Y S, Xue J G E, et al. 2012. Phylogeographic studies of plants in China: Advances in the past and directions in the future. Journal of Systematics & Evolution, 50(4): 267-275.

Liu X D, Chen B D. 2000. Climatic warming in the Tibetan Plateau during recent decades. International Journal of Climatology, 20(14): 1729-1742.

Loreau M, de Mazancourt C. 2008. Species synchrony and its drivers: Neutral and nonneutral community dynamics in fluctuating environments. American Naturalist, 172(2): E48-E66.

Lu L M, Mao L F, Yang T, et al. 2018. Evolutionary history of the angiosperm flora of China. Nature, 554(7691): 234-238.

Ma L. 2001. Biodiversity and ecosystem functioning: current knowledge and future challenges. Science, 294(5543): 804-808.

Ma Q, Qu Y, Zhang X, et al. 2015. Systematic investigation and microbial community profile of indole degradation processes in two aerobic activated sludge systems. Scientific Reports, 5: 17674.

Ma Z, Liu H, Mi Z, et al. 2017. Climate warming reduces the temporal stability of plant community biomass production. Nature Communications, 8: 15378.

Mackelprang R, Waldrop M P, DeAngelis K M, et al. 2011. Metagenomic analysis of a permafrost microbial community reveals a rapid response to thaw. Nature, 480(7377): 368-U120.

Marion G M, Henry G H R, Freckman D W, et al. 1997. Open-top designs for manipulating field temperature in high-latitude ecosystems. Global Change Biology, 3: 20-32.

Mc Callen E, Knott J, Nunez M G, et al. 2019. Trends in ecology: shifts in ecological research themes over the past four decades.

Frontiers in Ecology and the Environment, 17(2): 109-116.

Melillo J M, Steudler P A, Aber J D, et al. 2002. Soil warming and carbon-cycle feedbacks to the climate system. Science, 298(5601): 2173-2176.

Meng F, Zhou Y, Wang S, et al. 2016. Temperature sensitivity thresholds to warming and cooling in phenophases of alpine plants. Climatic Change, 139(3-4): 579-590.

Meng F D, Jiang L L, Zhang Z H, et al. 2017. Changes in flowering functional group affect responses of-community phenological sequences to temperature change. Ecology, 98(3): 734-740.

Myers N, Mittermeier R A, Mittermeier C G, et al. 2000. Biodiversity hotspots for conservation priorities. Nature, 403(6772): 853-858.

Norby R J, Edwards N T, Riggs J S, et al. 1997. Temperature-controlled open-top chambers for global change research. Global Change Biology, 3(3): 259-267.

Peterjohn W T, Melillo J M, Steudler P A, et al. 1994. responses of trace gas fluxes and n availability to experimentally elevated soil temperatures. Ecological Applications, 4(3): 617-625.

Piao S, Fang J, He J, et al. 2004. SPATIAL DISTRIBUTION OF GRASSLAND BIOMASS IN CHINA. Acta Phytoecologica Sinica, 28(4): 491-498.

Rangwala I, Miller J R. 2012. Climate change in mountains: a review of elevation-dependent warming and its possible causes. Climatic Change, 114(3-4): 527-547.

Reiners W A, Lockwood J A, Reiners D S, et al. 2017. 100 years of ecology: what are our concepts and are they useful? Ecological Monographs, 87: 260-277.

Rui J, Li J, Wang S, et al. 2015. Responses of Bacterial Communities to Simulated Climate Changes in Alpine Meadow Soil of the Qinghai-Tibet Plateau. Applied and Environmental Microbiology, 81(17): 6070-6077.

Rustad L E, Campbell J L, Marion G M, et al. 2001. A meta-analysis of the response of soil respiration, net nitrogen mineralization, and aboveground plant growth to experimental ecosystem warming. Oecologia, 126(4): 543-562.

Schuman G E, Reeder J D, Manley J T, et al. 1999. Impact of grazing management on the carbon and nitrogen balance of a mixed-grass rangeland. Ecological Applications, 9(1): 65-71.

Screen J A, Simmonds I. 2010. The central role of diminishing sea ice in recent Arctic temperature amplification. Nature, 464(7293): 1334-1337.

Sevellec F, Drijfhout S S. 2018. A novel probabilistic forecast system predicting anomalously warm 2018-2022 reinforcing the long-term global warming trend. Nature Communications, 9: 3024.

Shaver G R, Johnson L C, Cades D H, et al. 1998. Biomass and $CO_2$ flux in wet sedge tundras: Responses to nutrients, temperature, and light. Ecological Monographs, 68(1): 75-97.

Sheng Y F, Fei L Y, Xin D, et al. 2008. Extensive population expansion of Pedicularis longiflora(Orobanchaceae)on the Qinghai-Tibetan Plateau and its correlation with the Quaternary climate change. Molecular Ecology, 17(23): 5135-5145.

Song C, Huang B, Ke L. 2013. Modeling and analysis of lake water storage changes on the Tibetan Plateau using multi-mission satellite data. Remote Sensing of Environment, 135: 25-35.

Tong C, Zhang C, Zhang R, et al. 2015. Transcriptome profiling analysis of naked carp(Gymnocypris przewalskii)provides insights into the immune-related genes in highland fish. Fish and Shellfish Immunology, 46(2): 366-377.

Tong C, Zhao K. 2016. Signature of adaptive evolution and functional divergence of TLR signaling pathway genes in Tibetan naked carp Gymnocypris przewalskii. Fish & Shellfish Immunology, 53: 124-131.

Vu Hien P, Lindenbergh R, Menenti M. 2012. ICESat derived elevation changes of Tibetan lakes between 2003 and 2009. International Journal of Applied Earth Observation and Geoinformation, 17: 12-22.

Walker B H S W. 1999. The nature of global change. Walker B H, Steffen W L, Canadell J, et al. The terrestrial biosphere and global change, IGBP book series 4. Cambridge: Cambridge University Press, 1-18.

Walther G R, Beissner S, Burga C A. 2005. Trends in the upward shift of alpine plants. Journal of Vegetation Science, 16(5): 541-548.

Wan S, Luo Y, Wallace L L. 2002. Changes in microclimate induced by experimental warming and clipping in tallgrass prairie. Global Change Biology, 8(8): 754-768.

Wan S Q, Hui D F, Wallace L, et al. 2005. Direct and indirect effects of experimental warming on ecosystem carbon processes in a tallgrass prairie. Global Biogeochemical Cycles, 19(2): 13-21.

Wang L, Abbott R J, Zheng W, et al. 2009. History and evolution of alpine plants endemic to the Qinghai-Tibetan Plateau: Aconitum gymnandrum (Ranunculaceae). Molecular Ecology, 18(4): 709-721.

Wang S, Duan J, Xu G, et al. 2012. Effects of warming and grazing on soil N availability, species composition, and ANPP in an alpine meadow. Ecology, 93(11): 2365-2376.

Wang S, Wang C, Duan J, et al. 2014. Timing and duration of phenological sequences of alpine plants along an elevation gradient on the Tibetan plateau. Agricultural and Forest Meteorology, 189: 220-228.

Wang X, Wang Y, Li Q, et al. 2015. Cenozoic vertebrate evolution and paleoenvironment in Tibetan Plateau: Progress and prospects. Gondwana Research, 27(4): 1335-1354.

Wilsey B J, Parent G, Roulet N T, et al. 2002. Tropical pasture carbon cycling: relationships between C source/sink strength, above-ground biomass and grazing. Ecology Letters, 5(3): 367-376.

Wu Z, Dijkstra P, Koch G W, et al. 2011. Responses of terrestrial ecosystems to temperature and precipitation change: a meta-analysis of experimental manipulation. Global Change Biology, 17(2): 927-942.

Xia M, Tian Z, Zhang F, et al. 2018. Deep Intraspecific Divergence in the Endemic Herb Lancea tibetica(Mazaceae)Distributed Over the Qinghai-Tibetan Plateau. Frontiers in Genetics, 9: 492.

Xue K, Xie J, Zhou A, et al. 2016. Warming Alters Expressions of Microbial Functional Genes Important to Ecosystem Functioning. Frontiers in Microbiology, 7.

Yang Y, Gao Y, Wang S, et al. 2014. The microbial gene diversity along an elevation gradient of the Tibetan grassland. ISME Journal, 8(2): 430-440.

Yao L, Zhao Y, Gao S, et al. 2011. The peatland area change in past 20 years in the Zoige Basin, eastern Tibetan Plateau. Frontiers of Earth Science, 5(3): 271-275.

Zhang F, Li Y, Li Y, et al. 2010. Initial Response of Plant Functional Groups Abundance to Simulated Climatic Change in Alpine Meadow Ecosystems. Acta Agrestia Sinica, 18(6): 768

Zhang G, Xie H, Kang S, et al. 2011a. Monitoring lake level changes on the Tibetan Plateau using ICESat altimetry data(2003-2009). Remote Sensing of Environment, 115(7): 1733-1742.

Zhang Q, Chiang T Y, George M, et al. 2005. Phylogeography of the Qinghai-Tibetan Plateau endemic Juniperus przewalskii (Cupressaceae) inferred from chloroplast DNA sequence variation. Molecular Ecology, 14(11): 3513-3524.

Zhang W, Zhou T, Zou L, et al. 2018. Reduced exposure to extreme precipitation from 0.5 degrees C less warming in global land monsoon regions. Nature Communications, 9.

Zhang X, Liu H, Baker C, et al. 2012. Restoration approaches used for degraded peatlands in Ruoergai (Zoige), Tibetan Plateau, China, for sustainable land management. Ecological Engineering, 38(1): 86-92.

Zhang Y, Wang G, Wang Y. 2011b. Changes in alpine wetland ecosystems of the Qinghai-Tibetan plateau from 1967 to 2004. Environmental Monitoring and Assessment, 180(1-4): 189-199.

Zhao L, Chen D, Zhao N, et al. 2015. Responses of carbon transfer, partitioning, and residence time to land use in the plant–soil system of an alpine meadow on the Qinghai-Tibetan Plateau. Biology and Fertility of Soils, 51(7): 781-790.

Zhao X, Zhao L, Li Q, et al. 2018. Using balance of seasonal herbage supply and demand to inform sustainable grassland management on the Qinghai–Tibetan Plateau. Frontiers of Agricultural Science and Engineering, 5(01): 1-8.

Zou J, Zhao L, Xu S, et al. 2014. Field $^{13}CO_2$ pulse labeling reveals differential partitioning patterns of photoassimilated carbon in response to livestock exclosure in a Kobresia meadow. Biogeosciences, 11(16): 4381-4391.

撰稿人：赵　亮，李　奇，陈懂懂，罗彩云，贺福全，陈　昕，刘　明，赵新全